P	z		χ^2 für einen Freiheitsgrad	
	einseitig	zweiseitig	einseitig	zweiseitig
0,001	3,090	3,291	9,550	10,828
0,01	2,326	2,576	5,412	6,635
0,05	1,645	1,960	2,706	3,841
0,10	1,282	1,645	1,642	2,706
0,20	0,842	1,282	0,708	1,642
0,50	0	0,674	0	0,455

Das griechische Alphabet

Griechischer Buchstabe	Name des Buchstabens	Griechischer Buchstabe	Name des Buchstabens
A α	Alpha	N ν	Ny
B β	Beta	Ξ ξ	Xi
Γ γ	Gamma	O o	Omikron
Δ δ	Delta	Π π	Pi
E ε	Epsilon	P ϱ	Rho
Z ζ	Zeta	Σ σ ς	Sigma
H η	Eta	T τ	Tau
Θ ϑ	Theta	Υ υ	Ypsilon
I ι	Jota	Φ φ	Phi
K $\varkappa$	Kappa	X χ	Chi
Λ λ	Lambda	Ψ ψ	Psi
M μ	My	Ω ω	Omega

Wichtige statistische Tafeln

Ein Verzeichnis der statistischen Tafeln befindet
sich auf den Seiten XVII und XVIII

Lothar Sachs

Angewandte Statistik

Planung und Auswertung
Methoden und Modelle

Zugleich vierte, neubearbeitete und erweiterte
Auflage der „Statistischen Auswertungsmethoden"
mit neuer Bibliographie

Springer-Verlag Berlin Heidelberg New York

ISBN 3 - 540 - 06443 - 5, 4. Auflage, Springer-Verlag Berlin Heidelberg New York
ISBN 0 - 387 - 06443 - 5, 4th edition, Springer-Verlag New York Heidelberg Berlin

ISBN 3 - 540 - 05520 - 7, 3. Auflage, Springer-Verlag Berlin Heidelberg New York
ISBN 0 - 387 - 05520 - 7, 3rd edition, Springer-Verlag New York Heidelberg Berlin

Meiner Frau

Vorwort

Diese Neufassung mit angemessenerem Titel ist zugleich ein zum Lesen und Lernen geschriebenes einführendes und weiterführendes Lehrbuch und ein Nachschlagewerk mit Formelsammlung, Tabellensammlung, zahlreichen Querverbindungen aufzeigenden Seitenverweisen, ausführlicher Bibliographie, Namenverzeichnis und ausführlichem Sachverzeichnis. Sie enthält wieder eine Fülle von Verbesserungen, vor allem Vereinfachungen und Präzisierungen. Große Teile des Textes und der Literatur habe ich den neuen Erkenntnissen entsprechend überarbeitet, durch erweiterte Neufassungen ersetzt oder eingefügt; dies gilt auch für den Tabellenteil (Übersicht gegenüber dem Titelblatt; S. 34, 53, 112, 127, 147, 172, 198, 220, 225, 240, 256, 272, 424, 425, Rückseite der vorletzten Seite). Weitere Ergänzungen enthält die zweite neu bearbeitete Auflage meines Taschenbuches „Statistische Methoden. Ein Soforthelfer für Praktiker in Naturwissenschaft, Medizin, Technik, Wirtschaft, Psychologie und Soziologie", das als handlicher ständiger Begleiter zur Schnellorientierung dienen kann. Vielen kritischen Freunden des Buches – insbesondere Ingenieuren – sei für Anregungen gedankt, die beiden Büchern zugute gekommen sind. Den Medizinstudenten wird es interessieren, daß ich auch den Lernzielkatalog für die Ärztliche Prüfung des Faches Biomathematik, Medizinische Statistik und Dokumentation berücksichtigt habe. Frau Prof. Dr. Erna Weber und dem Akademie-Verlag Berlin sowie dem Autor Herrn Dr. J. Michaelis danke ich für die Erlaubnis aus der Arbeit: „Schwellenwerte des Friedman-Tests", Biometrische Zeitschrift **13** (1971), 122 die Tabellen 2 und 3 übernehmen zu dürfen. Den Mitarbeitern des Springer-Verlages sei für ihr bereitwilliges Eingehen auf alle Wünsche des Autors besonders gedankt. Weiterhin bin ich für Kritik und Verbesserungsvorschläge dankbar.

Klausdorf, im Juni 1973 *Lothar Sachs*

Aus dem Vorwort zur zweiten

Durch erweiterte Neufassungen ersetzt bzw. neu geschrieben worden sind insbesondere die Abschnitte Grundrechenarten, Wurzelrechnung, Grundaufgaben der Statistik, Berechnung der Standardabweichung und der Varianz, Risiko I und II, die Prüfungen $\sigma = \sigma_0$ bzw $\sigma^2 = \sigma_0^2$ für μ unbekannt und für μ bekannt sowie $\pi_1 = \pi_2$, auch mit Hilfe der Arcus-Sinus-Transformation und $\pi_1 - \pi_2 = d_0$, Vierfelder-χ^2-Test, der für diesen Test bei gegebenem α und β benötigte Stichprobenumfang, U-Test, H-Test, Vertrauensbereich des Medians, Spearmansche Rangkorrelation, punktbiseriale und multiple Korrelation, lineare Regression mit zwei Einflußgrößen, multivariate Methoden, Modelle und Versuchspläne der Varianzanalyse. Ergänzt bzw. durch Neufassungen ersetzt worden sind die Schranken der Standardnormalverteilung, der t- und der χ^2-Verteilung, Hartley's F_{max}, Wilcoxon's R für Paardifferenzen, die Werte $e^{-\lambda}$ und arc sin $\sqrt{p}$, die Tabelle der $\hat{z}$-Transformation für den Korrelationskoeffizienten sowie die Schranken für die Prüfung von $\varrho = 0$ bei zwei- und einseitiger Fragestellung. Die Literaturhinweise sind vollständig neu bearbeitet worden.

und dritten Auflage

Die 3. Auflage bot Gelegenheit, neben Berichtigungen, zahlreichen Vereinfachungen und umfangreichen Präzisierungen, notwendig gewordene Ergänzungen vorzunehmen. Wieder wurde ein Teil der statistischen Tafeln erweitert (S. 249, 262, 263, 267, 272, 292, 293, 294, 314). Die Literaturhinweise sind vollständig neu bearbeitet worden. Neu hinzugekommen ist ein Namenverzeichnis. Fast alle Vorschläge zur ersten und zweiten Auflage konnten so realisiert werden.

Vorwort zur ersten Auflage

„Das kann kein Zufall sein", sagte sich der Londoner Arzt Arbuthnott vor 250 Jahren, als er in den Geburtsregistern von 80 Jahrgängen ausnahmslos die Knabengeburten häufiger vertreten fand als die Mädchengeburten. Dieser Stichprobenumfang bot ihm eine ausreichende Sicherheit für seinen Schluß. Er konnte hinter die Zahl der Knabengeburten jedesmal ein Pluszeichen setzen (größer als die Anzahl der Mädchengeburten), und schuf so den Vorzeichentest. Bei großen Stichproben genügt Zweidrittelmehrheit des einen Vorzeichens. Bei kleinen Stichproben ist eine 4/5- oder sogar eine 9/10-Mehrheit für den Nachweis eines verläßlichen Stichprobenunterschiedes notwendig. Charakteristisch für unsere Zeit ist die stürmische Entwicklung von Wahrscheinlichkeitsrechnung, mathematischer Statistik und ihrer Anwendungen in Wissenschaft, Technik, Wirtschaft und Politik.

Dieses Buch ist auf Anregung von Herrn Prof. Dr. H.-J. Staemmler, jetzt Chefarzt der Städtischen Frauenklinik in Ludwigshafen am Rhein, geschrieben worden. Ihm bin ich für die geleistete vielfältige Unterstützung zu großem Dank verpflichtet!

Bei der Beschaffung von Literatur waren mir Herr Prof. Dr. W. Wetzel, Direktor des Seminars für Statistik der Universität Kiel, jetzt Direktor des Institutes für angewandte Statistik der F. U. Berlin, Frau Brunhilde Memmer, Bibliothek des Wirtschaftswissenschaftlichen Seminars der Universität Kiel, Herr Priv.-Doz. Dr. E. Weber, Landwirtschaftliche Fakultät der Universität Kiel, Variationsstatistik, sowie die Herren Dr. J. Neumann und Dr. M. Reichel von der hiesigen Universitäts-Bibliothek behilflich. Nicht unerwähnt lassen möchte ich die wertvolle Mitarbeit bei der Abfassung des Manuskriptes, insbesondere durch Frau W. Schröder, Kiel, durch Fräulein Christa Diercks, Kiel, und durch den medizinisch-technischen Assistenten Herrn F. Niklewicz, Kiel, dem ich die Anfertigung der graphischen Darstellungen verdanke.

Herrn Prof. Dr. S. Koller, Direktor des Institutes für Medizinische Statistik und Dokumentation der Universität Mainz und besonders Herrn Prof. Dr. E. Walter, Direktor des Institutes für Medizinische Statistik und Dokumentation der Universität Freiburg i. Br. verdanke ich viele wertvolle Anregungen.

Beim Lesen der Korrekturen haben mich die Herren Dipl.-Math. J. Schimmler und Oberstudienrat Dr. K. Fuchs unterstützt. Ihnen sei herzlich gedankt!

Weiter danke ich den zahlreichen Autoren, Herausgebern und Verlagen, die den Abdruck der Tafeln und Abbildungen ohne Vorbehalt gestattet haben.

Zu Dank verpflichtet bin ich insbesondere dem literarischen Vollstrecker des verstorbenen Sir Ronald A. Fisher, F. R. S., Cambridge, Herrn Prof. Frank Yates, Rothamsted und den Herren der Oliver und Boyd Ltd., Edinburgh, für die Erlaubnis, Tafel II 1, Tafel III, Tafel IV, Tafel V und Tafel VII 1 ihres Buches „Statistical Tables for Biological, Agricultural and Medical Research" zu reproduzieren; Herrn Prof. O. L. Davies, Alderley Park, und den Herren des Verlages von Oliver und Boyd Ltd., Edinburgh, für die Erlaubnis, einen Teil der Tafel H aus dem Buch „The Design and Analysis of Industrial Experiments", von O. L. Davies übernehmen zu dürfen; den Herren des Verlages C. Griffin and Co. Ltd., London, sowie ihren Autoren, den Herren Prof. M. G. Kendall und Prof. M. H. Quenouille, für die Erlaubnis, aus dem Buch von Kendall und

Stuart „The Advanced Theory of Statistics", Vol. II, die Tafeln 4a und 4b, aus dem Büchlein von Quenouille „Rapid Statistical Calculations", die Abbildungen auf den Seiten 28 und 29 sowie Tafel 6 reproduzieren zu dürfen; den Herren Prof. E. S. Pearson und H. O. Hartley, Herausgeber der „Biometrika Tables for Statisticians", Vol. 1, 2nd ed., Cambridge 1958, für die Erlaubnis, Kurzfassungen der Tafeln 18, 24 und 31 übernehmen zu dürfen. Mein Dank gilt weiter Mrs. Marjorie Mitchell, der McGraw-Hill Book Company, New York, und Herrn Prof. W. J. Dixon für die Erlaubnis, aus dem Buch von W. J. Dixon und F. J. Massey Jr.: „Introduction to Statistical Analysis" Tafeln A–12c und Tafel A–29 reproduzieren zu dürfen (Copyright vom 13. April 1965, 1. März 1966 und 21. April 1966) sowie Herrn Prof. C. Eisenhart für die Genehmigung, aus „Techniques of Statistical Analysis", herausgegeben von C. Eisenhart, M. W. Hastay und W. A. Wallis, die Tafel der Toleranzfaktoren für die Normalverteilung entnehmen zu dürfen. Herrn Prof. F. Wilcoxon, Lederle Laboratories, a Division of American Cyanamid Company, Pearl River, danke ich für die Erlaubnis, aus „Some Rapid Approximate Statistical Procedures" von F. Wilcoxon und Roberta A. Wilcox, die Tafeln 2, 3 und 5 zu reproduzieren. Herrn Prof. W. Wetzel, Berlin-Dahlem, und den Herren des de Gruyter-Verlages, Berlin W 35, danke ich für die Erlaubnis, aus den Elementaren Statistischen Tabellen von W. Wetzel die Tafel auf S. 31 übernehmen zu dürfen. Besonderen Dank schulde ich Herrn Prof. Dr. K. Diem, Redaktion des Documenta Geigy, Basel, für die freundliche Überlassung einer verbesserten Tafel der oberen Signifikanzschranken des studentisierten Extrembereiches, die für die 7. Auflage der „Wissenschaftlichen Tabellen" vorgesehen ist.

Den Herren des Springer-Verlages danke ich für die sehr erfreuliche Zusammenarbeit.

Kiel, November 1967   *Lothar Sachs*

Inhalt

2 Die Anwendung statistischer Verfahren in Medizin und Technik

5 Abhängigkeitsmaße: Korrelation und Regression

6 Die Auswertung von Mehrfeldertafeln

7 Varianzanalytische Methoden

Verzeichnis der statistischen Tafeln

Einige Symbole

Erklärung einiger wichtiger Zeichen in der Reihenfolge ihres Auftretens

Einleitung

Mit diesem **Grundriß der Statistik als Entscheidungshilfe** wird dem mathematisch nicht vorgebildeten Leser eine Einführung in die wichtigsten modernen Methoden der Statistik gegeben. Abstrakte mathematische Überlegungen und Ableitungen werden vermieden. Wert gelegt wird auf das Grundsätzliche der statistischen Denkansätze, auf die Darstellung der Voraussetzungen, die erfüllt sein müssen, bevor man eine bestimmte Formel oder einen bestimmten Test anwenden darf. Berücksichtigt werden insbesondere die Analyse von Stichproben kleiner Umfänge und verteilungsunabhängige Methoden. Angesprochen werden in diesem **Lehr- und Nachschlagebuch** Nichtmathematiker, insbesondere *Praktiker in Wirtschaft und Industrie: Facharbeiter, Ingenieure, Führungskräfte, Studierende, Mediziner sowie Wissenschaftler anderer Disziplinen.* Dem an der praktischen statistischen Arbeit interessierten Mathematiker gibt es einen Überblick.

Im Vordergrund steht die **praktische Anwendung.** Daher bilden 430 teilweise besonders einfach gehaltene, vollständig durchgerechnete Zahlenbeispiele, 57 Übungsaufgaben mit Lösungen sowie eine Reihe unterschiedlicher **Arbeitshilfen** – einschließlich einer umfangreichen Bibliographie und eines sehr ausführlichen Sachverzeichnisses – einen wesentlichen Teil des Buches. Insbesondere dient eine Sammlung von 220 mathematischen und mathematisch-statistischen Tafeln zur Vereinfachung der Berechnungen.

Einige Worte noch zu seinem **Aufbau:** Nach elementaren mathematischen Vorbemerkungen wird im 1. Kapitel die statistische Entscheidungstechnik behandelt. Kapitel 2 gibt Einführungen in die Gebiete: medizinische Statistik, Sequenzanalyse, Bioassay, technische Statistik und Operations Research. In Kapitel 3 und 4 werden Stichproben von Meßwerten und Häufigkeitsdaten verglichen. Die folgenden drei Kapitel behandeln höhere Verfahren: Abhängigkeitsmaße, die Analyse von Kontingenztafeln sowie die Varianzanalyse. Den Abschluß bilden ausführliche allgemeine und spezielle Literaturhinweise, Übungsaufgaben, eine Auswahl englischer Fachausdrücke sowie Sachverzeichnis und Personenverzeichnis.

Um einen **Überblick** über die wichtigsten statistischen Verfahren zu erhalten, empfiehlt sich eine Beschränkung der Lektüre auf die durch den Pfeil ▶ charakterisierten Abschnitte: 11, 121–123, 125, 131–137, 14, 15, 161, 162, 164–166; 311, 312, 314, 32, 33, 35, 36, 394, 395; 41, 421, 422, 43, 431–433, 451–453, 461, 467; 51, 52, 531, 541–543, 545, 551, 553, 554, 558, 559, 58; 611, 614, 621, 625; 71, 723, 73, 74, 76, 77.

Da die Reihenfolge der Darstellung dem Autor einiges Kopfzerbrechen bereitet hat – in wenigen Fällen ließen sich Vorgriffe auf spätere Abschnitte nicht ganz vermeiden – zudem eine gestraffte Darstellung notwendig war, sollte das Buch vom Anfänger mindestens zweimal gelesen werden. Erst dann wird er die inneren Zusammenhänge erkennen und sich damit die wichtigste Voraussetzung für das Verständnis der Statistik verschaffen. Zum Verständnis und zur Anwendung der Methoden sind **zahlreiche Beispiele** – teilweise betont einfacher Art – in den Text aufgenommen worden. Die Verwendung dieser Beispiele, im gewissen Sinne eine Spielerei mit Zahlen, ist oft lehrreicher und fördert das spielerisch-experimentielle Weiterdenken stärker als die Bearbeitung belegter Unterlagen, die – bei häufig aufwendiger Rechenarbeit – meist nur den Spezialisten interessieren. Dem Leser wird empfohlen, alle Beispiele zur Übung noch einmal selbständig durchzurechnen sowie einige der Übungsaufgaben durchzuarbeiten.

Ich bin jedem Leser dankbar, der mich auf Mängel aufmerksam macht oder mir seine Eindrücke, Bemerkungen oder Verbesserungsvorschläge übermittelt.

Einführung in die Statistik

> Grundaufgaben der Statistik:
> Beschreiben, Schätzen, Entscheiden
> **Der Schluß auf die Grundgesamtheit**

Jeder von uns hat es erlebt, daß er wie der eingebildete Kranke und der eingebildete Gesunde echte Zusammenhänge oder echte Unterschiede nicht erkennt bzw. daß er nicht existente Unterschiede oder Zusammenhänge zu erkennen glaubt. Im Alltag erfassen wir einen Zusammenhang oder einen Unterschied mit Hilfe von Sachkenntnis und nach dem sogenannten „Eindruck". Der Wissenschaftler, der gewisse neue Erscheinungen, Abhängigkeiten, Trends, Effekte vieler Art entdeckt und darauf eine Arbeitshypothese gründet, sichert diese ab gegen die Hypothese: die festgestellten Effekte sind allein durch den Zufall bedingt. *Die Frage, ob beobachtete Erscheinungen nur als Zufallsergebnisse gelten können oder typisch sind, beantwortet die analytische Statistik*, die damit zur charakteristischen Methode der modernen Wissenschaft geworden ist.

Mit Hilfe statistischer Verfahren lassen sich *Fragen beantworten* und *Behauptungen überprüfen*. Beispielsweise: Wie viele Personen sollte man vor einer Wahl befragen, um ein ungefähres Bild vom Wahlergebnis zu erhalten? Hat der zweistündige Schulsport in der Woche einen Trainingseffekt auf Herz und Kreislauf? Welche von mehreren Zahnpasten ist für die Kariesprophylaxe zu empfehlen? Wie hängt die Stahlqualität von der Zusammensetzung des Stahles ab? Die neue Verkäuferin hat den Tagesumsatz um DM 300 erhöht. Die für eine bestimmte Krankheit charakteristische Überlebensrate (60%) wird durch Heilmittel A auf 90% erhöht. Die Kunstdünger K_1, K_2 und K_3 zeigen bei Hafer keine unterschiedliche Wirkung. Bei Ehepartnern besteht eine Ähnlichkeit der Mundpartie.

Statistische Methoden befassen sich mit empirischen Daten (quantitativen Informationen) aus unserer Umwelt, mit ihrer Gewinnung und Aufbereitung: Beschreibung, Auswertung und Beurteilung; das *Ziel ist die Vorbereitung von Entscheidungen*. „Statistik" war im 18. Jahrhundert die „Lehre von der Zustandsbeschreibung der Staaten", wobei auch Daten über Bevölkerung, Heer und Gewerbe gesammelt wurden. Hieraus entwickelte sich die **Beschreibende Statistik,** deren Aufgabe darin besteht, anhand von Beobachtungsdaten Zustände und Vorgänge zu beschreiben; hierzu dienen Tabellen, graphische Darstellungen, Verhältniszahlen, Indexzahlen und typische Kenngrößen, wie Lagemaße (z. B. arithmetischer Mittelwert) und Streuungsmaße (z. B. Varianz).

Die **Analytische Statistik** schließt anhand von Beobachtungsdaten auf allgemeine Gesetzmäßigkeiten, die über den Beobachtungsraum hinaus gültig sind. Sie entwickelte sich aus der „Politischen Arithmetik", die sich hauptsächlich mit Tauf-, Heirats- und Sterberegistern beschäftigte, um Geschlechtsverhältnis, Fruchtbarkeit, Altersaufbau und Sterblichkeit der Bevölkerung abzuschätzen. Die analytische Statistik basiert auf der *Wahrscheinlichkeitsrechnung*, die mathematische Modelle zur Erfassung zufallsbedingter oder stochastischer Experimente beschreibt. Beispiele für stochastische Experimente sind: das Werfen eines Würfels, Glücksspiele und Lotterien aller Art, das Geschlecht eines Neugeborenen, Tagestemperaturen, Ernteerträge, die Brenndauer einer Glühlampe, die Zeigerstellung eines Meßinstrumentes bei einem Versuch, kurz jede Beobachtung und jeder Versuch, bei denen die Ergebnisse durch Zufallsschwankungen oder Meßfehler beeinflußt sind. *Fast stets interessieren hierbei weniger die Beobachtungen oder Meßergebnisse selbst, sondern die übergeordnete Gesamtheit, der die Beobachtungen oder Meßergebnisse entstammen.* Beispielsweise die Wahrscheinlichkeit, mit einem intakten Würfel eine 6 zu würfeln, im Zahlenlotto 6 richtige Zahlen zu erraten, der Anteil der Knabengeburten in der Bundesrepublik im Jahre 1974.

Bei vielen, wiederholbare Erfahrungen betreffenden Fragestellungen wird man nicht die zu untersuchende Menge aller möglichen Erfahrungen oder Beobachtungen, die sogenannte Grundgesamtheit, vollständig erfassen können, sondern nur einen geeignet auszuwählenden Teil. Um einen Wein zu beurteilen, entnimmt der Kellermeister einem großen Faß mit dem Stechheber eine kleine Probe. Diese *Stichprobe* gibt dann Aufschluß über die Häufigkeit und Zusammensetzung der interessierenden Merkmale der zu beurteilenden Grundgesamtheit, die man aus finanziellen, zeitlichen oder prinzipiellen Gründen nicht als Ganzes untersuchen kann. Vorausgesetzt wird das Vorliegen von **Zufallsstichproben,** bei denen jedes Element der Grundgesamtheit die gleiche Chance hat, ausgewählt zu werden. Enthält die Grundgesamtheit unterschiedliche Teilgesamtheiten, dann wird man eine geschichtete Zufallsstichprobe wählen. Sinnvolle und repräsentative Teilmenge einer Tortensendung ist weder der Tortenboden, noch die Füllung, noch die Garnierung, sondern allenfalls ein Stück Torte. Besser noch sind mehreren Torten entnommene Proben von Boden, Füllung und Garnierung.

Zufallsstichproben gewinnt man im Zahlenlotto mit Hilfe einer mechanischen Vorrichtung. Im allgemeinen bedient man sich zur Gewinnung von Zufallsstichproben einer Tabelle von Zufallszahlen (die Elemente werden numeriert, ein Element gilt als ausgewählt, sobald seine Nummer in der Tabelle erscheint). Nach einem Zufallsverfahren entnommene Stichproben haben den Vorzug, daß die aus ihnen ermittelten statistischen Kenngrößen gegenüber den entsprechenden der Grundgesamtheit nur die unvermeidlichen Zufallsfehler aufweisen, die, da sie das Resultat nicht verzerren – bei mehrfachen Wiederholungen gleichen sich zufällige Fehler im Mittel aus –, abgeschätzt werden können, während bei den Verfahren ohne Zufallsauswahl noch sogenannte methodische oder systematische Fehler hinzukommen können, über deren Größe sich in der Regel keine Angaben machen lassen. Insbesondere die Abschätzung des Zufallsfehlers und die Prüfung, ob beobachtete Erscheinungen auch für die Grundgesamtheiten charakteristisch sind oder lediglich als Zufallsergebnisse gelten können, die sogenannte *Prüfung von Hypothesen über die Grundgesamtheit*, stehen im Vordergrund.

Bei der Übertragung eines Problems in statistisch prüfbare Hypothesen sollte auf die Auswahl und Definition geeigneter problemnaher und aussagekräftiger, möglichst meßbarer Merkmale, auf die Präzisierung und Konstanz der Untersuchungsbedingungen sowie auf die Verwendung kostenoptimaler Stichproben- bzw. Versuchspläne Wert gelegt werden. Wir konzentrieren unser Augenmerk auf uns wesentlich erscheinende Teile des Sachverhalts und versuchen, sie in einem neuen, möglichst übersichtlichen Komplex (mit angemessenem [Realitäts- und] Abstraktionsgrad) als **Modell** zusammenzufassen. **Modelle sind wichtige Entscheidungshilfen.**

Die wissenschaftliche Arbeitsweise ist eine Strategie, die darauf abzielt, allgemeine Gesetzmäßigkeiten zu finden und sie mit Hilfe prüfbarer und ablehnbarer (falsifizierbarer) Aussagen zu einer logisch-mathematisch strukturierten **Theorie** zu entwickeln. Hierbei resultiert eine angenäherte Beschreibung der erfaßbaren Wirklichkeit. Diese angenäherte Beschreibung ist revidierbar und komplettierbar. Typisch für die wissenschaftliche Methodik ist der **Kreisprozeß** oder **Iterationszyklus:** Mutmaßungen (Ideen)

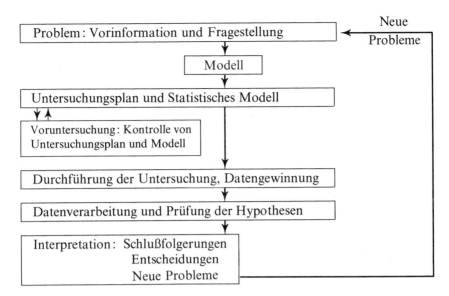

→ Plan (vgl. auch S. 435) → Beobachtungen → Analyse → Ergebnisse → Neue Mutmaßungen (Neue Ideen) → ...; hierbei (vgl. auch oben) werden Widersprüche und Unverträglichkeiten ausgeschaltet sowie die Modelle und Theorien verbessert. **Die bessere Theorie ist die, die uns erlaubt, mehr zu erklären und bessere Voraussagen zu machen.**

Für uns ist wichtig: Aufgrund der problemspezifischen Fragestellung werden Annahmen gemacht hinsichtlich der Struktur des zugrunde liegenden Modells und des entsprechenden statistischen Modells. Nach Prüfung der Verträglichkeit von Beobachtungen und statistischem Modell werden mit vorgegebener statistischer Sicherheit Kenngrößen zur statistischen Beschreibung einer Grundgesamtheit, sogenannte **Parameter**, geschätzt und Hypothesen über die Parameter geprüft. In beiden Fällen resultieren *Wahrscheinlichkeitsaussagen*. Aufgabe der Statistik ist es somit, der Fragestellung und den Daten angemessene statistische Modelle zu finden und zu schaffen und durch sie die in den Daten steckende wesentliche Information herauszuschälen, d.h. **die Statistik liefert Modelle für die Informationsreduktion.**

Diese und andere Verfahren bilden den Kern einer auf die **kritische Gewinnung und Beurteilung von Meßwerten und Häufigkeiten** ausgerichteten *Datenanalyse*, wie sie für viele Bereiche in Technik, Wirtschaft, Politik und Wissenschaft notwendig ist.

Datenanalyse ist die systematische Suche nach aufschlußreichen Informationen über Erscheinungen, Strukturen und Vorgänge anhand von Datenkörpern und **graphischen, mathematischen** sowie insbesondere **statistischen Verfahren** ohne oder mit Wahrscheinlichkeitskonzept. Hierbei geht es weniger darum, Daten zu Wahrscheinlichkeiten zu vermahlen und signifikante Befunde zu erzielen, die ja bedeutungslos oder unwichtig sein können. Nicht die statistische Signifikanz sondern die praktische Relevanz zählt. Eine Bewertung von Befunden hängt von vielen Faktoren ab, etwa von der fachspezifischen Bedeutung, von der Verträglichkeit mit anderen Resultaten oder von den Voraussagen, die sie ermöglichen. Diese Evidenz kann kaum statistisch bewertet werden. Darüber hinaus haben Daten viele Wirkungen auf uns, die über eine Entscheidung hinausgehen. Sie geben uns Verständnis, Einsicht, Anregungen und überraschende Ideen.

0   Vorbemerkungen

Im folgenden werden einige *mathematische Elementarkenntnisse* wiederholt. Sie bilden mit wenigen Ausnahmen einen Teil des für die mittlere Reife geforderten Wissens. Diese Kenntnisse reichen vollauf für das Verständnis der im Text behandelten Probleme.

01   Mathematische Abkürzungen

Die Sprache der Mathematik verwendet Symbole, z. B. Buchstaben oder andere Zeichen, um bestimmte Sachverhalte präzise und kurz darzustellen. Zahlen werden im allgemeinen mit kleinen lateinischen Buchstaben (a, b, c, d, . . .) oder, wenn sehr viele unterschieden werden sollen, mit a_1, a_2, a_3, . . ., a_n bezeichnet. Einige weitere wichtige Symbole enthält Tabelle 1.

Tabelle 1.   Einige mathematische Relationen

Beziehung	Bedeutung	Beispiel
$a = b$	a ist gleich b	$8 = 12 - 4$
$a < b$	a ist kleiner als b	$4 < 5$
$a > b$	a ist größer als b	$6 > 5$
$a \leq b$	a ist gleich oder kleiner als b	Verdienst a beträgt höchstens b DM
$a \geq b$	a ist gleich oder größer als b	Verdienst a beträgt mindestens b DM
$a \simeq b$ ⎫	a ist angenähert, nahezu	$109{,}8 \simeq 110$
$a \approx b$ ⎬	gleich, ungefähr gleich b	$109{,}8 \approx 110$
$a \neq b$	a ist nicht gleich b	$4 \neq 6$

Für „x ist größer als a und kleiner oder gleich b" schreibt man: $a < x \leq b$
Für „x ist wesentlich größer als a" schreibt man: $x > > a$

02   Rechenoperationen

Die Beherrschung der 4 *Grundrechenarten*: Addition, Subtraktion, Multiplikation und Division wird vorausgesetzt. Trotzdem seien die folgenden Vereinbarungen getroffen. Eine *Rechenoperation* ist eine Vorschrift, aus zwei Zahlen eindeutig eine neue Zahl, z. B. die Summe, zu bilden.

1. Addition: Summand + Summand = Ausgerechnete Summe [$5 + 8 = 13$]

Rechnen heißt, aus 2 oder mehreren Zahlen eine neue zu finden. Jedes der vier üblichen *Rechenzeichen* ($+$; $-$; $\cdot$; :) stellt eine Rechenvorschrift dar:

> $+$ plus, Additionszeichen
> $-$ minus, Subtraktionszeichen
> $\cdot$ mal, Multiplikationszeichen
> : geteilt durch, Divisionszeichen

Das Ergebnis jeder Rechnung sollte zu Beginn der Rechnung geschätzt, danach zweimal gerechnet und **anhand einer Probe kontrolliert** werden. Beispielsweise ist $4,8 + 16,1$ etwa gleich 21, genau 20,9; Probe $20,9 - 4,8 = 16,1$ oder $15,6 : 3$ ist etwa gleich 5, genau 5,2; Probe $5,2 \cdot 3 = 15,6$.

Für die Reihenfolge der vier Grundrechenarten gelten zwei Regeln:

1. *Punktrechnung (Multiplikation und Division) geht vor Strichrechnung (Addition und Subtraktion).*

$$\text{Beispiele:} \quad 2 + 3 \cdot 8 = 2 + 24 = 26$$
$$6 \cdot 2 + 8 : 4 = 12 + 2 = 14$$

Die positiven Zahlen ($+1$, $+2$, $+3$, $+\ldots$), die Null und die negativen Zahlen (-1, -2, -3, $-\ldots$) bilden die *ganzen Zahlen*, einen Zahlenbereich, in dem jede Subtraktionsaufgabe eine Lösung hat (z.B.: $8 - 12 = -4$). Bei der Punktrechnung sind folgende etwas salopp formulierte *Vorzeichenregeln* zu beachten:

$+ \cdot + = +$	*Gleiche Vorzeichen*		$+ \cdot - = -$	*Ungleiche Vorzeichen*
$+ : + = +$	*ergeben plus*		$+ : - = -$	*ergeben minus*
$- \cdot - = +$	$(-8):(-2) = +4 = 4$		$- \cdot + = -$	$(-8):(+2) = -4$
$- : - = +$	Rechenzeichen		$- : + = -$	Vorzeichen

Der Wert einer reellen Zahl a (siehe S. 39 oben) unabhängig von ihrem Vorzeichen wird ihr *absoluter Betrag* genannt und $|a|$ geschrieben, z.B. $|-4| = |+4| = 4$.

2. *Was in der Klammer steht, wird zuerst berechnet.* Stecken mehrere Klammern ineinander, so ist mit der innersten Klammer zu beginnen. Vor einer Klammer verzichtet man im allgemeinen auf das Multiplikationszeichen, z.B.:

$$4(3 + 9) = 4(12) = 4 \cdot 12 = 48$$

Die Division wird häufig als Bruch dargestellt, z.B.:

$$\frac{3}{4} = 3/4 = 3 : 4 = 0,75$$

$$4[12 - (8 \cdot 2 + 18)] = 4[12 - (16 + 18)] = 4(12 - 34) = 4(-22) = -88$$

$$12\left[\frac{(9-3)}{2} - 1\right] = 12\left[\frac{6}{2} - 1\right] = 12(3 - 1) = 12(2) = 24$$

Übersicht: Verbindungen der vier Grundrechenarten

Soll die Summe der Zahlen $x_1, x_2, \ldots, x_n$ gebildet werden, so wird für diese Operation das folgende Symbol

$$z = \sum_{i=1}^{n} x_i$$

eingeführt. $\sum$ ist der große griechische Buchstabe Sigma, das Zeichen für „Summe von". Gelesen wird diese Operation: z ist die Summe aller Zahlen x_i von $i=1$ bis $i=n$. Der Index der ersten zu addierenden Größe wird dabei unter das *Summenzeichen* gesetzt, der Index der letzten Größe darüber. Allgemein wird die Summation vom Index 1 bis zum Index n geführt. Für die Summe von x_1 bis x_n sind also folgende Schreibweisen gleichwertig:

$$x_1 + x_2 + x_3 + \ldots + x_n = \sum_{i=1}^{i=n} x_i = \sum x$$

2. Subtraktion: Minuend $-$ Subtrahend $=$ Ausgerechnete Differenz $[13-8=5]$
3. Multiplikation: Faktor $\times$ Faktor $=$ Ausgerechnetes Produkt $[2 \times 3 = 6]$
Das Produkt zweier Zahlen wird nur selten durch das Zeichen $\times$ zwischen den beiden Faktoren charakterisiert, da eine Verwechslung mit dem Buchstaben x möglich ist; im allgemeinen deuten wir die Multiplikation durch einen hochgestellten Punkt an oder setzen die Faktoren ohne jedes Zeichen direkt nebeneinander, beispielsweise $5 \cdot 6$ oder pq. Die Aufgabe $1{,}23 \cdot 4{,}56$ schreibt man in den USA $1.23 \cdot 4.56$ oder $(1.23)(4.56)$, in England und Kanada $1 \cdot 23.4 \cdot 56$ oder $1 \cdot 23 \times 4 \cdot 56$. Ein Komma wird in diesen Ländern zur übersichtlicheren Darstellung großer Zahlen verwendet (z.B. $5{,}837 \cdot 43$ bzw. $5{,}837.43$ anstatt $5837{,}43$).
4. Division: Dividend/Divisor $=$ Ausgerechneter Quotient $[6/3=2]$ (Divisor $\neq 0$)
5. Potenzrechnung (Potenzieren): Ein Produkt gleicher Faktoren a ist eine Potenz a^n, gesprochen „a hoch n" oder „n-te Potenz von a". Hierbei ist a die Basis und n der Exponent der Potenz.

$$\text{Basis}^{\text{Exponent}} = \text{Potenzwert}$$

$$5 \cdot 5 \cdot 5 = 5^3 = 125; \quad 2 \cdot 2 \cdot 2 \cdot 2 = 2^4 = 16$$

Die zweiten Potenzen a^2 werden *Quadratzahlen* genannt, denn a^2 gibt den Flächeninhalt eines Quadrates mit der Seite a an, daher liest man a^2 auch „a Quadrat". Die dritten Potenzen werden *Kubikzahlen* genannt; a^3 gibt den Rauminhalt eines Würfels mit der Kante a an. Eine besondere Bedeutung haben die *Zehnerpotenzen*. Man benutzt sie bei Überschlagsrechnungen, um sich einen Überblick über die Größenordnung zu verschaffen, sowie um sehr große und sehr kleine Zahlen abgekürzt und übersichtlich zu schreiben: $100 = 10 \cdot 10 = 10^2$, $1000 = 10 \cdot 10 \cdot 10 = 10^3$, $1\,000\,000 = 10^6$. Hierauf kommen wir noch zurück. Zunächst einige Potenzgesetze mit Beispielen (m und n seien natürliche Zahlen):

$$a^m \cdot a^n = a^{m+n} \qquad 2^4 \cdot 2^3 = 2^{4+3} = 2^7 = 128$$

$$a^m : a^n = a^{m-n} \qquad 2^4 : 2^3 = 2^{4-3} = 2^1 = 2$$

$$a^n \cdot b^n = (ab)^n \qquad 6^2 \cdot 3^2 = 6 \cdot 6 \cdot 3 \cdot 3 = 6 \cdot 3 \cdot 6 \cdot 3 = (6 \cdot 3)^2 = 18^2 = 324$$

$$a^m : b^m = \left(\frac{a}{b}\right)^m \qquad \text{Der Leser bilde ein Beispiel}$$

$$(a^m)^n = a^{m \cdot n}$$

$$(5^2)^3 = 5^2 \cdot 5^2 \cdot 5^2 = 5^{2 \cdot 3} = 5^6 = 15\,625$$

$$a^{-n} = \frac{1}{a^n}$$

$$10^{-3} = \frac{1}{10^3} = \frac{1}{1000} = 0{,}001$$

$$a^0 = 1 \quad \text{für} \quad a \neq 0$$

$$\frac{a^5}{a^5} = a^{5-5} = a^0 = 1 \quad (\text{vgl. auch}: 0^a = 0 \quad \text{für} \quad a > 0)$$

Diese Potenzgesetze gelten auch, wenn m und n keine ganzen Zahlen sind; das heißt, wenn $a \neq 0$, gelten die angegebenen Potenzgesetze auch für gebrochene Exponenten $\left(m = \frac{p}{q},\ n = \frac{r}{s}\right)$.

6. Wurzelrechnung (Radizieren): Statt $a^{1/n}$ schreibt man auch $\sqrt[n]{a^1} = \sqrt[n]{a}$ und liest n-te Wurzel aus a. Für $n = 2$ (Quadratwurzel) schreibt man kurz $\sqrt{a}$. $\sqrt[n]{a}$ ist die Zahl, die in die n-te Potenz erhoben, den Radikanden a ergibt: $\left[\sqrt[n]{a}\right]^n = a$. Folgende Bezeichnung ist üblich:

$$\sqrt[\text{Wurzelexponent}]{\text{Radikand}} = \text{Wurzelwert}$$

$$\sqrt[2]{25} = \sqrt{25} = 5, \quad \text{denn} \quad 5^2 = 25$$

Man radiziert (das Zeichen $\sqrt{}$ ist ein stilisiertes r von lat. radix = Wurzel) mit Hilfe von Tafeln, Logarithmen oder Rechenstab (vgl. S. 10–18 sowie das auf S. 19 vorgestellte Iterationsverfahren).

$$\text{Näherungsformel:} \ \sqrt{a^2 \pm d} \approx a \pm \frac{d}{2a} \quad \text{für} \quad d << a^2$$

Soll z. B. $\sqrt{1969}$ berechnet werden, so zeigt ein Blick auf Tabelle 4, S. 17, 2. und 1. Spalte, daß $1936 = 44^2$, d.h. $\sqrt{1969} = \sqrt{44^2 + 33} \approx 44 + 33/88 \approx 44{,}375$ (exakter: 44,3734; Fehler 16/10000) oder $\sqrt{0{,}01969} = \sqrt{0{,}0196 + 0{,}00009} = 0{,}14 + 0{,}00009/0{,}28 = 0{,}14032$. Für die Berechnung der Kubikwurzel kann für $d << a^3$ die Approximation $\sqrt[3]{a^3 \pm d} \approx a \pm d/3a^2$ dienen.

Einige Formeln und Beispiele für das Rechnen mit Wurzeln:

$$\sqrt[n]{a} \cdot \sqrt[n]{b} = \sqrt[n]{ab} \qquad \frac{\sqrt[n]{a}}{\sqrt[n]{b}} = \sqrt[n]{\frac{a}{b}} \qquad a^{\frac{m}{n}} = \sqrt[n]{a^m} \qquad \left[\sqrt[n]{a}\right]^m = \sqrt[n]{a^m} \qquad \sqrt[m]{\sqrt[n]{a}} = \sqrt[m \cdot n]{a}$$

$$\sqrt{50} = \sqrt{25 \cdot 2} = 5\sqrt{2}, \qquad \frac{\sqrt{50}}{\sqrt{2}} = \sqrt{\frac{50}{2}} = \sqrt{25} = 5, \qquad \sqrt[4]{3^{12}} = 3^{\frac{12}{4}} = 3^3 = 27$$

7. Das Rechnen mit Logarithmen (Logarithmieren): Logarithmen sind Exponenten. Wenn a eine positive Zahl ist, und y eine beliebige Zahl (>0), dann gibt es eine eindeutig

Tabelle 2.   Vierstellige Zehnerlogarithmen

x	\(\lg x\) 0	1	2	3	4	5	6	7	8	9	Zuschläge für Zehntel der Spanne 1	2	3	4	5	6	7	8	9
100	0000	0004	0009	0013	0017	0022	0026	0030	0035	0039	0	1	1	2	2	3	3	3	4
101	0043	0048	0052	0056	0060	0065	0069	0073	0077	0082	0	1	1	2	2	3	3	3	4
102	0086	0090	0095	0099	0103	0107	0111	0116	0120	0124	0	1	1	2	2	3	3	3	4
103	0128	0133	0137	0141	0145	0149	0154	0158	0162	0166	0	1	1	2	2	3	3	3	4
104	0170	0175	0179	0183	0187	0191	0195	0199	0204	0208	0	1	1	2	2	2	3	3	4
105	0212	0216	0220	0224	0228	0233	0237	0241	0245	0249	0	1	1	2	2	2	3	3	4
106	0253	0257	0261	0265	0269	0273	0278	0282	0286	0290	0	1	1	2	2	2	3	3	4
107	0294	0298	0302	0306	0310	0314	0318	0322	0326	0330	0	1	1	2	2	2	3	3	4
108	0334	0338	0342	0346	0350	0354	0358	0362	0366	0370	0	1	1	2	2	2	3	3	4
109	0374	0378	0382	0386	0390	0394	0398	0402	0406	0410	0	1	1	2	2	2	3	3	4
10	0000	0043	0086	0128	0170	0212	0253	0294	0334	0374	4	8	12	17	21	25	29	33	37
11	0414	0453	0492	0531	0569	0607	0645	0682	0719	0755	4	8	11	15	19	23	26	30	34
12	0792	0828	0864	0899	0934	0969	1004	1038	1072	1106	3	7	10	14	17	21	24	28	31
13	1139	1173	1206	1239	1271	1303	1335	1367	1399	1430	3	6	10	13	16	19	23	26	29
14	1461	1492	1523	1553	1584	1614	1644	1673	1703	1732	3	6	9	12	15	18	21	24	27
15	1761	1790	1818	1847	1875	1903	1931	1959	1987	2014	3	6	8	11	14	17	20	22	25
16	2041	2068	2095	2122	2148	2175	2201	2227	2253	2279	3	5	8	11	13	16	18	21	24
17	2304	2330	2355	2380	2405	2430	2455	2480	2504	2529	2	5	7	10	12	15	17	20	22
18	2553	2577	2601	2625	2648	2672	2695	2718	2742	2765	2	5	7	9	12	14	16	19	21
19	2788	2810	2833	2856	2878	2900	2923	2945	2967	2989	2	4	7	9	11	13	16	18	20
20	3010	3032	3054	3075	3096	3118	3139	3160	3181	3201	2	4	6	8	11	13	15	17	19
21	3222	3243	3263	3284	3304	3324	3345	3365	3385	3404	2	4	6	8	10	12	14	16	18
22	3424	3444	3464	3483	3502	3522	3541	3560	3579	3598	2	4	6	8	10	12	14	15	17
23	3617	3636	3655	3674	3692	3711	3729	3747	3766	3784	2	4	6	7	9	11	13	15	17
24	3802	3820	3838	3856	3874	3892	3909	3927	3945	3962	2	4	5	7	9	11	12	14	16
25	3979	3997	4014	4031	4048	4065	4082	4099	4116	4133	2	3	5	7	9	10	12	14	15
26	4150	4166	4183	4200	4216	4232	4249	4265	4281	4298	2	3	5	7	8	10	11	13	15
27	4314	4330	4346	4362	4378	4393	4409	4425	4440	4456	2	3	5	6	8	9	11	13	14
28	4472	4487	4502	4518	4533	4548	4564	4579	4594	4609	2	3	5	6	8	9	11	12	14
29	4624	4639	4654	4669	4683	4698	4713	4728	4742	4757	1	3	4	6	7	9	10	12	13
30	4771	4786	4800	4814	4829	4843	4857	4871	4886	4900	1	3	4	6	7	9	10	11	13
31	4914	4928	4942	4955	4969	4983	4997	5011	5024	5038	1	3	4	6	7	8	10	11	12
32	5051	5065	5079	5092	5105	5119	5132	5145	5159	5172	1	3	4	5	7	8	9	11	12
33	5185	5198	5211	5224	5237	5250	5263	5276	5289	5302	1	3	4	5	6	8	9	10	12
34	5315	5328	5340	5353	5366	5378	5391	5403	5416	5428	1	3	4	5	6	8	9	10	11
35	5441	5453	5465	5478	5490	5502	5514	5527	5539	5551	1	2	4	5	6	7	9	10	11
36	5563	5575	5587	5599	5611	5623	5635	5647	5658	5670	1	2	4	5	6	7	8	10	11
37	5682	5694	5705	5717	5729	5740	5752	5763	5775	5786	1	2	3	5	6	7	8	9	10
38	5798	5809	5821	5832	5843	5855	5866	5877	5888	5899	1	2	3	5	6	7	8	9	10
39	5911	5922	5933	5944	5955	5966	5977	5988	5999	6010	1	2	3	4	5	7	8	9	10
40	6021	6031	6042	6053	6064	6075	6085	6096	6107	6117	1	2	3	4	5	6	8	9	10
41	6128	6138	6149	6160	6170	6180	6191	6201	6212	6222	1	2	3	4	5	6	7	8	9
42	6232	6243	6253	6263	6274	6284	6294	6304	6314	6325	1	2	3	4	5	6	7	8	9
43	6335	6345	6355	6365	6375	6385	6395	6405	6415	6425	1	2	3	4	5	6	7	8	9
44	6435	6444	6454	6464	6474	6484	6493	6503	6513	6522	1	2	3	4	5	6	7	8	9
45	6532	6542	6551	6561	6571	6580	6590	6599	6609	6618	1	2	3	4	5	6	7	8	9
46	6628	6637	6646	6656	6665	6675	6684	6693	6702	6712	1	2	3	4	5	6	7	7	8
47	6721	6730	6739	6749	6758	6767	6776	6785	6794	6803	1	2	3	4	5	5	6	7	8
48	6812	6821	6830	6839	6848	6857	6866	6875	6884	6893	1	2	3	4	4	5	6	7	8
49	6902	6911	6920	6928	6937	6946	6955	6964	6972	6981	1	2	3	4	4	5	6	7	8
	0	1	2	3	4	5	6	7	8	9	1	2	3	4	5	6	7	8	9

Beispiel: lg 1,234 = 0,0899 + 0,0014 = 0,0913

Tabelle 2.   Vierstellige Zehnerlogarithmen

x				lg x									Zuschläge für Zehntel der Spanne						
	0	1	2	3	4	5	6	7	8	9	1	2	3	4	5	6	7	8	9
50	6990	6998	7007	7016	7024	7033	7042	7050	7059	7067	1	2	3	3	4	5	6	7	8
51	7076	7084	7093	7101	7110	7118	7126	7135	7143	7152	1	2	3	3	4	5	6	7	8
52	7160	7168	7177	7185	7193	7202	7210	7218	7226	7235	2	3	3	4	5	6	7	7	7
53	7243	7251	7259	7267	7275	7284	7292	7300	7308	7316	1	2	2	3	4	5	6	6	7
54	7324	7332	7340	7348	7356	7364	7372	7380	7388	7396	1	2	2	3	4	5	6	6	7
55	7404	7412	7419	7427	7435	7443	7451	7459	7466	7474	1	2	2	3	4	5	5	6	7
56	7482	7490	7497	7505	7513	7520	7528	7536	7543	7551	1	2	2	3	4	5	5	6	7
57	7559	7566	7574	7582	7589	7597	7604	7612	7619	7627	1	2	2	3	4	5	5	6	7
58	7634	7642	7649	7657	7664	7672	7679	7686	7694	7701	1	1	2	3	4	4	5	6	7
59	7709	7716	7723	7731	7738	7745	7752	7760	7767	7774	1	1	2	3	4	4	5	6	7
60	7782	7789	7796	7803	7810	7818	7825	7832	7839	7846	1	1	2	3	4	4	5	6	6
61	7853	7860	7868	7875	7882	7889	7896	7903	7910	7917	1	1	2	3	4	4	5	6	6
62	7924	7931	7938	7945	7952	7959	7966	7973	7980	7987	1	1	2	3	3	4	5	6	6
63	7993	8000	8007	8014	8021	8028	8035	8041	8048	8055	1	1	2	3	3	4	5	5	6
64	8062	8069	8075	8082	8089	8096	8102	8109	8116	8122	1	1	2	3	3	4	5	5	6
65	8129	8136	8142	8149	8156	8162	8169	8176	8182	8189	1	1	2	3	3	4	5	5	6
66	8195	8202	8209	8215	8222	8228	8235	8241	8248	8254	1	1	2	3	3	4	5	5	6
67	8261	8267	8274	8280	8287	8293	8299	8306	8312	8319	1	1	2	3	3	4	5	5	6
68	8325	8331	8338	8344	8351	8357	8363	8370	8376	8382	1	1	2	3	3	4	4	5	6
69	8388	8395	8401	8407	8414	8420	8426	8432	8439	8445	1	1	2	2	3	4	4	5	6
70	8451	8457	8463	8470	8476	8482	8488	8494	8500	8506	1	1	2	2	3	4	4	5	6
71	8513	8519	8525	8531	8537	8543	8549	8555	8561	8567	1	1	2	2	3	4	4	5	5
72	8573	8579	8585	8591	8597	8603	8609	8615	8621	8627	1	1	2	2	3	4	4	5	5
73	8633	8639	8645	8651	8657	8663	8669	8675	8681	8686	1	1	2	2	3	4	4	5	5
74	8692	8698	8704	8710	8716	8722	8727	8733	8739	8745	1	1	2	2	3	3	4	5	5
75	8751	8756	8762	8768	8774	8779	8785	8791	8797	8802	1	1	2	2	3	3	4	5	5
76	8808	8814	8820	8825	8831	8837	8842	8848	8854	8859	1	1	2	2	3	3	4	5	5
77	8865	8871	8876	8882	8887	8893	8899	8904	8910	8915	1	1	2	2	3	3	4	4	5
78	8921	8927	8932	8938	8943	8949	8954	8960	8965	8971	1	1	2	2	3	3	4	4	5
79	8976	8982	8987	8993	8998	9004	9009	9015	9020	9025	1	1	2	2	3	3	4	4	5
80	9031	9036	9042	9047	9053	9058	9063	9069	9074	9079	1	1	2	2	3	3	4	4	5
81	9085	9090	9096	9101	9106	9112	9117	9122	9128	9133	1	1	2	2	3	3	4	4	5
82	9138	9143	9149	9154	9159	9165	9170	9175	9180	9186	1	1	2	2	3	3	4	4	5
83	9191	9196	9201	9206	9212	9217	9222	9227	9232	9238	1	1	2	2	3	3	4	4	5
84	9243	9248	9253	9258	9263	9269	9274	9279	9284	9289	1	1	2	2	3	3	4	4	5
85	9294	9299	9304	9309	9315	9320	9325	9330	9335	9340	1	1	2	2	3	3	4	4	5
86	9345	9350	9355	9360	9365	9370	9375	9380	9385	9390	1	1	2	2	3	3	4	4	5
87	9395	9400	9405	9410	9415	9420	9425	9430	9435	9440	0	1	1	2	2	3	3	4	4
88	9445	9450	9455	9460	9465	9469	9474	9479	9484	9489	0	1	1	2	2	3	3	4	4
89	9494	9499	9504	9509	9513	9518	9523	9528	9533	9538	0	1	1	2	2	3	3	4	4
90	9542	9547	9552	9557	9562	9566	9571	9576	9581	9586	0	1	1	2	2	3	3	4	4
91	9590	9595	9600	9605	9609	9614	9619	9624	9628	9633	0	1	1	2	2	3	3	4	4
92	9638	9643	9647	9652	9657	9661	9666	9671	9675	9680	0	1	1	2	2	3	3	4	4
93	9685	9689	9694	9699	9703	9708	9713	9717	9722	9727	0	1	1	2	2	3	3	4	4
94	9731	9736	9741	9745	9750	9754	9759	9763	9768	9773	0	1	1	2	2	3	3	4	4
95	9777	9782	9786	9791	9795	9800	9805	9809	9814	9818	0	1	1	2	2	3	3	4	4
96	9823	9827	9832	9836	9841	9845	9850	9854	9859	9863	0	1	1	2	2	3	3	4	4
97	9868	9872	9877	9881	9886	9890	9894	9899	9903	9908	0	1	1	2	2	3	3	4	4
98	9912	9917	9921	9926	9930	9934	9939	9943	9948	9952	0	1	1	2	2	3	3	4	4
99	9956	9961	9965	9969	9974	9978	9983	9987	9991	9996	0	1	1	2	2	3	3	3	4
	0	1	2	3	4	5	6	7	8	9	1	2	3	4	5	6	7	8	9

Anhand dieser Tafel lassen sich auch natürliche Logarithmen und Werte e^x berechnen:

ln $x = 2,3026 \cdot$ lg x; für $x = 1,23$ ist ln $1,23 = 2,3026 \cdot 0,0899 = 0,207$

$e^x = 10^{x \cdot \lg e} = 10^{0,4343x}$; für $x = 0,207$ ist $e^{0,207} = 10^{0,4343 \cdot 0,207} = 10^{0,0899} = 1,23$

Tabelle 3.   Vierstellige Antilogarithmen

lgx	0	1	2	3	4	5	6	7	8	9	1	2	3	4	5	6	7	8	9
					x						\multicolumn{9}{Zuschläge für Zehntel der Spanne}								
,00	1000	1002	1005	1007	1009	1012	1014	1016	1019	1021	0	0	1	1	1	1	2	2	2
,01	1023	1026	1028	1030	1033	1035	1038	1040	1042	1045	0	0	1	1	1	1	2	2	2
,02	1047	1050	1052	1054	1057	1059	1062	1064	1067	1069	0	0	1	1	1	1	2	2	2
,03	1072	1074	1076	1079	1081	1084	1086	1089	1091	1094	0	0	1	1	1	1	2	2	2
,04	1096	1099	1102	1104	1107	1109	1112	1114	1117	1119	0	1	1	1	1	2	2	2	2
,05	1122	1125	1126	1130	1132	1135	1138	1140	1143	1146	0	1	1	1	1	2	2	2	2
,06	1148	1151	1153	1156	1159	1161	1164	1167	1169	1172	0	1	1	1	1	2	2	2	2
,07	1175	1178	1180	1183	1186	1189	1191	1194	1197	1199	0	1	1	1	1	2	2	2	2
,08	1202	1205	1208	1211	1213	1216	1219	1222	1225	1227	0	1	1	1	1	2	2	2	3
,09	1230	1233	1236	1239	1242	1245	1247	1250	1253	1256	0	1	1	1	1	2	2	2	3
,10	1259	1262	1265	1268	1271	1274	1276	1279	1282	1285	0	1	1	1	1	2	2	2	3
,11	1288	1291	1294	1297	1300	1303	1306	1309	1312	1315	0	1	1	1	2	2	2	2	3
,12	1318	1321	1324	1327	1330	1334	1337	1340	1343	1346	0	1	1	1	2	2	2	2	3
,13	1349	1352	1355	1358	1361	1365	1368	1371	1374	1377	0	1	1	1	2	2	2	3	3
,14	1380	1384	1387	1390	1393	1396	1400	1403	1406	1409	0	1	1	1	2	2	2	3	3
,15	1413	1416	1419	1422	1426	1429	1432	1435	1439	1442	0	1	1	1	2	2	2	3	3
,16	1445	1449	1452	1455	1459	1462	1466	1469	1472	1476	0	1	1	1	2	2	2	3	3
,17	1479	1483	1486	1489	1493	1496	1500	1503	1507	1510	0	1	1	1	2	2	2	3	3
,18	1514	1517	1521	1524	1528	1531	1535	1538	1542	1545	0	1	1	1	2	2	2	3	3
,19	1549	1552	1556	1560	1563	1567	1570	1574	1578	1581	0	1	1	1	2	2	3	3	3
,20	1585	1589	1592	1596	1600	1603	1607	1611	1614	1618	0	1	1	1	2	2	3	3	3
,21	1622	1626	1629	1633	1637	1641	1644	1648	1652	1656	0	1	1	2	2	2	3	3	3
,22	1660	1663	1667	1671	1675	1679	1683	1687	1690	1694	0	1	1	2	2	2	3	3	3
,23	1698	1702	1706	1710	1714	1718	1722	1726	1730	1734	0	1	1	2	2	2	3	3	4
,24	1738	1742	1746	1750	1754	1758	1762	1766	1770	1774	0	1	1	2	2	2	3	3	4
,25	1778	1782	1786	1791	1795	1799	1803	1807	1811	1816	0	1	1	2	2	2	3	3	4
,26	1820	1824	1828	1832	1837	1841	1845	1849	1454	1858	0	1	1	2	2	3	3	3	4
,27	1862	1866	1871	1875	1879	1884	1888	1892	1897	1901	0	1	1	2	2	3	3	3	4
,28	1905	1910	1914	1919	1923	1928	1932	1936	1941	1945	0	1	1	2	2	3	3	4	4
,29	1950	1954	1959	1963	1968	1972	1977	1982	1986	1991	0	1	1	2	2	3	3	4	4
,30	1995	2000	2004	2009	2014	2018	2023	2028	2032	2037	0	1	1	2	2	3	3	4	4
,31	2042	2046	2051	2056	2061	2065	2070	2075	2080	2084	0	1	1	2	2	3	3	4	4
,32	2089	2094	2099	2104	2109	2113	2118	2123	2128	2133	0	1	1	2	2	3	3	4	4
,33	2138	2143	2148	2153	2158	2163	2168	2173	2178	2183	0	1	1	2	2	3	3	4	4
,34	2188	2193	2198	2203	2208	2213	2218	2223	2228	2234	1	1	2	2	3	3	4	4	5
,35	2239	2244	2249	2254	2259	2265	2270	2275	2280	2286	1	1	2	2	3	3	4	4	5
,36	2291	2296	2301	2307	2312	2317	2323	2328	2333	2339	1	1	2	2	3	3	4	4	5
,37	2344	2350	2355	2360	2366	2371	2377	2382	2388	2393	1	1	2	2	3	3	4	4	5
,38	2399	2404	2410	2415	2421	2427	2432	2438	2443	2449	1	1	2	2	3	3	4	4	5
,39	2455	2460	2466	2472	2477	2483	2489	2495	2500	2506	1	1	2	2	3	3	4	5	5
,40	2512	2518	2523	2529	2535	2541	2547	2553	2559	2564	1	1	2	2	3	4	4	5	5
,41	2570	2576	2582	2588	2594	2600	2606	2612	2618	2624	1	1	2	2	3	4	4	5	5
,42	2630	2636	2642	2649	2655	2661	2667	2673	2679	2685	1	1	2	2	3	4	4	5	6
,43	2692	2698	2704	2710	2716	2723	2729	2735	2742	2748	1	1	2	3	3	4	4	5	6
,44	2754	2761	2767	2773	2780	2786	2793	2799	2805	2812	1	1	2	3	3	4	4	5	6
,45	2818	2825	2831	2838	2844	2851	2858	2864	2871	2877	1	1	2	3	3	4	5	5	6
,46	2884	2891	2897	2904	2911	2917	2924	2931	2938	2944	1	1	2	3	3	4	5	5	6
,47	2951	2958	2965	2972	2979	2985	2992	2999	3006	3013	1	1	2	3	3	4	5	5	6
,48	3020	3027	3034	3041	3048	3055	3062	3069	3076	3083	1	1	2	3	4	4	5	6	6
,49	3090	3097	3105	3112	3119	3126	3133	3141	3148	3155	1	1	2	3	4	4	5	6	6
	0	1	2	3	4	5	6	7	8	9	1	2	3	4	5	6	7	8	9

Beispiel: antilg 0,0913 = 1,233 + 0,001 = 1,234

Tabelle 3.   Vierstellige Antilogarithmen

lg x	0	1	2	3	4	5	6	7	8	9	1	2	3	4	5	6	7	8	9
,50	3162	3170	3177	3184	3192	3199	3206	3214	3221	3228	1	1	2	3	4	4	5	6	7
,51	3236	3243	3251	3258	3266	3273	3281	3289	3296	3304	1	2	2	3	4	5	5	6	7
,52	3311	3319	3327	3334	3342	3350	3357	3365	3373	3381	1	2	2	3	4	5	5	6	7
,53	3388	3396	3404	3412	3420	3428	3436	3443	3451	3459	1	2	2	3	4	5	6	6	7
,54	3467	3475	3483	3491	3499	3508	3516	3524	3532	3540	1	2	2	3	4	5	6	6	7
,55	3548	3556	3565	3573	3581	3589	3597	3606	3614	3622	1	2	2	3	4	5	6	7	7
,56	3631	3639	3648	3656	3664	3673	3681	3690	3698	3707	1	2	3	3	4	5	6	7	8
,57	3715	3724	3733	3741	3750	3758	3767	3776	3784	3793	1	2	3	3	4	5	6	7	8
,58	3802	3811	3819	3828	3837	3846	3855	3864	3873	3882	1	2	3	4	4	5	6	7	8
,59	3890	3899	3908	3917	3926	3936	3945	3954	3963	3972	1	2	3	4	5	5	6	7	8
,60	3981	3990	3999	4009	4018	4027	4036	4046	4055	4064	1	2	3	4	5	6	6	7	8
,61	4074	4083	4093	4102	4111	4121	4130	4140	4150	4159	1	2	3	4	5	6	7	8	9
,62	4169	4178	4188	4198	4207	4217	4227	4236	4246	4256	1	2	3	4	5	6	7	8	9
,63	4266	4276	4285	4295	4305	4315	4325	4335	4345	4355	1	2	3	4	5	6	7	8	9
,64	4365	4375	4385	4395	4406	4416	4426	4436	4446	4457	1	2	3	4	5	6	7	8	9
,65	4467	4477	4487	4498	4508	4519	4529	4539	4550	4560	1	2	3	4	5	6	7	8	9
,66	4571	4581	4592	4603	4613	4624	4634	4645	4656	4667	1	2	3	4	5	6	7	9	10
,67	4677	4688	4699	4710	4721	4732	4742	4753	4764	4775	1	2	3	4	5	7	8	9	10
,68	4786	4797	4808	4819	4831	4842	4853	4864	4875	4887	1	2	3	4	6	7	8	9	10
,69	4898	4909	4920	4932	4943	4955	4966	4977	4989	5000	1	2	3	5	6	7	8	9	10
,70	5012	5023	5035	5047	5058	5070	5082	5093	5105	5117	1	2	4	5	6	7	8	9	11
,71	5129	5140	5152	5164	5176	5188	5200	5212	5224	5236	1	2	4	5	6	7	8	10	11
,72	5248	5260	5272	5284	5297	5309	5321	5333	5346	5358	1	2	4	5	6	7	9	10	11
,73	5370	5383	5395	5408	5420	5433	5445	5458	5470	5483	1	3	4	5	6	8	9	10	11
,74	5495	5508	5521	5534	5546	5559	5572	5585	5598	5610	1	3	4	5	6	8	9	10	12
,75	5623	5636	5649	5662	5675	5689	5702	5715	5728	5741	1	3	4	5	7	8	9	10	12
,76	5754	5768	5781	5794	5808	5821	5834	5848	5861	5875	1	3	4	5	7	8	9	11	12
,77	5888	5902	5916	5929	5943	5957	5970	5984	5998	6012	1	3	4	5	7	8	10	11	12
,78	6026	6039	6053	6067	6081	6095	6109	6124	6138	6152	1	3	4	6	7	8	10	11	13
,79	6166	6180	6194	6209	6223	6237	6252	6266	6281	6295	1	3	4	6	7	9	10	11	13
,80	6310	6324	6339	6353	6368	6383	6397	6412	6427	6442	1	3	4	6	7	9	10	12	13
,81	6457	6471	6486	6501	6516	6531	6546	6561	6577	6592	2	3	5	6	8	9	11	12	14
,82	6607	6622	6637	6653	6668	6683	6699	6714	6730	6745	2	3	5	6	8	9	11	12	14
,83	6761	6776	6792	6808	6823	6839	6855	6871	6887	6902	2	3	5	6	8	9	11	13	14
,84	6918	6934	6950	6966	6982	6998	7015	7031	7047	7063	2	3	5	6	8	10	11	13	15
,85	7079	7096	7112	7129	7145	7161	7178	7194	7211	7228	2	3	5	7	8	10	12	13	15
,86	7244	7261	7278	7295	7311	7328	7345	7362	7379	7396	2	3	5	7	8	10	12	13	15
,87	7413	7430	7447	7464	7482	7499	7516	7534	7551	7568	2	3	5	7	9	10	12	14	16
,88	7586	7603	7621	7638	7656	7674	7691	7709	7727	7745	2	4	5	7	9	11	12	14	16
,89	7762	7780	7798	7816	7834	7852	7870	7889	7907	7925	2	4	5	7	9	11	13	14	16
,90	7943	7962	7980	7998	8017	8035	8054	8072	8091	8110	2	4	6	7	9	11	13	15	17
,91	8128	8147	8166	8185	8204	8222	8241	8260	8279	8299	2	4	6	8	9	11	13	15	17
,92	8318	8337	8356	8375	8395	8414	8433	8453	8472	8492	2	4	6	8	10	12	14	15	17
,93	8511	8531	8551	8570	8590	8610	8630	8650	8670	8690	2	4	6	8	10	12	14	16	18
,94	8710	8730	8750	8770	8790	8810	8831	8851	8872	8892	2	4	6	8	10	12	14	16	18
,95	8913	8933	8954	8974	8995	9016	9036	9057	9078	9099	2	4	6	8	10	12	15	17	19
,96	9120	9141	9161	9183	9204	9226	9247	9268	9290	9311	2	4	6	8	11	13	15	17	19
,97	9333	9354	9376	9397	9419	9441	9462	9484	9506	9528	2	4	7	9	11	13	15	17	20
,98	9550	9572	9594	9616	9638	9661	9683	9705	9727	9750	2	4	7	9	11	13	16	18	20
,99	9772	9795	9817	9840	9863	9886	9908	9931	9954	9977	2	5	7	9	11	14	16	18	20
	0	1	2	3	4	5	6	7	8	9	1	2	3	4	5	6	7	8	9

bestimmte Zahl x, so daß $a^x = y$ ist. Diese Zahl x heißt Logarithmus von y zur Basis a, geschrieben:

$$x = {}^a\!\log y \quad \text{oder} \quad \log_a y$$

Die Zahl y heißt *Numerus* des Logarithmus zur Basis a. Meist werden Logarithmen zur *Basis 10* verwendet, geschrieben ${}^{10}\!\log x$, $\log_{10} x$ oder einfach $\lg x$. Andere Logarithmensysteme werden am Ende dieses Abschnittes erwähnt. Nehmen wir $a = 10$ und $y = 3$, dann ergibt sich mit den Logarithmen zur Basis 10 (Briggssche, dekadische oder Zehnerlogarithmen) $x = 0,4771$ und $10^{0,4771} = 3$. Weitere Beispiele mit vierstelligen Logarithmen:

$$
\begin{array}{lll}
5 = 10^{0,6990} & \text{oder} & \lg 5 = 0,6990 \\
1 = 10^{0,0000} & \text{oder} & \lg 1 = 0 \\
10 = 10^{1,0000} & \text{oder} & \lg 10 = 1,0000 \\
1000 = 10^3 & \text{oder} & \lg 1000 = 3 \\
0,01 = 10^{-2} & \text{oder} & \lg 0,01 = -2
\end{array}
$$

Da Logarithmen Exponenten sind, gelten also die Potenzgesetze, z.B.:

$$2 \cdot 4 = 10^{0,3010} \cdot 10^{0,6021} = 10^{0,3010 + 0,6021} = 10^{0,9031} = 8$$

Die Multiplikation von Zahlen wird zurückgeführt auf Addition der Logarithmen der Zahlen. Entsprechend gilt: Division wird zu Subtraktion, Potenzieren wird zu Multiplikation, Radizieren wird zu Division – allgemein:

$$
\begin{array}{lll}
1. & \lg(ab) & = \lg a + \lg b \\
2. & \lg \dfrac{a}{b} & = \lg a - \lg b \\
3. & \lg a^n & = n \lg a \\
4. & \lg \sqrt[n]{a} = \lg a^{\frac{1}{n}} & = \dfrac{1}{n} \lg a
\end{array}
$$

Schreiben wir allgemein $a = 10^{\lg a}$, dann ist a der Numerus oder *Antilogarithmus*, $\lg a$ ist der Zehnerlogarithmus von a; er besteht aus zwei Komponenten: z.B.

$$
\begin{array}{llll}
\text{Numerus} & & & M \quad\ K \quad K\ M \\
\lg 210,0 = \lg(2,1 \cdot 10^2) & = \lg 2,1 + \lg 10^2 & = 0,3222 + 2 = 2,3222 \\
\lg 21,0\ = \lg(2,1 \cdot 10^1) & = \lg 2,1 + \lg 10^1 & = 0,3222 + 1 = 1,3222 \\
\lg 2,1\ \ = \lg(2,1 \cdot 10^0) & = \lg 2,1 + \lg 10^0 & = 0,3222 + 0 = 0,3222 \\
\lg 0,21\ = \lg(2,1 \cdot 10^{-1}) & = \lg 2,1 + \lg 10^{-1} & = 0,3222 - 1
\end{array}
$$

Die Ziffernfolge hinter dem Komma des Logarithmus (also 3222) heißt *Mantisse* (M). Mantissen werden in der Logarithmentafel (Tabelle 2), besser hieße sie Mantissentafel, aufgesucht. Wir haben uns mit vierstelligen Mantissen begnügt, die häufig ausreichen; der Praktiker benutzt – wenn keine Rechenmaschine zur Verfügung steht – entweder den Rechenschieber oder falls eine höhere Genauigkeit erforderlich ist, die fünf- oder mehrstellige Logarithmentafel. Der Wert vor dem Komma des Logarithmus (also

2, 1, 0, -1) heißt Kennziffer (K). Man schreibe wie in den 4 Beispielen den Numerus in der folgenden Zehnerpotenzform:

$$\text{Numerus} = \begin{bmatrix} \text{Ziffernfolge des Numerus mit} \\ \text{einem Komma nach der ersten von} \\ \text{der Null verschiedenen Ziffer} \end{bmatrix} \cdot 10^K$$

Beispiel. Suche den Logarithmus von:

a) $0,000021 = 2,1 \cdot 10^{-5}$; $\lg(2,1 \cdot 10^{-5}) = 0,3222 - 5$
b) $987\,000 = 9,87 \cdot 10^5$; $\lg(9,87 \cdot 10^5) = 0,9943 + 5 = 5,9943$
c) $3,37 = 3,37 \cdot 10^0$; $\lg(3,37 \cdot 10^0) = 0,5276 + 0 = 0,5276$

Tritt bei der logarithmischen Berechnung einer Wurzel eine *negative Kennziffer* auf, so muß diese Kennziffer immer auf eine durch den Wurzelexponenten teilbare Form gebracht werden.

Beispiel. Berechne $\sqrt[3]{0,643}$
$\lg 0,643 = 0,8082 - 1 = 2,8082 - 3$
$\lg \sqrt[3]{0,643} = \lg 0,643^{1/3} = 1/3(2,8082 - 3) = 0,93607 - 1$
$\sqrt[3]{0,643} = 0,8631$

Nun zum *Entlogarithmieren*, dem Aufsuchen des Numerus, des Antilogarithmus. Das Aufsuchen der Numeri zu den Mantissen erfolgt am Ende der Logarithmenrechnung in der Antilogarithmentafel (Tabelle 3) in gleicher Weise wie das Aufsuchen der Logarithmen in der Logarithmentafel. Ist also zu einem Logarithmus der Numerus zu ermitteln, so ist bei *negativem Logarithmus* die Mantisse in eine *positive* umzuwandeln, z.B.

$$\lg x = -5,7310 = (-5,7310 + 6) - 6 = 0,2690 - 6$$

$\left[\text{vgl. auch: } \lg \dfrac{1}{x} = (1 - \lg x) - 1; \text{ z.B. } \lg \dfrac{1}{3} = (1 - 0,4771) - 1 = 0,5229 - 1\right]$

Die Mantisse ohne Kennziffer liefert die gesuchte Ziffernfolge des Numerus mit einem Komma nach der ersten von Null verschiedenen Ziffer. Die Kennziffer K, sei sie positiv oder negativ, gibt die Zehnerpotenz an:

$$\begin{bmatrix} \text{Ziffernfolge des Numerus mit} \\ \text{einem Komma nach der ersten von} \\ \text{Null verschiedenen Ziffer} \end{bmatrix} \cdot 10^K = \text{Numerus}$$

Beispiel. Entlogarithmiere:

a) $\lg x = 0,2690 - 6$; $x = 1,858 \cdot 10^{-6}$ \qquad c) $\lg x = 0,5276$; $x = 3,37$
b) $\lg x = 0,0899 - 1$; $x = 1,23 \cdot 10^{-1}$ \qquad d) $\lg x = 5,9943$; $x = 9,87 \cdot 10^5$

Wir fassen zusammen. *Jede Rechnung mit Logarithmen zerfällt in 5 Teile:*
1. Formulierung der Rechnung.
2. Übertragung in die logarithmische Schreibweise.
3. Kennziffern notieren und die Mantissen in der Logarithmentafel aufsuchen.
4. Durchführung der logarithmischen Rechnung.
5. Aufsuchen des Numerus in der Antilogarithmentafel, die Kennziffer bestimmt die Kommastellung.

Häufig fehlt eine besondere Antilogarithmentafel, dann lassen sich die Numeri natürlich auch aus der Logarithmentafel finden, indem man umgekehrt wie beim Aufsuchen der Logarithmen verfährt.

Beispiel: Berechne

$$\sqrt[6]{\frac{89{,}49^{3{,}5}\cdot\sqrt{0{,}006006}}{0{,}001009^2\cdot 3601000^{4{,}2}}}$$

Wir setzen

$$\sqrt[6]{\frac{(8{,}949\cdot 10)^{3{,}5}\cdot\sqrt{6{,}006\cdot 10^{-3}}}{(1{,}009\cdot 10^{-3})^2\cdot(3{,}601\cdot 10^6)^{4{,}2}}}\quad\text{gleich } x$$

und erhalten über $\quad \lg x = \frac{1}{6}\cdot\big(\{\lg(\text{Zähler})\}-\{\lg(\text{Nenner})\}\big)\quad$ d.h.

$$\lg x = \frac{1}{6}\cdot\Big(\{3{,}5\cdot\lg(8{,}949\cdot 10)+\tfrac{1}{2}\cdot\lg(6{,}006\cdot 10^{-3})\}-\{2\cdot\lg(1{,}009\cdot 10^{-3})$$
$$+4{,}2\cdot\lg(3{,}601\cdot 10^6)\}\Big).$$

Numerus	Logarithmus	Faktor	Logarithmus
$8{,}949\cdot 10^1$ $6{,}006\cdot 10^{-3}$	$0{,}9518+1$ $0{,}7786-3$ $=1{,}7786-4$	$3{,}5$ $0{,}5$	$6{,}8313$ $0{,}8893-2$
Zähler			$5{,}7206$
$1{,}009\cdot 10^{-3}$ $3{,}601\cdot 10^6$	$0{,}0039-3$ $0{,}5564+6$	2 $4{,}2$	$0{,}0078-6$ $27{,}5369$
Nenner			$21{,}5447$

$$\lg x = \frac{1}{6}\cdot\big(\{5{,}7206\}-\{21{,}5447\}\big)=\frac{1}{6}\cdot\big(\{23{,}7206-18\}-\{21{,}5447\}\big)$$

$$\lg x = \frac{1}{6}\cdot(2{,}1759-18)=0{,}36265-3\quad\text{den gesuchten Wert}\quad x=2{,}305\cdot 10^{-3}.$$

Abschließend hierzu sei erwähnt, daß die sogenannten *natürlichen Logarithmen* (ln) (vgl. Tab. 29 [S. 114] und Tab. 36 [S. 144]) als Basis die Konstante $e\simeq 2{,}718281$ (Grenzwert der Reihe $e=1+\frac{1}{1}+\frac{1}{1\cdot 2}+\frac{1}{1\cdot 2\cdot 3}+\frac{1}{1\cdot 2\cdot 3\cdot 4}+\ldots$) haben. Die Umrechnungsformeln lauten mit gerundeten Werten

$$\begin{aligned}\ln x &= \ln 10\cdot\lg x\simeq 2{,}302585\cdot\lg x\\ \lg x &= \lg\ e\cdot\ln x\simeq 0{,}4342945\cdot\ln x\end{aligned}$$

(vgl. $\ln 1=0$, $\ln e=1$, $\ln 10^k\simeq k\cdot 2{,}302585$)

Anstatt „$\ln x$" findet man auch „$^e\log x$" und „$\log_e x$". Den *Logarithmus zur Basis 2*, Logarithmus dualis, ld (bzw. mit lb [binär, aus zwei Einheiten bestehend] bezeichnet), erhält man nach

$$\begin{aligned}\operatorname{ld} x &= \frac{\lg x}{\lg 2}\simeq 3{,}321928\cdot\lg x\\ \operatorname{ld} x &= \frac{\ln x}{\ln 2}\simeq 1{,}442695\cdot\ln x\end{aligned}$$

oder aus der Tafel (z.B. Alluisi 1965).

03   Rechenhilfsmittel

Das einfachste Rechenhilfsmittel des Naturwissenschaftlers ist der Rechenstab, mit dem sich, mehrere Einstellungen vorausgesetzt, eine Reproduzierbarkeit der Rechnung auf bestenfalls 3 Stellen erzielen läßt. Langsamer aber *genauer* rechnet man mit den Tabellen 2 und 3.

Tabelle 4.   Quadrate, Quadratwurzeln und reziproke Werte der Zahlen von $n=1$ in Stufen zu je 1 bis $n=100$; hierfür benutzt man die Symbolik 1(1)100.

n	n^2	$\sqrt{n}$	$\sqrt{10n}$	$1/n$	n	n^2	$\sqrt{n}$	$\sqrt{10n}$	$1/n$
1	1	1,000	3,162	1,00000	51	2601	7,141	22,583	0,01961
2	4	1,414	4,472	0,50000	52	2704	7,211	22,804	0,01923
3	9	1,732	5,477	0,33333	53	2809	7,280	23,022	0,01887
4	16	2,000	6,325	0,25000	54	2916	7,348	23,238	0,01852
5	25	2,236	7,071	0,20000	55	3025	7,416	23,452	0,01818
6	36	2,449	7,746	0,16667	56	3136	7,483	23,664	0,01786
7	49	2,646	8,367	0,14286	57	3249	7,550	23,875	0,01754
8	64	2,828	8,944	0,12500	58	3364	7,616	24,083	0,01724
9	81	3,000	9,487	0,11111	59	3481	7,681	24,290	0,01695
10	100	3,162	10,000	0,10000	60	3600	7,746	24,495	0,01667
11	121	3,317	10,488	0,09091	61	3721	7,810	24,698	0,01639
12	144	3,464	10,954	0,08333	62	3844	7,874	24,900	0,01613
13	169	3,606	11,402	0,07692	63	3969	7,937	25,100	0,01587
14	196	3,742	11,832	0,07143	64	4096	8,000	25,298	0,01562
15	225	3,873	12,247	0,06667	65	4225	8,062	25,495	0,01538
16	256	4,000	12,649	0,06250	66	4356	8,124	25,690	0,01515
17	289	4,123	13,038	0,05882	67	4489	8,185	25,884	0,01493
18	324	4,243	13,416	0,05556	68	4624	8,246	26,077	0,01471
19	361	4,359	13,784	0,05263	69	4761	8,307	26,268	0,01449
20	400	4,472	14,142	0,05000	70	4900	8,367	26,458	0,01429
21	441	4,583	14,491	0,04762	71	5041	8,426	26,646	0,01408
22	484	4,690	14,832	0,04545	72	5184	8,485	26,833	0,01389
23	529	4,796	15,166	0,04348	73	5329	8,544	27,019	0,01370
24	576	4,899	15,492	0,04167	74	5476	8,602	27,203	0,01351
25	625	5,000	15,811	0,04000	75	5625	8,660	27,386	0,01333
26	676	5,099	16,125	0,03846	76	5776	8,718	27,568	0,01316
27	729	5,196	16,432	0,03704	77	5929	8,775	27,749	0,01299
28	784	5,292	16,733	0,03571	78	6084	8,832	27,928	0,01282
29	841	5,385	17,029	0,03448	79	6241	8,888	28,107	0,01266
30	900	5,477	17,321	0,03333	80	6400	8,944	28,284	0,01250
31	961	5,568	17,607	0,03226	81	6561	9,000	28,460	0,01235
32	1024	5,657	17,889	0,03125	82	6724	9,055	28,636	0,01220
33	1089	5,745	18,166	0,03030	83	6889	9,110	28,810	0,01205
34	1156	5,831	18,439	0,02941	84	7056	9,165	28,983	0,01190
35	1225	5,916	18,708	0,02857	85	7225	9,220	29,155	0,01176
36	1296	6,000	18,974	0,02778	86	7396	9,274	29,326	0,01163
37	1369	6,083	19,235	0,02703	87	7569	9,327	29,496	0,01149
38	1444	6,164	19,494	0,02632	88	7744	9,381	29,665	0,01136
39	1521	6,245	19,748	0,02564	89	7921	9,434	29,833	0,01124
40	1600	6,325	20,000	0,02500	90	8100	9,487	30,000	0,01111
41	1681	6,403	20,248	0,02439	91	8281	9,539	30,166	0,01099
42	1764	6,481	20,494	0,02381	92	8464	9,592	30,332	0,01087
43	1849	6,557	20,736	0,02326	93	8649	9,644	30,496	0,01075
44	1936	6,633	20,976	0,02273	94	8836	9,695	30,659	0,01064
45	2025	6,708	21,213	0,02222	95	9025	9,747	30,822	0,01053
46	2116	6,782	21,448	0,02174	96	9216	9,798	30,984	0,01042
47	2209	6,856	21,679	0,02128	97	9409	9,849	31,145	0,01031
48	2304	6,928	21,909	0,02083	98	9604	9,899	31,305	0,01020
49	2401	7,000	22,136	0,02041	99	9801	9,950	31,464	0,01010
50	2500	7,071	22,361	0,02000	100	10000	10,000	31,623	0,01000

Beim Gebrauch einer sechsstelligen Logarithmentafel darf man *fünf gültige Ziffern* als Resultat angeben. Günstiger ist jedoch der Einsatz einer druckenden elektronischen *Tischrechenmaschine* oder, besser noch, eines programmierbaren (!) Tischrechners. Bei umfangreichen Berechnungen – großer Datenkörper und/oder Multivariate Methoden – ist der Einsatz elektronischer *Datenverarbeitungsanlagen* notwendig. Für viele Verfahren liegen bereits fertige Programme vor.

Neben der Rechenmaschine und dem Rechenschieber benötigt man für die bei statistischen Analysen anfallenden Berechnungen eine Reihe von *Zahlentafeln*, beispielsweise für Quadrate und Quadratwurzeln. Sehen wir uns eine solche Tafel einmal an: Tabelle 4 gibt in der ersten und sechsten Spalte die Zahlen von 1 bis 100 an, rechts daneben sind die zugehörigen *Quadratzahlen* notiert, es folgen die *Quadratwurzeln* aus n und aus $10n$ sowie die *Kehrwerte* $1/n$. Gehen wir bis zu $n = 36$. Diese Zahl mit sich selbst multipliziert $36 \cdot 36$, geschrieben $36^2 = 1296$; die Quadratwurzel aus 36, geschrieben $\sqrt{36}$, das ist diejenige Zahl, die mit sich selbst multipliziert 36 ergibt, $\sqrt{36} = 6$; die Quadratwurzel aus $10 \cdot 36 = 360$, also $\sqrt{360} = 18,974$ (Spalte 4). Den Kehrwert oder den reziproken Wert von n, geschrieben $1/n$, für die Zahl $n = 36$, also den Wert $1/36$, entnehmen wir der 5. Spalte: $1/36 = 0,02778$.

Beispiele zum Wurzelziehen:

$$\sqrt{69} = 8,307 \qquad \sqrt{0,69} = 0,8307 \qquad \sqrt{6900} = 83,07$$

$$\sqrt{6,9} = 2,6268 \qquad \sqrt{690} = 26,268 \qquad \sqrt{69000} = 262,68$$

Die Größe n in Tabelle 4 nennt man die *unabhängige Veränderliche* oder das *Argument*. Die hiervon abhängigen Größen n^2, $\sqrt{n}$, $\sqrt{10n}$ und $1/n$ werden als *abhängige Veränderliche* oder als *Funktionswerte* der betreffenden unabhängigen Veränderlichen bezeichnet: beispielsweise ist die Quadratwurzel zum Argument $n = 10$ der Funktionswert 3,162. Dieser Wert ist auf die dritte Dezimale (die 2) gerundet. Benutzt man die Tabelle 4 oder ähnliche Tabellen, so ist folgendes zu beachten: Quadratwurzeln von Zahlen über 1000 (>1000) und kleiner als 1 (<1) erhält man ebenfalls schnell, da jede Zahl b als

$$b = a \cdot 10^{\pm 2m}$$

mit $0 \leq a < 1000$ und $m =$ positive ganze Zahl geschrieben werden kann, anhand von

$$\sqrt{b} = \sqrt{a \cdot 10^{\pm 2m}} = \sqrt{a} \cdot 10^{\pm m}$$

$$\sqrt{8900} = \sqrt{89 \cdot 10^2} = 9,434 \cdot 10 = 94,34$$

$$\sqrt{89000} = \sqrt{890 \cdot 10^2} = 29,833 \cdot 10 = 298,33$$

$$\sqrt{0,000011} = \sqrt{11 \cdot 10^{-6}} = 3,317 \cdot 10^{-3}$$

$$\sqrt{0,0000011} = \sqrt{110 \cdot 10^{-8}} = 10,488 \cdot 10^{-4}$$

Lineares Interpolieren

Man bestimme die Wurzel aus 126. Die Wurzeln aus 120 und 130 betragen 10,954 und (S. 17)
11,402. Es ist klar, daß die gesuchte Zahl zwischen diesen beiden Werten liegen muß.
Diese sogenannte Tafeldifferenz beträgt 0,448. Sechs Zehntel dieser Differenz, d.h.
$\frac{6 \cdot 0,448}{10} = 0,2688 \simeq 0,269$ müssen wir zu dem $\sqrt{\ }$-Wert für 120, zu 10,954 addieren, um die
Wurzel aus 126 zu erhalten. $\sqrt{126} \simeq 11,223$. Der genaue Wert lautet 11,225. Diese sogenannte *lineare Interpolation* liefert einen brauchbaren Wert. Ist eine größere Genauigkeit gefordert, dann sind umfangreichere Quadratwurzel-Tabellen für die Quadratwurzeln der Zahlen von 1 bis 999 zu benutzen. Einschlägige Tabellenwerke sind z.B.
der S. 439 (vgl. auch S. 442) zu entnehmen. Näheres über lineare und quadratische
Interpolation enthält mein Taschenbuch (S. 104/105); zur logarithmischen und zur
harmonischen Interpolation kommen wir auf S. 114/115.

Iterative Bestimmung der Quadratwurzel

Als Beispiel für eine Näherungsmethode sei das Ziehen einer Quadratwurzel aus einer
Zahl *a* nach dem sogenannten *Iterationsverfahren* demonstriert: Die Quadratwurzel aus
einer positiven Zahl *a* $x = \sqrt{a}$ mit $a > 0$ erhält man *schnell* durch schrittweise Annäherung (iterativ) (vgl. lat. iteratio = Wiederholung), *durch wiederholte (iterierte) Bildung des Mittelwertes nach*

$$x_{i+1} = \frac{1}{2}\left(x_i + \frac{a}{x_i}\right) \qquad i = 1, 2, 3, \ldots$$

Als Anfangswert x_1 wird für die Wurzel ein zu kleiner Näherungswert gewählt, so daß
$x_1 < \sqrt{a}$ und $x_1^2 < a$ – damit ist a/x_1 ein zu großer Näherungswert. Das *Iterationsverfahren* wird solange fortgesetzt, bis die gewünschte Genauigkeit erreicht ist. Soll beispielsweise $\sqrt{10}$ ermittelt werden $(a = 10)$ und gehen wir von dem Näherungswert
$x_1 = 3$ aus (vgl. $3^2 = 9 < 10$), dann ergibt sich

$$\underline{x_1 = 3} \qquad a/x_1 = 10/3 = 3,33333$$
$$x_2 = 1/2(3 + 3,33333) = \underline{3,16667}$$

$$\underline{x_2 = 3,16667} \quad a/x_2 = 10/3,16667 = 3,15789$$
$$x_3 = 1/2(3,16667 + 3,15789) = \underline{3,16228} \quad \text{usw.}$$

Der auf 7 Stellen genaue Wert lautet $\sqrt{10} = 3,162277$.

Die Kubikwurzel (z.B. $\sqrt[3]{8} = 2$, da $2 \cdot 2 \cdot 2 = 2^3 = 8$) läßt sich entsprechend nach

$$x_{i+1} = \frac{1}{3}\left(2x_i + \frac{a}{x_i^2}\right) \qquad i = 1, 2, 3, \ldots$$

berechnen.

Da eine programmgesteuerte elektronische Rechenanlage benötigte Funktionswerte
nicht aus Tabellen entnimmt, sondern sie von Fall zu Fall ausrechnet, spielen *Näherungsmethoden, Approximationen*, eine große Rolle!

Für jede Rechnung sei folgendes empfohlen:

---

1. **Anlage eines Rechenschemas:** Aufeinanderfolgende Rechenschritte in allen Einzelheiten festlegen. Eine umfangreiche Berechnung sollte so gut durchdacht und vorbereitet sein, daß ihre Durchführung angelernten Hilfskräften überlassen werden kann. Übersichtliche Rechenschemata, die die gesamte Zahlenrechnung enthalten und nach denen die Rechnung plangemäß-schematisch abläuft, helfen auch Fehler zu vermeiden.

2. *Karierte Bogen* nur *einseitig beschreiben;* Ziffern deutlich schreiben; *breite Randspalte* für Nebenrechnungen frei lassen; Übertragungen vermeiden; falsche Zahlen durchstreichen, die richtigen darüberschreiben.

3. *Überschlagsrechnungen zur Vermeidung von Kommafehlern* einschalten; Kontrolle der Rechnung!
   Jeder Rechenoperation hat eine Überschlagsrechnung voranzugehen oder zu folgen, wobei zumindest die Kommastellung im Ergebnis sicher entschieden wird. Hierbei ist die *Schreibweise mit Zehnerpotenzen* zu empfehlen:
   $$\frac{0,00904}{0,167} = \frac{9,04 \cdot 10^{-3}}{1,67 \cdot 10^{-1}} \simeq 5 \cdot 10^{-2}, \quad \text{auf 3 Stellen genau:} \quad 5,413 \cdot 10^{-2}$$

4. Wenn möglich, sollte die Aufgabe zur besseren Kontrolle noch nach einer *anderen Methode* gelöst werden. Mitunter ist es besser, wenn 2 Mitarbeiter die Berechnungen unabhängig voneinander ausführen und ihre Resultate vergleichen.

5. Je nach den zur Verfügung stehenden Rechenhilfsmitteln sind diese Empfehlungen und die im Buch angeführten Rechenkontrollen zu modifizieren und durch optimalere zu ersetzen.

---

04   Rundungen

Sollen die Werte 14,6, 13,8, 19,3, 83,5 und 14,5 auf die jeweils nächste ganze Zahl gerundet werden, so bereitet dies bei den ersten drei Werten keine Schwierigkeit; sie werden zu 15, 14 und 19. Bei den folgenden Werten kämen die Zahlen 83 und 84 bzw. 14 und 15 in Betracht. Es hat sich als zweckmäßig erwiesen, jeweils zu der nächsten *geraden* Zahl auf- oder abzurunden, so daß 83,5 in 84 und 14,5 in 14 übergeht. Die Null wird hierbei als gerade Zahl gewertet. Je mehr Werte auf diese Weise gerundet und zur Summe zusammengefaßt werden, umso schneller gleichen sich die Rundungsfehler aus. Es wird empfohlen, bei den so gerundeten Zahlenwerten ein Abrunden durch einen Punkt über, Aufrunden durch einen Strich unter die letzte Ziffer zu kennzeichnen; dies ist besonders wichtig für eine 5 als letzte Ziffer [5̲ (aufgerundete 5), 5̇ (abgerundete 5)]. Wichtig ist auch der Begriff der *signifikanten Ziffern.* Unter den signifikanten Ziffern einer Zahl versteht man die Ziffernfolge der Zahl ohne Berücksichtigung des evtl. vorhandenen Kommas und bei Zahlen kleiner als 1 ohne die Null vor dem Komma und ohne die dann noch folgenden Nullen. Tabelle 5 vergleicht drei gerundete Resultate, die Anzahl der signifikanten Ziffern und die hiermit zum Ausdruck gebrachte Genauigkeit: die im Ergebnis mit einbegriffenen Genauigkeitsgrenzen sowie ihren maximalen Rundungsfehler.
Hieraus ist folgendes ersichtlich: Benutzt man routinemäßig eine Methode, deren Fehler in der Größenordnung von 8% liegt, so ist es irreführend, im Ergebnis mehr als zwei signifikante Ziffern anzugeben.

Werden zwei Zahlen, jede mit x genauen oder signifikanten Ziffern multipliziert, dann sind höchstens $(x-1)$ Ziffern des Produktes als verläßlich anzusehen. Für die Division gilt entsprechendes.

Tabelle 5.   Signifikante Ziffern

Resultat	Anzahl signifikanter Ziffern	Grenzwerte des Fehlerbereiches	Größter Fehler ($\pm$ %)	$= \dfrac{0,5 \cdot F}{R} \cdot 100$
4	1	3,5 - 4,5	12,5	
4,4	2	4,35 - 4,45	1,14	
4,44	3	4,435 - 4,445	0,113	

Beispiel

Berechne die Fläche eines Rechtecks aus den gemessenen Seitenlängen 38,22 cm und 16,49 cm. Die Antwort als $38,22 \cdot 16,49 = 630,2478 \, cm^2$ zu formulieren wäre falsch, da die Fläche jeden Wert zwischen $38,216 \cdot 16,486 = 630,02898$ und $38,224 \cdot 16,494 = 630,46666$ annehmen kann. Dieses Gebiet wird charakterisiert durch $630,2 \, cm^2 \pm 0,3 \, cm^2$. Der Wert kann nur durch drei signifikante Ziffern dargestellt werden ($630 \, cm^2$).

05   Rechnen mit fehlerbehafteten Zahlen

Werden fehlerbehaftete Zahlen durch Rechenoperationen verbunden, dann läßt sich die sogenannte *Fehlerfortpflanzung* abschätzen. Hierzu können zwei parallele Rechnungen durchgeführt werden, einmal mit den Fehlerschranken, die im Endergebnis zu einem Minimum führen und ein zweites Mal mit den Fehlerschranken, die im Ergebnis zu einem Maximum führen.

Beispiel

30 ± 3 Bereich: von 27 bis 33
20 ± 1 Bereich: von 19 bis 21

1. *Addition:* Die wahre Summe beider Zahlen liegt zwischen $27 + 19 = 46$ und $33 + 21 = 54$. Der relative Fehler der Summe beträgt $\dfrac{54 - 46}{54 + 46} = \dfrac{8}{100} = 0,08$; er liegt in den Grenzen von $\pm 8\%$.

2. *Subtraktion:* Die wahre Differenz liegt zwischen $27 - 21 = 6$ und $33 - 19 = 14$ (Subtraktion „überkreuz", d.h. der obere Grenzwert einer Zahl wird von dem unteren Grenzwert der anderen Zahl abgezogen, der untere Grenzwert einer Zahl wird von dem oberen der anderen Zahl abgezogen). Der relative Fehler der Differenz beträgt:

$\dfrac{14 - 6}{14 + 6} = \dfrac{8}{20} = 0,40, \quad \pm 40\%$!

3. *Multiplikation:* Das wahre Produkt liegt in den Grenzen von $27 \cdot 19 = 513$ bis $33 \cdot 21 = 693$. Der relative Fehler des Produktes beträgt

$\dfrac{513 - 30 \cdot 20}{30 \cdot 20} = \dfrac{513 - 600}{600} = \dfrac{-87}{600} = -0,145 \qquad -14,5\% \quad$ bzw.

$\dfrac{693 - 30 \cdot 20}{30 \cdot 20} = \dfrac{693 - 600}{600} = \dfrac{93}{600} = 0,155 \qquad +15,5\%$

4. *Division:* Der wahre Quotient liegt zwischen $27/21 = 1{,}286$ und $33/19 = 1{,}737$ (Division „überkreuz"). Den relativen Fehler des Quotienten erhält man zu

$$\frac{1{,}286 - 30/20}{30/20} = -\frac{0{,}214}{1{,}500} = -0{,}143 \qquad -14{,}3\% \quad \text{bzw.}$$

$$\frac{1{,}737 - 30/20}{30/20} = \frac{0{,}237}{1{,}500} = 0{,}158 \qquad +15{,}8\%$$

Von allen vier Grundrechenoperationen ist die *Subtraktion* bei fehlerbehafteten Zahlen besonders gefährlich, der Endfehler liegt wesentlich höher als bei den anderen Rechenoperationen.

06 Näherungsformeln für das Rechnen mit kleinen Werten

Sind a, b, c kleine in Prozenten ausgedrückte relative Fehler, dann können Produkte wie a^2, ab, bc^2 bei vielen Berechnungen vernachlässigt werden. Wir geben auf S. 23 einige Näherungsformeln für das Rechnen mit kleinen Werten.

Der absolute Betrag einer Zahl wird durch zwei senkrechte Striche gekennzeichnet; der Wert $|a|$ wird positiv genommen, ohne Berücksichtigung des Vorzeichens (z.B. $|-2| = |+2| = 2$).

Wenn die rechts angegebenen Maximalwerte für $|a|$ nicht überschritten werden, bleibt der Fehler des Näherungswertes kleiner als 0,001. Prüfen wir etwa $\dfrac{1}{1+a} \simeq 1-a$

für $a = 0{,}031$

$$\frac{1}{1+0{,}031} = 0{,}96993$$
$$1 - 0{,}031 = 0{,}96900 \quad -$$
$$\overline{0{,}00093} < 0{,}001$$

für $a = 0{,}032$

$$\frac{1}{1+0{,}032} = 0{,}96899$$
$$1 - 0{,}032 = 0{,}96800 \quad -$$
$$\overline{0{,}00099} < 0{,}001$$

für $a = 0{,}033$

$$\frac{1}{1+0{,}033} = 0{,}96805$$
$$1 - 0{,}033 = 0{,}96700 \quad -$$
$$\overline{0{,}00105} > 0{,}001,$$

so ergibt sich $|0{,}032|$ als zugelassener Maximalwert für $|a|$.

Beispiele (vgl. die Näherungsformeln auf S. 23)

1. Den angenäherten relativen Fehler des Produktes $(30 \pm 10\%) \cdot (20 \pm 5\%)$ erhält man nach (1) über $600 \pm 10\% \pm 5\%$ zu etwa $\pm 15\%$.

2. Der Quotient $\dfrac{(430+21) \cdot (160+15)}{340-19}$ entspricht $(430 + 4{,}89\%) \cdot (160 + 9{,}38\%)/(340 - 5{,}59\%)$; nach (1) und (6) erhalten wir dann überschlagsmäßig den relativen Fehler $(5+9)+6 = 20\%$ und das Ergebnis $\dfrac{430 \cdot 160}{340} \pm 20\%$ oder 202 ± 40, d.h. die Grenzen 162 und 242.

3. Länge, Breite und Höhe eines Ziegelsteines seien x_1, x_2, x_3 cm, jeweils mit einem relativen Fehler von 0,01. Der größtmögliche prozentuale Fehler des durch die drei Längen festgelegten Volumens ist dann 3% (vgl. [2]); der maximale Absolutfehler beträgt $0,03 \cdot x_1 \cdot x_2 \cdot x_3$ cm^3.

4. Nach (14, 15, 16) erhalten wir für

$e^{0,03} \simeq 1,03$ auf 5 Stellen genau: 1,03045

$\ln(1+0,03) \simeq 0,03$ auf 5 Stellen genau: 0,02956

$\lg(1+0,03) \simeq 0,013$ auf 5 Stellen genau: 0,01284

Nr.	Funktion und Näherungsformel	Fehler <0,001 für $\lvert a \rvert \leq$
1	$(1+a)(1 \pm b) \approx 1 + a \pm b$ für $\lvert a \rvert \geq \lvert b \rvert$	0,031
2	$(1+a)(1+b)(1+c) \approx 1 + a + b + c$ für $\lvert a \rvert \geq \lvert b \rvert \geq \lvert c \rvert$	0,017
3	$\sqrt{1 \pm a} = (1 \pm a)^{1/2} \approx 1 \pm \frac{a}{2}$	0,089
4	$\sqrt[3]{1 \pm a} = (1 \pm a)^{1/3} \approx 1 \pm \frac{a}{3}$	0,095
5	$\sqrt[4]{1 \pm a} = (1 \pm a)^{1/4} \approx 1 \pm \frac{a}{4}$	0,100
6	$\frac{1}{1 \pm a} = (1 \pm a)^{-1} \approx 1 \mp a$	0,032
7	$\frac{1}{(1 \pm a)^2} = (1 \pm a)^{-2} \approx 1 \mp 2a$	0,018
8	$\frac{1}{(1 \pm a)^3} = (1 \pm a)^{-3} \approx 1 \mp 3a$	0,013
9	$\frac{1}{\sqrt{1 \pm a}} = (1 \pm a)^{-1/2} \approx 1 \mp \frac{a}{2}$	0,052
10	$\frac{1}{\sqrt[3]{1 \pm a}} = (1 \pm a)^{-1/3} \approx 1 \mp \frac{a}{3}$	0,067
11	$\frac{1 \pm a}{1 \mp a} \approx 1 \pm 2a$	0,022
12	$\sqrt{\frac{1+a}{1-a}} \approx 1 + a$	0,045
13	$(\frac{1 \pm a}{1 \mp a})^2 \approx 1 \pm 4a$	0,011
14	$e^{\pm a} \approx 1 \pm a$	0,045
15	$\ln(1 \pm a) \approx \pm a$	0,045
16	$\lg(1 \pm a) \approx \pm 0,4343a$	0,068
17	$\ln \frac{1+a}{1-a} \approx 2a$	0,120
18	$\lg \frac{1+a}{1-a} \approx 0,8686a$	0,152

07   Verhältniszahlen

Verhältniszahlen oder *Relativzahlen* wie die Anzahl der Knabengeburten pro Anzahl der Mädchengeburten, sie liegt in der Bundesrepublik bei 1,07, sind Quotienten zweier *Kenngrößen* oder *Maßzahlen*, von denen jede für sich einen bestimmten Sachverhalt beschreibt. Häufig werden sie mit 100 oder 1000 multipliziert, so daß sich Prozent- oder Promillewerte (Blutalkoholkonzentration) ergeben. Sinnvolle Relativzahlen zu bilden, ist oft nicht ganz einfach. Wir wollen hier nur erwähnen, daß man drei Arten (vgl. Tabelle 6) unterscheiden kann (vgl. Mudgett 1951, Snyder 1955, Freudenberg 1962, Pfanzagl 1964, Crowe 1965, Craig 1969):

1. *Gliederungszahlen*, die das zahlenmäßige Verhältnis einer Teilmenge zur zugehörigen Gesamtmenge ausdrücken, z. B. den Anteil der Lebendgeborenen an der Gesamtzahl der Geburten.

2. *Beziehungszahlen*, die das zahlenmäßige Verhältnis zweier verschiedenartiger Mengen, die logisch miteinander verknüpft sind, ausdrücken, z. B. den Anteil der Lebendgeborenen an der Gesamtzahl der Wohnbevölkerung.

3. *Meßzahlen*, die das zahlenmäßige Verhältnis einer Menge zu einer gleichartigen, aber nebengeordneten Menge, die logisch miteinander verknüpft sind, ausdrücken, z. B. die Anzahl der Totgeborenen im Verhältnis zur Anzahl der Lebendgeborenen.

Meßzahlen werden in England und USA auch Indexzahlen genannt. In Deutschland wird gewöhnlich nur eine Kombination von mehreren Meßzahlen, beispielsweise deren Mittelwert, als Indexzahl oder auch einfach als Index bezeichnet. Sowohl bei Meßzahlen als auch bei Beziehungszahlen sind für die Auswahl der miteinander zu verbindenden Zahlen lediglich Zweckmäßigkeitsüberlegungen entscheidend.

Tabelle 6

Relativzahlen	Verhältnis	Beispiel
1. Gliederungs-zahlen	Unterordnung: *Menge und Teilmenge*	Altersaufgliederung der Bevölkerung
2. Beziehungs-zahlen	Nebenordnung: *verschiedenartige Mengen*	Bevölkerungszahl je km² der Fläche
3. Meßzahlen	Nebenordnung: *gleichartige Mengen*	Vergleich der Zahl der Betriebsangehörigen zweier Werke eines Industriezweiges an einem Stichtag

08   Graphische Darstellungen

Graphische Darstellungen im weiteren Sinne sind besonders aus der Werbung bekannt. Man unterscheidet Linien-, Stab-, Flächen- und Körperdiagramme (Abb. 1):

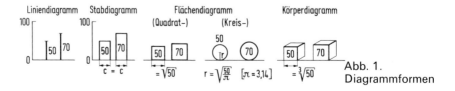

Abb. 1.
Diagrammformen

Das Stab- oder Säulendiagramm ist durch konstante Breite ausgezeichnet. Beim Flächendiagramm bevorzugt man Quadrate (Fläche $= a^2$) oder Kreise (Fläche $= \pi r^2$), beim Körperdiagramm Würfel (Inhalt $= a^3$). Da Flächen und Körper in ihren Größenverhältnissen leicht falsch beurteilt werden können, sind Linien- und Stabdiagramme allen anderen Diagrammen an Klarheit überlegen. Ergänzen sich unterschiedliche Elemente einer Häufigkeitsverteilung zu 100%, dann vermittelt das Hundert-Prozent-Stabdiagramm (Abb. 2) eine gute Übersicht. Hierbei – wie bei allen Prozentangaben – muß die 100% entsprechende Anzahl der Gesamt-Stichprobenelemente, der Umfang der Stichprobe, im Diagramm selbst oder in der Unterschrift vermerkt sein.

Abb. 2.   Stabdiagramm mit einzelnen sich zu 100 Prozent ergänzenden Abschnitten (deren Bedeutung in der Legende zu erläutern ist)

Graphischen Darstellungen im engeren Sinne liegt ein *Koordinaten-System* zugrunde: Zwei im rechten Winkel zueinander stehende Geraden (Abb. 3).

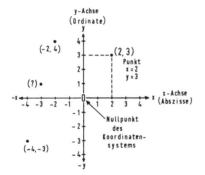

Abb. 3.
Das Koordinatenkreuz

Die Waagerechte heißt „*x-Achse*" oder „*Abszisse*", die Senkrechte nennt man „*y*-Achse" oder „*Ordinate*". Von dem Schnittpunkt der Geraden, dem Koordinatenanfangspunkt oder Nullpunkt ausgehend, werden auf den Geraden in allen 4 Richtungen Maßeinheiten abgetragen und bezeichnet, wobei nach rechts und oben positive Werte, nach links und unten negative Werte verwendet werden. Man kann nun innerhalb des Systems beliebige Punkte festlegen, Punkt $x = 2$ und $y = 3$, abgekürzt (2, 3) ist in Abb. 3 dargestellt. Im allgemeinen begnügt man sich mit dem positiven Teil des Koordinatensystems, mit dem 1. Quadranten („rechts oben").

Graphische Darstellungen und Tabellen (vgl. z.B. mein Taschenbuch) müssen in der Regel, für sich allein betrachtet, verständlich sein. Hierzu dienen eine den Inhalt kennzeichnende Überschrift und eine nicht zu knappe insbesondere auch die Zeichen erläuternde Legende. Mitunter wird auf Überschrift oder Legende verzichtet. Weitere Bemerkungen zur Darstellung von Resultaten (vgl. auch mein Taschenbuch) befinden sich u.a. auf den Seiten 86, 96, 104, 220, 435.

Näheres über Schaubildtechnik und graphische Darstellungen ist Dickinson (1963), Bertin (1967), Bachi (1968), Lockwood (1969), Schön (1969), Spear (1969) und Wilhelm (1971) zu entnehmen.

Hinweise zur Technik des wissenschaftlichen Arbeitens geben z.B. Kröber (1969), Heyde (1970 und Kliemann (1970).

1 Statistische Entscheidungstechnik

> Der Anfänger sollte sich bei der Erstlektüre nur auf die durch einen Pfeil ▶ markierten Abschnitte beschränken, „*munter drauflos*" *lesen, insbesondere die Beispiele beachten* sowie schwer Verständliches, die Hinweise und das Kleingedruckte zunächst beiseite lassen. Als handlicher Begleiter und zur Schnellorientierung dient mein Taschenbuch: „Statistische Methoden. Ein Soforthelfer für Praktiker in Naturwissenschaft, Medizin, Technik, Wirtschaft, Psychologie und Soziologie".

▶ 11 Was ist Statistik? Statistik und wissenschaftliche Methode

Den Gegenstand empirischer Wissenschaften bilden nicht einmalige isolierte, ein einzelnes Individuum oder Element betreffende Ereignisse oder Merkmale, sondern *wiederholbare Erfahrungen*, eine Gesamtheit von – als gleichartig betrachteten – Erfahrungen, über die Aussagen gefordert werden.

Als Semmelweis im Jahre 1847 in der Geburtshilfe-Klinik in Wien gegen den Widerstand seiner Kollegen hygienische Maßnahmen durchsetzte, wußte er nichts über die bakteriologischen Erreger des Kindbettfiebers. Auch konnte er den Erfolg seines Experimentes nicht direkt beweisen, denn auch nach der Einführung der Hygiene starben noch Frauen in seiner Klinik am Kindbettfieber. Die Müttersterblichkeit aber war von 10,7% (1840–1846) über 5,2% (1847) auf 1,3% (1848) zurückgegangen, und da Semmelweis diese Prozentsätze an einer genügend großen Zahl von Wöchnerinnen (21120; 3375; 3556) errechnet hatte (Lesky 1964), ergab sich die *Schlußfolgerung*, die Hygiene beizubehalten.

Statistische Methoden sind überall da erforderlich, wo Ergebnisse nicht beliebig oft und exakt reproduzierbar sind. Die Ursachen dieser Nichtreproduzierbarkeit liegen in *unkontrollierten* und *unkontrollierbaren* Einflüssen, in der Ungleichartigkeit der Versuchsobjekte, der Variabilität des Beobachtungsmaterials und in den Versuchs- und Beobachtungsbedingungen. Diese Ursachen führen in den Beobachtungsreihen zu der „Streuung" quantitativ erfaßter Merkmale. Da infolge dieser Streuung ein gefundener Einzelwert – die Variabilität einzelner Merkmale ist bei naturwissenschaftlichen Untersuchungen meist kleiner als bei sozialwissenschaftlichen – kaum exakt reproduzierbar sein wird, müssen sichere und eindeutige Schlußfolgerungen zurückgestellt werden. Die Streuung führt damit zu einer *Ungewißheit*, die häufig nur *Entscheidungen* ermöglicht. Dies ist der Ansatzpunkt einer modernen Definition der Statistik als Entscheidungshilfe, die auf Abraham Wald (1902–1950) zurückgeht: **Statistik ist eine Zusammenfassung von Methoden, die uns erlauben, vernünftige optimale Entscheidungen im Falle von Ungewißheit zu treffen.**

Die *beschreibende* (*deskriptive*) *Statistik* begnügt sich mit der Untersuchung und Beschreibung möglichst der ganzen Grundgesamtheit. Die moderne *induktive oder analytische Statistik* untersucht demgegenüber nur einen Teil, der für die Grundgesamtheit, deren Eigenschaften uns interessieren, charakteristisch oder repräsentativ sein soll.

Es wird also von den Beobachtungen in einem Teil auf die Grundgesamtheit geschlossen, d. h. man geht *induktiv* vor. Entscheidend ist hierbei, daß der zu prüfende Teil der Grundgesamtheit – die Stichprobe – *zufällig*, sagen wir nach einem Lotterieverfahren, ausgewählt wird. Wir bezeichnen eine Stichprobenentnahme als zufällig, wenn jede mögliche Kombination von Stichprobenelementen der Grundgesamtheit dieselbe Chance der Entnahme besitzt. Zufallsstichproben sind wichtig, da nur sie Rückschlüsse auf die Grundgesamtheit zulassen. Totalerhebungen sind häufig kaum oder nur mit großem Kosten- und Zeitaufwand möglich!

Rund alle 9 Jahre verdoppelt sich das menschliche Wissen; 90% aller Wissenschaftler, die jemals gelebt haben, leben und arbeiten in der Gegenwart (Price 1969).

Folgende *vier Stufen wissenschaftlicher Methodik* (vgl. auch S. 3/5) können unterschieden werden:

1. Es werden Beobachtungen gemacht.

2. Abstraktion wesentlicher Elemente als Basis einer Hypothese oder Theorie.

3. Entwicklung der Hypothese oder Theorie mit der Voraussage neuer Erkenntnisse und/oder neuer Ereignisse.

4. Neue Tatsachen werden zur Überprüfung der aus der Theorie heraus gemachten Voraussagen gesammelt: Beobachtungen II.

Damit beginnt der gesamte Kreislauf noch einmal. Wird die Hypothese bestätigt, dann werden die Prüfungsbedingungen durch präzisere Fassung und Erweiterung der Voraussagen so lange verschärft, bis schließlich irgendeine Abweichung gefunden wird, die eine Verbesserung der Theorie erforderlich macht. Ergeben sich Widersprüche zur Hypothese, so wird eine neue Hypothese formuliert, die mit der größeren Anzahl von beobachteten Fakten übereinstimmt. Endgültige Wahrheit kennt die tatsachenbezogene Wissenschaft überhaupt nicht. Die Vergeblichkeit aller Versuche, eine bestimmte Hypothese zu widerlegen, wird unser Vertrauen in sie vergrößern, jedoch ein endgültiger Beweis, daß sie stets gilt, läßt sich nicht erbringen: *Hypothesen können nur geprüft, nie aber bewiesen werden!* Empirische Prüfungen sind Widerlegungsversuche.

In den geschilderten Kreisprozeß kann die Statistik auf allen Stufen eingreifen:

1. Bei der Auswahl der Beobachtungen (Stichprobentheorie).

2. Bei der Klassifizierung, Darstellung und Zusammenfassung der Beobachtungen (beschreibende Statistik).

3. Bei der Schätzung von Parametern (Schätztheorie).

4. Bei der Formulierung und Überprüfung der Hypothesen (Prüfverfahren).

Auf der beschreibenden Statistik aufbauend, spielt die *wertende, induktive oder analytische Statistik* (*statistical inference*) die entscheidende Rolle. *Sie ermöglicht den Schluß von der Stichprobe auf die zugehörige Grundgesamtheit* (z.B. die Schätzung des Wahlresultates anhand bekannter Einzelergebnisse ausgewählter Wahlkreise), *auf allgemeine Gesetzmäßigkeiten, die über den Beobachtungsbereich hinaus gültig sind.* In allen empirischen Wissenschaften ermöglicht sie durch Gegenüberstellung empirischer Befunde mit Ergebnissen, die man aus wahrscheinlichkeitstheoretischen Modellen – Idealisierungen spezieller experimenteller Situationen – herleitet, die *Beurteilung empirischer Daten* und die *Überprüfung wissenschaftlicher Theorien;* wobei allerdings nur Wahrscheinlichkeitsaussagen möglich sind, die dann dem Praktiker unentbehrliche Informationen als Grundlage für seine Entscheidungen bieten.

In der *Schätztheorie* ist eine Entscheidung darüber zu treffen, wie man anhand einer Stichprobe möglichst viel über die charakteristischen Kennwerte der zugehörigen Grundgesamtheit erfährt. In der *Testtheorie* handelt es sich darum zu entscheiden, ob die Stichprobe aus einer bestimmten (vorgegebenen) Grundgesamtheit entnommen wurde.

Die moderne Statistik ist interessiert an der problemgerechten und am Modell orientierten Planung (vgl. auch S. 429/435), Durchführung und Auswertung von Experimenten und Erhebungen: Ein Experiment ist eine geplante und kontrollierte Einwirkung eines Untersuchers auf Objekte – eine Erhebung ist eine geplante und kontrollierte Erfassung eines Zustandes oder Vorganges an Objekten einer Gesamtheit. Entscheidend für die Versuchsplanung ist die Frage, für welche Grundgesamtheit die Ergebnisse repräsentativ sein sollen.

Über die philosophischen Wurzeln und den Standort der Statistik äußern sich Hotelling (1958) und Stegmüller (1973).

12   Elemente der Wahrscheinlichkeitsrechnung

Die Unsicherheit von Entscheidungen läßt sich durch die *Wahrscheinlichkeitstheorie* quantitativ erfassen. Anders ausgedrückt: Wahrscheinlichkeitstheoretische Begriffe gestatten die Gewinnung optimaler Entscheidungsverfahren. Wir haben uns daher zunächst dem Begriff „Wahrscheinlichkeit" zuzuwenden.

▶ 121   Die statistische Wahrscheinlichkeit

Im täglichen Leben kennen wir verschiedene Arten von Aussagen, in denen das Wort „wahrscheinlich" (Bedeutungsbereich: vermutlich bis todsicher) auftritt:
1. Horst ist wahrscheinlich glücklich verheiratet.
2. Wahrscheinlich ist die Theorie des Staatsanwaltes richtig.
3. Die Wahrscheinlichkeit, eine „1" zu würfeln, ist 1/6.
4. Die Wahrscheinlichkeit für das Auftreten einer Zwillingsgeburt ist 1/50.
Die beiden letzten Sätze stehen zu dem *Begriff der relativen Häufigkeit* in einer engen Beziehung. Beim Würfeln nehmen wir an, daß im Mittel jede Seite gleich häufig auftritt, so daß wir erwarten, daß bei häufigen Wiederholungen die relative Häufigkeit, mit der eine 1 auftritt, gegen 1/6 streben wird. Der 4. Satz ist aus einer relativen Häufigkeit entstanden. Man hat in den letzten Jahren beobachtet, daß die relative Häufigkeit der Zwillingsgeburten 1:50 beträgt, so daß man annehmen kann, daß eine zukünftige Geburt mit der durch diese relative Häufigkeit der früheren Geburten gegebenen Wahrscheinlichkeit eine Zwillingsgeburt sein wird. In den ersten beiden Sätzen ist aber eine derartige Verbindung zur relativen Häufigkeit nicht vorhanden. Wir wollen im folgenden nur Wahrscheinlichkeiten betrachten, die sich als relative Häufigkeiten interpretieren lassen. Bei *häufigen Wiederholungen* zeigen diese relativen Häufigkeiten im allgemeinen eine *auffallende Stabilität*.
Historische Grundlage dieses Wahrscheinlichkeitsbegriffes ist das bekannte Verhältnis

$$\frac{\text{Anzahl der günstigen Fälle}}{\text{Anzahl der möglichen Fälle}} \qquad (1.1)$$

– die *Definition der Wahrscheinlichkeit* von Jakob Bernoulli (1654–1705) und de Laplace (1749–1827). Hierbei wird stillschweigend vorausgesetzt, daß alle möglichen Fälle wie beim Würfelspiel *gleich-wahrscheinlich* sind. Jede Wahrscheinlichkeit (englisch: Probability = P) ist damit eine Zahl zwischen Null und Eins:

$$0 \leqq P \leqq 1 \qquad (1.2)$$

Ein unmögliches Ereignis hat die Wahrscheinlichkeit Null, ein sicheres Ereignis die Wahrscheinlichkeit Eins. Im täglichen Leben wird diese Wahrscheinlichkeit mit 100 multipliziert in Prozenten ausgedrückt ($0\% \leqq P \leqq 100\%$).

Die Wahrscheinlichkeit, mit einem „idealen" einwandfrei symmetrischen unverfälschten Würfel eine 4 zu werfen, beträgt 1/6, da alle sechs Seiten die gleiche Chance haben aufzuliegen. Man erkennt den sechs Flächen eines symmetrischen Würfels gleiche Wahrscheinlichkeiten zu, obwohl sie natürlich niemals gleich sind; sie tragen ja verschiedene Nummern! Die Definition der Wahrscheinlichkeit nach Bernoulli und de Laplace hat natürlich nur dann einen Sinn, wenn alle möglichen Fälle gleich wahrscheinlich, statistisch *symmetrisch* sind. Sie trifft für die üblichen Glücksspielgeräte (Münze, Würfel, Spielkarten und Roulette) zu. Bei ihnen liegt eine *physikalische Symmetrie* vor, die den Schluß auf die *statistische Symmetrie* zuläßt. Die statistische Symmetrie ist aber für diese Wahrscheinlichkeitsdefinition unbedingt erforderlich. Es handelt sich hierbei um eine a-priori-Wahrscheinlichkeit, die auch mathematische Wahrscheinlichkeit genannt werden kann. Für einen unsymmetrischen Würfel ist die Voraussetzung der physikalischen Symmetrie nicht mehr erfüllt und ein Schluß auf statistische Symmetrie nicht mehr möglich. Ein Wahrscheinlichkeitsverhältnis läßt sich nicht berechnen. Hier hilft nur der Versuch mit einer großen Anzahl von Würfen. Man erhält in diesem Fall unter Zuhilfenahme der Versuchserfahrung die *Wahrscheinlichkeit a posteriori* oder die *statistische Wahrscheinlichkeit*. Die Unterscheidung von mathematischer und statistischer Wahrscheinlichkeit betrifft lediglich die Art der Gewinnung des Wahrscheinlichkeitswertes.

Die axiomatische Definition der Wahrscheinlichkeit stammt von A. N. Kolmogoroff (1933), der den Begriff der Wahrscheinlichkeit mit der modernen Mengenlehre, der Maßtheorie und der Funktionalanalysis verbindet (vgl. Waerden 1951) und damit das theoretische Gegenstück zur empirischen relativen Häufigkeit schafft (vgl. auch Rasch 1969).

▶ 122   Der Additionssatz der Wahrscheinlichkeitsrechnung

Die Menge der möglichen Ergebnisse einer Erhebung oder eines Versuchs bilden den sog. *Ereignisraum* Ω. Es kann nun die Frage aufgeworfen werden, ob das Versuchsergebnis in einen Teil des Ereignisraumes fallen wird oder nicht. Die zufälligen Ereignisse werden also durch Teilmengen des Ereignisraumes charakterisiert.

Beim Würfeln mit einem Würfel besteht der Ereignisraum aus 6 Punkten, die wir von 1 bis 6 numerieren. In diesem Beispiel ist der Ereignisraum also endlich; aber schon wenn man beim Mensch-ärgere-Dich-nicht-Spiel keine Figur mehr im Feld hat und so lange würfeln muß, bis eine 6 auftritt, liegt ein Ereignisraum mit unendlich vielen Ereignissen vor, wenn man nämlich als Ereignisse die Anzahl der Würfe zählt, die bis zum Auftreten einer 6 gewürfelt werden müssen. Dann sind alle positiven ganzen Zahlen als Ereignis möglich (Walter 1966).

Wird ein stetiges Merkmal betrachtet, wie die Körpergröße oder die Schlafdauer, dann können wir uns die Ereignisse (Meßergebnisse) als Punkte auf der reellen Zahlenachse vorstellen. Der Ereignisraum umfaßt dann z.B. alle Punkte eines Intervalls. Eine Teilmenge des Ereignisraumes heißt *Ereignis* und wird mit großen lateinischen Buchstaben, meist E oder A, bezeichnet. Betont sei, daß auch der gesamte Ereignisraum Ω als Ereignis aufgefaßt wird. Dieses Ereignis heißt das *sichere Ereignis* I. Im Würfelbeispiel kann es interpretiert werden als $I = \{1, 2, 3, 4, 5, 6\}$, das Ereignis, irgendeine Augenzahl zu werfen.

Seien E_1 und E_2 Ereignisse, dann interessiert man sich oft dafür, ob eine Messung in E_1 oder in E_2 liegt (es dürfen auch beide Fälle auftreten). Dieses Ereignis ist durch diejenige Teilmenge $E_1 \cup E_2$ des Ereignisraumes charakterisiert, die dadurch entsteht, daß man die Punkte, die in E_1 oder in E_2 (oder in beiden) liegen, zusammenlegt. Die „*Oder-Verknüpfung*", die logische Summe $E_1 \cup E_2$ (auch $E_1 + E_2$ geschrieben), gelesen: „E_1 vereinigt mit E_2" (diese Verknüpfung wird als „Vereinigung" [engl. union] bezeichnet), besteht im Eintreffen von mindestens einem der beiden Ereignisse E_1 und E_2. Das Symbol $\cup$ erinnert an den Buchstaben v (vgl. lat. vel = oder, im nichtausschließenden Sinne).

Beispiel: $E_1 = \{2,4\}$ $E_2 = \{1,2\}$
$E_1 \cup E_2 = \{1,2,4\}$.

Diese Menge charakterisiert das Ereignis: E_1 oder E_2 oder beide. Ganz entsprechend fragt man danach, ob eine Messung in E_1 *und* E_2 liegt. Dieses Ereignis ist durch diejenigen Punkte des Ereignisraumes charakterisiert, die sowohl in E_1 als auch in E_2 liegen. Diese Menge wird mit $E_1 \cap E_2$ bezeichnet: Die „*Sowohl-als-auch-Verknüpfung*", das logische Produkt $E_1 \cap E_2$, auch $E_1 E_2$ geschrieben, gelesen: „E_1 geschnitten mit E_2" (diese Verknüpfung wird als „*Durchschnitt*" [engl. intersection] bezeichnet), besteht im Eintreffen sowohl des Ereignisses E_1 als auch des Ereignisses E_2.

Beispiel: $E_1 \cap E_2 = \{2,4\} \cap \{1,2\} = \{2\}$.

Tritt der Fall auf, daß E_1 und E_2 keinen Punkt gemeinsam haben, dann sagt man, daß die Ereignisse E_1 und E_2 sich *gegenseitig ausschließen*. Die Operation $E_1 \cap E_2$ liefert die sog. „*leere Menge*", die keinen Punkt enthält. Der leeren Menge $\emptyset$ entspricht das *unmögliche Ereignis*. Da in der leeren Menge gar kein möglicher Meßwert liegt, kann keine Messung nach $\emptyset$ fallen. Wenn E ein Ereignis ist, gibt es ein Ereignis $\bar{E}$, das aus denjenigen Punkten des Stichprobenraumes besteht, die nicht in E liegen. $\bar{E}$ (lies: „nicht E") heißt das zu E entgegengesetzte, *komplementäre* Ereignis oder das logische Komplement. Sei z. B. E das Ereignis eine gerade Zahl zu würfeln, dann ist $E = \{2,4,6\}$ und $\bar{E} = \{1,3,5\}$. Es gilt

$$E \cup \bar{E} = I \quad \text{(Sicheres Ereignis)}$$
$$E \cap \bar{E} = \emptyset \quad \text{(Unmögliches Ereignis)}$$

(1.3)

Die unten gezeichneten Diagramme veranschaulichen diese Zusammenhänge:

Eulersche Kreise oder Venn-Diagramme

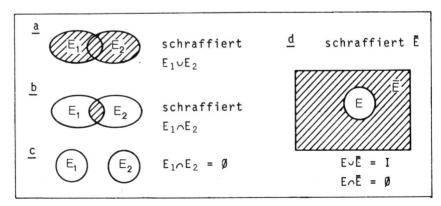

a   schraffiert $E_1 \cup E_2$

b   schraffiert $E_1 \cap E_2$

c $E_1 \cap E_2 = \emptyset$

d   schraffiert $\bar{E}$

$E \cup \bar{E} = I$
$E \cap \bar{E} = \emptyset$

Nach (1.2) ist die Wahrscheinlichkeit $P(E)$, daß bei einer Messung der Meßwert x in E liegt, eine Zahl zwischen Null und Eins. Um überhaupt statistische Aussagen machen zu können, wollen wir annehmen, daß jedem Ereignis E eine Wahrscheinlichkeit $P(E)$ zugeordnet ist. Diese Zuordnung ist nicht willkürlich, sondern genügt folgenden Regeln (Axiome der Wahrscheinlichkeitsrechnung):

> I. Jedem Ereignis ist eine Wahrscheinlichkeit, eine Zahl zwischen Null und Eins zugeordnet: (1.5)
>
> $$0 \leqq P(E) \leqq 1$$
>
> II. Das sichere Ereignis hat die Wahrscheinlichkeit Eins: (1.6)
>
> $$P(I) = 1$$
>
> III. Die Wahrscheinlichkeit dafür, daß von mehreren, paarweise einander sich ausschließenden Ereignissen ($E_i \cap E_j = \emptyset$ für $i \neq j$; d. h. je zwei verschiedene Ereignisse schließen sich aus) eines eintritt („Entweder-oder-Wahrscheinlichkeit"), ist gleich der Summe der Wahrscheinlichkeiten der Ereignisse (*Additionssatz* der Wahrscheinlichkeitsrechnung *für sich ausschließende Ereignisse*): (1.7)
>
> $$P(E_1 \cup E_2 \cup \ldots) = P(E_1) + P(E_2) + \ldots$$

Da $E \cap \overline{E} = \emptyset$, ergibt sich:
$$1 = P(I) = P(E \cup \overline{E}) = P(E) + P(\overline{E}), \quad \text{damit gilt} \quad P(E) = 1 - P(\overline{E}) \tag{1.8}$$

Beispiele zu Axiom III

1. Die Wahrscheinlichkeit, mit einem regelmäßigen Würfel eine 3 oder eine 4 zu werfen, beträgt: $1/6 + 1/6 = 1/3$. Bei einer größeren Serie von Würfen ist also in 33% der Fälle mit einem Aufliegen einer 3 oder einer 4 zu rechnen.
2. Hat man bei einem bestimmten Pferderennen Wetten auf 3 Pferde abgeschlossen, dann ist die Wahrscheinlichkeit zu gewinnen gleich der Summe der Gewinnchancen für die drei Pferde (totes Rennen ausgeschlossen).

Die Wahrscheinlichkeit, daß von zwei Ereignissen E_1 und E_2, die sich nicht ausschließen, mindestens eines eintritt, ist gegeben durch

$$P(E_1 \cup E_2) = P(E_1) + P(E_2) - P(E_1 \cap E_2) \tag{1.9}$$

Das Venn-Diagramm (a) zeigt, daß, wenn wir nur $P(E_1)$ und $P(E_2)$ addierten, die „Sowohl-als-auch-Wahrscheinlichkeit" $P(E_1 \cap E_2)$ doppelt gezählt würde. Dies ist der *Additionssatz* der Wahrscheinlichkeitsrechnung *für Ereignisse, die sich nicht ausschließen.*

Beispiele

1. Entnimmt man einem Spiel von 52 Karten eine Karte und fragt nach der Wahrscheinlichkeit, daß diese ein As oder ein Karo ist – beide schließen sich nicht aus – so ergibt sich, daß die Wahrscheinlichkeit für das Ziehen eines Asses $P(E_1) = 4/52$, für das Zie-

hen eines Karos $P(E_2)=13/52$ und für das Ziehen eines Karo-Asses $P(E_1 \cap E_2)=1/52$
beträgt: $P(E_1 \cup E_2)=P(E_1)+P(E_2)-P(E_1 \cap E_2)=4/52+13/52-1/52=16/52=0,308$.
2. Die Wahrscheinlichkeit, daß es regnen wird, sei $P(E_1)=0,70$, daß es schneien wird,
sei $P(E_2)=0,35$ und die, daß beide Ereignisse zugleich eintreten $P(E_1 \cap E_2)=0,15$.
Dann beträgt die Wahrscheinlichkeit für Regen, Schnee oder beides $P(E_1 \cup E_2)=$
$P(E_1$ oder E_2 oder beide$)=0,70+0,35-0,15=0,90$ (vgl. auch S. 36, Tab. 7, 4. Beisp.).
3. Für ein Kartenspiel sei E_1 das Ereignis, eine Dame, E_2 das Ereignis, eine Herz-Karte
zu ziehen. Der Stichprobenraum Ω besteht aus den 32 verschiedenen Karten, die mit
gleicher Wahrscheinlichkeit gezogen werden können. Es ist $P(E_1)=4/32$ und
$P(E_2)=8/32$. Die Wahrscheinlichkeit, die *Herz-Dame* zu ziehen $P(E_1 \cap E_2)$ ist
$1/32=P(E_1) \cdot P(E_2)$, so daß die Ereignisse Herz und Dame unabhängig sind. Nehmen
wir an, in dem Kartenspiel fehlen zwei Herz-Karten (nicht Herz-Dame), dann ist
$P(E_1)=4/30$, $P(E_2)=6/30$, aber $P(E_1 \cap E_2)=1/30 \neq P(E_1) \cdot P(E_2)$ (vgl. S. 33).

▶ **123   Der Multiplikationssatz für unabhängige Ereignisse: Bedingte
Wahrscheinlichkeit und Unabhängigkeit**

In zwei Werken werden Glühbirnen hergestellt, und zwar 70% und 30% der Gesamtproduktion. Durchschnittlich weisen von je 100 Birnen des ersten Werkes 83 und von
100 Birnen des zweiten Werkes nur 63 die normgerechten Brennstunden auf. Im Mittel
werden von je 100 Glühbirnen, die an die Verbraucher gelangen, 77 ($=0,83 \cdot 70+0,63 \cdot 30$)
normgerecht sein, d.h. die Wahrscheinlichkeit, eine Normalbirne zu kaufen, wird gleich
0,77 sein.
Wir nehmen jetzt einmal an, wir hätten erfahren, daß die Glühbirnen eines bestimmten
Geschäftes alle im ersten Werk hergestellt wurden. Dann wird die Wahrscheinlichkeit,
eine normgerechte Birne zu kaufen $83/100=0,83$ betragen. Die unbedingte Wahrscheinlichkeit des Kaufes einer Normalbirne beträgt 0,77; *die bedingte Wahrscheinlichkeit* – Bedingung: im ersten Werk produziert – beträgt 0,83.
Zwei Würfel, die frei voneinander geworfen werden, führen zu unabhängigen Resultaten.
Sind sie mit einem Faden verbunden, so ist die *Unabhängigkeit* beeinträchtigt und zwar
umso stärker, je kürzer der Faden ist.
Nehmen wir an, wir werfen mit einem einwandfreien Würfel mehrere Sechsen hintereinander, dann sinkt die Chance, weitere Sechsen zu würfeln, nicht im geringsten! Sie
bleibt für jeden Wurf konstant (1/6). Die Ergebnisse späterer Würfe müssen auf keinen
Fall die der vorangegangenen ausgleichen. Vorausgesetzt wird natürlich ein regelmäßiger Spielwürfel und die Unabhängigkeit der einzelnen Würfe, d.h. kein vorheriger
Wurf beeinflußt den nächsten; der Würfel wird beispielsweise durch den letzten Wurf
nicht deformiert.
1. Unter der *bedingten Wahrscheinlichkeit* des Ereignisses E_2, d.h. unter der Bedingung
oder Voraussetzung, daß das Ereignis E_1 schon eingetreten ist (geschrieben $P(E_2|E_1)$),
verstehen wir die Wahrscheinlichkeit

$$P(E_2|E_1)=\frac{P(E_1 \cap E_2)}{P(E_1)} \qquad\qquad (1.10)$$

die natürlich nur für $P(E_1) \neq 0$ definiert ist; analog ist

$$P(E_1|E_2)=\frac{P(E_1 \cap E_2)}{P(E_2)} \qquad\qquad (1.10a)$$

für $P(E_2) \neq 0$. Hieraus ergibt sich der *Multiplikationssatz* der Wahrscheinlichkeitsrechnung für das gleichzeitige Eintreffen von E_1 und E_2:

$$P(E_1 \cap E_2) = P(E_1) \cdot P(E_2|E_1) = P(E_2) \cdot P(E_1|E_2) \qquad (1.11)$$

2. Zwei Ereignisse E_1 und E_2 nennt man *stochastisch unabhängig*, wenn

$$P(E_2|E_1) = P(E_2) \qquad (1.12)$$

Es ist dann auch

$$P(E_1|E_2) = P(E_1) \qquad (1.12a)$$

Hieraus folgt ebenfalls der *Multiplikationssatz* bzw. die *Definition der Unabhängigkeit*

$$P(E_1 \cap E_2) = P(E_1) \cdot P(E_2) \qquad (1.13)$$

Dieser Satz gilt nicht nur für zwei, sondern für jede beliebige endliche Anzahl unabhängiger Ereignisse:

$$P(E_1 \cap E_2 \cap \ldots E_n) = P(E_1) \cdot P(E_2) \cdot \ldots \cdot P(E_n) \qquad (1.14)$$

Wir können jetzt auch definieren: Ereignisse sind *voneinander unabhängig*, wenn für ihre Wahrscheinlichkeiten (1.14) gilt.

Beispiele zum Multiplikationssatz für unabhängige Ereignisse

1. Wie groß ist die Wahrscheinlichkeit, mit drei regelmäßigen Würfeln dreimal die Sechs zu werfen?

$$\tfrac{1}{6} \cdot \tfrac{1}{6} \cdot \tfrac{1}{6} = \tfrac{1}{216} \simeq 0,005.$$

In einer langen Versuchsserie werden im Durchschnitt nur einmal unter 216 Würfen alle drei Würfel gleichzeitig eine Sechs zeigen (vgl. auch S. 36, Tab. 7, 1. u. 2. Beisp.).
2. Ein regelmäßiger Würfel wird viermal nacheinander geworfen. Wie groß ist die Wahrscheinlichkeit, mindestens eine Sechs zu erzielen? Ersetzt man „mindestens eine Sechs" durch seine Negation „keine Sechs", dann erhält man: die Wahrscheinlichkeit, mit einem Wurf keine Sechs zu werfen, ist 5/6, mit 4 Würfen beträgt sie $(5/6)^4$. Die Wahrscheinlichkeit, mit 4 Würfen mindestens eine Sechs zu erhalten, ist $1 - (5/6)^4 = 0,518$, also etwas größer als 1/2. Das verspricht Vorteile, wenn man mit Geduld, Kapital und gutem Würfel auf das Erscheinen einer Sechs in vier Würfen wettet.
Entsprechend kann man für den Fall des Würfelns mit zwei Würfeln fragen, bei wieviel Würfen es sich lohne, auf das Erscheinen einer Doppelsechs zu wetten.
Die Wahrscheinlichkeit, in einem Spiel keine Doppelsechs zu erhalten, beträgt 35/36, da 36 gleich wahrscheinliche Fälle $1 - 1$, $1 - 2$, $\ldots$, $6 - 6$ vorhanden sind. Die Wahrscheinlichkeit, in n Würfen mindestens eine Doppelsechs zu erhalten, ist dann wieder gegeben durch $P = 1 - (35/36)^n$. P soll $> 0,5$ sein, das heißt $(35/36)^n < 0,5$, $n \lg(35/36)$ $< \lg 0,5$ und hieraus $n > 24,6$. Wir setzen $n \lg(35/36) = \lg 0,5$ und erhalten

$$n = \frac{\lg 0,5}{\lg(35/36)} = \frac{0,6990}{\lg 35 - \lg 36} = \frac{9,6990 - 10}{1,5441 - 1,5563} = \frac{-0,3010}{-0,0122} = 24,6.$$

Man wird also auf das Erscheinen einer Doppelsechs in mindestens 25 Würfen wetten; die Wahrscheinlichkeit, eine Doppelsechs zu werfen, ist dann größer als 50%.

Der Chevalier de Méré erwarb eine größere Geldsumme mit dem Abschluß der Wetten: bei viermaligem Würfeln wenigstens eine Sechs zu erhalten und verlor sie durch den Abschluß der folgenden: bei 24maligem Wurf mit zwei Würfeln mindestens eine Doppelsechs zu bekommen: $1-(35/36)^{24}=0,491<0,5$.

> Der Briefwechsel zwischen Pierre de Fermat (1601–1665) und Blaise Pascal (1623–1662), der vom Chevalier de Méré um die Lösung der oben erwähnten Probleme gebeten worden war, begründete im Jahre 1654 die Wahrscheinlichkeitsrechnung, die später durch Jakob Bernoulli (1654–1705) zu einer mathematischen Theorie der Wahrscheinlichkeit ausgebaut worden ist (Westergaard 1932, David 1962, King und Read 1963, Freudenthal und Steiner 1966, Pearson und Kendall 1970; vgl. S. 436).

3. Ein Junggeselle fordert von der Frau seiner Träume eine griechische Nase, tizianrotes Haar und erstklassige Kenntnisse in Statistik. Angenommen, die entsprechenden Wahrscheinlichkeiten seien 0,01, 0,01, 0,00001. Dann ist die Wahrscheinlichkeit, daß die erste uns begegnende junge Dame (oder jede zufallsmäßig ausgewählte) die genannten Eigenschaften aufweist, gleich $P=0,01\cdot0,01\cdot0,00001=0,000000001$ oder genau eins zu einer Milliarde. Vorausgesetzt wird natürlich, daß die drei Merkmale unabhängig voneinander sind.

4. Drei Geschütze mögen unabhängig voneinander auf dasselbe Flugzeug schießen. Jedes Geschütz habe die Wahrscheinlichkeit 1/10, unter den gegebenen Umständen zu treffen. Wie groß ist die Wahrscheinlichkeit, daß ein Flugzeug getroffen wird? Gefragt ist also nach der Wahrscheinlichkeit, daß mindestens ein Treffer erfolgt. Die Wahrscheinlichkeit, daß kein Flugzeug getroffen wird, beträgt $(9/10)^3$. Für die Wahrscheinlichkeit, daß mindestens ein Treffer erfolgt, ergibt sich dann

$$P=1-(9/10)^3=1-\frac{729}{1000}=\frac{271}{1000}=27,1\%$$

(Vgl. $P=1-[9/10]^{28}=94,8\%$ oder $P=1-[1/2]^4=93,7\%$)

Hinweis: Die Wahrscheinlichkeit P für wenigstens einen Erfolg (Treffer) in n unabhängigen Versuchen, jeweils mit der Erfolgswahrscheinlichkeit p ist durch $\boxed{P=1-(1-p)^n}$ gegeben (vgl. auch S. 173). Einige Beispiele:

p	0,01						0,02						0,05			
n	1	5	10	15	30	50	2	5	10	15	30	50	2	5	10	15
P	0,010	0,049	0,096	0,140	0,260	0,395	0,040	0,096	0,183	0,261	0,455	0,636	0,098	0,226	0,401	0,537

p	0,10				0,20				0,30		0,50		0,75		0,90	
n	2	5	10	15	5	10	15	30	5	10	5	10	2	5	2	3
P	0,190	0,410	0,651	0,794	0,672	0,893	0,965	0,999	0,832	0,972	0,969	0,999	0,937	0,999	0,990	0,999

5. Vier Karten eines Kartenspiels werden gezogen. Wie groß ist die Wahrscheinlichkeit, (a), daß es sich um vier Asse handelt und (b), daß sie alle denselben Wert aufweisen? Die Wahrscheinlichkeit, aus einem Satz Karten ein As zu ziehen, ist $4/52=1/13$. Wird die gezogene Karte vor Ziehung der nächsten Karte ersetzt, dann ist die Wahrscheinlichkeit, zwei Asse in zwei aufeinanderfolgenden Ziehungen zu erhalten, $1/13\cdot1/13=1/169$. Wenn die gezogene Karte nicht zurückgelegt wird, dann beträgt die Wahrscheinlichkeit

$1/13 \cdot 3/51 = 1/221$. Mit Zurücklegen ist die Wahrscheinlichkeit eines bestimmten Ereignisses konstant; ohne Zurücklegen ändert sie sich von Zug zu Zug. Damit ergibt sich:

Zu a: $P = \dfrac{4}{52} \cdot \dfrac{3}{51} \cdot \dfrac{2}{50} \cdot \dfrac{1}{49} = \dfrac{24}{6497400} = \dfrac{1}{270725} \simeq 3{,}7 \cdot 10^{-6}$,

Zu b: $P = 13 \cdot \dfrac{4}{52} \cdot \dfrac{3}{51} \cdot \dfrac{2}{50} \cdot \dfrac{1}{49} = \dfrac{312}{6497400} = \dfrac{1}{20825} \simeq 4{,}8 \cdot 10^{-5}$.

6. Es werden 24 Personen nach einem Zufallsverfahren ausgewählt. Wie groß ist die Wahrscheinlichkeit, daß mindestens 2 Personen am selben Tage Geburtstag haben?
Intuitiv fühlt man, diese Wahrscheinlichkeit ist klein. Tatsächlich liegt sie mit etwa $27/50 = 0{,}54$ bei 54%!
Die Wahrscheinlichkeit, daß die Geburtstage zweier beliebiger Personen gleich sind, beträgt $1/365$. Dann ist die Wahrscheinlichkeit dafür, daß sie nicht gleich sind, $364/365$. Die Wahrscheinlichkeit, daß der Geburtstag einer dritten Person sich von dem der anderen beiden unterscheidet, beträgt $363/365$; für die vierte Person erhalten wir $362/365$; für die fünfte Person $361/365 \ldots$ und für die 24. Person $342/365$. Wenn wir jetzt alle 23 Brüche miteinander multiplizieren, erhalten wir mit etwa $23/50$ die Wahrscheinlichkeit dafür, daß sich alle 24 Geburtstage unterscheiden.

Mit anderen Worten, eine Wette, daß von 24 Personen mindestens 2 am selben Tag Geburtstag feiern, würde sich bei einer größeren Serie gleichartiger Wetten lohnen, da von 50 Wetten nur 23 verloren gingen, aber 27 gewonnen würden. Hierbei haben wir den 29. Februar ignoriert; außerdem ist unberücksichtigt geblieben, daß sich die Geburten in bestimmten Monaten häufen. Ersteres verringert die Wahrscheinlichkeit, letzteres erhöht sie.
Die Wahrscheinlichkeit, daß in einer Gruppe von n Personen wenigstens 2 Personen am gleichen Tag Geburtstag haben, beträgt $P = 1 - [365 \cdot 364 \ldots (365 - n + 1)]/365^n$.
Für $n = 23$ erhält man $P = 0{,}507$, für $n = 24$ $P = 0{,}538$ und für $n = 50$ sogar schon $P = 0{,}970$. Nauss (1968) gibt eine Tabelle für die Wahrscheinlichkeit, daß zwei von n Personen ($n \leq 35$) innerhalb d aufeinanderfolgender Tage ($d \leq 30$) Geburtstag haben (Beispiele: 1. $n = 7$, $d = 7$, $P = 0{,}550$; 2. $n = 7$, $d = 21$, $P = 0{,}950$; 3. $n = 15$, $d = 10$, $P = 0{,}999$) (vgl. auch Gehan 1968, Faulkner 1969 und Glick 1970).

Beispiele zur bedingten Wahrscheinlichkeit

1. Eine Urne enthalte 15 rote und 5 schwarze Kugeln. E_1 bedeute Ziehen einer roten, E_2 Ziehen einer schwarzen Kugel. Wie groß ist die Wahrscheinlichkeit, in zwei aufeinanderfolgenden Ziehungen zuerst eine rote und dann eine schwarze Kugel zu erhalten?
Die Wahrscheinlichkeit, eine rote Kugel zu ziehen, ist $P(E_1) = 15/20 = 3/4$. Ohne die Kugel zurückzulegen, wird wieder gezogen. Die Wahrscheinlichkeit, eine schwarze Kugel zu ziehen, wenn rot gezogen war, ist $P(E_2 | E_1) = 5/19 \simeq 0{,}26$. Die Wahrscheinlichkeit, in zwei Ziehungen ohne Zurücklegen eine rote und eine schwarze Kugel zu ziehen, ist $P(E_1) \cdot P(E_2 | E_1) = 3/4 \cdot 5/19 = 15/76 \simeq 0{,}20$.
2. Zehn Prozent einer Bevölkerung seien in einem gegebenen Zeitraum im Durchschnitt von einer Krankheit befallen $\big(P(E_1) = 0{,}10\big)$. Von diesen Erkrankten mögen in der Regel 8% sterben $\big(P(E_2 | E_1) = 0{,}08\big)$. Dann ist die Wahrscheinlichkeit für dieses Ereignis $P = 0{,}08$ eine bedingte Wahrscheinlichkeit (Bedingung: Erkrankung). Die Wahrscheinlichkeit dafür, daß eine Person der betrachteten Bevölkerung in einem gegebenen Zeitabschnitt erkrankt und an dieser Krankheit stirbt, ist dann $P(E_1 \cap E_2)$ $= P(E_1) \cdot P(E_2 | E_1) = 0{,}1 \cdot 0{,}08 = 0{,}008 = 0{,}8\%$.
Der Mediziner würde in diesem Falle sagen: Die Morbidität der Krankheit ist 10%, die Letalität 8% und die Mortalität 0,8%; es ist also Mortalität = Morbidität $\cdot$ Letalität.

Gehen wir noch weiter: Von einer anderen Krankheit mögen 20% infiziert sein (E_1), davon mögen in einem bestimmten Zeitraum beispielsweise 30% erkranken (E_2), von denen schließlich 5% sterben (E_3). Dann ist die Mortalität gegeben durch $P(E_1 \cap E_2 \cap E_3) = P(E_1) \cdot P(E_2|E_1) \cdot P(E_3|E_2) =$ $= 0,20 \cdot 0,30 \cdot 0,05 = 0,003 = 0,3\%$. Einige Präzisierungen: (1) Morbiditätsziffer (für einen bestimmten Zeitraum) = Erkrankte $\cdot$ 10000/Mittlere Bevölkerung unter Risiko. (2) Inzidenzziffer (von einem bestimmten Zeitpunkt ab) = Neuerkrankte $\cdot$ 1000/unter Risiko Lebende. (3) Prävalenzziffer (für einen bestimmten Stichtag) = Erkrankte $\cdot$ 1000/unter Risiko Lebende. (4) Letalitätsziffer (Tödlichkeitsziffer für eine akute Krankheit) = Gestorbene $\cdot$ 100/Spezifisch Erkrankte. (5) Mortalitätsziffer (Rohe Sterbeziffer) = Gestorbene $\cdot$ 10000/Mittlere Bevölkerung.

Da man von der Wahrscheinlichkeit irgendeines Ereignisses nur unter genau bestimmten Voraussetzungen sprechen kann, ist streng genommen jede Wahrscheinlichkeit eine bedingte Wahrscheinlichkeit. Eine unbedingte Wahrscheinlichkeit kann im eigentlichen Sinne des Wortes nicht existieren.

Tabelle 7.   Diese kleine Übersichtstafel – beachte ganz rechts die Hinweise – gibt einige Formeln für die Wahrscheinlichkeit, daß von den unabhängigen Ereignissen E_1 und E_2 mit den Wahrscheinlichkeiten $P(E_1)$ und $P(E_2)$ eintreten:

Ereignisse	Wahrscheinlichkeit	Beispiel $P(E_1) = 0,10$; $P(E_2) = 0,01$
Beide	$P(E_1) \cdot P(E_2)$	$P = 0,001$
Nicht beide	$1 - P(E_1) \cdot P(E_2)$	$P = 0,999$
Entweder E_1 oder E_2, nicht beide	$P(E_1) + P(E_2) - 2 P(E_1) \cdot P(E_2)$	$P = 0,108$
Entweder E_1 oder E_2, oder beide	$P(E_1) + P(E_2) - P(E_1) \cdot P(E_2)$	$P = 0,109$
Weder E_1 noch E_2	$1 - P(E_1) - P(E_2) + P(E_1) \cdot P(E_2)$	$P = 0,891$
Beide oder keines	$(1 - P(E_1)) \cdot (1 - P(E_2)) + P(E_1) \cdot P(E_2)$	$P = 0,892$
E_1 aber nicht E_2	$P(E_1) \cdot (1 - P(E_2))$	$P = 0,099$

124 Das Bayessche Theorem

Es seien $A_1, A_2, \ldots, A_n$ sich ausschließende Ereignisse. Die Vereinigung aller A_i sei das sichere Ereignis, der gesamte Ereignisraum. Das Bayessche Theorem sagt dann aus: Die Wahrscheinlichkeit dafür, daß ein Ereignis A_i eintritt – vorausgesetzt, daß ein zufälliges Ereignis E, das mit $P(E) > 0$ nur in Kombination mit einem Ereignis A_i eintreten kann, bereits eingetreten ist – ist gegeben durch

$$P(A_i|E) = \frac{P(A_i) \cdot P(E|A_i)}{P(A_1) \cdot P(E|A_1) + \ldots + P(A_n) \cdot P(E|A_n)}$$

$$P(A_i|E) = \frac{P(A_i) \cdot P(E|A_i)}{\sum_{i=1}^{n} P(A_i) \cdot P(E|A_i)} \tag{1.15}$$

Beispiele

1. Zwei Maschinen einer Firma seien zu 10% und 90% an der Gesamtproduktion eines bestimmten Gegenstandes beteiligt. Angenommen, die Wahrscheinlichkeit, daß die erste Maschine Ausschuß produziert, sei 0,01 und die Wahrscheinlichkeit, daß die zweite Maschine Ausschuß liefert, sei 0,05. Wie groß ist die Wahrscheinlichkeit, daß ein zufällig der Tagesproduktion entnommener Gegenstand von der ersten Maschine stammt, vorausgesetzt, daß es sich um ein Ausschußprodukt handelt?

Wir wenden das Bayessche Theorem an. $E =$ das Ereignis, daß ein Gegenstand Ausschuß-ware ist, A_1 das Ereignis, daß er von der Maschine 1 hergestellt worden ist und A_2, daß er aus der Produktion der Maschine 2 stammt.

$$P(\text{produziert von Maschine 1} \mid \text{Ausschuß}) = P(A_1|E)$$

$$P(A_1|E) = \frac{P(A_1) \cdot P(E|A_1)}{P(A_1) \cdot P(E|A_1) + P(A_2) \cdot P(E|A_2)}$$

$$P(A_1|E) = \frac{0,10 \cdot 0,01}{0,10 \cdot 0,01 + 0,90 \cdot 0,05} = \frac{1}{46} \simeq 0,022.$$

2. Angenommen, es liegen zwei Urnen vor. Die Wahrscheinlichkeit, Urne I zu wählen, betrage 1/10; für Urne II beträgt sie dann 9/10. Nehmen wir weiter an, die Urnen ent-

Tabelle 8.   Zusammenfassung der ersten drei Beispiele zum Bayesschen Theorem: Baumdiagramme, rechts die zugehörigen „Pfadgewichte"

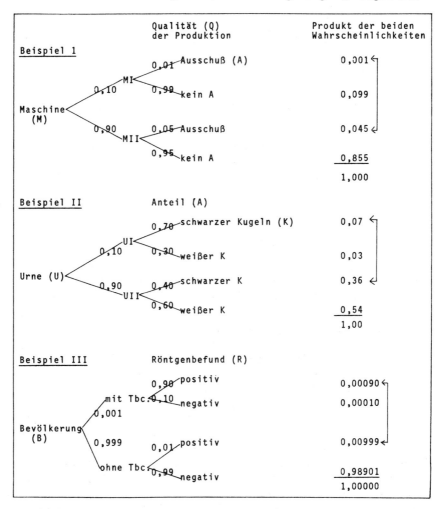

Rechts steht jeweils $P(E_1 \cap E_2) = P(E_1) \cdot P(E_2|E_1)$. Für Beispiel 1: 0,001 = 0,10 · 0,01 usw. Die durch eine Pfeilklammer zusammengefaßten Produkte gehen jeweils in die Bayessche Formel ein.

halten schwarze und weiße Kugeln: Urne I enthalte zu 70% schwarze Kugeln, Urne II zu 40%. Wie groß ist die Wahrscheinlichkeit, daß eine mit verbundenen Augen entnommene schwarze Kugel der Urne I entstammt?

E = das Ereignis, daß die Kugel schwarz ist, A_1 = das Ereignis, daß sie aus Urne I entnommen ist und A_2, daß sie aus Urne II stammt.

$$P(\text{aus Urne I} \mid \text{schwarz}) = \frac{0{,}10 \cdot 0{,}70}{0{,}10 \cdot 0{,}70 + 0{,}90 \cdot 0{,}40} = 0{,}163$$

Das heißt, nach vielen Versuchen wird man in 16,3% aller Fälle, in denen man eine schwarze Kugel zieht, mit Recht auf die Herkunft aus Urne I schließen.

3. Nehmen wir an, die Verläßlichkeit einer Durchleuchtung der Brust mit Röntgenstrahlen zur Entdeckung einer Tbc. betrage für Tbc.-Träger 90%, d.h. 10% der Tbc.-Träger bleiben bei der Untersuchung unerkannt; für Tbc.-freie Personen betrage sie 99%, d.h. 1% der Tbc.-freien Personen werden fälschlich als Tbc.-Träger diagnostiziert.

Aus einer großen Bevölkerung mit 0,1% Tbc.-Fällen sei eine Person durchleuchtet und als Tbc.-Träger eingestuft worden. Wie groß ist die Wahrscheinlichkeit, daß diese Person eine Tbc. hat?

E = das Ereignis, daß die Durchleuchtung einen positiven Befund ergab, A_1 = das Ereignis, daß die Person Tbc.-Träger ist und A_2, daß sie Tbc.-frei ist.

$$P(\text{Tbc.-Träger} \mid \text{pos. Rö.-Befund}) = \frac{0{,}001 \cdot 0{,}9}{0{,}001 \cdot 0{,}9 + 0{,}999 \cdot 0{,}01} = 0{,}0826,$$

d.h. wir finden, daß von den röntgenologisch als Tbc.-Träger eingestuften nur gut 8% wirklich eine Tbc. aufweisen.

Bei Röntgenreihenuntersuchungen ist im Durchschnitt mit 30% falsch-negativen und mit 2% falsch-positiven Befunden zu rechnen (Garland 1959).

4. In einem Büro arbeiten 4 Sekretärinnen, die 40, 10, 30 und 20% der Unterlagen wegordnen. Die Wahrscheinlichkeiten, daß hierbei Fehler gemacht werden, betragen 0,01; 0,04; 0,06 und 0,10. Wie groß ist die Wahrscheinlichkeit, daß durch die dritte Sekretärin eine Akte verlegt wird?

$$P(\text{Sekretärin Nr. 3} \mid \text{Akte falsch weggeordnet})$$
$$= \frac{0{,}30 \cdot 0{,}06}{0{,}40 \cdot 0{,}01 + 0{,}10 \cdot 0{,}04 + 0{,}30 \cdot 0{,}06 + 0{,}20 \cdot 0{,}10} = \frac{0{,}018}{0{,}046} = 0{,}391 \simeq 39\%.$$

Gut 39% aller verlegten Unterlagen! Zur Übung sei diese Rechnung für jede Sekretärin durchgeführt und das Gesamtergebnis in der Art von Tabelle 8 als Graph dargestellt.

> Näheres über das Bayessche Theorem und die sogenannte Bayessche Statistik ist Barnard (1967), Cornfield (1967, 1969), Schmitt (1969), de Groot (1970) und Maritz (1970) zu entnehmen.

▶ 125 Die Zufallsvariable

Bei einem zufallsbedingten Vorgang spricht man von einem stochastischen Vorgang. Eine *Zufallsvariable* oder *stochastische Variable* ist eine Größe, die bei einem Zufallsexperiment auftreten kann, z.B. die Länge der Brenndauer einer Glühbirne. Eine Zufallsvariable oder zufällige Variable ordnet jedem Ausgang des Experimentes eine Zahl zu. Hat man ein Experiment gemacht, bei dem die Zufallsvariable X einen Wert x angenommen hat, so nennt man x eine Realisierung von X. Die **Grundgesamtheit** ist die Menge aller möglichen Realisierungen einer Zufallsvariablen, die **Stichprobe** ist die n-fache Realisierung. Die Werte von x sind *reelle* Zahlen. Hierunter versteht man Zahlen, die sich durch Dezimalzahlen mit endlich $(2, -4)$ oder unendlich vielen Stellen [periodisch $(-7/3)$ oder nicht periodisch $(\sqrt{2}, \lg 3, \pi, e)$] darstellen lassen. Die Wahrscheinlichkeit des Ereignisses, daß X irgendeinen Wert in dem Intervall von a bis b annimmt, bezeichnen wir mit $P(a < X < b)$. Entsprechend ist $P(-\infty < X < \infty)$ das sichere Ereignis, da X ja stets irgendeinen Wert auf der Zahlengeraden annehmen muß. Soll X irgendeinen Wert annehmen, der größer als c ist: $P(X > c)$, so gilt, da $P(X > c) + P(X \leq c) = 1$, für beliebiges reelles c

$$P(X > c) = 1 - P(X \leq c)$$ (1.16)

Beispiel

Die beim Wurf eines regelmäßigen Würfels erzielte Augenzahl sei X, dann ist
$P(X = 6)$ gleich $1/6$ $P(5 < X < 6) = 0$ $P(5 \leq X < 6) = 1/6$
$\qquad\qquad\qquad\qquad P(1 \leq X \leq 6) = 1$ $P(5 < X \leq 6) = 1/6$
$\qquad\qquad\qquad\qquad P(X > 1) = 1 - P(X \leq 1) = 1 - 1/6 = 5/6$

> Abschnitt 126 kann bei der Erstlektüre übersprungen werden, da sein Inhalt etwas schwieriger ist und im folgenden Text nicht vorausgesetzt wird.

126   Verteilungsfunktion und Wahrscheinlichkeitsfunktion

Die Wahrscheinlichkeitsverteilung einer zufälligen Variablen gibt an, mit welcher Wahrscheinlichkeit die Werte der Variablen angenommen werden. Die Wahrscheinlichkeitsverteilung der zufälligen Variablen X wird durch die sog. *Verteilungsfunktion*

$$F(x) = P(X \leq x)$$ (1.17)

eindeutig definiert. Sie gibt die Wahrscheinlichkeit an, daß die zufällige Variable X einen Wert kleiner x oder gleich x annimmt. F ist damit für alle reellen Zahlen x definiert und steigt monoton von 0 nach 1 an. $F(x)$ wird auch *Summenhäufigkeitsfunktion* oder *kumulierte Wahrscheinlichkeitsverteilung* genannt.

Beispiel

Als Beispiel diene uns die Verteilungsfunktion für das Würfelexperiment. Die Zufallsvariable ist die Zahl der gewürfelten Augen. Die Wahrscheinlichkeiten für die zu würfelnden Augen sind je $1/6$. $F(x)$ nimmt die folgenden Werte an:

x	$x < 1$	$1 \leq x < 2$	$2 \leq x < 3$	$3 \leq x < 4$	$4 \leq x < 5$	$5 \leq x < 6$	$x \geq 6$
$F(x)$	**0**	**1/6**	$1/6 + 1/6 =$**1/3**	$1/6 + 1/3 =$**1/2**	$1/6 + 1/2 =$**2/3**	$1/6 + 2/3 =$**5/6**	$1/6 + 5/6 =$**1**

Man erhält eine sog. *Treppenfunktion*. Sie springt genau an denjenigen Stellen x nach oben, an denen X einen Wert mit der Wahrscheinlichkeit $1/6$ annimmt. Zwischen zwei benachbarten *Sprungstellen* verläuft sie konstant. Man zeichne sich dies einmal auf (Abszisse: (x) die ganzen Zahlen von 0 bis 7; Ordinate: $(P(X \leq x))$ in Sechstel geteilt von 0 bis 1).
Durchläuft die Zufallsvariable in einem bestimmten Intervall nur endlich viele Zahlen, so spricht man von einer *diskreten* Zufallsvariablen, die sich wie im Würfelversuch nur sprunghaft ändert (z. B. Kinderzahl und Einkommen).

Es gibt einen weiteren Weg, die Wahrscheinlichkeitsverteilung einer Zufallsvariablen zu beschreiben. Beispielsweise genügt es, im Würfelversuch die Wahrscheinlichkeiten anzugeben, mit der die betreffenden Augenzahlen gewürfelt werden $(P(X=x_i)=1/6)$. Allgemein bezeichnet man für diskrete Zufallsvariable die Zuordnung der Merkmale x_i zu den Wahrscheinlichkeiten $f(x_i)$ als *Wahrscheinlichkeitsfunktion* (engl. probability function, frequency function). Für diskrete Zufallsvariable ermittelt man die Verteilungsfunktion durch einfaches Aufsummieren der Wahrscheinlichkeiten $f(x_i)$. Für stetige Zufallsvariable, also z. B. solche, deren Werte durch Längen-, Gewichts- oder Geschwindigkeitsmessungen zustande kommen, erhält man die Verteilungsfunktion durch Integration über die sog. *Wahrscheinlichkeitsdichte* (engl. probability density function) oder Dichtefunktion. Sie legt die Verteilung ebenfalls eindeutig fest. Zwischen Wahrscheinlichkeitsfunktion bzw. Wahrscheinlichkeitsdichte und Verteilungsfunktion besteht der Zusammenhang

$$
\begin{array}{ll}
\text{1. Für diskrete Zufallsvariable } X\text{:} F(x) = \sum_{x_i \le x} f(x_i) & (1.18) \\
\quad f(x_i) \text{ ist die Wahrscheinlichkeits-} & \\
\quad \text{funktion} & \\
\text{2. Für stetige Zufallsvariable } X\text{:} F(x) = \int_{-\infty}^{x} f(t)dt & (1.19) \\
\quad f(t) \text{ ist die Wahrscheinlichkeits-} & \\
\quad \text{dichte } (\infty = \text{unendlich}) & \\
\end{array}
$$

Zur anschaulichen Bedeutung der Wahrscheinlichkeitsdichte ist zu sagen, daß für sehr kleine Intervalle dt die Wahrscheinlichkeit, daß X in das Intervall $(t, t+dt)$ fällt, näherungsweise durch das Differential $f(t)dt$ gegeben ist, das man auch als *Wahrscheinlichkeitselement* bezeichnet:

Es gilt

$$
f(t)dt \simeq P(t < X \le t + dt) \tag{1.20}
$$

$$
\int_{-\infty}^{+\infty} f(t)dt = 1 \qquad \text{und insbesondere} \tag{1.21}
$$

$$
P(a < X \le b) = F(b) - F(a) = \int_{a}^{b} f(t)dt \tag{1.22}
$$

Die Wahrscheinlichkeit des Ereignisses $a < X \le b$ ist gleich der Fläche unter der Kurve der Wahrscheinlichkeitsdichte $f(t)$ zwischen $x=a$ und $x=b$.
Jetzt können wir auch diskrete und stetige Zufallsvariable (discrete random variable, continuous random variable) definieren:
1. Eine zufällige Variable X, die nur endlich oder abzählbar viele Werte annehmen kann, nennen wir *diskret*. Diese Werte haben wir Sprungstellen genannt. Die zur Zufallsvariablen X gehörige Verteilungsfunktion weist abzählbar viele Sprungstellen auf.
2. Eine zufällige Variable X nennen wir *stetig*, wenn die zugehörige Verteilungsfunktion (1.17) in Integralform (1.19) dargestellt werden kann. Die Werte, die die stetige Variable X annehmen kann, bilden ein *Kontinuum*.
Während die Wahrscheinlichkeit P eines bestimmten Ereignisses im Falle einer diskreten Verteilung meist bedeutungsvoll ist, kann dies im Falle einer kontinuierlichen Verteilung nicht behauptet werden (z. B. P, daß ein Ei 50,00123 g wiegt), daher interessieren hier Wahrscheinlichkeiten der Art, daß eine Variable X sagen wir $< a$ oder $\ge a$ ist.
Da in diesem Buch der Praktiker angesprochen wird, verzichten wir im folgenden weitgehend auf den Unterschied zwischen X und x und schreiben dann durchweg x.

Fünf wichtige Bemerkungen

1. Der Mittelwert (μ) oder Erwartungswert $(E(X)=\mu)$ ist für (a) diskrete und (b) stetige Zufalls-variable: (a) $E(X)=\sum_i x_i P(x_i)$, (b) $E(X)=\int\limits_{-\infty}^{+\infty} xf(x)dx$, vorausgesetzt dieses Integral ist absolut konvergent $\left(\int\limits_{-\infty}^{+\infty}|x|f(x)dx<\infty\right)$.

2. Für Zufallsvariable mit endlichem Erwartungswert gilt: $E(X_1+X_2)=E(X_1)+E(X_2)$, sind die Zufallsvariablen unabhängig, dann gilt: $E(X_1 X_2)=E(X_1)\cdot E(X_2)$.

3. Der Erwartungswert des Abweichungsquadrates $E[(X-\mu)^2]=E(X^2)-\mu^2$ wird Varianz von X genannt und $\text{Var}(X)$ oder σ^2 geschrieben; σ wird Standardabweichung genannt. Beachte
$E(X^2)=\text{Var}(X)+[E(X)]^2$, $\text{Var}\left(\sum\limits_{i=1}^{n} X_i\right)=n\text{Var}(X)$ sowie $\text{Var}(cX+k)=c^2\text{Var}(X)$ und $E(cX+k)$
$=cE(X)+k$ mit den Konstanten c und k.

4. Für unabhängige Zufallsvariable gilt: (1) Die Varianz ist additiv: $\text{Var}(X_1+X_2)=\text{Var}(X_1)$ $+\text{Var}(X_2)$. (2) Liegen n unabhängige Zufallsvariable mit gleicher Verteilung und dem Mittelwert $\overline{X}=\sum\limits_{i=1}^{n} X_i$ vor, dann strebt die Varianz des Mittelwertes $\text{Var}(\overline{X})=\frac{1}{n^2}\sum\limits_{i=1}^{n}\text{Var}(X_i)$
$=\frac{1}{n^2}n\text{Var}(X)=\frac{1}{n}\text{Var}(X)=\frac{\sigma^2}{n}$ mit wachsendem n gegen Null.

5. Für n unabhängige Zufallsvariable mit gleicher Verteilung, Mittelwert μ und endlicher Varianz σ^2 strebt $\dfrac{\overline{x}-\mu}{\sqrt{\sigma^2/n}}$ mit wachsendem n gegen die Standardnormalverteilung (Zentraler Grenzwertsatz).

Auf die „stochastische Unabhängigkeit zufälliger Variabler" kann ohne aufwendige Theorie kaum eingegangen werden; für uns muß ein Verweis auf den Unabhängigkeitsbegriff der Wahrscheinlichkeitsrechnung (S. 33) und auf theoretisch orientierte Lehrbücher (vgl. S. 438) genügen.

13   Der Weg zur Normalverteilung

▶ **131   Grundgesamtheit und Stichprobe**

Münzen, Würfel und Karten sind die Elemente von Glücksspielen. Da sich jedes zufallsbeeinflußte Experiment oder jede zufallsartige Massenerscheinung approximativ durch ein **Urnenmodell** darstellen läßt, kann man anstatt eine ideale Münze in die Luft zu werfen, Kugeln aus einer Urne ziehen, die genau zwei vollkommen gleiche Kugeln enthält, von denen die eine mit einem W und die andere mit einem Z (Wappen und Zahl) bezeichnet ist. Anstatt mit einem unverfälschten Würfel zu würfeln, können wir Kugeln aus einer Urne ziehen, die genau sechs mit 1, 2, 3, 4, 5 oder 6 Augen versehene Kugeln enthält. Anstatt eine Karte aus einem Kartenspiel zu ziehen, können wir Kugeln aus einer Urne ziehen, die genau 52 durchnumerierte Kugeln enthält.

An diesem Urnenmodell seien im folgenden einige einführende Hinweise gegeben. Wir bezeichnen die die Kugeln kennzeichnenden Zahlen 0, 1, 2, . . . als *Merkmale oder Merkmalswerte* und gezogene Merkmalswerte außerhalb der Urne als *Ereignisse*. Merkmalswerte lassen sich daher auch als „gestapelte" mögliche Ereignisse in der Urne auffassen. **Merkmale** sind definierte Eigenschaften statistischer Elemente.

Aufgabe der mathematischen Statistik ist es, aufgrund einer oder mehrerer Stichproben aus einer Urne Schlüsse zu ziehen hinsichtlich der Zusammensetzung des Inhaltes (der Grundgesamtheit) dieser Urne. Diese Schlüsse sind **Wahrscheinlichkeitsaussagen**. Grundlage des statistischen Schlusses ist die **Wiederholbarkeit der Stichprobe** (vgl. S. 4, 5).

Die 52 Kugeln bilden die *Grundgesamtheit* (vgl. S. 38 unten). Wird der Urneninhalt gut durchgemischt, dann erhält jedes Element der Grundgesamtheit, jede Kugel also, die gleiche Chance, gezogen zu werden. Wir sprechen von dem Zufallscharakter der Stichprobe, von der zufälligen Stichprobe (engl. random sample), kurz von der **Zufallsstichprobe**. Die Anzahl der ausgewählten Elemente – 1 bis maximal 51 Kugeln – wird als *Stichprobenumfang* bezeichnet. Die Gesamtheit der möglichen Stichproben bildet den sog. *Stichprobenraum.* Die relative Häufigkeit der Spielkarten-Merkmale in der Grundgesamtheit ist die *Wahrscheinlichkeit* dieser Merkmale, gezogen zu werden: sie beträgt für die einer beliebigen Spielkarte entsprechende Kugel $1/52$, für die den vier Königen entsprechenden Kugeln $4/52 = 1/13$, für die den Pik-Karten entsprechenden Kugeln $13/52 = 1/4$ und für die den schwarz gezeichneten Karten entsprechenden Kugeln $26/52 = 1/2$.

Demgegenüber ist die relative Häufigkeit der Merkmale in der Stichprobe eine *Schätzung der Wahrscheinlichkeit* dieser Merkmale. Die Schätzung ist um so genauer, je ausgeprägter der Zufallscharakter der Stichprobe und je größer diese ist. Vorausgesetzt werden *unabhängige Beobachtungen.* Bei endlichen Grundgesamtheiten ist die Unabhängigkeit dann gegeben, wenn nach jeder Einzelentnahme das entnommene Element wieder in die Grundgesamtheit zurückgelegt und neu gemischt wird: *Urnenmodell der Stichprobenentnahme mit Zurücklegen.* Die Zahl der Stichproben kann deshalb als *unendlich groß* angesehen werden, ein wichtiges Konzept der mathematischen Statistik.

Wird nach jeder Einzelentnahme aus einer endlichen Grundgesamtheit das entnommene Element nicht wieder zurückgelegt: *Urnenmodell ohne Zurücklegen,* so ändert sich laufend die Zusammensetzung der Restgesamtheit. Jede Beobachtung wird damit von der vorhergehenden abhängig. Wir sprechen von Wahrscheinlichkeitsansteckung oder von Wahrscheinlichkeitsverkettung. Modelle dieser Art werden durch sogenannte *Markovsche Ketten* (A. A. Markov 1856–1922) beschrieben: Jede Beobachtung ist nur von einer oder einer beschränkten Anzahl unmittelbar vorhergehender Beobachtungen abhängig. Näheres über diese und andere Klassen von Folgen *nicht als unabhängig vorausgesetzter Zufallsvariabler in der Zeit* – sie bilden das mathematisch Interessierten vorbehaltene Gebiet der zufallsbedingten oder **stochastischen Prozesse** (Literatur auf S. 454/455) – ist Bartlett (1955, 1960, 1962), Feller (1968, 1971), Bharucha-Reid (1960), Parzen (1960), Kemeny und Snell (1960), Kullback u. Mitarb. (1962), Lahres (1964), Gurland (1964) sowie Takacs (1966) zu entnehmen. Wold (1965) gibt eine Bibliographie (vgl. auch Deming 1963 und Chiang 1968).

Auf stochastischen Prozessen basieren viele Vorgänge, Theorien und Modelle der Physik kleiner und kleinster Teilchen (Brownsche Molekularbewegung, Diffusionserscheinungen, Quantensprünge der Atome, radioaktiver Zerfall), der *Bevölkerungsentwicklungen* (der Geburts-, Absterbe- und Einwanderungsprozesse; der Krebsentstehung und -entwicklung; der Ausbreitung von Epidemien, vgl. Dietz 1967), der Eigenschaften komplexer elektronischer Ausrüstungen (in Betrieb sein, Störung, Reparatur), der sog. Warteschlangen-Probleme (Theaterkassen; Flugzeuge, die auf Abflug- oder Landeerlaubnis des Flughafens warten: besonders interessieren Fragen nach der durchschnittlichen und nach der maximalen Wartezeit und Schlangenlänge) und der *Prognosenmodelle* für genetische Probleme sowie für Investitions-, Personal- und andere Management-Probleme.

Die Theorie der Warteschlangen wird auch als *Bedienungstheorie* bezeichnet: Ankommende *Einheiten* passieren eine *Servicestelle,* wobei zufällige Schwankungen das Auftreten von *Warteschlangen* verursachen. Beispielspaare wie Kunden – Verkäufer, Schiffe – Docks, Patienten – Arzt, Brandfälle – Löschmannschaft, Werkstücke – Maschine, Maschinenausfälle – Mechaniker, Telefonanrufe – Sprechkanal deuten die Vielzahl realer Situationen mit *Servicesystemen* (Warenhaus, Großtankstelle, Fabrik, Telefonzentrale) an (vgl. Doig 1957, Schneeweiss 1960, Cox und Smith 1961, Lee 1966 sowie Saaty 1966).

Wenden wir uns wieder dem Urnenmodell der Stichprobenentnahme mit Zurücklegen zu. Die Verteilung der Wahrscheinlichkeiten auf die verschiedenen Merkmale bezeichnen wir als *Wahrscheinlichkeitsverteilung,* kurz als Verteilung. Charakteristische Größen von Verteilungen werden als Kenn- oder Maßzahlen bezeichnet. *Maßzahlen* wie relative Häufigkeit, Mittelwert oder Standardabweichung, die sich auf die Grundgesamtheit beziehen, bezeichnet man als **Parameter.** Die aus Stichproben errechneten Zahlenwerte heißen *Schätzwerte oder Statistiken.* Parameter werden meistens mit griechischen Buchstaben (Tab. 9 mit dem griech. Alphabet ist auf der Umschlag-Innenseite) bezeichnet, für Schätzwerte benutzt man lateinische Buchstaben. So sind die **Symbole** für relative Häufigkeit, Mittelwert und Standardabweichung, bezogen auf die Grundgesamtheit: π (pi), μ (my) und σ (sigma) – bezogen auf die Stichprobe: $\hat{p}$, $\bar{x}$ und s. Die Einheiten, die eine Grundgesamtheit bilden, sind fast immer untereinander verschieden. Selbst wenn sie nicht „real" verschieden wären, so verursacht doch ihre Messung eine Variabilität. Diese Variabilität innerhalb der Grundgesamtheit führt zu den Schwankungen zwischen den Stichproben, Gruppen, die aus der Grundgesamtheit ausgewählt worden sind (vgl. auch das auf den S. 4 u. 27 Gesagte). Um Aussagen über die Grundgesamtheit machen zu können, braucht man eine Stichprobe, die der Gesamtheit möglichst gleicht, die für die Grundgesamtheit *repräsentativ* ist. Bei einer solchen Stichprobe hat jede Einheit in der Grundgesamtheit die gleiche Wahrscheinlichkeit, in der Stichprobe zu erscheinen. Nach dem **Gesetz der großen Zahlen** nimmt bei gegebener Grundgesamtheit der Unterschied zwischen dieser und der Stichprobe (unabhängige Zufallsvariable vorausgesetzt) mit wachsendem *Stichprobenumfang* ab, d. h. genauer: $\bar{x}_n$ strebt für $n \rightarrow \infty$ stochastisch gegen μ; dieses sog. schwache Gesetz der großen Zahlen stellt fest, daß $|\bar{x}_n - \mu|$ für großes n meist klein ist aber für ein bestimmtes n auch einmal groß sein kann; die Wahrscheinlichkeit für dieses Ereignis ist nach dem sog. starken Gesetz der großen Zahlen jedoch extrem klein (vgl. S. 56). Von einer gewissen Stichprobengröße ab wird der *Stichprobenfehler* so klein, daß eine weitere Vergrößerung des Umfanges der Stichprobe die Mehrausgaben nicht mehr rechtfertigen würde!

Zufallsstichproben sind Teile einer Grundgesamtheit, die durch einen Auswahlprozeß mit *Zufallsprinzip* aus dieser entnommen und stellvertretend, repräsentativ für die Grundgesamtheit sind. Ein Teil einer Grundgesamtheit kann auch dann als repräsentative Stichprobe angesehen werden, wenn das den Teil bestimmende Teilungs- oder Auswahlprinzip zwar nicht zufällig, aber von den auszuwertenden Merkmalen **unabhängig** ist.

Bei Verallgemeinerungen aufgrund von „Stichproben, die gerade zur Hand sind" und die nicht als Zufallsstichproben angesehen werden können, sei man sehr vorsichtig. Mitunter ist wenigstens eine Verallgemeinerung auf eine durch beliebige Vermehrung der vorliegenden Stichprobeneinheiten angenommene gedachte Grundgesamtheit möglich, die sich mehr oder weniger von der uns aufgrund der Fragestellung interessierenden Grundgesamtheit unterscheiden wird.

▶ 132   Die Erzeugung zufälliger Stichproben

Eine Methode, echte *Zufallsstichproben* zu erzeugen, bietet das *Lotterieverfahren*. Beispielsweise sollen von 652 Personen einer Grundgesamtheit zwei Stichproben (I und II) zu je 16 Elementen ausgewählt werden. Man nimmt 652 Zettel, beschreibt je 16 mit einer I, je 16 mit einer II; die restlichen 620 Zettel bleiben leer. Läßt man jetzt 652 Personen Lose ziehen, dann erhält man die geforderten Stichproben.

Einfacher löst man Aufgaben dieser Art mit Hilfe einer Tafel von Zufallszahlen (Tabelle 10); notiert sind jeweils fünfstellige Zahlengruppen. Angenommen, 16 Zufallszahlen kleiner als 653 werden benötigt. Man liest die Zahlen von links nach rechts, jeweils als Dreiziffergruppe und notiert sich nur diejenigen dreistelligen Zahlen, die kleiner sind als 653. Die sechzehn Zahlen lauten, wenn wir beispielsweise rein zufällig mit der Bleistiftspitze in der 6. Zeile von unten die erste Ziffer der 3. Spalte treffen und mit ihr beginnen (erste Fünfergruppe: 17893): 178, 317, 607, 436, 147, 601, 578 usw.

Wenn aus einer Grundgesamtheit von N Elementen eine Stichprobe von n Elementen ausgewählt werden soll, kann allgemein folgende Vorschrift befolgt werden:

1. Ordne den N Elementen der Grundgesamtheit Zahlen von 1 bis N zu. Wenn $N = 600$, dann wären die Einzelelemente von 001 bis 600 zu numerieren, wobei jedes Element durch eine dreistellige Zahl bezeichnet ist.
2. Wähle eine beliebige Ziffer der Tafel zum Ausgangspunkt und lies die folgenden Ziffern, jeweils als Dreiergruppe, wenn die Grundgesamtheit eine dreistellige Zahl ist. Ist die Grundgesamtheit eine z-stellige Zahl, dann sind Gruppen aus je z Ziffern zusammenzufassen.

3. Wenn die in der Tabelle abgelesene Zahl kleiner oder gleich N ist, wird das so bezeichnete Element der Grundgesamtheit in die Zufallsstichprobe von n Elementen übernommen. Ist die abgelesene Zahl größer als N oder ist das Element schon in die Stichprobe aufgenommen, dann wird diese Zahl nicht berücksichtigt, man wiederhole den Prozeß, bis die n Elemente der Zufallsstichprobe ausgewählt sind.

Tabelle 10.   Zufallszahlen

44983	33834	54280	67850	96025	96117	00768	14821	69029	25453	48798	15486
89494	34431	44890	59892	79682	20308	82510	53609	13258	89631	80497	49167
54430	52632	94126	95597	48338	67645	44676	14730	22642	21919	21050	87791
96999	42104	34377	63309	82181	00278	28209	95629	75818	09043	48564	87355
87947	09427	32380	43636	58578	07761	28456	46570	11623	50417	37763	30136
30238	46126	85306	37114	22718	50584	92291	56575	24075	43889	40909	18741
22938	13073	32066	43098	75738	94910	15403	89151	73322	18370	90586	46115
89182	27750	63314	87302	49472	24885	79506	60638	07132	00908	92035	75518
16187	03303	40287	52435	23926	92544	54099	31497	06863	22864	72620	74169
21526	07401	30925	46148	20138	33874	56715	38424	38273	11361	15203	64912
42907	95158	27146	37012	43361	03173	97911	71313	44256	66609	42504	76799
21479	48265	01674	47274	56350	37512	14883	99673	62298	33948	32456	28675
90076	70233	76730	25043	16686	54737	57431	01786	20803	69465	37970	05673
93202	25355	93941	84434	22384	13240	93617	51549	28532	57150	77261	62643
46059	72208	90475	10341	39703	83224	37858	61657	04184	15597	29448	01922
38220	13972	86115	17196	24569	26820	66299	39960	02489	53079	72789	22562
82618	85756	51156	74037	12501	94162	42006	16135	82797	31296	93268	10104
07896	74085	59886	03051	78702	13402	74318	10870	72107	11550	61175	33345
95241	84360	13960	95736	43637	60399	19080	60261	11207	73065	48286	57057
53849	26578	39954	86726	91039	13884	25376	36880	02564	96978	62332	77321
72967	53031	47906	99501	27753	69946	66875	25601	30038	78786	65197	65283
87910	89260	66444	15979	83469	76952	50065	72802	70630	87336	16385	32784
10482	34277	40177	01081	57788	08612	39886	42234	04905	83274	22459	75032
68034	98561	46747	30655	41878	93610	51745	41771	61398	98154	11644	12405
80277	92450	60888	18689	45966	25837	70906	60733	11765	09293	70076	40751
59896	78185	60268	03650	36814	88460	34049	09111	64205	77930	32391	69076
78369	04163	77673	73342	78915	20537	06126	27222	17378	59359	00055	66780
23015	54261	95020	77705	81682	96907	37411	93548	87546	07687	47338	12240
55171	85448	12545	75992	08790	88992	69756	18960	85182	02245	11566	52527
58095	62204	69319	00672	96037	78680	98734	83719	40702	79038	68639	63329
19700	98193	37600	70617	58959	45486	58338	84563	62071	17799	96994	41635
12666	87597	23190	26243	36690	75829	71060	32257	15999	02654	83110	44278
66685	05344	71633	68536	18786	28575	08455	79261	49705	31491	25318	52586
72590	47283	45445	35611	98354	53680	45747	62026	13032	14048	16304	11959
30286	06434	50229	09070	44848	09996	77753	05018	92605	10316	07351	78020
87494	95585	25547	53500	45047	08406	66984	63390	48093	02366	05407	08325
32301	25923	76556	13274	39776	97027	56919	17792	09214	53781	90102	25774
70711	37921	54989	17828	60976	57662	61757	93272	09887	34196	98251	52453
36086	05468	41631	95632	78154	38634	47463	37514	24437	01316	04770	06534
37403	42231	17073	49097	54147	03656	14735	06370	18703	90858	55130	40869
41022	76893	29200	82747	97297	74420	18783	93471	89055	56413	77817	10655
70978	57385	70532	46978	87390	53319	90155	03154	20301	47831	86786	11284
19207	41684	20288	19783	82215	35810	39852	43795	21530	96315	55657	76473
50172	23114	28745	12249	35844	63265	26451	06986	08707	99251	06260	74779
43112	94833	72864	58785	53473	06308	56778	30474	57277	23425	27092	47759
64031	41740	69680	69373	73674	97914	77989	47280	71804	74587	70563	77813
92357	38870	73784	95662	83923	90790	49474	11901	30322	80254	19698	17019
79945	42580	86605	97758	08206	54199	41327	01170	21745	71318	07978	35440
48030	05125	70866	72154	86385	39490	57482	32921	33795	43155	30432	48384
80016	81500	48061	25583	74101	87573	01556	89184	64830	16779	35724	82103
34265	65728	89776	04006	06089	84076	12445	47416	83620	49151	97420	23689
82534	76335	21108	42302	79496	21054	80132	67719	72662	58360	57384	65406
72055	61146	82780	89411	53131	57879	39099	42715	24830	60045	23250	39847
26999	96294	20431	30114	23035	30380	76272	60343	57573	42492	47962	21439
01628	47335	17893	53176	07436	14799	78197	48601	97557	83918	20530	61565
66322	27390	73834	73494	21527	93579	20949	85666	25102	64733	93872	72698
96239	18521	67354	41883	58939	36222	43935	36272	47817	90287	91434	86453
10497	83617	39176	45062	63903	33862	14903	38996	60027	41702	78189	28598
69712	33438	85908	58620	50646	47857	96024	58568	67614	44370	40276	85964
51375	42451	76889	68096	80657	91046	95340	70209	23825	46031	45306	64476

Eine der ältesten Methoden zur Erzeugung von Zufallszahlen, man spricht besser von *Pseudozufallsziffern*, ist die auf von Neumann zurückgehende „Middle-Square"-Methode: eine s-zifferige Zahl (s gerade) wird quadriert, ausgewählt werden die mittleren s Ziffern des $2s$-stelligen Quadrates. Diese Zahl wird quadriert usw.; die s-zifferigen Zahlen stellen dann Folgen von Pseudozufallsziffern dar. Gute Zufallszahlen sind auch die unperiodischen Folgen der Dezimalentwicklungen gewisser Irrationalzahlen, wie etwa $\sqrt{2}, \sqrt{3}, \pi = 3{,}14159265358979323846426\overline{43}$ und die meisten Logarithmen. Näheres über Bedeutung, Erzeugung und Überprüfung von Zufallszahlen (vgl. auch S. 191) ist einer Übersicht (Teichroew 1965) zu entnehmen (vgl. auch Good 1969). Auf die ebenfalls wichtigen Zufallspermutationen (Moses und Oakford 1963, Plackett 1968) sei hier nur kurz hingewiesen (z. B. Sachs 1972).

Voraussagen

Unzuverlässige Wetterprognosen und langfristige Planungen, etwa in Forstwirtschaft und Politik, sind jedem vertraut. Da die Zukunft uns heute ungewisser erscheint als sie es jemals war, steht die Zukunftsforschung (Futurologie) mit den Fragen nach dem, was sein könnte, vermutlich sein wird und sein sollte, im Vordergrund des Interesses. Auf einige Aspekte der Prognostik sei kurz eingegangen.

Den bei Wahlen, in der amtlichen Statistik sowie in der Markt- und Meinungsforschung häufig benutzten Schluß von der Stichprobe auf die Grundgesamtheit nennt man *Hochrechnung*, da der in der Stichprobe festgestellte Anteil n_i/n der Merkmalsausprägung A_i mit der Anzahl N der in der Grundgesamtheit vorhandenen Elemente multipliziert $\frac{n_i}{n} \cdot N$ den Schätzwert $\hat{N}_i$ liefert. So etwa schätzt der Computer in der Wahlnacht nach der Eingabe weniger Teilresultate das Endergebnis voraus (vgl. Bruckmann 1966).

Langfristige Voraussagen oder besser Vorausschätzungen, etwa der Bevölkerungsentwicklung, des Energiebedarfs, der Arbeitsmarktgestaltung, werden im allgemeinen aufgrund von Trend-Analysen gemacht, seltener – und wesentlich stärker mit Vorurteilen und Trugschlüssen behaftet – anhand von Analogie (und Intuition). Zu den weniger bekannten Fehlerquellen zählt, daß eine vernünftige allgemein anerkannte Voraussage selber Ereignisse in Gang setzen kann, die das vorausgesagte Ereignis bzw. den vorhergesagten Trend wiederum beeinflussen („Vorkoppelung", „forecast feedback"). Die um 1955 in den USA gehegte Befürchtung, es werde in den Jahren 1965–1970 zu wenig Wissenschaftler geben, hat sich nicht bewahrheitet. Die Zahl der Studierenden erhöhte sich (wahrscheinlich infolge der düsteren Prognose) sprunghaft. Dieses Beispiel deutet mögliche Wirkungen ernstgenommener Prognosen an (vgl. auch Wold 1967, Kahn u. Wiener 1968, Baade 1969, Bright 1969, Jungk 1969, McHale 1969, Flechtheim 1970, Polak 1970) (vgl. auch Theil 1966, Wagle 1966, Montgomery 1968, Cetron 1969).

Stehen kaum oder überhaupt keine verläßlichen Informationen zur Verfügung, so wird man bei einer Vorschau auf mögliche Entwicklungen Sachverständigen-Gruppen, *Expertengremien*, befragen müssen. Ein Verfahren besteht darin, die Problematik gründlich zu überdenken und den Experten einen sorgfältig geplanten Fragebogen zu liefern. Mögliche Voreingenommenheiten, sehr subjektive und exzeptionelle Ansichten, lassen sich dann weitgehend dadurch ausschalten, daß jedem Teilnehmer die Antworten aller anderen wieder „zurückgefüttert", rückgekoppelt werden, so daß er seine eigene Ansicht noch einmal überdenken kann („feedback", Rückkoppelung). Nach mehreren Klärungsdurchläufen dieser Art bildet sich eine Gruppenmeinung, die den Einzelmeinungen überlegen sein dürfte (Delphi-Technik, Helmer 1967, Graul und Franke 1970, Martino 1970, Linstone and Turoff 1973).

▶ **133   Eine Häufigkeitsverteilung**

Statistisches Material besteht im allgemeinen aus Meß- oder Beobachtungswerten *stetiger* (meßbarer) Merkmale (Körpermaße, Zeit) oder *diskreter* (abzählbarer) Merkmale (Kinderzahl). *Zu diesen* **quantitativen Merkmalen** *kommen noch* Alternativmerkmale (Geschlecht, Vorhandensein oder Fehlen eines Merkmales), Attribute (Familienstand) sowie andere **qualitative Merkmale** (Beruf, Monat, Gebiet) und **ordinale** (komparative, topologische, rangmäßige) **Merkmale** (Rangfolgen, gut/normal/schlecht, Schulzensuren) (vgl. auch S. 107).

Liegen viele Ergebnisse einer Erhebung vor, so gibt man sie zweckmäßig in Tabellen und graphischen Darstellungen wieder. Beispielsweise führe die Aufgliederung von 200 Neugeborenen nach ihrer Körperlänge (Bereich: 40 – 61 cm) zu Tabelle 11 mit 7 Klassen (nach einer Faustregel von Sturges (1926) hätte man als Klassenzahl $k \approx 1 + 3,32 \cdot \lg n$, d.h. $1 + 3,32 \cdot \lg 200 = 1 + 3,32 \cdot 2,30 = 8,6$, hier auch k gleich 8 oder 9 wählen können).

Tabelle 11

Größenklasse cm	Häufigkeit	
	absolut	relativ, in %
40 bis unter 43	2	1,00
43 bis unter 46	7	3,50
46 bis unter 49	40	20,00
49 bis unter 52	87	43,50
52 bis unter 55	58	29,00
55 bis unter 58	5	2,50
58 bis unter 61	1	0,50
Insgesamt	200	100

Um eine übersichtliche Darstellung zu erhalten, ist hier zunächst eine Einteilung in Klassen vorgenommen worden, wobei die obere Klassengrenze nicht zur Klasse gerechnet wird. Ein beispielsweise 52 cm großes Kind ist in der Klasse 52 bis unter 55 cm mitgezählt worden. Für das Klassenintervall „*a* bis unter *b*" schreibt man $a \leqq x < b$ (vgl. Tab. 1, S. 6).

Datenerfassung

Auf die *Gewinnung* des statistischen Urmaterials – primärstatistische Erhebung – durch schriftliche Befragung (Fragebogen), mündliche Befragung (Interviewer), Beobachtung oder Experiment soll hier nicht näher eingegangen werden. Erwähnt sei lediglich, daß unbewußt oder/und bewußt falsche Antworten bei Befragungen im Gegensatz zu Beobachtung und Experiment kaum ausgeschaltet werden können. Unser Material – die Körpergröße von Neugeborenen – wird in jeder Frauenklinik erfaßt. Da diese Unterlagen nicht durch eine besondere Erhebung beschafft worden sind und erst in zweiter Linie statistischen Zwecken dienen, kann man von sekundärstatistischem Material sprechen. Zur *Aufbereitung* des statistischen Materials benutzt man das Listen-, das Punktdiagramm- oder das Legeverfahren. Beim *Listenverfahren* wird eine Strichliste angelegt. Jedes vermessene Kind erhält in der zugehörigen Klasse der Liste einen Strich. Mehr als vier Striche pro Klasse werden zur Erleichterung des Abzählens in Fünfergruppen angeordnet. Statt der Strichliste kann man auch auf Millimeter- oder kariertem Papier horizontal den Maßstab auftragen und die einzelnen Elemente der Urliste über den entsprechenden Werten als Punkte einzeichnen. Hat man alle Elemente in das Punktdiagramm eingetragen, so können die Klassengrenzen durch senkrechte Linien markiert werden. Bei diesem graphischen Verfahren der Klasseneinteilung werden Punkte, die auf der Grenzlinie liegen, auf die benachbarten Klassen verteilt. Das *Legeverfahren* setzt voraus, daß jeder Fall auf einer Karteikarte verzeichnet ist. Die Karten werden dann den einzelnen Klassen zugeordnet, so daß Päckchen entstehen.

Im Gegensatz zum Listenverfahren bietet das Legeverfahren keine Kontrollmöglichkeit. Das Legeverfahren gestattet aber durch weitere Aufgliederung der Päckchen – beispielsweise in männlich und weiblich und/oder nach dem Alter der Mutter – eine elegante Aufbereitung von Merkmalskombinationen. Meistens ist eine maschinelle Aufbereitung (z.B. Lochkartentechnik) angebracht. Mit der Daten-Erschließung, -Erfassung, -Fixierung, -Auswertung und -Zurverfügungstellung (Auskunfterteilung) — mit der *Informationsbeschaffung* und der *Informationsverarbeitung* – beschäftigt sich die *Dokumentation*. Wesentlich ist hierbei die Fixierung wertvoller Informationen (Daten, Dokumente, Literatur usw.) mit der Absicht einer späteren *wissenschaftlichen Verarbeitung*. Berücksichtigt man jetzt als Ausgangspunkt die spezielle Problematik der Fragestellung, so charakterisiert die Reihenfolge: Fragestellung (Aufgabenstellung) ⟶ Datenerfassung ⟶ Datenverarbeitung die zentrale Stellung der Datenerfassung, die von der mathematisch-statistischen Versuchsplanung zur Analyse und Interpretation der Daten überleitet.

Nun zurück zur Erfassung unserer Neugeborenen. Rechts neben der Klasseneinteilung ist in Tabelle 11 angegeben, wie viele Fälle – die absolute Häufigkeit, die Besetzungszahl – oder welcher Bruchteil – die relative Häufigkeit – auf die einzelnen Klassen entfallen. Das *Staffelbild*, *Blockdiagramm* oder *Histogramm* ist in Abb. 4 gegeben. Hierbei wird die relative Häufigkeit durch die Fläche des über der Klassenbreite gezeichneten Rechtecks dargestellt.

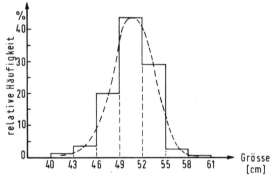

Abb. 4.
Häufigkeitsverteilung
der Tabelle 11

Verbinden wir die Klassenmitten, so erhalten wir einen Streckenzug. Je feiner die Klasseneinteilung gewählt wird, desto mehr wird sich dieser Streckenzug durch eine Kurve, die *Verteilungskurve*, annähern lassen. Im Falle sehr kleiner Klassenbreiten kann die relative Häufigkeit auch durch die Fläche unter der Verteilungskurve erhalten werden. Umgekehrt kann z.B. eine stetige Kurve, die ganz im Positiven verläuft, mit einer Fläche unter der Kurve gleich Eins als Verteilungskurve aufgefaßt werden. Eine Verteilungskurve ist das graphische Bild einer Wahrscheinlichkeitsdichte (oder Dichtefunktion). In vielen Fällen zeigen diese Kurven ungefähr die Gestalt von *Glockenkurven*. Interessiert die Zahl der Neugeborenen, deren Körpergröße weniger als 49 cm beträgt, dann entnehmen wir aus der Tabelle $2 + 7 + 40 = 49$ Säuglinge oder $1,00\% + 3,50\% + 20\% = 24,50\%$. Führen wir diese Berechnung für die verschiedenen oberen Klassengrenzen

Tabelle 12

Größe in cm unter	Summenhäufigkeit	
	absolut	relativ, in %
43	2	1,00
46	9	4,50
49	49	24,50
52	136	68,00
55	194	97,00
58	199	99,50
61	200	100,00

aus, dann erhalten wir die zur Häufigkeitsverteilung gehörende Summentabelle (Tabelle 12). Die schrittweise aufaddierten Häufigkeiten ergeben die sogenannte *Summenhäufigkeitskurve*; denn tragen wir die zusammengehörenden Werte, Größe und Summenhäufigkeit, in ein rechtwinkliges Koordinatensystem ein und verbinden wir die so bestimmten Punkte, so erhalten wir einen Streckenzug, der bei Verfeinerung der Klasseneinteilung durch eine monoton wachsende, häufig *S*-förmige Kurve (Abb. 5) gut angenähert werden kann.

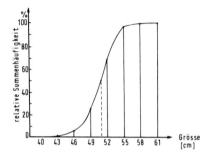

Abb. 5.
Prozentuale
Summenhäufigkeitskurve

Die Summenhäufigkeitskurve gestattet die Abschätzung, wie viele Elemente eine Größe unter x cm aufweisen bzw. welcher Prozentsatz der Elemente kleiner als x ist. Kurven lassen sich bequem vergleichen, wenn man sie in ein Koordinatennetz einzeichnet, das sie zur Geraden streckt. *Summenhäufigkeitskurven lassen sich durch Verzerrung der Ordinatenskala in eine Gerade umwandeln.* Durch den 50%-Punkt der *S*-Kurve wird eine Ausgleichsgerade gelegt; für bestimmte Prozentwerte werden dann die Punkte der *S*-Kurve vertikal auf die Ausgleichsgerade projiziert und die projizierten Punkte horizontal auf die neue Ordinatenachse übertragen. Ist die Glockenkurve und damit die von ihr sich ableitende Summenprozentkurve *symmetrisch*, dann liegen alle Punkte $(50 \pm p)\%$ symmetrisch zum 50%-Punkt der Ausgleichsgeraden (Abb. 6; vgl. auch Abb. 15, S. 68).

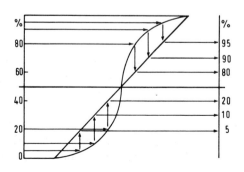

Abb. 6.   Streckung
der Summenhäufigkeitskurve
zur Geraden

▶ 134 Glockenkurve und Normalverteilung

Größen, die in der Regel auf einem *Zählvorgang* basieren, die ihrer Natur nach nur ganzzahlige Werte annehmen können wie die Anzahl der Kinder, die eine Frau geboren hat, oder die Anzahl der Ausschußstücke einer Produktion, bilden *diskrete* Häufigkeitsverteilungen, d. h. die zugehörige stochastische Variable kann nur ganzzahlige Werte annehmen. Im folgenden wollen wir dagegen *stetige* Zufallsvariable betrachten, also Werte, die in der Regel auf einem *Meßvorgang* basieren, bei denen – zumindest innerhalb eines gewissen Intervalles – jeder beliebige Wert angenommen werden kann. Beispiele hierfür sind das Gewicht einer Person, ihre Körpergröße (Länge), ihr Alter (Zeit). Fein abgestufte diskrete Merkmale wie das Einkommen können praktisch als stetige Merkmale behandelt werden. Umgekehrt wird ein stetiges Merkmal sehr oft in Klassen zusammengefaßt, wie die nach ihrer Größe in Gruppen zusammengefaßten Neugeborenen, und dadurch für die statistische Behandlung zu einem diskreten Merkmal.
Bedenkt man, daß jede Messung grundsätzlich eine Zählung darstellt, jeder Meßwert liegt innerhalb eines Intervalles oder bildet selbst die Intervallgrenze, dann sind „nicht gruppierte Daten" in Wirklichkeit Daten, die während der Messung klassifiziert werden. Je gröber der Meßvorgang ist, desto mehr tritt dieser Gruppierungseffekt in Erscheinung. *Eigentliche „gruppierte Daten" sind zweimal klassifiziert worden: Einmal bei der Messung, zum anderen während der Auswertung.* Die durch die Messung bedingte Klassifizierung wird im allgemeinen vernachlässigt. Zufallsvariable, die im strengen Sinne jede Zahl als Wert annehmen können, gibt es daher nicht, sie stellen in vielen Fällen eine zweckmäßige Idealisierung dar.
Bildet man für ein stetiges Merkmal auf Grund beobachteter Werte eine Häufigkeitsverteilung, so weist diese im allgemeinen eine mehr oder weniger charakteristische, häufig auch weitgehend symmetrische glockenförmige Gestalt auf. Besonders die Ergebnisse wiederholter Messungen – sagen wir der Länge eines Streichholzes oder des Umfanges eines Kinderkopfes – zeigen häufig diese Form.

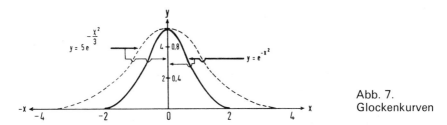

Abb. 7.
Glockenkurven

Eine typische Glockenkurve ist durch die Gleichung $y = e^{-x^2}$ gegeben. Andere Glockenkurven werden durch

$$y = ae^{-bx^2} \qquad\qquad (1.23)$$

(mit $a, b > 0$) dargestellt. In Abb. 7 sind die beiden Konstanten $a = b = 1$ bzw. $a = 5$ und $b = 1/3$: Eine Vergrößerung von a bewirkt eine Vergrößerung von y, die Kurve wird proportional vergrößert; eine Verkleinerung von b bewirkt ein Flacherwerden der Glockenkurve.
Viele Häufigkeitsverteilungen lassen sich durch derartige Kurven bei zweckmäßig gewähltem a und b angenähert darstellen. Insbesondere hat die Verteilung zufälliger Meßfehler oder Zufallsfehler bei wiederholten Messungen (n groß) physikalischer Größen

eine ganz bestimmte symmetrische Glockenform: Das typische Maximum, nach beiden Seiten fällt die Kurve ab, große Abweichungen vom Meßwert sind außerordentlich selten! Diese Verteilung wird als Fehlergesetz oder als Normalverteilung bezeichnet. Bevor wir näher auf sie eingehen, sei ihre allgemeine Bedeutung kurz umrissen.

Quetelet (1796–1874) entdeckte, daß die Körperlänge eines Jahrganges von Soldaten angeblich einer Normalverteilung folgt. Für ihn drückt diese Verteilung den Fehler aus, den die Natur bei der Reproduktion des idealen durchschnittlichen Menschen in der Wirklichkeit macht. Die Schule Quetelets, die in dem Fehlergesetz von de Moivre (1667–1754), Laplace (1749–1827) und Gauß (1777–1855) eine Art Naturgesetz erblickte, sprach auch vom „Homme moyen" mit seinem „mittleren Hang zum Selbstmord", „mittleren Hang zum Verbrechen" und dergleichen mehr. Während die Zahl der Strahlen in Schwanzflossen von Butten praktisch normalverteilt ist, folgt die Mehrzahl der eingipfeligen Verteilungen, denen wir in unserer Umwelt begegnen, kaum oder, wie z. B. die Verteilung von Körperbauindizes in unausgelesenen menschlichen Bevölkerungen, nur angenähert einer Normalverteilung, die besser nach de Moivre genannt werden sollte. Er hat sie gefunden und ihre Sonderstellung erkannt (Freudenthal und Steiner 1966).

Die zentrale Bedeutung der de Moivreschen Verteilung besteht darin, daß eine *Summe von vielen unabhängigen, beliebig verteilten Zufallsvariablen angenähert normalverteilt ist*, und zwar umso besser angenähert, je größer ihre Anzahl ist (Zentraler Grenzwertsatz [der quantitative Aussagen über die Konvergenzgeschwindigkeit liefert]). Dieser Satz bildet die Grundlage dafür, daß sehr viele Stichprobenverteilungen oberhalb eines bestimmten Stichprobenumfanges durch diese Verteilung approximiert werden können und daß für die entsprechenden Testverfahren die tabellierten Schranken der Normalverteilung ausreichen.

Prinzipiell gesehen ist die Normalverteilung ein mathematisches Modell mit vielen günstigen mathematisch-statistischen Eigenschaften, das als ein *Grundpfeiler der mathematischen Statistik* angesehen werden kann. Seine grundlegende Bedeutung beruht darauf, daß sich viele zufällige Variable, die in der Natur beobachtet werden können, als Überlagerung vieler einzelner, voneinander mehr oder weniger unabhängiger Einflüsse, also als Summe vieler einzelner, voneinander unabhängiger zufälliger Variablen auffassen lassen! Man kann sie leicht experimentell erzeugen: trockenen Sand durch einen Trichter zwischen zwei parallele, senkrecht aufgestellte Glaswände einrinnen lassen; an den Glasscheiben zeichnet sich eine angenäherte Normalverteilung ab.

Das Auftreten einer de Moivreschen Verteilung ist somit zu erwarten, wenn die Variablen der untersuchten Verteilung durch das Zusammenwirken vieler voneinander unabhängiger und gleich wirksamer Faktoren bestimmt sind, keine Selektion des zu Messenden stattgefunden hat und wenn eine sehr große Zahl von Messungen oder Beobachtungen vorliegt.

Sehen wir uns diese Verteilung etwas genauer an (Abb. 8). Die Ordinate y, die die Höhe der Kurve für jeden Punkt der x-Skala darstellt, ist die sogenannte *Wahrscheinlichkeitsdichte* des jeweils besonderen Wertes, den die Variable x annimmt. Die Wahrscheinlichkeitsdichte hat ihr Maximum beim Mittelwert.

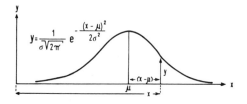

$$y = \frac{1}{\sigma \sqrt{2\pi}} \, e^{-\frac{(x-\mu)^2}{2\sigma^2}}$$

Abb. 8.   Die Normalkurve

Die Wahrscheinlichkeitsdichte (W) der Normalverteilung lautet:

$$y = f(x) = W(x|\mu, \sigma) = \frac{1}{\sigma \cdot \sqrt{2\pi}} \cdot e^{-\frac{1}{2} \cdot \left(\frac{x-\mu}{\sigma}\right)^2} \tag{1.24}$$

$$(-\infty < x < +\infty, \quad \sigma > 0)$$

Hierin ist x eine beliebige Abszisse, y die zugehörige Ordinate (y ist eine Funktion von x: $y = f(x)$), σ die Standardabweichung der Verteilung, μ der Mittelwert der Verteilung; π und e sind mathematische Konstanten mit den angenäherten Werten $\pi = 3{,}141593$ und $e = 2{,}718282$. Diese Formel enthält rechts die beiden Parameter μ und σ, die Variable x sowie die beiden Konstanten.

Wie (1.24) zeigt, ist die Normalverteilung durch die Parameter μ und σ *vollständig* charakterisiert. Der Mittelwert μ bestimmt die *Lage* der Verteilung im Hinblick auf die x-Achse, die Standardabweichung σ die *Form* der Kurve: Je größer σ ist, umso flacher ist der Kurvenverlauf (umso breiter ist die Kurve und umso niedriger liegt das Maximum). Weitere Eigenschaften der Normalverteilung:

1. Die Kurve liegt symmetrisch zur Achse $x = \mu$, sie ist symmetrisch um μ. Die Werte $x' = \mu - a$ und $x'' = \mu + a$ haben die gleiche Dichte und damit denselben Wert y.

2. Das *Maximum* der Kurve beträgt $y_{max} = 1/(\sigma \cdot \sqrt{2\pi})$, für $\sigma = 1$ hat es den Wert $0{,}398942 \simeq 0{,}4$. Für sehr großes x ($x \rightarrow \infty$) und sehr kleines x ($x \rightarrow -\infty$) geht y gegen Null; die x-Achse stellt eine Asymptote dar. Sehr extreme Abweichungen vom Mittelwert μ weisen eine so winzige Wahrscheinlichkeit auf, daß der Ausdruck „*fast unmöglich*" gerechtfertigt erscheint.

3. Die Standardabweichung der Normalverteilung ist durch die *Abszisse der Wendepunkte* (Abb. 9) gegeben. Die Ordinate der Wendepunkte liegt bei etwa $0{,}6 \cdot y_{max}$. Rund 2/3 aller Beobachtungen liegen zwischen $-\sigma$ und $+\sigma$ ($\mu \pm \sigma$).

4. Bei großen Stichprobenumfängen liegen etwa 90% aller Beobachtungen zwischen $-1{,}645\sigma$ und $+1{,}645\sigma$. Die Grenzen $-0{,}675\sigma$ und $+0{,}675\sigma$ werden als *wahrscheinliche Abweichung* bezeichnet; in diesem Intervall liegen 50% aller Beobachtungen.

Da μ und σ in der Formel für die Wahrscheinlichkeitsdichte der Normalverteilung beliebige Werte annehmen können, sind unendlich viele normalverteilte Kollektive mit verschiedenen Verteilungen möglich. Setzen wir in (1.24) $\frac{x-\mu}{\sigma} = z$, x ist dimensionsbehaftet, z ist dimensionslos (!), so erhalten wir eine einzige, die **standardisierte Normalverteilung mit Mittelwert Null und Standardabweichung Eins** [d.h. (1.24) geht wegen $f(x)dx = f(z)dz$ über in (1.25a)].

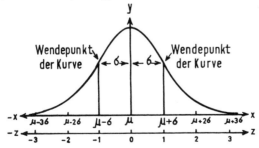

Abb. 9.   Normalverteilung mit Standardabweichung und Wendepunkten. Beziehung zwischen x und z: Übergang von der Variablen x auf die Standardnormalvariable z:

$$z = \frac{x - \mu}{\sigma}$$

Als Abkürzung für die Normalverteilung dient $N(\mu, \sigma)$ bzw. $N(\mu, \sigma^2)$, für die Standardnormalverteilung dementsprechend $N(0,1)$.

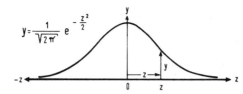

Abb. 10.
Die Standardnormalkurve

Die *standardisierte Normalverteilung* – y ist hier eine Funktion der *Standardnormalvariablen* z – ist dann definiert durch die Wahrscheinlichkeitsdichte (vgl. S. 66, Tab. 20).

$$y = f(z) = \frac{1}{\sqrt{2\pi}} \cdot e^{-\frac{z^2}{2}} = 0{,}3989 \cdot e^{-\frac{z^2}{2}} \simeq 0{,}4 \cdot e^{-\frac{z^2}{2}} \qquad (1.25\text{abc})$$

mit der Verteilungsfunktion $F(z) = \dfrac{1}{\sqrt{2\pi}} \displaystyle\int_{-\infty}^{z} e^{-\frac{z^2}{2}} dz$ (vgl. Tab. 13, tabelliert ist $P = 1 - F(z)$ für $0 \leqq z \leqq 4$).

Für jeden Wert z kann man in Tabelle 13 die Wahrscheinlichkeit ablesen, die dem Ereignis zukommt, daß die zufällige Variable Z Werte größer als z annimmt. Zwei Tatsachen sind wichtig:

1. Die gesamte Wahrscheinlichkeit unter der Standardnormalkurve ist Eins: aus diesem Grund enthält die Gleichung der Normalverteilung die Konstanten $a = 1/\sqrt{2\pi}$ und $b = 1/2$ (vgl. $y = ae^{-bz^2}$).

2. Die Normalverteilung ist symmetrisch.

Tabelle 13 zeigt die „rechtsseitigen" Wahrscheinlichkeiten dafür, daß z übertroffen wird. Beispielsweise entspricht einem Wert $z = 0{,}00$ eine Wahrscheinlichkeit von $P = 0{,}5$, d. h. oberhalb des Mittelwertes – rechts vom Mittelwert – liegt die halbe Fläche unter der Kurve; für $z = 1{,}53$ erhalten wir eine $P = 0{,}0630 = 6{,}3\%$ oder rechts von $z = 1{,}53$ liegt $6{,}3\%$ der Gesamtfläche. Tabelle 13 wird durch die Tabellen 14 (S. 53) und 43 (S. 172) ergänzt.

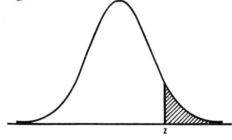

Abb. 11.   Flächenanteil A (schraffiert), der rechts von einem bestimmten Wert z liegt. Der Flächenanteil, der links von z liegt, ist gleich $1 - A$, wobei A den durch z bestimmten Wert der Tabelle 13 repräsentiert

Bei der Beurteilung von Stichprobenergebnissen wird häufig Bezug genommen auf die Bereiche:

$\mu \pm 1{,}96\sigma$ oder $z = \pm\,\mathbf{1{,}96}$	mit **95%** der Gesamtfläche
$\mu \pm 2{,}58\sigma$ oder $z = \pm\,\mathbf{2{,}58}$	mit **99%** der Gesamtfläche
$\mu \pm 3{,}29\sigma$ oder $z = \pm\,\mathbf{3{,}29}$	mit **99,9%** der Gesamtfläche

$\mu \pm 1\sigma$ oder $z = \pm 1$ mit $68{,}27\%$ der Gesamtfläche

$\mu \pm 2\sigma$ oder $z = \pm 2$ mit $95{,}45\%$ der Gesamtfläche

$\mu \pm 3\sigma$ oder $z = \pm 3$ mit $99{,}73\%$ der Gesamtfläche

Eine Abweichung um mehr als σ vom Mittelwert ist etwa einmal in je drei Versuchen zu erwarten, eine Abweichung um mehr als 2σ etwa nur einmal bei je 22 Versuchen und eine *Abweichung um mehr als 3σ* etwa nur einmal in je 370 Versuchen, anders ausge-

Tabelle 13.   Fläche unter der Standardnormalverteilungskurve von z bis ∞ für die Werte $0 \leq z \leq 4{,}1$; d. h. die Wahrscheinlichkeit, daß die Standardnormalvariable Z, Werte $\geq z$ annimmt (symbolisch $P(Z \geq z)$) (auszugsweise entnommen aus Fisher, R. A. and F. Yates: Statistical Tables for Biological, Agricultural and Medical Research, published by Oliver and Boyd., Edinburgh, p. 45).

P-Werte für den
einseitigen z-Test

Für den zweiseitigen z-Test sind die tabellierten P-Werte zu verdoppeln

z	0,00	0,01	0,02	0,03	0,04	0,05	0,06	0,07	0,08	0,09
0,0	0,5000	0,4960	0,4920	0,4880	0,4840	0,4801	0,4761	0,4721	0,4681	0,4641
0,1	0,4602	0,4562	0,4522	0,4483	0,4443	0,4404	0,4364	0,4325	0,4286	0,4247
0,2	0,4207	0,4168	0,4129	0,4090	0,4052	0,4013	0,3974	0,3936	0,3897	0,3859
0,3	0,3821	0,3783	0,3745	0,3707	0,3669	0,3632	0,3594	0,3557	0,3520	0,3483
0,4	0,3446	0,3409	0,3372	0,3336	0,3300	0,3264	0,3228	0,3192	0,3156	0,3121
0,5	0,3085	0,3050	0,3015	0,2981	0,2946	0,2912	0,2877	0,2843	0,2810	0,2776
0,6	0,2743	0,2709	0,2676	0,2643	0,2611	0,2578	0,2546	0,2514	0,2483	0,2451
0,7	0,2420	0,2389	0,2358	0,2327	0,2296	0,2266	0,2236	0,2206	0,2177	0,2148
0,8	0,2119	0,2090	0,2061	0,2033	0,2005	0,1977	0,1949	0,1922	0,1894	0,1867
0,9	0,1841	0,1814	0,1788	0,1762	0,1736	0,1711	0,1685	0,1660	0,1635	0,1611
1,0	0,1587	0,1562	0,1539	0,1515	0,1492	0,1469	0,1446	0,1423	0,1401	0,1379
1,1	0,1357	0,1335	0,1314	0,1292	0,1271	0,1251	0,1230	0,1210	0,1190	0,1170
1,2	0,1151	0,1131	0,1112	0,1093	0,1075	0,1056	0,1038	0,1020	0,1003	0,0985
1,3	0,0968	0,0951	0,0934	0,0918	0,0901	0,0885	0,0869	0,0853	0,0838	0,0823
1,4	0,0808	0,0793	0,0778	0,0764	0,0749	0,0735	0,0721	0,0708	0,0694	0,0681
1,5	0,0668	0,0655	0,0643	0,0630	0,0618	0,0606	0,0594	0,0582	0,0571	0,0559
1,6	0,0548	0,0537	0,0526	0,0516	0,0505	0,0495	0,0485	0,0475	0,0465	0,0455
1,7	0,0446	0,0436	0,0427	0,0418	0,0409	0,0401	0,0392	0,0384	0,0375	0,0367
1,8	0,0359	0,0351	0,0344	0,0336	0,0329	0,0322	0,0314	0,0307	0,0301	0,0294
1,9	0,0287	0,0281	0,0274	0,0268	0,0262	0,0256	0,0250	0,0244	0,0239	0,0233
2,0	0,02275	0,02222	0,02169	0,02118	0,02068	0,02018	0,01970	0,01923	0,01876	0,01831
2,1	0,01786	0,01743	0,01700	0,01659	0,01618	0,01578	0,01539	0,01500	0,01463	0,01426
2,2	0,01390	0,01355	0,01321	0,01287	0,01255	0,01222	0,01191	0,01160	0,01130	0,01101
2,3	0,01072	0,01044	0,01017	0,00990	0,00964	0,00939	0,00914	0,00889	0,00866	0,00842
2,4	0,00820	0,00798	0,00776	0,00755	0,00734	0,00714	0,00695	0,00676	0,00657	0,00639
2,5	0,00621	0,00604	0,00587	0,00570	0,00554	0,00539	0,00523	0,00508	0,00494	0,00480
2,6	0,00466	0,00453	0,00440	0,00427	0,00415	0,00402	0,00391	0,00379	0,00368	0,00357
2,7	0,00347	0,00336	0,00326	0,00317	0,00307	0,00298	0,00289	0,00280	0,00272	0,00264
2,8	0,00256	0,00248	0,00240	0,00233	0,00226	0,00219	0,00212	0,00205	0,00199	0,00193
2,9	0,00187	0,00181	0,00175	0,00169	0,00164	0,00159	0,00154	0,00149	0,00144	0,00139

z	P	z	P	z	P	z	P	z	P
3,0	0,001350	3,2	0,000687	3,4	0,000337	3,6	0,000159	3,8	0,000072	4,0	0,000032
3,1	0,000967	3,3	0,000483	3,5	0,000233	3,7	0,000108	3,9	0,000048	4,1	0,000021

Tabelle 14.   Schranken der Standardnormalverteilung (vgl. auch Tab. 43, S. 172)

z	P zweiseitig	P einseitig	z	P zweiseitig	P einseitig
0,67448975	0,5	0,25	3,48075640	0,0005	0,00025
0,84162123	0,4	0,2	3,71901649	0,0002	0,0001
1,03643339	0,3	0,15	3,89059189	0,0001	0,00005
1,28155157	0,2	0,1	4,26489079	0,00002	0,00001
1,64485363	0,1	0,05	4,41717341	0,00001	0,000005
1,95996398	0,05	0,025	4,75342431	$2 \cdot 10^{-6}$	$1 \cdot 10^{-6}$
2,32634787	0,02	0,01	4,89163848	$1 \cdot 10^{-6}$	$5 \cdot 10^{-7}$
2,57582930	0,01	0,005	5,19933758	$2 \cdot 10^{-7}$	$1 \cdot 10^{-7}$
2,80703377	0,005	0,0025	5,32672389	$1 \cdot 10^{-7}$	$5 \cdot 10^{-8}$
3,09023231	0,002	0,001	5,73072887	$1 \cdot 10^{-8}$	$5 \cdot 10^{-9}$
3,29052673	0,001	0,0005	6,10941020	$1 \cdot 10^{-9}$	$5 \cdot 10^{-10}$

drückt: die Wahrscheinlichkeit, daß sich ein Wert x vom Mittelwert absolut genommen um mehr als 3σ unterscheidet, ist *wesentlich kleiner als 0,01*.

$$P(|x - \mu| > 3\sigma) = 0{,}0027 \qquad (1.26)$$

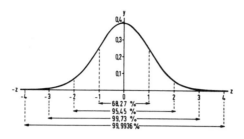

Abb. 12.   Flächenanteile der Normalverteilung

Wegen dieser Eigenschaft der Normalverteilung wurde früher häufig die sogenannte *Drei-Sigma-Regel* angewandt: Die Wahrscheinlichkeit dafür, daß die absolute Differenz zwischen einer zumindest angenähert normalverteilten Variablen und ihrem Mittelwert größer als 3σ ist, ist kleiner als 0,3%!

Für beliebige Verteilungen gilt die Ungleichung von Bienaymé (1853) und Tschebyscheff (1874): Die Wahrscheinlichkeit dafür, daß die absolute Differenz zwischen der Variablen und ihrem Mittelwert größer als 3σ (allgemein: $>k\sigma$) ist, ist kleiner als $1/3^2$ (allgemein: $<1/k^2$) und damit kleiner als 0,11:

$$P(|x-\mu|>3\sigma)<\frac{1}{9}=0,1111 \tag{1.27a}$$

allgemein:

$$P(|x-\mu|>k\sigma)<\frac{1}{k^2} \quad \begin{matrix}\text{mit}\\ k\geq 1\end{matrix} \tag{1.27}$$

d. h. um die 5%-Schwelle zu erreichen, müßte man $4,47\sigma$ ansetzen, denn $1/4,47^2$ ist ungefähr gleich 0,05.

Für symmetrische eingipfelige Verteilungen gilt nach Gauß (1821) die schärfere Ungleichung

$$P(|x-\mu|>k\sigma)<\frac{4}{9k^2} \quad \begin{matrix}\text{mit}\\ k\geq 1\end{matrix} \tag{1.28}$$

und damit liegt die Wahrscheinlichkeit für

$$P(|x-\mu|>3\sigma)<\frac{4}{9\cdot 9}=0,0494 \tag{1.28a}$$

bei knapp 5%. Näheres über Ungleichungen dieser Art findet man bei Mallows (1956) und Savage (1961).

▶135 Abweichungen von der Normalverteilung

Gewisse Merkmale von Objekten, die unter ähnlichen Bedingungen entstanden sind, Produkte einer Maschine, Individuen einer Tierart, sind mitunter angenähert normalverteilt. Dagegen zeigen Verteilungen, wie sie beispielsweise in der chemischen Analyse auftreten, starke Abweichungen von der Normalverteilung (Clancey 1947). Ähnliches gilt für andere Bereiche. Unsere Grundgesamtheiten sind im Gegensatz zur Normalverteilung *meist endlich*, bestehen *selten aus kontinuierlichen Werten* und weisen häufig *asymmetrische*, zuweilen auch mehrgipfelige Häufigkeitsverteilungen auf.

Abweichungen von der Normalverteilung können auf der Verwendung einer ungeeigneten Maßeinheit beruhen. Flächen und Gewichte von Organismen sind gewöhnlich nicht normalverteilt, eher handelt es sich um Quadrate und Kuben normalverteilter Variabler. In diesen Fällen ist der Gebrauch einer *Transformation* angezeigt. Für Flächen, Volumina und kleine Häufigkeiten wird die Quadratwurzel- bzw. die Kubikwurzel-Transformation bevorzugt; nach rechts flach auslaufende Verteilungen, die links durch den Wert Null begrenzt sind, gehen häufig, wenn Logarithmen der Variablen benutzt werden, in angenähert normalverteilte Kollektive über. Prozentsätze lassen sich durch die Winkeltransformation normalisieren. Näheres hierüber ist den Seiten 86/89, 211/212 und 395/397 zu entnehmen.

Kann die verwendete Skala für die Abweichungen von der Normalverteilung nicht verantwortlich gemacht werden, dann sollte die *Stichprobentechnik* näher untersucht werden. Enthält die Stichprobe nur die größten Individuen, die unbewußt oder bewußt bevorzugt werden, so kann keine Normalverteilung erwartet werden. Ähnlich wirkt sich *Stichprobenheterogenität* z.B. hinsichtlich Alter oder Geschlecht aus: Man erhält mehr als einen Gipfel. Zur Überprüfung der Homogenität einer Stichprobe, anders ausgedrückt: zur Kontrolle der Abweichung von der Normalverteilung, werden wir einige Verfahren kennenlernen (S. 67/68, 199 sowie 219/221 und 252/255).

Wird vermutet, daß eine Grundgesamtheit besonders in den Ausläufern erhebliche Abweichungen von der Normalverteilung aufweist – Charles P. Winsor hat darauf hingewiesen, daß viele empirische Verteilungen nur in ihrem Mittelteil angenähert normalverteilt sind – dann kann es zur Verbesserung der Stichprobennormalität zweckmäßig sein, auf die kleinste und auf die größte Beobachtung zu verzichten bzw. eine bestimmte Anzahl extremer Beobachtungen an beiden Verteilungsenden ($\lessgtr 5\%$ aller Werte) zu vernachlässigen. Durch dieses Stutzen (trimming, censoring) wird die Varianz stark reduziert, die Schätzung des Mittelwertes aber verbessert (McLaughlin und Tukey 1961, Tukey 1962 und Gebhardt 1966). Graphische Methoden zur Bestimmung von $\bar{x}$, s und s^2 einer gestutzten Normalverteilung gibt Nelson (1967) (vgl. auch Cohen 1957/61 sowie Sarhan und Greenberg 1962).

▶ **136   Kennwerte eingipfeliger Verteilungen**

1361   Das Schätzen von Parametern

Maßzahlen wie z.B. der Mittelwert $\bar{x} = \frac{1}{n}\sum x$ sind unter den folgenden vier Bedingungen die bestmöglichen:

1. Sie müssen *erwartungstreu* (unbiased, verzerrungsfrei) sein, d.h. bei sehr vielen Wiederholungen des Versuches mit gleichem Stichprobenumfang muß der Mittelwert der Schätzwerte gegen den wahren Wert in der Grundgesamtheit streben. Ist dies nicht der Fall, so ist die Schätzung verzerrt. Diese Verzerrung (Bias) kann bedingt sein durch Meß-, Justier-, Eich-, Titrier-, Protokollier-, Rechen- oder Beurteilungsfehler oder durch nichtzufälliges Stichprobensammeln oder durch eine Kombination dieser Fehler – also völlig unabhängig vom Stichprobenumfang. Fehler dieser Art werden als *systematische Fehler* bezeichnet: Sie bewirken immer einen zu großen oder einen zu kleinen Schätzwert. Die Größe systematischer Fehler ist nur aufgrund spezieller Sachkenntnisse über die Erzeugung oder Entstehung der betreffenden Werte abschätzbar. Nur durch sorgfältige Planung der Experimente oder Erhebungen läßt er sich verhüten. Bei systematischen Fehlern läßt sich – sehr zum Unterschied von zufälligen Fehlern – über den wahren Wert nichts aussagen (vgl. auch S. 159/161, 164/166, 195 sowie Anderson 1963, Zarkovich 1966, Szameitat und Deininger 1969).

2. Sie müssen *übereinstimmend* oder konsistent (consistent) sein, d.h. mit wachsendem *n* gegen den entsprechenden Parameter der Grundgesamtheit streben.

3. Sie müssen *wirksam* (efficient) sein, d.h. für Stichproben gleichen Umfanges die kleinstmögliche Streuung und Varianz besitzen. Man stelle sich vor, daß aus einer Grundgesamtheit unendlich viele Stichproben des Umfanges *n* entnommen werden und zu einer möglichen Maßzahl, die den Bedingungen 1 und 2 genügt, die Varianz bestimmt wird. Dann besagt die Bedingung 3, daß diejenige Maßzahl zu wählen ist, bei der die Varianz um den Mittel- oder Erwartungswert der Maßzahl am kleinsten ist. In der Regel verkleinert sich die Standardabweichung einer Schätzung absolut und relativ zum Erwartungswert mit wachsendem Stichprobenumfang.

4. Sie müssen *erschöpfend* (sufficient) sein, d.h. keine Maßzahl gleicher Art darf weitergehende Information über den zu schätzenden Parameter liefern. Diese Bedingung besagt, daß die Maßzahl alle überhaupt möglichen Informationen liefert.

Ähnlich wie beim Bias ist die Streuung einer Schätzung von experimentellen Bedingungen abhängig und durch entsprechende Planung der Versuche zu verringern. Die Bezeichnungen übereinstimmend (consistent), wirksam (efficient) und erschöpfend (sufficient) gehen auf R.A. Fisher (1925) zurück.

Für die *Schätzung der Parameter* aus den Stichprobenwerten ist eine umfangreiche Schätzmethodik entwickelt worden. Von besonderer Wichtigkeit ist die *Maximum-Likelihood-Methode* (R.A. Fisher): Sie ist die universellste Methode zur optimalen Schätzung unbekannter Parameter. Sie ist nur anwendbar, wenn der Typ der Verteilungsfunktion der Variablen bekannt ist; dann bestimmt sie diejenigen Werte als Schätzwerte für die unbekannten Parameter, die dem erhaltenen Stichprobenresultat die größte Wahrscheinlichkeit des Auftretens verleihen; d.h. als Schätzwerte werden die Werte mit maximaler Likelihood-Funktion für die Parameter ermittelt, vorausgesetzt die Parameter existieren. Diese Methode zur Konstruktion von Punktschätzungen für Parameter steht in engem Zusammenhang mit der Methode der kleinsten Quadrate. Näheres ist Norden (1972) zu entnehmen.

Schwaches und starkes Gesetz der großen Zahlen

Ein Ereignis habe die Wahrscheinlichkeit π. Bei *n* unabhängigen Zufallsexperimenten sei die relative Häufigkeit des Auftretens von *E* gleich $\hat{p}_n$. Für jede beliebig kleine *fest vorgegebene* positive Zahl ε (gr. epsilon) gilt

$$P(|\hat{p}_n - \pi| < \varepsilon) \to 1 \quad \text{für} \quad n \to \infty \tag{1.29}$$

d.h. die Wahrscheinlichkeit, daß $\hat{p}_n$ weniger als ε vom theoretischen Wert π abweicht, strebt (konvergiert) mit wachsendem *n* gegen Eins. Man kann also mit einer beliebig nahe an 1 gelegenen Wahrscheinlichkeit erwarten, daß bei einer hinreichend großen Zahl *n* von Versuchen sich die relative Häufigkeit $\hat{p}_n$ beliebig wenig von ihrem Parameter π unterscheidet. Eine Folge dieses sogenannten schwachen Gesetzes der großen Zahlen ist z.B. auch die *stochastische Konvergenz (Konsistenz)* des Stichprobenmittelwertes gegen den Mittelwert der Grundgesamtheit. Am Ende des Abschnittes 134 geben wir Ungleichungen für Zufallsvariable, die auch für Mittelwerte gelten und damit Aussagen über das Verhalten von $\bar{x}$ bei endlichem *n* gestatten. Stichprobenfunktionen wie z.B. Mittelwerte und Varianzen, für die (1.29) gilt, nennt man *konsistent* oder *stochastisch konvergent*.

Eine Folge von Zufallsgrößen (X_i) genügt dem starken Gesetz der großen Zahlen, wenn die Folge ihrer arithmetischen Mittel fast sicher, d. h. mit Wahrscheinlichkeit 1, gegen eine Konstante $[E(X_i) = \mu]$ konvergiert, d. h. $P\left[\lim\limits_{n \to \infty} \frac{1}{n} \sum\limits_{i=1}^{n} X_i = \mu\right] = 1$.

Auf den Gesetzen der großen Zahlen (qualitativen Konvergenzaussagen) basieren (1) die Möglichkeit, Parameter aufgrund von Stichproben beliebig genau zu schätzen, und (2) die Monte-Carlo-Technik (vgl. S. 191).

1362 Das arithmetische Mittel und die Standardabweichung

Mittelwert und Standardabweichung sind charakteristische Werte einer symmetrischen Glockenkurve, Gaußschen Kurve oder Normalverteilung. Sie bestimmen die Lage oder Lokalisation des durchschnittlichen oder mittleren Wertes einer Meßreihe und die Ausweitung, Schwankung, Streuung oder Dispersion der Einzelwerte um den Mittelwert. Darüber hinaus zeigt die Tschebyscheffsche Ungleichung (1.27), daß die Standardabweichung – unabhängig von der Normalverteilung – als allgemeines Streuungsmaß dienen kann. Entsprechendes gilt für den Mittelwert.

Definitionen

Das *arithmetische Mittel* $\bar{x}$ (x quer) ist die Summe aller Beobachtungen, geteilt durch die Anzahl dieser Beobachtungen

$$\bar{x} = \frac{1}{n}(x_1 + x_2 + \ldots + x_n) = \frac{\sum x}{n} \qquad (1.30)$$

Die *Standardabweichung* ist praktisch gleich der Wurzel aus dem Mittelwert der quadrierten Abweichungen

$$s = \sqrt{\frac{\sum (x - \bar{x})^2}{n - 1}} \qquad (1.31)$$

Der Ausdruck „praktisch" bezieht sich hierbei auf die Tatsache, daß in der Wurzel der Nenner nicht n, wie es einem Mittelwert entspräche, steht, sondern die um 1 verminderte Zahl der Werte. Das Quadrat der Standardabweichung wird als *Varianz* bezeichnet.

$$s^2 = \frac{\sum (x - \bar{x})^2}{n - 1} \qquad (1.32)$$

Sofern der Mittelwert (μ) der Grundgesamtheit bekannt ist, wird man die Größe

$$s_0^2 = \frac{\sum (x - \mu)^2}{n} \qquad (1.33)$$

anstelle von s^2 als Schätzwert für σ^2 (vgl. auch S. 41) verwenden.

1363 Schätzung des Mittelwertes und der Standardabweichung bei kleinen Stichprobenumfängen

Bei wenigstelligen Einzelwerten oder wenn eine Rechenmaschine zur Verfügung steht: Der Mittelwert wird nach (1.30) berechnet, die Standardabweichung (der positive Wert von $\sqrt{s^2}$) nach (1.31a) oder (1.31b) (S. 58):

$$s = \sqrt{\frac{\sum x^2 - \frac{(\sum x)^2}{n}}{n-1}}$$ $$s = \sqrt{\frac{n\sum x^2 - (\sum x)^2}{n(n-1)}}$$ (1.31 a), (1.31 b)

Beispiel

Berechne $\bar{x}$ und s der Werte: 27, 22, 24 und 26 $(n=4)$. $\bar{x} = \frac{\sum x}{n} = \frac{99}{4} = 24{,}75$

$$s = \sqrt{\frac{\sum x^2 - \frac{(\sum x)^2}{n}}{n-1}} = \sqrt{\frac{2465 - \frac{99^2}{4}}{4-1}} = \sqrt{4{,}917} = 2{,}22 \quad \text{bzw.}$$

$$s = \sqrt{\frac{n\sum x^2 - (\sum x)^2}{n(n-1)}} = \sqrt{\frac{4 \cdot 2465 - 99^2}{4(4-1)}} = \sqrt{4{,}917} = 2{,}22$$

Anwendungsgebiete des arithmetischen Mittels:

1. **Mittelwert-Tabellen** sollten neben dem Stichprobenumfang (n) die Standardabweichung (s) enthalten, etwa so (Tabellenkopf): $\boxed{\text{Gruppe} \mid n \mid s \mid \bar{x}}$. Bei **Zufallsstichproben** aus normalverteilten Grundgesamtheiten gibt man als 5. Spalte den 95%-Vertrauensbereich für μ (95%-*VB* für μ; vgl. S. 90/91 und 195/197) an (vgl. auch S. 74, 75 und 201: im allgemeinen wird man sich für $\bar{x}$ oder für den Median $\tilde{x}$ entscheiden und bei Zufallsstichproben den entsprechenden 95%-*VB* angeben). Mitunter nimmt man auch gern die Extremwerte (x_{min}, x_{max}) (bzw. die Spannweite, S. 78) in diese Tabellen auf.

2. Für den **Vergleich zweier Mittelwerte nach Student** (*t*-Test, vgl. S. 209 und 214) ist es zweckmäßiger, anstatt der Standardabweichung die Varianzen zu berechnen, da diese für die Prüfung auf Varianzungleichheit (S. 205/209) und für den *t*-Test benötigt werden. Man unterläßt in den Formeln (1.31 ab) das Wurzelziehen; im Beispiel: $s = \sqrt{4{,}917}$ oder $s^2 = 4{,}917$, d.h.

$$s^2 = \frac{\sum x^2 - (\sum x)^2/n}{n-1}$$ (1.32a)

Hinweise

1. Anstatt nach (1.32a) läßt sich die Varianz auch nach $s^2 = \frac{1}{2n(n-1)}\sum_i\sum_j (x_i - x_j)^2$ schätzen. Weitere interessante Streuungsmaße sind: $\frac{1}{n(n-1)}\sum_i\sum_j |x_i - x_j|$, $\frac{1}{n}\sum_i |x_i - \bar{x}|$ (vgl. S. 199 u. 220) und $\frac{1}{n}\sum_i |x_i - \tilde{x}|$, wobei $\tilde{x}$ der Median ist.

2. Bei umfangreichen Stichproben läßt sich die Standardabweichung schnell als ein Drittel der Differenz zwischen den Mittelwerten des größten Sechstels und des kleinsten Sechstels der Beobachtungen schätzen (Prescott 1968) (vgl. auch D'Agostino 1970).

3. Während σ^2 durch s^2 unverzerrt geschätzt wird, ist s ein verzerrter Schätzwert für σ. Diese Verzerrung (Bias) wird im allgemeinen vernachlässigt. Für normalverteilte Grundgesamtheiten ermöglichen Faktoren (z.B. Bolch 1968) eine unverzerrte Schätzung von σ (z.B. 1,0854 für $n=4$, d.h. $\sigma = 1{,}0854 \cdot s$). Für nicht zu kleine Stichprobenumfänge $(n \gtrsim 10)$ nähert sich dieser durch $\left[1 + \frac{1}{4(n-1)}\right]$ approximierte Faktor (z.B. 1,00866 für $n=30$) schnell der Eins. Näheres ist Brugger (1969) und Stephenson (1970) zu entnehmen.

4. Für $\bar{x}$ ist charakteristisch, daß $\sum_i (x_i - \bar{x}) = 0$ und daß $\sum_i (x_i - \bar{x})^2 \leq \sum_i (x_i - x)^2$ für jedes x; für den Median $\tilde{x}$ (vgl. S. 74/76) gilt dagegen $\sum_i |x_i - \tilde{x}| \leq \sum_i |x_i - x|$ für jedes x; d. h. $\sum_i (x_i - \bar{x})^2$ und $\sum_i |x_i - \tilde{x}|$ sind jeweils Minima!

Bei vielstelligen Einzelwerten: Zur Vereinfachung der Berechnung wird ein vorläufiger Mittelwert oder Durchschnitt d so gewählt, daß die Differenzen $x - d$ so klein wie möglich oder durchweg positiv werden. Dann gilt

$$\bar{x} = d + \frac{\sum (x - d)}{n} \tag{1.34}$$

$$s = \sqrt{\frac{\sum (x - d)^2 - n(\bar{x} - d)^2}{n - 1}} \tag{1.35}$$

Beispiel

Tabelle 15

x	x - 11,26	(x - 11,26)²
11,27	0,01	0,0001
11,36	0,10	0,0100
11,09	-0,17	0,0289
11,16	-0,10	0,0100
11,47	0,21	0,0441
	0,05	0,0931

Nach (1.34) und (1.35):

$$\bar{x} = d + \frac{\sum (x - d)}{n} = 11,26 + \frac{0,05}{5} = 11,27$$

$$s = \sqrt{\frac{\sum (x - d)^2 - n(\bar{x} - d)^2}{n - 1}}$$

$$s = \sqrt{\frac{0,0931 - 5(11,27 - 11,26)^2}{5 - 1}} = \sqrt{0,02315} = 0,152$$

Durch Multiplikation aller x-Werte mit einer geeigneten Potenz von 10 läßt sich bei Aufgaben dieser Art das Komma beseitigen: Im vorliegenden Fall würden wir x^* (x Stern) $= 100x$ bilden und mit den x^*-Werten wie beschrieben $\bar{x}^* = 1127$ und $s^* = 15,2$ erhalten. Hieraus ergäbe sich dann wieder

$$\bar{x} = \bar{x}^*/100 = 11,27 \quad \text{und} \quad s = s^*/100 = 0,152.$$

Das Auftreten großer Zahlen kann man bei Berechnungen dieser Art vermeiden, indem man noch einen Schritt weitergeht. Bei dem *Verschlüsselungsverfahren* werden die ursprünglichen Werte x durch die Wahl geeigneter Konstanten k_1 und k_2 in möglichst einfache Zahlen x^* umgewandelt oder transformiert, indem man durch k_1 eine Änderung der Skaleneinheit und durch k_2 eine Nullpunktverschiebung (insgesamt also eine lineare Transformation) ausführt:

$$x = k_1 x^* + k_2 \tag{1.36a}$$

d. h.

$$x^* = \frac{1}{k_1}(x - k_2) \tag{1.36b}$$

Aus den üblicherweise berechneten Maßzahlen $\bar{x}*$ und $s*$ oder $s*^2$ erhält man sofort die gewünschten Kennwerte:

$$\bar{x} = k_1 \bar{x}* + k_2 \qquad\qquad (1.37)$$

$$s^2 = k_1^2 s*^2 \qquad\qquad (1.38)$$

Es wird empfohlen das Beispiel mit $k_1 = 0{,}01$, $k_2 = 11{,}26$, d. h. mit $x* = 100(x - 11{,}26)$ noch einmal selbständig durchzurechnen.

1364 Schätzung des Mittelwertes und der Standardabweichung bei großen Stichprobenumfängen: Die Einzelwerte sind in Klassen gruppiert

Die Summe der 10 Zahlen 2, 2, 2, 2; 3; 4, 4, 4, 4, 4 = 31 läßt sich auch schreiben $(4 \cdot 2) + (1 \cdot 3) + (5 \cdot 4)$; den Mittelwert dieser Reihe erhält man dann auch nach

$$\bar{x} = \frac{(4 \cdot 2) + (1 \cdot 3) + (5 \cdot 4)}{4 \ + \ 1 \ + \ 5} = 3{,}1$$

Wir haben auf diese Weise die Werte einer Stichprobe in drei Klassen eingeteilt. Die Häufigkeiten 4, 1 und 5 verleihen den Werten 2, 3 und 4 ein unterschiedliches Gewicht. Daher kann 3,1 auch als gewogener arithmetischer Mittelwert bezeichnet werden. Wir kommen hierauf später (S. 63) zurück.

Um einen besseren Überblick über umfangreiches Zahlenmaterial zu gewinnen, und um charakteristische Maßzahlen wie Mittelwert und Standardabweichung leichter bestimmen zu können, faßt man oft die nach ihrer Größe geordneten Werte in Klassen zusammen. Hierbei ist es zweckmäßig, auf eine *konstante Klassenbreite* zu achten. Außerdem sollten als *Klassenmitten* möglichst einfache Zahlen, Zahlen mit wenigen Ziffern, gewählt werden. Die *Zahl der Klassen* liegt im allgemeinen zwischen 6 – bei etwa 25–30 Beobachtungen – und 25 – bei etwa 10 000 und mehr Werten (vgl. S. 46 und 79). Die k Klassen sind dann mit den Häufigkeitswerten oder Frequenzen $f_1, f_2, \ldots, f_k$ $(n = \sum\limits_{i=1}^{k} f_i = \sum f)$ besetzt. Man wählt einen vorläufigen Durchschnitts- oder Mittelwert d, der im allgemeinen auf die am stärksten besetzte Klasse fällt.

I.   Das Multiplikationsverfahren

Die einzelnen Klassen werden dann numeriert: d erhält die Nummer $z = 0$, absteigend erhalten die Klassen die Nummern $z = -1, -2, \ldots$, aufsteigend die Nummern $z = 1, 2, \ldots$. Dann ist

$$\bar{x} = d + \frac{b}{n}\sum fz \qquad\qquad (1.39)$$

$$s = b \sqrt{\frac{\sum fz^2 - (\sum fz)^2/n}{n-1}} \qquad\qquad (1.40)$$

$$s^2 = b^2 \left[\frac{n\sum fz^2 - (\sum fz)^2}{n(n-1)} \right]$$

mit $d =$ angenommener Durchschnitts- oder Mittelwert
$\quad b =$ Klassenbreite
$\quad n =$ Anzahl der Werte
$\quad f =$ Häufigkeit pro Klasse, Besetzungszahl
$\quad z =$ Abweichungen $z = \dfrac{x-d}{b}$

Tabelle 16

KM	f	z	fz	fz^2
13	1	-3	-3	9
17	4	-2	-8	16
21	6	-1	-6	6
d = 25	7	0	0	0
29	5	1	5	5
33	5	2	10	20
37	2	3	6	18
$\sum$	30	-	4	74

KM = Klassenmitte

$$\bar{x} = d + \frac{b}{n}\sum fz = 25 + \frac{4}{30}\cdot 4 = 25,53$$

$$s = b\sqrt{\left(\frac{\sum fz^2 - (\sum fz)^2/n}{n-1}\right)} = 4\sqrt{\left(\frac{74 - 4^2/30}{30-1}\right)} = 6,37$$

Kontrolle: Man benutzt die Identitäten

$$\boxed{\sum f(z+1) = \sum fz + \sum f = \sum fz + n} \qquad (1.41)$$

$$\sum f(z+1)^2 = \sum f(z^2 + 2z + 1)$$
$$\sum f(z+1)^2 = \sum fz^2 + 2\sum fz + \sum f$$

$$\boxed{\sum f(z+1)^2 = \sum fz^2 + 2\sum fz + n} \qquad (1.42)$$

und notiert die entsprechenden Verteilungen.

Tabelle 17

z + 1	f	f(z + 1)	f(z + 1)^2
-2	1	-2	4
-1	4	-4	4
0	6	0	0
1	7	7	7
2	5	10	20
3	5	15	45
4	2	8	32
n = $\sum$f = 30		$\sum$f(z + 1) = 34	$\sum$f(z + 1)^2 = 112

Kontrolle für den Mittelwert:

$$\sum f(z+1) = 34 \text{ (aus Tabelle 17)}$$
$$\sum fz + n = 4 + 30 = 34 \text{ (aus Tabelle 16)}$$

Kontrolle für die Standardabweichung:
$$\sum f(z+1)^2 = 112 \text{ (aus Tabelle 17)}$$
$$\sum fz^2 + 2\sum fz + n = 74 + 2 \cdot 4 + 30 = 112 \text{ (aus Tabelle 16)}$$

II.   Das Summenverfahren

Es ist das beste Verfahren zur Berechnung von Mittelwert und Standardabweichung aus *sehr umfangreichen Beobachtungsreihen*. Gegenüber dem Multiplikationsverfahren hat es den Vorteil, daß es bis auf die Schlußrechnung *nur Additionen* erfordert (Tab. 18).

Das Summenverfahren besteht in einem schrittweisen Summieren der Häufigkeiten vom oberen und unteren Ende der Tafel zum angenommenen Durchschnittswert d hin (Spalte 3). Dann werden die erhaltenen Werte nochmals vom oberen bzw. unteren Ende der Spalte 3 bis zu den der Durchschnittsklasse d benachbarten Klassen addiert (Spalte 4). Diese Summenwerte werden mit δ_1 und δ_2 (gr. delta 1 und 2) bezeichnet. Dann werden die erhaltenen Werte noch einmal vom oberen bzw. unteren Ende der Spalte 4 bis zu den der Durchschnittsklasse d benachbarten Klassen addiert (Spalte 5). Diese Summenwerte bezeichnen wir mit ε_1 und ε_2 (gr. epsilon 1 und 2). Dann ist, wenn wir

$$\frac{\delta_2 - \delta_1}{n} = c \text{ setzen,}$$

$$\boxed{\bar{x} = d + b \cdot c} \tag{1.43}$$

$$\boxed{s = b \cdot \sqrt{\frac{2(\varepsilon_1 + \varepsilon_2) - (\delta_1 + \delta_2) - nc^2}{n-1}}} \tag{1.44}$$

$$s^2 = b^2 \left[\frac{2(\varepsilon_1 + \varepsilon_2) - (\delta_1 + \delta_2) - nc^2}{n-1} \right]$$

d = angenommener Durchschnitts- oder Mittelwert; b = Klassenbreite; n = Anzahl der Werte; $\delta_1, \delta_2, \varepsilon_1, \varepsilon_2$ = spezielle Summen, vgl. Text.

Wir nehmen das letzte Beispiel:

Tabelle 18

KM	f	S_1	S_2	S_3
13	1	1	1	1
17	4	5	6	7
21	6	11	17 = δ_1	24 = ε_1
d = 25	7			
29	5	12	21 = δ_2	32 = ε_2
33	5	7	9	11
37	2	2	2	2
n = 30				

KM = Klassenmitte

$$c = \frac{\delta_2 - \delta_1}{n} = \frac{21 - 17}{30} = 0{,}133$$

$$\bar{x} = d + bc = 25 + 4 \cdot 0{,}133 = 25{,}53$$

$$s = b \cdot \sqrt{\frac{2(\varepsilon_1 + \varepsilon_2) - (\delta_1 + \delta_2) - nc^2}{n-1}}$$

$$s = 4 \cdot \sqrt{\frac{2(24+32) - (17+21) - 30 \cdot 0{,}133^2}{30-1}}$$

$$s = 4\sqrt{2{,}533}$$

$$s = 6{,}37$$

Die aus gruppierten Daten berechnete Standardabweichung weist im allgemeinen die Tendenz auf, etwas größer zu sein als die aus ungruppierten Daten, und zwar – innerhalb eines kleinen Bereiches – umso größer, je größer die Klassenbreite b ist; es empfiehlt sich daher, diese nicht zu groß zu wählen (vgl. S. 79). Nach Möglichkeit sollte

$$\boxed{b \lesssim s/2} \tag{1.45}$$

sein. Bei unseren Beispielen benutzen wir eine gröbere Klasseneinteilung. Außerdem hat Sheppard vorgeschlagen, die aus einer in Gruppen oder Klassen eingeteilten Häufigkeitsverteilung berechnete Varianz durch Subtraktion von $b^2/12$ zu korrigieren.

Sheppardsche Korrektur:

$$\boxed{s^2_{\text{korr.}} = s^2 - b^2/12} \tag{1.46}$$

Diese Korrektur braucht nur angewandt zu werden, wenn bei grober Klasseneinteilung $n > 1000$, d.h. wenn die Klassenzahl $k < 20$. Mit korrigierten Varianzen dürfen keine statistischen Tests vorgenommen werden!

1365 Das gewogene arithmetische Mittel, die gewogene Varianz und das gewichtete arithmetische Mittel

Sollen mehrere Meßreihen mit den Umfängen $n_1, n_2, \ldots, n_k$, den Mittelwerten $\bar{x}_1, \bar{x}_2, \ldots, \bar{x}_k$ und den Quadraten der Standardabweichung $s_1^2, s_2^2, \ldots, s_k^2$ zu einer Reihe vereinigt werden, die den Umfang $n = n_1 + n_2, \ldots + n_k$ hat, dann ist das arithmetische Mittel der Gesamtmeßreihe, das gewogene arithmetische Mittel $\bar{x}_{\text{gew}}$.

$$\boxed{\bar{x}_{\text{gew}} = \frac{n_1 \cdot \bar{x}_1 + n_2 \cdot \bar{x}_2 + \ldots + n_k \cdot \bar{x}_k}{n}} \tag{1.47}$$

und die Standardabweichung s_{in} innerhalb der Meßreihen

$$\boxed{s_{\text{in}} = \sqrt{\frac{s_1^2(n_1-1) + s_2^2(n_2-1) + \ldots + s_k^2(n_k-1)}{n-k}}} \tag{1.48}$$

Beispiel

$$n_1 = 8, \quad \bar{x}_1 = 9, \quad (s_1 = 2) \quad s_1^2 = 4$$

$$n_2 = 10, \quad \bar{x}_2 = 7, \quad (s_2 = 1) \quad s_2^2 = 1 \quad \bar{x} = \frac{8 \cdot 9 + 10 \cdot 7 + 6 \cdot 8}{24} = 7,917$$

$$n_3 = 6, \quad \bar{x}_3 = 8, \quad (s_3 = 2) \quad s_3^2 = 4$$

$$s_{in} = \sqrt{\frac{4(8-1) + 1(10-1) + 4(6-1)}{24-3}} = 1,648$$

Die gewogene Varianz der x-Werte in der Gesamtmeßreihe wird nach
$s_{gew}^2 = \frac{1}{n-1} \left[\sum_i (n_i - 1) s_i^2 + \sum_i n_i (\bar{x}_i - \bar{x})^2 \right]$ berechnet, d.h.

$$s_{gew}^2 = \frac{1}{23} \left[(7 \cdot 4 + 9 \cdot 1 + 5 \cdot 4) + (8 \cdot 1,083^2 + 10 \cdot 0,917^2 + 6 \cdot 0,083^2) \right] = 3,254.$$

Der gewichtete arithmetische Mittelwert: Einzelmessungen ungleicher Genauigkeit lassen sich durch unterschiedliche Gewichte w_i (1, 2, 3 bzw. 0,1 oder 0,01 usw. mit $\sum w_i = 1$) kennzeichnen. Das gewichtete arithmetische Mittel erhält man nach $\bar{x} = (\sum w_i x_i)/\sum w_i$ bzw. zweckmäßiger durch Wahl eines günstigen Hilfswertes a, man geht dann von den Abweichungen $z_i = x_i - a$ aus:

Beispiel

x_i	w_i	$x_i - a = z_i$ $(a = 137,8)$	$w_i z_i$
138,2	1	0,4	0,4
137,9	2	0,1	0,2
137,8	1	0,0	0,0

$$\sum w_i = 4 \qquad\qquad \sum w_i z_i = 0,6$$

$$\boxed{\bar{x} = a + \frac{\sum w_i z_i}{\sum w_i}} \tag{1.49}$$

$$\bar{x} = 137,8 + \frac{0,6}{4} = 137,95$$

1366 Der Variationskoeffizient

Das Verhältnis der Standardabweichung zum Mittelwert wird *Variations-* oder *Variabilitätskoeffizient* (engl. coefficient of variation, seltener coefficient of variability) oder Variationszahl genannt und mit V bezeichnet.

$$\boxed{V = \frac{s}{\bar{x}}} \qquad \text{alle } x > 0 \tag{1.50}$$

Der Variationskoeffizient ist gleich der Standardabweichung, falls der Mittelwert gleich Eins ist. Mit anderen Worten: Der Variationskoeffizient ist ein relatives dimensionsloses Streuungsmaß mit dem Mittelwert als Einheit. Da sein Maximum $\sqrt{n-1}$ beträgt, gibt man auch gern den in Prozent ausgedrückten **relativen Variationskoeffizienten** V_r, an, der Werte zwischen 0% und 100% annehmen kann:

$$\boxed{V_r(\text{in }\%) = \frac{s/\bar{x}}{\sqrt{n-1}} 100} \quad \text{alle } x > 0. \tag{1.50a}$$

In nicht zu kleinen Stichproben aus normalverteilten Grundgesamtheiten dürfte V nicht größer sein als 0,33. Der Variationskoeffizient dient insbesondere für den *Vergleich von Stichproben* eines Grundgesamtheitstyps.

Beispiel

Für $n = 50$, $s = 4$ und $\bar{x} = 20$ erhält man nach (1.50) und (1.50a)

$$V = \frac{4}{20} = 0,20 \quad \text{und} \quad V_r = \frac{4/20}{\sqrt{50-1}} 100 = 2,86\%.$$

1367   Beispiele zur Normalverteilung

Mit Hilfe der Ordinaten der Normalverteilung (Tabelle 20) läßt sich die Normalkurve (S. 66) leicht zeichnen. Für ein *schnelles Notieren der Normalkurve* kann man folgende Werte verwenden:

Tabelle 19

Abszisse	0	$\pm 0,5\sigma$	$\pm 1,0\sigma$	$\pm 2,0\sigma$	$\pm 3,0\sigma$
Ordinate	y_{max}	$\frac{7}{8} \cdot y_{max}$	$\frac{5}{8} \cdot y_{max}$	$\frac{1}{8} \cdot y_{max}$	$\frac{1}{80} \cdot y_{max}$

Der Abszisse $\pm 3,5\sigma$ entspricht die Ordinate $\frac{1}{400} \cdot y_{max}$, die Kurve geht damit praktisch in die x-Achse über, denn einer Maximalordinate von beispielsweise 40 cm Länge entspräche im Punkt $z = \pm 3,5$ eine 1 mm lange Ordinate.

Die Länge eines normalverteilten Gegenstandes betrage im Durchschnitt 80 cm, mit einer Standardabweichung von 8 cm. a) Wieviel Prozent der Gegenstände liegen zwischen 66 und 94 cm? b) Zwischen welchen Längen liegen die mittleren 95% des Gegenstandes?

Zu a) Der Bereich 80 ± 14 cm läßt sich mit Hilfe der Standardabweichung ($\sigma = 8$ cm) auch schreiben $80 \pm \frac{14}{8}\sigma = 80 \pm 1,75\sigma$. Tabelle 13 zeigt für $z = 1,75$ eine Wahrschein- (S. 53)

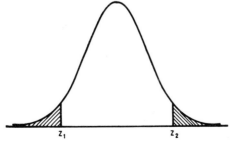

Abb. 13.   Normalverteilung: Der schraffierte Flächenanteil liegt links von z_1 (negativer Wert) und rechts von z_2 (positiver Wert). Im Bild ist $|z_1| = |z_2|$. Tabelle 13 auf S. 53 liefert den Flächenanteil rechts von z_2 und aus Symmetriegründen auch links von beliebigen negativen Werten $z_1 = -z_2$, wobei wir mit $|z_2|$ in die Tabelle eingehen

Tabelle 20.   Ordinaten der Standardnormalkurve: $f(z) = \dfrac{1}{\sqrt{2\pi}} e^{-\frac{z^2}{2}}$

z	0,00	0,01	0,02	0,03	0,04	0,05	0,06	0,07	0,08	0,09
0,0	0,3989	0,3989	0,3989	0,3988	0,3986	0,3984	0,3982	0,3980	0,3977	0,3973
0,1	0,3970	0,3965	0,3961	0,3956	0,3951	0,3945	0,3939	0,3932	0,3925	0,3918
0,2	0,3910	0,3902	0,3894	0,3885	0,3876	0,3867	0,3857	0,3847	0,3836	0,3825
0,3	0,3814	0,3802	0,3790	0,3778	0,3765	0,3752	0,3739	0,3725	0,3712	0,3697
0,4	0,3683	0,3668	0,3653	0,3637	0,3621	0,3605	0,3589	0,3572	0,3555	0,3538
0,5	0,3521	0,3503	0,3485	0,3467	0,3448	0,3429	0,3410	0,3391	0,3372	0,3352
0,6	0,3332	0,3312	0,3292	0,3271	0,3251	0,3230	0,3209	0,3187	0,3166	0,3144
0,7	0,3123	0,3101	0,3079	0,3056	0,3034	0,3011	0,2989	0,2966	0,2943	0,2920
0,8	0,2897	0,2874	0,2850	0,2827	0,2803	0,2780	0,2756	0,2732	0,2709	0,2685
0,9	0,2661	0,2637	0,2613	0,2589	0,2565	0,2541	0,2516	0,2492	0,2468	0,2444
1,0	0,2420	0,2396	0,2371	0,2347	0,2323	0,2299	0,2275	0,2251	0,2227	0,2203
1,1	0,2179	0,2155	0,2131	0,2107	0,2083	0,2059	0,2036	0,2012	0,1989	0,1965
1,2	0,1942	0,1919	0,1895	0,1872	0,1849	0,1826	0,1804	0,1781	0,1758	0,1736
1,3	0,1714	0,1691	0,1669	0,1647	0,1626	0,1604	0,1582	0,1561	0,1539	0,1518
1,4	0,1497	0,1476	0,1456	0,1435	0,1415	0,1394	0,1374	0,1354	0,1334	0,1315
1,5	0,1295	0,1276	0,1257	0,1238	0,1219	0,1200	0,1182	0,1163	0,1145	0,1127
1,6	0,1109	0,1092	0,1074	0,1057	0,1040	0,1023	0,1006	0,0989	0,0973	0,0957
1,7	0,0940	0,0925	0,0909	0,0893	0,0878	0,0863	0,0848	0,0833	0,0818	0,0804
1,8	0,0790	0,0775	0,0761	0,0748	0,0734	0,0721	0,0707	0,0694	0,0681	0,0669
1,9	0,0656	0,0644	0,0632	0,0620	0,0608	0,0596	0,0584	0,0573	0,0562	0,0551
2,0	0,0540	0,0529	0,0519	0,0508	0,0498	0,0488	0,0478	0,0468	0,0459	0,0449
2,1	0,0440	0,0431	0,0422	0,0413	0,0404	0,0396	0,0387	0,0379	0,0371	0,0363
2,2	0,0355	0,0347	0,0339	0,0332	0,0325	0,0317	0,0310	0,0303	0,0297	0,0290
2,3	0,0283	0,0277	0,0270	0,0264	0,0258	0,0252	0,0246	0,0241	0,0235	0,0229
2,4	0,0224	0,0219	0,0213	0,0208	0,0203	0,0198	0,0194	0,0189	0,0184	0,0180
2,5	0,0175	0,0171	0,0167	0,0163	0,0158	0,0154	0,0151	0,0147	0,0143	0,0139
2,6	0,0136	0,0132	0,0129	0,0126	0,0122	0,0119	0,0116	0,0113	0,0110	0,0107
2,7	0,0104	0,0101	0,0099	0,0096	0,0093	0,0091	0,0088	0,0086	0,0084	0,0081
2,8	0,0079	0,0077	0,0075	0,0073	0,0071	0,0069	0,0067	0,0065	0,0063	0,0061
2,9	0,0060	0,0058	0,0056	0,0055	0,0053	0,0051	0,0050	0,0048	0,0047	0,0046
3,0	0,0044	0,0043	0,0042	0,0040	0,0039	0,0038	0,0037	0,0036	0,0035	0,0034
3,1	0,0033	0,0032	0,0031	0,0030	0,0029	0,0028	0·,0027	0,0026	0,0025	0,0025
3,2	0,0024	0,0023	0,0022	0,0022	0,0021	0,0020	0,0020	0,0019	0,0018	0,0018
3,3	0,0017	0,0017	0,0016	0,0016	0,0015	0,0015	0,0014	0,0014	0,0013	0,0013
3,4	0,0012	0,0012	0,0012	0,0011	0,0011	0,0010	0,0010	0,0010	0,0009	0,0009
3,5	0,0009	0,0008	0,0008	0,0008	0,0008	0,0007	0,0007	0,0007	0,0007	0,0006
3,6	0,0006	0,0006	0,0006	0,0005	0,0005	0,0005	0,0005	0,0005	0,0005	0,0004
3,7	0,0004	0,0004	0,0004	0,0004	0,0004	0,0004	0,0003	0,0003	0,0003	0,0003
3,8	0,0003	0,0003	0,0003	0,0003	0,0003	0,0002	0,0002	0,0002	0,0002	0,0002
3,9	0,0002	0,0002	0,0002	0,0002	0,0002	0,0002	0,0002	0,0002	0,0001	0,0001
4,0	0,0001	0,0001	0,0001	0,0001	0,0001	0,0001	0,0001	0,0001	0,0001	0,0001
z	0,00	0,01	0,02	0,03	0,04	0,05	0,06	0,07	0,08	0,09

lichkeit $(P = 0{,}0401 \simeq 0{,}04)$ von etwa 4%. Gefordert ist der Prozentsatz der Gegenstände, der zwischen $z = -1{,}75$ und $z = +1{,}75$ liegt. Oberhalb von $z = +1{,}75$ liegen 4%, unterhalb von $z = -1{,}75$ liegen ebenfalls 4% (vgl. Abb. 13 mit $z_1 = -1{,}75$ und $z_2 = +1{,}75$), zwischen beiden Grenzen, d. h. zwischen den Längen 66 und 94 cm liegen also $100 - (4+4) = 92$ Prozent der Gegenstände.

Zu b) Die Übersicht auf S. 52 zeigt $(z = 1{,}96)$: 95% der Gegenstände liegen im Bereich von $80 \text{ cm} \pm 1{,}96 \cdot 8 \text{ cm}$, d. h. zwischen 64,32 cm und 95,68 cm.

Nehmen wir an, wir hätten festgestellt, eine empirische Verteilung mit $\bar{x} = 100$ und $s = 10$ sei angenähert normalverteilt. Uns interessiere der prozentuale Anteil, der a) oberhalb von $x = 115$ liege; b) zwischen $x = 90$ und $x = 115$ liege; c) unterhalb von $x = 90$ liege.

Lösung: Zunächst sind die Werte x nach $\hat{z} = \dfrac{x - \bar{x}}{s}$ in Standardeinheiten zu transformieren.

Zu a) $x = 115$, $\hat{z} = \dfrac{115 - 100}{10} = 1,5$.   Tabelle 13 liefert uns für $z = 1,5$ den gewünschten Anteil mit 0,0668 oder 7%.

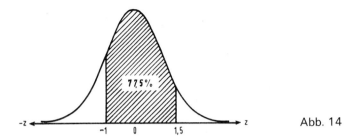

Abb. 14

Zu b) $x = 90$, $\hat{z} = \dfrac{90 - 100}{10} = -1,0$;   für $x = 115$ erhielten wir soeben $\hat{z} = 1,5$.   Gesucht ist der Anteil, besser der Flächenanteil unter der Normalkurve zwischen $z = -1,0$ und $z = 1,5$.   Wir haben also zu addieren:

(Fläche zwischen $z = -1,0$ und $z = 0$)
+ (Fläche zwischen $z = 0$ und $z = 1,5$).

Da die erste Fläche aus Gründen der Symmetrie auch als Fläche zwischen $z = 0$ und $z = +1,0$ aufgefaßt werden kann, erhalten wir als gesuchte Fläche (Fl.):   (Fl. zw. $z = 0$ u. $z = 1$) + (Fl. zw. $z = 0$ u. $z = 1,5$).   Da Tabelle 13 die Wahrscheinlichkeiten der Anteile des rechten Ausläufers der Standardnormalverteilung gibt, wir aber wissen, daß bei $z = 0$ die Gesamtfläche halbiert wird, der Tabellenwert also 0,5000 lauten muß, ermitteln wir die beiden Flächen als Differenzen: Wir erhalten für $z = 1,0$ $P = 0,1587$ und für $z = 1,5$ $P = 0,0668$ und damit die gesuchte Fläche:

$$(0,5000 - 0,1587) + (0,5000 - 0,0668)$$
$$= 0,3413 + 0,4332$$
$$= 0,7745 \text{ oder } 77,5\% \text{ (vgl. Abb. 14).}$$

Zu c) Für $x = 90$ erhielten wir soeben $\hat{z} = -1,0$.   Oberhalb von $z = +1,0$ muß aus Symmetriegründen eine ebenso große Fläche liegen wie die gewünschte: 0,1587 oder 16%. Eine Kontrolle dieser Rechnungen a, b, c ist gegeben:

0,0668
0,7745
0,1587
‾‾‾‾‾‾
1,0000.

▶ **137   Das Wahrscheinlichkeitsnetz**

Mit Hilfe des Wahrscheinlichkeitsnetzes kann man sich einen Überblick verschaffen, ob eine Stichprobenverteilung angenähert normalverteilt ist. Außerdem erhält man Mittelwert und Standardabweichung der Verteilung. Das Wahrscheinlichkeitsnetz, eine besondere Art von Zeichenpapier, ist so eingerichtet, daß sich beim Einzeichnen der in Prozent ausgedrückten, jeweils fortlaufend addierten Häufigkeiten einer Normalverteilung eine *Gerade* ergibt. Die Ordinate des Netzes ist nach der Verteilungsfunktion der Normalverteilung geteilt, sie enthält die *Summenhäufigkeitsprozente*. Die Abszisse kann linear (in Millimetern) oder logarithmisch eingeteilt sein (vgl. Abb. 15). Die Ordinatenwerte 0% und 100% sind im Wahrscheinlichkeitsnetz nicht enthalten. Prozentuale Häufigkeiten mit diesen Werten bleiben daher bei der graphischen Darstellung unberücksichtigt.

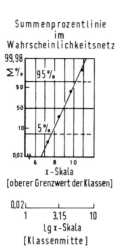

Summenprozentlinie
im
Wahrscheinlichkeitsnetz

x-Skala
[oberer Grenzwert der Klassen]

lg x-Skala
[Klassenmitte]

Abb. 15. Wahrscheinlichkeitsnetz

Man berechnet zu der empirischen Häufigkeitsverteilung die Summenverteilung in Prozent und zeichnet diese Werte in das Netz ein. Hierbei ist zu beachten, daß auf der Abszisse Klassen*grenzen* abzutragen sind. Die Beurteilung der Geradlinigkeit erfolgt nach dem Verlauf der Kurve etwa zwischen 10% und 90%. Zur Gewinnung der Maßzahlen der Stichprobe bringt man die gezeichnete Gerade zum Schnitt mit der Waagerechten durch den 50%-Punkt der Ordinate und lotet den Schnittpunkt auf die Abszissenachse. Die Abszisse des Schnittpunktes ist der graphisch geschätzte Mittelwert ($\bar{x}_g$). Ferner bringt man die 16% und 84%-Waagerechten zum Schnitt mit der gezeichneten Geraden. Man lotet auf die x-Achse herunter und liest $\bar{x}_g + s_g$ und $\bar{x}_g - s_g$ ab. Durch Subtraktion beider Werte findet man $2s_g$ und daraus die Standardabweichung.

Mittelwert ($\bar{x}_g$) und Standardabweichung (s_g) sind bei geringer Rechenarbeit mit häufig ausreichender Genauigkeit bestimmt. Die *Summenlinie der Normalverteilung*, auch *Hazensche Gerade* genannt, erhält man auf umgekehrte Weise durch die folgenden charakteristischen Werte:

Für $x=\mu$ gilt $y=50\%$
Für $x=\mu+\sigma$ gilt $y\simeq 84\%$
Für $x=\mu-\sigma$ gilt $y\simeq 16\%$

Die Prüfung einer Verteilung auf Normalität mit Hilfe des Wahrscheinlichkeitspapiers gibt einen guten Überblick. Für eine genauere Untersuchung ist diese Methode allerdings unzureichend, da die Gewichte der einzelnen Klassen nur undeutlich zum Ausdruck kommen; außerdem läßt sich nur schlecht abschätzen, ob die Abweichungen von der theoretischen Geraden noch im Zufallsbereich bleiben oder nicht. Wir werden später noch andere Prüftechniken kennenlernen. Der untere Teil von Abb. 15 ist ein Vorgriff auf den hiermit zusammenhängenden wichtigen Abschnitt 139 (Lognormalverteilung). Weitere Hinweise sind Zacek (1964/68; vgl. auch die dort gegebene Ergänzung) zu entnehmen. Ein anderes graphisches Verfahren stammt von Mahalanobis (1960).

Viele empirische Verteilungen sind **inhomogene Mischverteilungen.** Aus der Tatsache, daß eine Stichprobenverteilung einen homogenen Eindruck macht und z.B. angenähert normalverteilt ist, darf nicht auf das Vorliegen einer einheitlichen Merkmalsverteilung geschlossen werden. Nicht selten erweist sich eine gefundene Normalverteilung als zusammengesetzt. Zerlegungen sind möglich (Preston 1953, Daeves u. Beckel 1958, Rohrberg 1958, Weichselberger 1961, Ageno u. Frontali 1963, Bhattacharya 1967, Harris 1968, Nothnagel 1968, Day 1969, Herold 1971).

Grundsätzlich läßt sich die Homogenität eines Untersuchungsmaterials nicht beweisen! Nur Inhomogenitäten lassen sich feststellen! Inhomogenität bedeutet nicht Unbrauchbarkeit des Materials, sondern erfordert Berücksichtigung der Inhomogenität in der Auswertung, meist durch *Untergruppenbildung!*

Hinweis: Gleichverteilung oder Rechteckverteilung

Wirft man einen Würfel, so kann die Anzahl der geworfenen Augen 1, 2, 3, 4, 5 oder 6 betragen. Dies gibt eine theoretische Verteilung, bei der die Werte 1 bis 6 die *gleiche* Wahrscheinlichkeit 1/6 besitzen, d.h. $P(x) = 1/6$ für $x = 1, 2, \ldots, 6$.

Die *diskrete Gleichverteilung* (uniform distribution) ist definiert durch

$$P(x) = 1/n \quad \text{für} \quad 1 \leqq x \leqq n \tag{1.51}$$

mit dem Mittelwert

$$\mu = (n+1)/2 \tag{1.52}$$

und der Varianz

$$\sigma^2 = (n^2 - 1)/12 \tag{1.53}$$

Für unser Beispiel erhalten wir sofort $(n = 6)$:
$$\mu = (6+1)/2 = 3,5 \quad \text{und} \quad \sigma^2 = (6^2 - 1)/12 = 2,917.$$
Wenn, wie im Beispiel, möglichen Ereignissen E Zahlen x mit den einzelnen Wahrscheinlichkeiten $P(x)$, die relativen Häufigkeiten entsprechen, zugeordnet werden können, dann gelten ganz allgemein für *Parameter theoretischer Verteilungen* die Beziehungen (vgl. S. 41):

$$\mu = \sum x P(x) \tag{1.54}$$

und der sogenannte Verschiebungssatz:

$$\sigma^2 = \sum x^2 P(x) - \mu^2 \tag{1.55}$$

z.B. $\mu = 1 \cdot \frac{1}{6} + 2 \cdot \frac{1}{6} + \ldots + 6 \cdot \frac{1}{6} = 3,5$ und $\sigma^2 = 1 \cdot \frac{1}{6} + 4 \cdot \frac{1}{6} + \ldots + 36 \cdot \frac{1}{6} - 3,5^2 = 2,917$. Die Gleichverteilung tritt u.a. bei Abrundungsfehlern auf. Hier ist jeweils

$$P(x) = \frac{1}{10} \quad \text{für} \quad x = -0,4,\ -0,3,\ \ldots,\ +0,5.$$

Die Parameter sind: $\mu = 0,05$ und $\sigma^2 = 0,287$.
Für die gleichverteilten Ziffern von 0 bis 9 gilt nach (1.52/3)
$$\mu = (10+1)/2 = 5,5$$
$$\sigma^2 = (10^2 - 1)/12 = 8,25$$
Die konstante Wahrscheinlichkeitsdichte der *kontinuierlichen Gleich- oder Rechteckverteilung* (rectangular distribution) im Bereich von a bis b ist durch

$$y = f(x) = \begin{cases} 1/(b-a) & \text{für} \quad a \leqq x \leqq b \\ 0 & \text{für} \quad x < a \quad \text{oder} \quad x > b \end{cases} \tag{1.56}$$

gegeben; Mittelwert und Varianz sind durch

$$\mu = (a+b)/2 \tag{1.57}$$

und

$$\sigma^2 = (b-a)^2/12 \tag{1.58}$$

definiert. Die kontinuierliche Gleichverteilung hat in der angewandten Statistik eine gewisse Bedeutung: Einmal, wenn ein beliebiger Wert in einem Bereich von Werten gleichwahrscheinlich ist, zum anderen, für die Approximation relativ kleiner Spannweiten beliebiger kontinuierlicher Verteilungen. So ist z. B. die normalverteilte Variable x im Bereich

$$\mu - \sigma/3 < x < \mu + \sigma/3 \qquad (1.59)$$

angenähert gleichverteilt.

Rider (1951) gibt einen Test zur Prüfung der Gleichheit zweier Rechteckverteilungen, der auf dem Quotienten ihrer Spannweiten basiert; die Arbeit enthält auch kritische Schranken auf dem 5%-Niveau.

138   Weitere Maßzahlen zur Charakterisierung einer eindimensionalen Häufigkeitsverteilung

Zur Charakterisierung eindimensionaler Häufigkeitsverteilungen gehören:

1. *Lokalisationsmaße:* Maße für die mittlere Lage einer Verteilung (arithmetischer, geometrischer und harmonischer Mittelwert; Median, Dichtemittel, Interdezilbereich).
2. *Dispersionsmaße:* Maße, die die Variabilität der Verteilung kennzeichnen (Varianz, Standardabweichung, Spannweite, Variationskoeffizient, Interdezilbereich).
3. *Formmaße:* Maße, die die Abweichung einer Verteilung von der Normalverteilung charakterisieren (einfache Schiefe- und Wölbungsmaße sowie die Momentenkoeffizienten a_3 und a_4).

1381   Das geometrische Mittel

Liegen die positiven Werte $x_1, x_2, \ldots, x_n$ vor, dann heißt die n-te Wurzel aus dem Produkt aller dieser Werte das geometrische Mittel $\bar{x}_G$

$$\bar{x}_G = \sqrt[n]{x_1 \cdot x_2 \cdot x_3 \cdot \ldots \cdot x_n} \quad \text{mit} \quad x_i > 0 \qquad (1.60)$$

Die Berechnung erfolgt auf logarithmischem Wege nach (1.61, 1.62)

$$\lg \bar{x}_G = \frac{1}{n}(\lg x_1 + \lg x_2 + \lg x_3 + \ldots + \lg x_n) = \frac{1}{n} \sum_{i=1}^{n} \lg x_i \qquad (1.61, 1.62)$$

Der Logarithmus des geometrischen Mittels ist also gleich dem arithmetischen Mittel der Logarithmen. Sollen mehrere, sagen wir k geometrische Mittel, die aus den Reihen mit den Umfängen $n_1, n_2, \ldots, n_k$ ermittelt wurden, zu einem Gesamtmittel vereinigt werden, so wird ein gewogenes geometrisches Mittel gebildet

$$\lg \bar{x}_G = \frac{n_1 \cdot \lg \bar{x}_{G1} + n_2 \cdot \lg \bar{x}_{G2} + \ldots + n_k \cdot \lg \bar{x}_{Gk}}{n_1 + n_2 + \ldots + n_k} \qquad (1.63)$$

Das geometrische Mittel ist vor allem dann anzuwenden, wenn ein Durchschnitt von Verhältniszahlen berechnet werden soll, wobei die Veränderungen in jeweils gleichen zeitlichen Abständen angegeben sind (vgl. Beispiel 1). Es wird verwendet, wenn sich eine Variable in der Zeit in einem einigermaßen konstanten Verhältnis ändert. Das ist der Fall bei *Wachstumserscheinungen* mannigfaltiger Art. Die durchschnittliche Zunahme der Bevölkerung in der Zeit, der Patientenzahl oder Unterhaltskosten einer

Klinik sind bekannte Beispiele. Ob eine sich im konstanten Verhältnis ändernde Geschwindigkeit vorliegt, läßt sich überschlagsmäßig beurteilen, indem man die Daten auf einfachem Logarithmenpapier (Ordinate: logarithmisch geteilt, für das Merkmal; Abszisse linear geteilt, für die Zeit) notiert. Bei Vorliegen einer sich im konstanten Verhältnis ändernden Geschwindigkeit müßte sich wenigstens angenähert eine Gerade ergeben. $\bar{x}_G$ ist dann der *Mittelwert der Zuwachsraten* (vgl. Beispiele 2 und 3).

Das geometrische Mittel wird auch verwendet, wenn in einer Stichprobe einige wenige Elemente mit großen x-Werten weit ab von den übrigen auftreten; diese beeinflussen das geometrische Mittel weniger als das arithmetische Mittel, so daß das geometrische Mittel einen typischeren Wert angibt.

Beispiele

1. Ein Angestellter erhält in drei aufeinanderfolgenden Jahren Gehaltserhöhungen von 6%, 10% und 12%. Der Prozentsatz ist jeweils auf das Gehalt des Vorjahres bezogen. Gefragt ist nach der durchschnittlichen Gehaltserhöhung.
Das geometrische Mittel von 1,06, 1,10 und 1,12 ist zu ermitteln:

$$
\begin{aligned}
\lg 1{,}06 &= 0{,}0253 \\
\lg 1{,}10 &= 0{,}0414 \\
\lg 1{,}12 &= 0{,}0492 \\
\hline
\sum \lg x_i &= 0{,}1159 \\
\tfrac{1}{3} \cdot \sum \lg x_i &= 0{,}03863 = \lg \bar{x}_G \\
\bar{x}_G &= 1{,}093
\end{aligned}
$$

Im Durchschnitt ist somit das Gehalt um 9,3% gestiegen.

2. In einer bestimmten Kultur erhöhte sich in drei Tagen die Zahl der Bakterien pro Einheit von 100 auf 500. Gefragt ist nach der durchschnittlichen täglichen Zunahme, ausgedrückt in Prozenten.
Diese Größe bezeichnen wir mit x, dann beträgt die Zahl der Bakterien nach dem

$$
\begin{aligned}
\text{1. Tag:} &\quad 100 + 100x = 100(1+x) \\
\text{2. Tag:} &\quad 100(1+x) + 100(1+x)x = 100(1+x)^2 \\
\text{3. Tag:} &\quad 100(1+x)^2 + 100(1+x)^2 x = 100(1+x)^3
\end{aligned}
$$

Dieser letzte Ausdruck muß gleich 500 sein, so daß

$$
100(1+x)^3 = 500, \quad (1+x)^3 = 5, \quad 1+x = \sqrt[3]{5}
$$

Mit Hilfe von Logarithmen finden wir $\sqrt[3]{5} = 1{,}710$, so daß $x = 0{,}710 = 71{,}0\%$.

Allgemein: Beginnen wir mit einer Menge M, die sich mit *konstanter Zuwachsrate* r in der Zeiteinheit vermehrt, dann erhalten wir nach n Zeiteinheiten den Betrag

$$
\boxed{B = M(1+r)^n} \tag{1.64}
$$

3. Eine Summe sei in $n = 4$ Jahren von 4 Millionen DM (M) auf 5 Millionen DM (B) angewachsen. Gefragt ist nach der durchschnittlichen jährlichen Zuwachsrate.
Wenn ein Anfangskapital von M (DM) nach n Jahren auf B (DM) angewachsen ist, dann ist das geometrische Mittel r der Zuwachsraten für die n Jahre gegeben durch

$$
B = M(1+r)^n \quad \text{oder} \quad r = \sqrt[n]{\frac{B}{M}} - 1
$$

Wir erhalten

$$
r = \sqrt[4]{\frac{5\,000\,000}{4\,000\,000}} - 1, \quad r = \sqrt[4]{\frac{5}{4}} - 1
$$

und setzen $\sqrt[4]{\frac{5}{4}} = x$, dann ist $\lg x = \frac{1}{4} \cdot \lg \frac{5}{4} = \frac{1}{4}(\lg 5 - \lg 4) = 0{,}0217$, damit erhalten wir $x = 1{,}052$ und $r = 1{,}052 - 1 = 0{,}052$. Die durchschnittliche Zuwachsrate beträgt 5,2% jährlich.

Hinweis: Die Anzahl der Jahre n, in denen sich ein Kapital verdoppelt, ergibt sich in guter Annäherung nach Troughton (1968) aus 70, geteilt durch den Zinsfuß p, plus 0,3 (d.h. $n = (70/p) + 0{,}3$ bzw. $p = 70/(n - 0{,}3)$; z.B. $p = 5\%$, $n = (70/5) + 0{,}3 = 14{,}3$). (Die exakte Rechnung wäre $(1 + 0{,}05)^n = 2$; $n = \lg 2 / \lg 1{,}05 = 14{,}2$.)

1382 Das harmonische Mittel

Liegen die positiven (oder negativen) Werte $x_1, x_2, \ldots, x_n$ vor, dann heißt der reziproke Wert des arithmetischen Mittels aller reziproken Werte das harmonische Mittel $\bar{x}_H$

$$\boxed{\bar{x}_H = \frac{n}{\dfrac{1}{x_1} + \dfrac{1}{x_2} + \ldots + \dfrac{1}{x_n}} = \frac{n}{\displaystyle\sum_{i=1}^{n} \frac{1}{x_i}} \quad \text{mit} \quad x_i \neq 0} \tag{1.65}$$

Bei praktischen Anwendungen ist es vielfach notwendig, den Einzelwerten x_i Gewichte w_i zuzuordnen und daraus einen gewichteten harmonischen Mittelwert (vgl. Beispiel 3) zu berechnen:

$$\boxed{\bar{x}_H = \frac{w_1 + w_2 + \ldots + w_n}{\dfrac{w_1}{x_1} + \dfrac{w_2}{x_2} + \ldots + \dfrac{w_n}{x_n}} = \frac{\displaystyle\sum_{i=1}^{n} w_i}{\displaystyle\sum_{i=1}^{n}\left(\dfrac{w_i}{x_i}\right)}} \tag{1.66}$$

Das gewogene harmonische Mittel ist

$$\boxed{\bar{x}_H = \frac{n_1 + n_2 + \ldots + n_k}{\dfrac{n_1}{\bar{x}_{H_1}} + \dfrac{n_2}{\bar{x}_{H_2}} + \ldots + \dfrac{n_k}{\bar{x}_{H_k}}}} \tag{1.67}$$

Das harmonische Mittel wird dann benötigt, wenn Beobachtungen das, was wir mit dem arithmetischen Mittel ausdrücken wollen, im umgekehrten Verhältnis angeben, wenn die Beobachtungen gewissermaßen eine Reziprozität enthalten, etwa Angaben wie Stunden pro Kilometer (anstatt km/Std.).
Es wird weiter gebraucht, *wenn aus verschiedenen Geschwindigkeiten für Teilstrecken* die mittlere Geschwindigkeit berechnet werden soll (Beispiel 2) oder *wenn aus verschiedenen Dichten von Gasen, Flüssigkeiten, Teilchen usw. in einzelnen Teilräumen* die mittlere Dichte zu ermitteln ist. Als mittlere Überlebenszeit wird es auch benutzt.

Beispiele

1. In drei verschiedenen Läden wird ein bestimmter Gegenstand zu den folgenden Preisen verkauft: 10 Stück für DM 1,–, 5 Stück für DM 1,– und 8 Stück für DM 1,–. Gefragt ist nach der Durchschnittszahl – wieviel Stück pro DM.

$$\bar{x}_H = \frac{3}{\dfrac{1}{10} + \dfrac{1}{5} + \dfrac{1}{8}} = \frac{3}{\dfrac{17}{40}} = \frac{120}{17} = 7{,}06 \simeq 7{,}1.$$

Das Ergebnis kann überprüft werden

$$
\begin{aligned}
1\ \text{Stck.} &= \text{DM}\ 0{,}100 \\
1\ \text{Stck.} &= \text{DM}\ 0{,}200 \\
\underline{1\ \text{Stck.} &= \text{DM}\ 0{,}125} \\
3\ \text{Stck.} &= \text{DM}\ 0{,}425 \\
1\ \text{Stck.} &= \text{DM}\ \frac{0{,}425}{3} = 0{,}1417;
\end{aligned}
$$

das wiederum $\dfrac{1{,}0000}{0{,}1417} = 7{,}06$ mit 7,1 Stück pro DM übereinstimmt.

2. Das klassische Beispiel für das harmonische Mittel ist eine Bestimmung des *Geschwindigkeitsdurchschnittes*. Es fährt jemand von A nach B mit einer Durchschnittsgeschwindigkeit von 30 km/Std. Für den Rückweg von B nach A benutzt er dieselbe Straße mit einer Durchschnittsgeschwindigkeit von 60 km/Std. Gefragt ist nach der Durchschnittsgeschwindigkeit für die Gesamtfahrt (D_G)

$$
D_G = \frac{2}{\dfrac{1}{30} + \dfrac{1}{60}} = 40\ \text{km/Std.}
$$

Hinweis: Angenommen, die Entfernung AB betrage 60 km, dann braucht man für die Reise von A nach B $\dfrac{60\ \text{km}}{30\ \text{km/Std.}} = 2$ Stunden, für die Reise von B nach A $\dfrac{60\ \text{km}}{60\ \text{km/Std.}} = 1$ Stunde, d. h.

$$
D_G = \frac{\text{Gesamtstrecke}}{\text{Gesamtzeit}} = \frac{120\ \text{km}}{3\ \text{Std.}} = 40\ \text{km/Std.}
$$

3. Bei einem bestimmten Arbeitsgang sind für $n = 5$ Arbeiter die sogenannten Stückzeiten in Minuten je Stück festgestellt worden. Die durchschnittliche Stückzeit der Gruppe von fünf Arbeitern soll unter der Annahme berechnet werden, daß vier Arbeiter 8 Stunden arbeiten und der fünfte Arbeiter 4 Stunden arbeitet:

Tabelle 21

Arbeitszeit w_i (in Minuten)	Stückzeit x_i (in Minuten/Stück)	Fertigung w_i/x_i (in Stück)
480	0,8	480/0,8 = 600
480	1,0	480/1,0 = 480
480	1,2	480/1,2 = 400
480	1,2	480/1,2 = 400
240	1,5	240/1,5 = 160
$\sum w_i$ = 2160		$\sum (w_i/x_i)$ = 2040

$$
\bar{x}_H = \frac{\sum w_i}{\sum (w_i/x_i)} = \frac{2160}{2040} = 1{,}059
$$

Die durchschnittliche Stückzeit beträgt somit 1,06 Minuten/Stück.

Zwischen den drei Mittelwerten besteht die folgende Beziehung

$$
\boxed{\bar{x}_H \leqq \bar{x}_G \leqq \bar{x}} \qquad\qquad (1.68)
$$

wobei die Gleichheitszeichen für gleiche Stichprobenwerte gelten. Für zwei Werte gilt

$$
\boxed{\bar{x}/\bar{x}_G = \bar{x}_G/\bar{x}_H \quad \text{oder} \quad \bar{x}\,\bar{x}_H = \bar{x}_G^2} \qquad\qquad (1.69)
$$

1383 Median und Dichtemittel

Schiefe eingipfelige Verteilungen sind dadurch charakterisiert, daß der größte Teil der Werte auf der einen Seite vom Mittelwert liegt, während eine geringe Anzahl von Werten weit auseinanderliegend über die andere Seite verteilt ist.

Ein viel zitiertes Beispiel für eine ausgeprägt positiv schiefe Verteilung ist die Häufigkeitsverteilung der Einkommen in einem Lande. Die Masse der Arbeitnehmer verdient in der BRD unter mtl. DM 1500, der Rest hat ein hohes bis sehr hohes Einkommen. Der an Hand des arithmetischen Mittels berechnete Durchschnittsverdienst liegt viel zu hoch, anders gesagt: Der Mittelwert liegt zu weit rechts. Ein zutreffenderes Bild gibt in diesem Fall der Zentralwert, Halbwert oder *Median* ($\tilde{x}$). Er gibt denjenigen beobachteten Wert an, der die Verteilung in zwei gleich große Hälften teilt, so daß jeder Teil 50% der Verteilung enthält: Der Zentralwert oder Median ist derjenige Wert in der nach der Größe der Einzelwerte geordneten Reihe, der die Reihe halbiert. Wesentlich ist, daß der Medianwert im Gegensatz zum arithmetischen Mittel von Extremwerten vollkommen unbeeinflußt bleibt. Näheres ist insbesondere Smith (1958) sowie Rusch und Deixler (1962) zu entnehmen. Da die meisten Arbeitnehmer ein „unterdurchschnittliches" Einkommen aufweisen, ist das „Medianeinkommen" kleiner als das arithmetische Mittel der Einkommen. Der Kurvengipfel am linken Ende der Verteilung gibt eine noch bessere Vorstellung, wenn die Masse der Arbeitnehmer das Objekt unserer Studien ist.

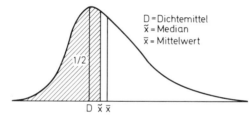

D = Dichtemittel
$\tilde{x}$ = Median
$\bar{x}$ = Mittelwert

Abb. 16. Positive Schiefe mit Dichtemittel (D), Median ($\tilde{x}$) und Mittelwert ($\bar{x}$); der Median teilt die Stichprobenverteilung in zwei gleiche Hälften (linkssteile Verteilung)

S. 81 In Abb. 16 liegt $\bar{x}$ rechts von $\tilde{x}$, damit ist das arithmetische Mittel größer als der Median, oder $\bar{x} - \tilde{x}$ ist positiv; daher bezeichnet man die Verteilung auch als positiv schief. Einfacher ist die Erklärung, daß positiv schiefe Verteilungen einen exzessiv entwickelten positiven Auslauf aufweisen. Bei eingipfeligen Verteilungen ist das *Dichtemittel* (vgl. Abb. 16) (Maximumstelle, Modalwert; engl. mode) der *häufigste Stichprobenwert* (absolutes Dichtemittel, approximiert durch Dichtemittel $\approx 3\tilde{x} - 2\bar{x}$), bei mehrgipfeligen Verteilungen treten außerdem *relative Dichtemittel* auf, *Werte, die häufiger auftreten als ihre Nachbarwerte, relative Maxima der Wahrscheinlichkeitsdichte* (vgl. auch Dalenius 1965).

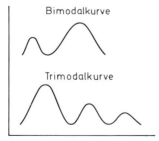

Bimodalkurve

Trimodalkurve

Abb. 17. Kurven mit mehr als einem Dichtemittel

Für mehrgipfelige Verteilungen (vgl. Abb. 17) sind Dichtemittel die geeigneten Mittelwerte; die Verteilungen werden dann als „zweigipfelig", „bimodal" oder als „vielgipfelig" oder „multimodal" bezeichnet.

Schätzung des Medians

Umfaßt die Reihe eine ungerade Anzahl von Werten, so ist der Medianwert der „mittlere", der nach der Größe geordneten Werte, ist n gerade, dann gibt es zwei mittlere Werte $\tilde{x}_1$ und $\tilde{x}_2$: der Median wird dann als $\tilde{x}=\frac{1}{2}(\tilde{x}_1+\tilde{x}_2)$ ermittelt (vgl. auch Hinweis 4 auf S. 59 [und den Hinweis auf S. 81]).
Liegt eine in Klassen eingeteilte Reihe von Einzelwerten vor, dann schätzt man den Median durch lineare Interpolation nach

$$\tilde{x}=\tilde{U}+\left(\frac{n/2-(\sum f)\tilde{u}}{f_{\text{Median}}}\right)b \tag{1.70}$$

$\tilde{U}=$ untere Klassengrenze der Medianklasse; $n=$ Anzahl der Werte; $(\sum f)\tilde{u}=$ Summe der Häufigkeitswerte aller Klassen unterhalb der Medianklasse; $f_{\text{Median}}=$ Anzahl der Werte in der Medianklasse; $b=$ Klassenbreite.

Tabelle 22

Klasse	Klassenmitte x_i	Häufigkeit f_i
5 bis unter 7	6	4
7 bis unter 9	8	8
9 bis unter 11	10	11
11 bis unter 13	12	7
13 bis unter 15	14	5
15 bis unter 17	16	3
17 bis unter 19	18	2
		n = 40

Da der Median zwischen dem 20. und 21. Wert liegen muß und $4+8=12$ bzw. $4+8+11=23$, ist klar, daß der Median in der 3. Klasse liegt.

$$\tilde{x}=\tilde{U}+\left(\frac{n/2-(\sum f)\tilde{u}}{f_{\text{Median}}}\right)b=9+\left(\frac{40/2-12}{11}\right)2=10,45$$

Hinweis: Ein **Quantil** (auch Fraktil genannt) ist ein Lokalisationsmaß, daß durch $F(x)=p$ definiert ist (vgl. S. 40): x_p ist also derjenige Wert einer stetigen Verteilung, bei dem die Wahrscheinlichkeit für einen kleineren Wert genau p und die Wahrscheinlichkeit für einen größeren Wert genau $1-p$ beträgt. Bei einer diskreten Verteilung ersetze man „genau" durch „höchstens". Spezialfälle der Quantile ergeben sich für $p=1/2$, $1/4$, $3/4$, $q/10$ ($q=1,2,...,9$), $r/100$ ($r=1,2,...,99$), die Median, unteres **Quartil** oder Q_1 (vgl. S. 82), oberes Quartil oder Q_3, q-tes **Dezil** (auf S. 79/82 $DZ_1, ...,$ DZ_9 genannt), r-tes **Perzentil** oder r-tes Prozentil genannt werden. Bei ungruppierten Stichproben wird z.B. x_p als Perzentil durch den Wert mit der Ordnungszahl $(n+1)p/100$ bestimmt (r-tes Perzentil: $(n+1)r/100$). Bei gruppierten Stichproben werden die Quantile nach (1.70) berechnet, indem $n/2$ ersetzt wird durch $in/4$ ($i=1,2,3$; Quartile), $jn/10$ ($j=1,2,...,9$; Dezile), $kn/100$ ($k=1,2,...,99$; Perzentile) sowie Median und Medianklasse durch das gewünschte Quantil und seine Klasse. Die entsprechenden Parameter sind ξ_p (gr. *Xi*). Bei diskreten Verteilungen läßt sich nicht immer ein Quantil angeben. Abweichend von der obigen Definition werden ausgewählte Quantile wichtiger Verteilungsfunktionen, die in der Testtheorie eine besondere Rolle spielen nicht mit p sondern mit $1-p=\alpha$ (z.B. S. 111/112) oder mit $1-p=P$ (z.B. S. 116) tabelliert.

Grobschätzung des Dichtemittels

Streng genommen ist das Dichtemittel der Variablenwert, der dem Maximum der idealen Kurve mit der besten Anpassung an die Stichprobenverteilung entspricht. Seine Bestimmung ist daher schwierig. Für die meisten praktischen Fälle reicht (1.71) aus.

$$D=U+\left(\frac{f_u-f_{u-1}}{2\cdot f_u-f_{u-1}-f_{u+1}}\right)\cdot b \tag{1.71}$$

$U=$ untere Klassengrenze der am stärksten besetzten Klasse.
$f_u=$ Anzahl der Werte in der am stärksten besetzten Klasse; f_{u-1} und $f_{u+1}=$ Anzahl der Werte in den beiden Nachbarklassen; $b=$ Klassenbreite.

Beispiel

Wir übernehmen die Verteilung des letzten Beispiels:

$$D = U + \left(\frac{f_u - f_{u-1}}{2 \cdot f_u - f_{u-1} - f_{u+1}} \right) b$$

$$D = 9 + \left(\frac{11 - 8}{2 \cdot 11 - 8 - 7} \right) 2$$

$$D = 9{,}86$$

D ist hier das Maximum einer Näherungs-Parabel, die durch die drei Punkte (x_{u-1}, f_{u-1}), (x_u, f_u) und (x_{u+1}, f_{u+1}) geht. Der zugehörige arithmetische Mittelwert liegt etwas höher ($\bar{x} = 10{,}90$). Für positiv schiefe eingipfelige Verteilungen wie die vorliegende und andere (vgl. Abb. 18) gilt $D < \tilde{x} < \bar{x}$. Leicht zu merken, da die Reihenfolge **D**ichtemittel, **Me**dian, **Mi**ttelwert dem Alphabet entspricht.

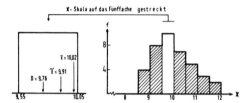

Abb. 18. Positiv schiefe (linkssteile) Häufigkeitsverteilung (Linksgipfeligkeit)

Bei eingipfeligen symmetrischen Verteilungen, die stetig sind, fallen Dichtemittel, Median und Mittelwert zusammen. Bei schiefen Verteilungen können Median und Mittelwert zusammenfallen. Das gilt natürlich auch für *U*-förmige Verteilungen. Beispiele für unsymmetrische Verteilungen dieses Typs sind die Grippesterblichkeit in Abhängigkeit vom Alter, da Säuglinge und Greise am stärksten betroffen sind, sowie die Bewölkung in nördlichen Breiten, ausgedrückt in Zehntel: Tage, an denen der Himmel im Durchschnitt zu 5/10 bedeckt ist, sind selten, wolkenlose und insbesondere solche mit dichter Wolkendecke recht häufig.

1384 Der Standardfehler des arithmetischen Mittels und des Medians

Wir wissen, daß – unabhängige Zufallsvariable vorausgesetzt – mit zunehmendem Stichprobenumfang die Maßzahlen der Stichprobe gegen die Parameter der Grundgesamtheit streben; insbesondere strebt also der aus der Stichprobe ermittelte Mittelwert $\bar{x}$ gegen μ (vgl. S. 43).

Wie stark kann nun $\bar{x}$ von μ abweichen? Die Abweichung wird umso schwächer sein, je kleiner die Standardabweichung der Gesamtheit und je größer der Umfang der Stichprobe ist. Da der Mittelwert wieder eine zufällige Variable ist, hat er auch eine Wahrscheinlichkeitsverteilung. Die (theoretische) Standardabweichung des Mittelwertes $\bar{x}$ von n zufälligen Variablen $x_1, \ldots, x_n$, die alle unabhängig sind und dieselbe Verteilung besitzen (vgl. auch S. 41), errechnet sich nach

$$\sigma_{\bar{x}} = \frac{\sigma}{\sqrt{n}} \tag{1.72}$$

wobei σ die Standardabweichung der x_i ist. Als Schätzgröße für $\sigma_{\bar{x}}$, für die *Standardabweichung des arithmetischen Mittelwertes*, dient

$$s_{\bar{x}} = \frac{s}{\sqrt{n}} = \sqrt{\frac{\sum (x - \bar{x})^2}{n(n-1)}} = \sqrt{\frac{\sum x^2 - (\sum x)^2 / n}{n(n-1)}} \tag{1.73}$$

Beobachtungen mit ungleichem Gewicht (w): $s_{\bar{x}} = \sqrt{\dfrac{\sum w(x - \bar{x})^2}{(n-1)\sum w}}$ mit $\bar{x} = \dfrac{\sum wx}{\sum w}$.

Der Physiker bezeichnet s auch als den mittleren Fehler der Einzelmessung und $s_{\bar{x}}$ als den mittleren Fehler des Mittelwertes.

Wesentlich ist, daß eine Halbierung dieses Fehlers eine Vervierfachung des Stichprobenumfanges erfordert: $(s/\sqrt{n})/2 = s/\sqrt{4n}$.

Beim Vorliegen einer Normalverteilung hat der Standardfehler des Medians den Wert

$$\sqrt{\frac{\pi}{2} \cdot \frac{\sigma}{\sqrt{n}}} \qquad \text{mit } \sqrt{\frac{\pi}{2}} \approx 1{,}253 \ , \tag{1.74}$$

ist also 1,25mal so groß wie der des arithmetischen Mittels, und deshalb ist der Medianwert ein minder präziser Mittelwert als das arithmetische Mittel. Eine Berechnung der Standardabweichung des Dichtemittels bereitet Schwierigkeiten.

Zur Beurteilung der Güte einer Messung schrieb man früher (heute wird der Vertrauensbereich für μ [höherer Grad der Verallgemeinerung] bevorzugt, vgl. S. 197 oben) das Resultat in der Form Mittelwert mit zugehörigem Fehler:

$$\bar{x} \pm s_{\bar{x}} \tag{1.75}$$

Hierbei gab man Fehlerwerte auf höchstens 2 signifikante Ziffern *aufgerundet* an, z. B. $\bar{x} = 49{,}36$ mit $s_{\bar{x}} = 0{,}1228$ in der Form: $49{,}4 \pm 0{,}2$.

Häufig wurde auch der *prozentuale Fehler* angegeben, da er ein anschauliches Maß für die Genauigkeit der Messung gibt. Für unser Beispiel beträgt er

$$\pm \frac{s_{\bar{x}} \cdot 100}{\bar{x}} = \pm \frac{0{,}2 \cdot 100}{49{,}4} = \pm 0{,}4\% \ . \tag{1.76}$$

Die Endergebnisse für die Summen, Differenzen, Produkte und Quotienten von Mittelwerten mit zugehörigem Standardfehler – stochastische Unabhängigkeit (vgl. S. 299) vorausgesetzt – haben die Form (Fenner 1931):

$$
\begin{aligned}
\textit{Addition:} \quad & \bar{x}_1 + \bar{x}_2 \pm \sqrt{s_{\bar{x}_1}^2 + s_{\bar{x}_2}^2} \\[4pt]
& \bar{x}_1 + \bar{x}_2 + \bar{x}_3 \pm \sqrt{s_{\bar{x}_1}^2 + s_{\bar{x}_2}^2 + s_{\bar{x}_3}^2} \tag{1.77}\\[6pt]
\textit{Subtraktion:} \quad & \bar{x}_1 - \bar{x}_2 \pm \sqrt{s_{\bar{x}_1}^2 + s_{\bar{x}_2}^2} \tag{1.78}\\[6pt]
\textit{Multiplikation:} \quad & \bar{x}_1 \bar{x}_2 \pm \sqrt{\bar{x}_1^2 s_{\bar{x}_2}^2 + \bar{x}_2^2 s_{\bar{x}_1}^2} \\[4pt]
& \bar{x}_1 \bar{x}_2 \bar{x}_3 \pm \sqrt{\bar{x}_1^2 \bar{x}_2^2 s_{\bar{x}_3}^2 + \bar{x}_1^2 \bar{x}_3^2 s_{\bar{x}_2}^2 + \bar{x}_2^2 \bar{x}_3^2 s_{\bar{x}_1}^2} \tag{1.79}\\[6pt]
\textit{Division:} \quad & \frac{\bar{x}_1}{\bar{x}_2} \pm \frac{1}{\bar{x}_2^2} \sqrt{\bar{x}_1^2 s_{\bar{x}_2}^2 + \bar{x}_2^2 s_{\bar{x}_1}^2} \tag{1.80}
\end{aligned}
$$

Bei stochastischer Abhängigkeit $(\varrho \neq 0)$ gilt

$$
\begin{aligned}
\textit{Addition:} \quad & \bar{x}_1 + \bar{x}_2 \pm \sqrt{s_{\bar{x}_1}^2 + s_{\bar{x}_2}^2 + 2 r s_{\bar{x}_1} s_{\bar{x}_2}} \tag{1.77a}\\[4pt]
\textit{Subtraktion:} \quad & \bar{x}_1 - \bar{x}_2 \pm \sqrt{s_{\bar{x}_1}^2 + s_{\bar{x}_2}^2 - 2 r s_{\bar{x}_1} s_{\bar{x}_2}} \tag{1.78a}
\end{aligned}
$$

Entsprechende Beziehungen für Multiplikation und Division sind recht kompliziert und gelten nur für großes n.

Das häufig angewandte *Potenzproduktgesetz der Fehlerfortpflanzung* sei hier erwähnt. Angenommen, wir haben anhand des funktionalen Zusammenhanges

$$h = k x^a y^b z^c \ldots$$ (1.81)

(mit den Konstanten $k, a, b, c, \ldots$ und den Variablen $x, y, z, \ldots$) für gegebene Werte k, $a, b, c, \ldots$ und gemessene unabhängige Werte $x_i, y_i, z_i, \ldots$ den mittleren relativen Fehler des Resultates (Mittelwertes) $\bar{h}$, also $s_{\bar{h}}/\bar{h}$ zu bestimmen. Hierzu benötigen wir die Mittelwerte der Variablen, also $\bar{x}, \bar{y}, \bar{z}, \ldots$ und ihre Standardfehler $s_{\bar{x}}, s_{\bar{y}}, s_{\bar{z}}, \ldots$. Als *mittlerer relativer Fehler* ergibt sich

$$s_{\bar{h}}/\bar{h} = \sqrt{(a \cdot s_{\bar{x}}/\bar{x})^2 + (b \cdot s_{\bar{y}}/\bar{y})^2 + (c \cdot s_{\bar{z}}/\bar{z})^2 + \ldots}$$ (1.82)

1385 Die Spannweite

Das einfachste aller Streuungsmaße ist die *Spannweite*, der *Extrembereich* oder die *Variationsbreite* (engl. range). Die Variationsbreite R ist die Differenz zwischen dem größten und dem kleinsten Wert innerhalb einer Stichprobe:

$$R = x_{max} - x_{min}$$ (1.83)

Besteht die Stichprobe nur aus 2 Werten, dann gibt die Variationsbreite erschöpfende Auskunft über die Streuung in der Stichprobe. Mit wachsender Größe der Stichprobe werden die Aufschlüsse über die Streuungsverhältnisse aber immer geringer, und damit wird auch die Variationsbreite als Streuungsmaß immer ungeeigneter, da nur die Extremwerte der Reihe berücksichtigt werden, und über die Lage der mittleren Glieder nichts ausgesagt werden kann. Daher wird die Variationsbreite bevorzugt bei kleinen Stichprobenumfängen angewandt (vgl. auch S. 390).

Hinweise zur Spannweite

1. Wer häufig Standardabweichungen zu bestimmen hat, wird mit Gewinn ein Verfahren anwenden, das Huddleston (1956) darlegt. Der Autor geht von systematisch gestutzten Spannweiten aus, die durch entsprechende Faktoren dividiert, gute Schätzungen von s darstellen; Tafeln und Beispiele sind der Originalarbeit zu entnehmen (vgl. auch Harter 1968).
2. Wenn mehrere voneinander unabhängige Beobachtungspaare n' vorliegen, dann können die Spannweiten zur Schätzung der Standardabweichung dienen

$$\hat{s} = \sqrt{\frac{\sum R^2}{2n'}}$$ (1.84)

Das ^ auf dem s bezeichnet den Schätzwert.
3. Werden wiederholt Stichproben des Umfangs n entnommen, dann läßt sich aus der mittleren Variationsbreite ($\bar{R}$) die Standardabweichung überschlagsmäßig ermitteln

$$\hat{s} = (1/d_n) \cdot \bar{R}$$ (1.85)

(1.85) enthält $1/d_n$, einen Proportionalitätsfaktor, der vom Umfang der Stichprobe abhängt und die Normalverteilung voraussetzt. Dieser Faktor ist Tabelle 156 zu entnehmen. Wir kommen hierauf später (S. 390) noch einmal zurück.

4. Eine Faustregel von Sturges zur Schätzung der Klassenbreite b einer Häufigkeitsverteilung basiert auf Variationsbreite und Umfang der Stichprobe

$$b \simeq \frac{R}{1 + 3{,}32 \cdot \lg n} \qquad\qquad (1.86)$$

Für die auf S. 46 gegebene Verteilung (Tab. 11) ergibt sich $b = 2{,}4$; wir hatten $b = 3$ gewählt.

5. Die Spannweite gestattet nach

$$\frac{R}{2} \sqrt{\frac{n}{n-1}} \gtrless s \qquad\qquad (1.87)$$

eine Schätzung der maximalen Standardabweichung (Guterman 1962). Die Abweichung einer empirischen Standardabweichung von dem oberen Schrankenwert kann als Maß für die Genauigkeit der Schätzung dienen. Für die drei Werte 3, 1, 5 mit $s = 2$ ergibt sich

$$s < \frac{4}{2} \sqrt{\frac{3}{3-1}} = 2{,}45.$$

(1.87) ermöglicht eine grobe Abschätzung der Standardabweichung, wenn nur die Spannweite bekannt ist und über die Form der Verteilung nichts ausgesagt werden kann.

6. Grobschätzung der Standardabweichung aus den Extremwerten hypothetischer Stichproben sehr großer Umfänge: Ist anzunehmen, daß die den Werten zugrunde liegende Verteilung durch eine Normalverteilung approximiert wird, dann läßt sich die Standardabweichung der Grundgesamtheit überschlagsmäßig nach

$$\hat{s} \simeq \frac{R}{6} \qquad\qquad (1.88)$$

schätzen, da beim Vorliegen einer *Normalverteilung* der Variationsbereich 6σ bekanntlich $99{,}7\%$ aller Werte umfaßt. Für die *Dreieckverteilung* gilt $R/4{,}9 \lesssim \hat{s} \lesssim R/4{,}2 (\diagdown: \hat{s} \simeq R/4{,}2\,; \quad \triangle: \hat{s} \simeq R/4{,}9\,;$ $\diagup: \hat{s} \simeq R/4{,}2)$ – auffaßbar als Grundform der linkssteilen (linksschiefen), der symmetrischen und der rechtssteilen (rechtsschiefen) Verteilung – für die *Gleich- oder Rechteckverteilung* ($\square$) $\hat{s} \simeq R/3{,}5$ und für die *U-förmige Verteilung* gilt $\hat{s} \simeq R/2$. Als Beispiel sei die Reihe 3, 3, 3, 3, 10, 17, 17, 17, 17, gegeben, die angenähert U-förmig verteilt ist. Für die Standardabweichung ergibt sich

$$s = \sqrt{8 \cdot 7^2 / (9-1)} = 7 \quad \text{bzw.} \quad \hat{s} \simeq (17-3)/2 = 7$$

Man prüfe andere Stichproben!

7. Eine Besonderheit der Spannweite sei noch erwähnt: Die Stichprobenverteilung vieler Maßzahlen strebt für wachsendes n praktisch ohne Rücksicht auf die Gestalt der ursprünglichen Grundgesamtheit gegen eine Normalverteilung (Zentraler Grenzwertsatz: $\bar{x}_n$ ist asymptotisch normalverteilt); ausgenommen ist die Verteilung des Extrembereiches, der Spannweite! Die Verteilung von s^2 strebt mit wachsendem n nur sehr langsam gegen eine Normalverteilung.

1386 Der Interdezilbereich

Der Größe nach geordnete Daten werden durch neun Werte in zehn gleiche Teile geteilt. Diese Werte nennen wir Dezile und bezeichnen sie mit $DZ_1, DZ_2, \ldots, DZ_9$. Das erste, zweite, . . . , neunte Dezil erhält man durch Abzählen von $n/10$, $2n/10$, . . . , $9n/10$ der Daten. Das k-te Dezil kann man als denjenigen Wert definieren, der einem bestimmten Ort auf der Skala einer intervallweise zusammengesetzten Häufigkeitsverteilung entspricht und zwar so, daß genau $10k\%$ der Fälle unterhalb dieses Wertes liegen. Es sei daran erinnert, daß dann das 5. Dezil, der Punkt, unter dem jeweils 5 Zehntel der Beobachtungen liegen, der Median ist. Ein *Streuungsmaß*, das im Gegensatz zur Variationsbreite kaum von den Extremwerten abhängt, dabei jedoch die überwiegende Mehrzahl der Fälle erfaßt und *von Stichprobe zu Stichprobe eine sehr geringe Schwankung aufweist*, ist der 80% einer Stichprobenverteilung umfassende Interdezilbereich I_{80}

$$\boxed{I_{80} = DZ_9 - DZ_1}$$
(1.89)

Dieser Bereich ist als Lagemaß dem Dichtemittel überlegen.

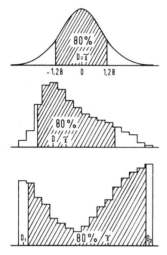

Abb. 19.   Der 80% einer Verteilung umfassende Interdezilbereich mit Dichtemittel und Median. Die untere U-förmige Verteilung weist zwei Dichtemittel auf

Dezile interpoliert man linear nach (1.70), statt $n/2$ wird $0{,}1n$ bzw. $0{,}9n$ gesetzt, $\tilde{U}$ wird durch die untere Klassengrenze der Dezilklasse ersetzt, $(\sum f)\tilde{u}$ durch die Summe der Häufigkeitswerte aller Klassen unterhalb der Dezilklasse und f_{Median} durch den Häufigkeitswert der Dezilklasse. Für das auf S. 75 eingeführte Beispiel ergibt sich damit

$$DZ_1 = 5 + \frac{4-0}{4} \cdot 2 = 7$$

$$DZ_9 = 15 + \frac{36-35}{3} \cdot 2 = 15{,}67$$

der Interdezilbereich $I_{80} = 15{,}67 - 7 = 8{,}67$.

Man hätte DZ_1 auch direkt durch Abzählen von $n/10 = 40/10 = 4$ Werten als untere Klassengrenze der 2. Klasse angeben können. DZ_9 muß nach dem $\frac{9n}{10} = \frac{9 \cdot 40}{10} = 36$. Wert liegen. 35 Werte sind auf die Klassen 1–5 verteilt. Es wird also noch $36 - 35 = 1$ Wert aus Klasse 6 benötigt, die mit 3 Häufigkeiten besetzt ist. Wir multiplizieren den Wert 1/3 mit der Klassenbreite und erhalten so das Korrekturglied, das zur unteren Klassengrenze der Klasse 6 addiert, das Dezil ergibt. Ein weiteres nur in Sonderfällen wertvolles Streuungsmaß, die mittlere absolute Abweichung, wird erst in Kapitel 3 eingeführt.

Eine *Grobschätzung von Mittelwert und Standardabweichung* angenähert normalverteilter *Werte*, die auf dem ersten, fünften und neunten Dezil basiert, ist gegeben durch

$$\boxed{\bar{x} \simeq 0{,}33(DZ_1 + \tilde{x} + DZ_9)}$$
(1.90)

$$\boxed{s \simeq 0{,}39(DZ_9 - DZ_1)}$$
(1.91)

Für unser Beispiel (vgl. S. 75) erhalten wir nach (1.90) und (1.91) $\bar{x} \simeq 0,33(7 + 10,45 + 15,67) = 10,93$, $s \simeq 0,39(15,67 - 7) = 3,38$. Verglichen mit $\bar{x} = 10,90$ und $s = 3,24$ sind die Schnellschätzungen brauchbar. Für normalverteilte Stichproben ist die Übereinstimmung besser (gute Rechenkontrolle!). Sind die Stichproben nicht normalverteilt, dann können Schnellschätzungen wie die im Beispiel gegebenen unter Umständen eine bessere Schätzung der interessierenden Parameter darstellen als die auf übliche Weise ermittelten Kennzahlen $\bar{x}$ und s.

Hinweis: Als Kennzahl der mittleren Lage einer Verteilung dient neben dem Interquartilbereich $I_{50} = Q_3 - Q_1$, siehe S. 82 oben, auch $\tilde{\tilde{x}} = (Q_1 + 2\tilde{x} + Q_3)/4$; $\tilde{\tilde{x}}$ ist häufig aufschlußreicher als $\tilde{x}$, da mehr Werte berücksichtigt werden.

1387 Schiefe und Exzeß

Hinsichtlich möglicher Abweichungen von der Normalverteilung unterscheidet man zwei Typen (vgl. Abb. 20):

I. Einer der beiden absteigenden Äste ist verlängert, die Verteilung wird schief; wenn der linke Kurventeil verlängert ist, spricht man von negativer Schiefe, ist der rechte Kurvenabschnitt verlängert, dann liegt eine positive Schiefe vor. Anders ausgedrückt: Liegt der Hauptanteil einer Verteilung auf der linken Seite der Verteilung konzentriert, dann spricht man ihr eine positive Schiefe zu.

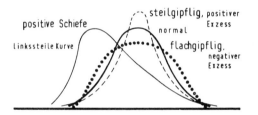

Abb. 20.   Abweichungen von der symmetrischen Glockenkurve (Normalverteilung)

II. Das Maximum liegt höher oder tiefer als das der Normalverteilung. Liegt es bei gleicher Varianz höher und ist dieser Kurvenzug, also die Glocke, spitzer, dann spricht man von positivem Exzeß (d. h. knapp besetzte Flanken sowie ein Werteüberschuß in der Nähe des Mittelwertes und an den Verteilungsenden) – bei negativem Exzeß liegt das Maximum tiefer, die Glocke ist gedrungener, die Verteilung ist abgeflachter als die Normalverteilung.

Schiefe (skewness) und *Exzeß oder Wölbung* (kurtosis) ermittelt man exakt über die Potenzmomente. Häufig begnügt man sich mit folgenden Schiefe- und Exzeßmaßen: Wichtig ist die

$$\text{Schiefe I} = \frac{3(\bar{x} - \tilde{x})}{s} \qquad\qquad (1.92)$$

mit den selten erreichten Grenzen -3 und $+3$. Liegt das arithmetische Mittel oberhalb des Medians, wie in Abb. 18, dann ergibt sich ein positiver Schiefe-Index. Ein anderes brauchbares Schiefemaß, der 1–9 Dezilkoeffizient der Schiefe, basiert auf Median und Interdezilbereich:

$$\text{Schiefe II} = \frac{(DZ_9 - \tilde{x}) - (\tilde{x} - DZ_1)}{(DZ_9 - \tilde{x}) + (\tilde{x} - DZ_1)} = \frac{DZ_9 + DZ_1 - 2\tilde{x}}{DZ_9 - DZ_1} \qquad (1.93)$$

und variiert von -1 bis $+1$.

Hinweis: Quartile. Es existieren 3 Werte, die eine Häufigkeitsverteilung in 4 gleiche Teile zerlegen. Der zentrale Wert ist der Median, die anderen beiden bezeichnet man als unteres oder erstes und oberes oder drittes Quartil, d. h. das erste Quartil Q_1 ist die Maßzahl, die am Ende des ersten Viertels in der nach der Größe geordneten Reihe der Meßwerte steht; Q_3 ist die Maßzahl am Ende des dritten Viertels der Reihe. Ersetzt man in (1.93) DZ_1 und DZ_9 durch Q_1 und Q_3, akzentuiert man also weniger extreme Lagemaßzahlen, so resultiert (Bereich: -1 bis $+1$):

$$\text{Schiefe III} = \frac{(Q_3 - \tilde{x}) - (\tilde{x} - Q_1)}{(Q_3 - \tilde{x}) + (\tilde{x} - Q_1)} = \frac{Q_3 + Q_1 - 2\tilde{x}}{Q_3 - Q_1} \qquad (1.94)$$

Bei einer symmetrischen Verteilung werden alle drei Schiefemaße gleich Null.
Ein einfaches Maß für den Exzeß (Wölbung, Steilheit), das auf Quartilen und Dezilen basiert:

$$\text{Exzeß} = \frac{Q_3 - Q_1}{2(DZ_9 - DZ_1)} \qquad (1.95)$$

hat für die Normalverteilung den Wert 0,263.
Ist die Differenz zwischen Mittelwert und Dichtemittel größer oder gleich dem zugehörigen doppelten Standardfehler

$$(\bar{x} - D) \geqq 2\sqrt{3s/2n} \qquad (1.96)$$

dann kann die Verteilung nicht mehr als angenähert symmetrisch aufgefaßt werden. Für das Beispiel auf S. 75 ergibt sich

$$(10{,}90 - 10{,}20) = 0{,}70 > 2\sqrt{3 \cdot 3{,}24/(2 \cdot 40)} = 0{,}697,$$

so daß eine Berechnung der Schiefemaße angebracht ist. In diesem Fall kann es mitunter sinnvoll sein, anhand von Daten der nichtschiefen Dichtemittelseite (im Beispiel: $x_i < D$) die Standardabweichung der zugrundliegenden Normalverteilung zu schätzen. Das Dichtemittel ist dann auch die beste Schätzung des entsprechenden Mittelwertes.

Beispiele
Wir nehmen die Werte des letzten Beispiels:

$$\text{Schiefe I} \quad = \frac{3(10{,}90 - 10{,}45)}{3{,}24} = 0{,}417$$

$$\text{Schiefe II} \quad = \frac{15{,}67 + 7{,}00 - 2 \cdot 10{,}45}{15{,}67 - 7{,}00} = 0{,}204$$

$$\text{Schiefe III} = \frac{13{,}00 + 8{,}50 - 2 \cdot 10{,}45}{13{,}00 - 8{,}50} = 0{,}133$$

$$\text{vgl.} \quad Q_1 = 7 + \left(\frac{10-4}{8}\right)2 = 8{,}5 \qquad\qquad Q_3 = 13 + \left(\frac{30-30}{5}\right)2 = 13$$

(nach [1.70] mit $n/4$ bzw. $3n/4$ anstatt $n/2$ usw.) $\qquad \text{Exzeß} = \dfrac{13{,}00 - 8{,}50}{2(15{,}67 - 7{,}00)} = 0{,}260.$

Diese Verteilung weist bei normalverteilter Wölbung positive Schiefe auf.
Die über die *Potenzmomente* umständlich zu berechnenden Schiefe- und Wölbungsmaße der Grundgesamtheit sind der Momentenkoeffizient der Schiefe α_3 und der Momentenkoeffizient der Wölbung α_4. Sie werden geschätzt durch:

$$a_3 = \frac{\sum f_i (x_i - \bar{x})^3}{n \cdot s^3} \tag{1.97}$$

$$a_4 = \frac{\sum f_i (x_i - \bar{x})^4}{n \cdot s^4} - 3 \tag{1.98}$$

Für eine symmetrische Verteilung gilt $\alpha_3 = 0$, für die Normalverteilung $\alpha_4 = 0$. Ist α_3 positiv, dann liegt eine linkssteile Verteilung vor, bei negativen Werten eine rechtssteile Verteilung. Eine Verteilung mit Hochgipfeligkeit – steiler als die Normalverteilung – oder positivem Exzeß weist einen positiven Wert α_4 auf; eine Verteilung mit negativer Wölbung – flacher als die Normalverteilung – ist durch einen negativen Wert α_4 charakterisiert, der, genau genommen, „peakedness combined with tailedness" oder „lack of shoulders" mißt und daher bei einer bimodalen Kurve stark negativ ist (Finucan 1964, vgl. auch Chissom 1970 und Darlington 1970). Die Rechteckverteilung mit ausgeprägter „Schulterpartie" hat daher auch eine negative Wölbung $(\alpha_4 = -1,2)$. Dies gilt sogar für jede Dreieckverteilung $(\alpha_4 = -0,6)$, die gegenüber einer Normalverteilung mit gleicher Varianz eine stärker ausgebildete „Schulterpartie" aufweist. Beide Maße werden nur bei großen Stichprobenumfängen $(n > 100)$ sinnvoll. Zur Darlegung der Rechentechnik benutzen wir jedoch wieder ein einfaches Beispiel (mit $n = 40$). Vorher noch eine Bemerkung über Potenzmomente.
Größen der Form

$$\frac{\sum f_i (x_i - \bar{x})^r}{n} = m_r \tag{1.99}$$

bezeichnet man als *Potenzmomente r-ten Grades* (m_r) der Stichprobe. Für $r = 2$ ergibt sich aus (1.99) angenähert die Stichprobenvarianz. Die beiden Momentenkoeffizienten lassen sich abgekürzt als

$$a_3 = m_3/s^3 \quad \text{und} \quad a_4 = m_4/s^4 - 3 \tag{1.97a} \tag{1.98a}$$

schreiben. Ist die Klassenbreite nicht gleich eins $(b \neq 1)$, so wird

$$m_r = \frac{\sum f_i \left(\frac{x_i - \bar{x}}{b}\right)^r}{n} \tag{1.100}$$

Zur Erleichterung der Rechnung ist es üblich, die Potenzmomente nicht auf das arithmetische Mittel, sondern auf einen beliebigen Ursprung, sagen wir auf den Wert d, der am stärksten besetzten Klasse einer Häufigkeitsverteilung, zu beziehen. Dieses Vorgehen ist uns vertraut (Multiplikationsverfahren, vgl. S. 61). Die so erhaltenen Momente bezeichnen wir zur Unterscheidung von m_r mit m_r'. Nennen wir wieder $(x - d)/b = z$, so erhalten wir die *Potenzmomente ersten bis vierten Grades der Stichprobe* (vgl. Tabelle 23) nach

Moment 1. Grades $\quad m_1' = \dfrac{\sum f_i \cdot z_i}{n} \quad = \dfrac{18}{40} = 0,45 \tag{1.101}$

Moment 2. Grades $\boxed{m_2' = \dfrac{\sum f_i \cdot z_i^2}{n}} = \dfrac{110}{40} = 2{,}75$ (1.102)

Moment 3. Grades $\boxed{m_3' = \dfrac{\sum f_i \cdot z_i^3}{n}} = \dfrac{216}{40} = 5{,}40$ (1.103)

Moment 4. Grades $\boxed{m_4' = \dfrac{\sum f_i \cdot z_i^4}{n}} = \dfrac{914}{40} = 22{,}85$ (1.104)

Tabelle 23

x_i	f_i	z_i	$f_i z_i$	$f_i z_i^2$	$f_i z_i^3$	$f_i z_i^4$	$f_i(z_i + 1)^4$
8,8	4	- 2	- 8	16	- 32	64	4
9,3	8	- 1	- 8	8	- 8	8	0
d = 9,8	11	0	0	0	0	0	11
10,3	7	1	7	7	7	7	112
10,8	5	2	10	20	40	80	405
11,3	3	3	9	27	81	243	768
11,8	2	4	8	32	128	512	1250
	40		18	110	216	914	2550

Zur Kontrolle der Rechnung enthält Tabelle 23 noch eine Spalte mit den Produkten $f_i \cdot (z_i + 1)^4$. Die Spaltensummen lassen sich dann nach

$$\boxed{\sum f_i(z_i + 1)^4 = \sum f_i + 4\sum f_i z_i + 6\sum f_i z_i^2 + 4\sum f_i z_i^3 + \sum f_i z_i^4}$$ (1.105)

$2550 = 40 + 72 + 660 + 864 + 914$ leicht überprüfen. Hieraus ergeben sich die Kennwerte

1. Mittelwert $\boxed{\bar{x} = d + b m_1'}$ (1.106)

$$\bar{x} = 9{,}8 + 0{,}5 \cdot 0{,}45 = 10{,}025$$

2. Varianz $\boxed{s^2 = b^2(m_2' - m_1'^2)}$ (1.107)

$$s^2 = 0{,}5^2(2{,}75 - 0{,}45^2) = 0{,}637$$

3. Schiefe $\boxed{a_3 = \dfrac{b^3(m_3' - 3m_1' m_2' + 2m_1'^3)}{s^3}}$ (1.108)

$$a_3 = \frac{0{,}5^3 \cdot (5{,}40 - 3 \cdot 0{,}45 \cdot 2{,}75 + 2 \cdot 0{,}45^3)}{0{,}5082} = 0{,}460$$

4. Wölbung $\boxed{a_4 = \dfrac{b^4 \cdot (m_4' - 4 \cdot m_1' m_3' + 6 \cdot m_1'^2 m_2' - 3 \cdot m_1'^4)}{s^4} - 3}$ (1.109)

$$a_4 = \frac{0{,}5^4 \cdot (22{,}85 - 4 \cdot 0{,}45 \cdot 5{,}40 + 6 \cdot 0{,}45^2 \cdot 2{,}75 - 3 \cdot 0{,}45^4)}{0{,}4055} - 3$$

$$a_4 = - 0{,}480$$

Die Summen $\sum f_i z_i$, $\sum f_i z_i^2$, $\sum f_i z_i^3$ und $\sum f_i z_i^4$ lassen sich auch mit Hilfe des auf S. 62 eingeführten *Sum-*

Tabelle 24

f_i	S_1	S_2		S_3		S_4		S_5	
4	4	4		4		4		4	
8	12	16	$= \delta_1$	20	$= \varepsilon_1$	24	$= \zeta_1$	28	$= \eta_1$
11									
7	17	34	$= \delta_2$	60	$= \varepsilon_2$	97	$= \zeta_2$	147	$= \eta_2$
5	10	17		26		37		50	
3	5	7		9		11		13	
2	2	2		2		2		2	

menverfahrens bestimmen. Zu den Größen $\delta_{1,2}$ und $\varepsilon_{1,2}$ ermitteln wir anhand der Spalten S_4 und S_5 noch die vier weiteren Summen ζ_1 und ζ_2 (gr. zeta 1 und 2) sowie η_1 und η_2 (gr. eta 1 und 2) (siehe Tabelle 24) und erhalten:

$$\sum f_i z_i = \delta_2 - \delta_1 = 34 - 16 = 18$$
$$\sum f_i z_i^2 = 2\varepsilon_2 + 2\varepsilon_1 - \delta_2 - \delta_1 = 2 \cdot 60 + 2 \cdot 20 - 34 - 16 = 110$$
$$\sum f_i z_i^3 = 6\zeta_2 - 6\zeta_1 - 6\varepsilon_2 + 6\varepsilon_1 + \delta_2 - \delta_1$$
$$\sum f_i z_i^4 = 24\eta_2 + 24\eta_1 - 36\zeta_2 - 36\zeta_1 + 14\varepsilon_2 + 14\varepsilon_1 - \delta_2 - \delta_1$$

$$\sum f_i z_i^3 = 6 \cdot 97 - 6 \cdot 24 - 6 \cdot 60 + 6 \cdot 20 + 34 - 16 = 216$$
$$\sum f_i z_i^4 = 24 \cdot 147 + 24 \cdot 28 - 36 \cdot 97 - 36 \cdot 24 + 14 \cdot 60 + 14 \cdot 20 - 34 - 16 = 914.$$

Die Kennwerte ergeben sich dann anhand der Formeln (1.101) bis (1.109).
Für die Berechnung der Potenzmomente 2. und 4. Grades sollte man beim Vorliegen sehr großer Stichprobenumfänge und auch nur dann, wenn die Stichprobenverteilung keine Asymmetrie aufweist, eine nach Sheppard korrigierte Varianz wählen (b = Klassenbreite):

$$s_{\text{korr}}^2 = s^2 - b^2/12 \tag{1.46}$$

$$m'_{4,\text{korr}} = m'_4 - (1/2)m'_2 b^2 + (7/240)b^4 \tag{1.110}$$

Die über die Potenzmomente errechneten Maße für die Schiefe und den Exzeß haben den Vorteil, daß die Standardfehler bekannt sind. Diese Ausdrücke sind sehr unhandlich (vgl. auch S. 253).

Zusammenfassung: Gruppiert man Daten in Klassen mit der Klassenbreite b, den Klassenmitten x_i und den Häufigkeiten f_i, dann lassen sich Mittelwert, Varianz und Momentenkoeffizienten für Schiefe und Wölbung schätzen nach

$$\bar{x} = d + b\left(\frac{\sum fz}{n}\right) \tag{1.111}$$

$$s^2 = b^2\left(\frac{\sum fz^2 - (\sum fz)^2/n}{n-1}\right) \tag{1.112}$$

$$a_3 = \frac{b^3}{s^3}\left(\frac{\sum fz^3}{n} - 3\left(\frac{\sum fz^2}{n}\right)\left(\frac{\sum fz}{n}\right) + 2\left(\frac{\sum fz}{n}\right)^3\right) \tag{1.113}$$

$$a_4 = \frac{b^4}{s^4}\left(\frac{\sum fz^4}{n} - 4\left(\frac{\sum fz^3}{n}\right)\left(\frac{\sum fz}{n}\right) + 6\left(\frac{\sum fz^2}{n}\right)\left(\frac{\sum fz}{n}\right)^2 - 3\left(\frac{\sum fz}{n}\right)^4\right) - 3 \tag{1.114}$$

d = angenommener Mittelwert, meist der Mittelwert der am stärksten besetzten Klasse; b = Klassenbreite; f = Klassenhäufigkeiten, genauer f_i; z = Abweichungen $z_i = (x_i - d)/b$: die Klasse mit dem Mittelwert d erhält die Nummer $z = 0$, absteigend erhalten die Klassen die Nummern $z = -1, -2, \ldots$; aufsteigend erhalten $z = 1, 2, \ldots$.

Die Potenzmomenten-Methode hat Karl Pearson (1857–1936) eingeführt. Von ihm stammen auch die Begriffe Standardabweichung und Normalverteilung.

Damit sind wir nun in der Lage, eine eindimensionale Häufigkeitsverteilung neben der tabellarischen und graphischen Darstellung durch die vier Maßzahltypen: Mittelwerte, Streuungsmaße, Schiefemaße und Wölbungsmaße ausführlich zu beschreiben.

Zur Übersicht ausreichend und für jeden Verteilungstyp geeignet sind: $x_{\min}$, Q_1, $\tilde{x}$, Q_2, $x_{\max}$ **und die aus ihnen gebildeten Maße.** Bei mehrgipfligen Verteilungen gibt man auch die Dichtemittel an.

Deutliche, schon anhand einer Strichliste erkennbare Abweichungen von der Normalverteilung (z. B. Schiefe, Mehrgipfligkeit) erfaßt man tabellarisch oder besser graphisch: bei kleinem Stichprobenumfang als Punkte über einer Geraden bzw. bei zweidimensionaler Verteilung als Punkte in der Ebene (vgl. z. B. S. 325, Abb. 51), bei größerem Stichprobenumfang als Histogramm bzw. als zweidimensionales Häufigkeitsprofil.

Spätestens dann, wenn man eine Häufigkeitsverteilung so charakterisiert hat, sind zumindest folgende Fragen unvermeidlich: (1) Anlaß und Zweck der Untersuchung? (2) Ist die Häufigkeitsverteilung als repräsentative Zufallsstichprobe aus der Zielgrundgesamtheit oder aus einer hypothetischen Grundgesamtheit (vgl. S. 43) auffaßbar oder lediglich eine nicht repräsentative Stichprobe? (3) Wie lauten die Definitionsmerkmale der Grundgesamtheit sowie der Untersuchungs- bzw. der Beobachtungseinheiten?

Hinweis: Signifikante Ziffern von Kennwerten. Mittelwerte und Standardabweichungen gibt man im allgemeinen gegenüber den Originaldaten auf *eine oder höchstens auf zwei Dezimalen genauer* an. Letzteres ist besonders bei großem Stichprobenumfang angezeigt. Dimensionslose Konstanten wie Schiefe und Wölbung, Korrelations- und Regressionskoeffizienten usw. sollten mit *zwei oder höchstens drei signifikanten Ziffern* angegeben werden. Um diese Genauigkeit zu erreichen, ist es häufig notwendig, Potenzmomente oder andere Zwischenresultate auf zwei oder drei weitere Ziffern genau zu berechnen.

139   Die logarithmische Normalverteilung

Viele Verteilungen in der Natur laufen als positiv schiefe, linkssteile Verteilungen *rechts flach* aus. Eine anschauliche Erklärung dafür, daß sich ein Merkmal nicht symmetrisch-normal verteilt, ist oft dadurch gegeben, daß das Merkmal einen bestimmten Schrankenwert nicht unter- bzw. überschreiten kann und somit nach dieser Seite hin in seiner Variationsmöglichkeit gehemmt ist. Markantes Beispiel ist die Verteilung von Zeiten (untere Grenze: Null). Besonders dann, wenn die Verteilung links durch den Wert Null begrenzt ist, kommt man *durch Logarithmieren zu annähernd normalverteilten Werten*. Durch das Logarithmieren wird der Bereich zwischen 0 und 1 in den Bereich von $-\infty$ bis 0 überführt und der linke Teil der Verteilung stark gestreckt. Das gilt besonders dann, wenn die Standardabweichung groß ist im Vergleich zum Mittelwert, wenn der Variabilitätskoeffizient größer als 33% ist.

Die Entstehung einer logarithmischen Normalverteilung, kurz Lognormalverteilung genannt, kann darauf zurückgeführt werden (Aitchison und Brown 1957), daß viele Zufallsgrößen multiplikativ zusammenwirken, die Wirkung einer Zufallsänderung also jeweils der zuvor bestehenden Größe proportional ist. Dagegen kommt die Normalverteilung durch *additives* Zusammenwirken vieler Zufallsgrößen zustande. Es ist somit verständlich, daß die *Lognormalverteilung insbesondere bei biologischen und wirtschaft-*

lichen Merkmalen vorherrscht. Beispielsweise die Empfindlichkeit von Tieren einer Art – Bakterien bis Großsäuger – gegenüber Pharmaka. *Merkmale beim Menschen:* Körperlänge (Kinder), Herzgröße, Brustumfang, Pulsfrequenz, systolischer und diastolischer Blutdruck, Senkungsgeschwindigkeit der roten Blutkörperchen, prozentuale Anteile der einzelnen Arten weißer Blutkörperchen, insbesondere der Eosinophilen und der stabkernigen Neutrophilen sowie der Gehalt vieler Serumbestandteile wie beispielsweise Glukose, Calcium und Bilirubin (vgl. Gaddum 1945 und Wachholder 1952). *Wirtschaftsstatistische Merkmale:* Bruttomonatsverdienst von Angestellten, Umsätze von Unternehmen, Anbauflächen verschiedener Fruchtarten in den Gemeinden. Näherungsweise folgen der Lognormalverteilung oft auch solche Merkmale, die nur ganzzahlige Werte annehmen können, so z.B. die Zahl der Zuchtsauen auf den Zählflächen und die Zahl der Obstbäume in den Gemeinden.

Williams (1940) untersuchte 600 Sätze aus G.B. Shaw's „An Intelligent Woman's Guide to Socialism", jeweils die ersten 15 Sätze in den Abschnitten 1 bis 40, und erhielt

$$y = \frac{1}{0,29 \cdot \sqrt{2\pi}} e^{-\frac{(x - 1,4)^2}{2 \cdot 0,29^2}}$$

(y = Häufigkeit und x = Logarithmus der Zahl der Wörter pro Satz) eine „lognormalverteilte" Wahrscheinlichkeitsdichte. Überhaupt ist die Zahl der Buchstaben (und Phoneme) pro Wort der englischen Umgangssprache bemerkenswert gut lognormal verteilt (Herdan 1958, 1966). Lognormalverteilungen treten weiter, wie gesagt, bei Zeitstudien und Lebensdaueranalysen auf sowie in der *analytischen Chemie:* Bei Bestimmungen in einem sehr weiten Konzentrationsbereich (über mehrere Zehnerpotenzen), beim Arbeiten in der Nähe von null oder hundert Prozent (z.B. Reinheitsprüfungen) und wenn der Zufallsfehler eines Verfahrens mit den Meßwerten selbst vergleichbar ist, z.B. bei der halbquantitativen Spektralanalyse.

Die eigentliche Lognormalverteilung ist

$$y = \frac{1}{\sqrt{2\pi\sigma^2}} \cdot \frac{1}{x} \cdot e^{-\frac{(\ln x - \mu)^2}{2\sigma^2}} \quad \text{für} \quad x > 0 \tag{1.115}$$

Zur Prüfung, ob ein Merkmal der Lognormalverteilung folgt, wird das *logarithmische Wahrscheinlichkeitsnetz* angewandt, das eine logarithmisch geteilte Abszissenachse aufweist. Die Summenhäufigkeiten sind stets über der oberen (unteren) Klassengrenze, dem Merkmalsgrenzwert, aufzutragen. Klassengrenze und damit Merkmalsgrenzwert ist der jeweils rechts (links) stehende Wert, wenn man von kleinen nach großen (von großen nach kleinen) Werten hin summiert. Zeigen die Punkte eingetragener Werte eine annähernd geradlinige Tendenz, so liegt zumindest eine angenäherte Lognormalverteilung vor. Ist die gerade Linie im unteren Bereich nach oben (unten) gebogen, so trage man die Summenprozente nicht über dem ursprünglichen gegebenen Grenzwert lg g sondern über lg($g + F$) [bzw. lg($g - F$)] auf; der Fluchtpunkt F, die untere Begrenzung der Verteilung, liegt stets auf der steilen Seite der Kurve. Er wird durch Probieren bestimmt: Hat man bei zwei F-Werten einmal eine Linkskrümmung und ein anderes Mal eine Rechtskrümmung erreicht, so ist der gesuchte Wert F eingegabelt und leicht zu interpolieren. Mitunter ist F sachlogisch gut zu interpretieren. Zur graphischen Ermittlung der Kennzahlen ist durch die Punkte eine ausgleichende Gerade zu legen; bei deren

Schnittpunkten mit der 5%, 50% und 95%-Linie sind auf der Abszisse (Median)/(Streufaktor), Median und (Median)·(Streufaktor) abzulesen. Charakteristisch für eine Lognormalverteilung ist ihre Zentrale Masse, geschrieben

$$(\text{Median})(\text{Streufaktor})^{\pm 1}$$

der einen um die Extremwerte verminderten Bereich „noch typischer Werte" enthält. Der Streufaktor wird weiter unten näher erläutert.

Für die rechnerische Ermittlung der Kennzahlen werden zu den in üblicher Weise mit konstanter Klassenbreite klassifizierten Daten die Logarithmen der Klassenmitten aufgesucht ($\lg x_j$), die Produkte $f_j \cdot \lg x_j$ und $f_j(\lg x_j)^2$ gebildet ($f_j =$ Häufigkeiten pro Klasse), aufsummiert und in die folgenden Formeln eingesetzt.

$$\text{Median}_L = \text{antilg}\,\bar{x}_{\lg x_j} = \text{antilg}\left(\frac{\sum f_j \cdot \lg x_j}{n}\right) \tag{1.116}$$

$$\text{Streufaktor} = \text{antilg}\sqrt{s^2_{\lg x_j}} = \text{antilg}\sqrt{\frac{\sum f_j(\lg x_j)^2 - (\sum f_j \lg x_j)^2/n}{n-1}} \tag{1.117}$$

$$\text{Mittelwert}_L = \text{antilg}(\bar{x}_{\lg x_j} + 1,1513 s^2_{\lg x_j}) \tag{1.118}$$

$$\text{Dichtemittel}_L = \text{antilg}(\bar{x}_{\lg x_j} - 2,3026 s^2_{\lg x_j}) \tag{1.119}$$

Bei kleinen Stichprobenumfängen werden statt der Logarithmen der Klassenmitten die Logarithmen der Einzelwerte verwendet; die Häufigkeit jeder Klasse (f_j) ist dann gleich Eins. Der Streufaktor ist eine Schätzung von antilg $s_{\lg x_j}$. Mit zunehmendem Streufaktor verschieben sich also das arithmetische Mittel vom Median nach rechts und das Dichtemittel um den doppelten Betrag nach links (vgl. auch S. 395 und Gebelein 1950, Binder 1962, 1963 sowie Thöni 1969).

Beispiel

Die folgende Tabelle enthält 20 nach der Größe geordnete Meßwerte x_j, die angenähert lognormalverteilt sind. Schätze die Kennwerte.

x_j	$\lg x_j$	$(\lg x_j)^2$
3	0,4771	0,2276
4	0,6021	0,3625
5	0,6990	0,4886
5	0,6990	0,4886
5	0,6990	0,4886
5	0,6990	0,4886
5	0,6990	0,4886
6	0,7782	0,6056
7	0,8451	0,7142
7	0,8451	0,7142
7	0,8451	0,7142
7	0,8451	0,7142
8	0,9031	0,8156
8	0,9031	0,8156
9	0,9542	0,9105
9	0,9542	0,9105
10	1,0000	1,0000
11	1,0414	1,0845
12	1,0792	1,1647
14	1,1461	1,3135
$\sum$	16,7141	14,5104

Der Variationskoeffizient der Originaldaten (x_j) liegt mit $\quad V = \dfrac{2,83}{7,35} = 38,5\%\quad$ deutlich oberhalb der 33%-Schranke. Die Kennwerte:

$$\text{Median}_L = \text{antilg}\left\{\frac{16,7141}{20}\right\} = \text{antilg}\,0,8357 = 6,850$$

$$\text{Streufaktor} = \text{antilg}\sqrt{\frac{14,5104 - 16,7141^2/20}{20-1}} = \text{antilg}\sqrt{0,02854}$$

$$\text{Streufaktor} = \text{antilg}\,0,1690 = 1,476.$$

Die Zentrale Masse liegt zwischen $6,850/1,476 = 4,641$ und $6,850 \cdot 1,476 = 10,111$ (bzw. $6,850 \cdot 1,476^{\pm 1}$).

$$\text{Mittelwert}_L = \text{antilg}\,(0,8357 + 1,1513 \cdot 0,02854) = \text{antilg}\,0,8686$$

$$\text{Mittelwert}_L = 7,389,$$

$$\text{Dichtemittel}_L = \text{antilg}\,(0,8357 - 2,3026 \cdot 0,02854)$$

$$\text{Dichtemittel}_L = \text{antilg}\,0,7700 = 5,888.$$

Unsymmetrischer 95%-Vertrauensbereich für μ

Gern gibt man auch den zu $\bar{x}$ unsymmetrischen 95%-Vertrauensbereich (95%-VB) für μ an (vgl. Abschn. 141, 151 u. 311). Hierzu transformiert man die Werte, berechnet den 95%-VB und transformiert zurück:

$$\boxed{95\%\text{-VB: antilg}\left[\bar{x}_{(\lg x j)} \pm t_{n-1;\,0,05}\sqrt{s^2_{(\lg x j)}/n}\right]}$$

(S. 111)

Für das Beispiel mit den 20 Meßwerten und $\bar{x} = 7,35$ ergibt sich:

$[\,] = 0,8357 \pm 2,093\sqrt{0,02854/20} = 0,7566$ bzw. $0,9148$

95%-VB: $5,71 \leqq \mu \leqq 8,22$

Hinweise

1. Wer häufiger empirische Verteilungen mit Normalverteilungen und/oder logarithmischen Normalverteilungen zu vergleichen hat, wird sich der *Auswertungsblätter* (AWF 172a und 173a) bedienen, die der Ausschuß für wirtschaftliche Fertigung über den Beuth-Vertrieb herausgibt (Adresse Lit.-Verzeichnis, Abschn. 7).

2. Für den *Vergleich der zentralen Tendenz* empirischer Lognormalverteilungen (angenähert gleicher Gestalt) hat Moshman (1953) Tafeln zur Verfügung gestellt.

3. Die Verteilung von Extremwerten – Hochwasser von Flüssen, Jahrestemperaturen, Ernteerträge usw. – folgt häufig einer Lognormalverteilung. Da das Standardwerk von Gumbel (1958) dem Anfänger Schwierigkeiten bereitet, sei auf die leicht verständlichen graphischen Verfahren von Botts (1957) und Weiss (1955, 1957) hingewiesen. Gumbel (1953, 1958; vgl. auch Weibull 1961) erläutert den Gebrauch von **Extremwert**-*Wahrscheinlichkeitspapier* (Hersteller: Technical and Engineering Aids to Management, Lit.-Verz., Abschn. 7), das eine bestimmte Verteilungsfunktion von Extremwerten zur Geraden streckt.

4. Gewisse sozio-ökonomische Größen wie persönliches Einkommen, Vermögen von Firmen, Größe von Städten oder die Zahl von Firmen in vielen Industriezweigen weisen ebenfalls **rechts flach auslaufende Verteilungen** auf, die sich über große Bereiche auch durch die **Pareto**-*Verteilung* (vgl. Quandt 1966) – sie existiert nur für Werte oberhalb eines bestimmten Schwellenwertes (z. B. Einkommen $>$ DM 800) – oder andere stark rechtsschiefe Verteilungen approximieren lassen. Wird die logarithmische Normalverteilung bis zum Dichtemittel gestutzt, so ist sie über einen weiten Bereich der Pareto-Verteilung sehr ähnlich.

5. Wenn unter den nach $x'_j = \lg x_j$ zu transformierenden Beobachtungen Werte zwischen 0 und 1 auftreten, dann multipliziert man alle Beobachtungen mit einem geeigneten Vielfachen von 10, so daß alle x-Werte größer als 1 werden und keine negativen Kennziffern auftreten (vgl. S. 395/397).

▶ 14   Der Weg zum statistischen Test

141   Statistische Sicherheit

Der Schluß von der Kennzahl auf den Parameter. Bei verschiedenen Stichproben werden im allgemeinen die aus den Stichproben ermittelten Kennzahlen variieren. Daher ist die aus einer Stichprobe ermittelte Kennzahl (z. B. der Mittelwert $\bar{x}$) nur ein Schätzwert für den Mittelwert μ der Grundgesamtheit, der die Stichprobe entstammt. Zu diesem Schätzwert läßt sich ein Intervall angeben, das sich über die nächstkleineren und -größeren Werte erstreckt und das vermutlich auch den Parameter der Grundgesamtheit enthält. Dieses Intervall um den Kennwert, das den Parameter mit einschließen soll, heißt *Vertrauensbereich* (Mutungsbereich, Konfidenzbereich; engl. confidence interval). Durch Veränderung der Größe des Vertrauensbereiches mit Hilfe eines entsprechenden Faktors läßt sich festlegen, wie sicher die Aussage ist, daß das Vertrauensintervall den Parameter der Grundgesamtheit enthält. Wählen wir den Faktor so, daß aufgrund des Zufallsgesetzes die Aussage in 95% aller gleichartigen Fälle zu Recht und in 5% aller gleichartigen Fälle zu Unrecht besteht, dann sagen wir: Mit der *statistischen Sicherheit S* von 95% enthält der Vertrauensbereich einer Stichprobenkennzahl den Parameter der Grundgesamtheit.

In 5% aller Fälle wird damit die Behauptung, der Parameter liege im Vertrauensbereich, falsch sein. Wir wählen also den Faktor so, daß die Wahrscheinlichkeit hierfür einen vorgegebenen kleinen Wert α (gr. alpha) nicht überschreitet ($\alpha \leq 5\%$, d. h. $\alpha \leq 0{,}05$) und bezeichnen α als Irrtumswahrscheinlichkeit oder als Überschreitungswahrscheinlichkeit. Im Falle einer normalverteilten Grundgesamtheit gibt Tabelle 25 einen Überblick über Vertrauensbereiche für den Mittelwert μ der Grundgesamtheit:

$$\bar{x} \pm z \frac{\sigma}{\sqrt{n}} \quad \text{bzw.} \quad P\left(\bar{x} - z \frac{\sigma}{\sqrt{n}} \leq \mu \leq \bar{x} + z \frac{\sigma}{\sqrt{n}}\right) = S = 1 - \alpha \qquad (1.120\,\text{ab})$$

Der Wert z ist einer Tabelle der Standardnormalverteilung (vgl. S. 53 und 172) zu entnehmen. Sigma (σ) ist die bekannte oder aus sehr vielen Stichprobenwerten ($n_\sigma \gtrsim 1000$) geschätzte Standardabweichung (n_σ hat natürlich mit dem n unter der $\sqrt{}$, dem Stichprobenumfang aus dem $\bar{x}$ geschätzt wird, nichts zu tun).

Man irrt sich also beim sogenannten *Konfidenzschluß* mit der Wahrscheinlichkeit α, d. h. spricht man n-mal die Behauptung aus, der unbekannte Parameter liege im Vertrauensbereich, so hat man im Mittel αn Fehlschlüsse zu erwarten.

Sehen wir uns Tabelle 25 näher an, so erkennen wir, daß S (oder α, beide ergänzen sich zu 100% oder zum Wert 1) die Sicherheit der statistischen Aussage bestimmt. Je größer die statistische Sicherheit S ist, umso größer wird bei gegebener Standardabweichung und bei gegebenem Stichprobenumfang der Vertrauensbereich sein. Daraus folgt: Es besteht ein Gegensatz zwischen der Schärfe einer Aussage und der Sicherheit, die dieser Aussage zukommt: *Sichere Aussagen sind unscharf; scharfe Aussagen sind unsicher.* Übliche Irrtumswahrscheinlichkeiten (Signifikanzniveaus) sind $\alpha = 0{,}05$, $\alpha = 0{,}01$ und $\alpha = 0{,}001$, je nachdem, wie schwerwiegend die Entscheidung ist, die man aufgrund der Stichprobe fällen will. Für besondere Fälle, vor allem dann, wenn bei den untersuchten Vorgängen Gefahr für Menschenleben besteht, muß eine wesentlich kleinere Irrtumswahrscheinlichkeit vorgegeben werden. In Kapitel 3 (S. 195/197) wird noch einmal ausführlich auf den Begriff Vertrauensbereich eingegangen.

Der Schluß vom Parameter auf die Kennzahl. Die Parameter einer Grundgesamtheit seien

Tabelle 25

Vertrauensbereich für den Mittelwert μ einer normalverteilten Grundgesamtheit	Statistische Sicherheit S	Irrtumswahrscheinlichkeit α
$\bar{x} \pm 2\dfrac{\sigma}{\sqrt{n}}$	95,44 % = 0,9544	4,56 % = 0,0456
$\bar{x} \pm 3\dfrac{\sigma}{\sqrt{n}}$	99,73 % = 0,9973	0,27 % = 0,0027
$\bar{x} \pm 1,645\dfrac{\sigma}{\sqrt{n}}$	90 % = 0,9	10 % = 0,10
$\bar{x} \pm 1,960\dfrac{\sigma}{\sqrt{n}}$	95 % = 0,95	5 % = 0,05
$\bar{x} \pm 2,576\dfrac{\sigma}{\sqrt{n}}$	99 % = 0,99	1 % = 0,01
$\bar{x} \pm 3,2905\dfrac{\sigma}{\sqrt{n}}$	99,9 % = 0,999	0,1 % = 0,001
$\bar{x} \pm 3,8906\dfrac{\sigma}{\sqrt{n}}$	99,99 % = 0,9999	0,01 % = 0,0001

aufgrund theoretischer Erwägungen bekannt. Gefragt ist nach dem Bereich, in dem die Kennzahlen (z. B. die Mittelwerte $\bar{x}_i$) der einzelnen Stichproben liegen werden.
Dazu bestimmt man um den theoretischen Wert des Parameters ein *Toleranzintervall* (tolerance interval), innerhalb dessen die entsprechenden Maßzahlen von Stichproben mit einer vorgegebenen Wahrscheinlichkeit zu erwarten sind. Die Grenzen des Intervalles nennt man Toleranzgrenzen (im Sinne von A. Wald und J. Wolfowitz; mit den „Toleranzen", engl. specifications, technischer Lieferbedingungen haben sie nichts zu tun): Sie sind beim Vorliegen einer Normalverteilung (σ bekannt bzw. aus $n_\sigma \gtrsim 1000$ geschätzt) für den Stichprobenmittelwert durch

$$\mu \pm z\frac{\sigma}{\sqrt{n}} \quad \text{bzw.} \quad P\left(\mu - z\frac{\sigma}{\sqrt{n}} \leqq \bar{x} \leqq \mu + z\frac{\sigma}{\sqrt{n}}\right) = S = 1 - \alpha \qquad (1.121\,\text{ab})$$

gegeben. Vertauscht man in Tabelle 25 die Symbole μ und $\bar{x}$, so ist sie auch für diesen Zusammenhang gültig. Mit der statistischen Sicherheit S wird ein beliebiger Stichprobenmittelwert $\bar{x}$ vom Toleranz-Intervall überdeckt, d.h. in $(S \cdot 100)\%$ aller Fälle ist $\bar{x}$ innerhalb der angegebenen Toleranzgrenzen zu erwarten. Fällt der Stichprobenmittelwert $\bar{x}$ in das Toleranzintervall, so wird man die Abweichung vom Mittelwert μ der Grundgesamtheit als zufällig betrachten, während man sie andernfalls als gesichert ansieht und dann schließt, die vorliegende Stichprobe entstamme mit der statistischen Sicherheit S einer anderen als der betrachteten Grundgesamtheit. Mitunter ist nur eine Toleranzgrenze von Interesse; man wird dann prüfen, ob ein bestimmter Wert („Sollwert", z.B. der Mittelwert einer Fertigung) nicht unter- bzw. überschritten wird.

142 Nullhypothese und Alternativhypothese

Die Hypothese, daß zwei Kollektive hinsichtlich eines Merkmals oder mehrerer Merkmale übereinstimmen, wird *Nullhypothese* genannt. Es wird angenommen, daß die wirkliche Differenz Null ist und die gefundene nur zufällig von Null abweicht. Da statistische Tests nur Unterschiede, jedoch keine Übereinstimmung zwischen den verglichenen Kollektiven feststellen können, wird die Nullhypothese in der Regel aufgestellt, um verworfen zu werden. Es liegt im Sinne der experimentellen oder *Alternativhypothese*, sie als „null und nichtig" zu erweisen.

Wann können wir nun mit Hilfe eines statistischen Testes die Nullhypothese verwerfen und die Alternativhypothese akzeptieren? Doch nur dann, wenn der Unterschied zwischen beiden Kollektiven nicht zufälliger Natur ist. Häufig stehen uns zwei Stichproben zur Verfügung und nicht die ihnen zugrunde liegenden Grundgesamtheiten. Wir müssen dann die Stichproben-Variation berücksichtigen, die schon für Stichproben *eines* Kollektivs unterschiedliche Maßzahlen liefert. Hieraus folgt, daß wir praktisch *immer Unterschiede* erwarten können. Für die Entscheidung, ob der Unterschied nur zufällig oder wesentlich ist, müssen wir erklären oder besser **vereinbaren,** an welcher Grenze wir das Walten des Zufalls als „in der Regel", sozusagen als nach menschlichem Ermessen, beendet ansehen wollen.

Wir stellen also eine Nullhypothese auf und verwerfen sie genau dann, wenn sich bei einer Stichprobe ein Resultat ergibt, das bei Gültigkeit der aufgestellten Nullhypothese unwahrscheinlich ist. Was wir als „*unwahrscheinlich*" ansehen wollen, müssen wir, wenn wir das Vorliegen einer Normalverteilung voraussetzen, genau festlegen. Häufig nimmt man 5%, d.h. $1,96 \cdot \sigma$ als Grenze ($S = 95\%$). Früher wurde fast ausschließlich mit der Drei-Sigma-Regel, d.h. mit einer Irrtumswahrscheinlichkeit $\alpha = 0,0027$ (oder statistischen Sicherheit $S = 99,73\%$) gearbeitet, die der 3σ-Grenze entspricht.

Wir können z.B. die Forderung aufstellen, daß eine Wahrscheinlichkeit von (mindestens) 95% vorhanden sein müsse. Diese Wahrscheinlichkeitsforderung besagt, daß beim Werfen einer Münze ein viermaliger Fall auf die Wappenseite gerade noch als zufällig erlaubt ist, hingegen die fünfmalige Wiederholung eines solchen Falles als „überzufällig" angesehen wird. Die Wahrscheinlichkeit, daß eine vier- oder fünfmal nacheinander geworfene Münze stets mit derselben vorher festgelegten Seite nach oben zu liegen kommt, beträgt

$$P_{4x} = (1/2)^4 = 1/16 = 0,06250$$
$$P_{5x} = (1/2)^5 = 1/32 = 0,03125,$$

d.h. etwa $6,3\%$ bzw. etwa $3,1\%$. Wenn also von einem Tatbestand gesagt wird, er sei mit einer statistischen Sicherheit von 95% als überzufällig gesichert, so heißt das: Seine zufällige Entstehung würde ebenso unwahrscheinlich sein wie das Ereignis, bei fünfmaligem Werfen einer Münze stets „Wappen" zu erhalten. Die Wahrscheinlichkeit, daß eine n-mal geworfene Münze stets mit der Wappenseite nach oben zu liegen kommt, ist Tabelle 26 zu entnehmen (vgl. $2^{-n} = (1/2)^n$).

Führt eine Prüfung mit einer Irrtumswahrscheinlichkeit von beispielsweise fünf Prozent (*Signifikanzniveau* $\alpha = 0,05$) zur Feststellung eines Unterschiedes, so wird die Nullhypothese abgelehnt und die Alternativhypothese – die Grundgesamtheiten unterscheiden sich – akzeptiert. Der Unterschied wird als bedeutsam, signifikant oder **als auf dem 5%-Niveau gesichert** bezeichnet, d.h. eine richtige Nullhypothese wird in 5% aller Fälle verworfen oder Unterschiede, so groß wie die bei den vorliegenden Stichprobenumfängen beobachteten, werden **so selten durch Zufallsprozesse allein** erzeugt:

a) daß die *Daten* uns nicht überzeugen können, *durch Zufallsprozesse allein* entstanden zu sein, oder – anders formuliert –

b) daß anzunehmen ist, der vorliegende *Unterschied* beruhe nicht nur auf einem Zufallsprozeß, sondern auf einem *Unterschied der Grundgesamtheiten.*

Stichprobenergebnisse führen nur zu zwei möglichen Aussagen:

1. Entscheidung über *Beibehalten oder Ablehnen der Nullhypothese.*

2. Angabe von Vertrauensbereichen.

Tabelle 26.   Wahrscheinlichkeit P, daß eine n-mal geworfene Münze stets auf dieselbe Seite fällt: Als Modell für ein zufälliges Ereignis

n	2^n	2^{-n}	P Niveau
1	2	0,50000	
2	4	0,25000	
3	8	0,12500	
4	16	0,06250	< 10 %
5	32	0,03125	< 5 %
6	64	0,01562	
7	128	0,00781	< 1 %
8	256	0,00391	< 0,5 %
9	512	0,00195	
10	1024	0,00098	≈ 0,1 %
11	2048	0,00049	≈ 0,05 %
12	4096	0,00024	
13	8192	0,00012	
14	16384	0,00006	< 0,01 %
15	32768	0,00003	

Ein Vergleich zweier oder mehrerer Vertrauensbereiche führt dann wieder zur Prüfung, ob gefundene Differenzen nur zufällig sind, oder echte (signifikante) Unterschiede darstellen.

Nullhypothesen und Alternativhypothesen bilden das Netz, das wir auswerfen, um „die Welt" einzufangen – sie zu rationalisieren, zu erklären und sie prognostisch zu beherrschen. Die Wissenschaft macht die Maschen des Netzes immer enger, indem sie mit allen Mitteln ihres logisch-mathematischen und ihres technisch-experimentellen Apparates versucht, immer wieder neue speziellere und allgemeinere *Nullhypothesen* möglichst einfacher Natur (erhöhte Prüf- oder Bewährbarkeit) – die Verneinung entsprechender Alternativhypothesen – zu *formulieren* und die Nullhypothesen zu *widerlegen*. Die hieraus resultierenden Aussagen sind niemals absolut sicher, sondern grundsätzlich vorläufiger Art, führen zu neuen schärfer gefaßten Hypothesen und Theorien, die immer strengeren Prüfungen unterzogen werden und den wissenschaftlichen Fortschritt, die verbesserte Wirklichkeitserkenntnis der Welt, ermöglichen. *Ziel der Wissenschaft dürfte es sein, ein Maximum empirischer Fakten durch ein Minimum an Hypothesen und Theorien zu erklären* und diesen dann wieder zu mißtrauen. Das eigentlich Schöpferische hierbei ist die Formulierung der *Hypothesen*. Zuerst bloße *Annahmen* werden sie zur *empirischen Verallgemeinerung* kleineren oder größeren Bestätigungsgrades. Lassen sich Hypothesen in eine *Rangordnung* bringen und bestehen zwischen ihnen *deduktive Beziehungen*, d.h. lassen sich aus einer allgemeinen Hypothese spezielle Hypothesen herleiten, so liegt bereits eine *Theorie* vor. Innerhalb von Theorien *Gesetze* aufzustellen und einzelne isolierte Theorien zu einem *wissenschaftlichen Weltbild* zusammenzufassen, sind weitere Ziele wissenschaftlicher Forschung.

Hinweis: Das zufällig signifikante Ergebnis

Im Wesen der Irrtumswahrscheinlichkeit liegt es, daß unter einer größeren Anzahl von Stichproben aus einer gemeinsamen Grundgesamtheit, die eine oder andere rein zufällig herausfallen kann. *Die Wahrscheinlichkeit, bei einer begrenzten Anzahl von n Untersuchungen zufällig ein signifikantes Ergebnis zu erhalten,* kann man mit Hilfe der Entwicklung des Binoms $(\alpha + (1-\alpha))^n$ bestimmen. Unter Zugrundelegung einer Irrtumswahrscheinlichkeit in Höhe von $\alpha = 0,01$ gilt beispielsweise für 2 gleichartige Untersuchungen nach dem aus der Schule bekannten Binom $(a+b)^2 = a^2 + 2ab + b^2$

$$(0,01 + 0,99)^2 = 0,01^2 + 2 \cdot 0,01 \cdot 0,99 + 0,99^2$$
$$= 0,0001 + 0,0198 + 0,9801. \quad \text{Das heißt:}$$

1. Die Wahrscheinlichkeit, daß bei Geltung der Nullhypothese beide Untersuchungen Signifikanz ergeben, ist mit $P=0,0001$ außerordentlich gering.
2. Die Wahrscheinlichkeit, daß eine der beiden Untersuchungen signifikant ausfällt, ist mit $P=0,0198$ oder knapp 2% bereits etwa zweihundertmal so groß (H_0 gilt).
3. Mit größter Wahrscheinlichkeit wird natürlich keine der beiden Untersuchungen Signifikanz ergeben ($P=0,9801$) (H_0 gilt).

Entsprechende Wahrscheinlichkeitswerte können für andere Irrtumswahrscheinlichkeiten bzw. auch für 3 und mehr Untersuchungen ermittelt werden. Zur Übung seien noch die Wahrscheinlichkeiten für $\alpha=0,05$ und 3 Untersuchungen berechnet: Wir erinnern uns an

$$(a+b)^3 = a^3 + 3a^2b + 3ab^2 + b^3 \quad \text{und erhalten}$$
$$(0,05+0,95)^3 = 0,05^3 + 3\cdot 0,05^2\cdot 0,95 + 3\cdot 0,05\cdot 0,95^2 + 0,95^3$$
$$= 0,000125 + 0,007125 + 0,135375 + 0,857375 = 1$$

Die Wahrscheinlichkeit, daß bei Gültigkeit der Nullhypothese ($\alpha=0,05$) von drei Untersuchungen: (a) eine rein zufällig signifikant ausfällt, beträgt $13,5\%$; (b) wenigstens eine rein zufällig signifikant ausfällt, beträgt $14,3\%$ (vgl. auch S. 34).

143   Risiko I und Risiko II

Beim Prüfen von Hypothesen (anhand eines Tests) sind zwei Fehlentscheidungen möglich:

1. Die unberechtigte Ablehnung der Nullhypothese: **Fehler 1. Art.**
2. Das unberechtigte Beibehalten der Nullhypothese: **Fehler 2. Art.**

Während sich die Wirklichkeit unter den beiden Aspekten: (1) die Nullhypothese ist wahr und (2) die Nullhypothese ist falsch darbietet, kann der Test zu zwei Fehlentscheidungen führen: (1) die Nullhypothese beibehalten oder (2) die Nullhypothese ablehnen, d.h. die Alternativhypothese (H_A) akzeptieren. Den vier Möglichkeiten entsprechen die folgenden Entscheidungen:

Entscheidung des Tests	Wirklichkeit	
	H_0 wahr	H_0 falsch
H_0 abgelehnt	FEHLER 1. ART	Richtige Entscheidung
H_0 beibehalten	Richtige Entscheidung	FEHLER 2. ART

Wird z.B. bei einem Vergleich festgestellt, daß ein neues Medikament besser ist, obwohl in Wirklichkeit dem alten gleichwertig, so liegt ein Fehler 1. Art vor; stellt sich durch den Vergleich heraus, daß beide Medikamente gleichwertig sind, obwohl tatsächlich das neue besser ist, so wird ein Fehler 2. Art begangen.

Die beiden Fehlentscheidungen entsprechenden Wahrscheinlichkeiten bezeichnet man als Risiko I und Risiko II:

Das **Risiko I,** die kleine Wahrscheinlichkeit, eine gültige Nullhypothese abzulehnen, ist offenbar gleich der Irrtumswahrscheinlichkeit α.
Das **Risiko II,** die Wahrscheinlichkeit, eine falsche Nullhypothese beizubehalten, wird mit β bezeichnet.

Da α größer als Null sein muß, für $\alpha = 0$ würde man die Nullhypothese immer beibehalten, besteht stets ein Fehlerrisiko. Bei vorgegebenem Stichprobenumfang n und α wird β um so größer, je kleiner wir α vorgeben. Nur wenn n unbeschränkt wachsen darf, können α und β beliebig klein gewählt werden, d.h. bei sehr kleinem α und β kann man die Entscheidung nur mit sehr großen Stichprobenumfängen erzwingen! Bei kleinen Stichprobenumfängen und kleinem α ist die Möglichkeit, tatsächlich vorhandene Unterschiede nachzuweisen, gering: das Ergebnis, es liege kein signifikanter Unterschied vor, muß dann mit Vorsicht beurteilt werden.

> Je nachdem, welche Fehlentscheidung folgenschwerer ist, wird man in einem konkreten Fall α und β so festlegen, daß die kritische Wahrscheinlichkeit $\leq 0{,}01$ und die andere $\leq 0{,}10$ ist. Praktisch wird man α so festlegen, daß bei folgenschwererem
>
> Fehler 1. Art: $\alpha = 0{,}01$ oder $\alpha = 0{,}001$
> Fehler 2. Art: $\alpha = 0{,}05$ (oder $\alpha = 0{,}10$)
>
> gewählt wird.

Man hat nach Wald (1950) die **Gewinne** und **Verluste** zu berücksichtigen, die von fehlerhaften Entscheidungen verursacht werden, einschließlich der Kosten des Prüfungsverfahrens, die von der Art und vom Umfang der Stichprobe abhängen können.
So wird z.B. bei der Herstellung eines Impfserums äußerste Konstanz des Serums gefordert. Nicht einwandfreie Chargen müssen rechtzeitig erkannt und eliminiert werden. Das unberechtigte Beibehalten der Nullhypothese „Serum in Ordnung" bedeutet einen gefährlichen Herstellungsfehler. Man wird also β möglichst klein wählen, während das Verwerfen guter Chargen zwar Unkosten mit sich bringt, im übrigen aber keine ernsten Folgen hat (d.h. etwa $\alpha = 0{,}10$).

Angenommen, wir kennen aufgrund sehr vieler Versuche mit einer bestimmten Münze deren Wahrscheinlichkeit π für das Ereignis „Wappen" – sagen einem Freunde aber lediglich, daß π entweder gleich 0,4 oder gleich 0,5 ist. Unser Freund entschließt sich zur Prüfung der Nullhypothese $\pi = 0{,}5$ für folgenden Versuchsplan. Die Münze wird $n = 1000$mal geworfen. Ist $\pi = 0{,}5$, so würden sich vermutlich etwa 500 „Wappen" einstellen. Unter der Alternativhypothese $\pi = 0{,}4$ wären etwa 400 „Wappen" zu erwarten. Der Freund wählt daher folgendes Entscheidungsverfahren: Tritt das Ereignis „Wappen" weniger als 450mal auf, so lehnt er die Nullhypothese $\pi = 0{,}5$ ab und akzeptiert die Alternativhypothese $\pi = 0{,}4$. Tritt es dagegen 450mal oder häufiger auf, so behält er die Nullhypothese bei.
Ein Fehler 1. Art – Ablehnung der richtigen Nullhypothese – liegt dann vor, wenn π tatsächlich gleich 0,5 ist und trotzdem bei einem speziellen Versuch weniger als 450 „Wappen" ermittelt werden.
Ein Fehler 2. Art wird dann begangen, wenn tatsächlich $\pi = 0{,}4$ ist und sich bei der Prüfung 450 oder mehr „Wappen" ergeben. In diesem Beispiel haben wir Risiko I und Risiko II etwa gleichgroß gewählt (vgl. npq ist einmal gleich 250 und zum anderen gleich 240). Man kann aber auch bei vorgegebenem Stichprobenumfang n durch Vergrößerung des Annahmebereiches für die Nullhypothese den Fehler 1. Art verkleinern. Beispielsweise läßt sich verabreden, daß die Nullhypothese $\pi = 0{,}5$ nur dann abgelehnt wird, wenn sich weniger als 430 „Wappen" einstellen. Damit wird aber bei konstantem Stichprobenumfang n der Fehler 2. Art – das Beibehalten der falschen Nullhypothese – um so größer.

Wählt man $\alpha = \beta$, so sind die Wahrscheinlichkeiten für Fehlentscheidungen erster und zweiter Art gleich. Nicht selten wählt man lediglich ein festes α und billigt der Nullhypothese eine Sonderstellung zu, da die Alternativhypothese im allgemeinen nicht genau festliegt. So entscheiden einige Standardverfahren der Statistik mit fest vorgegebenem α und unbestimmtem β zugunsten der Nullhypothese: man bezeichnet sie daher als konservative Tests.

Nach der Neymanschen Regel gibt man ein festes α vor und sucht β möglichst klein zu halten. Vorausgesetzt wird, daß eine wichtige Eigenschaft des Tests bekannt ist, die sogenannte Teststärkekurve oder Gütefunktion (vgl. S. 103).

Weiter sei noch auf den zuweilen nicht beachteten Unterschied zwischen statistischer Signifikanz und „praktischer" Signifikanz hingewiesen: praktisch bedeutsame Unterschiede müssen schon mit nicht zu umfangreichen Stichproben erfaßt werden können.

Zusammenfassend sei betont: Eine richtige H_0 wird mit der Wahrscheinlichkeit (statistische Sicherheit) $S = 1 - \alpha$ beibehalten und mit der Wahrscheinlichkeit (Irrtumswahrscheinlichkeit) $\alpha = 1 - S$ verworfen; $\alpha = 5\% = 0,05$ und $S = 95\% = 0,95$ besagen, daß eine richtige H_0 in 5% aller Fälle verworfen wird.

Fehler 3. und 4. Art diskutieren Marascuilo und Levin (1970). Birnbaum (1954), Moses (1956) und Lancaster (1967) behandeln die Zusammenfassung unabhängiger Signifikanzwahrscheinlichkeiten P_i (zwei Näherungslösungen geben wir auf S. 285). P ist hier im Gegensatz zur fest vorgegebenen Irrtumswahrscheinlichkeit α die empirische Irrtumswahrscheinlichkeit unter der Nullhypothese für eine konkrete Stichprobe, kurz **Signifikanzwahrscheinlichkeit** genannt.

Grundsätzlich lassen sich zwei Strategien unterscheiden. Die des „Entdeckers" und die des „Kritikers". Der Entdecker will eine Nullhypothese zurückweisen, er bevorzugt daher ein großes Risiko I und ein kleines Risiko II. Für den Kritiker gilt das Umgekehrte: Er verhindert durch ein kleines Risiko I die Annahme einer falschen Alternativhypothese und läßt durch ein großes Risiko II zu, daß die Nullhypothese irrtümlich beibehalten wird.

Außerhalb der Wissenschaft begnügt man sich im allgemeinen mit einem relativ großen Risiko I, verhält sich also eher als Entdecker denn als Kritiker.

144   Signifikanzniveau und Hypothesen sind nach Möglichkeit vor der Datengewinnung festzulegen

Vertreter der mathematischen Statistik betonen, daß das Signifikanzniveau unbedingt vor der Datengewinnung festzusetzen sei. Diese Forderung bereitet dem Praktiker mitunter einiges Kopfzerbrechen. McNemar (1969) diskutiert zwei weitere Möglichkeiten. Danach kann man die Nullhypothese 1. ablehnen, wenn $P < 0,01$; 2. beibehalten, wenn $P > 0,10$ und 3. mit dem Urteil zurückhalten, wenn $0,10 > P > 0,01$, bis das Experiment wiederholt oder mehr Daten zur Verfügung stehen. Diesem relativ groben Verfahren steht als Gegensatz die andere Möglichkeit gegenüber, wenn eine Entscheidung nicht verlangt wird, einfach das erreichte Signifikanzniveau anzugeben – sagen wir: Ein Unterschied ist mit $P = 0,04$ oder auf dem 4%-Niveau gesichert – und es dem Leser überlassen, diese Aussage aufgrund des jeweils von ihm bevorzugten oder für dieses Problem als geeignet erachteten Signifikanzniveaus zu bewerten. Das ist etwas riskant.

Als beste Möglichkeit bietet sich dann, wenn eine feste Irrtumswahrscheinlichkeit nicht vorgegeben wird, folgendes Vorgehen an: Im allgemeinen bezeichnet man ein $P > 0,05$ (bzw. $P > 0,10$) als nicht signifikant (ns). Für $P \leq 0,05$ gibt man anhand der kritischen 5%-, 1%- und $0,1\%$-Schranken an, zwischen welchen Grenzen P liegt und kennzeichnet signifikante Befunde durch die dreistufige Sternsymbolik:

[*] $0,05 \geq P > 0,01$ [**] $0,01 \geq P > 0,001$ [***] $P \leq 0,001$

Es ist zweckmäßig, *vor* der statistischen Analyse von Daten alle jene Hypothesen zu formulieren, die nach dem Stande unseres Wissens relevant sein können und die geeigneten Testmethoden auszuwählen. *Während* der Analyse sollte das Zahlenmaterial sorgfältig daraufhin durchgesehen werden, ob sich nicht noch weitere Hypothesen aus ihm gewinnen lassen. Solche Hypothesen aus dem Material heraus müssen mit großer **Vorsicht** formuliert und geprüft werden, da jede Gruppe von Zahlen zufällige Extreme aufweist. Das Risiko eines Fehlers nach Typ I ist in unbestimmter Weise größer als dann, wenn die Hypothesen im voraus formuliert sind. *Die aus dem Material gewonnenen Hypothesen* können als neue Hypothesen für spätere Untersuchungen wichtig werden!

145   Der statistische Test

Folgende nette Geschichte stammt von R. A. Fisher (1960). Bei einer Gesellschaft behauptet eine Dame X: Setzte man ihr eine Tasse Tee vor, der etwas Milch beigegeben wurde, so könne sie im allgemeinen einwandfrei schmecken, ob zuerst Tee oder ob zuerst Milch eingegossen worden sei. Wie prüft man diese Behauptung? Sicher nicht so: Zwei äußerlich völlig gleichartige Tassen vorsetzen, wobei in die erste zuerst Milch und dann Tee (Reihenfolge MT) und in die zweite zuerst Tee und dann Milch (TM) eingegossen wurde. Würde man jetzt die Dame wählen lassen, so hätte sie offenbar eine Chance von 50% die richtige Antwort zu geben, auch wenn ihre Behauptung falsch ist. Besser ist folgendes Vorgehen: Acht äußerlich gleiche Tassen nehmen, vier davon in der Reihenfolge MT, die vier anderen in der Reihenfolge TM füllen. Die Tassen zufällig über den Tisch verteilen; dann die Dame herbeirufen und ihr mitteilen, daß von den Tassen je vier vom Typ TM bzw. MT sind, ihre Aufgabe sei, die vier TM-Tassen herauszufinden. Jetzt ist die Wahrscheinlichkeit, ohne Sonderbegabung die richtige Auswahl zu treffen, sehr gering geworden. Aus 8 Tassen kann man nämlich auf $\frac{8 \cdot 7 \cdot 6 \cdot 5}{4 \cdot 3 \cdot 2} = 70$ Arten 4 auswählen; nur eine dieser 70 Kombinationen ist die richtige. Die Wahrscheinlichkeit, ohne Sonderbegabung, also zufällig, die richtige Auswahl zu treffen, ist daher mit $1/70 = 0,0143$ oder etwa 1,4% sehr gering. Wählt die Dame nun wirklich die 4 richtigen Tassen, so werden wir die Nullhypothese – Frau X hat diese Sonderbegabung nicht – fallen lassen und ihr diese besondere Fähigkeit zuerkennen. Dabei nehmen wir eine Irrtumswahrscheinlichkeit von 1,4% in Kauf. Natürlich können wir diese Irrtumswahrscheinlichkeit dadurch noch weiter verringern, daß wir die Anzahl der Tassen erhöhen (z. B. auf 12, je zur Hälfte nach TM bzw. nach MT gefüllt, Irrtumswahrscheinlichkeit $\alpha \simeq 0,1\%$) Charakteristisch ist für unser Vorgehen: **Wir stellen zunächst die Nullhypothese auf und verwerfen sie genau dann, wenn sich ein Ergebnis einstellt, das bei Gültigkeit der Nullhypothese unwahrscheinlich ist.** Stellen wir eine Hypothese auf, die wir mit statistischen Methoden prüfen wollen, so interessiert uns, ob eine vorliegende Stichprobe die Hypothese stützt oder nicht. Im Teetassen-Beispiel würden wir die Nullhypothese verwerfen, wenn die Dame die 4 richtigen Tassen wählt. In jedem anderen Fall behalten wir die Nullhypothese bei. Wir müssen also bei jeder möglichen Stichprobe eine Entscheidung treffen. Im Beispiel wäre auch die Entscheidung vertretbar, die Nullhypothese zu verwerfen, wenn die Dame mindestens 3 richtige Tassen wählt. Näheres über die „Tee-Test"-Problematik ist Neyman (1950) und Gridgeman (1959) zu entnehmen.

Um der Schwierigkeit zu entgehen, sich in jedem konkreten Fall die Entscheidung vorher überlegen zu müssen, sucht man nach Verfahren, die eine solche Entscheidung stets herbeiführen. Ein solches Verfahren, das für jede Stichprobe die Entscheidung, ob das Stichprobenergebnis die Hypothese stützt oder nicht, herbeiführt, heißt *statistischer Test*. Die Standardtests in der Statistik sind dadurch ausgezeichnet, daß sie in gewisser Weise optimal sind. Viele Tests setzen voraus, daß die Beobachtungen unabhängig sind, wie es in sogenannten Zufallsstichproben der Fall ist. Die meisten statistischen Tests

werden mit Hilfe einer *Prüfgröße* (oder Teststatistik) durchgeführt. Eine solche Prüfgröße ist eine Vorschrift, nach der aus einer gegebenen Stichprobe eine Zahl errechnet
wird. Der Test besteht nun darin, daß je nach dem Wert der Prüfgröße entschieden
wird.

Beispielsweise sei x eine normalverteilte zufällige Variable. Bei bekannter Standardabweichung σ wird die Nullhypothese $\mu = \mu_0$ (bzw. $\mu - \mu_0 = 0$) aufgestellt, d.h. der
Mittelwert μ der Grundgesamtheit, er wird aus einer Zufallsstichprobe geschätzt, weicht
vom erwünschten Sollwert μ_0 nicht ab. Die Alternativhypothese ist die Verneinung der
Nullhypothese, d.h. $\mu \neq \mu_0$ (bzw. $\mu - \mu_0 \neq 0$). Als Prüfgröße dient uns ($n =$ Stichprobenumfang)

$$\frac{\bar{x} - \mu_0}{\sigma} \sqrt{n} = \hat{z} \qquad (1.122)$$

Theoretisch ist $\hat{z}$ standardnormalverteilt, weist also den Mittelwert Null auf. Der vom
Stichprobenausfall abhängige Wert der Prüfgröße wird von Null mehr oder weniger
abweichen. Als Maß der Abweichung nehmen wir den absoluten Betrag $|\hat{z}|$. Je nach dem
vorgewählten Signifikanzniveau α läßt sich nun ein kritischer Wert z derart angeben,
daß *bei Zutreffen der Nullhypothese*

$$P(|\hat{z}| \geq z) = \alpha \qquad (1.123)$$

wird. Ergibt die Stichprobe einen Wert der Prüfgröße $\hat{z}$ mit $|\hat{z}| < z$ (z.B. für $\alpha = 0{,}01$
ergibt sich $z = 2{,}58$), so nimmt man an, daß diese Abweichung vom Wert Null der
Hypothese als zufallsbedingt gelten kann. Man sagt: Die Nullhypothese wird durch die
Stichprobe nicht widerlegt. Vorbehaltlich weiterer Prüfverfahren und sozusagen aus
Mangel an Beweisen, nicht etwa wegen erwiesener Richtigkeit, wird man sich für ein
Beibehalten der Nullhypothese entscheiden. Im folgenden verstehen wir unter $\alpha\%$-
Niveau den Prozentsatz, der der Wahrscheinlichkeit α entspricht (z.B. $\alpha = 0{,}01$, $\alpha\%$
entspricht $0{,}01 \cdot 100\% = 1\%$).

Wird $|\hat{z}| \geq z$, (z.B. $|\hat{z}| \geq 2{,}58$ für das 1%-Niveau) so würde das bei Zutreffen der Null-
hypothese das zufallsbedingte Auftreten einer an sich zwar möglichen, aber eben doch
recht unwahrscheinlichen großen Abweichung bedeuten. Man sieht es in diesem Fall
als wahrscheinlicher an, daß die Nullhypothese nicht stimmt, d.h. man entscheidet sich
für das Verwerfen der Nullhypothese auf dem $\alpha\%$-Niveau. Wir werden später noch andere
Prüfgrößen als (1.122) kennenlernen (vgl. auch S. 282). Für alle gilt: Die angegebenen
Verteilungen der Prüfgrößen sind nur dann streng gültig, wenn die Nullhypothese
zutrifft (vgl. auch Zahlen 1966 und Calot 1967).

Beispiel

Gegeben: $\mu_0 = 25{,}0$; $\quad \sigma_0 = 6{,}0$ und $\quad n = 36$, $\quad \bar{x} = 23{,}2$

$H_0 : \mu = \mu_0$ $\quad (H_A : \mu \neq \mu_0)$ $\quad \alpha = 0{,}05$ $\quad (S = 0{,}95)$

$|\hat{z}| = \dfrac{|23{,}2 - 25{,}0|}{6} \sqrt{36} = 1{,}80$

Da $|\hat{z}| = 1{,}80 < 1{,}96 = z_{0{,}05}$, wird die Nullhypothese (Gleichheit der Mittelwerte) auf
dem 5%-Niveau nicht abgelehnt, d.h. die Nullhypothese wird beibehalten.

Eine nicht verworfene Nullhypothese wird, da sie richtig sein kann und nicht im Widerspruch zum vorliegenden Beobachtungsmaterial steht, als *Arbeitshypothese* beibehalten. Wichtiger als die mögliche Richtigkeit der Nullhypothese ist aber die Tatsache, daß uns ausreichendes Datenmaterial zu ihrer Ablehnung fehlt. Ergänzt man das Material, so ist eine erneute Überprüfung der Nullhypothese möglich. Es ist oft nicht leicht zu entscheiden, wie lange Daten zur Überprüfung der Nullhypothese gesammelt werden sollen; denn mit genügend großen Stichprobenumfängen lassen sich fast alle Nullhypothesen ablehnen (in Abschnitt 3.1 werden einige Formeln zur Wahl geeigneter Stichprobenumfänge gegeben).

Beispiel

Gegeben: $\mu_0 = 25{,}0;$ $\sigma_0 = 6{,}0$ und $n = 49,$ $\bar{x} = 23{,}1$

$H_0 : \mu = \mu_0$ $(H_A : \mu \neq \mu_0)$ $\alpha = 0{,}05$ $(S = 0{,}95)$

$$|\hat{z}| = \frac{|23{,}1 - 25{,}0|}{6}\sqrt{49} = 2{,}22$$

Da $|\hat{z}| = 2{,}22 > 1{,}96 = z_{0{,}05}$, wird die Nullhypothese auf dem 5%-Niveau (mit einer statistischen Sicherheit von 95%) abgelehnt.

> Die Testtheorie ist in den Jahren um 1930 von E.S. Pearson und J. Neyman entwickelt worden (vgl. Neyman 1942, 1950 sowie Pearson und Kendall 1970).

Arten statistischer Tests

Stellen wir beim „Tee-Test" nur eine einzige Hypothese, die Nullhypothese, auf und dient der durchgeführte Test nur dazu, zu prüfen, ob diese Hypothese nicht verworfen werden soll, so spricht man von einem *Signifikanztest*. Tests, die zur Nachprüfung von Hypothesen über einen Parameter (z. B. der Nullhypothese $\mu = \mu_0$) dienen, nennt man *Parametertests*. Ein *Anpassungstest* prüft, ob eine beobachtete Verteilung mit einer hypothetischen verträglich ist. Eine besondere Rolle spielt die Frage, ob ein Merkmal normalverteilt ist, da viele Tests dieses voraussetzen. Wenn ein Test über die zugrunde liegende Verteilung keine Voraussetzungen macht, bezeichnet man ihn als *verteilungsfrei*. Anpassungstests gehören zu den verteilungsfreien Verfahren. Wir sehen jetzt auch, daß optimale Tests unempfindlich oder robust gegenüber Abweichungen von bestimmten Voraussetzungen (z. B. Normalverteilung), aber empfindlich gegenüber den zu prüfenden Abweichungen von der Nullhypothese sein sollten. Ein Test ist bezüglich einer bestimmten Voraussetzung robust, wenn er auch bei stärkeren Abweichungen von dieser Voraussetzung ausreichend genaue Resultate liefert, d.h. wenn die effektive der vorgegebenen Irrtumswahrscheinlichkeit entspricht.

Stochastik

> **Statistik** kann definiert werden als die Methodik oder Kunst, Daten zu gewinnen und zu analysieren, um zu neuem Wissen zu gelangen, wobei die mathematische Behandlung von Zufallserscheinungen im Vordergrund steht. Der sich mit der mathematischen Behandlung von Zufallserscheinungen befassende Wissenschaftsbereich, der durch Wahrscheinlichkeitstheorie, Statistik und deren Anwendungsgebiete gekennzeichnet ist, wird als **Stochastik** bezeichnet.

Dem induktiv geführten Schluß der *zufallskritischen Statistik* von einer Zufallsstichprobe (d.h. einer Stichprobe, die bis auf zufällige Fehler die Grundgesamtheit vertreten kann, für sie repräsentativ ist) auf die zugehörige Grundgesamtheit stellt die *Wahrscheinlichkeitsrechnung* den deduktiv geführten Schluß von der Grundgesamtheit, von dem Modell auf die Eigenschaften der mit dem Modell verträglichen zufälligen Stichproben gegenüber.

Die zufallskritische Statistik hat zwei Aufgaben:
1. Die Schätzung unbekannter Parameter der Grundgesamtheit mit Angabe der Vertrauensgrenzen (*Schätzverfahren*).
2. Die Prüfung von Hypothesen über die Grundgesamtheit (*Testverfahren*).

Je mehr Eigenschaften der Grundgesamtheit aufgrund plausibler Theorien oder aus früheren Erfahrungen wenigstens in groben Zügen bekannt sind, desto präziser wird das gewählte wahrscheinlichkeitstheoretische Modell sein und desto präziser lassen sich die Resultate der Test- und Schätzverfahren fassen.

Wesentlich für die wissenschaftliche Methode ist die Verbindung deduktiver und induktiver Prozesse: Der *Induktion*, die eine immer weiter verfeinerte Analyse voraussetzt, obliegt es, aufgrund empirischer Beobachtungen ein Modell zu schaffen, es zu prüfen und zu verbessern. Der *Deduktion* fällt die Aufgabe zu, die aufgrund bisheriger Modellkenntnis latenten Konsequenzen des Modells aufzuzeigen, die besten Verfahren zur Errechnung der Schätzwerte für die Parameter der Grundgesamtheit des Modells aus der Stichprobe auszuwählen und die Natur der statistischen Verteilung dieser Schätzwerte für zufällige Stichproben zu deduzieren.

146   Einseitige und zweiseitige Tests

Besteht der Zweck eines Versuches darin, zwischen zwei Behandlungen, besser zwischen zwei durch unterschiedliche Behandlungen geschaffene Grundgesamtheiten, einen Unterschied festzustellen, so wird man im allgemeinen über die Richtung eines vermutlichen Größenunterschiedes der beiden Parameter – sagen wir der Mittelwerte zweier Meßreihen – im unklaren sein. Der Nullhypothese: Die beiden Mittelwerte entstammen einer gemeinsamen Grundgesamtheit $(\mu_1 = \mu_2)$ – ihre Unhaltbarkeit nachzuweisen ist unser Ziel – wird, da unklar ist, welcher Parameter der größere Wert sein wird, die Alternativhypothese: die beiden Mittelwerte entstammen unterschiedlichen Grundgesamtheiten $(\mu_1 \neq \mu_2)$, gegenübergestellt. Mitunter gestattet uns eine *begründete Hypothese* (!) über die Richtung des zu erwartenden Unterschiedes bestimmte Voraussagen zu machen, etwa: der Mittelwert der Grundgesamtheit I ist größer als der Mittelwert der Grundgesamtheit II $(\mu_1 > \mu_2)$, oder die entgegengesetzte Aussage $\mu_1 < \mu_2$. In beiden Fällen müssen wir dann diejenige der beiden Abweichungen, die die Alternativhypothese nicht berücksichtigt, zur Nullhypothese rechnen. Lautet die Alternativhypothese $\mu_1 > \mu_2$, so ist die entsprechende Nullhypothese $\mu_1 \leqq \mu_2$. Der Alternativhypothese $\mu_1 < \mu_2$ entspricht dann die Nullhypothese $\mu_1 \geqq \mu_2$.

Lautet die Alternativhypothese $\mu_1 \neq \mu_2$, so sprechen wir von einer *zweiseitigen* Alternativhypothese, da, bei Ablehnung der Nullhypothese $(\mu_1 = \mu_2)$, $\mu_1 > \mu_2$ oder $\mu_1 < \mu_2$ als mögliche Resultate in Frage kommen. Man spricht von der zweiseitigen Fragestellung und vom zweiseitigen Test. Bei der einseitigen Fragestellung – ein Parameter ist größer als der andere – wird der Alternativhypothese $\mu_1 > \mu_2$ die Nullhypothese $\mu_1 \leqq \mu_2$ gegenübergestellt (bzw. $\mu_1 < \mu_2$ gegenüber $\mu_1 \geqq \mu_2$). Wenn man die Richtung eines vermutlichen Größenunterschiedes zweier Parameter – beispielsweise Mittelwerte oder Prozentsätze – kennt, dann entscheide man sich *vor* der statistischen Analyse zu einem einseitigen Test. Weiß man, daß zu der Nullhypothese $\pi = \pi_0$, beispielsweise gleicher Therapie-Effekt zweier Heilmittel, die Alternativhypothese $\pi < \pi_0$, das neue Heilmittel ist schlechter, aufgrund der Erfahrungen oder Vorversuche praktisch ausgeschlossen werden kann, dann muß der *einseitige* Test $\pi > \pi_0$ dem zweiseitigen Test $\pi \neq \pi_0$, beide Heilmittel sind ungleich in ihrer Wirkung, das neue Heilmittel ist besser oder schlechter als das alte, vorgezogen werden, weil er die größere Teststärke besitzt, die Unrichtigkeit der zu prüfenden Hypothese also häufiger aufdeckt, d. h. hinsichtlich der Entdeckung eines Unterschiedes mächtiger ist. Ist man unentschlossen, ob die ein- oder die zweiseitige Fragestellung zu bevorzugen ist, so muß der zweiseitige Test angewandt werden.

147 Die Teststärke

Bei Entscheidungsverfahren sind zwei Fehlerarten zu berücksichtigen: Fehler erster und zweiter Art.

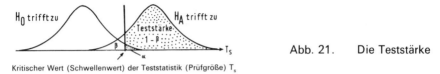

Abb. 21.   Die Teststärke

Der Zusammenhang zwischen ihnen läßt sich anhand der Abb. 21 aufzeigen. Zwei Stichprobenverteilungen einer gegebenen Prüfgröße oder Teststatistik seien durch die beiden Glockenkurven dargestellt, die linke repräsentiere die Nullhypothese (H_0), die rechte eine spezifizierte (einseitige) Alternativhypothese (H_A). Erhalten wir nun aufgrund eines bestimmten Entscheidungsverfahrens einen kritischen Wert für die Teststatistik, dann sind – je nach Lage der aus einer Stichprobe empirisch ermittelten Teststatistik – zwei Entscheidungen möglich. Erreicht oder überschreitet dieser Wert der Teststatistik den kritischen Wert, dann wird die Nullhypothese abgelehnt, d. h. die Alternativhypothese akzeptiert. Wird der kritische Wert durch die Teststatistik nicht erreicht, dann besteht keine Veranlassung, die Nullhypothese abzulehnen, d. h. sie wird beibehalten. Abb. 22 zeigt, daß je nach Lage des kritischen Wertes der Teststatistik – bei konstantem Abstand zwischen den mittleren Teststatistiken für $H_0(T_{S1})$ und $H_A(T_{S2})$ – mit kleiner werdender Irrtumswahrscheinlichkeit α der Wert β, das Risiko II, zunimmt.

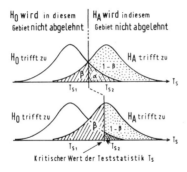

Abb. 22.   Kritischer Wert der Teststatistik (Prüfgröße) in Abhängigkeit von α (und β)

Das Risiko II, die möglichst kleine Wahrscheinlichkeit β, eine falsche Nullhypothese beizubehalten, *hängt ab:*

1. Vom Umfang der Stichprobe n: Je größer die Stichprobe ist, umso eher wird bei gegebenem Signifikanzniveau α (Risiko I) ein Unterschied zwischen zwei Grundgesamtheiten entdeckt werden.
2. Vom Grad des Unterschiedes δ zwischen dem hypothetischen und dem wahren Zustand, das ist der Betrag δ, um den die Nullhypothese falsch ist.
3. Von der Eigenart des Tests, die man als *Teststärke* oder als *Testschärfe* (Trennschärfe, Güte, Macht, engl. power) bezeichnet. Die Teststärke oder Power ist um so größer:

a) Je höher der vom Test verwendete Informationsgehalt der Ausgangsdaten ist – nimmt also in der Reihe: Häufigkeiten, Rangplätze und Meßwerte zu (vgl. S. 107 u. 224).

b) Und je mehr Voraussetzungen über die Verteilung der Werte gemacht werden: Ein Test, der Normalverteilung und Varianzhomogenität erfordert, ist im allgemeinen wesentlich stärker als einer, der keinerlei Voraussetzungen macht.

Die Teststärke oder Trennschärfe eines Tests ist die Wahrscheinlichkeit H_0 abzulehnen, wenn die spezielle einfache H_A richtig ist. Sie hängt damit zumindest ab von δ, α, n und von der Gerichtetheit oder Seitigkeit des Tests (zwei- oder einseitiger Test).

$$\text{Teststärke} = P(\text{Entscheidung } H_0 \text{ abzulehnen} | H_A \text{ trifft zu}) = 1 - \beta \qquad (1.124)$$

Je kleiner bei vorgegebenem α die Wahrscheinlichkeit β ist, desto schärfer trennt der Test H_0 und H_A. Ein Test heißt trennscharf (powerful), wenn er im Vergleich zu anderen möglichen Tests bei vorgegebenem α eine relativ hohe Trennschärfe aufweist. Wenn H_0 wahr ist, ist die Maximalpower eines Tests gleich α. Nur bei großem n oder bei großem Unterschied δ wird sich dann, wenn ein sehr kleines α vorgegeben wird, statistische Signifikanz ergeben. Daher begnügt man sich häufig mit dem 5%-Niveau und einer Power von mindestens 70%, besser von etwa 80%. Näheres ist Cohen (1969) zu entnehmen (vgl. auch Lehmann 1958 sowie Cleary und Linn 1969). Beliebig läßt sich die Trennschärfe nur durch wachsenden Stichprobenumfang erhöhen. Es sei daran erinnert, daß Zufallsstichproben mit unabhängigen Beobachtungen vorausgesetzt werden (vgl. auch S. 291). Trennschärfevergleiche von Tests werden anhand der asymptotischen Effizienz (asymptotic relative efficiency, Pitman efficiency, vgl. S. 105 u. 230) vorgenommen.

Beim Übergang von der einseitigen auf die zweiseitige Fragestellung vermindert sich die Teststärke. Für Abb. 23 würde das bedeuten: Das „Dreieck" α wird halbiert, der kritische T_S-Wert wandert nach rechts, erhöht sich, β wird größer und die Teststärke kleiner. Bei gleichem Stichprobenumfang ist ein einseitiger Test stets trennschärfer als der zweiseitige. Die in Abb. 24 stark schematisiert gezeichneten Teststärkekurven zeigen die

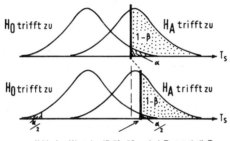

Abb. 23.   Abhängigkeit der Teststärke von der ein- oder zweiseitigen Fragestellung

Kritischer Wert der (Prüfgröße oder) Teststatistik T_s

Teststärke als Funktion des Unterschiedes zwischen zwei Mittelwerten. Ein Test ist bei gegebener Parameter-Differenz umso stärker, je größer n und α werden. Für α ist der uns zur Verfügung stehende Variationsbereich natürlich nur klein, da wir das Risiko, eine wahre Nullhypothese abzulehnen, im Normalfall nur ungern über 5% anwachsen lassen werden:

1. Besteht zwischen den Mittelwerten der Grundgesamtheiten kein Unterschied, so werden wir, wenn wir mit dem Signifikanzniveau α arbeiten, in α% der Fälle die Nullhypothese zu Unrecht aufgeben: Ablehnungswahrscheinlichkeit = Risiko I.

2. Besteht zwischen den Mittelwerten ein Unterschied von 1,5 Einheiten von σ_0, so wird der stärkere Test, die engere umgekehrte Glockenkurve der Abb. 24, bei 100 Stich-

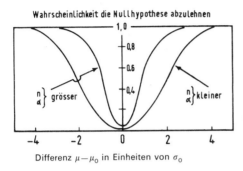

Abb. 24. Teststärkekurven (Gütefunktionen) für unterschiedliche Bedingungen bei zweiseitiger Fragestellung, die mittlere Ordinate gibt für beide Kurven die Irrtumswahrscheinlichkeiten ($\alpha \approx 0{,}01$ bzw. $\alpha \approx 0{,}03$), mit zunehmendem α und n nähern sich die napfförmigen Kurven ihrer Symmetrieachse, der Ordinate; alles schematisiert

proben 80mal den bestehenden Unterschied nachweisen (Teststärke = 0,80). Dagegen wird der schwächere Test – die weite umgekehrte Glockenkurve – ziemlich versagen; er wird nur in 30% der Fälle den Unterschied aufdecken (Teststärke = 0,30).

3. Besteht zwischen den Mittelwerten ein sehr großer Unterschied, dann haben beide Kurven die Teststärke 1.

Wir haben somit gesehen, daß beim zweiseitigen Test mit zunehmendem Abstand $\mu - \mu_0$ die Wahrscheinlichkeit, die Nullhypothese abzulehnen, zunimmt und daß es mit kleiner werdendem Signifikanzniveau und mit kleiner werdendem Stichprobenumfang schwieriger wird, eine wahre Alternativhypothese zu akzeptieren. Auch hieraus ersehen wir, daß zur Erzielung einer guten Teststärke möglichst große Stichprobenumfänge verwendet werden sollten. *Ist der Stichprobenumfang klein, dann sollte das Signifikanzniveau nicht zu klein sein*, da sowohl die kleine Stichprobe als auch ein kleines Signifikanzniveau sich durch unerwünschte Senkung der Teststärke bemerkbar machen. Der einseitige Test ist, wie wir gesehen haben, durch eine größere Teststärke ausgezeichnet als der zweiseitige. Da der einseitige Test damit bestehende Unterschiede eher aufdeckt als der zweiseitige, wird die einseitige Fragestellung bevorzugt, wenn gewisse Alternativen ohne Bedeutung oder ohne Interesse sind. Wird beispielsweise eine neue Therapie mit einer allgemein praktizierten verglichen, dann ist nur die Frage interessant, ob die neue Therapie besser ist. Ist die neue Methode weniger wirksam oder genau so wirksam, dann besteht keine Veranlassung, von der alten Methode abzugehen. Stehen aber zwei neue Methoden im Vergleich, dann ist die zweiseitige Fragestellung die einzig brauchbare. Nicht zuletzt deshalb, weil der einseitige Test gegenüber der anderen oder sagen wir „falschen" Alternativhypothese nahezu unempfindlich ist.

Verteilungsfreie Tests, besonders Schnelltests, sind gegenüber den parametrischen Tests durch eine geringere Teststärke charakterisiert. Hat man wirklich einmal normalverteilte oder homogen variante Meßwerte zu analysieren, so nimmt man bei Anwendung verteilungsfreier Tests einen höheren Fehler 2. Art in Kauf. Die statistische Entscheidung ist dann konservativ, d. h. man hält „länger" als geboten an der Nullhypothese fest und kommt etwas seltener zu signifikanten Befunden, oder anders ausgedrückt: zur Verwerfung der Nullhypothese sind größere Stichproben nötig. *Liegen kleine Stichproben vor ($n < 15$), dann sind verteilungsfreie Tests oft wirksamer als die sonst optimalen parametrischen Tests.*

Kommen für eine Analyse mehrere Tests in Frage, so ist im allgemeinen derjenige Test zu bevorzugen, der den Informationsgehalt der Ausgangsdaten am vollständigsten ausschöpft. Verlangt wird natürlich, daß die Grundvoraussetzungen des dem Test zugrundeliegenden statistischen Modells seitens der Ausgangsdaten erfüllt sind. Sind die Voraussetzungen eines Testverfahrens nicht oder nur teilweise erfüllt, so muß dies in der entsprechend vorsichtigen Interpretation des Resultates berücksichtigt werden. *Es ist zu empfehlen, die Voraussetzungen, deren Erfüllung unsicher ist, namentlich zu nennen.* Beispielsweise: „Unter der Voraussetzung, daß die beiden Stichproben normalverteilten Grundgesamtheiten entstammen, besteht . . ." Folgende Warnung sei beherzigt:

Ein „Durchprobieren" der Tests ist nicht zulässig. Durch fast ausschließliche Verwendung von einseitigen Tests und die Auswahl eines Tests aufgrund der Resultate wird praktisch erreicht, daß die effektive Irrtumswahrscheinlichkeit mitunter mehr als doppelt so groß ist wie die vorgegebene Irrtumswahrscheinlichkeit (Walter 1964).

Die Operationscharakteristik

Abb. 24 gibt die Teststärke an in Abhängigkeit von der Mittelwertsdifferenz in Einheiten der Standardabweichung ($\mu - \mu_0 / \sigma_0$), die Teststärkefunktion (engl. power function) oder wie man auch sagt, die Trennschärfe- oder *Gütefunktion*. Ihr Komplement, die Wahrscheinlichkeit, eine falsche Nullhypothese beizubehalten, d. h. einen Fehler 2. Art zu begehen, wird *Operationscharakteristik OC, OC*-Kurve (engl. operating characteristic curve) oder Annahmekennlinie genannt; etwas salopp formuliert:

$$\text{Operationscharakteristik} = 1 - \text{Gütefunktion}$$ (1.125)

OC-Kurven sind bei zweiseitiger Fragestellung *glockenförmige* Komplemente der napfförmigen Gütefunktionen.

Wir können nun zur Kennzeichnung eines Tests eine dieser beiden Funktionen heranziehen und z. B. anhand der *OC* für gegebenes Risiko I und n das zur Unterscheidung zwischen Null- und Alternativhypothese, zur Entdeckung des Unterschiedes Δ (gr. Delta) unvermeidbare Risiko II ablesen. Wenn für gegebenes Risiko I bei kleinem Risiko II der benötigte Stichprobenumfang zur Aufdeckung von Δ zu groß wird, muß das Risiko I

216

vergrößert werden (Tafel 52 a bringt spezielle Beispiele zur Bestimmung des Stichprobenumfanges für den Vergleich zweier Mittelwerte nach „Student" bei gegebenem Risiko I, Risiko II und Unterschied Δ). Mitunter kann man allerdings auch einen trennschärferen oder mächtigeren Test verwenden. Die *OC* würde bei gleichem Stichprobenumfang steiler verlaufen und damit einen Unterschied besser erkennen lassen. Ist ein Versuch abgeschlossen, dann zeigt die *OC*, welche Chance man hat, um Δ zu entdecken. War bei kleinem Stichprobenumfang ebenfalls ein kleines Risiko I vorgegeben worden, dann ist ein großes Risiko II zu erwarten und ein Beibehalten der Nullhypothese nur mit Vorsicht zu akzeptieren, da unter diesen Bedingungen auch ein deutlicher Unterschied kaum hätte entdeckt werden können. Große Bedeutung hat die *OC* für die Festlegung von *Stich-*

probenplänen im Rahmen der Qualitätsüberwachung, insbesondere der Abnahmeprüfung. Beispiele für die Konstruktion von *OC*-Kurven geben Bunt (1962) und Yamane (1964). *OC*-Kurven für die wichtigsten Tests geben Ferris u. Mitarb. (1964), Owen (1962), Natrella (1963) und Beyer (1968; zitiert auf S. 439) (vgl. auch Guenther 1965, Liebscher 1968, Hodges und Lehmann 1968 sowie Morice 1968). Ausführliche Tafeln gibt Cohen (1969).

148   Verteilungsfreie Verfahren

Die klassischen statistischen Verfahren setzen allgemein Normalverteilung voraus, die streng genommen jedoch nie vorliegt, so daß jede Anwendung ein mehr oder weniger unbefriedigendes Gefühl hinterläßt. Aus diesem Grund wurde die Entwicklung **verteilungsfreier oder verteilungsunabhängiger Methoden, die die Normalverteilung nicht voraussetzen,** mit großem Interesse verfolgt. Bei diesen Tests wird über die Form der Verteilung keinerlei Voraussetzung gemacht, wenn nur gewährleistet oder zumindest plausibel erscheint, daß *die zu vergleichenden* (zufälligen!) *Stichproben derselben Grundgesamtheit angehören* (Walter 1964), daß sie mit Lubin (1962) als *homomer* aufgefaßt werden können. Man bezeichnet verteilungsfreie Methoden, da Parameter kaum eine Rolle spielen, auch als *parameterfreie oder nichtparametrische Methoden.* Sie sind meistens numerisch sehr einfach zu handhaben. Ihr Vorteil besteht darin, daß man praktisch überhaupt *keine Kenntnisse über die Verteilungsfunktion der Grundgesamtheit* zu haben braucht. Darüber hinaus können diese meist leichter verständlichen Verfahren auch auf *Rangdaten* und qualitative Informationen angewendet werden.

Unter den folgenden Voraussetzungen ist beispielsweise der klassische Mittelwertvergleich nach „Student" anwendbar:

1. Unabhängigkeit der Beobachtungsdaten (Zufallsstichproben!).
2. Das Merkmal muß in Einheiten einer metrischen Skala (z.B. *m-kg-s* System) meßbar sein.
3. Die Grundgesamtheiten müssen (zumindest angenähert) normalverteilt sein.
4. Die Varianzen müssen gleich sein ($\sigma_1^2 = \sigma_2^2$).

Die dem „Student"-Test entsprechenden verteilungsfreien Verfahren fordern lediglich unabhängige Daten. Ob die Beobachtungsdaten voneinander unabhängig sind, muß aus der Art ihrer Gewinnung geschlossen werden. So ist die praktisch einzige Voraussetzung lediglich, daß *alle Daten oder Datenpaare zufallsmäßig und unabhängig voneinander aus ein und derselben Grundgesamtheit* von Daten entnommen worden sind, was durch den Aufbau und die Durchführung der Untersuchung gewährleistet sein muß.

Da ein verteilungsfreier Test, wenn man ihn auf normalverteilte Meßwerte anwendet, stets schwächer ist als der entsprechende parametrische Test, wird (vgl. S. 102) nach Pitman (1949) der Index E_n

$$E_n = \frac{n \text{ für den parametrischen Test}}{n \text{ für den nichtparametrischen Test}} \qquad (1.126)$$

als *„Effizienz"* (Wirksamkeit) des nichtparametrischen Tests bezeichnet. Hierbei bezeichnet n den jeweils erforderlichen Stichprobenumfang zur Erzielung einer gegebenen Teststärke. Der Begriff „asymptotische Effizienz" meint die Wirksamkeit des Tests im Grenzfall einer unendlich großen Stichprobe normalverteilter Meßwerte. In diesem Index kommt zum Ausdruck, wie wirksam oder wie leistungsfähig ein verteilungsfreier Test ist, wenn er anstelle eines klassischen Tests auf normalverteilte Daten angewendet wird. Eine asymptotische Effizienz von $E = 0,95$ – wie ihn beispielsweise der *U*-Test aufweist – bedeutet: Wenn man bei Anwendung des nichtparametrischen Tests im Durchschnitt eine Stichprobe von $n = 100$ Meßwerten für eine bestimmte Signifikanzstufe benötigt, so käme man bei Anwendung des entsprechenden parametrischen Tests mit $n = 95$ Meßwerten aus. Verteilungsunabhängige Verfahren setzen Zufallsstichproben aus einer stetig verteilten Grundgesamtheit voraus (vgl. z.B. Bradley 1968). Sie sind dann angezeigt, wenn (a) das parametrische Verfahren wenig robust gegenüber gewissen Abweichungen von den Voraussetzungen ist, oder wenn (b) die Erzwingung dieser Voraussetzungen durch eine geeignete Transformation (b_1) bzw. durch Beseitigung von Ausreißern (b_2) Schwierigkeiten bereitet; allgemein: bei Nicht-Normalität (1), bei Daten, die einer Rangskala oder einer Nominalskala (vgl. S. 107) entstammen (2) sowie zur Kontrolle eines parametrischen Tests (3) und als Schnelltest (4).

Verteilungsfreie Tests, die sich durch die Kürze des Rechenganges auszeichnen, werden als Schnelltests bezeichnet. Die Eigenart dieser Tests ist neben ihrer *Rechenökonomie* ihre weitgehend *voraussetzungsfreie Anwendbarkeit*. Ihr Nachteil ist *geringe Teststärke*; denn nur ein Teil der im Zahlenmaterial enthaltenen Information wird zur statistischen Entscheidung herangezogen!

Verglichen mit dem einschlägigen optimalen parametrischen oder nichtparametrischen Test ist die statistische Entscheidung eines Schnelltests *konservativ*; d. h. er hält länger als geboten an der Nullhypothese fest oder anders formuliert: es sind größere Stichproben von Meßwerten, Rang- oder Alternativdaten erforderlich, um die Nullhypothese zu verwerfen. Näheres ist den auf S. 455/456 genannten Büchern zu entnehmen.

Anwendungsindikationen für verteilungsfreie Schnelltests nach Lienert (1962):

1. Das wichtigste Einsatzgebiet für verteilungsfreie Schnelltests ist die *überschlagsmäßige* Beurteilung der Signifikanz parametrischer wie nichtparametrischer Meßreihen. Man untersucht dabei, ob es überhaupt lohnt, eine Signifikanzprüfung mit einem aufwendigen optimalen Test durchzuführen. Für den Ausgang eines Schnelltests gibt es drei Möglichkeiten:

   a) Das Ergebnis kann deutlich signifikant sein, die Prüfung mit einem stärkeren Test erübrigt sich, da das Prüfziel auch mit einem schwachen Test erreicht wurde.

   b) Das Ergebnis kann absolut insignifikant sein, d. h. keinerlei Signifikanzchancen erkennen lassen; in diesem Fall erübrigt sich der Test mit einem schärferen Test ebenfalls.

   c) Das Ergebnis kann eine Signifikanztendenz aufweisen oder knapp signifikant sein, in diesem und nur in diesem Fall ist eine Nachprüfung mit der aufwendigen optimalen Methode möglich, aber, streng genommen, nicht zulässig (vgl. S. 104).

2. Ein weiteres Indikationsgebiet für verteilungsfreie Schnelltests ist die Signifikanzbeurteilung von Daten, die aus *Vorversuchen* gewonnen worden sind. Ergebnisse aus orientierenden Vorversuchen müssen gut fundiert sein, wenn die folgenden Hauptversuche eine gesicherte Aussage erwarten lassen sollen.

3. Schnelltests können schließlich überall dort unbedenklich zur *endgültigen* Signifikanzbeurteilung eingesetzt werden, wo große Stichproben von Meßwerten vorliegen, d. h. Stichproben etwa vom Umfang $n > 100$. Diese Empfehlung läßt sich mit der Überlegung begründen, daß bei großem n auch ein schwacher Test eine bestehende Signifikanz aufzeigen muß, wenn das Ergebnis nicht nur statistisch, sondern auch praktisch bedeutsam sein soll. Hinzu kommt, daß sich die Ersparnis an Rechenarbeit hier besonders bemerkbar macht.

Unter den drei Anwendungsmöglichkeiten kommt der erstgenannten ohne Zweifel die größte praktische Bedeutung zu, denn hier macht sich das Ökonomieprinzip gleich in zweifacher Weise bemerkbar: Einmal in der Kürze des überschlagsmäßigen Verfahrens und zum anderen in der Vermeidung einer überflüssigen Signifikanzprüfung mit einem aufwendigeren Test.

Hinweis: Maßsysteme

Nach ihrer Berufszugehörigkeit gefragte Versuchspersonen lassen sich in keine eindeutige und objektive Reihenfolge bringen. Klassifizierungen dieser Art – wir sprechen von der *Nominalskala* – liegen bei der Aufstellung von Geschlechts-, Berufs-, Sprach- und Nationalitätengruppen vor. Häufig bietet sich eine sachbestimmte Ordnung an: Beispielsweise, wenn die Untersuchungsobjekte nach dem Alter oder nach einem anderen Merkmal in eine objektive Reihenfolge gebracht werden, wobei jedoch die Abstände auf der *Rangskala* keine echten Realabstände darstellen: So kann bei einer nach dem Alter orientierten Rangskala auf einen Zwanzigjährigen ein Dreißigjähriger und dann weiter ein Zweiunddreißigjähriger folgen.

Sind aufeinanderfolgende Intervalle konstant, es sei an die konventionelle Temperaturmessung nach Celsius gedacht, so ermöglicht die *Intervallskala* noch keinen sinnvollen Vergleich: Es ist unkorrekt, zu behaupten, daß zehn Grad Celsius doppelt so warm seien wie fünf Grad Celsius. Erst eine Intervallskala mit absolutem Nullpunkt läßt sinnvolle Vergleiche zu. Merkmale, für die ein solcher Nullpunkt angegeben werden kann, sind etwa Temperaturmessung in Grad Kelvin, Länge, Gewicht und Zeit. Skalen dieser Art sind die leistungsfähigsten, sie werden als *Verhältnisskalen* bezeichnet. Während sich eine Verhältnisskala durch Multiplikation mit einer positiven Konstanten in eine andere überführen läßt, beispielsweise 1 US-Mile = 1,609347 mal 1 Kilometer, d. h. $y = ax$ – wobei das Verhältnis zweier numerischer Beobachtungen bei der Multiplikation mit einer Konstanten erhalten bleibt – ändert es sich bei Einheiten der Intervallskala:

Grad Celsius:	0	10	100
Grad Fahrenheit:	32	50	212

Den von Stevens (1946) unterschiedenen vier Skalenarten kann man folgende Begriffe der Statistik zuordnen:

1. *Nominalskala* (Willkürliche Numerierung: z.B. Autonummern): Berufsbezeichnungen bzw. Häufigkeitsdaten, χ^2-Tests, Binomial- und Poisson-Verteilung und als Lagekennwert das Dichtemittel.
2. *Rangskala:* Schulnoten u.a. Daten, die eine Rangordnung ausdrücken, Rangordnungstests wie der *U*-Test, der *H*-Test, die Rangvarianzanalyse und die Rangkorrelation bzw. Dezile wie der Median.
3. *Intervallskala:* Temperaturmessung in Grad Celsius oder Fahrenheit bzw. die typischen parametrischen Kennwerte wie der arithmetische Mittelwert, die Standardabweichung, der Korrelations- und der Regressionskoeffizient sowie die üblichen statistischen Tests wie der *t*-Test und der *F*-Test.
4. *Verhältnisskala* (mit wahrem Nullpunkt): Temperaturmessung in Grad Kelvin, die Einheiten der Physik wie m, kg, s bzw. (zu den in 3. genannten Kennwerten) noch das geometrische und das harmonische Mittel sowie der Variationskoeffizient.

Wesentlich ist, daß auf Daten, die einer *Nominalskala* oder einer *Rangskala* angehören, nur *verteilungsunabhängige* Tests angewandt werden dürfen, während die Werte einer Intervall- oder Verhältnisskala sowohl mit parametrischen als auch mit verteilungsunabhängigen Tests analysiert werden können.

149   Entscheidungsprinzipien

Viele unserer Entscheidungen werden gemäß der sogenannten Minimax-Philosophie von Abraham Wald (1902–1950) gefällt. Nach dem *Minimax-Prinzip* (vgl. von Neumann 1928) wird diejenige Entscheidung bevorzugt, die den maximalen Verlust, der im ungünstigsten Falle zu erwarten ist, zu einem Minimum macht. Der *kleinstmögliche Verlust* gibt den Ausschlag. Das ist optimal bei größtmöglicher Risikoscheu; dies führt in vielen Fällen zu einer kaum tragbaren Außerachtlassung großer Chancen. Nur ein chronischer Pessimist wird stets so handeln. Andererseits „minimisiert" dieses Prinzip die Chancen eines katastrophalen Verlustes. *Ein Minimaxer ist also jemand, der sich so entscheidet, daß er sich möglichst gut (maximal) gegen die denkbar schlimmste Situation (Minimum) verteidigt.* Nach dem Minimax-Kriterium wird es jeder Richter vermeiden, unschuldige Personen ins Gefängnis zu schicken. Freisprüche von nicht vollständig überführten Kriminellen sind die Kosten dieses Verfahrens. Ohne „Minimaxer" gäbe es keine Versicherungen: Nehmen wir an, eine Werkstatt im Werte von DM 100 000 sei zu einer Prämie von DM 5000 gegen Feuer versichert. Die Wahrscheinlichkeit für ein die Werkstatt zerstörendes Feuer betrage 1%. Soll der Verlust möglichst gering sein, dann ist zu bedenken, daß durch den Abschluß der Versicherung ein sicherer Verlust von DM 5000 eintritt, während man – ohne Versicherung – mit einem *erwarteten* Verlust in Höhe von einem Prozent, das sind nur DM 1000, zu rechnen hat. Der *wirkliche* Verlust beträgt jedoch Null oder DM 100000. Daher bevorzugt man vernünftigerweise den sicheren Verlust von DM 5000.

Ist nicht nur ein Objekt zu versichern, sondern handelt es sich um viele – sagen wir 80 Schiffe einer großen Reederei – dann kann es zweckmäßig sein, nur einzelne Schiffe versichern zu lassen oder auch überhaupt keine Versicherung abzuschließen. Schuldenfreie Objekte brauchen nicht versichert zu werden. Der Staat versichert nichts.

Der Vollblutoptimist – in unserer Ausdrucksweise *ein „Maximaxer" – wählt die Entscheidung, die unter den günstigsten Umständen (Maximum) die besten Resultate liefert (Maximum)* und verzichtet auf den Abschluß einer Versicherung, da ein Werkstattbrand „unwahrscheinlich" ist. Das Maximax-Kriterium verspricht dann Erfolg, wenn bei relativ kleinen Verlusten große Gewinne möglich sind. Der „Maximaxer" spielt im Toto und Lotto, da der fast sichere unbedeutende Verlust durch den höchst unwahrscheinlichen großen Gewinn mehr als wettgemacht wird. Dieses Entscheidungsprinzip – bei dem der *größtmögliche Gewinn* den Ausschlag gibt – geht auf Bayes (1702–1761) und Laplace (1749–1827) zurück.

Auf die Anwendung beider Entscheidungsprinzipien können wir hier nicht eingehen. Der interessierte und mathematisch einigermaßen versierte Leser sei bezüglich dieser sowie anderer *Entscheidungskriterien,* Kramer (1966) unterscheidet insgesamt zwölf, auf die Spezialliteratur (Bühlmann u. Mitarb. 1967, Schneeweiss 1967, Bernard 1968; Chernoff und Moses 1959, Weiss 1961 sowie auf die Bibliographie von Wasserman und Silander 1964) verwiesen. Wesentliche Teilaspekte behandeln Raiffa und Schlaifer (1961), Ackoff (1962), Hall (1962), Fishburn (1964) sowie Theil (1964). Über Entscheidungen gelangt die Wissenschaft zu Schlußfolgerungen. *Entscheidungen* haben den Charakter des „wir entscheiden jetzt als ob". Mit den Einschränkungen „handeln als ob" und „jetzt" tun wir in der besonderen gegenwärtig vorliegenden Situation „unser Bestes" ohne hiermit zugleich ein Urteil über die „Wahrheit" im Sinne des 6>4 abzulegen.

Demgegenüber werden *Schlußfolgerungen* – die Maximen der Wissenschaft – unter sorgfältiger Beachtung des aus spezifischen Beobachtungen und Experimenten gewonnenen Beweismaterials gezogen. Nur der „Wahrheitsgehalt" entscheidet. Fehlt ausreichendes Beweismaterial, so werden Schlußfolgerungen zurückgestellt. Eine Schlußfolgerung ist eine Feststellung, die als anwendbar auf Bedingungen des Experiments oder einer Beobachtung akzeptiert werden kann, solange nicht ungewöhnlich starkes Beweismaterial ihr widerspricht. Diese Definition stellt drei entscheidende Punkte heraus: Sie betont „Annahme" im eigentlichen Sinne des Wortes, spricht von „ungewöhnlich starkem Beweismaterial" und enthält die Möglichkeit späterer Ablehnung (vgl. Tukey 1960).

▶ 15   Drei wichtige Prüfverteilungen

Wir interessieren uns in diesem Abschnitt für die Verteilung von *Prüfgrößen*. Prüfgrößen sind Vorschriften, nach denen aus einer vorliegenden Stichprobe eine Zahl, der Wert der Prüfgröße für diese Stichprobe, errechnet wird. So können der Stichprobenmittelwert, die Stichprobenvarianz oder das Verhältnis der Varianzen zweier Stichproben, alles dies sind Schätzwerte oder Funktionswerte von *Stichprobenfunktionen*, als Prüfgrößen aufgefaßt werden. Die Prüfgröße ist eine zufällige Variable. Ihre Wahrscheinlichkeitsverteilungen bilden die Grundlage für die auf diesen Prüfgrößen basierenden Tests. *Prüfverteilungen*, Stichprobenfunktionen normalverteilter zufälliger Variabler, nennt man daher auch *Testverteilungen*. Statt Prüfgröße sagt man auch Teststatistik (engl. test statistic). Eine wichtige Übersicht gibt Haight (1961).

151   Die Student-Verteilung

W.S. Gosset (1876–1937) wies im Jahre 1908 unter dem Pseudonym „Student" nach, daß die Verteilung des Quotienten aus der Abweichung eines Stichprobenmittelwertes vom Parameter der Grundgesamtheit und der Standardabweichung des Mittelwertes der Grundgesamtheit (1.127) nur dann einer Normalverteilung folgt, wenn die x_i normalverteilt sind und beide Parameter (μ, σ) bekannt sind. Die Maßzahl für die Abweichungen (1.128) folgt der „*Student*"-*Verteilung oder t-Verteilung*. Vorausgesetzt wird hierbei, daß die Einzelbeobachtungen x_i unabhängig und (angenähert) normalverteilt sind.

$$\frac{\text{Abweichung des Mittelwertes}}{\text{Standardabweichung des Mittelwertes}} = \frac{\bar{x} - \mu}{\sigma/\sqrt{n}} \qquad (1.127)$$

$$t = \frac{\bar{x} - \mu}{s/\sqrt{n}} \qquad \left[\begin{array}{l}\text{Zur Definition von} \\ t \text{ siehe S. 114 oben}\end{array}\right] \qquad (1.128)$$

Bemerkungen: (1.127) strebt mit zunehmendem n mehr oder weniger schnell gegen eine Normalverteilung, je nach dem Typ der Grundgesamtheit, aus der die Stichproben stammen; (1.128 rechts) ist (a) für kleines n und Grundgesamtheiten, die sich nicht stark von der Normalverteilung unterscheiden, approximativ wie t verteilt, (b) für großes n und fast alle Grundgesamtheiten angenähert standardnormal verteilt.

Die *t*-Verteilung (vgl. Abb. 25) ist der Normalverteilung sehr ähnlich. Wie diese ist sie stetig, symmetrisch, glockenförmig, mit einem Variationsbereich von minus Unendlich bis plus Unendlich. Sie ist jedoch von μ *und* σ *unabhängig*. Die Form der *t*-Verteilung wird nur von dem sogenannten Freiheitsgrad bestimmt.
Freiheitsgrad: Die Anzahl der Freiheitsgrade *FG* oder ν (gr. ny) einer Zufallsgröße ist definiert durch die Zahl „frei" verfügbarer Beobachtungen, dem Stichprobenumfang n minus der Anzahl a aus der Stichprobe geschätzter Parameter

$$FG = \nu = n - a \qquad (1.129)$$

Die Zufallsgröße (1.128) (vgl. auch S. 201/202) ist, da der Mittelwert aus der Stichprobe geschätzt werden muß, $a = 1$, durch $\nu = n - 1$ Freiheitsgrade ausgezeichnet. Anweisungen, wie der Freiheitsgrad für Spezialfälle dieser Zufallsgröße (und anderer Prüfgrößen) zu bestimmen ist, werden später von Fall zu Fall gegeben.
Je kleiner der Freiheitsgrad ist, umso stärker ist die Abweichung von der Normalverteilung,

umso flacher verlaufen die Kurven, d.h. im Gegensatz zur Normalverteilung hat sie mehr Wahrscheinlichkeit in den Ausläufen und weniger im zentralen Teil konzentriert (vgl. Abb. 25). *Bei großem Freiheitsgrad geht die t-Verteilung in die Normalverteilung über.* Hauptanwendungsgebiet der *t*-Verteilung ist der Vergleich von Mittelwerten.

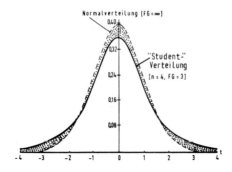

Abb. 25. Wahrscheinlichkeits-dichte der Normalverteilung und der „Student"-Verteilung mit 3 Freiheitsgraden ($n = 4$). Mit abnehmender Anzahl der Freiheitsgrade sinkt das Maximum der „Student"-Verteilung, die gepunktete Fläche nimmt zu. Im Gegensatz zur Normalverteilung ist mehr Wahrscheinlichkeit in den Ausläufen und weniger im zentralen Teil konzentriert

Die Student-Verteilung hat im Verhältnis zur Normalverteilung für kleine Freiheitsgrade bei geringer Höhe eine wesentlich größere Ausbreitung! Während bei der Normalkurve 5% und 1% der Gesamtfläche außerhalb der Grenzen ±1,96 und ±2,58 liegen, lauten die entsprechenden Werte für 5 Freiheitsgrade ±2,57 und ±4,03. Für 120 Freiheitsgrade werden mit ±1,98 und ±2,62 die Grenzen der Normalverteilung fast erreicht.
Eine Tabelle mit Sicherheitsgrenzen der *t*-Verteilung befindet sich auf S. 111. Die *t*-Tafel gibt über einen großen Freiheitsgradbereich die *Wahrscheinlichkeiten* an, *t*-Werte auf bestimmten Signifikanzniveaus rein *zufällig zu überschreiten.* Man geht vom Freiheitsgrad aus; die Wahrscheinlichkeit, mit der die tabellierten *t*-Werte rein zufällig überschritten werden, sind im Kopf der Tabelle verzeichnet. So erhält man für 5 Freiheitsgrade (*FG* = 5 oder $v = 5$) die Überschreitungswahrscheinlichkeit *P* von $t = 2,571$ zu 0,05 oder 5%. *P* ist der unter den beiden Enden der *t*-Verteilung liegende Flächenanteil; es ist die Wahrscheinlichkeit, daß der tabellierte Wert *t* durch einen empirisch ermittelten überschritten wird.
Tabelle 27 enthält Sicherheitsgrenzen für zwei- und einseitige Fragestellungen. Beispielsweise können wir für den einseitigen Test die folgenden beiden *t*-Werte ablesen: $t_{30;0,05} = 1,697$ und $t_{120;0,01} = 2,358$. Der erste Index bezeichnet die Anzahl der Freiheitsgrade, der zweite die gewählte Irrtumswahrscheinlichkeit. Ausführliche Tafeln der Student-Verteilung geben Federighi (1959), Smirnov (1961) und Hill (1972).

152 Die χ^2-Verteilung

Wenn s^2, die Varianz einer zufälligen Stichprobe des Umfanges *n*, einer normalverteilten Grundgesamtheit mit der Varianz σ^2 entstammt, dann folgt die zufällige Variable

$$\chi^2 = \frac{(n-1)s^2}{\sigma^2}$$

– *n* unabhängige Beobachtungen vorausgesetzt – $\qquad$ (1.130)

einer χ^2-*Verteilung* (*Chi-Quadrat-Verteilung*) mit dem Parameter $v = n - 1$ Freiheitsgrade. Die χ^2-Verteilung (vgl. Abb. 26) ist eine stetige *unsymmetrische* Verteilung. Ihr Variationsbereich erstreckt sich von Null bis Unendlich, auch sie nähert sich mit wachsenden Freiheitsgraden – aber langsamer – der Normalverteilung. Die Form der χ^2-Verteilung hängt – das sei herausgestellt – ebenfalls wie die der Student-Verteilung nur vom *Freiheitsgrad* ab.

Tabelle 27.   Signifikanzschranken der Student-Verteilung (auszugsweise entnommen aus Fisher, R.A., and F. Yates: Statistical Tables for Biological, Agricultural and Medical Research, published by Oliver and Boyd Ltd., Edinburgh (1963) p. 46, Table III).

	\multicolumn{9}{c}{Irrtumswahrscheinlichkeit α für den zweiseitigen Test}
FG＼α	0,50	0,20	0,10	0,05	0,02	0,01	0,002	0,001	0,0001
1	1,000	3,078	6,314	12,706	31,821	63,657	318,309	636,619	6366,198
2	0,816	1,886	2,920	4,303	6,965	9,925	22,327	31,598	99,992
3	0,765	1,638	2,353	3,182	4,541	5,841	10,214	12,924	28,000
4	0,741	1,533	2,132	2,776	3,747	4,604	7,173	8,610	15,544
5	0,727	1,476	2,015	2,571	3,365	4,032	5,893	6,869	11,178
6	0,718	1,440	1,943	2,447	3,143	3,707	5,208	5,959	9,082
7	0,711	1,415	1,895	2,365	2,998	3,499	4,785	5,408	7,885
8	0,706	1,397	1,860	2,306	2,896	3,355	4,501	5,041	7,120
9	0,703	1,383	1,833	2,262	2,821	3,250	4,297	4,781	6,594
10	0,700	1,372	1,812	2,228	2,764	3,169	4,144	4,587	6,211
11	0,697	1,363	1,796	2,201	2,718	3,106	4,025	4,437	5,921
12	0,695	1,356	1,782	2,179	2,681	3,055	3,930	4,318	5,694
13	0,694	1,350	1,771	2,160	2,650	3,012	3,852	4,221	5,513
14	0,692	1,345	1,761	2,145	2,624	2,977	3,787	4,140	5,363
15	0,691	1,341	1,753	2,131	2,602	2,947	3,733	4,073	5,239
16	0,690	1,337	1,746	2,120	2,583	2,921	3,686	4,015	5,134
17	0,689	1,333	1,740	2,110	2,567	2,898	3,646	3,965	5,044
18	0,688	1,330	1,734	2,101	2,552	2,878	3,610	3,922	4,966
19	0,688	1,328	1,729	2,093	2,539	2,861	3,579	3,883	4,897
20	0,687	1,325	1,725	2,086	2,528	2,845	3,552	3,850	4,837
21	0,686	1,323	1,721	2,080	2,518	2,831	3,527	3,819	4,784
22	0,686	1,321	1,717	2,074	2,508	2,819	3,505	3,792	4,736
23	0,685	1,319	1,714	2,069	2,500	2,807	3,485	3,767	4,693
24	0,685	1,318	1,711	2,064	2,492	2,797	3,467	3,745	4,654
25	0,684	1,316	1,708	2,060	2,485	2,787	3,450	3,725	4,619
26	0,684	1,315	1,706	2,056	2,479	2,779	3,435	3,707	4,587
27	0,684	1,314	1,703	2,052	2,473	2,771	3,421	3,690	4,558
28	0,683	1,313	1,701	2,048	2,467	2,763	3,408	3,674	4,530
29	0,683	1,311	1,699	2,045	2,462	2,756	3,396	3,659	4,506
30	0,683	1,310	1,697	2,042	2,457	2,750	3,385	3,646	4,482
35	0,682	1,306	1,690	2,030	2,438	2,724	3,340	3,591	4,389
40	0,681	1,303	1,684	2,021	2,423	2,704	3,307	3,551	4,321
45	0,680	1,301	1,679	2,014	2,412	2,690	3,281	3,520	4,269
50	0,679	1,299	1,676	2,009	2,403	2,678	3,261	3,496	4,228
60	0,679	1,296	1,671	2,000	2,390	2,660	3,232	3,460	4,169
70	0,678	1,294	1,667	1,994	2,381	2,648	3,211	3,435	4,127
80	0,678	1,292	1,664	1,990	2,374	2,639	3,195	3,416	4,096
90	0,677	1,291	1,662	1,987	2,368	2,632	3,183	3,402	4,072
100	0,677	1,290	1,660	1,984	2,364	2,626	3,174	3,390	4,053
120	0,677	1,289	1,658	1,980	2,358	2,617	3,160	3,373	4,025
200	0,676	1,286	1,653	1,972	2,345	2,601	3,131	3,340	3,970
500	0,675	1,283	1,648	1,965	2,334	2,586	3,107	3,310	3,922
1000	0,675	1,282	1,646	1,962	2,330	2,581	3,098	3,300	3,906
∞	0,675	1,282	1,645	1,960	2,326	2,576	3,090	3,290	3,891
FG＼α	0,25	0,10	0,05	0,025	0,01	0,005	0,001	0,0005	0,00005
	\multicolumn{9}{c}{Irrtumswahrscheinlichkeit α für den einseitigen Test}

Anwendung: Jeder berechnete $\hat{t}$-Wert basiert auf FG oder v Freiheitsgraden. Aufgrund dieser Größe, der vorgewählten Irrtumswahrscheinlichkeit α und der vorliegenden ein- oder zweiseitigen Fragestellung ist der Tafelwert $t_{v;\alpha}$ bestimmt; $\hat{t}$ ist auf dem $100\alpha\%$-Niveau signifikant, sobald $\hat{t} \geqq t_{v;\alpha}$ ist, z.B. $\hat{t}=2,00$ für 60 Freiheitsgrade: der zweiseitige Test ist auf dem 5%-Niveau signifikant, der einseitige auf dem 2,5%-Niveau (vgl. S. 201, 209–216).

Für $v \gtrless 30$ Freiheitsgrade benutze man auch die Approximation: $t_{v;\alpha}=z_\alpha +(z_\alpha^3 +z_\alpha)/4v$; Werte z_α sind Tab. 43 auf S. 172 zu entnehmen. Beispiel: $t_{30;0,05}=1,96 +(1,96^3 +1,96)/(4\cdot 30)=2,039$ (exakt: 2,0423). Für $t_{90;0,05}$ ergibt sich 1,9864 (exakt: 1,9867). Bessere Approximationen geben Dudewicz und Dalal (1972).

Tabelle 28.   Signifikanzschranken der χ^2-Verteilung (auszugsweise entnommen aus Fisher, R.A., and F. Yates: Statistical Tables for Biological, Agricultural and Medical Research, published by Oliver and Boyd Ltd., Edinburgh (1963) p. 47, Table IV).

FG \ α	0,99	0,975	0,95	0,90	0,80	0,70	0,50	0,30	0,20	0,10	0,05	0,025	0,01	0,001
1	0,00016	0,00098	0,0039	0,0158	0,064	0,148	0,455	1,07	1,64	2,71	3,84	5,02	6,63	10,83
2	0,0201	0,0506	0,1026	0,2107	0,446	0,713	1,39	2,41	3,22	4,61	5,99	7,38	9,21	13,82
3	0,115	0,216	0,352	0,584	1,00	1,42	2,37	3,66	4,64	6,25	7,81	9,35	11,34	16,27
4	0,297	0,484	0,711	1,064	1,65	2,20	3,36	4,88	5,99	7,78	9,49	11,14	13,28	18,47
5	0,554	0,831	1,15	1,61	2,34	3,00	4,35	6,06	7,29	9,24	11,07	12,83	15,09	20,52
6	0,872	1,24	1,64	2,20	3,07	3,83	5,35	7,23	8,56	10,64	12,59	14,45	16,81	22,46
7	1,24	1,69	2,17	2,83	3,82	4,67	6,35	8,38	9,80	12,02	14,07	16,01	18,48	24,32
8	1,65	2,18	2,73	3,49	4,59	5,53	7,34	9,52	11,0	13,36	15,51	17,53	20,09	26,13
9	2,09	2,70	3,33	4,17	5,38	6,39	8,34	10,7	12,2	14,68	16,92	19,02	21,67	27,88
10	2,56	3,25	3,94	4,87	6,18	7,27	9,34	11,8	13,4	15,99	18,31	20,48	23,21	29,59
11	3,05	3,82	4,57	5,58	6,99	8,15	10,3	12,9	14,6	17,28	19,68	21,92	24,73	31,26
12	3,57	4,40	5,23	6,30	7,81	9,03	11,3	14,0	15,8	18,55	21,03	23,34	26,22	32,91
13	4,11	5,01	5,89	7,04	8,63	9,93	12,3	15,1	17,0	19,81	22,36	24,74	27,69	34,53
14	4,66	5,63	6,57	7,79	9,47	10,8	13,3	16,2	18,2	21,06	23,68	26,12	29,14	36,12
15	5,23	6,26	7,26	8,55	10,3	11,7	14,3	17,3	19,3	22,31	25,00	27,49	30,58	37,70
16	5,81	6,91	7,96	9,31	11,2	12,6	15,3	18,4	20,5	23,54	26,30	28,85	32,00	39,25
17	6,41	7,56	8,67	10,08	12,0	13,5	16,3	19,5	21,6	24,77	27,59	30,19	33,41	40,79
18	7,01	8,23	9,39	10,86	12,9	14,4	17,3	20,6	22,8	25,99	28,87	31,53	34,81	42,31
19	7,63	8,91	10,12	11,65	13,7	15,4	18,3	21,7	23,9	27,20	30,14	32,85	36,19	43,82
20	8,26	9,59	10,85	12,44	14,6	16,3	19,3	22,8	25,0	28,41	31,41	34,17	37,57	45,31
22	9,54	10,98	12,34	14,04	16,3	18,1	21,3	24,9	27,3	30,81	33,92	36,78	40,29	48,27
24	10,86	12,40	13,85	15,66	18,1	19,9	23,3	27,1	29,6	33,20	36,42	39,36	42,98	51,18
26	12,20	13,84	15,38	17,29	19,8	21,8	25,3	29,2	31,8	35,56	38,89	41,92	45,64	54,05
28	13,56	15,31	16,93	18,94	21,6	23,6	27,3	31,4	34,0	37,92	41,34	44,46	48,28	56,89
30	14,95	16,79	18,49	20,60	23,4	25,5	29,3	33,5	36,2	40,26	43,77	46,98	50,89	59,70
35	18,51	20,57	22,46	24,80	27,8	30,2	34,3	38,9	41,8	46,06	49,80	53,20	57,34	66,62
40	22,16	24,43	26,51	29,05	32,3	34,9	39,3	44,2	47,3	51,81	55,76	59,34	63,69	73,40
50	29,71	32,36	34,76	37,69	41,4	44,3	49,3	54,7	58,2	63,17	67,50	71,42	76,15	86,66
60	37,48	40,48	43,19	46,46	50,6	53,8	59,3	65,2	69,0	74,40	79,08	83,30	88,38	99,61
80	53,54	57,15	60,39	64,28	69,2	72,9	79,3	86,1	90,4	96,58	101,88	106,63	112,33	124,84
100	70,06	74,22	77,93	82,36	87,9	92,1	99,3	106,9	111,7	118,50	124,34	129,56	135,81	149,45
120	86,92	91,57	95,70	100,62	106,8	111,1	119,3	127,6	132,8	140,23	146,57	152,21	158,95	173,62
150	112,67	117,99	122,69	128,28	135,3	140,5	149,3	158,6	164,3	172,58	179,58	185,80	193,21	209,26
200	156,43	162,73	168,28	174,84	183,0	189,0	199,3	210,0	216,6	226,02	233,99	241,06	249,45	267,54

FG \ α	0,10	0,05	0,01	0,001	0,0001
1	2,7055	3,8415	6,6349	10,8276	15,1367
2	4,6052	5,9915	9,2103	13,8155	18,4207
3	6,2514	7,8147	11,3449	16,2662	21,1075
4	7,7794	9,4877	13,2767	18,4668	23,5127
5	9,2364	11,0705	15,0863	20,5150	25,7448
6	10,6446	12,5916	16,8119	22,4577	27,8563

Anwendung: $P(\hat\chi^2 \geq \text{Tafelwert}) = \alpha$; so gilt z. B. für 4 Freiheitsgrade $P(\hat\chi^2 \geq 9,49) = 0,05$; d. h. ein $\hat\chi^2$-Wert gleich 9,49 oder größer ist für $FG = 4$ auf dem 5%-Niveau signifikant. Beispiele sind den Abschnitten 33, 34, 43, 46, 61, 62 und 76 zu entnehmen.

Tabelle 28a. 5%-, 1%- und 0,1%-Schranken der χ^2-Verteilung

FG	5 %	1 %	0,1 %	FG	5 %	1 %	0,1 %	FG	5 %	1 %	0,1 %
1	3,84	6,63	10,83	51	68,67	77,39	87,97	101	125,46	136,97	150,67
2	5,99	9,21	13,82	52	69,83	78,61	89,27	102	126,57	138,13	151,88
3	7,81	11,34	16,27	53	70,99	79,84	90,57	103	127,69	139,30	153,10
4	9,49	13,28	18,47	54	72,15	81,07	91,87	104	128,80	140,46	154,31
5	11,07	15,09	20,52	55	73,31	82,29	93,17	105	129,92	141,62	155,53
6	12,59	16,81	22,46	56	74,47	83,51	94,46	106	131,03	142,78	156,74
7	14,07	18,48	24,32	57	75,62	84,73	95,75	107	132,15	143,94	157,95
8	15,51	20,09	26,13	58	76,78	85,95	97,04	108	133,26	145,10	159,16
9	16,92	21,67	27,88	59	77,93	87,16	98,32	109	134,37	146,26	160,37
10	18,31	23,21	29,59	60	79,08	88,38	99,61	110	135,48	147,41	161,58
11	19,68	24,73	31,26	61	80,23	89,59	100,89	111	136,59	148,57	162,79
12	21,03	26,22	32,91	62	81,38	90,80	102,17	112	137,70	149,73	163,99
13	22,36	27,69	34,53	63	82,53	92,01	103,44	113	138,81	150,88	165,20
14	23,68	29,14	36,12	64	83,68	93,22	104,72	114	139,92	152,04	166,41
15	25,00	30,58	37,70	65	84,82	94,42	105,99	115	141,03	153,19	167,61
16	26,30	32,00	39,25	66	85,97	95,62	107,26	116	142,14	154,34	168,81
17	27,59	33,41	40,79	67	87,11	96,83	108,52	117	143,25	155,50	170,01
18	28,87	34,81	42,31	68	88,25	98,03	109,79	118	144,35	156,65	171,22
19	30,14	36,19	43,82	69	89,39	99,23	111,05	119	145,46	157,80	172,42
20	31,41	37,57	45,31	70	90,53	100,42	112,32	120	146,57	158,95	173,62
21	32,67	38,93	46,80	71	91,67	101,62	113,58	121	147,67	160,10	174,82
22	33,92	40,29	48,27	72	92,81	102,82	114,83	122	148,78	161,25	176,01
23	35,17	41,64	49,73	73	93,95	104,01	116,09	123	149,89	162,40	177,21
24	36,42	42,98	51,18	74	95,08	105,20	117,35	124	150,99	163,55	178,41
25	37,65	44,31	52,62	75	96,22	106,39	118,60	125	152,09	164,69	179,60
26	38,89	45,64	54,05	76	97,35	107,58	119,85	126	153,20	165,84	180,80
27	40,11	46,96	55,48	77	98,49	108,77	121,10	127	154,30	166,99	181,99
28	41,34	48,28	56,89	78	99,62	109,96	122,35	128	155,41	168,13	183,19
29	42,56	49,59	58,30	79	100,75	111,14	123,59	129	156,51	169,28	184,38
30	43,77	50,89	59,70	80	101,88	112,33	124,84	130	157,61	170,42	185,57
31	44,99	52,19	61,10	81	103,01	113,51	126,08	131	158,71	171,57	186,76
32	46,19	53,48	62,49	82	104,14	114,69	127,32	132	159,81	172,71	187,95
33	47,40	54,77	63,87	83	105,27	115,88	128,56	133	160,92	173,85	189,14
34	48,60	56,06	65,25	84	106,40	117,06	129,80	134	162,02	175,00	190,33
35	49,80	57,34	66,62	85	107,52	118,23	131,04	135	163,12	176,14	191,52
36	51,00	58,62	67,98	86	108,65	119,41	132,28	136	164,22	177,28	192,71
37	52,19	59,89	69,34	87	109,77	120,59	133,51	137	165,32	178,42	193,89
38	53,38	61,16	70,70	88	110,90	121,77	134,74	138	166,42	179,56	195,08
39	54,57	62,43	72,05	89	112,02	122,94	135,98	139	167,52	180,70	196,27
40	55,76	63,69	73,40	90	113,15	124,12	137,21	140	168,61	181,84	197,45
41	56,94	64,95	74,74	91	114,27	125,29	138,44	141	169,71	182,98	198,63
42	58,12	66,21	76,08	92	115,39	126,46	139,67	142	170,81	184,12	199,82
43	59,30	67,46	77,42	93	116,51	127,63	140,89	143	171,91	185,25	201,00
44	60,48	68,71	78,75	94	117,63	128,80	142,12	144	173,00	186,39	202,18
45	61,66	69,96	80,08	95	118,75	129,97	143,34	145	174,10	187,53	203,36
46	62,83	71,20	81,40	96	119,87	131,14	144,57	146	175,20	188,67	204,55
47	64,00	72,44	82,72	97	120,99	132,31	145,79	147	176,29	189,80	205,73
48	65,17	73,68	84,04	98	122,11	133,47	147,01	148	177,39	190,94	206,91
49	66,34	74,92	85,35	99	123,23	134,64	148,23	149	178,49	192,07	208,09
50	67,50	76,15	86,66	100	124,34	135,81	149,45	150	179,58	193,21	209,26

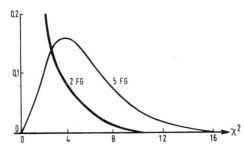

Abb. 26. Wahrscheinlichkeitsdichte der χ_v^2-Verteilung für $v = 2$ und $v = 5$

Nimmt dieser zu, so wird die schiefe, eingipfelige Kurve flacher und symmetrischer. Eine wesentliche Eigenschaft der χ^2-Verteilung ist ihre *Additivität:* Wenn zwei unabhängige Größen χ^2-Verteilungen mit v_1 und v_2 Freiheitsgraden haben, so hat die Summe eine χ^2-Verteilung mit $v_1 + v_2$ Freiheitsgraden. Hauptanwendungsgebiet dieser von F. R.

Helmert (1876) und K. Pearson (1900) entdeckten Verteilung ist die Prüfung von Vier- und Mehrfeldertafeln.

χ^2 mit v Freiheitsgraden ist definiert als die Summe der Quadrate v unabhängiger Standardnormalvariabler:

$$\chi_v^2 = \sum_{i=1}^{v} z_i^2 \qquad \left[\begin{array}{l} \text{Definition von } t: \\ t_v = \dfrac{z}{\sqrt{\chi^2/v}} \end{array} \right] \qquad (1.131)$$

S. 172 Für mehr als 30 Freiheitsgrade gelten die Approximationen ($v = FG$; $z = $ Standardnormalvariable, s. Tab. 43, einseitiger Test, z. B. $z_{0,05\,;\,\text{eins.}} = 1{,}645$):

$$\chi^2 \approx \frac{1}{2}(z + \sqrt{2v-1})^2 \quad \text{bzw.} \quad \hat{z} \approx \sqrt{2\chi^2} - \sqrt{2v-1} \qquad (1.132)$$

$$\chi^2 \approx v\left(1 - \frac{2}{9v} + z\sqrt{\frac{2}{9v}}\right)^3 \quad \text{bzw.} \quad \hat{z} \approx 3\sqrt{\frac{v}{2}}\left[\frac{2}{9v} + \sqrt[3]{\frac{\chi^2}{v}} - 1\right] \qquad (1.132\,a)$$

(1.132a) ist die bessere [die von Severo und Zelen (1960) durch eine weitere Korrekturgröße verbessert worden ist].

Näheres über die χ^2-Verteilung ist Lancaster (1969) zu entnehmen (vgl. auch Paradine 1966; Harter 1964 sowie Vahle und Tews 1969 geben Tabellen, Boyd 1965 gibt ein Nomogramm).

Noch ein Hinweis zur Schreibweise von χ^2. Üblich ist die Indizierung $\chi_{v;\alpha}^2$. Sind Mißverständnisse ausgeschlossen, begnügt man sich mit einem Index oder läßt auch diesen weg.

Tabelle 28 enthält nur ausgewählte Werte der χ^2-Verteilung. Soll für einen bestimmten χ^2-Wert die exakte Wahrscheinlichkeit ermittelt werden, so muß man zwischen den benachbarten P-Werten *logarithmisch interpolieren*. Die in Frage kommenden natürlichen Logarithmen entnehmen wir Tabelle 29:

Tabelle 29.   Ausgewählte dreistellige natürliche Logarithmen

n	ln n	n	ln n
0,001	- 6,908	0,50	- 0,693
0,01	- 4,605	0,70	- 0,357
0,025	- 3,689	0,80	- 0,223
0,05	- 2,996	0,90	- 0,105
0,10	- 2,303	0,95	- 0,051
0,20	- 1,609	0,975	- 0,025
0,30	- 1,204	0,99	- 0,010

Um zu n-Werten, die $1/10 = 10^{-1}$; $1/100 = 10^{-2}$; $1/1000 = 10^{-3}$, usw. so groß sind wie die tabellierten n-Werte $\ln n$ zu erhalten, subtrahiere man von dem tabellierten $\ln n$ den Wert $\ln 10 = 2{,}303$ (vgl. S. 16); $2\ln 10 = 4{,}605$; $3\ln 10 = 6{,}908$; usw.; Beispiel: $\ln 0{,}02 = \ln 0{,}2 - \ln 10 = -1{,}609 - 2{,}303 = -3{,}912$.

Beispiel

Angenommen, wir erhalten für $FG = 10$ einen Wert $\hat{\chi}^2 = 13{,}4$. Diesem Wert entspricht ein P-Wert zwischen 10% und 30%. Die entsprechenden χ^2-Schranken sind $\chi_{0,10}^2 = 16{,}0$ und $\chi_{0,30}^2 = 11{,}8$. Der gesuchte Wert P ergibt sich dann nach

$$\frac{\ln P - \ln 0{,}3}{\ln 0{,}1 - \ln 0{,}3} = \frac{\chi^2 - \chi_{0,30}^2}{\chi_{0,10}^2 - \chi_{0,30}^2} \qquad (1.133)$$

$$\ln P = \frac{(\chi^2 - \chi^2_{0,30})(\ln 0,1 - \ln 0,3)}{\chi^2_{0,10} - \chi^2_{0,30}} + \ln 0,3 \qquad (1.133\,a)$$

$$\ln P = \frac{(13,4 - 11,8)(-2,303 + 1,204)}{16,0 - 11,8} - 1,204$$

$\ln P = -1,623$, $\lg P = 0,4343 \cdot \ln P = 0,4343 \cdot (-1,623)$
$\lg P = -0,7049 = 9,2951 - 10$, oder $P = 0,197 \simeq 0,20$.
Ein Blick auf Tabelle 28 zeigt, daß $\chi^2_{10;0,20} = 13,4$; die Anpassung ist gut.

153   Die *F*-Verteilung

Wenn s_1^2 und s_2^2 Varianzen unabhängiger zufälliger Stichproben des Umfanges n_1 und n_2 aus zwei normalverteilten Grundgesamtheiten mit gleicher Varianz sind, dann folgt die zufällige Variable

$$F = \frac{s_1^2}{s_2^2} \qquad (s_1^2 > s_2^2) \qquad (1.134)$$

einer *F-Verteilung* mit den Parametern $v_1 = n_1 - 1$ und $v_2 = n_2 - 1$. Die *F*-Verteilung (nach R. A. Fisher; vgl. Abb. 27) ist ebenfalls eine stetige, *unsymmetrische* Verteilung mit einem Variationsbereich von Null bis Unendlich.

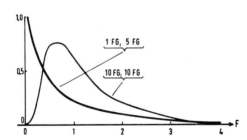

$$\left[\begin{array}{l} \text{Definition von } F: \\ F = \dfrac{\chi^2_{v_1}/v_1}{\chi^2_{v_2}/v_2} \end{array}\right]$$

Abb. 27. Wahrscheinlichkeitsdichte der F-Verteilung: $F(v_1 = 1; \ v_2 = 5)$ und $F(v_1 = 10; \ v_2 = 10)$

Die Form der *F*-Verteilung hängt wie gesagt von den beiden Freiheitsgraden (v_1, v_2) ab. Sechs Tabellen (30a bis f) mit Sicherheitsgrenzen der *F*-Verteilung für den einseitigen Test befinden sich auf den Seiten 116 bis 124. Zwischenwerte ermittelt man anhand der *harmonischen Interpolation*. Wird beispielsweise die 1%-Schranke für $v_1 = 24$ und (S. 121) $v_2 = 60$ gesucht, so liefert die Tabelle die Schranken für 20 und 60 sowie für 30 und 60 Freiheitsgrade zu 2,20 und 2,03. Bezeichnen wir den gesuchten Wert für 24 und 60 mit x, dann erhalten wir über (1.135) zu $x = 2,115$ (exakt: 2,12).

$$\frac{2,20 - x}{2,20 - 2,03} = \frac{1/20 - 1/24}{1/20 - 1/30} \qquad (1.135)$$

Die 1%-Schranke für $v_1 = 24$; $v_2 = 200$ ergibt sich (bei 1,95 für 24;120 und 1,79 für 24;∞) zu $x = 1,79 + (1,95 - 1,79)\,120/200 = 1,886$ exakt: 1,89).

F als Verhältnis zweier Quadrate kann nur Werte zwischen Null und plus Unendlich annehmen, sich also wie die χ^2-Verteilung nur rechts des Koordinatenanfangspunktes erstrecken. An die Stelle einer spiegelbildlich symmetrischen Verteilungskurve, wie sie

Tabelle 30a.   Obere Signifikanzschranken der F-Verteilung für $P=0{,}10$ ($S=90\%$); $\nu_1 =$ Freiheitsgrade des Zählers; $\nu_2 =$ Freiheitsgrade des Nenners.

$\nu_2 \backslash \nu_1$	1	2	3	4	5	6	7	8	9	10	12	15	20	24	30	40	60	120	∞
1	39,86	49,50	53,59	55,83	57,24	58,20	58,91	59,44	59,86	60,19	60,71	61,22	61,74	62,00	62,26	62,53	62,79	63,06	63,33
2	8,53	9,00	9,16	9,24	9,29	9,33	9,35	9,37	9,38	9,39	9,41	9,42	9,44	9,45	9,46	9,47	9,47	9,48	9,49
3	5,54	5,46	5,39	5,34	5,31	5,28	5,27	5,25	5,24	5,23	5,22	5,20	5,18	5,18	5,17	5,16	5,15	5,14	5,13
4	4,54	4,32	4,19	4,11	4,05	4,01	3,98	3,95	3,94	3,92	3,90	3,87	3,84	3,83	3,82	3,80	3,79	3,78	3,76
5	4,06	3,78	3,62	3,52	3,45	3,40	3,37	3,34	3,32	3,30	3,27	3,24	3,21	3,19	3,17	3,16	3,14	3,12	3,10
6	3,78	3,46	3,29	3,18	3,11	3,05	3,01	2,98	2,96	2,94	2,90	2,87	2,84	2,82	2,80	2,78	2,76	2,74	2,72
7	3,59	3,26	3,07	2,96	2,88	2,83	2,78	2,75	2,72	2,70	2,67	2,63	2,59	2,58	2,56	2,54	2,51	2,49	2,47
8	3,46	3,11	2,92	2,81	2,73	2,67	2,62	2,59	2,56	2,54	2,50	2,46	2,42	2,40	2,38	2,36	2,34	2,32	2,29
9	3,36	3,01	2,81	2,69	2,61	2,55	2,51	2,47	2,44	2,42	2,38	2,34	2,30	2,28	2,25	2,23	2,21	2,18	2,16
10	3,29	2,92	2,73	2,61	2,52	2,46	2,41	2,38	2,35	2,32	2,28	2,24	2,20	2,18	2,16	2,13	2,11	2,08	2,06
11	3,23	2,86	2,66	2,54	2,45	2,39	2,34	2,30	2,27	2,25	2,21	2,17	2,12	2,10	2,08	2,05	2,03	2,00	1,97
12	3,18	2,81	2,61	2,48	2,39	2,33	2,28	2,24	2,21	2,19	2,15	2,10	2,06	2,04	2,01	1,99	1,96	1,93	1,90
13	3,14	2,76	2,56	2,43	2,35	2,28	2,23	2,20	2,16	2,14	2,10	2,05	2,01	1,98	1,96	1,93	1,90	1,88	1,85
14	3,10	2,73	2,52	2,39	2,31	2,24	2,19	2,15	2,12	2,10	2,05	2,01	1,96	1,94	1,91	1,89	1,86	1,83	1,80
15	3,07	2,70	2,49	2,36	2,27	2,21	2,16	2,12	2,09	2,06	2,02	1,97	1,92	1,90	1,87	1,85	1,82	1,79	1,76
16	3,05	2,67	2,46	2,33	2,24	2,18	2,13	2,09	2,06	2,03	1,99	1,94	1,89	1,87	1,84	1,81	1,78	1,75	1,72
17	3,03	2,64	2,44	2,31	2,22	2,15	2,10	2,06	2,03	2,00	1,96	1,91	1,86	1,84	1,81	1,78	1,75	1,72	1,69
18	3,01	2,62	2,42	2,29	2,20	2,13	2,08	2,04	2,00	1,98	1,93	1,89	1,84	1,81	1,78	1,75	1,72	1,69	1,66
19	2,99	2,61	2,40	2,27	2,18	2,11	2,06	2,02	1,98	1,96	1,91	1,86	1,81	1,79	1,76	1,73	1,70	1,67	1,63
20	2,97	2,59	2,38	2,25	2,16	2,09	2,04	2,00	1,96	1,94	1,89	1,84	1,79	1,77	1,74	1,71	1,68	1,64	1,61
21	2,96	2,57	2,36	2,23	2,14	2,08	2,02	1,98	1,95	1,92	1,87	1,83	1,78	1,75	1,72	1,69	1,66	1,62	1,59
22	2,95	2,56	2,35	2,22	2,13	2,06	2,01	1,97	1,93	1,90	1,86	1,81	1,76	1,73	1,70	1,67	1,64	1,60	1,57
23	2,94	2,55	2,34	2,21	2,11	2,05	1,99	1,95	1,92	1,89	1,84	1,80	1,74	1,72	1,69	1,66	1,62	1,59	1,55
24	2,93	2,54	2,33	2,19	2,10	2,04	1,98	1,94	1,91	1,88	1,83	1,78	1,73	1,70	1,67	1,64	1,61	1,57	1,53
25	2,92	2,53	2,32	2,18	2,09	2,02	1,97	1,93	1,89	1,87	1,82	1,77	1,72	1,69	1,66	1,63	1,59	1,56	1,52
26	2,91	2,52	2,31	2,17	2,08	2,01	1,96	1,92	1,88	1,86	1,81	1,76	1,71	1,68	1,65	1,61	1,58	1,54	1,50
27	2,90	2,51	2,30	2,17	2,07	2,00	1,95	1,91	1,87	1,85	1,80	1,75	1,70	1,67	1,64	1,60	1,57	1,53	1,49
28	2,89	2,50	2,29	2,16	2,06	2,00	1,94	1,90	1,87	1,84	1,79	1,74	1,69	1,66	1,63	1,59	1,56	1,52	1,48
29	2,89	2,50	2,28	2,15	2,06	1,99	1,93	1,89	1,86	1,83	1,78	1,73	1,68	1,65	1,62	1,58	1,55	1,51	1,47
30	2,88	2,49	2,28	2,14	2,05	1,98	1,93	1,88	1,85	1,82	1,77	1,72	1,67	1,64	1,61	1,57	1,54	1,50	1,46
40	2,84	2,44	2,23	2,09	2,00	1,93	1,87	1,83	1,79	1,76	1,71	1,66	1,61	1,57	1,54	1,51	1,47	1,42	1,38
60	2,79	2,39	2,18	2,04	1,95	1,87	1,82	1,77	1,74	1,71	1,66	1,60	1,54	1,51	1,48	1,44	1,40	1,35	1,29
120	2,75	2,35	2,13	1,99	1,90	1,82	1,77	1,72	1,68	1,65	1,60	1,55	1,48	1,45	1,41	1,37	1,32	1,26	1,19
∞	2,71	2,30	2,08	1,94	1,85	1,77	1,72	1,67	1,63	1,60	1,55	1,49	1,42	1,38	1,34	1,30	1,24	1,17	1,00

Tabelle 30 b.   Obere Signifikanzschranken der F-Verteilung für $P = 0,05$ $(S = 95\%)$; v_1 = Freiheitsgrade des Zählers; v_2 = Freiheitsgrade des Nenners.

$v_2 \backslash v_1$	1	2	3	4	5	6	7	8	9	10	12	15	20	24	30	40	60	120	∞
1	161,4	199,5	215,7	224,6	230,2	234,0	236,8	238,9	240,5	241,9	243,9	245,9	248,0	249,1	250,1	251,1	252,2	253,3	254,3
2	18,51	19,00	19,16	19,25	19,30	19,33	19,35	19,37	19,38	19,40	19,41	19,43	19,45	19,45	19,46	19,47	19,48	19,49	19,50
3	10,13	9,55	9,28	9,12	9,01	8,94	8,89	8,85	8,81	8,79	8,74	8,70	8,66	8,64	8,62	8,59	8,57	8,55	8,53
4	7,71	6,94	6,59	6,39	6,26	6,16	6,09	6,04	6,00	5,96	5,91	5,86	5,80	5,77	5,75	5,72	5,69	5,66	5,63
5	6,61	5,79	5,41	5,19	5,05	4,95	4,88	4,82	4,77	4,74	4,68	4,62	4,56	4,53	4,50	4,46	4,43	4,40	4,36
6	5,99	5,14	4,76	4,53	4,39	4,28	4,21	4,15	4,10	4,06	4,00	3,94	3,87	3,84	3,81	3,77	3,74	3,70	3,67
7	5,59	4,74	4,35	4,12	3,97	3,87	3,79	3,73	3,68	3,64	3,57	3,51	3,44	3,41	3,38	3,34	3,30	3,27	3,23
8	5,32	4,46	4,07	3,84	3,69	3,58	3,50	3,44	3,39	3,35	3,28	3,22	3,15	3,12	3,08	3,04	3,01	2,97	2,93
9	5,12	4,26	3,86	3,63	3,48	3,37	3,29	3,23	3,18	3,14	3,07	3,01	2,94	2,90	2,86	2,83	2,79	2,75	2,71
10	4,96	4,10	3,71	3,48	3,33	3,22	3,14	3,07	3,02	2,98	2,91	2,85	2,77	2,74	2,70	2,66	2,62	2,58	2,54
11	4,84	3,98	3,59	3,36	3,20	3,09	3,01	2,95	2,90	2,85	2,79	2,72	2,65	2,61	2,57	2,53	2,49	2,45	2,40
12	4,75	3,89	3,49	3,26	3,11	3,00	2,91	2,85	2,80	2,75	2,69	2,62	2,54	2,51	2,47	2,43	2,38	2,34	2,30
13	4,67	3,81	3,41	3,18	3,03	2,92	2,83	2,77	2,71	2,67	2,60	2,53	2,46	2,42	2,38	2,34	2,30	2,25	2,21
14	4,60	3,74	3,34	3,11	2,96	2,85	2,76	2,70	2,65	2,60	2,53	2,46	2,39	2,35	2,31	2,27	2,22	2,18	2,13
15	4,54	3,68	3,29	3,06	2,90	2,79	2,71	2,64	2,59	2,54	2,48	2,40	2,33	2,29	2,25	2,20	2,16	2,11	2,07
16	4,49	3,63	3,24	3,01	2,85	2,74	2,66	2,59	2,54	2,49	2,42	2,35	2,28	2,24	2,19	2,15	2,11	2,06	2,01
17	4,45	3,59	3,20	2,96	2,81	2,70	2,61	2,55	2,49	2,45	2,38	2,31	2,23	2,19	2,15	2,10	2,06	2,01	1,96
18	4,41	3,55	3,16	2,93	2,77	2,66	2,58	2,51	2,46	2,41	2,34	2,27	2,19	2,15	2,11	2,06	2,02	1,97	1,92
19	4,38	3,52	3,13	2,90	2,74	2,63	2,54	2,48	2,42	2,38	2,31	2,23	2,16	2,11	2,07	2,03	1,98	1,93	1,88
20	4,35	3,49	3,10	2,87	2,71	2,60	2,51	2,45	2,39	2,35	2,28	2,20	2,12	2,08	2,04	1,99	1,95	1,90	1,84
21	4,32	3,47	3,07	2,84	2,68	2,57	2,49	2,42	2,37	2,32	2,25	2,18	2,10	2,05	2,01	1,96	1,92	1,87	1,81
22	4,30	3,44	3,05	2,82	2,66	2,55	2,46	2,40	2,34	2,30	2,23	2,15	2,07	2,03	1,98	1,94	1,89	1,84	1,78
23	4,28	3,42	3,03	2,80	2,64	2,53	2,44	2,37	2,32	2,27	2,20	2,13	2,05	2,01	1,96	1,91	1,86	1,81	1,76
24	4,26	3,40	3,01	2,78	2,62	2,51	2,42	2,36	2,30	2,25	2,18	2,11	2,03	1,98	1,94	1,89	1,84	1,79	1,73
25	4,24	3,39	2,99	2,76	2,60	2,49	2,40	2,34	2,28	2,24	2,16	2,09	2,01	1,96	1,92	1,87	1,82	1,77	1,71
26	4,23	3,37	2,98	2,74	2,59	2,47	2,39	2,32	2,27	2,22	2,15	2,07	1,99	1,95	1,90	1,85	1,80	1,75	1,69
27	4,21	3,35	2,96	2,73	2,57	2,46	2,37	2,31	2,25	2,20	2,13	2,06	1,97	1,93	1,88	1,84	1,79	1,73	1,67
28	4,20	3,34	2,95	2,71	2,56	2,45	2,36	2,29	2,24	2,19	2,12	2,04	1,96	1,91	1,87	1,82	1,77	1,71	1,65
29	4,18	3,33	2,93	2,70	2,55	2,43	2,35	2,28	2,22	2,18	2,10	2,03	1,94	1,90	1,85	1,81	1,75	1,70	1,64
30	4,17	3,32	2,92	2,69	2,53	2,42	2,33	2,27	2,21	2,16	2,09	2,01	1,93	1,89	1,84	1,79	1,74	1,68	1,62
40	4,08	3,23	2,84	2,61	2,45	2,34	2,25	2,18	2,12	2,08	2,00	1,92	1,84	1,79	1,74	1,69	1,64	1,58	1,51
60	4,00	3,15	2,76	2,53	2,37	2,25	2,17	2,10	2,04	1,99	1,92	1,84	1,75	1,70	1,65	1,59	1,53	1,47	1,39
120	3,92	3,07	2,68	2,45	2,29	2,17	2,09	2,02	1,96	1,91	1,83	1,75	1,66	1,61	1,55	1,50	1,43	1,35	1,25
∞	3,84	3,00	2,60	2,37	2,21	2,10	2,01	1,94	1,88	1,83	1,75	1,67	1,57	1,52	1,46	1,39	1,32	1,22	1,00

Tabelle 30c.

Obere Signifikanzschranken der F-Verteilung für $P = 0,025$ ($S = 97,5\%$);
v_1 = Freiheitsgrade des Zählers; v_2 = Freiheitsgrade des Nenners

v_2 \ v_1	1	2	3	4	5	6	7	8	9	10
1	647,8	799,5	864,2	899,6	921,8	937,1	948,2	956,7	963,3	968,6
2	38,51	39,00	39,17	39,25	39,30	39,33	39,36	39,37	39,39	39,40
3	17,44	16,04	15,44	15,10	14,88	14,73	14,62	14,54	14,47	14,42
4	12,22	10,65	9,98	9,60	9,36	9,20	9,07	8,98	8,90	8,84
5	10,01	8,43	7,76	7,39	7,15	6,98	6,85	6,76	6,68	6,62
6	8,81	7,26	6,60	6,23	5,99	5,82	5,70	5,60	5,52	5,46
7	8,07	6,54	5,89	5,52	5,29	5,12	4,99	4,90	4,82	4,76
8	7,57	6,06	5,42	5,05	4,82	4,65	4,53	4,43	4,36	4,30
9	7,21	5,71	5,08	4,72	4,48	4,32	4,20	4,10	4,03	3,96
10	6,94	5,46	4,83	4,47	4,24	4,07	3,95	3,85	3,78	3,72
11	6,72	5,26	4,63	4,28	4,04	3,88	3,76	3,66	3,59	3,53
12	6,55	5,10	4,47	4,12	3,89	3,73	3,61	3,51	3,44	3,37
13	6,41	4,97	4,35	4,00	3,77	3,60	3,48	3,39	3,31	3,25
14	6,30	4,86	4,24	3,89	3,66	3,50	3,38	3,29	3,21	3,15
15	6,20	4,77	4,15	3,80	3,58	3,41	3,29	3,20	3,12	3,06
16	6,12	4,69	4,08	3,73	3,50	3,34	3,22	3,12	3,05	2,99
17	6,04	4,62	4,01	3,66	3,44	3,28	3,16	3,06	2,98	2,92
18	5,98	4,56	3,95	3,61	3,38	3,22	3,10	3,01	2,93	2,87
19	5,92	4,51	3,90	3,56	3,33	3,17	3,05	2,96	2,88	2,82
20	5,87	4,46	3,86	3,51	3,29	3,13	3,01	2.91	2,84	2,77
21	5,83	4,42	3,82	3,48	3,25	3,09	2,97	2,87	2,80	2,73
22	5,79	4,38	3,78	3,44	3,22	3,05	2,93	2,84	2,76	2,70
23	5,75	4,35	3,75	3,41	3,18	3,02	2,90	2,81	2,73	2,67
24	5,72	4,32	3,72	3,38	3,15	2,99	2,87	2,78	2,70	2,64
25	5,69	4,29	3,69	3,35	3,13	2,97	2,85	2,75	2,68	2,61
26	5,66	4,27	3,67	3,33	3,10	2,94	2,82	2,73	2,65	2,59
27	5,63	4,24	3,65	3,31	3,08	2,92	2,80	2,71	2,63	2,57
28	5,61	4,22	3,63	3,29	3,06	2,90	2,78	2,69	2,61	2,55
29	5,59	4,20	3,61	3,27	3,04	2,88	2,76	2,67	2,59	2,53
30	5,57	4,18	3,59	3,25	3,03	2,87	2,75	2,65	2,57	2,51
40	5,42	4,05	3,46	3,13	2,90	2,74	2,62	2,53	2,45	2,39
60	5,29	3,93	3,34	3,01	2,79	2,63	2,51	2,41	2,33	2,27
120	5,15	3,80	3,23	2,89	2,67	2,52	2,39	2,30	2,22	2,16
∞	5,02	3,69	3,12	2,79	2,57	2,41	2,29	2,19	2,11	2,05

Nach Hald (1952; vgl. Cochran 1940) gelten für v_1 und v_2 größer als 30 mit $g = 1/v_1 - 1/v_2$, $h = 2/(1/v_1 + 1/v_2)$ und $F_\alpha = F_{v_1 ; v_2 ; \alpha}$ folgende Approximationen:

$$\lg F_{0,5} = -0,290g$$

$$\lg F_{0,3} = \frac{0,4555}{\sqrt{h - 0,55}} - 0,329g$$

$$\lg F_{0,1} = \frac{1,1131}{\sqrt{h - 0,77}} - 0,527g$$

$$\lg F_{0,05} = \frac{1,4287}{\sqrt{h - 0,95}} - 0,681g$$

$$\lg F_{0,025} = \frac{1,7023}{\sqrt{h - 1,14}} - 0,846g$$

$$\lg F_{0,01} = \frac{2,0206}{\sqrt{h - 1,40}} - 1,073g$$

Tabelle 30 c. (Fortsetzung)

ν_2 \ ν_1	12	15	20	24	30	40	60	120	∞
1	976,7	984,9	993,1	997,2	1001	1006	1010	1014	1018
2	39,41	39,43	39,45	39,46	39,46	39,47	39,48	39,49	39,50
3	14,34	14,25	14,17	14,12	14,08	14,04	13,99	13,95	13,90
4	8,75	8,66	8,56	8,51	8,46	8,41	8,36	8,31	8,26
5	6,52	6,43	6,33	6,28	6,23	6,18	6,12	6,07	6,02
6	5,37	5,27	5,17	5,12	5,07	5,01	4,96	4,90	4,85
7	4,67	4,57	4,47	4,42	4,36	4,31	4,25	4,20	4,14
8	4,20	4,10	4,00	3,95	3,89	3,84	3,78	3,73	3,67
9	3,87	3,77	3,67	3,61	3,56	3,51	3,45	3,39	3,33
10	3,62	3,52	3,42	3,37	3,31	3,26	3,20	3,14	3,08
11	3,43	3,33	3,23	3,17	3,12	3,06	3,00	2,94	2,88
12	3,28	3,18	3,07	3,02	2,96	2,91	2,85	2,79	2,72
13	3,15	3,05	2,95	2,89	2,84	2,78	2,72	2,66	2,60
14	3,05	2,95	2,84	2,79	2,73	2,67	2,61	2,55	2,49
15	2,96	2,86	2,76	2,70	2,64	2,59	2,52	2,46	2,40
16	2,89	2,79	2,68	2,63	2,57	2,51	2,45	2,38	2,32
17	2,82	2,72	2,62	2,56	2,50	2,44	2,38	2,32	2,25
18	2,77	2,67	2,56	2,50	2,44	2,38	2,32	2,26	2,19
19	2,72	2,62	2,51	2,45	2,39	2,33	2,27	2,20	2,13
20	2,68	2,57	2,46	2,41	2,35	2,29	2,22	2,16	2,09
21	2,64	2,53	2,42	2,37	2,31	2,25	2,18	2,11	2,04
22	2,60	2,50	2,39	2,33	2,27	2,21	2,14	2,08	2,00
23	2,57	2,47	2,36	2,30	2,24	2,18	2,11	2,04	1,97
24	2,54	2,44	2,33	2,27	2,21	2,15	2,08	2,01	1,94
25	2,51	2,41	2,30	2,24	2,18	2,12	2,05	1,98	1,91
26	2,49	2,39	2,28	2,22	2,16	2,09	2,03	1,95	1,88
27	2,47	2,36	2,25	2,19	2,13	2,07	2,00	1,93	1,85
28	2,45	2,34	2,23	2,17	2,11	2,05	1,98	1,91	1,83
29	2,43	2,32	2,21	2,15	2,09	2,03	1,96	1,89	1,81
30	2,41	2,31	2,20	2,14	2,07	2,01	1,94	1,87	1,79
40	2,29	2,18	2,07	2,01	1,94	1,88	1,80	1,72	1,64
60	2,17	2,06	1,94	1,88	1,82	1,74	1,67	1,58	1,48
120	2,05	1,94	1,82	1,76	1,69	1,61	1,53	1,43	1,31
∞	1,94	1,83	1,71	1,64	1,57	1,48	1,39	1,27	1,00

$$\lg F_{0.005} = \frac{2,2373}{\sqrt{h-1,61}} - 1,250g$$

$$\lg F_{0.001} = \frac{2,6841}{\sqrt{h-2,09}} - 1,672g$$

$$\lg F_{0.0005} = \frac{2,8580}{\sqrt{h-2,30}} - 1,857g$$

Beispiel: $F_{200;100;0.05}$

$$g = 1/200 - 1/100 = -0,005; \quad h = 2/(1/200 + 1/100) = 133,333$$

$$\lg F_{200;100;0.05} = \frac{1,4284}{\sqrt{133,33-0,95}} - 0,681(-0,005) = 0,12755$$

$F_{200;100;0.05} = 1,34$ (exakter Wert)

Bessere Approximationen gibt E. E. Johnson (1973; Technometrics **15**, 379–384).

Tabelle 30d.
Obere Signifikanzschranken der F-Verteilung für $P=0,01$ $(S=99\%)$;
v_1 = Freiheitsgrade des Zählers; v_2 = Freiheitsgrade des Nenners

v_2 \ v_1	1	2	3	4	5	6	7	8	9	10
1	4052	4999,5	5403	5625	5764	5859	5928	5982	6022	6056
2	98,50	99,00	99,17	99,25	99,30	99,33	99,36	99,37	99,39	99,40
3	34,12	30,82	29,46	28,71	28,24	27,91	27,67	27,49	27,35	27,23
4	21,20	18,00	16,69	15,98	15,52	15,21	14,98	14,80	14,66	14,55
5	16,26	13,27	12,06	11,39	10,97	10,67	10,46	10,29	10,16	10,05
6	13,75	10,92	9,78	9,15	8,75	8,47	8,26	8,10	7,98	7,87
7	12,25	9,55	8,45	7,85	7,46	7,19	6,99	6,84	6,72	6,62
8	11,26	8,65	7,59	7,01	6,63	6,37	6,18	6,03	5,91	5,81
9	10,56	8,02	6,99	6,42	6,06	5,80	5,61	5,47	5,35	5,26
10	10,04	7,56	6,55	5,99	5,64	5,39	5,20	5,06	4,94	4,85
11	9,65	7,21	6,22	5,67	5,32	5,07	4,89	4,74	4,63	4,54
12	9,33	6,93	5,95	5,41	5,06	4,82	4,64	4,50	4,39	4,30
13	9,07	6,70	5,74	5,21	4,86	4,62	4,44	4,30	4,19	4,10
14	8,86	6,51	5,56	5,04	4,69	4,46	4,28	4,14	4,03	3,94
15	8,68	6,36	5,42	4,89	4,56	4,32	4,14	4,00	3,89	3,80
16	8,53	6,23	5,29	4,77	4,44	4,20	4,03	3,89	3,78	3,69
17	8,40	6,11	5,18	4,67	4,34	4,10	3,93	3,79	3,68	3,59
18	8,29	6,01	5,09	4,58	4,25	4,01	3,84	3,71	3,60	3,51
19	8,18	5,93	5,01	4,50	4,17	3,94	3,77	3,63	3,52	3,43
20	8,10	5,85	4,94	4,43	4,10	3,87	3,70	3,56	3,46	3,37
21	8,02	5,78	4,87	4,37	4,04	3,81	3,64	3,51	3,40	3,31
22	7,95	5,72	4,82	4,31	3,99	3,76	3,59	3,45	3,35	3,26
23	7,88	5,66	4,76	4,26	3,94	3,71	3,54	3,41	3,30	3,21
24	7,82	5,61	4,72	4,22	3,90	3,67	3,50	3,36	3,26	3,17
25	7,77	5,57	4,68	4,18	3,85	3,63	3,46	3,32	3,22	3,13
26	7,72	5,53	4,64	4,14	3,82	3,59	3,42	3,29	3,18	3,09
27	7,68	5,49	4,60	4,11	3,78	3,56	3,39	3,26	3,15	3,06
28	7,64	5,45	4,57	4,07	3,75	3,53	3,36	3,23	3,12	3,03
29	7,60	5,42	4,54	4,04	3,73	3,50	3,33	3,20	3,09	3,00
30	7,56	5,39	4,51	4,02	3,70	3,47	3,30	3,17	3,07	2,98
40	7,31	5,18	4,31	3,83	3,51	3,29	3,12	2,99	2,89	2,80
60	7,08	4,98	4,13	3,65	3,34	3,12	2,95	2,82	2,72	2,63
120	6,85	4,79	3,95	3,48	3,17	2,96	2,79	2,66	2,56	2,47
∞	6,63	4,61	3,78	3,32	3,02	2,80	2,64	2,51	2,41	2,32

Tabelle 30 d.   (Fortsetzung)

ν_2 \ ν_1	12	15	20	24	30	40	60	120	∞
1	6106	6157	6209	6235	6261	6287	6313	6339	6366
2	99,42	99,43	99,45	99,46	99,47	99,47	99,48	99,49	99,50
3	27,05	26,87	26,69	26,60	26,50	26,41	26,32	26,22	26,13
4	14,37	14,20	14,02	13,93	13,84	13,75	13,65	13,56	13,46
5	9,89	9,72	9,55	9,47	9,38	9,29	9,20	9,11	9,02
6	7,72	7,56	7,40	7,31	7,23	7,14	7,06	6,97	6,88
7	6,47	6,31	6,16	6,07	5,99	5,91	5,82	5,74	5,65
8	5,67	5,52	5,36	5,28	5,20	5,12	5,03	4,95	4,86
9	5,11	4,96	4,81	4,73	4,65	4,57	4,48	4,40	4,31
10	4,71	4,56	4,41	4,33	4,25	4,17	4,08	4,00	3,91
11	4,40	4,25	4,10	4,02	3,94	3,86	3,78	3,69	3,60
12	4,16	4,01	3,86	3,78	3,70	3,62	3,54	3,45	3,36
13	3,96	3,82	3,66	3,59	3,51	3,43	3,34	3,25	3,17
14	3,80	3,66	3,51	3,43	3,35	3,27	3,18	3,09	3,00
15	3,67	3,52	3,37	3,29	3,21	3,13	3,05	2,96	2,87
16	3,55	3,41	3,26	3,18	3,10	3,02	2,93	3,84	2,75
17	3,46	3,31	3,16	3,08	3,00	2,92	2,83	2,75	2,65
18	3,37	3,23	3,08	3,00	2,92	2,84	2,75	2,66	2,57
19	3,30	3,15	3,00	2,92	2,84	2,76	2,67	2,58	2,49
20	3,23	3,09	2,94	2,86	2,78	2,69	2,61	2,52	2,42
21	3,17	3,03	2,88	2,80	2,72	2,64	2,55	2,46	2,36
22	3,12	2,98	2,83	2,75	2,67	2,58	2,50	2,40	2,31
23	3,07	2,93	2,78	2,70	2,62	2,54	2,45	2,35	2,26
24	3,03	2,89	2,74	2,66	2,58	2,49	2,40	2,31	2,21
25	2,99	2,85	2,70	2,62	2,54	2,45	2,36	2,27	2,17
26	2,96	2,81	2,66	2,58	2,50	2,42	2,33	2,23	2,13
27	2,93	2,78	2,63	2,55	2,47	2,38	2,29	2,20	2,10
28	2,90	2,75	2,60	2,52	2,44	2,35	2,26	2,17	2,06
29	2,87	2,73	2,57	2,49	2,41	2,33	2,23	2,14	2,03
30	2,84	2,70	2,55	2,47	2,39	2,30	2,21	2,11	2,01
40	2,66	2,52	2,37	2,29	2,20	2,11	2,02	1,92	1,80
60	2,50	2,35	2,20	2,12	2,03	1,94	1,84	1,73	1,60
120	2,34	2,19	2,03	1,95	1,86	1,76	1,66	1,53	1,38
∞	2,18	2,04	1,88	1,79	1,70	1,59	1,47	1,32	1,00

Tabelle 30e.   Obere Signifikanzschranken der *F*-Verteilung für $P=0,005$ ($S=99,5\%$); $v_1=$ Freiheitsgrade des Zählers; $v_2=$ Freiheitsgrade des Nenners.

v_2＼v_1	1	2	3	4	5	6	7	8	9	10
1	16211	20000	21615	22500	23056	23437	23715	23925	24091	24224
2	198,5	199,0	199,2	199,2	199,3	199,4	199,4	199,4	199,4	199,4
3	55,55	49,80	47,47	46,19	45,39	44,84	44,43	44,13	43,88	43,69
4	31,33	26,28	24,26	23,15	22,46	21,97	21,62	21,35	21,14	20,97
5	22,78	18,31	16,53	15,56	14,94	14,51	14,20	13,96	13,77	13,62
6	18,63	14,54	12,92	12,03	11,46	11,07	10,79	10,57	10,39	10,25
7	16,24	12,40	10,88	10,05	9,52	9,16	8,89	8,68	8,51	8,38
8	14,69	11,04	9,60	8,81	8,30	7,95	7,69	7,50	7,34	7,21
9	13,61	10,11	8,72	7,96	7,47	7,13	6,88	6,69	6,54	6,42
10	12,83	9,43	8,08	7,34	6,87	6,54	6,30	6,12	5,97	5,85
11	12,23	8,91	7,60	6,88	6,42	6,10	5,86	5,68	5,54	5,42
12	11,75	8,51	7,23	6,52	6,07	5,76	5,52	5,35	5,20	5,09
13	11,37	8,19	6,93	6,23	5,79	5,48	5,25	5,08	4,94	4,82
14	11,06	7,92	6,68	6,00	5,56	5,26	5,03	4,86	4,72	4,60
15	10,80	7,70	6,48	5,80	5,37	5,07	4,85	4,67	4,54	4,42
16	10,58	7,51	6,30	5,64	5,21	4,91	4,69	4,52	4,38	4,27
17	10,38	7,35	6,16	5,50	5,07	4,78	4,56	4,39	4,25	4,14
18	10,22	7,21	6,03	5,37	4,96	4,66	4,44	4,28	4,14	4,03
19	10,07	7,09	5,92	5,27	4,85	4,56	4,34	4,18	4,04	3,93
20	9,94	6,99	5,82	5,17	4,76	4,47	4,26	4,09	3,96	3,85
21	9,83	6,89	5,73	5,09	4,68	4,39	4,18	4,01	3,88	3,77
22	9,73	6,81	5,65	5,02	4,61	4,32	4,11	3,94	3,81	3,70
23	9,63	6,73	5,58	4,95	4,54	4,26	4,05	3,88	3,75	3,64
24	9,55	6,66	5,52	4,89	4,49	4,20	3,99	3,83	3,69	3,59
25	9,48	6,60	5,46	4,84	4,43	4,15	3,94	3,78	3,64	3,54
26	9,41	6,54	5,41	4,79	4,38	4,10	3,89	3,73	3,60	3,49
27	9,34	6,49	5,36	4,74	4,34	4,06	3,85	3,69	3,56	3,45
28	9,28	6,44	5,32	4,70	4,30	4,02	3,81	3,65	3,52	3,41
29	9,23	6,40	5,28	4,66	4,26	3,98	3,77	3,61	3,48	3,38
30	9,18	6,35	5,24	4,62	4,23	3,95	3,74	3,58	3,45	3,34
40	8,83	6,07	4,98	4,37	3,99	3,71	3,51	3,35	3,22	3,12
60	8,49	5,79	4,73	4,14	3,76	3,49	3,29	3,13	3,01	2,90
120	8,18	5,54	4,50	3,92	3,55	3,28	3,09	2,93	2,81	2,71
∞	7,88	5,30	4,28	3,72	3,35	3,09	2,90	2,74	2,62	2,52

Tabelle 30 e.   (Fortsetzung)

ν_2 \ ν_1	12	15	20	24	30	40	60	120	∞
1	24426	24630	24836	24940	25044	25148	25253	25359	25465
2	199,4	199,4	199,4	199,5	199,5	199,5	199,5	199,5	199,5
3	43,39	43,08	42,78	42,62	42,47	42,31	42,15	41,99	41,83
4	20,70	20,44	20,17	20,03	19,89	19,75	19,61	19,47	19,32
5	13,38	13,15	12,90	12,78	12,66	12,53	12,40	12,27	12,14
6	10,03	9,81	9,59	9,47	9,36	9,24	9,12	9,00	8,88
7	8,18	7,97	7,75	7,65	7,53	7,42	7,31	7,19	7,08
8	7,01	6,81	6,61	6,50	6,40	6,29	6,18	6,06	5,95
9	6,23	6,03	5,83	5,73	5,62	5,52	5,41	5,30	5,19
10	5,66	5,47	5,27	5,17	5,07	4,97	4,86	4,75	4,64
11	5,24	5,05	4,86	4,76	4,65	4,55	4,44	4,34	4,23
12	4,91	4,72	4,53	4,43	4,33	4,23	4,12	4,01	3,90
13	4,64	4,46	4,27	4,17	4,07	3,97	3,87	3,76	3,65
14	4,43	4,25	4,06	3,96	3,86	3,76	3,66	3,55	3,44
15	4,25	4,07	3,88	3,79	3,69	3,58	3,48	3,37	3,26
16	4,10	3,92	3,73	3,64	3,54	3,44	3,33	3,22	3,11
17	3,97	3,79	3,61	3,51	3,41	3,31	3,21	3,10	2,98
18	3,86	3,68	3,50	3,40	3,30	3,20	3,10	2,99	2,87
19	3,76	3,59	3,40	3,31	3,21	3,11	3,00	2,89	2,78
20	3,68	3,50	3,32	3,22	3,12	3,02	2,92	2,81	2,69
21	3,60	3,43	3,24	3,15	3,05	2,95	2,84	2,73	2,61
22	3,54	3,36	3,18	3,08	2,98	2,88	2,77	2,66	2,55
23	3,47	3,30	3,12	3,02	2,92	2,82	2,71	2,60	2,48
24	3,42	3,25	3,06	2,97	2,87	2,77	2,66	2,55	2,43
25	3,37	3,20	3,01	2,92	2,82	2,72	2,61	2,50	2,38
26	3,33	3,15	2,97	2,87	2,77	2,67	2,56	2,45	2,33
27	3,28	3,11	2,93	2,83	2,73	2,63	2,52	2,41	2,29
28	3,25	3,07	2,89	2,79	2,69	2,59	2,48	2,37	2,25
29	3,21	3,04	2,86	2,76	2,66	2,56	2,45	2,33	2,21
30	3,18	3,01	2,82	2,73	2,63	2,52	2,42	2,30	2,18
40	2,95	2,78	2,60	2,50	2,40	2,30	2,18	2,06	1,93
60	2,74	2,57	2,39	2,29	2,19	2,08	1,96	1,83	1,69
120	2,54	2,37	2,19	2,09	1,98	1,87	1,75	1,61	1,43
∞	2,36	2,19	2,00	1,90	1,79	1,67	1,53	1,36	1,00

Tabelle 30f.   Obere Signifikanzschranken der F-Verteilung für $P=0{,}001$ ($S=99{,}9\%$); ν_1 = Freiheitsgrade des Zählers; ν_2 = Freiheitsgrade des Nenners. (Diese Tafeln sind auszugsweise übernommen aus Table 18 der Biometrika Tables for Statisticians. Vol. I, edited by Pearson, E.S., and H.O. Hartley. Cambridge University Press, Cambridge 1958 und Table V von Fisher, R.A., and F. Yates: Statistical Tables for Biological, Agricultural and Medical Research, published by Oliver and Boyd Ltd., Edinburgh [1963].)

$\nu_2\backslash\nu_1$	1	2	3	4	5	6	7	8	9	10	12	15	20	24	30	40	60	120	∞
1	4053⁺	5000⁺	5404⁺	5625⁺	5764⁺	5859⁺	5929⁺	5981⁺	6023⁺	6056⁺	6107⁺	6158⁺	6209⁺	6235⁺	6261⁺	6287⁺	6313⁺	6340⁺	6366⁺
2	998,5	999,0	999,2	999,2	999,3	999,3	999,4	999,4	999,4	999,4	999,4	999,4	999,4	999,5	999,5	999,5	999,5	999,5	999,5
3	167,0	148,5	141,1	137,1	134,6	132,8	131,6	130,6	129,9	129,2	128,3	127,4	126,4	125,9	125,4	125,0	124,5	124,0	123,5
4	74,14	61,25	56,18	53,44	51,71	50,53	49,66	49,00	48,47	48,05	47,41	46,76	46,10	45,77	45,43	45,09	44,75	44,40	44,0ᵣ
5	47,18	37,12	33,20	31,09	29,75	28,84	28,16	27,64	27,24	26,92	26,42	25,91	25,39	25,14	24,87	24,60	24,33	24,06	23,79
6	35,51	27,00	23,70	21,92	20,81	20,03	19,46	19,03	18,69	18,41	17,99	17,56	17,12	16,89	16,67	16,44	16,21	15,99	15,75
7	29,25	21,69	18,77	17,19	16,21	15,52	15,02	14,63	14,33	14,08	13,71	13,32	12,93	12,73	12,53	12,33	12,12	11,91	11,70
8	25,42	18,49	15,83	14,39	13,49	12,86	12,40	12,04	11,77	11,54	11,19	10,84	10,48	10,30	10,11	9,92	9,73	9,53	9,33
9	22,86	16,39	13,90	12,56	11,71	11,13	10,70	10,37	10,11	9,89	9,57	9,24	8,90	8,72	8,55	8,37	8,19	8,00	7,81
10	21,04	14,91	12,55	11,28	10,48	9,92	9,52	9,20	8,96	8,75	8,45	8,13	7,80	7,64	7,47	7,30	7,12	6,94	6,76
11	19,69	13,81	11,56	10,35	9,58	9,05	8,66	8,35	8,12	7,92	7,63	7,32	7,01	6,85	6,68	6,52	6,35	6,17	6,00
12	18,64	12,97	10,80	9,63	8,89	8,38	8,00	7,71	7,48	7,29	7,00	6,71	6,40	6,25	6,09	5,93	5,76	5,59	5,42
13	17,81	12,31	10,21	9,07	8,35	7,86	7,49	7,21	6,98	6,80	6,52	6,23	5,93	5,78	5,63	5,47	5,30	5,14	4,97
14	17,14	11,78	9,73	8,62	7,92	7,43	7,08	6,80	6,58	6,40	6,13	5,85	5,56	5,41	5,25	5,10	4,94	4,77	4,60
15	16,59	11,34	9,34	8,25	7,57	7,09	6,74	6,47	6,26	6,08	5,81	5,54	5,25	5,10	4,95	4,80	4,64	4,47	4,31
16	16,12	10,97	9,00	7,94	7,27	6,80	6,46	6,19	5,98	5,81	5,55	5,27	4,99	4,85	4,70	4,54	4,39	4,23	4,06
17	15,72	10,66	8,73	7,68	7,02	6,56	6,22	5,96	5,75	5,58	5,32	5,05	4,78	4,63	4,48	4,33	4,18	4,02	3,85
18	15,38	10,39	8,49	7,46	6,81	6,35	6,02	5,76	5,56	5,39	5,13	4,87	4,59	4,45	4,30	4,15	4,00	3,84	3,67
19	15,08	10,16	8,28	7,26	6,62	6,18	5,85	5,59	5,39	5,22	4,97	4,70	4,43	4,29	4,14	3,99	3,84	3,68	3,51
20	14,82	9,95	8,10	7,10	6,46	6,02	5,69	5,44	5,24	5,08	4,82	4,56	4,29	4,15	4,00	3,86	3,70	3,54	3,38
21	14,59	9,77	7,94	6,95	6,32	5,88	5,56	5,31	5,11	4,95	4,70	4,44	4,17	4,03	3,88	3,74	3,58	3,42	3,26
22	14,38	9,61	7,80	6,81	6,19	5,76	5,44	5,19	4,99	4,83	4,58	4,33	4,06	3,92	3,78	3,63	3,48	3,32	3,15
23	14,19	9,47	7,67	6,69	6,08	5,65	5,33	5,09	4,89	4,73	4,48	4,23	3,96	3,82	3,68	3,53	3,38	3,22	3,05
24	14,03	9,34	7,55	6,59	5,98	5,55	5,23	4,99	4,80	4,64	4,39	4,14	3,87	3,74	3,59	3,45	3,29	3,14	2,97
25	13,88	9,22	7,45	6,49	5,88	5,46	5,15	4,91	4,71	4,56	4,31	4,06	3,79	3,66	3,52	3,37	3,22	3,06	2,89
26	13,74	9,12	7,36	6,41	5,80	5,38	5,07	4,83	4,64	4,48	4,24	3,99	3,72	3,59	3,44	3,30	3,15	2,99	2,82
27	13,61	9,02	7,27	6,33	5,73	5,31	5,00	4,76	4,57	4,41	4,17	3,92	3,66	3,52	3,38	3,23	3,08	2,92	2,75
28	13,50	8,93	7,19	6,25	5,66	5,24	4,93	4,69	4,50	4,35	4,11	3,86	3,60	3,46	3,32	3,18	3,02	2,86	2,69
29	13,39	8,85	7,12	6,19	5,59	5,18	4,87	4,64	4,45	4,29	4,05	3,80	3,54	3,41	3,27	3,12	2,97	2,81	2,64
30	13,29	8,77	7,05	6,12	5,53	5,12	4,82	4,58	4,39	4,24	4,00	3,75	3,49	3,36	3,22	3,07	2,92	2,76	2,59
40	12,61	8,25	6,60	5,70	5,13	4,73	4,44	4,21	4,02	3,87	3,64	3,40	3,15	3,01	2,87	2,73	2,57	2,41	2,23
60	11,97	7,76	6,17	5,31	4,76	4,37	4,09	3,87	3,69	3,54	3,31	3,08	2,83	2,69	2,55	2,41	2,25	2,08	1,89
120	11,38	7,32	5,79	4,95	4,42	4,04	3,77	3,55	3,38	3,24	3,02	2,78	2,53	2,40	2,26	2,11	1,95	1,76	1,54
∞	10,83	6,91	5,42	4,62	4,10	3,74	3,47	3,27	3,10	2,96	2,74	2,51	2,27	2,13	1,99	1,84	1,66	1,45	1,00

⁺ Diese Werte sind mit 100 zu multiplizieren

bei der *t*-Verteilung vorliegt, tritt hier gewissermaßen eine „reziproke Symmetrie". Wie $+t$ mit $-t$, so kann hier F mit $1/F$ und zugleich v_1 mit v_2 vertauscht werden. Es gilt

$$F(v_1, v_2; 1-\alpha) = 1/F(v_2, v_1; \alpha)$$

(1.136)

Nach dieser Beziehung läßt sich beispielsweise aus $F_{0,05}$ leicht $F_{0,95}$ ermitteln.

Beispiel

Gegeben $v_1 = 12$, $v_2 = 8$, $\alpha = 0,05$, d.h. $F = 3,28$.

Gesucht $v_1 = 12$, $v_2 = 8$, $\alpha = 0,95$. Über $v_1 = 8$, $v_2 = 12$ und $\alpha = 0,05$, d.h. $F = 2,85$ ergibt sich der gesuchte F-Wert zu $1/2,85 = 0,351$.

Für größere Freiheitsgrade gilt die Approximation

$$\lg F = 0,4343 \cdot z \cdot \sqrt{\frac{2(v_1 + v_2)}{v_1 \cdot v_2}}$$

(1.137)

wobei z der Standardnormalwert für die gewählte Irrtumswahrscheinlichkeit bei einseitiger Fragestellung ist (vgl. Tabelle 43, S. 172). So ermitteln wir beispielsweise $F(120, 120; 0,05)$ über

$$\lg F = 0,4343 \cdot 1,64 \cdot \sqrt{\frac{2(120 + 120)}{120 \cdot 120}} = 0,13004 \quad \text{zu} \quad F = 1,35 \quad \text{(Tab. 30b)}$$

Interpolieren von Zwischenwerten

Für den Fall, daß weder $v_{\text{Zähler}}$ (v_1 oder v_z) noch v_{Nenner} (v_2 oder v_n) in der Tabelle enthalten sind, werden die benachbarten Größen v'_z, v''_z und v'_n, v''_n ($v'_z < v_z < v''_z$ bzw. $v'_n < v_n < v''_n$), für die die F-Verteilung tabelliert ist, notiert. Man interpoliert nach Laubscher (1965) [Formel (1.138) gilt auch für nicht ganzzahlige v]:

$$\begin{aligned} F(v_z, v_n) = &(1-A) \cdot (1-B) \cdot F(v'_z, v'_n) \\ &+ A \cdot (1-B) \cdot F(v'_z, v''_n) \\ &+ (1-A) \cdot B \cdot F(v''_z, v'_n) \\ &+ A \cdot B \cdot F(v''_z, v''_n) \\ \text{mit} \quad A = &\frac{v''_n(v_n - v'_n)}{v_n(v''_n - v'_n)} \quad \text{und} \quad B = \frac{v''_z(v_z - v'_z)}{v_z(v''_z - v'_z)} \end{aligned}$$

(1.138)

Beispiel

Berechne $F(28,44; 0,01)$.

Gegeben $F(20,40; 0,01) = 2,37$

$F(20,50; 0,01) = 2,27$

$F(30,40; 0,01) = 2,20$

$F(30,50; 0,01) = 2,10$

Über $A = \dfrac{50(44-40)}{44(50-40)} = \dfrac{5}{11}$ und $B = \dfrac{30(28-20)}{28(30-20)} = \dfrac{6}{7}$

erhält man $F(28,44; 0,01) = \dfrac{6}{11} \cdot \dfrac{1}{7} \cdot 2,37 + \dfrac{5}{11} \cdot \dfrac{1}{7} \cdot 2,27$

$+ \dfrac{6}{11} \cdot \dfrac{6}{7} \cdot 2,20 + \dfrac{5}{11} \cdot \dfrac{6}{7} \cdot 2,10$

$= 2,178 \approx 2,18$.

Der interpolierte Wert ist gleich dem in größeren Tafelwerken tabellierten Wert. Enthält die Tafel v_z, aber nicht v_n, dann interpoliere man nach

$$F(v_z,v_n) = (1-A)\cdot F(v_z,v'_n) + A\cdot F(v_z,v''_n)$$

(1.139)

Für den umgekehrten Fall: v_z gesucht, v_n tabelliert, gilt

$$F(v_z,v_n) = (1-B)\cdot F(v'_z,v_n) + B\cdot F(v''_z,v_n)$$

(1.140)

Interpolieren von Wahrscheinlichkeiten

Wir haben die oberen Signifikanzschranken für das 0,1%-, 0,5%-, 1%-, 2,5%-, 5%- und 10%-Niveau notiert. Besteht das Bedürfnis, das wahre Niveau eines auf v_1 und v_2 Freiheitsgraden basierenden empirischen *F*-Wertes zwischen den 0,1%- und 10%-Grenzen zu interpolieren, so benutze man ein von Zinger (1964) gegebenes Verfahren:

1. Den empirisch ermittelten *F*-Wert zwischen zwei tabellierten *F*-Werten (F_1, F_2) mit den Irrtumswahrscheinlichkeiten α und αm so einordnen, daß $F_1 < F < F_2$.

2. Den Quotienten k ermitteln

$$k = \frac{F_2 - F}{F_2 - F_1}$$

(1.141)

3. Die interpolierte Wahrscheinlichkeit ist dann

$$P = \alpha m^k$$

(1.142)

Beispiel

Gegeben: $F = 3,43$; $v_1 = 12$, $v_2 = 12$. Approximiere die Wahrscheinlichkeit, daß dieser *F*-Wert überschritten wird.
Lösung:

1. Der beobachtete *F*-Wert liegt zwischen der 1%- und 2,5%-Schranke (d. h. $\alpha = 0,01$; $m = 2,5$); $F_1 = 3,28 < F = 3,43 < F_2 = 4,16$.

2. Der Quotient lautet $k = \dfrac{4,16 - 3,43}{4,16 - 3,28} = 0,8295$.

3. Die approximierte Wahrscheinlichkeit erhält man dann (Logarithmen!) zu $P = 0,01\cdot 2,5^{0,8295} = 0,0214$. Der exakte Wert ist 0,0212.

Soll die Bedeutsamkeit beliebiger empirischer F-Werte ermittelt werden, dann gilt nach einer von Paulson (1942) vorgeschlagenen Approximation für $v_2 \geqq 3$:

$$\hat{z} = \frac{\left(1+\dfrac{2}{9v_2}\right)F^{1/3} - \left(1-\dfrac{2}{9v_1}\right)}{\sqrt{\dfrac{2}{9v_2}F^{2/3} + \dfrac{2}{9v_1}}}$$

(1.143)

Sollten die unteren Schranken der *F*-Verteilung interessieren, so muß auch $v_1 \geqq 3$ sein.

Die Kubikwurzeln von F und F^2 zieht man mit Hilfe von Logarithmen.

Einige Approximationen (Appr.) nach (1.143) und die auf zwei Stellen nach dem Komma genauen Werte (g.W.)

P	$v_1=1$, $v_2=10$; $t=\sqrt{F}$ Appr.	g.W.	$v_1=4$, $v_2=8$ Appr.	g.W.	$v_1=6$, $v_2=12$ Appr.	g.W.
0,99	—	0,01	0,06	0,07	0,12	0,13
0,20	1,37	1,37	1,92	1,92	1,72	1,72
0,05	2,21	2,23	3,84	3,84	3,00	3,00
0,01	3,16	3,17	7,12	7,01	4,85	4,82
0,001	4,63	4,59	15,38	14,39	8,58	8,38

Die Beziehungen der F-Verteilung zu den anderen beiden Prüfverteilungen und zur Normalverteilung sind einfach und übersichtlich

Die F-Verteilung geht über für:

$v_1=1$	und	$v_2=v$	in die Verteilung von t^2
$v_1=1$	und	$v_2=\infty$	in die Verteilung von z^2
$v_1=v$	und	$v_2=\infty$	in die Verteilung von χ^2/v

(1.144)
(1.145)
(1.146)

Beispielsweise erhält man für $F_{10;\,10;\,0,05}=2,98$.

$F_{1;\,10;\,0,05}=4,96$ $t_{10;\,0,05}=2,228$ d.h. $t^2_{10;\,0,05}=4,96$

$F_{1;\,\infty;\,0,05}=3,84$ $z_{0,05}=1,960$ d.h. $z^2_{0,05}=3,84$

$F_{10;\,\infty;\,0,05}=1,83$ $\chi^2_{10;\,0,05}/10=18,307/10=1,83$

DAMIT LASSEN SICH STUDENT-, STANDARDNORMAL- UND χ^2-VERTEILUNG AUF DIE *F*-VERTEILUNG UND IHRE GRENZFÄLLE ZURÜCKFÜHREN.

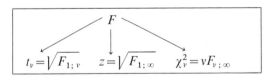

$$t_v=\sqrt{F_{1;\,v}} \qquad z=\sqrt{F_{1;\,\infty}} \qquad \chi^2_v=v F_{v;\,\infty}$$

Abschließend sei erwähnt, daß $F_{\infty;\,\infty}=1$ ist.

16   Diskrete Verteilungen

▶161   Der Binomialkoeffizient

Man bezeichnet mit $_nC_x$ oder $\binom{n}{x}$ (lies *n über x*) die *Anzahl der Kombinationen von n Elementen in Klassen zu je x* (oder je *x* gleichzeitig). Die Berechnung der Anzahl der Kombinationen erfolgt nach

$$_nC_x=\binom{n}{x}=\frac{n!}{x!\cdot(n-x)!}$$

(1.147)   S. 131

Hierbei bedeutet $n!$ (n-Fakultät): das Produkt der natürlichen Zahlen von 1 bis n, oder $n! = n \cdot (n-1) \cdot (n-2) \cdot \ldots \cdot 1$, z.B. $3! = 3 \cdot 2 \cdot 1 = 6$ (vgl. S. 130 unten). Die Anzahl der Kombinationen von 5 Elementen in Klassen zu je drei beträgt demnach

$$_5C_3 = \frac{5!}{3! \cdot (5-3)!} = \frac{5 \cdot 4 \cdot 3 \cdot 2 \cdot 1}{3 \cdot 2 \cdot 1 \cdot 2 \cdot 1} = 10.$$

$$\left[\text{bzw. nach } \binom{n}{x} = \frac{n(n-1)(n-2) \ldots (n-x+1)}{1 \cdot 2 \cdot 3 \cdots x}\right.$$

$$\binom{5}{3} = \frac{5 \cdot 4 \cdot 3}{1 \cdot 2 \cdot 3} = 5 \cdot 2 = 10; \quad \text{für } x > n \text{ gilt natürlich}$$

$$\left.\binom{n}{x} = 0, \quad \text{für } x < n \text{ gilt } \binom{n}{x} = \binom{n}{n-x} = \frac{n!}{(n-x)! x!}\right]$$

Weitere Beispiele: Wie viele Möglichkeiten gibt es für die Wahl eines aus 5 Personen bestehenden Komitees; zur Verfügung steht eine Gruppe von 9 Personen:

$$_9C_5 = \frac{9!}{5! \cdot (9-5)!} = \frac{9!}{5! \cdot 4!} = \frac{9 \cdot 8 \cdot 7 \cdot 6 \cdot 5}{5!} = 126.$$

Wie viele Möglichkeiten ergeben sich beim Ausfüllen eines Lottoscheines, wenn 6 Zahlen aus 49 zu wählen sind? Die Zahl der Kombinationen von 49 Elementen zu je 6 beträgt $\binom{49}{6} = \frac{49!}{6! \cdot 43!} \simeq 14$ Millionen. Erwähnt sei, daß $0! = 1$ definiert ist, damit wird auch $_nC_0 = \binom{n}{0} = \frac{n!}{0! \cdot (n-0)!} = \frac{n!}{0! \cdot n!} = 1$. Ferner ist natürlich $\binom{n}{n} = 1$. Andere Schreibweisen für $_nC_x$ sind C_n^x und $C_{n,x}$. Näheres ist Riordan (1968) zu entnehmen.

Das Pascalsche Dreieck

Die Binomialkoeffizienten $\binom{n}{x}$ ergeben sich aus dem unten in der Mitte beschriebenen Pascalschen Dreieck (Pascal 1623–1662): Werden zwei nebeneinanderstehende Zahlen des Dreiecks addiert, so erhält man die darunter auf Lücke stehende Zahl. Die Gesetzmäßigkeit des Pascalschen Dreiecks lautet (vgl. $\binom{3}{1} + \binom{3}{2} = 3 + 3 = 6 = \binom{4}{2}$)

$$\binom{n}{x} + \binom{n}{x+1} = \binom{n+1}{x+1} \tag{1.148}$$

Binomialkoeffizienten					*für*	
$\binom{0}{0}$				1	$n=0$	$(a+b)^0 = 1$
$\binom{1}{0}$ $\binom{1}{1}$				1 1	$n=1$	$(a+b)^1 = a+b$
$\binom{2}{0}$ $\binom{2}{1}$ $\binom{2}{2}$				1 2 1	$n=2$	$(a+b)^2 = a^2 + 2ab + b^2$
$\binom{3}{0}$ $\binom{3}{1}$ $\binom{3}{2}$ $\binom{3}{3}$				1 3 3 1	$n=3$	$(a+b)^3 = a^3 + 3a^2b + 3ab^2 + b^3$
$\binom{4}{0}$ $\binom{4}{1}$ $\binom{4}{2}$ $\binom{4}{3}$ $\binom{4}{4}$				1 4 6 4 1	$n=4$	$(a+b)^4 = a^4 + 4a^3b + 6a^2b^2 + 4ab^3 + b^4$
				usw.		

Die Besonderheit des Dreiecks besteht darin, daß es sofort die beim Münzwurf auftretenden Wahrscheinlichkeiten gibt. Beispielsweise ist die Summe der Zahlen der vierten Zeile $1+3+3+1=8$. Bilden wir die Brüche $1/8, 3/8, 3/8, 1/8$, so erhalten wir die Wahrscheinlichkeiten für die beim Fall dreier Münzen auftretenden Möglichkeiten, d.h. drei Wappen (1/8), zwei Wappen und eine Zahl (3/8), ein Wappen und zweimal Zahl (3/8) sowie dreimal Zahl (1/8). Entsprechend geben uns die Ziffern der fünften (n-ten) Zeile die Wahrscheinlichkeiten für den Wurf von vier ($n-1$) Münzen.

Das Pascalsche Dreieck dient also *zur Feststellung der Wahrscheinlichkeit von Kombinationen:* Die Wahrscheinlichkeit einer bestimmten Junge-Mädchen-Kombination in einer Familie, sagen wir mit 4 Kindern, läßt sich schnell ermitteln. Zuerst werden, da $n=4$ gegeben ist, die Zahlen der untersten Reihe addiert; das ergibt 16. An den Enden der Reihe stehen die am wenigsten wahrscheinlichen Kombinationen, also entweder alles Jungen oder alles Mädchen mit der Wahrscheinlichkeit 1 zu 16. Geht man von außen nach innen, so erhält man für die nächst wahrscheinliche Kombination, 3 Jungen und 1 Mädchen oder umgekehrt, die Wahrscheinlichkeit 4 zu 16. Die Mittelzahl 6 bedeutet zwei Jungen und zwei Mädchen; die Wahrscheinlichkeit dafür ist bereits 6 zu 16, d.h. knapp 38%. Alle diese Wahrscheinlichkeiten gelten natürlich nur, wenn $a=b$ ist, d.h. praktisch nur näherungsweise.

Die Koeffizienten von $(a+b)^n$ – Klammern mit zwei Gliedern werden *Binome* genannt, so daß dieser Ausdruck als n-te Potenz eines Binoms zu bezeichnen ist – können aus dem Pascalschen Dreieck entnommen werden. Zu beachten ist, daß der erste und letzte Koeffizient stets 1, der zweite und vorletzte Koeffizient stets gleich dem Exponenten n des Binoms ist. Den Koeffizienten 1 schreibt man nicht (vgl. $(a+b)^1 = 1a + 1b = a+b$). Die Verallgemeinerung der Formeln für die n-te Potenz eines Binoms wird durch den binomischen Lehrsatz (Newton 1643–1727) gegeben:

$$(a+b)^n = a^n + \binom{n}{1}a^{n-1}b + \binom{n}{2}a^{n-2}b^2 + \ldots + \binom{n}{n-1}ab^{n-1} + b^n$$

$$= \sum_{k=0}^{n} \binom{n}{k}a^{n-k}b^k \qquad (1.149)$$

Für $a \gg b$ gilt: $(a+b)^n \approx a^n + na^{n-1}b$

Hinweis:

$$2^n = (1+1)^n = \sum_{k=0}^{n} \binom{n}{k} \qquad (1.150)$$

Ein einfaches Ablesen des Binomialkoeffizienten $_nC_x$ gestattet Tabelle 31 auf S. 130. Anhand von Tabelle 31 können die Ergebnisse der beiden Beispiele direkt abgelesen werden. Miller (1954) gibt eine umfangreiche Tabelle der Binomialkoeffizienten; ihre Zehnerlogarithmen sind handlicher und z.B. den Documenta Geigy (1960 u. 1968, S. 70/77 [vgl. auch S. 136 rechts]) zu entnehmen.

Fehlen umfangreiche Tabellen der Fakultäten und ihrer Zehnerlogarithmen – Tabelle 32 gibt Werte $n!$ und $\lg n!$ für $1 \le n \le 100$ – dann läßt sich $n!$ nach Stirling durch

$$n^n e^{-n} \sqrt{2\pi n} \qquad (1.151)$$

approximieren. Für große Werte n ist die Approximation sehr gut. Neben $\lg n$ werden folgende Logarithmen benötigt:

$$\lg \sqrt{2\pi} = 0{,}39909$$
$$\lg e = 0{,}4342945$$

Tabelle 31.   Binomialkoeffizienten $_nC_x = \dfrac{n!}{x!\cdot(n-x)!}$.   Da $\binom{n}{x}=\binom{n}{n-x}$

findet man für $_6C_4$ oder $\binom{6}{4}=\dfrac{6!}{4!\cdot 2!}=\dfrac{6\cdot 5\cdot 4\cdot 3\cdot 2\cdot 1}{4\cdot 3\cdot 2\cdot 1\cdot 2\cdot 1}$ bei $\binom{6}{2}=\binom{6}{6-4}$

den Wert 15 [vgl. auch $\binom{n}{0}=\binom{n}{n}=1$ und $\binom{n}{1}=\binom{n}{n-1}=n$].

n\x	2	3	4	5	6	7	8	9	10
2	1								
3	3	1							
4	6	4	1						
5	10	10	5	1					
6	15	20	15	6	1				
7	21	35	35	21	7	1			
8	28	56	70	56	28	8	1		
9	36	84	126	126	84	36	9	1	
10	45	120	210	252	210	120	45	10	1
11	55	165	330	462	462	330	165	55	11
12	66	220	495	792	924	792	495	220	66
13	78	286	715	1287	1716	1716	1287	715	286
14	91	364	1001	2002	3003	3432	3003	2002	1001
15	105	455	1365	3003	5005	6435	6435	5005	3003
16	120	560	1820	4368	8008	11440	12870	11440	8008
17	136	680	2380	6188	12376	19448	24310	24310	19448
18	153	816	3060	8568	18564	31824	43758	48620	43758
19	171	969	3876	11628	27132	50388	75582	92378	92378
20	190	1140	4845	15504	38760	77520	125970	167960	184756

Besser als (1.151) ist $(n+0,5)^{n+0,5}e^{-(n+0,5)}\sqrt{2\pi}$, d.h.:

$$\lg n! \approx (n+0,5)\lg(n+0,5)-(n+0,5)\lg e + \lg\sqrt{2\pi} \qquad (1.152)$$

Beispielsweise erhält man für 100! über

$$\lg 100! \approx 100,5\cdot 2,002166 - 100,5\cdot 0,4342945 + 0,39909 = 157,97018$$
d.h. $100! \approx 9,336\cdot 10^{157}$

Tabelliert sind diese Werte gewöhnlich als

$$\lg 100! = 157,97000$$
$$100! = 9,3326\cdot 10^{157}.$$

Bei der Anwendung der Stirlingschen Formel ist zu beachten, daß *mit wachsendem n – die Werte n! wachsen außerordentlich rasch an – der absolute Fehler sehr groß wird, während der relative Fehler* (er liegt bei $1/(12n)$) *gegen Null strebt* und schon bei $n=9$ unter einem Prozent liegt.

Erwähnt sei auch die grobe Approximation: $(n+a)! \approx n!n^a e^r$ mit $r=(a^2+a)/(2n)$.

Weitere Elemente der Kombinatorik

Jede Anordnung von n Elementen in irgendeiner bestimmten Reihenfolge heißt *Permutation* (Vertauschung) dieser n Elemente. Von n Elementen gibt es $n!$ verschiedene Permutationen. So lassen sich die 3 Buchstaben a, b, c auf $3!=6$ Arten anordnen:

abc   bac   cab
acb   bca   cba.

Befinden sich unter n Elementen n_1 gleiche Elemente eines Typs, n_2 eines zweiten Typs und n_k eines k-ten Typs, dann ist die Zahl aller möglichen Anordnungen, die Zahl der Permutationen, gleich

$$\frac{n!}{n_1!\cdot n_2!\cdot n_3!\ldots n_k!}, \text{ wobei } n_1+n_2+n_3+\ldots+n_k=n \qquad (1.153)$$

Tabelle 32.   Fakultäten und ihre Zehnerlogarithmen

n	n!	lg n!	n	n!	lg n!
			50	$3,0414 \times 10^{64}$	64,48307
1	1,0000	0,00000	51	$1,5511 \times 10^{66}$	66,19065
2	2,0000	0,30103	52	$8,0658 \times 10^{67}$	67,90665
3	6,0000	0,77815	53	$4,2749 \times 10^{69}$	69,63092
4	$2,4000 \times 10$	1,38021	54	$2,3084 \times 10^{71}$	71,36332
5	$1,2000 \times 10^{2}$	2,07918	55	$1,2696 \times 10^{73}$	73,10368
6	$7,2000 \times 10^{2}$	2,85733	56	$7,1100 \times 10^{74}$	74,85187
7	$5,0400 \times 10^{3}$	3,70243	57	$4,0527 \times 10^{76}$	76,60774
8	$4,0320 \times 10^{4}$	4,60552	58	$2,3506 \times 10^{78}$	78,37117
9	$3,6288 \times 10^{5}$	5,55976	59	$1,3868 \times 10^{80}$	80,14202
10	$3,6288 \times 10^{6}$	6,55976	60	$8,3210 \times 10^{81}$	81,92017
11	$3,9917 \times 10^{7}$	7,60116	61	$5,0758 \times 10^{83}$	83,70550
12	$4,7900 \times 10^{8}$	8,68034	62	$3,1470 \times 10^{85}$	85,49790
13	$6,2270 \times 10^{9}$	9,79428	63	$1,9826 \times 10^{87}$	87,29724
14	$8,7178 \times 10^{10}$	10,94041	64	$1,2689 \times 10^{89}$	89,10342
15	$1,3077 \times 10^{12}$	12,11650	65	$8,2477 \times 10^{90}$	90,91633
16	$2,0923 \times 10^{13}$	13,32062	66	$5,4435 \times 10^{92}$	92,73587
17	$3,5569 \times 10^{14}$	14,55107	67	$3,6471 \times 10^{94}$	94,56195
18	$6,4024 \times 10^{15}$	15,80634	68	$2,4800 \times 10^{96}$	96,39446
19	$1,2165 \times 10^{17}$	17,08509	69	$1,7112 \times 10^{98}$	98,23331
20	$2,4329 \times 10^{18}$	18,38612	70	$1,1979 \times 10^{100}$	100,07841
21	$5,1091 \times 10^{19}$	19,70834	71	$8,5048 \times 10^{101}$	101,92966
22	$1,1240 \times 10^{21}$	21,05077	72	$6,1234 \times 10^{103}$	103,78700
23	$2,5852 \times 10^{22}$	22,41249	73	$4,4701 \times 10^{105}$	105,65032
24	$6,2045 \times 10^{23}$	23,79271	74	$3,3079 \times 10^{107}$	107,51955
25	$1,5511 \times 10^{25}$	25,19065	75	$2,4809 \times 10^{109}$	109,39461
26	$4,0329 \times 10^{26}$	26,60562	76	$1,8855 \times 10^{111}$	111,27543
27	$1,0889 \times 10^{28}$	28,03698	77	$1,4518 \times 10^{113}$	113,16192
28	$3,0489 \times 10^{29}$	29,48414	78	$1,1324 \times 10^{115}$	115,05401
29	$8,8418 \times 10^{30}$	30,94654	79	$8,9462 \times 10^{116}$	116,95164
30	$2,6525 \times 10^{32}$	32,42366	80	$7,1569 \times 10^{118}$	118,85473
31	$8,2228 \times 10^{33}$	33,91502	81	$5,7971 \times 10^{120}$	120,76321
32	$2,6313 \times 10^{35}$	35,42017	82	$4,7536 \times 10^{122}$	122,67703
33	$8,6833 \times 10^{36}$	36,93869	83	$3,9455 \times 10^{124}$	124,59610
34	$2,9523 \times 10^{38}$	38,47016	84	$3,3142 \times 10^{126}$	126,52038
35	$1,0333 \times 10^{40}$	40,01423	85	$2,8171 \times 10^{128}$	128,44980
36	$3,7199 \times 10^{41}$	41,57054	86	$2,4227 \times 10^{130}$	130,38430
37	$1,3764 \times 10^{43}$	43,13874	87	$2,1078 \times 10^{132}$	132,32382
38	$5,2302 \times 10^{44}$	44,71852	88	$1,8548 \times 10^{134}$	134,26830
39	$2,0398 \times 10^{46}$	46,30959	89	$1,6508 \times 10^{136}$	136,21769
40	$8,1592 \times 10^{47}$	47,91165	90	$1,4857 \times 10^{138}$	138,17194
41	$3,3453 \times 10^{49}$	49,52443	91	$1,3520 \times 10^{140}$	140,13098
42	$1,4050 \times 10^{51}$	51,14768	92	$1,2438 \times 10^{142}$	142,09477
43	$6,0415 \times 10^{52}$	52,78115	93	$1,1568 \times 10^{144}$	144,06325
44	$2,6583 \times 10^{54}$	54,42460	94	$1,0874 \times 10^{146}$	146,03638
45	$1,1962 \times 10^{56}$	56,07781	95	$1,0330 \times 10^{148}$	148,01410
46	$5,5026 \times 10^{57}$	57,74057	96	$9,9168 \times 10^{149}$	149,99637
47	$2,5862 \times 10^{59}$	59,41267	97	$9,6193 \times 10^{151}$	151,98314
48	$1,2414 \times 10^{61}$	61,09391	98	$9,4269 \times 10^{153}$	153,97437
49	$6,0828 \times 10^{62}$	62,78410	99	$9,3326 \times 10^{155}$	155,97000
50	$3,0414 \times 10^{64}$	64,48307	100	$9,3326 \times 10^{157}$	157,97000

Dieser Quotient wird uns später im Zusammenhang mit der Multinomialverteilung interessieren.

Eine Auswahl von k Elementen aus einer Menge von n Elementen $(n \geq k)$ heißt eine Kombination von n Elementen zur k-ten Klasse, oder einfacher, eine *Kombination k-ter Ordnung*. Je nachdem, ob die gegebenen Elemente evtl. gleich oder alle verschieden sind, spricht man von Kombinationen *mit oder ohne Wiederholung*. Sollen zwei Kombinationen, die zwar genau dieselben k Elemente, aber in verschiedener Anordnung enthalten, als verschieden gelten, so spricht man von Kombinationen *mit Berücksichtigung der Anordnung*, andernfalls von Kombinationen *ohne Berücksichtigung der Anordnung*. Danach können wir *4 Modelle* unterscheiden. Die Anzahl der Kombinationen k-ter Ordnung (je k zugleich) von n Elementen:

I   *ohne* Wiederholung und *ohne* Berücksichtigung der Anordnung ist durch den Binomialkoeffizienten

$$\binom{n}{k} \tag{1.154}$$

gegeben,

II   *ohne* Wiederholung, aber *mit* Berücksichtigung der Anordnung ist gleich

$$\frac{n!}{(n-k)!} = \binom{n}{k} k! \tag{1.155}$$

III   *mit* Wiederholung, aber *ohne* Berücksichtigung der Anordnung ist gleich

$$\binom{n+k-1}{k} \tag{1.156}$$

IV   *mit* Wiederholung und *mit* Berücksichtigung der Anordnung ist gleich

$$n^k \tag{1.157}$$

Beispiel

Anzahl der Kombinationen zweiter Ordnung (jeweils zu zwei Elementen) aus den drei Elementen, den Buchstaben a, b, c $(n=3, k=2)$.

Modell	Wiederholung	Berücksichtigung der Anordnung	Kombinationen Art	Anzahl
I	ohne	ohne	ab ac bc	$\binom{3}{2} = 3$
II	ohne	mit	ab ac bc ba ca cb	$\frac{3!}{(3-2)!} = 6$
III	mit	ohne	aa bb ab ac bc cc	$\binom{3+2-1}{2} = 6$
IV	mit	mit	aa bb ab ac bc cc ba ca cb	$3^2 = 9$

Anordnungen von n Elementen, die sich aus je k der n Elemente unter Berücksichtigung der Reihenfolge ohne oder mit Wiederholungen bilden lassen, werden im deutschen

Sprachraum auch als Variationen bezeichnet (Modell II und IV). Einführungen in die Kombinatorik geben Riordan (1958, 1968) und Wellnitz (1971).

▶ 162 Die Binomialverteilung

Wenn p die Wahrscheinlichkeit ausdrückt, daß in einem bestimmten Versuch ein „Erfolgsereignis" eintritt und $q = 1 - p$ die Wahrscheinlichkeit des „Mißerfolgsereignisses" bezeichnet, dann ist die Wahrscheinlichkeit, daß das Erfolgsereignis in n Versuchen genau x mal erfolgt – x Erfolge und $(n-x)$ Mißerfolge ereignen sich – durch die Beziehung gegeben

$$P(x|p,n) = P_{n,\,p}(x) = \binom{n}{x} p^x q^{n-x} = {}_nC_x\, p^x q^{n-x} = \frac{n!}{x!\,(n-x)!} p^x q^{n-x} \qquad (1.158)$$

wobei $x = 0, 1, 2, \ldots, n$. Die Wahrscheinlichkeit, x Erfolge in n Versuchen zu erzielen, ist bei einer Erfolgswahrscheinlichkeit p durch obige Gleichung der Binomialverteilung gegeben.

Der Ausdruck *Binomialverteilung* leitet sich von der *Binomialentwicklung* her

$$(p+q)^n = \sum_{x=0}^{n} \binom{n}{x} p^x q^{n-x} = 1 \quad \text{mit} \quad p + q = 1 \qquad (1.159)$$

Hinweis: Wir verwenden hier nicht π sondern p (und q) als Parameter und $\hat{p}$ (und $\hat{q}$) als Schätzwerte für relative Häufigkeiten.

Voraussetzungen dieser auf Jakob Bernoulli (1654–1705) zurückgehenden Bernoulli- oder Binomialverteilung sind:

1. Die Versuche und die Resultate der Versuche sind *unabhängig* voneinander.
2. Für jeden Versuch bleibt die Wahrscheinlichkeit eines Ereignisses *konstant*.

Angewandt wird diese sehr wichtige diskrete Verteilung, wenn wiederholte Beobachtungen über eine Alternative vorliegen. Da x nur bestimmte ganzzahlige Werte annehmen kann, existieren nur Wahrscheinlichkeiten für positive ganzzahlige x-Werte (Abb. 28).

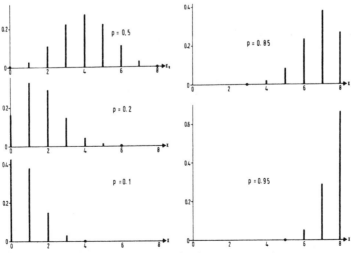

Abb. 28.   Binomialverteilungen für $n = 8$ und verschiedene p-Werte

Die Parameter der Binomialverteilung sind n und p.

Mittelwert: $\boxed{\mu = np}$ Varianz: $\boxed{\sigma^2 = np(1-p) = npq}$ (1.160/161)

(1.160/61) gilt für absolute Häufigkeiten, für relative Häufigkeiten gilt: $\mu = p$ und $\sigma^2 = pq/n$.

Die Binomialverteilung ist für $p = 0{,}5$ symmetrisch, sie läuft rechts flach aus, wenn $p < 0{,}5$ ist und links flach aus, wenn $p > 0{,}5$ ist. Aus der

$$\boxed{\text{Schiefe} = \frac{q-p}{\sigma}}$$ (1.162)

folgt, daß für großes n, d.h. für eine große Standardabweichung, die Schiefe sehr klein und die Asymmetrie unbedeutend wird.

Hat man einzelne Wahrscheinlichkeiten $P(x)$ zu berechnen (vgl. Beispiel 2), so bedient man sich der sogenannten Rekursionsformel

$$\boxed{P(x+1) = \frac{n-x}{x+1} \cdot \frac{p}{q} \cdot P(x)}$$ (1.163)

Da sich $P(0) = q^n$ für gegebenes q und n nach (1.158) schnell ermitteln läßt, gilt dann $P(1) = \frac{n}{1} \cdot \frac{p}{q} \cdot P(0)$, $P(2) = \frac{n-1}{2} \cdot \frac{p}{q} \cdot P(1)$ usw.

S. 136

S. 116/124

Tafelwerke geben das Natl. Bur. Stds (1950), Romig (1953), Harvard Univ. Comp. Lab. (1955) und Weintraub (1963); Tabelle 33 enthält ausgewählte Binomialwahrscheinlichkeiten (vgl. Beispiel 1 und 2). Wichtig ist auch (1.164) (vgl. Beispiel 2a):

$$\boxed{P(x \geq x_0) = P\left(F_{2(n-x_0+1),\, 2x_0} > \frac{q}{p} \cdot \frac{x_0}{n-x_0+1}\right)}$$ (1.164)

Im Bereich $0{,}001 \leq P \leq 0{,}10$ interpolieren wir nach (1.141, 1.142).

Anhand von Stichproben aus binomialen Grundgesamtheiten werden in Kapitel 4 und 6 Grundwahrscheinlichkeiten verglichen; und zwar von zwei Binomialverteilungen mit Hilfe eines sogenannten Vierfeldertests, von mehreren Binomialverteilungen mit Hilfe eines sogenannten $k \cdot 2$-Felder-χ^2-Tests.

Approximation der Binomialverteilung durch die Normalverteilung

Für $npq \geq 9$ kann

$$\boxed{\hat{z} = (x - np)/\sqrt{npq}}$$ (1.165)

als angenähert standardnormalverteilt gelten (vgl. Beisp. 4 u. 5).

Die kumulierte Binomialwahrscheinlichkeit $P(X \leq k \mid p; n) = \sum_{j=0}^{k} \binom{n}{j} p^j q^{n-j}$ läßt sich besser nach (1.166) approximieren (Molenaar 1970):

$$\boxed{\hat{z} = \left| \sqrt{q(4k+3{,}5)} - \sqrt{p(4n-4k-0{,}5)} \right|}$$ (1.166)

In (1.166) ist (a) für $0{,}05 \leq P \leq 0{,}93$ 3,5 durch 3 und 0,5 durch 1 zu ersetzen; (b) für extremere P-Werte ersetze man 3,5 durch 4 und 0,5 durch 0.

Beispiel: $P(X \leq 13 \mid 0{,}6;\ 25) = 0{,}268$; $\hat{z} = \left| \sqrt{0{,}4(52+3{,}5)} - \sqrt{0{,}6(100-52-0{,}5)} \right| = 0{,}627$, d.h. $P = 0{,}265$; mit 3 und 1 ergibt sich über $\hat{z} = 0{,}620$ $P = 0{,}268$.

Auf Vertrauensgrenzen der Binomialverteilung wird in Abschnitt 45 (S. 258–262) näher eingegangen. Ein sehr brauchbares Nomogramm der Verteilungsfunktion dieser Verteilung gibt Larson (1966). Approximationen vergleichen Gebhardt (1969) und Molenaar (1970).

Hinweise

1. Mit Hilfe von (1.163) läßt sich ein *graphischer Test* ausführen: Trägt man $P(x+1)/P(x)$ gegen $1/(x+1)$ auf und liegen die Punkte auf einer geraden Linie (vgl. Kapitel 5), dann folgen die Werte einer Binomialverteilung (Dubey 1966) (vgl. auch Ord 1967).

2. Auf Anregung von R. A. Fisher haben Mosteller und Tukey (1949) ein *binomiales Wahrscheinlichkeitspapier* entworfen, das neben der graphischen Abschätzung binomialer Wahrscheinlichkeiten – insbesondere der Schätzung des Vertrauensbereiches einer relativen Häufigkeit sowie des Vergleiches zweier relativer Häufigkeiten – auch die überschlagsmäßige Ermittlung von χ^2-Wahrscheinlichkeiten sowie des Varianz-Verhältnisses F gestattet. Bezugsquellen für das *Binomialpapier* siehe Literatur, Abschn. 7. Einzelheiten müssen der Originalarbeit, den Arbeiten von Gebelein (1953), Schindowski und Schürz (1957), Stange (1965) sowie dem einschlägigen Kapitel in dem Buch von Wallis und Roberts (1962) entnommen werden.

3. *Funktional-Parameter und explizite Parameter.* Parameter, die darüber Auskunft geben, wo die Werte der Zufallsvariablen auf der Zahlengeraden liegen (μ, $\tilde{\mu}$) und wie dicht sie sich beieinander befinden (σ^2) werden nach Pfanzagl (1966) als *Funktional-Parameter* bezeichnet. Sie lassen sich als Funktionen der in der Formel für die Dichte einer Verteilung explizit auftretenden Parameter darstellen. So sind für die Binomialverteilung

---

n und p explizite Parameter

$\mu = np$ und $\sigma^2 = np(1-p)$ Funktional-Parameter

---

da sie sich durch die *expliziten Parameter* darstellen lassen. Auch die Dichtefunktion der Normalverteilung enthält zwei explizite Parameter: μ und σ^2, die allerdings zugleich auch Funktional-Parameter sind, was durch die Bezeichnung schon vorweggenommen wird.

4. Übrigens sind die Gewinnzahlen von Roulett und Lotto schon für mittleres n angenähert normalverteilt. Für großes n ($n \rightarrow \infty$) sind sie prozentual gleich häufig; die Häufigkeiten der einzelnen Gewinnzahlen streuen dann gewaltig (sie liegen nach [1.161] sehr weit auseinander). Es gibt somit bei völlig gleichen Chancen (Roulett, Lotto) keine Tendenz zum absoluten Ausgleich (führen auch im sozialen Bereich gleiche Chancen zwangsläufig zu Ungleichheit?).

5. Näheres über die Binomialverteilung ist Patil und Joshi (1968) sowie Johnson und Kotz (1969) [zitiert auf S. 443 u. 438] zu entnehmen.

Beispiele

1. Gefragt ist nach der Wahrscheinlichkeit, nach dreimaligem Wurf mit einer idealen Münze ($p = 1/2$) a) dreimal Zahl, b) zweimal Zahl und einmal Wappen zu erzielen.

a) $P = {}_3C_3 \left(\dfrac{1}{2}\right)^3 \left(\dfrac{1}{2}\right)^0 = 1 \cdot \dfrac{1}{8} \cdot 1 = \dfrac{1}{8} = 0{,}125$ (vgl. Tab. 26 auf S. 93 sowie die eingerahmte Bemerkung unter Tab. 33 auf S. 136)

b) $P = {}_3C_2 \left(\dfrac{1}{2}\right)^2 \left(\dfrac{1}{2}\right)^1 = 3 \cdot \dfrac{1}{4} \cdot \dfrac{1}{2} = \dfrac{3}{8} = 0{,}375.$

2. Eine Maschine produziere 20% Ausschußbleistifte. Gefragt ist nach der Wahrscheinlichkeit, daß von 4 zufällig ausgewählten Bleistiften a) kein Bleistift, b) ein Bleistift, c) höchstens zwei Bleistifte Ausschußware sind. Die Wahrscheinlichkeit, Ausschußware zu produzieren, beträgt $p = 0{,}2$ – die Wahrscheinlichkeit, keine Ausschußware herzustellen, beträgt $q = 1 - p = 0{,}8$.

a) $P(\text{nullmal Ausschuß}) = {}_4C_0 (0{,}2)^0 (0{,}8)^4 = 0{,}4096$

b) $P(\text{einmal Ausschuß}) = {}_4C_1 (0{,}2)^1 (0{,}8)^3 = 0{,}4096$

c) $P(\text{zweimal Ausschuß}) = {}_4C_2 (0{,}2)^2 (0{,}8)^2 = 0{,}1536$

Tabelle 33.   Binomialwahrscheinlichkeiten $\binom{n}{x} p^x (1-p)^{n-x}$ für $n \le 10$ und für unterschiedliche Werte p (entnommen aus „Introduction to Statistical Analyses" von Dixon and Massey, [1957], Copyright vom 13. April 1965 [c] McGraw-Hill Inc.)

n	x	0,01	0,05	0,10	0,15	0,20	0,25	0,30	1/3	0,35	0,40	0,45	0,50
2	0	0,9801	0,9025	0,8100	0,7225	0,6400	0,5625	0,4900	0,4444	0,4225	0,3600	0,3025	0,2500
	1	0,0198	0,0950	0,1800	0,2550	0,3200	0,3750	0,4200	0,4444	0,4550	0,4800	0,4950	0,5000
	2	0,0001	0,0025	0,0100	0,0225	0,0400	0,0625	0,0900	0,1111	0,1225	0,1600	0,2025	0,2500
3	0	0,9703	0,8574	0,7290	0,6141	0,5120	0,4219	0,3430	0,2963	0,2746	0,2160	0,1664	0,1250
	1	0,0294	0,1354	0,2430	0,3251	0,3840	0,4219	0,4410	0,4444	0,4436	0,4320	0,4084	0,3750
	2	0,0003	0,0071	0,0270	0,0574	0,0960	0,1406	0,1890	0,2222	0,2389	0,2880	0,3341	0,3750
	3	0,0000	0,0001	0,0010	0,0034	0,0080	0,0156	0,0270	0,0370	0,0429	0,0640	0,0911	0,1250
4	0	0,9606	0,8145	0,6561	0,5220	0,4096	0,3164	0,2401	0,1975	0,1785	0,1296	0,0915	0,0625
	1	0,0388	0,1715	0,2916	0,3685	0,4096	0,4219	0,4116	0,3951	0,3845	0,3456	0,2995	0,2500
	2	0,0006	0,0135	0,0486	0,0975	0,1536	0,2109	0,2646	0,2963	0,3105	0,3456	0,3675	0,3750
	3	0,0000	0,0005	0,0036	0,0115	0,0256	0,0469	0,0756	0,0988	0,1115	0,1536	0,2005	0,2500
	4	0,0000	0,0000	0,0001	0,0005	0,0016	0,0039	0,0081	0,0123	0,0150	0,0256	0,0410	0,0625
5	0	0,9510	0,7738	0,5905	0,4437	0,3277	0,2373	0,1681	0,1317	0,1160	0,0778	0,0503	0,0312
	1	0,0480	0,2036	0,3280	0,3915	0,4096	0,3955	0,3602	0,3292	0,3124	0,2592	0,2059	0,1562
	2	0,0010	0,0214	0,0729	0,1382	0,2048	0,2637	0,3087	0,3292	0,3364	0,3456	0,3369	0,3125
	3	0,0000	0,0011	0,0081	0,0244	0,0512	0,0879	0,1323	0,1646	0,1811	0,2304	0,2757	0,3125
	4	0,0000	0,0000	0,0004	0,0022	0,0064	0,0146	0,0284	0,0412	0,0488	0,0768	0,1128	0,1562
	5	0,0000	0,0000	0,0000	0,0001	0,0003	0,0010	0,0024	0,0041	0,0053	0,0102	0,0185	0,0312
6	0	0,9415	0,7351	0,5314	0,3771	0,2621	0,1780	0,1176	0,0878	0,0754	0,0467	0,0277	0,0156
	1	0,0571	0,2321	0,3543	0,3993	0,3932	0,3560	0,3025	0,2634	0,2437	0,1866	0,1359	0,0938
	2	0,0014	0,0305	0,0984	0,1762	0,2458	0,2966	0,3241	0,3292	0,3280	0,3110	0,2780	0,2344
	3	0,0000	0,0021	0,0146	0,0415	0,0819	0,1318	0,1852	0,2195	0,2355	0,2765	0,3032	0,3125
	4	0,0000	0,0001	0,0012	0,0055	0,0154	0,0330	0,0595	0,0823	0,0951	0,1382	0,1861	0,2344
	5	0,0000	0,0000	0,0001	0,0004	0,0015	0,0044	0,0102	0,0165	0,0205	0,0369	0,0609	0,0938
	6	0,0000	0,0000	0,0000	0,0000	0,0001	0,0002	0,0007	0,0014	0,0018	0,0041	0,0083	0,0156
7	0	0,9321	0,6983	0,4783	0,3206	0,2097	0,1335	0,0824	0,0585	0,0490	0,0280	0,0152	0,0078
	1	0,0659	0,2573	0,3720	0,3960	0,3670	0,3115	0,2471	0,2048	0,1848	0,1306	0,0872	0,0547
	2	0,0020	0,0406	0,1240	0,2097	0,2753	0,3115	0,3177	0,3073	0,2985	0,2613	0,2140	0,1641
	3	0,0000	0,0036	0,0230	0,0617	0,1147	0,1730	0,2269	0,2561	0,2679	0,2903	0,2918	0,2734
	4	0,0000	0,0002	0,0026	0,0109	0,0287	0,0577	0,0972	0,1280	0,1442	0,1935	0,2388	0,2734
	5	0,0000	0,0000	0,0002	0,0012	0,0043	0,0115	0,0250	0,0384	0,0466	0,0774	0,1172	0,1641
	6	0,0000	0,0000	0,0000	0,0001	0,0004	0,0013	0,0036	0,0064	0,0084	0,0172	0,0320	0,0547
	7	0,0000	0,0000	0,0000	0,0000	0,0000	0,0001	0,0002	0,0005	0,0006	0,0016	0,0037	0,0078
8	0	0,9227	0,6634	0,4305	0,2725	0,1678	0,1001	0,0576	0,0390	0,0319	0,0168	0,0084	0,0039
	1	0,0746	0,2793	0,3826	0,3847	0,3355	0,2670	0,1977	0,1561	0,1373	0,0896	0,0548	0,0312
	2	0,0026	0,0515	0,1488	0,2376	0,2936	0,3115	0,2965	0,2731	0,2587	0,2090	0,1569	0,1094
	3	0,0001	0,0054	0,0331	0,0839	0,1468	0,2076	0,2541	0,2731	0,2786	0,2787	0,2568	0,2188
	4	0,0000	0,0004	0,0046	0,0185	0,0459	0,0865	0,1361	0,1707	0,1875	0,2322	0,2627	0,2734
	5	0,0000	0,0000	0,0004	0,0026	0,0092	0,0231	0,0467	0,0683	0,0808	0,1239	0,1719	0,2188
	6	0,0000	0,0000	0,0000	0,0002	0,0011	0,0038	0,0100	0,0171	0,0217	0,0413	0,0703	0,1094
	7	0,0000	0,0000	0,0000	0,0000	0,0001	0,0004	0,0012	0,0024	0,0033	0,0079	0,0164	0,0312
	8	0,0000	0,0000	0,0000	0,0000	0,0000	0,0000	0,0001	0,0002	0,0002	0,0007	0,0017	0,0039
9	0	0,9135	0,6302	0,3874	0,2316	0,1342	0,0751	0,0404	0,0260	0,0207	0,0101	0,0046	0,0020
	1	0,0830	0,2985	0,3874	0,3679	0,3020	0,2253	0,1556	0,1171	0,1004	0,0605	0,0339	0,0176
	2	0,0034	0,0629	0,1722	0,2597	0,3020	0,3003	0,2668	0,2341	0,2162	0,1612	0,1110	0,0703
	3	0,0001	0,0077	0,0446	0,1069	0,1762	0,2336	0,2668	0,2731	0,2716	0,2508	0,2119	0,1641
	4	0,0000	0,0006	0,0074	0,0283	0,0661	0,1168	0,1715	0,2048	0,2194	0,2508	0,2600	0,2461
	5	0,0000	0,0000	0,0008	0,0050	0,0165	0,0389	0,0735	0,1024	0,1181	0,1672	0,2128	0,2461
	6	0,0000	0,0000	0,0001	0,0006	0,0028	0,0087	0,0210	0,0341	0,0424	0,0743	0,1160	0,1641
	7	0,0000	0,0000	0,0000	0,0000	0,0003	0,0012	0,0039	0,0073	0,0098	0,0212	0,0407	0,0703
	8	0,0000	0,0000	0,0000	0,0000	0,0000	0,0001	0,0004	0,0009	0,0013	0,0035	0,0083	0,0176
	9	0,0000	0,0000	0,0000	0,0000	0,0000	0,0000	0,0000	0,0001	0,0001	0,0003	0,0008	0,0020
10	0	0,9044	0,5987	0,3487	0,1969	0,1074	0,0563	0,0282	0,0173	0,0135	0,0060	0,0025	0,0010
	1	0,0914	0,3151	0,3874	0,3474	0,2684	0,1877	0,1211	0,0867	0,0725	0,0403	0,0207	0,0098
	2	0,0042	0,0746	0,1937	0,2759	0,3020	0,2816	0,2335	0,1951	0,1757	0,1209	0,0763	0,0439
	3	0,0001	0,0105	0,0574	0,1298	0,2013	0,2503	0,2668	0,2601	0,2522	0,2150	0,1665	0,1172
	4	0,0000	0,0010	0,0112	0,0401	0,0881	0,1460	0,2001	0,2276	0,2377	0,2508	0,2384	0,2051
	5	0,0000	0,0001	0,0015	0,0085	0,0264	0,0584	0,1029	0,1366	0,1536	0,2007	0,2340	0,2461
	6	0,0000	0,0000	0,0001	0,0012	0,0055	0,0162	0,0368	0,0569	0,0689	0,1115	0,1596	0,2051
	7	0,0000	0,0000	0,0000	0,0001	0,0008	0,0031	0,0090	0,0163	0,0212	0,0425	0,0746	0,1172
	8	0,0000	0,0000	0,0000	0,0000	0,0001	0,0004	0,0014	0,0030	0,0043	0,0106	0,0229	0,0439
	9	0,0000	0,0000	0,0000	0,0000	0,0000	0,0000	0,0001	0,0003	0,0005	0,0016	0,0042	0,0098
	10	0,0000	0,0000	0,0000	0,0000	0,0000	0,0000	0,0000	0,0000	0,0000	0,0001	0,0003	0,0010

Tabelle 33 hat drei Eingänge (n, x, p). Für $n=3$, $x=3$, $p=0,5$ erhält man den gesuchten Wert 0,1250 und für $n=3$, $x=2$, $p=0,5$ den Wert 0,3750.

$P(\text{höchstens zweimal Ausschuß}) = P(\text{null mal A.}) + P(\text{einmal A.}) + P(\text{zweimal A.}) = 0,4096 + 0,4096 + 0,1536 = 0,9728$. Mit Tabelle 33: Hier ist $n=4$, x durchläuft die Werte 0,

1, 2 für jeweils $p = 0,2$. Die zugehörigen Wahrscheinlichkeiten lassen sich direkt ablesen. Mit der Rekursionsformel:

$$p = 0,2 = \frac{1}{5} \quad \text{und} \quad n = 4; \quad \frac{p}{q} = \frac{1}{5} / \frac{4}{5} = \frac{1}{4}$$

$$P(x+1) = \frac{4-x}{x+1} \cdot \frac{1}{4} \cdot P_4(x)$$

$$P(0) = 0,8^4 \qquad\qquad = 0,4096$$

$$P(1) = \frac{4}{1} \cdot \frac{1}{4} \cdot 0,4096 \quad = 0,4096$$

$$P(2) = \frac{3}{2} \cdot \frac{1}{4} \cdot 0,4096 \quad = 0,1536$$

$$P(3) = \frac{2}{3} \cdot \frac{1}{4} \cdot 0,1536 \quad = 0,0256$$

$$P(4) = \frac{1}{4} \cdot \frac{1}{4} \cdot 0,0256 \quad = 0,0016$$

Kontrolle: $\qquad\qquad \sum P = 1,0000$

2a. Für $n = 4$ und $p = 0,2$ erhalten wir, wenn nach der Wahrscheinlichkeit, mindestens 3 Ausschußbleistifte zu erhalten, gefragt wird,

$$P(x \geq 3) = P\left(F_{2(4-3+1),\, 2 \cdot 3} > \frac{0,8}{0,2} \cdot \frac{3}{4-3+1}\right) = P(F_{4;\,6} > 6,00)$$

Die Wahrscheinlichkeit dieses F-Wertes (6,00) für $v_1 = 4$ und $v_2 = 6$ Freiheitsgrade ist zu interpolieren (vgl. S. 126):

$$F_1 = 4,53 \; (\alpha = 0,05) \qquad m = 2; \quad k = \frac{6,23 - 6,00}{6,23 - 4,53} = 0,1353$$

$$F_2 = 6,23 \; (\alpha = 0,025)$$

$$P = 0,025 \cdot 2^{0,1353} = 0,0275.$$

Verglichen mit dem exakten Wert 0,0272 ist die Approximation gut.

3. Was ist wahrscheinlicher: Beim Werfen a) mit 6 Würfeln wenigstens eine Sechs zu erzielen oder b) mit 12 Würfeln wenigstens zwei Sechsen zu erhalten? Ideale Würfel vorausgesetzt.

$$\text{a)} \quad P_{\text{Null Sechsen zu erzielen}} = {}_6C_0 \left(\frac{1}{6}\right)^0 \left(\frac{5}{6}\right)^6$$

$$P_{\text{Eine oder mehr Sechsen z. e.}} = 1 - {}_6C_0 \left(\frac{1}{6}\right)^0 \left(\frac{5}{6}\right)^6 \simeq 0,665$$

$$\text{b)} \quad P_{\text{zwei oder mehr Sechsen z. e.}} = 1 - \left({}_{12}C_0 \left(\frac{1}{6}\right)^0 \left(\frac{5}{6}\right)^{12} + {}_{12}C_1 \left(\frac{1}{6}\right)^1 \left(\frac{5}{6}\right)^{11}\right)$$

$$\simeq 1 - (0,1122 + 0,2692) \simeq 0,619.$$

Damit ist a) wahrscheinlicher als b). Zur Abschätzung der Wahrscheinlichkeit hätte man bei Aufgabe a) Tafel 33 mit $p' = 0,15$ gegenüber $p = 0,166 \simeq 0,17$ benutzen können.

4. Ein idealer Würfel wird 120 mal geworfen. Gefragt ist nach der Wahrscheinlichkeit, daß die Ziffer 4 achtzehnmal oder weniger häufig erscheint. Die Wahrscheinlichkeit dafür, daß die Vier null- bis achtzehnmal aufzeigt ($p = 1/6$; $q = 5/6$) ist genau gleich

$${}_{120}C_{18} \left(\frac{1}{6}\right)^{18} \left(\frac{5}{6}\right)^{102} + {}_{120}C_{17} \left(\frac{1}{6}\right)^{17} \left(\frac{5}{6}\right)^{103} + \ldots + {}_{120}C_0 \left(\frac{1}{6}\right)^0 \left(\frac{5}{6}\right)^{120}.$$ Da die Rechen-

arbeit ziemlich aufwendig ist, benutzen wir die Approximation über die Normalverteilung (vgl. $npq = 120 \cdot 1/6 \cdot 5/6 = 16{,}667 > 9$). Betrachten wir die Zahlen als kontinuierlich, dann folgt, daß 0 bis 18 Vieren als $-0{,}5$ bis $18{,}5$ Vieren aufgefaßt werden können, d.h.

$$\bar{x} = np = 120 \cdot \frac{1}{6} = 20 \quad \text{und} \quad s = \sqrt{npq} = \sqrt{16{,}667} = 4{,}08.$$

$-0{,}5$ und $18{,}5$ werden dann in Standardeinheiten transformiert:

$$z = (x - \bar{x})/s, \quad \text{für} \quad -0{,}5 \quad \text{erhält man} \quad (-0{,}5 - 20)/4{,}09 = -5{,}01$$
$$\text{für} \quad 18{,}5 \quad \text{erhält man} \quad (18{,}5 - 20)/4{,}09 = -0{,}37.$$

Die gewünschte Wahrscheinlichkeit P ist dann durch die Fläche unter der Normalkurve

(S. 53) zwischen $z = -5{,}01$ und $z = -0{,}37$ gegeben.

$$P = (\text{Fläche zwischen} \quad z = 0 \quad \text{und} \quad z = -5{,}01) -$$
$$(\text{Fläche zwischen} \quad z = 0 \quad \text{und} \quad z = -0{,}37)$$
$$P = 0{,}5000 - 0{,}1443 = 0{,}3557.$$

Hieraus folgt: Nehmen wir wiederholt Stichproben von 120 Würfen, dann sollte die Vier in etwa 36% der Würfe 18mal oder seltener erscheinen.

5. Es wird vermutet, daß ein Würfel nicht mehr regelmäßig sei. In 900 Würfen werden 180 Vieren gezählt. Spricht das für die Nullhypothese, nach der der Würfel in Ordnung ist? Unter der Nullhypothese beträgt die Wahrscheinlichkeit, eine 4 zu würfeln, 1/6. Daher ist $np = 900 \cdot 1/6 = 150$ und $\sqrt{npq} = \sqrt{900 \cdot 1/6 \cdot 5/6} = 11{,}18$;

$$\hat{z} = \frac{180 - 150}{11{,}18} = \frac{30}{11{,}18} = 2{,}68; \quad P = 0{,}0037.$$

Da eine zweiseitige Fragestellung vorliegt, ist $P = 0{,}0074$ auf dem 1%-Niveau signifikant. Der Würfel ist nicht einwandfrei. Aufgaben dieser Art prüft man besser nach Abschnitt 432 auf S. 252.

6. Uns interessiert die Zahl der weiblichen Jungtiere in Würfen zu je 4 Mäusen (vgl. David, F.N.: A Statistical Primer, Ch. Griffin, London 1953, S. 187ff.). Die Befunde von 200 Würfen dieser Art liegen vor:

Tabelle 34.   Zahl weiblicher Mäuse in Würfen zu je 4 Mäusen

Zahl der weiblichen Mäuse/Wurf	0	1	2	3	4
Anzahl der Würfe (insgesamt 200)	15	63	66	47	9

Nehmen wir nun an, daß für den verwendeten Mäusestamm die Wahrscheinlichkeit, als Weibchen geboren zu werden, konstant, unabhängig von der Anzahl der bereits geborenen weiblichen Tiere ist und daß auch zweitens die Würfe unabhängig voneinander sind, also einem Zufallsprozeß folgen, dann läßt sich der Prozentsatz weiblicher Tiere in der Grundgesamtheit aus der vorliegenden Stichprobe von 200 Würfen schätzen.

Der Anteil weiblicher Jungtiere beträgt

$$\hat{p} = \frac{\text{Anzahl weiblicher Jungtiere}}{\text{Gesamtzahl der Jungtiere}}$$

$$\hat{p} = \frac{(0 \cdot 15 + 1 \cdot 63 + 2 \cdot 66 + 3 \cdot 47 + 4 \cdot 9)}{4 \cdot 200} = 0{,}465.$$

Wir wissen nun, daß, wenn die Voraussetzungen der Binomialverteilung erfüllt sind, die Wahrscheinlichkeiten 0, 1, 2, 3, 4 weibliche Tiere in Würfen zu je 4 Tieren zu erhalten, mit Hilfe der binomischen Entwicklung $(0,535 + 0,465)^4$ ermittelt werden können. Die aufgrund dieser Entwicklung für 200 Vierlinge erwarteten Zahlen sind dann gegeben durch

$$200(0,535 + 0,465)^4$$
$$= 200(0,0819 + 0,2848 + 0,3713 + 0,2152 + 0,0468)$$
$$= 16,38 + 56,96 + 74,26 + 43,04 + 9,36.$$

Einen Vergleich der beobachteten mit den erwarteten Zahlen gestattet Tabelle 35.

Tabelle 35.   Vergleich der erwarteten Zahlen mit den beobachteten der Tabelle 34

Zahl der weibl. Mäuse/Wurf	0	1	2	3	4	$\sum$
Anzahl der Würfe						
beobachtet	15	63	66	47	9	200
erwartet	16,38	56,96	74,26	43,04	9,36	200

In Abschnitt 167 (S. 153) werden wir auf ein ähnliches Beispiel näher eingehen und prüfen, ob die Voraussetzungen der Poisson-Verteilung erfüllt sind, d. h. ob die Beobachtungen einer echten oder einer zusammengesetzten Poisson-Verteilung folgen.

163   Die hypergeometrische Verteilung

Werden Stichproben „*ohne Zurücklegen*" (vgl. S. 42) entnommen, dann ist die hypergeometrische Verteilung anstelle der Binomialverteilung zu verwenden. Intensiv angewendet wird diese Verteilung bei Problemen, die mit der Qualitätsüberwachung zusammenhängen. Betrachten wir eine Urne mit $W = 5$ weißen und $S = 10$ schwarzen Kugeln. Gefragt ist nach der Wahrscheinlichkeit, genau $w = 2$ weiße und $s = 3$ schwarze Kugeln zu ziehen. Diese Wahrscheinlichkeit ist gegeben durch

$$P(w \text{ von } W, s \text{ von } S) = \frac{{}_wC_w \cdot {}_sC_s}{{}_{w+s}C_{w+s}} = \frac{\binom{W}{w}\binom{S}{s}}{\binom{W+S}{w+s}} \qquad (1.167)$$

mit $0 \leqq w \leqq W$ und $0 \leqq s \leqq S$.

Wir erhalten für $P(2$ von 5 weißen Kugeln und 3 von 10 schwarzen Kugeln$) =$

$$\frac{{}_5C_2 \cdot {}_{10}C_3}{{}_{15}C_5} = \frac{(5!/3! \cdot 2!)(10!/7! \cdot 3!)}{15!/10! \cdot 5!} = \frac{5 \cdot 4 \cdot 10 \cdot 9 \cdot 8 \cdot 5 \cdot 4 \cdot 3 \cdot 2 \cdot 1}{2 \cdot 1 \cdot 3 \cdot 2 \cdot 1 \cdot 15 \cdot 14 \cdot 13 \cdot 12 \cdot 11} = 0,3996,$$

eine Wahrscheinlichkeit von rund 40%.

Mit den Stichprobenumfängen $n_1 + n_2 = n$ und den zugehörigen Grundgesamtheiten $N_1 + N_2 = N$ läßt sich (1.166) verallgemeinern:

$$P(n_1, n_2 | N_1, N_2) = \frac{\binom{N_1}{n_1}\binom{N_2}{n_2}}{\binom{N}{n}} \qquad (1.167a)$$

$$\text{Mittelwert:} \quad \mu = n\frac{N_1}{N} = np \tag{1.168}$$

$$\text{Varianz:} \quad \sigma^2 = np(1-p)\frac{N-n}{N-1} \tag{1.169}$$

Ist n/N klein, so wird diese Verteilung praktisch mit der Binomialverteilung identisch. Dementsprechend strebt auch die Varianz gegen die der Binomialverteilung (vgl. $\frac{N-n}{N-1} \simeq 1 - \frac{n}{N} \simeq 1$ für $N \gg n$).

Die verallgemeinerte hypergeometrische Verteilung (polyhypergeometrische Verteilung)

$$P(n_1, n_2, \ldots, n_k | N_1, N_2, \ldots, N_k) = \frac{\binom{N_1}{n_1}\binom{N_2}{n_2}\cdots\binom{N_k}{n_k}}{\binom{N}{n}} \tag{1.170}$$

gibt die Wahrscheinlichkeit an, daß in einer Stichprobe vom Umfang n gerade n_1, $n_2, \ldots n_k$ Beobachtungen mit den Merkmalen $A_1, A_2, \ldots A_k$ auftreten, wenn in der Grundgesamtheit vom Umfang N die Häufigkeiten dieser Merkmalsausprägungen N_1, $N_2, \ldots, N_k$ betragen und $\sum_{i=1}^{k} N_i = N$ und $\sum_{i=1}^{k} n_i = n$ gelten. Die Parameter (für die n_i) sind:

$$\text{Mittelwert:} \quad \mu_i = n\frac{N_i}{N} \tag{1.171}$$

$$\text{Varianz:} \quad \sigma_i^2 = np_i(1-p_i)\frac{N-n}{N-1} \tag{1.172}$$

Diese Verteilung wird u.a. im Rahmen der Qualitätsüberwachung und für die Abschätzung des unbekannten Umfangs N einer Population (z.B. Wildbestände) verwendet: N_1 Individuen einfangen, markieren und wieder frei lassen, danach n Individuen einfangen und die Zahl der markierten (n_1) feststellen; dann ist $\hat{N} \approx nN_1/n_1$ (vgl. auch Jolly 1963, Southwood 1966, Roberts 1967, Hanson 1968, Manly und Parr 1968 sowie Robson 1969).

Beispiele

1. Nehmen wir an, wir hätten 10 Studenten, von denen 6 Biochemie und 4 Statistik studieren. Eine Stichprobe von 5 Studenten sei ausgewählt. Wie groß ist die Wahrscheinlichkeit, daß unter den 5 Studenten 3 Biochemiker und 2 Statistiker sind?

$$
\begin{aligned}
P(\text{3 von 6 B., 2 von 4 S.}) &= \frac{{}_6C_3 \cdot {}_4C_2}{{}_{6+4}C_{3+2}} = \frac{(6!/3! \cdot 3!)(4!/2! \cdot 2!)}{10!/5! \cdot 5!} \\
&= \frac{6 \cdot 5 \cdot 4}{3 \cdot 2 \cdot 1} \cdot \frac{4 \cdot 3}{2 \cdot 1} \cdot \frac{5 \cdot 4 \cdot 3 \cdot 2 \cdot 1}{10 \cdot 9 \cdot 8 \cdot 7 \cdot 6} \\
&= \frac{20}{42} = 0{,}4762.
\end{aligned}
$$

Die Wahrscheinlichkeit beträgt damit knapp 50%.

2. Gegeben seien die ganzen Zahlen von 1 bis 49. Hiervon sind 6 zu wählen. Wie groß ist die Wahrscheinlichkeit dafür, vier richtige Zahlen gewählt zu haben (Lotto)?

$$P(\text{4 von 6, 2 von 43}) = \frac{\binom{6}{4}\binom{43}{2}}{\binom{49}{6}} = \frac{15 \cdot 903}{13983816}$$

Für Aufgaben dieser Art benutze man die Tabellen 31 und 32 (S. 130, 131):

$$P \simeq \frac{13{,}545 \cdot 10^3}{13{,}984 \cdot 10^6} \simeq 0{,}967 \cdot 10^{-3}, \quad \text{d. h. knapp } 0{,}001.$$

Die Wahrscheinlichkeit, mindestens 4 richtige Zahlen zu wählen, liegt ebenfalls noch unter 1‰.

3. Eine Grundgesamtheit aus 100 Elementen enthalte 5% Ausschuß. Wie groß ist die Wahrscheinlichkeit, in einer 50 Elemente umfassenden Stichprobe (a) kein bzw. (b) ein Ausschußstück zu finden?

Zu a:
$$P(50 \text{ von } 95, 0 \text{ von } 5) = \frac{_{95}C_{50} \cdot {_5}C_0}{_{95+5}C_{50+0}} = \frac{95! \cdot 5! \cdot 50! \cdot 50!}{50! \cdot 45! \cdot 5! \cdot 0! \cdot 100!}$$

$$= \frac{95! \cdot 50!}{45! \cdot 100!} \qquad \text{(Tabelle 32)}$$

$$= \frac{1{,}0330 \cdot 10^{148} \cdot 3{,}0414 \cdot 10^{64}}{1{,}1962 \cdot 10^{56} \cdot 9{,}3326 \cdot 10^{157}}$$

$$= 0{,}02823$$

Zu b:
$$P(49 \text{ von } 95, 1 \text{ von } 5) = \frac{_{95}C_{49} \cdot {_5}C_1}{_{95+5}C_{49+1}} = \frac{95! \cdot 5! \cdot 50! \cdot 50!}{49! \cdot 46! \cdot 4! \cdot 1! \cdot 100!}$$

$$= 5 \cdot \frac{95! \cdot 50! \cdot 50!}{49! \cdot 46! \cdot 100!} = 0{,}1529$$

4. Werden im Laufe eines Jahres von $\underline{W} = 52$ aufeinanderfolgenden Nummern einer Wochenzeitschrift $\underline{A} = 10$ beliebige Ausgaben mit einer bestimmten $\underline{A}$nzeige versehen, dann ist die Wahrscheinlichkeit, daß ein Leser von $w = 15$ beliebigen Nummern kein Heft mit einer Annonce erhält $(a = 0)$,

$$P(a \text{ von } A, w \text{ von } W) = \frac{\binom{A}{a}\binom{W-A}{w-a}}{\binom{W}{w}}$$

oder
$$P(0 \text{ von } 10, 15 \text{ von } 52) = \frac{\binom{10}{0}\binom{52-10}{15-0}}{\binom{52}{15}}$$

d. h., vgl. $\binom{n}{0} = 1$,

$$P = \frac{\binom{42}{15}}{\binom{52}{15}} = \frac{42! \cdot 15! \cdot 37!}{15! \cdot 27! \cdot 52!}$$

lg 42! =	51,14768
lg 15! =	12,11650
lg 37! =	43,13874
	106,40292 ┐
lg 15! =	12,11650
lg 27! =	28,03698
lg 52! =	67,90665 │ −
	= 108,06013 ┘
lg P =	0,34279 − 2
P =	0,02202 ≃ 2,2%.

Damit beträgt die Wahrscheinlichkeit, mindestens eine Anzeige zu sehen, knapp 98%.

Beispiele 2 und 3 sollten zur Übung mit Hilfe der Zehnerlogarithmen der Fakultäten (Tafel 32) durchgerechnet werden. Aufgaben dieser Art löst man wesentlich schneller mit Hilfe von Tafeln (Lieberman und Owen 1961). Nomogramme mit Vertrauensgrenzen haben DeLury und Chung (1950) veröffentlicht.

Approximationen (vgl. auch S. 150/151)

1. Für großes N_1 und N_2 und im Vergleich hierzu kleines n $(n/N < 0{,}1; \ N \geqq 60)$ kann

die hypergeometrische Verteilung durch die *Binomialverteilung* approximiert werden $(p = N_1/(N_1 + N_2))$.

2. Für $np \geqq 4$ kann

$$\hat{z} = (n_1 - np)/\sqrt{npq(N-n)/(N-1)}$$ (1.173)

als angenähert standardnormalverteilt aufgefaßt werden. Die kumulierte Wahrscheinlichkeit der hypergeom. Vert. $P(X \leqq k | N; N_1; n) = \sum_{n_1=0}^{N_1} \binom{N_1}{n_1}\binom{N_2}{n_2}\Big/\binom{N}{n}$, Annahme: $n \leqq N_1 \leqq N/2$, läßt sich besser nach (1.173a) approximieren (Molenaar 1970):

$$\hat{z} = \left|2\left[\sqrt{(k+0,9)(N-N_1-n+k+0,9)} - \sqrt{(n-k-0,1)(N_1-k-0,1)}\right]/\sqrt{N-0,5}\right|$$ (1.173a)

In (1.173a) ist für $0,05 \leqq P \leqq 0,93$ 0,9 durch 0,75; 0,1 durch 0,25 und 0,5 durch 0 zu ersetzen; für extremere *P*-Werte ersetze man 0,9 durch 1; 0,1 durch 0 und 0,5 durch 1.
Beispiel: $P(X \leqq 1 | 10; 5; 5) = 0,103$; $\hat{z}$ (nach 1.173a) $= 1,298$, d.h. $P = 0,0971$; mit 0,75; 0,25 und 0 ergibt sich über $\hat{z} = 1,265$ $P = 0,103$.

3. Für kleines p, großes n und im Vergleich zu n sehr großes N ($n/N \leqq 0,05$) läßt sich die hypergeometrische Verteilung durch die sogenannte *Poisson-Verteilung*, die im nächsten Abschnitt behandelt wird, annähern ($\lambda = np$).

4. Binomialverteilung und Poisson-Verteilung lassen sich für $\sigma^2 = npq \geqq 9$ und $\sigma^2 = np = \lambda \geqq 9$ mit hinreichender Genauigkeit durch die Normalverteilung approximieren.

▶ 164   Die Poisson-Verteilung

Setzen wir in (1.158) $np = \lambda$ (gr. lambda) und lassen wir bei konstant gehaltenem $\lambda > 0$ die Zahl n beliebig wachsen ($n \to \infty$), so geht die Binomialverteilung mit dem Mittelwert $np = \lambda$ in die sogenannte Poisson-Verteilung mit dem Parameter λ über (λ ist auch Mittelwert dieser Verteilung). Die Poisson-Verteilung ist durch den französischen Mathematiker S.D. Poisson (1781–1840) entwickelt worden. Sie gilt, wenn die durchschnittliche Anzahl der *Ereignisse das Ergebnis einer sehr großen Zahl von Ereignismöglichkeiten und einer sehr kleinen Ereigniswahrscheinlichkeit ist.* Ein gutes Beispiel hierfür ist der *radioaktive Zerfall:* Von vielen Millionen Radiumatomen zerfällt in der Zeiteinheit nur ein sehr kleiner Prozentsatz. Wesentlich ist, daß der Zerfall ein Zufallsprozeß ist und daß der Zerfall der einzelnen Atome unabhängig ist von der Zahl der schon zerfallenen Atome.

Die Poisson-Verteilung ist eine wichtige Verteilung. *Sie wird – wie angedeutet – für die Lösungen der Probleme benutzt, die beim Zählen relativ seltener zufälliger und voneinander unabhängiger Ereignisse in der Zeit-, Längen-, Flächen- oder Raumeinheit auftreten.* Man spricht auch von isolierten Ereignissen in einem Kontinuum. Beispiele für diese diskrete Verteilung sind: Die Verteilung von Rosinen im Rosinenbrot, von Hefezellen in einer Suspension und von Erythrozyten auf die einzelnen Felder einer Zählkammer, die Anzahl der Druckfehler pro Seite, der Isolationsfehler an einer Verlängerungsschnur oder der Oberflächenfehler einer Tischplatte; die Ankunftsfolge von Flugzeugen auf dem Flughafen; die Häufigkeit von plötzlichen Unwettern in einem bestimmten Gebiet; die Verunreinigung von Samen durch Unkrautsamen oder Steine; die Anzahl der innerhalb einer bestimmten Zeitspanne eintreffenden Telefonanrufe, die Zahl der Elektronen, die von einer erhitzten Kathode in einer gegebenen Zeiteinheit emittiert werden; die Zahl der Pannen an den Fahrzeugen einer größeren militärischen Einheit; die Zahl der Ausschußstücke innerhalb einer Produktion; die Zahl der Verkehrsmittel pro Weg und Zeiteinheit; die Anzahl der Fehlerstellen in komplizierten Mechanismen. Alles pro Raumoder Zeiteinheit. Sowie die Wahrscheinlichkeit nicht konstant bleibt oder Ereignisse abhängig werden, resultieren Abweichungen von der Poisson-Verteilung. Werden diese Möglichkeiten ausgeschaltet, dann sind – das gilt für die gegebenen Beispiele – echte Poisson-Verteilungen zu erwarten. Selbstmordfälle oder Industrieunfälle pro Raum- und Zeiteinheit folgen nicht der Poisson-Verteilung, obwohl sie als seltene Ereignisse aufgefaßt werden können. In beiden Fällen kann nicht von einer „gleichen Chance für jeden" gesprochen werden, es gibt individuelle Unterschiede hinsichtlich der Unfallbereitschaft und Selbstmordanfälligkeit.

Denken wir uns ein Rosinenbrot, das in kleine gleich große Kost- oder Stichproben zerlegt wird. Infolge der zufälligen Verteilung der Rosinen ist nicht zu erwarten, daß alle Stichproben genau die gleiche Anzahl von Rosinen enthalten. Wenn die mittlere Anzahl λ (lambda) der in diesen Stichproben enthaltenen Rosinen bekannt ist, so gibt die Poisson-Verteilung die Wahrscheinlichkeit $P(x)$ dafür an, daß eine beliebig herausgegriffene Stichprobe gerade x ($x = 0, 1, 2, 3, \ldots$) Rosinen enthält. Anders ausgedrückt: Die Poisson-Verteilung gibt an, welcher prozentuale Anteil $\left(100 \cdot P(x)\%\right)$ einer langen Serie nacheinander entnommener Stichproben mit genau 0 bzw. 1 bzw. 2 usw. Rosinen besetzt ist

$$P(x|\lambda) = P(x) = \frac{\lambda^x e^{-\lambda}}{x!} \qquad (1.174)$$

$$\lambda > 0, \quad x = 0, 1, 2 \ldots$$

Dabei bedeutet:

$e = 2{,}718 \ldots$ die Basis des natürlichen Logarithmus

$\lambda = $ Mittelwert

$x = 0, 1, 2, 3 \ldots$ die genaue Anzahl der Rosinen in einer einzelnen Stichprobe

$x! = 1 \cdot 2 \cdot 3 \cdot \ldots \cdot (x-1)x$, (z.B. $4! = 1 \cdot 2 \cdot 3 \cdot 4 = 24$)

Durch die diskrete Wahrscheinlichkeitsfunktion (1.174) ist die Poisson-Verteilung definiert. Die Poisson-Verteilung wird durch den Parameter λ vollständig charakterisiert; er drückt die Dichte von Zufallspunkten innerhalb eines gegebenen Zeitintervalles, einer Längen-, einer Flächen- oder einer Raumeinheit aus. λ *ist zugleich Mittelwert und Varianz*, d.h. $\mu = \lambda$, $\sigma^2 = \lambda$ [vgl. auch 1.161 (S. 134) mit $np = \lambda$ und $q = 1 - p = 1 - \frac{\lambda}{n}$:

$\sigma^2 = \lambda\left(1 - \frac{\lambda}{n}\right)$, für großes n wird σ^2 gleich λ]. Dieser Parameter wird (für $q \simeq 1$) nach

$$\hat{\lambda} = np \qquad (1.175)$$

geschätzt. Liegt bei diskreten Verteilungen das Verhältnis Varianz zu Mittelwert in der Nähe von Eins – sagen wir etwa zwischen 9/10 und 10/9 – dann können sie durch eine Poisson-Verteilung approximiert werden, sofern die Variable x große Werte annehmen könnte. Gilt $s^2 < \bar{x}$, dann könnte die Stichprobe einer Binomialverteilung entstammen. Im umgekehrten Fall $s^2 > \bar{x}$ könnte sie einer sogenannten negativen Binomialverteilung entstammen (vgl. Bliss 1953). Die Größen $e^{-\lambda}$ braucht man gewöhnlich nicht auszurechnen, da sie für eine Reihe von Werten λ tabelliert vorliegen.

Da $e^{-(x+y+z)}=e^{-x}\cdot e^{-y}\cdot e^{-z}$, ermitteln wir mit Hilfe der Tabelle 36 z.B.

$$e^{-5,23}=0{,}006738\cdot 0{,}8187\cdot 0{,}9704=0{,}00535.$$

Tabelle 36.   Werte $e^{-\lambda}$ für die Poisson-Verteilung

λ	$e^{-\lambda}$	λ	$e^{-\lambda}$	λ	$e^{-\lambda}$	λ	$e^{-\lambda}$	λ	$e^{-\lambda}$
0,01	0,9901	0,1	0,9048	1	0,367879	10	$0,0^{4}4540$	19	$0,0^{8}5603$
0,02	0,9802	0,2	0,8187	2	0,135335	11	$0,0^{4}1670$	20	$0,0^{8}2061$
0,03	0,9704	0,3	0,7408	3	0,049787	12	$0,0^{5}6144$	21	$0,0^{9}7583$
0,04	0,9608	0,4	0,6703	4	0,018316	13	$0,0^{5}2260$	22	$0,0^{9}2789$
0,05	0,9512	0,5	0,6065	5	$0,0^{2}6738$	14	$0,0^{6}8315$	23	$0,0^{9}1026$
0,06	0,9418	0,6	0,5488	6	$0,0^{2}2479$	15	$0,0^{6}3059$	24	$0,0^{10}378$
0,07	0,9324	0,7	0,4966	7	$0,0^{3}9119$	16	$0,0^{6}1125$	25	$0,0^{10}139$
0,08	0,9231	0,8	0,4493	8	$0,0^{3}3355$	17	$0,0^{7}4140$	30	$0,0^{13}936$
0,09	0,9139	0,9	0,4066	9	$0,0^{3}1234$	18	$0,0^{7}1523$	50	$0,0^{21}193$

$$e^{-9,85}=e^{-9}\cdot e^{-0,8}\cdot e^{-0,05}=0{,}0001234\cdot 0{,}4493\cdot 0{,}9512=0{,}0000527$$

Tabelle 36 ist zugleich eine Tafel der natürlichen Antilogarithmen. Setzt man beispielsweise $x=-3$, dann wird $e^{-3}=1/e^{3}=1/2{,}71828^{3}=1/20{,}086=0{,}049787$, d.h. $\ln 0{,}049787=-3{,}00$.

Beispiel

Ein radioaktives Präparat gebe durchschnittlich 10 Impulse pro Minute. Wie groß ist die Wahrscheinlichkeit, in einer Minute 5 Impulse zu erhalten?

$$P=\frac{\lambda^{x}\cdot e^{-\lambda}}{x!}=\frac{10^{5}\cdot e^{-10}}{5!}=\frac{10^{5}\cdot 4{,}54\cdot 10^{-5}}{5\cdot 4\cdot 3\cdot 2\cdot 1}=\frac{4{,}54}{120}=0{,}03783\simeq 0{,}04$$

Man wird also in etwa 4% der Fälle mit 5 Impulsen pro Minute zu rechnen haben.
Hinweis: Für die Flüssig-Szintillations-Spektrometrie geben Mathijssen und Goldzieher (1965) ein Nomogramm, das bei vorgegebener Präzision der Zählrate die Dauer der Zählung angibt (vgl. auch Rigas 1968).

Die Poisson-Verteilung

(1.) ist eine diskrete *unsymmetrische* Verteilung, sie hat die positive Schiefe $1/\sqrt{\lambda}$, dieser Ausdruck strebt mit wachsendem λ gegen Null, d.h. die Verteilung wird dann nahezu symmetrisch.

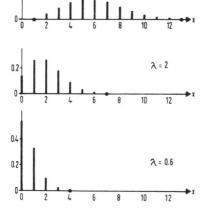

Abb. 29.   Poisson-Verteilungen

(2.) Ihre *Einzelwahrscheinlichkeiten* nehmen für $\lambda < 1$ mit wachsendem x monoton ab, für $\lambda > 1$ zunächst zu und dann ab.
(3.) Das *Maximum* der Verteilung liegt bei der größten ganzen Zahl, die kleiner als λ ist. Bei positivem ganzzahligem λ treten zwei gleich große maximale Einzelwahrscheinlichkeiten auf.

Tabelle 37.   Poisson-Verteilungen für kleine Parameter λ und keinem, einem sowie mehr als einem Ereignis

P(x) \ λ	0,1	0,2	1	2
für x=0	0,905	0,819	0,368	0,135
für x=1	0,090	0,164	0,368	0,271
für x>1	0,005	0,017	0,264	0,594

Beispielsweise gilt, wenn die Anzahl der Druckfehler pro Zeitungsseite einer Poisson-Verteilung des Typs $\lambda = 0,2$ folgt, daß von 100 Seiten etwa 82 Seiten keine, 16 einen und etwa 2 mehr als einen Druckfehler aufweisen dürften (Tabelle 37). Tabelle 38 zeigt weiter, daß von 10 000 Seiten etwa eine mit 4 Fehlern zu erwarten ist.

Tabelle 38.   Poisson-Verteilung $P(x) = \dfrac{\lambda^x \cdot e^{-\lambda}}{x!}$ für ausgewählte Werte λ: Mit größer werdendem Parameter λ nähert sich die Poisson-Verteilung der Normalverteilung

x \ λ	0,2	0,5	0,8	1	3	5	8	λ / x
0	0,8187	0,6065	0,4493	0,3679	0,0498	0,0067	0,0003	0
1	0,1637	0,3033	0,3595	0,3679	0,1494	0,0337	0,0027	1
2	0,0164	0,0758	0,1438	0,1839	0,2240	0,0842	0,0107	2
3	0,0011	0,0126	0,0383	0,0613	0,2240	0,1404	0,0286	3
4	0,0001	0,0016	0,0077	0,0153	0,1680	0,1755	0,0573	4
5	0,0000	0,0002	0,0012	0,0031	0,1008	0,1755	0,0916	5
6		0,0000	0,0002	0,0005	0,0504	0,1462	0,1221	6
7			0,0000	0,0001	0,0216	0,1044	0,1396	7
8				0,0000	0,0081	0,0653	0,1396	8
9					0,0027	0,0363	0,1241	9
10					0,0008	0,0181	0,0993	10
11					0,0002	0,0082	0,0722	11
12					0,0001	0,0034	0,0481	12
13					0,0000	0,0013	0,0296	13
14						0,0005	0,0169	14
15						0,0002	0,0090	15
16						0,0000	0,0045	16
17							0,0021	17
18							0,0009	18
19							0,0004	19
20							0,0002	20
21							0,0001	21
22							0,0000	22

Für den Fall, daß a) λ groß ist und b) $x = \lambda$, erhält man nach Stirling

$$P(\lambda) = \frac{e^{-\lambda} \cdot \lambda^{\lambda}}{\lambda!} \simeq \frac{e^{-\lambda} \cdot \lambda^{\lambda}}{\sqrt{2\pi} \cdot \lambda^{\lambda + 1/2} \cdot e^{-\lambda}} = \frac{1}{\sqrt{2\pi\lambda}} \simeq \frac{0,4}{\sqrt{\lambda}}$$

$$\boxed{P(\lambda) \simeq \frac{0,4}{\sqrt{\lambda}}}$$ (1.176)

z.B. $P(x=\lambda=8)\simeq\dfrac{0,4}{\sqrt{8}}=0,141$;   der in Tafel 38 tabellierte Wert lautet 0,1396. Mehrere aufeinanderfolgende Einzelwahrscheinlichkeiten errechnet man anhand der Rekursionsformel

$$P(x+1)=\frac{\lambda}{x+1}P(x)$$ (1.177)

Näheres über diese Verteilung ist der Monographie von Haight (1967) zu entnehmen. Umfangreiche Tafeln geben Molina (1945), Kitagawa (1952) und das Defense Systems Dept. (1962).

Beispiele

1. Wie groß ist die Wahrscheinlichkeit, daß von 1000 Personen a) keiner b) eine Person c) zwei d) drei Personen an einem bestimmten Tag Geburtstag haben?
Da $q=\dfrac{364}{365}\simeq1$, kann $\hat{\lambda}=np=1000\dfrac{1}{365}=2,7397$ geschätzt werden. Wir vereinfachen und setzen $\hat{\lambda}=2,74$.

$$P(x=0)=\frac{\lambda^0 e^{-\lambda}}{0!}=e^{-\lambda}\quad=e^{-2,74}\qquad=0,06457\simeq0,065$$

$$P(x=1)=\frac{\lambda^1 e^{-\lambda}}{1!}=\lambda e^{-\lambda}\ \simeq2,74\cdot0,065\ =0,178$$

$$P(x=2)=\frac{\lambda^2 e^{-\lambda}}{2!}=\frac{\lambda^2 e^{-\lambda}}{2}\sim\frac{2,74^2\cdot0,065}{2}=0,244$$

$$P(x=3)=\frac{\lambda^3 e^{-\lambda}}{3!}=\frac{\lambda^3 e^{-\lambda}}{6}\simeq\frac{2,74^3\cdot0,065}{6}=0,223$$

Liegt eine Stichprobe von 1000 Personen vor, so besteht eine Wahrscheinlichkeit von etwa 7%, daß keine Person an einem bestimmten Tag Geburtstag hat; die Wahrscheinlichkeit dafür, daß eine, zwei bzw. drei Personen an einem bestimmten Tag Geburtstag haben, sind rund 18%, 24% und 22%. Mit der Rekursionsformel (1.177) ergibt sich folgende Vereinfachung:

$$P(0)=(\text{vgl. oben})\simeq0,065$$

$$P(1)\simeq\frac{2,74}{1}0,065\ =0,178$$

$$P(2)\simeq\frac{2,74}{2}0,178\ =0,244$$

$$P(3)\simeq\frac{2,74}{3}0,244\ =0,223$$

Multipliziert man diese Wahrscheinlichkeiten mit n, dann erhält man die durchschnittliche Anzahl der Personen, die in Stichproben von je 1000 Personen an einem bestimmten Tag Geburtstag haben.
2. Die Wahrscheinlichkeit, daß ein Patient die Injektion eines gewissen Serums nicht verträgt, sei 0,001. Gefragt ist nach der Wahrscheinlichkeit, daß von 2000 Patienten a) genau drei, b) mehr als zwei Patienten die Injektion nicht vertragen. Da $q=0,999\simeq1$, erhalten wir für $\hat{\lambda}=n\cdot p=2000\cdot0,001=2$.

$$P(x \text{ Pat. vertragen die Inj. nicht}) = \frac{\lambda^x e^{-\lambda}}{x!} = \frac{2^x e^{-2}}{x!}$$

a) $$P(3 \text{ Pat. vertragen die Inj. nicht}) = \frac{2^3 e^{-2}}{3!} = \frac{4}{3e^2} = 0,180$$

(vgl. $e^2 = 7,389$)

b) $$P(0 \text{ Pat. vertragen die Inj. nicht}) = \frac{2^0 e^{-2}}{0!} = \frac{1}{e^2}$$

$$P(1 \text{ Pat. verträgt die Inj. nicht}) = \frac{2^1 e^{-2}}{1!} = \frac{2}{e^2}$$

$$P(2 \text{ Pat. vertragen die Inj. nicht}) = \frac{2^2 e^{-2}}{2!} = \frac{2}{e^2}$$

$P(\text{mehr als 2 Pat. vertragen die Inj. nicht}) = 1 - P(0 \text{ oder 1 oder 2 Pat. vertragen die Inj. nicht})$

$$= 1 - (1/e^2 + 2/e^2 + 2/e^2) = 1 - \frac{5}{e^2} = 0,323.$$

Liegt eine größere Anzahl Stichproben zu je 2000 Patienten vor, dann dürften mit einer Wahrscheinlichkeit von etwa 18% drei Patienten und mit einer Wahrscheinlichkeit von etwa 32% mehr als zwei Patienten die Injektion nicht vertragen. Die Berechnung allein der Aufgabe a) mit Hilfe der Binomialverteilung wäre recht umständlich gewesen:

$$P(3 \text{ P. v. d. I. n.}) = {}_{2000}C_3 \cdot 0,001^3 \cdot 0,999^{1997}$$

Hinweise: 1. Die Antwort auf die Frage, wie groß λ sein muß, damit das Ereignis mit einer Wahrscheinlichkeit P wenigstens einmal eintritt, erhält man, da

P	λ
0,999	6,908
0,99	4,605
0,95	2,996
0,90	2,303
0,80	1,609
0,50	0,693
0,20	0,223
0,05	0,051
0,01	0,010
0,001	0,001

$$P(x=0) = \frac{e^{-\lambda}\lambda^0}{0!} = e^{-\lambda}$$

über

$$\boxed{P = 1 - e^{-\lambda}}$$

$$(1.178)$$

und

$$e^{-\lambda} = 1 - P, \quad \ln e^{-\lambda} = \ln(1-P) \quad \text{aus der nach}$$

$$\boxed{\lambda = -2,3026 \cdot \lg(1-P)}$$

$$(1.179)$$

berechneten Tafel: So ergibt sich z.B. für $P = 0,95$ ein $\lambda = 3$.

2. Auf die Frage, wieviele seltene Ereignisse (Auftrittswahrscheinlichkeit $p \leq 0,05$) in Zufallsstichproben des Umfangs n mit einer statistischen Sicherheit von $S = 95\%$ zu erwarten sind, gibt die folgende Tabelle eine Antwort (vgl. auch S. 34 u. S. 173). Es sind wenigstens k Ereignisse. Die Tabelle gibt n für einige Werte p und k ($S = 95\%$).

k \ p	0,05	0,04	0,03	0,02	0,01	0,008	0,006	0,004	0,002	0,001
1	60	75	100	150	300	375	499	749	1 498	2 996
3	126	157	210	315	630	787	1049	1574	3 148	6 296
5	183	229	305	458	915	1144	1526	2289	4 577	9 154
10	314	393	524	785	1571	1963	2618	3927	7 853	15 706
20	558	697	929	1394	2788	3485	4647	6970	13 940	27 880

Findet man für p und n nur k_1 seltene Ereignisse ($k_1 < k$), dann wird die Nullhypothese $p_1 = p$ auf dem 5%-Niveau abgelehnt und die Alternativhypothese $p_1 < p$ akzeptiert. Die Prüfung von $\lambda_1 \neq \lambda_2$ gegen $\lambda_1 = \lambda_2$ wird auf S. 151/152 behandelt.

Vertrauensbereiche für den Mittelwert λ

Für gegebene Werte x sind untere und obere Grenzen des Vertrauensbereiches (VB) nach (1.180) zu berechnen, nach (1.181) zu approximieren, bzw. Tabelle 80 auf S. 267/268 (Beispiele S. 266/267) zu entnehmen:

(1) 95%-VB und 99%-VB:

$\qquad n \leqq 300$: Tab. 80, S. 267/268 (dort auch Beispiele)

$\qquad n > 300$: Approximation (1.181), wobei ersetzt werden:

$\qquad$ (a) $\lessgtr$ durch $\leqq$ (die Approx. ist für großes n erstklassig),

$\qquad$ (b) 1,645 durch 1,9600 (95%-VB) bzw. 2,5758 (99%-VB).

(2) 90%-VB:

$\qquad n \leqq 20$: Formel (1.180) und Tab. 28, S. 112

$\qquad n > 20$: Approximation (1.181).

$$90\% \text{-} VB : \frac{1}{2}\chi^2_{0,95;\,2x} \leqq \lambda \leqq \frac{1}{2}\chi^2_{0,05;\,2(x+1)} \qquad\qquad (1.180)$$

$$90\% \text{-} VB : \left(\frac{1,645}{2} - \sqrt{x}\right)^2 \lessgtr \lambda \lessgtr \left(\frac{1,645}{2} + \sqrt{x+1}\right)^2 \qquad (1.181)$$

Rechts in (1.180) und (1.181) stehen zugleich die (einseitigen) oberen 95%-Vertrauensgrenzen: So ist z.B. für $x = 50$ nach (1.180) $2(50+1) = 102$, $\chi^2_{0,05;\,102} = 126{,}57$ d.h. $\lambda \leqq 63{,}3$ und nach (1.181) $(1{,}645/2 + \sqrt{50+1})^2 = 63{,}4$ d.h. $\lambda \lessgtr 63{,}4$. Entsprechend erhält man auch z.B. die oberen 90%-Vertrauensgrenzen (1.180: mit $\chi^2_{0,10}$ anstatt $\chi^2_{0,05}$; s. Tab. 28/28a, S. 112/113) (1.181: mit 1,282 anstatt 1,654, s. Tab. 43, S. 172). Tabelle 80 (S. 267/268) dient auch zur Prüfung der Nullhypothese: $\lambda = \lambda_x$. Sie wird verworfen, wenn der VB für λ_x den Parameter λ nicht überdeckt.

▶ 165   Das Thorndike-Nomogramm

Dieses Nomogramm (Abb. 30) dient *zur graphischen Bestimmung der fortlaufend addierten Wahrscheinlichkeiten der Poisson-Verteilung*, der einzelnen aufeinanderfolgenden Ausdrücke vom Typ $e^{-\lambda}\frac{\lambda^x}{x!}$. Es wurde von Miss F. Thorndike gezeichnet. Auf der Abszisse sind die Werte von λ notiert, quer über die Tafel laufen eine Reihe von Kurven, die den Werten $c = 1, 2, 3 \ldots$ entsprechen. Der Ordinate ist für unterschiedliche Werte λ und c die Wahrscheinlichkeit zu entnehmen, daß eine Variable x größer oder gleich einem beliebigen Wert c ist: $P(x \geqq c | \lambda)$. Das Thorndike-Nomogramm wird folgendermaßen benutzt:

1. Suche den Punkt λ auf der horizontalen Skala, errichte darauf eine Ordinate, diese schneidet die Kurve c.
2. Lies auf der vertikalen Skala die Ordinate des Schnittpunktes ab, man erhält $P(x \geqq c)$.

Beachte, daß die Ordinatenskala zur besseren Ablesung kleinerer und größerer Werte $P(x \geqq c)$ nicht linear geteilt ist.

Beispiele

1. Eine Maschine liefere etwa 1% Ausschuß. Wie groß ist die Wahrscheinlichkeit, unter 200 Fertigprodukten mindestens 6 Ausschußstücke zu haben?

$p = 0,01$; $n = 200$; $\hat{\lambda} = n \cdot p = 200 \cdot 0,01 = 2$. Dem Schnittpunkt der Senkrechten in $\lambda = 2$ mit der Kurve $c = 6$ entspricht die Ordinate $P(x \geqq 6) \simeq 0,015$. Die Wahrscheinlichkeit, wenigstens 6 Ausschußstücke zu finden, beträgt etwa 0,015 oder 1,5%.

Abb. 30.   Das Thorndike-Nomogramm

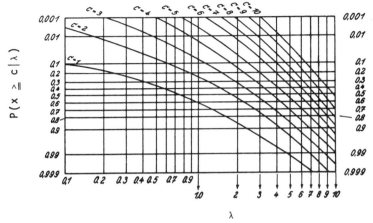

Ordinate: Wahrscheinlichkeit, daß ein Ereignis x c-mal oder häufiger (mindestens c-mal) eintritt, Werte $P(x \geqq c)$. *Abszisse:* Werte λ für die Wahrscheinlichkeit P, daß ein Ereignis in einer größeren Serie von Versuchen mit der durchschnittlichen Ereignishäufigkeit λ mindestens c-mal stattfindet; logarithmischer Maßstab.

2. Ein Eiergroßhändler ist daran interessiert, daß nicht mehr als 0,5% aller Eierkartons vier oder mehr ungenießbare Eier enthalten soll. Wie niedrig muß der durchschnittliche Prozentsatz schlechter Eier liegen, damit diese Qualität gewährleistet wird? Wir nehmen an, daß ein Karton eine Zufallsstichprobe von 250 Eiern darstellt.

Hier muß das Thorndike-Nomogramm umgekehrt wie in Beispiel 1 benutzt werden: In einer Zufallsstichprobe von 250 Eiern soll die Wahrscheinlichkeit, vier oder mehr ungenießbare Eier zu erhalten, nicht größer sein als 0,005. Damit ist $P(x \geqq 4) = 0,005$. Hieraus ist λ die durchschnittliche Anzahl schlechter Eier im Karton zu ermitteln. Die links von $P = 0,005$ ausgehende Horizontale schneidet die Kurve $c = 4$. Als Senkrechte durch den Schnittpunkt erhält man $\hat{\lambda} \simeq 0,67$. Dann ist $\hat{p}$ der gesuchte Prozentsatz ungenießbarer Eier, der nicht überschritten werden soll, gegeben durch

$$\hat{\lambda} = n \cdot \hat{p}$$

oder $\hat{p} = \dfrac{\hat{\lambda}}{n} \simeq \dfrac{0,67}{250} = 0,00268$ oder 0,27%, d.h. rund 3 pro mille.

3. Hundert Glühbirnen werden jeweils in einem Karton geliefert. Der durchschnittliche Prozentsatz an Ausschußware liege bei $p = 1\%$. Gefragt ist nach der Wahrscheinlichkeit, daß eine Sendung von 100 Birnen zwei oder mehr Ausschußbirnen enthält: Wir suchen den Schnittpunkt der Linie $\lambda = 1$ mit der Kurve $c = 2$ und erhalten links die Ordinate 0,26. Damit werden von 100 Kartons à 100 Glühbirnen etwa 26 Kartons zwei oder mehr Ausschußbirnen enthalten.

Der übliche Rechengang wäre

$$P(x \geqq 2, \lambda = 1) = 1 - \big(P(x = 0, \lambda = 1) + P(x = 1, \lambda = 1)\big)$$
$$= 1 - (0,3679 + 0,3679)$$
$$= 0,2642.$$

Auf ähnliche Weise erhält man mit Hilfe des Nomogramms auch $P(x \geqq 3; \lambda = 1) \simeq 0,08$ und hieraus $P(x = 2; \lambda = 1) \simeq 0,26 - 0,08 \simeq 0,18$ sowie weitere Werte. Zur Kontrolle seien die Wahrscheinlichkeiten 0, 1, 2, 3, 4, 5 und 6 Ausschußbirnen pro 100 Glühbirnen zu erhalten, gegeben. Ihre Berechnung mit Hilfe der Rekursionsformel sei als Übung empfohlen.

Tabelle 39

Glühbirnen-Ausschußzahl pro 100	POISSON-Wahrscheinlichkeit
0	0,3679
1	0,3679
2	0,1840
3	0,0613
4	0,0153
5	0,0031
$\geqq$ 6	0,0005
	1,0000

Bei umfangreichen Rechnungen wird man zu Tafeln der Poisson-Verteilung greifen (vgl. S. 146 oben). (1.182) gibt die Wahrscheinlichkeit *für den Eintritt von mindestens* x_0 *seltenen Ereignissen.*

$$P(x \geqq x_0) = 1 - P(\chi^2_{2x_0} \leqq 2np) \qquad (1.182)$$

Nehmen wir das letzte Beispiel: $x_0 = 2$, $np = 100 \cdot 0,01 = 1$

$$P(x \geqq 2) = 1 - P(\chi^2_4 \leqq 2)$$

Tabelle 28 auf S. 112 liefert $P(\chi^2_4 = 2) \simeq 0,73$, d.h.

$$P(x \geqq 2) \simeq 1 - 0,73 \simeq 0,27.$$

Diese Schnellschätzung sei zur Übung auch auf die anderen Beispiele angewandt.

Mit Hilfe von (1.177) läßt sich wieder ein graphischer Test ausführen (vgl. S. 135): Trägt man $P(x)/P(x + 1)$ gegen x auf und liegen die Punkte auf einer geraden Linie, dann folgen die Werte einer Poisson-Verteilung (Dubey 1966) (vgl. auch Ord 1967 und Grimm 1970).

Approximationen

Eine brillante Übersicht gibt Molenaar (1970).

1. Approximation der Binomialverteilung durch die Poisson-Verteilung

Liegt eine Binomialverteilung mit großem Stichprobenumfang n und kleiner Ereigniswahrscheinlichkeit p vor, so daß $q = 1 - p$ praktisch gleich 1 ist, sagen wir, wenn $p < 0,05$ und $n > 10$, dann kann die Poisson-Verteilung mit $\lambda = np$ als Approximation der Binomialverteilung dienen.

Beispiel

In einem bestimmten Gebiet habe im Durchschnitt 1 von 2000 Häusern jährlich einen Brand. Wenn 4000 Häuser in diesem Gebiet sind, wie groß ist dann die Wahrscheinlichkeit, daß genau 5 Häuser im Verlauf des Jahres einen Brand haben?

$$\hat{\lambda} = np = 4000 \cdot \frac{1}{2000} = 2$$

$$P(x = 5, \hat{\lambda} = 2) = e^{-2} \cdot \frac{2^5}{5!} = 0,036.$$

Die Wahrscheinlichkeit beträgt knapp 4%.

2. Approximation der Poisson-Verteilung durch die Normalverteilung

Die kumulierte Poisson-Wahrscheinlichkeit $P(X \leq k \mid \lambda) = \sum_{j=0}^{k} e^{-\lambda} \lambda^j / j!$ läßt sich nach

(1.183) und wesentlich besser nach (1.183a, Molenaar 1970) approximieren.

S. 53

Für $\lambda \geq 9$ $\quad$ $\boxed{\hat{z} = |(k-\lambda)/\sqrt{\lambda}|}$ $\hfill$ (1.183)

Beispiele 1. Für $P(X \leq 3 \mid 9)$ mit $\hat{z} = |(3-9)/\sqrt{9}| = 2{,}000$ erhält man $P = 0{,}0228$ (exakt: 0.021226).

$\qquad$ 2. Für $P(X \leq 4 \mid 10)$ mit $\hat{z} = |(4-10)/\sqrt{10}| = 1{,}897$ ergibt sich $P = 0{,}0289$ (exakt: 0,029253).

Für $\lambda \gtrless 0{,}5$ $\quad$ $\boxed{\begin{array}{l} \hat{z} = |2\sqrt{k + (t+4)/9} - 2\sqrt{\lambda + (t-8)/36}| \\ \text{mit } t = (k - \lambda + 1/6)^2/\lambda \end{array}}$ $\hfill$ (1.183a)

Obiges 2. Beispiel: $t = (4 - 10 + 1/6)^2/10 = 3{,}403$

$\qquad\qquad\qquad \hat{z} = |2\sqrt{4 + 7{,}403/9} - 2\sqrt{10 - 4{,}597/36}| = 1{,}892$, d.h. $P = 0{,}0293$.

▶ 166   Vergleich der Mittelwerte von Poisson-Verteilungen

1. Vergleich zweier Poisson-Verteilungen

Sind die auf S. 439 zitierten Biometrika Tables von Pearson und Hartley (1966) zur Hand, so wird man ohne Rechnung mit Hilfe von Table 36, S. (79, 80) 209 prüfen.

Zwei Mittelwerte $\hat{\lambda}_1$ und $\hat{\lambda}_2$ (mit $\hat{\lambda}_1 > \hat{\lambda}_2$) lassen sich nach

$$\boxed{\hat{F} = \frac{\hat{\lambda}_1}{\hat{\lambda}_2 + 1}} \hfill (1.184)$$

prüfen $(FG = 2(\hat{\lambda}_2 + 1); 2\hat{\lambda}_1)$, wobei der Nullhypothese $(\lambda_1 = \lambda_2)$ die einseitige $(\lambda_1 > \lambda_2)$ oder die zweiseitige Fragestellung $(\lambda_1 \neq \lambda_2)$ gegenübergestellt werden kann. Die Nullhypothese wird verworfen, sobald $\hat{F}$ den tabellierten F-Wert erreicht oder übersteigt. Zu beachten ist, daß die F-Tafeln für die einseitige Fragestellung tabelliert sind.

S. 116/24

Beispiel

Prüfe anhand von $\hat{\lambda}_1 = 13$ und $\hat{\lambda}_2 = 4$, ob sich die Nullhypothese $\lambda_1 = \lambda_2$ gegen die Alternativhypothese $\lambda_1 \neq \lambda_2$ sichern läßt ($\alpha = 0{,}05$).

$$\hat{F} = \frac{13}{4+1} = 2{,}60$$

Da $2{,}60 > 2{,}59 = F_{10;26;0,025}$ ist, läßt sich die Nullhypothese gerade noch verwerfen (bei einseitiger Fragestellung [vgl. S. 100/101!] $\lambda_1 > \lambda_2$ gegen $\lambda_1 = \lambda_2$ mit $F_{10;26;0,05} = 2{,}22$ ließe sich der Unterschied besser sichern).

Vergleiche dieser Art lassen sich auch für nicht zu kleines λ $(\hat{\lambda}_1 + \hat{\lambda}_2 > 5)$ sehr gut anhand der Standardnormalvariablen (1.185) oder (1.185a)

S. 53

$$\boxed{\hat{z} = (\hat{\lambda}_1 - \hat{\lambda}_2 - 1)/\sqrt{\hat{\lambda}_1 + \hat{\lambda}_2}} \hfill (1.185)$$

durchführen; für $\hat{\lambda}_1 + \hat{\lambda}_2 > 20$ bevorzuge man (1.185a)

$$\hat{z}=(\hat{\lambda}_1-\hat{\lambda}_2)/\sqrt{\hat{\lambda}_1+\hat{\lambda}_2}$$

(1.185a)

Beispiel

Wir verwenden das letzte Beispiel: $\hat{z}=(13-4-1)/\sqrt{13+4}=1{,}940<1{,}960=z_{0{,}05;\text{zweis.}}$
H_0 läßt sich nicht verwerfen.

Hinweis: Vergleich zweier Stichproben relativ seltener Ereignisse in der Zeit

Zählen wir in den Zeiträumen t_1 und t_2 die relativ seltenen Ereignisse x_1 und x_2, dann läßt sich die Nullhypothese (Gleichheit der relativen Häufigkeiten) approximativ nach

$$\hat{F}=\frac{t_1(x_2+0{,}5)}{t_2(x_1+0{,}5)}$$

(1.186)

mit $(2x_1+1,\,2x_2+1)$ Freiheitsgraden prüfen (Cox 1953).

Beispiel

Gegeben: $x_1=$ 4 Ereignisse in $t_1=205$ Stunden
$x_2=12$ Ereignisse in $t_2=180$ Stunden

Geprüft wird die Hypothese: Gleichheit der relativen Häufigkeiten (zweiseitige Fragestellung: $\alpha=0{,}05$ [d.h. es sind die oberen 2,5%-Schranken der F-Verteilung zu verwenden]). Wir finden

$$\hat{F}=\frac{205(12+0{,}5)}{180(4+0{,}5)}=3{,}16.$$

Da $3{,}16>2{,}68=F_{9;25;0{,}025}$ ist, wird die Nullhypothese abgelehnt.

Für den Vergleich zweier relativer Häufigkeiten $(x_1/n_1=\hat{p}_1,\ x_2/n_2=\hat{p}_2)$, die einer Binomialverteilung $(\hat{p}_1,\hat{p}_2>0{,}05)$ oder einer Poisson-Verteilung $(\hat{p}_1,\hat{p}_2\leqq0{,}05)$ entstammen, gibt Johnson (1959) ein Nomogramm, das eine elegante approximative Lösung der Frage gestattet, ob $\hat{p}_1$ und $\hat{p}_2$ einer gemeinsamen Grundgesamtheit entstammen.

2. Vergleich mehrerer Poisson-Verteilungen:
Vergleich der mittleren Ereigniszahlen in mehreren Stichproben aus
Poisson-Grundgesamtheiten

Sind x_i stochastisch unabhängige Beobachtungen aus derselben normalverteilten Grundgesamtheit (μ,σ), dann ist die Summe der quadrierten standardisierten Abweichungen

$$\sum_{i=1}^{v}\left(\frac{x_i-\mu}{\sigma}\right)^2=\sum_{i=1}^{v}z_i^2=\chi^2$$

(1.187)

χ^2-verteilt mit v Freiheitsgraden. Für den Vergleich von k Stichproben $(k\geqq2)$ aus beliebigen Beobachtungseinheiten t_i (Zeit-, Flächen- oder Raumeinheiten), in denen das Ereignis x_i-mal eingetroffen ist, bildet man $x_i/t_i=\lambda_i^*$ und $(\sum x_i)/(\sum t_i)=\overline{\lambda}$, transformiert die x_i nach

$$z_i=2\left(\sqrt{x_i+1}-\sqrt{t_i\overline{\lambda}}\right),\quad\text{wenn}\quad\lambda_i^*<\overline{\lambda}$$

$$z_i=2\left(\sqrt{x_i}-\sqrt{t_i\overline{\lambda}}\right),\qquad\text{wenn}\quad\lambda_i^*>\overline{\lambda}$$

und bildet die Summe ihrer Quadrate $\sum z_i^2$. Geprüft wird nach

$$\hat{\chi}^2 = \sum_{i=1}^{k} z_i^2 \qquad\qquad (1.188)$$

für $k-1$ Freiheitsgrade (1 Freiheitsgrad ist für den geschätzten Parameter $\bar{\lambda}$ abzuziehen, ist er bekannt, so stehen k Freiheitsgrade zur Verfügung).

Beispiel

Wir verwenden das letzte Beispiel, bilden

$$\lambda_1^* = 4/205 = 19{,}51 \cdot 10^{-3},$$
$$\lambda_2^* = 12/180 = 66{,}67 \cdot 10^{-3},$$
$$\bar{\lambda} = (4+12)/(205+180) = 41{,}558 \cdot 10^{-3},$$
$$z_1 = 2\left(\sqrt{4+1} - \sqrt{205 \cdot 41{,}558 \cdot 10^{-3}}\right) = -1{,}366$$
$$z_2 = 2\left(\sqrt{12} - \sqrt{180 \cdot 41{,}558 \cdot 10^{-3}}\right) = 1{,}458 \quad \text{und}$$
$$z_1^2 + z_2^2 = 1{,}866 + 2{,}126 = 3{,}992.$$

Da $3{,}99 > 3{,}84 = \chi_{1;0,05}^2$, wird auch hier die Nullhypothese abgelehnt.
Selbstverständlich wird man beim Vergleich lediglich zweier Mittelwerte Formel (1.184)
benutzen.

167   Der Dispersionsindex

Soll eine empirische Verteilung durch eine Poisson-Verteilung beschrieben werden,
dann müssen die Daten, das sei noch einmal herausgestellt, die folgenden beiden Voraussetzungen erfüllen:
1. Es liegen unabhängige Ereignisse vor.
2. Die mittlere Zahl dieser Ereignisse pro Intervall (z.B. Zeit, Raum) ist der Länge
   des Intervalles proportional (und hängt nicht ab von der Lage des Intervalles).
Sind diese Bedingungen nicht oder nur teilweise erfüllt, dann ist die *Nullklasse* häufig
stärker besetzt als aufgrund der Poisson-Verteilung zu erwarten ist. Gehen Werte aus
der Nullklasse in die Einsklasse über, dann wird die Standardabweichung der Verteilung kleiner: teilen wir also die *Standardabweichung einer beobachteten Verteilung durch
die Standardabweichung der approximierten Poisson-Verteilung*, besser, bilden wir (einseitige Fragestellung) den Quotienten der beiden Varianzen

$$\frac{\text{Stichprobenvarianz}}{\text{Theoretische Poisson-Varianz}} = \frac{\text{Stichprobenvarianz}}{\text{Theoretischer Poisson-Mittelwert}} = \frac{s^2}{\lambda}$$

$$(1.189)$$

– beim Vorliegen großer Stichprobenumfänge ist (1.189) gleich dem *Dispersionsindex* –
dann sollten wir erwarten, daß das Verhältnis größer als 1 ist. Da jedoch Zufallsstichproben mit der ihnen eigenen Variabilität vorliegen, müssen wir die Frage beantworten:
Wieviel größer als 1 muß dieser Quotient sein, bevor wir entscheiden, daß die Verteilung
nicht vom Typ der Poisson-Verteilung sei? Ist der Quotient $\lesssim 10/9$, dann kann angenommen werden, daß die vorliegende Verteilung durch eine Poisson-Verteilung approximiert

werden kann. Das nächste Beispiel wird uns Gelegenheit geben, diese Faustregel anzuwenden.

Zur Prüfung, ob Daten (x_i) einer Poisson-Verteilung (mit dem Mittelwert λ) entstammen (vgl. auch Rao und Chakravarti 1956), dient der *Dispersionsindex* (vgl. auch S. 204)

$$\hat{\chi}^2 = \sum_i (x_i - \bar{x})^2 / \bar{x} = \left[n \sum_i x_i^2 - \left(\sum_i x_i \right)^2 \right] / \sum_i x_i \quad \text{bzw.}$$

$$\chi^2 = \frac{1}{\bar{x}} \sum_i f_i (x_i - \bar{x})^2 \qquad\qquad (1.190)$$

(S. 113)

wobei $n - 1$ Freiheitsgrade zur Verfügung stehen. Erreicht oder überschreitet der empirisch geschätzte $\hat{\chi}^2$-Wert den tabellierten, ist also die Varianz wesentlich größer als der
Mittelwert, dann liegt eine *zusammengesetzte Poisson-Verteilung* vor: Wenn überhaupt
ein seltenes Ereignis eintritt, dann folgen häufig mehrere. Man spricht von *positiver
Wahrscheinlichkeitsansteckung*. Tage mit Gewittern sind selten, treten aber gehäuft auf.
Man erhält z.B. die sogenannte *negative Binomialverteilung*. Die Anzahl der Zecken
je Schaf einer Herde folgt ihr genau. Die Verteilungen anderer *biologischer* Merkmale
werden häufig besser durch eine der sogenannten Neyman-Verteilungen approximiert.
Näheres ist den Arbeiten von Neyman (1939), Fisher (1941, 1953), Bliss (1953, 1958),
Gurland (1959), Bartko (1966, 1967) und Weber (1972) zu entnehmen (vgl. auch S. 157
unten). Wichtige Tafeln geben Grimm (1962, 1964) sowie Williamson und Bretherton
(1963).

Beispiel

Klassisches Beispiel für eine Poisson-Verteilung ist der Tod von Soldaten durch Pferde-
hufschlag in 10 Armeekorps während eines Zeitraumes von 20 Jahren (200 „Armeekorps-
jahre" insgesamt; Preußisches Heer, 1875–1894).

Tabelle 40

Todesfälle	0	1	2	3	4	≥ 5	$\sum$
beobachtet	109	65	22	3	1	0	200
berechnet	108,7	66,3	20,2	4,1	0,6	0,1	200

$$\bar{x} = \frac{\sum x_i f_i}{n} = \frac{0 \cdot 109 + 1 \cdot 65 + 2 \cdot 22 + 3 \cdot 3 + 4 \cdot 1 + 5 \cdot 0}{200} = \frac{122}{200} = 0,61 ;$$

$$s^2 = \frac{\sum x_i^2 f_i - (\sum x_i f_i)^2 / n}{n - 1}$$

$$s^2 = \frac{(0^2 \cdot 109 + 1^2 \cdot 65 + 2^2 \cdot 22 + 3^2 \cdot 3 + 4^2 \cdot 1) - 122^2 / 200}{200 - 1}$$

$$s^2 = \frac{196 - 74,42}{199} = \frac{121,58}{199} = 0,61 ; \quad \text{wir erhalten}$$

nach (1.189): $\dfrac{s^2}{\lambda} = \dfrac{0,61}{0,61} = 1 < \dfrac{10}{9}$ und

nach (1.190): $\hat{\chi}^2 = [109(0 - 0,61)^2 + 65(1 - 0,61)^2 + \ldots + 0(5 - 0,61)^2] / 0,61$
$\hat{\chi}^2 = 199,3 < 233 = \chi^2_{199;0,05}.$

Damit ist die Poisson-Verteilung $(\lambda = 0,61)$ geeignet, die vorliegende Verteilung zu beschreiben. Im allgemeinen werden sich die Schätzungen von s^2 und λ unterscheiden.

$$P(0) = \frac{0{,}61^0 \cdot e^{-0{,}61}}{0!} = 0{,}5434; \qquad 200 \cdot 0{,}5434 = 108{,}68 \qquad \text{usw.}$$

Die Vervollständigung der Tabelle 40 wird als Übung empfohlen. Die relativen Häufigkeiten der Wahrscheinlichkeiten der Poisson-Verteilung sind durch die aufeinanderfolgenden Glieder der Beziehung

$$e^{-\lambda} \sum \frac{\lambda^x}{x!} = e^{-\lambda} \left(1 + \lambda + \frac{\lambda^2}{2!} + \frac{\lambda^3}{3!} + \ldots + \frac{\lambda^x}{x!} \right) \tag{1.191}$$

gegeben. Die erwarteten Häufigkeiten erhält man als Produkt aus Einzelglied und gesamtem Stichprobenumfang. Man erhält also beispielsweise als Erwartungshäufigkeit für das dritte Glied

$$n \cdot e^{-\lambda} \cdot \frac{\lambda^2}{2!} = 200 \cdot 0{,}54335 \cdot \frac{0{,}3721}{2} = 20{,}2 \qquad \text{usw.}$$

Liegen empirische Verteilungen vor, die Ähnlichkeit mit Poisson-Verteilungen aufweisen, dann kann λ, wenn die Nullklasse (Null Erfolge) die stärkste Besetzung aufweist, nach

$$-\ln\left(\frac{\text{Besetzung der Nullklasse}}{\text{Gesamtzahl aller Häufigkeiten}} \right) = \lambda = -\ln\left(\frac{n_0}{n} \right) \tag{1.192}$$

geschätzt werden.

Beispiel

Tabelle 41

0	1	2	3	4	5	6	Σ
327	340	160	53	16	3	1	900

normal: $\quad \lambda = \frac{1}{900}(0 \cdot 327 + 1 \cdot 340 + \ldots + 6 \cdot 1) = \frac{904}{900} \simeq 1$

abgekürzt: $\frac{n_0}{n} = \frac{327}{900} = 0{,}363 \quad \ln 0{,}363 = -1{,}013 \quad$ oder $\quad \lambda = 1{,}013 \simeq 1$

bzw. über die Zehnerlogarithmen

$$\lg 0{,}363 = 9{,}5599 - 10 = -0{,}4401$$
$$2{,}3026 \cdot \lg 0{,}363 = 2{,}3026(-0{,}4401) = -1{,}013.$$

Auf das Pferdehufschlagbeispiel angewandt, erhalten wir anhand der Schnellschätzung

$$\lambda = -\ln\left(\frac{109}{200} \right) = -\ln 0{,}545 = 0{,}60697,$$

ein ausgezeichnetes Ergebnis!

Einen Homogenitätstest, der Abweichungen in der Besetzung der Nullklasse sowie der anderen Klassen zu erfassen gestattet, beschreiben Rao und Chakravarti (1956). Tafeln und Beispiele sind der Originalarbeit zu entnehmen.

168   Der Multinomialkoeffizient

Wenn n Elemente in k Gruppen angeordnet werden, so daß $n_1 + n_2 + \ldots + n_k = n$, wobei $n_1, n_2, \ldots, n_k$ die Anzahl der Elemente pro Gruppe bezeichnen, dann gibt es

$$\boxed{\frac{n!}{n_1! \cdot n_2! \cdot \ldots \cdot n_k!}} \tag{1.193}$$

(S. 131) unterschiedliche Möglichkeiten, die n Elemente in diese k Gruppen zu gruppieren (Multinomialkoeffizient).

Beispiele

1. Zehn Studenten sollen in zwei Gruppen zu je 5 Basketballspielern eingeteilt werden. Wie viele unterschiedliche Teams können gebildet werden?

$$\frac{10!}{5! \cdot 5!} = \frac{3\,628\,800}{120 \cdot 120} = 252.$$

2. Ein Satz von 52 Spielkarten soll so unter 4 Spielern verteilt werden, daß jeder 13 Karten erhält. Wie viele unterschiedliche Möglichkeiten gibt es für die Verteilung der Karten?

$$\frac{52!}{13! \cdot 13! \cdot 13! \cdot 13!} = \frac{8,0658 \cdot 10^{67}}{(6,2270 \cdot 10^9)^4} \simeq 5,36 \cdot 10^{28}.$$

169   Die Multinomialverteilung

Wir wissen, wenn die Wahrscheinlichkeit, einen Raucher auszuwählen, p beträgt und die Wahrscheinlichkeit, einen Nichtraucher auszuwählen, $1-p$ beträgt, dann ist die Wahrscheinlichkeit, genau x Raucher in n Versuchen zu erhalten, gegeben durch

$$\boxed{P(x|n, p) = \binom{n}{x} p^x (1-p)^{n-x}} \tag{1.158}$$

Sind statt 2 Ereignisse deren mehrere – sagen wir E_1, E_2, ..., E_k – möglich mit den entsprechenden Wahrscheinlichkeiten p_1, p_2, ..., p_k, dann sind in n Versuchen mit n_1, n_2, ..., n_k Realisationen von E_1, E_2, ..., E_k die Wahrscheinlichkeiten, genau $x_1, x_2, ..., x_k$ Ereignisse in Versuchen zu erzielen, gegeben durch (1.194), d.h. sind mehr als zwei Merkmalsausprägungen möglich, besteht also die Grundgesamtheit aus den Merkmalsprägungen A_1, A_2, ..., A_k mit den Wahrscheinlichkeiten p_1, p_2, ..., p_k, wobei $\sum_{i=1}^{k} p_i = 1$, so ergibt sich für die Wahrscheinlichkeit, daß in einer Stichprobe von n unabhängigen Beobachtungen gerade n_1-mal die Ausprägung A_1, n_2-mal die Ausprägung A_2 usw. auftritt, die sogenannte *Multinomialverteilung* (auch Polynomialverteilung genannt):

$$\boxed{P(n_1, n_2, ..., n_k | p_1, p_2, ..., p_k | n) = \frac{n!}{n_1! \cdot n_2! \cdot \ldots \cdot n_k!} \cdot p_1^{n_1} p_2^{n_2} ... p_k^{n_k}} \tag{1.194}$$

deren k Zufallsvariablen n_i der Bedingung $\sum_{i=1}^{k} n_i = n$ genügen. Die Parameter sind für die n_i:

$$\boxed{\text{Mittelwert: } \mu_i = np_i} \tag{1.195}$$

$$\boxed{\text{Varianz: } \sigma_i^2 = np_i(1-p_i) = np_i q_i} \tag{1.196}$$

Für $k=2$ erhält man als Spezialfall wieder die Binomialverteilung. (1.194) läßt sich auch aus der verallgemeinerten hypergeometrischen Verteilung (1.170) bei festem n und wachsendem N gewinnen.

Parameter von Polynomialverteilungen werden in Kapitel 6 verglichen (Prüfung von Kontingenztafeln des Typs $r \cdot c$ auf Homogenität oder Unabhängigkeit).

Beispiele

1. Eine Schachtel enthalte 100 Perlen, von denen 50 rot, 30 grün und 20 schwarz gefärbt seien. Wie groß ist die Wahrscheinlichkeit, zufällig 6 Perlen, und zwar 3 rote, 2 grüne und 1 schwarze, auszuwählen?

Da die Auswahl jeweils mit Zurücklegen erfolgt, ist die Wahrscheinlichkeit 1 rote, 1 grüne und 1 schwarze Perle auszuwählen $p_1 = 0{,}5$, $p_2 = 0{,}3$ und $p_3 = 0{,}2$. Die Wahrscheinlichkeit, 6 Perlen der gegebenen Zusammensetzung zu ziehen, ist gegeben durch

$$P = \frac{6!}{3! \cdot 2! \cdot 1!}(0{,}5)^3(0{,}3)^2(0{,}2)^1 = 0{,}135.$$

2. Ein regelmäßiger Würfel wird zwölfmal geworfen. Die Wahrscheinlichkeit, die 1, die 2 und die 3 je einmal und die 4, die 5 und die 6 je dreimal zu würfeln (beachte: $1+1+1+3+3+3 = 12$) ist

$$P = \frac{12!}{1! \cdot 1! \cdot 1! \cdot 3! \cdot 3! \cdot 3!}\left(\frac{1}{6}\right)^1\left(\frac{1}{6}\right)^1\left(\frac{1}{6}\right)^1\left(\frac{1}{6}\right)^3\left(\frac{1}{6}\right)^3\left(\frac{1}{6}\right)^3 = 0{,}001$$

3. Zehn Personen sollen sich für einen von drei Kandidaten (A, B, C) entscheiden. Wie groß ist die Wahrscheinlichkeit für die Wahl: $8A$, $1B$ und $1C$?

$$P = \frac{10!}{8! \cdot 1! \cdot 1!}\left(\frac{1}{3}\right)^8\left(\frac{1}{3}\right)^1\left(\frac{1}{3}\right)^1 = 90 \cdot \frac{1}{6561} \cdot \frac{1}{3}\frac{1}{3} = 0{,}00152$$

Wahrscheinlichstes Ergebnis wäre $3A$, $3B$, $4C$ (bzw. $3A$, $4B$, $3C$ bzw. $4A$, $3B$, $3C$) mit

$$P = \frac{10!}{3! \cdot 3! \cdot 4!}\left(\frac{1}{3}\right)^3\left(\frac{1}{3}\right)^3\left(\frac{1}{3}\right)^4 = \frac{3\,628\,800}{6 \cdot 6 \cdot 24} \cdot \frac{1}{27}\frac{1}{27}\frac{1}{81} = \frac{4200}{59049}$$

$P = 0{,}07113$ d.h. knapp 47-mal häufiger als $P_{8A, 1B, 1C}$.

Näheres über diskrete Verteilungen ist Patil und Joshi (1968) sowie Johnson und Kotz (1969) – zitiert auf den Seiten 443 und 438 – zu entnehmen.

2 Die Anwendung statistischer Verfahren in Medizin und Technik

21 Medizinische Statistik

Wird die Wirkung eines Schlafmittels an einem größeren Personenkreis geprüft, so ist der Gewinn an Stunden Schlaf für verschiedene Personen im allgemeinen verschieden. Was man durch statistische Untersuchungen erreichen möchte, ist einmal eine Aussage über den durchschnittlichen Gewinn an Stunden Schlaf. Weiterhin muß geprüft werden, ob sich der Gewinn an Schlaf statistisch sichern läßt. Diese Art von Untersuchungen setzt neben der Anwendung der mathematischen Statistik eine gute *Sachkenntnis* des zu bearbeitenden Fachgebietes voraus, denn es soll die Wirkung nur als Funktion der vorgegebenen Ursachen bestimmt werden. Das bedeutet in unserem Beispiel, daß jede psychologische Beeinflussung des Patienten vermieden werden muß. Es darf weder der Arzt noch der Patient wissen, ob das verabreichte Mittel das zu prüfende Schlafmittel oder ein mit Sicherheit wirkungsloses Mittel (sogenanntes Placebo) ist. Diese Art von Versuchen nennt man „doppelten Blindversuch". Er beleuchtet die Schwierigkeiten nichtmathematischer Natur bei der Anwendung statistischer Prüfverfahren.

Daneben ist noch folgendes zu bedenken: Gehen wir von einer bestimmten Problemstellung aus, so ersetzen wir das eigentliche Problem durch das Verhalten einer Reihe von Merkmalen an bestimmten Objekten unter bestimmten Bedingungen; die Wirklichkeit der Merkmale wird durch die Beobachtung der Merkmale ersetzt, das Beobachtete durch die Dokumentationssymbolik. An jedem der aufgeführten Punkte – einer *Kette von Substitutionen* – können Fehler (Substitutionsfehler) vorkommen. Bei vielen und gewichtigen Substitutionsschritten ist die Problemnähe der Merkmale und damit ihr Aussagewert gering. Ein Merkmal ist aussagekräftig, wenn die Korrelation zum betrachteten Parameter groß ist.

Besonders in den letzten Jahrzehnten bricht sich allgemein die Erkenntnis Bahn, daß die Statistik sehr wohl auch in der klinischen Medizin *als Hilfsmittel der Erkenntnisgewinnung* dienen kann. Eine imponierende Leistung auf diesem Gebiet ist die Entdeckung der Rötelnembryopathie durch den australischen Augenarzt Gregg im Jahre 1941, der rein auf dem Wege der statistischen Analyse den Nachweis erbrachte, daß ein Zusammenhang zwischen gewissen, bis dahin für erblich gehaltenen Schädigungen des Embryos und mütterlichen Rötelnerkrankungen in den ersten Schwangerschaftsmonaten bestehen müsse.

Im Jahre 1851 vergleicht Wunderlich die sogenannten therapeutischen Erfahrungen eines Arztes, die meist auf Reminiszenzen des Selbsterlebten aufgebaut und von exzeptionellen Fällen geprägt sind, mit dem Vorgehen eines Physikers, die mittlere Temperatur eines Raumes aus der Erinnerung daran zu ermitteln, wie oft er gefroren oder geschwitzt habe (vgl. Martini 1953, S. 5). Seither sind mehr als 120 Jahre vergangen. Grundprinzipien der medizinischen Statistik, insbesondere der therapeutisch-klinischen Forschung sind heute jedem Arzt vertraut. Die Anwendung statistischer und mathematischer Methoden in Biologie (und Medizin) führte zur **Biometrie**; in entsprechender Bedeutung entstanden z. B. **Psychometrie, Soziometrie, Ökonometrie** und **Technometrie**.

211 Kritik des Urmaterials

Mißt man bei bekanntem Sollwert mit einem falsch geeichten Meßgerät, so resultiert ein systematischer Fehler (vgl. S. 55), der im allgemeinen noch durch zufällige Fehler überlagert wird. Beide Fehler werden im Routinelabor durch Qualitätskontrolle überwacht (vgl. Abschnitt 212 u. S. 181–184) und durch eine verbesserte Untersuchungsmethodik verringert.

An Fehlern, die bei Erhebungen auftreten, seien genannt: doppelte, unvollständige, fehlende, widersprüchliche, fälschlich erfaßte und bewußt falsche Angaben. Ursachen dieser und anderer meist systematischer Fehler sind neben Mißverständnissen, Gedächtnislücken und Schreibfehlern insbesondere Mängel, die Problemformulierung, Erhebungsrichtlinien, Definitionen (z. B. der Erhebungseinheiten [vgl. auch S. 86] sowie der Identifikations-, Einfluß-, Ziel- und möglichst auch der Störgrößen), Fragebogen, Interviewer, Aufbereitung und Tabellierung betreffen.

Eine Prüfung des Urmaterials (vgl. S. 46) auf Vollständigkeit, Widerspruchsfreiheit und Glaubwürdigkeit ist in jedem Falle notwendig.

Näheres zur automatischen Fehlerentdeckung und Fehlerkorrektur ist [auf S. 472/473] Minton 1969, 1970 sowie Szameitat und Deininger zu entnehmen. Über Erhebungen konsultiere man F. Yates (1973; Applied Statistics **22**, 161–171), z. B. die auf S. 475 und 438 zitierten Bücher von Parten (1969) und Menges u. Skala (1973) sowie die Einführungen in die Bevölkerungsstatistik (Demographie → Demometrie, siehe Winkler 1963): Flaskämper 1962, Benjamin 1968, Bogue 1969, Winkler 1969, Cox 1970 und [S. 452] Pressat 1972. Zu anderen Aspekten dieses Abschnittes siehe Youden 1962, Koller 1964, 1971, Wagner 1964, Cochran 1965, 1968, Adam 1966, Oldham 1968, Burdette und Gehan 1970 sowie Pflanz 1973.

212 Die Zuverlässigkeit von Laboratoriumsmethoden

Die Kenntnis der Zuverlässigkeit der im klinischen Laboratorium durchgeführten Untersuchungen hat eine kaum zu unterschätzende praktisch-medizinische Bedeutung. Die Entscheidung, ob ein Resultat pathologisch ist oder nicht, stützt sich einerseits auf eine genaue Kenntnis der Zuverlässigkeit der einzelnen Methoden und andererseits auf eine genaue Kenntnis der Normalwerte (vgl. auch Koller 1965, Castleman u. Mitarb. 1970, Eilers 1970, Elveback u. Mitarb. 1970, Williams u. Mitarb. 1970, Reed u. Mitarb. 1971, Rümke u. Bezemer 1972).

Da klinische Normalwerte gesunder Personen meist Abweichungen von der Normalverteilung aufweisen, sollte man generell die 90%-Vertrauensbereiche für die Quantile $\xi_{0,025}$ und $\xi_{0,975}$ angeben (vgl. S. 75 u. 201). Tabellen geben Reed und Mitarb. 1971 sowie Rümke und Bezemer 1972). Beispielsweise liegen die 90%-VB für $\xi_{0,025}$ und $\xi_{0,975}$ für $n = 120$ (150;300) zwischen den Werten mit der Ordnungszahl 1 und 7 sowie 114 und 120 (1 und 8 sowie 143 und 150; 3 und 13 sowie 288 und 298); 90%-VB: 1. Wert $\leqq \xi_{0,025} \leqq$ 7. Wert, 114. Wert $\leqq \xi_{0,975} \leqq$ 120. Wert (für $n = 150$ und $n = 300$ entsprechend).

Die Zuverlässigkeit einer Methode ist schwierig zu definieren, da sie durch eine Reihe von Faktoren bestimmt wird, denen von Fall zu Fall, je nach dem praktisch-medizinischen Zweck, der diagnostischen Bedeutung einer bestimmten Methode, ein unterschiedliches Gewicht zugemessen wird. Die wichtigsten *Zuverlässigkeitskriterien* sind:

1. *Spezifität* (specificity): Die Erfassung einer bestimmten chemischen Substanz mit Ausschluß anderer.

2. *Richtigkeit* (accuracy): Die exakte quantitative Erfassung der tatsächlich im Untersuchungsmaterial vorliegenden Menge (unter Vermeidung systematischer Fehler!). Kontrolliert wird die Richtigkeit durch drei einfache Methoden:

a. *Vergleichsversuche*. Vergleich der Methode durch Parallelbestimmungen mit einer möglichst zuverlässigen Methode bzw. durch die Teilnahme an Ringversuchen.

b. *Zusatzversuche*. Dem üblichen Untersuchungsmaterial werden bekannte Mengen der Analysensubstanz zugefügt.

c. *Mischversuche*. Ein Serum oder Urin mit einer hohen und eine entsprechende Körperflüssigkeit mit einer niedrigen Konzentration der Analysensubstanz werden in verschiedenen Volumenverhältnissen gemischt.

3. *Präzision* (precision), Genauigkeit oder Reproduzierbarkeit: Die Erfassung des zufälligen Fehlers der Bestimmungsmethode mit neuen Reagenzien, an verschiedenen Tagen durch verschiedene Laborantinnen und in verschiedenen Laboratorien, anhand der Variationsbreite, der Standardabweichung und des Variationskoeffizienten: Liegt der Variationskoeffizient über 0,05, so sind Doppel- oder auch Dreifachbestimmungen notwendig. Bei Dreifachbestimmungen sei davor gewarnt, den etwas abseits liegenden Wert zu verwerfen; fast stets wird hierdurch die Richtigkeit der Bestimmung beeinträchtigt. Größere Abweichungen der Werte voneinander sind gar nicht so selten (vgl. auch Willke 1966 sowie Anscombe und Barron 1966).

Wie aus (*a*) Doppelbestimmungen (der kleinere Wert sei x_1 genannt: $x_1 \leq x_2$) und (*b*) Dreifachbestimmungen ($x_1 \leq x_2 \leq x_3$) auf den wahren Wert (μ) geschlossen und der zugehörige Vertrauensbereich (VB) geschätzt werden kann, hat für **normalverteilte** Meßwerte Youden (1962) dargelegt:

(1) μ liegt mit
    (a) $P = 50\%$ im Bereich: $x_1 \leq \mu \leq x_2$ und mit
    (b) $P = 75\%$ im Bereich: $x_1 \leq \mu \leq x_3$
(2) Die angenäherten Vertrauensbereiche sind
    (a) 80%-VB: $x_1 - (x_2 - x_1) \leq \mu \leq x_2 + (x_2 - x_1)$ und
    (b) 95%-VB: $x_1 - (x_3 - x_1) \leq \mu \leq x_3 + (x_3 - x_1)$.

Für zumindest angenähert normalverteilte Werte läßt sich der **Gesamtfehler** G (= zufälliger Fehler + systematischer Fehler) einer Analyse nach McFarren und Mitarbeitern (1970) nach

$$G = \left[\frac{|\bar{x} - \mu| + 2s}{\mu} \right] 100 \qquad (2.1a)$$

in % angeben (μ = wahrer Wert; $\bar{x}$ und s sind anhand einer nicht zu kleinen Stichprobe zu berechnen). Sobald $G > 50\%$, ist die Methode kaum noch brauchbar; sehr gut ist sie, wenn $G < 25\%$.

Beispiel
$\mu = 0,52$
$\bar{x} = 0,50$ $G = \left[\dfrac{|0,50 - 0,52| + 2 \cdot 0,05}{0,52} \right] 100 = 23\%$
$s = 0,05$

4. *Empfindlichkeit* (sensitivity): Der geringste auffindbare Betrag, der sich signifikant von Null unterscheidet. Bei Annahme annähernd normalverteilter Werte ist dann, wenn wir die Varianz der Leerwerte mit s_L^2 und die Varianz der μ = Standardeinwaage mit s_E^2 bezeichnen und die Standardabweichung der korrigierten Werte dann $s_{korr} = \sqrt{s_L^2 + s_E^2}$ beträgt, die **untere Bestimmungsgrenze** B_u oder Empfindlichkeit der Methode – wenn wir Risiko I = Risiko II = 0,05 setzen – nach Wilson (1961) und Roos (1962) gegeben durch

$$B_u = 2 \cdot 1,645 \cdot s_{korr} \simeq 3,3 \cdot s_{korr} \qquad (2.1b)$$

Näheres ist bei Bedarf Kaiser (1966), Svoboda und Gerbatsch (1968), Gabriels (1970) sowie Richterich und Mitarbeitern (1973) zu entnehmen. Für einen Vergleich zweier oder mehrerer Methoden kann das Empfindlichkeitsverhältnis von Mandel und Stiehler (1954) (Mandel 1964) benutzt werden (vgl. auch weiter unten).

5. *Praktische Bewährung* über eine längere Zeitdauer. Hierzu gehören die Themen: Schwierigkeitsgrad, apparativer Aufwand, Zeitbedarf und Kosten.

Richtigkeit und Präzision sind die wichtigsten Begriffe zur Charakterisierung der Zuverlässigkeit von Messungen. Neben der Standardabweichung als Maß der Reproduzierbarkeit sollte in jedem Fall eine grobe Abschätzung des systematischen Fehlers, der „Unrichtigkeit" versucht werden. Hierzu gehört Sachkenntnis.

Im praktischen Leben ist ein Verfahren mit kleiner systematischer Abweichung vom wahren Wert und hoher Präzision einem anderen vorzuziehen, das unverzerrte biasfreie Werte mit niedriger Präzision liefert, anders ausgedrückt: Ein Ergebnis, das von dem wahren Wert nicht weit entfernt ist und eine geringe Streuung aufweist, ist, verglichen mit einem anderen, das „im Durchschnitt" den wahren Wert liefert, jedoch starken Streuungen unterlegen ist, eindeutig überlegen. Denn normalerweise müssen wir uns mit wenigen Messungen begnügen (vgl. auch Cochran 1968).

Näheres über die Zuverlässigkeit von Messungen ist einer brillanten Übersicht von Eisenhart (1963) zu entnehmen. Auf den Vergleich von Präzision und Richtigkeit eines Verfahrens in mehreren Laboratorien können wir leider nicht eingehen: Neben den Arbeiten von Mandel und Lashof (1959) seien insbesondere die Veröffentlichungen von Youden (1959/1967) hervorgehoben (vgl. auch Chun 1966 und Kramer 1967). Ein Vergleich quantitativer Methoden läßt sich nach Barnett und Youden (1972) durchführen.

Die Kontrollkarte im Labor

Die fortlaufende Kontrolle der Zuverlässigkeit, insbesondere der Genauigkeit einer Bestimmungsmethode erfolgt auf graphischem Wege durch sogenannte *Kontrollkarten*. Man läßt einen Standard, eine Probe bekannten Gehaltes, mindestens 40-mal analysieren und zeichnet die Häufigkeitsverteilung der erhaltenen Meßwerte. Hat diese wenigstens angenähert die Form einer Normalverteilung, dann darf anhand der Schätzwerte $\bar{x}$ und s eine Kontrollkarte konstruiert werden. Fehlt ein Maximum oder treten mehrere Maxima auf, so ist das Verfahren noch nicht unter Kontrolle.

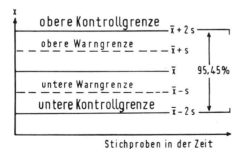

Abb. 31.   Die Kontrollkarte

Nach dem Beispiel in Abb. 31 werden auf Millimeterpapier (Abszisse: Tage; Ordinate: Meßwerte) im Abstand $\pm s$ und $\pm 2s$ vom Mittelwert $\bar{x}$ die Grenzlinien eingezeichnet. Wir wissen, daß beim Vorliegen einer Normalverteilung gut 68% aller Beobachtungswerte zwischen $\bar{x} \pm s$ und gut 95% aller Werte zwischen $\bar{x} \pm 2s$ liegen werden. Wir erwarten daher, daß bei täglichen Kontrollanalysen unter 100 exakten Bestimmungen etwa 32 außerhalb von $\pm s$ und etwa 5 außerhalb von $\pm 2s$ liegen werden (vgl. Abb. 32).

Sind die Abweichungen vom Mittelwert des Standards häufiger, dann ist jede Stufe der Methode einer kritischen Prüfung zu unterziehen. Streut die eingezeichnete Punkteschar nicht regellos um die Mittellinie, sondern längs einer ansteigenden oder abfallenden Linie, so sind zeitlich abhängige systematische Fehler zu vermuten. Der Verdacht auf eine mehr als zufällige Abweichung liegt nahe, sobald mindestens 7 aufeinanderfolgende Meßpunkte auf der gleichen Seite der Mittellinie liegen (vgl. auch Reynolds 1971).

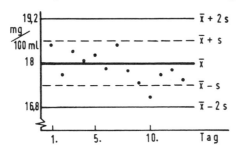

Abb. 32. Resultate von Kontrollbestimmungen, die täglich an einem Kaliumstandard durchgeführt werden

Auch mit der *Drei-Sigma-Grenze* ($\bar{x} \pm 3s$) wird gearbeitet. Als konservative Kontrollgrenze führt sie kaum zu einem falschen Alarm. Neben dieser *Mittelwertkarte* ($\bar{x}$-Karte) zur Kontrolle der Richtigkeit dient die *Spannweitenkarte* (R-Karte) zur Kontrolle der Präzision anhand von Doppelbestimmungen und die sogenannte *kumulative Summenkarte* zum frühzeitigen sicheren Erkennen systematischer Abweichungen. Die frühzeitige Erkennung eines *Trends* ist für die Kontrolle kontinuierlicher Prozesse außerordentlich wichtig: Man bestimmt an i aufeinanderfolgenden Tagen ($i=1,2,3,\ldots,r$) die Abweichungen x_i der Analysenwerte einer Standardlösung von der wahren Konzentration, dem Bezugswert (target value) k und trägt fortlaufend summierte Beträge

$$S_r = \sum_{i=1}^{r} (x_i - k)$$ (2.2)

in ein Diagramm nach Art der Abb. 32 ein: Auf der Ordinate sind jedoch vom Nullpunkt ausgehend nach unten negative und nach oben positive S_r-Werte abgetragen, die Abszisse enthält die Tage; im Gegensatz zu den üblichen Kontrollkarten fehlen die Grenzlinien parallel der Abszisse.

Solange die Methode unter Kontrolle ist, wird die Kurve parallel zur Abszisse mit der Steigung Null verlaufen. Erreicht die Steigung der Kurve Werte, die sich markant von Null unterscheiden, so kann man annehmen, daß die Methode nicht mehr unter Kontrolle steht. Diese Annahme wird umso begründeter, je länger das Kurvenstück mit dieser Steigung ist. Die Prüfung, ob die Steigung der Kurve einen Grenzwert überschreitet, erfolgt mit einer V-förmig ausgeschnittenen Schablone (V-mask), deren Konstruktion Barnard (1959), Kemp (1961), Ewan (1963), Johnson und Leone (1964) sowie Woodward und Goldsmith (1964) erläutern. Weitere interessante Anwendungen dieses Prinzips im Rahmen der Qualitätskontrolle geben Page (1963) (vgl. auch Taylor 1968; Burr 1967, Woodward 1968, Zacek 1968, Vessereau 1970) sowie insbesondere Dobben de Bruyn (1968) und Bissell (1969), beide mit wichtigen Hinweisen.

Eine andere wichtige Kontrollkarte zur Mittelwertkontrolle erläutert Reynolds (1971).

213   Die Krankheit als Erfahrungssache und Massenerscheinung

Die Erfahrung ist das entscheidende Grundelement ärztlicher Erkenntnis, sei es die ge-
sammelte und weitergegebene Erfahrung anderer, sei es die durch Theorie verallgemeinerte Erfahrung. Die Grundlage für Erfahrung und Wissen, für Gesetzmäßigkeiten
und Regeln sind niemals Einzelbeobachtungen, sondern es sind stets, wie Koller (1963)
betont, Erkenntnisse aus *Massenerscheinungen*. Erst aus dem Begriff der Masse, die auch
die Grundlage der klassischen Statistik ist, ergibt sich eine Erkenntnislage, die über das
hinausgeht, was Einzelbeobachtungen geben können.
Nur für die Masse oder für die Grundgesamtheit der Kranken und damit für die Krankheit können kategorische Aussagen gemacht werden, etwa: 70% der Patienten werden
nach einer bestimmten Behandlung gesund, 10% bekommen Rückfälle. Wenn von
100 Kranken 90 geheilt werden, so ist dies ein Merkmal der Krankheit, das als *Massen-
merkmal* für die nächsten 100 Kranken auch ungefähr gilt. Werden bei einer anderen
Therapie nur 70% geheilt und stimmen die beiden Krankengruppen in allen wesentlichen
Einflußfaktoren in ihrer Zusammensetzung überein, also hinsichtlich Alter, Geschlecht,
Schwere der Krankheit, Konstitution und Disposition, anderer Grundleiden, Komplikationen und anderer zusätzlicher Einflußgrößen, den Mitursachen, dann sind sie *vergleichbar*. Wiederholt sich der Unterschied der Heilungsquote in Behandlungsserien an
anderen Orten, durch andere Ärzte und unter anderen sonstigen Begleitumständen –
alles dies können weitere Mitursachen sein – so kann das Resultat als *verallgemeinerungs-
fähig* gelten. Jetzt erscheint der Kausalschluß berechtigt und zwingend, daß die Behandlung I der Behandlung II überlegen ist. Man erwartet auch für die künftigen Behandlungen bessere Erfolge bei Behandlung I und stellt die Behandlung mit II ein. Nur die
Massenbetrachtung erlaubt unter günstigen Bedingungen den Kausalschluß, der im
Vergleich zweier Methoden enthalten ist.

214   Statistik der Krankheitsursachen:
Retrospektive und prospektive Vergleichsreihen

Die wichtigsten Verfahren für ätiologische Statistiken sind retrospektive und prospektive Vergleichsreihen (Koller 1963, Cochran 1965). Bei *retrospektiven Reihen* vergleicht
man eine Gruppe von Kranken mit einer Gruppe von Personen, die diese Krankheit
nicht haben und stellt nachträglich aus den Krankenblättern oder durch besondere
Interviews oder persönliche Untersuchungen das frühere Vorhandensein oder Fehlen
eines bestimmten Faktors fest. Wir können die Bezeichnung „Ursache" für einen solchen
Einflußfaktor zulassen, bei dessen Fehlen die Krankheit nicht auftritt und neben dem
andere Faktoren in ihrer Wirkung zurücktreten. Es sei jedoch betont, daß anstelle einer
kausalen Verknüpfung von Faktor und Krankheit auch eine Reihe anderer Beziehungen vorliegen können, beispielsweise kann der Faktor ein Symptom oder eine Voraussetzung für die Krankheit sein.
Verglichen wird die Häufigkeit dieses Faktors in beiden Reihen. Hierbei soll die Kontrollreihe mindestens so groß sein wie die Prüfreihe. In Abb. 33 zeigt die obere Kurve I
die Veränderung der Standardabweichung – oder, wie man auch sagt, des Standardfehlers – der Differenz, wenn die Kontrollreihe n_2 größer oder kleiner als die Prüfreihe
n_1 ist. Macht man die Kontrollreihe doppelt so groß wie die Prüfreihe, vermindert sich
der Standardfehler der Differenz nur um 13%. Bei noch weiterer Vergrößerung wird
der Effekt noch schwächer. Dieser Aufwand lohnt nur bei seltenen Krankheiten, wenn
sich der Umfang n_1 der Prüfreihe nicht noch weiter steigern läßt. Ist aber die Kontrollreihe kleiner als die Prüfreihe, steigt die Standardabweichung rapide: Linke Seite der

oberen Kurve! Wenn ein höherer Aufwand möglich ist, sollte man die Prüfreihe und die Kontrollreihe in gleichem Maße steigern. Die gestrichelte Kurve II zeigt für die Abszissenwerte, die denselben Gesamtumfang $(n_1 + n_2)$ beider Reihen angeben, wie er für Kurve I angenommen wurde, den Standardfehler der Differenz, der viel günstiger ist als bei einseitiger Vergrößerung von n_2. Man sollte also möglichst Prüf- und Kontrollreihen gleich groß wählen.

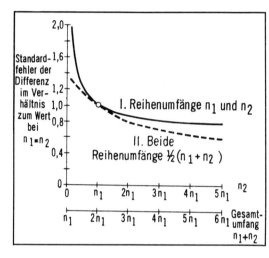

Abb. 33.   Standardfehler der Differenz zweier Häufigkeiten bei verschiedenem Verhältnis der Reihenumfänge. Aus Koller, S.: Einführung in die Methoden der ätiologischen Forschung – Statistik und Dokumentation, Method. Inform. Med. $\underline{2}$ (1963) 1–13, Abb. 1, S. 6

Zwei Reihen sind dann vergleichbar, wenn sie sich nur in den zu vergleichenden Merkmalen unterscheiden, in allen anderen Merkmalen aber übereinstimmen, d. h. die Häufigkeitsverteilung dieser Merkmale muß – von zufälligen Unterschieden abgesehen – die gleiche sein. Praktisch kommt es hier auf drei wesentliche Bedingungen an: Strukturgleichheit, Beobachtungsgleichheit und Repräsentationsgleichheit (Koller 1964).

1. *Strukturgleichheit*: Übereinstimmung der Häufigkeitsverteilungen wichtiger Einflußfaktoren wie Alter, Geschlecht, Schwere der Krankheit in den zu vergleichenden Gruppen. Strukturungleichheit läßt sich häufig nur durch geeignete künstliche Zusammensetzung der Gruppen vermeiden. Man nimmt am besten eine Auswahl gleichartiger Vergleichspaare vor, wobei – dann, wenn mehrere Vergleichsfälle zur Verfügung stehen – anhand von Zufallszahlen zugeordnet wird.

2. *Beobachtungsgleichheit*: Gleichheit des Beobachtungsverfahrens und der Beobachtungsbedingungen. Beobachtung und Erfassung des Faktors müssen genau gleich sein. Befragungen werden, wenn beim Arzt oder beim Kranken die Kausalhypothese bekannt ist, unterschiedlich sein, man wird den Kranken mit größerer Eindringlichkeit über den Faktor befragen als die Personen einer Vergleichsreihe, und der Patient wird mitunter seine Bereitschaft übersteigern, den Faktor anzugeben oder abzuleugnen. Eigentlich sind die Ergebnisse nur dann brauchbar, wenn der Befragende und der Befragte über die Diagnose und über die ätiologische Hypothese im unklaren sind. Wenn psychologische Faktoren eine Rolle spielen, z.B. bei retrospektiven Befragungen wie beim Thalidomid-Komplex oder auch bei therapeutischen Vergleichen bei der Feststellung des Heilerfolges, ist das Beobachtungssystem entscheidend. Der „Interviewerbias", bekannt aus soziologischen Befragungen, gehört ebenfalls hierher, desgleichen die im Laufe der Zeit wechselnde meist zunehmende Diagnosegenauigkeit bei Untersuchungen der zeitlichen Veränderung der Sterblichkeit an verschiedenen Todesursachen.

3. *Repräsentationsgleichheit:* Die zu vergleichenden Reihen müssen Stichproben entsprechender Gruppen derselben Grundgesamtheit sein. Bei prospektiven ätiologischen Reihen beziehen sich beide meist auf die Gesamtbevölkerung oder beide auf Geburten in derselben Klinik. Bei retrospektiven Reihen ist die Gewinnung einer in der Repräsentation passenden Kontrollreihe oft schwierig. Die Kontrollreihe soll repräsentativ für die nicht erkrankten Personen der Bevölkerung sein, für die gleiche Einzugsbevölkerung der Klinik. Die Verallgemeinerungsfähigkeit des Resultates ist dann gesondert zu prüfen.

Prospektive Reihen sind weniger fehleranfällig, erfordern aber einen erheblich größeren Reihenumfang. Man vergleicht hier zwei Personengruppen unter den gleichen Beobachtungsbedingungen über den gleichen Zeitraum. Ermittelt wird die Häufigkeit des Auftretens der Krankheit. Die entscheidende Maßzahl für die Gefährdung durch den Schädigungsfaktor ist das Verhältnis der Morbidität – der Zahl der Erkrankten bezogen auf den Umfang der untersuchten Bevölkerung – der Gruppe mit Faktor zur Gruppe ohne Faktor. Die Gefährdung durch den Faktor wird unmittelbar erkannt und gemessen. Prüfreihe und Kontrollreihe müssen ebenfalls strukturgleich und beobachtungsgleich sein. Die Kontrollreihe muß repräsentativ für alle Gruppen ohne den Faktor der Bevölkerung sein, aus der die Gruppe mit Faktor stammt.

Liegt keine spezielle ätiologische Hypothese vor, dann steht eine strenge systematische Befunderhebung und -dokumentation im Vordergrund der Methodik. Aus der ungezielten retrospektiven Analyse gehäuft aufgetretener Gliedmaßen-Mißbildungen wurde später das Thalidomid-Problem. Prospektiv betrachtet man einen Schädigungsfaktor wie beispielsweise das Rauchen und die unbekannte Mannigfaltigkeit der Krankheiten, die er vielleicht beeinflussen kann. Auch hier ist eine Definition der Zähleinheit sowie eine umfassende Beobachtung und Dokumentation mit tabellarischer Gliederung nach Merkmalskombinationen unumgänglich.

Die Klärung der Frage, ob beobachtete *Assoziationen von Krankheiten* als zufällige Phänomene betrachtet werden müssen, ist, wie insbesondere Lange (1965) dargelegt hat, häufig recht problematisch, insbesondere dadurch, daß neben der Schwierigkeit, Vergleichsgruppen sinnvoll abzugrenzen und Zeitabläufe von Krankheiten zu beachten, Selektions- und Heterogenitätseffekte das Bild verfälschen können (vgl. Koller, 1963, 1964, 1971, Mainland 1963, 1967, Cochran 1965, Rümke 1970, Feinstein 1970, 1971, 1972). Prospektive Untersuchungen (organisatorisch und zeitlich aufwendig, dafür aber: eher beobachtungsgleich, eher Zufallsstichprobencharakter, Inzidenzangaben möglich) bieten für Assoziationsstudien dieser Art die besten Möglichkeiten. Retrospektive Untersuchungen, die sich meist schneller durchführen lassen und die auch bei seltenen Krankheiten unerläßlich sind, schaffen hierfür nicht selten die Voraussetzungen.

Bemerkungen zum Krankengut einer Klinik

1) Die Prozentsätze der Patienten mit bestimmten Krankheiten, die in die Klinik aufgenommen werden, sind nahezu unbekannt.

2) Jeder Patient hat eine unterschiedliche Chance, in eine Klinik aufgenommen zu werden. Das Krankengut ist keine Zufallsstichprobe! Bekannte und unbekannte Selektionsfaktoren bewirken, daß in jeder Klinik ein ganz bestimmtes Patientengut versammelt wird (Klumpenstichprobe).

3) Mögliche Selektionsfaktoren sind: Art und Schwere des Leidens; weitere Krankheiten, Alter, Geschlecht; Beruf; Aufsuchen des Arztes, Diagnose in der ärztlichen Praxis, Einweisungstendenz des Arztes; Bettenkapazität und Lage der Klinik.

4) Daher kann man stets nur auf die spezielle hypothetische Grundgesamtheit der Fälle verallgemeinern, die sich bei Vergrößerung der Zahl der Beobachtungen unter den gleichen Bedingungen vorstellen läßt.

5) Patientengruppen derselben Klinik sind nicht vergleichbar, wenn für sie unterschiedliche Chancen bestehen, in die Klinik aufgenommen zu werden. Ein Vergleich

ist möglich, wenn das betrachtete Merkmal selbst keinen Anlaß für die Aufnahme in die Klinik darstellt.

6) Zusammenhänge zwischen Krankheiten erkennt man am besten bei lebenslänglicher Beobachtung von Geburtsjahrgangskohorten. Längsschnittunterrichtungen in der Bevölkerung kommen diesem Vorgehen noch am nächsten.

7) Sammelstatistiken sind wegen der meist mangelhaften Vergleichbarkeit des Krankengutes der einzelnen Kliniken kaum zu gebrauchen.

215 Der therapeutische Vergleich

Unentbehrliche Voraussetzung der therapeutischen Prüfung eines Heilmittels ist der Besitz einer Vergleichsgrundlage, die entweder

a) aus dem *Ausgang* einer Erkrankung: Die Alternative Gesundheit oder Tod (Morbiditätsmaße und Mortalitätsmaße siehe S. 35/36 [vgl. auch Hill 1971 und Pflanz 1973]), oder

b) aus ihrer *Überlebenszeit* (vgl. Burdette u. Gehan 1970 sowie Chiang 1968 [auf S. 454 zitiert]; Hill 1971 gibt auf S. 220/236 eine Einführung) oder *Dauer der Besserung*, oder

c) aus ihrem *Verlauf* bzw. dem *Ausmaß der erreichten Besserung* oder des *verbleibenden Defektes* gewonnen werden kann (vgl. auch Hinkelmann 1967).

Erwünscht sind natürlich in jedem Fall meßbare Kriterien. Man kann nach Pipberger und Freis (1960) in Analogie zu der in der technischen Datenanalyse üblichen Terminologie auch in der Medizin zwischen harten und weichen Daten unterscheiden. Weiche Daten sind Angaben der Vorgeschichte, wie z.B. über Husten und Atemnot, die stark vom Ermessen des berichtenden Patienten abhängen. Harte Daten andererseits sind beispielsweise das Alter, das Körpergewicht, die Körperlänge, die meisten Laborbefunde usw. Die Auswertung weicher Daten durch Auszählen quantifizierbarer qualitativer Ergebnisse führt im allgemeinen zu keinen nennenswerten Resultaten.

Eine auf vergleichenden Beobachtungen basierende kritische therapeutische Erfolgsbewertung hat die Aufgabe, echte Unterschiede von Spontanschwankungen abzugrenzen. Die wichtigsten Voraussetzungen der hierfür eingesetzten statistischen Methoden sind: *Homogenität* der Patienten, *zufällige Zuordnung* der einzelnen Patienten zu den verschiedenen Behandlungsarten sowie *Wiederholbarkeit der Beobachtungen*. Die Forderung nach Homogenität der einzelnen Versuchseinheiten, in unserem Falle der Patienten, stößt beim therapeutischen Vergleich auf folgende Schwierigkeiten: Kein Kranker gleicht vollständig einem anderen, an der gleichen Krankheit Leidenden; kein Krankheitszustand wiederholt sich vollständig gleichartig. Nur bei *chronischen* Krankheiten kommen innerhalb des Krankheitsverlaufes eines einzelnen Patienten Zeitabschnitte mit gleichförmigen Krankheitszuständen vor. Daher bevorzugt man bei diesen Patienten den meist auf das Frühstadium der Arzneimittelprüfung beschränkten sogenannten *individuellen therapeutischen Vergleich* (the within patient trial). Hierbei wird der Patient während zeitlich aufeinanderfolgender gleichartiger Krankheitsperioden mit den beiden zu vergleichenden Methoden behandelt. Außer den beiden Therapie-Perioden sind dann noch zu unterscheiden und zu kontrollieren die von spezifischer Therapie freie Vor-, Zwischen- und Endperiode. In der Vorperiode wird der Patient rein symptomatisch behandelt. Alle Perioden haben solange zu dauern, bis wahrscheinlich geworden ist, daß mit einer Änderung des bisherigen Verlaufs nicht mehr gerechnet werden kann.

Patienten mit *akuten* Infektionskrankheiten ähneln sich in ihrem Krankheitsbild weitgehend. Eine Zusammenfassung verschiedener Patienten zu zwei Gruppen gleichartiger

Kranker ist möglich. Die beiden Kollektive unterzieht man den zu vergleichenden Behandlungsverfahren, sogenannter *kollektiver therapeutischer Vergleich* (the between patients trial).

Die zweite Forderung nach *zufälliger Zuordnung* der Patienten im kollektiven Vergleich bzw. der Beobachtungsperioden im individuellen Vergleich, zur Behandlung mit dem zu prüfenden neuen Medikament oder zur Kontrollbehandlung, gewährleistet eine gleichmäßigere Verteilung aller das Urteil störender Mitursachen auf beide Vergleichsgruppen. Damit wird der Täuschungseffekt der Mitursachen weitgehend aufgehoben. Eine wesentliche Mitursache kann auch die spontane Heilungstendenz darstellen.

Früher wurde für therapeutische Vergleiche gern die alternierende Reihe benutzt; sie besteht darin, daß bei der Zuteilung der Patienten bzw. der Behandlungsperioden zu den verschiedenen Therapiearten immer zwischen Kontroll- oder Standardtherapie und der zu beurteilenden Testtherapie gewechselt wird. Bei der „*alternierenden Reihe mit Ausgleich*" werden die Fälle einerseits nach Prinzipien gesicherter Zufälligkeit, beispielsweise anhand von Zufallszahlen ausgewählt oder so, daß man den ersten Kranken, der zur Beobachtung und Behandlung kommt, mit dem einen Mittel behandelt, den zweiten Kranken mit dem anderen der beiden Medikamente, die miteinander verglichen werden sollen. Andererseits werden die Patienten angesichts der möglichen Ungleichmäßigkeiten dieser Zufallsverteilung bei relativ kleinen Krankenzahlen doch noch geordnet, insbesondere nach Geschlecht, Alter, Ernährungszustand, Krankheitsstadium usw., und zwar entsprechend ihrer Wertigkeit und Rangordnung. Zunächst wird man dasjenige Merkmal ausgleichen, dem man den größten Einfluß auf Verlauf und Prognose beimißt, beim Typhus beispielsweise dem Alter, bei der Diphtherie dem Krankheitstag. Zur Wahrung der Objektivität sollte der Arzt, der die Ausgleichung bei der alternierenden Verteilung durchgeführt hat, vorsichtshalber bei der späteren Beurteilung der Ergebnisse ausgeschaltet werden.

Das Prinzip dieser „ausgleichenden Alternierung" besteht also darin, daß man der Kollektivbildung die reine Zufallsverteilung zugrunde legt, aber während kurzer Zeiträume die biologisch und anthropologisch bedingten Ungleichheiten zwischen beiden Reihen beseitigt, um eine bessere Analogie und Vergleichbarkeit der beiden Patientenreihen zu erzielen. Stehen für einen Vergleich viele Patienten zur Verfügung, so reicht es häufig aus, sie nach dem Tag ihrer Geburt – ungerader bzw. gerader Monatstag – zwei Reihen zuzuordnen. Eine echte Zufallszuordnung bei homogenem Krankengut ist selbstverständlich jeder alternierenden Reihenfolge mit Ausgleichung überlegen. Näheres ist insbesondere den Arbeiten von Feinstein (1970, 1971, 1972) zu entnehmen.

Die dritte Forderung nach *Wiederholbarkeit* der Beobachtungen stößt besonders auf zeitliche Schwierigkeiten: Manche wichtigen Krankheitsmerkmale können nicht beliebig oft und beliebig kurz hintereinander beobachtet oder gemessen werden, weil die Untersuchung dem Patienten nicht beliebig oft zugemutet werden kann.

Eine andere Forderung, die zur Erzielung eines einwandfreien therapeutischen Urteils erfüllt werden muß, ist die nach Verwendung *repräsentativer Symptome* und Krankheitsmerkmale, die es gestatten, das wesentliche Merkmal des Krankheitszustandes quantitativ exakt zu erfassen: z.B. Blutzucker-Werte gegenüber Schmerzangaben. Die subjektiven Symptome können überdies noch zusätzlich beeinflußt werden durch Selbsttäuschung des Patienten im Vertrauen auf die ärztliche Hilfe, ungewollte und unbewußte suggestive Einwirkung eines Arztes auf den Patienten sowie durch Autosuggestion des Arztes bei der Festlegung, Beobachtung und Einstufung der Intensität eines Krankheitssymptoms, induziert durch sein Wissen, daß vorher ein wirksames Mittel gegeben wurde.

Gegen diese Schwierigkeiten der unbewußten und ungewollten Täuschung hilft nur die „unwissentliche Vergleichsdurchführung", die *„unwissentliche Versuchsanordnung"* in Form des einfachen oder doppelten Blindversuches (vgl. Martini 1957, Schindel 1962). Die unwissentliche Versuchsanordnung schlechthin, bzw. der *einfache Blindversuch*, besteht darin, daß der Kranke, an dem ein Medikament auf seine Wirksamkeit und Tauglichkeit hin geprüft werden soll, für die Gesamtdauer der Prüfung im Unwissen gehalten wird über Substanz und Zusammensetzung des Mittels, das geprüft werden soll; ja, er soll nach Möglichkeit darüber hinaus auch im unklaren über die Tatsache gehalten werden, daß er überhaupt zu einer therapeutischen Prüfung herbeigezogen wurde. Zum mindesten muß also die Art des Mittels, das bei ihm geprüft wird, ihm vorenthalten werden, und wenn ihm schon nicht verheimlicht worden war, daß überhaupt ein Mittel bei ihm geprüft wird, dann sollen die Mittel getarnt werden, evtl. muß der Patient mit Scheinmitteln bzw. *Placebos* (pharmakologisch unwirksame Substanzen) getäuscht werden, um seine Vorurteile für oder gegen ein Mittel illusorisch zu machen.

Ein bekanntes Beispiel stammt von Jellinek (1946). Drei Kopfschmerzmittel A, B, C und das Placebo D wurden an 199 Patienten geprüft. Jeder Patient erhielt, sobald er über Kopfschmerzen klagte, während eines Zeitraumes von 14 Tagen ein bestimmtes Präparat. Die Anteile erfolgreich behandelter Kopfschmerzen an der Gesamtzahl betrugen 0,84 für A, 0,80 für B, 0,80 für C und 0,52 für D. Die drei aktiven Präparate zeigten damit hinsichtlich ihrer Wirksamkeit keinen bedeutsamen Unterschied. Wenn man die 79 Personen, deren Kopfschmerzen durch das Placebo unbeeinflußt blieben, näher untersucht, lauten die Erfolgsprozentsätze 0,88 für A, 0,67 für B und 0,77 für C. Diese Zahlen unterscheiden sich beträchtlich! Für die restlichen 120 Patienten, die bisweilen durch das Placebo D Erleichterung von ihren Kopfschmerzen empfanden, betrugen die Erfolgsprozentsätze 0,82 für A, 0,87 für B, 0,82 für C und 0,86 für D. Betrachtet man diese Patienten, so scheinen alle 4 Präparate die gleiche Wirksamkeit aufzuweisen. Es ist somit zweckmäßig, vor einem Vergleich mehrerer Kopfschmerzmittel, an alle Patienten ein Placebo zu verabreichen und die auf das Placebo ansprechenden Patienten (Placebo-Reaktoren) nicht in den eigentlichen Versuch mit zu übernehmen.

Etwa ein Drittel jeder Patientengruppe reagiert im Durchschnitt auf ein Placebo; diese Reaktion tritt schnell ein, dauert aber nicht lange. Die Streuung ist groß. Der Anteil positiver Placeboreaktoren reicht bei Schmerzen von 0–67%, bei Kopfschmerzen von 46–73%. Sogar mindestens 30% der Dysmenorrhoe-Fälle sprechen auf Placebos an. Placebos sind unwirksam bei kleinen Kindern, bei schweren akuten Krankheiten und in Fällen organischer Erkrankungen mit spezifischer Ursache. Seltsamerweise stimmen die Tests für Suggestibilität nicht mit dem Ansprechen auf Placebos überein (vgl. Documenta Geigy 1965), obwohl die Applikationsart (Elixier, Tablette, gefärbte Gelatinekapsel) von großem Einfluß ist (vgl. Schindel 1962). Unerklärt sind auch bestimmte placebobedingte klinische und besonders biochemische Befunde (vgl. Schindel 1965). Einige amerikanische Ärzte bevorzugen das sogenannte *„active placebo"*, das eine geringe Menge wirksamer Substanz enthält (vgl. Lasagna 1962). Selbstverständlich darf das aktive Placebo nur dann eingesetzt werden, wenn ausgeschlossen werden kann, daß kleine Mengen der aktiven Substanz entgegengesetzte Effekte oder überhaupt andere als mehr oder weniger stark abgeschwächte Wirkungen zeigen. Häufig wird man auf das Placebo verzichten und ein Standardpräparat geben.

Über den einfachen Blindversuch hinaus stellt nun der *„doppelte Blindversuch"* noch weitergehende Anforderungen: Es müssen nicht nur die Kranken, sondern es muß auch der die Reaktionen der Kranken beobachtende und beurteilende Arzt (bzw. die Ärzte) im Unwissen darüber gehalten werden, was überhaupt und was gerade den Kranken verabreicht wird, sei es an Medikamenten, sei es an Placebos. Niemals darf das der behandelnde Arzt sein; dessen mangelnde Informiertheit über irgend etwas, was mit seinen Kranken geschieht, sich in keinem Fall mit seiner ärztlichen Verantwortung vertragen würde. Die Medikamente werden zweckmäßigerweise von Schwestern, jedenfalls von dem gleichen Pflegepersonal verabreicht, das sie auch sonst austeilt; alles Auffällige muß vermieden werden. Aber noch wichtiger ist, daß auch diese Personen die Mittel nicht kennen, die sie den Kranken geben. Daß auf diese Weise eine sehr große Sicherung auch gegen unbewußte Suggestionen erreicht wird, ist offenbar, und das Streben nach so großen Sicherungen entspringt der Überzeugung, daß Wirkungen durch echte oder auch nur scheinbare Medikamente nicht nur direkt aufgrund des Vorurteils bzw. einer Autosuggestion des Kranken möglich seien, sondern auch indirekt als (bewußte oder) unbewußte, für den Kranken unmerkliche Beeinflussung durch den behandelnden Arzt (vgl. auch Mainland 1960, 1963, Hill 1961, Hoffer und Osmond 1961, Martini und Mitarb. 1968, Burdette und Gehan 1970, Hill 1971).

Der doppelte Blindversuch muß beispielsweise bei allen psychologischen Problemen angewandt werden, wenn zur Festsetzung der Intensität des subjektiven Kriteriums auch die einstufend-zensierende Mitbeurteilung durch den Arzt selbst erforderlich ist. Je mehr subjektive Kriterien bei einem Forschungsproblem von Bedeutung sind, umso weniger ist der doppelte Blindversuch zu ersetzen. Im allgemeinen ist aber der einfache Blindversuch dann ausreichend, wenn die Symptomcharakterisierung allein durch den Patienten ohne Mitwirkung des Arztes durchgeführt werden kann, z.B. bei der Schmerzkennzeichnung durch die Aussagen „besser", „gleich" oder „schlechter geworden".

Erwähnt sei auch der *dreifache Blindversuch:* Dem Arzt ist unbekannt, welche Medizin der Patient erhält, die Schwester weiß nicht, was sie dem Kranken gibt, und dieser ist weder dem Arzt noch der Schwester bekannt. Bessere Ergebnisse als mit dem doppelten Blindversuch waren auch bei dieser Anordnung nicht zu erzielen. Im Hinblick auf den „mehrfachen" Blindversuch – es ist sogar einmal ein „five way blind cross over"-Versuch ausgeführt worden – bemerkt Schindel (1965): „Anscheinend haben die Autoren dabei die Vorstellung gehabt, wenn ein genügendes Maß von Blindheit erreicht wird, erfolgt eine Art okkulten Sehens!"

Der großangelegte klinische Versuch, an dem mehrere Kliniken beteiligt sind, wie er seit zwei Jahrzehnten in den USA von Mainland und in Großbritannien von Hill gefordert, propagiert und durchgeführt worden ist, kann hier nicht behandelt werden. Erwähnt sei nur, daß, wie Mainland es nennt, „Murphy's Law" – ein Gesetz aus der Welt des Theaters – „If something can go wrong, it will" – gerade bei der Zusammenarbeit mehrerer Kliniken wirksam wird. Wie das verhindert werden kann, insbesondere die Planung, Durchführung und Auswertung von einfachen und von „multiclinic trials" haben beide Autoren wiederholt ausführlich dargelegt, so daß auf die dort gegebene Literatur verwiesen werden kann. Neuere Übersichten bringt die Zeitschrift „Methodik der Information in der Medizin".

216   Die Wahl geeigneter Stichprobenumfänge für den klinischen Versuch

Bei jedem klinischen Versuch, bei jedem Vergleich zweier Behandlungen sind zur Beantwortung der Frage nach dem geeigneten Umfang der beiden unterschiedlich zu behandelnden Patientengruppen drei Fragen zu beantworten:

1. Wie groß soll das Risiko sein, zwischen zwei Behandlungen, die sich überhaupt nicht unterscheiden, fälschlich einen Unterschied aufzudecken, mit anderen Worten, einen *Unterschied* zu *erfinden*? Dieses Risiko ist uns als das Signifikanzniveau α vertraut.

2. Wie groß soll das Risiko sein, bei zwei Behandlungen, die sich deutlich unterscheiden, fälschlich das Urteil „kein signifikanter Unterschied" zu fällen, mit anderen Worten, einen *Unterschied* zu *übersehen*?
Dieses Risiko wird β genannt. Wir haben es als Risiko II (vgl. Abschn. 143) kennengelernt. Die „Stärke" eines statistischen Tests oder eines bestimmten Experimentes ist als $1 - \beta$ definiert. Ein Experiment hat die Teststärke von mindestens 0,95, wenn festgesetzt wird, daß man sich nur einmal in 20 Entscheidungen irrt, indem eine signifikante Differenz nicht gefunden wird, obwohl sie existiert.

3. Wie groß soll der kleinste, noch bedeutsame Therapieunterschied sein?
Diese Differenz wird δ genannt.

Die üblichen Antworten auf diese Frage sind:

1. Null
2. Null
3. Jeder wirkliche Unterschied

Die Frage nach dem Stichprobenumfang ist nun leicht zu beantworten: Beide Patientengruppen sollten unendlich viele Patienten umfassen! Wir sehen hieraus, daß zur Erzielung brauchbarer Stichprobenumfänge beide Risiken einkalkuliert sein müssen; außerdem darf der Unterschied nicht zu klein sein. Vergleiche die Diskussion auf S. 95.

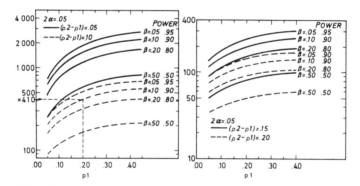

Abb. 34.   Nomogramm zur Ermittlung der Stichprobenumfänge zweier unterschiedlich behandelter Patientengruppen für eine „Erfolg-Mißerfolg-Situation". Nur zur Übersicht; bevorzugt sei das Schema der Tabelle 42.
Die ausgezogenen Linien des linken Bildes sind für Unterschiede in Höhe von 5%, diejenigen des rechten sind für Unterschiede in Höhe von 15%; die gestrichelten Linien sind für Unterschiede in Höhe von 10% (links) und 20% (rechts). Das Signifikanzniveau ($2\alpha = 0,05$) gilt für den zweiseitigen Vergleich. Es werden jeweils vier Stufen des Risikos II (β) sowie die zugehörige „Power" oder Teststärke gegeben. Im linken Bild demonstrieren die beiden gestrichelt gezeichneten Geraden (links unten) den Weg zu den gesuchten Stichprobenumfängen für: $2\alpha = 0,05$; $\beta = 0,10$ (Power = 90%); erwartete Heilungsrate p_1 für die Standardbehandlung $p_1 = 20\%$; gefordert ist ein Therapieunterschied in Höhe von 10% ($p_2 - p_1 = 0,10$). Wir gehen von $p_1 = 0,20$ aufwärts bis zum Schnittpunkt mit der Kurve $\beta = 0,10$ und lesen links die Stichprobenumfänge ab ($n_1 = n_2 \approx 410$) (Tab. 42 zeigt $n_1 = n_2 = 412$). Entnommen aus Schneiderman, M.A.: The Proper Size of a Clinical Trial: „Grandma's Strudel" Method, J. New Drugs **4** (1964) 3–11.

Aufgaben dieser Art, den geeigneten Stichprobenumfang festzulegen, löst man am besten approximativ mit einem von Schneiderman (1964) gegebenen Verfahren, das die Binomialverteilung voraussetzt. Abb. 34 gibt für die zweiseitige Fragestellung ($2\alpha = 0{,}05$) – die zu testende Methode ist besser oder schlechter als die Standardmethode – und für 4 Stufen des Risikos II (die Kurven für: $\beta = 0{,}05\,; 0{,}10\,; 0{,}20\,; 0{,}50$) sowie für Therapiedifferenzen ($p_2 - p_1$) der Größe 5% und 10% (linkes Bild), 15% und 20% (rechtes Bild), auf der Grundskala den Heilungsprozentsatz p_1 der Standardmethode und auf der Ordinate die benötigten Stichprobenumfänge; ein Beispiel ist der Legende zu entnehmen.

In diesem und dem folgenden Abschnitt benutzen wir zur Unterscheidung zwischen einseitiger und zweiseitiger Fragestellung die Symbolik α und 2α (d.h. $\alpha = \alpha_{\text{eins.}}$ und $2\alpha = \alpha_{\text{zweis.}}$).

Für ein beliebiges Risiko I löst man Aufgaben dieser Art nach Tabelle 42 (vgl. auch das auf S. 272, 273 vorgestellte etwas exaktere Verfahren für die einseitige Fragestellung).

Tabelle 42. Arbeitsschema zur Schätzung des Stichprobenumfanges nach Schneiderman mit Beispiel (siehe Legende der Abbildung 34)

Posten	Berechnung	Beispiel	
	$\alpha =$	0,025	
	$2\alpha =$	0,05	
	$\beta =$	0,10	
A: z		1,9600	
B: z_β		1,2816	
C: p_1		0,20	
D: p_2		0,30	
E: $\bar{p}$	$\dfrac{C + D}{2}$	0,25	
F: q_1	$1 - C$	0,80	
G: q_2	$1 - D$	0,70	
H: $\bar{q}$	$1 - E$	0,75	
J: $\bar{p}\bar{q}$	$E \cdot H$	0,1875	
K: $p_1 q_1$	$C \cdot F$	0,1600	
L: $p_2 q_2$	$D \cdot G$	0,2100	
M: $2\bar{p}\bar{q}$	$2 \cdot J$	0,3750	
N: $\sum p_i q_i$	$K + L$	0,3700	
P:	$\sqrt{M}$	0,6124	
Q:	$\sqrt{N}$	0,6083	
R:	$AP + BQ$	1,97990	
S:	$\lvert C - D \rvert$	0,10	
T:	R/S	19,7990	
Ohne Kontinuitätskorrektur			
U: n	T^2	392,00	= 392
Mit schnell geschätzter Kont.-Korr.			
V: $n_{k'}$	$U + 2/S$	412,00	= 412
Mit vollständiger Kont.-Korr.			
W:	$R^2 + 4 \cdot S$	4,3200	
X:	$\sqrt{W}$	2,0785	
Y:	$\dfrac{T \cdot X}{S}$	411,52	
Z: n_k	$\dfrac{V + Y}{2}$	411,76	= 412

Zunächst werden einige Konstanten benötigt, die aus der unten angegebenen Tabelle 43 zu entnehmen sind. Diese Konstanten bezeichnen wir mit z und z_β. Nehmen wir wieder das Beispiel der Abb. 34 linkes Bild zur Kontrolle unserer Schätzung mit Hilfe des Nomogrammes. Für $2\alpha = 0,05$ entnehmen wir der Tabelle 43 $z = 1,9600$. Risiko II: $\beta = 0,10$ liefert uns $z_\beta = 1,2816$. Der Standard ist $p_1 = 0,20$. Damit haben wir die ersten drei Posten A, B, C. Da wir eine Zunahme des Therapieerfolges um 10% zu finden wünschen, erhalten wir für die Heilungsrate der neuen Methode $p_2 = 0,20 + 0,10 = 0,30$ (D). Wir folgen dem Schema und erhalten U den Stichprobenumfang n für jede der beiden Gruppen. Berücksichtigen wir noch, daß gezählte Werte diskrete Variable darstellen, daß jedoch z und z_β auf der kontinuierlichen Normalverteilung basieren, dann erhalten wir Z, den kontinuitätskorrigierten Stichprobenumfang (n_k). V ist eine Schnellschätzung des kontinuitätskorrigierten Stichprobenumfanges (n_k').

Tabelle 43.   Ausgewählte Schranken der Standardnormalverteilung für den zwei- und einseitigen Test (vgl. auch Tab. 13 u. Tab. 14 auf S. 53; eine Kurzfassung der Tab. 43 befindet sich auf dem vorderen Vorsatzpapier)

P	z zweiseitig	z einseitig
0,000001	4,891638	4,753424
0,00001	4,417173	4,264891
0,0001	3,890592	3,719016
0,001	3,290527	3,090232
0,005	2,807034	2,575829
0,01	**2,575829**	**2,326348**
0,02	2,326348	2,053749
0,025	2,241400	1,959964
0,03	2,170090	1,880794
0,04	2,053749	1,750686
0,05	**1,959964**	**1,644854**
0,06	1,880794	1,554774
0,07	1,811911	1,475791
0,08	1,750686	1,405072
0,09	1,695398	1,340755
0,1	1,644854	1,281552
0,2	1,281552	0,841621
0,3	1,036433	0,524401
0,4	0,841621	0,253347
0,5	0,674490	0,000000

Hinweise

1. *Prüfung in Gruppen*. Während des 2. Weltkrieges wurde in den USA an jedem Eingezogenen ein Wassermann-Test (indirekter Syphilis-Nachweis) durchgeführt. Positive Fälle waren relativ selten, in der Größenordnung von 2% aller Untersuchungen. Da die Methode empfindlich ist, wurde zur Verminderung des sehr aufwendigen Testvorhabens vorgeschlagen, gemischte Blutproben mehrerer Individuen gemeinsam aufzuarbeiten. Bei negativem Resultat sind alle partizipierenden Individuen gesund. Eine positive Reaktion bedeutet, alle Individuen der Gruppe sind erneut zu untersuchen. Es ließ sich nun zeigen (Dorfman 1943), daß bei einer Häufigkeit von 2% die optimale Gruppengröße 8 ist; hierbei werden 73% der Wassermann-Tests eingespart. Für andere Verhältnisse hat Dorfman die folgenden Optimalbedingungen ermittelt (Tabelle 44). Näheres (insbesondere weitere Tabellen) ist Sobel und Groll (1959, 1966) sowie Graff und Roeloffs (1972) zu entnehmen. Die Wahrscheinlichkeit, in zufälligen Stichproben des Umfangs n wenigstens ein kran-

kes Individuum zu erhalten, beträgt (wieder, vgl. S. 34) $P = 1 - (1 - p)^n$ (mit $p =$ relative Häufigkeit der Krankheit in der Bevölkerung; vgl. auch S. 147). Federer (1963) gibt eine Übersicht mit Bibliographie über Screening.

Tabelle 44

Relative Häufigkeit p	Optimale Gruppengröße n	Prozent eingesparter Tests
0,01	11	80
0,02	8	73
0,05	5	57
0,10	4	41
0,20	3	18

2. *Die 37%-Regel.* Angenommen, ein Chef suche eine neue junge Sekretärin. Hundert Bewerberinnen kommen für die Position infrage. Nehmen wir weiter an, der Chef muß sich sofort nach der Vorstellung eines Mädchens entscheiden, ob er es einstellt. Dann ist für ihn die Wahrscheinlichkeit, die beste Sekretärin auszuwählen, nur 1%. Eine optimale Strategie, die diese Wahrscheinlichkeit auf fast 37% erhöht, besteht darin, sich die ersten 37 Mädchen vorstellen zu lassen und dann die nächste Bewerberin, die ihre Vorgängerinnen übertrifft, einzustellen. Die Zahl 37 (genauer: 36,788) erhalten wir als Quotienten aus der Zahl der Bewerberinnen (100) und der Konstanten e ($e \simeq 2,7183$). Wenn sich statt 100 sagen wir n Sekretärinnen bewerben würden, täte der Chef gut daran n/e Mädchen vorzulassen und der nächsten Bewerberin, die ihre Vorgängerinnen aussticht, die Stellung anzubieten. Die Wahrscheinlichkeit, die beste von n Bewerberinnen ausgewählt zu haben, beträgt dann wieder 37 Prozent. Ist dem Chef die exakte „Verteilung der Bewerberinnen" bekannt, so erhöht sich diese Wahrscheinlichkeit sogar auf etwa 58%, wie einer Studie von Gilbert und Mosteller (1966) zu entnehmen ist.

Angenommen, 30 Reiter nehmen mit ihren Pferden an einem Turnier teil. Für einen bestimmten Ritt wird die Zuordnung der Pferde durch ein Los bestimmt. Die Wahrscheinlichkeit, daß keiner der Reiter sein eigenes Pferd erhält, beträgt ebenfalls knapp 37%. Interessant ist, daß diese Wahrscheinlichkeit für jeden Stichprobenumfang $n \geqq 6$ bei 36,8% liegt. Für großes n nähert sie sich wieder dem Wert $1/e = 0,367879$.

22 Folgetestpläne

Einer der modernsten Zweige der Statistik – die Sequential-Analyse – ist im II. Weltkrieg von A. Wald entwickelt worden. Die sequentielle Analyse blieb bis 1945 Kriegsgeheimnis, da sie sofort als das *rationellste Mittel zur kontinuierlichen Qualitätsüberwachung im Industriebetrieb* erkannt wurde. Eine gut lesbare elementare aber gründliche Darstellung mit vielen Beispielen hat die Statistical Research Group der Columbia University veröffentlicht (Sequential Analysis of Statistical Data: Applications, New York: Columbia University Press 1945). Davies (1956) und Weber (1972) geben ebenfalls sehr gute Einführungen in die Sequenzanalyse. Bibliographien (vgl. die Lit. auf S. 459/460) stammen von Armitage (1960). Jackson (1960), Johnson (1961) und Wetherill (1966).

Das Grundprinzip der Sequenzanalyse besteht darin, daß nach vereinbarungsmäßiger Festlegung der Fehler 1. und 2. Art, α und β, *bei gegebenem Unterschied betrachteter Grundgesamtheiten der zur Sicherung dieses Unterschiedes erforderliche Stichprobenumfang zur Zufallsvariablen (mit bestimmtem Erwartungswert) wird.* Vorausgesetzt werden Zufallsstichproben aus unendlich großen Grundgesamtheiten.

Man sammelt jeweils nur so viele Beobachtungen wie unbedingt notwendig sind. Dieser Vorteil macht sich vor allem dann bemerkbar, wenn die Einzelbeobachtung zeitraubend und kostspielig ist, aber auch, wenn Beobachtungsdaten nur in beschränktem Umfange zu gewinnen sind. Anhand des Resultates einer jeden Einzelbeobachtung, eines einzelnen Versuches, wird festgestellt, ob der Versuch oder die Versuchsreihe (die Sequenz oder Folge von Experimenten) fortgesetzt werden muß oder ob eine Entscheidung getroffen werden kann. Man unterscheidet rechnerische und graphische Verfahren und unter diesen sogenannte offene und sogenannte geschlossene *Folgetestpläne*, die gegenüber den offenen Plänen immer zu einer Entscheidung führen. Mit ihnen wollen wir uns etwas näher beschäftigen. Sie gestatten es, *ohne Rechnung* Vergleiche zwischen zwei Medikamenten oder Methoden durchzuführen. Soll ein neues Medikament *A* mit einem anderen Medikament *B* verglichen werden, dann werden nach dem Prinzip der ausgleichenden Alternierung Patientenpaare gebildet. Beide Patienten sind gleichzeitig oder kurz nacheinander zu behandeln, wobei ein Münzwurf entscheidet, welcher Patient das Medikament *A* erhalten soll. Die Beurteilung der Wirkung erfolgt nach der Skala:

> Mittel *A* ist besser als *B*
> Mittel *B* ist besser als *A*
> Kein Unterschied.

Ist Mittel *A* besser, kreuzt man in Abb. 35 – einem von Bross (1952) unter besonderer Berücksichtigung medizinischer Fragestellungen entwickelten Folgetestplan – das Feld senkrecht über dem schwarzen Quadrat an, ist Mittel *B* besser, markiere man das Feld waagerecht daneben. Besteht kein Unterschied, dann wird keine Eintragung vorgenommen. Man notiere sich jedoch dieses Ergebnis auf einem besonderen Blatt.

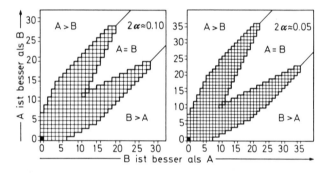

Ab.. 35.   Zwei Folgetestpläne nach Bross ($\beta \approx 0,05$);
        I. Bross: Sequential medical plans, Biometrics **8**, 188–205 (1952)

Das Resultat des zweiten Versuches wird in derselben Weise eingetragen wie beim ersten Versuch, als Bezugsquadrat dient das beim ersten Versuch markierte Feld, beim dritten Versuch das im zweiten Versuch markierte Feld usw. Sobald im Laufe der Versuchsserie eine Grenze überschritten wird, gilt mit einer Irrtumswahrscheinlichkeit von $2\alpha \approx 10\%$ (vgl. die Bemerkung auf S. 171 zur α-Symbolik):

> Obere Grenze: $A > B$, Medikament *A* ist besser
> Untere Grenze: $B > A$, Medikament *B* ist besser
> Mittlere Grenze: $A = B$, ein bedeutsamer Unterschied ist nicht festzustellen.

Die Frage, welcher Unterschied uns „bedeutsam" erscheint, muß noch beantwortet werden. Es ist einleuchtend, daß eine Entscheidung umso schneller zu erhalten ist, umso kleinere Versuchsserien erfordert, je größer der von uns festgelegte bedeutsame Unterschied ist, genauer: Der maximale Umfang der Versuchsreihe hängt von diesem Unterschied ab. Wieviel Versuchspaare in einem gegebenen Fall getestet werden müssen, das kann nur unser Experiment entscheiden! Erhalten wir fast nur das Ergebnis „kein Unterschied", so wird die Entscheidung lange auf sich warten lassen. In der Regel sind solche Fälle allerdings recht selten. Betrachten wir einmal den Prozentsatz p_1 der durch das alte Medikament geheilten Patienten und den Prozentsatz p_2 der durch das neue Medikament geheilten Patienten, dann gibt es bei einem Vergleich, wie ihn der erste und jeder folgende Versuch darstellt, folgende Möglichkeiten:

Tabelle 45

Nr.	Altes Medikament	Neues Medikament	Wahrscheinlichkeit
1	geheilt	geheilt	$p_1 p_2$
2	nicht geheilt	nicht geheilt	$(1 - p_1)(1 - p_2)$
3	geheilt	nicht geheilt	$p_1(1 - p_2)$
4	nicht geheilt	geheilt	$(1 - p_1)p_2$

Da uns nur Fall 3 und 4 interessieren, erhalten wir für den Zeitanteil, in dem sich Fall 4 ereignet, kurz durch p^+ charakterisiert,

$$p^+ = \frac{p_2(1-p_1)}{p_1(1-p_2)+(1-p_1)p_2} \tag{2.3}$$

Ist nun $p_1 = p_2$, dann wird unabhängig davon, welchen Wert p_1 annimmt, p^+ zu 1/2. Nehmen wir nun an, das neue Medikament sei besser, d.h. $p_2 > p_1$, dann wird p^+ größer als 1/2. Bross hat nun für den besprochenen Folgetestplan angenommen, daß, wenn p_2 genügend größer als p_1 ist, so daß $p^+ = 0{,}7$, dieser Unterschied zwischen den beiden Medikamenten als „bedeutsam" aufgefaßt werden kann. Das heißt: Werden durch das alte Medikament 10%, 30%, 50%, 70% oder 90% der behandelnden Patienten geheilt, dann lauten die entsprechenden Prozentsätze für das neue Medikament: 21%, 50%, 70%, 84% und 95%. Man sieht, daß der Unterschied zwischen beiden Behandlungsmethoden dann, wenn durch das alte Medikament 30% bis 50% der Patienten geheilt worden sind, am größten ist und damit der maximale Umfang der Versuchsreihe am kleinsten wird. Das ist nichts Neues, denn wenn Behandlungen kaum oder fast immer erfolgreich sind, wird man große Experimente durchführen müssen, um zwischen zwei Therapien deutliche Unterschiede zu erhalten. Im allgemeinen benötigt man für sequentialanalytische Untersuchungen durchschnittlich etwa 2/3 so viele Beobachtungen wie bei den üblichen klassischen Verfahren.

Kehren wir zu Abb. 35 zurück und untersuchen wir die Leistungsfähigkeit dieses Folgetestes, der für mittlere und kurze Versuchsserien und mittlere Unterschiede entwickelt ist. Besteht zwischen den beiden Behandlungen kein Unterschied ($p^+ = 0{,}5$), so wird mit einer Irrtumswahrscheinlichkeit von gut 10% ein Unterschied (irrtümlich) behauptet, und zwar in beiden Richtungen ($p_1 > p_2$, $p_2 > p_1$), d.h. in knapp 80% der Fälle würden wir die korrekte Feststellung machen: Es besteht kein bedeutsamer Unterschied! Besteht zwischen den beiden Behandlungen ein bedeutsamer Unterschied ($p^+ = 0{,}7$), ist also p_2 „bedeutsam" größer als p_1, dann beträgt die gesamte Wahrscheinlichkeit, eine irrtümliche Entscheidung zu treffen, nur noch ca. 10% oder: In 90% der Fälle erkennen wir die Überlegenheit der neuen Methode. Die Chance, eine richtige Entscheidung zu treffen, steigt somit von knapp 80% ($p^+ = 0{,}5$) auf 90% ($p^+ = 0{,}7$). Ist der Unterschied zwischen den beiden Medikamenten nur gering ($p^+ = 0{,}6$), dann werden wir korrekt feststellen, daß die neue Behandlung in etwa 50% der Fälle überlegen ist. Die Wahrscheinlichkeit dafür, daß wir (fälschlich) die alte Behandlung als besser einschätzen, ist dann kleiner als 1%.

Will man sehr kleine Unterschiede zwischen zwei Methoden entdecken, dann muß man andere Folgetestpläne mit sehr viel längeren Versuchsreihen verwenden. Eventuell ist dann auch der symmetrische Plan mit zweiseitiger Fragestellung durch einen anderen mit einseitiger Fragestellung $(H_0: A>B,\ H_A: A \leqq B)$ zu ersetzen, bei dem der mittlere Bereich – in Abb. 35 das Gebiet $A=B$ – mit dem Gebiet $B>A$ zusammengefaßt wird. Das ist der Fall, wenn die alte Behandlungsmethode gut eingefahren ist, sich bewährt hat und die neue Methode erst dann eingeführt werden soll, wenn ihre eindeutige Überlegenheit erwiesen ist. Hierfür hat Spicer einen einseitigen Folgetestplan entwickelt (Abb. 36). Für den Fall $A>B$ wird die neue Methode akzeptiert; für $B>A$ wird die neue Methode abgelehnt.

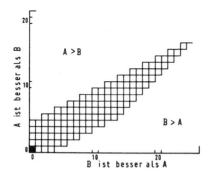

Abb. 36.   Folgetestplan nach Spicer $(\alpha \simeq 0{,}05;\ \beta \simeq 0{,}05;\ p^+ = 0{,}8)$;   C.C. Spicer: Some new closed sequential designs for clinical trials, Biometrics **18**, 203–211 (1962)

Der einseitige Testplan von Spicer (1962) (vgl. Alling 1966) hat den Vorteil, daß der maximale Stichprobenumfang besonders dann, wenn die neue Behandlungsmethode der alten Methode tatsächlich nicht überlegen ist, relativ klein ist. Daher ist dieser Plan vorzüglich für *Übersichtsversuche* geeignet, wenn beispielsweise mehrere neue Arzneimittelkombinationen getestet werden sollen, von denen die meisten keinen echten Fortschritt darstellen. Daß einseitig getestet wird, ist für klinische Experimente dieser Art kaum ein ernstzunehmender Nachteil, da die Prüfung der Frage, ob eine neue Behandlung schlechter ist oder nicht, kein besonderes Interesse finden dürfte.

Besonders zur Erfassung ökologisch wichtiger Unterschiede zwischen Organismengruppen hat Cole (1962) einen *Schnelltest-Folgeplan* (Abb. 37) entwickelt, der es gestattet, schnell größere Unterschiede zu erfassen. Eine Überbetonung minimaler Unterschiede wird bewußt vermieden. Hierbei wird ein etwas größerer Fehler II. Art, eine falsche Nullhypothese zu akzeptieren, der „falsche Negative" in der medizinischen Diagnose, die „falsche negative" Diagnose, als nicht so schwerwiegend in Kauf genommen.

Wenn also ein geringer Unterschied aufgezeigt werden soll, ist dieser für Übersichtsversuche entwickelte Schnelltest durch einen empfindlicheren Plan zu ersetzen.

Hat man sich für einen der drei gegebenen oder für andere Folgetestpläne entschieden und nach dem Prinzip der ausgleichenden Alternierung die beiden Stichproben erhalten, dann ist es nach längeren Versuchsserien ohne eindeutiges Ergebnis häufig zweckmäßig und vom ethischen Standpunkt auch zu begrüßen, wenn der nächste zu behandelnde Patient je nach dem Ausgang des letzten Versuches behandelt wird: War die neue Therapie erfolgreich, dann wird er ebenfalls so behandelt, war sie ein Mißerfolg, dann wird er nach der anderen Methode behandelt. Der Versuch ist dann als abgeschlossen anzusehen, wenn die Grenzen des Folgetestplanes überschritten werden oder wenn das Verhältnis der nach der einen Methode behandelten Patienten zu der nach der anderen Methode behandelten 2 zu 1 erreicht.

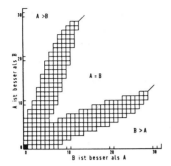

Abb. 37. Folgetestplan nach Cole ($2\alpha \simeq 0{,}10$; $\beta \simeq 0{,}10$; $p^+ = 0{,}7$); L. M. C. Cole: A closed sequential test design for toleration experiments, Ecology **43**, 749–753 (1962)

Abschließend sei betont, daß der Anwendung der Sequenzanalyse in der Medizin, auch beim Vorliegen harter Daten natürliche Grenzen gesetzt sind. Einmal ist sie nur dann sinnvoll, wenn die individuelle Behandlungsperiode kurz ist im Verhältnis zur Gesamtdauer des Experimentes, zum anderen kann eine kleine Stichprobe kaum Aufschlüsse über Neben- und Sekundäreffekte der neuen Therapie, beispielsweise über mögliche Komplikationen geben. Der gegenüber klassischen Verfahren entscheidende Vorteil der Sequenzanalyse, daß relativ geringe Versuchsreihen während des Experimentierens ohne Rechenarbeit zu Entscheidungen führen können, darf nicht zu einer schematischen Anwendung dieser Verfahren führen.

23 Wertbemessung biologisch wirksamer Substanzen auf Grund alternativer Dosis-Wirkungs-Kurven

Präparate, die zum pharmazeutischen Gebrauch bestimmt sind und einen pharmakologisch wirksamen Bestandteil enthalten, werden an Tieren, Pflanzen oder Mikroorganismen geprüft. Der erste Schritt besteht hierbei darin, die Form der *Dosis-Wirkungs-Kurve* zu bestimmen. Man versteht darunter die geometrische Darstellung der gemessenen Reaktionen in Abhängigkeit von der Dosis des Pharmakons in einem Koordinatensystem, dessen Abszisse die Dosis und dessen Ordinate die Reaktion als Intensität oder Häufigkeit mißt. Wir unterscheiden daher zwischen alternativen und quantitativen Dosis-Wirkungs-Kurven, je nachdem, ob sie aufgrund alternativer oder quantitativer Reaktionsbeurteilung gewonnen wurden.

Beispiel für eine alternative Dosis-Wirkungsbeziehung: Bei Toxitätsversuchen werden Stichproben von Mäusen verschiedenen Konzentrationen eines Toxins ausgesetzt. Nach einer bestimmten Zeit wird ausgezählt, wieviele überleben bzw. wieviele tot sind. Das Versuchsergebnis ist ein Ja oder Nein, ein „Alles oder Nichts", also eine Alternative.

Beispiel für eine quantitative Dosis-Wirkungsbeziehung: Mehrere Gruppen von Kapaunen erhalten je eine bestimmte Dosis unterschiedlich substituierter Testosteronderivate. Die Wirkung wird an der Zunahme der Länge und Höhe des Kammes gemessen. Das Versuchsergebnis besteht also in einer quantitativen Wirkung.

In der Pharmakologie und Toxikologie ist der Begriff der mittleren effektiven Dosis (ED_{50}) wichtig. Man versteht darunter diejenige Dosis, die bei der Hälfte der irgendwann mit dieser Dosis behandelten Individuen eine Wirkung hervorruft. Ihre Schätzung erfolgt aus alternativen Dosis-Wirkungs-Kurven.

Aus den Summenprozent-Kurven oder kumulierten Häufigkeitsverteilungen mit meist logarithmisch geteilter Dosenskala (Abszisse) läßt sich ablesen, wieviel Prozent der Tiere eine Wirkung bei dieser und größeren Dosen aufwiesen und wieviel Prozent bei dieser und kleineren Dosen keine Reaktion zeigten. Das Symptom kann Tod oder Überleben sein (bei Giften 50%-Letaldosis LD_{50}, die Dosis, bei der 50% der Versuchstiere getötet werden).

Es kann aber auch ein anderes Symptom getestet werden, wie Fahruntüchtigkeit bei Alkoholdosen (Promillegehalt des Blutes) oder wie Eintritt der Narkose bei Dosierung von narkotisierenden Substanzen.

Die Bestimmung der ED_{50} (bzw. der LD_{50}) erfolgt meistens mit Hilfe der Probit-Analyse. Da diese Methode einen erheblichen Rechenaufwand mit sich bringt, sind eine Reihe einfacherer, für Routineuntersuchungen geeigneterer Verfahren entwickelt worden, die es gestatten, Mittelwert und Streuung aus Dosis-Wirkungs-Kurven anzugeben. Unter folgenden drei Voraussetzungen erhält man dann einen ausreichenden Näherungswert für die ED_{50}:

1. Die Dosen sind symmetrisch um den Mittelwert gruppiert. Summenprozentwerte von 0 und 100 sind erfaßt worden.
2. Der Abstand der Dosen voneinander bzw. der Logarithmus des Verhältnisses je zweier aufeinanderfolgender Dosen ist konstant gehalten worden.
3. Die einzelnen Dosen sind mit der gleichen Anzahl von Individuen besetzt.

Es ist zu empfehlen, für jede Einzeldosis nur maximal 6 Individuen zu wählen und, wenn mehr Individuen zur Verfügung stehen, den Dosisabstand zu verringern. Das gilt insbesondere für das von Olechnowitz (1958) gegebene Routineverfahren, auf das der interessierte Leser hingewiesen sei. – Wir wollen uns im folgenden mit der Spearman-Kärber-Methode beschäftigen.

Schätzung der mittleren effektiven oder letalen Dosis nach der Methode von Spearman-Kärber

Das Verfahren von Spearman-Kärber (vgl. Bross 1950, Cornfield und Mantel 1950 sowie Brown 1961) ist ein *schnelles verteilungsfreies Näherungsverfahren*, das eine sehr gute Schätzung von Mittelwert und Standardabweichung darstellt. Ist die Verteilung symmetrisch, so wird der Medianwert geschätzt, die dosis efficiens media (median effective dose) bzw. die dosis letalis media (median lethal dose) ist gleich derjenigen Dosis, bei der 50% der Versuchstiere eine Reaktion zeigen bzw. getötet werden. Unter den weiter oben erwähnten Voraussetzungen und der weiteren Annahme, daß der vorliegende Typ der Verteilung eher normal als logarithmisch normal ist, gilt

$$\boxed{LD_{50} \quad \text{bzw.} \quad ED_{50} = m = x_k - d(S_1 - 1/2)} \tag{2.4}$$

Dabei bedeutet x_k die kleinste Dosis, von der ab stets 100%ige Reaktionen beobachtet werden; d den Abstand der Dosen voneinander; S_1 die Summe der Anteile reagierender Individuen (positiver Reagenten, vgl. Tabelle 46).

Die zu ED_{50} gehörende Standardabweichung $s_{ED_{50}}$, einfacher s_m, wird nach

$$\boxed{s_{LD_{50}} \quad \text{bzw.} \quad s_{ED_{50}} = s_m = d\sqrt{2S_2 - S_1 - S_1^2 - 1/12}} \tag{2.5}$$

geschätzt, wobei S_2 die Summe der fortlaufend addierten (kumulierten) Anteile reagierender Individuen darstellt.

Beispiel

Folgende Übersicht (Tabelle 46) zeigt die Ergebnisse eines Versuches zur Bestimmung der mittleren tödlichen Dosis eines außerordentlich stark wirksamen Anästhetikums. Pro Dosis sind jeweils 6 Mäuse eingesetzt.

Tabelle 46

Dosis mg/kg	Anzahl gestorbener Mäuse	Anteil	Kumulierter Anteil gestorbener Mäuse
10	0	0	0
15	0	0	0
20	1	0,17	0,17
25	3	0,50	0,67
30	3	0,50	1,17
35	4	0,67	1,84
40	5	0,83	2,67
45	5	0,83	3,50
$50 = x_k$	6	1,00	4,50
d = Abstand von Dosis zu Dosis = 5		$4,50 = S_1$	$S_2 = 14,52$

$$m = x_k - d(S_1 - 1/2)$$
$$m = 50 - 5(4,5 - 0,5)$$
$$m = 30$$
$$s_m = d\sqrt{2S_2 - S_1 - S_1{}^2 - 1/12}$$
$$s_m = 5\sqrt{2 \cdot 14,52 - 4,5 - 4,5^2 - 0,083}$$
$$s_m = 10,26$$

Hieraus lassen sich die 90%-Vertrauensgrenzen für den wahren Wert nach $m \pm 1,645 \cdot s_m = 30 \pm 1,645 \cdot 10,26$ schätzen (angenäherte Normalverteilung vorausgesetzt):

$$\left.\begin{array}{c} m_{oben} \\ m_{unten} \end{array}\right] = 30 \pm 16,88 = \left[\begin{array}{c} 46,88\,\text{mg/kg} \\ 13,12\,\text{mg/kg} \end{array}\right.$$

Auf Nicht-Bioassay-Beispiele verzichten wir. An sich sind die vorliegenden Tests *Empfindlichkeitstests*, bei denen ein Gegenstand oberhalb einer Schwelle reagiert, etwa in der Art, in der eine Landmine nur auf Erschütterungen von einer bestimmten Intensität ab reagiert. Diese Verteilungen sind zu einer im Verhältnis zu ihrem Mittelwert nicht sehr großen Spannweite ausgezeichnet; in den meisten Fällen sind die Werte angenähert normalverteilt. Für den Bioassay ist typisch, daß der Übergang von der linearen auf die logarithmische Dosenskala zu einer „Symmetrisierung" und „Normalisierung" der Verteilung der individuellen minimal wirksamen Dosen führt. Liegt eine angenäherte logarithmische Normalverteilung vor, dann ermittelt man m und s_m nach

$$\boxed{m = x_k - d(S - 1/2)} \qquad (2.6)$$

$$\boxed{s_m = \frac{d}{100} \cdot \sqrt{\sum \frac{p_i(100 - p_i)}{n_i - 1}}} \qquad (2.7)$$

Hierin bezeichnet

m	den Schätzwert des Logarithmus der ED_{50} bzw. LD_{50}
x_k	den Logarithmus der kleinsten Dosis, von der ab stets 100%ige Reaktionen beobachtet werden
d	den Logarithmus des Verhältnisses je zweier aufeinanderfolgender Dosen
S	die Summe der Anteile reagierender Individuen
p_i	die Häufigkeit in Prozent der Reaktionen bei der i-ten Dosis $(i=0, 1, 2, \ldots, k)$; x_0 ist der Logarithmus der größten Dosis, auf die kein Reagent oder Tier reagiert. Also ist $p_0 = 0\%$ und $p_k = 100\%$
n_i	die Anzahl der bei der i-ten Dosis $(i=1, 2, \ldots, k)$ getesteten Versuchstiere oder Reagenten.

Von den drei Voraussetzungen (S. 178) sind hier nur die beiden ersten erforderlich. Trotzdem empfiehlt es sich, etwa gleich große Stichprobenumfänge n_i zu verwenden. In der Praxis ist es mitunter schwierig, die Forderung 1 zu erfüllen, unter allen Umständen wenigstens eine Dosis mit 0% Reaktionen und mindestens eine Dosis mit 100% Reaktionen zu testen. In diesen Fällen werden x_0 oder/und x_k geschätzt; die Resultate sind dann entsprechend weniger verläßlich.

Beispiel

Folgende Übersicht zeigt die Ergebnisse eines Versuches zur Bestimmung der mittleren tödlichen Dosis eines schwach wirksamen Anästhetikums:

Tabelle 47

Dosis mg/kg	Anteil gestorbener Versuchstiere		
4	0/8	=	0
16	4/8	=	0,50
64	3/6	=	0,50
256	6/8	=	0,75
1024	8/8	=	1,00
	S	=	2,75

$$\lg\frac{16}{4} = \lg 4 = 0{,}6021\,; \quad \lg 1024 = 3{,}0103$$

$$m = \lg 1024 - \lg 4(2{,}75 - 0{,}5)$$
$$m = 3{,}0103 - 0{,}6021 \cdot 2{,}25 = 1{,}6556$$
$$\text{antilg}\,1{,}6556 = 45{,}25\,; \quad LD_{50} = 45{,}25\,\text{mg/kg}$$

$$s_m = \frac{\lg 4}{100}\sqrt{\frac{50 \cdot 50}{8-1} + \frac{50 \cdot 50}{6-1} + \frac{75 \cdot 25}{8-1}}$$

$$s_m = 0{,}2019$$

Nach $m \pm 1{,}96 \cdot s_m$ lassen sich die 95%-Vertrauensgrenzen abschätzen:

$$\left.\begin{array}{c} m_o \\ \\ m_u \end{array}\right\} = 1{,}6556 \pm 1{,}96 \cdot 0{,}2019 = \left[\begin{array}{l} 2{,}0513\,; \quad \text{antilg}\,2{,}0513 = 112{,}54\,\text{mg/kg} \\ \\ 1{,}2599\,; \quad \text{antilg}\,1{,}2599 = 18{,}19\,\text{mg/kg} \end{array}\right.$$

Der Vollständigkeit halber sei noch das Vorgehen beim Prüfen der Differenz zwischen zwei ED_{50} angegeben. Liegen zwei mittlere effektive Dosen ED'_{50} und ED''_{50} mit ihren

Standardabweichungen s' und s'' vor, so beträgt die Standardabweichung der Differenz $ED'_{50} - ED''_{50}$

$$s_{\text{Diff}} = \sqrt{(s')^2 + (s'')^2} \tag{2.8}$$

Auf dem 5%-Niveau besteht ein echter Unterschied, sobald

$$|ED'_{50} - ED''_{50}| > 1{,}96 s_{\text{Diff}} \quad \text{gilt.} \tag{2.9}$$

Für die Bestimmung der spezifischen biologischen Wirksamkeit eines Präparates wird am Versuchstier die Wirkung des Präparates mit der Wirkung eines Standardpräparates verglichen. Aus dem Verhältnis der Wirkung des Präparates zu der des Standardpräparates folgt, da die Wirksamkeit des Standardpräparates bekannt ist, der Gehalt des Präparates in internationalen Einheiten oder Milligramm biologisch aktiver Substanz. Es lassen sich dann Vertrauensgrenzen angeben, innerhalb derer der wahre Wert mit großer Wahrscheinlichkeit vermutet werden kann, sobald einige Voraussetzungen erfüllt sind.

> Eine ausführliche Darstellung des Bioassay geben Finney (1971) und Waud (1972) (vgl. auch Stammberger 1970, Davis 1971 sowie die Spezialliteratur auf den Seiten 460–462). Wichtige Tabellen sind dem Band 2 der auf S. 439 zitierten Biometrika Tables (Pearson und Hartley 1972, S. 306–332 [erläutert auf S. 89–97]) zu entnehmen. Näheres über die Logit-Transformation enthält insbesondere Ashton (1972).

24   Technische Statistik

Eine Grundlage des technischen Fortschritts ist die in den letzten 4 Jahrzehnten entwickelte technische Statistik. Man kann darunter eine Zusammenfassung statistischer Verfahren verstehen, die in der Technik verwendbar sind bzw. die wie die Kontrollkarten eigens dafür entwickelt wurden.

241   Qualitätsüberwachung im Industriebetrieb

Voraussetzung des Einsatzes statistischer Verfahren in der Technik ist die Tatsache, daß die *Merkmalswerte* technischer Erzeugnisse stets *eine Wahrscheinlichkeitsverteilung besitzen*. Die entsprechenden Parameter μ und σ sind Qualitätsmaße der Fertigung und σ ist ein Maß für die Gleichmäßigkeit der Fertigung, so daß die *Verteilung als Visitenkarte der Produktion* aufgefaßt werden kann.

2411   Kontrollkarten

Wir wissen, daß *Kontrollkarten* (vgl. S. 161) stets dann notwendig sind, *wenn eine befriedigende Qualität der Fertigung gehalten werden soll*, wobei wir unter „Qualität" im Rahmen der Statistik nur die „*Qualität der Übereinstimmung*" (quality of conformance) *zwischen dem Vorbild und der wirklichen Ausführung* (Stange 1965) meinen. Daß das Vorbild selbst, entsprechend den verschieden hohen Ansprüchen der Käufer, gewolltunterschiedliche Ausprägungen annehmen kann und wird, interessiert uns hier nicht. Das Standardverfahren der graphischen Qualitätsüberwachung in der Industrie basiert auf *Mittelwerten*. Zur laufenden Überwachung der Fertigung entnimmt man hier in regelmäßigen Abständen kleine Stichproben, berechnet die Mittelwerte und trägt sie fortlaufend in eine Kontrollkarte (Shewhart control chart) ein, in die bei $\pm 2\sigma$ Warngrenzen (warning limits) und bei $\pm 3\sigma$ Kontrollgrenzen (action limits) eingezeichnet sind. Kommt ein Mittelwert außerhalb der 3σ-Grenzen zu liegen oder überschreiten zwei aufeinanderfolgende Mittelwerte die 2σ-Grenzen, dann wird angenommen, der Produktionsprozeß habe sich geändert. Die Ursache der starken Abweichung wird untersucht, der „Fehler" eliminiert und der Prozeß neu einjustiert.

Anstatt einer Mittelwertkarte ($\bar{x}$-Karte) benutzt man manchmal auch eine Mediankarte ($\tilde{x}$-Karte). Zur Überwachung der Streuung eines Prozesses dient die Standardabweichungskarte (s-Karte) oder die Spannweitenkarte (R-Karte). Auf die kumulative Summenkarte zur frühzeitigen Erkennung eines Trends haben wir hingewiesen (S. 162).

Die Spannweitenkarte

Die Spannweitenkarte (R-Karte) dient zur *Lokalisierung und Beseitigung übermäßiger Streuungen*. Sind die grundsätzlichen Ursachen einer Streuung gefunden und abgestellt, kann sie durch die s-Karte ersetzt werden. Die R-Karte wird gewöhnlich in Verbindung mit der $\bar{x}$-Karte benutzt. Während diese die „Variabilität *zwischen* Stichproben" kontrolliert, überwacht die R-Karte die Variabilität *innerhalb* der Stichproben. Näheres ist Stange (1967) sowie Hillier (1967, 1969) und Yang u. Hillier (1970) zu entnehmen.

Einrichtung und Gebrauch der R-Karte für die oberen Grenzen
Einrichtung

1. Entnimm *wiederholt* Zufallsstichproben des Umfangs $n=4$ (bzw. $n=10$). Insgesamt sollten 80 bis 100 Stichprobenwerte zur Verfügung stehen.
2. Berechne für jede Stichprobe die Spannweite und anschließend die *mittlere Spannweite* für alle Stichproben.
3. Multipliziere die mittlere Spannweite mit der Konstanten 1,85 (bzw. 1,52). Das Ergebnis ist der Wert für die obere *2σ-Warngrenze*.
4. Multipliziere diesen Wert mit der Konstanten 2,37 (bzw. 1,81). Das Ergebnis ist der Wert für die obere *3σ-Kontrollgrenze*.
5. Beide Grenzen werden als horizontal verlaufende Linien in die R-Karte (Ordinate enthält die Spannweiten) eingetragen.

Gebrauch

Entnimm eine Zufallsstichprobe des Umfangs $n=4$ (bzw. $n=10$). Stelle die Spannweite fest und trage sie in die Kontrollkarte ein. Erreicht oder übertrifft sie

a) die 2σ-Warngrenze, so muß sofort eine *neue* Stichprobe entnommen werden.
b) die 3σ-Kontrollgrenze, so ist der Vorgang *außer Kontrolle*.

Neben diesen Kontrollkarten für meßbare Merkmale, gibt es noch eine Reihe spezieller Kontrollkarten zur Überwachung von zählbaren Merkmalen, d.h. von „*Fehlerzahlen*" und von „*Ausschußanteilen*". Im ersten Fall wird die Qualität der Fertigung durch die *Zahl der Fehler je Prüfeinheit* beurteilt, also z.B. durch die Zahl der Farb- oder Webfehler je 100 m Länge bei Anzugstoffen. Da diese Fehler relativ selten auftreten, werden die Kontrollgrenzen mit Hilfe der Poisson-Verteilung berechnet. Beurteilt man das Einzelstück einer Fertigung einfach als fehlerfrei oder fehlerhaft, gut oder schlecht und wählt als Qualitätsmaß der Fertigung den relativen Ausschußanteil, so gelangt man zur p-Karte, mit der man die *Zahl fehlerhafter Fertigungsprodukte* überwacht. Die Grenzen werden hier mit Hilfe der Binomialverteilung berechnet. Aufmerksam gemacht sei auf das sogenannte Binomialpapier (vgl. S. 135) und auf den vom Beuth-Vertrieb herausgegebenen Mosteller-Tukey-Kayser-Tester (MTK-Stichprobentester). Eine ausführliche Darstellung der verschiedenen Typen von Kontrollkarten geben Schindowski und Schürz (1972) sowie die einschlägigen Kapitel in den Büchern über Qualitätsüberwachung. Logarithmisch normalverteilte Daten werden nach Ferrell (1958) und Morrison (1958) kontrolliert. Ein elegantes sequenzanalytisches Verfahren zur Qualitätsüberwachung stellen Beightler und Shamblin (1965) vor. Knowler und Mitarbeiter (1969) geben eine Übersicht.

2412 Abnahmeprüfung

Der laufenden Fertigungsüberwachung anhand von Kontrollkarten folgt die *Abnahmeprüfung* des Produzenten bzw. die des Käufers (Großhändlers). Beide sind an einem befriedigenden Qualitätsniveau interessiert, einigen sich über den tolerierbaren und den nicht mehr tragbaren Ausschußanteil sowie über die den beiden Ausschußanteilen zuzuordnenden Irrtumswahrscheinlichkeiten (*das Risiko des Lieferanten*: Ablehnung einer noch guten Liefermenge; *das Risiko des Käufers*: Annahme einer bereits schlechten Liefermenge) und legen damit einen *Stichprobenprüfplan* fest (die Annahmekennlinie oder die Operationscharakteristik (vgl. S. 104) des Plans gibt die Annahmewahrscheinlichkeit einer Liefermenge, eines Loses, in Abhängigkeit von ihrem Ausschußanteil). In der Praxis bedient man sich bei der Festlegung von Stichprobenplänen stets fertiger Tabellen, aus denen man den Stichprobenumfang n und die *Annahmezahl* a entnehmen kann. Die Annahmezahl a ist die in einer Stichprobe des Umfangs n gerade noch zulässige Zahl schlechter Stücke, wenn die Lieferung angenommen werden soll.
Findet man z.B. $n = 56$ und $a = 1$, so sind aus der Liefermenge 56 Stück zu prüfen; das Los wird zurückgewiesen, wenn man 2 oder mehr fehlerhafte Stücke findet. Weiterführende Spezialliteratur sowie Prüfpläne für Gut-Schlecht-Prüfung (sampling by attributes) und für messende Prüfung (sampling by variables) geben in erster Linie Bowker und Lieberman (1961), Stange und Henning (1966) sowie Schindowski und Schürz (1972). Insbesondere sei auf das *doppelte Wahrscheinlichkeitsnetz* zur Ermittlung von Prüfplänen (Stange 1962, 1966) aufmerksam gemacht, das vom Beuth-Vertrieb bezogen werden kann.

2413 Qualitätsverbesserung

Soll eine nicht ausreichende Qualität (quality of conformance) verbessert werden, so ist das sowohl ein ingenieurwissenschaftliches als auch ein wirtschaftliches Problem. Bevor man diese Probleme angreift, ist es notwendig, festzustellen, auf *welche Einflußgrößen* die zu große Varianz σ^2 zurückzuführen ist. Erst dann kann man entscheiden, was verbessert werden muß. Die „*Varianzanalyse*" (vgl. Kapitel 7), mit der man diese Frage beantwortet, scheidet die Einflußgrößen in „wirksame" oder wesentliche und „unwirksame" oder unwesentliche, indem sie eine beobachtete Gesamtvarianz in Anteile zerlegt, denen Ursachenkomplexe zugeordnet werden. Anhand der Teilvarianzen läßt sich erkennen, welche Maßnahmen Erfolg versprechen dürften und welche von vornherein erfolglos sind. Um Erfolg zu haben, muß man die „wirksamen" Komponenten beeinflussen! Erst die Ergebnisse der Varianzanalyse schaffen die notwendige Voraussetzung für eine sinnvolle Lösung des mit der Qualitätsverbesserung verbundenen technisch-wirtschaftlichen Fragenkomplexes.
Ein außerordentlich interessanter und wichtiger Sonderfall der Qualitätsverbesserung ist das *Ansteuern günstiger Betriebsbedingungen* (vgl. Wilde 1964). Bei technologischen Vorgängen ist die *Zielgröße*, etwa die Ausbeute, der Reinheitsgrad oder die Fertigungs-

kosten, im allgemeinen von zahlreichen Einflußgrößen abhängig. Eingesetzte Stoffmengen, Art und Konzentration von Lösungsmitteln, Druck, Temperatur, Reaktionszeit u. a. spielen eine Rolle. Oft will man die Einflußgrößen so wählen, daß die Zielgröße ein Maximum oder bei anfallenden Kosten ein Minimum wird. Die optimale Lösung experimentell zu ermitteln, ist eine mühevolle, zeitraubende und kostspielige Aufgabe (vgl. Dean und Marks 1965). Verfahren, die den notwendigen experimentellen Aufwand möglichst klein halten, sind für die Praxis außerordentlich wertvoll. Insbesondere die von Box und Wilson (1951) beschriebene *Methode des steilsten Anstiegs* hat sich ausgezeichnet bewährt (vgl. Brooks 1959). Eine gute Darstellung dieser „steepest ascent method" mit Beispielen geben Davies (1956) und Duncan (1959).

Verwendet man diese nicht ganz einfache Methode bei der *Entwicklung neuer Verfahren*, so spricht man von „*Response Surface Experimentation*" (Hill u. Hunter 1966, Burdick u. Naylor 1969). Leider ist es schwierig oder gar unmöglich, im Industriebetrieb exakte Laboratoriumsbedingungen einzuhalten; die praktischen Bedingungen weichen stets mehr oder weniger von den Idealbedingungen ab. Führt man den im Labor optimal gestalteten Fertigungsprozeß in die Produktion ein und nimmt man an dem jetzt „schon ganz brauchbaren" Verfahren eine Reihe von kleinen systematischen Änderungen aller Einflußgrößen vor, betrachtet nach jeder Veränderung das Ergebnis, ändert danach wieder, um so den Fertigungsprozeß schrittweise bis zum Optimum zu verbessern, so wendet man die *optimale Leistungssteigerung einer Produktion* durch „*Evolutionary Operation*" an. Näheres ist den Veröffentlichungen von Box und Mitarbeitern sowie der Übersicht von Hunter und Kittrel (1966) zu entnehmen. Beispiele geben Bingham (1963), Kenworthy (1967) und Peng (1967) (vgl. auch Ostle 1967 und Lowe 1970).

242   Lebensdauer und Zuverlässigkeit technischer Erzeugnisse

Die *Lebensdauer* technischer Erzeugnisse, in vielen Fällen nicht in Zeiteinheiten sondern in Benutzungseinheiten gemessen (z. B. bei Glühlampen in Brennstunden), ist ein wichtiges Gütemaß. Will man den jährlich anfallenden Ersatzbedarf errechnen oder den Umfang der Lagerhaltung von Ersatzteilen bei Typen, deren Fertigung ausläuft, richtig beurteilen, so muß man ihre mittlere Lebensdauer oder besser noch ihre Lebenskurve oder *Abgangsordnung* kennen. Die Abgangslinie (Abszisse: Zeit von t_0 bis t_{max}, Ordinate: relativer Prozentsatz noch vorhandener Elemente $F(t) = n(t) 100/n_0$ (%) von $F(t_0)$ $= 100$ bis $F(t_{max}) = 0$) hat normalerweise einen Λ-förmigen Verlauf.

Wenn man entscheiden will, in welchem Ausmaß neue Fertigungsverfahren, andere Schutz- und Pflegemittel, neue Werkstoffe oder veränderte wirtschaftliche Verhältnisse die Lebensdauer technischer Elemente beeinflussen, so ist eine zutreffende Aussage ohne Kenntnis der Abgangslinie nicht möglich. Während sich die Abgangsordnung einer biologischen Gesamtheit im allgemeinen nur langsam mit der Zeit ändert, hängt die Abgangsordnung technischer und wirtschaftlicher Gesamtheiten wesentlich vom jeweiligen Stand der Technik und den gerade herrschenden wirtschaftlichen Verhältnissen ab. Solche Abgangslinien sind deshalb viel weniger stabil. Man muß sie, streng genommen, dauernd überwachen. Hierzu sei auf ein elegantes, graphisches Verfahren aufmerksam gemacht.

Bezeichnet man die sogenannte kennzeichnende Lebensdauer mit T, die Zeit mit t und die Steilheit des Abgangs mit α, dann nimmt die Abgangslinie $F(t)$ die einfache Gestalt

$$F(t) = e^{-\left(\frac{t}{T}\right)^{\alpha}}$$

(2.10)

an. In einem geeignet verzerrten Funktionsnetz, dem *Lebensdauernetz von Stange (1955)* wird diese Linie zur Geraden gestreckt: Durch eine beobachtete Punktreihe $\{t; \; F(t) = n(t)/n_0\}$ – wenige Punkte genügen – wird eine ausgleichende Gerade gezeichnet. Die zugehörigen Parameter T und α sowie das Lebensdauerverhältnis $\bar{t}/T$ liest man ab. Die mittlere Lebensdauer $\bar{t}$ ist dann $\bar{t} = (\bar{t}/T)T$. Genauigkeitsbetrachtungen sowie Beispiele für Abgangslinien technischer Gebrauchsgüter und wirtschaftlicher Gesamtheiten aus den verschiedensten Gebieten sind der Originalarbeit zu entnehmen, in der auch auf Gegenbeispiele hingewiesen wird, damit nicht der Eindruck entsteht, als ob sich alle Abgangslinien zur Geraden strecken ließen. Besonders nützlich ist das Lebensdauernetz bei der Auswertung von Vergleichsversuchen. Es gestattet schon nach relativ kurzer Beobachtungszeit die Beantwortung der Frage, ob ein neues Verfahren die Lebensdauer verlängert!

Zur ersten Übersicht benutzt man bei vielen Lebensdauerproblemen die *Exponentialverteilung*. Angenähert exponentialverteilt – die Wahrscheinlichkeitsdichte sinkt mit zunehmendem Wert der Variablen – sind z.B. die Lebensdauer von Radioröhren und die Dauer von Telefongesprächen, die täglich in einer Telefonzentrale registriert werden. Wahrscheinlichkeitsdichte und kumulierte Wahrscheinlichkeitsdichte (2.11/12)

$$f(x) = \theta e^{-\theta x} \qquad\qquad F(x) = 1 - e^{-\theta x} \qquad\qquad (2.11, 2.12)$$

$$x \geqq 0, \; \theta(\text{gr. Theta}) > 0$$

der Exponentialverteilung weisen einfache Struktur auf. Aus dem Parameter Theta ergeben sich Mittelwert und Varianz (2.13/14). Der Variationskoeffizient ist gleich 1;

$$\mu = \theta^{-1}, \qquad \sigma^2 = \theta^{-2} \qquad\qquad (2.13, 2.14)$$

der Median ist $(\ln 2)/\theta = 0{,}69315/\theta$. Unterhalb des Mittelwertes liegen 63,2% der Verteilung, oberhalb 36,8%. Bei großem n ist der 95%-Vertrauensbereich für θ approximativ durch $(1 \pm 1{,}96/\sqrt{n})/\bar{x}$ gegeben.

Wichtige Tests stellen Nelson (1968) sowie Kumar und Patel (1971) vor (vgl. auch Kabe 1970).

Beispiel: Zur Reparatur eines Wagens benötige man durchschnittlich 3 Stunden. Wie groß ist die Wahrscheinlichkeit dafür, daß die Reparaturzeit höchstens 2 Stunden beträgt?

Vorausgesetzt wird, daß die zur Reparatur eines Wagens benötigte Zeit t, gemessen in Stunden, einer Exponentialverteilung mit dem Parameter $\theta = 3^{-1} = 1/3$ folgt. Wir erhalten mit $P(t \leqq 2) = F(2) = 1 - e^{-2/3} = 1 - 0{,}513 = 0{,}487$ eine Wahrscheinlichkeit von knapp 50%.

Die als verallgemeinerte Exponentialverteilung auffaßbare Weibull-Verteilung besitzt für Lebensdauer- und Zuverlässigkeitsprobleme eine wesentlich größere Bedeutung. Sie weist 3 Parameter auf, kann die Normalverteilung approximieren und weiter mannigfaltige unsymmetrische Kurvenformen annehmen (wobei sie auch Stichproben-Heterogenität und/oder Mischverteilungen leicht erkennen läßt). Diese sehr interessante Verteilung (vgl. Weibull 1951, 1961, Kao 1959, Goode und Kao 1962, Berettoni 1962, Gottfried und Roberts 1963, Ravenis 1964, Cohen 1965, Qureishi u. Mitarb. 1965, Ireson 1966, Johns und Lieberman 1966, Dubey 1967, Harter 1967, Mann 1967, Nelson 1967, Bain und Thoman 1968, Morice 1968, Pearson 1969, Thoman u. Mitarb. 1969, Fischer 1970, D'Agostino 1971, Nelson und Thompson 1971) liegt tabelliert vor (Plait 1962).

Die Wahrscheinlichkeitsdichte der Weibull-Verteilung mit den Parametern für Lage (α), Maßstab (β) und Gestalt (γ) lautet:

$$P(x) = \frac{\gamma}{\beta} \left(\frac{x-\alpha}{\beta} \right)^{\gamma-1} \cdot e^{-\left(\frac{x-\alpha}{\beta} \right)^{\gamma}}$$

(2.15)

für $x \geqq \alpha$, $\beta > 0$, $\gamma > 0$.

Im allgemeinen arbeitet man besser mit der kumulierten Weibull-Verteilung:

$$F(x) = 1 - e^{-\left(\frac{x-\alpha}{\beta} \right)^{\gamma}}$$

(2.16)

Auf interessante Beziehungen zwischen dieser Verteilung und der Verteilung von Extremwerten (vgl. S. 89) gehen Freudenthal und Gumbel (1953) sowie Lieblein und Zelen (1956) näher ein. In beiden Arbeiten werden Beispiele durchgerechnet. Die Bedeutung anderer Verteilungen für das Studium von Lebensdauerproblemen ist Ireson (1966), den im Lit.-Verz. genannten Bibliographien sowie den Übersichten von Zaludova (1965) und Morice (1966) zu entnehmen.

Hinweise

1. Der Vergleich mehrerer Produkte hinsichtlich ihrer mittleren Lebensdauer läßt sich bequem mit den von Nelson (1963) gegebenen Tafeln durchführen.
2. Da elektronische Geräte (wie Lebewesen) anfangs und gegen Ende ihrer Lebensdauer besonders störanfällig sind, interessiert besonders die Zeitspanne der geringsten Störanfälligkeit, die im allgemeinen etwa zwischen 100 und 3000 Stunden liegt. Zur Bestimmung von Vertrauensgrenzen der mittleren Zeitspanne zwischen Ausfällen (mean time between failures, MTBF), gibt Simonds (1963) Tafeln und Beispiele (vgl. auch Honeychurch 1965).
3. Vergleich zweier Störungszahlen, wenn keine Häufigkeitsverteilungen bekannt sind (vgl. auch (1.185) auf S. 151):
Bezeichnet man die Anzahl der an technischen Einrichtungen auftretenden Störungen als *Störungszahl* und bezieht sie auf denselben Zeitraum, dann lassen sich zwei Störungszahlen x_1 und x_2 (mit $x_1 > x_2$ und $x_1 + x_2 \gtrless 10$) approximativ nach

$$d = \sqrt{x_1} - \sqrt{x_2}$$

(2.17)

vergleichen. Wenn $d > \sqrt{2} = 1{,}41$ ist, darf der Unterschied als auf dem 5%-Niveau gesichert angesehen werden. Exakter prüft man für $x_1 > x_2$ und $x_1 + x_2 \gtrless 10$ die Herkunft aus derselben Grundgesamtheit nach der (2.17) zugrunde liegenden Beziehung $\hat{z} = \sqrt{2}(\sqrt{x_1 - 0{,}5} - \sqrt{x_2 + 0{,}5})$.

Beispiel

Zwei gleichartige Maschinen hatten in einem bestimmten Monat $x_1 = 25$ und $x_2 = 16$ Störungen. Ist Maschine 2 der Maschine 1 überlegen? Da $d = \sqrt{25} - \sqrt{16} = 5 - 4 = 1 < 1{,}41$ ist, existieren nur zufällige Unterschiede ($\alpha = 0{,}05$) bzw. $\sqrt{2}(\sqrt{24{,}5} - \sqrt{16{,}5}) = 1{,}255 < 1{,}96 = z_{0,05}$.

Da die mittlere Störanfälligkeit selten über einen längeren Zeitraum hinweg konstant ist, durch Einspielen wird sie verbessert, durch Alterung verschlechtert, sollte sie regelmäßig überwacht werden. Selbstverständlich werden diese Betrachtungen erst durch die entsprechenden angepaßten Poisson-Verteilungen und durch eine Analyse der

Dauer der Störungen anhand einer Häufigkeitsverteilung der Störungszeiten abgerundet. Aus dem Produkt der mittleren Störungshäufigkeit und der mittleren Störungszeit läßt sich der mittlere Gesamtausfall schätzen.

Zuverlässigkeit

Für die industrielle Elektronik und für die Raketentechnik hat neben der Lebensdauer die *Zuverlässigkeit* (reliability) von Geräten eine große Bedeutung. Unter „Zuverlässigkeit" verstehen wir die Wahrscheinlichkeit eines störungsfreien Betriebes während einer gegebenen Zeit. Ein Teil habe eine Zuverlässigkeit von 0,99 oder 99% heißt also: Aufgrund langer Versuchsreihen weiß man, daß dieses Teil 99% der vorgegebenen Zeitspanne störungsfrei arbeiten wird. Einfache Verfahren und Hilfsmittel geben Eagle (1964), Schmid (1965), Drnas (1966), Enrick (1966), Oehme (1966), Kanno (1967) und Brewerton (1970). Übersichten geben Gnedenko u. Mitarb. (1968), Amstadter (1970) sowie Störmer (1970).

Angenommen, ein Gerät bestehe aus 300 komplizierten Einzelteilen. Wären von diesen Teilen z.B. 284 absolut störungssicher, hätten 12 eine Zuverlässigkeit von 99% und 4 eine solche von 98%, so ergäbe sich bei Unabhängigkeit der Einzelteil-Zuverlässigkeiten für das Gerät eine Zuverlässigkeit von

$$1,00^{284} \cdot 0,99^{12} \cdot 0,98^4 = 1 \cdot 0,8864 \cdot 0,9224 = 0,8176$$

knapp 82%. Dieses Gerät würde niemand kaufen. Der Hersteller müßte also dafür sorgen, daß fast alle Teile eine Zuverlässigkeit von 1 erhalten.

Ein Gerät bestehe aus den drei Elementen A, B, C, die mit den Wahrscheinlichkeiten p_A, p_B, p_C einwandfrei arbeiten. Das Funktionieren jedes dieser Elemente sei jeweils

Modell		Zuverlässigkeit	Beispiel $p_A = p_B = p_C = 0,98$
I	—Ⓐ—Ⓑ—Ⓒ—	$P_I = p_A \cdot p_B \cdot p_C$	$P_I^* = 0,94119$
II	Ⓐ—Ⓑ—Ⓒ / Ⓐ—Ⓑ—Ⓒ	$P_{II} = 1 - (1 - P_I)^2$	$P_{II} = 0,99653$
III	Ⓐ Ⓑ Ⓒ / Ⓐ Ⓑ Ⓒ	$P_{III} = \{1-(1-p_A)^2\} \cdot \{1-(1-p_B)^2\} \cdot \{1-(1-p_C)^2\}$	$P_{III} = 0,99930$
IV	Ⓐ Ⓑ Ⓒ / Ⓐ Ⓑ Ⓒ / Ⓐ Ⓑ Ⓒ	$P_{IV} = \{1-(1-p_A)^3\} \cdot \{1-(1-p_B)^3\} \cdot \{1-(1-p_C)^3\}$	$P_{IV} = 0,99999$

*Bei großen Überlebenswahrscheinlichkeiten p rechnet man in guter Annäherung bequemer mit der Summe der Ausfallwahrscheinlichkeiten:
$P_I \simeq 1 - (3 \cdot 0,02) = 0,94$

unabhängig von dem Zustand der beiden anderen. Dann ergibt sich für die Zuverlässigkeit der Gerätetypen I bis IV die obige Übersicht.

Durch Parallelschalten von genügend Elementen jedes Types – das Gerät arbeitet zufriedenstellend, sobald von den drei Teilen jeweils wenigstens ein Teil funktioniert – *ist es möglich, eine beliebige Zuverlässigkeit des Gerätes zu erreichen.* Begrenzt wird diese Tendenz einmal durch die auftretenden *Kosten*, dann durch den benötigten *Raum* und durch ein *eigentümliches Phänomen*. Es besteht nämlich für jedes Element auch eine gewisse Wahrscheinlichkeit, dann in Aktion zu treten, wenn dies nicht erwünscht ist.

Für sehr viele Gerätesysteme hat sich die Verwendung von jeweils zwei, häufiger noch *drei* parallelgeschalteten Elementen als optimal erwiesen (vgl. Gryna u. Mitarb. 1960, Lloyd und Lipow 1962, Pieruschka 1962, Roberts 1964 sowie Barlow und Proschan 1965). Das Triplex-Blindlandesystem gestattet die vollautomatische Landung von Düsenflugzeugen bei Sichtweite Null. Jedes Bauelement in dem System ist dreimal vorhanden; die Fehlerrate soll besser sein als ein Fehler bei zehn Millionen Landungen.

Integrierte Unterhaltsplanung

Die Eigenschaft eines Gerätes, einer Anlage bzw. eines Systems, in einer bestimmten Zeitspanne sich wieder arbeitsfähig machen zu lassen, im Feldeinsatz auch mit Hilfe einer vorgeschriebenen Prüf- und Reparaturausrüstung, wird als „Maintainability" (Instandhaltbarkeit, integrierte Unterhaltsplanung) bezeichnet. Über die vorgeplante Maschineninstandhaltung (preventive maintenance) hinausgehend, fordern kostspielige strategische Waffensysteme eine komplizierte Instandhaltungspolitik. Für U-Boote diskutieren Goldman und Slattery (1964) 5 Möglichkeiten: Aufgeben und versenken, Reparatur in der Heimat, Reparatur auf einer Werft, Reparatur vom Reparaturschiff aus, Reparatur im U-Boot. Die rechnerische Behandlung dieser Entscheidungsprobleme setzt das Vorliegen entsprechender Erfahrungswerte (Zuverlässigkeit, Reparaturzeit, Art und Anzahl regelmäßiger Überprüfungen usw.) und Rentabilitätsstudien (z.B. hinsichtlich eines Vergleichs zwischen automatischen Kontrolleinrichtungen und menschlicher Kontrolle usw.) voraus.

25   Unternehmensforschung

Die Unternehmensforschung (Operations Research) oder Wissenschaft der Unternehmensführung (Management Science), auch industrielle Planung oder Verfahrensforschung genannt, ist eine *Technik der unternehmerischen Entscheidungsvorbereitung:* Anhand eines mathematisch-statistischen Modells werden *für Gesamtsysteme, Handlungen und Abläufe* mit Hilfe elektronischer Rechenanlagen *optimale Lösungen* entwickelt. Wenn man das Modell als Programm für eine elektronische Rechenanlage niederschreibt und sie mit wirklichkeitsgerechten Daten laufen läßt, so bildet sie das Originalproblem durch Simulation nach und liefert Ergebnisse, die auf das reale System passen. Dieses kann beispielsweise ein Verkehrsnetz, ein chemischer Fertigungsprozeß oder der Blutdurchlauf durch die Niere sein. „*Simulationsmodelle*" gestatten durch Abänderung von Parametern freizügig zu disponieren und komplizierte Aufgaben mit vielen Einflußgrößen und Nebenbedingungen ohne große Kosten und ohne Gefahr von Fehlschlägen zu lösen. Eine wichtige Rolle innerhalb der Unternehmensforschung (vgl. Flagle u. Mitarb. 1960, Sasieni u. Mitarb. 1962, Shuchman 1963, Hertz 1964, Stoller 1965 sowie Saaty 1972) spielen Simulation und Linearplanung. Brusberg (1965) gibt eine Bibliographie (vgl. auch Moore 1966).

251   Linearplanung

Eine interessante Produktions-Planungs-Methode, die Fragen der Entwicklung eines optimalen Produktionsprogrammes anhand von linearen Ungleichungen löst, ist die Linearplanung (Lineare Optimierung, Lineare Programmierung). Nichtlineare Beziehungen lassen sich mitunter durch lineare annähern. Mit Hilfe der linearen Optimierung läßt sich z.B. die Fabrikation mehrerer Produkte mit unterschiedlichen Gewinnmargen und gegebenen Teilkapazitäten der Maschinen so steuern, daß ein größtmöglicher Gesamtgewinn resultiert. Transporte lassen sich so organisieren, daß Kosten oder Zeiten möglichst klein werden; bekannt als das *Problem des reisenden Vertreters*, der verschiedene Städte besuchen und anschließend zurückkehren muß, wobei der kürzeste Gesamtweg zu wählen ist.

In der Metallindustrie dient die Linearplanung zur Werkstattladung, zur Verringerung von Schnitt- und anderen Materialverlusten und zur Entscheidung, ob ein Einzelteil selbst hergestellt oder gekauft werden soll. Besonders wichtig ist auch der durch diese Technik möglich gewordene optimale Einsatz unterschiedlicher Transportmittel, insbesondere die Bestimmung von Flug- und Schiffsrouten und das Aufstellen von Flug- und Schiffsplänen bei fester und ungewisser Nachfrage. Modelle dieser Art: bei *ungewisser Nachfrage* oder bei *Berücksichtigung variabler Kosten*, interessieren den Statistiker besonders. Hier spielt die *Ungewissheit* eine Rolle, bedingt durch die Zufallsereignisse (Touristenzahl, inflationäre Tendenz, Beschäftigungsquote, Regierungspolitik, Wetter, Unfälle usw.), deren Verteilung wenig oder überhaupt nicht bekannt ist. Ein vertrautes elementares Beispiel ist das Rucksackproblem: Der Inhalt soll nicht mehr als 25 kg wiegen, aber alles „Notwendige" für eine längere Tour enthalten!

Bei der Linearen Programmierung (vgl. Dantzig 1966) handelt es sich darum, eine gewisse, vorgegebene Zielfunktion von mehreren Veränderlichen unter gewissen einschränkenden Bedingungen, die als Ungleichungen vorliegen, zu einem Optimum (Maximum oder Minimum) zu machen. Zur Lösung benutzt man das sogenannte *Simplex-Verfahren* aus der Geometrie. Die Nebenbedingungen beschränken die Zielfunktion auf das Innere und die Oberfläche eines Simplex, d. h. eines mehrdimensionalen konvexen Polyeders. Eine bestimmte Ecke des Polyeders, an die sich ein programmgesteuerter elektronischer Digitalrechner mit einer Iterationsmethode systematisch herantastet, stellt das gesuchte Optimum dar.

252   Spieltheorie und Planspiel

Während die Wahrscheinlichkeitsrechnung sich mit reinen Glücksspielen beschäftigt, behandelt die Spieltheorie *strategische Spiele* (John von Neumann 1928), Spiele, bei denen die beteiligten Spieler im Verlaufe einer Partie nach bestimmten Regeln *Entscheidungen* zu treffen haben und wie beim Skatspiel das Spielergebnis teilweise beeinflussen können. Beim Spiel „Mensch ärgere Dich nicht" tritt neben die menschlichen Mitspieler, die darüber entscheiden, welche Figuren vorgerückt werden, der Zufall in Gestalt eines Würfels, der bestimmt, wieviel Plätze man die Figur, die noch unter anderen wählbar ist, weitersetzen muß. Die meisten Gesellschaftsspiele enthalten Zufallsfaktoren, also Elemente, auf die Spieler keinen Einfluß haben: Bei Kartenspielen z. B. die Karten, die die Spieler erhalten; bei Brettspielen, wer beginnt und damit vielfach die Gelegenheit hat, der Partie einen bestimmten Eröffnungscharakter zu verleihen.

Spiele und Situationen in Wirtschaft und Technik haben vieles gemeinsam: Den Zufall, unvollständige Informationen, Konflikte, Koalitionen und rationale Entscheidungen. Die Spieltheorie liefert daher Begriffe und Methoden für Vorgänge, in denen es auf Handlungen von Interessengegnern ankommt. Sie befaßt sich mit der Frage nach dem optimalen Verhalten für „Spieler" einer weiten Klasse von „Spielen", nach den besten „Strategien", um Konfliktsituationen zu lösen. Sie studiert Modelle des Wirtschaftslebens sowie militärstrategische Probleme und prüft, welches Verhalten von Individuen, Gruppen, Organisationen, von Unternehmern, von Armeeführern, welcher umfassende Aktionsplan, welche Strategie unter den verschiedenartigsten Bedingungen, d. h. in jedem denkbaren Falle, in bezug auf eine „Nutzen-Skala" rational vertretbar ist. Wesentlich ist das Auftreten von Entscheidungssubjekten mit verschiedenen Zielsetzungen, deren Schicksale miteinander verwoben sind und die, nach maximalem „Nutzen" strebend, durch ihre Verhaltensweisen das „Spielergebnis" beeinflussen, aber nicht vollständig bestimmen können. Strategische Planspiele wirtschaftlicher und militärischer Art – Rechenautomaten gestatten ein „Experimentieren am Modell" – zeigen die Konsequenzen unterschiedlicher Entscheidungen und Strategien. Näheres ist Vogelsang (1963) sowie insbesondere Williams (1966) zu entnehmen (vgl. auch Morgenstern 1963, Dresher u. Mitarb. 1964 sowie Charnes u. Cooper 1961 bzw. Shubik 1965 mit ihren Bibliographien).

Zu Beginn des 19. Jahrhunderts entwarf der preußische Kriegsrat von Reisswitz in Breslau das sogenannte „Sandkastenspiel", das von seinem Sohn und anderen zu einem durchreglementierten *Kriegsspiel* ausgebaut wurde und bald zum festen Bestand insbesondere der Offiziersausbildung in Deutschland gehörte. Zur Charakterisierung zufälliger Ereignisse wurden später Würfel eingesetzt; die Truppen wurden nicht mehr durch Figuren dargestellt, sondern mit Wachsstiften auf mit Zelluloid überzogenen Landkarten eingezeichnet.

Mit Hilfe weiterentwickelter Kriegsspiele wurden der Rußlandfeldzug von 1941 (Unternehmen „Barbarossa"), die Aktion „Seelöwe" gegen Großbritannien und die Ardennenoffensiven von 1940 und 1944 „durchgeprobt" (Young 1959). Verfolgungs- oder Evasionsspiele (Zwei „Spieler": Einer versucht zu entkommen, der andere versucht, ihn abzuschießen) behandelt Isaacs (1965). Näheres über Kriegsspiele enthält Wilson (1969) (vgl. auch Bauknecht 1967, Eckler 1969). Nach dem zweiten Weltkrieg sind Kriegsspieltechniken in der Wirtschaft angewandt worden. Aus Lagerhaltungs- und Nachschubspielen der US Air Force haben sich die sogenannten *Unternehmens- Planspiele* (Rohn 1964) entwickelt. Ihre Aufgabe ist es, Führungskräften anhand von möglichst wirklichkeitsgerechten mathematischen Nachbildungen, Modellen mit Zeitraffer- und Wettbewerbseffekten (die Spielgruppen stehen untereinander in Wettbewerb, die Entscheidungen der Gruppen wirken aufeinander ein), eine experimentelle Erprobung der Geschäftspolitik (mit den Einflußgrößen: Produktion, Kapazität, Preise, Investitionen, Steuern, Gewinn, Bargeld, Abschreibungen, Marktanteile, Aktienkurs usw.) zu ermöglichen.

Unternehmens-Planspiele gestatten es, trotz unvollständiger und ungenauer Daten und der Unvorhersehbarkeit gewisser Entwicklungen *Alternativen zu untersuchen:* Wechselwirkungen und Voraussagen zu überprüfen sowie optimale Entscheidungen und Strategien vorzubereiten. Wichtigstes Hilfsmittel ist die elektronische Rechenanlage.

253   Monte-Carlo-Technik und Computer-Simulation

Eine wichtige Aufgabe der Unternehmensforschung besteht darin, einen gegebenen, meist sehr komplexen Sachverhalt logisch zu zergliedern und im Sinne einer Analogie ein mathematisches Modell dafür aufzustellen, das Modell als Programm für einen Elektronenrechner zu formulieren und ihn mit wirklichkeitsgerechten Daten laufen zu lassen: *Das Originalproblem wird durch „Simulation" nachgebildet und einer Optimallösung entgegengeführt.*

Ist ein Stichprobenverfahren zu kostspielig oder überhaupt undurchführbar, so kann man häufig aus einer *simulierten Stichprobe* eine näherungsweise Lösung und manchmal darüber hinaus wertvolle Auskünfte erhalten. Das simulierte Stichprobenverfahren besteht normalerweise darin, die tatsächliche Gesamtheit durch ihr theoretisches Abbild, durch ein stochastisches „Simulationsmodell" zu ersetzen, wobei diese durch eine angenommene Wahrscheinlichkeitsverteilung beschrieben wird, und dann Stichproben aus der theoretischen Gesamtheit mit Hilfe von Zufallszahlen zu entnehmen. Hierfür werden meist digitale elektronische Rechenanlagen eingesetzt, die dann auch die Pseudozufallszahlen erzeugen, die dieselbe vorgegebene statistische Verteilung wie echte Zufallszahlen aufweisen, z.B. Gleichverteilung, Normalverteilung, Poisson-Verteilung.

Da nach einem Satz aus der Wahrscheinlichkeitstheorie jede Wahrscheinlichkeitsdichte in die Rechteckverteilung mit den Grenzwerten Null und Eins verwandelt werden kann und umgekehrt, läßt sich durch Ziehen von Zufallszahlen im Bereich 0 bis 1 eine Stichprobe gewinnen, deren Werte einer beliebig vorgewählten Wahrscheinlichkeitsverteilung angehören. Hierauf beruht die vorgestellte sogenannte *Monte-Carlo-Technik* (vgl. Hammersley und Hanscomb 1964, Buslenko und Schreider 1964, Schreider 1964, Lehmann 1967, Halton 1970, Newman und Odell 1971, Kohlas 1972, Sowey 1972). **Beispielsweise lassen sich mit diesem Verfahren stochastische Prozesse simulieren und analysieren, kritische Schranken von Prüfgrößen (etwa die Prüfgröße *t*) berechnen, die Gütefunktion eines Tests abschätzen und die Bedeutung ungleicher Varianzen für den Vergleich zweier Mittelwerte (Behrens-Fisher-Problem) untersuchen.** Diese Technik ist schnell zu dem weiten Gebiet der Simulation (vgl. Shubik 1960, Guetzkow 1962, Tocher 1963, Chorafas 1965, Giloi 1967, Koxholt 1967, Martin 1968, Mize und Cox 1968, Smith 1968, Chambers 1970, Wilkins 1970, Kohlas 1972) ausgebaut worden: *Nachgebildet wird eine Abstraktion des untersuchten Systems, ein Modell und nicht die Wirklichkeit.*

Zum Studium des Systems ist es besonders in der Technik im allgemeinen üblich, mit einem Modell zu experimentieren: Ein aerodynamisches Modell im Windkanal gibt Aufschlüsse über die Eigenschaften eines im Entwurf befindlichen Flugzeuges. Im Gegensatz zu den physischen Modellen sind abstrakte Modelle, die durch ein Rechnerprogramm beschrieben und ausgeführt werden, viel flexibler. Sie gestatten ein leichteres, schnelleres und billigeres Experimentieren. Die beiden Hauptziele der Simulation sind: Abschätzung der Leistungsfähigkeit eines Systems, bevor es realisiert wird und Vergewisserung, daß das ausgewählte System optimal in dem Sinne ist, daß die gewünschten Kriterien erfüllt werden. Aufgabe der Simulation ist es, genügend Daten und statistische Aussagen über den dynamischen Ablauf und die Leistungsfähigkeit eines bestimmten Systems zu liefern. Aufgrund dieser Ergebnisse können System und/oder Modell überprüft und entsprechend geändert werden. Durch Variation des Modells findet man iterativ das Optimalsystem. Die Simulation von Firmen und Industrien, von Verkehrsströmen und Nervennetzen, von militärischen Operationen und internationalen Krisen liefert Einsichten in das Verhalten komplexer Systeme. Insbesondere dann, wenn deren exakte Behandlung zu aufwendig oder unmöglich ist und eine relativ schnelle Näherungslösung verlangt wird. Hierfür werden neben programmgesteuerten elektronischen Digitalrechenautomaten auch elektromechanische oder elektronische Analogrechenanlagen eingesetzt.

Digital, „in letzten Einheiten" (engl. digits = Finger, Ziffern), arbeitende Geräte sind Tischrechenmaschinen, Kassen, Buchungsmaschinen und der Kilometerzähler am Wagen. Das Resultat wird gezählt, *abgelesen.* Demgegenüber sind Geschwindigkeitsmesser und andere physikalische Anzeigegeräte, deren Zeiger sich kontinuierlich bewegen – es wird *gemessen – analog* arbeitende Geräte. Hierzu gehört auch der *Rechenstab* mit seinen kontinuierlichen Rechengrößen: Jeder Zahl wird eine Strecke zugeordnet, deren Länge dem Logarithmus der Zahl proportional ist. Beispielsweise entspricht der Multiplikation zweier Zahlen das Aneinanderlegen der entsprechenden Strecken, deren Längen dadurch addiert werden.

Der elektronische *Digitalrechner* (digital computer, Ziffernautomat) (vgl. Rechenberg 1964, Richards 1966, Sippl 1966) arbeitet nicht mit Dezimalziffern (0 bis 9), sondern wegen des vereinfachten konstruktiven Aufbaus und der erhöhten Rechengenauigkeit mit den sogenannten Dualziffern, Binärziffern oder Binärzeichen (binary numbers, binary digits) Null und Eins (0, 1), häufig auch zur besseren Unterscheidung mit den Buchstaben *O* und *L* bezeichnet.

Wer die Zahl 365 schreibt, führt folgende Rechenoperation aus:

$$365 = 300 + 60 + 5 = 3 \cdot 10^2 + 6 \cdot 10^1 + 5 \cdot 10^0.$$

Unsere Schreibweise läßt die Zehnerpotenzen weg und notiert lediglich deren Faktoren, hier 3, 6 und 5 in symbolischer Position. Gibt man die Zahl 45 in Potenzen von 2 an (vgl. $2^0 = 1$, $2^1 = 2$, $2^2 = 4$, $2^3 = 8$, $2^4 = 16$, $2^5 = 32$ usw.):

$$45 = 32 + 8 + 4 + 1 = 1 \cdot 2^5 + 0 \cdot 2^4 + 1 \cdot 2^3 + 1 \cdot 2^2 + 0 \cdot 2^1 + 1 \cdot 2^0$$

und läßt man die 2 mit ihren Potenzen von 5 bis 0 weg, so ergibt sich für 45 die duale Schreibweise 101101 oder besser *LOLLOL*. Die Übersetzung von der dezimalen zur binären Darstellung bei der Eingabe und die Rückübersetzung bei der Ausgabe nimmt die Anlage meist selbst vor.

Wichtigstes Bauelement des elektronischen Digitalrechners ist der als Schalter eingesetzte Transistor. Er ist entweder stromführend, weist eine Spannung auf (*L* entsprechend) oder stromlos, ohne Spannung (*O* entsprechend). *Eine bestimmte Zahl wird durch eine bestimmte Anzahl von O- und L-Impulsen dargestellt.* Der Digitalrechner ist überall dort unentbehrlich, wo – auf Kosten der Instruktionszeit – umfangreiche und *sehr komplizierte Berechnungen mit* (beliebig) *hoher Genauigkeit* notwendig sind.

Analogrechner arbeiten im allgemeinen mit kontinuierlichen elektrischen Signalen (vgl. Karplus und Soroka 1959, Rogers und Connolly 1960, Winkler 1961, Ameling 1963, Fifer 1963, Giloi und Lauber 1963, Sippl 1966). Die Variablen und die zwischen ihnen bestehenden Beziehungen werden in analoge elektromagnetische oder elektronische verwandelt. *Eine bestimmte Zahl wird durch eine proportionale Spannung dargestellt.* Es besteht ein physikalisches Analogon des gestellten Problems, in dem die veränderlichen physikalischen Größen dieselbe mathematische Abhängigkeit haben wie die Größen des mathematischen Problems. Daher der Name Analogrechner. So läßt sich der Druckausgleich zwischen zwei Gasbehältern am Analogon zweier über einen Widerstand verbundener Kondensatoren untersuchen. Analogrechner sind „lebende" mathematische Modelle. Die unmittelbare Ausgabe der Lösung auf einem Bildschirm versetzt den Ingenieur in die Lage direkt die angegebenen Parameter zu ändern (Knöpfe zu drehen) und sich auf diese Weise *sehr schnell* an eine optimale Lösung des Problems heranzuarbeiten. Die erzielbare Genauigkeit ist abhängig von der Genauigkeit der Nachbildung, vom Rauschpegel (noise) der elektronischen Komponenten und von der Meßeinrichtung, von den Toleranzen elektrischer und mechanischer Teile. Obwohl ein einzelnes Rechenelement (Verstärker) eine Genauigkeit von maximal 4 Dezimalstellen oder 99,99% erreichen kann (d. h. der Rechenfehler bei $\geq 0,01\%$ liegt) entspricht der Gesamtfehler von beispielsweise 100 zusammengeschalteten Verstärkern demjenigen eines Rechenstabes. Ihre Stärke liegt in der Behandlung von Problemen, deren Lösung *wiederholte Integrationen* erfordert, d. h. die Lösung von Differentialgleichungen. *Hohe Rechengeschwindigkeit, schnelle Parametervariation und große Anschaulichkeit* zeichnen die als „Experimentiermaschinen" auffaßbaren Analogrechner aus, die auch meist billiger als die schwer vergleichbaren Digitalrechner sind. Zufallsgrößen mit vorgegebenen statistischen Verteilungen lassen sich mit Hilfe eines *Rauschgenerators* erzeugen.

Anwendungsgebiete elektronischer Analogrechner sind die *Annäherung empirischer Funktionen*, d.h. das Aufsuchen mathematischer Beziehungen für experimentell gefundene Meßkurven, die Lösung von algebraischen Gleichungen und die Integration gewöhnlicher Differentialgleichungen – die Analyse biologischer Regelungssysteme, die *Berechnung, Steuerung und Überwachung von Atomreaktoren und Teilchenbeschleunigern*, die Überwachung chemischer Prozesse und allgemeiner elektrischer Regelkreise sowie *Simulationen*, wie z.B. das Verhalten eines Reaktors oder einer Crack-Anlage unter Explosionsbedingungen.

Eine Verschmelzung der beiden ursprünglichen Prinzipien digital und analog bieten *Hybrid-Rechner.* Sie sind durch Digital-Analog-Umsetzer und Analog-Digital-Umsetzer ausgezeichnet, Geräte, die eine Digitalzahl in einen zugehörigen analogen Spannungswert umwandeln und umgekehrt. Ein Hybrid-Rechner *verbindet* die Vorteile kontinuierlicher und diskreter Rechentechnik: *die Rechengeschwindigkeit und die unkomplizierten Methoden zur Änderung eines Analog-Rechner-Programmes mit der Genauigkeit und der Flexibilität einer speicherprogrammierten Anlage.* Hybride Rechner dienen zur Lösung von Differentialgleichungen und zur Optimalisierung von Prozessen: Sie steuern Warmband-Walzenstraßen, den Verkehr, Satelliten, Kraftwerke sowie Prozesse in der chemischen Industrie, z.B. die Rohöl-Fraktionierung. Man spricht auch von *Prozeßautomatisierung durch „Prozeßrechner".* Die Prozeßrechentechnik bedeutet eine der stärksten Umwälzungen in der industriellen Fertigung. Große Hybrid-Rechner mit einem Analogteil von mehr als 100 Verstärkern werden besonders in der Flugzeug- und Raumfahrtindustrie eingesetzt, z.B. für die *Berechnung von Raketen- und Satellitenbahnen.* Näheres ist z.B. Bekey (1969), Anke und Mitarbeitern (1970) sowie Barney und Hambury (1970) zu entnehmen.

3 Der Vergleich unabhängiger Stichproben gemessener Werte

Spezielle Stichprobenverfahren

Wissen wir einiges über die zu erwartende Heterogenität innerhalb der Grundgesamtheit, die wir untersuchen wollen, dann gibt es wirksamere Verfahren als die Auswahl zufälliger Stichproben. Wichtig ist die Verwendung *geschichteter* oder stratifizierter Stichproben; hier wird die Grundgesamtheit in relativ homogene Teilgrundgesamtheiten, Schichten oder Strata unterteilt, und zwar jeweils nach den Gesichtspunkten, die für das Studium der zu untersuchenden Variablen von Bedeutung sind. Geht es um die Voraussage von Wahlergebnissen, dann wird man die Stichprobe so wählen, daß sie ein verkleinertes Modell der Gesamtbevölkerung darstellt. Dabei werden in erster Linie Altersschichtung, das Verhältnis zwischen Männern und Frauen und die Einkommensgliederung berücksichtigt. Stratifizierung verteuert meist die Stichprobenerhebung, ist jedoch ein wichtiges Hilfsmittel.

Demgegenüber wird in der *systematischen* Stichprobe so vorgegangen, daß jedes q-te Individuum der Grundgesamtheit nach einer Liste ausgewählt wird (Quotenverfahren). Hierbei ist q der auf eine ganze Zahl aufgerundete Quotient, den man bei der Division der Gesamtbevölkerung durch den Stichprobenumfang erhält. Bei der Auswahl einer systematischen Stichprobe kann man Volkszählungen, Wahllisten sowie die Karteien der Einwohnermeldeämter oder der Gesundheitsbehörden verwenden. Vorausgesetzt wird allerdings, daß die zugrundeliegende Liste frei von periodischen Schwankungen ist. Eine *einwandfreie Zufallsauswahl* ist allerdings nur dann möglich, wenn die Einheiten – etwa Karteikarten – durch *Mischen* in eine *Zufallsanordnung* gebracht werden und dann *systematisch jede q-te Karte* gezogen wird. Die Verwendung einer systematischen Stichprobe hat den Vorteil, daß es oft leichter ist, jedes q-te Individuum herauszugreifen als rein zufällig auszuwählen. Außerdem bringt die Methode in bestimmten Fällen eine indirekte Stratifikation mit sich, beispielsweise wenn die Ausgangsliste nach Wohnorten, Berufen oder Einkommensgruppen geordnet wird. Nicht auf dem Zufallsprinzip beruhende Auswahlverfahren, d.h. die *meisten Quotenverfahren* und insbesondere die *Auswahl typischer Fälle* gestatten jedoch keine Angaben über die Zuverlässigkeit ihrer Ergebnisse. Sie sollten daher vermieden werden.

Besonders bei geographischen Problemstellungen verwendet man die Stichprobe mit geschlossenen Erfassungsgruppen, das *Klumpen*-Verfahren. Die Grundgesamtheit wird hier in kleine relativ homogene Gruppen oder Klumpen unterteilt, die man mit wirtschaftlichem Vorteil gemeinsam untersuchen kann. Untersucht wird dann eine zufällige Stichprobe der Klumpen (Familien, Schulklassen, Häuser, Dörfer, Straßenblöcke, Stadtteile). Mehrstufige Zufallsauswahlen sind hier gut möglich (z.B. Dörfer und hieraus wieder zufällig Häuser).

Andere Auswahlverfahren sind:

1. Bei durchnumerierten Karteikarten oder anderen Auswahlunterlagen die *Auswahl nach Schlußziffern.* Soll z.B. eine Stichprobe mit dem Auswahlsatz 20% gezogen werden, so können alle Karten mit den Schlußziffern 3 und 7 gewählt werden.
2. Für die Auswahl von Personen das *Geburtstagsverfahren.* Bei diesem Auswahlverfahren werden alle Personen in die Stichprobe einbezogen, die an bestimmten Tagen im Jahr geboren sind. Werden z.B. alle am 11. eines Monats Geborenen ausgewählt, so erhält man eine Stichprobe mit einem Auswahlsatz von etwa $12:365 = 0{,}033$, d.h. rund 3%. Das Verfahren kann nur dann benutzt werden, wenn geeignete Auswahlgrundlagen (z.B. Liste, Kartei) für den zu erfassenden Personenkreis vorliegen.

Fragen, die mit dem Umfang und der Genauigkeit von Stichproben, den Kosten und der Wirtschaftlichkeit von Stichprobenverfahren zusammenhängen, behandeln Szameitat u. Mitarb. (1958, 1964). Zum Problemkreis Datenverarbeitung und Fehlerkontrolle siehe Szameitat und Deininger (1969) sowie Minton (1969, 1970). Näheres ist den im Literaturverzeichnis vorgestellten Büchern zu entnehmen (S. 474, 475).

31   Vertrauensbereich des Mittelwertes und des Medians

Der Begriff *Vertrauensbereich* ist von J. Neyman und E.S. Pearson (vgl. Neyman 1950) eingeführt worden. Man versteht darunter ein aus Stichprobenwerten berechnetes Intervall, das den wahren aber unbekannten Parameter mit einer vorgegebenen Wahrscheinlichkeit, der Vertrauenswahrscheinlichkeit, überdeckt. Als Vertrauenswahrscheinlichkeit wird meist 95% gewählt; diese Wahrscheinlichkeit besagt, daß bei häufiger Anwendung dieses Verfahrens die berechneten Vertrauensbereiche in etwa 95% der Fälle den Parameter überdecken und ihn in nur 5% der Fälle nicht erfassen.

▶ 311   Vertrauensbereich des Mittelwertes

Gegeben sei eine Zufallsstichprobe $x_1, x_2, \ldots, x_n$ aus einer normalverteilten Grundgesamtheit. Der Mittelwert der Grundgesamtheit sei unbekannt. Wir suchen zwei aus der Stichprobe zu errechnende Werte x_{links} und x_{rechts}, die mit einer bestimmten, nicht zu kleinen Wahrscheinlichkeit den unbekannten Parameter μ zwischen sich einschließen: $x_{\text{links}} \leq \mu \leq x_{\text{rechts}}$. Diese Grenzen nennt man *Vertrauensgrenzen* oder Mutungsgrenzen (confidence limits), sie bestimmen den sogenannten Vertrauens-, Mutungs- oder Konfidenzbereich (confidence interval). Mit der statistischen Sicherheit S (vgl. S. 90/91) liegt dann der gesuchte Parameter μ zwischen den Vertrauensgrenzen

$$\bar{x} \pm ts/\sqrt{n} \qquad\qquad (3.1)$$

mit $t_{n-1;\alpha}$ (Faktor der Student-Verteilung: Tabelle 27, S. 111), d.h. in durchschnittlich $100 \cdot S\%$ aller Stichproben werden diese Grenzen den wahren Wert des Parameters einschließen:

$$P(\bar{x} - ts/\sqrt{n} \leq \mu \leq \bar{x} + ts/\sqrt{n}) = S \qquad\qquad (3.1\,a)$$

d.h. in höchstens $100 \cdot \alpha\%$ aller Stichproben wird der unbekannte Parameter nicht überdeckt. In durchschnittlich $100(1-S)\%$ aller Stichproben werden diese Grenzen den Parameter nicht erfassen, und zwar wird er in durchschnittlich $100(1-S)/2$ $=100\cdot\alpha/2\%$ aller Stichproben unterhalb und in durchschnittlich $100(1-S)/2$ $=100\cdot\alpha/2\%$ aller Stichproben oberhalb des Vertrauensbereiches liegen. Es sei daran erinnert, daß für den vorliegenden zweiseitigen Vertrauensbereich $\alpha/2+S+\alpha/2=1$ gilt. Einseitige Vertrauensbereiche (z. B. obere Vertrauensgrenze $\mu_{\mathrm{ob.}}=\bar{x}+t_{\mathrm{eins.}}\cdot s/\sqrt{n}$)

$$P(\bar{x}-ts/\sqrt{n}\leqq\mu)=S \quad\text{bzw.}\quad P(\mu\leqq\bar{x}+ts/\sqrt{n})=S \tag{3.1b}$$

mit $t_{n-1,\alpha,\mathrm{eins.}}$ schließen in durchschnittlich $100\cdot\alpha\%$ aller Stichproben den Parameter nicht ein, überdecken ihn dagegen in durchschnittlich $100\cdot S\%$ aller Fälle (vgl. $\alpha+S=1$). Ist σ bekannt oder wird s aus sehr großem n berechnet (d. h. $s\approx\sigma$), dann wird (3.1) durch (3.2) ersetzt ($z=$ Standardnormalvariable):

$$\bar{x}\pm z\frac{\sigma}{\sqrt{n}} \tag{3.2}$$

mit $z=1,96$ $(S=95\%)$, $z=2,58$ $(S=99\%)$ und $z=3,29$ $(S=99,9\%)$.
Vorausgesetzt wird auch hier, daß die Stichprobe entweder einer unendlich großen Grundgesamtheit entstammt, oder einer endlichen Grundgesamtheit entnommen ist und ihr anschließend wieder zugeteilt wird. Entstammt die Stichprobe einer endlichen Grundgesamtheit des Umfangs N und wird sie nach Entnahme und Auswertung nicht wieder zu ihrer Grundgesamtheit zurückgelegt, so gelten die Vertrauensgrenzen

$$\bar{x}\pm z\frac{\sigma}{\sqrt{n}}\cdot\sqrt{\frac{N-n}{N-1}} \tag{3.2a}$$

Die Wurzel $\sqrt{\dfrac{N-n}{N-1}}$ bezeichnet man als Endlichkeitskorrektur. Der Quotient $\dfrac{\sigma}{\sqrt{n}}$ ist auf S. 76 als Standardabweichung des Mittelwertes $(\sigma_{\bar{x}})$ eingeführt worden. Der Vertrauensbereich (VB) für μ kann daher (3.2b) bzw. (3.1c) geschrieben werden; (3.1c) $=$(3.1) darf auch bei nicht allzu starken Abweichungen von der Normalverteilung berechnet werden (vgl. auch S. 160).

S.
53, 111

$$\bar{x}\pm z\sigma_{\bar{x}} \quad\text{bzw.}\quad \bar{x}\pm ts_{\bar{x}} \tag{3.2b, 3.1c}$$

Beispiel
Gegeben sei die Stichprobe $n=200$, $\bar{x}=320$, $s=20$ aus einer unendlich großen Grundgesamtheit $(N(\mu,\sigma)$, vgl. S. 51). Bestimme den 95%-Vertrauensbereich (95%-VB) des Mittelwertes.

$$t_{199;\,0,05}=1,972 \qquad s_{\bar{x}}=\frac{s}{\sqrt{n}}=\frac{20}{\sqrt{200}}=1,414 \qquad z=1,96$$

$$t\cdot s_{\bar{x}}=1,972\cdot1,414=2,79 \qquad\qquad\qquad z\cdot s_{\bar{x}}=1,96\cdot1,414=2,77$$

$$317\leqq\mu\leqq323$$

Den seltener gebrauchten prozentualen Vertrauensbereich errechnet man bei Bedarf nach

$$\frac{t}{\bar{x}}\cdot s_{\bar{x}}=\frac{1,972}{320}\cdot1,414=0,0087\simeq0,9\%. \quad\text{bzw.}\quad \frac{z}{\bar{x}}\cdot s_{\bar{x}}=\frac{1,96}{320}\cdot1,414=0,0087\simeq0,9\%.$$

Den 95%-*VB* für μ gibt man an als „95%-*VB*: $\bar{x} \pm t s_{\bar{x}}$" [vgl. (3.1/1 c) mit $t = t_{n-1;0,05;\text{zweis.}}$] bzw. besser als „95%-*VB*: $a \leq \mu \leq b$"; z.B. (95%-*VB*: 320 ±3), 95%-*VB*: $317 \leq \mu \leq 323$.

Eine handliche Tafelsammlung für die Ermittlung der Vertrauensgrenzen von Mittelwerten anhand geschätzter oder bekannter Standardabweichungen gibt Pierson (1963).

Hinweis: Rückschluß und direkter Schluß

Schließen wir nach (3.1) von den Werten der Stichprobe auf den Mittelwert der Grundgesamtheit

$$\bar{x} - t \frac{s}{\sqrt{n}} \leq \mu \leq \bar{x} + t \frac{s}{\sqrt{n}} \tag{3.1 a}$$

so liegt ein *Rückschluß* oder, da die Stichprobe die Grundgesamtheit „repräsentiert", ein *Repräsentationsschluß* vor. Umgekehrt ist der Schluß von den Parametern der Grundgesamtheit auf den Mittelwert der Stichprobe

$$\mu - z \frac{\sigma}{\sqrt{n}} \leq \bar{x} \leq \mu + z \frac{\sigma}{\sqrt{n}} \tag{3.3}$$

ein *direkter Schluß* oder, da die Grundgesamtheit die Stichprobe mit „einschließt", ein *Inklusionsschluß*. Schließt man von den Werten einer Stichprobe auf die einer anderen Stichprobe derselben Grundgesamtheit, dann liegt ein sogenannter *Transponierungschluß* vor.

Hahn (1970) gibt für normalverteilte Grundgesamtheiten „prediction intervals" (Vorhersagebereiche, Voraussagebereiche) für künftige Beobachtungen sowie für den Mittelwert künftiger Beobachtungen.

▶ **312   Schätzung von Stichprobenumfängen**

Mindestzahl von Beobachtungen zur Schätzung einer Standardabweichung und eines Mittelwertes

Die folgenden Formeln geben mit vorgegebener Genauigkeit (*d*) und vorgegebener statistischer Sicherheit **minimale Stichprobenumfänge** (auf der Normalverteilung basierende Näherungen!) zur Schätzung von Standardabweichung (n_s) (vgl. auch Tab. 48, S. 198) und Mittelwert ($n_{\bar{x}}$) [mit $d = (s - \sigma)/\sigma$ und $d = \bar{x} - \mu$]:

$$n_s \approx 1 + 0{,}5 \left(\frac{z_\alpha}{d} \right)^2 \qquad n_{\bar{x}} = \left(\frac{z_\alpha}{d} \right)^2 \cdot \sigma^2 \tag{3.4, 3.5}$$

z_α ist der Tab. 43, S. 172 (zweiseitiger Test) für die gewünschte statistische Sicherheit $S = 1 - \alpha$ zu entnehmen. Für die Beispiele benutzen wir $z_{0,05} = 1{,}96$ und $z_{0,01} = 2{,}58$.

Beispiele

$\boxed{n_s}$ Zur Schätzung einer **Standardabweichung** mit einer statistischen Sicherheit von von 95% ($\alpha = 0{,}05$) und einer Genauigkeit von $d = 0{,}2$ benötigt man etwa $n_s \approx 1 + 0{,}5(1{,}96/0{,}2)^2 = 49$ Beobachtungen. Für $S = 95\%$ oder $S = 0{,}95$ ($\alpha = 0{,}05$) und $d = 0{,}14$ benötigt man etwa $n_s \approx 1 + 0{,}5(1{,}96/0{,}14)^2 = 99$ Beobachtungen. Tabelle 48 auf S. 198 liefert $n_s = 100$.

$\boxed{n_{\bar{x}}}$ Für eine Schätzung von σ^2 benutze man die Hinweise 5 und 6 auf S. 79. Zur Schätzung eines **Mittelwertes** bei bekannter Varianz $\sigma^2 = 3$ mit einer statistischen Sicherheit von 99% ($\alpha = 0{,}01$) und mit einer Genauigkeit von $d = 0{,}5$ benötigt man etwa $n_{\bar{x}} = (2{,}58/0{,}5)^2 \cdot 3 = 80$ Beobachtungen; d.h. mit etwa 80 Beobachtungen erhält man den 95%-*VB* für μ ($\bar{x} - 0{,}5 \leq \mu \leq \bar{x} + 0{,}5$ bzw. $\mu = \bar{x} \pm 0{,}5$) mit der Länge 2d.

Zu $n_{\bar{x}}$, jetzt kurz n genannt: Ist n größer als 10% der Grundgesamtheit N $(n > 0,1 \cdot N)$, so benötigt man nicht n, sondern nur $n' = n \big/ \left(1 + \dfrac{n}{N}\right)$ Beobachtungen: Für $N = 750$ benötigt man somit nicht 80, sondern nur $80 \big/ \left(1 + \dfrac{80}{750}\right) = 72$ Beobachtungen.

Auf andere Fragen, die mit dem Mindestumfang von Stichproben zusammenhängen, kommen wir weiter unten (S. 219/223) zurück (vgl. auch die Tafeln von Hahn 1969).

n_s \ S	0,99	0,95	0,90	0,80
4	0,96	0,75	0,64	0,50
6	0,77	0,60	0,50	0,40
8	0,66	0,51	0,43	0,34
10	0,59	0,45	0,38	0,30
12	0,54	0,41	0,35	0,27
15	0,48	0,37	0,31	0,24
20	0,41	0,32	0,27	0,21
25	0,37	0,28	0,24	0,18
30	0,34	0,26	0,22	0,17
100	0,18	0,14	0,12	0,09
1000	0,06	0,04	0,04	0,03

Tabelle 48. Die halbe Länge des Vertrauensbereiches für den relativen Fehler der Standardabweichung $[(s-\sigma)/\sigma]$ einer normalverteilten Grundgesamtheit für ausgewählte statistische Sicherheiten S ($S = 1 - \alpha$) und Stichprobenumfänge n_s. Vergleiche das zweite Beispiel zu Formel (3.4) auf S. 197. (Aus Thompson, W.A., Jr. and J. Endriss: The required sample size when estimating variances. American Statistician **15** (June 1961) 22–23, p. 22, Table I)

Näheres über die Wahl geeigneter Stichprobenumfänge ist Mace (1964) zu entnehmen (vgl. auch Goldman 1961, McHugh 1961, Guenther 1965 [siehe S. 105] und Winne 1968).

Mindestzahl von Beobachtungen für den Vergleich zweier Mittelwerte

Erwartet man, daß sich **zwei Mittelwerte unabhängiger Stichproben** beträchtlich unterscheiden – kein Überschneiden beider Meßbereiche – dann sollte man mit jeweils 3 bis 4 ($\alpha = 0,05$) bzw. 4 bis 5 ($\alpha = 0,01$) Beobachtungen auskommen.

Für den Nachweis einer wahren Differenz δ (delta) zwischen zwei Mittelwerten benötigt man bei **unabhängigen Stichproben** mit gleichen Varianzen, die einer Normalverteilung entstammen, jeweils etwa

$$n = 2(z_\alpha + z_\beta)^2 \left[\frac{\sigma^2}{\delta^2}\right] \tag{3.6}$$

Beobachtungen (d.h. $n_1 = n_2 = n$) (vgl. auch Tab. 52, S. 215). Die Werte z_α und z_β – man vergleiche das auf S. 95/96 über den Fehler 1. und 2. Art Gesagte – sind Tab. 43, S. 172 zu entnehmen. Bei z_α ist zu überlegen, ob ein zweiseitiger oder ein einseitiger Test geplant ist; z_β ist stets der Wert für den einseitigen Test. Für die gemeinsame Varianz σ^2 sollte zumindest eine ausreichend genaue Schätzung

$$s^2 = \frac{(n_a - 1)s_a^2 + (n_b - 1)s_b^2}{n_a + n_b - 2}$$

vorliegen.

Beispiel $\delta = 1,1,$ $\alpha = 0,05$(zweiseitig),   d.h. $z_{0,05;\,\text{zweiseitig}} = 1,960,$
$\sigma^2 = 3,0,$ $\beta = 0,10$(einseitig),   d.h. $z_{0,10;\,\text{einseitig}} = 1,282,$

$$n = 2(1,960 + 1,282)^2 \left[\frac{3,0}{1,1^2}\right] = 52,12.$$

Insgesamt werden rund $53 + 53 = 106$ Beobachtungen benötigt. Dann ist anzunehmen, daß es bei zweiseitiger Fragestellung auf dem 5%-Niveau mit einer Wahrscheinlichkeit (Teststärke oder Power) von 90% $(0,90 = 1 - 0,10 = 1 - \beta)$ [beachte hierbei: $n \approx 21(\sigma^2/\delta^2)$] gelingen wird, die wahre Differenz von 1,1 als signifikant auszuweisen.

313   Die mittlere absolute Abweichung

Bei kleinen Stichprobenumfängen kann die *mittlere absolute Abweichung (MAA) vom Mittelwert* (mean deviation from the mean), auch durchschnittliche Abweichung genannt, als Dispersionsmaß benutzt werden. Sie ist definiert durch

$$MAA = \frac{\sum |x_i - \bar{x}|}{n} \tag{3.7}$$

$$\boxed{\begin{array}{l} \text{Klassierte Beobachtungen:} \\[2mm] MAA = \dfrac{\sum |x_i - \bar{x}| f_i}{\sum f_i} \\[2mm] x_i = \text{Klassenmitten}; \quad \sum f_i = n \end{array}}$$

wird aber schneller nach

$$MAA = \frac{2}{n} \sum_{x_i > \bar{x}} (x_i - \bar{x}) = \frac{2[\sum x_1 - n_1 \bar{x}]/n}{n_1 \text{Werte } x_1 > \bar{x}} \tag{3.8}$$

geschätzt. So ist die *MAA* von 1, 2, 3, 4, 5,

$$MAA = \frac{2}{5}[(4-3) + (5-3)] = 2[(4+5) - 2 \cdot 3]/5 = 6/5 = 1,2$$

Für kleine Stichprobenumfänge (und wenn Verdacht auf Extremwerte besteht) **ist sie der sonst optimalen Standardabweichung überlegen** (vgl. Tukey 1960): Größeren Abweichungen vom Mittelwert, d.h. größeren Abweichungen von der Normalität in den Ausläufern der Stichprobenverteilung wird ein geringeres Gewicht gegeben. Damit wird auch der Einfluß möglicher Ausreißer (vgl. S. 219) reduziert und die Entscheidung, einen Extremwert noch zu akzeptieren oder ihn abzulehnen, weniger schwerwiegend.

Das *Verhältnis MAA/σ* hat für die Gleichverteilung den Wert $\sqrt{3}/2 = 0,86603$, für die Dreieckverteilung $(16/27)\sqrt{2} = 0,83805$, für die Normalverteilung $\sqrt{2/\pi} = 0,79788$ und für die Exponentialverteilung den Wert $2/e = 0,73576$. Für angenähert normalverteilte Stichproben gilt $|\frac{MAA}{s} - 0,7979|$ $< \frac{0,4}{\sqrt{n}}$, geprüft werden allerdings nur Abweichungen von der Wölbung einer Normalverteilung. Nach D'Agostino (1970) ist $(a - 0,7979)\sqrt{n}/0,2123$ mit $a = 2(\sum x_1 - n_1 \bar{x})/\sqrt{n \sum x^2 - (\sum x)^2}$ (kritische Schranken gibt Geary 1963) schon für kleines n angenähert standardnormalverteilt (Wölbungsbezogener Schnelltest auf Nichtnormalität). Einen Wölbung und Schiefe umfassenden Test auf Nichtnormalität gibt D'Agostino (1971, 1972) ebenfalls.

Den 95%-Vertrauensbereich für μ erhält man anhand der *MAA* nach

$$\boxed{\bar{x} \pm \text{Faktor} \cdot MAA} \tag{3.9}$$

Faktoren für den Stichprobenumfang n sind Tabelle 49 zu entnehmen.

n	Faktor	n	Faktor
2	12,71	12	0,82
3	3,45	13	0,78
4	2,16	14	0,75
5	1,66	15	0,71
6	1,40	20	0,60
7	1,21	25	0,53
8	1,09	30	0,48
9	1,00	40	0,41
10	0,93	60	0,33
11	0,87	120	0,23

Tabelle 49.   Faktoren zur Ermittlung der 95%-Vertrauensgrenzen für den Mittelwert anhand der mittleren absoluten Abweichung. Aus Herrey, Erna M.J.: Confidence intervals based on the mean absolute deviation of a normal sample. J. Amer. Statist. Assoc. **60** (1965) 257–269, p. 267, part of Table 2. Faktoren für die anderen üblichen Vertrauensgrenzen gibt Krutchkoff (1966).

Die Gleichheit zweier oder mehrerer *MAA* läßt sich anhand von Tafeln (Cadwell 1953, 1954) prüfen. Eine Tafel für den entsprechenden auf der *MAA* basierenden Ein- und Zweistichproben-*t*-Test gibt Herrey (1971).

Beispiel

Gegeben seien die acht Meßwerte: 8, 9, 3, 8, 18, 9, 8, 9 mit $\bar{x}=9$. Bestimme den 95%-Vertrauensbereich für μ! Zunächst berechnen wir $\sum|x_i-\bar{x}|$.

$$\sum|x_i-\bar{x}|=|8-9|+|9-9|+|3-9|+|8-9|+|18-9|+|9-9|+|8-9|+|9-9|$$
$$\sum|x_i-\bar{x}|=\ \ 1\ \ +\ \ 0\ \ +\ \ 6\ \ +\ \ 1\ \ +\ \ 9\ \ +\ \ 0\ \ +\ \ 1\ \ +\ \ 0=18$$

und die mittlere absolute Abweichung nach (3.7)

$MAA=\dfrac{18}{8}=2,25$ bzw. nach (3.8) $MAA=2\{18-1\cdot 9\}/8=2,25$. Für $n=8$ entnehmen

wir Tabelle 49 den Faktor 1,09. Den 95%-Vertrauensbereich erhalten wir dann nach (3.9) zu $9\pm 1,09\cdot 2,25=9\pm 2,45$. 95%-*VB*: $6,55\lessgtr\mu\lessgtr 11,45$.

Schätzung des 50%-Vertrauensbereiches eines arithmetischen Mittels

Werden wiederholt Stichproben gezogen, dann läßt sich ein Bereich definieren, der bei 50% aller Stichproben den gesuchten Parameter enthält. Dieses Intervall, das die mittleren 50% der Gesamtwahrscheinlichkeit umfaßt und damit den *wahrscheinlichen Fehler* (*WF*, probable error) in unserem Falle des arithmetischen Mittels oder die wahrscheinliche Abweichung (probable deviation) des Mittelwertes von dem zugrundeliegenden Parameter charakterisiert (Normalverteilung vorausgesetzt),

50%-Vertrauensbereich:

$$\boxed{\text{Schätzwert}\ \pm\ \dfrac{\text{Wahrscheinlicher Fehler}}{\text{des Schätzwertes}}}\qquad\qquad (3.10)$$

z. B. $\boxed{\bar{x}\pm WF_{\bar{x}}}$ (3.10a)

läßt sich für nicht zu kleine Stichprobenumfänge $(n\gtrsim 7)$ nach Peters (1856) schätzen

$$\boxed{\bar{x}\pm 0,84535\dfrac{\sum|x_i-\bar{x}|}{n\sqrt{n-1}}}\qquad\qquad (3.11)$$

Beispiel

Wir verwenden die Daten des letzten Beispiels und erhalten den 50%-Vertrauensbereich zu $9\pm 0,84535\cdot\dfrac{18}{8\cdot\sqrt{8-1}}=9\pm 0,72$. 50%-*VB*: $8,28\lessgtr\mu\lessgtr 9,72$.

▶ **314   Vertrauensbereich des Medians**

Der Vertrauensbereich des Medians ersetzt bei nicht normalverteilten Grundgesamtheiten (3.1) und (3.2). Bezeichnet man die der Größe nach aufsteigend geordneten n Beobachtungen mit $x_{(1)}, x_{(2)}, x_{(3)}, \ldots, x_{(n)},$ dann ist der verteilungsunabhängige Vertrauensbereich für den Median $\tilde{\mu}$ durch

$$x_{(h)} \leqq \tilde{\mu} \leqq x_{(n-h+1)} \qquad (3.12)$$

gegeben. Für $n > 50$ und die Vertrauenswahrscheinlichkeiten 90%, 95%, 99% kann h nach

$$h = \frac{n - z\sqrt{n-1}}{2} \qquad (3.13)$$

approximiert werden (mit $z = 1,64; 1,96; 2,58$). So liegt für $n = 300$ der 95%-Vertrauensbereich zwischen dem 133. und dem 168. Wert der aufsteigend geordneten Stichprobe ($h = [300 - 1,96\sqrt{300} - 1]/2 \approx 133$, $n - h + 1 = 300 - 133 + 1 = 168$). Ein Ablesen der 95%- und 99%-Vertrauensgrenzen gestatten Tab. 69/69a (S. 249). Weitere Tafeln sind Mackinnon (1964) und Van der Parren (1970) zu entnehmen.

Hinweis: 95%- und 99%-Vertrauensbereiche für 18 weitere Quantile (Quartile, Dezile und einige Perzentile [vgl. auch S. 159]) sind den auf S. 439 zitierten Documenta Geigy (1968, S. 104 [vgl. S. 162 links u. S. 188 links]) zu entnehmen.

▶ **32   Vergleich eines empirischen Mittelwertes mit dem Mittelwert einer normalverteilten Grundgesamtheit**

Die Frage, ob der Mittelwert $\bar{x}$ einer Stichprobe nur zufällig oder signifikant von einem vorgegebenen Mittelwert μ_0 verschieden ist, heißt anschaulich: Schließt der mit $\bar{x}$ berechnete Vertrauensbereich für μ den vorgegebenen Mittelwert μ_0 ein oder nicht, d.h. ist also die absolute Differenz $|\bar{x} - \mu_0|$ kleiner oder größer als die halbe Vertrauensbereichspanne $ts/\sqrt{n}$.

Eine Stichprobe habe den Umfang n und die Standardabweichung s; dann ist der Unterschied ihres Mittelwertes $\bar{x}$ vom vorgegebenen Mittelwert μ_0 signifikant, d.h. statistisch gesichert, wenn

$$|\bar{x} - \mu_0| > t \frac{s}{\sqrt{n}} \quad \text{oder} \quad \frac{|\bar{x} - \mu_0|}{s} \cdot \sqrt{n} > t \qquad (3.14)$$

wobei der Wert t für den Freiheitsgrad $n-1$ und die geforderte statistische Sicherheit $S = 1 - \alpha$ der Tabelle 27 S. 111 entnommen wird. Die Grenze, bei der und oberhalb der ein Unterschied signifikant und unterhalb der ein Unterschied zufällig ist, liegt somit bei

$$\hat{t} = \frac{|\bar{x} - \mu_0|}{s} \cdot \sqrt{n} \qquad FG = n - 1 \qquad (3.14a)$$

Bei großen Stichprobenumfängen kann t durch den für die geforderte statistische Sicherheit typischen z-Wert ersetzt werden. Da Parameter verglichen werden – μ_0 mit dem der Stichprobe zugrundeliegenden μ – liegt ein Parametertest vor.

Beispiel

Eine Stichprobe vom Umfang $n = 25$ habe $\bar{x} = 9$ und $s = 2$ ergeben. Gefragt wird, ob die Nullhypothese $\mu = \mu_0 = 10$ mit einer statistischen Sicherheit von $S = 95\%$ aufrechterhalten werden kann (zweiseitige Fragestellung).

$$\hat{t} = \frac{|9 - 10|}{2}\sqrt{25} = 2{,}5 > 2{,}06 = t_{24;\,0,05}.$$

Die Hypothese $\mu = \mu_0$ wird auf dem 5%-Niveau abgelehnt.

Vielleicht sollte man an dieser Stelle etwas zum Begriff der *Funktion* sagen. Sie ist eine *Zuordnungsvorschrift*: Wie jedem Sitzplatz in einem Theater bei jeder Vorstellung eine bestimmte Eintrittskarte zugeordnet ist, so ordnet eine Funktion jedem Element einer Menge ein bestimmtes Element einer anderen Menge zu. Im einfachsten Fall ist jedem Wert der unabhängigen Variablen x ein bestimmter Wert der abhängigen Variablen y zugeordnet: $y = f(x)$ (sprich: y gleich f von x); die unabhängige Variable x heißt *Argument*. So ist z.B. für die Funktion $y = x^3$ dem Argument $x = 2$ der *Funktionswert* $y = 2^3 = 8$ zugeordnet. Das Argument der Funktion (3.14a) sind die Stichprobenwerte $x_1, x_2, \ldots, x_n$ sowie der Parameter μ_0:

$$y = f(x_1, x_2, \ldots, x_n;\, \mu_0)$$

Für ein gegebenes Argument ($v = 24$ und $\alpha = 0{,}05$) ist $t = 2{,}06$ der spezielle Funktionswert. Die Werte $\hat{t}$ sind nur bei Gültigkeit der Nullhypothese ($\mu = \mu_0$) *t*-verteilt mit $(n-1)$ Freiheitsgraden. Ist die Nullhypothese nicht gültig ($\mu \neq \mu_0$), so ist $|\hat{t}|$ nicht mehr *t*-verteilt sondern ist **größer** als der zugehörige Wert der *t*-Verteilung.

Anhand von Stichprobenwerten (bzw. anhand von Stichprobenwerten und einem Parameter oder mehreren Parametern) **geschätzte spezielle Funktionswerte** kann man zur besseren Unterscheidung vom zugehörigen *Tafelwert* (z.B. der *t*-, *z*-, χ^2- oder *F*-Verteilung) mit einem ,,Dach" versehen. Diese Größen werden von einigen Autoren nicht benutzt. Nach ihrer Schreibweise wird z.B. (3.14a) so vorgestellt: Die Prüfgröße

$$\frac{|\bar{x} - \mu_0|}{s} \cdot \sqrt{n} \qquad\qquad\qquad (3.14b)$$

ist bei Gültigkeit der Nullhypothese *t*-verteilt mit $(n-1)$ Freiheitsgraden.
Eine andere Möglichkeit, die Nullhypothese ($H_0: \mu = \mu_0$ gegen $H_A: \mu \neq \mu_0$) zu prüfen, besteht darin, festzustellen, ob $\bar{x}$ innerhalb des sogenannten *Annahmebereiches*

$$\mu_0 - t_{n-1;\,\alpha} \cdot \frac{s}{\sqrt{n}} \leqq \bar{x} \leqq \mu_0 + t_{n-1;\,\alpha} \cdot \frac{s}{\sqrt{n}} \qquad\qquad (3.15)$$

liegt. Trifft dies zu, so wird die Nullhypothese beibehalten. Außerhalb der beiden Annahmegrenzen liegt der kritische Bereich, der untere und obere *Ablehnungsbereich*. Fällt $\bar{x}$ in diesen Bereich, so wird die Nullhypothese abgelehnt. Für die einseitige Fragestellung ($H_0: \mu \leqq \mu_0$ gegen $H_A: \mu > \mu_0$) wird die Nullhypothese beibehalten, solange für den Mittelwert $\bar{x}$ einer Stichprobe des Umfanges n gilt:

$$\bar{x} \leqq \mu_0 + t_{n-1;\,\alpha} \cdot \frac{s}{\sqrt{n}} \qquad\qquad\qquad (3.15a)$$

t-Wert für den einseitigen Test aus Tabelle 27 auf S. 111

Bereiche dieser Art sind für die Güteüberwachung in der Industrie wichtig, sie dienen zur Überprüfung möglichst konstanter „Sollwerte" (Parameter) wie Mittel- oder Medianwerte, Standardabweichungen oder Spannweiten und relativer Häufigkeiten (z. B. zulässiger Ausschußprozentsätze).
Das auf Seite 100 gegebene Stochastik-Schema läßt sich nun ergänzen:

Ausgehend von einer Nullhypothese und der zugehörigen repräsentativen (!) Stichprobe – d. h. die Stichprobe kann die jeweilige Grundgesamtheit bis auf zufällige Fehler voll vertreten – ermöglicht der *stochastische Induktionsschluß* eine Aussage über die der Stichprobe zugrundeliegende Grundgesamtheit, über das stochastische Modell. Deduktiv läßt sich dann in einer zweiten stochastischen Schlußweise mit Hilfe von Verfahren der *Wahrscheinlichkeitsrechnung* anhand stochastischer Veränderlicher mit bestimmter Verteilung (z.B. t-Verteilung) ein Überblick über die Gesamtheit der mit dem Modell verträglichen Stichproben gewinnen: Indem die am seltensten zu erwartenden Stichproben – etwa die 5%, 1% oder 0,1% extremsten Fälle – zu einem Ablehnungsbereich zusammengefaßt werden (zweiseitige Fragestellung), sind die Grenzen des *Annahmebereiches der Nullhypothese* festgelegt (vgl. Weiling 1965). Anhand eines statistischen besser stochastischen Testverfahrens (z.B. t-Test) erfolgt dann die eigentliche Prüfung, ob die sich auf die Ausgangsstichprobe gründende Nullhypothese in den *Annahme- oder Ablehnungsbereich* fällt. Gehört die beobachtete Stichprobe dem Annahmebereich an, so gilt die Nullhypothese als durch die Stichprobe *nicht widerlegt* (Freispruch mangels Beweises). Vorbehaltlich weiterer Untersuchung wird man sich für ein Beibehalten der Nullhypothese entscheiden. Gehört die Stichprobe dem Ablehnungsbereich an, so würde das bei Zutreffen der Nullhypothese das zufallsbedingte Auftreten einer an sich zwar möglichen aber eben doch unwahrscheinlichen großen Abweichung bedeuten. In diesem Falle sieht man es als wahrscheinlicher an, daß der von der Nullhypothese angenommene Parameterwert nicht stimmt und sich die Abweichung auf diese Weise ergeben hat: Die Nullhypothese wird auf dem vorgewählten Niveau abgelehnt!

Vertrauensbereiche und Tests, die σ, σ^2 und σ_1^2/σ_2^2 betreffen, sind gegenüber Abweichungen von der Normalverteilung empfindlicher als Verfahren, die zweiseitige Vertrauensbereiche und Tests für μ und $\mu_1 - \mu_2$ (t-Verteilung) betreffen.

▶ 33   Vergleich einer empirischen Varianz mit ihrem Parameter

Für normalverteilte Grundgesamtheiten gilt: Die Nullhypothese $\sigma = \sigma_0$ bzw. $\sigma^2 = \sigma_0{}^2$ (gegen $\sigma > \sigma_0$ bzw. $\sigma^2 > \sigma_0{}^2$) wird abgelehnt, sobald

Fall 1: μ unbekannt

$$\hat{\chi}^2 = \frac{\sum(x_i - \bar{x})^2}{\sigma_0{}^2} = \frac{(n-1)s^2}{\sigma_0{}^2} > \chi_{n-1,\,\alpha}^2 \tag{3.16}$$

(S. 113)

Fall 2: μ bekannt

$$\hat{\chi}^2 = \frac{\sum(x_i - \mu)^2}{\sigma_0{}^2} = \frac{n s_0{}^2}{\sigma_0{}^2} > \chi_{n,\,\alpha}^2 \tag{3.16a}$$

$s_0{}^2$ [vgl. (1.33)] kann über (3.23) nach $s_0{}^2 = Q/n$ berechnet werden. Liegen umfangreiche Stichproben aus einer normalverteilten Grundgesamtheit vor, dann wird $H_0: \sigma = \sigma_0$ auf dem 5%-Niveau abgelehnt und $H_A: \sigma \neq \sigma_0$ akzeptiert, sobald

$$\frac{|s - \sigma_0|}{\sigma_0}\sqrt{2n} > 1{,}96 \qquad \begin{array}{l} \text{1\%-Niveau: ersetze} \\ \text{1,96 durch 2,58} \end{array} \tag{3.16b}$$

Beispiel: Sind die folgenden 8 Beobachtungen 40, 60, 60, 70, 50, 40, 50, 30 ($\bar{x} = 50$) mit der Nullhypothese $\sigma^2 = \sigma_0{}^2 = 60$ (gegen $\sigma^2 > \sigma_0{}^2 = 60$) verträglich ($\alpha = 0{,}05$)?

$$\hat{\chi}^2 = \frac{(40-50)^2}{60} + \frac{(60-50)^2}{60} + \cdots + \frac{(30-50)^2}{60} = 20{,}00$$

Da $\chi^2 = 20{,}00 > 14{,}07 = \chi_{7;0,05}^2$ ist, muß $H_0: \sigma^2 = \sigma_0^2$ zugunsten von $H_A: \sigma^2 > \sigma_0{}^2$ verworfen werden.

Eine Tafel für die Prüfung der (zweiseitigen) Alternativhypothese $\sigma^2 \neq \sigma_0{}^2$ geben Lindley u. Mitarb. (1960) und enthalten die auf S. 439 zitierten Tabellen von Rao u. Mitarb. (1966, S. 67, Table 5.1, Mitte); ein $\hat{\chi}^2$, das außerhalb der dort gegebenen Schranken liegt, gilt als signifikant. Für unser Beispiel mit $\nu = n - 1 = 7$ und $\alpha = 0{,}05$ ergeben sich die Schranken 1,90 und 17,39, die $\hat{\chi}^2 = 20{,}00$ nicht miteinschließen, d.h. $\sigma^2 \neq \sigma_0{}^2$.

34   Vertrauensbereich der Varianz und des Variationskoeffizienten

Der *Vertrauensbereich für σ^2* läßt sich anhand der χ^2-Verteilung nach

(S. 112)

$$\frac{s^2(n-1)}{\chi_{n-1;\alpha/2}^2} \leqq \sigma^2 \leqq \frac{s^2(n-1)}{\chi_{n-1;1-\alpha/2}^2} \tag{3.17}$$

schätzen. Beispielsweise erhalten wir für $n=51$ und $s^2=2$ den 95%-Vertrauensbereich ($\alpha=0,05$), d.h.

$$\chi^2_{50;\,0,025}=71,42 \quad \text{und} \quad \chi^2_{50;\,0,975}=32,36:$$

$$\frac{2\cdot 50}{71,42}\leq\sigma^2\leq\frac{2\cdot 50}{32,36}$$

Tafeln für den 95%-VB und $n=1(1)150(10)200$ enthält Sachs (1972).

$$1,40\leq\sigma^2\leq 3,09$$

Den Schätzwert für σ^2 erhält man nach

$$\hat{\sigma}^2=\frac{s^2(n-1)}{\chi^2_{n-1;\,0,5}}=\frac{2\cdot 50}{49,335}\approx 2,03 \qquad\qquad (3.17a) \quad \boxed{\text{S. 112}}$$

95%-Vertrauensbereich für σ

Mitunter ist auch der Bereich für die Standardabweichung erwünscht: $\sqrt{1,40}<\sigma<\sqrt{3,09}$; $1,18<\sigma<1,76$. Da die χ^2-Verteilung unsymmetrisch ist, liegt der geschätzte Parameter (σ^2) nicht in der Mitte des Vertrauensbereiches.

Die *Vertrauensgrenzen des Variationskoeffizienten* können nach Johnson und Welch (1940) bestimmt werden. Für $n\gtrsim 25$ und $V<0,4$ genügt die Approximation (3.18):

$$\frac{V}{1+z\sqrt{\dfrac{1+2V^2}{2(n-1)}}}\lessgtr\gamma\lessgtr\frac{V}{1-z\sqrt{\dfrac{1+2V^2}{2(n-1)}}} \qquad\qquad (3.18)$$

90%-VB: $z=1,64$; 95%-VB: $z=1,96$; 99%-VB: $z=2,58$.

Für die häufig interessierende (einseitige) obere Vertrauensgrenze (VG_o) (3.18 rechts) γ_o benötigt man 90%-VG_o: $z=1,28$; 95%-VG_o: $z=1,64$; 99%-$VG_o=2,33$.

Beispiel: Berechne den 90%-VB für γ anhand von $n=25$ und $V=0,30$.

$$1,64\sqrt{(1+2\cdot 0,3^2)/[2(25-1)]}=0,257$$

$$0,3/1,257=0,239 \qquad 0,3/0,743=0,404 \qquad 90\%\text{-}VB:\ 0,24\lessgtr\gamma\lessgtr 0,40$$

0,40 ist zugleich die angenäherte obere 95%-VG, d.h. 95%-VG_o: $\gamma_o\approx 0,40$; der Variationskoeffizient γ liegt mit einer statistischen Sicherheit von $S=95\%$ unter 0,40.

35   Vergleich zweier empirisch ermittelter Varianzen normalverteilter Grundgesamtheiten

Ist zu untersuchen, ob zwei unabhängig gewonnene Zufallsstichproben (vgl. auch S. 291) einer gemeinsamen normalverteilten Grundgesamtheit entstammen, so sind zunächst ihre Varianzen (die größere Stichprobenvarianz nennen wir s_1^2) auf Gleichheit oder Homogenität zu prüfen. Die Nullhypothese (H_0): $\sigma_1^2=\sigma_2^2$ wird abgelehnt, sobald ein aus den Stichprobenvarianzen berechneter Wert $\hat{F}=s_1^2/s_2^2$ größer ist als der zugehörige Tabellenwert F; dann wird die Alternativhypothese (H_A): $\sigma_1^2\neq\sigma_2^2$ akzeptiert (zweiseitige Fragestellung). Nimmt man als Alternativhypothese an, eine der beiden Grundgesamtheiten habe eine größere Varianz als die andere, dann kann man die Stichprobe mit der nach H_A größeren Varianz als Nr. 1 mit s_1^2 und die andere als Nr. 2 mit s_2^2 bezeichnen. Für $\hat{F}>F$ wird bei dieser einseitigen Fragestellung $H_A:\sigma_1^2>\sigma_2^2$ akzeptiert (dann sollte n_1 mindestens so groß wie n_2 sein).

Im Gegensatz zum zweiseitigen *t*-Test ist der *F*-Test sehr empfindlich gegenüber Abweichungen von der Normalverteilung. Man ersetze dann den *F*-Test durch den verteilungsunabhängigen Siegel-Tukey-Test (S. 225/227).

1. Bei kleinem bis mittlerem Stichprobenumfang

Wir bilden den Quotienten der beiden Varianzen s_1^2 und s_2^2 und erhalten als Prüfgröße

$$\hat{F} = \frac{s_1^2}{s_2^2} \quad \begin{array}{l} \text{mit} \quad FG_1 = n_1 - 1 = v_1 \\ \text{mit} \quad FG_2 = n_2 - 1 = v_2 \end{array} \tag{3.19}$$

Überschreitet der errechnete $\hat{F}$-Wert bei der geforderten statistischen Sicherheit (bzw. der entsprechenden Irrtumswahrscheinlichkeit) den für die Freiheitsgrade $v_1 = n_1 - 1$ und $v_2 = n_2 - 1$ tabellierten *F*-Wert, dann wird die Hypothese der Varianzhomogenität verworfen. Für $\hat{F} < F$ besteht keine Veranlassung, an dieser Hypothese zu zweifeln. Wird die Nullhypothese verworfen, dann berechne man den Vertrauensbereich (*VB*) für σ_1^2/σ_2^2 nach

$$\frac{s_1^2}{s_2^2} \cdot \frac{1}{F_{v_1, v_2}} \leqq \frac{\sigma_1^2}{\sigma_2^2} \leqq \frac{s_1^2}{s_2^2} \cdot F_{v_2, v_1} \quad \begin{array}{l} v_1 = n_1 - 1 \\ v_2 = n_2 - 1 \end{array} \tag{3.19a}$$

Für den 90%-*VB* nehme man Tab. 30b (S. 117), für den 95%-*VB* Tab. 30c (S. 118/119). Die Tabellen auf den Seiten 116/124 enthalten die oberen Signifikanzschranken der *F*-Verteilung für die in der Varianzanalyse übliche einseitige Fragestellung. Im vorliegenden Fall sind wir im allgemeinen an Abweichungen in beiden Richtungen, also an einem zweiseitigen Test, interessiert. Prüfen wir auf dem 10%-Niveau, dann ist die Tabelle mit den 5%-Schranken zu benutzen. Entsprechend gelten für den zweiseitigen Test auf dem 2%-Niveau die 1%-Schranken.

Beispiel

Prüfe $H_A : \sigma_1^2 \neq \sigma_2^2$ gegen $H_0 : \sigma_1^2 = \sigma_2^2$ auf dem 10%-Niveau.

$$\text{Gegeben:} \quad \begin{array}{ll} n_1 = 21 & s_1^2 = 25 \\ n_2 = 31 & s_2^2 = 16 \end{array} \quad \hat{F} = \frac{25}{16} = 1{,}56$$

Da $\hat{F} = 1{,}56 < 1{,}93 [= F_{20;\, 30;\, 0{,}10(\text{zweis.})} = F_{20;\, 30;\, 0{,}05(\text{eins.})}]$, läßt sich H_0 auf dem 10%-Niveau nicht ablehnen.

Für gleichgroße Stichprobenumfänge *n* läßt sich H_0 auch nach

$$\hat{t} = \frac{\sqrt{n-1}(s_1^2 - s_2^2)}{2\sqrt{s_1^2 s_2^2}} \tag{3.20}$$

$$v = n - 1$$

(vgl. Tab. 27, S. 111) prüfen (Cacoullos 1965). Ein Schnelltest wird auf S. 216 vorgestellt.

Beispiel

Prüfe $H_A:\sigma_1^2 \neq \sigma_2^2$ gegen $H_0:\sigma_1^2 = \sigma_2^2$ auf dem 10%-Niveau.

Gegeben: $n_1 = n_2 = 20 = n$, $\quad s_1^2 = 8 \quad s_2^2 = 3$

$$\hat{F} = \frac{8}{3} = 2,67 > 2,12 \qquad \hat{\imath} = \frac{\sqrt{20-1}(8-3)}{2\sqrt{8\cdot 3}} = 2,22 > 1,729$$

Da H_0 auf dem 10%-Niveau abgelehnt wird, geben wir nach (3.19a) den 90%-VB an:

$$F_{19;\,19;\,0,05(\text{eins.})} = 2,17 \qquad \frac{2,67}{2,17} = 1,23 \qquad 2,67 \cdot 2,17 = 5,79$$

90%-VB: $\quad 1,23 \leq \sigma_1^2/\sigma_2^2 \leq 5,79$

Verteilungsunabhängige Verfahren, die den F-Test ersetzen

Da das Ergebnis des F-Tests auch durch kleine Abweichungen von der Normalverteilung stark beeinflußt werden kann (Cochran 1947, Box 1953, Box und Andersen 1955), *hat Levene (1960) ein approximatives nichtparametrisches Verfahren vorgeschlagen:* Man bildet in den einzelnen zu vergleichenden Meßreihen jeweils die absoluten Werte $|x_i - \bar{x}|$ und führt mit ihnen einen Rangsummentest durch: Bei zwei Stichprobenreihen den U-Test – man beachte S. 225/227 – und bei mehr als 2 Reihen den H-Test von Kruskal und Wallis und prüft, ob die absoluten Abweichungen $|x_i - \bar{x}|$ für die einzelnen Reihen als Stichproben aus Verteilungen mit gleichem Mittelwert aufgefaßt werden können. Die Homogenität mehrerer (k) Varianzen läßt sich nach Levene (1960)

Tabelle 50.   Anzahl der Beobachtungswerte, die für den Vergleich zweier Varianzen mit dem F-Test benötigt werden. Tabelliert sind F-Werte: Man erhält z. B. für $\alpha = 0,05$, $\beta = 0,01$ und $\frac{s_{\text{Zähler}}^2}{s_{\text{Nenner}}^2} = F = 4$ aus der Tafel den Hinweis, daß die Schätzung der Varianzen in beiden Stichproben auf 30 bis 40 Freiheitsgraden – entsprechend den F-Werten 4,392 und 3,579 – sagen wir, auf mindestens 35 Freiheitsgraden beruhen sollte. (Auszugsweise aus Davies, O. L.: The Design and Analysis of Industrial Experiments, Oliver and Boyd, London 1956, p. 614, part of table H)

FG	$\alpha = 0,05$			
	$\beta = 0,01$	$\beta = 0,05$	$\beta = 0,1$	$\beta = 0,5$
1	654200	26070	6436	161,5
2	1881	361,0	171,0	19,00
3	273,3	86,06	50,01	9,277
4	102,1	40,81	26,24	6,388
5	55,39	25,51	17,44	5,050
6	36,27	18,35	13,09	4,284
7	26,48	14,34	10,55	3,787
8	20,73	11,82	8,902	3,438
9	17,01	10,11	7,757	3,179
10	14,44	8,870	6,917	2,978
12	11,16	7,218	5,769	2,687
15	8,466	5,777	4,740	2,404
20	6,240	4,512	3,810	2,124
24	5,275	3,935	3,376	1,984
30	4,392	3,389	2,957	1,841
40	3,579	2,866	2,549	1,693
60	2,817	2,354	2,141	1,534
120	2,072	1,828	1,710	1,352
∞	1,000	1,000	1,000	1,000

auch mit Hilfe der einfachen Varianzanalyse ablehnen, sobald für die insgesamt n absoluten Abweichungen der Beobachtungen von ihren k Mittelwerten $\hat{F} > F_{k-1;\,n-k;\,\alpha}$ (vgl. auch S. 387). Näheres über robuste Alternativprozeduren zum *F*-Test ist Shorack (1969) zu entnehmen.

Minimale Stichprobenumfänge für den *F*-Test

Bei jedem statistischen Test sind, wie wir wissen, zwei Risiken abzuschätzen. Ein spezielles Beispiel gibt Tabelle 50 (S. 207). Ausführliche Tafeln sind Davies (1956) (vgl. auch Tiku 1967) zu entnehmen.

Minimale Stichprobenumfänge für den Vergleich zweier empirischer Varianzen aus (unabhängigen) normalverteilten Grundgesamtheiten lassen sich auch anhand von Nomogrammen nach Reiter (1956) oder anhand von Tafeln nach Graybill und Connell (1963) bestimmen.

2. Bei mittlerem bis großem Stichprobenumfang

Für nicht tabelliert vorliegende *F*-Werte – bei mittleren Freiheitsgraden kann man interpolieren – wird bei größeren Freiheitsgraden die Homogenität zweier Varianzen mit Hilfe des Ausdrucks

$$\frac{\frac{1}{2}\ln F + \frac{1}{2}\left(\frac{1}{v_1} - \frac{1}{v_2}\right)}{\sqrt{\frac{1}{2}\left(\frac{1}{v_1} + \frac{1}{v_2}\right)}}$$

getestet, der approximativ normalverteilt ist. Sind Tafeln der natürlichen Logarithmen nicht zur Hand, dann erhält man mit $\frac{1}{2}\ln F = \frac{1}{2} \cdot 2{,}3026 \cdot \lg F$

$$\hat{z} = \frac{1{,}1513 \cdot \lg F + \frac{1}{2}\left(\frac{1}{v_1} - \frac{1}{v_2}\right)}{\sqrt{\frac{1}{2}\left(\frac{1}{v_1} + \frac{1}{v_2}\right)}} \tag{3.21}$$

S. 53 und bezieht den ermittelten Wert $\hat{z}$ auf die Normalverteilung.

Beispiel

S. 117 Wir wollen diese Formel anhand der Tabelle 30 kontrollieren. Für $v_1 = v_2 = 60$ erhalten wir bei einer Irrtumswahrscheinlichkeit von $\alpha = 0{,}05$ aus der Tabelle den Wert $F = 1{,}53$. Nehmen wir nun an, wir hätten diesen *F*-Wert experimentell für $v_1 = v_2 = 60$ gefunden und unsere Tabelle ginge nur bis $v_1 = v_2 = 40$. Ist der gefundene *F*-Wert bei einseitiger Fragestellung ($\sigma_1^2 > \sigma_2^2$ gegen $\sigma_1^2 = \sigma_2^2$) auf dem 5%-Niveau bedeutsam?

Für $F = 1{,}53$, $v_1 = 60$ und $v_2 = 60$ erhalten wir

$$\hat{z} = \frac{1{,}1513 \cdot \lg 1{,}53 + \frac{1}{2}\left(\frac{1}{60} - \frac{1}{60}\right)}{\sqrt{\frac{1}{2}\left(\frac{1}{60} + \frac{1}{60}\right)}} \quad \genfrac{}{}{0pt}{}{\text{genauer:}}{} = \frac{1{,}151293 \cdot 0{,}184691}{0{,}1290995} = 1{,}64705,$$

d.h. $\hat{z} = 1{,}64705 > 1{,}6449$;   der einer Irrtumswahrscheinlichkeit von $P = 0{,}05$ entsprechende Wert $z = 1{,}6449$ (vgl. Tabelle 43, S. 172) wird überschritten, damit muß die Hypothese der Varianzhomogenität auf dem 5%-Niveau abgelehnt werden. Die Approximation durch die Normalverteilung ist ausgezeichnet.

3. Bei großem bis sehr großem Stichprobenumfang   (n_1, $n_2 \gtrsim 100$)

$$\hat{z} = \frac{|s_1 - s_2|}{\sqrt{\dfrac{s_1^2}{2n_1} + \dfrac{s_2^2}{2n_2}}} \tag{3.22}$$

Überschreitet die Prüfgröße (3.22) den auf dem Vorsatzpapier, vorn 1. Blatt, bzw. auf S. 172 für verschiedene Irrtumswahrscheinlichkeiten angegebenen theoretischen z-Wert, so gelten die Standardabweichungen σ_1 und σ_2 bzw. die Varianzen σ_1^2 und σ_2^2 als auf dem betreffenden Niveau signifikant verschieden oder heterogen, im anderen Falle sind sie gleich oder homogen.

Beispiel

Gegeben seien $s_1 = 14$ $s_2 = 12$ $n_1 = n_2 = 500$;
Nullhypothese: $\sigma_1^2 = \sigma_2^2$;   Alternativhypothese: $\sigma_1^2 \neq \sigma_2^2$; $\alpha = 0{,}05$;

$$\hat{z} = \frac{14 - 12}{\sqrt{\dfrac{14^2}{2 \cdot 500} + \dfrac{12^2}{2 \cdot 500}}} = 3{,}430 > 1{,}960 = z_{0,05}; \quad \text{d.h.}$$

auf dem 5%-Niveau wird $H_0 : \sigma_1^2 = \sigma_2^2$ abgelehnt und $H_A : \sigma_1^2 \neq \sigma_2^2$ akzeptiert.

▶ 36   Vergleich zweier empirischer Mittelwerte normalverteilter Grundgesamtheiten

1. Bei unbekannten aber gleichen Varianzen

Die Summe der Abweichungsquadrate $\sum (x - \bar{x})^2$ bezeichnen wir im folgenden mit Q. Man berechnet sie nach

$$\boxed{Q = \sum x^2 - \left(\sum x\right)^2 / n} \quad \text{bzw.} \quad \boxed{Q = (n-1)s^2} \tag{3.23, 3.24}$$

Für den Vergleich zweier Mittelwerte *ungleicher Stichprobenumfänge* ($n_1 \neq n_2$) benötigt man die Prüfgröße (3.25, 326) für den sogenannten **Zweistichproben-t-Test für unabhängige Zufallsstichproben** aus normalverteilten Grundgesamtheiten – der erfreulicherweise bei zweiseitiger Fragestellung (d.h. $H_0 : \mu_1 = \mu_2$, $H_A : \mu_1 \neq \mu_2$, vgl. S. 100/101) und für nicht zu kleine und nicht zu unterschiedliche Stichprobenumfänge (siehe z.B. Sachs 1972) gegenüber Abweichungen von der Normalverteilung bemerkenswert robust ist – mit $n_1 + n_2 - 2$ Freiheitsgraden.

$$\hat{t} = \frac{|\bar{x}_1 - \bar{x}_2|}{\sqrt{\left[\dfrac{n_1 + n_2}{n_1 \cdot n_2}\right] \cdot \left[\dfrac{Q_1 + Q_2}{n_1 + n_2 - 2}\right]}} = \frac{|\bar{x}_1 - \bar{x}_2|}{\sqrt{\left[\dfrac{n_1 + n_2}{n_1 n_2}\right] \cdot \left[\dfrac{(n_1 - 1)s_1^2 + (n_2 - 1)s_2^2}{n_1 + n_2 - 2}\right]}}$$

$$\tag{3.25, 3.26}$$

S. 111 Geprüft wird die Alternativhypothese $(\mu_1 \neq \mu_2)$ auf Ungleichheit der den beiden Stichproben zugrunde liegenden Mittelwerte der Grundgesamtheiten bei unbekannten aber gleichen Varianzen (vgl. S. 105 und 205/209). Für den Fall gleicher Stichprobenumfänge $(n_1 = n_2$, im allgemeinen vorteilhaft, da der Fehler 2. Art minimal wird) vereinfacht sich (3.25, 3.26) zu

$$\hat{t} = \frac{|\bar{x}_1 - \bar{x}_2|}{\sqrt{\dfrac{Q_1 + Q_2}{n(n-1)}}} = \frac{|\bar{x}_1 - \bar{x}_2|}{\sqrt{\dfrac{s_1^2 + s_2^2}{n}}} \tag{3.27}$$

S. 111 mit $2n - 2$ Freiheitsgraden, wobei $n = n_1 = n_2$. Überschreitet der Prüfquotient die Signifikanzschranke, so gilt $\mu_1 \neq \mu_2$. Ist der Prüfquotient kleiner als die Schranke, dann kann die Nullhypothese $\mu_1 = \mu_2$ nicht abgelehnt werden.
Für $n_1 = n_2 \leq 20$ kann der Lord-Test (S. 216) den *t*-Test ersetzen. Der Vergleich mehrerer Mittelwerte wird im 7. Kapitel behandelt (vgl. auch S. 218).

Beispiel

Prüfe $H_A : \mu_1 \neq \mu_2$ gegen $H_0 : \mu_1 = \mu_2$ auf dem 5%-Niveau.
Gegeben seien n_1, n_2; $\bar{x}_1, \bar{x}_2$; s_1^2, s_2^2 und (3.24, 3.25).

$$n_1 = 16; \quad \bar{x}_1 = 14,5; \quad s_1^2 = 4$$
$$n_2 = 14; \quad \bar{x}_2 = 13,0; \quad s_2^2 = 3.$$

$Q_1 = (16 - 1) \cdot 4 = 60$, $Q_2 = (14 - 1) \cdot 3 = 39$, die dann mit den anderen Größen in (3.25) eingesetzt werden.

$$\hat{t} = \frac{14,5 - 13,0}{\sqrt{\left[\dfrac{16 + 14}{16 \cdot 14}\right] \cdot \left[\dfrac{60 + 39}{16 + 14 - 2}\right]}} = 2,180$$

Es stehen $n_1 + n_2 - 2 = 28$ Freiheitsgrade zur Verfügung, d.h. $t_{0,05} = 2,048$. Da $\hat{t} = 2,180 > 2,048$ ist, wird die Nullhypothese Gleichheit der Mittelwerte auf dem geforderten Niveau abgelehnt und die Alternativhypothese $\mu_1 \neq \mu_2$ akzeptiert.

Wichtige Hinweise (vgl. auch S. 4, 164/165, 197/198, 215/216, 230)

$\boxed{A}$ Der *Vertrauensbereich für die Differenz zweier Mittelwerte* unabhängiger Stichproben aus normalverteilten Grundgesamtheiten mit gleicher Varianz ist (z.B. für $S = 0,95$ mit $t_{FG;\,0,025\,\text{eins.}}$)

S. 111

$$(\bar{x}_1 - \bar{x}_2) - t_{n_1 + n_2 - 2;\,\alpha/2} \cdot s\sqrt{1/n_1 + 1/n_2} \leq \mu_1 - \mu_2$$
$$\leq (\bar{x}_1 - \bar{x}_2) + t_{n_1 + n_2 - 2;\,\alpha/2} \cdot s\sqrt{1/n_1 + 1/n_2} \tag{3.28}$$

$$\text{mit} \quad s = \sqrt{\frac{s_1^2(n_1 - 1) + s_2^2(n_2 - 1)}{n_1 + n_2 - 2}} = \sqrt{\frac{Q_1 + Q_2}{n_1 + n_2 - 2}}$$

Wenn σ bekannt ist, wird t durch die Standardnormalvariable z ersetzt. Liegen gleichgroße Stichprobenumfänge vor $(n_1 = n_2)$, so ersetzt man $s\sqrt{1/n_1 + 1/n_2}$ wieder durch $\sqrt{(s_1^2 + s_2^2)/n}$.
Ein Unterschied zwischen μ_1 und μ_2 ist auf dem verwendeten Niveau bedeutsam, sobald der Vertrauensbereich den Wert $\mu_1 - \mu_2 = 0$ nicht einschließt. Statistische Testverfahren und Vertrauensbereiche führen beide zu Entscheidungen. **Der Vertrauensbereich bietet darüber hinaus noch zusätzliche Informationen über den oder die Parameter!**

Beispiel

Wir benutzen das letzte Beispiel und erhalten für die Differenz der beiden Mittelwerte die 95%-Vertrauensgrenzen

$$(\bar{x}_1 - \bar{x}_2) \pm t_{n_1 + n_2 - 2;\, \alpha/2} \cdot s \sqrt{1/n_1 + 1/n_2}$$

$$(14,5 - 13,0) \pm 2,05 \cdot 1,88 \cdot \sqrt{1/16 + 1/14}$$

$$1,5 \pm 1,4 \quad \text{d. h. } 95\%\text{-VB: } 0,1 \leqq \mu_1 - \mu_2 \leqq 2,9.$$

[vgl. $S = 0,95$, d. h. $\alpha = 1 - 0,95 = 0,05$
$= 2 \cdot 0,025$; $t_{28;0,05;\,\text{zweis.}} = t_{28;0,025;\text{eins.}}$
$= 2,048$ oder $2,05$].

Die Nullhypothese $(\mu_1 - \mu_2 = 0)$ muß anhand der vorliegenden Stichproben auf dem 5%-Niveau verworfen werden.

$\boxed{B}$ Eleganter vergleicht man die Mittelwerte zweier unabhängiger Stichproben mit gleicher Varianz für den *Fall* $n_1 \neq n_2$ nach

$$\hat{F} = \frac{(n_1 + n_2 - 2)(n_2 \sum x_1 - n_1 \sum x_2)^2}{(n_1 + n_2)\left[n_1 n_2 \left(\sum x_1^2 + \sum x_2^2\right) - n_2 \left(\sum x_1\right)^2 - n_1 \left(\sum x_2\right)^2\right]} \tag{3.29}$$

$FG_1 = 1$; $FG_2 = n_1 + n_2 - 2$

für den *Fall* $n_1 = n_2 = n$ nach

S. 116/124

$$\hat{F} = \frac{(n-1)\left(\sum x_1 - \sum x_2\right)^2}{n\left[\sum x_1^2 + \sum x_2^2\right] - \left[\left(\sum x_1\right)^2 + \left(\sum x_2\right)^2\right]} \tag{3.30}$$

$FG_1 = 1$; $FG_2 = 2n - 2$

S. 116/124

Ein Vergleich dieser auf der Beziehung $t_{FG}^2 = F_{FG_1 = 1;\, FG_2 = FG}$ basierenden Technik mit der Standardmethode für gleiche Varianzen zeigt, daß bei Verwendung der etwas plump wirkenden Formeln bis zu 30% der Rechenzeit eingespart werden kann. Kleine Übungsaufgaben, die sich der Leser selbst stellen mag, werden dies bestätigen.

$\boxed{C}$ Mittelwerte relativer Häufigkeiten $x_i/n_i = p_i$ dürfen nach den in diesem Abschnitt vorgestellten Verfahren (3.23 bis 3.30) **nicht** verglichen werden. Wenn alle relativen Häufigkeiten zwischen 0,30 und 0,70 liegen, ist ein approximativer Vergleich nach den im folgenden Abschnitt gegebenen Formeln (3.31 bis 3.35) möglich. Besser ist es, wenn alle relativen Häufigkeiten zur Stabilisierung der Varianz und zur Normalisierung transformiert werden. Häufig verwendet wird die **Winkeltransformation** (Arcus-Sinus-Transformation, inverse Sinus-Transformation). Arcus sinus $\sqrt{p}$, abgekürzt arc sin $\sqrt{p}$ oder $\sin^{-1}\sqrt{p}$, bedeutet das Grad- bzw. Bogenmaß jenes Winkels, dessen Sinus gleich $\sqrt{p}$ ist. Für großes n ist arc sin $\sqrt{p}$ normalverteilt. Die Varianz von arc sin $\sqrt{p}$ ist unabhängig von π und nur vom Stichprobenumfang n abhängig. Relative Häufigkeiten $x_i/n_i = \hat{p}_i$ (mit $n_i \simeq$ konstant und $n_i \hat{p}_i > 0,7$ sowie $n_i(1 - \hat{p}_i) > 0,7$) zwischen 0 und 1 werden in Winkel von $0°$ bis $90°$ (Altgrad) umgewandelt. Es entsprechen sich somit (vgl. Tab. 51 auf S. 212)

Relative Häufigkeit:	0,00	0,25	0,50	0,75	1,00
Altgrad:	0	30	45	60	90.

Beispielsweise liegen zwei Untersuchungsreihen vor, jeweils Gruppen zu n Individuen. In jeder Gruppe weist der Anteil $\hat{p}_i$ der Individuen ein bestimmtes Merkmal auf. Sollen nun die Prozentsätze der beiden Reihen verglichen werden, so werden die auf 2 Dezimalen gerundeten $\hat{p}_i$-Werte anhand der Tafel in x_i-Werte transformiert, die dann nach Berechnung der beiden Mittelwerte und Varianzen einen Vergleich der mittleren Prozentsätze beider Reihen ermöglichen (3.23 bis 3.35).
Binomialverteilte Werte lassen sich auch durch die Logit- oder die Probit-Transformation normalisieren. Näheres ist z.B. dem Tafelwerk von Fisher und Yates (1963) zu entnehmen, das auch eine ausführliche Tafel der Winkeltransformation enthält.

Tabelle 51.   Winkeltransformation: Werte $x = \arcsin \sqrt{p}$ (x in Altgrad) (z. B. $\arcsin \sqrt{0,25} = 30,0$; vgl. $\arcsin \sqrt{1,00} = 90,0$).
[Umrechnung in Bogenmaß (Radiant): Tafelwerte durch 57,2958 teilen.]

p	0,00	0,01	0,02	0,03	0,04	0,05	0,06	0,07	0,08	0,09
0,0	0,000	5,739	8,130	9,974	11,537	12,921	14,179	15,342	16,430	17,457
0,1	18,435	19,370	20,268	21,134	21,973	22,786	23,578	24,350	25,104	25,842
0,2	26,565	27,275	27,972	28,658	29,334	30,000	30,657	31,306	31,948	32,583
0,3	33,211	33,833	34,450	35,062	35,669	36,271	36,870	37,465	38,057	38,646
0,4	39,231	39,815	40,397	40,976	41,554	42,130	42,706	43,280	43,854	44,427
0,5	45,000	45,573	46,146	46,720	47,294	47,870	48,446	49 024	49,603	50,185
0,6	50,769	51,354	51,943	52,535	53,130	53,729	54,331	54,938	55,550	56,167
0,7	56,789	57,417	58,052	58,694	59,343	60,000	60,666	61,342	62,028	62,725
0,8	63,435	64,158	64,896	65,650	66,422	67,214	68,027	68,866	69,732	70,630
0,9	71,565	72,543	73,570	74,658	75,821	77,079	78,463	80,026	81,870	84,261

2. Bei unbekannten Varianzen, die nicht gleich sind

Geprüft wird die Alternativhypothese ($\mu_1 \neq \mu_2$) auf Ungleichheit zweier Mittelwerte bei nichtgleichen Varianzen ($\sigma_1^2 \neq \sigma_2^2$). Dies ist das sogenannte Fisher-Behrens-Problem (vgl. Breny 1955, Linnik 1966, Mehta 1970 und Scheffé 1970), für das es keine exakte Lösung gibt. Für praktische Zwecke geeignet ist der Prüfquotient (Welch 1937)

$$\hat{t} = \frac{|\bar{x}_1 - \bar{x}_2|}{\sqrt{\dfrac{s_1^2}{n_1} + \dfrac{s_2^2}{n_2}}} \qquad \text{mit angenähert} \qquad v = \frac{\left(\dfrac{s_1^2}{n_1} + \dfrac{s_2^2}{n_2}\right)^2}{\dfrac{\left(\dfrac{s_1^2}{n_1}\right)^2}{n_1 + 1} + \dfrac{\left(\dfrac{s_2^2}{n_2}\right)^2}{n_2 + 1}} - 2 \qquad \begin{array}{l}(3.31)\\[2ex](3.32)\end{array}$$

Freiheitsgraden, wobei v zur ganzen Zahl gerundet zwischen dem kleineren der beiden Freiheitsgrade v_1 und v_2 und ihrer Summe $(v_1 + v_2)$ liegt, also stets kleiner als (S. 111) $(n_1 + n_2 - 2)$ ist. Bei sehr großen Stichprobenumfängen kann man $v = n_1 + n_2$ verwenden. Formel (3.32) approximiert einen von Welch (1947) vorgeschlagenen Ausdruck. Andere Möglichkeiten zur Lösung des Zwei-Stichproben-Problems zeigen Trickett, Welch und James (1956) sowie Banerji (1960). Der für $\sigma_1^2 \neq \sigma_2^2$ approximierte VB für $\mu_1 - \mu_2$ ist z.B. Sachs (1972) zu entnehmen.
Im Falle gleicher Stichprobenumfänge ($n_1 = n_2 = n$) ergeben sich wieder folgende Vereinfachungen:

$$\hat{t} = \frac{|\bar{x}_1 - \bar{x}_2|}{\sqrt{\dfrac{Q_1 + Q_2}{n(n-1)}}} = \frac{|\bar{x}_1 - \bar{x}_2|}{\sqrt{\dfrac{s_1^2 + s_2^2}{n}}} \qquad (3.33)$$

mit

$$v = n - 1 + \frac{2n - 2}{\dfrac{Q_1}{Q_2} + \dfrac{Q_2}{Q_1}} = n - 1 + \frac{2n - 2}{\dfrac{s_1^2}{s_2^2} + \dfrac{s_2^2}{s_1^2}} \qquad (3.34)$$

Q wird nach (3.23) berechnet

(S. 111) Freiheitsgraden. Bei großen Stichprobenumfängen kann $\hat{t}$ wieder durch $\hat{z}$ ersetzt werden. Ausgewählte Wahrscheinlichkeitspunkte der Normalverteilung sind der Tab. 14, S. 53 (oder Tab. 43, S. 172) zu entnehmen.

Beispiel

Ein einfaches Zahlenbeispiel möge genügen. Gegeben seien die beiden Stichproben n_1 und n_2:

$$n_1 = 2000; \quad \bar{x}_1 = 18; \quad s_1^2 = 34 \qquad n_2 = 1000; \quad \bar{x}_2 = 12; \quad s_2^2 = 73.$$

Gefordert wird bei einseitiger Fragestellung eine statistische Sicherheit von $S = 99\%$. Wir arbeiten wegen der großen Stichprobenumfänge mit der Normalverteilung, benutzen also die Standardnormalvariable z anstatt der Variablen t der Student-Verteilung:

$$\hat{z} = \frac{18 - 12}{\sqrt{\dfrac{34}{2000} + \dfrac{73}{1000}}} = 20{,}0 > 2{,}33 = z_{0{,}01} \qquad \text{einseitig}$$

Die Nullhypothese auf Homogenität der Mittelwerte wird auf dem 1%-Niveau abgelehnt, d.h. $\mu_1 > \mu_2$.

Kleine Stichprobenumfänge $(n_1, n_2 < 9)$ mit heterogenen Varianzen lassen sich nach McCullough u. Mitarb. (1960) sehr elegant auf Gleichheit der Mittelwerte prüfen. Andere Möglichkeiten bietet das Tafelwerk von Fisher und Yates (1963).
Für den Vergleich mehrerer Mittelwerte bei nicht unbedingt gleichen Varianzen existieren einige Approximationen (vgl. Sachs 1972).
Einen Vertrauensbereich für das Verhältnis zweier Mittelwerte unabhängiger Stichproben aus normalverteilten Grundgesamtheiten (über das Verhältnis der beiden Varianzen werden keine Annahmen gemacht) gibt Chakravarti (1971).

Einen weiteren Weg zur Lösung des Behrens-Fisher-Problems hat Weir (1960) vorgeschlagen. Für uns ist interessant, daß ein *Mittelwertsunterschied auf dem 5%-Niveau statistisch gesichert ist*, sobald für Stichprobenumfänge $n_1 \geqq 3$ und $n_2 \geqq 3$ die Prüfgröße

$$\boxed{\frac{|\bar{x}_1 - \bar{x}_2|}{\sqrt{\dfrac{Q_1 + Q_2}{n_1 + n_2 - 4}\left[\dfrac{1}{n_1} + \dfrac{1}{n_2}\right]}} \geqq 2{,}0}$$

$$\boxed{\frac{|\bar{x}_1 - \bar{x}_2|}{\sqrt{\dfrac{(n_1 - 1)s_1^2 + (n_2 - 1)s_2^2}{n_1 + n_2 - 4}\left[\dfrac{1}{n_1} + \dfrac{1}{n_2}\right]}} \geqq 2{,}0}$$

(3.35)

ist; unterschreitet der Quotient den Wert 2, dann läßt sich die Nullhypothese $\mu_1 = \mu_2$ auf dem 5%-Niveau nicht ablehnen.

Beispiel

Vergleich zweier Mittelwerte auf dem 5%-Niveau:

$$n_1 = 3; \quad 1{,}0 \quad 5{,}0 \quad 9{,}0; \quad \bar{x}_1 = 5{,}0; \quad Q_1 = 32; \quad s_1^2 = 16$$
$$n_2 = 3; \quad 10{,}9 \quad 11{,}0 \quad 11{,}1; \quad \bar{x}_2 = 11{,}0; \quad Q_2 = 0{,}02; \quad s_2^2 = 0{,}01$$

Q läßt sich hier schnell nach $Q = \sum(x - \bar{x})^2$ berechnen.

$$\frac{|5{,}0 - 11{,}0|}{\sqrt{\dfrac{32 + 0{,}02}{3 + 3 - 4}\left[\dfrac{1}{3} + \dfrac{1}{3}\right]}} = \frac{6}{3{,}27} < 2{,}0$$

Anhand der vorliegenden Stichproben läßt sich auf dem 5%-Niveau ein Unterschied nicht sichern. Das Standardverfahren (3.33; 3.34)

$$\hat{t} = \frac{|5,0-11,0|}{\sqrt{\dfrac{32+0,02}{3(3-1)}}} = \frac{6}{2,31} < 4,303 = t_{2;\,0,05}$$

$$v = 3 - 1 + \frac{2\cdot 3 - 2}{\dfrac{32}{0,02} + \dfrac{0,02}{32}} \simeq 2 \quad \text{liefert die gleiche Entscheidung.}$$

Vergleich zweier Mittelwerte unabhängiger Stichproben aus angenähert normalverteilten Grundgesamtheiten

Stichprobenumfänge \ Varianzen	gleich: $\sigma_1^2 = \sigma_2^2$	ungleich: $\sigma_1^2 \neq \sigma_2^2$
gleich: $n_1 = n_2 = n$	$\hat{t} = \dfrac{\lvert \bar{x}_1 - \bar{x}_2 \rvert}{\sqrt{\dfrac{s_1^2 + s_2^2}{n}}}$ $FG = 2n - 2$	$\hat{t} = \dfrac{\lvert \bar{x}_1 - \bar{x}_2 \rvert}{\sqrt{\dfrac{s_1^2 + s_2^2}{n}}}$ $FG = n - 1 + \dfrac{2n-2}{\dfrac{s_1^2}{s_2^2} + \dfrac{s_2^2}{s_1^2}}$
ungleich: $n_1 \neq n_2$	$\hat{t} = \dfrac{\lvert \bar{x}_1 - \bar{x}_2 \rvert}{\sqrt{\left[\dfrac{n_1+n_2}{n_1 n_2}\right]\cdot\left[\dfrac{(n_1-1)s_1^2 + (n_2-1)s_2^2}{n_1+n_2-2}\right]}}$ $FG = n_1 + n_2 - 2$	$\hat{t} = \dfrac{\lvert \bar{x}_1 - \bar{x}_2 \rvert}{\sqrt{\dfrac{s_1^2}{n_1} + \dfrac{s_2^2}{n_2}}}$ $FG = \dfrac{\left(\dfrac{s_1^2}{n_1} + \dfrac{s_2^2}{n_2}\right)^2}{\dfrac{\left(\dfrac{s_1^2}{n_1}\right)^2}{n_1+1} + \dfrac{\left(\dfrac{s_2^2}{n_2}\right)^2}{n_2+1}} - 2$

Schranken der t-Verteilung sind auf S. 111.

Drei Bemerkungen zum Mittelwertvergleich

1 Stichproben, die nicht rein zufällig ausgewählt werden, sind gegenüber zufälligen Stichproben durch größere Ähnlichkeit der Stichprobenelemente untereinander und geringere Ähnlichkeit der Stichprobenmittelwerte charakterisiert. *Beim nichtzufälligen Stichprobenziehen werden somit die Standardabweichungen verkleinert und die Mittelwertsunterschiede vergrößert.* Beide Effekte können damit einen „signifikanten Mittelwertsunterschied" vortäuschen! Daher müssen knapp signifikante Resultate mit großer Vorsicht interpretiert werden, sofern keine echten Zufallsstichproben vorgelegen haben.

2 Ein Vergleich zweier Parameter aufgrund ihrer Vertrauensbereiche ist möglich: (1) Überdecken sich die Vertrauensbereiche teilweise, so darf nicht gefolgert werden, daß sich die Parameter nicht signifikant unterscheiden. (2) Überdecken sich die Vertrauensbereiche nicht, so besteht zwischen den Parametern ein echter Unterschied. Für n_1 und $n_2 \lessgtr 200$ sowie $\sigma_1^2 = \sigma_2^2$ (falls $s_1^2 > s_2^2$, dann sei $n_1 < n_2$) entspricht zwei sich nicht überdeckenden 95%-*VB* (für μ_1 und μ_2) ein t-Test-Unterschied auf dem 1%-Niveau.

3 Die Anzahl der Stichprobenwerte, die man für den Vergleich eines Stichprobenmittelwertes mit dem Parameter der Grundgesamtheit oder für den Vergleich zweier Stichprobenmittelwerte benötigt, wird in Tabelle 52 für kontrollierte Fehler 1. Art ($\alpha = 0{,}005$ und $0{,}025$ bzw. $\alpha = 0{,}01$ und $0{,}05$) und 2. Art ($\beta = 0{,}2$; $0{,}05$; $0{,}01$) und definierte Abweichungen gegeben.

Tabelle 52. Die Tabelle gibt bei einseitiger Fragestellung für den Ein- und Zweistichprobentest den angenäherten Stichprobenumfang n an, der notwendig ist, um bei einer Irrtumswahrscheinlichkeit α mit der Teststärke $1 - \beta$ eine Differenz als signifikant auszuweisen, wenn in der Grundgesamtheit eine Abweichung von $d = (\mu - \mu_0)/\sigma$ vorliegt, bzw. wenn sich die Mittelwerte zweier Grundgesamtheiten mit gleicher Standardabweichung σ um $d = (\mu_1 - \mu_2)/\sigma$ unterscheiden. Bei zweiseitiger Fragestellung ist (als Approximation) die Irrtumswahrscheinlichkeit zu verdoppeln. Für den Zweistichprobentest wird angenommen, daß in beiden Stichproben die Anzahl der Stichprobenelemente gleich n gewählt wird ($n_1 = n_2 = n$). (Auszugsweise aus W.J. Dixon und F.J. Massey: Introduction to Statistical Analysis, New York 1957, Table A-12c, p. 425, Copyright der McGraw-Hill Book Company vom 21. April 1966.)

α	d	Einstichprobentest β 0,20 / $1-\beta$ 0,80	0,05 / 0,95	0,01 / 0,99	Zweistichprobentest 0,20 / 0,80	0,05 / 0,95	0,01 / 0,99
0,005	0,1	1173	1785	2403	2337	3567	4806
	0,2	296	450	605	588	894	1206
	0,4	77	115	154	150	226	304
	0,7	28	40	53	50	75	100
	1,0	14	22	28	26	38	49
	2,0	7	8	10	8	11	14
0,025	0,1	788	1302	1840	1574	2603	3680
	0,2	201	327	459	395	650	922
	0,4	52	85	117	100	164	231
	0,7	19	29	40	34	55	76
	1,0	10	16	21	17	28	38
	2,0	-	6	7	6	8	11

Den Gebrauch der Tabelle 52 erläutern die in Tabelle 52a gewählten Beispiele (vgl. auch Formel (3.6) auf S. 198).

Tabelle 52a

Test	Fragestellung	α	β	d	Stichprobenumfang
Einstichprobentest	einseitige	0,005	0,20	0,7	n = 28
	zweiseitige	0,01	0,01	1,0	n = 28
Zweistichprobentest	einseitige	0,025	0,05	1,0	n_1 = 28, n_2 = 28
	zweiseitige	0,05	0,05	0,1	n_1 = 2603, n_2 = 2603

Hinweise

1. Weitere Hilfsmittel geben Croarkin (1962), Winne (1963), Owen (1965, 1968), Hodges und Lehmann (1968), Krishnan (1968), Cohen (1969) sowie Kühlmeyer (1970).

2. Die nomographische Darstellung des t-Tests (Thöni 1963, Dietze 1967) sowie auch anderer statistischer Prüfverfahren findet man bei Wenger (1963), Stammberger (1966/67) und Boyd (1969).

3. *Vergleich zweier Variationskoeffizienten.* Der Standardfehler des Variationskoeffizienten ist $s_V = \dfrac{V}{\sqrt{2n}} \cdot \sqrt{1 + \dfrac{2V^2}{10^4}} \simeq \dfrac{V}{\sqrt{2n}}$. Die Differenz zweier Variationskoeffizienten läßt sich daher beim Vorliegen nicht zu kleiner Stichprobenumfänge $(n_1, n_2 \gtrsim 30)$ überschlagsmäßig nach

$$|V_1 - V_2|/\sqrt{V_1^2/2n_1 + V_2^2/2n_2} \tag{3.36}$$

S. 53   prüfen und anhand der Standardnormalverteilung beurteilen. Beispielsweise erhält man für $V_1 = 0,10$, $V_2 = 0,13$ und $n_1 = n_2 = 30$

$$\hat{z} = |0,10 - 0,13|/\sqrt{0,10^2/60 + 0,13^2/60} = 1,417.$$

Da $1,42 < 1,96 = z_{0,05}$ ist, besteht keine Veranlassung an der Gleichheit der den beiden Variationskoeffizienten zugrundeliegenden Parameter zu zweifeln.

4. Ein- und Zweistichproben-t-Tests bei gleichzeitiger Berücksichtigung einer diskreten Variablen (Erfolgsprozentsatz) stellt Weiler (1964) vor.

37   Schnelltests, die angenähert normalverteilte Meßwerte voraussetzen

371   Vergleich der Streuungen zweier kleiner Stichproben nach Pillai und Buenaventura

Die Streuungen zweier unabhängiger Meßreihen können über die *Variationsbreiten* (R_1, R_2) verglichen werden. Man bildet zu diesem Zweck analog dem F-Test das Verhältnis R_1/R_2, wobei $R_1 > R_2$ anzunehmen ist und prüft, ob der Quotient R_1/R_2 die entsprechende Schranke der Tabelle 53 erreicht oder überschreitet. Wenn beispielsweise die Meßreihe A mit $n_1 = 9$ und die Meßreihe B mit $n_2 = 10$ die Variationsbreiten $R_1 = 19$ und $R_2 = 10$ aufweisen, dann ist $R_1/R_2 = 1,9$ größer als der für $\alpha = 5\%$ tabellierte Wert 1,82. Damit wird die Nullhypothese abgelehnt. Die Schranken der Tabelle 53 sind wie der Test für die einseitige Fragestellung eingerichtet.

Wird nach $\sigma_1^2 = \sigma_2^2$ gegenüber $\sigma_1^2 \neq \sigma_2^2$ geprüft, dann sind die 5%- und 1%-Schranken dieser Tabelle als 10%- und 2%-Niveaus des zweiseitigen Tests aufzufassen. Für kleine Stichproben ist der Test hinreichend effizient.

372   Vergleich der Mittelwerte zweier kleiner Stichproben nach Lord

Für den Vergleich unabhängiger Meßreihen gleichen Umfanges $(n_1 = n_2 \leq 20)$ hinsichtlich ihrer zentralen Tendenz berechnet man die Differenz der Durchschnitte

Tabelle 53.　　Obere Signifikanzschranken der auf den Variationsbreiten basierenden F'-Verteilung (aus Pillai, K.C.S. and A.R. Buenaventura: Upper percentage points of a substitute F-ratio using ranges, Biometrika **48** (1961) 195 und 196)

oben:	$\alpha = 0{,}05$
unten:	$\alpha = 0{,}01$

n_2\\n_1	2	3	4	5	6	7	8	9	10
2	12,71	19,08	23,2	26,2	28,6	30,5	32,1	33,5	34,7
3	3,19	4,37	5,13	5,72	6,16	6,53	6,85	7,12	7,33
4	2,03	2,66	3,08	3,38	3,62	3,84	4,00	4,14	4,26
5	1,60	2,05	2,35	2,57	2,75	2,89	3,00	3,11	3,19
6	1,38	1,74	1,99	2,17	2,31	2,42	2,52	2,61	2,69
7	1,24	1,57	1,77	1,92	2,04	2,13	2,21	2,28	2,34
8	1,15	1,43	1,61	1,75	1,86	1,94	2,01	2,08	2,13
9	1,09	1,33	1,49	1,62	1,72	1,79	1,86	1,92	1,96
10	1,05	1,26	1,42	1,54	1,63	1,69	1,76	1,82	1,85
2	63,66	95,49	116,1	131	143	153	161	168	174
3	7,37	10,00	11,64	12,97	13,96	14,79	15,52	16,13	16,60
4	3,73	4,79	5,50	6,01	6,44	6,80	7,09	7,31	7,51
5	2,66	3,33	3,75	4,09	4,36	4,57	4,73	4,89	5,00
6	2,17	2,66	2,98	3,23	3,42	3,58	3,71	3,81	3,88
7	1,89	2,29	2,57	2,75	2,90	3,03	3,13	3,24	3,33
8	1,70	2,05	2,27	2,44	2,55	2,67	2,76	2,84	2,91
9	1,57	1,89	2,07	2,22	2,32	2,43	2,50	2,56	2,63
10	1,47	1,77	1,92	2,06	2,16	2,26	2,33	2,38	2,44

$(\bar{x}_1, \bar{x}_2)$ und dividiert sie durch das arithmetische Mittel der Variationsbreiten (R_1, R_2)

$$\hat{u} = \frac{|\bar{x}_1 - \bar{x}_2|}{(R_1 + R_2)/2} \tag{3.37}$$

Erreicht oder überschreitet die der t-Statistik analoge Prüfgröße $\hat{u}$ die Schranke der Tabelle 54, so ist der Mittelwertsunterschied auf dem entsprechenden Niveau gesichert (Lord 1947). Der Test setzt Normalverteilung und *Varianzgleichheit* voraus; er ist im tabellierten Bereich praktisch ebenso stark wie der t-Test.

Tabelle 54.　　Schranken für den Vergleich zweier Mittelwerte aus unabhängigen Meßreihen gleichen Umfanges nach Lord (aus Lord, E.: The use of the range in place of the standard deviation in the t-test, Biometrika **34** (1947), 41–67, table 10)

$n_1 = n_2$	Einseitiger Test		Zweiseitiger Test	
	$u_{0,05}$	$u_{0,01}$	$u_{0,05}$	$u_{0,01}$
3	0,974	1,715	1,272	2,093
4	0,644	1,047	0,831	1,237
5	0,493	0,772	0,613	0,896
6	0,405	0,621	0,499	0,714
7	0,347	0,525	0,426	0,600
8	0,306	0,459	0,373	0,521
9	0,275	0,409	0,334	0,464
10	0,250	0,371	0,304	0,419
11	0,233	0,340	0,280	0,384
12	0,214	0,315	0,260	0,355
13	0,201	0,294	0,243	0,331
14	0,189	0,276	0,228	0,311
15	0,179	0,261	0,216	0,293
16	0,170	0,247	0,205	0,278
17	0,162	0,236	0,195	0,264
18	0,155	0,225	0,187	0,252
19	0,149	0,216	0,179	0,242
20	0,143	0,207	0,172	0,232

Beispiel

Sind die Meßreihen A: 2, 4, 1, 5 und B: 7, 3, 4, 6 zu vergleichen, dann erhält man (vgl. $R_1 = 5 - 1 = 4$, $R_2 = 7 - 3 = 4$)

$$\hat{u} = \frac{|3 - 5|}{(4 + 4)/2} = 0,5,$$

ein Wert, der bei $n_1 = n_2 = 4$ und zweiseitiger Fragestellung auf dem 5%-Niveau H_0 nicht abzulehnen gestattet. Beide Stichproben entstammen einer gemeinsamen Grundgesamtheit mit Mittelwert μ. Moore (1957) hat diesen Test auch für ungleiche Stichprobenumfänge $n_1 + n_2 \leqq 39$ tabelliert; eine weitere Tafel ermöglicht die Schätzung der beiden Stichproben gemeinsamen Standardabweichung.

373 Vergleich der Mittelwerte mehrerer Stichproben gleicher Umfänge nach Dixon

Will man feststellen, ob der Mittelwert ($\bar{x}_1$) einer Meßreihe von den $n - 1$ Mittelwerten anderer Meßreihen ($n \leqq 25$) signifikant abweicht, so ordne man sie der Größe nach: Aufsteigend $\bar{x}_1 < \bar{x}_2 < \ldots < \bar{x}_{n-1} < \bar{x}_n$, wenn der fragliche Mittelwert nach unten abweicht, oder absteigend $\bar{x}_1 > \bar{x}_2 > \ldots > \bar{x}_{n-1} > \bar{x}_n$, wenn er nach oben abweicht, so daß $\bar{x}_1$ in jedem Fall den extremen Mittelwert bezeichnet. Dann berechne man (z.B. für $3 \leqq n \leqq 7$) die Prüfstatistik

$$\boxed{\hat{M} = \left| \frac{\bar{x}_1 - \bar{x}_2}{\bar{x}_1 - \bar{x}_n} \right|} \tag{3.38}$$

Tabelle 55.   Signifikanzschranken für die Prüfung von Extremwerten bei einseitiger Fragestellung. Vor der Datengewinnung ist festzulegen, welches Ende der geordneten Mittelwerte (oder Einzelwerte, vgl. S. 219) geprüft werden soll. Für die zweiseitige Fragestellung ist das Signifikanzniveau zu verdoppeln. (Auszugsweise entnommen aus Dixon, W.J.: Processing data for outliers, Biometrics **9** (1953) 74—89, Appendix p. 89)

n	$\alpha = 0,10$	$\alpha = 0,05$	$\alpha = 0,01$	Testquotient
3	0,886	0,941	0,988	
4	0,679	0,765	0,889	
5	0,557	0,642	0,780	$\dfrac{\|x_1 - x_2\|}{\|x_1 - x_n\|}$
6	0,482	0,560	0,698	
7	0,434	0,507	0,637	
8	0,479	0,554	0,683	
9	0,441	0,512	0,635	$\dfrac{\|x_1 - x_2\|}{\|x_1 - x_{n-1}\|}$
10	0,409	0,477	0,597	
11	0,517	0,576	0,679	
12	0,490	0,546	0,642	$\dfrac{\|x_1 - x_3\|}{\|x_1 - x_{n-1}\|}$
13	0,467	0,521	0,615	
14	0,492	0,546	0,641	
15	0,472	0,525	0,616	
16	0,454	0,507	0,595	
17	0,438	0,490	0,577	
18	0,424	0,475	0,561	
19	0,412	0,462	0,547	$\dfrac{\|x_1 - x_3\|}{\|x_1 - x_{n-2}\|}$
20	0,401	0,450	0,535	
21	0,391	0,440	0,524	
22	0,382	0,430	0,514	
23	0,374	0,421	0,505	
24	0,367	0,413	0,497	
25	0,360	0,406	0,489	

und entscheide anhand der Schranken der Tabelle 55 (Dixon 1950, 1953). Wenn also die vier Mittelwerte 157, 326, 177 und 176 vorliegen und $\bar{x}_1 = 326$ herausragt, dann ist mit $\bar{x}_2 = 177$, $\bar{x}_3 = 176$ und $\bar{x}_4 = 157$ (wobei $\bar{x}_4 = \bar{x}_n$)

$$\hat{M} = \left| \frac{\bar{x}_1 - \bar{x}_2}{\bar{x}_1 - \bar{x}_n} \right| = \frac{326 - 177}{326 - 157} = 0,882,$$

ein Wert, der 0,765 (die 5%-Schranke für $n = 4$) überschreitet; die Nullhypothese, nach der die vier Mittelwerte einer gemeinsamen, zumindest angenähert normalverteilten Grundgesamtheit entstammen, muß abgelehnt werden (Tabelle 55 enthält auch Prüfgrößen für $8 \leq n \leq 25$). Gegenüber Abweichungen von Normalität und Varianzhomogenität ist dieser Test erfreulicherweise ziemlich unempfindlich, da nach dem *zentralen Grenzwertsatz* Mittelwerte aus nicht normalverteilten Meßreihen angenähert normalverteilt sind.

38   Ausreißerproblem und Toleranzgrenzen

Extrem hohe oder niedrige Werte innerhalb einer Reihe üblicher mäßig unterschiedlicher Meßwerte dürfen unter gewissen Umständen vernachlässigt werden. Meßfehler, Beurteilungsfehler, Rechenfehler oder ein pathologischer Fall im Untersuchungsmaterial von Gesunden können zu Extremwerten führen, die, da sie anderen Grundgesamtheiten als die der Stichprobe entstammen, gestrichen werden müssen.
Eine *allgemeine Regel* besagt, daß bei mindestens 10 Einzelwerten dann ein Wert als *Ausreißer* verworfen werden darf, wenn er außerhalb des Bereiches $\bar{x} \pm 4s$ liegt, wobei Mittelwert und Standardabweichung ohne den ausreißerverdächtigen Wert berechnet werden. Der „4-Sigma-Bereich'' ($\mu \pm 4\sigma$) umfaßt bei Normalverteilung 99,99% der Werte, bei symmetrisch-eingipfligen Verteilungen 97% und bei beliebigen Verteilungen noch 94% der Werte (vgl. S. 54).
Ausreißer sind um so unwahrscheinlicher, je kleiner die Stichproben sind. Tabelle 55 gestattet es, Extremwerte aus Stichproben *bis zu einem Umfang von* $n = 25$ mit den in der letzten Spalte gegebenen Testquotienten zu prüfen. Getestet wird, ob ein als Ausreißer verdächtigter Extremwert einer anderen Grundgesamtheit zugehört als die übrigen Werte der Stichprobe (Dixon 1950; vgl. auch die Übersicht von Grubbs 1969 sowie Thompson und Willke 1963). Die Einzelwerte der Stichprobe werden nach der Größe geordnet. Mit x_1 bezeichnen wir den Extremwert, den mutmaßlichen Ausreißer, vgl.:

$$x_1 < x_2 < \ldots < x_{n-1} < x_n$$
$$x_1 > x_2 > \ldots > x_{n-1} > x_n$$

Man verfährt mit den Einzelwerten der Stichprobe wie mit den Mittelwerten auf S. 218. In der Zahlenfolge 157, 326, 177 und 176 wird 326 als Ausreißer ausgewiesen ($S = 95\%$).

Beispiel

Es liege die Meßreihe 1, 2, 3, 3, 4, 5, 9 vor. Der Wert 9 wird als Ausreißer verdächtigt. Anhand von Tabelle 55 ($n = 7$)

$$\hat{M} = \frac{9 - 5}{9 - 1} = 0,5 < 0,507$$

wird die Nullhypothese, es liege kein Ausreißer vor, auf dem 5%-Niveau nicht abgelehnt (Normalverteilung vorausgesetzt).

Bei *Stichprobenumfängen über* $n = 25$ lassen sich die Extremwerte mit Hilfe der Tabelle 56 anhand des Prüfquotienten

$$\left| \frac{x_1 - \mu}{\sigma} \right| \qquad x_1 = \text{der mutmaßliche Ausreißer} \qquad (3.39)$$

testen, wobei μ und σ durch $\bar{x}$ und s ersetzt werden. Erreicht oder überschreitet der Testquotient bei der geforderten statistischen Sicherheit S die dem Stichprobenumfang n entsprechende Schranke der beiden Tafeln, so ist anzunehmen, daß der geprüfte Extremwert einer anderen Grundgesamtheit entstammt als die übrigen Werte der Reihe. Der Extremwert darf jedoch, auch wenn er durch diese Tests als Ausreißer ausgewiesen ist, nur dann gestrichen werden, wenn wahrscheinlich ist, daß die vorliegenden Werte **angenähert normalverteilt** sind (vgl. auch Tab. 72 auf S. 254).

Sind auf diese Art Ausreißer „identifiziert" und von der Stichprobe ausgeschlossen worden, dann muß dies bei der Analyse der Daten angemerkt werden; zumindest ihre Zahl sollte nicht verschwiegen werden. Vielleicht ist es am zweckmäßigsten, wenn eine Stichprobe Ausreißer enthält, einmal die statistische Analyse mit und einmal ohne die Ausreißer vorzunehmen. Unterscheiden sich die Schlußfolgerungen aus beiden Analysen, dann ist eine außerordentlich vorsichtige und umsichtige Interpretation der Daten zu empfehlen. So kann der Ausreißer auch einmal als Ausdruck der für die Grundgesamtheit typischen Variabilität der aufschlußreichste Wert einer Stichprobe sein und Ausgangspunkt einer neuen Meßreihe werden!

Günstig ist auch ein von Charles P. Winsor empfohlenes Verfahren (Tukey 1962): 1. Die Stichprobenwerte der Größe nach ordnen. 2. Ausreißer durch benachbarte Werte ersetzen. So erhält man z.B. für: 26, 18, 21, 78, 23, 17 über 17, 18, 21, 23, 26, 78 die Werte 17, 18, 21, 23, 26, 26. Hierbei wird der Extremwert als unzuverlässig betrachtet, der Richtung der Abweichung jedoch eine gewisse Bedeutung zuerkannt.

Erscheint dies als nicht angebracht, dann wird man auf das „Winsorisieren" verzichten und eher ein vorsichtiges Stutzen der Stichprobenverteilung erwägen: Beidseitig, d.h. vom unteren und oberen Ende der Stichprobenverteilung werden dann insgesamt $\leqq 3\%$, bei stärkerer Inhomogenität bis 6% der Stichprobenwerte vernachlässigt, jeweils auf beiden Seiten die gleiche Anzahl (vgl. S. 55) (siehe auch Dixon und Tukey 1968).

Sind kleine Stichproben als nichthomogen anzusehen, dann ist die mittlere absolute Abweichung (vgl. S. 199) ein häufig empfohlenes Streuungsmaß, da sie den Einfluß der Extremwerte reduziert. Ähnlich wie die Standardabweichung am kleinsten ist, wenn die Abweichungen vom arithmetischen Mittelwert gemessen werden, gilt für die MAA, daß sie ihr Minimum erreicht, sobald die Abweichungen vom Median gemes-

n	$S=95\%$	$S=99\%$	n	$S=95\%$	$S=99\%$
1	1,645	2,326	55	3,111	3,564
2	1,955	2,575	60	3,137	3,587
3	2,121	2,712	65	3,160	3,607
4	2,234	2,806	70	3,182	3,627
5	2,319	2,877	80	3,220	3,661
6	2,386	2,934	90	3,254	3,691
8	2,490	3,022	100	3,283	3,718
10	2,568	3,089	200	3,474	3,889
15	2,705	3,207	300	3,581	3,987
20	2,799	3,289	400	3,656	4,054
25	2,870	3,351	500	3,713	4,106
30	2,928	3,402	600	3,758	4,148
35	2,975	3,444	700	3,797	4,183
40	3,016	3,479	800	3,830	4,214
45	3,051	3,511	900	3,859	4,240
50	3,083	3,539	1000	3,884	4,264

Tabelle 56. Obere Signifikanzschranken der standardisierten Extremabweichung (auszugsweise aus Pearson, E.S. and H.O. Hartley: Biometrika Tables for Statisticians, Cambridge University Press 1954, Table 24)

sen werden. Eine Regel besagt, daß für symmetrische und schwach schiefe Verteilungen die MAA etwa 4/5 der Standardabweichung ausmacht ($MAA/s \simeq 0,8$).

Für Probleme, die mit der *Qualitätsüberwachung* (vgl. S. 183) zusammenhängen, hat Tabelle 56 eine besondere Bedeutung. Angenommen, von einem Gegenstand mit $\bar{x}=888$ und $s=44$ werden jeweils Stichproben des Umfangs $n=10$ geprüft. Der niedrigste Stichprobenwert sollte dann höchstens einmal in hundert Fällen kleiner sein als $888-44 \cdot 3,089 = 752,1$ (vgl. für $n=10$ und $S=99\%$ erhält man den Faktor 3,089). Durch Vorzeichenwechsel $888+44 \cdot 3,089 = 1023,9$ erhält man den größten Stichprobenwert, der höchstens einmal in hundert Fällen rein zufällig überschritten werden dürfte. Treten Extremwerte dieser Art häufiger auf, muß die Produktion des betreffenden Gegenstandes überprüft werden.

Toleranzgrenzen

Vertrauensgrenzen beziehen sich auf einen Parameter. Grenzen für einen Prozentsatz der Grundgesamtheit werden als *Toleranzgrenzen* bezeichnet. Toleranzgrenzen geben an, innerhalb welcher Grenzen ein bestimmter Anteil der Grundgesamtheit mit vorgegebener Wahrscheinlichkeit $S=(1-\alpha)$ erwartet werden kann. Für eine normalverteilte Grundgesamtheit sind diese Grenzen von der Form $\bar{x} \pm k \cdot s$, wobei k eine geeignete Konstante ist. Beispielsweise entnehmen wir zur Ermittlung eines Toleranzbereiches – in dem in durchschnittlich 95% aller Fälle ($S=0,95$; $\alpha=0,05$) wenigstens der Anteil $\gamma=0,90$ der Grundgesamtheit liegt – der Tabelle 57 für einen Stichprobenumfang von $n=50$ den Faktor $k=2,00$. Der gewünschte Toleranzbereich erstreckt sich damit von $\bar{x}-2,00s$ bis $\bar{x}+2,00s$. Hierbei ist s die aus den 50 Stichprobenelementen geschätzte Standardabweichung und $\bar{x}$ der zugehörige Mittelwert. Tabellen zur Berechnung von k geben Weissberg und Beatty (1960) sowie Guttman (1970), der auch eine Übersicht bringt (vgl. auch Owen und Frawley 1971).

Faktoren für einseitige Toleranzgrenzen (Lieberman 1958, Bowker und Lieberman 1959, Owen 1963, Burrows 1964) gestatten die Angabe, daß unterhalb von $\bar{x}+ks$ bzw. oberhalb von $\bar{x}-ks$ in z.B. durchschnittlich 95% aller Fälle wenigstens der Anteil γ der Grundgesamtheit zu erwarten ist.

Tabelle 57.   Toleranzfaktoren für die Normalverteilung. Faktoren k für den zweiseitigen Toleranzbereich aus Stichprobenmittelwerten normalverteilter Grundgesamtheiten: Mit der Wahrscheinlichkeit S liegen wenigstens γ Prozent der Elemente der Grundgesamtheit innerhalb des Toleranzgebietes $\bar{x} \pm ks$; hierbei sind $\bar{x}$ und s aus einer Stichprobe vom Umfang n berechnet. Ausgewählte, gerundete Werte (aus A. H. Bowker: Tolerance Factors for Normal Distributions, p. 102, in (Statistical Research Group, Columbia University), Techniques of Statistical Analysis (edited by Churchill Eisenhart, Millard W. Hastay, and W. Allen Wallis) New York and London 1947, McGraw-Hill Book Company Inc. (Copyright vom 1. März 1966)

n \ γ	S = 0,95				S = 0,99			
	0,90	0,95	0,99	0,999	0,90	0,95	0,99	0,999
3	8,38	9,92	12,86	16,21	18,93	22,40	29,06	36,62
6	3,71	4,41	5,78	7,34	5,34	6,35	8,30	10,55
12	2,66	3,16	4,15	5,29	3,25	3,87	5,08	6,48
24	2,23	2,65	3,48	4,45	2,52	3,00	3,95	5,04
30	2,14	2,55	3,35	4,28	2,39	2,84	3,73	4,77
50	2,00	2,38	3,13	3,99	2,16	2,58	3,39	4,32
100	1,87	2,23	2,93	3,75	1,98	2,36	3,10	3,95
300	1,77	2,11	2,77	3,54	1,82	2,17	2,85	3,64
500	1,74	2,07	2,72	3,48	1,78	2,12	2,78	3,56
1000	1,71	2,04	2,68	3,42	1,74	2,07	2,72	3,47
∞	1,65	1,96	2,58	3,29	1,65	1,96	2,58	3,29

Tab. 57 wird z.B. durch S. 45/46 der auf S. 439 zitierten Documenta Geigy (1968) ergänzt.

Sobald der Stichprobenumfang n genügend groß ist, gilt näherungsweise $\bar{x} \pm z \cdot s$. Streng genommen gilt dieser Ausdruck nur für $n = \infty$. Für unbekannte Verteilungen ist die Ermittlung des Wertes k irrelevant. Hier geht man so vor, daß man denjenigen minimalen Stichprobenumfang angibt, bei dem mit einer *Vertrauenswahrscheinlichkeit* S angenommen werden darf, daß der Anteil γ der Grundgesamtheit zwischen dem kleinsten und dem größten Wert der Stichprobe liegen wird (vgl. auch Weissberg und Beatty 1960, Owen 1968 sowie Faulkenberry und Daly 1970).

Bei geringen Abweichungen von der Normalverteilung sind verteilungsfreie Toleranzgrenzen zu bevorzugen.

Verteilungsfreie Toleranzgrenzen

Wünschen wir mit einer statistischen Sicherheit von $S = 1 - \alpha$, daß der Anteil γ der Elemente einer beliebigen Grundgesamtheit zwischen dem größten und dem kleinsten Stichprobenwert liegt, so läßt sich der benötigte Stichprobenumfang n leicht abschätzen:

Tabelle 58.   Stichprobenumfänge n für zweiseitige
                 nichtparametrische Toleranzgrenzen

S \ γ	0,50	0,90	0,95	0,99	0,999	0,9999
0,50	3	17	34	168	1679	16783
0,80	5	29	59	299	2994	29943
0,90	7	38	77	388	3889	38896
0,95	8	46	93	473	4742	47437
0,99	11	64	130	662	6636	66381
0,999	14	89	181	920	9230	92330
0,9999	18	113	230	1171	11751	117559

Tabelle 58 enthält Stichprobenumfänge n für zweiseitige nichtparametrische Toleranzgrenzen, die der Gleichung von Wilks (1941, 1942) $n\gamma^{n-1} - (n-1)\gamma^n = 1 - S = \alpha$ genügen. Im Mittel liegt mit der statistischen Sicherheit S mindestens der Anteil γ einer beliebigen Grundgesamtheit zwischen dem größten und dem kleinsten Wert einer der Grundgesamtheit entstammenden Zufallsstichprobe. Das heißt, in etwa $S \cdot 100\%$ der Fälle, in denen einer beliebigen Grundgesamtheit Stichproben des Umfangs n entnommen werden, schließen die Extremwerte der Stichprobe mindestens $\gamma \cdot 100\%$ der Werte der Grundgesamtheit in sich ein.

Ordnet man also die Werte einer Stichprobe der Größe nach, dann liegen mit einer durchschnittlichen statistischen Sicherheit von $S = 1 - \alpha$ innerhalb des durch den kleinsten und den größten Wert gegebenen Intervalles mindestens $\gamma \cdot 100\%$ der Elemente der Grundgesamtheit. Tabelle 59 gibt Werte von γ für verschiedene Irrtumswahrscheinlichkeiten α und Stichprobenumfänge n.

Beispiel 1

Für $S = 0,80$ und $\gamma = 0,90$ ergibt sich ein Stichprobenumfang von $n = 29$, d. h. eine zufällige Stichprobe des Umfangs $n = 29$ enthält in durchschnittlich 80% aller Fälle mindestens 90% der Grundgesamtheit.

Beispiel 2

Zwischen dem kleinsten und dem größten Wert einer Zufallsstichprobe des Umfangs $n = 30$ aus jeder beliebigen Grundgesamtheit liegen in durchschnittlich 95% aller Fälle mindestens 85% der Werte der betreffenden Grundgesamtheit. Legt man beide Prozentsätze auf 70% (90%, 95%, 99%) fest, so benötigt man eine Zufallsstichprobe des Umfangs. $n = 8$ (38, 93, 662).

Nelson (1963) gibt ein Nomogramm zur schnellen Ermittlung verteilungsfreier Toleranzgrenzen, das Interessenten durch die Lamp Division, General Electric Company, Nela Park, Cleveland 12, Ohio, zur Verfügung gestellt wird. Wichtige Tafeln geben Danziger und Davis (1964). Eine ausführliche Tafel und ein Nomogramm zur Bestimmung einseitiger verteilungsfreier Toleranzgrenzen haben Belson und Nakano (1965) vorgestellt (vgl. auch Harmann 1967 und Guenther 1970).

Tabelle 59.   Verteilungsfreie Toleranzgrenzen (auszugsweise aus Wetzel, W.: Elementare Statistische Tabellen, Kiel 1965; Berlin, De Gruyter 1966, S. 31)

α\n	0,200	0,150	0,100	0,090	0,080	0,070	0,060	0,050	0,040	0,030	0,020	0,010	0,005	0,001
3	0,2871	0,2444	0,1958	0,1850	0,1737	0,1617	0,1490	0,1354	0,1204	0,1036	0,0840	0,0589	0,0414	0,0184
4	0,4175	0,3735	0,3205	0,3082	0,2950	0,2809	0,2656	0,2486	0,2294	0,2071	0,1794	0,1409	0,1109	0,0640
5	0,5098	0,4679	0,4161	0,4038	0,3906	0,3762	0,3603	0,3426	0,3222	0,2979	0,2671	0,2221	0,1851	0,1220
6	0,5776	0,5387	0,4897	0,4779	0,4651	0,4512	0,4357	0,4182	0,3979	0,3734	0,3417	0,2943	0,2540	0,1814
7	0,6291	0,5933	0,5474	0,5363	0,5242	0,5109	0,4961	0,4793	0,4596	0,4357	0,4044	0,3566	0,3151	0,2375
8	0,6696	0,6365	0,5938	0,5833	0,5719	0,5594	0,5453	0,5293	0,5105	0,4875	0,4570	0,4101	0,3685	0,2887
9	0,7022	0,6715	0,6316	0,6218	0,6111	0,5993	0,5861	0,5709	0,5530	0,5309	0,5017	0,4560	0,4150	0,3349
10	0,7290	0,7004	0,6632	0,6540	0,6439	0,6328	0,6202	0,6058	0,5888	0,5678	0,5398	0,4956	0,4557	0,3763
11	0,7514	0,7247	0,6898	0,6811	0,6716	0,6611	0,6493	0,6356	0,6195	0,5995	0,5727	0,5302	0,4914	0,4134
12	0,7704	0,7454	0,7125	0,7043	0,6954	0,6855	0,6742	0,6613	0,6460	0,6269	0,6013	0,5605	0,5230	0,4466
13	0,7867	0,7632	0,7322	0,7245	0,7160	0,7066	0,6959	0,6837	0,6691	0,6509	0,6264	0,5872	0,5510	0,4766
14	0,8008	0,7787	0,7493	0,7420	0,7340	0,7250	0,7149	0,7033	0,6894	0,6720	0,6485	0,6109	0,5760	0,5037
15	0,8132	0,7923	0,7644	0,7575	0,7499	0,7414	0,7317	0,7206	0,7073	0,6907	0,6683	0,6321	0,5984	0,5282
16	0,8242	0,8043	0,7778	0,7712	0,7639	0,7558	0,7467	0,7360	0,7234	0,7075	0,6859	0,6512	0,6186	0,5505
17	0,8339	0,8150	0,7898	0,7835	0,7765	0,7688	0,7600	0,7499	0,7377	0,7225	0,7018	0,6684	0,6370	0,5708
18	0,8426	0,8246	0,8005	0,7945	0,7879	0,7805	0,7721	0,7623	0,7507	0,7361	0,7162	0,6840	0,6537	0,5895
19	0,8505	0,8332	0,8102	0,8045	0,7981	0,7910	0,7830	0,7736	0,7624	0,7484	0,7293	0,6982	0,6689	0,6066
20	0,8576	0,8411	0,8190	0,8135	0,8074	0,8006	0,7929	0,7839	0,7731	0,7596	0,7412	0,7112	0,6829	0,6224
21	0,8640	0,8482	0,8271	0,8218	0,8159	0,8093	0,8019	0,7933	0,7829	0,7699	0,7521	0,7232	0,6957	0,6370
22	0,8699	0,8547	0,8344	0,8293	0,8237	0,8174	0,8102	0,8019	0,7919	0,7793	0,7622	0,7342	0,7076	0,6506
23	0,8753	0,8607	0,8412	0,8362	0,8308	0,8247	0,8178	0,8098	0,8002	0,7880	0,7715	0,7443	0,7186	0,6631
24	0,8803	0,8663	0,8474	0,8426	0,8374	0,8315	0,8249	0,8171	0,8078	0,7961	0,7800	0,7538	0,7287	0,6748
25	0,8849	0,8713	0,8531	0,8485	0,8435	0,8378	0,8314	0,8239	0,8149	0,8035	0,7880	0,7625	0,7382	0,6858
26	0,8892	0,8761	0,8585	0,8540	0,8491	0,8437	0,8374	0,8302	0,8215	0,8105	0,7954	0,7707	0,7471	0,6960
27	0,8931	0,8805	0,8634	0,8591	0,8544	0,8491	0,8431	0,8360	0,8276	0,8169	0,8023	0,7783	0,7554	0,7056
28	0,8968	0,8845	0,8681	0,8639	0,8593	0,8542	0,8483	0,8415	0,8333	0,8230	0,8088	0,7854	0,7631	0,7146
29	0,9002	0,8884	0,8724	0,8683	0,8639	0,8589	0,8532	0,8466	0,8387	0,8286	0,8148	0,7921	0,7704	0,7231
30	0,9035	0,8919	0,8764	0,8725	0,8682	0,8633	0,8578	0,8514	0,8437	0,8339	0,8205	0,7984	0,7772	0,7311
31	0,9065	0,8953	0,8802	0,8764	0,8722	0,8675	0,8622	0,8559	0,8484	0,8389	0,8258	0,8043	0,7837	0,7387
32	0,9093	0,8984	0,8838	0,8801	0,8760	0,8714	0,8662	0,8602	0,8528	0,8436	0,8309	0,8099	0,7898	0,7458
33	0,9120	0,9014	0,8872	0,8836	0,8796	0,8751	0,8701	0,8641	0,8570	0,8480	0,8356	0,8152	0,7956	0,7526
34	0,9145	0,9042	0,8903	0,8868	0,8830	0,8786	0,8737	0,8679	0,8610	0,8522	0,8401	0,8202	0,8010	0,7590
35	0,9169	0,9069	0,8934	0,8899	0,8862	0,8819	0,8771	0,8715	0,8647	0,8562	0,8444	0,8249	0,8062	0,7651
36	0,9191	0,9094	0,8962	0,8929	0,8892	0,8851	0,8804	0,8749	0,8683	0,8599	0,8484	0,8290	0,8111	0,7709
37	0,9212	0,9117	0,8989	0,8956	0,8921	0,8880	0,8834	0,8781	0,8716	0,8635	0,8522	0,8337	0,8158	0,7764
38	0,9232	0,9140	0,9015	0,8983	0,8948	0,8909	0,8864	0,8811	0,8748	0,8669	0,8559	0,8377	0,8202	0,7817
39	0,9252	0,9161	0,9039	0,9008	0,8974	0,8935	0,8892	0,8840	0,8779	0,8701	0,8594	0,8416	0,8244	0,7867
40	0,9270	0,9182	0,9062	0,9032	0,8998	0,8961	0,8918	0,8868	0,8808	0,8732	0,8627	0,8453	0,8285	0,7915
41	0,9287	0,9201	0,9084	0,9055	0,9022	0,8985	0,8943	0,8894	0,8836	0,8761	0,8658	0,8488	0,8323	0,7961
42	0,9304	0,9219	0,9105	0,9076	0,9044	0,9008	0,8967	0,8920	0,8862	0,8789	0,8688	0,8521	0,8360	0,8005
43	0,9320	0,9237	0,9125	0,9097	0,9066	0,9031	0,8990	0,8944	0,8887	0,8816	0,8717	0,8554	0,8396	0,8047
44	0,9335	0,9254	0,9145	0,9117	0,9086	0,9052	0,9012	0,8967	0,8911	0,8841	0,8745	0,8584	0,8430	0,8087
45	0,9349	0,9270	0,9163	0,9136	0,9106	0,9072	0,9034	0,8989	0,8934	0,8866	0,8771	0,8614	0,8462	0,8126
46	0,9363	0,9286	0,9181	0,9154	0,9124	0,9091	0,9054	0,9010	0,8957	0,8889	0,8796	0,8642	0,8493	0,8163
47	0,9376	0,9300	0,9197	0,9171	0,9142	0,9110	0,9073	0,9030	0,8978	0,8912	0,8821	0,8669	0,8523	0,8199
48	0,9389	0,9315	0,9214	0,9188	0,9160	0,9128	0,9092	0,9049	0,8998	0,8934	0,8844	0,8695	0,8552	0,8233
49	0,9401	0,9328	0,9229	0,9204	0,9176	0,9145	0,9110	0,9068	0,9018	0,8954	0,8866	0,8721	0,8579	0,8266
50	0,9413	0,9341	0,9244	0,9220	0,9192	0,9162	0,9127	0,9086	0,9037	0,8974	0,8888	0,8745	0,8606	0,8298
60	0,9509	0,9449	0,9367	0,9346	0,9323	0,9298	0,9268	0,9234	0,9192	0,9139	0,9066	0,8944	0,8826	0,8562
70	0,9578	0,9526	0,9456	0,9438	0,9418	0,9396	0,9370	0,9340	0,9304	0,9258	0,9195	0,9089	0,8986	0,8756
80	0,9630	0,9585	0,9522	0,9507	0,9489	0,9470	0,9447	0,9421	0,9389	0,9348	0,9292	0,9199	0,9108	0,8903
90	0,9671	0,9630	0,9575	0,9561	0,9545	0,9527	0,9507	0,9484	0,9455	0,9419	0,9369	0,9285	0,9203	0,9020
100	0,9704	0,9667	0,9617	0,9604	0,9590	0,9574	0,9556	0,9534	0,9509	0,9476	0,9431	0,9355	0,9280	0,9114
200	0,9851	0,9832	0,9807	0,9800	0,9793	0,9785	0,9776	0,9765	0,9752	0,9735	0,9712	0,9673	0,9634	0,9548
300	0,9901	0,9888	0,9871	0,9867	0,9862	0,9856	0,9850	0,9843	0,9834	0,9823	0,9807	0,9781	0,9755	0,9696
400	0,9925	0,9916	0,9903	0,9900	0,9896	0,9892	0,9887	0,9882	0,9875	0,9867	0,9855	0,9835	0,9816	0,9772
500	0,9940	0,9933	0,9922	0,9920	0,9917	0,9914	0,9910	0,9905	0,9900	0,9893	0,9884	0,9868	0,9852	0,9817
600	0,9950	0,9944	0,9935	0,9933	0,9931	0,9928	0,9926	0,9921	0,9917	0,9911	0,9903	0,9890	0,9877	0,9847
700	0,9957	0,9952	0,9945	0,9943	0,9941	0,9938	0,9936	0,9932	0,9929	0,9924	0,9917	0,9906	0,9894	0,9869
800	0,9963	0,9958	0,9951	0,9950	0,9948	0,9946	0,9944	0,9941	0,9937	0,9933	0,9927	0,9917	0,9907	0,9885
900	0,9967	0,9963	0,9957	0,9955	0,9954	0,9952	0,9950	0,9947	0,9944	0,9941	0,9935	0,9926	0,9918	0,9898
1000	0,9970	0,9966	0,9961	0,9960	0,9958	0,9957	0,9955	0,9953	0,9950	0,9947	0,9942	0,9934	0,9926	0,9908
1500	0,9980	0,9978	0,9974	0,9973	0,9972	0,9971	0,9970	0,9968	0,9967	0,9964	0,9961	0,9956	0,9951	0,9939

39   Verteilungsfreie Verfahren für den Vergleich unabhängiger Stichproben

Der einfachste verteilungsunabhängige Test für den Vergleich zweier unabhängiger Stichproben stammt von Mosteller (1948). Vorausgesetzt wird, daß beide Stichprobenumfänge gleich groß sind $(n_1 = n_2 = n)$. Die Nullhypothese, beide Stichproben entstammen Grundgesamtheiten mit gleicher Verteilung, wird für $n > 5$ mit einer Irrtumswahrscheinlichkeit von 5% verworfen, wenn für

$n \leqq 25$	die 5 größten oder kleinsten Werte
$n > 25$	die 6 größten oder kleinsten Werte

derselben Stichprobe entstammen. Conover (1968) und Neave (1972) geben interessante Weiterentwicklungen dieses Tests.

Rosenbaumsche Schnelltests

Beide Tests sind verteilungsunabhängig für unabhängige Stichproben. Wir setzen voraus, daß die Stichprobenumfänge gleich sind: $n_1 = n_2 = n$.

Lage-Test: Liegen mindestens 5 (von $n \geq 16$; $\alpha = 0,05$) bzw. mindestens 7 (von $n \geq 20$; $\alpha = 0,01$) Werte(n) *einer* Stichprobe, unterhalb bzw. oberhalb der Spannweite der anderen Stichprobe, so ist die Nullhypothese (Gleichheit der Medianwerte) mit der angegebenen Irrtumswahrscheinlichkeit abzulehnen; vorausgesetzt wird, daß die Spannweiten nur zufällig verschieden sind; die Irrtumswahrscheinlichkeiten gelten für die einseitige Fragestellung, für die zweiseitige sind sie zu verdoppeln (Rosenbaum 1954).

Variabilitätstest: Liegen mindestens 7 (von $n \geq 25$; $\alpha = 0,05$) bzw. mindestens 10 (von $n \geq 51$; $\alpha = 0,01$) Werte(n) *einer* Stichprobe (derjenigen mit der größeren Spannweite; einseitige Fragestellung) außerhalb der Spannweite der anderen Stichprobe, so ist die Nullhypothese (Gleichheit der Variabilität, der Streuung) mit der angegebenen Irrtumswahrscheinlichkeit abzulehnen; vorausgesetzt wird, daß die Medianwerte nur zufällig verschieden sind. Ist unbekannt, ob die beiden Grundgesamtheiten dieselbe Lage haben, so prüft dieser Test Lage *und* Variabilität beider Grundgesamtheiten. Für $7 \leqq n \leqq 24$ darf die 7 durch eine 6 ersetzt werden ($\alpha = 0,05$), für $21 \leqq n \leqq 50$ (bzw. $11 \leqq n \leqq 20$) die 10 durch eine 9 (bzw. eine 8) (Rosenbaum 1953). Beide Arbeiten enthalten kritische Werte für den Fall ungleicher Stichprobenumfänge.

Rangtests

Werden n Stichprobenwerte der Größe nach aufsteigend geordnet und mit $x_{(1)}$, $x_{(2)}, \ldots x_{(n)}$ bezeichnet, so daß

$$x_{(1)} \leqq x_{(2)} \leqq \ldots \leqq x_{(i)} \leqq \ldots \leqq x_{(n)}$$

gilt, dann heißt jede der Größen $x_{(i)}$ *Ranggröße* (order statistics). Man bezeichnet die Nummer, die jedem Stichprobenwert zukommt, als *Rang, Rangplatz* oder *Rangzahl* (rank). Der Ranggröße $x_{(i)}$ entspricht also die Rangzahl i. Tests, bei denen anstelle der Stichprobenwerte deren Rangzahlen verwendet werden, bilden eine besonders wichtige Gruppe verteilungsunabhängiger Tests. *Rangtests* weisen erstaunlicherweise eine relativ hohe asymptotische Effizienz auf. Außerdem erfordern sie keine umfangreichen Berechnungen!

391   Der Rangdispersionstest von Siegel und Tukey

Da der *F*-Test gegenüber Abweichungen von der Normalverteilung empfindlich ist, haben Siegel und Tukey (1960) ein verteilungsfreies Verfahren entwickelt, das auf dem Wilcoxon-Test basiert. Es gestattet die Prüfung der *Alternativhypothese, daß zwei unabhängige Stichproben hinsichtlich ihrer Variabilität*, Streuung oder Dispersion *keiner gemeinsamen Grundgesamtheit angehören* gegen die Nullhypothese: Beide Stichproben entstammen einer gemeinsamen Grundgesamtheit.

Mit zunehmendem Unterschied zwischen den Mittelwerten der Grundgesamtheiten wird allerdings die Wahrscheinlichkeit kleiner, daß die Nullhypothese beim Vorliegen echter Variabilitätsunterschiede abgelehnt wird, d.h. je größer der Mittelwertunterschied, desto größer auch die Wahrscheinlichkeit, einen Fehler zweiter Art zu begehen. Dies gilt insbesondere, wenn die Dispersionen klein sind. Wenn die Grundgesamtheiten sich nicht überdecken, ist die Teststärke gleich Null. Diesen Test, der also beim Vorliegen fast gleicher Lokalisations-Parameter gegenüber Variabilitätsunterschieden sehr empfindlich ist, hat Meyer-Bahlburg (1970) auf *k* Stichproben verallgemeinert.

Zur Anwendung des Tests werden die vereinigten Stichproben ($n_1 + n_2$ mit $n_1 \leqq n_2$) in eine Rangordnung gebracht und den extremen Beobachtungswerten niedrige, den zentralen Beobachtungen hohe Rangwerte zugeteilt: Der kleinste Wert erhält den Rang 1, die beiden größten Werte bekommen die Ränge 2 und 3, 4 und 5 erhalten die nächst kleinsten Werte, 6 und 7 die nächst größten usw. Liegt eine ungerade Anzahl von Beobachtungen vor, so erhält die mittelste Beobachtung keinen Rang, damit der höchste Rang jeweils eine gerade Zahl ist. Für jede Stichprobe wird die Summe der Rangzahlen (R_1, R_2) ermittelt. Für $n_1 = n_2$ gilt unter der Nullhypothese (H_0): $R_1 \approx R_2$; je stärker sich beide Stichproben in ihrer Variabilität unterscheiden, desto unterschiedlicher dürften die Rangsummen sein. Als Kontrolle für die Rangsummen dient (3.40)

$$R_1 + R_2 = (n_1 + n_2)(n_1 + n_2 + 1)/2 \tag{3.40}$$

Zur Beurteilung des Unterschiedes geben die Autoren für kleine Stichprobenumfänge ($n_1 \leqq n_2 \leqq 20$) exakte kritische Werte R_1 (Summe der Ränge der kleineren Stichprobe); einige enthält die folgende Tabelle:

n_1	4	5	6	7	8	9	10
$n_2 = n_1$	10–26	17–38	26–52	36–69	49– 87	62–109	78–132
$n_2 = n_1 + 1$	11–29	18–42	27–57	38–74	51– 93	65–115	81–139
$n_2 = n_1 + 2$	12–32	20–45	29–61	40–79	53– 99	68–121	84–146
$n_2 = n_1 + 3$	13–35	21–49	31–65	42–84	55–105	71–127	88–152
$n_2 = n_1 + 4$	14–38	22–53	32–70	44–89	58–110	73–134	91–159
$n_2 = n_1 + 5$	14–42	23–57	34–74	46–94	60–116	76–140	94–166

H_0 wird abgelehnt ($\alpha = 0,05$ zweis. bzw. $\alpha = 0,025$ eins.) wenn R_1 für $n_1 \leqq n_2$ die Schranken erreicht oder nach außen überschreitet.

Für nicht zu kleine Stichprobenumfänge ($n_1 > 9$, $n_2 > 9$ bzw. $n_1 > 2$, $n_2 > 20$) läßt sich der Dispersionsunterschied mit ausreichender Genauigkeit anhand der Standardnormalvariablen beurteilen: S. 53

$$\hat{z} = \frac{2R_1 - n_1(n_1 + n_2 + 1) + 1}{\sqrt{n_1(n_1 + n_2 + 1)(n_2/3)}} \tag{3.41}$$

Wenn $2R_1 > n_1(n_1 + n_2 + 1)$, dann ersetze man in (3.41 oben) das letzte $+1$ durch -1.

Sehr unterschiedliche Stichprobenumfänge: Beim Vorliegen sehr unterschiedlicher Stichprobenumfänge ist (3.41) zu ungenau. Man benutze die Korrektur (3.41a)

$$\hat{z}_{\text{korr}} = \hat{z} + \left(\frac{1}{10n_1} - \frac{1}{10n_2}\right)(\hat{z}^3 - 3\hat{z}) \tag{3.41a}$$

Viele gleichgroße Werte: Sind mehr als ein Fünftel der Beobachtungen in Gleichheiten oder *Bindungen* (ties) verwickelt – Bindungen innerhalb einer Stichprobe stören nicht – so ist der Nenner der Prüfgröße (3.41) durch

$$\sqrt{n_1(n_1 + n_2 + 1)(n_2/3) - 4[(n_1 n_2/(n_1 + n_2))(n_1 + n_2 - 1)](S_1 - S_2)} \tag{3.42}$$

zu ersetzen. Hierbei ist S_1 die Summe der Quadrate der Ränge gebundener Beobachtungen und S_2 ist die Summe der Quadrate der *mittleren* Ränge gebundener Beobachtungen. Für die Folge 9,7; 9,7; 9,7; 9,7 erhalten wir beispielsweise wie üblich die Ränge 1, 2, 3, 4 oder, wenn wir mittlere Rangwerte verteilen 2,5; 2,5; 2,5; 2,5 (vgl. $1 + 2 + 3 + 4 = 2,5 + 2,5 + 2,5 + 2,5$); entsprechend liefert die Folge 9,7; 9,7; 9,7 die Ränge 1, 2, 3 und die mittleren Ränge 2, 2, 2.

Beispiel   Gegeben: die beiden Stichproben A und B

A	10,1	7,3	12,6	2,4	6,1	8,5	8,8	9,4	10,1	9,8
B	15,3	3,6	16,5	2,9	3,3	4,2	4,9	7,3	11,7	13,1

Prüfe mögliche Dispersionsunterschiede auf dem 5%-Niveau. Da unklar ist, ob die Stichproben einer normalverteilten Grundgesamtheit entstammen, wenden wir den Siegel-Tukey-Test an. Wir ordnen die Werte und bringen sie in eine gemeinsame Rangordnung:

A	2,4	6,1	7,3	8,5	8,8	9,4	9,8	10,1	10,1	12,6
B	2,9	3,3	3,6	4,2	4,9	7,3	11,7	13,1	15,3	16,5

Wert	2,4	2,9	3,3	3,6	4,2	4,9	6,1	7,3	7,3	8,5	8,8
Stichprobe	A	B	B	B	B	B	A	A	B	A	A
Rangwert	1	4	5	8	9	12	13	16	17	20	19

Wert	9,4	9,8	10,1	10,1	11,7	12,6	13,1	15,3	16,5
Stichprobe	A	A	A	A	B	A	B	B	B
Rangwert	18	15	14	11	10	7	6	3	2

Nach der Ermittlung der Rangsummen:

$$R_A = 1 + 13 + 16 + 20 + 19 + 18 + 15 + 14 + 11 + 7 = 134$$
$$R_B = 4 + 5 + 8 + 9 + 12 + 17 + 10 + 6 + 3 + 2 \qquad = 76$$

und ihrer Kontrolle: $134 + 76 = 210 = (10 + 10)(10 + 10 + 1)/2$

ergibt sich $\hat{z} = \dfrac{2 \cdot 76 - 10(10 + 10 + 1) + 1}{\sqrt{10(10 + 10 + 1)(10/3)}} = \dfrac{152 - 210 + 1}{\sqrt{700}} = -2,154$

S. 53 Einem $|\hat{z}| = 2,15$ entspricht nach Tabelle 13 eine Zufallswahrscheinlichkeit von $P \simeq 0,0158$. Für die zweiseitige Fragestellung erhalten wir mit $P \simeq 0,03$ einen auf dem 5%-Niveau signifikanten Variabilitätsunterschied (vgl. auch die Tab. auf S. 225: $n_1 = n_2 = 10$; $76 < 78$): Anhand der vorliegenden Stichproben läßt sich mit einer statistischen Sicherheit von 95% ein Dispersionsunterschied der Grundgesamtheiten sichern.

Obwohl nur 10% der Beobachtungen in Bindungen zwischen den Stichproben verwickelt sind (7,3; 7,3; die Bindung 10,1; 10,1 stört nicht, da sie innerhalb der Stichprobe A auftritt) sei der Gebrauch der „langen Wurzel" (3.42) demonstriert: Unter Beachtung aller Bindungen ergibt sich über

$$S_1 = 11^2 + 14^2 + 16^2 + 17^2 \qquad = 862$$
$$S_2 = 12{,}5^2 + 12{,}5^2 + 16{,}5^2 + 16{,}5^2 = 857$$

und

$$\sqrt{10(10+10+1)(10/3) - 4[10 \cdot 10/(10+10)(10+10-1)](862-857)}$$
$$= \sqrt{700 - 100/19} = \sqrt{694{,}74} = 26{,}36$$
$$\hat{z} = -\frac{57}{26{,}36} = -2{,}162 \text{ ein gegenüber } \hat{z} = -2{,}154 \text{ minimal erhöhter } |\hat{z}|\text{-Wert.}$$

392   Der Vergleich zweier unabhängiger Stichproben:
Schnelltest von Tukey

Zwei Gruppen von Meßreihen sind um so unterschiedlicher, je weniger sich ihre Werte überschneiden. Enthält eine Gruppe den höchsten und die andere Gruppe den niedrigsten Wert, dann sind zu zählen:
1. diejenigen a Werte einer Gruppe, die alle Werte der anderen Gruppe *übersteigen*,
2. diejenigen b Werte der anderen Gruppe, die alle Werte der Gruppe *unterschreiten*.
Beide Häufigkeiten, jede muß größer als Null sein, werden addiert. Hierdurch erhält man den Wert der Prüfgröße $T = a + b$. Wenn beide Stichprobenumfänge etwa gleich groß sind, dann betragen die kritischen Werte der Prüfgröße 7, 10 und 13:

   7 für einen zweiseitigen Test auf dem 5%-Niveau,
  10 für einen zweiseitigen Test auf dem 1%-Niveau und
  13 für einen zweiseitigen Test auf dem 0,1%-Niveau (Tukey 1959).

Für zwei gleiche Werte ist 0,5 zu zählen. Bezeichnen wir die beiden Stichprobenumfänge mit n_1 und n_2, wobei $n_1 \leqq n_2$, dann ist der Test gültig für nicht zu unterschiedliche Stichprobenumfänge, genau für

$$n_1 \leqq n_2 \leqq 3 + 4n_1/3 \qquad \qquad (3.43)$$

Für alle anderen Fälle ist vom Wert der berechneten Prüfgröße T ein Korrekturwert abzuziehen, bevor der Wert T mit 7, 10 und 13 verglichen wird. Dieser Korrekturwert beträgt:

$$1, \text{ wenn } 3 + 4n_1/3 < n_2 < 2n_1 \qquad (3.44)$$
$$\text{die ganze Zahl in } \frac{n_2 - n_1 + 1}{n_1}, \text{ wenn } 2n_1 \leqq n_2 \qquad (3.45)$$

Beispielsweise ist für $n_1 = 7$ und $n_2 = 13$ Formel (3.43) nicht erfüllt, da $3 + \frac{4 \cdot 7}{3} = \frac{37}{3} < 13$. Formel (3.44) entspricht den Tatsachen, somit ist der Korrekturwert 1 abzuziehen. Für $n_1 = 4$ und $n_2 = 14$ ergibt (3.45) $\frac{14 - 4 + 1}{4} = \frac{11}{4} = 2{,}75$ den Korrekturwert 2.

Übertrifft die eine Stichprobe die andere um mindestens 9 Werte $(n_2 - n_1 \geqq 9)$, dann ist für das 0,1%-Niveau der kritische Wert 14 anstelle des Wertes 13 zu verwenden. Kritische Werte für den einseitigen Test (vgl. auch S. 224, Mitte) (nur ein Verteilungsende interessiert und damit auch nur a oder b) gibt Westlake (1971): 4 für $10 \leqq n_1 = n_2 \leqq 15$ und 5 für $n_1 = n_2 \geqq 16$ ($\alpha = 0{,}05$) sowie 7 für $n_1 = n_2 \geqq 20$ ($\alpha = 0{,}01$).

Beispiel: Es liegen die folgenden Werte vor:

A: 14,7 15,3 16,1 14,9 15,1 14,8 16,7 17,3 * 14,6* 15,0
B: 13,9 14,6 14,2 15,0* 14,3 13,8* 14,7 14,4

Wir versehen die höchsten und niedrigsten Werte jeder Reihe mit einem Stern. Größer als 15,0* sind 5 Werte (unterstrichen), der Wert 15,0 der Stichprobe A wird als halber Wert gerechnet. Kleiner als 14,6* sind ebenfalls $5^{1}/_{2}$ Werte. Wir erhalten $T = 5^{1}/_{2} + 5^{1}/_{2} = 11$. Ein Korrekturwert entfällt, da $(n_1 \leqq n_2 \leqq 3 + 4n_1/3)$ $8 < 10 < 41/3$. Da $T = 11 > 10$ ist, muß die Nullhypothese (Gleichheit der den beiden Stichproben zugrundeliegenden Verteilungsfunktionen) auf dem 1%-Niveau abgelehnt werden.

Exakte kritische Schranken für kleine Stichprobenumfänge können bei Bedarf der Originalarbeit entnommen werden. Eine Weiterentwicklung dieses Tests beschreibt Neave (1966), der ebenfalls Tafeln zur Verfügung stellt (vgl. auch Granger und Neave 1968 sowie Neave und Granger 1968). Ein ähnlicher Test stammt von Haga (1960). Die graphische Version des Tukey-Tests beschreibt Sandelius (1968).

393 Der Vergleich zweier unabhängiger Stichproben nach Kolmogoroff und Smirnoff

Sind zwei unabhängige Stichproben von Meßwerten (oder von Häufigkeitsdaten) hinsichtlich der Frage zu vergleichen, ob sie aus derselben Grundgesamtheit stammen, dann gilt der Test von Kolmogoroff (1933) und Smirnoff (1939) als schärfster Homogenitätstest. Er erfaßt Unterschiede der Verteilungsform aller Art: Insbesondere Unterschiede der zentralen Tendenz (Mittelwert, Median), der Streuung, der Schiefe und des Exzesses, d.h. Unterschiede der Verteilungsfunktion (vgl. auch Darling 1957 und Kim 1969).

Als Prüfgröße dient die größte zu beobachtende Ordinatendifferenz zwischen den beiden relativierten Summenkurven. Hierzu werden (bei gleichen Klassengrenzen für beide Stichproben) die Summenhäufigkeiten F_1 und F_2 durch die zugehörigen Stichprobenumfänge n_1 und n_2 dividiert. Dann berechnet man die Differenzen $F_1/n_1 - F_2/n_2$. Das Maximum der Absolutbeträge dieser Differenzen ist (für die hier hauptsächlich interessierende zweiseitige Fragestellung) die gesuchte Prüfgröße D:

$$\hat{D} = \max \left| \left(\frac{F_1}{n_1} - \frac{F_2}{n_2} \right) \right| \tag{3.46}$$

Die Prüfverteilung D liegt tabelliert vor (Smirnoff 1948 sowie Kim 1969 und 1970 [S. 79–170 in den auf S. 439 zitierten Tabellen von Harter und Owen, Bd. 1]). D kann für mittlere bis große Stichprobenumfänge $(n_1 + n_2 > 35)$ durch

$$D_{(\alpha)} = K_{(\alpha)} \cdot \sqrt{\frac{n_1 + n_2}{n_1 \cdot n_2}} \tag{3.47}$$

approximiert werden, wobei $K_{(\alpha)}$ eine von der Irrtumswahrscheinlichkeit α abhängige Konstante (vgl. die Bemerkung auf S. 257) darstellt:

Tabelle 60

α	0,20	0,15	0,10	0,05	0,01	0,001
$K_{(\alpha)}$	1,07	1,14	1,22	1,36	1,63	1,95

Erreicht oder übersteigt ein aus zwei Stichproben ermittelter Wert $\hat{D}$ den kritischen Wert $D_{(\alpha)}$, so liegt hinsichtlich der Verteilungs- oder Summenfunktion ein bedeutsamer Unterschied vor. Für kleine Stichprobenumfänge geben Siegel (1956) und Lindgren (1960) eine Tafel mit den 5%- und 1%-Grenzen. Für den Fall gleicher Stichprobenumfänge ($n_1 = n_2 = n$) sind wenige Zeilen weiter unten aus einer Tafel von Massey (1951) einige kritische Quotienten $D_{n(\alpha)}$ notiert, deren Nenner den Stichprobenumfang angibt (vgl. Tabelle 61). Den Zähler für nicht tabellierte Werte $D_{n(\alpha)}$ erhält man nach

$$\boxed{K_{(\alpha)} \cdot \sqrt{2n}, \text{ auf die nächste ganze Zahl aufgerundet}}$$

etwa für $\alpha = 0{,}05$ und $n = 10$ über $1{,}36 \cdot \sqrt{2 \cdot 10} = 6{,}08$ zu 7, d.h. $D_{10(0{,}05)} = 7/10$.

Tabelle 61.   Einige Werte $D_{n(\alpha)}$

n (= n_1 = n_2)	10	15	20	25	30
α = 0,05 zweiseitige Fragestellung	7/10	8/15	9/20	10/25	11/30
α = 0,01	8/10	9/15	11/20	12/25	13/30

Erreicht oder übersteigt ein aus zwei Stichproben ermittelter Wert $\hat{D}$ diesen kritischen Wert $D_{n(\alpha)}$, so liegt ein bedeutsamer Unterschied vor.

Beispiel: Es sind zwei Meßreihen zu vergleichen. Über mögliche Unterschiede irgendwelcher Art ist nichts bekannt. Wir prüfen die Nullhypothese: Gleichheit beider Grundgesamtheiten gegen die Alternativhypothese: Beide Grundgesamtheiten weisen eine unterschiedliche Verteilung auf ($\alpha = 0{,}05$ für die zweiseitige Fragestellung).

Meßreihe 1: 2,1 3,0 1,2 2,9 0,6 2,8 1,6 1,7 3,2 1,7
Meßreihe 2: 3,2 3,8 2,1 7,2 2,3 3,5 3,0 3,1 4,6 3,2

Die 10 Meßwerte jeder Reihe werden der Größe nach geordnet:

Meßreihe 1: 0,6 1,2 1,6 1,7 1,7 2,1 2,8 2,9 3,0 3,2
Meßreihe 2: 2,1 2,3 3,0 3,1 3,2 3,2 3,5 3,8 4,6 7,2

Aus den Häufigkeitsverteilungen (f_1 und f_2) beider Stichproben erhalten wir über die Summenhäufigkeiten F_1 und F_2 die Quotienten F_1/n_1 und F_2/n_2 (vgl. Tabelle 62).

Tabelle 62

Bereich	0,0 - 0,9	1,0 - 1,9	2,0 - 2,9	3,0 - 3,9	4,0 - 4,9	5,0 - 5,9	6,0 - 6,9	7,0 - 7,9
f_1	1	4	3	2	0	0	0	0
f_2	0	0	2	6	1	0	0	1
F_1/n_1	1/10	5/10	8/10	10/10	10/10	10/10	10/10	10/10
F_2/n_2	0/10	0/10	2/10	8/10	9/10	9/10	9/10	10/10
$F_1/n_1 - F_2/n_2$	1/10	5/10	6/10	2/10	1/10	1/10	1/10	0

Als absolut größte Differenz erhalten wir mit $\hat{D} = 6/10$ einen Wert, der den kritischen Wert $D_{10(0{,}05)} = 7/10$ nicht erreicht, folglich ist die Homogenitätshypothese beizubehalten: Anhand der vorliegenden Stichproben besteht keine Veranlassung, an einer gemeinsamen Grundgesamtheit zu zweifeln.

Auf den einseitigen Kolmogoroff-Smirnoff-Test [Formel (3.47) mit $K_{0{,}05} = 1{,}22$ bzw. $K_{0{,}01} = 1{,}52$] gehen wir hier nicht näher ein, da er bei gleichen Verteilungsformen

dem einseitigen U-Test von Wilcoxon, Mann und Whitney unterlegen ist. Kritische
Schranken für den Drei-Stichproben-Test geben Birnbaum und Hall (1960), die auch
den Zwei-Stichproben-Test für die einseitige Fragestellung tabelliert haben. In Abschnitt 44 wird der Kolmogoroff-Smirnoff-Test für den Vergleich einer beobachteten
mit einer theoretischen Verteilung benutzt.

S. 256

▶ 394   Der Vergleich zweier unabhängiger Stichproben:
U-Test von Wilcoxon, Mann und Whitney

Der auf dem sogenannten Wilcoxon-Test für unabhängige Stichproben basierende
Rangtest von Mann und Whitney (1947) ist das verteilungsunabhängige Gegenstück
zum parametrischen *t*-Test für den Vergleich zweier Mittelwerte *stetiger* Verteilungen.
Diese Stetigkeitsannahme ist, streng genommen, in der Praxis nie erfüllt, da alle Meßergebnisse gerundete Zahlen sind. Die asymptotische Effizienz des *U*-Tests liegt bei
$100 \cdot 3/\pi \simeq 95\%$, d.h. daß die Anwendung dieses Tests bei 1000 Werten die gleiche Teststärke aufweist wie die Anwendung des *t*-Tests bei etwa $0,95 \cdot 1000 = 950$ Werten,
wenn in Wirklichkeit Normalverteilung vorliegt. Es wird also selbst dann, wenn dies
tatsächlich der Fall ist, vorteilhaft sein, den *U*-Test anzuwenden, z.B. bei **Überschlagsrechnungen** oder zur Kontrolle hochsignifikanter *t*-Test-Befunde, denen man nicht so
recht traut. Vorausgesetzt wird, daß die zu vergleichenden Stichproben die **gleiche
Verteilungsform** aufweisen (Gibbons 1964, Pratt 1964, Edington 1965). Wenn nicht, ist
Hinweis 6 (S. 237) zu folgen. [Wie die asymptotische Effizienz des *H*-Tests kann auch
die des *U*-Tests bei beliebiger Verteilung der Grundgesamtheiten 86,4% nicht unterschreiten (Hodges und Lehmann 1956); minimal 100% beträgt sie bei den etwas aufwendigeren Tests von Van der Waerden (*X*-Test, vgl. 1965), Terry-Hoeffding und Bell-
Doksum (siehe z.B. Bradley 1968); durchgerechnete Beispiele und Hinweise zu wichtigen
Tafeln geben auch Rytz (1967/68) sowie Penfield und McSweeney (1968)].

Der *U*-Test von Wilcoxon, Mann und Whitney prüft die Alternativhypothese: Die Wahrscheinlichkeit, daß eine Beobachtung der ersten Grundgesamtheit größer ist als eine
beliebig gezogene Beobachtung der zweiten Grundgesamtheit, ist ungleich $\frac{1}{2}$.

Der Test ist empfindlich gegenüber Medianunterschieden, weniger empfindlich bei
unterschiedlichen Schiefen und unempfindlich für Varianzunterschiede (diese werden
bei Bedarf nach Siegel und Tukey geprüft, vgl. S. 225).
Zur Berechnung der Prüfgröße *U* bringt man die $(m+n)$ Stichprobenwerte in eine
gemeinsame aufsteigende Rangfolge (vgl. S. 224), wobei zu jeder Rangzahl vermerkt
wird, aus welcher der beiden Stichproben der zugehörige Wert stammt. Die Summe der
auf Stichprobe 1 entfallenden Rangzahlen sei R_1, die Summe der auf Stichprobe 2
entfallenden Rangzahlen sei R_2. Dann berechnet man (3.48) und kontrolliert die Rechnung nach (3.49)

$$U_1 = mn + \frac{m(m+1)}{2} - R_1 \qquad U_2 = mn + \frac{n(n+1)}{2} - R_2 \qquad (3.48)$$

$$U_1 + U_2 = mn \qquad\qquad (3.49)$$

Die gesuchte Prüfgröße ist die kleinere der beiden Größen U_1 und U_2. Die Nullhypothese wird verworfen, wenn der berechnete *U*-Wert kleiner oder gleich dem kritischen

Wert $U(m, n; \alpha)$ aus Tabelle 63 ist; ausführliche Tabellen sind den auf S. 439 zitierten Selected Tables (Harter und Owen 1970, Bd. 1, S. 177–236 [erläutert auf S. 171–174]) zu entnehmen. Für größere Stichprobenumfänge $(m+n>60)$ gilt die ausgezeichnete Approximation

$$U(m, n; \alpha) = \frac{nm}{2} - z \cdot \sqrt{\frac{nm(n+m+1)}{12}} \qquad (3.50)$$

Geeignete Werte z sind für die zwei- und die einseitige Fragestellung Tabelle 43 auf S. 172 zu entnehmen. Anstatt (3.50) benutzt man dann, wenn man ein festes α nicht vorgeben kann oder will bzw. wenn keine Tafeln der kritischen Werte $U(m, n; \alpha)$ zur Verfügung stehen und sobald die Stichprobenumfänge nicht zu klein sind $(m \geq 8,$ $n \geq 8$; Mann und Whitney 1947), die Approximation (3.51)

$$\hat{z} = \frac{\left| U - \dfrac{mn}{2} \right|}{\sqrt{\dfrac{mn(m+n+1)}{12}}} \qquad (3.51)$$

Der erhaltene Wert $\hat{z}$ wird anhand der Standardnormalverteilung (Tab. 14, S. 53 oder Tab. 43, S. 172) beurteilt. Auf einen *U*-Test mit homogenen Stichproben-Untergruppen (Wilcoxon: Case III, groups of replicates [randomized blocks]) gehen Lienert und Schulz (1967) sowie insbesondere Nelson (1970) näher ein.

Tabelle 63. Kritische Werte von *U* für den Test von Wilcoxon, Mann und Whitney für den einseitigen Test: $\alpha = 0{,}10$; zweiseitigen Test: $\alpha = 0{,}20$ (entnommen aus Milton, R. C.: An extended table of critical values for the Mann-Whitney (Wilcoxon) two-sample statistic, J. Amer. Statist. Ass. **59** (1964), 925–934)

m\\n	1	2	3	4	5	6	7	8	9	10	11	12	13	14	15	16	17	18	19	20
1	-																			
2	-	-																		
3	-	0	1																	
4	-	0	1	3																
5	-	1	2	4	5															
6	-	1	3	5	7	9														
7	-	1	4	6	8	11	13													
8	-	2	5	7	10	13	16	19												
9	0	2	5	9	12	15	18	22	25											
10	0	3	6	10	13	17	21	24	28	32										
11	0	3	7	11	15	19	23	27	31	36	40									
12	0	4	8	12	17	21	26	30	35	39	44	49								
13	0	4	9	13	18	23	28	33	38	43	48	53	58							
14	0	5	10	15	20	25	31	36	41	47	52	58	63	69						
15	0	5	10	16	22	27	33	39	45	51	57	63	68	74	80					
16	0	5	11	17	23	29	36	42	48	54	61	67	74	80	86	93				
17	0	6	12	18	25	31	38	45	52	58	65	72	79	85	92	99	106			
18	0	6	13	20	27	34	41	48	55	62	69	77	84	91	98	106	113	120		
19	1	7	14	21	28	36	43	51	58	66	73	81	89	97	104	112	120	128	135	
20	1	7	15	22	30	38	46	54	62	70	78	86	94	102	110	119	127	135	143	151
21	1	8	15	23	32	40	48	56	65	73	82	91	99	108	116	125	134	142	151	160
22	1	8	16	25	33	42	51	59	68	77	86	95	104	113	122	131	141	150	159	168
23	1	9	17	26	35	44	53	62	72	81	90	100	109	119	128	138	147	157	167	176
24	1	9	18	27	36	46	56	65	75	85	95	105	114	124	134	144	154	164	174	184
25	1	9	19	28	38	48	58	68	78	89	99	109	120	130	140	151	161	172	182	193
26	1	10	20	30	40	50	61	71	82	92	103	114	125	136	146	157	168	179	190	201
27	1	10	21	31	41	52	63	74	85	96	107	119	130	141	152	164	175	186	198	209
28	1	11	21	32	43	54	66	77	88	100	112	123	135	147	158	170	182	194	206	217
29	2	11	22	33	45	56	68	80	92	104	116	128	140	152	164	177	189	201	213	226
30	2	12	23	35	46	58	71	83	95	108	120	133	145	158	170	183	196	209	221	234
31	2	12	24	36	48	61	73	86	99	111	124	137	150	163	177	190	203	216	229	242
32	2	13	25	37	50	63	76	89	102	115	129	142	156	169	183	196	210	223	237	251
33	2	13	26	38	51	65	78	92	105	119	133	147	161	175	189	203	217	131	245	259
34	2	13	26	40	53	67	81	95	109	123	137	151	166	180	195	209	224	238	253	267
35	2	14	27	41	55	69	83	98	112	127	141	156	171	186	201	216	230	245	260	275
36	2	14	28	42	56	71	86	100	115	131	146	161	176	191	207	222	237	253	268	284
37	2	15	29	43	58	73	88	103	119	134	150	166	181	197	213	229	244	260	276	292
38	2	15	30	45	60	75	91	106	122	138	154	170	186	203	219	235	251	268	284	301+
39	3	16	31	46	61	77	93	109	126	142	158	175	192	208	225	242	258	275	292+	309+
40	3	16	31	47	63	79	96	112	129	146	163	180	197	214	231	248	265	282	300+	317+

Tabelle 63 (1. Fortsetzung).   Kritische Werte von U für den Test von Wilcoxon, Mann und Whitney für den einseitigen Test: $\alpha = 0{,}05$; zweiseitigen Test: $\alpha = 0{,}10$

m \ n	1	2	3	4	5	6	7	8	9	10	11	12	13	14	15	16	17	18	19	20
1	-																			
2	-	-																		
3	-	-	0																	
4	-	-	0	1																
5	-	0	1	2	4															
6	-	0	2	3	5	7														
7	-	0	2	4	6	8	11													
8	-	1	3	5	8	10	13	15												
9	-	1	4	6	9	12	15	18	21											
10	-	1	4	7	11	14	17	20	24	27										
11	-	1	5	8	12	16	19	23	27	31	34									
12	-	2	5	9	13	17	21	26	30	34	38	42								
13	-	2	6	10	15	19	24	28	33	37	42	47	51							
14	-	3	7	11	16	21	26	31	36	41	46	51	56	61						
15	-	3	7	12	18	23	28	33	39	44	50	55	61	66	72					
16	-	3	8	14	19	25	30	36	42	48	54	60	65	71	77	83				
17	-	3	9	15	20	26	33	39	45	51	57	64	70	77	83	89	96			
18	-	4	9	16	22	28	35	41	48	55	61	68	75	82	88	95	102	109		
19	0	4	10	17	23	30	37	44	51	58	65	72	80	87	94	101	109	116	123	
20	0	4	11	18	25	32	39	47	54	62	69	77	84	92	100	107	115	123	130	138
21	0	5	11	19	26	34	41	49	57	65	73	81	89	97	105	113	121	130	138	146
22	0	5	12	20	28	36	44	52	60	68	77	85	94	102	111	119	128	136	145	154
23	0	5	13	21	29	37	46	54	63	72	81	90	98	107	116	125	134	143	152	161
24	0	6	13	22	30	39	48	57	66	75	85	94	103	113	122	131	141	150	160	169
25	0	6	14	23	32	41	50	60	69	79	89	98	108	118	128	137	147	157	167	177
26	0	6	15	24	33	43	53	62	72	82	92	103	113	123	133	143	154	164	174	185
27	0	7	15	25	35	45	55	65	75	86	96	107	117	128	139	149	160	171	182	192
28	0	7	16	26	36	46	57	68	78	89	100	111	122	133	144	156	167	178	189	200
29	0	7	17	27	38	48	59	70	82	93	104	116	127	138	150	162	173	185	196	208
30	0	7	17	28	39	50	61	73	85	96	108	120	132	144	156	168	180	192	204	216
31	0	8	18	29	40	52	64	76	88	100	112	124	136	149	161	174	186	199	211	224
32	0	8	19	30	42	54	66	78	91	103	116	128	141	154	167	180	193	206	218	231
33	0	8	19	31	43	56	68	81	94	107	120	133	146	159	172	186	199	212	226	239
34	0	9	20	32	45	57	70	84	97	110	124	137	151	164	178	192	206	219	233	247
35	0	9	21	33	46	59	73	86	100	114	128	141	156	170	184	198	212	226	241	255
36	0	9	21	34	48	61	75	89	103	117	131	146	160	175	189	204	219	233	248	263
37	0	10	22	35	49	63	77	91	106	121	135	150	165	180	195	210	225	240	255	271
38	0	10	23	36	50	65	79	94	109	124	139	154	170	185	201	216	232	247	263	278
39	1	10	23	38	52	67	82	97	112	128	143	159	175	190	206	222	238	254	270	286+
40	1	11	24	39	53	68	84	99	115	131	147	163	179	196	212	228	245	261	278	294+

+anhand der Normalverteilung approximierte Werte

Tabelle 63 (2. Fortsetzung).   Kritische Werte von U für den Test von Wilcoxon, Mann und Whitney für den einseitigen Test: $\alpha = 0{,}025$; zweiseitigen Test: $\alpha = 0{,}05$

m \ n	1	2	3	4	5	6	7	8	9	10	11	12	13	14	15	16	17	18	19	20
1	-																			
2	-	-																		
3	-	-	-																	
4	-	-	-	0																
5	-	-	0	1	2															
6	-	-	1	2	3	5														
7	-	-	1	3	5	6	8													
8	-	0	2	4	6	8	10	13												
9	-	0	2	4	7	10	12	15	17											
10	-	0	3	5	8	11	14	17	20	23										
11	-	0	3	6	9	13	16	19	23	26	30									
12	-	1	4	7	11	14	18	22	26	29	33	37								
13	-	1	4	8	12	16	20	24	28	33	37	41	45							
14	-	1	5	9	13	17	22	26	31	36	40	45	50	55						
15	-	1	5	10	14	19	24	29	34	39	44	49	54	59	64					
16	-	1	6	11	15	21	26	31	37	42	47	53	59	64	70	75				
17	-	2	6	11	17	22	28	34	39	45	51	57	63	69	75	81	87			
18	-	2	7	12	18	24	30	36	42	48	55	61	67	74	80	86	93	99		
19	-	2	7	13	19	25	32	38	45	52	58	65	72	78	85	92	99	106	113	
20	-	2	8	14	20	27	34	41	48	55	62	69	76	83	90	98	105	112	119	127
21	-	3	8	15	22	29	36	43	50	58	65	73	80	88	96	103	111	119	126	134
22	-	3	9	16	23	30	38	45	53	61	69	77	85	93	101	109	117	125	133	141
23	-	3	9	17	24	32	40	48	56	64	73	81	89	98	106	115	123	132	140	149
24	-	3	10	17	25	33	42	50	59	67	76	85	94	102	111	120	129	138	147	156
25	-	3	10	18	27	35	44	53	62	71	80	89	98	107	117	126	135	145	154	163
26	-	4	11	19	28	37	46	55	64	74	83	92	102	112	122	132	141	151	161	171
27	-	4	11	20	29	38	48	57	67	77	87	97	107	117	127	137	147	158	168	178
28	-	4	12	21	30	40	50	60	70	80	90	101	111	122	132	143	154	164	175	186
29	-	4	13	22	32	42	52	62	73	83	94	105	116	127	138	149	160	171	182	193
30	-	5	13	23	33	43	54	65	76	87	98	109	120	131	143	154	166	177	189	200
31	-	5	14	24	34	45	56	67	78	90	101	113	125	136	148	160	172	184	196	208
32	-	5	14	24	35	46	58	69	81	93	105	117	129	141	153	166	178	190	203	215
33	-	5	15	25	37	48	60	72	84	96	108	121	133	146	159	171	184	197	210	222
34	-	5	15	26	38	50	62	74	87	99	112	125	138	151	164	177	190	203	217	230
35	-	6	16	27	39	51	64	77	89	103	116	129	142	156	169	183	196	210	224	237
36	-	6	16	28	40	53	66	79	92	106	119	133	147	161	174	188	202	216	231	245
37	-	6	17	29	41	55	68	81	95	109	123	137	151	165	180	194	209	223	238	252
38	-	6	17	30	43	56	70	84	98	112	127	141	156	170	185	200	215	230	245	259
39	0	7	18	31	44	58	72	86	101	115	130	145	160	175	190	206	221	236	252	267
40	0	7	18	31	45	59	74	89	103	119	134	149	165	180	196	211	227	243	258	274

Tabelle 63 (3. Fortsetzung).   Kritische Werte von *U* für den Test von Wilcoxon, Mann und Whitney für den einseitigen Test: $\alpha = 0{,}01$; zweiseitigen Test: $\alpha = 0{,}02$

m \ n	1	2	3	4	5	6	7	8	9	10	11	12	13	14	15	16	17	18	19	20
1	-																			
2	-	-																		
3	-	-	-																	
4	-	-	-	-																
5	-	-	-	0	1															
6	-	-	-	1	2	3														
7	-	-	0	1	3	4	6													
8	-	-	0	2	4	6	7	9												
9	-	-	1	3	5	7	9	11	14											
10	-	-	1	3	6	8	11	13	16	19										
11	-	-	1	4	7	9	12	15	18	22	25									
12	-	-	2	5	8	11	14	17	21	24	28	31								
13	-	0	2	5	9	12	16	20	23	27	31	35	39							
14	-	0	2	6	10	13	17	22	26	30	34	38	43	47						
15	-	0	3	7	11	15	19	24	28	33	37	42	47	51	56					
16	-	0	3	7	12	16	21	26	31	36	41	46	51	56	61	66				
17	-	0	4	8	13	18	23	28	33	38	44	49	55	60	66	71	77			
18	-	0	4	9	14	19	24	30	36	41	47	53	59	65	70	76	82	88		
19	-	1	4	9	15	20	26	32	38	44	50	56	63	69	75	82	88	94	101	
20	-	1	5	10	16	22	28	34	40	47	53	60	67	73	80	87	93	100	107	114
21	-	1	5	11	17	23	30	36	43	50	57	64	71	78	85	92	99	106	113	121
22	-	1	6	11	18	24	31	38	45	53	60	67	75	82	90	97	105	112	120	127
23	-	1	6	12	19	26	33	40	48	55	63	71	79	87	94	102	110	118	126	134
24	-	1	6	13	20	27	35	42	50	58	66	75	83	91	99	108	116	124	133	141
25	-	1	7	13	21	29	36	45	53	61	70	78	87	95	104	113	122	130	139	148
26	-	1	7	14	22	30	38	47	55	64	73	82	91	100	109	118	127	136	146	155
27	-	2	7	15	23	31	40	49	58	67	76	85	95	104	114	123	133	142	152	162
28	-	2	8	16	24	33	42	51	60	70	79	89	99	109	119	129	139	149	159	169
29	-	2	8	16	25	34	43	53	63	73	83	93	103	113	123	134	144	155	165	176
30	-	2	9	17	26	35	45	55	65	76	86	96	107	118	128	139	150	161	172	182
31	-	2	9	18	27	37	47	57	68	78	89	100	111	122	133	144	156	167	178	189
32	-	2	9	18	28	38	49	59	70	81	92	104	115	127	138	150	161	173	185	196
33	-	2	10	19	29	40	50	61	73	84	96	107	119	131	143	155	167	179	191	203
34	-	3	10	20	30	41	52	64	75	87	99	111	123	135	148	160	173	185	198	210
35	-	3	11	20	31	42	54	66	78	90	102	115	127	140	153	165	178	191	204	217
36	-	3	11	21	32	44	56	68	80	93	106	118	131	144	158	171	184	197	211	224
37	-	3	11	22	33	45	57	70	83	96	109	122	135	149	162	176	190	203	217	231
38	-	3	12	22	34	46	59	72	85	99	112	126	139	153	167	181	195	209	224	238
39	-	3	12	23	35	48	61	74	88	101	115	129	144	158	172	187	201	216	230	245
40	-	3	13	24	36	49	63	76	90	104	119	133	148	162	177	192	207	222	237	252

Tabelle 63 (4. Fortsetzung).   Kritische Werte von *U* für den Test von Wilcoxon, Mann und Whitney für den einseitigen Test: $\alpha = 0{,}005$; zweiseitigen Test: $\alpha = 0{,}01$

m \ n	1	2	3	4	5	6	7	8	9	10	11	12	13	14	15	16	17	18	19	20
1	-																			
2	-	-																		
3	-	-	-																	
4	-	-	-	-																
5	-	-	-	-	0															
6	-	-	-	0	1	2														
7	-	-	-	0	1	3	4													
8	-	-	-	1	2	4	6	7												
9	-	-	0	1	3	5	7	9	11											
10	-	-	0	2	4	6	9	11	13	16										
11	-	-	0	2	5	7	10	13	16	18	21									
12	-	-	1	3	6	9	12	15	18	21	24	27								
13	-	-	1	3	7	10	13	17	20	24	27	31	34							
14	-	-	1	4	7	11	15	18	22	26	30	34	38	42						
15	-	-	2	5	8	12	16	20	24	29	33	37	42	46	51					
16	-	-	2	5	9	13	18	22	27	31	36	41	45	50	55	60				
17	-	-	2	6	10	15	19	24	29	34	39	44	49	54	60	65	70			
18	-	-	2	6	11	16	21	26	31	37	42	47	53	58	64	70	75	81		
19	-	0	3	7	12	17	22	28	33	39	45	51	57	63	69	74	81	87	93	
20	-	0	3	8	13	18	24	30	36	42	48	54	60	67	73	79	86	92	99	105
21	-	0	3	8	14	19	25	32	38	44	51	58	64	71	78	84	91	98	105	112
22	-	0	4	9	14	21	27	34	40	47	54	61	68	75	82	89	96	104	111	118
23	-	0	4	9	15	22	29	35	45	52	60	68	72	79	87	94	102	109	117	125
24	-	0	4	10	16	23	30	37	45	52	60	68	75	83	91	99	107	115	123	131
25	-	0	5	10	17	24	32	39	47	55	63	71	79	87	96	104	112	121	129	138
26	-	0	5	11	18	25	33	41	49	58	66	74	83	92	100	109	118	127	135	144
27	-	1	5	12	19	27	35	43	52	60	69	78	87	96	105	114	123	132	142	151
28	-	1	5	12	20	28	36	45	54	63	72	81	91	100	109	119	128	138	148	157
29	-	1	6	13	21	29	38	47	56	66	75	85	94	104	114	124	134	144	154	164
30	-	1	6	13	22	30	40	49	58	68	78	88	98	108	119	129	139	150	160	170
31	-	1	6	14	22	32	41	51	61	71	81	92	102	113	123	134	145	155	166	177
32	-	1	7	14	23	33	43	53	63	74	84	95	106	117	128	139	150	161	172	184
33	-	1	7	15	24	34	44	55	65	76	87	98	110	121	132	144	155	167	179	190
34	-	1	7	16	25	35	46	57	68	79	90	102	113	125	137	149	161	173	185	197
35	-	1	8	16	26	37	47	59	70	82	93	105	117	129	142	154	166	179	191	203
36	-	1	8	17	27	38	49	60	72	84	96	109	121	134	146	159	172	184	197	210
37	-	1	8	17	28	39	51	62	75	87	99	112	125	138	151	164	177	190	203	217
38	-	1	9	18	29	40	52	64	77	90	102	116	129	142	155	169	182	196	210	223
39	-	2	9	19	30	41	54	66	79	92	106	119	133	146	160	174	188	202	216	230
40	-	2	9	19	31	43	55	68	81	95	109	122	136	150	165	179	193	208	222	237

Tabelle 63 (5. Fortsetzung).   Kritische Werte von *U* für den Test von Wilcoxon, Mann und Whitney für den einseitigen Test: $\alpha = 0{,}001$; zweiseitigen Test: $\alpha = 0{,}002$

m \ n	1	2	3	4	5	6	7	8	9	10	11	12	13	14	15	16	17	18	19	20
1	-																			
2	-	-																		
3	-	-	-																	
4	-	-	-	-																
5	-	-	-	-	-															
6	-	-	-	-	-	-														
7	-	-	-	-	-	0	1													
8	-	-	-	-	0	1	2	4												
9	-	-	-	-	1	2	3	5	7											
10	-	-	-	0	1	3	5	6	8	10										
11	-	-	-	0	2	4	6	8	10	12	15									
12	-	-	-	0	2	4	7	9	12	14	17	20								
13	-	-	-	1	3	5	8	11	14	17	20	23	26							
14	-	-	-	1	3	6	9	12	15	19	22	25	29	32						
15	-	-	-	1	4	7	10	14	17	21	24	28	32	36	40					
16	-	-	-	2	5	8	11	15	19	23	27	31	35	39	43	48				
17	-	-	0	2	5	9	13	17	21	25	29	34	38	43	47	52	57			
18	-	-	0	3	6	10	14	18	23	27	32	37	42	46	51	56	61	66		
19	-	-	0	3	7	11	15	20	25	29	34	40	45	50	55	60	66	71	77	
20	-	-	0	3	7	12	16	21	26	32	37	42	48	54	59	65	70	76	82	88
21	-	-	1	4	8	12	18	23	28	34	40	45	51	57	63	69	75	81	87	94
22	-	-	1	4	8	13	19	24	30	36	42	48	54	61	67	73	80	86	93	99
23	-	-	1	4	9	14	20	26	32	38	45	51	58	64	71	78	85	91	98	105
24	-	-	1	5	10	15	21	27	34	40	47	54	61	68	75	82	89	96	104	111
25	-	-	1	5	10	16	22	29	36	43	50	57	64	72	79	86	94	102	109	117
26	-	-	1	6	11	17	24	31	38	45	52	60	68	75	83	91	99	107	115	123
27	-	-	2	6	12	18	25	32	40	47	55	63	71	79	87	95	104	112	120	129
28	-	-	2	6	12	19	26	34	41	49	57	66	74	83	91	100	108	117	126	135
29	-	-	2	7	13	20	27	35	43	52	60	69	77	86	95	104	113	122	131	140
30	-	-	2	7	14	21	29	37	45	54	63	72	81	90	99	108	118	127	137	146
31	-	-	2	7	14	22	30	38	47	56	65	75	84	94	103	113	123	132	142	152
32	-	-	2	8	15	23	31	40	49	58	68	77	87	97	107	117	127	138	148	158
33	-	-	3	8	15	24	32	41	51	61	70	80	91	101	111	122	132	143	153	164
34	-	-	3	9	16	25	34	43	53	63	73	83	94	105	115	126	137	148	159	170
35	-	-	3	9	17	25	35	45	55	65	76	86	97	108	119	131	142	153	165	176
36	-	-	3	9	17	26	36	46	57	67	78	89	101	112	123	135	147	158	170	182
37	-	-	3	10	18	27	37	48	58	70	81	92	104	116	127	139	151	164	176	188
38	-	-	3	10	19	28	39	49	60	72	83	95	107	119	131	144	156	169	181	194
39	-	-	4	11	19	29	40	51	62	74	86	98	110	123	136	148	161	174	187	200
40	-	-	4	11	20	30	41	52	64	76	89	101	114	127	140	153	166	179	192	206

Beispiel

Prüfe die beiden Stichproben A und B mit ihren der Größe nach geordneten Werten

A: 7   14   22   36   40   48   49   52   ($m=8$) [Stichprobe 1]
B: 3   5   6   10   17   18   20   39   ($n=8$) [Stichprobe 2]

auf Gleichheit der Mittelwerte $(\mu_A = \mu_B)$ gegen $\mu_A > \mu_B$; $\alpha = 0{,}025$. Da stärkere Abweichungen von der Normalverteilung vorliegen, wird der *t*-Test durch den *U*-Test ersetzt, der allerdings eher die Medianwerte vergleicht. Genau genommen, werden die Verteilungsfunktionen verglichen!

Rangzahl	1	2	3	4	5	6	7	8	9	10	11	12	13	14	15	16
Stichprobenwert	3	5	6	7	10	14	17	18	20	22	36	39	40	48	49	52
Stichprobe	B	B	B	A	B	A	B	B	B	A	A	B	A	A	A	A

$R_1 = 89$: $4 \; +6 \; +10 +11 \; +13 +14 +15 +16$
$R_2 = 47$: $1+2+3 \; +5 \; +7 +8 +9 \; +12$

$$U_1 = 8 \cdot 8 + \frac{8(8+1)}{2} - 89 = 11$$

$$U_2 = 8 \cdot 8 + \frac{8(8+1)}{2} - 47 = 53$$

$$U_1 + U_2 = 64 = mn$$

Da $11 < 13 = U(8,8; 0,025;$ einseitiger Test) ist, wird die Nullhypothese $\mu_A = \mu_B$ verworfen; die Alternativhypothese $\mu_A > \mu_B$ wird auf dem 2,5%-Niveau angenommen. Nach (3.51) ergibt sich mit

$$\hat{z} = \frac{\left| 11 - \frac{8 \cdot 8}{2} \right|}{\sqrt{\frac{8 \cdot 8(8 + 8 + 1)}{12}}} = 2,205$$

und $P = 0,014 < 0,025$ dieselbe Entscheidung ($z_{0,025,\text{ eins. Test}} = 1,96$).

Der U-Test bei Rangaufteilung

Kommt bei zwei Stichproben, deren Elemente der Größe nach in eine Reihe gebracht werden, ein bestimmter Wert mehrfach vor – wir sprechen von einer Bindung – dann erhalten die numerisch gleich großen Einzelwerte die mittlere Rangzahl. Beispielsweise für

Stichprobenwert	3	3	4	5	5	5	5	8	8	9	10	13	13	13	15	16
Stichprobe	B	B	B	B	B	A	A	A	B	A	B	A	A	A	A	B
Rangzahl	1,5	1,5	3	5,5	5,5	5,5	5,5	8,5	8,5	10	11	13	13	13	15	16

erhalten die ersten beiden B-Werte die Rangzahl $(1 + 2)/2 = 1,5$; die 4 Fünfen jeweils den Wert $5,5 = (4 + 5 + 6 + 7)/4$; für die beiden Achten erhält man dann 8,5; der Wert 13 kommt dreimal vor und erhält die Rangzahl $\frac{12 + 13 + 14}{3} = 13$.

Bindungen beeinflussen den Wert U nur dann, wenn sie zwischen den beiden Stichproben auftreten, nicht aber, wenn sie innerhalb einer oder innerhalb beider Stichproben beobachtet werden. Sind in beiden Stichproben Beobachtungswerte einander gleich, dann lautet die korrigierte Formel für den U-Test bei Rangaufteilung ($m + n = $ Summe S)

$$\hat{z} = \frac{\left| U - \frac{mn}{2} \right|}{\sqrt{\left[\frac{mn}{S(S-1)} \right] \cdot \left[\frac{S^3 - S}{12} - \sum_{i=1}^{i=r} \frac{t_i^3 - t_i}{12} \right]}} \tag{3.52}$$

In dem Korrekturglied $\sum_{i=1}^{r} (t_i^3 - t_i)/12$ (Walter 1951, nach einem Vorschlag Kendalls 1945) bezeichnet r die Anzahl der Bindungen, t_i ist die Vielfachheit der i-ten Bindung. Für jede Gruppe ($i = 1$ bis $i = r$) ranggleicher Werte bestimmen wir, wie oft ein Wert t erscheint und bilden $(t^3 - t)/12$. Die Summe dieser r Quotienten bildet das Korrekturglied.

Für das obige Beispiel ergibt sich aus $r = 4$ Gruppen von Bindungen das Korrekturglied nach:

Gruppe 1: $t_1 = 2$: zweimal der Wert 3 mit dem Rang 1,5
Gruppe 2: $t_2 = 4$: viermal der Wert 5 mit dem Rang 5,5
Gruppe 3: $t_3 = 2$: zweimal der Wert 8 mit dem Rang 8,5
Gruppe 4: $t_4 = 3$: dreimal der Wert 13 mit dem Rang 13

$$\sum_{i=1}^{i=4} \frac{t_i^3 - t_i}{12} = \frac{2^3 - 2}{12} + \frac{4^3 - 4}{12} + \frac{2^3 - 2}{12} + \frac{3^3 - 3}{12}$$

$$= \frac{6}{12} + \frac{60}{12} + \frac{6}{12} + \frac{24}{12} = 8{,}00$$

$$\text{A: } m = 8, R_1 = 83{,}5 \quad \text{B: } n = 8, R_2 = 52{,}5$$

$$U_1 = 8 \cdot 8 + \frac{8(8+1)}{2} - 83{,}5 = 16{,}5 \quad U_2 = 8 \cdot 8 + \frac{8(8+1)}{2} - 52{,}5 = 47{,}5$$

$$U_1 + U_2 = 64 = mn \quad \text{d. h.}$$

$$\hat{z} = \frac{\left| 16{,}5 - \dfrac{8 \cdot 8}{2} \right|}{\sqrt{\left[\dfrac{8 \cdot 8}{16(16-1)} \right] \cdot \left[\dfrac{16^3 - 16}{12} - 8{,}00 \right]}} = 1{,}647$$

Da $1{,}65 < 1{,}96$ wird bei zweiseitiger Fragestellung ($\alpha = 0{,}05$) die Nullhypothese ($\tilde{\mu}_A = \tilde{\mu}_B$) beibehalten.

Der U-Test ist eines der schärfsten nichtparametrischen Prüfverfahren. Da die Teststatistik *U* eine ziemlich komplizierte Funktion des Mittelwertes, der Wölbung und der Schiefe ist – der *U*-Test also nicht lediglich Mittel- oder Medianwerte vergleicht –, muß betont werden, daß *mit zunehmendem Verteilungsformunterschied der beiden Grundgesamtheiten, die Signifikanzschranken (hinsichtlich der Hypothese auf Unterschiede zweier Median- bzw. Mittelwerte allein) unzuverlässig werden.*

Sind mehr als 2 unabhängige Stichproben miteinander zu vergleichen, so kann man jeweils zwei Stichproben prüfen. Der *simultane* nichtparametrische Vergleich mehrerer Stichproben gelingt mit dem *H*-Test von Kruskal und Wallis (vgl. S. 238). Ein dem *U*-Test entsprechender Einstichprobentest (vgl. auch S. 250) wird von Carnal und Riedwyl (1972) angegeben.

Hinweise

1. Der ursprüngliche *Zwei-Stichproben-Test von Wilcoxon* (vgl. Jacobson 1963) liegt jetzt auch vollständig tabelliert vor (Wilcoxon u. Mitarb. 1963; vgl. auch 1964).

2. Da die Zuordnung der Ränge bei großen Stichprobenumfängen mit gruppierten Meßwerten sehr aufwendig sein kann, hat *Raatz* (1966) ein wesentlich einfacheres Verfahren vorgeschlagen, das exakt ist, wenn sich alle Meßwerte auf wenige Rangklassen verteilen; treten nur wenige oder keine gleichen Meßwerte auf, bietet dieser Test eine gute Näherung. Das Verfahren läßt sich auch auf den *H*-Test von Kruskal und Wallis anwenden.

3. Weitere spezielle Modifikationen des *U*-Tests geben *Halperin* (1960) und *Saw* (1966). Einen Wilcoxon-Zwei-Stichproben-„Folgetestplan" für den Vergleich zweier Therapien, der die Anzahl notwendiger Beobachtungen unter Umständen beträchtlich zu reduzieren vermag, beschreibt *Alling* (1963, vgl. auch Chun 1965).

4. Zwei interessante Zwei-Stichproben-Rang-Folgetests stellen Wilcoxon; Bradley u. Mitarb. (1963, 1965, 1966) vor.

5. *Einfacher und erweiterter Median-Test.*
Der Median-Test ist recht einfach: Man ordnet die vereinigten aus den Stichproben I und II stammenden Werte ($n_1 + n_2$) der Größe nach aufsteigend, ermittelt den Medianwert $\tilde{x}$ und ordnet die Werte jeder Stichprobe danach, ob sie kleiner oder größer als der gemeinsame Median sind, in folgendes Schema ein (a, b, c, d sind Häufigkeiten):

	Anzahl der Werte	
	$< \tilde{x}$	$> \tilde{x}$
Stichprobe I	a	b
Stichprobe II	c	d

Die weitere Rechnung ist bei kleinen Stichprobenumfängen (man vergleiche das auf S. 270/71 näher Ausgeführte) Abschnitt 467 (exakter Test nach Fisher), bei größerem n Abschnitt 461 (χ^2-Test oder G-Test mit bzw. ohne Kontinuitätskorrektur) zu entnehmen. Bei signifikanten Befunden wird dann die Nullhypothese $\tilde{\mu}_1 = \tilde{\mu}_2$ auf dem verwendeten Niveau abgelehnt. Die asymptotische Effizienz des Median-Tests beträgt nach Mood (1954) $2/\pi \simeq 64\%$, d.h. daß die Anwendung dieses Tests bei 1000 Werten die gleiche Teststärke aufweist wie die Anwendung des t-Tests bei etwa $0{,}64 \cdot 1000 = 640$ Werten, wenn in Wirklichkeit Normalverteilung vorliegt. Bei anderen Verteilungen kann das Verhältnis ganz anders sein. Der Median-Test wird daher auch bei Überschlagsrechnungen benutzt, außerdem dient er zur Kontrolle hochsignifikanter Befunde, denen man nicht so recht traut. Führt er zu einem anderen Ergebnis, so muß die Berechnung des fraglichen Befundes überprüft werden.

Hauptanwendungsgebiet des Median-Tests ist der Vergleich zweier Medianwerte bei starken Verteilungsformunterschieden; der U-Test darf dann nicht angewandt werden.

Beispiel
Wir benutzen das Beispiel zum U-Test (ohne Rangaufteilung) und erhalten $\tilde{x} = 19$ sowie die folgende Vierfeldertafel

	$< \tilde{x}$	$> \tilde{x}$
A	2	6
B	6	2

die nach Abschnitt 467 mit $P = 0{,}066$ die Nullhypothese auf dem 5%-Niveau nicht abzulehnen gestattet.

Prüfen wir nicht zwei sondern k unabhängige Stichproben, so erhalten wir den *erweiterten Mediantest*: Die Werte der k Stichproben werden der Größe nach in eine Rangfolge gebracht, man bestimmt den Medianwert und zählt, wieviele Meßwerte in jeder der k Stichproben oberhalb und wieviele unterhalb des Medianwertes liegen. Die Nullhypothese, die Stichproben entstammen einer gemeinsamen Grundgesamtheit, läßt sich unter der Voraussetzung, daß die resultierende $k \cdot 2$-Felder-Tafel ausreichend besetzt ist (alle Erwartungshäufigkeiten müssen > 1 sein) nach den in Abschnitt 611, 612 oder 625 dargelegten Verfahren prüfen. Die Alternativhypothese lautet dann: Nicht alle k Stichproben entstammen einer gemeinsamen Grundgesamtheit (vgl. auch Sachs 1972). Das entsprechende optimale verteilungsfreie Verfahren ist der H-Test von Kruskal und Wallis.

6. Einen sogenannten „*Median-Quartile-Test*", bei dem die vereinigten Beobachtungswerte zweier unabhängiger Stichproben durch ihre drei Quartile: Q_1, $Q_2 = \tilde{x}$ und Q_3 auf die Häufigkeiten einer $2 \cdot 4$-Feldertafel reduziert werden,

n ＼ Q	$\leqq Q_1$	$\leqq Q_2$	$\leqq Q_3$	$> Q_3$
n_1				
n_2				

Unbesetzte 2·4-Feldertafel

beschreibt Bauer (1962). Bei ausreichend besetzter Tafel (alle Erwartungshäufigkeiten müssen > 1 sein) wird nach Abschnitt 611, 612 oder 625 die Nullhypothese geprüft: Beide Stichproben entstammen einer gemeinsamen Grundgesamtheit. Der sehr brauchbare Test prüft nicht nur Lage- sondern auch Dispersions- und gewisse Verteilungsformunterschiede. Bei ungruppierten Stichproben entsprechen Q_1 und Q_3 den rangierten und bis n durchnummerierten ganzzahligen oder aufgerundeten Stichprobenwerten $0{,}25n$ und $0{,}75n$. Ist z.B. $n = 13$, dann ist $Q_1 = 0{,}25 \cdot 13 = 3{,}25$ der Stichprobenwert mit der Rangzahl 4.

7. *Vertrauensbereich für Medianwertdifferenzen.* Mit Hilfe des U-Tests läßt sich ein Vertrauensbereich für die Differenz zweier Medianwerte angeben ($\tilde{\mu}_1 - \tilde{\mu}_2 = \varDelta$, mit $\tilde{\mu}_1 > \tilde{\mu}_2$): $k_{\min} < \varDelta < k_{\max}$.

Hierzu: (1) addiert man eine Konstante k zu allen Werten der 2. Stichprobe und führt mit dieser und der 1. Stichprobe einen U-Test durch; (2) linke und rechte Schranke des Vertrauensbereiches für $\varDelta$ sind der kleinste und der größte Wert k (k_{min}, k_{max}), die bei zweiseitiger Fragestellung auf dem gewählten Signifikanzniveau die Nullhypothese des U-Tests nicht abzulehnen gestatten; (3) geeignete extreme Werte k, die gerade noch zu einem nichtsignifikanten Ergebnis führen, erhält man durch geschicktes Probieren (etwa mit $k = 0,1$; $k = 1$; $k = 10$ beginnen). Eine gründliche Übersicht gibt Laan (1970).

▶ 395 **Der Vergleich mehrerer unabhängiger Stichproben:**
H-Test von Kruskal und Wallis

Der H-Test von Kruskal und Wallis (1952) ist eine Verallgemeinerung des U-Tests. Er prüft die Alternativhypothese, die k Stichproben entstammen nicht der gleichen Grundgesamtheit. Ähnlich wie der U-Test hat auch der H-Test, verglichen mit der bei Normalverteilung optimalen Varianzanalyse (Kap. 7) eine asymptotische Effizienz von $100 \cdot 3/\pi \simeq 95\%$.

Die $n = \sum_{i=1}^{k} n_i$ Beobachtungen, Zufallsstichproben von Rangordnungen oder Meßwerten mit den Umfängen $n_1, n_2, \ldots, n_k$ aus umfangreichen Grundgesamtheiten, werden der Größe nach aufsteigend geordnet und mit Rängen von 1 bis n versehen (wie beim U-Test). R_i sei die Summe der Ränge der i-ten Stichprobe: Unter der Nullhypothese ist die Prüfgröße

$$\hat{H} = \left[\frac{12}{n(n+1)} \right] \cdot \left[\sum_{i=1}^{k} \frac{R_i^2}{n_i} \right] - 3(n+1) \tag{3.53}$$

($\hat{H}$ ist die Varianz der Stichproben-Rangsummen R_i) für großes n (d.h. praktisch für $n_i \geqq 5$ und $k \geqq 4$) χ^2-verteilt mit $k-1$ Freiheitsgraden; d.h. H_0 wird abgelehnt, sobald $\hat{H} > \chi^2_{k-1;\alpha}$ (vgl. S. 113). Für $n_i \leqq 5$ und $k = 3$ enthält Tab. 65 auf S. 240 die exakten Überschreitungswahrscheinlichkeiten (H_0 wird mit P abgelehnt, wenn $\hat{H} \geqq H$ mit $P \leqq \alpha$).

Zur Kontrolle der R_i benutze man die Beziehung

$$\sum_{i=1}^{k} R_i = n(n+1)/2 \tag{3.54}$$

Sind die *Stichproben gleich groß*, ist also $n_i = \frac{n}{k}$, rechnet man bequemer nach der vereinfachten Formel:

$$\hat{H} = \left[\frac{12k}{n^2(n+1)} \right] \cdot \left[\sum_{i=1}^{k} R_i^2 \right] - 3(n+1) \tag{3.53a}$$

Gehören mehr als 25% aller Werte zu *Bindungen*, d.h. zu Folgen gleicher Rangzahlen, dann muß $\hat{H}$ korrigiert werden. Die *Korrekturformel* für $\hat{H}$ lautet

$$\hat{H}_{korr} = \frac{\hat{H}}{1 - \dfrac{\sum_{i=1}^{i=r} (t_i^3 - t_i)}{n^3 - n}} \tag{3.55}$$

wobei t_i die Anzahl der jeweils *gleichen Rangplätze* in der Bindung i bezeichnet. Da der korrigierte $\hat{H}$-Wert größer als der nicht korrigierte Wert ist, braucht man bei einem signifikanten $\hat{H}$-Wert $\hat{H}_{korr}$ nicht zu berechnen.

Beispiel   Prüfe die 4 Stichproben (Tab. 64) mit dem *H*-Test ($\alpha = 0,05$).

Tabelle 64.   Rechts neben den Beobachtungen stehen die Rangzahlen

A		B		C		D	
12,1	10	18,3	15	12,7	11	7,3	3
14,8	12	49,6	21	25,1	16	1,9	1
15,3	13	10,1	6 $^{1}/_{2}$	47,0	20	5,8	2
11,4	9	35,6	19	16,3	14	10,1	6 $^{1}/_{2}$
10,8	8	26,2	17	30,4	18	9,4	5
		8,9	4				
R_i	52,0		82,5		79,0		17,5
R_i^2	2704,00		6806,25		6241,00		306,25
n_i	5		6		5		5
R_i^2/n_i	$540,800 + 1134,375 + 1248,200 + 61,250 = 2984,625 = \sum\limits_{i=1}^{k=4} \dfrac{R_i^2}{n_i}$						

Kontrolle: $52,0 + 82,5 + 79,0 + 17,5 = 231 = 21(21+1)/2$

$$\hat{H} = \left[\frac{12}{21(21+1)}\right] \cdot [2984,625] - 3(21+1) = 11,523$$

Da $\hat{H} = 11,523 > 7,815 = \chi^2_{3;\,0,05}$ ist, ist nicht anzunehmen, daß die 4 Stichproben einer gemeinsamen Grundgesamtheit entstammen.

Hinweise (vgl. auch Hinweis 2 auf S. 236)

1. Bei Signifikanz prüfe man weiter mit verteilungsunabhängigen multiplen Vergleichen (z.B. mit dem auf S. 420/422 vorgestellten Verfahren bzw. nach Sachs 1972; siehe auch Miller 1966 [zit. S. 494]).

2. Die Teststärke des *H*-Tests läßt sich erhöhen, wenn beim Vorliegen gleicher Stichprobenumfänge der Nullhypothese: Gleichheit der Medianwerte (oder der Verteilungsfunktionen), die spezifische Alternativhypothese: Vorliegen einer bestimmten *Rangordnung*, Absteigen oder Abfallen der Medianwerte (oder der Verteilungsfunktionen), gegenübergestellt werden kann. Für die Verallgemeinerung eines einseitigen Tests gibt Chacko (1963) eine gegenüber (3.53a) etwas modifizierte Prüfgröße.

3. Einen *H*-Test für den Fall, daß k heterogene Stichprobengruppen in je m einander entsprechende homogene Untergruppen zu je n Werten unterteilbar sind, beschreiben Lienert und Schulz (1967).

4. Konkurrenten des *H*-Tests analysieren Bhapkar und Deshpande (1968).

5. Für den Fall, daß nicht einzelne Beobachtungen, sondern *Datenpaare* zur Verfügung stehen, hat Glasser (1962) eine Modifikation des *H*-Tests gegeben, die es gestattet, gepaarte Beobachtungen auf Unabhängigkeit zu prüfen.

6. In den ersten Abschnitten des 4. Kap. werden zwei verbundene Stichproben verglichen. Der nichtparametrische Vergleich mehrerer verbundener Stichproben (Rangtest von Friedman) und der parametrische Vergleich mehrerer Mittelwerte (Varianzanalyse) folgen später (Kap. 7). Es sei betont, daß u.a. zwischen dem Wilcoxon-Test für verbundene Stichproben, dem Friedman-Test und dem *H*-Test enge Beziehungen bestehen.

7. Beim Vorliegen ungleicher Verteilungsformen ist der *H*-Test durch den entsprechenden $k \cdot 4$-Felder-Median-Quartile-Test zu ersetzen (vgl. S. 237, Hinweis 6 auf mehr als 2 Stichproben verallgemeinert sowie die Abschnitte 621 und 625).

Tabelle 65.   Irrtumswahrscheinlichkeiten für den *H*-Test von Kruskal und Wallis (aus Kruskal, W. H. and W. A. Wallis: Use of ranks in one-criterion variance analysis, J. Amer. Statist. Ass. **47** (1952) 614–617, unter Berücksichtigung der Errata in J. Amer. Statist, Ass. **48** (1953) 910)

n_1 n_2 n_3	H	P	n_1 n_2 n_3	H	P	n_1 n_2 n_3	H	P	n_1 n_2 n_3	H	P
2 1 1	2,7000	0,500	4 3 2	6,4444	0,008	5 2 2	6,5333	0,008	5 4 4	5,6571	0,049
				6,3000	0,011		6,1333	0,013		5,6176	0,050
2 2 1	3,6000	0,200		5,4444	0,046		5,1600	0,034		4,6187	0,100
				5,4000	0,051		5,0400	0,056		4,5527	0,102
2 2 2	4,5714	0,067		4,5111	0,098		4,3733	0,090			
	3,7143	0,200		4,4444	0,102		4,2933	0,122	5 5 1	7,3091	0,009
3 1 1	3,2000	0,300								6,8364	0,011
			4 3 3	6,7455	0,010	5 3 1	6,4000	0,012		5,1273	0,046
3 2 1	4,2857	0,100		6,7091	0,013		4,9600	0,048		4,9091	0,053
	3,8571	0,133		5,7909	0,046		4,8711	0,052		4,1091	0,086
				5,7273	0,050		4,0178	0,095		4,0364	0,105
3 2 2	5,3572	0,029		4,7091	0,092		3,8400	0,123			
	4,7143	0,048		4,7000	0,101				5 5 2	7,3385	0,010
	4,5000	0,067				5 3 2	6,9091	0,009		7,2692	0,010
	4,4643	0,105	4 4 1	6,6667	0,010		6,8218	0,010		5,3385	0,047
				6,1667	0,022		5,2509	0,049		5,2462	0,051
3 3 1	5,1429	0,043		4,9667	0,048		5,1055	0,052		4,6231	0,097
	4,5714	0,100		4,8667	0,054		4,6509	0,091		4,5077	0,100
	4,0000	0,129		4,1667	0,082		4,4945	0,101			
				4,0667	0,102				5 5 3	7,5780	0,010
3 3 2	6,2500	0,011				5 3 3	7,0788	0,009		7,5429	0,010
	5,3611	0,032					6,9818	0,011		5,7055	0,046
	5,1389	0,061	4 4 2	7,0364	0,006		5,6485	0,049		5,6264	0,051
	4,5556	0,100		6,8727	0,011		5,5152	0,051		5,4451	0,100
	4,2500	0,121		5,4545	0,046		4,5333	0,097		4,5363	0,102
				5,2364	0,052		4,4121	0,109			
3 3 3	7,2000	0,004		4,5545	0,098				5 5 4	7,8229	0,010
	6,4889	0,011		4,4455	0,103	5 4 1	6,9545	0,008		7,7914	0,010
	5,6889	0,029					6,8400	0,011		5,6657	0,049
	5,6000	0,050	4 4 3	7,1439	0,010		4,9855	0,044		5,6429	0,050
	5,0667	0,086		7,1364	0,011		4,8600	0,056		5,4229	0,099
	4,6222	0,100		5,5985	0,049		3,9873	0,098		4,5200	0,101
4 1 1	3,5714	0,200		5,5455	0,051		3,9600	0,102			
				4,5455	0,099				5 5 5	8,0000	0,009
4 2 1	4,8214	0,057		4,4773	0,102	5 4 2	7,2045	0,009		7,9800	0,010
	4,5000	0,076					7,1182	0,010		5,7800	0,049
	4,0179	0,114	4 4 4	7,6538	0,008		5,2727	0,049		5,6600	0,051
				7,5385	0,011		5,2682	0,050		4,5600	0,100
4 2 2	6,0000	0,014		5,6923	0,049		5,4409	0,098		4,5000	0,102
	5,3333	0,033		5,6538	0,054		4,5182	0,101			
	5,1250	0,052		4,6539	0,097						
	4,4583	0,100		4,5001	0,104	5 4 3	7,4449	0,010			
	4,1667	0,105	5 1 1	3,8571	0,143		7,3949	0,011			
							5,6564	0,049			
4 3 1	5,8333	0,021	5 2 1	5,2500	0,036		5,6308	0,050			
	5,2083	0,050		5,0000	0,048		4,5487	0,099			
	5,0000	0,057		4,4500	0,071		4,5231	0,103			
	4,0556	0,093		4,2000	0,095	5 4 4	7,7604	0,009			
	3,8889	0,129		4,0500	0,119		7,7440	0,011			

Eine Tabelle mit weiteren *P*-Stufen ($0 \leqq P \leqq 1$) enthält das auf S. 455 zitierte Buch von Kraft und Van Eeden (1968, S. 241/262); Hollander und Wolfe (1973, S. 294/310) haben diese Tabelle übernommen, sie geben auch Tabellen (S. 328/334) für multiple Vergleiche.

4   Weitere Prüfverfahren

▶ 41   Herabsetzung des Stichprobenfehlers durch Parallelstichproben: Der paarweise Vergleich

Ist die Wirksamkeit zweier verschiedener Behandlungsmethoden zu vergleichen, so wird in vielen Fällen der Tierversuch erste Aufschlüsse bringen. Nehmen wir an, uns interessieren zwei Salbenpräparate. Die Fragestellung lautet: Besteht hinsichtlich der Wirksamkeit ein Unterschied zwischen den beiden Präparaten oder nicht. Uns stehen Versuchstiere zur Verfügung, an denen wir die Krankheitsherde erzeugen können. Das Maß für die Wirksamkeit sei die erforderliche Behandlungsdauer.

1. Das einfachste wäre, eine Gruppe von Versuchstieren nach einem Zufallsverfahren in zwei gleich große *Teilgruppen* aufzuspalten und die eine Gruppe nach Methode I, die andere nach Methode II zu behandeln und dann die Heilerfolge zu vergleichen.

2. Wirksamer ist folgendes Vorgehen: Es werden Versuchstier*paare* gebildet, deren Partner aufeinander abgestimmt sind, so daß die einzelnen Paare hinsichtlich Geschlecht, Alter, Gewicht, Aktivität usw. möglichst homogen zusammengesetzt sind. Die Zuordnung der Partner zu den beiden Versuchsgruppen wird durch einen Zufallsprozeß bestimmt. Bei diesem Verfahren wird die Tatsache berücksichtigt, daß dem Experimentator kaum jemals ein völlig homogenes Tiermaterial zur Verfügung steht.

3. Noch wesentlich wirksamer ist folgendes Verfahren: Man wählt eine Gruppe von Versuchstieren und führt einen sogenannten *Rechts-Links-Vergleich* durch, indem man an jedem Individuum rechts und links zwei voneinander unabhängige Krankheitsherde erzeugt und durch einen Zufallsprozeß festlegt, welcher nach der einen und welcher nach der anderen Methode zu behandeln ist.
Worin liegt nun eigentlich der Vorteil des paarweisen Vergleichs? Der Vergleich ist genauer, weil die Streuung, die zwischen verschiedenen Versuchstieren besteht, vermindert bzw. ausgeschaltet ist! Allerdings wird durch die Verwendung von paarweisen Vergleichen – man bezeichnet die beiden Stichprobenreihen als verbundene oder korrelierte Stichproben, auch als Parallelstichproben – die Anzahl der Freiheitsgrade vermindert. Für den Vergleich von Mittelwerten standen uns im Fall homogener Varianzen $n_1 + n_2 - 2$ Freiheitsgrade zur Verfügung; demgegenüber ist bei Parallelstichproben die Anzahl der Freiheitsgrade gleich der Zahl der Paare oder der Differenzen minus eins, d.h. $(n_1 + n_2)/2 - 1$. Setzt man $n_1 + n_2 = n$, dann ist das Verhältnis der Freiheitsgrade für unabhängige Stichproben zu Parallelstichproben gegeben durch $(n - 2)/(n/2 - 1) = 2/1$. Beim Übergang von unabhängigen zu Parallelstichproben sinkt die Zahl der Freiheitsgrade auf die Hälfte. Dies ist mit einem beträchtlichen Genauigkeitsverlust verbunden.

Da die Streuung zwischen verschiedenen Versuchstieren unter allen Umständen größer ist als die Streuung zwischen den beiden Seiten eines Versuchstieres, ist der Genauigkeitsgewinn, den die Verwendung verbundener Stichproben mit sich bringt, beträchtlich; dieser Gewinn ist im allgemeinen umso größer, je größer das Verhältnis dieser beiden Streuungen zueinander ist.

Miteinander korrelierende Beobachtungspaare erhält man nun nach folgenden beiden Prinzipien. Bekannt ist der Aufbau von Versuchen mit *Testwiederholung* an einer und derselben Stichprobe von Individuen. Versuchspersonen werden z.B. einmal unter Normalbedingungen und anschließend unter Stress getestet. Hierbei ist zu beachten, daß Faktoren wie z.B. Übung oder Ermüdung ausgeschaltet werden müssen. Das zweite Prinzip bildet die Organisierung von *Parallelstichproben* mit Hilfe einer Vortestung oder eines meß- oder schätzbaren Merkmales, das mit dem zu untersuchenden Merkmal möglichst stark korreliert. Die Individuen werden z.B. aufgrund des Vortests in eine Rangreihe gebracht. Je zwei in dieser Rangliste aufeinanderfolgende Individuen bilden ein Paar. Durch einen Zufallsprozeß – etwa mit Hilfe eines Münzwurfes – wird entschieden, welcher Partner zu welcher Stichprobengruppe gehören soll. Für die Standardabweichung der Differenz zwischen den Mittelwerten zweier Meßreihen oder Stichproben haben wir in Formel (3.31) (S. 212)

$$s_{\bar{x}_1 - \bar{x}_2} = s_{\text{Diff.}} = \sqrt{\frac{s_1^2}{n_1} + \frac{s_2^2}{n_2}} = \sqrt{s_{\bar{x}_1}^2 + s_{\bar{x}_2}^2} \tag{4.1}$$

benutzt. Diese Bezeichnung gilt aber nur dann, wenn beide Meßreihen oder Stichproben unabhängig voneinander sind. Sind sie miteinander verbunden, voneinander abhängig, d.h. besteht ein Zusammenhang zwischen den Wertepaaren, so vermindert sich die Standardabweichung der Differenz und wir erhalten $s_{\bar{d}}$

$$s_{\bar{d}} = \sqrt{s_{\bar{x}_1}^2 + s_{\bar{x}_2}^2 - 2r s_{\bar{x}_1} s_{\bar{x}_2}} \tag{4.2}$$

Die Größe des Subtraktionsgliedes richtet sich nach der Größe des Korrelationskoeffizienten r, der den Grad des Zusammenhanges ausdrückt (Kapitel 5).

Bei $r = 0$, d.h. in voneinander vollständig unabhängigen Reihen, wird das Subtraktionsglied unter der Wurzel gleich Null; bei $r = 1$, d.h. bei maximaler Korrelation oder vollständiger Abhängigkeit erreicht das Subtraktionsglied sein Maximum und die Standardabweichung der Differenz ihr Minimum.

42   Vergleich zweier verbundener (abhängiger) Stichproben

Prüft man zwei Schlafmittel an jeweils denselben Patienten, so ergeben sich für die Schlafverlängerung in Stunden *gepaarte Beobachtungen*, d.h. zwei verbundene Meßreihen.

▶ 421   Prüfung verbundener Stichproben mit dem t-Test

4211   Prüfung des Mittelwertes der Paardifferenzen auf Null

Die Werte der beiden verbundenen Meßreihen seien x_i und y_i. Für die Prüfung der Paardifferenzen $x_i - y_i = d_i$ dient der Quotient

$$\hat{t} = \frac{\overline{d}}{s_{\overline{d}}} = \frac{(\sum d_i)/n}{\sqrt{\dfrac{\sum d_i^2 - (\sum d_i)^2/n}{n(n-1)}}} \qquad\qquad FG = n-1 \qquad (4.3) \;\; \text{S. 111}$$

aus dem Mittelwert der n Differenzen und der zugehörigen Standardabweichung mit $n-1$ Freiheitsgraden, wobei n die Anzahl der Paardifferenzen bezeichnet. Vorausgesetzt werden unabhängige Differenzen aus Zufallsstichproben zumindest angenähert normalverteilter Differenzen $N(\mu_d, \sigma_d)$. Getestet wird der aus den Paardifferenzen geschätzte Mittelwert μ_d. Die Nullhypothese lautet $\mu_d = 0$. Als Alternativhypothesen erhalten wir dann $\mu_d > 0$ bzw. $\mu_d < 0$ oder beim zweiseitigen Test $\mu_d \neq 0$.
Eine gegenüber (4.3) vereinfachte Prüfgröße $\hat{A} = \sum d^2/(\sum d)^2$ mit tabellierten kritischen Werten A (siehe auch Runyon und Haber 1967) stammt von Sandler (1955).

Beispiel

Tabelle 66 enthalte Meßwerte (x_i, y_i) für Material, das nach zwei Verfahren behandelt wurde bzw. für unbehandeltes (x_i) und behandeltes Material (y_i). Das durchnummerierte Material sei unterschiedlicher Herkunft. Läßt sich die Nullhypothese, kein Behandlungsunterschied bzw. kein Behandlungseffekt auf dem 5%-Niveau sichern?

Tabelle 66

Nr.	x_i	y_i	d_i $(x_i - y_i)$	d_i^2
1	4,0	3,0	1,0	1,00
2	3,5	3,0	0,5	0,25
3	4,1	3,8	0,3	0,09
4	5,5	2,1	3,4	11,56
5	4,6	4,9	-0,3	0,09
6	6,0	5,3	0,7	0,49
7	5,1	3,1	2,0	4,00
8	4,3	2,7	1,6	2,56
$n = 8$			$\sum d_i = 9,2$	$\sum d_i^2 = 20,04$

Es ist $\qquad \hat{t} = \dfrac{9,2/8}{\sqrt{\dfrac{20,04 - 9,2^2/8}{8(8-1)}}} = 2,80$

und, da $\hat{t} = 2,80 > 2,36 = t_{7;\,0,05\,\text{zweiseitig}}$, sind die Unterschiede zwischen den verbundenen Stichproben auf dem 5%-Niveau signifikant.

Verglichen mit dem Standardverfahren für den Vergleich der Mittelwerte zweier unabhängiger Stichproben-Reihen (3.25, 3.31) vermeidet man beim Arbeiten mit gepaarten Beobachtungen einmal störende Streuungen innerhalb der Reihen. Zum anderen sind die **Voraussetzungen schwächer**. Es kann sein, daß die Variablen x_i und y_i von der Normalverteilung beträchtlich abweichen, die Differenzen aber recht gut normalverteilt sind!
Umfangreiche gepaarte Stichproben werden häufig mit verteilungsfreien Tests analysiert.

Der Vertrauensbereich für die wahre mittlere Differenz gepaarter Beobachtungen ist durch

$$\boxed{\bar{d} \pm (t_{n-1;\,\alpha}) s_{\bar{d}}} \tag{4.4}$$

(S. 111) gegeben mit $\bar{d} = \dfrac{\sum d}{n}$ und $s_{\bar{d}} = \dfrac{s_d}{\sqrt{n}} = \sqrt{\dfrac{\sum d_i^2 - (\sum d_i)^2/n}{n(n-1)}}$ sowie $t_{\text{zweiseitig}}$. Beispielsweise

erhält man für $n = 31$ Datenpaare mit $\bar{d} = 5{,}03$ und $s_{\bar{d}} = 0{,}43$ den 95%-Vertrauensbereich (vgl. $t_{30;\,0{,}05} = 2{,}04$).
$\quad\quad\quad\quad\quad\quad\quad\quad\quad\quad\quad\quad\quad\quad$ zweiseitig

$$95\%\text{-}VB: \quad 5{,}03 \pm 2{,}04 \cdot 0{,}43$$

$$95\%\text{-}VB: \quad 4{,}15 \leqq \mu_d \leqq 5{,}91$$

Es lassen sich selbstverständlich auch einseitige Vertrauensgrenzen angeben. Als obere 95%-Vertrauensgrenze erhielte man nach (4.4) (vgl. $t_{30;\,0{,}05} = 1{,}70$) die Schranke 5,76, d.h. $\mu_d \leqq 5{,}76$.
$\quad\quad\quad\quad\quad\quad\quad\quad\quad\quad\quad\quad\quad\quad\quad\quad\quad\quad\quad\quad\quad\quad\quad$ einseitig

4212 Prüfung der Gleichheit zweier verbundener Varianzen

Soll die Variabilität eines Merkmals vor (x_i) und nach (y_i) einem Alterungsprozeß oder einer Behandlung verglichen werden, dann sind zwei verbundene Varianzen auf Gleichheit zu prüfen. Prüfgröße ist

$$\boxed{\hat{t} = \frac{|(Q_x - Q_y) \cdot \sqrt{n-2}|}{2\sqrt{Q_x Q_y - (Q_{xy})^2}}} \tag{4.5}$$

(S. 111) mit $n - 2$ Freiheitsgraden. Q_x und Q_y werden nach (3.23/4) berechnet. Q_{xy} erhält man dementsprechend nach

$$\boxed{Q_{xy} = \sum xy - \frac{\sum x \sum y}{n}} \tag{4.6}$$

Beispielsweise ergibt sich für $\dfrac{x_i|21 \quad 18 \quad 20 \quad 21|\sum x = \ 80}{y_i|26 \quad 33 \quad 27 \quad 34|\sum y = 120}$ mit $Q_x = 6$, $Q_y = 50$ und

$$Q_{xy} = (21 \cdot 26 + 18 \cdot 33 + 20 \cdot 27 + 21 \cdot 34) - \frac{80 \cdot 120}{4} = -6$$

$$\hat{t} = \frac{|(6-50) \cdot \sqrt{4-2}|}{2 \cdot \sqrt{6 \cdot 50 - (-6)^2}} = 1{,}91 < 4{,}30 = t_{2;\,0{,}05;\,\text{zweis.}}$$

bei zweiseitiger Fragestellung auf dem 5%-Niveau, daß die Nullhypothese: Gleichheit der verbundenen Varianzen, beibehalten werden muß. Bei einseitiger Fragestellung mit $\sigma_x^2 = \sigma_y^2$ gegen $\sigma_x^2 < \sigma_y^2$ wäre $t_{2;\,0{,}05;\,\text{eins.}} = 2{,}92$ die kritische Schranke.

▶ 422 Der Wilcoxon-Test für Paardifferenzen

Optimale Tests für den Vergleich zweier abhängiger Stichproben, für den Vergleich gepaarter Beobachtungen, sind der t-Test bei normalverteilten Differenzen (4.3) und der Vorzeichen-Rang-Test von Wilcoxon (Wilcoxon matched pairs signed rank test) bei nicht normalverteilten Differenzen. Dieser Test, als Wilcoxon-Test für Paardifferenzen bekannt, kann auch auf Rangdaten angewendet werden. Er erfordert, verglichen mit dem t-Test, wesentlich weniger Rechenarbeit und testet normalverteilte Differenzen fast ebenso scharf; seine Wirksamkeit, Effizienz, liegt für große und kleine Stichprobenumfänge bei 95%.

Der Test gestattet die Prüfung, ob die Differenzen zweier verbundener Stichproben symmetrisch mit dem Median gleich Null verteilt sind, d.h. unter der Nullhypothese entstammen die Paardifferenzen d_i einer Grundgesamtheit mit der Verteilungsfunktion $F(d)$ bzw. mit der Dichte $f(d)$, wobei:

$$H_0: \ F(+d)+F(-d)=1 \ \text{ bzw. } \ f(+d)=f(-d)$$

Wird H_0 abgelehnt, so ist entweder die Grundgesamtheit nicht symmetrisch in bezug auf den Median, d.h. der Median der Differenzen ist ungleich Null ($\tilde{\mu}_d \neq 0$) oder den beiden Stichproben liegen unterschiedliche Verteilungen zugrunde.

Von Paaren mit gleichen Einzelwerten abgesehen (vgl. jedoch auch Cureton 1967), bildet man für die restlichen n Wertepaare die Differenzen

$$d_i = x_{i1} - x_{i2} \tag{4.7}$$

und bringt die absoluten Beträge $|d_i|$ in eine ansteigende Rangordnung: Der kleinste erhält die Rangzahl 1, ..., und der größte die Rangzahl n. Bei gleichgroßen Beträgen werden *mittlere Rangzahlen* zugeordnet. Bei jeder Rangzahl wird vermerkt, ob die zugehörige Differenz ein positives oder ein negatives Vorzeichen aufweist. Man bildet die Summe der *positiven* und der *negativen* Rangzahlen ($\hat{R}_p$ und $\hat{R}_n$), kontrolliert sie nach

$$\hat{R}_p + \hat{R}_n = n(n+1)/2 \tag{4.8}$$

Tabelle 67.   Kritische Werte für den Wilcoxon-Paardifferenzen-Test: (auszugsweise entnommen aus McCornack, R. L.: Extended tables of the Wilcoxon matched pair signed rank statistic. J. Amer. Statist. Assoc. **60** (1965), 864–871, pp. 866 + 867)

Test	zweiseitig			einseitig		Test	zweiseitig			einseitig	
n	5 %	1 %	0,1 %	5 %	1 %	n	5 %	1 %	0,1 %	5 %	1 %
6	0			2		36	208	171	130	227	185
7	2			3	0	37	221	182	140	241	198
8	3	0		5	1	38	235	194	150	256	211
9	5	1		8	3	39	249	207	161	271	224
10	8	3		10	5	40	264	220	172	286	238
11	10	5	0	13	7	41	279	233	183	302	252
12	13	7	1	17	9	42	294	247	195	319	266
13	17	9	2	21	12	43	310	261	207	336	281
14	21	12	4	25	15	44	327	276	220	353	296
15	25	15	6	30	19	45	343	291	233	371	312
16	29	19	8	35	23	46	361	307	246	389	328
17	34	23	11	41	27	47	378	322	260	407	345
18	40	27	14	47	32	48	396	339	274	426	362
19	46	32	18	53	37	49	415	355	289	446	379
20	52	37	21	60	43	50	434	373	304	466	397
21	58	42	25	67	49	51	453	390	319	486	416
22	65	48	30	75	55	52	473	408	335	507	434
23	73	54	35	83	62	53	494	427	351	529	454
24	81	61	40	91	69	54	514	445	368	550	473
25	89	68	45	100	76	55	536	465	385	573	493
26	98	75	51	110	84	56	557	484	402	595	514
27	107	83	57	119	92	57	579	504	420	618	535
28	116	91	64	130	101	58	602	525	438	642	556
29	126	100	71	140	110	59	625	546	457	666	578
30	137	109	78	151	120	60	648	567	476	690	600
31	147	118	86	163	130	61	672	589	495	715	623
32	159	128	94	175	140	62	697	611	515	741	646
33	170	138	102	187	151	63	721	634	535	767	669
34	182	148	111	200	162	64	747	657	556	793	693
35	195	159	120	213	173	65	772	681	577	820	718

und benutzt als Testgröße die kleinere der beiden Rangsummen ($\hat{R}$). Die Nullhypothese wird verworfen, wenn der berechnete $\hat{R}$-Wert kleiner oder gleich dem kritischen Wert $R(n;\alpha)$ der Tabelle 67 ist. Für $n>25$ gilt die Approximation

$$R(n;\alpha)=\frac{n(n+1)}{4}-z\cdot\sqrt{\frac{1}{24}n(n+1)(2n+1)} \tag{4.9}$$

Geeignete Werte z sind für die zwei- und einseitige Fragestellung Tabelle 43 auf S. 172 zu entnehmen. Anstatt (4.9) benutzt man dann, wenn man ein festes α nicht vorgeben kann oder will (und $n>25$), die äquivalente Schreibweise (4.10)

$$\hat{z}=\frac{\left|\hat{R}-\frac{n(n+1)}{4}\right|}{\sqrt{\frac{n(n+1)(2n+1)}{24}}} \tag{4.10}$$

Der erhaltene Wert $\hat{z}$ wird anhand der Standardnormalverteilung (Tabelle 14, S. 53) beurteilt. Eine Verallgemeinerung dieses Tests ist der Friedman-Test (S. 422).

Beispiel

Ein Biochemiker vergleiche zwei für die Bestimmung von Testosteron (männliches Geschlechtshormon) im Urin eingesetzte Methoden A und B an 9 Urinproben bei zweiseitiger Fragestellung auf dem 5%-Niveau. Ob die Werte normalverteilt sind, ist nicht bekannt. Die Werte seien angegeben in Milligramm pro 24-Stunden-Urin.

Tabelle 68

Probe Nr.	1	2	3	4	5	6	7	8	9
A (mg/die)	0,47	1,02	0,33	0,70	0,94	0,85	0,39	0,52	0,47
B (mg/die)	0,41	1,00	0,46	0,61	0,84	0,87	0,36	0,52	0,51
A - B = d_i	0,06	0,02	-0,13	0,09	0,10	-0,02	0,03	0	-0,04
Rangzahl für die $|d_i|$	5	1,5	8	6	7	1,5	3		4
$\hat{R}_p$ = 22,5	(+)5	(+)1,5		(+)6	(+)7		(+)3		
$\hat{R}_n$ = 13,5			(-)8			(-)1,5			(-)4
Kontrolle	22,5 + 13,5 = 36 = 8(8 + 1)/2, d.h. $\hat{R}$ = 13,5								

Da $13,5>3=R(8;0,05)$, kann die Nullhypothese nicht abgelehnt werden.

Bei Bindungen (vgl. S. 235) wird in (4.9; 4.10) die $\sqrt{A}$ durch $\sqrt{A-B/48}$ mit $B=\sum\limits_{i=1}^{i=r}(t_i^3-t_i)/12$ ersetzt [r=Anzahl der Bindungen, t_i=Vielfachheit der i-ten Bindung].

Eine ausführliche Tafel ($4\le n\le100$; 17 Signifikanzstufen zwischen $\alpha=0,45$ und $\alpha=0,00005$) gibt McCornack (1965).

Verteilungsfreie Schnellverfahren zur Auswertung der Differenzen gepaarter Beobachtungen sind der sehr handliche Maximum-Test und der auch für andere Fragestellungen einsetzbare Vorzeichentest von Dixon und Mood.

423   Der Maximum-Test für Paardifferenzen

Der *Maximum-Test* ist ein sehr einfacher Test für den Vergleich zweier gepaarter Meßreihen. Man braucht sich nur zu merken, daß – wenn die 5 absolut größten Differenzen das gleiche Vorzeichen haben – der Unterschied auf dem 10%-Niveau gesichert ist. Bei 6 Differenzen dieser Art ist der Unterschied auf dem 5%-Niveau signifikant, bei 8 Differenzen auf dem 1%-Niveau und bei 11 Differenzen auf dem 0,1%-Niveau. Diese

Zahlen 5, 6, 8 und 11 gelten bei zweiseitiger Fragestellung für Stichprobenumfänge von $n \geqq 6$. Bei einseitiger Fragestellung entsprechen diesen Zahlen natürlich die 5%-, 2,5%-, 0,5%- und 0,05%-Schranken; treten zwei dem Absolutbetrage nach gleich große Differenzen mit verschiedenen Vorzeichen auf, so ordne man sie, um sicherzugehen, so ein, daß eine eventuell bestehende Folge gleicher Vorzeichen verkleinert wird (Walter 1951/58). Der Maximum-Test dient zur **unabhängigen Kontrolle** des t-Tests, ohne ihn jedoch zu ersetzen (Walter 1958).

Beispiel
Die Folge der Differenzen $+3,4$; $+2,0$; $+1,6 + 1,0$; $+0,7$; $+0,5$; $-0,3$; $+0,3$ – beachte die ungünstigere Anordnung von $-0,3$ – führt bei zweiseitiger Fragestellung mit 6 typischen Differenzen auf dem 5%-Niveau zur Ablehnung der H_0: $\tilde{\mu}_d = 0$.

Hinweise
1. Angenommen, die gepaarten Beobachtungen der Tabellen 66 und 68 seien keine Meßwerte sondern zugeordnete bewertende ganze Zahlen, gleiche Abstände, etwa 1, 2, 3, 4, 5, 6, sind nicht notwendig, dann läßt sich für $n \gtrless 10$ $H_0 : \tilde{\mu}_d = 0$ approximativ anhand der Standardnormalverteilung (S. 172) ablehnen, sobald $\hat{z} = (\sum d_i) / \sqrt{\sum d_i^2} > z_\alpha$.
2. Einen speziellen χ^2-Test zur Prüfung der Symmetrie einer Verteilung stellt Walter (1954) vor: Interessiert, ob das Medikament M z.B. die LDH beeinflußt, so wird diese vor und nach Gabe von M gemessen. Übt M keinen Einfluß aus, sind die Differenzen der Messungen bei den einzelnen Personen symmetrisch bezüglich Null verteilt.
3. Für die Prüfung gepaarter Beobachtungen auf Unabhängigkeit beschreibt Glasser (1962) einen einfachen nichtparametrischen Test. Zwei durchgerechnete Beispiele sowie eine Tafel mit kritischen Schranken erleichtern die Anwendung des Verfahrens.

424   Der Vorzeichentest von Dixon und Mood
Der Name des Tests rührt daher, daß nur die Vorzeichen von Differenzen zwischen Beobachtungswerten gewertet werden. Vorausgesetzt wird die Stetigkeit der Zufallsvariablen. Der Test dient in erster Linie als Schnelltest zur Prüfung des Unterschiedes der zentralen Tendenz zweier verbundener Stichproben (Dixon und Mood 1946). *Die einzelnen Paare brauchen –* im Unterschied zum t-Test und zum Wilcoxon-Test – *nicht einer gemeinsamen Grundgesamtheit zu entstammen*; sie können beispielsweise hinsichtlich Alter, Geschlecht usw. verschiedenen Grundgesamtheiten angehören. Wesentlich ist, daß die Ergebnisse der einzelnen Paare unabhängig voneinander sind. Die Nullhypothese des Vorzeichentests lautet: Die Differenzen gepaarter Beobachtungen unterscheiden sich im Durchschnitt nicht von Null; man erwartet, daß etwa die Hälfte der Differenzen kleiner als Null ist, also ein negatives Vorzeichen aufweist und die andere Hälfte größer als Null ist, also ein positives Vorzeichen aufweist. Der Vorzeichentest prüft damit die Nullhypothese, daß die Verteilung der Differenzen den Median Null hat. Schranken oder Vertrauensgrenzen für den Median findet man in Tabelle 69. Die Nullhypothese wird abgelehnt, wenn zu wenige oder zu viele Differenzen eines Vorzeichens vorhanden sind, wenn die Schranken der Tabelle 69 unter- oder überschritten werden. Treten Null-Differenzen auf, so bleiben diese unberücksichtigt. Hierdurch vermindert sich der Stichprobenumfang entsprechend. Die Wahrscheinlichkeit für das Auftreten einer bestimmten Anzahl von Plus- oder Minuszeichen ergibt sich aus der binomischen Verteilung für $p = q = 1/2$. Die Tafel der Binomialwahrscheinlichkeiten auf S. 136 – letzte Spalte für $p = 0,5$ – zeigt, daß mindestens 6 Paare von Beobachtungen vorliegen müssen, wenn bei zweiseitiger Fragestellung ein Ergebnis auf dem 5%-Niveau gesichert sein soll: $n = 6$, $x = 0$ oder 6; der tabellierte P-Wert ist für den zweiseitigen Test zu verdoppeln: $P = 2 \cdot 0,0156 = 0,0312 < 0,05$. Auf ähnliche Weise sind auch die anderen Schranken der auf Seite 248 wiedergegebenen Tabelle 69 ermittelt worden. Die Wirksam-

keit des Vorzeichentests sinkt mit zunehmendem Stichprobenumfang von 95% bei $n=6$ auf 64% bei $n\rightarrow$Unendlich. Auf S. 283 werden wir uns diesem Test noch einmal zuwenden. Eine umfangreiche Tafel für den Vorzeichentest $(n=1(1)1000)$ gibt MacKinnon (1964).

Tabelle 69.   Schranken für den Vorzeichentest (aus B. L. Van der Waerden: Mathematische Statistik, Springer, Berlin 1957, S. 345, Tafel 9)

Zweiseitig	5%		2%		1%		Zweiseitig	5%		2%		1%	
n = 5	0	5	0	5	0	5	n = 53	19	34	18	35	17	36
6	1	5	0	6	0	6	54	20	34	19	35	18	36
7	1	6	1	6	0	7	55	20	35	19	36	18	37
8	1	7	1	7	1	7	56	21	35	19	37	18	38
9	2	7	1	8	1	8	57	21	36	20	37	19	38
10	2	8	1	9	1	9	58	22	36	20	38	19	39
11	2	9	2	9	1	10	59	22	37	21	38	20	39
12	3	9	2	10	2	10	60	22	38	21	39	20	40
13	3	10	2	11	2	11	61	23	38	21	40	21	40
14	3	11	3	11	2	12	62	23	39	22	40	21	41
15	4	11	3	12	3	12	63	24	39	22	41	21	42
16	4	12	3	13	3	13	64	24	40	23	41	22	42
17	5	12	4	13	3	14	65	25	40	23	42	22	43
18	5	13	4	14	4	14	66	25	41	24	42	23	43
19	5	14	5	14	4	15	67	26	41	24	43	23	44
20	6	14	5	15	4	16	68	26	42	24	44	23	45
21	6	15	5	16	5	16	69	26	43	25	44	24	45
22	6	16	6	16	5	17	70	27	43	25	45	24	46
23	7	16	6	17	5	18	71	27	44	26	45	25	46
24	7	17	6	18	6	18	72	28	44	26	46	25	47
25	8	17	7	18	6	19	73	28	45	27	46	26	47
26	8	18	7	19	7	19	74	29	45	27	47	26	48
27	8	19	8	19	7	20	75	29	46	27	48	26	49
28	9	19	8	20	7	21	76	29	47	28	48	27	49
29	9	20	8	21	8	21	77	30	47	28	49	27	50
30	10	20	9	21	8	22	78	30	48	29	49	28	50
31	10	21	9	22	8	23	79	31	48	29	50	28	51
32	10	22	9	23	9	23	80	31	49	30	50	29	51
33	11	22	10	23	9	24	81	32	49	30	51	29	52
34	11	23	10	24	10	24	82	32	50	31	51	29	53
35	12	23	11	24	10	25	83	33	50	31	52	30	53
36	12	24	11	25	10	26	84	33	51	31	53	30	54
37	13	24	11	26	11	26	85	33	52	32	53	31	54
38	13	25	12	26	11	27	86	34	52	32	54	31	55
39	13	26	12	27	12	27	87	34	53	33	54	32	55
40	14	26	13	27	12	28	88	35	53	33	55	32	56
41	14	27	13	28	12	29	89	35	54	34	55	32	57
42	15	27	14	28	13	29	90	36	54	34	56	33	57
43	15	28	14	29	13	30	91	36	55	34	57	33	58
44	16	28	14	30	14	30	92	37	55	35	57	34	58
45	16	29	15	30	14	31	93	37	56	35	58	34	59
46	16	30	15	31	14	32	94	38	56	36	58	35	59
47	17	30	16	31	15	32	95	38	57	36	59	35	60
48	17	31	16	32	15	33	96	38	58	37	59	35	61
49	18	31	16	33	16	33	97	39	58	37	60	36	61
50	18	32	17	33	16	34	98	39	59	38	60	36	62
51	19	32	17	34	16	35	99	40	59	38	61	37	62
52	19	33	18	34	17	35	100	40	60	38	62	37	63
Einseitig	2,5%		1%		0,5%		Einseitig	2,5%		1%		0,5%	

Außerhalb der Schranken ist der Effekt gesichert.
Diese Tabelle wird durch Tabelle 69a auf S. 249 ergänzt.

Tabelle 69a

Linke Schranken für die zweiseitige Fragestellung																				
n	5%	1%	n	5%	1%	n	5%	1%	n	5%	1%	n	5%	1%	n	5%	1%			
101	41	38	121	50	46	141	59	55	161	68	64	181	77	73	210	91	86			
102	41	38	122	50	47	142	59	56	162	69	65	182	78	74	220	95	91			
103	42	38	123	51	47	143	60	56	163	69	65	183	78	74	230	100	96			
104	42	39	124	51	48	144	60	57	164	69	66	184	79	75	240	105	100			
105	42	39	125	52	48	145	61	57	165	70	66	185	79	75	250	110	105			
106	43	40	126	52	49	146	61	57	166	70	66	186	80	75	260	114	109			
107	43	40	127	52	49	147	62	58	167	71	67	187	80	76	270	119	114			
108	44	41	128	53	49	148	62	58	168	71	67	188	81	76	280	124	118			
109	44	41	129	53	50	149	63	59	169	72	68	189	81	77	290	128	123			
110	45	42	130	54	50	150	63	59	170	72	68	190	82	77	300	133	128			
111	45	42	131	54	51	151	63	60	171	73	69	191	82	78	350	157	151			
112	46	42	132	55	51	152	64	60	172	73	69	192	82	78	400	180	174			
113	46	43	133	55	52	153	64	61	173	74	70	193	83	79	450	204	198			
114	47	43	134	56	52	154	65	61	174	74	70	194	83	79	500	228	221			
115	47	44	135	56	53	155	65	62	175	75	71	195	84	80	550	252	245			
116	47	44	136	57	53	156	66	62	176	75	71	196	84	80	600	276	268			
117	48	45	137	57	53	157	66	62	177	75	71	197	85	80	700	324	316			
118	48	45	138	58	54	158	67	63	178	76	72	198	85	81	800	372	364			
119	49	46	139	58	54	159	67	63	179	76	72	199	86	81	900	421	411			
120	49	46	140	58	55	160	68	64	180	77	73	200	86	82	1000	469	459			

Der rechte Schrankenwert (RS) von Tabelle 69a wird aus n und dem linken Schrankenwert (LS) nach $n-LS+1$ berechnet.

Vertrauensbereich (VB) für den Median ($\tilde{\mu}$). 95%-VB und 99%-VB für $\tilde{\mu}$ (vgl. S. 201) erhält man für

$n \leqq 100$ anhand von Tab. 69, oben, Spalten 5% und 1% nach:
$LS \leqq \tilde{\mu} \leqq 1 + RS$;
z. B. $n = 60$,   95%-VB: 22. Wert $\leqq \tilde{\mu} \leqq$ 39. Wert.

$n > 100$ anhand von Tab. 69a, 5%- und 1%-Spalten nach:
$LS \leqq \tilde{\mu} \leqq n - LS + 1$;
z. B. $n = 300$,   95%-VB: 133. Wert $\leqq \tilde{\mu} \leqq$ 168. Wert.

Beispiel

Angenommen, wir beobachten bei zweiseitiger Fragestellung auf dem 5%-Niveau 15 Paare, erhalten zwei Nulldifferenzen und 13 Differenzen, von denen 11 das Plus- und 2 das Minuszeichen aufweisen. Aus Tabelle 69 ergeben sich für $n = 13$ die Schranken 3 und 10. Unsere Werte liegen außerhalb der Grenzen; d. h. $H_0 : \tilde{\mu}_d = 0$ wird auf dem 5%-Niveau abgelehnt; beide Stichproben entstammen unterschiedlichen Grundgesamtheiten ($\tilde{\mu}_d \neq 0$; $P = 0{,}05$).

Nicht zu kleine Stichproben ($n \gtreqless 30$) von Differenzen testet man, wenn Tabelle 69/69a nicht zur Hand ist oder nicht ausreicht, anhand der Standardnormalverteilung nach

$$\hat{z} = \frac{|2x - n| - 1}{\sqrt{n}} \tag{4.11}$$

wobei x die beobachtete Häufigkeit des selteneren Vorzeichens bezeichnet und n die um die Nulldifferenzen verminderte Anzahl der Paare darstellt.

Eine von Duckworth und Wyatt (1958) vorgeschlagene Modifikation ist als Schnellschätzung brauchbar. Prüfgröße $\hat{T}$ ist die absolut genommene Differenz der Vorzeichen (d. h. |Anzahl der Pluszeichen minus Anzahl der Minuszeichen|). Das 5%-Niveau dieser

Differenz ist gegeben durch $2\sqrt{n}$, das 10%-Niveau durch $1{,}6 \cdot \sqrt{n}$ mit n als Gesamtzahl der Vorzeichen gebenden Differenzen. Wenn $\hat{T} > 2 \cdot \sqrt{n}$ oder wenn $\hat{T} > 1{,}6 \cdot \sqrt{n}$, dann ist bei zweiseitiger Fragestellung der Unterschied als bedeutsam anzusehen. Das soeben gegebene Beispiel führt mit $\hat{T} = 11 - 2 = 9$ und $2 \cdot \sqrt{n} = 2 \cdot \sqrt{13} = 7{,}21$ und damit $9 > 7{,}21$ auch zum selben Resultat.

Weitere Anwendungen des Vorzeichentests zur Schnellorientierung

1. Vergleich zweier unabhängiger Stichproben

Will man zwei unabhängige Stichproben auf Unterschiede der zentralen Tendenz vergleichen, dann kann auf die Berechnung der Mittelwerte verzichtet werden. Man paart die Stichprobenwerte in zufälliger Reihenfolge, ermittelt die Vorzeichen der Differenzen und testet in üblicher Weise.

2. Prüfung der Zugehörigkeit zu einer Grundgesamtheit

Beispiel 1

Können die folgenden Zahlen 13, 12, 11, 9, 12, 8, 13, 12, 11, 11, 12, 10, 13, 11, 10, 14, 10, 10, 9, 11, 11 einer Grundgesamtheit mit dem arithmetischen Mittelwert $\mu_0 = 10$ entstammen (H_0: $\mu = \mu_0$; H_A: $\mu \neq \mu_0$; $\alpha = 0{,}05$)? Wir zählen die Zahlen, die kleiner als 10 sind und diejenigen, die größer als 10 sind, bilden die Differenz und testen sie:

$$\hat{T} = 14 - 3 = 11 > 2 \cdot \sqrt{17} = 8{,}2.$$

Es ist daher nicht anzunehmen, daß obige Stichprobe einer Grundgesamtheit mit $\mu_0 = 10$ entstammt (H_0 wird abgelehnt, H_A wird akzeptiert; $P = 0{,}05$) (vgl. auch den auf S. 258 genannten Einstichprobentest).
Entsprechend wird auch $\tilde{\mu} \neq \tilde{\mu}_0$ geprüft (vgl. auch den auf S. 236 genannten Einstichprobentest).

Beispiel 2

Entstammen die in der angegebenen Reihenfolge erhaltenen Werte 24, 27, 26, 28, 31, 35, 33, 37, 36, 37, 34, 32, 32, 29, 28, 28, 31, 28, 26, 25 derselben Grundgesamtheit?
Zur Beantwortung dieser Frage empfiehlt Taylor (vgl. Duckworth und Wyatt 1958) eine andere Modifikation des Vorzeichentests zur Erfassung der Variabilität der zentralen Tendenz innerhalb einer Grundgesamtheit. Zunächst ermittelt man den Median der Stichprobe, dann wird ausgezählt, wie oft aufeinanderfolgende Zahlenpaare den Medianwert zwischen sich einschließen. Diesen Wert nennen wir x^*. Liegt ein Trend vor, d. h. ändert sich der Mittelwert der Grundgesamtheit, dann ist x^* klein im Verhältnis zum Stichprobenumfang n. Die Nullhypothese, das Vorliegen einer Zufallsstichprobe aus einer Grundgesamtheit ist dann auf dem 5%-Niveau abzulehnen, wenn

$$\boxed{|n - 2x^* - 1| \geqq 2\sqrt{n-1}.} \tag{4.12}$$

Der Median der Stichprobe mit dem Umfang $n = 20$ ist $\tilde{x} = 29\frac{1}{2}$. An den unterstrichenen Zahlenpaaren $x^* = 4$ ändert sich der Trend. Wir erhalten $n - 2x^* - 1 = 20 - 8 - 1 = 11$ und $2\sqrt{n-1} = 2\sqrt{20-1} = 8{,}7$. Da $11 > 8{,}7$, ist anzunehmen, daß die Beobachtungen zwei unterschiedlichen Grundgesamtheiten entstammen ($P = 0{,}05$).

▶ 43   Die Prüfung von Verteilungen mit dem χ^2-Anpassungstest

Gegeben sei eine Stichprobe aus einer Grundgesamtheit mit unbekannter Verteilungsfunktion $F(x)$ und eine ganz bestimmte theoretische Verteilungsfunktion $F_0(x)$. Ein Anpassungstest prüft die Alternativhypothese $F(x) \neq F_0(x)$ gegen die Nullhypothese (H_0): $F(x) = F_0(x)$. Wird H_0 nicht abgelehnt, so sind – allein aufgrund des Tests – Folgerungen derart: beim Zustandekommen der empirischen Verteilung sind die gleichen Ursachen wirksam, die der empirischen Verteilung zugrunde liegen, nur unter Vorbehalt zu ziehen.

Die Prüfgröße (4.13), knapp als $\hat{\chi}^2$ bezeichnet,

$$\sum_{i=1}^{k} \frac{(B_i - E_i)^2}{E_i} = \sum_{i=1}^{k} \frac{B_i^2}{E_i} - n \ \text{ bzw. } \ \sum_{i=1}^{k} \frac{(n_i - np_i)^2}{np_i} = \frac{1}{n}\sum_{i=1}^{k} \frac{n_i^2}{p_i} - n \quad (4.13)$$

ist unter H_0 asymptotisch (für $n \to \infty$) χ^2-verteilt mit v Freiheitsgraden; H_0 wird abgelehnt, sobald für nicht zu kleines n (vgl. weiter unten) die Prüfgröße (4.13) d.h. $\hat{\chi}^2 > \chi^2_{v;\alpha}$ (S. 113):

$k =$ Klassenzahl der Stichprobe des Umfangs n;

$B_i = n_i =$ Beobachtete Häufigkeit (Besetzungszahl) der Klasse i, d.h. $n = \sum\limits_{i=1}^{k} n_i$;

$E_i = np_i =$ (unter H_0) Erwartete (angepaßte) Häufigkeit; für eine diskrete Verteilung und für jedes i liege unter H_0 eine bestimmte gegebene oder hypothetische Wahrscheinlichkeit p_i vor $\left(\sum\limits_{i=1}^{k} p_i = 1 \right)$, dann lassen sich die n_i mit den erwarteten np_i vergleichen;

$v = k - 1$; werden anhand der Stichprobe (die p_i als $\hat{p}_i$ bzw.) insgesamt a unbekannte Parameter geschätzt, dann verringert sich v auf $v = k - 1 - a$; bei der Anpassung an eine Binomialverteilung oder an eine Poissonverteilung ist $a = 1$, bei der Anpassung an eine Normalverteilung ist $a = 2$.

Bei *Anpassungstests* dieser Art sollten die Stichproben als Ganzes nicht zu klein und die der Nullhypothese entsprechenden erwarteten Häufigkeiten nicht unter 4 liegen ($E \simeq 4$). Sind sie kleiner, so werden sie durch Zusammenlegen von 2, 3, ... benachbarten Klassen auf das geforderte Niveau erhöht. Dies ist aber nur dann nötig, wenn die Anzahl der Klassen klein ist. Für den Fall $v \gtrsim 8$ und einem nicht zu kleinen Stichprobenumfang $n \gtrsim 40$ dürfen die absoluten Erwartungshäufigkeiten in vereinzelten Klassen bis auf 1 absinken. Bei großem n und $\alpha = 0,05$ wähle man 16 Klassen.

Bei der Berechnung von $\hat{\chi}^2$ sind die *Vorzeichen der Differenzen* $B - E$ zu beachten: $+$ und $-$ sollten miteinander abwechseln und keine systematischen Zyklen zeigen. Wir werden hierauf auf S. 255/256 noch einmal zurückkommen.

Tabelle 70.   Spaltungsversuch (vgl. S. 252 oben).

B	E	B - E	$(B - E)^2$	$\dfrac{(B - E)^2}{E}$
14	20	-6	36	1,80
50	40	10	100	2,50
16	20	-4	16	0,80
80	80	$\hat{\chi}^2 = \sum \dfrac{(B - E)^2}{E} =$		5,10

Ein χ^2-Anpassungstest, der die Anpassung einer Stichprobe an eine Bezugsstichprobe untersucht, ist Sachs (1972) zu entnehmen.

▶ 431   Vergleich von beobachteten Häufigkeiten mit Spaltungsziffern

S. 251
Bei einem als Vorversuch geplanten Spaltungsversuch werden 3 Phänotypen im Verhältnis 1:2:1 erwartet; gefunden werden die Häufigkeiten 14:50:16. Entspricht das gefundene Verhältnis der 1:2:1-Spaltung? Auf die Festsetzung einer bestimmten statistischen Sicherheit wird verzichtet, da der Versuch uns erste Aufschlüsse geben soll.
S. 112
Tabelle 28 liefert für $k-1=3-1=2$ *FG* und $\chi^2=5,10$ $0,05<P<0,10$. Die Nullhypothese wird beibehalten (vgl. Tab. 70).

▶ 432   Vergleich einer empirischen Verteilung mit der Gleichverteilung

Zur Prüfung eines Würfels werden 60 Würfe durchgeführt. Die beobachteten Häufigkeiten für die 6 Augenzahlen sind:

Augenzahl	1	2	3	4	5	6
Häufigkeit	7	16	8	17	3	9

Die Nullhypothese – es liegt ein „guter" Würfel vor – sagt für jede Augenzahl eine theoretische Häufigkeit von 10 voraus, eine sogenannte Gleichverteilung oder Rechteckverteilung. Wir testen auf dem 5%-Niveau und erhalten nach (4.13)

$$\hat{\chi}^2=\frac{(7-10)^2+(16-10)^2+(8-10)^2+(17-10)^2+(3-10)^2+(9-10)^2}{10}$$

$\hat{\chi}^2=14,8$, ein Wert, der größer ist als der für $k-1=6-1=5$ Freiheitsgrade auf dem 5%-Niveau tabellierte (S. 113) χ^2-Wert (11,07); die Nullhypothese wird abgelehnt.

▶ 433   Vergleich einer empirischen Verteilung mit der Normalverteilung

Erfahrungsgemäß haben Häufigkeitsverteilungen aus naturwissenschaftlichen Daten, Meßreihen oder Häufigkeiten selten eine große Ähnlichkeit mit Normalverteilungen. Das folgende Verfahren hat daher für den Praktiker eine besondere Bedeutung, wenn man vom Wahrscheinlichkeitsnetz absieht, auf das hier noch einmal ausdrücklich hingewiesen wird. Wir geben ein einfaches Zahlenbeispiel. Spalte 1 der Tabelle 71 gibt die Klassenmitten x, die Klassenbreite b beträgt $b=1$. Die beobachteten Häufigkeiten sind in Spalte 2 notiert. Die 3., 4. und 5. Spalte dienen zur Berechnung von $\bar{x}$ und s. In den Spalten 6, 7 und 8 wird der Weg über die Standardnormalvariable z zur Ordinate von z
S. 66
(Tabelle 20) gezeigt. Die Multiplikation mit der Konstanten K in Spalte 9 dient zur Anpassung der Gesamtzahl der Erwartungshäufigkeiten. Die schwach besetzten Endklassen müssen, da ihre $E<4$ sind, mit den benachbarten Klassen zusammengefaßt werden. Hierdurch verringert sich die Anzahl der Klassen auf $k=4$. Geschätzt wurden $a=2$ Parameter ($\bar{x}$ und s), so daß insgesamt nur $v=k-1-a=4-1-2=4-3=1$ Freiheitsgrad zur Verfügung steht. Mit $\hat{\chi}^2=2,27<2,71=\chi^2_{1;0,10}$ ist gegen die Normalitäts-
S. 112
hypothese nichts einzuwenden. Dies zu unserem einfachen Zahlenbeispiel. Im praktischen Fall einer Prüfung auf Nichtnormalität sollte gelten:

1) $n\gtrless100$,   2) $k\gtrless10$,   3) $\alpha=0,05$ bzw. 0,10.

Ein ähnliches Verfahren beschreiben Croxton und Cowden (1955, S. 616/19) für den Vergleich einer empirischen Verteilung mit einer *logarithmischen Normalverteilung*.

Tabelle 71

1	2	3	4	5	6	7	8	9	10	11	12	13
x	B	x^2	Bx	Bx^2	$x - \bar{x}$	$\dfrac{x - \bar{x}}{s} = z$	Ordinate von $z = f(z)$	$f(z)\cdot K$	E	$B - E$	$(B - E)^2$	$(B - E)^2/E$
1	1	1	1	1	-2,6	2,31	0,0277	0,983	} 6,15	-1,15	1,322	0,215
2	4	4	8	16	-1,6	1,42	0,1456	5,168				
3	16	9	48	144	-0,6	0,53	0,3467	12,305	12,30	3,70	13,690	1,113
4	10	16	40	160	0,4	0,35	0,3752	13,317	13,32	-3,32	11,022	0,827
5	7	25	35	175	1,4	1,24	0,1849	6,562	} 8,03	0,97	0,941	0,117
6	2	36	12	72	2,4	2,13	0,0413	1,466				
	40		144	568					39,80	+0,2	$\hat{\chi}^2 =$	2,272
									≈40	≈0	$\nu = 4 - 3 = 1$	

$$\bar{x} = \frac{\sum Bx}{n} = \frac{144}{40} = 3,60 \qquad K = \frac{nb}{s} = \frac{40\cdot 1}{1,127} = 35,49$$

$$s = \sqrt{\frac{\sum Bx^2 - (\sum Bx)^2/n}{n - 1}} = \sqrt{\frac{568 - 144^2/40}{39}} = 1,127 \qquad \hat{\chi}^2 = 2,27 < 2,71 = \chi^2_{0,10}$$

Für die grobe Prüfung, ob eine empirisch gewonnene Verteilung durch eine Normalverteilung (angenähert) dargestellt werden kann, gibt es die folgenden Sigma-Regeln. Ersetzen wir σ durch den Schätzwert s, dann lauten sie: (1) Praktisch alle Abweichungen vom Mittelwert (genauer 99,7%) sollten kleiner als $3s$ sein. (2) Rund $^2/_3$ aller Abweichungen (genauer 68,3%) sollten kleiner als s sein. (3) Die Hälfte (genau 50,0%) aller Abweichungen vom Mittelwert sollte kleiner als $0,675\cdot s$ sein. Bei einer Normalverteilung sind übrigens linkes und rechtes Quartil 0,67449 vom Mittelwert entfernt.
Man untersuche das im ersten Kapitel gegebene Beispiel nach diesen Regeln sowie nach der Approximation auf S. 199 unten.

Auch über die *Schiefe* und den *Exzeß* läßt sich prüfen, ob eine Verteilung noch als normalverteilt angesehen werden kann. Da die Standardabweichungen der Schiefe und der Wölbung bei mittleren Stichprobenumfängen schon so groß sind, daß nur massive Abweichungen von der Normalität erfaßt werden, ist es häufig nur bei großen Stichprobenumfängen möglich, das Vorliegen einer Nicht-Normalverteilung nachzuweisen. Das gilt ganz besonders hinsichtlich der Wölbung, die überhaupt einen verhältnismäßig geringen Einfluß auf die Nicht-Normalität einer Verteilung ausübt. Wesentlich *wirksamer ist der Einfluß der Schiefe*.

Kritische Schranken für die Momentenkoeffizienten der Schiefe $\sqrt{b_1}\,(=a_3)$ und der Wölbung $b_2\,(=a_4+3)$ geben Gebhardt (1966) sowie Pearson und Hartley (1966, 1970, S. 207/208; vgl. auch Pearson 1965). Für sehr großes n ist auch eine approximative Prüfung auf Nichtnormalität möglich; für beide gemeinsam ($n \gtrless 1000$):

$$\boxed{\hat{\chi}^2 \simeq \frac{(a_3)^2}{6/n} + \frac{(a_4)^2}{24/n}} \qquad FG = 2 \qquad\qquad (4.14) \;\; \text{(S. 112)}$$

bzw. einzeln (für a_3: $n \gtrless 120$; für a_4: $n \gtrless 1000$):

$$\boxed{\hat{z} \simeq \frac{a_3}{\sqrt{6/n}}, \qquad \hat{z} \simeq \frac{a_4}{2\cdot\sqrt{6/n}}} \qquad\qquad (4.15) \;\; \text{(S. 172)}$$

Für großes n und beim Vorliegen einer Normalverteilung ist (Schiefe III)$/\sqrt{1,839/n}$ angenähert standardnormalverteilt.
Soll eine Entscheidung über Anwendung oder Nicht-Anwendung parametrischer Verfahren gefällt werden, so ist das 10%-Niveau zu bevorzugen.
Ein Verfahren zur *schnellen Prüfung einer Stichprobe auf Nicht-Normalität* stammt

von David u. Mitarb. (1954). Diese Autoren haben die Verteilung des Quotienten

$$\frac{\text{Spannweite}}{\text{Standardabweichung}} = \frac{R}{s}$$ (4.16)

in Stichproben des Umfangs n aus einer normalverteilten Grundgesamtheit mit Standardabweichung σ untersucht. Sie geben eine Tafel der kritischen Schranken dieses Quotienten. Werden die für die üblichen Irrtumswahrscheinlichkeiten tabellierten Grenzwerte erreicht oder nach außen hin überschritten, dann ist mit der vorgegebenen statistischen Sicherheit die Normalitätshypothese abzulehnen. Umfangreiche Tafeln für

Tabelle 72.   Kritische Grenzen des Quotienten R/s. Ist in einer Stichprobe der Quotient aus Spannweite und Standardabweichung R/s kleiner als die untere Schranke oder größer als die obere Schranke, so ist mit der betreffenden Irrtumswahrscheinlichkeit zu schließen, daß keine Normalverteilung vorliegt. Wird der obere kritische Schrankenwert überschritten, so liegen gewöhnlich Ausreißer vor. Besonders wichtig sind die 10%-Schranken. (Aus E.S. Pearson and M.A. Stephens: The ratio of range to standard deviation in the same normal sample. Biometrika **51** (1964) 484–487, p. 486, table 3)

Stichprobenumfang	Untere Schranken						Obere Schranken					
	Irrtumswahrscheinlichkeit α											
n	0,000	0,005	0,01	0,025	0,05	0,10	0,10	0,05	0,025	0,01	0,005	0,000
3	1,732	1,735	1,737	1,745	1,758	1,782	1,997	1,999	2,000	2,000	2,000	2,000
4	1,732	1,83	1,87	1,93	1,98	2,04	2,409	2,429	2,439	2,445	2,447	2,449
5	1,826	1,98	2,02	2,09	2,15	2,22	2,712	2,753	2,782	2,803	2,813	2,828
6	1,826	2,11	2,15	2,22	2,28	2,37	2,949	3,012	3,056	3,095	3,115	3,162
7	1,871	2,22	2,26	2,33	2,40	2,49	3,143	3,222	3,282	3,338	3,369	3,464
8	1,871	2,31	2,35	2,43	2,50	2,59	3,308	3,399	3,471	3,543	3,585	3,742
9	1,897	2,39	2,44	2,51	2,59	2,68	3,449	3,552	3,634	3,720	3,772	4,000
10	1,897	2,46	2,51	2,59	2,67	2,76	3,57	3,685	3,777	3,875	3,935	4,243
11	1,915	2,53	2,58	2,66	2,74	2,84	3,68	3,80	3,903	4,012	4,079	4,472
12	1,915	2,59	2,64	2,72	2,80	2,90	3,78	3,91	4,02	4,134	4,208	4,690
13	1,927	2,64	2,70	2,78	2,86	2,96	3,87	4,00	4,12	4,244	4,325	4,899
14	1,927	2,70	2,75	2,83	2,92	3,02	3,95	4,09	4,21	4,34	4,431	5,099
15	1,936	2,74	2,80	2,88	2,97	3,07	4,02	4,17	4,29	4,44	4,53	5,292
16	1,936	2,79	2,84	2,93	3,01	3,12	4,09	4,24	4,37	4,52	4,62	5,477
17	1,944	2,83	2,88	2,97	3,06	3,17	4,15	4,31	4,44	4,60	4,70	5,657
18	1,944	2,87	2,92	3,01	3,10	3,21	4,21	4,37	4,51	4,67	4,78	5,831
19	1,949	2,90	2,96	3,05	3,14	3,25	4,27	4,43	4,57	4,74	4,85	6,000
20	1,949	2,94	2,99	3,09	3,18	3,29	4,32	4,49	4,63	4,80	4,91	6,164
25	1,961	3,09	3,15	3,24	3,34	3,45	4,53	4,71	4,87	5,06	5,19	6,93
30	1,966	3,21	3,27	3,37	3,47	3,59	4,70	4,89	5,06	5,26	5,40	7,62
35	1,972	3,32	3,38	3,48	3,58	3,70	4,84	5,04	5,21	5,42	5,57	8,25
40	1,975	3,41	3,47	3,57	3,67	3,79	4,96	5,16	5,34	5,56	5,71	8,83
45	1,978	3,49	3,55	3,66	3,75	3,88	5,06	5,26	5,45	5,67	5,83	9,38
50	1,980	3,56	3,62	3,73	3,83	3,95	5,14	5,35	5,54	5,77	5,93	9,90
55	1,982	3,62	3,69	3,80	3,90	4,02	5,22	5,43	5,63	5,86	6,02	10,39
60	1,983	3,68	3,75	3,86	3,96	4,08	5,29	5,51	5,70	5,94	6,10	10,86
65	1,985	3,74	3,80	3,91	4,01	4,14	5,35	5,57	5,77	6,01	6,17	11,31
70	1,986	3,79	3,85	3,96	4,06	4,19	5,41	5,63	5,83	6,07	6,24	11,75
75	1,987	3,83	3,90	4,01	4,11	4,24	5,46	5,68	5,88	6,13	6,30	12,17
80	1,987	3,88	3,94	4,05	4,16	4,28	5,51	5,73	5,93	6,18	6,35	12,57
85	1,988	3,92	3,99	4,09	4,20	4,33	5,56	5,78	5,98	6,23	6,40	12,96
90	1,989	3,96	4,02	4,13	4,24	4,36	5,60	5,82	6,03	6,27	6,45	13,34
95	1,990	3,99	4,06	4,17	4,27	4,40	5,64	5,86	6,07	6,32	6,49	13,71
100	1,990	4,03	4,10	4,21	4,31	4,44	5,68	5,90	6,11	6,36	6,53	14,07
150	1,993	4,32	4,38	4,48	4,59	4,72	5,96	6,18	6,39	6,64	6,82	17,26
200	1,995	4,53	4,59	4,68	4,78	4,90	6,15	6,39	6,60	6,84	7,01	19,95
500	1,998	5,06	5,13	5,25	5,37	5,49	6,72	6,94	7,15	7,42	7,60	31,59
1000	1,999	5,50	5,57	5,68	5,79	5,92	7,11	7,33	7,54	7,80	7,99	44,70

dieses auch als Homogenitätstest auffaßbare Verfahren haben Pearson und Stephens (1964) vorgestellt.

Wenden wir dieses Verfahren auf ein Beispiel an: $n = 40$; $R = 5$; $s = 1,127$; so erhalten wir als Testquotienten $R/s = 5/1,127 = 4,44$.

Für $n = 40$ entnehmen wir Tabelle 72 die folgenden Schranken (vgl. Tabelle 73):

α	Bereich	
0 %	1,98 - 8,83	Tabelle 73
1 %	3,47 - 5,56	
5 %	3,67 - 5,16	
10 %	3,79 - 4,96	

Unser Quotient liegt innerhalb dieser Bereiche. Streng genommen ist damit jedoch nur eine Aussage über die Spannweite der Stichprobenverteilung möglich, die in unserem Fall weitgehend der einer Normalverteilung entspricht.

Hervorgehoben sei, daß die unteren Schranken für eine Irrtumswahrscheinlichkeit von $\alpha = 0\%$ für $n \geqq 25$ oberhalb von 1,96 und unterhalb von 2,00 liegen (z.B. 1,990 für $n = 100$); die oberen 0%-Schranken lassen sich leicht als $\sqrt{2(n-1)}$ schätzen (z.B. 4 für $n = 9$); diese Schranken ($\alpha = 0,000$) gelten für beliebige Grundgesamtheiten (Thomson 1955).

Neben den auf S. 199 erwähnten Tests auf Nicht-Normalität von D'Agostino sei insbesondere der W-Test von Shapiro und Wilk (1965, 1968, vgl. auch Wilk u. Shapiro 1968) erwähnt; Methodik und Tabellen sind auch dem Bd. 2 der auf S. 439 zitierten Biometrika Tables (Pearson und Hartley 1972, S. 36/40 u. 218/221) zu entnehmen.

434   Vergleich einer empirischen Verteilung mit der Poisson-Verteilung

Wir nehmen das Pferdehufschlagbeispiel (S. 154), fassen die schwach besetzten drei Endklassen zusammen und erhalten die folgende Tabelle:

B	E	B - E	$(B - E)^2$	$(B - E)^2/E$	
109	108,7	0,3	0,09	0,001	Tabelle 74
65	66,3	-1,3	1,69	0,025	
22	20,2	1,8	3,24	0,160	
4	4,8	-0,8	0,64	0,133	
200	200,0	0	$\hat{\chi}^2 =$	0,319	

Es liegen $k = 4$ Klassen vor, geschätzt wurde $n = 1$ Parameter (λ aus $\hat{\lambda} = \bar{x}$). Damit stehen insgesamt $v = k - 1 - a = 4 - 1 - 1 = 2 FG$ zur Verfügung. Der ermittelte $\hat{\chi}^2$-Wert ist so niedrig ($\chi^2_{0,05}$ für $2 FG = 5,991$), daß die Übereinstimmung als gut zu bezeichnen ist.

Die letzten drei Vergleiche sind dadurch ausgezeichnet, daß eine größere Anzahl von Klassen auftreten kann. Hier läßt sich anhand des *Iterationstests* prüfen, ob die Vorzeichen der Differenzen $B - E$ durch nichtzufällige Einflüsse bedingt sein können. Es besteht natürlich ein Unterschied, ob dieses Vorzeichen häufig oder fast stets positiv bzw. negativ ist oder ob beide Vorzeichen etwa gleich häufig und zufallsgemäß verteilt auftreten. Bei gegebenen Differenzen $B - E$ wird die Anpassung umso besser sein, je regelmäßiger die Vorzeichen wechseln (vgl. auch den Test von David 1947).

Der Vergleich zweier unabhängiger empirischer Verteilungen wird in Kapitel 6 behanhandelt. Eine „*zu gute*" *Übereinstimmung* zwischen Beobachtung und Hypothese kann zu sehr kleinen Werten von $\hat{\chi}^2$ führen. Angenommen, $\hat{\chi}^2$ sei beispielsweise auf dem linksseitigen 5%-Niveau (bzw. auf dem rechtsseitigen 95%-Niveau) signifikant, dann heißt das: Seltener als einmal in 20 Versuchen würden wir anhand von Zufallsstichproben eine so gute oder eine noch bessere Übereinstimmung beobachten. Wir könnten dann weiter schließen, daß die Übereinstimmung zu gut sei, um allein durch den Zufall bedingt zu sein. Der nächste Schritt wäre dann eine nähere Untersuchung der bei der Datengewinnung benutzten Prinzipien.

44   Der Kolmogoroff-Smirnoff-Test für die Güte der Anpassung

Der Test von Kolmogoroff (1941) und Smirnoff (1948) (vgl. Abschnitt 393) prüft die Anpassung einer beobachteten an eine theoretisch erwartete Verteilung (vgl. Massey 1951). Dieser Test ist verteilungsfrei; er entspricht dem χ^2-Anpassungstest. Besonders beim Vorliegen kleiner Stichprobenumfänge entdeckt der Kolmogoroff-Smirnoff-Test (*K-S*-Test) eher Abweichungen von der Normalverteilung. Verteilungsirregularitäten sind im allgemeinen besser mittels des χ^2-Tests nachzuweisen, Abweichungen in der Verteilungsform dagegen eher mit Hilfe des *K-S*-Tests. Streng genommen setzt dieser Test stetige Verteilungen voraus. Er ist jedoch auch bei diskreten Verteilungen anwendbar (vgl. z. B. Conover 1972). Geprüft wird die Alternativhypothese: Die Stichprobe entstammt nicht der bekannten Verteilung $F_0(x)$ gegen die Nullhypothese: Die Stichprobe entstammt der bekannten Verteilung $F_0(x)$.

Man bestimmt die unter der Nullhypothese erwarteten absoluten Häufigkeiten E, bildet die Summenhäufigkeiten dieser Werte F_E und der beobachteten absoluten Häufigkeiten (B), also F_B, bildet die Differenzen $F_B - F_E$ und dividiert die absolut größte Differenz durch den Stichprobenumfang n. Der Prüfquotient

$$\frac{\max|F_B - F_E|}{n} = \hat{D} \tag{4.17}$$

wird für Stichprobenumfänge $n > 35$ anhand der folgenden kritischen Werte beurteilt:

Tabelle 75

Schranken für D	Signifikanzniveau α
$1{,}073/\sqrt{n}$	0,20
$1{,}138/\sqrt{n}$	0,15
$1{,}224/\sqrt{n}$	0,10
$1{,}358/\sqrt{n}$	0,05
$1{,}628/\sqrt{n}$	0,01
$1{,}949/\sqrt{n}$	0,001

Kritische Schranken für kleinere Stichprobenumfänge sind den Tafeln von Massey (1951) und Birnbaum (1951) zu entnehmen. Miller (1956) gibt für $n = 1$ bis 100 und $\alpha = 0{,}20, 0{,}10, 0{,}05, 0{,}02$ und 0,01 exakte kritische Werte: Die besonders wichtigen 10%-

und 5%-Grenzen für kleine und mittlere Stichprobenumfänge haben wir gerundet notiert (Tabelle 76). Ein beobachteter $\hat{D}$-Wert, der den Tabellenwert erreicht oder überschreitet, ist auf dem entsprechenden Niveau signifikant. Für andere Werte α erhält man den Zähler der Schranke als $\sqrt{-0,5 \cdot \ln(\alpha/2)}$ (auf S. 228 $K_{(\alpha)}$ genannt) (z. B. $\alpha = 0,10$; $\ln(0,10/2) = \ln 0,05 = -2,996$ (Seite 114, Tabelle 29 bzw. Seite 16 unten), d. h. $\sqrt{(-0,5)(-2,996)} = 1,224$).

n	$D_{0,10}$	$D_{0,05}$	n	$D_{0,10}$	$D_{0,05}$
3	0,636	0,708	23	0,247	0,275
4	0,565	0,624	24	0,242	0,269
5	0,509	0,563	25	0,238	0,264
6	0,468	0,519	26	0,233	0,259
7	0,436	0,483	27	0,229	0,254
8	0,410	0,454	28	0,225	0,250
9	0,387	0,430	29	0,221	0,246
10	0,369	0,409	30	0,218	0,242
11	0,352	0,391	31	0,214	0,238
12	0,338	0,375	32	0,211	0,234
13	0,325	0,361	33	0,208	0,231
14	0,314	0,349	34	0,205	0,227
15	0,304	0,338	35	0,202	0,224
16	0,295	0,327	36	0,199	0,221
17	0,286	0,318	37	0,196	0,218
18	0,278	0,309	38	0,194	0,215
19	0,271	0,301	39	0,191	0,213
20	0,265	0,294	40	0,189	0,210
21	0,259	0,287	50	0,170	0,188
22	0,253	0,281	100	0,121	0,134

Tabelle 76. Kritische Werte D für den Kolmogoroff-Smirnoff-Anpassungstest (aus Miller, L. H.: Table of percentage points of Kolmogorov statistics. J. Amer. Statist. Assoc. **51** (1956) 111–121, p. 113–115, part of table 1)

Müssen für die Anpassung an eine Normalverteilung Mittelwert und Varianz aus den Stichprobenwerten geschätzt werden, dann sind die auf Tab. 75 basierenden Resultate sehr konservativ; exakte Schranken für diesen K-S-Test stellt Lilliefors (1967) vor. Für $n > 30$ gelten danach $0,805/\sqrt{n}$ ($\alpha = 0,10$) und $0,886/\sqrt{n}$ ($\alpha = 0,05$). Die Anpassung an eine Exponentialverteilung behandeln Finkelstein und Schafer (1971).

Beispiel 1

Wir verwenden das Beispiel des Abschnittes 433 (S. 253) und erhalten über

Tabelle 77

B	1	4	16	10	7	2
E	0,98	5,17	12,30	13,32	6,56	1,47
F_B	1	5	21	31	38	40
F_E	0,98	6,15	18,45	31,77	38,33	39,80
$|F_B - F_E|$	0,02	1,15	2,55	0,77	0,33	0,20

$2,55/40 = 0,063 < 0,127 = 0,805/\sqrt{40}$ ebenfalls das Resultat: Die Nullhypothese läßt sich auf dem 10%-Niveau nicht ablehnen.

Beispiel 2

Ein Würfel wird zur Kontrolle 120mal geworfen. Die Häufigkeiten für die 6 Augen sind: 18, 23, 15, 21, 25, 18. Entspricht das gefundene Verhältnis der Nullhypothese, nach der ein idealer Würfel vorliegt? Wir prüfen mit $\alpha = 0,01$ die aufsteigend geordneten Häufigkeiten: 15, 18, 18, 21, 23, 25.

Tabelle 78

F_E	20	40	60	80	100	120
F_B	15	33	51	72	95	120
$\lvert F_E - F_B \rvert$	5	7	9	8	5	0

Da $9/120 = 0{,}075 < 0{,}1486 = 1{,}628/\sqrt{120} = D_{120;0,01}$ ist, wird die Nullhypothese nicht abgelehnt.

Erwähnt sei, daß – streng genommen – der χ^2-Test einen unendlich großen Stichprobenumfang n voraussetzt, der K-S-Anpassungstest setzt unendlich viele Klassen k voraus. Beide Tests können jedoch auch beim Vorliegen kleiner Stichproben mit wenigen Klassen ($n \gtrsim 10$, $k \gtrsim 5$) eingesetzt werden wie unlängst Slakter (1965) gezeigt hat; in diesen Fällen ist der χ^2-Anpassungstest bzw. der entsprechende $2\hat{I}$-Test (vgl. Abschnitt 625) zu bevorzugen.

Alle drei Anpassungstests prüfen nur die Schärfe oder Enge der Anpassung (closeness of the fit). Das Wissen um die *„Zufälligkeit der Anpassung"* (randomness of the fit) geht verloren. Es besteht natürlich ein Unterschied, ob beispielsweise beim χ^2-Test die Differenzen $B - E$ fast durchweg einen positiven bzw. einen negativen Wert aufweisen, oder ob beide Vorzeichen etwa gleich häufig, d. h. *zufallsgemäß* auftreten. Je regelmäßiger die Vorzeichen wechseln, desto besser wird bei gegebenen Abweichungen $B - E$ die Anpassung sein! Eine einfache Möglichkeit, die Zufälligkeit einer Anpassung zu prüfen, bietet der Iterations-Test (vgl. S. 291).

Weitere wichtige Anpassungstests (vgl. auch Darling 1957) stammen von David (1950, vgl. auch Nicholson 1961 sowie den Ein- und den Zweistichproben-Leerfeldertest mit den Tafeln und Beispielen von Csorgo und Guttman 1962) und Quandt (1964, 1966) (vgl. auch Stephens 1970).

45   Die Häufigkeit von Ereignissen

▶ **451   Vertrauensgrenzen einer beobachteten Häufigkeit bei binomialverteilter Grundgesamtheit. Der Vergleich einer relativen Häufigkeit mit dem zugrunde liegenden Parameter**

Bedeutet x die Anzahl der Treffer unter n Beobachtungen der Stichprobe, dann ist $\hat{p} = x/n$ die relative Häufigkeit. Die prozentuale Häufigkeit der Treffer in der Stichprobe ist

$$\hat{p} = \frac{x}{n} \cdot 100 \qquad\qquad (4.18)$$

und für $25 \le n < 200$ ohne Kommastelle zu schreiben, erst ab etwa $n = 2000$ mit zwei Stellen nach dem Komma. Beispiel: $\hat{p} = 33/189 = 0{,}1746$ wird (streng genommen) als relative Häufigkeit $0{,}17$ bzw. als Prozentzahl 17% angegeben.

Konfidenzintervalle oder Vertrauensbereiche (vgl. S. 90, 195, 201, 215) der Binomialverteilung geben Crow (1956), Blyth und Hutchinson (1960), Documenta Geigy (1960, 1968, S. 85–98) und Pachares (1960). Zur Übersicht reicht oft Abb. 38 auf S. 264 oder die Tabelle auf der Rückseite der vorletzten Seite.

Exakte zweiseitige Grenzen, untere und obere Vertrauensgrenzen (π_u; π_0), für den Vertrauensbereich (VB) des Parameters π (vgl. (4.19))

$$VB: \quad \pi_u \le \pi \le \pi_0 \qquad\qquad (4.19)$$

lassen sich nach (4.20) berechnen.

$$\pi_0 = \frac{(x+1)F}{n-x+(x+1)F} \quad \text{mit} \quad F_{\{FG_1 = 2(x+1),\ FG_2 = 2(n-x)\}}$$

$$\pi_u = \frac{x}{x+(n-x+1)F} \quad \text{mit} \quad F_{\{FG_1 = 2(n-x+1),\ FG_2 = 2x\}}$$

(4.20)

Beispiel

Berechne den 95%-Vertrauensbereich (95%-*VB*) für π aufgrund von $\hat{p} = x/n = 7/20$
(*F*-Werte sind Tab. 30c auf S. 118 zu entnehmen). $\qquad\qquad = 0{,}35$

F-Werte: $2(7+1) = 16$; $2(20-7) = 26$; $F_{16;26;0,025} = 2{,}36$
$\qquad\qquad 2(20-7+1) = 28$; $2 \cdot 7 = 14$; $F_{28;14;0,025} = 2{,}75$

VB-Grenzen $\pi_0 = \dfrac{(7+1)2{,}36}{20-7+(7+1)2{,}36} = 0{,}592$

$$\pi_u = \frac{7}{7+(20-7+1)2{,}75} = 0{,}154$$

95%-*VB*: $0{,}154 \leq \pi \leq 0{,}592$ (bzw. $15{,}4\% \leq \pi \leq 59{,}2\%$).

Hinweise

1. Vorausgesetzt wird, daß $\hat{p} = x/n$ anhand einer Zufallsstichprobe geschätzt worden ist.
2. Nur für $\hat{p} = 0{,}5$ erhält man symmetrisch liegende Vertrauensgrenzen (vgl. obiges Beispiel: $0{,}592 - 0{,}350 = 0{,}242 > 0{,}196 = 0{,}350 - 0{,}154$).

Approximation durch die Normalverteilung

Eine gute Approximation für $0{,}3 \leq \pi \leq 0{,}7$ mit $n \geq 10$ und $0{,}05 \leq \pi \leq 0{,}95$ mit $n \geq 60$ ist, als 95%-Vertrauensbereich geschrieben, (4.21) [vgl. Tab. 43, S. 172 mit $z_{0,05} = 1{,}96$; $1{,}95 = (1{,}96^2 + 2)/3$ sowie $0{,}18 = (7 - 1{,}96^2)/18$] (Molenaar 1970).

$$\pi_0 = \left[x + 1{,}95 + 1{,}96\sqrt{(x+1-0{,}18)(n-x-0{,}18)/(n+11 \cdot 0{,}18-4)}\right]/(n+2 \cdot 1{,}95-1)$$

$$\mu_u = \left[x - 1 + 1{,}95 - 1{,}96\sqrt{(x-0{,}18)(n+1-x-0{,}18)/(n+11 \cdot 0{,}18-4)}\right]/(n+2 \cdot 1{,}95-1)$$

(4.21)

Beispiel

95%-*VB* für π aufgrund von $\hat{p} = x/n = 7/20$.

$$\pi_0 = \left[7 + 1{,}95 + 1{,}96\sqrt{(7+1-0{,}18)(20-7-0{,}18)/(20+11 \cdot 0{,}18-4)}\right]/(20+2 \cdot 1{,}95-1)$$

$$\pi_u = \left[7 - 1 + 1{,}95 - 1{,}96\sqrt{(7-0{,}18)(20+1-7-0{,}18)/(20+11 \cdot 0{,}18-4)}\right]/(20+2 \cdot 1{,}95-1)$$

95%-*VB*: $0{,}151 \leq \pi \leq 0{,}593$ (bzw. $15{,}1\% \leq \pi \leq 59{,}3\%$).

Für nicht zu kleine Stichprobenumfänge n und nicht zu extreme relative Häufigkeiten $\hat{p}$, d.h. für $n\hat{p} > 5$ und $n(1-\hat{p}) > 5$ kann zur groben Übersicht (4.22) benutzt werden [vgl. (4.22a)].

$$\pi_0 \approx \left(\hat{p} + \frac{1}{2n}\right) + z \cdot \sqrt{\frac{\hat{p}(1-\hat{p})}{n}}$$

$$\pi_u \approx \left(\hat{p} - \frac{1}{2n}\right) - z \cdot \sqrt{\frac{\hat{p}(1-\hat{p})}{n}}$$

(4.22)

Diese Approximation dient zur Groborientierung; sind die Bedingungen von Tab. 79 erfüllt, dann ist sie zwar schlechter als (4.21) aber noch gut.

(4.22a) ist der entsprechende 95%-VB (der Wert $z = 1,96$ entstammt Tab. 43, S. 172; für den 90%-VB wird 1,96 durch 1,645 ersetzt, für den 99%-VB durch 2,576).

$$95\%\,VB: \left(\hat{p} - \frac{1}{2n}\right) - 1,96 \cdot \sqrt{\frac{\hat{p}(1-\hat{p})}{n}} \lesseqgtr \pi \lesseqgtr \left(\hat{p} + \frac{1}{2n}\right) + 1,96 \cdot \sqrt{\frac{\hat{p}(1-\hat{p})}{n}}. \tag{4.22a}$$

Beispiele

1. 95%-VB für π aufgrund von $\hat{p} = x/n = 7/20 = 0,35$; (Prüfung: $20 \cdot 0,35 = 7 > 5$); $0,35 - 1/(2 \cdot 20) = 0,325$; $1,96\sqrt{(0,35 \cdot 0,65)/20} = 0,209$

95%-VB: $0,325 \pm 0,209$ bzw. $0,116 \lesseqgtr \pi \lesseqgtr 0,534$
(vergleiche die exakten Grenzen auf S. 259 oben).

2. 99%-VB für π aufgrund von $\hat{p} = x/n = 70/200 = 0,35$ oder 35% (Prüfung: Bedingungen von Tab. 79 erfüllt);

$0,35 - 1/(2 \cdot 200) = 0,3475$; $2,576\sqrt{(0,35 \cdot 0,65)/200} = 0,0869$

99%-VB: $0,3475 \pm 0,0869$ bzw. $0,261 \lesseqgtr \pi \lesseqgtr 0,434$ bzw. $26,1\% \leq \pi \leq 43,4\%$ (die exakten Grenzen sind 26,51% und 44,21%). Der entsprechende 95%-VB: $28,44\% \leq \pi \leq 42,06\%$ kann der Tabelle auf der Rückseite der vorletzten Seite entnommen werden.

Hinweise

1. Die Größe $\frac{1}{2n}$ wird als *Kontinuitätskorrektur* bezeichnet. Sie weitet den Vertrauensbereich! Die Ausgangswerte sind Häufigkeiten, also diskrete Variable; für den Vertrauensbereich benutzen wir die Standardnormalvariable, eine kontinuierliche Verteilung. Der Fehler, den wir durch den Übergang von der diskreten auf die Normalverteilung machen, wird durch die Kontinuitätskorrektur verringert.
2. Für *endliche Grundgesamtheiten* des Umfangs N kann man zur Groborientierung (4.23) benutzen; $\sqrt{(N-n)/(N-1)}$ ist die sogenannte *Endlichkeitskorrektur*, die für $N \to \infty$ den Wert 1 erreicht (vgl. $\sqrt{} = \sqrt{(1-n/N)/(1-1/N)} \to \sqrt{1} = 1$) und dann vernachlässigt werden darf (vgl. z.B. (4.22, 4.22a)). Das gilt auch für den Fall, wenn N gegenüber n ausreichend groß ist, d.h. wenn z.B. n kleiner als 5% von N ist. Die Approximation (4.23) darf nur angewandt werden, wenn die in Tabelle 79 angegebenen Voraussetzungen erfüllt sind.

Bei endlicher Grundgesamtheit (vgl. Hinweis 2)

$$\pi_o \approx \left(\hat{p} + \frac{1}{2n}\right) + z \cdot \sqrt{\left\{\frac{\hat{p}(1-\hat{p})}{n}\right\}\left\{\frac{N-n}{N-1}\right\}}$$

$$\pi_u \approx \left(\hat{p} - \frac{1}{2n}\right) - z \cdot \sqrt{\left\{\frac{\hat{p}(1-\hat{p})}{n}\right\}\left\{\frac{N-n}{N-1}\right\}} \qquad \text{d.h.} \tag{4.23}$$

$$\left(\hat{p} - \frac{1}{2n}\right) - z \cdot \sqrt{\left\{\frac{\hat{p}(1-\hat{p})}{n}\right\}\left\{\frac{N-n}{N-1}\right\}} \lesseqgtr \pi \lesseqgtr \left(\hat{p} + \frac{1}{2n}\right) + z \cdot \sqrt{\left\{\frac{\hat{p}(1-\hat{p})}{n}\right\}\left\{\frac{N-n}{N-1}\right\}} \tag{4.23}$$

Tabelle 79.   (aus W. G. Cochran, Sampling Techniques, 2nd edition, J. Wiley, New York, 1963, p. 57, table 3.3)

Für $\hat{p}$ gleich	und sowohl $n\hat{p}$ als auch $n(1-\hat{p})$ mindestens gleich	bei n gleich oder größer als
0,5	15	30
0,4 oder 0,6	20	50
0,3 oder 0,7	24	80
0,2 oder 0,8	40	200
0,1 oder 0,9	60	600
0,05 oder 0,95	70	1400
darf (4.23) angewandt werden		

Sonderfälle: $\hat{p}=0$ **bzw** $\hat{p}=1$ (mit 4 Beispielen)

Die einseitige obere Vertrauensgrenze (VG) für $\hat{p}=0$ (Nullergebnis, vgl. Tabelle auf S. 262) erhält man nach

$$\pi_0 = \frac{F}{n+F} \text{ mit } F_{(FG_1=2;FG_2=2n)} \tag{4.24}$$

Berechne die einseitige obere 95%-Vertrauensgrenze π_0 aufgrund von $\hat{p}=0$ für $n=60$.

$$F_{2;120;0,05} = 3,07 \text{ (Tab. 30 b, S. 117)}$$

$$95\%\text{-}VG:\ \pi_0 = \frac{3,07}{60+3,07} = 0,0487 \text{ [d.h. } \pi \leqq 0,05]$$

Die einseitige untere Vertrauensgrenze für $\hat{p}=1$ (Vollergebnis, vgl. die Tabelle auf S. 262) ist durch (4.25) gegeben.

$$\pi_u = \frac{n}{n+F} \text{ mit } F_{(FG_1=2;FG_2=2n)} \tag{4.25}$$

Berechne die einseitige untere 99%-Vertrauensgrenze π_u aufgrund von $\hat{p}=1$ für $n=60$.

$$F_{2;120;0,01} = 4,79 \text{ (Tab. 30 d, S. 120)}$$

$$99\%\text{-}VG:\ \pi_u = \frac{60}{60+4,79} = 0,9261 \text{ [d.h. } \pi \geqq 0,93]$$

Für die einseitigen 95%-Vertrauensgrenzen mit $n > 50$ und

$$\hat{p}=0 \text{ gilt näherungsweise } \pi_0 \approx \frac{3}{n}$$

$$\hat{p}=1 \text{ gilt näherungsweise } \pi_u \approx 1 - \frac{3}{n} \tag{4.26}$$

$\hat{p}=0,\ n=100;\ 95\%\text{-}VG:\ \pi_0 \approx 3/100 = 0,03$

$\hat{p}=1,\ n=100;\ 95\%\text{-}VG:\ \pi_u \approx 1-(3/100)=0,97$

Zum Vergleich: $F_{2;200;0,05}=3,04$ und damit nach (4.24, 4.25)

$\hat{p}=0;\ 95\%\text{-}VG:\ \pi_0 = 3,04/(100+3,04)=0,0295$

$\hat{p}=1;\ 95\%\text{-}VG:\ \pi_u = 100/(100+3,04)=0,9705$.

Wenn somit bei 100 Patienten, die mit einem bestimmten Medikament behandelt worden sind, keine unerwünschten Nebenerscheinungen auftreten, dann ist mit höchstens 3% unerwünschten Nebenerscheinungen zu rechnen ($\alpha = 0,05$).

Einseitige untere und obere 95%- und 99%-Vertrauensgrenzen ($\alpha = 0,05$; $\alpha = 0,01$) in % für ausgewählte Stichprobenumfänge n und Nullergebnis bzw. Vollergebnis

α	n	10	30	50	80	100	150	200	300	500	1000
5%	π_o	26	9,5	5,8	3,7	3,0	2,0	1,5	0,99	0,60	0,30
	π_u	74	90,5	94,2	96,3	97,0	98,0	98,5	99,01	99,40	99,70
1%	π_o	37	14	8,8	5,6	4,5	3,0	2,3	1,5	0,92	0,46
	π_u	63	86	91,2	94,4	95,5	97,0	97,7	98,5	99,08	99,54

Vergleich zweier relativer Häufigkeiten

Der Vergleich zweier relativer Häufigkeiten ist ein *Vergleich der Grundwahrscheinlichkeiten zweier Binomialverteilungen*. Hierfür sind exakte Methoden (vgl. Abschnitt 467) und gute Näherungsverfahren (vgl. Abschnitt 461) bekannt. Bei nicht zu kleinen Stichprobenumfängen (mit $n\hat{p}$ sowie $n(1-\hat{p}) > 5$) ist auch eine Approximation durch die Normalverteilung möglich:

(S. 53)

1. Vergleich einer relativen Häufigkeit $\hat{p}_1$ mit dem zugrundeliegenden Parameter π ohne (4.27) bzw. mit (4.27a) Endlichkeitskorrektur (vgl. die Beispiele auf S. 263 und 264).

$$\hat{z} = \frac{|\hat{p}_1 - \pi| - \frac{1}{2n}}{\sqrt{\frac{\pi(1-\pi)}{n}}} \qquad (4.27)$$

$$\hat{z} = \frac{|\hat{p}_1 - \pi| - \frac{1}{2n}}{\sqrt{\left\{\frac{\pi(1-\pi)}{n}\right\} \cdot \left\{\frac{N-n}{N-1}\right\}}} \qquad (4.27a)$$

Nullhypothese: $\pi_1 = \pi$. Die Alternativhypothese lautet: $\pi_1 \neq \pi$ (oder bei einseitiger Fragestellung: $\pi_1 > \pi$ bzw. $\pi_1 < \pi$) (vgl. auch Abschn. 455 auf S. 268).

2. Vergleich zweier relativer Häufigkeiten $\hat{p}_1$ und $\hat{p}_2$ (Vergleich zweier Prozentsätze). Vorausgesetzt wird a) $n_1 \geq 50$, $n_2 \geq 50$, b) $n\hat{p} > 5$, $n(1-\hat{p}) > 5$ (vgl. auch S. 263 oben).

$$\hat{z} = \frac{|\hat{p}_1 - \hat{p}_2|}{\sqrt{\hat{p}(1-\hat{p})[(1/n_1) + (1/n_2)]}} \qquad (4.28)$$

Mit $\hat{p}_1 = x_1/n_1, \hat{p}_2 = x_2/n_2, \hat{p} = (x_1 + x_2)/(n_1 + n_2)$. Geprüft wird die Nullhypothese $\pi_1 = \pi_2$ gegen $\pi_1 \neq \pi_2$ (bei einseitiger Fragestellung gegen $\pi_1 > \pi_2$ bzw. $\pi_1 < \pi_2$). So ergibt sich für $n_1 = n_2 = 300$, $\hat{p}_1 = 54/300 = 0,18$, $\hat{p}_2 = 30/300 = 0,10$ (beachte $n\hat{p}_2 = 300 \cdot 0,10 = 30 > 5$), $\hat{p} = (54 + 30)/(300 + 300) = 0,14$, $\hat{z} = (0,18 - 0,10)/\sqrt{0,14 \cdot 0,86(2/300)} = 2,82$, d.h. $P \approx 0,005$.

Man beachte, daß auch mit den Prozentzahlen gerechnet werden kann:

($\hat{z} = (18 - 10)/\sqrt{14 \cdot 86(2/300)} = 2,82$), und daß (für $n_1 = n_2$) Differenzen größer oder gleich D (in %) (Tafeln für $n_1 = n_2 \geqq 50$ und $n_1 > n_2 \geqq 100$ enthält mein Taschenbuch)

n_1	50	100	150	200	300	500	1000	5000
D	20	14	11,5	10	8	6,3	4,5	2

auf dem 5%-Niveau bedeutsam sind. Liegen die zu vergleichenden Prozentsätze unterhalb von 40% bzw. oberhalb von 60%, so gilt für diese D-Werte, daß ihnen ein wesentlich kleinerer P-Wert entspricht (im Beispiel: $18\% - 10\% = 8\%$ mit $P \approx 0,005$).

Etwas exakter als (4.28) und nicht so strengen Voraussetzungen unterworfen ($n\hat{p}$ und $n(1 - \hat{p}) \geqq 1$ für n_1 und $n_2 \geqq 25$) ist eine auf der Winkeltransformation (Tab. 51, S. 212) basierende Approximation: $\hat{z} = (|\arcsin\sqrt{\hat{p}_1} - \arcsin\sqrt{\hat{p}_2}|)/28,648\sqrt{1/n_1 + 1/n_2}$; für das Beispiel ergibt sich $\hat{z} = (25,104 - 18,435)/28,648\sqrt{2/300} = 2,85$ (vgl. auch S. 272/273).

Für die Prüfung der Nullhypothese $\pi_1 - \pi_2 = d_0$ gegen $\pi_1 - \pi_2 \neq d_0$ (bzw. $< d_0$ oder $> d_0$) verwende man ($\hat{p}_1 = x_1/n_1$, $\hat{p}_2 = x_2/n_2$, $\hat{q}_1 = 1 - \hat{p}_1$, $\hat{q}_2 = 1 - \hat{p}_2$)

$$\hat{z} = \frac{|(\hat{p}_1 - \hat{p}_2) - d_0|}{\sqrt{(\hat{p}_1\hat{q}_1/n_1) + (\hat{p}_2\hat{q}_2/n_2)}} \qquad (4.28\,\text{a}) \qquad \boxed{\text{S. 53}}$$

Beispiele

1. In einer Großstadt hielten $\pi = 20\%$ der Familien eine bestimmte Zeitschrift. Es besteht Grund zu der Annahme, daß die Zahl der Abonnenten jetzt unter 20% liegt. Um diese Hypothese zu überprüfen, wird eine Zufallsstichprobe, bestehend aus 100 Familien, ausgewählt und ausgewertet, wobei $\hat{p}_1 = 0,16$ (16%) gefunden wurde. Getestet wird die Nullhypothese $\pi_1 = 20\%$ gegen die Alternativhypothese $\pi_1 < 20\%$ (Signifikanzniveau $\alpha = 0,05$). Auf die Endlichkeitskorrektur können wir verzichten, da die Grundgesamtheit im Verhältnis zur Stichprobe sehr groß ist. Da $n\hat{p}_1 > 5$ und $n(1 - \hat{p}_1) > 5$, benutzen wir die Approximation über die Normalverteilung (4.27) $\boxed{\text{S. 53}}$

$$\hat{z} = \frac{|\hat{p}_1 - \pi| - \frac{1}{2n}}{\sqrt{\frac{\pi(1-\pi)}{n}}} = \frac{|0,16 - 0,20| - \frac{1}{2 \cdot 100}}{\sqrt{\frac{0,20 \cdot 0,80}{100}}} = 0,875$$

Ein Wert $z = 0,875$ entspricht einer Irrtumswahrscheinlichkeit $P\{\hat{p}_1 \leqq 0,16 | \pi = 0,20\} = 0,19 > 0,05$. Damit weisen 19 von 100 Zufallsstichproben aus einer Grundgesamtheit mit $\pi = 0,20$ einen Abonnentenanteil $\hat{p}_1 \leqq 0,16$ auf. Wir behalten daher die Nullhypothese bei.

2. Von 2000 Händlern entscheiden sich $\pi = 40\%$, ihre Aufträge zu erhöhen. Kurze Zeit später wird angenommen, daß sich dieser Prozentsatz wieder erhöht habe. Eine Zufallsstichprobe von 400 Händlern zeigt, daß der Prozentsatz mit $\hat{p}_1 = 46\%$ tatsächlich höher liegt.

Gefragt ist, ob diese Zunahme als signifikant gelten kann. Getestet wird die Nullhypothese $\pi_1 = 0,40$ gegen die Alternativhypothese $\pi_1 > 0,40$ mit $\hat{p}_1 = 0,46$ (Signifikanzniveau $\alpha = 0,05$). Da die Stichprobe 20% der Grundgesamtheit umfaßt, muß die Endlichkeitskorrektur und damit (4.27a) benutzt werden.

$$\hat{z}=\frac{|\hat{p}_1-\pi|-\dfrac{1}{2n}}{\sqrt{\left[\dfrac{\pi(1-\pi)}{n}\right]\cdot\left[\dfrac{N-n}{N-1}\right]}}=\frac{|0{,}46-0{,}40|-\dfrac{1}{2\cdot 400}}{\sqrt{\left[\dfrac{0{,}40\cdot 0{,}60}{400}\right]\cdot\left[\dfrac{2000-400}{2000-1}\right]}}=2{,}68$$

$$P\{\hat{p}_1\leq 0{,}46\,|\,\pi=0{,}40\}=0{,}0037<0{,}05$$

Die Nullhypothese wird auf dem 5%-Niveau abgelehnt: Es besteht eine echte Zunahme.

▶ **452 Schnellschätzung der Vertrauensgrenzen einer beobachteten relativen Häufigkeit nach Clopper und Pearson**

Eine Schnellmethode, aus dem Anteil oder dem Prozentsatz in der Stichprobe auf den Parameter in der Grundgesamtheit zu schließen (indirekter Schluß), bietet Abb. 38 von Clopper und Pearson. Diese Zeichnung gibt die Vertrauensgrenzen für eine relative Häufigkeit $\hat{p}=x/n$ mit einer statistischen Sicherheit von 95%, d. h. den 95%-*VB* für π. Die Zahlen an den Kurven bezeichnen den Stichprobenumfang. Die Vertrauensgrenzen werden mit zunehmendem Stichprobenumfang n enger und symmetrischer, da die Binomialverteilung in eine Normalverteilung übergeht, für $\hat{p}=0{,}5$ ist der Vertrauensbereich auch bei kleinen n-Werten symmetrisch. Aus der Abbildung läßt sich auch das zur Erreichung einer bestimmten Genauigkeit notwendige n ablesen.

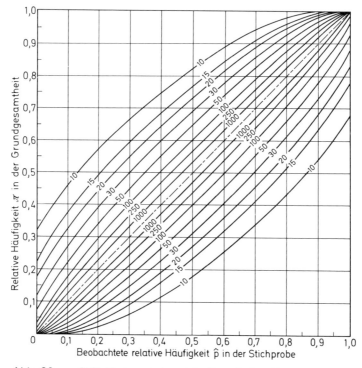

Abb. 38. 95%-Vertrauensbereich für relative Häufigkeiten. Die Zahlen an den Kurven bezeichnen den Stichprobenumfang n (aus C.J. Clopper and E.S. Pearson: The use of confidence or fiducial limits illustrated in the case of the binomial. Biometrika **26** (1934) 404–413, p. 410)

Für den praktischen Gebrauch bevorzuge man Table 41 der Biometrika Tables Vol. I (Pearson und Hartley 1966 oder 1970).

Beispiele

1. In einer Stichprobe von $n=10$ Werten sei das Ereignis x 7mal beobachtet worden, d.h. $\hat{p}=\frac{x}{n}=\frac{7}{10}=0,70$ bzw. $\hat{p}=70\%$. Die Schnittpunkte der Vertikalen über 0,7 mit der unteren und der oberen Kurve $n=10$ bestimmen dann die Grenzen des 95%-Vertrauensbereiches für den Parameter π der Grundgesamtheit. Erst ein außerhalb dieses Intervalles $0,34 \lesssim \pi \lesssim 0,93$ auftretendes $\hat{p}$ würde (mit einer statistischen Sicherheit von 95%) auf eine Stichprobe hinweisen, die einer anderen Grundgesamtheit entstammt (direkter Schluß von dem Parameter der Grundgesamtheit auf den Variationsbereich der Stichproben-Kennzahl).

2. Ein in der Nähe von 15% liegender Prozentsatz soll so geschätzt werden, daß die Vertrauensgrenzen einen 10%-Bereich bilden. Nach Abbildung 38 ist diese Bedingung bei etwa $n=250$ (mit $S=95\%$) erfüllt.

▶ **453   Schätzung des Mindestumfanges einer Stichprobe bei ausgezählten Werten**

Aus der Formel für die Vertrauensgrenzen einer prozentualen Häufigkeit $\hat{p} \pm z\sqrt{\dfrac{\hat{p}(1-\hat{p})}{n}}$

folgt, wenn $z\sqrt{\dfrac{\hat{p}(1-\hat{p})}{n}}$ der Abweichung a gleichgesetzt wird

$$\sqrt{n}=\frac{z\sqrt{\hat{p}(1-\hat{p})}}{a} \quad \text{und} \quad n=\frac{z^2 \cdot \hat{p}(1-\hat{p})}{a^2}$$

Setzt man $z=2$ (d.h. etwa $S=95\%$, genau: 95,44%), dann wird der geschätzte Mindestumfang

$$\hat{n}=\frac{4 \cdot \hat{p} \cdot (1-\hat{p})}{a^2} \tag{4.29}$$

Da n sein Maximum erreicht, wenn $\hat{p}(1-\hat{p})$ am größten ist – dies ist für $\hat{p}=50\%$ der Fall – wird, wenn wir $\hat{p}=50\%$ setzen, der Stichprobenumfang größer als im allgemeinen notwendig ist und

$$\hat{n}=\frac{4 \cdot 0,5^2}{a^2} \qquad \hat{n}=\frac{1}{a^2} \tag{4.30}$$

Hätten wir den Vertrauensbereich der prozentualen Häufigkeit mit der vereinfachten Formel für die Endlichkeitskorrektur

$$\sqrt{\frac{N-n}{N}} \quad \text{anstatt} \quad \sqrt{\frac{N-n}{N-1}} \quad \text{geschrieben,} \quad \hat{p} \pm z\sqrt{\frac{\hat{p}(1-\hat{p})}{n}}\sqrt{\frac{N-n}{N}}$$

dann erhielten wir für den geschätzten Mindestumfang

$$\hat{n}=\frac{N}{1+a^2 N} \tag{4.31}$$

Beispiele

1. Angenommen, wir interessieren uns für den Prozentsatz von Familien eines genau lokalisierten ländlichen Gebietes, die ein bestimmtes Fernsehprogramm sehen. Es wohnen dort etwa 1000 Familien. Alle Familien zu befragen erscheint zu umständlich. Die Untersucher entschließen sich, eine Stichprobe zu ziehen und mit einer Abweichung a von

$\pm 10\%$ und einer statistischen Sicherheit von 95% zu schätzen. Wie groß muß die Stichprobe sein? Nach (4.31) erhalten wir

$$\hat{n} = \frac{1000}{1 + 0,10^2 \cdot 1000} \simeq 91$$

Damit sind nur 91 Familien zu befragen. Man erhält eine Schätzung von π mit einem Fehler von $a = 0,10$ und einer statistischen Sicherheit von 95%. Nach (4.30) hätten wir ganz grob $n = \frac{1}{0,10^2} = \frac{1}{0,01} = 100$ erhalten. Wüßten wir, daß $\pi = 0,30$ beträgt, dann ist unser geschätzter Stichprobenumfang natürlich zu hoch, wir benötigen dann nur etwa $n' = 4n \cdot \pi(1 - \pi) = 4 \cdot 91 \cdot 0,3 \cdot 0,7 = 76$ Einzelwerte.

$$\boxed{\hat{n}' = 4n\hat{p}(1 - \hat{p})} \qquad\qquad (4.32)$$

Für $\hat{n} > 0,5N$ wird (4.29) ersetzt durch

$$\hat{n}_{\text{korr.}} = \frac{N(a^2/4) + Np - Np^2}{N(a^2/4) + p - p^2}, \quad \text{d. h.}$$

$$\hat{n}_{\text{korr.}} = \frac{1000(0,10^2/4) + 1000 \cdot 0,30 - 1000 \cdot 0,30^2}{1000(0,10^2/4) + 0,30 - 0,30^2} \approx 74$$

Bei Bedarf ist in beiden Formeln die 4 durch den entsprechenden Wert z^2 zu ersetzen: 2,6896 ($S = 90\%$), 3,8416 ($S = 95\%$) und 6,6564 ($S = 99\%$).

2. Es wird nach dem Prozentsatz von Familien gefragt, die in einer kleinen Stadt von 3000 Einwohnern ein bestimmtes Fernsehprogramm gesehen haben. Gefordert wird eine statistische Sicherheit von 95% mit einer Abweichung von $\pm 3\%$.

$$\hat{n} = \frac{N}{1 + a^2 N} = \frac{3000}{1 + 0,0009 \cdot 3000} \simeq 811$$

Nach Entnahme einer Zufallsstichprobe von 811 Familien ergibt sich, daß 243 Familien dem Fernsehprogramm gefolgt waren, d. h. $\hat{p} = \frac{243}{811} \simeq 0,30$. Damit erhalten wir den 95%-Vertrauensbereich zu

$$0,30 - 0,03 \leq \pi \leq 0,30 + 0,03$$
$$0,27 \leq \pi \leq 0,33$$

454   Der Vertrauensbereich für seltene Ereignisse

Wir knüpfen hier an das in Abschnitt 164 (S. 148) über Vertrauensgrenzen der Poisson-Verteilung Gesagte an und erläutern den Gebrauch der Tabelle 80: In der *Beobachtungseinheit* von 8 Stunden seien 26 Ereignisse registriert worden. Die 95%-Grenzen ($x = 26$) für (a) die Beobachtungseinheit sind $16,77 \simeq 17$ und $37,67 \simeq 38$ Ereignisse und für (b) eine Stunde sind $16,77/8 \simeq 2$ und $37,67/8 \simeq 5$ Ereignisse.

Beispiele

1. Für ein bestimmtes Gebiet seien in einem Jahrhundert vier Sturmfluten beobachtet worden. Angenommen, die Zahl der Sturmfluten in verschiedenen Jahrhunderten folge einer Poisson-Verteilung, dann kann damit gerechnet werden, daß nur in einem von 20 Jahrhunderten ($S = 0,95$; Tabelle 80) die Zahl der Sturmfluten außerhalb der Grenzen $1,366 \simeq 1$ und $9,598 \simeq 10$ liegen wird; d. h. 95%-*VB*: $1 \lessgtr \lambda \lessgtr 10$.

2. Eine Telefonzentrale erhalte während einer Minute 23 Anrufe. Gewünscht sind die 95%-Vertrauensgrenzen für die erwarteten Anrufe in 1 Minute bzw. in 1 Stunde. Nehmen

wir an, daß die Zahl der Anrufe im betrachteten Zeitraum relativ konstant ist und (da die Anlage sagen wir 1000 Anrufe/min vermitteln kann) einer Poisson-Verteilung folgt, dann sind die 95%-Vertrauensgrenzen für 1 Minute (nach Tabelle 80) $14{,}921 \simeq 15$ und $34{,}048 \simeq 34$. In einer Stunde ist mit $60 \cdot 14{,}921 \simeq 895$ bis $60 \cdot 34{,}048 \simeq 2043$ Anrufen zu rechnen $(S=0{,}95)$; d.h. $95\%\text{-}VB\colon 15 \lesssim \lambda_{1\,\text{min}} \lesssim 34$ bzw. $895 \lesssim \lambda_{1h} \lesssim 2043$.

Tabelle 80. Vertrauensbereiche für den Mittelwert einer Poisson-Verteilung (auszugsweise entnommen aus E. L. Crow and R. S. Gardner: Confidence intervals for the expectation of a Poisson variable, Biometrika **46** (1959) 441–453.
Diese Tabelle gestattet nicht die Angabe einseitiger Vertrauensgrenzen.

x	95		99		x	95		99		x	95		99	
0	0	3,285	0	4,771	100	80,25	120,36	76,61	127,31	200	172,38^5	227,73	164,31	238,01
1	0,051	5,323	0,010	6,914	101	81,61	121,06	76,61	128,70	201	173,79	228,99	165,33	239,46
2	0,355	6,686	0,149	8,727	102	83,14	122,37	77,15	130,27^5	202	175,48^5	230,28	166,71	241,32
3	0,818	8,102	0,436	10,473	103	84,57	123,77	78,71	131,50	203	176,23	231,65	168,29	241,32
4	1,366	9,598	0,823	12,347	104	84,57	125,46	80,06	131,82	204	176,23	233,19	169,49	242,01
5	1,970	11,177	1,279	13,793	105	84,67	126,26	80,06	133,21	205	176,23	234,53	169,49	243,31^5
6	2,613	12,817	1,785	15,277	106	86,01	126,48	80,65	134,79	206	177,48	234,53	169,64	244,69
7	3,285	13,765	2,330	16,801	107	87,48	127,78	82,21	135,99	207	178,77	235,14^5	170,98	246,24
8	3,285	14,921	2,906	18,362	108	89,23	129,14	83,56	136,30	208	180,14	236,39	172,41	247,54^5
9	4,460	16,768	3,507	19,462	109	89,23	130,68	83,56	137,68	209	181,67	237,67	174,36	247,54^5
10	5,323	17,633	4,130	20,676	110	89,23	132,03	84,12	139,24	210	183,05	239,00	174,36	248,62
11	5,323	19,050	4,771	22,042	111	90,37	132,03	85,65	140,54	211	183,05	240,45	174,36	249,94
12	6,686	20,335	4,771	23,765	112	91,78	133,14^5	87,12	140,76	212	183,05	242,27	175,25	251,35
13	6,686	21,364	5,829	24,925	113	93,48	134,48	87,12	142,12	213	183,86	242,27	176,61	253,14
14	8,102	22,945	6,668	25,992	114	94,23	135,92	87,55	143,64	214	185,13	242,53	178,11	253,65
15	8,102	23,762	6,914	27,718	115	94,23	137,79	89,05	145,13	215	186,46	243,76	179,67	253,92
16	9,598	25,400	7,756	28,852	116	94,70^5	137,79	90,72	145,19	216	187,89	245,02	179,67	255,20
17	9,598	26,306	8,727	29,900	117	96,06	138,49	90,72	146,54	217	189,83	246,32^5	179,67	256,54
18	11,177	27,735	8,727	31,839	118	97,54^5	141,16	90,96	146,54	218	189,83	247,70	180,84	258,00
19	11,177	28,966	10,009	32,547	119	99,17	141,16	92,42	149,76	219	189,83	249,28	182,22	259,78
20	12,817	30,017	10,473	34,183	120	99,17	142,70	94,34^5	149,76	220	190,21	250,43	183,81	259,78
21	12,817	31,675	11,242	35,204	121	99,17	144,01	94,34^5	150,93	221	191,46	250,43	184,97^5	260,47
22	13,765	32,277	12,347	36,544	122	100,32	144,01	94,35	152,35^5	222	192,76	251,11	184,97^5	261,77
23	14,921	34,048	12,347	37,819	123	101,71	145,08	95,76	154,13	223	194,11^5	252,35	185,08	263,12^5
24	14,921	34,665	13,793	38,939	124	103,31^5	146,39	97,42	154,60	224	195,63	253,63	186,40	264,63
25	16,768	36,030	13,793	40,373	125	104,40	147,80	98,36	155,31	225	197,09	254,95	187,81	266,15
26	16,768	37,67	15,28	41,39	126	104,40	149,53	98,36	156,69	226	197,09	256,37	189,50	266,15
27	17,63	38,16^5	15,28	42,85	127	104,58	150,19	99,09	158,25	227	197,09	258,34	190,28	267,01
28	19,05	39,76	16,80	43,91	128	105,90^5	150,36	100,61	159,53	228	197,78	258,34	190,28	268,31
29	19,05	40,94	16,80	45,26	129	107,32	151,63	102,16^5	159,67	229	199,04	258,45	190,61^5	269,68
30	20,33^5	41,75	18,36	46,50	130	109,11	152,96	102,16^5	161,01	230	200,35	259,67	191,94	271,22
31	21,36	43,45	18,36	47,62	131	109,61	154,00	102,42	162,46	231	201,73	260,92	193,36	272,56
32	21,36	44,26	19,46	49,13	132	109,61	156,32	103,84	164,31	232	203,35^5	262,20	195,19	272,56
33	22,94^5	45,28	20,28^5	49,96	133	110,11	156,32	105,66	164,31	233	204,36	263,54	195,59	273,53
34	23,76	47,02^5	20,68	51,78	134	111,44	158,00	106,12	165,33	234	204,36	265,00	195,59	274,83
35	23,76	47,69	22,04	52,28	135	112,87	158,15	106,12	166,71	235	204,36	266,71	196,13	276,20^5
36	25,40	48,74	22,04	54,03	136	114,84	159,00	107,10	168,29	236	205,31^5	266,71	197,46	277,77
37	26,31	50,42	23,76^5	54,74	137	114,84	160,92^5	108,61^5	169,49	237	206,58	266,97	198,88	279,01^5
38	26,31	51,29	23,76^5	56,14	138	114,84	162,79	110,16	169,64	238	207,90	268,19	200,84	279,01^5
39	27,73^5	52,15	24,92^5	57,61^5	139	115,60^5	162,79	110,16	170,98	239	209,30	269,44	200,94	280,02
40	28,97	53,72	25,83	58,35	140	116,93	163,35	110,37	172,41	240	211,03	270,73	200,94	281,32
41	28,97	54,99	25,99	60,39	141	118,35	164,63	111,78	174,36	241	211,69	272,08	201,62	282,70
42	30,02	55,51	27,72	60,59	142	120,36	165,96	113,45	174,36	242	211,69	273,57	202,94	284,25
33	31,67^5	56,99	27,72	62,13	143	120,36	167,39	114,33	175,25	243	211,69	275,15	204,36	285,53
44	31,67^5	58,72	28,85	63,63^5	144	120,36	169,33	114,33	176,61	244	214,09	275,15	206,19	285,53
45	32,28	58,84	29,90	64,26	145	121,06	169,33	114,99	178,11	245	214,09	275,46	206,60	286,50
46	34,05	60,24	29,90	65,96	146	122,37	169,80	116,44	179,67	246	215,40	276,69	206,60	287,79
47	34,66^5	61,90	31,84	66,81^5	147	123,77	171,07	118,33	179,67	247	216,81	277,94	207,08	289,16
48	34,66^5	62,81	31,84	67,92	148	125,46	172,38^5	118,33	180,84	248	218,56	279,22	208,40	290,68
49	36,03	63,49	32,55	69,83	149	126,26	173,79	118,33	181,81	249	219,16	280,57	209,81	292,10
50	37,67	64,95	34,18	70,05	150	126,26	175,48^5	119,59	183,81	250	219,16	282,05	211,50	292,10
51	37,67	66,76	34,18	71,56	151	126,48	176,23	121,09	184,97^5	251	219,16	283,67	212,29	292,95
52	38,16^5	66,76	35,20	73,20	152	127,78	176,23	122,69	185,08	252	220,29	283,67	212,29	294,24
53	39,76	68,10	36,54	73,62	153	129,14	177,48	122,69	186,40	253	221,56	283,93	212,53	295,59
54	40,94	69,62	36,54	75,16	154	130,68	178,77	122,78	187,81	254	222,86^5	285,15	213,84	297,07
55	40,94	71,09	37,82	76,61	155	132,03	180,14	124,16	189,50	255	224,26	286,40	215,22	298,71
56	41,75	71,28	38,94	77,15	156	132,03	181,67	125,70	190,28	256	225,90^5	287,68	216,80	298,71
57	43,45	72,66	38,94	78,71	157	132,03	183,05	127,07	190,61^5	257	226,81	289,01	217,98	299,39
58	44,26	74,22	40,37	80,06	158	133,14^5	183,05	127,07	191,94	258	226,81	290,46	217,98	300,67
59	44,26	75,49	41,39	80,65	159	134,48	183,86	127,31	193,36	259	226,81	292,26	217,98	302,00
60	45,28	75,78^5	41,39	82,21	160	135,92	185,13	128,70	195,19	260	227,73	292,26	219,25	303,43
61	47,02^5	77,16	42,85	83,56	161	137,79	186,46	130,27^5	195,59	261	228,99	292,37	220,61	305,35
62	47,69	78,73	43,91	84,12	162	137,79	187,81	131,50	196,13	262	230,28	293,59	222,10^5	305,35
63	47,69	79,98	43,91	85,65	163	137,79	189,83	131,50	197,46	263	231,65	294,82^5	223,67^5	305,81
64	48,74	80,25	45,26	87,12	164	138,49	189,83	131,82	198,88	264	233,19	296,09	223,67^5	307,07
65	50,42	81,61	46,50	87,55	165	139,79	190,21	133,21	200,84	265	234,53	297,41	223,67^5	308,38
66	51,29	83,14	46,50	89,05	166	141,16	191,46	134,79	200,94	266	234,53	298,81	224,65	309,77^5
67	51,29	84,57	47,62	90,72	167	142,70	192,76	135,99	201,62	267	234,53	300,56	225,98	311,41
68	52,15	84,67	49,13	90,96	168	144,01	194,11^5	135,99	202,94	268	235,14^5	301,16	227,41	312,38

Tabelle 80. Fortsetzung

x	95		99		*x*	95		99		*x*	95		99	
69	53,72	86,01	49,13	92,42	**169**	144,01	195,63	136,30	204,36	**269**	236,39	301,16	229,37	312,38
70	54,99	87,48	49,96	94,34^{5}	**170**	144,01	197,09	137,68	206,19	**270**	237,67	302,00	229,37	313,46
71	54,99	89,23	51,78	94,35	**171**	145,08	197,09	139,24	206,60	**271**	239,00	303,22	229,37	314,75^{5}
72	55,51	89,23	51,78	95,76	**172**	146,39	197,78	140,54	207,08	**272**	240,45	304,48	230,03	316,11
73	56,99	90,37	52,28	97,42	**173**	147,80	199,04	140,54	208,40	**273**	242,27	305,77	231,33	317,60
74	58,72	91,78	54,03	98,36	**174**	149,53	200,35	140,76	209,81	**274**	242,27	307,13	232,71	319,19
75	58,72	93,48	54,74	99,09	**175**	150,19	201,73	142,12	211,50	**275**	242,27	308,64^{5}	234,28	319,19
76	58,84	94,23	54,74	100,61	**176**	150,19	203,35^{5}	143,64	212,29	**276**	242,53	310,07	235,50	319,84
77	60,24	94,70^{5}	56,14	102,16^{5}	**177**	150,36	204,36	145,13	212,53	**277**	243,76	310,07	235,50	321,11
78	61,90	96,06	57,61^{5}	102,42	**178**	151,63	204,36	145,13	213,84	**278**	245,02	310,38	235,50	322,43
79	62,81	97,54^{5}	57,61^{5}	103,84	**179**	152,96	205,31^{5}	145,19	215,22	**279**	246,32^{5}	311,60	236,68	323,84
80	61,81	99,17	58,35	105,66	**180**	154,39	206,58	146,54	216,80	**280**	247,70	312,83^{5}	238,01	325,58
81	63,49	99,17	60,39	106,12	**181**	156,32	207,90	148,01	217,98	**281**	249,28	314,10	239,46	326,21
82	64,95	100,32	60,39	107,10	**182**	156,32	209,30	149,76	217,98	**282**	250,43	315,42	241,32	326,21
83	66,76	101,71	60,59	108,61^{5}	**183**	156,32	211,03	149,76	219,25	**283**	250,43	316,83	241,32	327,46
84	66,76	103,31^{5}	62,13	110,16	**184**	156,87	211,69	149,76	220,61	**284**	250,43	318,63	241,32	328,75
85	66,76	104,40	63,63^{5}	110,37	**185**	158,15	211,69	150,93	222,10^{5}	**285**	251,11	319,09	242,01	330,10
86	68,10	104,58	63,63^{5}	111,78	**186**	159,48	212,82	152,35^{5}	223,67^{5}	**286**	252,35	319,09	243,31^{5}	331,59
87	69,62	105,90^{5}	64,26	113,45	**187**	160,92^{5}	214,09	154,18	223,67^{5}	**287**	253,63	319,95	244,69	333,20
88	71,09	107,32	65,96	114,33	**188**	162,79	215,40	154,60	224,65	**288**	254,95	321,17	246,24	333,20
89	71,09	109,11	66,81^{5}	114,99	**189**	162,79	216,81	154,60	225,98	**289**	256,37	322,42	247,54^{5}	333,80
90	71,28	109,61	66,81^{5}	116,44	**190**	162,79	218,56	155,31	227,41	**290**	258,34	323,70	247,54^{5}	335,06^{5}
91	72,66	110,11	67,92	118,33	**191**	163,35	219,16	156,69	229,37	**291**	258,34	325,04	247,54^{5}	336,37
92	74,22	111,44	69,83	118,33	**192**	164,63	219,16	158,25	229,37	**292**	258,34	326,50	248,62	337,76
93	75,49	112,87	69,83	119,59	**193**	165,96	220,29	159,53	230,03	**293**	258,45	328,21	249,94	339,38
94	75,49	114,84	70,05	121,09	**194**	167,39	221,56	159,53	231,33	**294**	259,67	328,21	251,35	340,41
95	75,78^{5}	114,84	71,56	122,69	**195**	169,33	222,86^{5}	159,67	232,71	**295**	260,92	328,28^{5}	253,14	340,41
96	77,16	115,60^{5}	73,20	122,78	**196**	169,33	224,26	161,01	234,28	**296**	262,20	329,49	253,65	341,38
97	78,73	116,93	73,20	124,16	**197**	169,33	225,90^{5}	162,46	235,50	**297**	263,54	330,72	253,65	342,65
98	79,98	118,35	73,62	125,70	**198**	169,80	226,81	164,31	235,50	**298**	265,00	331,97	253,92	343,98
99	79,98	120,36	75,16	127,07	**199**	171,07	226,81	164,31	236,68	**299**	266,71	333,26	255,20	345,41
100	80,25	120,36	76,61	127,31	**200**	172,38^{5}	227,73	164,31	238,01	**300**	266,71	334,62	256,54	347,37^{5}

Tabelle 80 dient auch zur Prüfung der Nullhypothese: $\lambda=\lambda_x$ (λ ist vorgegeben; x ist die beobachtete Erfolgszahl, λ_x ist der zugehörige Parameter). Wenn der *VB* für λ_x den Parameter λ nicht überdeckt, wird die Nullhypothese zugunsten von $\lambda \neq \lambda_x$ verworfen.

Spezialfall x=0: Für $x=0$ ergibt sich die einseitige untere Vertrauensgrenze $\lambda_u=0$, die obere (einseitige) Vertrauensgrenze λ_o ist der kleinen Tafel auf S. 147 zu entnehmen (z.B. für $S=95\%$; $\lambda_o=2{,}996\approx 3{,}00$) oder nach $\lambda_o=\frac{1}{2}\chi^2_{2;\alpha}$ zu berechnen ($\chi^2_{2;0,05}=5{,}99$; $\lambda_o=0{,}5\cdot 5{,}99\approx 3{,}00$).

455 Vergleich zweier Häufigkeiten; Prüfung, ob sie in einem bestimmten Verhältnis zueinander stehen

Die mitunter auftretende Frage, ob zwei beobachtete Häufigkeiten (a und b, wobei $a\leqq b$) einem bestimmten Verhältnis $\beta/\alpha=\xi$ (griech. xi) entsprechen, wird am einfachsten mit der χ^2-Verteilung entschieden –

$$\hat{\chi}^2=\frac{\{|\xi a-b|-(\xi+1)/2\}^2}{\xi\cdot(a+b)} \tag{4.33a}$$

und für große Werte a und b ohne Kontinuitätskorrektur

$$\hat{\chi}^2=\frac{(\xi a-b)^2}{\xi(a+b)} \tag{4.33}$$

S. 113 – wobei ein Freiheitsgrad zur Verfügung steht. Ist das berechnete $\hat{\chi}^2$ kleiner oder gleich $\chi^2=3{,}841$, so läßt sich die Nullhypothese, die beobachteten Häufigkeiten entsprechen dem Verhältnis ξ, auf dem 5%-Niveau nicht ablehnen.

Beispiel

Entsprechen die beiden Häufigkeiten $a=6$ und $b=25$ dem Verhältnis $\xi=\beta/\alpha=5/1$ ($\alpha=0,05$)?

$$\hat{\chi}^2 = \frac{\{|5\cdot6-25|-(5+1)/2\}^2}{5(6+25)} = \frac{4}{155} < 3,841.$$

Die Abweichung ($\frac{25}{6}=4,17$ gegenüber 5,00) ist zufälliger Natur ($P=0,05$).

46   Die Auswertung von Vierfeldertafeln

▶ **461   Der Vergleich zweier Prozentsätze – die Analyse von Vierfeldertafeln**

Besonders in der Medizin ist der Vergleich zweier aus Häufigkeiten ermittelter relativer Häufigkeiten wichtig. Es ist ein neues Heilmittel oder eine neue Operationsmethode entwickelt worden: Früher starben von 100 Patienten 15, nach der Umstellung aber von 81 Patienten nur 4. Ist das neue Medikament oder die neue Operationstechnik erfolgversprechender oder liegt ein Zufallsbefund vor?
Allgemein führt die Klassifizierung von n Objekten nach zwei Merkmalspaaren zu vier Klassen – den beobachteten Häufigkeiten a, b, c, d, – und damit zu einer sogenannten Vierfeldertafel (Tabelle 81). Grenzfälle, die je zur Hälfte den beiden möglichen Klassen zugeordnet werden, können zu halbzahligen Werten führen. Die beiden Stichproben von Alternativdaten werden daraufhin untersucht, ob sie als Zufallsstichproben aus einer durch die Randsummen repräsentierten Grundgesamtheit aufgefaßt werden können, d. h. ob die 4 Besetzungszahlen z. B. von Tabelle 82 sich proportional zu den Randsummen verteilen und Abweichungen der Verhältnisse a/n_1 und c/n_2 von dem Verhältnis $(a+c)/n$ (Nullhypothese der Unabhängigkeit: $a/n_1=c/n_2=(a+c)/n$) als Zufallsabweichungen auffaßbar sind.

Tabelle 81.   Vierfeldertafel für den Vergleich zweier Stichproben oder allgemeiner für den Vergleich zweier Alternativmerkmale

Merkmalspaar II Merkmalspaar I	Ereignisse (+)	Komplementärereignisse (−)	Insgesamt
Erste Stichprobe	a	b	$a + b = n_1$
Zweite Stichprobe	c	d	$c + d = n_2$
Insgesamt	a + c	b + d	$n_1 + n_2 = n$

Das oben angedeutete Beispiel führt zum Vierfelderschema (Tabelle 82) mit der Fragestellung: Beruht die für die neue Behandlung ermittelte niedrigere relative Häufigkeit von Todesfällen auf einem Zufall?
Die Nullhypothese lautet: **Der Heilungsprozentsatz ist unabhängig von der angewandten Therapie.** Oder: Beide Stichproben, die Gruppe der konventionell behandelten Patienten und die mit der neuen Therapie behandelte Patientengruppe, stammen in bezug auf den Therapie-Effekt aus einer gemeinsamen Grundgesamtheit, d. h. **der Therapie-Effekt ist bei beiden Behandlungen der gleiche** (vgl. auch S. 366/367).
Die beiden Behandlungsgruppen sind eigentlich Stichproben zweier Binomialverteilun-

Tabelle 82.   Vierfeldertafel

Behandlung	Patienten gestorben	Patienten geheilt	Insgesamt
Übliche Therapie	15	85	100
Neue Therapie	4	77	81
Insgesamt	19	162	181

gen. **Verglichen werden somit die Grundwahrscheinlichkeiten von Binomialverteilungen,** d. h.

Nullhypothese: Beide Stichproben entstammen einer gemeinsamen Grundgesamtheit mit der Erfolgswahrscheinlichkeit π.

Alternativhypothese: Beide Stichproben entstammen zwei verschiedenen Grundgesamtheiten mit den Erfolgswahrscheinlichkeiten π_1 und π_2.

Die Nullhypothese auf Gleichheit oder Homogenität beider Parameter (π_1, π_2) oder Unabhängigkeit beider Merkmalsalternativen (vgl. auch Abschn. 621) wird anhand des χ^2-Tests nicht abgelehnt oder abgelehnt. Vorher ist noch folgende Frage zu klären: Verteilen sich die Felderhäufigkeiten proportional zu den Randsummen? Um dies zu entscheiden, bestimmen wir die unter dieser Annahme zu erwartenden Häufigkeiten, kurz *Erwartungshäufigkeiten E* genannt. Wir multiplizieren die Zeilensumme mit der Spaltensumme des Feldes a ($100 \cdot 19 = 1900$) und dividieren das Produkt durch den Umfang n der vereinten Stichproben ($1900/181 = 10{,}497$; $E_a = 10{,}50$). Entsprechend verfahren wir mit den übrigen Feldern und erhalten: $E_b = 89{,}50$, $E_c = 8{,}50$, $E_d = 72{,}50$. Zur Beurteilung, ob die beobachteten Werte a, b, c, d mit den erwarteten Werten E_a, E_b, E_c, E_d im Sinne der Nullhypothese übereinstimmen, bilden wir die Prüfgröße $\hat{\chi}^2$

$$\hat{\chi}^2 = \frac{(a-E_a)^2}{E_a} + \frac{(b-E_b)^2}{E_b} + \frac{(c-E_c)^2}{E_c} + \frac{(d-E_d)^2}{E_d}$$

und erhalten hieraus nach einigen Umformungen:

$$\hat{\chi}^2 = \Delta^2 \left(\frac{1}{E_a} + \frac{1}{E_b} + \frac{1}{E_c} + \frac{1}{E_d} \right) \tag{4.34}$$

mit $|\Delta| = |a-E_a| = |b-E_b| = |c-E_c| = |d-E_d|$ oder

$$\hat{\chi}^2 = \frac{n(ad-bc)^2}{(a+b)(c+d)(a+c)(b+d)} \tag{4.35}$$

mit $n = a+b+c+d$

Das Vierfelder-χ^2 besitzt nur **einen Freiheitsgrad** (hierfür gilt: $\sqrt{\chi^2} = z$, etwa $\sqrt{3{,}841} = 1{,}96$), da bei gegebenen Randsummen nur eine der 4 Häufigkeiten frei gewählt werden kann. Beide Formeln (4.34/35) dürfen nur gebraucht werden, wenn alle Erwartungshäufigkeiten >3 sind und $n>20$. Ist mindestens eine dieser Bedingungen nicht erfüllt und auch die Modifikation nach S. 271, oben nicht anwendbar, so muß mit dem exakten Test von Fisher (S. 288) geprüft werden (vgl. auch Vessereau 1958).

Für kleines n ist n in (4.35) durch (n — 1) zu ersetzen; diese Formel ist generell anwendbar, sobald $n_1 \approx n_2 > 5$ oder $n_1 > 5$ und $n_2 > n_1/3$ (Van der Waerden 1965, Berchtold 1969). Für $n_1 = n_2$ geht (4.35) über in

$$\hat{\chi}^2 = \frac{n(a-c)^2}{(a+c)(b+d)} \quad \text{bzw. für} \quad \hat{\chi}^2_* = \frac{(n-1)(a-c)^2}{(a+c)(b+d)} \quad \text{kleines } n \tag{4.35ab}$$

Die Nullhypothese auf Unabhängigkeit oder Homogenität wird abgelehnt, sobald das nach (4.34), (4.35) oder (4.35 ab) berechnete $\hat{\chi}^2$ [nimmt man in (4.35) $n-1$ anstatt n, so nenne man es $\hat{\chi}^2_*$] mindestens gleich dem kritischen Wert χ^2 der folgenden Tabelle ist:

Irrtumswahrscheinlichkeit α	0,05	0,01	0,001
Zweiseitiger Test $(H_0 : \pi_1 = \pi_2, \; H_A : \pi_1 \neq \pi_2)$	3,841	6,635	10,828
Einseitiger Test $(H_0 : \pi_1 = \pi_2, \; H_A : \pi_1 > \pi_2 \; \text{od.} \; \pi_2 > \pi_1)$	2,706	5,412	9,550

S.112

Im allgemeinen wird zweiseitig geprüft (vgl. die Bemerkungen auf S. 101, oben und S. 104, gerahmt).
Tabelle 83 gibt exakte Wahrscheinlichkeiten für $\chi^2 = 0,0(0,1)10,0$.

Tabelle 83. χ^2-Tafel für einen Freiheitsgrad (auszugsweise entnommen aus Kendall, M. G. and A. Stuart: The Advanced Theory of Statistics, Vol. II, Griffin, London 1961, pp. 629 and 630)

χ^2	P	χ^2	P	χ^2	P	χ^2	P	χ^2	P
0	1,00000	2,1	0,14730	4,0	0,04550	6,0	0,01431	8,0	0,00468
0,1	0,75183	2,2	0,13801	4,1	0,04288	6,1	0,01352	8,1	0,00443
0,2	0,65472	2,3	0,12937	4,2	0,04042	6,2	0,01278	8,2	0,00419
0,3	0,58388	2,4	0,12134	4,3	0,03811	6,2	0,01207	8,3	0,00396
0,4	0,52709	2,5	0,11385	4,4	0,03594	6,4	0,01141	8,4	0,00375
0,5	0,47950	2,6	0,10686	4,5	0,03389	6,5	0,01079	8,5	0,00355
0,6	0,43858	2,7	0,10035	4,6	0,03197	6,6	0,01020	8,6	0,00336
0,7	0,40278	2,8	0,09426	4,7	0,03016	6,7	0,00964	8,7	0,00318
0,8	0,37109	2,9	0,08858	4,8	0,02846	6,8	0,00912	8,8	0,00301
0,9	0,34278	3,0	0,08326	4,9	0,02686	6,9	0,00862	8,9	0,00285
1,0	0,31731	3,1	0,07829	5,0	0,02535	7,0	0,00815	9,0	0,00270
1,1	0,29427	3,2	0,07364	5,1	0,02393	7,1	0,00771	9,1	0,00256
1,2	0,27332	3,3	0,06928	5,2	0,02259	7,2	0,00729	9,2	0,00242
1,3	0,25421	3,3	0,06928	5,3	0,02133	7,3	0,00690	9,3	0,00229
1,4	0,23672	3,4	0,06520	5,4	0,02014	7,4	0,00652	9,4	0,00217
1,5	0,22067	3,5	0,06137	5,5	0,01902	7,5	0,00617	9,5	0,00205
1,6	0,20590	3,6	0,05778	5,6	0,01796	7,6	0,00584	9,6	0,00195
1,7	0,19229	3,7	0,05441	5,7	0,01697	7,7	0,00552	9,7	0,00184
1,8	0,17971	3,8	0,05125	5,8	0,01603	7,8	0,00522	9,8	0,00174
1,9	0,16808	3,9	0,04829	5,9	0,01514	7,9	0,00494	9,9	0,00165
2,0	0,15730	4,0	0,04550	6,0	0,01431	8,0	0,00468	10,0	0,00157

Beispiel

Wir prüfen Tabelle 82 auf dem 5%-Niveau (einseitiger Test, Voraussetzung: neue Therapie nicht schlechter!).

$$\hat{\chi}^2 = \frac{181(15 \cdot 77 - 4 \cdot 85)^2}{100 \cdot 81 \cdot 19 \cdot 162} = 4,822$$

Da $\hat{\chi}^2 = 4,822 > 2,706 = \hat{\chi}^2_{0,05}$, wird die Unabhängigkeitshypothese (Homogenitäts-hypothese) anhand der vorliegenden Daten mit einer statistischen Sicherheit von 95%

abgelehnt. Zwischen der neuen Behandlung und dem Absinken der Sterblichkeit besteht ein Zusammenhang.

Zur Übung sei die Berechnung nach (4.34) empfohlen (vgl. Tab. 82, $\dfrac{1}{E_a} = \dfrac{181}{100 \cdot 19}$ usw.).

Hinweise

1. Bei Vorversuchen ohne vorher spezifizierte Irrtumswahrscheinlichkeiten vergleiche man den gefundenen χ^2-Wert mit den in Tabelle 83 tabellierten (zweiseitige Fragestellung).

2. Wird beachtet, daß sich der Zahlenwert des Quotienten (4.35) nicht ändert, wenn man die vier inneren Feldhäufigkeiten (a, b, c, d) und die vier Randhäufigkeiten ($a+b$, $c+d$, $a+c$, $b+d$) durch eine Konstante k dividiert (der Stichprobenumfang n darf nicht durch k dividiert werden), so läßt sich die Rechenarbeit merklich verringern. Für eine überschlagweise Berechnung von $\hat{\chi}^2$ kann man außerdem die durch k dividierten Häufigkeiten noch runden.

Für großes n wird die Rechnung nach (4.34 bzw. 4.35) jedoch zu umständlich, man bevorzuge Formel (4.28) oder Formel (4.36).

3. Da der Vierfelder-χ^2-Test eine Approximation darstellt, sind von Yates korrigierte Formeln (4.34a/35a) vorgeschlagen worden (die Größen $\frac{1}{2}$ bzw. $\frac{n}{2}$ werden als Kontinuitätskorrektur bezeichnet)

$$\hat{\chi}^2 = \left(|\Delta| - \frac{1}{2}\right)^2 \left(\frac{1}{E_a} + \frac{1}{E_b} + \frac{1}{E_c} + \frac{1}{E_d}\right) \tag{4.34a}$$

$$\hat{\chi}^2 = \frac{n\left(|ad - bc| - \frac{n}{2}\right)^2}{(a+b)(c+d)(a+c)(b+d)} \tag{4.35a}$$

Grizzle (1968) hat gezeigt, daß man auf (4.34a/35a) verzichten kann. Nur wenn unbedingt die Wahrscheinlichkeiten des exakten Tests nach Fisher, eines konservativen Verfahrens, approximiert werden sollen, sind sie angebracht (vgl. auch Adler 1951, Cochran 1952 und Vessereau 1958 sowie Plackett 1964).

4. Die Standardisierung von Vierfeldertafeln (Gesamtsumme gleich 1 und alle 4 Randsummen gleich 0,5) erhält man über $a_{\text{standardisiert}} = \left(v - \sqrt{v}\right)/[2(v-1)]$ mit $v = ad/(bc)$. So ergibt sich für Tab. 82 mit $v = 3{,}397$ der Wert $a_{\text{st.}} = 0{,}324$, d.h. $d_{\text{st.}} = 0{,}324$; $b_{\text{st.}} = c_{\text{st.}} = 0{,}176$.

5. Zur Standardisierung quadratischer Tafeln (alle Randsummen gleich 100) multipliziert man jede Zeile mit dem zugehörigen Wert (100/Zeilensumme), entsprechend verfährt man mit den Spalten, anschließend wieder mit den neuen Zeilen usw. bis z.B. alle Randsummen gleich 100,0 sind.

6. Weitere Hinweise befinden sich auf den Seiten 281, 282, 288/290 u. 327; auf S. 487 ist eine Arbeit von Mantel und Haenszel (1959) zitiert, die insbesondere für Mediziner aufschlußreich ist.

Minimales n für den Vierfeldertest

δ	α	Power	$n = n_1 = n_2$
0,5	0,05	0,8	13– 15
		0,9	17; 18
	0,01	0,8	20– 22
		0,9	24– 28
0,4	0,05	0,8	19– 23
		0,9	25– 31
	0,01	0,8	29– 35
		0,9	35– 39
0,3	0,05	0,8	30– 33
		0,9	33– 46
	0,01	0,8	39– 54
		0,9	50– 70
0,2	0,05	0,8	47– 77
		0,9	65–106
	0,01	0,8	76–124
		0,9	98–161
0,1	0,05	0,8	154–306
		0,9	214–424
	0,01	0,8	250–496
		0,9	324–643

Tabelle 84.   Minimales n für $0{,}1 \le \pi_1 < \pi_2 \le 0{,}9$ und $\pi_2 - \pi_1 = \delta$ mit für die einseitige Fragestellung vorgegebenem α (0,05; 0,01) und vorgegebener Power ($\ge 1-\beta$; $\ge 0{,}8$; $\ge 0{,}9$). Der linke (kleinste) Wert n gilt für $\pi_1 = 0{,}1$ bzw. für $\pi_2 = 0{,}9$ [für $\pi_1 < 0{,}1$ bzw. $\pi_2 > 0{,}9$ ist ein noch kleineres n ausreichend], der rechte (größte) Wert n gilt für den Fall, daß δ weitgehend symmetrisch in der Bereichsmitte liegt (d.h. $\pi_2 - 0{,}5 \approx 0{,}5 - \pi_1$); etwa für $\pi_2 - \pi_1 = 0{,}7 - 0{,}4$ bzw. $0{,}6 - 0{,}3$ mit $\delta = 0{,}3$, $\alpha = 0{,}05$ und Power $= 0{,}8$, d.h. $n_1 = n_2 = 33$; nach Gail, M. and Gart, J.J.: The determination of sample sizes for use with the exact conditional test in 2×2 comparative trials, Biometrics **29** (1973), 441–448, tables 2 and 3, p. 445 and 446.

So benötigt man für den Test $H_0:\pi_2=\pi_1$; $H_A:\pi_2>\pi_1$ mit $\pi_2=0,7$ und $\pi_1=0,3$, $\alpha=0,05$ und einer Power von wenigstens 0,9 oder 90% nach Tabelle 84 ($\delta=0,4$) $n_1=n_2=31$ Beobachtungen, d. h. stehen für den Test zwei Zufallsstichproben dieser Umfänge aus Grundgesamtheiten mit $\pi_1=0,3$ und $\pi_2=0,7$ zur Verfügung, dann besteht bei einseitiger Fragestellung auf dem 5%-Niveau eine Chance von mindestens 90%, die Differenz $\delta=0,4$ als statistisch signifikant auszuweisen.
Für $n>30$ gilt die auf der Arcus-Sinus-Transformation (S. 212, Tab. 51, Bogenmaßwerte!) basierende Approximation

$$n=\frac{(z_\alpha+z_\beta)^2}{2(\arcsin\sqrt{\pi_2}-\arcsin\sqrt{\pi_1})^2}$$

mit den einseitigen oberen Schranken z_α und z_β der Standardnormalverteilung (S. 53, 172) und der Power $1-\beta$. Für unser letztes Beispiel: $z_{0,05;\text{eins.}}=1,645$; $z_{0,10;\text{eins.}}=1,282$; $\arcsin\sqrt{0,7}=56,789/57,2958=0,9912$; $\arcsin\sqrt{0,3}=33,211/57,2958=0,5796$; $n=8,567/0,3388$ oder 25 erhalten wir einen um 6 Beobachtungen unterschätzten Stichprobenumfang. Näheres ist Patnaik (1948), Bennett und Hsu (1960) sowie Gail und Gart (1973; siehe Legende zu Tab. 84) zu entnehmen.

G-Test von Woolf

Der G-Test von Woolf (1957) ersetzt den Vierfelder-χ^2-Test. Gegenüber diesem Test wird die Rechenarbeit auf Additionen und eine Subtraktion reduziert. Zum anderen ist der G-Test theoretisch besser begründet als der χ^2-Test. $\hat{G}$ ist durch (4.36) definiert:

$$\hat{G}=2\sum\text{Beobachtet }(\ln\text{Beobachtet}-\ln\text{Erwartet})\qquad(4.36)$$

Näher soll hierauf nicht eingegangen werden. Wesentlich ist, daß Woolf die für diesen Test benötigten Werte $2n\cdot\ln n$, kurz g-Werte genannt, tabelliert zur Verfügung gestellt hat. Vierfeldertafeln lassen sich dann folgendermaßen auf Unabhängigkeit oder Homogenität testen:
1. Zu den nach Yates korrigierten Häufigkeiten [vgl. Tab. 84 das in ( ) Gesetzte] a',b',c',d' werden die in Tabelle 86 vorliegenden g-Werte notiert, ihre Summe sei S_1 (vgl. Punkt 6). (S. 279)
2. Der dem Gesamtstichprobenumfang n entsprechende Tabellenwert ist aus Tabelle 85 zu entnehmen; wir bezeichnen ihn mit S_2. (S. 274/78)
3. Zu den vier Randsummen-Häufigkeiten werden, ebenfalls aus Tabelle 85, die entsprechenden Tabellenwerte notiert, ihre Summe sei S_3.
4. Dann ist die Teststatistik $\hat{G}$ definiert durch $\boxed{\hat{G}=S_1+S_2-S_3}$ (4.36a)
5. Die Teststatistik $\hat{G}$ ist für nicht zu schwach besetzte Vierfeldertafeln wie χ^2 verteilt; ein Freiheitsgrad steht zur Verfügung. (S. 271)
6. Sind alle 4 Erwartungshäufigkeiten E größer als 30, dann wird mit den beobachteten Häufigkeiten a, b, c, d gerechnet; die entsprechenden g-Werte werden aus Tabelle 85 entnommen, ihre Summe ist S_1.

Beispiel

Nehmen wir unser letztes Beispiel (Tabelle 82).

Tabelle 82 a.   Vierfeldertafel. Die nach Yates korrigierten Werte sind in Klammern gesetzt

Behandlung \ Patienten	gestorben		geheilt		Insgesamt
Übliche Therapie	15	(14 1/2)	85	(85 1/2)	100
Neue Therapie	4	(4 1/2)	77	(76 1/2)	81
Insgesamt	19		162		181

Der Rechengang im einzelnen: Aus Tabelle 86 erhalten wir für $14^1/_2$ [diejenigen Werte, die kleiner als die entsprechenden Erwartungswerte sind, werden um $^1/_2$ vermehrt, (S. 279)

Tabelle 85. $2n \ln n$ Werte für $n=0$ bis $n=399$ aus Woolf, B.: The log likelihood ratio test (the G-Test). Methods and tables for tests of heterogeneity in contingency tables, Ann. Human Genetics **21**, 397–409 (1957), table 1, p. 400–404)

	0	1	2	3	4	5	6	7	8	9
0	—	0,0000	2,7726	6,5917	11,0904	16,0944	21,5011	27,2427	33,2711	39,5500
10	46,0517	52,7537	59,6378	66,6887	73,8936	81,2415	88,7228	96,3293	104,0534	111,8887
20	119,8293	127,8699	136,0059	144,2327	152,5466	160,9438	169,4210	177,9752	186,6035	195,3032
30	204,0718	212,9072	221,8071	230,7695	239,7925	248,8744	258,0134	267,2079	276,4565	285,7578
40	295,1104	304,5129	313,9642	323,4632	333,0087	342,5996	352,2350	361,9139	371,6353	381,3984
50	391,2023	401,0462	410,9293	420,8509	430,8103	440,8067	450,8394	460,9078	471,0114	481,1494
60	491,3213	501,5266	511,7647	522,0350	532,3370	542,6703	553,0344	563,4288	573,8530	584,3067
70	594,7893	605,3003	615,8399	626,4071	637,0016	647,6232	658,2715	668,9460	679,6466	690,3728
80	701,1243	711,9008	722,7020	733,5275	744,3772	755,2507	766,1477	777,0680	788,0113	798,9773
90	809,9657	820,9764	832,0091	843,0635	854,1394	865,2366	876,3549	887,4939	898,6536	909,8337
100	921,0340	932,2543	943,4945	954,7542	966,0333	977,3317	988,6491	999,9854	1011,3403	1022,7138
110	1034,1057	1045,5157	1056,9437	1068,3896	1079,8532	1091,3344	1102,8329	1114,3487	1125,8816	1137,4314
120	1148,9980	1160,5813	1172,1811	1183,7974	1195,4298	1207,0784	1218,7430	1230,4235	1242,1197	1253,8316
130	1265,5588	1277,3003	1289,0597	1300,8329	1312,6211	1324,4242	1336,2421	1348,0748	1359,9220	1371,7838
140	1383,6599	1395,5503	1407,4549	1419,3736	1431,3062	1443,2528	1455,2131	1467,1872	1479,1748	1491,1760
150	1503,1906	1515,2185	1527,2597	1539,3140	1551,3814	1563,4618	1575,5551	1587,6612	1599,7800	1611,9115
160	1624,0556	1636,2122	1648,3812	1660,5626	1672,7562	1684,9620	1697,1799	1709,4099	1721,6519	1733,9058
170	1746,1715	1758,4490	1770,7381	1783,0389	1795,3512	1807,6751	1820,0104	1832,3570	1844,7149	1857,0841
180	1869,4645	1881,8559	1894,2584	1906,6719	1919,0964	1931,5317	1943,9778	1956,4346	1968,9022	1981,3804
190	1993,8691	2006,3684	2018,8782	2031,3984	2043,9290	2056,4698	2069,0209	2081,5823	2094,1537	2106,7353
200	2119,3269	2131,9286	2144,5402	2157,1616	2169,7930	2182,4341	2195,0850	2207,7456	2220,4158	2233,0957
210	2245,7852	2258,4841	2271,1926	2283,9105	2296,6637	2309,3744	2322,1203	2334,8755	2347,6398	2360,4134
220	2373,1961	2385,9879	2398,7888	2411,5986	2424,4174	2437,2452	2450,0818	2462,9273	2475,7816	2488,6447
230	2501,5165	2514,3970	2527,2861	2540,1839	2553,0903	2566,0052	2578,9286	2591,8605	2604,8008	2617,7496
240	2630,7067	2643,6721	2656,6458	2669,6279	2682,6181	2695,6165	2708,6231	2721,6378	2734,6607	2747,6915
250	2760,7305	2773,7774	2786,8323	2799,8951	2812,9658	2826,0444	2839,1308	2852,2251	2865,3271	2878,4369
260	2891,5544	2904,6797	2917,8125	2930,9530	2944,1011	2957,2568	2970,4200	2983,5908	2996,7690	3009,9547
270	3023,1479	3036,3484	3049,5563	3062,7716	3075,9942	3089,2241	3102,4613	3115,7057	3128,9573	3142,2162
280	3155,4822	3168,7553	3182,0356	3195,3229	3208,6174	3221,9188	3235,2273	3248,5428	3261,8652	3275,1946
290	3288,5309	3301,8741	3315,2242	3328,5811	3341,9449	3355,3155	3368,6928	3382,0769	3395,4677	3408,8653
300	3422,2695	3435,6804	3449,0979	3462,5221	3475,9526	3489,3902	3502,8341	3516,2845	3529,7415	3543,2049
310	3556,6748	3570,1512	3583,6340	3597,1232	3610,6188	3624,1208	3637,6291	3651,1437	3664,6647	3678,1919
320	3691,7254	3705,2652	3718,8112	3732,3634	3745,9217	3759,4864	3773,0571	3786,6340	3800,2169	3813,8060
330	3827,4012	3841,0024	3854,6096	3868,2229	3881,8422	3895,4675	3909,0987	3922,7359	3936,3790	3950,0281
340	3963,6830	3977,3438	3991,0105	4004,6831	4018,3615	4032,0456	4045,7356	4059,4314	4073,1329	4086,8402
350	4100,5532	4114,2719	4127,9963	4141,7264	4155,4622	4169,2036	4182,9507	4196,7033	4210,4616	4224,2255
360	4237,9949	4251,7699	4265,5504	4279,3365	4293,1280	4306,9251	4320,7276	4334,5356	4348,3490	4362,1679
370	4375,9922	4389,8219	4403,6570	4417,4975	4431,3433	4445,1945	4459,0510	4472,9129	4486,7800	4500,6524
380	4514,5302	4528,4131	4542,3013	4556,1948	4570,0935	4583,9974	4597,9064	4611,8207	4625,7401	4639,6647
390	4653,5945	4667,5293	4681,4693	4695,4144	4709,3645	4723,3198	4737,2801	4751,2454	4765,2158	4779,1912

Tabelle 85, 1. Fortsetzung. $2n \ln n$ Werte für $n = 400$ bis 799

n	0	1	2	3	4	5	6	7	8	9
400	4793,1716	4807,1571	4821,1475	4835,1429	4849,1432	4863,1485	4877,1588	4891,1739	4905,1940	4919,2190
410	4933,2489	4947,2836	4961,3232	4975,3577	4989,4170	5003,4712	5017,5301	5031,5939	5045,6625	5059,7358
420	5073,8140	5087,8968	5101,9845	5116,0769	5130,1740	5144,2758	5158,3823	5172,4935	5186,6095	5200,7300
430	5214,8553	5228,9852	5243,1197	5257,2589	5271,4027	5285,5510	5299,7040	5313,8616	5328,0238	5342,1905
440	5356,3618	5370,5376	5384,7179	5398,9028	5413,0922	5427,2861	5441,4845	5455,6874	5469,8947	5484,1066
450	5498,3228	5512,5435	5526,7687	5540,9983	5555,2323	5569,4707	5583,7134	5597,9606	5612,2122	5626,4681
460	5640,7284	5654,9930	5669,2620	5683,5353	5697,8129	5712,0948	5726,3810	5740,6715	5754,9663	5769,2654
470	5783,5687	5797,8763	5812,1882	5826,5042	5840,8245	5855,1491	5869,4778	5883,8107	5898,1479	5912,4892
480	5926,8347	5941,1843	5955,5081	5969,8961	5984,2582	5998,6244	6012,9948	6027,3693	6041,7478	6056,1305
490	6070,5173	6084,9081	6099,3031	6113,7020	6128,1051	6142,5122	6156,9233	6171,3385	6185,7577	6200,1809
500	6214,6081	6229,0393	6243,4745	6257,9137	6272,3569	6286,8040	6301,2551	6315,7102	6330,1692	6344,6321
510	6359,0989	6373,5697	6388,0444	6402,5230	6417,0055	6431,4919	6446,0622	6460,4763	6474,9744	6489,4762
520	6503,9820	6518,4915	6533,0050	6547,5222	6562,0433	6576,5682	6591,0969	6605,6294	6620,1657	6634,7058
530	6649,2496	6663,7973	6678,3487	6692,9038	6707,4628	6722,0254	6736,5918	6751,1620	6765,7358	6780,3134
540	6794,8947	6809,4797	6824,0683	6838,6007	6853,2568	6867,8565	6882,4599	6897,0670	6911,6777	6926,2921
550	6940,9101	6955,5318	6970,1570	6984,7860	6999,4185	7014,0546	7028,6943	7043,3377	7057,9846	7072,6351
560	7087,2892	7101,9469	7116,6081	7131,2729	7145,9412	7160,6131	7175,2885	7189,9674	7204,6649	7219,3359
570	7233,9255	7248,7185	7263,4150	7278,1150	7292,8185	7307,5255	7322,2360	7336,9520	7351,6674	7366,3883
580	7381,1126	7395,8404	7410,5716	7425,3063	7440,0443	7454,7859	7469,5308	7484,2791	7499,0309	7513,7860
590	7528,5446	7543,3065	7558,0719	7572,8406	7587,6126	7602,3881	7617,1669	7631,9490	7646,7345	7661,5234
600	7676,3156	7691,1111	7705,9100	7720,7121	7735,5176	7750,3264	7765,1385	7779,9540	7794,7727	7809,5947
610	7824,4199	7839,4485	7854,0803	7868,1154	7883,7538	7898,5954	7913,4403	7928,2884	7943,1397	7957,9943
620	7972,8522	7987,7132	8002,7775	8017,4450	8032,3157	8047,1896	8062,0667	8076,9470	8091,8304	8106,7171
630	8121,6070	8136,5000	8151,3962	8166,2956	8181,1981	8196,1038	8211,0126	8225,9245	8240,8396	8255,7579
640	8270,6793	8285,6038	8300,5314	8315,4621	8330,3960	8345,3329	8360,2730	8375,2161	8390,1623	8405,1117
650	8420,0641	8435,0196	8449,9781	8464,9397	8479,9044	8494,8722	8509,8430	8524,8168	8539,7937	8554,7736
660	8569,7566	8584,7426	8599,7316	8614,7236	8629,7187	8644,7168	8659,7178	8674,7219	8689,7290	8704,7391
670	8719,7521	8734,7682	8749,7872	8764,8092	8779,8342	8794,8621	8809,8930	8824,9269	8839,9637	8855,0035
680	8870,0462	8885,0919	8900,1405	8915,1920	8930,2464	8945,3038	8960,3641	8975,4273	8990,4934	9005,5625
690	9020,6344	9035,7093	9050,7870	9065,8676	9080,9511	9096,0375	9111,1267	9126,2188	9141,3139	9156,4117
700	9171,5125	9186,6161	9201,7225	9216,8318	9231,9439	9247,0589	9262,1767	9277,2974	9292,4208	9307,5471
710	9322,6763	9337,8082	9352,9429	9368,0805	9383,2209	9398,3640	9413,5100	9428,6588	9443,8103	9458,9646
720	9474,1217	9489,2816	9504,4443	9519,6097	9534,7779	9549,9489	9565,1226	9580,2991	9595,4783	9610,6603
730	9625,8450	9641,0325	9656,2227	9671,4156	9686,6113	9701,8096	9717,0107	9732,2146	9747,4211	9762,6303
740	9777,8423	9793,0569	9808,2743	9823,4943	9838,7171	9853,9425	9869,1706	9884,4014	9899,6348	9914,8710
750	9930,1098	9945,3513	9960,5954	9975,8422	9991,0917	10006,3438	10021,5986	10036,8560	10052,1160	10067,3787
760	10082,6440	10097,9120	10113,1826	10128,4558	10143,7316	10159,0100	10174,2911	10189,5748	10204,8610	10220,1499
770	10235,4414	10250,7355	10266,0321	10281,3314	10296,6333	10311,9377	10327,2447	10342,5543	10357,8665	10373,1812
780	10388,4985	10403,8184	10419,1408	10434,4658	10449,7933	10465,1234	10480,4561	10495,7913	10511,1290	10526,4693
790	10541,8121	10557,1574	10572,5052	10587,8556	10603,2085	10618,5640	10633,9219	10649,2824	10664,6453	10680,0108

Tabelle 85, 2. Fortsetzung. $2n \ln n$ Werte für $n = 800$ bis 1199

	0	1	2	3	4	5	6	7	8	9
800	10695,3788	10710,7492	10726,1222	10741,4977	10756,8756	10772,2561	10787,6390	10803,0244	10818,4123	10833,8026
810	10849,1955	10864,5908	10879,9886	10895,3888	10910,7915	10926,1966	10941,6042	10957,0143	10972,4268	10987,8417
820	11003,2591	11018,6789	11034,1012	11049,5259	11064,9530	11080,3826	11095,8146	11111,2490	11126,6858	11142,1250
830	11157,5667	11173,0107	11188,4572	11203,9060	11219,3573	11234,8110	11250,2670	11265,7255	11281,1863	11296,6496
840	11312,1152	11327,5832	11343,0535	11358,5263	11374,0014	11389,4789	11404,9588	11420,4410	11435,9256	11451,4125
850	11466,9018	11482,3934	11497,8874	11513,3838	11528,8825	11544,3835	11559,8869	11575,3926	11590,9006	11606,4110
860	11621,9237	11637,4387	11652,9561	11668,4758	11683,9977	11699,5220	11715,0487	11730,5776	11746,1088	11761,6424
870	11777,1782	11792,7163	11808,2568	11823,7995	11839,3445	11854,8918	11870,6414	11885,9933	11901,5471	11917,1039
880	11932,6626	11948,2235	11963,7868	11979,3523	11994,9201	12010,4901	12026,0624	12041,6370	12057,2138	12072,7929
890	12088,3742	12103,9578	12119,5436	12135,1316	12150,7219	12166,3145	12181,9092	12197,5062	12213,1054	12228,7069
900	12244,3106	12259,9165	12275,5246	12291,1349	12306,7475	12322,3622	12337,9792	12353,5984	12369,2198	12384,8434
910	12400,4692	12416,0972	12431,7273	12447,3597	12462,9943	12478,6310	12494,2700	12509,9111	12525,5544	12541,1999
920	12556,8476	12572,4974	12588,1494	12603,8036	12619,4599	12635,1184	12650,7791	12666,4419	12682,1069	12697,7740
930	12713,4433	12729,1148	12744,7884	12760,4641	12776,1420	12791,8220	12807,5042	12823,1885	12838,8749	12854,5635
940	12870,2542	12885,9470	12901,6419	12917,3390	12933,0382	12948,7395	12964,4429	12980,1485	12995,8561	13011,5659
950	13027,2778	13042,9917	13058,7078	13074,4260	13090,1463	13105,8687	13121,5931	13137,3197	13153,0483	13168,7791
960	13184,5119	13200,2468	13215,9838	13231,7229	13247,4640	13263,2072	13278,9525	13294,6999	13310,4493	13326,2008
970	13341,9544	13357,7100	13373,4677	13389,2277	13404,9892	13420,7531	13436,5190	13452,2869	13468,0569	13483,9934
980	13499,6030	13515,3792	13531,1573	13546,9375	13562,7198	13578,5040	13594,2903	13610,0787	13625,8690	13641,6614
990	13657,4558	13673,2522	13689,0506	13704,8511	13720,6536	13736,4580	13752,2645	13768,0730	13783,8835	13799,6960
1000	13815,5106	13831,3271	13847,1456	13862,9661	13878,7886	13894,6131	13910,4396	13926,2680	13942,0985	13957,9309
1010	13973,7653	13989,6017	14005,4401	14021,2805	14037,1228	14052,9671	14068,8134	14084,6616	14100,5118	14116,3640
1020	14132,2181	14148,0742	14163,9322	14179,7923	14195,6543	14211,5182	14227,3840	14243,2519	14259,1216	14274,9934
1030	14290,8670	14306,7426	14322,6201	14338,4996	14354,3810	14370,2644	14386,1497	14402,0369	14417,9260	14433,8171
1040	14449,7101	14465,6050	14481,5018	14497,4006	14513,3012	14529,2038	14545,1083	14561,0147	14576,9231	14592,8333
1050	14608,7454	14624,6595	14640,5754	14656,4933	14672,4130	14688,3347	14704,2582	14720,1836	14736,1110	14752,0402
1060	14767,9713	14783,9043	14799,8391	14815,7759	14831,7145	14847,6551	14863,5975	14879,5417	14895,4879	14911,4359
1070	14927,3858	14943,3376	14959,2912	14975,2467	14991,2040	15007,1633	15023,1244	15039,0873	15055,0521	15071,0187
1080	15086,9873	15102,9576	15118,9298	15134,9039	15150,8798	15166,8575	15182,8371	15198,8186	15214,8018	15230,7869
1090	15246,7739	15262,7626	15278,7533	15294,7457	15310,7400	15325,7361	15342,7340	15358,7338	15374,7354	15390,7388
1100	15406,7440	15422,7510	15438,7599	15454,7706	15470,7831	15486,7974	15502,8135	15518,8314	15534,8511	15550,8726
1110	15566,8960	15582,9211	15598,9480	15614,9767	15631,0073	15647,0396	15663,0737	15679,1068	15695,1473	15711,1868
1120	15727,2281	15743,2711	15759,3160	15775,3626	15791,4110	15807,4612	15823,5132	15839,5669	15855,6224	15871,6797
1130	15887,7388	15903,7996	15919,8622	15935,9266	15951,9927	15968,0606	15984,1303	16000,2017	16016,2749	16032,3498
1140	16048,4265	16064,5049	16080,5851	16096,6671	16112,7508	16128,8362	16144,9234	16161,0123	16177,1030	16193,1954
1150	16209,2896	16225,3855	16241,4832	16257,5825	16273,6836	16289,7865	16305,8911	16321,9974	16338,1054	16354,2152
1160	16370,3267	16386,4399	16402,5548	16418,6715	16434,7898	16450,9099	16467,0317	16483,1553	16499,2805	16515,4075
1170	16531,5361	16547,6665	16563,7986	16579,9324	16596,0679	16612,2057	16628,3439	16644,4845	16660,6268	16676,7708
1180	16692,9165	16709,0639	16725,2130	16741,3638	16757,5162	16773,5704	16789,8262	16805,9838	16822,1430	16838,3039
1190	16854,4664	16870,6307	16886,7966	16902,9642	16919,1335	16935,3045	16951,4771	16967,6515	16983,8274	17000,0051

Tabelle 85, 3. Fortsetzung. $2n \ln n$ Werte für $n = 1200$ bis 1599

n	0	1	2	3	4	5	6	7	8	9
1200	17016,1844	17032,3654	17048,5480	17064,7324	17080,9183	17097,1060	17113,2953	17129,4862	17145,6788	17161,8731
1210	17178,0690	17194,2666	17210,4659	17226,6667	17242,8663	17259,2594	17275,2793	17291,4867	17307,6958	17323,9066
1220	17340,1190	17356,3330	17372,5487	17388,7660	17404,9849	17421,2055	17437,4277	17453,6516	17469,8770	17486,1041
1230	17502,3328	17518,5632	17534,7952	17551,0288	17567,2640	17583,5081	17599,7393	17615,9794	17632,2211	17648,4644
1240	17664,7093	17680,9559	17697,2000	17713,4538	17729,7051	17745,9581	17762,2127	17778,4689	17794,7267	17810,9861
1250	17827,2471	17843,5097	17859,7739	17876,0397	17892,3071	17908,5760	17924,8466	17941,1188	17957,3925	17973,6679
1260	17989,9448	18006,2234	18022,5035	18038,7852	18055,0685	18071,3533	18087,6398	18103,9278	18120,2174	18136,5086
1270	18152,8013	18169,0957	18185,3916	18201,6890	18217,9881	18234,2887	18250,5909	18266,8947	18283,2000	18299,5069
1280	18315,8153	18332,1253	18348,4369	18364,7500	18381,0647	18397,3810	18413,6988	18430,0181	18446,3391	18462,6615
1290	18478,9855	18495,3111	18511,6382	18527,9669	18544,2971	18560,6289	18576,9622	18593,2970	18609,5334	18625,9713
1300	18642,3108	18658,6518	18674,9944	18691,3384	18707,6841	18724,0312	18740,3799	18756,7301	18773,0819	18789,4351
1310	18805,7899	18822,1463	18838,5041	18854,8635	18871,2244	18887,5868	18903,9508	18920,3162	18936,6832	18953,0517
1320	18969,4217	18985,7933	19002,1663	19018,5409	19034,9169	19051,2945	19067,6736	19084,0542	19100,4363	19116,8199
1330	19133,2050	19149,5916	19165,9798	19182,3694	19198,7605	19215,1531	19231,5473	19247,9429	19264,3400	19280,7386
1340	19297,1387	19313,5403	19329,9434	19346,3480	19362,7540	19379,1616	19395,5706	19411,9812	19428,3932	19444,8067
1350	19461,2217	19477,6381	19494,0561	19510,4755	19526,8964	19543,3187	19559,7426	19576,1679	19592,5947	19609,0230
1360	19625,4527	19641,8840	19658,3166	19674,7508	19691,1864	19707,6235	19724,0621	19740,5021	19756,9435	19773,3865
1370	19789,8350	19806,2768	19822,7241	19839,1739	19855,6231	19872,0748	19888,5279	19904,9825	19921,4386	19937,8961
1380	19954,3550	19970,8154	19987,2773	20003,7406	20020,2053	20036,6715	20053,1391	20069,6082	20086,0787	20102,5507
1390	20119,0241	20135,4989	20151,9752	20168,4529	20184,9321	20201,4126	20217,8947	20234,3781	20250,8630	20267,3493
1400	20283,8370	20300,3262	20316,8168	20333,3088	20349,8023	20366,2972	20382,7935	20399,2912	20415,7903	20432,2909
1410	20448,7929	20465,2963	20481,8011	20498,3073	20514,8168	20531,3240	20547,8345	20564,3464	20580,8597	20597,3744
1420	20613,8905	20630,4080	20646,9270	20663,9473	20679,9691	20696,4922	20713,0168	20729,5427	20746,0700	20762,5988
1430	20779,1290	20795,6606	20812,1935	20828,7279	20845,2636	20861,8008	20878,3393	20894,8792	20911,4206	20927,9633
1440	20944,5074	20961,0529	20977,5997	20994,1480	21010,6977	21027,2487	21043,8011	21060,3549	21076,9101	21093,4667
1450	21110,0246	21126,5840	21143,1447	21159,7067	21175,2702	21192,8350	21209,4012	21225,9688	21242,5378	21259,1081
1460	21275,6798	21292,2529	21308,8273	21325,4031	21341,9803	21358,5588	21375,1387	21391,7200	21408,3026	21424,8866
1470	21441,4720	21458,0587	21474,6468	21491,2051	21507,8270	21524,4191	21541,0126	21557,6075	21574,2037	21590,8013
1480	21607,4002	21624,0005	21640,6021	21657,2051	21673,8094	21690,4151	21707,0221	21723,6304	21740,2401	21756,8512
1490	21773,4636	21790,0773	21806,6924	21823,3088	21839,9265	21856,5456	21873,1661	21889,7878	21906,4109	21923,0354
1500	21939,6612	21956,2883	21972,9167	21989,5465	22006,1776	22022,8100	22039,4438	22056,0789	22072,7153	22089,3530
1510	22105,9921	22122,6325	22139,2742	22155,9172	22172,5616	22189,2073	22205,8543	22222,5026	22239,1522	22255,8032
1520	22272,4555	22289,1091	22305,7640	22322,4202	22339,0777	22355,7366	22372,3967	22389,0582	22405,7209	22422,3850
1530	22439,0504	22455,7171	22472,3851	22489,0544	22505,7251	22522,3977	22539,0702	22555,7447	22572,4205	22589,0977
1540	22605,7761	22622,4558	22639,1368	22655,8192	22672,5028	22689,1877	22705,8739	22722,5614	22739,2502	22755,9403
1550	22772,6317	22789,3243	22806,0183	22822,7135	22839,4100	22856,1079	22872,8070	22889,5074	22906,2090	22922,9120
1560	22939,6162	22956,3218	22973,0286	22989,7366	23006,4460	23023,1567	23039,8686	23056,5818	23073,2962	23090,0120
1570	23106,1623	23123,4473	23140,1669	23156,8877	23173,6088	23190,3332	23207,0579	23223,7838	23240,5110	23257,2395
1580	23273,9692	23290,7002	23307,4324	23324,1660	23340,9008	23357,6368	23374,3741	23391,1127	23407,8525	23424,5936
1590	23441,3360	23458,0796	23474,8244	23491,5706	23508,3179	23525,0666	23541,8164	23558,5676	23575,3200	23592,0736

Tabelle 85, 4. Fortsetzung. $2n \ln n$ Werte für $n = 1600$ bis 2009

n	0	1	2	3	4	5	6	7	8	9
1600	23608,8285	23625,5846	23642,3420	23659,1007	23675,8606	23692,6217	23709,3841	23726,1477	23742,9125	23759,6787
1610	23776,4461	23793,2147	23809,9845	23826,7556	23843,5279	23860,3016	23877,0763	23893,8523	23910,6296	23927,4081
1620	23944,1878	23960,9688	23977,7510	23994,5345	24011,3191	24028,1051	24044,8922	24061,6806	24078,4702	24095,2610
1630	24112,0531	24128,8465	24145,6409	24162,4366	24179,2335	24196,0317	24212,8311	24229,6318	24246,4336	24263,2367
1640	24280,0410	24296,8465	24313,6532	24330,4612	24347,2703	24364,0807	24380,8923	24397,7051	24414,5192	24431,3344
1650	24448,1509	24464,9685	24481,7874	24498,6075	24515,4288	24532,2513	24549,0750	24565,9000	24582,7261	24599,5534
1660	24616,3820	24633,2117	24650,0427	24666,8748	24683,7082	24700,5427	24717,3785	24734,2155	24751,0536	24767,8930
1670	24784,7335	24801,5753	24818,4183	24835,2624	24852,1077	24868,9543	24885,8020	24902,6509	24919,5011	24936,3524
1680	24953,2049	24970,0586	24986,9135	25003,7695	25020,6268	25037,4852	25054,3449	25071,2057	25088,0677	25104,9309
1690	25121,7953	25138,6608	25155,5276	25172,3955	25189,2646	25206,1349	25223,0064	25239,8790	25256,7528	25273,6278
1700	25290,5040	25307,3814	25324,2599	25341,1396	25358,0205	25374,9025	25391,7858	25408,6702	25425,5558	25442,4425
1710	25459,3304	25476,2195	25493,1097	25510,0011	25526,8937	25543,7875	25560,6824	25577,5785	25594,4757	25611,3741
1720	25628,2737	25645,1745	25662,0764	25678,9794	25695,8837	25712,7890	25729,6956	25746,6033	25763,5121	25780,4222
1730	25797,3333	25814,2454	25831,1592	25848,0738	25864,9889	25881,9005	25898,8246	25915,7439	25932,6657	25949,5859
1740	25966,5086	25983,4324	26000,3574	26017,2836	26034,2109	26051,1393	26068,0689	26084,9997	26101,9315	26118,8646
1750	26135,7987	26152,7340	26169,6705	26186,6081	26203,5468	26220,4867	26237,4277	26254,3699	26271,3132	26288,2576
1760	26305,2032	26322,1499	26339,0977	26356,0467	26372,9968	26389,9481	26406,9004	26423,8540	26440,8086	26457,7644
1770	26474,7213	26491,6793	26508,6385	26525,5988	26542,5602	26559,5227	26576,4864	26593,4512	26610,4171	26627,3842
1780	26644,3524	26661,3217	26678,2921	26695,2636	26712,2363	26729,2101	26746,1850	26763,1610	26780,1382	26797,1164
1790	26814,0958	26831,0763	26848,0579	26865,0407	26882,0246	26899,0095	26915,9956	26932,9827	26949,9711	26966,9605
1800	26983,9510	27000,9426	27017,9354	27034,9292	27051,9242	27068,9203	27085,9175	27102,9158	27119,9152	27136,9157
1810	27153,9173	27170,9200	27187,9238	27204,9288	27221,9348	27238,9419	27255,9501	27272,9595	27289,9699	27306,9814
1820	27323,9941	27341,0078	27358,0226	27375,0386	27392,0556	27409,0737	27426,0929	27443,1133	27460,1347	27477,1572
1830	27494,1808	27511,2055	27528,2312	27545,2581	27562,2861	27579,3151	27596,3453	27613,3765	27630,4088	27647,4422
1840	27664,4767	27681,5123	27698,5490	27715,5867	27732,6256	27749,6655	27766,7065	27783,7486	27800,7918	27817,8361
1850	27834,8814	27851,9278	27868,9753	27886,0239	27903,0736	27920,1243	27937,1761	27954,2290	27971,2830	27988,3380
1860	28005,3942	28022,4514	28039,5096	28056,5690	28073,6294	28090,6909	28107,7535	28124,8171	28141,8818	28158,9476
1870	28176,0145	28193,0824	28210,1514	28227,2214	28244,2926	28261,3648	28278,4380	28295,5124	28312,5878	28329,6642
1880	28346,7417	28363,8203	28380,9000	28397,9807	28415,0625	28432,1453	28449,2292	28466,3141	28483,4002	28500,4872
1890	28517,5754	28534,6646	28551,7548	28568,8461	28585,9385	28603,0319	28620,1264	28637,2219	28654,3185	28671,4161
1900	28688,5148	28705,6146	28722,7154	28739,8172	28756,9201	28774,0241	28791,1291	28808,2351	28825,3422	28842,4504
1910	28859,5596	28876,6698	28893,7811	28910,8934	28928,0068	28945,1212	28962,2367	28979,3532	28996,4707	29013,5893
1920	29030,7090	29047,8297	29064,9514	29082,0742	29099,1980	29116,3228	29133,4487	29150,5756	29167,7036	29184,8326
1930	29201,9626	29219,0936	29236,2258	29253,3589	29270,4931	29287,6283	29304,7645	29321,9018	29339,0401	29356,1794
1940	29373,3198	29390,4612	29407,6037	29424,7471	29441,8916	29459,0371	29476,1837	29493,3312	29510,4799	29527,6295
1950	29544,7801	29561,9318	29579,0845	29596,2383	29613,3930	29630,5488	29647,7056	29664,8634	29682,0223	29699,1821
1960	29716,3430	29733,5046	29750,6672	29767,8318	29784,9968	29802,1812	29819,3298	29836,4978	29853,6668	29870,8369
1970	29888,0080	29905,1800	29922,3531	29939,5273	29956,7024	29973,8785	29991,0557	30008,2338	30025,4130	30042,5932
1980	30059,7744	30076,9566	30094,1398	30111,3241	30128,5093	30145,6955	30162,8828	30180,0711	30197,2603	30214,4506
1990	30231,6419	30248,8342	30266,0274	30283,2217	30300,4170	30317,6133	30334,8106	30352,0089	30369,2082	30386,4085
2000	30403,6098	30420,8121	30438,0154	30455,2197	30472,4251	30489,6314	30506,8386	30524,0469	30541,2562	30558,4665

Tabelle 86. $2n \ln n$ Werte für $n = 1/2$ bis $n = 299\ 1/2$ (aus Woolf, B.: The log likelihood ratio test (the G-Test). Methods and tables for tests of heterogeneity in contingency tables, Ann. Human Genetics **21**, 397–409 (1957), table 2, p. 405)

	1/2	1 1/2	2 1/2	3 1/2	4 1/2	5 1/2	6 1/2	7 1/2	8 1/2	9 1/2
0	0,6931	1,2164	4,5815	8,7693	13,5367	18,7522	24,3334	30,2235	36,3811	42,7745
10	49,3789	56,1740	63,1432	70,2726	77,5503	84,9660	92,5109	100,1770	107,9575	115,8462
20	123,8374	131,9263	140,1082	148,3790	156,7350	165,1726	173,6887	182,2802	190,9445	199,6790
30	208,4813	217,3492	226,2806	235,2735	244,3262	253,4368	262,6038	271,8256	281,1007	290,4278
40	299,8055	309,2326	318,7078	328,2302	337,7985	347,4118	357,0690	366,7693	376,5117	386,2953
50	396,1193	405,9829	415,8854	425,8259	435,8039	445,8185	455,8692	465,9553	476,0761	486,2312
60	496,4198	506,6416	516,8958	527,1821	537,4998	547,8486	558,2279	568,6372	579,0762	589,5444
70	600,0414	610,5667	621,1201	631,7010	642,3091	652,9441	663,6055	674,2931	685,0065	695,7454
80	706,5094	717,2983	728,1117	738,9494	749,8110	760,6963	771,6050	782,5368	793,4915	804,4687
90	815,4683	826,4900	837,5336	848,5988	859,6854	870,7931	881,9218	893,0712	904,2411	915,4314
100	926,6417	937,8719	949,1219	960,3913	971,6801	982,9880	994,3149	1005,6605	1017,0248	1028,4075
110	1039,8084	1051,2275	1062,6645	1074,1193	1085,5916	1097,0815	1108,5817	1120,1130	1131,6544	1143,2126
120	1154,7284	1166,3792	1177,9944	1189,6116	1201,2521	1212,9087	1224,5813	1236,2697	1247,9737	1259,6933
130	1271,4284	1283,1788	1294,9444	1306,7251	1318,5208	1330,3313	1342,1566	1353,9966	1365,8511	1377,7200
140	1389,6033	1401,5008	1413,4125	1425,3382	1437,2778	1449,2312	1461,1985	1473,1793	1485,1737	1497,1816
150	1509,2029	1521,2374	1533,2852	1545,3461	1557,4200	1569,5068	1581,6065	1593,7190	1605,8442	1617,9820
160	1630,1324	1642,2952	1654,4704	1666,6578	1678,8576	1691,0695	1703,2823	1715,5294	1727,7773	1740,0371
170	1752,3087	1764,5921	1776,8870	1789,1936	1801,5118	1813,8413	1826,1823	1838,5346	1850,8981	1863,2729
180	1875,5588	1888,0558	1900,4638	1912,8828	1925,3127	1937,7534	1950,2048	1962,6671	1975,1399	1987,6234
190	2000,1175	2012,6220	2025,1370	2037,6624	2050,1981	2062,7441	2075,3003	2087,8667	2100,4433	2113,0299
200	2125,6265	2138,2331	2150,8497	2163,4761	2176,1123	2188,7583	2201,4141	2214,0795	2226,7546	2239,4392
210	2252,1335	2264,8372	2277,5503	2290,2729	2303,0041	2315,7462	2328,4967	2341,2565	2354,0255	2366,8036
220	2379,5909	2392,3872	2405,1926	2418,0069	2430,8302	2443,6624	2456,5035	2469,3534	2482,2120	2495,0795
230	2507,9556	2520,8405	2533,7340	2546,6360	2559,5467	2572,4658	2585,3935	2598,3296	2611,2742	2624,2271
240	2637,1884	2650,1580	2663,1358	2676,1220	2689,1163	2702,1188	2715,1295	2728,1482	2741,1751	2754,2100
250	2767,2529	2780,3038	2793,3627	2806,4295	2819,5041	2832,5867	2845,6770	2858,7752	2871,8811	2884,9947
260	2898,1161	2911,2451	2924,3818	2937,5261	2950,6780	2963,8375	2977,0045	2990,1790	3003,3609	3016,5504
270	3029,7472	3042,9514	3056,1630	3069,3820	3082,6083	3095,8418	3109,0826	3122,3306	3135,5859	3148,8483
280	3162,1179	3175,3946	3188,5784	3201,9693	3215,2544	3228,5722	3241,8842	3255,2031	3268,5291	3281,8619
290	3295,2017	3308,5483	3321,9018	3335,2622	3348,6293	3362,0033	3375,3840	3388,7715	3402,1657	3415,5665

p	$2 \cdot \ln p$
2	1,386294361
3	2,197224577
4	2,772588722
5	3,218875825
6	3,583518938
7	3,891820306
8	4,158883083
9	4,394449155
10	4,605170186
11	4,795790556
13	5,129898725
17	5,666426699
19	4,888877971
20	5,991464547
40	7,377758908
50	7,824046011
100	9,210340372

Tabelle 87.   Hilfstafel zur Berechnung großer Werte $2n \ln n$ (aus B. Woolf: The log likelihood ratio test (the G-Test). Methods and tables for tests of heterogeneity in contingency tables, Ann. Human Genetics **21**, 397–409 (1957), table 5, p. 408)

diejenigen, die größer sind, werden um $^1/_2$ vermindert (bei schwach besetzten Tafeln ist diese Korrektur notwendig, da $\hat{G}_{unkorrigiert}$ stets merklich größer ist als $\hat{\chi}^2_{unkorrigiert}$)] den Tabellenwert 77,5503 und für die drei anderen Besetzungszahlen die entsprechenden g-Werte, insgesamt:

$$77,5503$$
$$760,6963$$
$$13,5367$$
$$\underline{663,6055}$$
$$S_1 = 1515,3888$$

Für $n = 181$ entnehmen wir Tabelle 85

S. 274/278

$$S_2 = \underline{1881,8559}$$
$$S_1 + S_2 = 3397,2447$$

Die g-Werte für die Randsummen:

$$921,0340$$
$$711,9008$$
$$\underline{111,8887}$$
$$1648,3812$$
$$S_3 = 3393,2047$$

Dann ist $\hat{G} = S_1 + S_2 - S_3 = 4,04 > 2,71$.

Woolf (1957) gibt g-Werte für $n = 1$ bis $n = 2009$ (Tabelle 85) und für $n = {}^1/_2$ bis $n = 299^1/_2$ (Tabelle 86) (kontinuitätskorrigierter Vierfeldertest), Kullback und Mitarb. (1962) geben Tafeln für $n = 1$ bis $n = 10000$. Im allgemeinen kommt man mit den von Woolf gegebenen Tafeln aus; darüber hinaus gibt Woolf Hilfstafeln, die es gestatten, für $n > 2009$ ohne größeren Rechenaufwand die benötigten g-Werte bis $n \simeq 20000$ auf 3 Dezimalen genau, bis $n \simeq 200000$ auf 2 Dezimalen genau zu erhalten: n wird durch eine Zahl p geteilt, dann kommt $\frac{n}{p} = q$ in den Bereich der Tabelle 85. Der gesuchte Wert von n, kurz g von n oder $g(n) = 2n \ln n = p \cdot 2q \cdot \ln q + n \cdot 2 \cdot \ln p = p \cdot g(q) + n \cdot 2 \cdot \ln p$. Zur Verringerung der Rundungsfehler sollte die ganze Zahl p so klein wie möglich gewählt werden.

Tabelle 87 gibt für ganzzahlige Werte p die entsprechenden $2 \cdot \ln p$-Werte.

Beispiel

Der Wert $2n \cdot \ln n$ soll für $n = 10000$ auf 3 Dezimalen genau ermittelt werden. Wir wählen

$p = 10$ und erhalten $q = \dfrac{n}{p} = \dfrac{10\,000}{10} = 1000.$

$$
\begin{aligned}
g(q) &= 13\,815{,}5106 \\
p \cdot g(q) &= 138\,155{,}106 \quad \leftarrow \\
2\ln p &= 4{,}605170187 \quad \Big] \; + \\
n \cdot 2\ln p &= 46\,051{,}70187 \quad \leftarrow \\
\hline
g(n) &\simeq 184\,206{,}808
\end{aligned}
$$

Die Kullback-Tafeln zeigen, daß $g(n) = 184\,206{,}807$. Für den Fall, daß n durch einen der vorgegebenen p-Werte nicht ohne Rest teilbar ist, gibt Woolf zwei weitere Hilfstafeln, die bei Bedarf der Originalarbeit zu entnehmen sind.

462   Schnelltests zur Beurteilung von Unterschieden im Häufigkeitsverhältnis von Alternativdaten

Vierfeldertafeln des Typs

Tabelle 88

		Alternative		Σ
		1	2	
Stichprobe oder Alternative	1	a	b	n_1
	2	c	d	n_2
	Σ	n_3	n_4	n

in denen ein Randsummenpaar – die Zeilensummen $(a+b) = n_1$ und $(c+d) = n_2$ oder die Spaltensummen $(a+c) = n_3$ und $(b+d) = n_4$ –
1. numerisch genau gleich sind, werden approximativ nach

$$
\begin{array}{l}
n_1 = n_2 \\
\text{oder} \\
n_3 = n_4
\end{array}
\qquad
\boxed{\hat{z} = \dfrac{(a+d) - (b+c)}{\sqrt{n}}}
\qquad n \gtrsim 25 \qquad\qquad (4.37)
$$

getestet;

2. stark differiert – die Tabelle wird so notiert, daß die Zeilensummen n_1 und n_2 das stark $\boxed{\text{S. 53}}$ differierende Randsummenpaar darstellen – werden approximativ nach

$$
n_1 \ll n_2
\qquad
\boxed{\hat{z} = \dfrac{(a-b) - (n_3 - n_4)\,n_1/n}{\sqrt{n_1}}}
\qquad n_1 \geqq 10 \qquad (4.38)
$$

geprüft, die kleinere Zeilensumme sollte mindestens 10 betragen. Tabelle 82 ist ein Beispiel für diesen Fall. Nach der Umnotierung erhalten wir (wie auf S. 271):

Tabelle 89

15	4	19
85	77	162
100	81	181

$$
\hat{z} = \frac{(15 - 4) - (100 - 81) \cdot 19/181}{\sqrt{19}} = 2{,}066 > 1{,}645 = z_{0{,}05;\,\text{einseitig}}.
$$

Parameter-Schätzungen werden in einigen Fällen (vgl. z.B. S. 43 und S. 133) durch die Dach-Symbolik gekennzeichnet. Wir benutzen diese Symbolik (von S. 98 an) außerdem, um anhand konkreter Stichprobenwerte geschätzte (berechnete) Prüfgrößen wie das $\hat{z} = 2{,}066$ auf S. 281 (oder z.B. $\hat{t}$, $\hat{F}$, $\hat{\chi}^2$) gut von den zur Beurteilung benutzten, tabelliert vorliegenden kritischen Schranken wie $z_{0,05;\,einseitig} = 1{,}645$ (bzw. $t_{v;\alpha}$, $F_{v_1;v_2;\alpha}$, $\chi^2_{v;\alpha}$) zu unterscheiden. Beachtet sei, daß unter H_0: (1) $\hat{z}$ nur für $n \to \infty$, (2) $\hat{\chi}^2$ nur für $n \to \infty$ (d.h. auch große Erwartungshäufigkeiten), (3) $\hat{t}$ und $\hat{F}$ jedoch für beliebiges n exakt wie die entsprechenden theoretischen Verteilungen verteilt sind.

Hinweise

1. Für den *Vergleich zweier Vierfeldertafeln* hat Le Roy (1962) einen einfachen χ^2-Test vorgeschlagen. Dieser Test prüft die Nullhypothese, die analogen Stichproben-Verteilungen zweier Vierfeldertafeln entstammen ein und derselben Grundgesamtheit (Alternativhypothese: Ungleichheit der Grundgesamtheiten).
Gehen wir von Material I und II aus

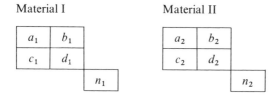

Material I   Material II

a_1	b_1		a_2	b_2
c_1	d_1		c_2	d_2
	n_1			n_2

dann läßt sich die Gleichwertigkeit der beiden Vierfeldertafeln anhand von

$$\hat{\chi}^2 = \frac{n_1 + n_2}{n_1 n_2} \cdot (n_1 Q + n_2 q) - (n_1 + n_2) \qquad (4.39)$$

$\boxed{S.\ 112}$ $FG = 3$

prüfen. Tabelle 90 erklärt über die Quotienten a, b, c, d (Spalte 4) und die Differenzen A, B, C, D (Spalte 5) die Berechnung der Produktsummen q und Q [(4.39) ist mit (6.1/6.1a) S. 358 und 361 für $k = 4$ identisch].

Tabelle 90

1	2	3	4	5	6	7
a_1	a_2	$a_1 + a_2$	$a_1/(a_1 + a_2)\ =\ a$	$A = 1 - a$	$a_1 a$	$a_2 A$
b_1	b_2	$b_1 + b_2$	$b_1/(b_1 + b_2)\ =\ b$	$B = 1 - b$	$b_1 b$	$b_2 B$
c_1	c_2	$c_1 + c_2$	$c_1/(c_1 + c_2)\ =\ c$	$C = 1 - c$	$c_1 c$	$c_2 C$
d_1	d_2	$d_1 + d_2$	$d_1/(d_1 + d_2)\ =\ d$	$D = 1 - d$	$d_1 d$	$d_2 D$
n_1	n_2	$n_1 + n_2$	-	-	q	Q

Wird darauf geachtet, daß keine der acht Besetzungszahlen < 3 ist, so darf dieser Test durchgeführt werden; er wird jedoch für schwach besetzte Tafeln als Näherungswert beurteilt werden müssen.
2. Lassen sich die Häufigkeiten einer Vierfeldertafel durch Berücksichtigung einer weiteren Variablen aufgliedern, dann ist ein von Bross (1964) (vgl. auch Ury 1966) beschriebener *verallgemeinerter Vorzeichentest* zu empfehlen. In der zitierten Arbeit findet sich ein instruktives Beispiel.
3. Vierfeldertafeln mit gegebenen Randsummen analysiert Rao (1965).

463   Der von McNemar modifizierte Vorzeichentest

Zwei Versuche an denselben Individuen: Signifikanz einer Änderung des Häufigkeitsverhältnisses zweier abhängiger Verteilungen von Alternativdaten

Wird eine Stichprobe *zweimal* – etwa in einem gewissen zeitlichen Abstand oder unter veränderten Bedingungen – auf ein bestimmtes alternatives Merkmal hin untersucht, so haben wir es im allgemeinen nicht mehr mit unabhängigen, sondern mit *abhängigen Stichproben* zu tun. Jedes Stichprobenelement liefert zwei Beobachtungsdaten, die paarweise einander zugeordnet sind.

Das Häufigkeitsverhältnis der beiden Alternativen wird sich von der ersten zur zweiten Untersuchung mehr oder weniger verändern. Die Intensität dieser Änderung prüft der als χ^2-Test von McNemar (1947) bekannte Vorzeichentest, genauer, er schöpft die Information aus, wie viele Individuen von der ersten zur zweiten Untersuchung in eine andere Kategorie übergewechselt sind. Wir haben eine Vierfeldertafel mit einem Eingang für die erste Untersuchung und mit einem zweiten Eingang für die zweite Untersuchung vorliegen:

Tabelle 91

	II. Untersuchung	
I. Untersuchung II/I	+	-
+	a	b
-	c	d

Die Nullhypothese lautet: Die Häufigkeiten in der Grundgesamtheit sind für beide Untersuchungen nicht unterschiedlich, d. h. die Häufigkeiten b und c zeigen nur zufällige Stichprobenschwankungen. Da diese beiden Häufigkeiten die einzig möglichen Häufigkeiten darstellen, die sich von Untersuchung I zu Untersuchung II ändern, wobei b von + nach − und c von − nach + wechselt, konnte von McNemar gezeigt werden, daß sich Änderungen dieser Art (sobald $(b+c)/2 \geqq 4$) mit Bennett und Underwood (1970) (vgl. auch Gart 1969, Maxwell 1970 und Bennett 1971) nach (4.40)

$$\hat{\chi}^2 = \frac{(b-c)^2}{b+c+1} \qquad FG = 1 \qquad (4.40)$$

und – wenn $(b+c) < 30$ – mit Kontinuitätskorrektur nach (4.40a) prüfen lassen.

$$\hat{\chi}^2 = \frac{(|b-c|-1)^2}{b+c+1} \qquad FG = 1 \qquad (4.40\,a)$$

Man vergleicht somit die Häufigkeiten b und c und prüft, ob sie eine deutliche Abweichung vom Verhältnis 1:1 aufweisen (vgl. auch S. 268/269). Unter der Nullhypothese gilt für beide beobachteten Häufigkeiten b und c eine Erwartungshäufigkeit $(b+c)/2$. Je mehr b und c von diesem Erwartungswert abweichen, umso weniger wird man auf die Nullhypothese vertrauen. Wenn über die Richtung der zu erwarteten Änderung bereits vor Durchführung des Versuches eine begründete Annahme gemacht werden kann, darf einseitig getestet werden. Eine Berechnung des entsprechenden Vertrauensbereiches ist Sachs (1972) zu entnehmen. (S. 271)

Beispiel

An einer Stichprobe von 40 Patienten wird ein Präparat mit einem Placebo verglichen. Die Patienten beginnen je zur Hälfte mit dem einen bzw. dem anderen Präparat. Zwischen beiden Therapiephasen wird eine genügend lange therapiefreie Phase eingeschaltet. Aufgrund der Aussagen der Patienten stuft der Arzt die Wirkung als „schwach" oder „stark" ein.

Wir prüfen die Nullhypothese (gleiche Wirksamkeit beider Präparate) auf dem 5%-Niveau bei einseitiger Fragestellung (das Präparat ist wirksamer als das Leerpräparat). Über die Randsummen des Vierfelderschemas werden folgende Zuordnungen erhalten:

Tabelle 92

		Placebo-Wirkung (Wirkg. d. Leerpräp.)	
		stark	schwach
Wirkung des Präparates	stark	8	16
		a	b
		c	d
	schwach	5	11

$$\hat{\chi}^2 = \frac{(16-5-1)^2}{16+5+1} = 4{,}545$$

S. 271 Dieser Wert entspricht nach Tabelle 83 für den vorliegenden einseitigen Test einer Wahrscheinlichkeit von $P \simeq 0{,}0165$. Betrachten wir das Beispiel noch etwas genauer: In Tabelle 92 sagen uns die 11 Patienten, die auf beide Präparate schwach reagiert haben und die 8 Patienten, die in beiden Fällen eine starke Wirkung erkennen ließen, nichts über den möglichen Unterschied zwischen Präparat und Placebo. Die wesentliche Auskunft entnimmt man den Feldern b und c.

Schwache Placebo- und starke Präparatwirkung: 16 Patienten
Schwache Präparat- und starke Placebowirkung: 5 Patienten
Insgesamt: 21 Patienten

Bestünde zwischen den beiden Präparaten kein echter Unterschied, dann sollten wir erwarten, daß sich die Häufigkeiten b und c wie $1:1$ verhalten. Abweichungen von diesem Verhältnis lassen sich auch mit Hilfe der Binomialverteilung prüfen. Für die einseitige Fragestellung erhalten wir

$$P(x \leqq 5 \mid n=21, p=0{,}5) = \sum_{x=0}^{x=5} \binom{21}{x} \left(\frac{1}{2}\right)^x \left(\frac{1}{2}\right)^{21-x} = 0{,}0133$$

oder anhand der Approximation über die Normalverteilung

$$\hat{z} = \frac{|5 + 0{,}5 - 21 \cdot 0{,}5|}{\sqrt{21 \cdot 0{,}5 \cdot 0{,}5}} = 2{,}182, \quad \text{d. h.} \quad P(x \leqq 5) < 0{,}015.$$

Der als Test von McNemar in der Psychologie bekannte *Vorzeichentest* basiert auf den Vorzeichen der Differenzen gepaarter Beobachtungen. Er ist eine häufig benutzte Form des oben eingeführten Tests. Man zählt die Zahl der Pluszeichen und die Zahl der Minuszeichen. Die Nullhypothese lautet: Beide Vorzeichen sind mit gleicher Wahrscheinlichkeit zu erwarten. Sie wird mit Hilfe eines kontinuitätskorrigierten χ^2-Tests geprüft:

$$\hat{\chi}^2 = \frac{(|n_{\text{Plus}} - n_{\text{Minus}}| - 1)^2}{n_{\text{Plus}} + n_{\text{Minus}} + 1} \qquad (4.40\,\text{b})$$

Die Nullhypothese ist dann $\dfrac{n_{\text{Plus}}}{n_{\text{Plus}}+n_{\text{Minus}}}=\,^1/_2$ bzw. $\dfrac{n_{\text{Minus}}}{n_{\text{Plus}}+n_{\text{Minus}}}=\,^1/_2$. Die Alternativhypothese ist die Negation dieser Aussage. Es handelt sich somit um eine *Prüfung auf 1/2*. Da $\chi^2_{1;\,0,05}=3,84$, müssen zur Erzielung eines signifikanten Unterschiedes auf dem 5%-Niveau 6 Pluszeichen 0 Minuszeichen (oder umgekehrt) gegenüberstehen bzw. 8 Pluszeichen 1 Minuszeichen (oder umgekehrt). Soll der Unterschied noch besser gesichert werden, beispielsweise auf dem 1%-Niveau mit $\chi^2_{1;\,0,01}=6,63$, dann müssen sich die Häufigkeiten wie 9 zu 0 oder 11 zu 1 gegenüberstehen.

Eine Verallgemeinerung dieses Tests für den Vergleich mehrerer abhängiger Stichproben von Alternativdaten ist der Q-Test von Cochran (1950), den wir auf S. 377 bringen (vgl. auch Seeger 1966, Bennett 1967, Marascuilo und McSweeney 1967, Seeger und Gabrielsson 1968 sowie Tate und Brown 1970).

464   Die additive Eigenschaft von χ^2

Wiederholt durchgeführte Experimente an heterogenem Material, die sich nicht gemeinsam analysieren lassen, mögen folgende $\hat\chi^2$-Werte $\hat\chi^2_1, \hat\chi^2_2, \hat\chi^2_3 \ldots$ mit $v_1, v_2, v_3 \ldots$ Freiheitsgraden liefern. Dann kann das Ergebnis aller Versuche als äquivalent einem $\hat\chi^2$-Wert aufgefaßt werden, der durch $\hat\chi^2_1 + \hat\chi^2_2 + \hat\chi^2_3 + \ldots$ mit $v_1 + v_2 + v_3 + \ldots$ Freiheitsgraden gegeben ist. Bei der Zusammenfassung von $\hat\chi^2$-Werten aus Vierfeldertafeln ist zu beachten, daß sie *ohne* Yates-Korrektur ermittelt sein müssen, da diese zur Überkorrektur neigt.

Beispiel

Bei der Prüfung einer Nullhypothese ($\alpha = 0,05$) sei ein Experiment – sagen wir an unterschiedlichen Orten und an unterschiedlichem Material – viermal durchgeführt worden. Die entsprechenden $\hat\chi^2$-Werte seien für jeweils einen Freiheitsgrad 2,30; 1,94; 3,60 und 2,92. Die Nullhypothese kann nicht abgelehnt werden. Aufgrund der additiven Eigenschaft von χ^2 lassen sich die Ergebnisse zusammenfassen:

$$\hat\chi^2 = 2,30 + 1,94 + 3,60 + 2,92 = 10.76 \quad \text{mit} \quad 1+1+1+1 = 4 \; FG.$$

Da $\hat\chi^2_{0,05}$ für $4\,FG = 9,488$, muß für alle vier Experimente die Nullhypothese auf dem 5%-Niveau abgelehnt werden.

Hinweis: Kombination vergleichbarer Testresultate

Mitunter liegen über einen bestimmten Sachverhalt mehrere Untersuchungen vor, für die unterschiedliche statistische Tests (z. B. U-Test und t-Test) benutzt worden sind. Will man nun diese *vergleichbaren* statistischen Aussagen zu einem Gesamtergebnis zusammenfassen, so kann man folgende *Näherungsmethoden* benutzen:
1. P-Werte lassen sich durch Bildung des harmonischen Mittels kombinieren: z. B. für $n=2$ mit $P_1 = 0,06$, $P_2 = 0,08$ ergibt sich ein $P = n/\sum P_i^{-1} = 2/(\{1/0,06\}+\{1/0,08\}) = 0,069$.
2. χ^2-Werte können kombiniert werden, indem man die entsprechenden Wahrscheinlichkeiten multipliziert: z. B. $P_1 = 0,06$, $P_2 = 0,08$; d. h. $P = P_1 \cdot P_2 = 0,06 \cdot 0,08 = 0,0048 \simeq 0,005$.
Näheres ist Good (1958) und Kincaid (1962) zu entnehmen (siehe auch S. 96).

465   Die Kombination von Vierfeldertafeln

Liegen mehrere Vierfeldertafeln vor, die nicht als Wiederholungen aufgefaßt werden können, da sich von Tafel zu Tafel die Bedingungen für die jeweils gemeinsam betrachteten Stichproben n_1 und n_2 ($n_1 + n_2 = n$) ändern, dann empfiehlt Cochran (1954) die beiden folgenden Verfahren als ausreichend genaue Näherungslösungen (vgl. auch Radhakrishna 1965, Horbach 1967 und Sachs 1972):

I. Die Stichprobenumfänge n_k der i Vierfeldertafeln ($k=1, \ldots, i$) unterscheiden sich nicht sehr stark voneinander (höchstens um den Faktor 2); die Proportionen $a/(a+b)$

und $c/(c+d)$ (Tabelle 81) liegen für alle Tafeln im Bereich von etwa 20% bis 80%. Dann läßt sich die Frage nach der Bedeutsamkeit einer Aussage aufgrund von i kombinierten Vierfeldertafeln anhand der Normalverteilung nach

$$\hat{z}=\frac{\sum\hat{\chi}}{\sqrt{i}} \quad \text{bzw.} \quad \hat{z}=\frac{\sum\sqrt{\hat{G}}}{\sqrt{i}}. \tag{4.41 ab}$$

testen. Die Prüfung im einzelnen:

1. Aus den ohne Yates-Korrektur für die i Vierfeldertafeln ermittelten $\hat{\chi}^2$- oder $\hat{G}$-Werten (vgl. Abschnitt 461, zweite Hälfte) die Quadratwurzel ziehen.
2. Die Vorzeichen dieser Werte sind durch die Vorzeichen der Differenzen $a/(a+b)$ $-c/(c+d)$ gegeben.
3. Die Summe der $\hat{\chi}$- bzw. $\sqrt{\hat{G}}$-Werte bilden (Vorzeichen beachten!).
4. Aus der Anzahl der kombinierten Vierfeldertafeln die Quadratwurzel ziehen.
5. Nach obiger Formel den Quotienten $\hat{z}$ bilden.
6. Die Bedeutsamkeit von $\hat{z}$ anhand von Tafeln der Standardnormalvariablen (Tabelle 14 bzw. Tabelle 43) prüfen.

Auf ein Beispiel wird verzichtet.

II. Hinsichtlich der Stichprobenumfänge n_k der i Vierfeldertafeln und der jeweiligen Proportionen $a/(a+b)$ und $c/(c+d)$ werden keinerlei Voraussetzungen gemacht. Hier läßt sich die Frage nach der Bedeutsamkeit einer Aussage anhand der Normalverteilung nach

$$\hat{z}=\frac{\sum W_i \cdot D_i}{\sqrt{\sum W_i \cdot p_i(1-p_i)}} \tag{4.42}$$

prüfen. Hierin bedeuten: $W_i=$ das Gewicht der i-ten Stichprobe mit den Häufigkeiten a_i, b_i, c_i und d_i (Tabelle 81), definiert als

$$W_i=\frac{n_{i1}\cdot n_{i2}}{n_i}$$

wobei $n_{i1}=a_i+b_i$; $n_{i2}=c_i+d_i$ und $n_i=n_{i1}+n_{i2}$; $p_i=$ das durchschnittliche Verhältnis, gegeben durch

$$p_i=\frac{a_i+c_i}{n_i}$$

und $D_i=$ die Differenz zwischen den Proportionen:

$$D_i=a_i/n_{i1}-c_i/n_{i2}.$$

Zur Illustration geben wir das von Cochran zitierte Beispiel.

Beispiel

Die Neugeborenen-Erythroblastose beruht auf der Unverträglichkeit zwischen *rh*-negativem mütterlichen und *Rh*-positivem embryonalen Blut, die u.a. zur Zerstörung embryonaler Erythrocyten führt, ein Prozeß, der nach der Geburt durch Austauschtransfusion behandelt wird: Das Blut des Kindes wird durch gruppengleiches *rh*-negatives Spenderblut ersetzt.
An 179 Neugeborenen einer Bostoner Klinik (Allen, Diamond and Watrous: The New

Engl. J. Med. **241** [1949] 799–806) ist beobachtet worden, daß das Blut weiblicher Spender von den Kindern besser vertragen wird als das männlicher Spender.

Es soll geprüft werden, ob ein Zusammenhang zwischen dem Geschlecht des Blutspenders und der Alternative Sterben oder Überleben nachweisbar ist. Die 179 Fälle konnten wegen der unterschiedlichen Symptomatik nicht als einheitlich angesehen werden. So wurden sie nach der Schwere der Symptome als einer möglicherweise intervenierenden Variablen in 4 in sich homogene Gruppen geteilt. Die Ergebnisse sind in Tabelle 93 zusammengefaßt:

Tabelle 93. Die Stichprobenumfänge variieren zwar nur von 33–60, die Anteile der Verstorbenen jedoch von 3% bis 46%, so daß die 4 Tafeln nach dem zweiten Verfahren kombiniert werden

Symptome	Geschlecht des Blutspenders	Anzahl der Verstorbenen	Anzahl der Oberlebenden	Insgesamt	Anteil der Verstorbenen in Prozent
keine	männlich	2	21	$23 = n_{11}$	$8{,}7 = p_{11}$
	weiblich	0	10	$10 = n_{12}$	$0{,}0 = p_{12}$
	Insgesamt	2	31	$33 = n_1$	$6{,}1 = p_1$
geringe	männlich	2	40	$42 = n_{21}$	$4{,}8 = p_{21}$
	weiblich	0	18	$18 = n_{22}$	$0{,}0 = p_{22}$
	Insgesamt	2	58	$60 = n_2$	$3{,}3 = p_2$
mäßige	männlich	6	33	$39 = n_{31}$	$15{,}4 = p_{31}$
	weiblich	0	10	$10 = n_{32}$	$0{,}0 = p_{32}$
	Insgesamt	6	43	$49 = n_3$	$12{,}2 = p_3$
starke	männlich	17	16	$33 = n_{41}$	$51{,}5 = p_{41}$
	weiblich	0	4	$4 = n_{42}$	$0{,}0 = p_{42}$
	Insgesamt	17	20	$37 = n_4$	$45{,}9 = p_4$

Anhand einer Hilfstafel (Tabelle 94) mit p_i in % und $H = 100$

Tabelle 94

Symptome	D_i	p_i	$p_i(H - p_i)$	$W_i = \dfrac{n_{i1} \cdot n_{i2}}{n_i}$	$W_i D_i$	$W_i p_i(H - p_i)$
keine	$8{,}7 - 0{,}0 = 8{,}7$	6,1	573	7,0	60,90	4011,0
geringe	$4{,}8 - 0{,}0 = 4{,}8$	3,3	319	12,6	60,48	4019,4
mäßige	$15{,}4 - 0{,}0 = 15{,}4$	12,2	1071	8,0	123,20	8568,0
starke	$51{,}5 - 0{,}0 = 51{,}5$	45,9	2483	3,6	185,40	8938,8
					429,98	25537,2
					$\sum W_i D_i$	$\sum W_i p_i(H - p_i)$

erhalten wir $\quad \hat{z} = \dfrac{429{,}98}{\sqrt{25\,537{,}2}} = 2{,}69.$

Bei der vorliegenden zweiseitigen Fragestellung entspricht diesem $\hat{z}$-Wert eine Irrtumswahrscheinlichkeit von 0,0072. Wir dürfen also darauf vertrauen, daß männliche Blutspender bei fetaler Erythroblastose weniger geeignet sind als weibliche – eine Tendenz, die sich vor allem bei stärker hervortretenden Symptomen auswirkt.

Nebenbei bemerkt sei, daß sich dieses Ergebnis durch andere Autoren nicht bestätigen ließ: Das Geschlecht des Blutspenders ist ohne Einfluß auf die Prognose der fetalen Erythroblastose!

Wenden wir uns wieder der Ausgangstafel zu, dann fällt der relativ hohe Anteil männlicher Blutspender auf ($>76\%$), der mit zunehmender Schwere der Symptome ansteigt, so daß hierdurch für weibliche Spender günstigere Bedingungen vorliegen. Trotzdem sind diese Befunde sachlogisch schwer zu deuten.

466   Der Kontingenzkoeffizient von Pearson

Das Merkmal der Vierfeldertafel in ihrer Eigenschaft als *Kontingenztafel* besteht darin, daß beide Eingänge mit Merkmalsalternativen besetzt sind. Im Häufigkeitsvergleich ist der eine Eingang mit einer Merkmalsalternative, der andere mit einer Stichprobenalternative besetzt. χ^2-Tests und G-Test können die Existenz eines Zusammenhanges aufzeigen. Über die *Stärke des Zusammenhanges* sagen sie nichts aus. Eine Maßzahl für den Grad des Zusammenhanges ist – wenn ein Zusammenhang, eine Kontingenz, zwischen den beiden Alternativmerkmalen gesichert ist – der *Kontingenzkoeffizient von Pearson*. Er ist als Maß für die Straffheit des Zusammenhanges der beiden Merkmale von Vier- und Mehrfeldertafeln aus dem $\hat{\chi}^2$-Wert nach der Formel

$$CC = \sqrt{\frac{\hat{\chi}^2}{n + \hat{\chi}^2}} \qquad\qquad (4.43)$$

erhältlich. Der maximale Kontingenzkoeffizient für die Vierfeldertafel beträgt 0,7071; er tritt stets bei vollkommener Kontingenz auf, also wenn die Felder b und c unbesetzt bleiben. Quadratische Mehrfeldertafeln mit unbesetzten Diagonalfeldern von „links unten" nach „rechts oben" weisen einen maximalen Kontingenzkoeffizienten auf, der durch

$$CC_{max} = \sqrt{(r-1)/r} \qquad\qquad (4.44)$$

gegeben ist, wobei r die Anzahl der Zeilen bzw. der Spalten angibt, d.h. für die Vierfeldertafel

$$CC_{max} = \sqrt{(2-1)/2} = \sqrt{1/2} = 0{,}7071 \qquad\qquad (4.45)$$

(S. 372) Abschnitt 622 ergänzt diese Überlegungen.

Hinweis
Die exakte Berechnung des von Pearson entwickelten Korrelationskoeffizienten (vgl. Kap. 5) für Vierfeldertafeln ist außerordentlich umständlich; ein einfaches und ausreichend genaues Verfahren zur Schätzung von Vierfelderkorrelationen mit Hilfe zweier Diagramme stellt Klemm (1964) vor. Näheres ist z.B. dem auf S. 450 zitierten Buch von McNemar (1969) zu entnehmen.

▶ 467   Der exakte Test von Fisher für den Vergleich der Grundwahrscheinlichkeiten zweier Binomialverteilungen (aufgrund kleiner Stichprobenumfänge)

Bei *schwach besetzten Vierfeldertafeln* (vgl. S. 270/71) geht man von dem Feld mit der geringsten Häufigkeit aus und stellt unter Konstanz der Randsummen alle Vierfeldertafeln auf, die in dem betreffenden Feld noch schwächer besetzt sind. In der Gesamtheit aller dieser Vierfeldertafeln haben diejenigen mit der beobachteten oder einer noch geringeren Besetzung des am schwächsten besetzten Feldes die Wahrscheinlichkeit P. Anders ausgedrückt: Nimmt man die Randsummen der Vierfeldertafel als gegeben und fragt nach der Wahrscheinlichkeit dafür, daß die beobachtete Besetzung der Tafel oder eine noch weniger wahrscheinliche rein zufällig zustandekommt (einseitige Fragestellung), so ergibt sich diese Wahrscheinlichkeit P als eine *Summe von Gliedern der hypergeometrischen Verteilung*:

$$P = \frac{(a+b)!(c+d)!(a+c)!(b+d)!}{n!} \sum_i \frac{1}{a_i! b_i! c_i! d_i!}$$

(4.46)

Der Index i bedeutet, daß für jede der aufgestellten Tafeln der hinter dem Summenzeichen stehende Ausdruck zu berechnen und dann in der Summe zusammenzufassen ist. Auf diese Art bzw. mit Hilfe von Rekursionsformeln erhaltene Signifikanztafeln sind in mehreren Tabellenwerken (z. B. Documenta Geigy 1968) enthalten. Besonders umfangreiche Tabellen bis $n = 100$ geben Finney, Latscha, Bennett und Hsu (1963, mit der Ergänzung von Bennett und Horst 1966). Die Wahrscheinlichkeiten können direkt abgelesen werden. Leider gestatten die Tafeln für Stichprobenumfänge $31 \leq n \leq 100$ keine zweiseitigen Tests auf dem 5%- und dem 1%-Niveau. Näheres zum zweiseitigen Test ist Johnson (1972) zu entnehmen (vgl. auch S. 290 unten).

Beispiel   Tabelle 95

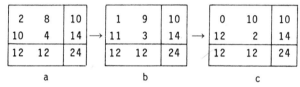

a   b   c

Aus der Grundtafel erhalten wir zwei Tafeln mit extremeren Verteilungen. Die Wahrscheinlichkeit, daß die in der Grundtafel vorliegende Verteilung auftritt, ist

$$P = \frac{10! \cdot 14! \cdot 12! \cdot 12!}{24!} \cdot \frac{1}{2! \cdot 8! \cdot 10! \cdot 4!}$$

Die Gesamtwahrscheinlichkeit für die beobachtete und noch extremere Verteilungen ergibt sich zu

$$P = \frac{10! 14! 12! 12!}{24!} \left(\frac{1}{2! 8! 10! 4!} + \frac{1}{1! 9! 11! 3!} + \frac{1}{0! 10! 12! 2!} \right)$$

$$P = 0{,}018 \quad \text{(einseitiger Test)} \quad \text{(Tab. 32, S. 131)}$$

Bei symmetrischer hypergeometrischer Verteilung (d. h. hier: Zeilen- oder Spaltensummen gleich groß) gilt für die zweiseitige Fragestellung $2P$, d. h. im Beispiel $P = 0{,}036$. In beiden Fällen wird die Nullhypothese ($\pi_1 = \pi_2$ bzw. Unabhängigkeit; siehe S. 270) (wegen $P < 0{,}05$) auf dem 5%-Niveau abgelehnt.

Hilfsmittel des Praktikers

1. Rekursionsformel

Schneller rechnet man mit Hilfe einer *Rekursionsformel* (Feldman und Klinger 1963)

$$P_{i+1} = \frac{a_i \cdot d_i}{b_{i+1} \cdot c_{i+1}} P_i$$

Bezeichnen wir die obigen Vierfeldertafeln von links nach rechts mit 1, 2, 3, so ergibt sich für die Grundtabelle (95 a)

$$P_1 = \frac{10! \cdot 14! \cdot 12! \cdot 12! \cdot 1}{24! \cdot 2! \cdot 8! \cdot 10! \cdot 4!} = 0{,}016659$$

für die Tabelle 95 b

$$P_{1+1} = P_2 = \frac{2 \cdot 4}{9 \cdot 11} \cdot P_1 = 0{,}0808 \cdot 0{,}016659 = 0{,}001346$$

und für die Tabelle 95 c

$$P_{2+1} = P_3 = \frac{1 \cdot 3}{10 \cdot 12} \cdot P_2 = 0{,}0250 \cdot 0{,}001346 = 0{,}000034$$

Insgesamt: $P = P_1 + P_2 + P_3 = 0{,}0167 + 0{,}0013 + 0{,}0000 = 0{,}018$.

2. Tafelwerke

Die Finney-Tafeln für den einseitigen Test benutzen folgendes Vierfelderschema:

Tabelle 96

a	A − a	A
b	B − b	B
r	N − r	N

mit $A \geqq B$ und $a \geqq b$ oder $(A-a) \geqq (B-b)$, im letzteren Fall bezeichnet man $A-a$ als a, $B-b$ als b und die restlichen zwei Felder der Tafel als Differenzen. Unser Beispiel liefert nach der geforderten Umnotierung der 4 Häufigkeiten auf Seite 14 der Tafeln für eine Irrtumswahrscheinlichkeit von 5% mit $P = 0{,}018$

Tabelle 97

10	4	14
2	8	10
12	12	24

die exakte Wahrscheinlichkeit, daß $b \leqq 2$ ist. Eine wichtige Hilfe bilden auch die in Abschnitt 163 erwähnten Tafeln der hypergeometrischen Verteilung von Lieberman und Owen.

3. Binomialkoeffizienten

Aufgaben dieser Art bis $n = 20$ lassen sich mit Hilfe von Tabelle 31 (S. 130) leicht nach

$$P = \frac{\binom{10}{2}\binom{14}{10} + \binom{10}{1}\binom{14}{11} + \binom{10}{0}\binom{14}{12}}{\binom{24}{12}} = 0{,}01804$$

lösen. Binomialkoeffizienten für größere Werte n ($20 < n \leqq 100$) wie $\binom{24}{12} = 2\,704\,156$ werden anhand von Tabelle 32 (S. 131; vgl. auch S. 129) ausreichend genau berechnet.

Mehr über diesen Test ist den auf S. 450 u. 438 zitierten Büchern von Lancaster (1969, S. 219/225 u. 348) sowie Kendall und Stuart (Bd. 2, 1973, S. 567/575) zu entnehmen.

Einen Schnelltest stellen Ott und Free (1969) vor. Wichtig sind insbesondere auch von Patnaik (1948) sowie Bennett und Hsu (1960) gegebene Tafeln und Nomogramme, die Tabelle 84 auf S. 272 ergänzen.

47   Prüfung der Zufallsmäßigkeit einer Folge von Alternativdaten oder Meßwerten

471   Die sukzessive Differenzenstreuung

Ein einfacher Trendtest (von Neumann u. Mitarb. 1941, vgl. auch Moore 1955) anhand der Dispersion zeitlich aufeinanderfolgender Stichprobenwerte $x_1, x_2, \ldots, x_i, \ldots, x_n$, die einer *normalverteilten Grundgesamtheit* entstammen, basiert auf der in üblicher Weise ermittelten Varianz und dem mittleren Quadrat der $n-1$ Differenzen aufeinanderfolgender Werte, der sukzessiven Differenzenstreuung (mean square successive difference) Δ^2 (Delta-Quadrat):

$$\Delta^2 = [(x_1-x_2)^2+(x_2-x_3)^2+(x_3-x_4)^2+\ldots+(x_i-x_{i+1})^2+\ldots+(x_{n-1}-x_n)^2]/(n-1)$$

d. h.

$$\Delta^2 = \sum(x_i-x_{i+1})^2/(n-1) \tag{4.48}$$

Sind die aufeinanderfolgenden Werte unabhängig, dann gilt $\Delta^2 \simeq 2s^2$ oder $\Delta^2/s^2 \simeq 2$. Sobald ein Trend vorliegt, wird $\Delta^2 < 2s^2$, da dann benachbarte Werte ähnlicher sind als entferntere, d. h. $\Delta^2/s^2 < 2$. Die Nullhypothese, aufeinanderfolgende Werte sind unabhängig, muß zugunsten der Alternativhypothese, es besteht ein Trend, aufgegeben werden, sobald der Quotient

$$\Delta^2/s^2 = \sum(x_i-x_{i+1})^2/\sum(x_i-\bar{x})^2 \tag{4.49}$$

die kritischen Schranken der Tabelle 98 erreicht oder unterschreitet. (S. 292)
Beispielsweise läßt sich für die Reihe: 2, 3, 5, 6 mit $\sum(x_i-\bar{x})^2=10$ und $\sum(x_i-x_{i+1})^2 =(2-3)^2+(3-5)^2+(5-6)^2=6$, d. h. $\Delta^2/s^2=6/10=0,60<0,626$ die Nullhypothese auf dem 1%-Niveau ablehnen. Für große Stichprobenumfänge kann man über die Normalverteilung approximierte Schranken nach (4.50) oder (4.50a)

$$2-2z\cdot\sqrt{\frac{n-2}{(n-1)(n+1)}} \tag{4.50}$$

$$2-2z\cdot\frac{1}{\sqrt{n+1}} \tag{4.50a}$$

berechnen, wobei der Wert der Standardnormalvariablen z für die 5%-Schranke 1,645, für die 1%-Schranke 2,326 und für die 0,1%-Schranke 3,090 beträgt. Beispielsweise erhalten wir für $n=200$ als approximierte 5%-Schranke (4.50, 4.50a)

$$2-2\cdot1,645\cdot\sqrt{\frac{200-2}{(200-1)(200+1)}}=1,77.$$
$$2-2\cdot1,645\cdot\frac{1}{\sqrt{200+1}}=1,77$$

472   Der Iterationstest für die Prüfung, ob eine Folge von Alternativdaten oder von Meßwerten eine zufallsmäßige ist

Der Iterationstest ist wie die folgenden beiden Tests (Abschn. 473 und 48) verteilungsunabhängig. Er dient zur Prüfung der Unabhängigkeit, der zufälligen Anordnung von Stichprobenwerten. Eine Iteration (run) ist eine Folge identischer Symbole, denen andere Symbole vorangehen oder folgen. So bildet die Folge (Münzwurf) $\underset{1}{\underline{W, W, W}}; \underset{2}{\underline{Z}};$

Tabelle 98.   Kritische Schranken für den Quotienten aus der mittleren quadratischen sukzessiven Differenzenstreuung und der Varianz (auszugsweise entnommen und mit dem Faktor $(n-1)/n$ korrigiert aus B. I. Hart: Significance levels for the ratio of the mean square successive difference to the variance. Ann. Math. Statist. **13** (1942) 445–447)

n	0,1%	1%	5%	n	0,1%	1%	5%
4	0,5898	0,6256	0,7805	33	1,0055	1,2283	1,4434
5	0,4161	0,5379	0,8204	34	1,0180	1,2386	1,4511
6	0,3634	0,5615	0,8902	35	1,0300	1,2485	1,4585
7	0,3695	0,6140	0,9359	36	1,0416	1,2581	1,4656
8	0,4036	0,6628	0,9825	37	1,0529	1,2673	1,4726
9	0,4420	0,7088	1,0244	38	1,0639	1,2763	1,4793
10	0,4816	0,7518	1,0623	39	1,0746	1,2850	1,4858
11	0,5197	0,7915	1,0965	40	1,0850	1,2934	1,4921
12	0,5557	0,8280	1,1276	41	1,0950	1,3017	1,4982
13	0,5898	0,8618	1,1558	42	1,1048	1,3096	1,5041
14	0,6223	0,8931	1,1816	43	1,1142	1,3172	1,5098
15	0,6532	0,9221	1,2053	44	1,1233	1,3246	1,5154
16	0,6826	0,9491	1,2272	45	1,1320	1,3317	1,5206
17	0,7104	0,9743	1,2473	46	1,1404	1,3387	1,5257
18	0,7368	0,9979	1,2660	47	1,1484	1,3453	1,5305
19	0,7617	1,0199	1,2834	48	1,1561	1,3515	1,5351
20	0,7852	1,0406	1,2996	49	1,1635	1,3573	1,5395
21	0,8073	1,0601	1,3148	50	1,1705	1,3629	1,5437
22	0,8283	1,0785	1,3290	51	1,1774	1,3683	1,5477
23	0,8481	1,0958	1,3425	52	1,1843	1,3738	1,5518
24	0,8668	1,1122	1,3552	53	1,1910	1,3792	1,5557
25	0,8846	1,1278	1,3671	54	1,1976	1,3846	1,5596
26	0,9017	1,1426	1,3785	55	1,2041	1,3899	1,5634
27	0,9182	1,1567	1,3892	56	1,2104	1,3949	1,5670
28	0,9341	1,1702	1,3994	57	1,2166	1,3999	1,5707
29	0,9496	1,1830	1,4091	58	1,2227	1,4048	1,5743
30	0,9645	1,1951	1,4183	59	1,2288	1,4096	1,5779
31	0,9789	1,2067	1,4270	60	1,2349	1,4144	1,5814
32	0,9925	1,2177	1,4354	∞	2,0000	2,0000	2,0000

$$\underset{3}{W, W} ; \underset{4}{Z, Z} \quad \hat{r} = 4$$ Iterationen ($n=8$). Iterationen erhält man nicht nur bei Alternativdaten sondern auch bei Meßwerten, die nach ihrem Medianwert in über- oder unterdurchschnittlich gruppiert werden.

Für gegebenes n weist ein kleines $\hat{r}$ auf Klumpungen ähnlicher Beobachtungen hin, ein großes $\hat{r}$ auf einen regelmäßigen Wechsel. Der Nullhypothese (H_0), die Reihenfolge ist zufällig, d.h. es liegt eine Zufallsstichprobe vor, wird bei zweiseitiger Fragestellung die Alternativhypothese (H_A), es liegt keine Zufallsstichprobe vor, d.h. die Stichprobenwerte sind nicht unabhängig voneinander, gegenübergestellt. Bei einseitiger Fragestellung wird der H_0 entweder die H_{A1}: „Klumpungseffekt" oder die H_{A2}: „Regelmäßiger Wechsel" gegenübergestellt. Die kritischen Schranken $r_{unten} = r_u$ und $r_{oben} = r_o$ für n_1 und $n_2 \leqq 20$ bzw. für $20 \leqq n_1 = n_2 \leqq 100$ sind der Tabelle 99 (S. 293/294) zu entnehmen; für n_1 oder $n_2 > 20$ benutze man die Approximation (4.51) bzw. (4.51a) (vgl. Tab. 14, S. 53 oder Tab. 43, S. 172).

$$\hat{z} = \frac{|\hat{r} - \mu_r|}{\sigma_r} = \frac{\left|\hat{r} - \left(\dfrac{2n_1 n_2}{n_1 + n_2} + 1\right)\right|}{\sqrt{\dfrac{2n_1 n_2 (2n_1 n_2 - n_1 - n_2)}{(n_1 + n_2)^2 (n_1 + n_2 - 1)}}} = \frac{|n(\hat{r}-1) - 2n_1 n_2|}{\sqrt{\dfrac{2n_1 n_2 (2n_1 n_2 - n)}{n - 1}}} \qquad \overset{\textstyle n = n_1 + n_2}{} \tag{4.51}$$

Für $n_1 = n_2 = \dfrac{n}{2}$ (d.h. $n = 2n_1 = 2n_2$):

$$\hat{z} = \left[\left|\hat{r} - \left(\frac{n}{2} + 1\right)\right|\right] \Big/ \sqrt{n(n-2)/[4(n-1)]} \tag{4.51a}$$

Tabelle 99.   Kritische Werte für den Iterationstest (Run-Test) (aus Swed, Frieda S. and C. Eisenhart: Tables for testing randomness of grouping in a sequence of alternatives, Ann. Math. Statist. **14**, 66–87 (1943))

$P = 0{,}01$

Untere 0,5%-Schranken $r_{u;0,5\%}$

```
 5   2
 6   2  2  3
 7   2  3  3  3
 8   3  3  3  3
 9   3  3  3  4  4
10   3  3  4  4  5  5
11   3  4  4  5  5  5  6
12   3  4  4  5  5  6  6  6
13   3  4  5  5  5  6  6  7
14   4  4  5  5  6  6  7  7  7
15   4  4  5  6  6  7  7  7  8  8
16   4  5  5  6  6  7  7  8  8  9  9
17   4  5  5  6  7  7  8  8  9  9 10
18   4  5  6  6  7  7  8  8  9  9 10 10 11
19   4  5  6  6  7  8  8  9  9 10 10 10 11 11
20   4  5  6  7  7  8  8  9  9 10 10 11 11 12 12
n1/n2 6  7  8  9 10 11 12 13 14 15 16 17 18 19 20
```

Obere 0,5%-Schranken $r_{o;0,5\%}$

```
 5  11
 6  12
 7  13 13
 8  13 14 15
 9     15 15 16
10     15 16 17 17
11     15 16 17 18 19
12        17 18 19 19 20
13        17 18 19 20 21 21
14        17 18 19 20 21 22 23
15           19 20 21 22 22 23 24
16           19 20 21 22 23 24 24 25
17           19 20 22 22 23 24 25 26 26
18              21 22 23 24 25 25 26 27 27
19              21 22 23 24 25 26 27 27 28 29
20              21 22 23 24 25 26 27 28 29 29 30
n1/n2  6  7  8  9 10 11 12 13 14 15 16 17 18 19 20
```

$P = 0{,}05$

Untere 2,5%-Schranken $r_{u;2,5\%}$

```
 5      2  2
 6      2  2  3  3
 7      2  2  3  3  3
 8      2  3  3  3  4  4
 9      2  3  3  4  4  5  5
10      2  3  3  4  5  5  5  6
11      2  3  4  4  5  5  6  6  7
12   2  2  3  4  4  5  6  6  7  7  7
13   2  2  3  4  5  5  6  6  7  7  8  8
14   2  2  3  4  5  5  6  7  7  8  8  9  9
15   2  3  3  4  5  6  6  7  7  8  8  9  9 10
16   2  3  4  4  5  6  6  7  8  8  9  9 10 11 11
17   2  3  4  4  5  6  7  7  8  9  9 10 10 11 11 11
18   2  3  4  5  5  6  7  8  8  9  9 10 10 11 11 12 12
19   2  3  4  5  6  6  7  8  8  9 10 10 11 11 12 12 13 13
20   2  3  4  5  6  6  7  8  9  9 10 10 11 12 12 13 13 13 14
n1/n2 2  3  4  5  6  7  8  9 10 11 12 13 14 15 16 17 18 19 20
```

Obere 2,5%-Schranken $r_{o;2,5\%}$

```
 5   9 10
 6   9 10 11
 7      11 12 13
 8      11 12 13 14
 9            13 14 15
10         13 14 15 16 16
11         13 14 15 16 17 17
12         13 14 16 16 17 18 19
13            15 16 17 18 19 19 20
14            15 16 17 18 19 20 20 21
15            15 16 18 18 19 20 21 22 22
16               17 18 19 20 21 21 22 23 23
17               17 18 19 20 21 22 23 23 24 25
18               17 18 19 20 21 22 23 24 25 25 26
19               17 18 20 21 22 23 23 24 25 26 26 27
20               17 18 20 21 22 23 24 25 26 26 27 27 28
n1/n2  4  5  6  7  8  9 10 11 12 13 14 15 16 17 18 19 20
```

$P = 0{,}10$

Untere 5%-Schranken $r_{u;5\%}$

```
 4   2
 5   2  3
 6   3  3  3
 7   3  3  4  4
 8   3  3  4  4  5
 9   3  4  4  5  5  6
10   3  4  5  5  6  6  6
11   3  4  5  5  6  6  7  7
12   4  4  5  6  6  7  7  8  8
13   4  4  5  6  6  7  8  8  9  9
14   4  5  5  6  7  7  8  8  9  9 10
15   4  5  6  6  7  8  8  9  9 10 10 11
16   4  5  6  6  7  8  8  9 10 10 11 11 11
17   4  5  6  7  7  8  9  9 10 10 11 11 12 12
18   4  5  6  7  8  8  9 10 10 11 11 12 12 13 13
19   4  5  6  7  8  8  9 10 10 11 12 12 13 13 14 14
20   4  5  6  7  8  9  9 10 11 11 12 12 13 13 14 14 15
n1/n2 4  5  6  7  8  9 10 11 12 13 14 15 16 17 18 19 20
```

Obere 5%-Schranken $r_{o;5\%}$

```
 4   8
 5   9  9
 6   9 10 11
 7   9 10 11 12
 8      11 12 13 13
 9      11 12 13 14 14
10      11 12 13 14 15 16
11         13 14 15 15 16 17
12         13 14 15 16 17 17 18
13         13 14 15 16 17 18 18 19
14         13 14 16 17 17 18 19 20 20
15            15 16 17 18 19 19 20 21 21
16            15 16 17 18 19 20 21 21 22 23
17            15 16 17 18 19 20 21 22 22 23 24
18            15 16 18 19 20 21 21 22 23 24 24 25
19            15 16 18 19 20 21 22 23 23 24 25 25 26
20            15 17 18 19 20 21 22 23 24 25 25 26 27 27
n1/n2  4  5  6  7  8  9 10 11 12 13 14 15 16 17 18 19 20
```

Zweiseitiger Test: Für $r_u < \hat{r} < r_o$ wird H_0 beibehalten; H_0 wird abgelehnt sobald $\hat{r} \leq r_u$ bzw. $\hat{r} \geq r_o$ bzw. $\hat{z} \geq z_{\text{zweiseitig}}$. (S. 172)

Einseitiger Test: H_0 wird gegen $\begin{smallmatrix}H_{A1}\\H_{A2}\end{smallmatrix}$ abgelehnt, sobald $\begin{smallmatrix}\hat{r} \leq r_u\\\hat{r} \geq r_o\end{smallmatrix}$ bzw. $\hat{z} \geq z_{\text{einseitig}}$.

Näheres ist bei Bedarf den Arbeiten von Stevens (1939), Bateman (1948), Kruskal (1952),

Tabelle 99.   Fortsetzung

$$n_1 = n_2 = n$$

n	$P=0{,}10$	$P=0{,}05$	$P=0{,}02$	$P=0{,}01$	n	$P=0{,}10$	$P=0{,}05$	$P=0{,}02$	$P=0{,}01$
20	15–27	14–28	13–29	12–30	60	51– 71	49– 73	47– 75	46– 76
21	16–28	15–29	14–30	13–31	61	52– 72	50– 74	48– 76	47– 77
22	17–29	16–30	14–32	14–32	62	53– 73	51– 75	49– 77	48– 78
23	17–31	16–32	15–33	14–34	63	54– 74	52– 76	50– 78	49– 79
24	18–32	17–33	16–34	15–35	64	55– 75	53– 77	51– 79	49– 81
25	19–33	18–34	17–35	16–36	65	56– 76	54– 78	52– 80	50– 82
26	20–34	19–35	18–36	17–37	66	57– 77	55– 79	53– 81	51– 83
27	21–35	20–36	19–37	18–38	67	58– 78	56– 80	54– 82	52– 84
28	22–36	21–37	19–39	18–40	68	58– 80	57– 81	54– 84	53– 85
29	23–37	22–38	20–40	19–41	69	59– 81	58– 82	55– 85	54– 86
30	24–38	22–40	21–41	20–42	70	60– 82	58– 84	56– 86	55– 87
31	25–39	23–41	22–42	21–43	71	61– 83	59– 85	57– 87	56– 88
32	25–41	24–42	23–43	22–44	72	62– 84	60– 86	58– 88	57– 89
33	26–42	25–43	24–44	23–45	73	63– 85	61– 87	59– 89	57– 91
34	27–43	26–44	24–46	23–47	74	64– 86	62– 88	60– 90	58– 92
35	28–44	27–45	25–47	24–48	75	65– 87	63– 89	61– 91	59– 93
36	29–45	28–46	26–48	25–49	76	66– 88	64– 90	62– 92	60– 94
37	30–46	29–47	27–49	26–50	77	67– 89	65– 91	63– 93	61– 95
38	31–47	30–48	28–50	27–51	78	68– 90	66– 92	64– 94	62– 96
39	32–48	30–50	29–51	28–52	79	69– 91	67– 93	64– 96	63– 97
40	33–49	31–51	30–52	29–53	80	70– 92	68– 94	65– 97	64– 98
41	34–50	32–52	31–53	29–55	81	71– 93	69– 95	66– 98	65– 99
42	35–51	33–53	31–54	30–56	82	71– 95	69– 97	67– 99	66–100
43	35–53	34–54	32–56	31–57	83	72– 96	70– 98	68–100	66–102
44	36–54	35–55	33–57	32–58	84	73– 97	71– 99	69–101	67–103
45	37–55	36–56	34–58	33–59	85	74– 98	72–100	70–102	68–104
46	38–56	37–57	35–59	34–60	86	75– 99	73–101	71–103	69–105
47	39–57	38–58	36–60	35–61	87	76–100	74–102	72–104	70–106
48	40–58	38–60	37–61	36–63	88	77–101	75–103	73–105	71–107
49	41–59	39–61	38–62	36–64	89	78–102	76–104	74–106	72–108
50	42–60	40–62	38–64	37–65	90	79–103	77–105	74–108	73–109
51	43–61	41–63	39–65	38–66	91	80–104	78–106	75–109	74–110
52	44–62	42–64	40–66	39–67	92	81–105	79–107	76–110	75–111
53	45–63	43–65	41–67	40–68	93	82–106	80–108	77–111	75–113
54	45–65	44–66	42–68	41–69	94	83–107	81–109	78–112	76–114
55	46–66	45–67	43–69	42–70	95	84–108	82–110	79–113	77–115
56	47–67	46–68	44–70	42–72	96	85–109	82–112	80–114	78–116
57	48–68	47–69	45–71	43–73	97	86–110	83–113	81–115	79–117
58	49–69	47–71	46–72	44–74	98	87–111	84–114	82–116	80–118
59	50–70	48–72	46–74	45–75	99	87–113	85–115	83–117	81–119
60	51–71	49–73	47–75	46–76	100	88–114	86–116	84–118	82–120

Levene (1952), Wallis (1952), Ludwig (1956), Olmstead (1958) und Dunn (1969) zu entnehmen.

Der Iterationstest kann auch zur Prüfung der Nullhypothese dienen, zwei Stichproben etwa gleichen Umfangs entstammen derselben Grundgesamtheit ($n_1 + n_2$ Beobachtungen der Größe nach ordnen; für kleines $\hat{r}$ wird H_0 verworfen).

Beispiele

1. Prüfung von Meßwerten auf Nichtzufälligkeit ($\alpha = 0{,}10$). Nacheinander erhalte man folgende 11 Beobachtungen 18, 17, 18, 19, 20, 19, 19, 21, 18, 21, 22, die größer oder gleich (G) bzw. kleiner (K) als der Median $\tilde{x} = 19$ sind. Die Folge $KKKGGGGGKGG$ ist bei $n_1 = 4(K)$, $n_2 = 7(G)$ mit $\hat{r} = 4$ auf dem 10%-Niveau (Tab. 99; $P = 0{,}10$; $r_{u;\,5\%} = 3$ wird nicht erreicht bzw. $3 = r_{u;\,5\%} < \hat{r} < r_{o;\,5\%} = 9$) mit der Zufälligkeitshypothese verträglich.

2. Prüfung von Beobachtungen auf Nichtklumpungseffekt ($\alpha = 0{,}05$) (d.h. Prüfung von H_{A1} gegen H_0 auf dem 5%-Niveau anhand der unteren 5%-Schranken der Tab. 99 bzw. der Standardnormalverteilung). Anhand von Zufallsstichproben der Umfänge $n_1 = 20$, $n_2 = 20$ ergebe sich $\hat{r} = 15$. Da nach Tab. 99 $r_{u;\,5\%} = 15$ ist und für $\hat{r} \leq r_{u;\,5\%}$ H_0 abgelehnt wird, akzeptiert man die Klumpungseffekt-Hypothese ($P = 0{,}05$).

Dieses Resultat erhält man auch nach (4.51 a) und (4.51):

$$\hat{z} = [|15 - (20 + 1)|] / \sqrt{40(40-2)/[4(40-1)]} = 1,922$$

$$\hat{z} = |40(15-1) - 2 \cdot 20 \cdot 20| / \sqrt{[2 \cdot 20 \cdot 20(2 \cdot 20 \cdot 20 - 40)]/(40-1)} = 1,922$$

da nach Tab. 43 (S. 172) $z_{\text{eins.}; 5\%} = 1,645$ ist und H_0 für $\hat{z} \geqq z_{\text{eins.}; 5\%}$ abgelehnt wird.

473 Phasenhäufigkeitstest von Wallis und Moore

Dieser Test prüft die Abweichungen einer Meßreihe $x_1, x_2, \ldots, x_i, \ldots, x_n$ $(n > 10)$ von der Zufallsmäßigkeit. Die Indizes $1, 2, \ldots, i, \ldots n$ bezeichnen eine *zeitliche Reihenfolge*. Ist die vorliegende Stichprobe zufälliger Art, so sollten die Vorzeichen der Differenzen $(x_{i+1} - x_i)$ ein zufälliges Bild bieten (Nullhypothese). Die Alternativhypothese wäre dann: Die Reihenfolge der Plus- und Minuszeichen weicht signifikant von der Zufallsmäßigkeit ab. Der vorliegende Test ist somit als ein **Differenzenvorzeichen-Iterationstest** aufzufassen.

Die Aufeinanderfolge gleicher Vorzeichen wird von Wallis und Moore (1941) als „Phase" bezeichnet; der Test basiert auf der Häufigkeit der Plus- und Minusphasen. Wird die Gesamtzahl der Phasen mit h bezeichnet (kleines h als Maß der Trendbeharrlichkeit), wobei Anfangs- und Endphase weggelassen werden, dann ist unter der Voraussetzung der Zufälligkeit einer Meßreihe die Prüfgröße (4.52 a) für $n > 10$ angenähert standardnormalverteilt;

$$\hat{z} = \frac{\left| h - \dfrac{2n-7}{3} \right| - 0,5}{\sqrt{\dfrac{16n-29}{90}}} \tag{4.52 a}$$

für $n > 30$ kann die Kontinuitätskorrektur wegfallen:

$$\hat{z} = \frac{\left| h - \dfrac{2n-7}{3} \right|}{\sqrt{\dfrac{16n-29}{90}}} \tag{4.52}$$

S. 53

Beispiel

Es liege folgende, aus 22 Werten bestehende Reihe vor:

Tabelle 100

Meßwert	5 6 2 3 5 6 4 3 7 8 9 7 5 3 4 7 3 5 6 7 8 9
Vorzeichen	+ − + + + − − + + + − − − + + − + + + + +
Nr. der Phase	1 2 3 4 5 6 7

Für $h = 7$ wird

$$\hat{z} = \frac{\left| 7 - \dfrac{2 \cdot 22 - 7}{3} \right| - 0,5}{\sqrt{\dfrac{16 \cdot 22 - 29}{90}}} = \frac{4,83}{1,89} = 2,56 > 1,96.$$

Das Ergebnis ist auf dem 5%-Niveau signifikant; die Nullhypothese wird abgelehnt.

48 Prüfung einer Zeitreihe auf Trendänderung: Der Vorzeichen-Trendtest von Cox und Stuart

Für die Prüfung einer Zeitreihe (vgl. Bihn 1967, Harris 1967, Jenkins 1968, Jenkins-Watts 1968 und die entsprechenden Kapitel in Suits (1963) oder Yamane (1967)) auf *Trendänderung* werden die n Werte der Reihe in drei Gruppen geteilt, so daß die erste und die letzte mit $n' = n/3$ gleich viele Meßwerte enthält. Das mittlere Drittel wird bei Stichprobenumfängen n, die nicht durch 3 teilbar sind, um ein bis zwei Werte reduziert. Man vergleicht jede Beobachtung des ersten Drittels der Meßreihe mit der ihr entsprechenden Beobachtung des letzten Drittels der Meßreihe und markiert ein „Plus" bei aufsteigendem Trend, ein „Minus" bei absteigendem Trend, also je nachdem, ob eine positive oder eine negative Differenz erscheint (Cox und Stuart 1955).

Die Summe der Plus- bzw. Minuszeichen S ist über einem Erwartungswert von $n/6$ mit einer Standardabweichung von $\sqrt{n/12}$ angenähert normalverteilt, so daß

$$\hat{z} = \frac{|S - n/6|}{\sqrt{n/12}} \qquad (4.53)$$

bzw. bei kleinen Stichproben $(n < 30)$ nach Yates korrigiert:

$$\hat{z} = \frac{|S - n/6| - 0{,}5}{\sqrt{n/12}} \qquad (4.53\,a)$$

Je nachdem, ob ein- oder zweiseitig getestet wird, gelten die Schranken $z = 1{,}64$ und $z = 1{,}96$ für $\alpha = 5\%$ bzw. $z = 2{,}33$ und $z = 2{,}58$ für $\alpha = 1\%$ (vgl. Tab. 43, S. 172). Bezeichnen wir die Anzahl der Differenzen mit n^+, dann ist das Prüfmaß des Tests genau das gleiche wie das des Vorzeichentests mit n^+ Beobachtungen, die jeweils ungleich Null sind.

Beispiel

Wir benutzen die Werte des letzten Beispiels. Da 22 nicht durch 3 teilbar ist, bemessen wir die beiden Drittel so, als wenn $n = 24$ wäre.

Tabelle 101

Meßwerte des letzten Drittels	4	7	3	5	6	7	8	9
Meßwerte des ersten Drittels	5	6	2	3	5	6	4	3
Vorzeichen der Differenz	-	+	+	+	+	+	+	+

Wir finden 7 von 8 Vorzeichen positiv. Die Prüfung auf ansteigenden Trend ergibt

$$\hat{z} = \frac{\left|7 - \dfrac{22}{6}\right| - 0{,}5}{\sqrt{22/12}} = \frac{2{,}83}{1{,}35} = 2{,}10$$

Einem $\hat{z} = 2{,}10$ entspricht bei zweiseitiger Fragestellung nach Tabelle 13 eine Zufallswahrscheinlichkeit von $P \simeq 0{,}0357$. Der ansteigende Trend ist auf dem 5%-Niveau gesichert.

Hinweise

1. Ändert sich bei einer Meßreihe zu einem bestimmten Zeitpunkt, sagen wir nach n_1 Beobachtungen, der Mittelwert abrupt, so läßt sich (Cochran 1954) die Differenz der beiden Mittelwerte $\bar{x}_1 - \bar{x}_2$, $\bar{x}_2$ ist der Mittelwert der folgenden n_2 Beobachtungen, nach

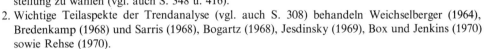

$$\hat{\chi}^2 = \frac{n_1 n_2}{n} \cdot \frac{(\bar{x}_1 - \bar{x}_2)^2}{\bar{x}} \qquad\qquad (4.54)$$

(mit einem Freiheitsgrad) prüfen, $n = n_1 + n_2$, $\bar{x} = $ Gesamtmittel aller Meßwerte. Der Unterschied zwischen den beiden Zeitreihenabschnitten kann, sofern eine begründete Annahme über die Richtung der Änderung vorliegt, einseitig getestet werden; andernfalls ist die zweiseitige Fragestellung zu wählen (vgl. auch S. 348 u. 416). S. 271

2. Wichtige Teilaspekte der Trendanalyse (vgl. auch S. 308) behandeln Weichselberger (1964), Bredenkamp (1968) und Sarris (1968), Bogartz (1968), Jesdinsky (1969), Box und Jenkins (1970) sowie Rehse (1970).

5 Abhängigkeitsmaße: Korrelation und Regression

51 Vorbemerkung und Übersicht

In vielen Situationen ist es wünschenswert, etwas über die Abhängigkeit zwischen zwei Merkmalen eines Individuums, Materials, Produktes oder Prozesses zu erfahren. In einigen Fällen mag es auf Grund theoretischer Überlegungen sicher sein, daß zwei Merkmale miteinander zusammenhängen. Das Problem besteht dann darin, Art und Grad des Zusammenhanges zu ermitteln. Zunächst wird man die *Wertepaare* (x_i, y_i) in ein *Koordinatensystem* eintragen. Hierdurch erhält man eine Grundvorstellung über *Streuung und Form der Punktwolke.*

1. An Drahtstücken (Material einheitlich, Durchmesser konstant) unterschiedlicher Länge werden von jedem Stück Länge und Gewicht gemessen. Die Punkte bilden eine Gerade. Mit zunehmender Länge steigt in gleichem Maße das Gewicht: gleiche Längen geben stets dasselbe Gewicht und umgekehrt. Das Gewicht (y) der Drahtstücke ist eine Funktion ihrer Länge (x). Zwischen x und y besteht ein **funktionaler Zusammenhang.** Hierbei ist es egal, welche Variable man fest vorgibt und welche man mißt. So ist auch die Kreisfläche F eine Funktion des Radius r, und umgekehrt ($F = \pi r^2$ bzw. $r = \sqrt{F/\pi}$ mit $\pi \approx 3{,}1416$): Jedem Radius entspricht eine ganz bestimmte Fläche, und umgekehrt.

2. Treten Meßfehler auf, dann entspricht einer bestimmten Länge nicht immer das gleiche Gewicht. Es resultiert eine Punktwolke mit klar erkennbarem Trend (vgl. z.B. Abb. 39): Im allgemeinen steigt mit wachsender Länge das Gewicht an. Die durch die Punktwolke nach Augenmaß gezeichnete sogenannte Ausgleichsgerade gestattet es abzulesen: (1) welche y-Werte zu einem vorgegebenen x-Wert und (2) welche x-Werte zu einem vorgegebenen y-Wert erwartet werden können. Anstelle des funktionalen Zusammenhanges ist eine mehr oder weniger lose Verkettung getreten, die wir als **stochastischen Zusammenhang** bezeichnen.

3. In Gebieten wie Biologie und Soziologie tritt zum Meß- oder Beobachtungsfehler noch die meist größere natürliche Variation der Untersuchungsobjekte. Im Draht-

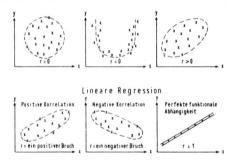

Abb. 39. Der Korrelationskoeffizient r bestimmt den Grad des Zusammenhanges zwischen den Stichprobenwerten der Zufallsvariablen x und y. Das mittlere Bild der oberen Reihe deutet einen U-förmigen Zusammenhang an, wie er durch eine Parabel beschrieben werden kann

modell hieße dies: nicht einheitliches Material mit unterschiedlichem Durchmesser. Die Punktwolke wird größer und büßt vielleicht ihren klar erkennbaren Trend ein. Bei stochastischen Zusammenhängen (vgl. auch Kapitel 4, S. 270, 288, 291/295) unterscheidet man Korrelation (existiert zwischen x und y ein stochastischer Zusammenhang? Wie stark ist er?) und Regression (welcher Zusammenhang besteht zwischen y und x? Läßt sich y aus x schätzen?). Zunächst sei eine zusammenfassende Übersicht gegeben.

I. Korrelationsanalyse

Die Korrelationsanalyse untersucht stochastische Zusammenhänge zwischen gleichwertigen Zufallsvariablen anhand einer Stichprobe. Es werden Abhängigkeitsmaße und Vertrauensbereiche geschätzt und Hypothesen geprüft. Wichtigstes Abhängigkeitsmaß ist der Produktmoment-Korrelationskoeffizient nach Bravais und Pearson, kurz Korrelationskoeffizient genannt.

Für den Korrelationskoeffizienten ϱ der beiden Zufallsvariablen x und y gilt:

(1) $-1 \leqq \varrho \leqq +1$ (ϱ ist der Parameter Rho).

(2) Für $\varrho = \pm 1$ besteht zwischen x und y ein funktionaler Zusammenhang, alle Punkte liegen auf einer Geraden (vgl. II, 7).

(3) Ist $\varrho = 0$, so heißen x und y unkorreliert (unabhängige Zufallsvariable sind unkorreliert; zwei Zufallsvariable sind umso stärker korreliert, je näher $|\varrho|$ bei 1 liegt).

(4) Für zweidimensional normalverteilte Zufallsvariable (aus einer binormalen Grundgesamtheit) folgt aus $\varrho = 0$ die **stochastische Unabhängigkeit** von x und y.

Die zweidimensionale Normalverteilung (vgl. Abb. 47 auf S. 304) ist ein glockenförmiges Gebilde im Raum $(\varrho \approx 0,\ n \rightarrow \infty)$, das durch ϱ (und 4 weitere Parameter: $\mu_x, \mu_y, \sigma_x, \sigma_y$) charakterisiert ist. Die Schnittfigur parallel zur xy-Ebene ist für $\varrho = 0$ und $\sigma_x = \sigma_y$ ein Kreis und für $\sigma_x \neq \sigma_y$ eine Ellipse, die für $\varrho \rightarrow 1$ immer schmaler wird.

Der Parameter ϱ wird durch den Stichprobenkorrelationskoeffizienten r geschätzt (S. 315); r ist für nicht normalverteilte Zufallsvariable mit angenähert linearer Regression (vgl. II, 2) ein Maß für die Stärke des stochastischen Zusammenhangs.

Man unterscheidet:

1. Korrelationskoeffizient (S. 315).
2. Partieller Korrelationskoeffizient (S. 352).
3. Multipler Korrelationskoeffizient (S. 353).
4. Rangkorrelationskoeffizient von Spearman (S. 308–312).
5. Quadrantenkorrelation (S. 312) und Eckentest (S. 314). Beide gestatten es, die Existenz einer Korrelation zu prüfen; und zwar ohne Berechnung, allein durch Analyse der Punktwolke, wobei für den Eckentest „weiter außen" liegende Punkte entscheidend sind. Die exakten Werte brauchen bei beiden Verfahren nicht bekannt zu sein.

Auf S. 306 folgen einige Bemerkungen zur Vermeidung von Fehlinterpretationen bei Korrelationsanalysen.

Auf den Kontingenzkoeffizienten kommen wir im nächsten Kapitel (S. 371/373) zu sprechen.

II. Regressionsanalyse

1. Durch die Regressionsanalyse wird einer beobachteten Punktwolke eine Regressionsgleichung angepaßt.

2. Setzt man die Gleichung einer Geraden (5.1)

$$y = \alpha + \beta x$$

Zielgröße   Einflußgröße (5.1)

voraus – die (abhängige) Zufallsvariable y (predictor) wird als Zielgröße bezeichnet, die fehlerfrei vorgegebene (unabhängige) Variable x (regressor) als Einflußgröße – so spricht man von linearer Regression (vgl. S. 301).
Sind y und x zweidimensional normalverteilte Zufallsvariable, dann läßt sich (5.1) auch schreiben: $(y - \mu_y)/\sigma_y = \varrho(x - \mu_x)/\sigma_x$ bzw. $y = \mu_y + \varrho(\sigma_y/\sigma_x)(x - \mu_x)$.

3. Die Parameter (z. B. α und β in (5.1)) werden aus den Stichprobenwerten geschätzt: meist nach der Methode der kleinsten Quadrate anhand der sogenannten Normalgleichungen (S. 316) [bzw. nach der Maximum-Likelihood-Methode].

4. Schätzungen und Prüfungen der Parameter werden auf den Seiten 316 bis 344 behandelt, wobei häufig nur die Datenpaare (x_i, y_i) vorliegen. Da nach II, 2 die Variable x fest vorgegeben und y eine Zufallsvariable ist, wird man für jedes x mehrere Werte y ablesen (jeweils $\bar{y}$ bilden) und untersuchen, wie sehr sich nun im Mittel die Zielgröße ($\bar{y}_i$) mit der Einflußgröße verändert (Regression als „Abhängigkeit im Mittel", vgl. auch S. 335–338).

5. Häufig ist es nicht möglich, x frei von Fehlern (Beobachtungsfehler, Meßfehler) vorzugeben. Dann sind Einflußgröße und Zielgröße fehlerbehaftet. Spezielle Methoden (S. 304–306) helfen auch hier weiter.

6. Neben der einfachen linearen Regression unterscheidet man die nichtlineare (curvilinear) Regression (S. 344–351) und die durch mehrere Einflußgrößen gekennzeichnete mehrfache oder multiple Regression (S. 355).

7. Korrelation und Regression: Sind beide Variablen zweidimensional normalverteilte Zufallsvariable, so existieren 2 Regressionsgeraden (vgl. S. 303, 316). Die eine schließt von x auf $\hat{y}$ (Zielgröße $\hat{y}$), die andere von y auf $\hat{x}$ (Zielgröße $\hat{x}$) (vgl. S. 302/303 und z.B. S. 327/328). Beide Regressionsgeraden:

$\hat{y} = y$ in

$$(y - \bar{y})/s_y = r(x - \bar{x})/s_x$$

oder $\quad y = \bar{y} + r(s_y/s_x)(x - \bar{x})$
$\hat{x} = x$ in

$$(x - \bar{x})/s_x = r(y - \bar{y})/s_y$$

oder $\quad x = \bar{x} + r(s_x/s_y)(y - \bar{y})$

schneiden sich im Schwerpunkt $(\bar{x}, \bar{y})$ und bilden eine „Schere" (vgl. Abb. 46); je enger sie ist, desto straffer ist der stochastische Zusammenhang. Für $|\varrho| = 1$ (bzw. $|r| = 1$) schließt sie sich, es gilt $\hat{y} = \hat{x}$, beide Regressionsgeraden fallen zusammen; es besteht ein funktionaler Zusammenhang. Daher ist ϱ ein Maß für den **linearen Zusammenhang** zwischen x und y.

> Für $\varrho=0$ gilt: beide Regressionsgeraden stehen senkrecht aufeinander und verlaufen parallel zu den Koordinatenachsen (stochastische Unabhängigkeit) (vgl. Abb. 45, S. 303).

Ziel der Regressionsanalyse ist es, anhand einer empirischen Funktion $\bar{y}_i(x_i)$, der graphischen Darstellung der bedingten Mittelwerte $\bar{y}_i(x_i)$ als Funktion von x_i, eine *funktionale Beziehung* zwischen y und x zu finden, die es gestattet, aus vorgegebenen bzw. zu beliebigen Werten der unabhängigen Einflußgröße x die jeweils abhängige Zielgröße y zu schätzen.

Liegen nur Datenpaare (x_i, y_i) vor, so ist diese Beziehung $y_i(x_i)$, d.h. $y_i(x_i)$ als Funktion von x_i, im einfachsten Fall die *Gleichung der geraden Linie* (Abb. 40).

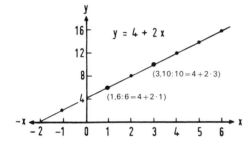

Abb. 40.   Die Gerade $y=4+2x$

Die Kennzahlen der Regressionsgeraden sind, wenn $y=a+bx$ die allgemeine Gleichung der Geraden darstellt (Abb. 41), a und b: a stellt den Abschnitt auf der y-Achse dar, der von ihrem Nullpunkt 0 (Ursprung, lat. origo) gerechnet, durch die Regressionsgerade abgetrennt wird, a wird als *Achsenabschnitt* (auf der Ordinate) bezeichnet; b gibt an, um wieviel y zunimmt, wenn x um eine Einheit wächst und heißt die Richtungskonstante, die Steigung oder der *Regressionskoeffizient*.

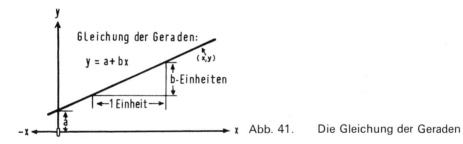

Abb. 41.   Die Gleichung der Geraden

Hat der Regressionskoeffizient einen negativen Wert, so bedeutet dies, daß y im Durchschnitt abnimmt, wenn x zunimmt (Abb. 42).

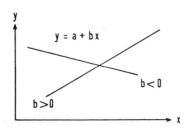

Abb. 42.   Der Regressionskoeffizient b bestimmt, ob mit zunehmenden x-Werten die zugehörigen y-Werte ansteigen (b positiv) oder abfallen (b negativ)

Für die Schätzung der Kennzahlen der Regressionsgeraden, genauer der Regressionslinie „von y auf x", hierfür verwenden wir den Doppel-Index „yx", $y = a_{yx} + b_{yx}x$, d. h. für die Schätzung des Achsenabschnittes a_{yx} oder a und der Steigung b_{yx} geht man von dem Prinzip aus, daß die Gerade eine möglichst gute Anpassung an sämtliche empirisch ermittelten y-Werte darstellen soll. Die Summe der Quadrate der vertikalen Abweichungen (d) (Abb. 43) der empirischen y-Werte von der geschätzten Geraden soll kleiner sein als die von irgendeiner anderen Geraden. Nach dieser „Methode der kleinsten Quadrate" kann man die beiden Koeffizienten a und b_{yx} für die Vorhersage von y aus x bestimmen.

S. 298

Soll für eine Punktwolke, wie sie beispielsweise in Abb. 39 (links unten) gegeben ist, auch einmal aus vorgegebenen bzw. zu beliebigen Werten der unabhängigen Variable y der jeweilige Wert für die abhängige Variable x geschätzt werden – es sei an die Abhängigkeit der Schwangerschaftsdauer von der Körperlänge des Neugeborenen gedacht – d. h. sollen die Kennzahlen a_{xy}, hier als a' bezeichnet und b_{xy} der Regressionslinie von x auf y geschätzt werden (Abb. 44):

$$\hat{x} = a' + b_{xy}y,$$

dann wird die Summe der Quadrate der horizontalen Abweichungen (d') zu einem Minimum gemacht.

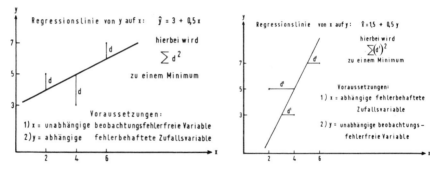

Abb. 43, 44.   Die beiden Regressionslinien: Vertauschung der abhängigen und unabhängigen Variablen. Die Schätzung von y aus gegebenen x-Werten ist nicht die Umkehrung der Schätzung von x aus y-Werten: Schätzen wir mit Hilfe der Regressionslinie von y auf x, y aus x, dann machen wir die Summe der vertikalen Quadrate d^2 zu einem Minimum; schätzen wir mit Hilfe der Regressionslinie von x auf y, x aus y, dann machen wir die Summe der horizontalen Quadrate $(d')^2$ zu einem Minimum

Mitunter ist es schwierig zu entscheiden, welche Regressionsgleichung geeignet ist. Das hängt natürlich davon ab, ob x oder y vorausgesagt werden soll. Für den Naturwissenschaftler verknüpft jede Gleichung nur bestimmte Zusammenhänge, die Frage nach der unabhängigen Variablen ist häufig irrelevant. Meistens sind die Meßfehler klein, die Korrelation ist ausgeprägt und der Unterschied zwischen den Regressionslinien zu vernachlässigen. Läßt man in Abb. 39 (links unten) die Punktwolke sich zu einer Geraden verdichten – perfekte funktionale Abhängigkeit (vgl. Abb. 39, rechts unten) – dann fallen beide Regressionsgeraden

$$\hat{x} = a_{xy} + b_{xy}y = a' + b_{xy}y \tag{5.2}$$
$$\hat{y} = a_{yx} + b_{yx}x \tag{5.3}$$

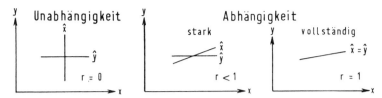

Abb. 45.   Mit zunehmender Abhängigkeit oder Korrelation fallen die beiden Regressionsgeraden $\hat{y} = a + b_{yx}x$ und $\hat{x} = a' + b_{xy}y$ zusammen

zusammen (Abb. 45). Wir erhalten damit einen Korrelationskoeffizienten von $r = 1$.
Mit größer werdendem r wird der Winkel zwischen den Regressionsgeraden kleiner
(Abb. 46).

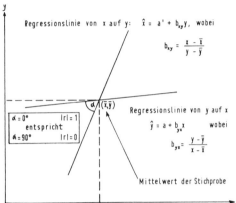

Abb. 46. Zusammenhang
zwischen Korrelation und Regression: Der absolute Wert des
Korrelationskoeffizienten kann
als Maß für den Winkel zwischen den beiden Regressionslinien aufgefaßt werden.

Es läßt sich weiter zeigen, daß der Korrelationskoeffizient das geometrische Mittel der
beiden Regressionskoeffizienten b_{yx} und b_{xy} ist:

$$r = \sqrt{b_{yx}b_{xy}} \tag{5.4}$$

Eine weitere Formel betont noch einmal den engen Zusammenhang zwischen Korrela-
tions- und Regressionskoeffizienten:

$$r = b_{yx}\frac{s_x}{s_y} \quad \text{oder} \quad b_{yx} = r\frac{s_y}{s_x} \tag{5.5}$$

Da die Standardabweichungen s_y und s_x beide positiv sind, zeigt diese Beziehung, daß r
und b das gleiche Vorzeichen haben müssen.
Wenn beide Variablen gleiche Variabilität aufweisen, so daß $s_x = s_y$, dann wird der
Korrelationskoeffizient identisch mit dem Regressionskoeffizienten b_{yx}. Linder (1960)
bezeichnet

$$r^2 = B \tag{5.6}$$

als *Bestimmtheitsmaß*. Je geringer die Streuung der beobachteten Wertepaare um die
Regressionsgerade ist, je mehr sich die Punkte der Geraden anschließen, umso schärfer
ist diese bestimmt. Die Streuung der Punkte (auf) der Regressionsgeraden macht einen
bestimmten Anteil der Gesamtstreuung von y aus. Ist dieser groß, so heißt das, die
Punkte konzentrieren sich um die Regressionsgerade. Das Verhältnis des Anteils der

Streuung der Punkte (auf) der Regressionsgeraden zur Gesamtstreuung kann daher als Maß für die Schärfe, mit der die Gerade bestimmt ist und damit als Maß für die Abhängigkeit der beiden Reihen benutzt werden. Liegt ein $r^2 = B = 0,9^2 = 0,81$ vor, dann lassen sich also 81% der Gesamtstreuung aus der Veränderung von x durch lineare Regression erklären.

Werden an jedem Element einer Zufallsstichprobe die beiden Merkmale x und y ermittelt, so sind die Meßfehler im Vergleich zu den Unterschieden zwischen den individuellen x- und y-Werten *zu vernachlässigen*. Das klassische Beispiel ist der Zusammenhang zwischen Körpergröße und Körpergewicht bei Männern. Beide Veränderliche sind Zufallsvariable. Abb. 47 gibt eine idealisierte Häufigkeitsoberfläche für Verteilungen dieser Art.

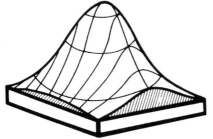

Abb. 47.   Ideale symmetrische („normale") Häufigkeitsoberfläche mit abgeschnittenen Extrembereichen: Gestutzte zweidimensionale Normalverteilung

Nur hier gibt es *zwei Regressionslinien*: Eine zur Schätzung von y aus x und eine andere zur Schätzung von x aus y. Nur hier hat der *Korrelationskoeffizient* r der Stichprobe eine Bedeutung als Assoziationsmaß zwischen x und y in der Grundgesamtheit. Wird aus einer Grundgesamtheit keine Zufallsstichprobe entnommen, d. h. werden nur bestimmte Elemente der Grundgesamtheit – sagen wir alle Männer, die genau x oder 129,5 cm bis 130,5 cm, 139,5 cm bis 140,5 cm usw. groß sind – ausgewählt und auf ihr Körpergewicht hin untersucht, dann darf:

1. weder ein Korrelationskoeffizient berechnet werden,
2. noch ist es erlaubt, eine Regressionslinie zur Schätzung von x aus y zu ermitteln,
3. nur die Regressionslinie zur Schätzung von y aus x darf berechnet werden:

$$\hat{y} = a_{yx} + b_{yx}x.$$

Wir wiederholen: Dieser Fall tritt ein, wenn bestimmte Elemente der Stichprobe aufgrund ausgewählter Werte des Merkmals x auf das Merkmal y hin untersucht werden, wenn eine sogenannte *Vorauslese* stattgefunden hat.

Prüft man die Körpermaße zwischen Ehepartnern auf Korrelation, so zeichnet sich im allgemeinen ein schwach positiver Zusammenhang ab. Die höchste und am sichersten belegte Korrelation betrifft die Körperhöhe $(0,3 \lesssim r \lesssim 0,4)$. Von anderen Merkmalen ist die Ähnlichkeit der Mundpartie erwähnenswert.

Für die Schätzung von Korrelationskoeffizienten und Regressionsgeraden anhand der Standardmethoden sei auf Abschnitt 54 (S. 315–328) verwiesen.

Im folgenden werden für den Fall, daß nicht nur die Variable y, sondern auch die Variable x fehlerbehaftet ist (vgl. Tukey 1951, Acton 1959, Madansky 1959, Carlson u. Mitarb. 1966) Schnellschätzungen der Regressionsgeraden nach Bartlett und Kerrich gegeben.

1. Bartlett-Verfahren

Nach Bartlett (1949) ermittelt man die Steigung der Geraden $y = a + bx$, indem man die n Punkte in der x-Richtung in drei sich nicht überlappende, möglichst gleich große

Gruppen teilt, wobei die erste und dritte Gruppe genau k Punkte enthalten und k möglichst nahe an $n/3$ herankommen sollte. Dann ist der Regressionskoeffizient

$$\hat{b} = \frac{\bar{y}_3 - \bar{y}_1}{\bar{x}_3 - \bar{x}_1} \qquad (5.7)$$

mit $\bar{y}_3$ = Mittelwert y der dritten Gruppe; $\bar{y}_1$ = Mittelwert y der ersten Gruppe; $\bar{x}_3$ = Mittelwert x der dritten Gruppe; $\bar{x}_1$ = Mittelwert x der ersten Gruppe. Der Achsenabschnitt errechnet sich dann nach

$$\hat{a} = \bar{y} - \hat{b}\bar{x} \qquad (5.8)$$

wobei $\bar{x}$ und $\bar{y}$ die Mittelwerte aller n Punkte darstellen.

Wenn der Abstand aufeinanderfolgender x-Werte konstant gehalten wird, hat diese Methode eine überraschend hohe Wirksamkeit. Wendy Gibson und Jowett (1957) erwähnen in einer interessanten Studie, daß das Verhältnis der drei Gruppen zueinander etwa $1:2:1$ betragen sollte. Doch ist der Unterschied zum Gruppenverhältnis $1:1:1$ nicht sehr kritisch: Bei U-förmigen und rechteckigen Verteilungen ist dieses Verhältnis optimal, während das $1:2:1$-Verhältnis bei J-förmigen und schiefen Verteilungen sowie beim Vorliegen einer Normalverteilung zu bevorzugen ist.

Zur Kontrolle kann die Schnellschätzung $\hat{b} \simeq \sum y / \sum x$ benutzt werden. Geht die Gerade nicht durch den Nullpunkt, so lassen sich anhand der oberen 30% und anhand der unteren 30% der Werte die Kennzahlen a und b abschätzen (Cureton 1966):

$$\hat{b} \simeq \frac{\sum y_{ob.} - \sum y_{unt.}}{\sum x_{ob.} - \sum x_{unt.}} \qquad (5.9)$$

$$\hat{a} \simeq \sum y_{unt.} - \hat{b} \sum x_{unt.} \qquad (5.10)$$

Beispiel

Schätzung der Regressionsgeraden, wenn beide Variablen (x, y) Meßfehler aufweisen: Der Vergleich zweier Bestimmungsmethoden, zwischen denen ein linearer Zusammenhang angenommen wird.

Stichprobe (Nr.)	Methode I (x)	Methode II (y)
1	38,2	54,1
2	43,3	62,0
3	47,1	64,5
4	47,9	66,6
5	55,6	75,7
6	64,0	83,3
7	72,8	91,8
8	78,9	100,6
9	100,7	123,4
10	116,3	138,3

Tabelle 102

Die angepaßte Gerade geht durch den Punkt $(\bar{x}, \bar{y})$ mit den Werten $\bar{x} = 66,48$ und $\bar{y} = 86,03$. Den Regressionskoeffizienten schätzen wir anhand der Mittelwerte des ersten und letzten Drittels beider Reihen nach (5.7)

$$\hat{b} = \frac{\bar{y}_3 - \bar{y}_1}{\bar{x}_3 - \bar{x}_1} = \frac{120,767 - 60,200}{98,633 - 42,867} = 1,0861.$$

Den Achsenabschnitt erhalten wir nach (5.8) über die Gesamtmittelwerte zu $\hat{a} = \bar{y} - \hat{b}\bar{x} = 86{,}03 - 1{,}0861 \cdot 66{,}48 = 13{,}826$. Die angepaßte Regressionsgerade lautet somit

$$\hat{y} = 13{,}833 + 1{,}0861x.$$

Zur Übung sei die graphische Darstellung dieser Aufgabe und die Berechnung nach Cureton (5.9, 5.10) empfohlen. Die Berechnung der Vertrauensellipsen für die geschätzten Parameter (vgl. Mandel und Linnig 1957) ist bei Bedarf der Originalarbeit von Bartlett (1949) zu entnehmen.

2. Kerrich-Verfahren

Wenn beide Variablen fehlerbehaftet sind, ausschließlich positive Werte x_i und y_i auftreten und die Punktwolke sich einer durch den Koordinatenursprung gehenden Geraden ($y = bx$) anschmiegt, kann man zur Schätzung von b folgendes elegante Verfahren (Kerrich 1966) benutzen:
Man bildet für die n unabhängigen Datenpaare (x_i, y_i) die Differenzen $d_i = \lg y_i - \lg x_i$, ihren Mittelwert $\bar{d}$ und die zugehörige Standardabweichung

$$s_{\bar{d}} = \sqrt{\sum(d_i - \bar{d})^2 / n(n-1)} \qquad (5.11)$$

Da jeder Quotient y_i / x_i eine Schätzung von b darstellt, ist jedes d_i eine Schätzung von $\lg b$. Ein brauchbarer Schätzwert von $\lg b$ ist $\bar{d}$, und zwar insbesondere dann, wenn die Werte x_i und y_i kleine Variationskoeffizienten aufweisen und wenn auch $s_{\bar{d}}$ gegenüber $\bar{d}$ klein ist. Vorausgesetzt wird, daß $\lg y_i$ und $\lg x_i$ wenigstens angenähert normalverteilt sind.
Den 95%-Vertrauensbereich für β erhält man über

$$\lg b \pm s_{\bar{d}} t_{n-2;\,0,05} / \sqrt{n} \qquad (5.12)$$

Beispiel

Gegeben: $n = 16$ Datenpaare (angepaßte Gerade geht durch den Nullpunkt!) mit $\bar{d} = 9{,}55911 - 10 = \lg b$ und $s_{\bar{d}} = 0{,}00555$;   d. h. $t_{14;\,0,05} = 2{,}145$ und $s_{\bar{d}} \cdot t_{n-2;\,0,05} / \sqrt{n} = 0{,}00555 \cdot 2{,}145 / \sqrt{16} = 0{,}00272$. Der 95%-Vertrauensbereich für $\lg \beta$ lautet $9{,}55911 - 10 \pm 0{,}00272$; die entsprechenden Werte für β sind $\hat{b} = 0{,}362$ mit dem Bereich $0{,}360 \leq \beta \leq 0{,}365$.

▶ 52   Typisierung korrelativer Zusammenhänge

Man spricht von einem statistischen Zusammenhang, wenn die Nullhypothese, es bestehe kein Zusammenhang, widerlegt wird.
Die sachliche Deutung gefundener statistischer Zusammenhänge und ihre Prüfung auf mögliche kausale Zusammenhänge liegt außerhalb der statistischen Methodenlehre. Erscheint die Abhängigkeit gesichert, dann ist zu bedenken, daß die Existenz eines funktionalen Zusammenhanges – beispielsweise die Zunahme der Störche und der Neugeborenen während eines gewissen Zeitraumes in Schweden – nichts aussagt über den kausalen Zusammenhang. So kann zwischen der Dosis eines Arzneimittels und der Letalität einer Krankheit eine ausgesprochen positive Korrelation bestehen, da bei sehr

ernsten Erkrankungen die Letalität nicht wegen der größeren Dosis des Medikaments, sondern trotz derselben erhöht ist. Eine Korrelation kann durch direkte *kausale Zusammenhänge* zwischen x und y, durch eine *gemeinsame Abhängigkeit von dritten Größen* oder durch *Heterogenität des Materials* oder *rein formal* bedingt sein. **Kausale Korrelationen** existieren z. B. zwischen Begabung und Leistung, zwischen Dosis und Wirkung von Heilmitteln, zwischen Arbeitszeit und Preis von Produkten. Beispiele für eine **Gemeinsamkeitskorrelation** sind der Zusammenhang zwischen Körpermaßen: Z. B. zwischen der Länge des rechten und linken Armes oder zwischen Körperlängen und Körpergewicht sowie die Korrelation zwischen Zeitreihen: Die Abnahme der Zahl der Storchennester in Ostpreußen und die Abnahme der Zahl der Geburten – Basis ist die zunehmende Industrealisierung.

Bei der **Inhomogenitätskorrelation** besteht das Material aus verschiedenen Teilmassen, die in verschiedenen Bereichen des Koordinatensystems liegen. Unterscheidet man die Teilmassen nicht, so wird durch die Lageunterschiede der Punktwolken ein Korrelationseffekt erzielt, der die Korrelationsverhältnisse innerhalb der Teilmassen völlig verändern kann. Besonders eindrucksvoll ist folgendes Beispiel: Der Hämoglobingehalt des Blutes und die Oberflächengröße der Blutkörperchen zeigen weder bei Neugeborenen noch bei Männern noch bei Frauen eine Korrelation. Die Werte sind $-0,06$ bzw. $-0,03$ bzw. $+0,07$. Würde man das Material zusammenfassen, so erhielte man für das Gesamtmaterial einen Korrelationskoeffizienten von $+0,75$.

Sind beispielsweise x und y sich zu 100% ergänzende Prozentsätze, so muß zwangsläufig eine negative Korrelation zwischen ihnen auftreten, Eiweiß- und Fettanteile in Nahrungsmitteln usw. Der Ausdruck „Scheinkorrelation" ist für diese Zusammenhänge üblich, er ist jedoch besser zu vermeiden, da ja auch eine Scheinkorrelation zwischen zwei Prozentzahlen nicht Schein, sondern für die betrachteten Variablen Tatsache ist. Neben dieser **formalen Korrelation** gibt es, wie oben angedeutet worden ist, noch eine Reihe weiterer nichtkausaler Korrelationen. In einer Deutungsanalyse von Korrelationen im praktischen Anwendungsfall gibt Koller (1955 und 1963) Richtlinien, die es gestatten, durch Ausschließung anderer Möglichkeiten echte oder besser kausale Korrelationen zu erkennen.

Danach kann man zur Deutung einer Korrelation so vorgehen, daß man prüft, ob eine formale Korrelation vorliegt. Kann dies verneint werden, so wird nach folgendem Schema weitergeprüft:

```
Formale Korrelation
        ╱        ╲
      ja         nein
                  ↓
        Inhomogenitätskorrelation
                ╱          ╲
              ja           nein
                            ↓
              Gemeinsamkeitskorrelation
                          ╱          ╲
                        ja           nein
                                      ↓
                          Kausale Korrelation
```

Die Anerkennung einer kausalen Korrelation erfolgt also durch Ausschließen der anderen Möglichkeiten. Wegen der möglichen Überschneidung der Typen läßt sich das Schema in der Praxis nicht immer so streng und ausschließend anwenden, wie es im Modell dargestellt wurde. Häufig wird man auch nicht bis zum Typ der kausalen Korrelation vordringen, sondern bereits vorher stehenbleiben und diesen Typ für den jeweiligen Fall nicht widerlegen können. Die Höhe des Korrelationskoeffizienten wird dabei nur selten eine Rolle spielen.

Hinweis: Korrelation zwischen Zeitreihen

Zeitreihen (Literatur hierzu siehe Abschnitt 48 sowie Brown 1962, Pfanzagl 1963, Ferguson 1965 und Kendall 1973) zeigen fast stets einen allgemeinen Trend, eine Zu- oder Abnahme. Korreliert man zwei ansteigende Reihen, z.B. die Bevölkerungszahl, die Energieproduktion, den Preisindex und die Zahl der Verkehrsunfälle, oder zwei absteigende Reihen, z.B. die Säuglingssterblichkeit und den Anteil der in der Landwirtschaft Tätigen an der Erwerbsbevölkerung, so findet man positive Korrelationen, die sogar von beträchtlicher Höhe sein können (Gemeinsamkeitskorrelationen). Fehldeutungen sind hier häufig. Durch Berücksichtigung zusätzlicher Kontrollvariablen mit gleichem Trend kann man sich vor der Überbewertung zeitlicher Korrelationen schützen. Wenn sich dann die ursprünglich bearbeitete Korrelation (z.B. Zunahme einer Krankheit und Zunahme des Verbrauchs eines bestimmten Genußmittels) nicht sehr wesentlich von den Kontrollkorrelationen (z.B. Produktion von Fernsehapparaten) unterscheidet, oder wenn durch Berechnung partieller Korrelationen (vgl. Abschnitt 58) unter Konstanthaltung der Kontrollvariablen die ursprüngliche Korrelation zusammenschrumpft, lassen sich Gemeinsamkeitskorrelationen ausschalten.

53   Verteilungsfreie Abhängigkeitsmaße

Wird geprüft, ob eine Korrelation zwischen zwei Reihen von Meßwerten besteht, dann impliziert die Anwendung der *parametrischen Produktmoment-Korrelation* mit dem durch r geschätzten Parameter ϱ das Vorliegen weitgehend binormaler Grundgesamtheiten, eine Voraussetzung, die häufig nicht oder nur zum Teil erfüllt ist. In diesen Fällen benutzt man im allgemeinen unter Vermeidung möglicher Transformationen und mit bedeutender Zeitersparnis den *Rangkorrelations-Koeffizienten von Spearman* (r_S); die Prüfung ist dann auch bei kleinem Stichprobenumfang und nicht normalverteilten Meßwerten exakt; außerdem wird die Wirkung von Ausreißern, die die Größe des Produktmoment-Korrelationskoeffizienten (r) stark beeinflussen können, abgeschwächt. Ein weiterer Vorteil liegt in der *Unabhängigkeit von dem Maßsystem*, da der Rangkorrelationskoeffizient im Gegensatz zum gewöhnlichen Korrelationskoeffizienten seinen Wert nicht ändert, wenn bei unveränderter Reihenfolge der beobachteten Werte statt x eine monotone Funktion $f(x)$ verwendet wird. Für umfangreiche Stichproben aus binormalen Grundgesamtheiten mit genügend kleinem Produktmoment-Korrelationskoeffizienten (Korrelationsparameter $|\varrho| < 0{,}25$) gilt, daß man bei Verwendung von r_S die gleiche Schärfe der Aussage erzielt wie bei Verwendung von r in einer Stichprobe, die nur $0{,}91n$ Beobachtungen umfaßt, wobei n groß sein muß. Der Rangkorrelationskoeffizient nutzt also 91% der Beobachtungen aus. Wegen der geringen Einbuße an Genauigkeit in Verbindung mit einer bedeutenden Zeitersparnis dient r_S häufig zur schnellen Vororientierung und Schätzung des gewöhnlichen Korrelationskoeffizienten in der Grundgesamtheit. Liegt Normalverteilung vor, wird $|\varrho|$ etwas überschätzt. Mit wachsendem Stichprobenumfang strebt r_S nicht wie r gegen ϱ, sondern gegen ϱ_S. *Der Unterschied zwischen ϱ und ϱ_S ist aber stets kleiner als 0,018* (vgl. Walter 1963).
Beträchtliche Vorteile besitzt die Verwendung von r_S bei nichtlinearer, monotoner Regression: z.B. bei Merkmalen zwischen denen ein logarithmischer oder exponentieller Zusammenhang besteht und wo beim Wachstum einer Variablen die andere im Mittel entweder stets steigt oder stets fällt. Eine Verwendung von r als Korrelationsmaß macht es notwendig, die Meßwerte so zu transformieren, daß der Zusammenhang linear wird. Hier führt die Anwendung von r_S zu einer bedeutenden Zeitersparnis.
Sehr handlich ist auch die aus dem *Eckentest* entwickelte, zu Übersichtszwecken geeignete, mediale oder *Quadranten-Korrelation* nach Quenouille. Liegt Normalverteilung vor, dann kann der Quadranten-Korrelationskoeffizient (r_Q) auch zur Schätzung des gewöhnlichen Korrelationskoeffizienten ϱ verwendet werden, allerdings ist der Test in

diesem Falle nicht besonders scharf, da er dann nur 41% der Beobachtungen ausnutzt.

Ähnlich wie der Rangkorrelationskoeffizient hat aber der Quadranten-Korrelationskoeffizient den Vorteil, bei jeder Verteilungsfunktion einen *gültigen Test* zu liefern, die *Wirkung von Ausreißern abzuschwächen* und *unabhängig vom Maßsystem* zu sein!

▶ 531   Der Spearmansche Rang-Korrelationskoeffizient

Sind Zusammenhänge zwischen nicht normalverteilten Reihen zu ermitteln, entstammt also die zweidimensionale Stichprobe (x_i, y_i) einer beliebigen, stetigen Verteilung, dann läßt sich die Abhängigkeit von y und x durch den Spearmanschen Rang-Korrelationskoeffizienten r_S beurteilen:

$$r_S = 1 - \frac{6 \sum D^2}{n(n^2 - 1)} \tag{5.13}$$

Zur Berechnung des Rangkorrelationskoeffizienten, es gilt $-1 \leqq r_S \leqq 1$, transformiert man beide Reihen durch Zuordnung von Rangzahlen (vgl. Abschnitt 39) in Rangreihen, bildet die Differenzen D der n Rangpaare, quadriert und summiert sie zu $\sum D^2$ und setzt diesen Wert in obige Formel ein. Bei gleichen Werten, man spricht von sogenannten Bindungen (engl. ties), werden mittlere Rangplätze zugeordnet; in einer der beiden Reihen dürfen höchstens etwa 1/5 der Beobachtungen ranggleich sein! Wenn zwei Rangordnungen gleich sind, werden die Differenzen Null, d.h. $r_S = 1$. Wenn eine Rangordnung die Umkehrung der anderen ist, also vollständige Diskrepanz besteht, erhält man $r_S = -1$. Dieser Test gestattet damit die Beantwortung der Frage, ob eine positive oder eine negative Korrelation vorliegt.

Die Signifikanz von r_S wird für $n \leqq 30$ Wertepaare der Tabelle 103 entnommen, die für die übliche **einseitige Fragestellung** und 6 Signifikanzstufen die kritischen Werte $|r_S^*|$ enthält. Ein beobachteter absoluter r_S-Wert ist bedeutsam, wenn er den Tabellenwert erreicht oder übersteigt. Soll geprüft werden, ob sich die Korrelation signifikant von Null unterscheidet, das Vorzeichen von r_S spielt jetzt keine Rolle, so ist das Signifikanzniveau zu verdoppeln (zweiseitige Fragestellung mit $H_0 : \varrho_S = 0$ und $H_A : \varrho_S \neq 0$).

Für $n \geqq 30$ kann die Bedeutsamkeit von r_S mit ausreichender Genauigkeit anhand der Standardnormalverteilung nach (5.14) [vgl. auch (5.15)]

(S. 53)

$$\hat{z} = |r_S| \cdot \sqrt{n - 1} \tag{5.14}$$

geprüft werden. Hat man beispielsweise für $n = 30$ einen Wert $r_S = 0,3061$ erhalten, so ergibt sich mit $0,3061 \cdot \sqrt{30 - 1} = 1,648$ eine auf dem 5%-Niveau bedeutsame positive Korrelation (vgl. $r_S = 0,3061 > 0,3059 = r_S^*$ aus Tab. 103). Für die Beobachtungen x, y in Tab. 107 (S. 318) muß (vgl. Tab. 107a, S. 318) $H_0 : \varrho_S = 0$ bei zweiseitiger Fragestellung auf dem 5%-Niveau beibehalten werden: $r_S = 1 - \dfrac{6 \cdot 15,5}{7(49 - 1)} = 0,723 < 0,745 = r_S^*$

$(n = 7, \alpha_{0,025; \text{ eins.}} = \alpha_{0,05; \text{ zweis.}})$; es besteht keine echte Korrelation.

Bemerkungen zu ϱ_S und ϱ

1. Der t-Test auf $\varrho_S = 0$ hat, verglichen mit dem t-Test auf $\varrho = 0$ (S. 329), wenn alle Voraussetzungen dieses Tests (binormale Grundgesamtheit) erfüllt sind, eine asymptotische Effizienz von $9/\pi^2$ oder 91,2%.

Tabelle 103.   Signifikanz des Spearmanschen Rangkorrelationskoeffizienten r_S^* (auszugsweise entnommen: Glasser, G. J. and R. F. Winter: Critical values of rank correlation for testing the hypothesis of independence, Biometrika **48** (1961) 444–448, Table 3, p. 447)

n	\multicolumn{6}{c}{Signifikanzniveau α}
	0,001	0,005	0,010	0,025	0,050	0,100
4	–	–	–	–	0,8000	0,8000
5	–	–	0,9000	0,9000	0,8000	0,7000
6	–	0,9429	0,8857	0,8286	0,7714	0,6000
7	0,9643	0,8929	0,8571	0,7450	0,6786	0,5357
8	0,9286	0,8571	0,8095	0,6905	0,5952	0,4762
9	0,9000	0,8167	0,7667	0,6833	0,5833	0,4667
10	0,8667	0,7818	0,7333	0,6364	0,5515	0,4424
11	0,8455	0,7545	0,7000	0,6091	0,5273	0,4182
12	0,8182	0,7273	0,6713	0,5804	0,4965	0,3986
13	0,7912	0,6978	0,6429	0,5549	0,4780	0,3791
14	0,7670	0,6747	0,6220	0,5341	0,4593	0,3626
15	0,7464	0,6536	0,6000	0,5179	0,4429	0,3500
16	0,7265	0,6324	0,5824	0,5000	0,4265	0,3382
17	0,7083	0,6152	0,5637	0,4853	0,4118	0,3260
18	0,6904	0,5975	0,5480	0,4716	0,3994	0,3148
19	0,6737	0,5825	0,5333	0,4579	0,3895	0,3070
20	0,6586	0,5684	0,5203	0,4451	0,3789	0,2977
21	0,6455	0,5545	0,5078	0,4351	0,3688	0,2909
22	0,6318	0,5426	0,4963	0,4241	0,3597	0,2829
23	0,6186	0,5306	0,4852	0,4150	0,3518	0,2767
24	0,6070	0,5200	0,4748	0,4061	0,3435	0,2704
25	0,5962	0,5100	0,4654	0,3977	0,3362	0,2646
26	0,5856	0,5002	0,4564	0,3894	0,3299	0,2588
27	0,5757	0,4915	0,4481	0,3822	0,3236	0,2540
28	0,5660	0,4828	0,4401	0,3749	0,3175	0,2490
29	0,5567	0,4744	0,4320	0,3685	0,3113	0,2443
30	0,5479	0,4665	0,4251	0,3620	0,3059	0,2400

Beachte
S. 309,
Mitte

2. Im Vergleich zu r schätzt r_S für sehr großes n und binormale Grundgesamtheit mit $\varrho = 0$ den Parameter ϱ mit einer asymptotischen Effizienz von $9/\pi^2$ oder 91,2%.

3. Für wachsendes n und binormalverteilte Zufallsvariable ist $2\sin\left(\frac{\pi}{6} r_S\right)$ asymptotisch gleich r. Für $n \gtrless 30$ sollte man daher neben r_S auch r angeben. So erhält man für $r_S = 0{,}840$ mit $\pi/6 = 0{,}5236$ ein

$$r = 2\sin(0{,}5236 \cdot 0{,}840) = 2\sin 0{,}4398 = 2 \cdot 0{,}426 = 0{,}852.$$

Beispiel

Tabelle 104 zeigt, wie zehn nach dem Alphabet geordnete Studenten aufgrund ihrer Leistungen im Praktikum und im Seminar – in beiden Fällen sind die Noten schief verteilt – in eine Rangordnung gebracht wurden. Läßt sich eine positive Korrelation auf dem 1%-Niveau sichern?

Tabelle 104

Praktikum	7	6	3	8	2	10	4	1	5	9
Seminar	8	4	5	9	1	7	3	2	6	10

Nullhypothese: Zwischen beiden Leistungen besteht keine positive Korrelation, sondern Unabhängigkeit. Wir ermitteln die Rangdifferenzen, ihre Quadrate und deren Summe:

Tabelle 104a

										Σ
Rangdifferenzen D	-1	2	-2	-1	1	3	1	-1	-1	-1	0
D^2	1	4	4	1	1	9	1	1	1	1	24

Kontrolle: Die Summe der D-Werte muß gleich Null sein. Wir erhalten

$$r_S = 1 - \frac{6\sum D^2}{n(n^2-1)} = 1 - \frac{6 \cdot 24}{10(10^2-1)} = 0,8545.$$

Ein aus einer Stichprobe von $n=10$ errechneter Rangkorrelationskoeffizient dieser Größe ist nach Tabelle 103 auf dem 1%-Niveau signifikant $(0,8545 > 0,7333)$. Zwischen den beiden Leistungen besteht ein echter Zusammenhang $(P < 0,01)$.

Für mindestens zehn Wertepaare $(n \geq 10)$ kann die Zufälligkeit des Auftretens eines bestimmten r_S-Wertes auch anhand der Student-Verteilung nach   S. 111

$$\hat{t} = |r_S| \sqrt{\frac{n-2}{1-r_S^2}} \tag{5.15}$$

mit $n-2\,FG$ beurteilt werden. Für das Beispiel erhalten wir mit

$$\hat{t} = 0,8545 \cdot \sqrt{\frac{10-2}{1-0,8545^2}} = 4,653$$

und $4,653 > 2,90 = t_{8;\,0,01}$ unser Ergebnis bestätigt. Es sei betont, daß (5.14) und (5.15) im Gegensatz zu den Werten der Tabelle 103 nur Approximationen darstellen; (5.15) ist die bessere.
Vergleiche auch das (S. 309) auf Zeile 3 bis 6 unter (5.14) angedeutete Beispiel.

Spearmansche Rangkorrelation bei Bindungen

Nur wenn Bindungen (gleiche Werte) gehäuft auftreten, lohnt sich die Verwendung der Prüfgröße (vgl. Kendall 1962, Yule und Kendall 1965)

$$r_{S,B} = 1 - \frac{6\sum D^2}{(n^3-n)-(T_{x'}+T_{y'})}$$
$$T_{x'} = \frac{1}{2} \cdot \sum(t_{x'}^3 - t_{x'}); \quad T_{y'} = \frac{1}{2} \cdot \sum(t_{y'}^3 - t_{y'}) \tag{5.16}$$

mit $t_{x'}$ (der Strich am x deutet an, daß wir uns auf Ranggrößen beziehen) gleich der Anzahl der Bindungen in aufeinanderfolgenden Gruppen (gleicher Ranggrößen) der x'-Reihe, $t_{y'}$ gleich der Anzahl der Bindungen in aufeinanderfolgenden Gruppen (gleicher Ranggrößen) der y'-Reihe: Man zählt also an der ersten Gruppe, wie oft derselbe Wert erscheint, setzt diese Häufigkeit in die dritte Potenz und subtrahiert hiervon die Häufigkeit. Entsprechend verfährt man mit allen Gruppen und bildet schließlich die Summen $T_{x'}$ und $T_{y'}$.

Beispiel

Prüfung der Unabhängigkeit zwischen mathematischer und altsprachlicher Begabung von 8 Schülern (S) anhand von Schulnoten in Latein (L) und in Mathematik (M) ($\alpha = 0{,}05$; R seien die Ranggrößen).

S	D	B	G	A	F	E	H	C	
L	1	2	2	2	3	3	4	4	
M	2	4	1	3	4	3	4	3	
R_L	1	3	3	3	5,5	5,5	7,5	7,5	
R_M	2	7	1	4	7	4	7	4	
D	-1	-4	2	-1	-1,5	1,5	0,5	3,5	$\sum D = 0$
D^2	1	16	4	1	2,25	2,25	0,25	12,25	

$$\sum D^2 = 39$$

$$T_L = \frac{1}{2}\left[(3^3 - 3) + (2^3 - 2) + (2^3 - 2)\right] = 18$$

$$T_M = \frac{1}{2}\left[(3^3 - 3) + (3^3 - 3)\right] = 24$$

$$r_{S,B} = 1 - \frac{6 \cdot 39}{(8^3 - 8) - (18 + 24)} = 0{,}4935$$

Ohne Berücksichtigung der Bindungen: $r_S = 1 - \dfrac{6 \cdot 39}{(8^3 - 8)} = 0{,}536$ $(0{,}536 > 0{,}494)$ wird die Korrelation überschätzt. Da $0{,}494 < 0{,}595$ ist, läßt sich anhand der vorliegenden Schulnoten die Unabhängigkeitshypothese auf dem 5%-Niveau nicht widerlegen.

Der Rangkorrelationskoeffizient (Spearman 1910) wird mit Vorteil auch dann eingesetzt:

1. Wenn *schnell eine angenäherte Schätzung des Korrelationskoeffizienten erwünscht* und die exakte Berechnung sehr aufwendig ist.
2. Wenn die *Übereinstimmung zwischen 2 Richtern hinsichtlich der gewählten Rangordnung von Objekten* überprüft werden soll, beispielsweise bei einem Schönheitswettbewerb. Man kann auch mit seiner Hilfe die Urteilskraft testen, indem man Gegenstände ordnen läßt und diese Rangordnung mit einer standardisierten Rangordnung vergleicht. Das Ordnen von unterschiedlich großen Bauklötzen durch Kinder ist ein Beispiel hierfür.
3. Wenn *Verdacht auf monotonen Trend* besteht: Man korreliert die in Ränge transformierten n Meßwerte mit der natürlichen Zahlenreihe von 1 bis n und testet den Koeffizienten auf Signifikanz.

Schwieriger als r_S zu berechnen ist ein von Kendall (1938) vorgeschlagener Rangkorrelationskoeffizient τ (gr. tau). Griffin (1957) beschreibt ein graphisches Verfahren zur Schätzung von τ. Eine vereinfachte Berechnung von τ geben Lieberson (1961) sowie Stilson und Campbell (1962).

Eine Diskussion über gewisse Vorteile von τ gegenüber ϱ und ϱ_S findet man bei Schaeffer und Levitt (1956); indessen ist bei gleicher Irrtumswahrscheinlichkeit die Teststärke (Prüfung auf Nicht-Null) für τ kleiner als für ϱ_S.

532   Quadrantenkorrelation

Dieser Schnelltest (Blomqvist 1950, 1951) prüft, ob zwischen zwei als Meßwerten gegebenen Merkmalen x und y Unabhängigkeit besteht. Zunächst zeichnet man die Wertepaare (x_i, y_i) als Punktwolke in ein Koordinatensystem ein, das durch die beiden Medianwerte $\tilde{x}$ und $\tilde{y}$ in 4 Quadranten bzw. in 2mal 2 Hälften geteilt wird, und zwar so, daß jede Hälfte gleich viele Wertepaare enthält. Liegt eine ungerade Anzahl von Beobachtungspaaren vor, dann ist die horizontale Medianlinie durch einen Punkt zu legen, der anschließend ignoriert wird. Ein echter Merkmalszusammenhang besteht, sobald die Anzahl der Wertepaare in den einzelnen Quadranten die Schranken der Tabelle 105 erreicht bzw. nach außen überschreitet. Liegen Stichproben aus einer zweidimensionalen Normalverteilung vor, dann hat dieser Test eine asymptotische Effizienz gegenüber dem Produktmomentkorrelationskoeffizienten von $(2/\pi)^2 = 0{,}405$ oder 41%. Näheres ist Konijn (1956) und Elandt (1962) zu entnehmen.

	Kritischer Punktwert							
n	unterer		oberer		n	unterer		oberer	
	5%	1%	5%	1%		5%	1%	5%	1%
8-9	0	-	4	-	74-75	13	12	24	25
10-11	0	0	5	5	76-77	14	12	24	26
12-13	0	0	6	6	78-79	14	13	25	26
14-15	1	0	6	7	80-81	15	13	25	27
16-17	1	0	7	8	82-83	15	14	26	27
18-19	1	1	8	8	84-85	16	14	26	28
20-21	2	1	8	9	86-87	16	15	27	28
22-23	2	2	9	9	88-89	16	15	28	29
24-25	3	2	9	10	90-91	17	15	28	30
26-27	3	2	10	11	92-93	17	16	29	30
28-29	3	3	11	11	94-95	18	16	29	31
30-31	4	3	11	12	96-97	18	17	30	31
32-33	4	3	12	13	98-99	19	17	30	32
34-35	5	4	12	13	100-101	19	18	31	32
36-37	5	4	13	14	110-111	21	20	34	35
38-39	6	5	13	14	120-121	24	22	36	38
40-41	6	5	14	15	130-131	26	24	39	41
42-43	6	5	15	16	140-141	28	26	42	44
44-45	7	6	15	16	150-151	31	29	44	46
46-47	7	6	16	17	160-161	33	31	47	49
48-49	8	7	16	17	170-171	35	33	50	52
50-51	8	7	17	18	180-181	37	35	53	55
52-53	8	7	18	19	200-201	42	40	58	60
54-55	9	8	18	19	220-221	47	44	63	66
56-57	9	8	19	20	240-241	51	49	69	71
58-59	10	9	19	20	260-261	56	54	74	76
60-61	10	9	20	21	280-281	61	58	79	82
62-63	11	9	20	22	300-301	66	63	84	87
64-65	11	10	21	22	320-321	70	67	90	93
66-67	12	10	21	23	340-341	75	72	95	98
68-69	12	11	22	23	360-361	80	77	100	103
70-71	12	11	23	24	380-381	84	81	106	109
72-73	13	12	23	24	400-401	89	86	111	114

Tabelle 105.   Unterer und oberer kritischer Punktwert eines Quadranten für die Beurteilung einer Quadranten-Korrelation (aus Quenouille, M.H.: Rapid Statistical Calculations, Griffin, London 1959, Table 6)

Beispiel

Die 28 Beobachtungspaare der Abb. 48 verteilen sich so auf die Quadranten, daß die Schranken der Tabelle 105 erreicht werden. Die negative Korrelation ist auf dem 1%-Niveau gesichert.

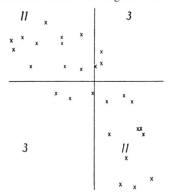

Abb. 48.   Quadrantenkorrelation (aus Quenouille, M.H.: Rapid Statistical Calculations, Griffin, London 1959, p. 28)

Dieser Test ist praktisch der *Median-Test auf Unabhängigkeit*, bei dem die nach x oder y geordneten Paare jeweils danach aufgeteilt werden, ob die Paarlinge kleiner oder größer sind als ihr Median:

		Anzahl der x-Werte	
		$< \tilde{x}$	$> \tilde{x}$
	$< \tilde{y}$	a	b
Anzahl der y-Werte	$> \tilde{y}$	c	d

Die Analyse der Vierfeldertafel erfolgt dann nach Abschnitt 467 oder nach Abschnitt 461 (vgl. auch S. 236/237).

533   Der Eckentest nach Olmstead und Tukey

Dieser Test nutzt im allgemeinen mehr Information als die Quadrantenkorrelation. Er ist besonders geeignet zum Nachweis der Korrelation, die weitgehend auf Extremwertepaaren basiert (Olmstead und Tukey 1947). Prüfgröße dieses wichtigen Schnelltests auf Unabhängigkeit (asymptot. Effiz.: etwa 25%) ist die Summe S von 4 „Quadrantsummen" (vgl. Pkt. 1–3). Für $|S| \geqq S_\alpha$ wird, dem Vorzeichen von S entsprechend, ein positiver bzw. negativer Zusammenhang angenommen.

1. Zunächst die n Paare von Beobachtungen (x_i, y_i) wie bei der besprochenen Quadrantenkorrelation als Punktmarken in eine Korrelationstafel eintragen und sie dann durch eine horizontale und eine vertikale Medianlinie jeweils in zwei gleich große Gruppen teilen.

2. Die Punkte im rechten oberen und im linken unteren Quadranten sind positiv zu rechnen, die in den beiden anderen Quadranten sind negativ zu rechnen.

3. Man beginnt an der rechten Seite des Diagramms längs der Abszisse in Richtung auf den Schnittpunkt der Medianlinien zu mit dem Abzählen der Punkte und zählt so lange, bis man auf einen Punkt auf der anderen Seite der horizontal verlaufenden Medianlinie trifft. Die Summe der Punkte, die man vor Überschreiten der Linie abgezählt hat, wird mit dem charakteristischen Quadrantenvorzeichen versehen. Dieser Zählvorgang wird von unten, von links und von oben wiederholt.

α	0,10	0,05	0,02	0,01	0,005	0,002	0,001
S_α	9	11	13	14–15	15–17	17–19	18–21

1) Für $\alpha \leqq 0{,}01$ gilt für kleines n der größere Wert, für größeres n der kleinere Wert.
2) Für $|S| \geqq 2n - 6$ sollte man auf den Test verzichten.

Beispiel

Die 28 Beobachtungspaare der Abb. 49 liefern eine Summe von $(-8) + (-10) + (-11) + (-6) = -35$; die negative Korrelation ist deutlich gesichert.

Bezeichnet man die absolut genommene Summe der vier Zählungen mit k dann läßt sich bei großem Stichprobenumfang die Wahrscheinlichkeit P nach

$$P \simeq \frac{9k^3 + 9k^2 + 168k + 208}{216 \cdot 2^k} \qquad k = |S| > 0 \qquad (5.17)$$

abschätzen.

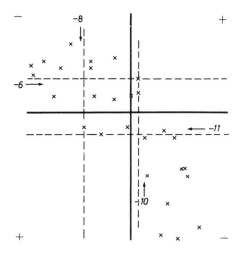

Bewegt man sich längs einer Medianlinie auf den Schnittpunkt beider Medianlinien zu, dann wird durch den ersten Punkt, der sich auf der anderen Seite der Medianlinie befindet, eine gestrichelte Linie gezogen. Die Anzahl der Punkte vor dieser Linie bildet die „Quadrantsumme" (vgl. Text auf S. 314).

Abb. 49.   Eckentest nach Olmstead und Tukey (aus Quenouille, M. H.: Rapid Statistical Calculations, Griffin, London 1959, p. 29)

54   Schätzverfahren

▶541   Schätzung des Korrelationskoeffizienten

Der Korrelationskoeffizient wird nach (5.18), rechts, geschätzt (für kleines n bevorzugt man mitunter den links stehenden Ausdruck).

$$r = \frac{\sum(x-\bar{x})(y-\bar{y})}{\sqrt{\sum(x-\bar{x})^2\sum(y-\bar{y})^2}} = \frac{\sum xy - \frac{1}{n}(\sum x)(\sum y)}{\sqrt{[\sum x^2 - \frac{1}{n}(\sum x)^2][\sum y^2 - \frac{1}{n}(\sum y)^2]}} \qquad (5.18)$$

Bei kleinem Stichprobenumfang n unterschätzt r den Parameter ϱ. Eine verbesserte Schätzung für ϱ erhält man nach (5.18a) (Olkin und Pratt 1958)

$$r^* = r\left[1 + \frac{1-r^2}{2(n-3)}\right] \qquad (5.18\,a)$$

So ergeben sich z. B. die folgenden Werte r^* (r Stern):

Für $n=10$ und $r=0{,}5$: $r^*=0{,}527$.
Für $n=10$ und $r=0{,}9$: $r^*=0{,}912$.
Für $n=30$ und $r=0{,}5$: $r^*=0{,}507$.
Für $n=30$ und $r=0{,}9$: $r^*=0{,}903$.

Im allgemeinen wird man den Stichprobenumfang nicht zu klein wählen und auf die Korrektur (5.18a) verzichten.

Hinweis: Punktbiseriale Korrelation

Ist eines der beiden Merkmale alternativverteilt, dann wird (5.18) durch (5.18b) ersetzt.
Der Zusammenhang zwischen einem kontinuierlich und einem alternativ verteilten Merkmal wird durch den punktbiserialen Korrelationskoeffizienten geschätzt (n Merkmalsträger werden alternativ

in n_1 und n_2 gruppiert, an jedem wird x bestimmt, die zugehörige Standardabweichung s sowie $\bar{x}_1$ und $\bar{x}_2$ berechnet):

$$r_{pb} = \frac{\bar{x}_1 - \bar{x}_2}{s} \sqrt{\frac{n_1 n_2}{n(n-1)}}$$

(5.18b)

und anhand von Tab. 113 (S. 330) oder (5.38, 5.38a, b) (S. 329) auf Bedeutsamkeit geprüft. r_{pb} kann zur Schätzung von ϱ dienen, insbesondere, wenn $|r_{pb}| < 1$; für $r_{pb} > 1$ schätze man $\varrho = 1$, für $r_{pb} < -1$ entsprechend $\varrho = -1$. Näheres ist Tate (1954, 1955), Prince und Tate (1966) und Abbas (1967) zu entnehmen (vgl. auch Meyer-Bahlburg 1969).

▶ **542   Schätzung der Regressionsgeraden**

> Stets sind die folgenden beiden Modelle der Regressionsanalyse zu unterscheiden:
>
> Modell I: Die Zielgröße y ist eine Zufallsvariable; die Werte der Einflußgröße x sind fest vorgegeben [Formel (5.3)].
>
> Modell II: Sowohl die Variable y als auch die Variable x sind Zufallsvariable. Nur hier sind zwei Regressionen möglich, die von $\hat{y}$ aus x und die von $\hat{x}$ aus y [(5.3) und (5.2)].

Achsenabschnitte und Regressionskoeffizienten (vgl. auch S. 324, 338, 344) werden durch folgende Beziehungen geschätzt:

$$\hat{y} = a_{yx} + b_{yx} x$$

(5.3)

$$b_{yx} = \frac{n\sum xy - \sum x \sum y}{n\sum x^2 - (\sum x)^2}$$

(5.19)

$$a_{yx} = \frac{\sum y - b_{yx} \sum x}{n}$$

(5.20)

$$\hat{x} = a_{xy} + b_{xy} y$$

(5.2)

$$b_{xy} = \frac{n\sum xy - \sum x \sum y}{n\sum y^2 - (\sum y)^2}$$

(5.21)

$$a_{xy} = \frac{\sum x - b_{xy} \sum y}{n}$$

(5.22)

a_{yx} und a_{xy} lassen sich auch direkt aus den Summen ermitteln:

$$a_{yx} = \frac{(\sum y)(\sum x^2) - (\sum x)(\sum xy)}{n\sum x^2 - (\sum x)^2}$$

(5.20a)

$$a_{xy} = \frac{(\sum x)(\sum y^2) - (\sum y)(\sum xy)}{n\sum y^2 - (\sum y)^2}$$

(5.22a)

Schneller rechnet man jedoch nach (5.20;5.22). Sobald n groß ist oder vielstellige x_i und y_i vorliegen, ersetze man (5.19) und (5.21) durch:

$$b_{yx} = \frac{\sum xy - \dfrac{(\sum x)(\sum y)}{n}}{\sum x^2 - \dfrac{(\sum x)^2}{n}} \qquad b_{xy} = \frac{\sum xy - \dfrac{(\sum x)(\sum y)}{n}}{\sum y^2 - \dfrac{(\sum y)^2}{n}}$$

(5.19 a)

(5.21 a)

Beispiel 1

Tabelle 106

x	y	xy	x^2	y^2
2	5	10	4	25
4	3	12	16	9
6	7	42	36	49
12	15	64	56	83
$\sum x$	$\sum y$	$\sum xy$	$\sum x^2$	$\sum y^2$

Berechnung der Regressionsgeraden und des Korrelationskoeffizienten; demonstriert an den $n=3$ Beobachtungspaaren der obigen Tabelle. Ein extrem vereinfachtes Zahlenbeispiel:

$$b_{yx} = \frac{n\sum xy - (\sum x)(\sum y)}{n\sum x^2 - (\sum x)^2} = \frac{3 \cdot 64 - 12 \cdot 15}{3 \cdot 56 - 12^2} = \frac{1}{2}$$

$$a_{yx} = \frac{\sum y - b_{yx}\sum x}{n} = \frac{15 - (1/2)12}{3} = 3$$

dann lautet die geschätzte Regressionsgerade zur Voraussage von $\hat{y}$ aus x (Regression von y auf x):

$$\hat{y} = 3 + \frac{1}{2}x$$

$$\hat{x} = a_{xy} + b_{xy}x$$

$$b_{xy} = \frac{n\sum xy - (\sum x)(\sum y)}{n\sum y^2 - (\sum y)^2} = \frac{3 \cdot 64 - 12 \cdot 15}{3 \cdot 83 - 15^2} = \frac{1}{2}$$

$$a_{xy} = \frac{\sum x - b_{xy}\sum y}{n} = \frac{12 - (1/2)15}{3} = \frac{3}{2}$$

und damit lautet die Regression von x auf y:

$$\hat{x} = \frac{3}{2} + \frac{1}{2}y.$$

Für den Korrelationskoeffizienten erhalten wir nach (5.18):

$$r = \frac{\sum xy - \frac{1}{n}(\sum x)(\sum y)}{\sqrt{\{\sum x^2 - \frac{1}{n}(\sum x)^2\}\{\sum y^2 - \frac{1}{n}(\sum y)^2\}}}$$

$$r = \frac{64 - \frac{1}{3} \cdot 12 \cdot 15}{\sqrt{\{56 - \frac{1}{3} \cdot 12^2\}\{83 - \frac{1}{3} \cdot 15^2\}}} = 0,5$$

(vgl. r^* läßt sich nach (5.18a) erst für $n \geq 4$ berechnen).

Beispiel 2   Tabelle 107 a

Tabelle 107

x	y	x^2	y^2	xy
13	12	169	144	156
17	17	289	289	289
10	11	100	121	110
17	13	289	169	221
20	16	400	256	320
11	14	121	196	154
15	15	225	225	225
103	98	1593	1400	1475

Beispiel zu Seite 309			
Ränge		D	D^2
x	y		
3	2	1	1
5,5	7	−1,5	2,25
1	1	0	0
5,5	3	2,5	6,25
7	6	1	1
2	4	−2	4
4	5	−1	1
		0	15,50

Den Achsenabschnitt ermitteln wir jetzt einmal nach (5.20 a)

$$a_{yx} = \frac{(\sum y)(\sum x^2) - (\sum x)(\sum xy)}{n\sum x^2 - (\sum x)^2} = \frac{98 \cdot 1593 - 103 \cdot 1475}{7 \cdot 1593 - 103^2} = 7,729$$

und den Regressionskoeffizienten nach (5.19)

$$b_{yx} = \frac{n\sum xy - (\sum x)(\sum y)}{n\sum x^2 - (\sum x)^2} = \frac{7 \cdot 1475 - 103 \cdot 98}{7 \cdot 1593 - 103^2} = 0,426$$

Die Regressionsgerade von y auf x lautet dann:

$$\hat{y} = a_{yx} + b_{yx}x \quad \text{oder} \quad \hat{y} = 7,73 + 0,426x.$$

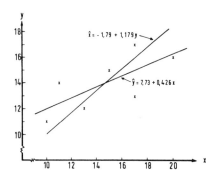

Abb. 50.   Die beiden Regressionsgeraden des Beispiels 2.

Man kann auch eleganter und schneller vorgehen: Zuerst b_{yx} nach der gegebenen Beziehung ermitteln und dann die Mittelwerte $\bar{x}, \bar{y}$ bestimmen und diese dann in die Beziehung

$$a_{yx} = \bar{y} - b_{yx}\bar{x} \qquad (5.23)$$

einsetzen $\bar{x} = \dfrac{103}{7} = 14,714$ $\bar{y} = \dfrac{98}{7} = 14$;

$$a_{yx} = 14 - 0,426 \cdot 14,714 = 7,729$$

Für die Regressionsgerade von x auf y erhalten wir nach (5.22 a) und (5.21)

$$a_{xy} = \frac{(\sum x)(\sum y^2) - (\sum y)(\sum xy)}{n\sum y^2 - (\sum y)^2} = \frac{103 \cdot 1400 - 98 \cdot 1475}{7 \cdot 1400 - 98^2} = -1,786$$

$$b_{xy} = \frac{n\sum xy - (\sum x)(\sum y)}{n\sum y^2 - (\sum y)^2} = \frac{7 \cdot 1475 - 103 \cdot 98}{7 \cdot 1400 - 98^2} = 1,179$$

$$\hat{x} = a_{xy} + b_{xy}y \quad \text{oder} \quad \hat{x} = -1,79 + 1,179y$$

Schneller rechnet man – besonders dann, wenn x und y mehrstellige Zahlen sind – mit den transformierten Werten (β_{yx} und β_{xy} bleiben hierdurch unbeeinflußt):

$x^{\cdot}$ (= x - 15)	$y^{\cdot}$ (= y - 14)	$x^{\cdot 2}$	$y^{\cdot 2}$	$x^{\cdot}y^{\cdot}$
-2	-2	4	4	4
2	3	4	9	6
-5	-3	25	9	15
2	-1	4	1	-2
5	2	25	4	10
-4	0	16	0	0
0	1	0	1	0
-2	0	78	28	33

Tabelle 108

$$b_{yx} = \frac{n\sum x^{\cdot}y^{\cdot} - (\sum x^{\cdot})(\sum y^{\cdot})}{n\sum x^{\cdot 2} - (\sum x^{\cdot})^2} = \frac{7 \cdot 33 - (-2)(0)}{7 \cdot 78 - (-2)^2} = 0,426$$

$$b_{xy} = \frac{n\sum x^{\cdot}y^{\cdot} - (\sum x^{\cdot})(\sum y^{\cdot})}{n\sum y^{\cdot 2} - (\sum y^{\cdot})^2} = \frac{7 \cdot 33 - (-2) \cdot 0}{7 \cdot 28 - 0^2} = 1,179$$

Da $\bar{x} = \frac{103}{7} = 14,714$ und $\bar{y} = \frac{98}{7} = 14$, lauten die Regressionsgleichungen:

$$y - \bar{y} = b_{yx}(x - \bar{x}), \quad \text{d.h.} \quad y = \bar{y} - b_{yx}\bar{x} + b_{yx}x \quad \text{oder} \qquad (5.2\,\text{a})$$

$$y = 14 - 0,426 \cdot 14,714 + b_{yx}x$$

$$\hat{y} = 7,73 + 0,426x$$

und
$$x - \bar{x} = b_{xy}(y - \bar{y}), \quad \text{d.h.} \quad x = \bar{x} - b_{xy}\bar{y} + b_{xy}y \quad \text{oder}$$

$$x = 14,71 - 1,179 \cdot 14 + b_{xy}y$$

$$\hat{x} = -1,79 + 1,179y$$

Die Lage der Regressionsgeraden im Koordinatensystem ist damit bestimmt. Den Korrelationskoeffizienten schätzen wir aus den Regressionskoeffizienten nach (5.4) und nach (5.18a)

$$r = \sqrt{b_{yx} \cdot b_{xy}} = \sqrt{0,426 \cdot 1,179} = 0,709 \quad \text{und} \quad r^* = 0,753$$

▶ **543 Die Schätzung einiger Standardabweichungen**

Die Standardabweichungen s_x und s_y werden über die Summen der Abweichungsquadrate der Variablen x und y ermittelt. Wir erinnern uns (vgl. Kapitel 3):

$$Q_x = \sum(x - \bar{x})^2 = \sum x^2 - (\sum x)^2/n$$

$$s_x = \sqrt{\frac{Q_x}{n-1}}$$

$$Q_y = \sum(y - \bar{y})^2 = \sum y^2 - (\sum y)^2/n$$

$$s_y = \sqrt{\frac{Q_y}{n-1}}$$

Jede Beobachtung einer bivariaten oder zweidimensionalen Häufigkeitsverteilung besteht aus einem Paar von Beobachtungswerten (x, y). Das Produkt der beiden Abweichungen vom jeweiligen Mittelwert ist daher ein geeignetes Maß für den Grad des Miteinandervariierens der Beobachtungen:

$$Q_{xy} = \sum (x - \bar{x})(y - \bar{y})$$

Das *mittlere Abweichungsprodukt*

$$\frac{\sum (x - \bar{x})(y - \bar{y})}{n - 1} = \frac{Q_{xy}}{n - 1} = s_{xy} \tag{5.24}$$

ist die Schätzung s_{xy} der sogenannten *Kovarianz* σ_{xy}. Die Berechnung der Summe der Abweichungsprodukte, kurz Q_{xy} genannt, wird durch folgende Identitäten erleichtert:

$$Q_{xy} = \sum xy - \bar{x} \sum y \tag{5.25a}$$

$$Q_{xy} = \sum xy - \bar{y} \sum x \tag{5.25b}$$

$$Q_{xy} = \sum xy - \frac{\sum x \sum y}{n} \tag{5.25}$$

(5.25) ist rechentechnisch am günstigsten. Über Q_{xy} erhält man den Korrelationskoeffizienten r sowie die beiden Regressionskoeffizienten b_{yx} und b_{xy} nach

$$r = \frac{Q_{xy}}{\sqrt{Q_x \cdot Q_y}} \tag{5.26}$$

$$b_{yx} = \frac{Q_{xy}}{Q_x} \tag{5.27}$$

$$b_{xy} = \frac{Q_{xy}}{Q_y} \tag{5.28}$$

Die Standardabweichung für y unter der Bedingung, daß x bestimmte Werte annimmt, ist

$$s_{y.x} = \sqrt{\frac{\sum (y - \hat{y})^2}{n - 2}} = \sqrt{\frac{\sum (y - a_{yx} - b_{yx}x)^2}{n - 2}} \tag{5.29}$$

Das Symbol $s_{y.x}$, *die Standardabweichung der $\hat{y}$-Werte für ein gegebenes x*, wird gelesen „s y Punkt x". Der Zähler unter der Wurzel stellt die Summe der Quadrate der Abweichungen der beobachteten y-Werte von den entsprechenden Werten auf der Regressionsgeraden dar. Diese Summe wird durch $n - 2$ und nicht durch $n - 1$ dividiert, da wir aus den Daten *zwei* Kennwerte a_{yx} und b_{yx} geschätzt haben. Der Wert $s_{y.x}$ könnte erhalten werden, indem man für jeden Wert x anhand der Regressionsgeraden den zugehörigen $\hat{y}$-Wert ermittelt, die Quadrate der einzelnen Differenzen $(y - \hat{y})^2$ summiert und durch den um zwei verminderten Stichprobenumfang teilt. Die Wurzel hieraus wäre dann $s_{y.x}$. Schneller erhält man diese Standardabweichung nach

$$s_{y.x} = \sqrt{\frac{Q_y - (Q_{xy})^2 / Q_x}{n-2}}$$ (5.29a)

Da $s_{y.x}$ ein Maß für die Fehler ist, die man bei der Schätzung oder Voraussage von y aus vorgegebenen Werten x macht, wird diese Standardabweichung auch als *Standardfehler der Schätzung* oder als *Standardfehler der Voraussage* bezeichnet. Zwei Parallelen zur Regressionslinie im Abstand von $2s_{y.x}$ bilden ein Band, das etwa 95% aller Beobachtungen enthält.

Bezeichnen wir nun die *Standardabweichung des Achsenabschnittes a* (auf der Ordinatenachse) mit s_a und die *Standardabweichung des Regressionskoeffizienten* $b_{yx} = b$ mit s_b, dann ist

$$s_{a_{yx}} = s_{y.x} \sqrt{\frac{1}{n} + \frac{\bar{x}^2}{Q_x}}$$ (5.30)

$$s_{b_{yx}} = \frac{s_{y.x}}{\sqrt{Q_x}}$$ (5.31)

$$s_{a_{yx}} = s_{b_{yx}} \sqrt{\frac{\sum x^2}{n}}$$ (5.30a)

Damit ist eine Kontrolle für s_a und s_b möglich;

$$\frac{s_a}{s_b} = \sqrt{\frac{\sum x^2}{n}}$$ (5.30b)

Das Quadrat des Standardschätzfehlers wird als *Restvarianz* bezeichnet: Die Restvarianz $s_{y.x}^2$ – die Streuung um die Regressionsgerade – ist die Varianz von y, nachdem der Einfluß der Streuung von x ausgeschaltet worden ist. Zwischen beiden besteht eine interessante Beziehung

$$s_{y.x}^2 = (s_y^2 - b_{yx}^2 s_x^2) \frac{n-1}{n-2} = s_y^2 (1 - r^2) \frac{n-1}{n-2}$$ (5.31)

Für große Stichprobenumfänge gilt:

$$s_{y.x} \simeq s_y \sqrt{1 - r^2}$$ (5.32)

$$s_{x.y} \simeq s_x \sqrt{1 - r^2}$$ (5.33)

Beispiel

Nehmen wir unser letztes Beispiel mit $n = 7$ und den Summen:

$$\sum x = 103, \quad \sum y = 98$$
$$\sum x^2 = 1593, \quad \sum y^2 = 1400$$
$$\sum xy = 1475$$

Zunächst berechnen wir

$$Q_x = 1593 - (103)^2/7 = 77,429$$
$$Q_y = 1400 - (98)^2/7 = 28$$
$$Q_{xy} = 1475 - 103 \cdot 98/7 = 33, \quad \text{und hieraus bei Bedarf den Korrelationskoeffi-}$$

zienten nach (5.26) und (5.18a)

$$r = \frac{Q_{xy}}{\sqrt{Q_x Q_y}} = \frac{33}{\sqrt{77,429 \cdot 28}} = 0,709 \quad \text{und} \quad r^* = 0,753$$

Aus Q_x und Q_y erhält man schnell die Standardabweichungen der Variablen x und y

$$s_x = \sqrt{\frac{77,429}{6}} = 3,592$$

$$s_y = \sqrt{\frac{28}{6}} = 2,160,$$

dann ermitteln wir die Standardabweichung der y-Werte für ein gegebenes x (5.29a)

$$s_{y.x} = \sqrt{\frac{28 - 33^2/77,429}{5}} = 1,670$$

und hiermit die Standardabweichung des Achsenabschnittes $s_{a_{yx}}$ und die Standardabweichung des Regressionskoeffizienten $s_{b_{yx}}$:

$$s_{a_{yx}} = 1,670 \cdot \sqrt{\frac{1}{7} + \frac{14,714^2}{77,429}} = 2,862$$

$$s_{b_{yx}} = \frac{1,670}{\sqrt{77,429}} = 0,190$$

Kontrolle: $\dfrac{s_{a_{yx}}}{s_{b_{yx}}} = \dfrac{2,862}{0,190} \simeq 15 \simeq \sqrt{\dfrac{1593}{7}} = \sqrt{\dfrac{\sum x^2}{n}}$

Kontrollen

Zur Kontrolle der Rechnungen bediene man sich der folgenden Beziehungen:

1) $$\boxed{\sum(x+y)^2 = \sum x^2 + \sum y^2 + 2\sum xy}$$ (5.34)

2) $$\boxed{\sum(x+y)^2 - \frac{1}{n}\left[\sum(x+y)\right]^2 = Q_x + Q_y + 2Q_{xy}}$$ (5.35)

3) $$\boxed{s_{y.x}^2 = \frac{\sum(y-\hat{y})^2}{n-2}}$$ (5.36)

Beispiel

Wir kontrollieren die Resultate des Beispiels 2 (S. 318) und ermitteln mit Hilfe von Tabelle 109 $\sum(x+y)$ und $\sum(x+y)^2$.
Bekannt sind $\sum x^2 = 1593$, $\sum y^2 = 1400$ und $\sum xy = 1475$. Haben wir richtig gerechnet, dann muß nach der ersten Kontrollgleichung (5.34) $5943 = 1593 + 1400 + 2 \cdot 1475 = 5943$ sein.

Tabelle 109

x	y	x + y	$(x + y)^2$
13	12	25	625
17	17	34	1156
10	11	21	441
17	13	30	900
20	16	36	1296
11	14	25	625
15	15	30	900
103	98	201	5943

Nun zur Kontrolle der Abweichungsquadratsummen $Q_x = 77,429$, $Q_y = 28$, $Q_{xy} = 33$ nach der zweiten Kontrollgleichung (5.35)

$$5943 - (1/7)201^2 = 171,429 = 77,429 + 28 + 2 \cdot 33$$

Für die letzte Kontrolle benötigen wir die aufgrund der Regressionsgeraden $\hat{y} = 7,729 + 0,426x$ für die 7 gegebenen x-Werte erhaltenen Schätzwerte $\hat{y}$

Tabelle 110

x	y	$\hat{y}$	$y - \hat{y}$	$(y - \hat{y})^2$
13	12	13,267	- 1,267	1,6053
17	17	14,971	2,029	4,1168
10	11	11,989	- 0,989	0,9781
17	13	14,971	- 1,971	3,8848
20	16	16,249	- 0,249	0,0620
11	14	12,415	1,585	2,5122
15	15	14,119	0,881	0,7762
			+ 0,019	13,9354
			≈ 0	

Für $s_{y.x}$ hatten wir 1,67 erhalten, in die dritte Kontrollgleichung (5.36) eingesetzt:

$$1,67^2 = 2,79 = \frac{13,9354}{5}$$

544 Schätzung des Korrelationskoeffizienten und der Regressionsgeraden aus einer Korrelationstabelle

Werden Konfektschachteln nach den Kantenlängen der Grundfläche oder Individuen nach Körperlänge und -gewicht klassifiziert, jeweils liegen Paare von Zufallsvariablen vor, so kann die Frage nach der möglichen Korrelation zwischen den jeweiligen Merkmalspaaren aufgeworfen werden. Korrelationskoeffizienten existieren stets dann, wenn die Varianzen existieren und ungleich Null sind. Allgemein läßt sich eine zweidimensionale Häufigkeitsverteilung mit bestimmten Merkmalskombinationen in einer k Spalten und l Zeilen umfassenden *Korrelationstabelle* übersichtlich darstellen. Für jedes der beiden Merkmale muß hierbei eine *konstante Klassenbreite b* gewählt werden. Weiter sollte b möglichst nicht zu groß sein, da bei größerer Klasseneinteilung r im allgemeinen unterschätzt wird. Die Klassenmitten werden, wie üblich, mit x_i bzw. mit y_j bezeichnet. Anhand der Urliste wird eine Strichliste oder ein *Punktdiagramm* (Abb. 51) mit durchnumerierten Klassen (Spalten und Zeilen) angelegt. Jedes Feld der Tabelle weist eine bestimmte Besetzungszahl auf, zwei gegenüberliegende Eckenbereiche der Tabelle bleiben meist unbesetzt oder schwach besetzt. Die Besetzungs-

$$\varrho = \frac{\sigma_{xy}}{\sigma_x \sigma_y}$$

Rechenschema für Regression und Korrelation

1. Schritt: Berechnung von $\bar{x}$, $\bar{y}$, Q_x, Q_y, Q_{xy} anhand von n und

$$\sum x \quad \sum y$$
$$\sum x^2 \quad \sum y^2 \quad \sum xy$$

Rechenkontrollen:

$$\sum(x+y)^2 = \sum x^2 + \sum y^2 + 2\sum xy$$

$$\sum(x+y)^2 - \frac{1}{n}\{\sum(x+y)\}^2 = Q_x + Q_y + 2Q_{xy}$$

$$\bar{x} = \frac{1}{n}\sum x \qquad\qquad \bar{y} = \frac{1}{n}\sum y$$

$$Q_x = \sum x^2 - \frac{1}{n}(\sum x)^2$$

$$Q_y = \sum y^2 - \frac{1}{n}(\sum y)^2$$

$$Q_{xy} = \sum xy - \frac{1}{n}(\sum x)(\sum y)$$

2. Schritt: Berechnung von $Q_{y.x}$, b_{yx}, a_{yx}, r, s_x, s_y, s_{xy}, $s_{y.x}$, $s_{b_{yx}}$ und $s_{a_{yx}}$

$$Q_{y.x} = Q_y - b_{yx}Q_{xy}$$

$$b_{yx} = \frac{Q_{xy}}{Q_x} \qquad s_x = \sqrt{\frac{Q_x}{n-1}} \qquad s_{y.x} = \sqrt{\frac{Q_{y.x}}{n-2}}$$

$$a_{yx} = \bar{y} - b_{yx}\bar{x} \qquad s_y = \sqrt{\frac{Q_y}{n-1}} \qquad s_{b_{yx}} = \frac{s_{y.x}}{\sqrt{Q_x}}$$

$$r = \frac{Q_{xy}}{\sqrt{Q_x Q_y}} \qquad s_{xy} = \frac{Q_{xy}}{n-1} \qquad s_{a_{yx}} = s_{y.x}\sqrt{\frac{1}{n} + \frac{\bar{x}^2}{Q_x}}$$

Rechenkontrollen:

$$r = \frac{s_{xy}}{s_x s_y} = \sqrt{b_{yx}b_{xy}} \qquad \frac{s_{a_{yx}}}{s_{b_{yx}}} = \sqrt{\frac{\sum x^2}{n}}$$

$$s^2_{y.x} = \frac{\sum(y-\hat{y})^2}{n-2} \qquad s_{y.x} = s_y\sqrt{(1-r^2)\frac{n-1}{n-2}}$$

Schema zur varianzanalytischen Prüfung der Regression

Ursache	SAQ	FG	MQ (SAQ/FG)	MQR (MQ$_{Regr.}$/MQ$_{Rest}$)	$F_{(1,n-2;\alpha)}$
Regression	$(Q_{xy})^2/Q_x$	1		$\hat{F}$	
Rest	$Q_y - (Q_{xy})^2/Q_x$	n-2		——	——
Insgesamt	Q_y	n-1	——	——	——

Wenn $MQ_{Regr.}/MQ_{Rest} = \hat{F} > F_{(1,n-2;\alpha)}$ ist, wird $H_0(\beta=0)$ abgelehnt.
Näheres über die Varianzanalyse ist Kapitel 7 zu entnehmen.

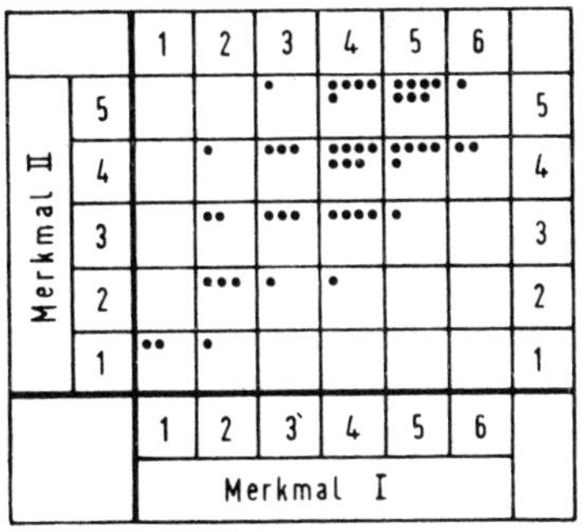

Abb. 51.   Punktdiagramm einer bivariaten Häufigkeitsverteilung

zahl eines Feldes der i-ten Spalte (Merkmal I) und der j-ten Zeile (Merkmal II) bezeichnen wir mit n_{ij}. Dann sind die

$$\text{Zeilensummen} \; = \sum_{i=1}^{k} n_{ij} = \sum_i n_{ij} = n_{.j}$$

$$\text{Spaltensummen} = \sum_{j=1}^{l} n_{ij} = \sum_j n_{ij} = n_{i.}$$

$$\text{natürlich ist} \quad n = \sum_{i=1}^{k}\sum_{j=1}^{l} n_{ij} = \sum_i n_{i.} = \sum_j n_{.j}$$

Tabelle 111.   Korrelationstabelle

Merkmal II	Kl. Nr.	Kl. Nr. / y↑ / x̄→	Merkmal I 1	...	i	...	k	Zeilensumme
			x_1	...	x_i	...	x_k	
	1	y_1	n_{11} ...		n_{i1} ...		n_{k1}	$n_{.1}$
	.	.	.		.		.	.
	j	y_j	n_{1j} ...		n_{ij} ...		n_{kj}	$n_{.j}$
	.	.	.		.		.	.
	1	y_1	n_{11} ...		n_{i1} ...		n_{k1}	$n_{.1}$
	Spaltensumme		$n_{1.}$ ...		$n_{i.}$ ...		$n_{k.}$	n

Mit den Klassenbreiten b_x und b_y, der zur größten Besetzungszahl (bzw. eine der größten Besetzungszahlen) gehörenden Spalte x_a und Zeile y_b, den Spalten x_i und den Zeilen y_j ergibt sich, sobald man

$$\frac{x_i - x_a}{b_x} = v_i \quad \text{und} \quad \frac{y_j - x_b}{b_y} = w_j$$

setzt, v_i und w_j sind dann ganze Zahlen, der Korrelationskoeffizient nach (5.37):

$$r = \frac{n\sum_i\sum_j n_{ij}v_iw_j - (\sum_i n_{i.}v_i)(\sum_j n_{.j}w_j)}{\sqrt{[n\sum_i n_{i.}v_i^2 - (\sum_i n_{i.}v_i)^2][n\sum_j n_{.j}w_j^2 - (\sum_j n_{.j}w_j)^2]}} \tag{5.37}$$

Beispiel

Berechne r für die Kantenlängen der Grundfläche von 50 Konfektschachteln (Tabelle 112, S. 327; x_i und y_j sind Klassenmitten).

Zunächst werden die v_i und die w_j berechnet: Wir wählen $x_a = 24$ und $y_b = 18$

$$v_i: \quad \frac{12-24}{4} = -3 \qquad \frac{16-24}{4} = -2 \qquad \text{usw.}$$

$$w_j: \quad \frac{21-18}{3} = 1 \qquad \frac{18-18}{3} = 0 \qquad \text{usw.,}$$

dann die Summen (vgl. Tabelle 112) der Spalten und Zeilen und die vier Summen der Produkte. Zur Berechnung der Summe $\sum_i\sum_j n_{ij}v_iw_j$ bilden wir eine kleine Hilfstafel.

Wir berechnen für jede Besetzungszahl das Produkt v_iw_j und multiplizieren dieses Produkt mit der zugehörigen Besetzungszahl n_{ij}:

		-1	0	7	2	8
	0	0	0	0	0	0
	4	3	0	-1		6
	12	2	0			14
18	6					24
18	+22	+4	+0	+6	+2	52

$$\underset{i\,j}{\sum\sum}\, n_{ij}v_iw_j = 52$$

Nach (5.37) ergibt sich dann

$$r = \frac{50\cdot 52 - (-9)(-15)}{\sqrt{[50\cdot 79 - (-9)^2][50\cdot 71 - (-15)^2]}} = 0{,}6872$$

Man hätte natürlich auch direkt mit den Summen

$$\sum_i n_{i.}x_i = 2\cdot 12 + 7\cdot 16 + \ldots + 3\cdot 32 = 1164$$

$$\sum_i n_{i.}x_i^2 = 2\cdot 12^2 + 7\cdot 16^2 + \ldots + 3\cdot 32^2 = 28336$$

$$\sum_j n_{.j}y_j = 3\cdot 9 + 5\cdot 12 + \ldots + 14\cdot 21 = 855$$

$$\sum_j n_{.j}y_j^2 = 3\cdot 9^2 + 5\cdot 12^2 + \ldots + 14\cdot 21^2 = 15219$$

$$\sum_{ij} x_i(n_{ij}y_j) = 12(2\cdot 9) + 16(9 + 3\cdot 12 + 2\cdot 15 + 18) + \ldots + 32(2\cdot 18 + 21) = 20496$$

nach (5.18) rechnen können

$$r = \frac{\sum x_iy_j - \frac{1}{n}\sum x_i\sum y_j}{\sqrt{[\sum x_i^2 - \frac{1}{n}(\sum x_i)^2][\sum y_j^2 - \frac{1}{n}(\sum y_j)^2]}} = \frac{20496 - \frac{1}{50}1164\cdot 855}{\sqrt{[28336 - \frac{1}{50}1164^2][15219 - \frac{1}{50}855^2]}} = 0{,}6872$$

Tabelle 112.   Grundflächen von 50 Konfektschachteln mit den Kantenlängen x_i und y_i, gemessen in cm

y_j \ w_j	x_i: 12 v_i: -3	16 -2	20 -1	24 0	28 1	32 2	Summe der j Zeilen $n_{.j}$	$n_{.j}w_j$	$n_{.j}w_j^2$
21 \ 1			1	5	7	1	14	14	14
18 \ 0		1	3	7	5	2	18	0	0
15 \ -1		2	3	4	1		10	-10	10
12 \ -2		3	1	1			5	-10	20
9 \ -3	2	1					3	- 9	27
Summe der i Spalten $n_{i.}$	2	7	8	17	13	3	50 = n	-15 $\sum n_{.j}w_j$	71 $\sum n_{.j}w_j^2$
$n_{i.}v_i$	-6	-14	-8	0	13	6	-9 $\sum n_{i.}v_i$		
$n_{i.}v_i^2$	18	28	8	0	13	12	79 $\sum n_{i.}v_i^2$		

Wenn eine der beiden untersuchten Größen als von der anderen abhängig aufgefaßt werden kann, sollte die Korrelationsrechnung durch eine Regressionsbetrachtung ergänzt werden. Man erhält dann die beiden Mittelwerte, Standardabweichungen, Restvarianzen und Regressionsgeraden sowie andere interessierende Größen (vgl. auch das Schema auf S. 324 sowie S. 337/338) nach (b_x und b_y sind Klassenbreiten):

$$\bar{x} = b_x \frac{\sum_i n_{i.}v_i}{n} + x_a = 4\frac{(-9)}{50} + 24 = 23{,}28$$

$$\bar{y} = b_y \frac{\sum_j n_{.j}w_j}{n} + y_b = 3\frac{(-15)}{50} + 18 = 17{,}10$$

$$s_x = b_x \sqrt{\frac{\sum_i n_{i.}v_i^2}{n} - \left[\frac{\sum_i n_{i.}v_i}{n}\right]^2} = 4 \cdot \sqrt{\frac{79}{50} - \left[\frac{(-9)}{50}\right]^2} = 4{,}976$$

$$s_y = b_y \sqrt{\frac{\sum_j n_{.j}w_j^2}{n} - \left[\frac{\sum_j n_{.j}w_j}{n}\right]^2} = 3 \cdot \sqrt{\frac{71}{50} - \left[\frac{(-15)}{50}\right]^2} = 3{,}460$$

$$(s_{y.x})^2 = s_y^2(1-r^2)\frac{n-1}{n-2} = 3{,}46^2(1-0{,}6872^2)\frac{49}{48} = 6{,}4497$$

$$(s_{x.y})^2 = s_x^2(1-r^2)\frac{n-1}{n-2} = 4{,}976^2(1-0{,}6872^2)\frac{49}{48} = 13{,}3398$$

$$b_{yx} = r\frac{s_y}{s_x} = 0{,}6872\frac{3{,}460}{4{,}976} = 0{,}4778$$

$$b_{xy} = r\frac{s_x}{s_y} = 0{,}6872\frac{4{,}976}{3{,}460} = 0{,}9883$$

$$a_{yx} = \bar{y} - b_{yx}\bar{x} = 17{,}10 - 0{,}4778 \cdot 23{,}28 = 5{,}977$$

$$a_{xy} = \bar{x} - b_{xy}\bar{y} = 23{,}28 - 0{,}9883 \cdot 17{,}10 = 6{,}380$$

d. h. $\hat{y} = 5{,}977 + 0{,}478x$ $\hat{x} = 6{,}380 + 0{,}988y$

▶ 545   Vertrauensgrenzen des Korrelationskoeffizienten

Den 95%-Vertrauensbereich für ϱ entnimmt man Abb. 52 an der über r errichteten Senkrechten zwischen den beiden mit dem betreffenden n versehenen Kurven. Nur dann, wenn der Vertrauensbereich den Wert $\varrho = 0$ nicht einschließt, kann von einer echten Korrelation $(\varrho \neq 0)$ gesprochen werden. Vertrauensgrenzen für großes n findet man mit Hilfe von (5.41).

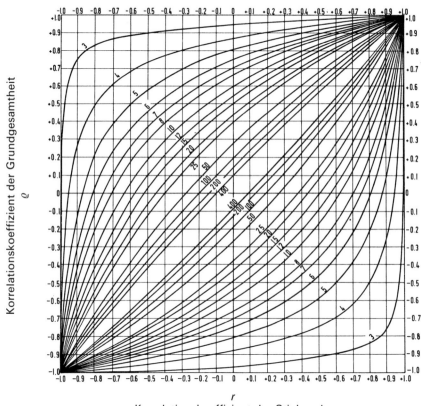

r

Korrelationskoeffizient der Stichprobe

Abb. 52.   Vertrauensgrenzen des Korrelationskoeffizienten: 95%-Vertrauens-bereich für ϱ: Die Zahlen an den Kurven bezeichnen den Stichprobenumfang (aus F.N. David: Tables of the Ordinates and Probability Integral of the Distribution of the Correlation Coefficient in Small Samples, The Biometrika Office, London 1938)

Beispiele

1. Ein extremes Beispiel mit $r = 0{,}5$ und $n = 3$ mag dies illustrieren.
Wir gehen mit $r = +0{,}5$ (Abszisse: Mitte der rechten Hälfte) in das Nomogramm ein und lesen über $r = 0{,}5$ die Höhen der beiden Kurven $n = 3$ auf der Ordinate ab:

$\varrho_1 \simeq -0.91$ und $\varrho_2 \simeq +0.98$. Der Vertrauensbereich ist riesig (95%-*VB*: $-0.91 \lesssim \varrho \lesssim +0.98$) und läßt praktisch keine Aussage zu.

2. Für $r = 0.68$ und $n = 50$ (vgl. Abb. 52) erhalten wir den 95%-*VB*: $0.50 \lesssim \varrho \lesssim 0.80$ und damit die Bestätigung einer echten formalen Korrelation (P = 0,05).

55 Prüfverfahren

▶ 551 Prüfung des Vorhandenseins einer Korrelation sowie einige Vergleiche

Die Existenz einer Korrelation, d.h. die Hypothese, ob der in einer Stichprobe gefundene Korrelationskoeffizient eine Zufallsabweichung von der Korrelation Null in der Grundgesamtheit $(\varrho = 0)$ sein kann, testet man nach R. A. Fisher anhand der *t*-Verteilung mit $n - 2$ Freiheitsgraden (S. 111).

$$\hat{t} = \frac{r\sqrt{n-2}}{\sqrt{1-r^2}} \tag{5.38}$$

Für $\hat{t} \geq t_{n-2;\,\alpha}$ wird $H_0: \varrho = 0$ abgelehnt (vgl. I (4), S. 299). Einfacher ist es, Tab. 113 (S. 330) zu benutzen.

Hinweise

1. Die Nullhypothese: $\varrho = 0$ kann auch anhand der *F*-Verteilung abgelehnt werden:

$$\hat{F} = \frac{r^2(n-2)}{1-r^2}$$
$$FG_1 = 1, \quad FG_2 = n-2 \tag{5.38a}$$

S. 116/124

$$\hat{F} = \frac{1+r}{1-r}$$
$$FG_1 = FG_2 = n-2 \tag{5.38b}$$

(Kymn 1968)

2. Ein Vergleich mit einem vorgegebenen Wert ϱ ist nach Samiuddin (1970) möglich:

$$\hat{t} = \frac{(r-\varrho)\sqrt{n-2}}{\sqrt{(1-r^2)(1-\varrho^2)}}$$
$$FG = n-2 \tag{5.39}$$

3. Zwei aus derselben Stichprobe (mit den drei Merkmalen *A*, *B* und *C*) geschätzte Korrelationskoeffizienten r_1 und r_2 $(r_1 = r_{AB}, \; r_2 = r_{BC}, \; r_{12} = r_{AC})$ lassen sich nach Hotelling (1940) prüfen:

$$\hat{F} = \frac{(r_1 - r_2)^2(n-3)(1+r_{12})}{2(1-r_{12}^2 - r_1^2 - r_2^2 + 2r_{12}r_1r_2)}$$
$$FG_1 = 1, \quad FG_2 = n-3 \tag{5.39a}$$

4. Nomogramme zur Bestimmung und Beurteilung von Korrelations- und Regressionskoeffizienten gibt Friedrich (1970) (vgl. auch Ludwig 1965).

Tabelle 113.   Prüfung des Korrelationskoeffizienten r auf Signifikanz gegen Null. Die Nullhypothese ($\varrho = 0$) wird zugunsten der Alternativhypothese (zweiseitige Fragestellung: $\varrho \neq 0$, einseitige Fragestellung: $\varrho > 0$ bzw. $\varrho < 0$) abgelehnt, wenn $|r|$ den für die geeignete Fragestellung, die gewählte Irrtumswahrscheinlichkeit und den vorliegenden Freiheitsgrad ($FG = n - 2$) tabellierten Wert erreicht oder überschreitet (dann sind auch die beiden Regressionskoeffizienten β_{yx} und β_{xy} von Null verschieden). Der einseitige Test darf nur durchgeführt werden, wenn vor der Erhebung der n Datenpaare das Vorzeichen des Korrelationskoeffizienten sicher ist.

Diese Tafel ersetzt Formel (5.38): z.B. ist ein auf 60 FG ($n = 62$) basierender Wert $r = 0,25$ auf dem 5%-Niveau bedeutsam ($\varrho \neq 0$).

FG	Zweiseitiger Test			Einseitiger Test		
	5 %	1 %	0,1 %	5 %	1 %	0,1 %
1	0,9969	A*	B*	0,9877	0,9995	C*
2	0,9500	0,9900	0,9990	0,9000	0,9800	0,9980
3	0,8783	0,9587	0,9911	0,805	0,934	0,986
4	0,811	0,917	0,974	0,729	0,882	0,963
5	0,754	0,875	0,951	0,669	0,833	0,935
6	0,707	0,834	0,925	0,621	0,789	0,905
7	0,666	0,798	0,898	0,582	0,750	0,875
8	0,632	0,765	0,872	0,549	0,715	0,847
9	0,602	0,735	0,847	0,521	0,685	0,820
10	0,576	0,708	0,823	0,497	0,658	0,795
11	0,553	0,684	0,801	0,476	0,634	0,772
12	0,532	0,661	0,780	0,457	0,612	0,750
13	0,514	0,641	0,760	0,441	0,592	0,730
14	0,497	0,623	0,742	0,426	0,574	0,711
15	0,482	0,606	0,725	0,412	0,558	0,694
16	0,468	0,590	0,708	0,400	0,543	0,678
17	0,456	0,575	0,693	0,389	0,529	0,662
18	0,444	0,561	0,679	0,378	0,516	0,648
19	0,433	0,549	0,665	0,369	0,503	0,635
20	0,423	0,537	0,652	0,360	0,492	0,622
21	0,413	0,526	0,640	0,352	0,482	0,610
22	0,404	0,515	0,629	0,344	0,472	0,599
23	0,396	0,505	0,618	0,337	0,462	0,588
24	0,388	0,496	0,607	0,330	0,453	0,578
25	0,381	0,487	0,597	0,323	0,445	0,568
26	0,374	0,478	0,588	0,317	0,437	0,559
27	0,367	0,470	0,579	0,311	0,430	0,550
28	0,361	0,463	0,570	0,306	0,423	0,541
29	0,355	0,456	0,562	0,301	0,416	0,533
30	0,349	0,449	0,554	0,296	0,409	0,526
35	0,325	0,418	0,519	0,275	0,381	0,492
40	0,304	0,393	0,490	0,257	0,358	0,463
50	0,273	0,354	0,443	0,231	0,322	0,419
60	0,250	0,325	0,408	0,211	0,295	0,385
70	0,232	0,302	0,380	0,195	0,274	0,358
80	0,217	0,283	0,357	0,183	0,257	0,336
90	0,205	0,267	0,338	0,173	0,242	0,318
100	0,195	0,254	0,321	0,164	0,230	0,302
120	0,178	0,232	0,294	0,150	0,210	0,277
150	0,159	0,208	0,263	0,134	0,189	0,249
200	0,138	0,181	0,230	0,116	0,164	0,216
250	0,124	0,162	0,206	0,104	0,146	0,194
300	0,113	0,148	0,188	0,095	0,134	0,177
350	0,105	0,137	0,175	0,0878	0,124	0,164
400	0,0978	0,128	0,164	0,0822	0,116	0,154
500	0,0875	0,115	0,146	0,0735	0,104	0,138
700	0,0740	0,0972	0,124	0,0621	0,0878	0,116
1000	0,0619	0,0813	0,104	0,0520	0,0735	0,0975
1500	0,0505	0,0664	0,0847	0,0424	0,0600	0,0795
2000	0,0438	0,0575	0,0734	0,0368	0,0519	0,0689

A* = 0,999877   B* = 0,99999877   C* = 0,9999951

Beispiele

1. Es sei $\alpha = 0,01$; $r = 0,47$. Es müssen dann nach Tabelle 113 mindestens 29 $(= FG + 2)$ Beobachtungen vorliegen, damit man auf eine Abhängigkeit der Variablen schließen kann.

2. Ist aus 27 Beobachtungen ein $r = 0,50$ berechnet worden und $\alpha = 0,01$ vereinbart, so muß die Nullhypothese $(\varrho = 0)$ abgelehnt werden, da 0,50 größer ist als der tabellierte Wert (0,487).

Wenn sich der Korrelationskoeffizient signifikant von Null unterscheidet, weicht seine Verteilung umso stärker von der Normalverteilung ab, je kleiner die Anzahl der Beobachtungspaare n und je größer sein Absolutwert ist. Durch die *ż*-Transformation nach R. A. Fisher wird die Verteilung des Korrelationskoeffizienten approximativ normalisiert.

Es ist $\boxed{\dot{z} = 1/2 \cdot \ln \frac{1+r}{1-r} = 1,1513 \cdot \lg \frac{1+r}{1-r}}$ mit der Standardabweichung $\boxed{s_{\dot{z}} = \frac{1}{\sqrt{n-3}}}$.

Wir haben damit das Intervall $-1 \le r \le +1$ zu $-\infty < \dot{z} < +\infty$ geweitet. Dieses Transformations-*ż* (r ist der Tangens hyperbolicus von $\dot{z}$, $r = \tanh \dot{z}$ und $\dot{z} = \tanh^{-1} r$) darf nicht mit der Standardnormalvariablen z verwechselt werden. Man benutze diese Transformation nur für $n > 10$. Für $n < 50$ empfiehlt Hotelling (1953) $\dot{z}$ durch $\dot{z}_H$ und $s_{\dot{z}}$ durch $s_{\dot{z}_H}$ zu ersetzen:

$$\dot{z}_H = \dot{z} - (3\dot{z} + r)/4n; \quad s_{\dot{z}_H} = 1/\sqrt{n-1}$$

In den Beispielen verzichten wir auf diese Korrektur. Die Umrechnung von r in $\dot{z}$ und umgekehrt erfolgt mit Hilfe der Tabelle 114: In der ersten Spalte der Tabelle stehen die (S. 332) *ż*-Werte mit der ersten Dezimalstelle, während die zweite Dezimalstelle in der obersten Zeile zu finden ist.

Die Signifikanz des Korrelationskoeffizienten (vgl. Tab. 113) läßt sich dann auch nach

$$\boxed{\hat{z} = \frac{\dot{z}}{s_{\dot{z}}} = \dot{z}\sqrt{n-3}} \tag{5.40}$$ (S. 53)

prüfen. Der 95%-Vertrauensbereich für ϱ ist durch (5.41) gegeben.

$$\boxed{\dot{z} \pm 1,960 s_{\dot{z}}} \tag{5.41}$$

Mit Hilfe der Tabelle 114 können wir die erhaltenen oberen und unteren *ż*-Werte wieder in r-Werte zurückverwandeln. Dann liegt der unbekannte Korrelationskoeffizient der Grundgesamtheit ϱ mit der geforderten statistischen Sicherheit innerhalb des durch die beiden r-Werte gegebenen Intervalles.

Beispiel

Auf S. 326 erhielten wir für 50 Beobachtungspaare einen Korrelationskoeffizienten von $r = 0,6872 \simeq 0,687$. Ist dieser Wert signifikant von Null verschieden?
Für 48 *FG* ist ein Korrelationskoeffizient dieser Größe nach Tabelle 113 deutlich von Null verschieden. Damit ist die Frage beantwortet. Wir wollen jedoch noch den 95%-Vertrauensbereich ermitteln. Aus Tabelle 114 folgt $\dot{z} = 0,842$ und weiter $\hat{z} = \dot{z}\sqrt{n-3} = 0,842\sqrt{47} = 5,772$. Diesem $\hat{z}$-Wert entspricht ein $P < < 0,001$. Den 95%-Vertrauensbereich erhält man über

$$s_{\dot{z}} = \frac{1}{\sqrt{n-3}} = \frac{1}{\sqrt{50-3}} = 0,146$$

und

$$\dot{z} \pm 1,96 \cdot 0,146 = \dot{z} \pm 0,286$$
$$0,556 \leqq \dot{z} \leqq 1,128$$

zu

$$95\%\text{-}VB: \quad 0,505 \leqq \varrho \leqq 0,810.$$

Tabelle 114.   Umrechnung des Korrelationskoeffizienten $\dot{z} = \frac{1}{2} \ln \frac{1+r}{1-r}$ (aus-

zugsweise entnommen aus Fisher, R.A. and F. Yates: Statistical Tables for Biological, Agricultural and Medical Research, published by Oliver and Boyd Ltd., Edinburgh, 1963, p. 63)

ż	0,00	0,01	0,02	0,03	0,04	0,05	0,06	0,07	0,08	0,09
0,0	0,0000	0,0100	0,0200	0,0300	0,0400	0,0500	0,0599	0,0699	0,0798	0,0898
0,1	0,0997	0,1096	0,1194	0,1293	0,1391	0,1489	0,1586	0,1684	0,1781	0,1877
0,2	0,1974	0,2070	0,2165	0,2260	0,2355	0,2449	0,2543	0,2636	0,2729	0,2821
0,3	0,2913	0,3004	0,3095	0,3185	0,3275	0,3364	0,3452	0,3540	0,3627	0,3714
0,4	0,3800	0,3885	0,3969	0,4053	0,4136	0,4219	0,4301	0,4382	0,4462	0,4542
0,5	0,4621	0,4699	0,4777	0,4854	0,4930	0,5005	0,5080	0,5154	0,5227	0,5299
0,6	0,5370	0,5441	0,5511	0,5580	0,5649	0,5717	0,5784	0,5850	0,5915	0,5980
0,7	0,6044	0,6107	0,6169	0,6231	0,6291	0,6351	0,6411	0,6469	0,6527	0,6584
0,8	0,6640	0,6696	0,6751	0,6805	0,6858	0,6911	0,6963	0,7014	0,7064	0,7114
0,9	0,7163	0,7211	0,7259	0,7306	0,7352	0,7398	0,7443	0,7487	0,7531	0,7574
1,0	0,7616	0,7658	0,7699	0,7739	0,7779	0,7818	0,7857	0,7895	0,7932	0,7969
1,1	0,8005	0,8041	0,8076	0,8110	0,8144	0,8178	0,8210	0,8243	0,8275	0,8306
1,2	0,8337	0,8367	0,8397	0,8426	0,8455	0,8483	0,8511	0,8538	0,8565	0,8591
1,3	0,8617	0,8643	0,8668	0,8692	0,8717	0,8741	0,8764	0,8787	0,8810	0,8832
1,4	0,8854	0,8875	0,8896	0,8917	0,8937	0,8957	0,8977	0,8996	0,9015	0,9033
1,5	0,9051	0,9069	0,9087	0,9104	0,9121	0,9138	0,9154	0,9170	0,9186	0,9201
1,6	0,9217	0,9232	0,9246	0,9261	0,9275	0,9289	0,9302	0,9316	0,9329	0,9341
1,7	0,9354	0,9366	0,9379	0,9391	0,9402	0,9414	0,9425	0,9436	0,9447	0,9458
1,8	0,94681	0,94783	0,94884	0,94983	0,95080	0,95175	0,95268	0,95359	0,95449	0,95537
1,9	0,95624	0,95709	0,95792	0,95873	0,95953	0,96032	0,96109	0,96185	0,96259	0,96331
2,0	0,96403	0,96473	0,96541	0,96609	0,96675	0,96739	0,96803	0,96865	0,96926	0,96986
2,1	0,97045	0,97103	0,97159	0,97215	0,97269	0,97323	0,97375	0,97426	0,97477	0,97526
2,2	0,97574	0,97622	0,97668	0,97714	0,97759	0,97803	0,97846	0,97888	0,97929	0,97970
2,3	0,98010	0,98049	0,98087	0,98124	0,98161	0,98197	0,98233	0,98267	0,98301	0,98335
2,4	0,98367	0,98399	0,98431	0,98462	0,98492	0,98522	0,98551	0,98579	0,98607	0,98635
2,5	0,98661	0,98688	0,98714	0,98739	0,98764	0,98788	0,98812	0,98835	0,98858	0,98881
2,6	0,98903	0,98924	0,98945	0,98966	0,98987	0,99007	0,99026	0,99045	0,99064	0,99083
2,7	0,99101	0,99118	0,99136	0,99153	0,99170	0,99186	0,99202	0,99218	0,99233	0,99248
2,8	0,99263	0,99278	0,99292	0,99306	0,99320	0,99333	0,99346	0,99359	0,99372	0,99384
2,9	0,99396	0,99408	0,99420	0,99431	0,99443	0,99454	0,99464	0,99475	0,99485	0,99495
	0,0	0,1	0,2	0,3	0,4	0,5	0,6	0,7	0,8	0,9
33	0,99505	0,99595	0,99668	0,99728	0,99777	0,99818	0,99851	0,99878	0,99900	0,99918
44	0,99933	0,99945	0,99955	0,99963	0,99970	0,99975	0,99980	0,99983	0,99986	0,99989

Die Umwandlung kleiner Werte r $(0 < r < 0,20)$ in $\dot{z} = \tanh^{-1} r$ erfolgt ausreichend genau nach $\dot{z} = r + (r^3/3)$ (z.B. $\dot{z} = 0,100$ für $r = 0,10$); ż-Werte für r gleich $0,00(0,01)0,99$ sind der folgenden Tafel zu entnehmen (für $r = 1$ wird $\dot{z} = \infty$).

r	0,00	0,01	0,02	0,03	0,04	0,05	0,06	0,07	0,08	0,09
0,0	0,00000	0,01000	0,02000	0,03001	0,04002	0,05004	0,06007	0,07011	0,08017	0,09024
0,1	0,10034	0,11045	0,12058	0,13074	0,14093	0,15114	0,16139	0,17167	0,18198	0,19234
0,2	0,20273	0,21317	0,22366	0,23419	0,24477	0,25541	0,26611	0,27686	0,28768	0,29857
0,3	0,30952	0,32055	0,33165	0,34283	0,35409	0,36544	0,37689	0,38842	0,40060	0,41180
0,4	0,42365	0,43561	0,44769	0,45990	0,47223	0,48470	0,49731	0,51007	0,52298	0,53606
0,5	0,54931	0,56273	0,57634	0,59015	0,60416	0,61838	0,63283	0,64752	0,66246	0,67767
0,6	0,69315	0,70892	0,72501	0,74142	0,75817	0,77530	0,79281	0,81074	0,82911	0,84796
0,7	0,86730	0,88718	0,90764	0,92873	0,95048	0,97296	0,99622	1,02033	1,04537	1,07143
0,8	1,09861	1,12703	1,15682	1,18814	1,22117	1,25615	1,29334	1,33308	1,37577	1,42193
0,9	1,47222	1,52752	1,58903	1,65839	1,73805	1,83178	1,94591	2,09230	2,29756	2,64665

552   Weitere Anwendungen der $\dot{z}$-Transformation

1. Die Prüfung der Differenz zwischen einem geschätzten Korrelationskoeffizienten r_1 und einem hypothetischen oder theoretischen Wert, dem Parameter ϱ, erfolgt anhand der Standardnormalvariablen z nach

S. 53

$$\hat{z}=|\dot{z}_1-\dot{z}|\sqrt{n_1-3} \tag{5.42}$$

Ist das Prüfprodukt kleiner als die Signifikanzschranke (Tab. 14, S. 53), so kann angenommen werden, daß $\varrho_1=\varrho$ ist (vgl. auch S. 329, 2. Hinweis).

2. Der Vergleich zweier geschätzter Korrelationskoeffizienten r_1 und r_2 erfolgt nach

$$\hat{z}=\frac{|\dot{z}_1-\dot{z}_2|}{\sqrt{\dfrac{1}{n_1-3}+\dfrac{1}{n_2-3}}} \tag{5.43}$$

Ist der Prüfquotient kleiner als die Signifikanzschranke, so kann angenommen werden, daß die zugrundeliegenden Parameter gleich sind $(\varrho_1=\varrho_2)$. Die Schätzung des *gemeinsamen Korrelationskoeffizienten* $\bar{r}$ erfolgt dann über $\hat{z}$:

$$\hat{z}=\frac{\dot{z}_1(n_1-3)+\dot{z}_2(n_2-3)}{n_1+n_2-6} \tag{5.44}$$

mit
$$s_{\hat{z}}=\frac{1}{\sqrt{n_1+n_2-6}} \tag{5.45}$$

Die Bedeutsamkeit von $\bar{r}$ kann geprüft werden nach

$$\hat{z}=\hat{z}\cdot\sqrt{n_1+n_2-6} \tag{5.46}$$

Beispiele

1. Gegeben $r_1=0,3$; $n_1=40$; $\varrho=0,4$. Kann angenommen werden, daß $\varrho_1=\varrho$ $(S=95\%)$? Nach (5.42) gilt

$$\hat{z}=(|0,3095-0,4236|)\sqrt{40-3}=0,694<1,96.$$

Da das Prüfprodukt kleiner als die Signifikanzschranke ist, kann die Nullhypothese $\varrho_1=\varrho$ nicht abgelehnt werden.

2. Gegeben $r_1=0,6$; $n_1=28$ und $r_2=0,8$; $n_2=23$. Kann angenommen werden, daß $\varrho_1=\varrho_2$ $(S=95\%)$? Nach (5.43) gilt

$$\hat{z}=\frac{|0,6932-1,0986|}{\sqrt{\dfrac{1}{28-3}+\dfrac{1}{23-3}}}=1,35<1,96.$$

Da der Prüfquotient kleiner als die Signifikanzschranke ist, kann die Nullhypothese $\varrho_1=\varrho_2$ nicht abgelehnt werden. Der 95%-Vertrauensbereich für ϱ ist dann, wenn zunächst

$$\hat{z}=\frac{17,330+21,972}{28+23-6}=0,8734$$

$$s_{\hat{z}} = \frac{1}{\sqrt{28 + 23 - 6}} = 0{,}1491$$

$$\hat{z} = 0{,}8734 \pm 1{,}96 \cdot 0{,}1491$$
$$\hat{z} = 0{,}8734 \pm 0{,}2922$$
$$0{,}5812 \leq \hat{z} \leq 1{,}1656$$
$$0{,}5235 \leq \varrho \leq 0{,}8223.$$

3. Der Vergleich mehrerer Korrelationskoeffizienten aus unabhängigen Schätzungen. Gegeben seien k Schätzungen $r_1, r_2, \ldots, r_i, \ldots r_k$ mit den Stichprobenumfängen n_1, $n_2, \ldots, n_i, \ldots, n_k$. Die Prüfung auf Homogenität der Korrelationskoeffizienten (Nullhypothese: $\varrho_1 = \varrho_2 = \ldots = \varrho_i = \ldots = \varrho_k = \varrho$, wobei ϱ ein rein hypothetischer Wert ist) erfolgt nach

$$\hat{\chi}^2 = \sum_{i=1}^{k} (n_i - 3)(\dot{z}_i - \dot{z})^2 \tag{5.47}$$

S. 113 mit k Freiheitsgraden. Ist die Prüfgröße kleiner als die Signifikanzschranke χ^2 – wenn beispielsweise $k = 4$ Korrelationskoeffizienten verglichen werden, dann ist mit einer $S = 95\%$ die Schranke durch den Wert $\chi^2_{0,05}$ für $FG = k = 4$ gleich 9,49 gegeben – dann weisen die Korrelationskoeffizienten nur zufällige Abweichungen vom theoretischen Wert ϱ auf, die Nullhypothese kann nicht abgelehnt werden.
Ist der hypothetische Wert nicht bekannt, dann wird er nach

$$\dot{z} = \frac{\sum\limits_{i=1}^{k} \dot{z}_i (n_i - 3)}{\sum\limits_{i=1}^{k} (n_i - 3)} \tag{5.48}$$

geschätzt; die zugehörige Standardabweichung ist

$$s_{\hat{z}} = \frac{1}{\sqrt{\sum\limits_{i=1}^{k} (n_i - 3)}} \tag{5.49}$$

Die Prüfung der Nullhypothese $\varrho_1 = \varrho_2 = \ldots \varrho_k = \bar{\varrho}$ erfolgt dann nach

$$\hat{\chi}^2 = \sum_{i=1}^{k} (n_i - 3)(\dot{z}_i - \dot{z})^2 \tag{5.50}$$

S. 113 mit $FG = k - 1$. Wenn die Prüfgröße kleiner als die Signifikanzschranke ist, darf die Nullhypothese beibehalten und ein *durchschnittlicher Korrelationskoeffizient* $\bar{r}$ geschätzt werden. Die Vertrauensgrenzen für den gemeinsamen Korrelationskoeffizienten, für den Parameter $\bar{\varrho}$, erhält man in bekannter Weise über den entsprechenden $\dot{z}$-Wert und seine Standardabweichung $s_{\hat{z}}$

$$S = 95\%: \qquad \dot{z} \pm 1{,}960 s_{\hat{z}} \tag{5.51}$$

$$S = 99\% : \qquad \boxed{\hat{z} \pm 2{,}576 s_{\hat{z}}} \qquad\qquad\qquad (5.52)$$

indem man die oberen und unteren Grenzen für $\bar{z}$ in die entsprechenden r-Werte transformiert.

Beispiel

Tabelle 115

r_i	$\dot{z}_i$	n_i	$n_i - 3$	$\dot{z}_i(n_i - 3)$	$\dot{z}_i - \hat{z}$	$(\dot{z}_i - \hat{z})^2$	$(n_i - 3)(\dot{z}_i - \hat{z})^2$
0,60	0,6932	28	25	17,330	0,1777	0,03158	0,7895
0,70	0,8673	33	30	26,019	0,0036	0,00001	0,0003
0,80	1,0986	23	20	21,972	0,2277	0,05185	1,0369
$\sum(n_i - 3)$ =			75	65,321		$\hat{\chi}^2$ =	1,8268

Da $\hat{\chi}^2 = 1{,}8$ wesentlich kleiner ist als $\chi^2_{2;0,05} = 5{,}99$, darf ein mittlerer Korrelationskoeffizient geschätzt werden

$$\hat{z} = \frac{65{,}321}{75} = 0{,}8709; \quad \bar{r} = 0{,}702$$

$$s_{\hat{z}} = 1/\sqrt{75} = 0{,}115; \quad \hat{z} \pm 1{,}96 \cdot 0{,}115 = \hat{z} \pm 0{,}2254$$

95%-Vertrauensbereich für $\hat{z}$: $0{,}6455 \leq \hat{z} \leq 1{,}0963$

95%-Vertrauensbereich für $\bar{\varrho}$: $0{,}5686 \leq \bar{\varrho} \leq 0{,}7992$.

Mit den durchschnittlichen Korrelationskoeffizienten lassen sich dann wieder Vergleiche zwischen zwei Schätzwerten $\bar{r}_1$ und $\bar{r}_2$ bzw. Vergleiche zwischen einem Schätzwert $\bar{r}_1$ und einem hypothetischen Korrelationskoeffizienten ϱ durchführen.

▶ 553   Prüfung der Linearität einer Regression

Die Prüfung der Nullhypothese, es liegt eine lineare Regression vor, ist möglich, wenn die Gesamtzahl n der y-Werte größer ist als die Anzahl k der x-Werte: Zu jedem Wert x_i der k x-Werte liegen also n_i y-Werte vor. [Wenn der Punkteschwarm die Linearität oder Nichtlinearität deutlich zum Ausdruck bringt, kann man auf den Linearitätstest verzichten.] Beim Vorliegen einer linearen Regression müssen die Gruppenmittelwerte $\bar{y}_i$ angenähert auf einer Geraden liegen, d.h. ihre Abweichung von der Regressionsgeraden darf nicht zu groß sein im Verhältnis zur Abweichung der Werte einer Gruppe von ihrem zugehörigen Mittelwert. Erreicht oder übersteigt somit das Verhältnis

$$\boxed{\frac{\text{Abweichung der Mittelwerte von der Regressionsgeraden}}{\text{Abweichung der } y\text{-Werte von ihrem Gruppenmittelwert}}}$$

d.h. die Prüfgröße

$$\boxed{\hat{F} = \frac{\dfrac{1}{k-2} \displaystyle\sum_{i=1}^{k} n_i(\bar{y}_i - \hat{y}_i)^2}{\dfrac{1}{n-k} \displaystyle\sum_{i=1}^{k} \sum_{j=1}^{n_i} (y_{ij} - \bar{y}_i)^2}} \qquad \begin{aligned} v_1 &= k-2 \\ v_2 &= n-k \end{aligned} \qquad (5.53)$$

mit $(k-2, \ n-k)$ Freiheitsgraden die Signifikanzschranke, so muß die Linearitäts-

S. 116/124

S. 344 hypothese verworfen werden. Die nichtlineare Regression wird in Abschnitt 56 behandelt.

Die Summen in (5.53) sind die beiden Komponenten der Gesamtstreuung der Werte y_{ij} um die Regressionsgerade:

$$\sum_{i=1}^{k} \sum_{j=1}^{n_i} (y_{ij} - \hat{y}_i) = \sum_{i=1}^{k} \sum_{j=1}^{n_i} (y_{ij} - \bar{y}_i)^2 + \sum_{i=1}^{k} n_i (\bar{y}_i - \hat{y}_i)^2 \tag{5.54}$$

Beispiel: Gegeben Tabelle 116: $n = 8$ Beobachtungen liegen in $k = 4$ Gruppen vor.

Tabelle 116

x_i	1	5	9	13
y_{ij} $j = 1$	1	2	4	5
$j = 2$	2	3		6
$j = 3$		3		
n_i	2	3	1	2

Prüfe die Linearität auf dem 5%-Niveau. Zunächst schätzen wir anhand der folgenden Übersicht die Regressionsgerade und berechnen für die vier x_i-Werte die entsprechenden $\hat{y}_i$-Werte. Die für (5.53) benötigten Summen sind den Tabellen 117 und 117a zu entnehmen.

$$\bar{x} = \frac{\sum_{i=1}^{k} n_i x_i}{n} = \frac{52}{8} = 6,5 \qquad \bar{y} = \frac{\sum_{i=1}^{k} \sum_{j=1}^{n_i} y_{ij}}{n} = \frac{26}{8} = 3,25$$

$$Q_x = \sum_{i=1}^{k} n_i x_i^2 - \left(\sum_{i=1}^{k} n_i x_i\right)^2 / n = 496 - 52^2/8 = 158$$

$$Q_y = \sum_{i=1}^{k} \sum_{j=1}^{n_i} y_{ij}^2 - \left(\sum_{i=1}^{k} \sum_{j=1}^{n_i} y_{ij}\right)^2 / n = 104 - 26^2/8 = 19,5$$

$$Q_{xy} = \sum_{i=1}^{k} \sum_{j=1}^{n_i} x_i y_{ij} - \left(\sum_{i=1}^{k} n_i x_i\right)\left(\sum_{i=1}^{k} \sum_{j=1}^{n_i} y_{ij}\right)/n = 222 - 52 \cdot 26/8 = 53$$

$$b_{yx} = \frac{Q_{xy}}{Q_x} = \frac{53}{158} = 0,335$$

$$a_{yx} = \bar{y} - b_{yx}\bar{x} = 3,25 - 0,335 \cdot 6,5 = 1,07$$

$$\hat{y} = 1,07 + 0,335x$$

Als Prüfgröße ergibt sich dann

$$\hat{F} = \frac{\frac{1}{4-2} 0,0533}{\frac{1}{8-4} 1,67} = 0,064.$$

Da $\hat{F} = 0,064 < 6,94 = F(2; 4; 0,05)$ ist, wird die Linearitätshypothese beibehalten.

Tabelle 117

x_i	y_{ij}	n_i	$\bar{y}_i$	$\hat{y}_i$	$\|\bar{y}_i - \hat{y}_i\|$	$(\bar{y}_i - \hat{y}_i)^2$	$n_i(\bar{y}_i - \hat{y}_i)^2$
1	1;2	2	1,50	1,41	0,09	0,0081	0,0162
5	2;3;3	3	2,67	2,75	0,08	0,0064	0,0192
9	4	1	4,00	4,09	0,09	0,0081	0,0081
13	5;6	2	5,50	5,43	0,07	0,0049	0,0098

$$\sum_i n_i(\bar{y}_i - \hat{y}_i)^2 = 0,0533$$

Tabelle 117a

x_i	y_{ij}	$\bar{y}_i$	$\|y_{ij} - \bar{y}_i\|$	$(y_{ij} - \bar{y}_i)^2$	$\sum_j (y_{ij} - \bar{y}_i)^2$
1	1;2	1,50	0,5;0,5	0,25;0,25	0,50
5	2;3;3	2,67	0,67;0,33;0,33	0,45;0,11;0,11	0,67
9	4	4,00	0	0	0
13	5;6	5,50	0,5;0,5	0,25;0,25	0,50

$$\sum_i \sum_j (y_{ij} - \bar{y}_i)^2 = 1,67$$

Prüfung der Linearität einer aus einer Korrelationstabelle geschätzten Regression

Liegt den Daten eine Korrelationstabelle zugrunde, dann ist eine andere Modifikation des Linearitätstests üblich. Ausgangspunkt ist das sogenannte *Korrelationsverhältnis* von y zu x, geschrieben E_{yx}, das den Grad der Abweichung der Spaltenhäufigkeiten von den Spaltenmittelwerten erfaßt.

$$1 \geq E_{yx}^2 \geq r^2 \tag{5.55}$$

Liegt eine lineare Regression vor, dann stimmen Korrelationsverhältnis und Korrelationskoeffizient annähernd überein. Je stärker die Spaltenmittelwerte von einer Geraden abweichen, desto ausgeprägter ist der Unterschied zwischen E_{yx} und r. Diese Differenz zwischen beiden Kennzahlen kann zur Prüfung der Linearität verwendet werden.

$$\hat{F} = \frac{\dfrac{1}{k-2}(E_{yx}^2 - r^2)}{\dfrac{1}{n-k}(1 - E_{yx}^2)} \qquad \begin{aligned} v_1 &= k-2 \\ v_2 &= n-k \end{aligned} \qquad k = \text{Anzahl der Spalten} \tag{5.56}$$

Anhand der Prüfgröße (5.56) wird die Nullhypothese: $\eta_{yx}^2 - \varrho^2 = 0$, d.h. zwischen x und y besteht ein linearer Zusammenhang, für $\hat{F} > F_{k-2;n-k;\alpha}$ auf dem $100\alpha\%$-Niveau abgelehnt; es besteht dann eine signifikante Abweichung von der Linearität.

S. 116/124

Das Quadrat des Korrelationsverhältnisses wird nach

$$E_{yx}^2 = \frac{S_1 - R}{S_2 - R} \tag{5.57}$$

S. 327 geschätzt, wobei die Berechnung von S_1, S_2, R dem folgenden Beispiel entnommen werden kann. Bilden wir in Tabelle 112 für jedes x_i die Summe $\sum_j n_{ij} w_j$, d.h. $\{2(-3)\}$, $\{1(-3)+3(-2)+2(-1)+1(0)\}$, $\{1(-2)+3(-1)+3(0)+1(1)\}$, $\{1(-2)+4(-1)+7(0) +5(1)\}$, $\{1(-1)+5(0)+7(1)\}$, $\{2(0)+1(1)\}$, dividieren wir die Quadrate dieser Summen durch die zugehörigen n_i, und summieren die Quotienten über alle i, so erhalten wir S_1

$$S_1 = \frac{(-6)^2}{2} + \frac{(-11)^2}{7} + \frac{(-4)^2}{8} + \frac{(-1)^2}{17} + \frac{6^2}{13} + \frac{1^2}{3} = 40,447$$

S_2 liegt in Tabelle 112 als $\sum_j n_{.j} w_j^2 = 71$ vor

R läßt sich aus $\sum_j n_j w_j$ und n berechnen, E_{yx}^2 nach (5.57) und $\hat{F}$ nach (5.56)

$$R = (\textstyle\sum n_j w_j)^2/n = (-15)^2/50 = 4,5 \qquad E_{yx}^2 = \frac{S_1 - R}{S_2 - R} = \frac{40,447 - 4,5}{71 - 4,5} = 0,541$$

$$\hat{F} = \frac{\frac{1}{k-2}(E_{yx}^2 - r^2)}{\frac{1}{n-k}(1 - E_{yx}^2)} = \frac{\frac{1}{6-2}(0,541 - 0,472)}{\frac{1}{50-6}(1 - 0,541)} = 1,653.$$

Da $\hat{F} = 1,65 < 2,55 = F_{4;54;0,05}$ ist, besteht keine Veranlassung, an der Linearitätshypothese zu zweifeln.

Hinweis. Die H_A: $\eta_{yx} \neq 0$, d.h. zwischen x und y besteht ein nichtlinearer Zusammenhang, läßt sich nach $\hat{F} = [E_{yx}^2(n-k)]/[(1 - E_{yx}^2)(k-1)]$ mit $v_1 = k - 1$, $v_2 = n - k$ prüfen.

Voraussetzungen der Regressionsanalyse

Wir haben damit die Prüfung einer wichtigen Voraussetzung der Regressionsanalyse besprochen. Andere Annahmen oder Voraussetzungen seien kurz angedeutet, da wir sie bei der Besprechung der Prüfverfahren als approximativ gegeben voraussetzen. Neben der Existenz einer linearen Regression für die Grundgesamtheit der Ausgangsdaten oder der transformierten Daten müssen die Werte der abhängigen Zufallsvariablen y_i für gegebene beobachtungsfehlerfreie Werte der unabhängigen Variablen x untereinander unabhängig und *normalverteilt* sein und die gleiche Restvarianz $\sigma_{y.x}^2$ aufweisen. Diese Homogenität der Restvarianz wird *Homoskedastizität* genannt. Geringe Abweichungen von der Homoskedastizität und von der Normalität können vernachlässigt werden. Näheres ist der Spezialliteratur zu entnehmen. Für die *praktische Arbeit* ist noch folgender Punkt wesentlich: Die Daten entstammen *wirklich der Grundgesamtheit*, über die Aussagen erwünscht werden.

Wenn die Linearitätsprüfung signifikante Abweichungen von der Linearität ergibt, ist es am zweckmäßigsten, durch Transformation der Variablen Linearität zu erreichen. Bei der Besprechung der Varianzanalyse werden wir näher auf das Transformationsproblem eingehen. Gelingt es nicht, eine geeignete Transformation ausfindig zu machen, dann kann man statt einer linearen Funktion eine Funktion zweiten Grades durch die Beobachtungswerte legen (vgl. Abschnitt 56).

▶ 554   Prüfung des Regressionskoeffizienten gegen Null

Spricht der soeben behandelte Test nicht gegen die Linearität der Regression, so erfolgt als nächster Test die Prüfung des Regressionskoeffizienten gegen Null; man prüft die Alternativhypothese $H_A : \beta_{yx} \neq 0$, d.h. man prüft, ob sich die Schätzung des Regressionskoeffizienten statistisch von Null unterscheidet $(H_0 : \beta_{yx} = 0)$. Die Student-Verteilung liefert die Signifikanzschranke:

$$\hat{t} = \frac{b_{yx}}{s_{b_{yx}}} \qquad (5.58)$$

mit $FG = n - 2$. Erreicht oder übersteigt der Prüfquotient die Schranke, so unterscheidet (S. 111) sich β_{yx} signifikant von Null (vgl. S. 324 unten und 330 oben).

Beispiel

Gegeben $b_{yx} = 0,426$; $s_{b_{yx}} = 0,190$; $n = 80$, $S = 95\%$ (d.h. $\alpha = 5\% = 0,05$)

$$\hat{t} = \frac{0,426}{0,190} = 2,24 > 1,99 = t_{78;0,05}$$

$H_0 : \beta_{yx} = 0$ wird auf dem 5%-Niveau verworfen, d.h. der zugrunde liegende Parameter β_{yx} unterscheidet sich signifikant von Null.

Ist der Korrelationskoeffizient r berechnet worden, so gilt dann, wenn $\varrho = 0$, auch β_{yx} (und $\beta_{xy}) = 0$.

555   Prüfung der Differenz zwischen einem geschätzten und einem hypothetischen Regressionskoeffizienten

Für die Prüfung, ob ein geschätzter Regressionskoeffizient b_{yx} mit einem theoretischen Parameterwert β_{yx} nicht verträglich ist (Alternativhypothese; Nullhypothese: b_{yx} ist

> Verträglichkeit heißt hier und weiter unten, daß der unter H_0 zum Schätzwert (z.B. b_{yx}) gehörige Parameter (d.h. hier $\beta_{0,yx}$) mit dem theoretischen Parameter (d.h. hier β_{yx}) identisch ist; d.h. z.B. $H_0 : \beta_{0;yx} = \beta_{yx}$ [sowie $H_A : \beta_{0;yx} \neq \beta_{yx}$ (Nichtverträglichkeit)].

mit β_{yx} verträglich), benutzen wir die Tatsache, daß die Prüfgröße

$$\frac{|b_{yx} - \beta_{yx}|}{s_{b_{yx}}}$$

eine t-Verteilung mit $FG = n - 2$ aufweist: (S. 111)

$$\hat{t} = \frac{|b_{yx} - \beta_{yx}|}{s_{y.x}/s_x} \cdot \sqrt{n-1} = \frac{|b_{yx} - \beta_{yx}|}{\sqrt{1-r^2}} \cdot \frac{s_x}{s_y} \cdot \sqrt{n-2} = \frac{|b_{yx} - \beta_{yx}|}{s_{b_{yx}}} \qquad (5.59)$$

Beispiel

Gegeben: $b_{yx} = 0,426$; $\beta_{yx} = 0,5$; $s_{b_{yx}} = 0,190$; $n = 80$

$S = 95\%$,   d.h. $t_{78;0,05} = 1,99$

$$\hat{t} = \frac{|0,426 - 0,500|}{0,190} = 0,39 < 1,99$$

Die Nullhypothese wird auf dem 5%-Niveau nicht abgelehnt.

556   Prüfung der Differenz zwischen einem geschätzten und einem hypothetischen Achsenabschnitt

Für die Prüfung der Alternativhypothese: a_{yx} ist mit α_{yx} nicht verträglich ($H_0: a_{yx}$ ist mit α_{yx} verträglich), benutzt man

$$\hat{t} = \frac{|a_{yx} - \alpha_{yx}|}{s_{a_{yx}}} \tag{5.60}$$

(S. 111) mit $FG = n - 2$.

Beispiel

Gegeben: $a_{yx} = 7{,}729$; $\alpha_{yx} = 15{,}292$; $s_{a_{yx}} = 2{,}862$; $n = 80$

$S = 95\%$, d.h. $t_{78;\,0{,}05} = 1{,}99$

$$\hat{t} = \frac{|7{,}729 - 15{,}292|}{2{,}862} = 2{,}64 > 1{,}99$$

Auf dem 5%-Niveau unterscheiden sich beide Achsenabschnitte und damit beide Regressionsgeraden.

557   Vertrauensgrenzen für den Regressionskoeffizienten, für den Achsenabschnitt und für die Restvarianz

Die Vertrauensbereiche für Regressionskoeffizient und Achsenabschnitt sind durch (5.61) und (5.62) gegeben; für beide t gilt: $FG = n - 2$.

$$b_{yx} \pm t \cdot s_{b_{yx}} \quad \text{und} \quad a_{yx} \pm t \cdot s_{a_{yx}} \tag{5.61; 5.62}$$

Beispiele für 95%-Vertrauensbereiche

Gegeben: $b_{yx} = 0{,}426$; $s_{b_{yx}} = 0{,}190$; $n = 80$; $S = 95\%$, d.h.

$t_{78;\,0{,}05} = 1{,}99$

$1{,}99 \cdot 0{,}19 = 0{,}378$

$b_{yx} \pm t s_{b_{yx}} = 0{,}426 \pm 0{,}378$

95%-VB: $0{,}048 \leq \beta_{yx} \leq 0{,}804$

Gegeben: $a_{yx} = 7{,}729$; $s_{a_{yx}} = 2{,}862$; $n = 80$; $S = 95\%$, d.h.

$t_{78;\,0{,}05} = 1{,}99$

$1{,}99 \cdot 2{,}862 = 5{,}695$

$a_{yx} \pm t s_{a_{yx}} = 7{,}729 \pm 5{,}695$

95%-VB: $2{,}034 \leq \alpha_{yx} \leq 13{,}424$

Für großes n können die Schranken der Student-Verteilung durch die der Normalverteilung ersetzt werden.

Den *Vertrauensbereich für die Restvarianz* $\sigma^2_{y \cdot x}$ erhält man nach

$$\frac{s^2_{y \cdot x}(n-2)}{\chi^2_{(n-2;\,\alpha/2)}} \leq \sigma^2_{y \cdot x} \leq \frac{s^2_{y \cdot x}(n-2)}{\chi^2_{(n-2;\,1-\alpha/2)}} \tag{5.63}$$

(S. 112)

Beispiel

Gegeben: $s_{y\cdot x}^2 = 0,138$; $n = 80$; $S = 95\%$ (d.h. $\alpha = 5\% = 0,05$; $\alpha/2 = 0,025$; $1 - 0,025$
$= 0,975$)

$$\chi_{78;\,0,025}^2 = 104,31 \qquad \chi_{78;\,0,975}^2 = 55,47$$

Der 95%-Vertrauensbereich lautet damit

$$\frac{0,138 \cdot 78}{104,31} \leqq \sigma_{y\cdot x}^2 \leqq \frac{0,138 \cdot 78}{55,47}$$

$$95\%\text{-}VB: 0,103 \leqq \sigma_{y\cdot x}^2 \leqq 0,194.$$

▶ **558   Vergleich zweier Regressionskoeffizienten**

Zwei Regressionskoeffizienten b_1 und b_2 lassen sich nach

$$\hat{t} = \frac{|b_1 - b_2|}{\sqrt{\dfrac{s_{y_1\cdot x_1}^2(n_1 - 2) + s_{y_2\cdot x_2}^2(n_2 - 2)}{n_1 + n_2 - 4}\left[\dfrac{1}{Q_{x_1}} + \dfrac{1}{Q_{x_2}}\right]}} \qquad (5.64) \quad \boxed{\text{S. 324}}$$

mit $n_1 + n_2 - 4$ Freiheitsgraden vergleichen (Nullhypothese: $\beta_1 = \beta_2$). Vorausgesetzt $\boxed{\text{S. 111}}$
werden unabhängige Stichproben (n_1, n_2) aus Grundgesamtheiten mit gleicher Rest-
varianz ($\sigma_{y_1\cdot x_1}^2 = \sigma_{y_2\cdot x_2}^2$).

Beispiele

Gegeben: $n_1 = 40$; $s_{y_1\cdot x_1}^2 = 0,14$; $Q_{x_1} = 163$; $b_1 = 0,40$

$\qquad\qquad\;$ $n_2 = 50$; $s_{y_2\cdot x_2}^2 = 0,16$; $Q_{x_2} = 104$; $b_2 = 0,31$

$\qquad\qquad\;$ Nullhypothese: $\beta_1 = \beta_2$

a) Einseitige Fragestellung ($\alpha = 0,05$): Alternativhypothese: $\beta_1 > \beta_2$
b) Zweiseitige Fragestellung ($\alpha = 0,05$): Alternativhypothese: $\beta_1 \neq \beta_2$

$$\hat{t} = \frac{|0,40 - 0,31|}{\sqrt{\dfrac{0,14(40 - 2) + 0,16(50 - 2)}{40 + 50 - 4}\left(\dfrac{1}{163} + \dfrac{1}{104}\right)}} = 1,85$$

Zu a: Da $\hat{t} = 1,85 > 1,66 = t_{86;\,0,05;\,\text{einseitig}}$ ist, wird die Nullhypothese auf dem 5%-
Niveau abgelehnt.
Zu b: Da $\hat{t} = 1,85 < 1,99 = t_{86;\,0,05;\,\text{zweiseitig}}$ ist, wird die Nullhypothese nicht abge-
lehnt.
Für den Fall ungleicher Restvarianzen, d.h. wenn $\boxed{\begin{array}{c}\text{S.}\\116/124\end{array}}$

$$\frac{s_{y_1\cdot x_1}^2}{s_{y_2\cdot x_2}^2} > F_{(n_1 - 2;\, n_2 - 2;\, 0,10)} \qquad\qquad (5.65)$$

ist, läßt sich der Vergleich approximativ nach $\boxed{\text{S. 172}}$

$$\hat{z} = \frac{|b_1 - b_2|}{\sqrt{\dfrac{s_{y_1\cdot x_1}^2}{Q_{x_1}} + \dfrac{s_{y_2\cdot x_2}^2}{Q_{x_2}}}} \qquad\qquad (5.66)$$

durchführen, sobald beide Stichprobenumfänge > 20 sind. Ist ein Stichprobenumfang kleiner, dann kann die Verteilung der Prüfgröße durch die t-Verteilung mit v Freiheitsgraden approximiert werden, wobei

$$v = \frac{1}{\dfrac{c^2}{n_1 - 2} + \dfrac{(1-c)^2}{n_2 - 2}} \quad \text{mit} \quad c = \frac{\dfrac{s_{y_1 \cdot x_1}^2}{Q_{x_1}}}{\dfrac{s_{y_1 \cdot x_1}^2}{Q_{x_1}} + \dfrac{s_{y_2 \cdot x_2}^2}{Q_{x_2}}} \qquad n_1 \leqq n_2 \tag{5.67}$$

v stets zwischen $(n_1 - 2)$ und $(n_1 + n_2 - 4)$ liegt (vgl. auch Potthoff 1965).
Mehrere Regressionskoeffizienten werden mit Hilfe der Kovarianzanalyse verglichen (vgl. auch Duncan 1970).

▶ 559   Vertrauensbereiche für die Regressionsgerade

Jede gegebene Regressionsgerade erfährt durch Veränderung von $\bar{y}$ eine Parallelverschiebung nach oben oder unten. Verändert man den Regressionskoeffizienten b, so beginnt die Gerade um ihren Mittelpunkt $(\bar{x}, \bar{y})$ zu rotieren (vgl. Abb. 53).

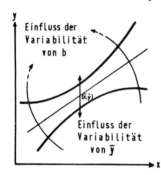

Abb. 53.   Vertrauensband für die lineare Regression

Wir benötigen zunächst zwei Standardabweichungen:
1. Die Standardabweichung für einen geschätzten Mittelwert $\hat{y}$ an der Stelle x

S. 324
$$s_{\hat{y}} = s_{y \cdot x} \sqrt{\frac{1}{n} + \frac{(x - \bar{x})^2}{Q_x}} \tag{5.68}$$

2. Die Standardabweichung für einen vorausgesagten Einzelwert $\hat{y}$ an der Stelle x

$$s_{\hat{y}} = s_{y \cdot x} \sqrt{1 + \frac{1}{n} + \frac{(x - \bar{x})^2}{Q_x}} \tag{5.69}$$

Folgende *Vertrauensbereiche* (*VB*) gelten für:
1. die gesamte Regressionsgerade:

S. 116/124
$$\hat{y} \pm \sqrt{2 F_{(2,\, n-2)}}\, s_{\hat{y}} \tag{5.70}$$

2. den Erwartungswert von y an der Stelle x:

S. 111
$$\hat{y} \pm t_{(n-2)}\, s_{\hat{y}} \tag{5.71}$$

Ein Voraussagebereich (prediction interval) für eine zukünftige Beobachtung y an der Stelle x (vgl. auch Hahn 1972) ist:

$$\hat{y} \pm t_{(n-2)} s_{\hat{y}}$$

(5.72) (S. 111)

Diese Bereiche gelten nur für den Meßbereich. Sie werden in Abhängigkeit von x durch Hyperbeläste begrenzt. Abbildung 54 deutet die zunehmende Unsicherheit an, Voraussagen zu machen, wenn x sich vom Mittelpunkt der Regressionsgeraden entfernt. Das Vertrauensband (5.70) ist von den drei Bereichen das weiteste, (5.71) ist das engste; für $n \to \infty$ schrumpfen (5.70) und (5.71) gegen Null, (5.72) schrumpft gegen einen Streifen der Breite $z\sigma_{y\cdot x}$.

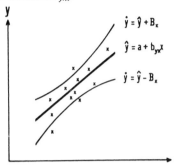

Abb. 54. Vertrauensband-Schema mit den von x abhängigen Bereichswerten B_x für die lineare Regression

Beispiel

Wir nehmen wieder das einfache Modellbeispiel von S. 318, wählen vier x-Werte aus, zu denen die entsprechenden Punkte des Vertrauensbandes ermittelt werden sollen (95%-VB: d.h. $F_{(2;5;0,025)} = 8,43$). Die x-Werte sollten innerhalb des gemessenen Bereiches liegen, sie mögen gleiche Abstände voneinander aufweisen. In Tabelle 118 bilden diese vier x-Werte Spalte 1, ihre Abweichungen vom Mittelwert ($\bar{x} = 14,714$) sind in der folgenden Spalte notiert. Spalte 3 enthält die aufgrund der Regressionsgeraden $\hat{y} = 7,729 + 0,426x$ für die ausgewählten x-Werte geschätzten $\hat{y}$-Werte. Die Abweichungen der x-Werte von ihrem Mittelwert werden quadriert, durch $Q_x = 77,429$ dividiert und um $\frac{1}{n} = \frac{1}{7}$ vermehrt. Die Quadratwurzel aus diesem Zwischenergebnis liefert, mit $\sqrt{2F} \cdot s_{y\cdot x} = \sqrt{2 \cdot 8,43} \cdot 1,67 = 6,857$ multipliziert, die entsprechenden B_x-Werte (vgl. $\hat{y} \pm B_x$ mit $B_x = \sqrt{2F_{(2,n-2)}} s_{\hat{y}}$). Verbindet man die erhaltenen Punkte des Vertrauensbereiches $(y \pm B_x)$ (Tabelle 119) durch einen die oberen Punkte und einen die

Tabelle 118

x	$x - \bar{x}$ $(\bar{x} = 14,714)$	$\hat{y}$	$\frac{1}{n} + \frac{(x - \bar{x})^2}{Q_x}$	$\sqrt{\frac{1}{n} + \frac{(x - \bar{x})^2}{Q_x}}$	B_x
12	-2,714	12,84	0,2380	0,488	3,35
14	-0,714	13,69	0,1494	0,387	2,65
16	1,286	14,54	0,1642	0,405	2,78
18	3,286	15,40	0,2823	0,531	3,64

unteren Punkte erfassenden Kurvenzug, dann erhält man das 95%-Vertrauensband für die gesamte Regressionsgerade. Werden mehr Punkte benötigt, dann sollte beachtet werden, daß aus Symmetriegründen die vier B_x-Werte praktisch acht B_x-Werte darstellen, es sind dann jeweils nur noch die vier restlichen $\hat{y}$-Werte zu ermitteln. Beispielsweise hat B_x denselben Wert bei $x = 14$, d..h. ($\bar{x} - 0,714$) und bei $x = 15,428$, d.h. ($\bar{x} + 0,714$).

Tabelle 119

$\hat{y} - B_x$	$\hat{y} + B_x$
9,49	16,19
11,04	16,34
11,76	17,32
11,76	19,07

Im folgenden werden wir die beiden anderen Vertrauensbereiche ($t_{5;\,0,05}=2,57$) für den Punkt $x=16$ ermitteln, wobei wir zunächst $B_{x=16}$ nach (5.71) und anschließend $B'_{x=16}$ nach (5.72) berechnen wollen:

Formel	Kurzform
(5.70)	$y \pm B_x$
(5.71)	$y \pm B_{x=\text{konst.}}$
(5.72)	$y \pm B'_{x=\text{konst.}}$

$$B_{x=\text{konst.}} = t s_{y\cdot x} \sqrt{\frac{1}{n} + \frac{(x-\bar{x})^2}{Q_x}}$$

$$B_{16} = 2,57 \cdot 1,67 \sqrt{\frac{1}{7} + \frac{(16-14,714)^2}{77,429}} = 1,74$$

Der 95%-Vertrauensbereich für eine Schätzung des Mittelwertes von y an der Stelle $x=16$ ist durch das Intervall $14,54 \pm 1,74$ gegeben. Die Grenzwerte des Bereiches sind 12,80 und 16,28.

$$B'_{x=\text{konst.}} = t s_{y\cdot x} \sqrt{1 + \frac{1}{n} + \frac{(x-\bar{x})^2}{Q_x}}$$

$$B'_{16} = 2,57 \cdot 1,67 \cdot \sqrt{1 + \frac{1}{7} + \frac{(16-14,714)^2}{77,429}} = 4,63$$

Der 95%-Vertrauensbereich für eine Schätzung des Wertes y an der Stelle $x=16$ ist durch das Intervall $14,54 \pm 4,63$ gegeben. Die Grenzwerte dieses Bereiches sind 9,91 und 19,17. Dieses Intervall ist als Bereich für Einzelwerte wesentlich größer als der oben berechnete Mittelwert-Bereich.

95%-Vertrauensgrenzen für eine zukünftige Beobachtung y an der Stelle x lassen sich für $n \gtrless 50$ in brauchbarer Annäherung nach $\hat{y} = (a \pm D) + bx$ mit $D = t_{n-2;\,0,05} s_{y\cdot x}$ schätzen.

Die Konstruktion von Vertrauens- und Toleranzellipsen ist den auf S. 439 zitierten Geigy-Tabellen (Documenta Geigy 1968, S. 183/184 [vgl. auch S. 145]) zu entnehmen. Toleranzbereiche lassen sich nach Weissberg und Beatty (1960) angeben (vgl. S. 221). Näheres über die lineare Regression ist dem auf S. 438 zitierten Buch von Stange (1971 [Teil II] S. 121–178) zu entnehmen.

56   Nichtlineare Regression

In vielen Fällen zeigt die graphische Darstellung, daß die interessierende Beziehung nicht durch eine Regressionsgerade beschrieben werden kann. Sehr oft entspricht eine *Gleichung zweiten Grades* ausreichend genau den tatsächlichen Verhältnissen. Wir bedienen uns im folgenden wieder der Methode der kleinsten Quadrate.

Die allgemeine Gleichung zweiten Grades lautet:

$$y = a + bx + cx^2$$

(5.73)

Die Konstanten a, b und c für die gesuchte Funktion zweiten Grades gewinnt man aus folgenden *Normalgleichungen*:

$$
\begin{array}{lll}
\text{I} & an & + b\sum x & + c\sum x^2 = \sum y \\
\text{II} & a\sum x & + b\sum x^2 & + c\sum x^3 = \sum xy \\
\text{III} & a\sum x^2 & + b\sum x^3 & + c\sum x^4 = \sum x^2 y
\end{array}
$$

(5.74 abc)

Ein einfaches Beispiel (vgl. auch das Beispiel in meinem Taschenbuch) wird dies erläutern.

Beispiel

x	y	xy	x^2	$x^2 y$	x^3	x^4
1	4	4	1	4	1	1
2	1	2	4	4	8	16
3	3	9	9	27	27	81
4	5	20	16	80	64	256
5	6	30	25	150	125	625
15	19	65	55	265	225	979

Tabelle 120

Diese Werte werden in die Normalgleichungen eingesetzt:

$$
\begin{array}{ll}
\text{I} & 5a + 15b + 55c = 19 \\
\text{II} & 15a + 55b + 225c = 65 \\
\text{III} & 55a + 225b + 979c = 265
\end{array}
$$

Aus I und II sowie aus II und III wird zuerst die Unbekannte a beseitigt:

$$
\begin{array}{ll}
5a + 15b + 55c = 19 & \cdot 3 \\
15a + 55b + 225c = 65 & \\
\hline
15a + 45b + 165c = 57 & \\
15a + 55b + 225c = 65 & \\
\hline
\text{IV} \qquad 10b + 60c = 8 &
\end{array}
$$

$$
\begin{array}{ll}
15a + 55b + 225c = 65 & \cdot 11 \\
55a + 225b + 979c = 265 & \cdot 3 \\
\hline
165a + 605b + 2475c = 715 & \\
165a + 675b + 2937c = 795 & \\
\hline
\text{V} \qquad 70b + 462c = 80 &
\end{array}
$$

Aus IV und V beseitigen wir b und erhalten c:

$$
\begin{array}{ll}
70b + 462c = 80 & \\
10b + 60c = 8 & \cdot 7 \\
\hline
70b + 462c = 80 & \\
70b + 420c = 56 & \\
\hline
42c = 24 &
\end{array}
$$

$$c = \frac{24}{42} = \frac{12}{21} = \frac{4}{7} \ (= 0{,}571)$$

Durch Einsetzen von c in IV erhalten wir b:

$$10b + 60c = 8$$

$$10b + \frac{60 \cdot 4}{7} = 8$$

$$70b + 240 = 56$$

$$b = \frac{56 - 240}{70} = -\frac{184}{70} = -\frac{92}{35} \quad (= -2{,}629)$$

Durch Einsetzen von b und c in I erhalten wir a:

$$5a + 15 \cdot \left(-\frac{92}{35}\right) + 55\left(\frac{4}{7}\right) = 19$$

$$5a - \frac{15 \cdot 92}{35} + \frac{55 \cdot 4 \cdot 5}{7 \cdot 5} = 19$$

$$35 \cdot 5a - 15 \cdot 92 + 55 \cdot 20 = 19 \cdot 35$$

$$175a - 1380 + 1100 = 665$$

$$175a - 280 = 665$$

$$a = \frac{945}{175} = \frac{189}{35} \quad (= 5{,}400)$$

Kontrolle: Einsetzen der Werte in die Normalgleichung I:

$$5 \cdot 5{,}400 - 15 \cdot 2{,}629 + 55 \cdot 0{,}571 = 27{,}000 - 39{,}435 + 31{,}405 = 18{,}970 \simeq 19{,}0$$

Die Gleichung zweiten Grades lautet:

$$\hat{y} = \frac{189}{35} - \frac{92}{35}x + \frac{4}{7}x^2 \simeq 5{,}400 - 2{,}629x + 0{,}5714x^2$$

Die folgende Tabelle zeigt die Güte der Anpassung. Die Gleichung zweiten Grades wird so umgeformt, daß alle drei Konstanten den gemeinsamen Nenner 35 haben. Die Schwankungskomponenten $(y - \hat{y})$ sind beträchtlich, besonders diejenige im Minimum.

Tabelle 121

x	y	$\hat{y} = \frac{189}{35} - \frac{92}{35}x + \frac{4}{7}x^2$				$y - \hat{y}$
1	4	$\frac{189}{35} - \frac{92}{35} \cdot 1 + \frac{20}{35} \cdot 1$	$=$	$\frac{117}{35}$	$= 3{,}34$	0,66
2	1	" $-$ " $\cdot 2 +$ " $\cdot 4$	$=$	$\frac{85}{35}$	$= 2{,}43$	-1,43
3	3	" $-$ " $\cdot 3 +$ " $\cdot 9$	$=$	$\frac{93}{35}$	$= 2{,}66$	0,34
4	5	" $-$ " $\cdot 4 +$ " $\cdot 16$	$=$	$\frac{141}{35}$	$= 4{,}03$	0,97
5	6	" $-$ " $\cdot 5 +$ " $\cdot 25$	$=$	$\frac{229}{35}$	$= 6{,}54$	-0,54
	19				19,00	0,00

Mitunter läßt sich durch die Beziehung $y = a + bx + c\sqrt{x}$ (vgl. Tabelle 124) eine bessere Anpassung erreichen.

Besteht der Verdacht, die beschriebene Abhängigkeit sei durch eine Exponentialfunktion des Typs

$$\boxed{y = ab^x} \tag{5.75}$$

darstellbar, dann ergibt sich, wenn beide Seiten der Gleichung logarithmiert werden:

$$\boxed{\lg y = \lg a + x \cdot \lg b}$$ (5.75a)

Die entsprechenden *Normalgleichungen* lauten:

$$\boxed{\begin{array}{ll} \text{I} & n \cdot \lg a + (\sum x) \cdot \lg b = \sum \lg y \\ \text{II} & (\sum x) \cdot \lg a + (\sum x^2) \cdot \lg b = \sum (x \cdot \lg y) \end{array}}$$ (5.76ab)

Da die hiernach angepaßte Exponentialfunktion meist etwas verzerrte Schätzwerte a und b liefert, ist es im allgemeinen günstiger (5.75) durch $y = ab^x + d$ zu ersetzen und a, b, d nach Hiorns (1965) zu schätzen.

Beispiel

Tabelle 122

x	y	lg y	x lg y	x^2
1	3	0,4771	0,4771	1
2	7	0,8451	1,6902	4
3	12	1,0792	3,2376	9
4	26	1,4150	5,6600	16
5	51	1,7076	8,5380	25
15	99	5,5240	19,6029	55

Die Summen werden in die Gleichungen eingesetzt:

$$\begin{array}{lll} \text{I} & 5\lg a + 15\lg b = & 5,5240 \quad \cdot 3 \\ \text{II} & 15\lg a + 55\lg b = & 19,6029 \end{array}$$

$$\begin{array}{l} 15\lg a + 45\lg b = 16,5720 \\ 15\lg a + 55\lg b = 19,6029 \end{array}$$

$$\begin{array}{l} 10\lg b = \quad 3,0309 \\ \lg b = \quad 0,30309, \quad \text{in I eingesetzt:} \end{array}$$

$$5\lg a + 15 \cdot 0,30309 = 5,5240$$
$$5\lg a + \quad 4,54635 = 5,5240$$
$$5\lg a = 0,9776$$
$$\lg a = 0,19554$$

Die entsprechenden entlogarithmierten Werte sind

$$a = 1,569 \qquad b = 2,009.$$

Die den obigen Werten angepaßte Exponentialgleichung zur Schätzung von y aus x lautet somit

$$\hat{y} = 1,569 \cdot 2,009^x.$$

Tabelle 123

x	y	lg $\hat{y}$	$\hat{y}$
1	3	0,1955 + 1·0,3031 = 0,4986	3,15
2	7	0,1955 + 2·0,3031 = 0,8017	6,33
3	12	0,1955 + 3·0,3031 = 1,1048	12,73
4	26	0,1955 + 4·0,3031 = 1,4079	25,58
5	51	0,1955 + 5·0,3031 = 1,7110	51,40
	99		99,19

Tabelle 124 gibt für die besprochenen sowie für weitere Funktionsgleichungen die entsprechenden Normalgleichungen.

Tabelle 124.   Exakte und approximierte Normalgleichungen wichtiger Funktionsgleichungen

Funktionsgleichung	Normalgleichungen
$y = a + bx$	$a \cdot n + b \sum x = \sum y$ $a \sum x + b \sum x^2 = \sum (xy)$
$\lg y = a + bx$	$a \cdot n + b \sum x = \sum \lg y$ $a \sum x + b \sum x^2 = \sum (x \cdot \lg y)$
$y = a + b \cdot \lg x$	$a \cdot n + b \sum \lg x = \sum y$ $a \sum \lg x + b \sum (\lg x)^2 = \sum (y \cdot \lg x)$
$\lg y = a + b \cdot \lg x$	$a \cdot n + b \sum \lg x = \sum \lg y$ $a \sum \lg x + b \sum (\lg x)^2 = \sum (\lg x \cdot \lg y)$
$y = a \cdot b^x$ bzw. $\lg y = \lg a + x \cdot \lg b$	$n \cdot \lg a + \lg b \sum x = \sum \lg y$ $\lg a \sum x + \lg b \sum x^2 = \sum (x \cdot \lg y)$
$y = a + bx + cx^2$	$a \cdot n + b \sum x + c \sum x^2 = \sum y$ $a \sum x + b \sum x^2 + c \sum x^3 = \sum xy$ $a \sum x^2 + b \sum x^3 + c \sum x^4 = \sum (x^2 y)$
$y = a + bx + c\sqrt{x}$	$a \cdot n + b \sum x + c \sum \sqrt{x} = \sum y$ $a \sum x + b \sum x^2 + c \sum \sqrt{x^3} = \sum xy$ $a \sum \sqrt{x} + b \sum \sqrt{x^3} + c \sum x = \sum (y\sqrt{x})$
$y = a \cdot b^x \cdot c^{x^2}$ bzw. $\lg y = \lg a + x \cdot \lg b + x^2 \cdot \lg c$	$n \cdot \lg a + \lg b \sum x + \lg c \sum x^2 = \sum \lg y$ $\lg a \sum x + \lg b \sum x^2 + \lg c \sum x^3 = \sum (x \cdot \lg y)$ $\lg a \sum x^2 + \lg b \sum x^3 + \lg c \sum x^4 = \sum (x^2 \cdot \lg y)$

Hinweis

Der Vergleich einer empirischen Kurve mit einer zweiten, nach einem experimentellen Eingriff gefundenen – in beiden Fällen liegen für vorgegebene Werte x_i, beispielsweise aufeinanderfolgende Tage, die Mittelwerte $\bar{y}_{1i}$ und $\bar{y}_{2i}$ vor – ist in den naturwissenschaftlichen Disziplinen recht häufig. Nach einer von Gebelein und Ruhenstroth-Bauer (1952) gegebenen Approximation läßt sich zunächst die Quadratsumme der Abweichungen für n Tage nach

$$\hat{\chi}^2 = \frac{\sum_{i=1}^{n} (\bar{y}_{1i} - \bar{y}_{2i})^2}{s_1^2 + s_2^2}, \quad FG = n \tag{5.77}$$

prüfen. Zuerst werden die Beobachtungen der ersten beiden Tage gemeinsam betrachtet, dann die der ersten drei, die der ersten vier usw.. Selbstverständlich läßt sich auch eine Prüfung der Quadratsumme für ein beliebiges Intervall durchführen, sagen wir vom 5. bis zum 12. Tag, wenn dies sachlogisch gerechtfertigt erscheint.

Dieses Verfahren gestattet die Prüfung, ob die Abweichungen noch auf zufällige Schwankungen zurückgeführt werden können. Wie der Verlauf sich verändert hat, läßt sich durch Prüfung des arithmetischen Mittels der Abweichungen für mehrere Tage ermitteln. Die Beurteilung der arithmetischen Mittel aus den Differenzen der Mittelwerte für die ersten n Tage erfolgt für nicht zu kleines n anhand der Standardnormalvariablen z (zweiseitige Fragestellung):

S. 53

$$\hat{z} = \frac{\sum\limits_{i=1}^{n} (\bar{y}_{1i} - \bar{y}_{2i})}{\sqrt{n(s_1^2 + s_2^2)}} \qquad (5.78)$$

Beide Verfahren setzen unabhängige normalverteilte Grundgesamtheiten mit den Standardabweichungen σ_1 und σ_2 voraus (vgl. auch S. 416, Hinweis 5).

Mehr über die nichtlineare Regression ist z. B. dem auf S. 438 zitierten Buch von Snedecor und Cochran (1967, S. 447–471) und der auf S. 355 genannten Literatur zu entnehmen.

In den Abbildungen 55–58 sind einige nicht-lineare Funktionen dargestellt.

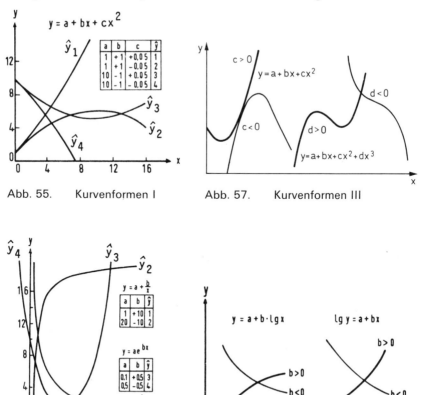

Abb. 55.   Kurvenformen I   Abb. 57.   Kurvenformen III

Abb. 56.   Kurvenformen II   Abb. 58.   Kurvenformen IV

57 Einige linearisierende Transformationen

Wenn die Form einer nicht-linearen Abhängigkeit zwischen zwei Variablen bekannt ist, dann ist es manchmal möglich, durch Transformation einer oder beider Variablen eine lineare Beziehung, eine gerade Linie zu erhalten.

Die soeben besprochene Gleichung $y = ab^x$ hatten wir logarithmiert $\lg y = \lg a + x \lg b$; dies ist die Gleichung einer Geraden mit $\lg a =$ Achsenabschnitt (auf der Ordinate) und $\lg b =$ Regressionskoeffizient.

Rechnet man nicht mit den Normalgleichungen, dann sind die einzelnen Schritte:

1. Man transformiert alle y-Werte in $\lg y$-Werte und rechnet mit den Logarithmen der beobachteten y-Werte ($y^{\cdot} = \lg y$).
2. Die Regressionsgerade $\hat{y}^{\cdot} = a^{\cdot} + b^{\cdot} x$ wird wie üblich geschätzt.
3. Durch Entlogarithmierung von $a^{\cdot} = \lg a$, $b^{\cdot} = \lg b$ erhält man die gesuchten Konstanten a und b der Originalgleichung $y = ab^x$.

Es wird empfohlen, diese Rechnung mit den Zahlen des letzten Beispiels auszuführen. Die folgende Übersicht zeigt einige Beziehungen zwischen x und y, die sich leicht linearisieren lassen: Die Tabelle weist auf die notwendigen Transformationen hin und gibt die Formeln für den Übergang von den Kennzahlen der geraden Linie zu den Konstanten der ursprünglichen Beziehung. Eine brillante, sehr ausführliche Übersicht bietet Hoerl (1954).

Tabelle 125.   Verändert und erweitert nach Natrella, M.G.: Experimental Statistics, National Bureau of Standards Handbook 91, US. Government Printing Office, Washington 1963, p. 5–31

Besteht eine Beziehung der Form	Trage die transformierten Variablen in das Koordinatensystem ein		Ermittle aus $a^{\cdot}$ und $b^{\cdot}$ die Konstanten a und b	
	$y^{\cdot} =$	$x^{\cdot} =$	$a^{\cdot} =$	$b^{\cdot} =$
$y = a + \dfrac{b}{x}$	y	$\dfrac{1}{x}$	a	b
$y = \dfrac{a}{b+x}$	$\dfrac{1}{y}$	x	$\dfrac{b}{a}$	$\dfrac{1}{a}$
$y = \dfrac{ax}{b+x}$	$\dfrac{1}{y}$	$\dfrac{1}{x}$	$\dfrac{1}{a}$	$\dfrac{b}{a}$
$y = \dfrac{x}{a+bx}$	$\dfrac{x}{y}$	x	a	b
$y = ab^x$	$\lg y$	x	$\lg a$	$\lg b$
$y = ax^b$	$\lg y$	$\lg x$	$\lg a$	b
$y = ae^{bx}$	$\ln y$	x	$\ln a$	b
$y = ae^{\frac{b}{x}}$	$\ln y$	$\dfrac{1}{x}$	$\ln a$	b
$y = a + bx^n$, wobei n bekannt ist	y	x^n	a	b
	und schätze $\hat{y}^{\cdot} = a^{\cdot} + b^{\cdot} x^{\cdot}$			

Diese linearisierenden Transformationen können auch dazu benutzt werden, um rein empirisch die Form eines Zusammenhanges zu ermitteln. Wir lesen die Tabelle jetzt von den transformierten Werten zur Art des Zusammenhanges:

1. Trage y gegen $1/x$ in ein normales Koordinatensystem ein. Liegen die Punkte auf einer geraden Linie, so gilt die Beziehung $\quad y = a + \dfrac{b}{x}$.

2. Trage $\dfrac{1}{y}$ gegen x in ein normales Koordinatensystem ein. Liegen die Punkte auf einer geraden Linie, so gilt die Beziehung

$$ y = \frac{a}{b+x} \, . $$

3. Trage in ein einfach logarithmisches Papier (halblogarithmisches Netz, Exponential-papier) x (arithmetische Teilung) gegen y (logarithmische Teilung) ein. Liegen die Punkte auf einer geraden Linie, so gilt die Beziehung

$$ y = ab^x \quad \text{oder} \quad y = ae^{bx}. $$

4. Trage in ein doppelt logarithmisches Papier (logarithmisches Netz, Potenzpapier) y gegen x ein. Liegen die Punkte auf einer geraden Linie, so gilt die Beziehung

$$ y = ax^b. $$

Papiere, deren Koordinatenraster nicht wie bei gewöhnlichem Millimeterpapier gleich-förmig (äquidistant, linear) ist, sondern bei denen die Koordinatenachsen beliebige Funktionsskalen tragen, nennt man *Funktionspapiere* (Bezugsquellen: siehe Literatur, Abschnitt 7). Neben dem Exponential- und dem Potenzpapier gibt es noch andere wichtige Papiere, die komplizierte nichtlineare Funktionen linearisieren. Erwähnt sei das Sinuspapier, bei dem eine Achse gleichförmig, die andere nach einer Sinusleiter geteilt ist und in dem man Funktionen der Art

$$ \boxed{ax + b\sin y + c = 0} $$

durch die gerade Linie

$$ \boxed{ax' + by' + c = 0} $$

darstellen kann $\;(x' = x \cdot e_x, \;\; y' = (\sin y) e_y \;\; \text{mit} \;\; e_x = e_y = 1)$.
Exponentialpapiere sind wichtig für das Studium radioaktiver und chemischer Zerfalls-prozesse wie für die Analyse des Längenwachstums vieler Lebewesen. In der theoreti-schen Biologie und in der Physik spielen Potenzgesetze und damit auch Potenzpapiere eine gewisse Rolle.

▶ 58   Partielle und multiple Korrelationen und Regressionen

Vorbemerkung: Aufgrund korrelationsstatistischer Berechnungen an einem zahlen-mäßig recht umfangreichen Krankengut war man zu dem Ergebnis gekommen, daß eine Reihe äußerlich sichtbarer Gefäßveränderungen – wie Krampfadern, Haemorrhoiden, kutane Venenerweiterungen usw. – deutlich überzufällig häufig miteinander korreliert auftreten und als Ausdruck einer „allgemeinen ererbten Venenwanddysplasie" anzu-sehen seien. Wagner (1955) konnte zeigen, daß alle diese im sogenannten „Status varicosus" zusammengefaßten Veränderungen eine parallel mit dem Alter zunehmende Manifestationshäufigkeit haben und nur hierdurch ein außerhalb des Zufallsbereiches liegender Zusammenhang zwischen den Merkmalen vorgetäuscht wird. Schaltet man nämlich den Einfluß des Alters durch die „partielle Korrelation" aus, dann haben die im „Status varicosus" zusammengefaßten Merkmale untereinander keinen engeren Zusammenhang mehr als jedes von ihnen mit beispielsweise der ebenfalls altersgebundenen Grauhaarigkeit.

Im allgemeinen müssen wir damit rechnen, daß eine Korrelation zwischen zwei bestimmten Variablen von anderen, weiteren Variablen mitbestimmt wird. Betrachten wir die Abhängigkeit von mehr als zwei Zufallsvariablen, so setzt man voraus, daß die beobachtete Stichprobe einer normalen mehrdimensionalen Grundgesamtheit entstammt. Als Maß des linearen Zusammenhanges zwischen zwei beliebigen Zufallsvariablen kann in diesem Falle ein partieller Korrelationskoeffizient definiert werden. Dieser gibt den Grad der Abhängigkeit zwischen zwei Variablen an, wobei die übrigen Variablen konstant gehalten werden.

Liegen lineare Korrelationen von x, y und z vor und sind r_{xy}, r_{xz} und r_{yz} die drei paarweise berechneten Korrelationskoeffizienten, so ist $r_{xy.z}$ der **partielle Korrelationskoeffizient** zwischen x und y, der sich bei Konstanthaltung von z ergibt:

$$r_{xy.z} = \frac{r_{xy} - r_{xz} \cdot r_{yz}}{\sqrt{(1 - r_{xz}^2)(1 - r_{yz}^2)}} \qquad (5.79)$$

Die partielle Korrelation erklärt die Beziehung zwischen einer abhängigen und einer unabhängigen Variablen unter Ausschluß des Einflusses weiterer Einflußgrößen.

Wenn statt der Buchstaben x, y, z die Zahlen 1, 2, 3 gewählt werden, ist der partielle Korrelationskoeffizient zwischen x_1 und x_2, während x_3 konstant bleibt:

$$r_{12.3} = \frac{r_{12} - r_{13} \cdot r_{23}}{\sqrt{(1 - r_{13}^2)(1 - r_{23}^2)}} \qquad (5.79\,\text{a})$$

und durch zyklische Vertauschung

$$r_{13.2} = \frac{r_{13} - r_{12} \cdot r_{23}}{\sqrt{(1 - r_{12}^2)(1 - r_{23}^2)}} \qquad (5.79\,\text{b})$$

$$r_{23.1} = \frac{r_{23} - r_{12} \cdot r_{13}}{\sqrt{(1 - r_{12}^2)(1 - r_{13}^2)}} \qquad (5.79\,\text{c})$$

Ein Nomogramm zur Ermittlung des partiellen Korrelationskoeffizienten geben Koller (1953, 1969) sowie Lees und Lord (1962).

Die Berechnung der partiellen Korrelationen kann bei unübersichtlichen Abhängigkeitsverhältnissen Klarheit über die gegenseitige Bedeutung der Variablen bringen. Wenn beispielsweise die Korrelation zwischen x_1 und x_2 nur auf einer gemeinsamen Beeinflussung durch x_3 beruht, so wird $r_{12.3} \simeq 0$ werden. Es kann auch vorkommen, daß eine Korrelation durch die Ausschaltung einer Störvariablen erst hervortritt. Sind nicht nur drei, sondern vier Variable bekannt, so errechnet sich die partielle Korrelation zwischen x_1 und x_2, wenn die Einflüsse von x_3 und x_4 ausgeschaltet werden sollen, nach

$$r_{12.34} = \frac{r_{12.4} - r_{13.4} \cdot r_{23.4}}{\sqrt{(1 - r_{13.4}^2)(1 - r_{23.4}^2)}} = \frac{r_{12.3} - r_{14.3} \cdot r_{24.3}}{\sqrt{(1 - r_{14.3}^2)(1 - r_{24.3}^2)}} \qquad (5.80)$$

Der partielle Korrelationskoeffizient wird wie der normale Korrelationskoeffizient geprüft. Zu beachten ist jedoch, daß die Zahl der Freiheitsgrade für jede ausgeschaltete Variable noch um den Wert 1 verringert werden muß. Ist nur eine Variable ausgeschaltet, dann beträgt die Zahl der Freiheitsgrade $n - 2 - 1 = n - 3 \, FG$. Die Berechnung des partiellen Korrelationskoeffizienten gibt allgemein eine Möglichkeit, die Störungen durch diejenigen Faktoren auszuschalten, die im Versuch nur schlecht oder überhaupt nicht kontrolliert werden können.

Bevor wir ein Beispiel geben, sei noch auf ein Verfahren aufmerksam gemacht, das eine an Untersuchungsobjekten beobachtete größere Anzahl abhängiger Merkmale auf eine kleinere Anzahl unabhängiger echter Einflußgrößen („Faktoren") zurückführt, wobei diejenigen Merkmale, die untereinander stark korreliert sind, zusammengefaßt werden. Näheres über die **Faktorenanalyse** ist Lawley und Maxwell (1971) sowie Rummel (1970) und Überla (1971) zu entnehmen (vgl. auch die am Ende der Literatur zum 5. Kapitel genannten Arbeiten).

Beispiel

In Iowa und Nebraska wurde eine Zufallsstichprobe von 142 älteren Frauen gründlich untersucht (Swanson, Pearl P., Ruth Leverton, Mary R. Gram, Harriet Roberts and Isabel Pesek, Journal of Gerontology **10** (1955) 41, zitiert von Snedecor, G. W., Statistical Methods, 5. ed., Ames, 1959, p. 430).

Drei der Variablen waren $\underline{A}$lter, $\underline{B}$lutdruck und die $\underline{C}$holesterin-Konzentration im Blut mit den Korrelationskoeffizienten

$$r_{AB} = 0,3332, \quad r_{AC} = 0,5029, \quad r_{BC} = 0,2495.$$

Da ein erhöhter Blutdruck mit einer vermehrten Cholesterineinlagerung in den Wänden der Blutgefäße zusammenhängen könnte, erscheint es uns interessant, dieser Frage näher nachzugehen. Da B und C mit dem Alter zunehmen, ergibt sich die Frage, ob der an sich schwache Zusammenhang lediglich auf das Alter zurückzuführen ist, oder ob auf jeder Altersstufe ein echter Zusammenhang existiert. Der Alterseffekt wird eliminiert durch die Berechnung von $r_{BC.A}$ [vgl. (5.79 c)]:

$$r_{BC.A} = \frac{r_{BC} - r_{AB} \cdot r_{AC}}{\sqrt{(1 - r_{AB}^2)(1 - r_{AC}^2)}}$$

$$r_{BC.A} = \frac{0,2495 - 0,3332 \cdot 0,5029}{\sqrt{(1 - 0,3332^2)(1 - 0,5029^2)}} = 0,1005.$$

Für $142 - 3 = 139 \, FG$ läßt sich diese Korrelation auf dem 5%-Niveau nicht sichern.

Lautet die Frage, in welcher Weise hängt die Zufallsvariable x_1 zugleich von den Zufallsvariablen x_2 und x_3 ab, haben wir es also mit einer Zielgröße und zwei Einflußgrößen zu tun, dann mißt der **multiple Korrelationskoeffizient** $R_{1.23}$ die Abhängigkeit der Zielgröße x_1 von den Einflußgrößen x_2 und x_3. Diese Mehrfachkorrelation ist gegeben durch

$$R_{1.23} = \sqrt{\frac{r_{12}^2 + r_{13}^2 - 2r_{12}r_{13}r_{23}}{1 - r_{23}^2}} \qquad (5.81)$$

Die multiple Korrelation erklärt die Zielgröße (den sog. Regressanden) aus mindestens zwei Einflußgrößen (den sog. Regressoren). Der Punkt in $R_{1.23}$ trennt die zuerst geschriebene Zielgröße von den beiden Einflußgrößen.
Analoge Formeln gelten auch für $R_{2.13}$ und $R_{3.12}$. Die multiplen Korrelationskoeffizienten liegen immer zwischen 0 und 1 (Lord 1955 gibt ein Nomogramm zur Ermittlung von $R_{1.23}$; dieses Nomogramm sowie das von Lord und Lees kann vom Educational Testing Service, Princeton, N.J. bzw. Los Angeles 27, Cal. bezogen werden). Das Quadrat des multiplen Korrelationskoeffizienten wird als multiples Bestimmtheitsmaß bezeichnet: $B = R^2$ (Modell II, vgl. S. 316). $B = 1$ bedeutet, daß die Werte der Zielgröße aus den Werten der Einflußgrößen anhand einer mehrfachen (multiplen) linearen Regressionsfunktion (z. B. $\hat{y} = a + b_1 x_1 + b_2 x_2$) exakt errechenbar sind.

Neben

$$R_{1.23}^2 = r_{12}^2 + r_{13.2}^2 (1 - r_{12}^2) \tag{5.82}$$

seien die weiterführenden Beziehungen

$$1 - R_{1.23}^2 = (1 - r_{12}^2)(1 - r_{13.2}^2) \tag{5.83}$$

$$1 - R_{1.234}^2 = (1 - r_{12}^2)(1 - r_{13.2}^2)(1 - r_{14.23}^2) \tag{5.84}$$

genannt. Partielle Korrelationskoeffizienten zweiter Ordnung, z.B. $r_{14.23}$, erhält man nach

$$r_{14.23} = \frac{r_{14.2} - r_{13.2} r_{34.2}}{\sqrt{(1 - r_{13.2}^2)(1 - r_{34.2}^2)}} = \frac{r_{14.3} - r_{12.3} r_{24.3}}{\sqrt{(1 - r_{12.3}^2)(1 - r_{24.3}^2)}} \tag{5.85}$$

$$r_{12.34} = \frac{r_{12.3} - r_{14.3} r_{24.3}}{\sqrt{(1 - r_{14.3}^2)(1 - r_{24.3}^2)}} = \frac{r_{12.4} - r_{13.4} r_{23.4}}{\sqrt{(1 - r_{13.4}^2)(1 - r_{23.4}^2)}} \tag{5.86}$$

Vergleiche auch

$$r_{14.23}^2 = \frac{R_{1.234}^2 - R_{1.23}^2}{1 - R_{1.23}^2} \tag{5.87}$$

Die Nullhypothese, nach der der R entsprechende Parameter gleich Null ist (gegen >0), wird anhand des F-Tests

S.
116/124

$$\hat{F} = \frac{R^2}{1 - R^2} \cdot \frac{n - (k - u) - 1}{k - u}$$

$$v_1 = k - u, \qquad v_2 = n - (k - u) - 1 \tag{5.88}$$

geprüft ($k =$ Zahl der Zufallsvariablen; $u =$ Zahl der Einflußgrößen, früher als unabhängige Variable bezeichnet).
Häufig möchte man wissen, ob ein R_1 mit mehreren Einflußgrößen u_1 signifikant größer ist als ein R_2 mit einer geringeren Anzahl u_2. Der entsprechende F-Test ist:

S.
116/124

$$\hat{F} = \frac{(R_1^2 - R_2^2)(n - u_1 - 1)}{(1 - R_1^2)(u_1 - u_2)}$$

$$v_1 = u_1 - u_2, \qquad v_2 = n - u_1 - 1 \tag{5.89}$$

Insbesondere dann, wenn n klein ist und die Zahl der Variablen k relativ groß ist, muß R^2 durch den unverfälschten Schätzwert $_uR^2$ ersetzt werden

$$_uR^2 = 1 - (1 - R^2)\frac{n-1}{n-k} \tag{5.90}$$

Einfachste multiple lineare Regression

(Drei Zufallsvariable: 2 Einflußgrößen [x_1, x_2], 1 Zielgröße [y])

$$\hat{y} = a + b_1 x_1 + b_2 x_2, \qquad \underline{b_1} = (Q_{yx_1} Q_{x_2} - Q_{yx_2} Q_{x_1 x_2})/C$$

$$\underline{b_2} = (Q_{yx_2} Q_{x_1} - Q_{yx_1} Q_{x_1 x_2})/C, \qquad C = Q_{x_1} Q_{x_2} - (Q_{x_1 x_2})^2$$

(Q-Symbolik: vgl. (4.6) und $Q_{x_1 x_2} = \sum x_1 x_2 - \frac{1}{n}(\sum x_1)(\sum x_2)$ sowie S. 324)

Kontrolle: $b_1 Q_{x_1} + b_2 Q_{x_1 x_2} = Q_{yx_1}$ und $b_1 Q_{x_1 x_2} + b_2 Q_{x_2} = Q_{yx_2}$

$$\underline{a} = \bar{y} - b_1 \bar{x}_1 - b_2 \bar{x}_2, \qquad R^2_{y.x_1 x_2} = B_{y.12} = D/Q_y$$

$$D = b_1 Q_{yx_1} + b_2 Q_{yx_2}$$

Prüfung der Regression ($H_0 : \beta_1 = \beta_2 = 0$) und damit auch, ob der B entsprechende Parameter signifikant von Null verschieden ist:

$$\hat{F} = D/(Q_y - D), \qquad v_1 = 2, \qquad v_2 = n - 2 - 1$$

Es läßt sich auch prüfen, ob die Schätzung von y aus x_1 durch Hinzunahme von x_2 wesentlich verbessert wird:

$$\hat{F} = \frac{D - E}{Q_y - D} \quad \text{mit} \quad \begin{matrix} v_1 = 1 \\ v_2 = n - 3 \end{matrix} \quad E = \frac{(Q_{yx_1})^2}{Q_{x_1}}$$

Näheres zur multiplen Regressionsanalyse ist Draper und Smith (1966), Daniel und Wood (1971), Searle (1971) sowie dem auf S. 438 genannten Buch von Stange (1971 [Teil II] 19. Kapitel) zu entnehmen (vgl. auch Enderlein u. Mitarb. 1967 sowie Weber 1967/68, Väliaho 1969, Bliss 1970, Enderlein 1970, Cramer 1972 und die anderen auf S. 483/485 genannten Arbeiten).

Eine nach Bartlett (1949) vereinfachte, sehr instruktive multiple „Drei-Gruppen"-Regressionsanalyse beschreiben Wendy Gibson und Jowett (1957). Cole (1959) gibt ein Rechenschema an, das elementare Gesichtspunkte der multiplen Korrelation und Regression für statistisch unerfahrenes Personal zusammenfaßt.

Auf andere Techniken, die mit der Regressionsanalyse zusammenhängen, können wir hier leider nicht eingehen, wie z.B. *Orthogonalpolynome* (Bancroft 1968, Emerson 1968): zur eleganten Anpassung von Polynomen höheren Grades (Robson 1959), insbesondere wenn die x-Werte gleiche Abstände aufweisen (anhand der Tafeln von Anderson und Houseman 1942, Pearson und Hartley 1958 oder Fisher und Yates 1963), und *Diskriminanzanalyse*, deren Aufgabe es ist, vorliegendes, unterschiedlichen Grundgesamtheiten angehörendes Beobachtungsmaterial durch eine Diskriminanz- (Unterscheidungs-) oder Trennfunktion der beobachteten Merkmale mit vorgegebener statistischer Sicherheit möglichst den richtigen Grundgesamtheiten zuzuordnen (vgl. Erna Weber 1972 sowie Lubischew 1962, Linder 1963, Radhakrishna 1964, Porebski 1966, Cornfield 1967). Für die *Trend-Analyse* (vgl. S. 296 und 308) benutze man auch die Monographie von Gregg, Hossel und Richardson (1964) sowie die Tafeln von Cowden und Rucker (1965) (vgl. auch Roos 1955, Salzer u. Mitarb. 1958, Brown 1962, Ferguson 1965 sowie Hiorns 1965).

Multivariate statistische Verfahren

Abbildung 51 und Tabelle 112 geben zweidimensionale Stichprobenverteilungen. Messen wir Gewicht und Größe an Studenten eines Studentenheimes, so erhalten wir eine Verteilung dieses Typs. Stellen wir außerdem bei jedem Studenten noch das Lebensalter fest, so erhalten wir mit jeweils 3 Daten eine dreidimensionale Stichprobenverteilung. Die Analyse dieser und komplizierterer n-dimensionaler Verteilungen – an einer Reihe von Personen oder Objekten werden mehrere Variable gemessen und gemeinsam ausgewertet – bildet das Gebiet der mehrdimensionalen oder multivariaten Analyse (multivariate analysis). Anders ausgedrückt: Die multivariate Analyse beschäftigt sich mit der *Entwicklung mathematischer Modelle zur Analyse einer nicht näher spezifizierten Anzahl abhängiger Variabler*. Es werden Parameter geschätzt und die Zusammenhänge zwischen den Variablen ermittelt. Diese Verfahren haben bei der Analyse komplexer Fragestellungen eine entscheidend wichtige Bedeutung erlangt. Wegen des hohen rechentechnischen Aufwandes sollten größere elektronische Rechenanlagen zur Verfügung stehen. Man beschäftige sich mit Matrix-Algebra (z. B. Dietrich und Stahl 1968) und lese dann z. B. Kramer und Jensen (1969/1972) sowie Kendall (1957), Roy (1957), Anderson (1958), Seal (1964), Miller (1966), Morrison (1967), Saxena und Surendran (1967), Dempster (1968), Krishnaiah (1966, 1969), Cooley und Lohnes (1971), Puri und Sen (1971), Searle (1971), Press (1972) und Kres (1974); Rao (1960, 1972) gibt Übersichten. Wichtige Tabellen sind neben Pillai (1960) insbesondere dem Band 2 der auf S. 439 zitierten Biometrika Tables (Pearson und Hartley 1972, S. 333–358 [erläutert auf S. 98–117]) sowie Kres (1974) zu entnehmen.

Eine brillante Bibliographie (Zeitschriftenaufsätze bis 1966, Bücher bis 1970) geben Anderson, Gupta und Styan (1973).

6 Die Auswertung von Mehrfeldertafeln

Der Informationsgehalt von Häufigkeiten ist gering. Trotzdem bietet die Analyse von *Vierfeldertafeln*, der einfachsten *Zweiweg-* oder *Kontingenztafel*, eine Reihe von Möglichkeiten. Wir können diese einfachste Zweiwegtafel auf Unabhängigkeit, Korrelation und Symmetrie prüfen. In diesem Kapitel werden diese und andere Prüfungen an Kontingenztafeln beschrieben, die für jedes der beiden Merkmale jeweils nicht nur eine Alternative, also 2 Klassifikationsmöglichkeiten, sondern mehrere aufweisen. Beispielsweise lassen sich Besitzer von Führerscheinen hinsichtlich der Altersgruppe und der Anzahl der Unfälle – 0, 1, 2, mehr als 2 – vergleichen. Andere Vergleichspaare, die ebenfalls zu sogenannten *Mehrfeldertafeln* führen, sind z. B. Schulbildung und Einkommen, Körperbautyp von Eheleuten sowie die Beurteilung des Eheglückes durch beide Partner. Ebenso wie eine Stichprobe nach zwei Merkmalsreihen kombiniert aufgeteilt auf *Unabhängigkeit* geprüft werden kann, lassen sich eine Reihe von Stichproben mit zwei oder mehr Ausprägungen auf Gleichartigkeit oder *Homogenität* testen.

Die Prüfung einer Mehrfeldertafel auf *Trend* bietet die Möglichkeit, den Anteil der linearen Regression an der Gesamtvariation abzuschätzen. Vergleiche von Mehrfeldertafeln hinsichtlich ihrer *Regressionskoeffizienten* ergänzen den Vergleich hinsichtlich der Stärke des Zusammenhanges anhand der korrigierten Kontingenzkoeffizienten. Weiter wird der Einsatz der Informationsstatistik für die Prüfung von Mehrfeldertafeln auf Unabhängigkeit oder Homogenität dargelegt und auf die Bedeutung der Informationsanalyse von Drei- und Mehrwegtafeln hingewiesen.

61 Vergleich mehrerer Stichproben von Alternativdaten

▶ 611 Der $k \cdot 2$-Felder-χ^2-Test nach Brandt und Snedecor

Mit dem Vierfelder-χ^2-Test lassen sich 2 Stichproben von Alternativdaten daraufhin untersuchen, ob sie als Zufallsstichproben aus einer durch die vier Randsummen repräsentierten Grundgesamtheit stammen. Vergleichen wir nun mehrere – sagen wir k – Stichproben von Alternativdaten miteinander, wobei natürlich nur die zweiseitige Fragestellung möglich ist, so erhalten wir als *Ausgangsschema eine $k \cdot 2$-Tafel der folgenden Art (siehe die Tabellen 126, 130 auf S. 358, 362 [vgl. auch Tab. 129, S. 361]).

Dabei sei angenommen, daß x kleiner als $n - x$ ist. Unter der Nullhypothese: Alle Stichproben stammen aus Grundgesamtheiten mit dem Häufigkeitsverhältnis $x : (n - x)$, erwarten wir in den $k \cdot 2$-Feldern der Tabelle eine zu den Randsummen proportionale Häufigkeitsverteilung. Anhand des $k \cdot 2$-Felder-χ^2-Tests wird somit geprüft, ob die relativen Häufigkeiten in den k Klassen von der über alle k Klassen berechneten durchschnittlichen relativen Häufigkeit mehr als zufällig abweichen. Vorausgesetzt werden n unabhängige Beobachtungen sowie sich gegenseitig ausschließende und die beobachtete Mannigfaltigkeit erschöpfende Alternativen.

Stichprobe oder 2. Merkmal	Merkmal +	-	Σ
1	x_1	$n_1 - x_1$	n_1
2	x_2	$n_2 - x_2$	n_2
.	.	.	.
.	.	.	.
j	x_j	$n_j - x_j$	n_j
.	.	.	.
.	.	.	.
.	.	.	.
k	x_k	$n_k - x_k$	n_k
Σ	x	$n - x$	n

Tabelle 126

Lassen sich n Individuen einer Zufallsstichprobe zugleich nach zwei Merkmalen A und B mit den $\geqq 2$ zugehörigen Ausprägungen (siehe z. B. S. 269 u. 270, Tab. 82: 181 Pat. nach Behandlung und Krankheitsverlauf) klassifizieren, dann resultiert eine **Kontingenztafel**. Faßt man Tabelle 126 so auf (A als Alternativmerkmal $[+,-]$; B in k Ausprägungen), dann läßt sich die Nullhypothese: A und B sind voneinander unabhängig ablehnen, sobald das z. B. nach (6.1) berechnete $\hat\chi^2$ größer ist als $\hat\chi^2_{k-1;\alpha}$ (vgl. auch S. 366, 371, 372).

Zur Entscheidung über Beibehaltung oder Ablehnung der Nullhypothese der Homogenität k binomialer Stichproben dient der χ^2-Test (Karl Pearson 1857–1936). Wir benutzen dabei die Formel von Brandt und Snedecor (Beispiel auf S. 359):

$$\hat\chi^2 = \frac{n^2}{x(n-x)}\left[\sum_{j=1}^{k}\frac{x_j^2}{n_j} - \frac{x^2}{n}\right] \tag{6.1}$$

(S. 113) mit $FG = k - 1$. In dieser Formel bedeuten (vgl. Tabelle 126):

$n =$ Umfang der gesamten Stichproben,

$n_j =$ Umfang der einzelnen Stichprobe j,

$x =$ Gesamtzahl der Stichprobenelemente mit dem Merkmal „ + ",

$x_j =$ Häufigkeit des Merkmals „ + " in der Stichprobe j.

An dieser Stelle sei noch einmal auf den Unterschied zwischen dem tabelliert vorliegenden χ^2-Wert und dem nach einer Formel berechneten Wert der Prüfgröße $\hat\chi^2$ aufmerksam gemacht. Nur für großes n und große Erwartungshäufigkeiten stimmen beide überein (vgl. auch S. 282). Die Approximation ist bei nicht zu schwach besetzten Feldern ausreichend. Als Maß der Besetzung einer $k \cdot 2$- oder Mehrfeldertafel dienen die bei Annahme der Homogenität zu erwartenden *Erwartungshäufigkeiten*. Sie werden berechnet als Quotient aus dem Produkt der Randsummen und dem Gesamtstichprobenumfang (vgl. Tabelle 126: Die Erwartungshäufigkeit E für das Feld x_j beträgt $E(x_j) = n_j x/n$).

Für kleine $k \cdot 2$-Feldertafeln $(k < 5)$ müssen alle Erwartungshäufigkeiten mindestens gleich 2 sein; stehen wenigstens 4 Freiheitsgrade zur Verfügung $(k \geqq 5)$, dann sollten alle Erwartungshäufigkeiten $\gtrsim 1$ sein (Lewontin und Felsenstein 1965). Lassen sich diese Forderungen nicht erfüllen, dann muß die Tafel durch Zusammenfassung unterbesetzter Felder vereinfacht werden. Erst dann ist die Berechnung der Teststatistik $\hat\chi^2$ nach der obigen oder nach einer anderen Formel zulässig.

Hinweise

1. Als Alternative zum $k \cdot 2$-Felder-χ^2-Test (vgl. auch S. 359 unten) stellt Ryan (1960) für den *multiplen Vergleich von k relativen Häufigkeiten* ein einfaches varianzanalytisches Verfahren vor.

2. Kann bei $k \cdot 2$-Feldertafeln für den Vergleich relativer Häufigkeiten oder beim Vergleich mehrerer Mittelwerte der Nullhypothese: Gleichheit der Parameter, eine Alternativhypothese: die Parameter bilden eine bestimmte *Rangordnung*, gegenübergestellt werden, dann lassen sich nach Bartholomew (1959) sehr effiziente einseitige Tests durchführen; die Alternativhypothese der entsprechenden zweiseitigen Fragestellung wäre dann: Rangordnung gegeben, an- oder absteigende Parameter (vgl. auch Mantel 1963).

3. Sind schwach besetzte Kontingenztafeln vom Typ $3 \cdot 2$ zu analysieren, dann wird man die von Bennett und Nakamura (1963, vgl. auch 1964) berechneten Tafeln (für $n_1 = n_2 = n_3 \leqq 20$ und $0,05 \geqq \alpha \geqq 0,001$) benutzen.

Beispiel

Problem: Vergleich zweier Therapieformen

Versuchsplan: In einer Epidemie seien insgesamt 80 Personen behandelt worden. Eine Gruppe von 40 Kranken erhielt eine Standarddosis eines neuen spezifischen Mittels. Die andere Gruppe von 40 Kranken sei nur symptomatisch behandelt worden (Behandlung der Krankheitserscheinungen, nicht aber ihrer Ursachen) (Quelle: Martini, P.: Methodenlehre der therapeutisch-klinischen Forschung, Springer-Verlag, Berlin-Göttingen-Heidelberg 1953, S. 83, Tab. 14). Das Resultat der Behandlung wird ausgedrückt in Besetzungszahlen für drei Klassen: schnell geheilt, langsam geheilt, gestorben (Tabelle 127).

Tabelle 127

Therapeutischer Erfolg	Therapie symptomatisch	spezifisch (Normaldosis)	Insgesamt
Geheilt in x Wochen	14	22	36
Geheilt in x + y Wochen	18	16	34
Gestorben	8	2	10
Insgesamt	40	40	80

Nullhypothese: Die therapeutischen Ergebnisse sind für beide Therapieformen gleich.
Alternativhypothese: Die therapeutischen Ergebnisse sind für beide Therapieformen nicht gleich.
Signifikanzniveau: $\alpha = 0,05$ (zweiseitig).
Testwahl: Es kommt nur der $k \cdot 2$-Felder-χ^2-Test infrage (vgl. Erwartungshäufigkeiten der letzten Zeile, Tabelle 127: $x_k = 8$, $n_k - x_k = 2$, $E(8) = E(2) = \dfrac{10 \cdot 40}{80} = 5 > 2$).

Ergebnisse und Auswertung:

$$\hat{\chi}^2 = \frac{80^2}{40 \cdot 40} \left[\left(\frac{14^2}{36} + \frac{18^2}{34} + \frac{8^2}{10} \right) - \frac{40^2}{80} \right] = 5,495$$

Entscheidung: Da $\hat{\chi}^2 = 5,495 < 5,99 = \chi^2_{2; 0,05; \text{zweiseitig}}$, behalten wir die Nullhypothese bei.

Interpretation: Aufgrund der vorliegenden Stichprobe läßt sich ein Unterschied zwischen den beiden Therapieformen auf dem 5%-Niveau nicht sichern.

Bemerkung: Interessiert ein Vergleich der mittleren therapeutischen Erfolge beider Therapien, dann prüfe man nach Cochran (1966, S. 7/10).

Dieses Resultat hätte man natürlich auch mit Hilfe der allgemeinen χ^2-Formel (4.13) (vgl. S. 251) erhalten, wobei die bei Annahme der Nullhypothese auf Homogenität oder Unabhängigkeit zu erwartenden Häufigkeiten E – wie weiter oben vermerkt – als Quotienten des Produktes der Randsummen der Tafel und des Gesamtstichprobenumfanges ermittelt werden. So ist z. B. in Tabelle 127 und 128 links oben die beobachtete Häufigkeit $B=14$, die zugehörige Erwartungshäufigkeit $E=\dfrac{36\cdot 40}{80}=\dfrac{36}{2}=18$. Bildet man für jedes Feld der $k\cdot 2$-Tafel den Quotienten $\dfrac{(B-E)^2}{E}$ und addiert die einzelnen $k\cdot 2$ Quotienten, dann erhält man wieder $\hat{\chi}^2$.

Dieses Vorgehen wäre umständlicher gewesen (Tabelle 128), hätte aber die Anteile der Einzelfelder am Gesamt-$\hat{\chi}^2$ erkennen lassen und die entscheidende Bedeutung der unterschiedlichen Letalität herausgearbeitet. Da beide Krankengruppen 40 Personen umfassen, sind die $\hat{\chi}^2$-Anteile paarweise gleich.

Tabelle 128 (vgl. Tabelle 127)

THERAPEUTISCHER ERFOLG Berechnung von χ^2	*THERAPIE* symptomatisch	spezifisch (Normaldosis)	Insgesamt
GEHEILT IN X WOCHEN:			
Beobachtet B	14	22	36
Erwartet E	18,00	18,00	36
Abweichung B - E	- 4,00	4,00	0,0
(Abweichung)^2 (B - E)^2	16,00	16,00	
Chi-Quadrat $\frac{(B-E)^2}{E}$	0,8889	0,8889	1,7778
GEHEILT IN X + Y WOCHEN:			
Beobachtet B	18	16	34
Erwartet E	17,00	17,00	34
Abweichung B - E	1,00	- 1,00	0,0
(Abweichung)^2 (B - E)^2	1,00	1,00	
Chi-Quadrat $\frac{(B-E)^2}{E}$	0,0588	0,0588	0,1176
GESTORBEN:			
Beobachtet B	8	2	10
Erwartet E	5,00	5,00	10
Abweichung B - E	3,00	- 3,00	0,0
(Abweichung)^2 (B - E)^2	9,00	9,00	
Chi-Quadrat $\frac{(B-E)^2}{E}$	1,8000	1,8000	3,6000
Insgesamt: B = E	40	40	80
$\hat{\chi}^2$-Spaltensumme:	2,7477	2,7477	$\hat{\chi}^2$ = 5,4954

Besonders erwähnt sei noch, daß jeder Beitrag zum $\hat{\chi}^2$-Wert relativ zur Erwartungshäufigkeit E erfolgt: Eine große Abweichung $B-E$ mit großer E steuert etwa einen gleichen Betrag zu $\hat{\chi}^2$ bei wie eine kleine Abweichung mit kleiner E:

$$\text{vgl. z. B.} \quad \frac{(15-25)^2}{25}=4=\frac{(3-1)^2}{1}.$$

612   Der Vergleich zweier unabhängiger empirischer Verteilungen von Häufigkeitsdaten nach Brandt-Snedecor

Geprüft wird, ob zwei unabhängige Stichproben von Häufigkeitsdaten aus unterschiedlichen Grundgesamtheiten stammen. Diese Prüfung der Nicht-Gleichheit zweier Grundgesamtheiten anhand zweier Stichproben erfolgt mit der Formel von Brandt-Snedecor (6.1) (vgl. auch S. 251). Vorausgesetzt wird, daß die Kategorien des Merkmals sich gegenseitig ausschließen und die Merkmalsvariation erschöpfen.

Beispiel
Entstammen die Verteilungen B_1 und B_2 derselben Grundgesamtheit $(\alpha = 0,01)$?

Tabelle 129

Kategorie	Häufigkeiten B_I	B_{II}	Σ
1	60	48	108
2	52	50	102
3	30	36	66
4	31	20	51
5	10	15	25
6	12	10	22
7	4 }5	8 }8	13
8	1	0	
Σ	$n_1 = 200$	$n_2 = 187$	$n = 387$

$$\hat{\chi}^2 = \frac{387^2}{200 \cdot 187}\left[\left(\frac{60^2}{108} + \frac{52^2}{102} + \ldots + \frac{5^2}{13}\right) - \frac{200^2}{387}\right] = 5{,}734$$

(bzw. $\hat{\chi}^2 = \dfrac{387^2}{200 \cdot 187}\left[\left(\dfrac{48^2}{108} + \dfrac{50^2}{102} + \ldots + \dfrac{8^2}{13}\right) - \dfrac{187^2}{387}\right] = 5{,}734$)

Da dieser $\hat{\chi}^2$-Wert wesentlich kleiner ist als $\chi^2_{6;\,0,01} = 16{,}81$, kann die Nullhypothese, nach der beide Stichproben einer gemeinsamen Grundgesamtheit entstammen, nicht abgelehnt werden.

613   Zerlegung der Freiheitsgrade einer $k \cdot 2$-Feldertafel

Für die $k \cdot 2$-Feldertafel bezeichnen wir die Häufigkeiten, besser die Besetzungszahlen, entsprechend dem folgenden gegenüber Tabelle 126 erweiterten Schema (Tabelle 130). Es gestattet den direkten Vergleich der Erfolgsprozentsätze – den Anteil der Plus-Merkmalsträger an dem jeweiligen Stichprobenumfang – für alle Stichproben. Die Formel für den χ^2-Test nach Brandt-Snedecor lautet dann

$$\boxed{\hat{\chi}^2 = \frac{\sum\limits_{j=1}^{k} x_j p_j - x\hat{p}}{\hat{p}(1-\hat{p})}}$$

(6.1a)

mit $FG = k - 1$.

(S. 113)

Hierin bedeuten:

x = Gesamtzahl der Stichprobenelemente mit dem Merkmal „+",
x_j = Besetzungszahl des Merkmals „+" in der Stichprobe j,
$\hat{p}$ = Quotient aus x und n; der aus dem Gesamtstichprobenumfang ermittelte Anteil der Merkmalsträger („+").

Tabelle 130

Stichprobe	Merkmal +	Merkmal -	Insgesamt	Erfolgsprozentsatz
1	x_1	$n_1 - x_1$	n_1	$p_1 = x_1/n_1$
2	x_2	$n_2 - x_2$	n_2	$p_2 = x_2/n_2$
.	.	.	.	.
.	.	.	.	.
.	.	.	.	.
j	x_j	$n_j - x_j$	n_j	$p_j = x_j/n_j$
.	.	.	.	.
.	.	.	.	.
.	.	.	.	.
k	x_k	$n_k - x_k$	n_k	$p_k = x_k/n_k$
Insgesamt	x	n - x	n	
		$\hat{p} = x/n$		

Unter der Nullhypothese: alle Stichproben entstammen Grundgesamtheiten mit $\pi =$ konst, geschätzt durch $\hat{p} = x/n$, erwarten wir auch hier für alle Stichproben eine diesem Verhältnis entsprechende Häufigkeitsverteilung.

Diese Formel nach Brandt-Snedecor gilt nicht nur für den gesamten auf Homogenität zu prüfenden Stichprobenumfang von k Stichproben, sondern natürlich auch für jeweils zwei (d.h. $FG = 1$) oder mehr – sagen wir j (mit $FG = j - 1$) – Stichproben, die als Gruppe aus den k Stichproben ausgewählt werden. Auf diese Weise gelingt es, die $k - 1$ Freiheitsgrade in Komponenten $\{1 + (j-1) + (k-j-1) = k-1\}$ zu zerlegen (Tabelle 131).

Tabelle 131

Komponenten von $\hat{\chi}^2$	Freiheitsgrade
Unterschiede zwischen p's zweier Stichprobengruppen mit n_1 und n_2 Beobachtungen ($n = n_1 + n_2$)	1
Variation innerhalb der p's in den ersten j Reihen	j - 1
Variation innerhalb der p's in den letzten k - j Reihen	k - j - 1
Gesamt-$\hat{\chi}^2$	k - 1

Anders ausgedrückt: Das Gesamt-$\hat{\chi}^2$ wird in Anteile zerlegt. Damit ist ein Test gegeben, der auf eine Veränderung des p-Niveaus innerhalb einer Stichprobenfolge von Alternativdaten anspricht. Nehmen wir ein einfaches Beispiel (Tabelle 132).

$$\hat{\chi}^2 \text{Gesamtabweichungen der } p\text{'s von } \hat{p} = \frac{15,300 - 38 \cdot 0,380}{0,380 \cdot 0,620} = 3,650$$

$\hat{\chi}^2$Unterschiede zwischen den mittleren p's der Stichprobengruppen $n_1 (= \text{Nr.}$
1–3) und $n_2 (= \text{Nr.} 4 + 5)$

Beispiel

Tabelle 132

Nr.	x_j	$n_j - x_j$	n_j	$p_j = x_j/n_j$	$x_j p_j$
1	10	10	20	0,500	5,000
2	8	12	20	0,400	3,200
3	9	11	20	0,450	4,050
4	5	15	20	0,250	1,250
5	6	14	20	0,300	1,800
Σ	38	62	100		15,300

$$\hat{p} = 38/100 = 0,380$$

Tabelle 133

Nr.	Gruppe	x_i	n_i	$p_i = \bar{p}$	$x_i p_i$
1+2+3	n_1	27	60	0,450	12,150
4 + 5	n_2	11	40	0,275	3,025
Σ	n	38	100		15,175

Hinweis: $\bar{p}$ für n_1 ist das arithmetische Mittel der drei Erfolgsprozentsätze: $(0,500 + 0,400 + 0,450)/3 = 0,450$; Entsprechendes gilt für $\bar{p}$ von n_2.

$$\hat{\chi}^2\text{Unterschiede zwischen den } \bar{p}\text{'s} = \frac{15,175 - 38 \cdot 0,380}{0,380 \cdot 0,620} = 3,120$$
$$\text{von } n_1 \text{ und } n_2$$

$$\hat{\chi}^2\text{Variation zwischen den } p\text{'s} = \frac{12,250 - 27 \cdot 0,450}{0,45 \cdot 0,55} = 0,404$$
$$\text{innerhalb von } n_1$$

$$\hat{\chi}^2\text{Variation zwischen den } p\text{'s} = \frac{3,050 - 11 \cdot 0,275}{0,275 \cdot 0,725} = 0,125$$
$$\text{innerhalb von } n_2$$

Diese Komponenten werden in Tabelle 134 zusammengefaßt.

Tabelle 134

Variationskomponenten	$\hat{\chi}^2$	FG	Signifikanzniveau
Unterschiede zwischen den $\bar{p}$'s der Stichprobengruppen n_1 (= Nr. 1-3) und n_2 (= Nr. 4+5)	3,120	1	$0,05 < P < 0,10$
Variation zwischen den p's innerhalb von n_1	0,404	2	$0,80 < P < 0,90$
Variation zwischen den p's innerhalb von n_2	0,125	1	$0,70 < P < 0,80$
Gesamtabweichungen der p's von $\hat{p}$ in $n = n_1 + n_2$	3,649	4	$0,40 < P < 0,50$

Wie das Beispiel andeutet, gelingt es mitunter, aus einem heterogenen Stichprobenmaterial homogene Elemente zu isolieren: Die entscheidende $\hat{\chi}^2$-Komponente betrifft den Unterschied zwischen den mittleren Erfolgsprozentsätzen (0,450 gegenüber 0,275) der Stichprobengruppen n_1 und n_2.
Bei vorgegebener Irrtumswahrscheinlichkeit von $\alpha = 0,05$ wäre dann die Nullhypothese $\pi_{n_1} = \pi_{n_2}$ beizubehalten. Bestünden vor der Gewinnung der Daten (Tabelle 132)

begründete Annahmen über die Richtung des zu erwartenden Unterschiedes, so ließe sich für diese Komponente eine einseitige Fragestellung rechtfertigen. Der Wert von $\hat{\chi}^2 = 3{,}120$ wäre dann auf dem 5%-Niveau signifikant; die Nullhypothese hätte zugunsten der Alternativhypothese $\pi_{n_1} > \pi_{n_2}$ aufgegeben werden müssen.

Eine andere *Zerlegung* sei ebenfalls an diesem Beispiel demonstriert. Auf die allgemeine Formulierung wird verzichtet, da das Zerlegungsprinzip, die Aufspaltung der Tabelle in unabhängige Komponenten mit je einem Freiheitsgrad, recht einfach ist. Tabelle 132a haben wir gegenüber Tabelle 132 etwas anders geschrieben.

Typ	A	B	C	D	E	Σ
I	10	8	9	5	6	38
II	10	12	11	15	14	62
Σ	20	20	20	20	20	100

Tabelle 132a

Wir betrachten nun mit Ausnahme der ersten Vierfeldertafel durch spezielle Summenbildungen entstandene Vierfeldertafeln, benutzen daher auch eine Formel, die (4.35) auf S. 270 ähnelt. Zunächst vergleichen wir die Homogenität der Stichproben A und B (im Hinblick auf I und II) unter Berücksichtigung des gesamten Stichprobenumfanges und benutzen hierfür das Symbol $A \times B$. Hierzu bilden wir die Differenz der „Diagonalprodukte", quadrieren sie und multiplizieren sie mit dem Quadrat der Summe aller Häufigkeiten ($= 100$ in Tabelle 132a). Der Divisor besteht aus dem Produkt von 5 Faktoren, den Zeilensummen I und II, den Spaltensummen A und B und der von uns in Klammern gesetzten Summe der Spaltensummen von A und B:

$$A \times B: \quad \hat{\chi}^2 = \frac{100^2(10 \cdot 12 - 8 \cdot 10)^2}{38 \cdot 62 \cdot 20 \cdot 20(20 + 20)} = 0{,}4244$$

Die Homogenität von $(A+B)$, der Summe der Spalten A und B, im Vergleich zu C, wir verwenden das Symbol $(A+B) \times C$, läßt sich dementsprechend nach

$$(A+B) \times C: \quad \hat{\chi}^2 = \frac{100^2\{(10+8)11 - 9(10+12)\}^2}{38 \cdot 62(20+20)20(40+20)} = 0$$

ermitteln, in entsprechender Weise erhält man für

$$(A+B+C) \times D: \quad \hat{\chi}^2 = \frac{100^2\{(10+8+9)15 - 5(10+12+11)\}^2}{38 \cdot 62(20+20+20)20(60+20)} = 2{,}5467$$

und für

$$(A+B+C+D) \times E: \quad \hat{\chi}^2 = \frac{100^2\{(10+8+9+5)14 - 6(10+12+11+15)\}^2}{38 \cdot 62(20+20+20+20)20(80+20)} = 0{,}6791$$

Wir fassen unsere Ergebnisse zusammen (Tabelle 135).

Variabilität	FG	$\hat{\chi}^2$	P
(1) A×B	1	0,4244	n.s.
(2) (A+B)×C	1	0,0000	n.s.
(3) (A+B+C)×D	1	2,5467	<0,15
(4) (A+B+C+D)×E	1	0,6791	n.s.
Insgesamt	4	3,6502	n.s.

Tabelle 135.
χ^2-Tafel für die $5 \cdot 2$ Felder

Die Summe der vier $\hat{\chi}^2$-Werte ist 3,650 (vgl. Tabelle 134 S. 363). Charakteristische Unterschiede zwischen den „Stichprobenpaaren" (1), (2), (3) und (4) sind nicht zu erkennen.

Eine Sonderstellung von D im Häufigkeitsverhältnis *I/II* wird angedeutet (3). Zur Prüfung der Homogenität weniger vorausgewählter (!) „Stichprobenpaare" kann die Tabelle durch Vertauschung der Spalten umgeschrieben werden.

▶ **614   Prüfung einer $k \cdot 2$-Feldertafel auf Trend: Der Anteil der linearen Regression an der Gesamtvariation**

Vergleicht man in Tabelle 127 (S. 359) den zunehmenden therapeutischen Erfolg der spezifisch behandelten Patientengruppe, die p_j-Werte 2/10, 16/34, 22/36 (vgl. Tabelle 136), dann zeigt sich erwartungsgemäß ein Ansteigen der p_j-Werte.

Tabelle 136

z_j (Score)	x_j	$n_j - x_j$	n_j	$p_j = x_j/n_j$	$x_j z_j$	$n_j z_j$	$n_j z_j^2$
+1	22	14	36	0,611	22	36	36
0	16	18	34	0,471	0	0	0
-1	2	8	10	0,200	-2	-10	10
	$x = 40$	40	$n = 80$		20	26	46
				$\hat{p} = x/n = 40/80 = 0,50$			

Erfolgt die Zunahme der relativen Häufigkeiten *regelmäßig*, dann ist eine Prüfung auf *lineare Regression* angebracht. Das $\hat{\chi}^2$ läßt sich dann in zwei Anteile zerlegen: Der eine zerfällt auf die als linear ansteigend gedachten Häufigkeiten – der restliche Anteil entspricht den Unterschieden zwischen den beobachteten Häufigkeiten und den als linear ansteigend vorausgesetzten theoretischen Häufigkeiten. So kann man den Regressionsgeraden-Anteil mit einem Freiheitsgrad von dem Anteil abgrenzen, der durch die Abweichungen von der Regressionsgeraden bestimmt ist. Dieser Anteil wird als Differenz zwischen $\hat{\chi}^2$ und $\hat{\chi}^2_{\text{Regression}}$ berechnet.

Für den Fall einer $k \cdot 2$-Feldertafel hat Cochran (1954) einen einfachen Weg zur Berechnung der linearen Regressionskomponente gegeben. Für die Restkomponente gilt dann: $FG = k - 2$. Zunächst muß die „natürliche" Rangfolge der k Merkmale, in unserem Falle des Therapie-Effektes, durch eine Zahlenfolge, durch „*Punktwerte*" *(scores)* ersetzt werden. Hierfür werden meist Zahlen verwendet, die symmetrisch zur Null liegen, d.h. z.B. $-2, -1, 0, 1, 2$ bzw. $-4, -2, 0, 1, 2, 3$, da sich dann die Berechnung vereinfacht; dieses „*Scoring*" soll vor Gewinnung der Daten vorgenommen werden. Die Abstände zwischen den Punktwerten brauchen nicht gleich zu sein! In der Reihe $-2, -1, 0, 3, 6$ werden die letzten beiden Kategorien aufgrund herausragender Eigenschaften durch größeres Gewicht hervorgehoben. Beispielsweise könnten wir in Tabelle 136 die Zahlenfolge $-2, 0, 1$ oder $-3, 0, 1$ verwenden, um den prinzipiellen Unterschied zwischen Tod und langsamer Heilung gegenüber dem graduellen Unterschied zwischen langsamer und schneller Heilung zu kennzeichnen.
Das $\hat{\chi}^2$ für die *lineare Regression* ist nach Cochran (1954) (vgl. auch Armitage 1955, Bartholomew 1959 sowie Bennett und Hsu 1962) gegeben durch:

$$\hat{\chi}^2_{\text{Regr.}} = \frac{\left(\sum x_j z_j - \dfrac{x \sum n_j z_j}{n} \right)^2}{\hat{p}(1 - \hat{p})\left(\sum n_j z_j^2 - \dfrac{(\sum n_j z_j)^2}{n} \right)} \qquad (6.2)$$

mit $FG = 1$.

S. 112

Man kann auch $\hat{b} = S_1/S_2$ mit $S_1 = \sum n_j(p_j - \hat{p})(z_j - \bar{z})$ und $S_2 = \sum n_j z_j^2 - (\sum n_j z_j)^2/n$ schätzen und $H_0: \beta = 0$ anhand der Standardnormalvariablen z (Tab. 43, S. 172) nach $\hat{z} = \hat{b}/s_b$ mit $s_b = \sqrt{\hat{p}(1-\hat{p})/S_2}$ prüfen; man beachte, daß die Summe der Punktwerte (scores) hier ungleich Null sein sollte.

Beispiel

Wenden wir Formel (6.2) auf die Werte der Tabelle 136 an, so erhalten wir für den Anteil der linearen Regression

$$\hat{\chi}^2_{\text{Regr.}} = \frac{\left(20 - \dfrac{40 \cdot 26}{80}\right)^2}{0{,}50 \cdot 0{,}50 \left(46 - \dfrac{26^2}{80}\right)} = 5{,}220 > 3{,}84 = \chi^2_{1;0{,}05}$$

Dieser Wert ist auf dem 5%-Niveau signifikant. Bei dem Beispiel auf S. 359 war für $\hat{\chi}^2 = 5{,}495$ und $FG = 2$ die Homogenitätshypothese mit einer Irrtumswahrscheinlichkeit von $\alpha = 0{,}05$ nicht abgelehnt worden.

Tabelle 137

Variationsursache	$\hat{\chi}^2$	FG	Signifikanzniveau
Lineare Regression	5,220	1	0,01 < P < 0,05
Abweichungen von der Regression	0,275	1	P = 0,60
Insgesamt	5,495	2	0,05 < P < 0,10

Tabelle 137 zeigt den entscheidenden Anteil der linearen Regression an der Gesamtvariation, der schon in der Spalte der p_j-Werte (Tabelle 136) erkennbar ist und die Überlegenheit der spezifischen Therapie zum Ausdruck bringt.

62   Die Analyse von Kontingenztafeln des Typs $r \cdot c$

▶ 621   Prüfung auf Unabhängigkeit oder Homogenität

Eine Erweiterung der Vierfeldertafel als einfachste Zweiwegtafel auf den allgemeinen Fall führt zur $r \cdot c$-, Mehrfelder- oder Kontingenztafel, einer Tafel, die r Zeilen oder Reihen (rows) und c Spalten (columns) aufweist. Zwei Merkmale mit r bzw. c verschiedenen Ausprägungen werden in $r \cdot c$ verschiedenen Feldern oder Kombinationen übersichtlich dargestellt (Tabelle 138).

Eine Stichprobe vom Umfang n wird aus einer Verteilung zufällig entnommen. Jedes Element dieser Stichprobe wird dann nach den zwei verschiedenen diskreten Merkmalen klassifiziert. Zu prüfen ist die Hypothese der *Unabhängigkeit*: Merkmal *I* hat keinen Einfluß auf Merkmal *II*. Anders ausgedrückt: Es wird getestet, ob die Verteilung qualitativer Merkmale nach einer Merkmalsreihe unabhängig ist von der Einteilung nach einer zweiten Merkmalsreihe, bzw. ob eine zu den Randsummen proportionale Häufigkeitsverteilung vorliegt.

Es sei an dieser Stelle vermerkt, daß ein *Vergleich von r verschiedenen Stichproben* mit den Umfängen $n_{1.}, n_{2.} \ldots n_{i.} \ldots n_{r.}$ aus r verschiedenen diskreten Verteilungen auf Gleichartigkeit oder Homogenität zu demselben Testverfahren führt. Wir haben daher

Tabelle 138.   Schema für die zweifache Klassifikation: Eine der beiden Merkmalsreihen ist auch als Stichprobenreihe auffaßbar.

1. Merkmal (r Zeilen) \ 2. Merkmal (c Spalten)	1	2	-	j	-	c	Zeilensumme
1	n_{11}	n_{12}	-	n_{1j}	-	n_{1c}	$n_{1.}$
2	n_{21}	n_{22}	-	n_{2j}	-	n_{2c}	$n_{2.}$
-	-	-	-	-	-	-	-
i	n_{i1}	n_{i2}	-	n_{ij}	-	n_{ic}	$n_{i.}$
-	-	-	-	-	-	-	-
r	n_{r1}	n_{r2}	-	n_{rj}	-	n_{rc}	$n_{r.}$
Spaltensumme	$n_{.1}$	$n_{.2}$	-	$n_{.j}$	-	$n_{.c}$	$n_{..} = n$

genau die gleiche Testgröße, gleichgültig ob wir eine Kontingenztafel auf Unabhängigkeit testen wollen, oder ob wir Stichproben dahingehend vergleichen wollen, ob sie aus derselben Grundgesamtheit stammen (Vergleich der Grundwahrscheinlichkeiten von Multinomialverteilungen). Das ist erfreulich, da es bei vielen Problemstellungen keineswegs klar ist, welche Auffassung eher angemessen erscheint. Die Prüfgröße ist

$$\hat{\chi}^2 = n \left[\sum_{i=1}^{r} \sum_{j=1}^{c} \frac{n_{ij}^2}{n_{i.}n_{.j}} - 1 \right] \tag{6.3}$$

mit $(r-1)(c-1)$ Freiheitsgraden. Hierin bedeuten:

n = Umfang der Stichprobe bzw. Gesamtstichprobenumfang

n_{ij} = Besetzungszahl des Feldes in der i-ten Zeile und der j-ten Spalte

$n_{i.}$ = Summe der Besetzungszahlen der i-ten Zeile (Zeilensumme)

$n_{.j}$ = Summe der Besetzungszahlen der j-ten Spalte (Spaltensumme)

$n_{i.}n_{.j}$ = Produkt der Randsummen

Die Erwartungshäufigkeiten berechnen sich (unter der Nullhypothese) nach $n_{i.}n_{.j}/n$. Unter der Annahme der Nullhypothese auf Unabhängigkeit oder Homogenität und für hinreichend große n ist die obige Prüfgröße $\hat{\chi}^2$ wie das tabelliert vorliegende χ^2 mit $(r-1)(c-1)$ *FG* verteilt. Dies ist die Zahl der Felder einer Tafel, für die man die Häufigkeiten frei wählen kann, wenn die Randsummen gegeben sind. Die Besetzungszahlen der übrigen Felder lassen sich dann durch Subtraktion ermitteln. Der Test darf angewandt werden, wenn alle Erwartungshäufigkeiten $\gtrsim 1$ sind. Treten kleinere Erwartungshäufigkeiten auf, dann ist die Tafel durch *Zusammenfassung unterbesetzter Felder* zu vereinfachen. Hierbei ist zu beachten, daß man ein möglichst *objektives Schema* anwenden sollte, um nicht durch mehr oder minder bewußte Willkür bei dieser Zusammenfassung das Ergebnis zu beeinflussen. Eine Methode zur Analyse außerordentlich schwach besetzter Kontingenztafeln, die meist unabhängig oder homogen sind, hat Nass (1959) vorgeschlagen.

Rechentechnik

Man rechnet nach (6.3) oder nach (6.3a)

$$\hat{\chi}^2 = n\left\{ \sum_{i=1}^{r} \frac{1}{n_{i.}} \left(\sum_{j=1}^{c} \frac{n_{ij}^2}{n_{.j}} \right) - 1 \right\}$$

$$FG = (r-1)(c-1) \qquad (6.3\text{a})$$

S. 113 (vgl. Tabelle 138), d. h. man dividiert die Quadrate der Häufigkeiten zunächst durch ihre entsprechenden Spaltensummen, addiert die Quotienten einer jeden Zeile und dividiert diese Summe durch die entsprechende Zeilensumme. Diese Quotienten werden addiert. Wird diese um 1 verminderte Summe mit dem Gesamtstichprobenumfang multipliziert, dann erhält man $\hat{\chi}^2$.

Beispiel 1

24	7	7	38
76	38	70	184
69	32	82	183
27	9	55	91
196	86	214	496

$(4-1)(3-1) = 6\ FG$

Tabelle 139.   nach (6.3 a):

$$\hat{\chi}^2 = 496 \cdot \left\{ \frac{1}{38} \left(\frac{24^2}{196} + \frac{7^2}{86} + \frac{7^2}{214} \right) + \frac{1}{184} \cdot \left(\frac{76^2}{196} + \frac{38^2}{86} + \frac{70^2}{214} \right) \right.$$

$$\left. + \frac{1}{183} \cdot \left(\frac{69^2}{196} + \frac{32^2}{86} + \frac{82^2}{214} \right) + \frac{1}{91} \cdot \left(\frac{27^2}{196} + \frac{9^2}{86} + \frac{55^2}{214} \right) - 1 \right\}$$

$$\hat{\chi}^2 = 24{,}939$$

nach (6.3):

$$\hat{\chi}^2 = 496 \left[\frac{24^2}{38 \cdot 196} + \frac{7^2}{38 \cdot 86} + \frac{7^2}{38 \cdot 214} + \frac{76^2}{184 \cdot 196} + \frac{38^2}{184 \cdot 86} + \cdots \right.$$

$$\left. + \frac{27^2}{91 \cdot 196} + \frac{9^2}{91 \cdot 86} + \frac{55^2}{91 \cdot 214} - 1 \right] = 24{,}939$$

Da $24{,}94 > 16{,}81 = \chi^2_{6;0,01}$ ist, muß für die vorliegende Mehrfeldertafel die Nullhypothese auf Unabhängigkeit oder Homogenität auf dem 1%-Niveau abgelehnt werden.

Beispiel 2

Problem: Vergleich dreier Therapieformen.
Versuchsplan: Drei Gruppen von je 40 Kranken wurden behandelt. Zwei Gruppen sind auf S. 359 verglichen worden. Die dritte Gruppe erhielt eine spezifische Therapie mit doppelter Normaldosis (Quelle: Martini, P.: Methodenlehre der therapeutisch-klinischen Forschung, Springer-Verlag, Berlin-Göttingen-Heidelberg 1953, S. 79, Tab. 13).
Nullhypothese, Alternativhypothese und *Signifikanzniveau:* Wie für das Beispiel auf S. 359 (entsprechend).
Testwahl: Es kommt nur der Mehrfelder-χ^2-Test in Frage.

Tabelle 140

Therapeutischer Erfolg	Therapie			Insgesamt
	symptomatisch	spezifisch Normaldosis	2x Normaldosis	
Geheilt in x Wochen	14	22	32	68
Geheilt in x + y Wochen	18	16	8	42
Gestorben	8	2	0	10
Insgesamt	40	40	40	120

Ergebnisse und Auswertung:

$$\hat{\chi}^2 = 120 \cdot \left\{ \frac{1}{68} \cdot \left(\frac{14^2 + 22^2 + 32^2}{40} \right) + \frac{1}{42} \cdot \left(\frac{18^2 + 16^2 + 8^2}{40} \right) + \frac{1}{10} \cdot \left(\frac{8^2 + 2^2 + 0^2}{40} \right) - 1 \right\} = 21{,}58$$

Entscheidung: Da $21{,}58 > 9{,}49 = \chi^2_{4;0,05}$ ist, wird die Nullhypothese abgelehnt.
Interpretation: Der Zusammenhang zwischen dem therapeutischen Erfolg und besonders der spezifischen Therapie mit doppelter Normaldosis erscheint gesichert. Diese Therapie ist den anderen beiden Therapieformen überlegen.

Diese Aufgabe hätte wesentlich schneller mit einer Spezialformel für die $k \cdot 3$-Feldertafel mit drei gleichen Stichprobenumfängen $(n_1 = n_2 = n_3)$ nach

$$\hat{\chi}^2 = \sum_{j=1}^{k} \frac{(n_{1j} - n_{2j})^2 + (n_{1j} - n_{3j})^2 + (n_{2j} - n_{3j})^2}{n_{1j} \quad + \quad n_{2j} \quad + \quad n_{3j}} \tag{6.4}$$

mit $FG = 2(k-1)$ gelöst werden können. (S. 113)

Beispiel 3

Tabelle 141 ist für unsere Zwecke gegenüber Tabelle 140 etwas anders bezeichnet.

Tabelle 141

r	$j = 1$	$j = 2$	$j = 3$	Σ
1	14	18	8	40
2	22	16	2	40
3	32	8	0	40
Σ	68	42	10	120

$j=1$: $(14-22)^2 + (14-32)^2 + (22-32)^2 = 8^2 + 18^2 + 10^2 = 488$
$j=2$: $(18-16)^2 + (18-8)^2 + (16-8)^2 = 2^2 + 10^2 + 8^2 = 168$
$j=3$: $(8-2)^2 + (8-0)^2 + (2-0)^2 = 6^2 + 8^2 + 2^2 = 104$
$j=1$: $\frac{488}{68} = 7{,}176$; $j=2$: $\frac{168}{42} = 4{,}000$; $j=3$: $\frac{104}{10} = 10{,}400$
$\hat{\chi}^2 = 7{,}176 + 4{,}000 + 10{,}400 = 21{,}576$.

Für die Alternativdaten mit gleichen Stichprobenumfängen $(n_1 = n_2)$ vereinfacht sich (6.4) zu

$$\hat{\chi}^2 = \sum_{j=1}^{k} \frac{(n_{1j} - n_{2j})^2}{n_{1j} + n_{2j}} \tag{6.4a}$$

mit $FG = k - 1$. Für die beiden oberen Zeilen $(r = 1, r = 2)$ der Tabelle 141 erhält man (S. 113)
danach:

$$\hat{\chi}^2 = \frac{(14-22)^2}{14+22} + \frac{(18-16)^2}{18+16} + \frac{(8-2)^2}{8+2} = 5{,}495$$

Man bilde zur Übung Tafeln vom Typ $k \cdot 2$ bzw. $k \cdot 3$ (Besetzungszahlen > 1) und berechne $\hat{\chi}^2$ nach (6.1) und (6.4a) bzw. nach (6.3) oder (6.3a) und (6.4).

Quadratische Tafeln $(r = c)$ (z. B. Tabelle 141) weisen bei *vollständiger Abhängigkeit* den Wert

$$\boxed{\hat{\chi}^2_{\text{Max.}} = n(r-1)} \qquad (6.5)$$

auf: z. B.

$$
\begin{array}{cc|c}
20 & 0 & 20 \\
0 & 20 & 20 \\
\hline
20 & 20 & 40
\end{array}
\qquad
\begin{aligned}
\hat{\chi}^2 &= 4 \cdot 10 = 40 \\
\hat{\chi}^2_{\text{Max.}} &= 40(2-1) = 40;
\end{aligned}
\quad \text{für } \begin{aligned} r &> c \\ r &< c \end{aligned} \text{ gilt: } \begin{aligned} \hat{\chi}^2_{\text{Max.}} &= n(c-1) \\ \hat{\chi}^2_{\text{Max.}} &= n(r-1). \end{aligned}
$$

Einige weitere Hinweise

1. Für die Prüfung von Mehrfeldertafeln auf Homogenität oder Unabhängigkeit, allgemein: auf *Proportionalität*, sind einige Methoden vorgestellt worden. Abschnitt 625 bringt noch eine ökonomische Rechentechnik, die empfohlen wird. Außerdem ist es erfahrungsgemäß zweckmäßig und für den Anfänger unerläßlich, zur Kontrolle eine weitere der dargelegten χ^2-Methoden anzuwenden, wenn hiermit nicht zuviel Arbeit verbunden ist. Sind nur Tafeln mit sehr vielen Feldern auszuwerten, dann sollte die Rechentechnik an einfachen – oder vereinfachten – Tafeln überprüft werden.

2. Ist im Verlauf der Analyse von Mehrfeldertafeln die Nullhypothese zugunsten der Alternativhypothese auf Abhängigkeit oder Heterogenität abzulehnen, dann besteht zuweilen das Interesse, die *Ursache der Signifikanz zu lokalisieren*. Man wiederhole dann den Test an einer Tafel, die um die betreffende Zeile oder Spalte vermindert ist.

Andere Möglichkeiten, interessante Teilhypothesen (vgl. auch Gabriel 1966) zu prüfen, bietet die Auswahl von 4 symmetrisch zueinander gelegenen Feldern, je zwei Felder liegen in einer Zeile und einer Spalte, die dann mit einem Vierfeldertest geprüft werden. Dies sollte jedoch als „*experimentieren*" aufgefaßt werden (vgl. S. 97); die Ergebnisse können lediglich als Anhaltspunkte für künftige Untersuchungen dienen. Ein echter Wert ist ihnen nur dann zuzuerkennen, wenn die entsprechenden Teilhypothesen schon *vor* Erhebung der Daten konzipiert worden waren.

Ein anderer Hinweis sei hier angeschlossen. Erscheint die Abhängigkeit gesichert, dann ist zu bedenken, daß die Existenz eines funktionalen Zusammenhanges nichts aussagt über den kausalen Zusammenhang. Es ist durchaus möglich, daß *indirekte Zusammenhänge* einen Teil der Abhängigkeit bedingen.

3. *Jede Kontingenztafel vom allgemeinen Typ $r \cdot c$ läßt sich in $(r-1)(c-1)$ unabhängige Komponenten mit je einem Freiheitsgrad zerlegen* (vgl. Kastenbaum 1960, Castellan 1965 sowie Bresnahan und Shapiro 1966). Mit der Symbolik von Tabelle 138 ergeben sich z. B. für eine $3 \cdot 3$-Tafel, $2 \cdot 2 = 4$ Freiheitsgrade stehen zur Verfügung, die folgenden vier Komponenten:

$$(1)\ \hat{\chi}^2 = \frac{n\{n_{2.}(n_{.2}n_{11} - n_{.1}n_{12}) - n_{1.}(n_{.2}n_{21} - n_{.1}n_{22})\}^2}{n_{1.}n_{2.}n_{.1}n_{.2}(n_{1.} + n_{2.})(n_{.1} + n_{.2})} \qquad (6.6a)$$

$$(2)\ \hat{\chi}^2 = \frac{n^2\{n_{23}(n_{11} + n_{12}) - n_{13}(n_{21} + n_{22})\}^2}{n_{1.}n_{2.}n_{.3}(n_{1.} + n_{2.})(n_{.1} + n_{.2})} \qquad (6.6b)$$

$$(3)\ \hat{\chi}^2 = \frac{n^2\{n_{32}(n_{11} + n_{21}) - n_{31}(n_{12} + n_{22})\}^2}{n_{3.}n_{.1}n_{.2}(n_{1.} + n_{2.})(n_{.1} + n_{.2})} \qquad (6.6c)$$

$$(4)\ \hat{\chi}^2 = \frac{n\{n_{33}(n_{11} + n_{12} + n_{21} + n_{22}) - (n_{13} + n_{23})(n_{31} + n_{32})\}^2}{n_{3.}n_{.3}(n_{1.} + n_{2.})(n_{.1} + n_{.2})} \qquad (6.6d)$$

Nehmen wir Tabelle 140 mit vereinfachten Kategorien (A, B, C; I, II, III; vgl. Tabelle 140a). Die folgenden 4 Vergleiche sind möglich:

(1) Der Vergleich I gegen II hinsichtlich A gegen B (Symbolik: $I \times II \div A \times B$)

(2) Der Vergleich I gegen II hinsichtlich $\{A + B\}$ gegen C ($I \times II \div \{A + B\} \times C$)

(3) Der Vergleich $\{I + II\}$ gegen III hinsichtlich A gegen B ($\{I + II\} \times III \div A \times B$)

(4) Der Vergleich $\{I + II\}$ gegen III hinsichtlich $\{A + B\}$ gegen C ($\{I + II\} \times III \div \{A + B\} \times C$)

Vergleiche S. 371, Mitte.

Tabelle 140 a

Typ	A	B	C	Σ
I	14	22	32	68
II	18	16	8	42
III	8	2	0	10
Σ	40	40	40	120

Tabelle 142. $\hat{\chi}^2$-Tafel, Zerlegung des $\hat{\chi}^2$-Wertes einer $3 \cdot 3$-Feldertafel (Tabelle 140 a) in spezifische Komponenten mit je einem Freiheitsgrad

Unabhängigkeit	FG	$\hat{\chi}^2$	P
(1) I x II ≑ A x B	1	1,0637	n.s.
(2) I x II ≑ {A + B} x C	1	9,1673	< 0,01
(3) {I + II} x III ≑ A x B	1	5,8909	< 0,05
(4) {I + II} x III ≑ {A + B} x C	1	5,4545	< 0,05
Insgesamt	4	21,5764	< 0,001

$$(1)\ \hat{\chi}^2 = \frac{120\{42(40 \cdot 14 - 40 \cdot 22) - 68(40 \cdot 18 - 40 \cdot 16)\}^2}{68 \cdot 42 \cdot 40 \cdot 40 \cdot (68 + 42)(40 + 40)} = 1,0637$$

$$(2)\ \hat{\chi}^2 = \frac{120^2\{8(14 + 22) - 32(18 + 16)\}^2}{68 \cdot 42 \cdot 40 \cdot (68 + 42)(40 + 40)} = 9,1673$$

$$(3)\ \hat{\chi}^2 = \frac{120^2\{2(14 + 18) - 8(22 + 16)\}^2}{10 \cdot 40 \cdot 40 \cdot (68 + 42)(40 + 40)} = 5,8909$$

$$(4)\ \hat{\chi}^2 = \frac{120\{0(14 + 22 + 18 + 16) - (32 + 8)(8 + 2)\}^2}{10 \cdot 40 \cdot (68 + 42)(40 + 40)} = 5,4545$$

Wenn andere spezifische Vergleiche geprüft werden sollen, sind Zeilen oder Spalten (bzw. beide) entsprechend zu vertauschen.

Weitere Hinweise zur Analyse von Kontingenztafeln (vgl. auch S. 380) sind insbesondere den folgenden Arbeiten zu entnehmen: Lewis (1962), Goodman (1963/71), Winckler (1964), Caussinus (1965), Gart (1966), Meng und Chapman (1966), Bhapkar (1968), Bhapkar und Koch (1968), Hamdan (1968), Jesdinsky (1968), Ku und Kullback (1968), Mosteller (1968), Bishop (1969), Ireland, Ku und Kullback (1969), Lancaster (1969), Altham (1970), Fienberg (1970), Odoroff (1970), Goodman und Kruskal (1972) sowie Shaffer (1973).

622 Prüfung der Stärke des Zusammenhanges zwischen zwei kategorial aufgegliederten Merkmalen. Der Vergleich mehrerer Kontingenztafeln hinsichtlich der Stärke des Zusammenhanges anhand des korrigierten Kontingenzkoeffizienten von Pawlik

Der $\hat{\chi}^2$-Wert einer Kontingenztafel sagt nichts aus über die Stärke des Zusammenhanges zwischen zwei Klassifikationsmerkmalen. Das ist leicht einzusehen, da er bei gegebenem Verhältnis der Häufigkeiten einer Tafel der Gesamtzahl der Beobachtungen proportional ist. Für Mehrfeldertafeln wird daher – wenn die Existenz des Zusammenhanges gesichert ist – als Maß der Straffheit des Zusammenhanges der Pearsonsche *Kontingenzkoeffizient*

$$CC = \sqrt{\frac{\hat{\chi}^2}{n + \hat{\chi}^2}} \qquad (6.7)$$

benutzt (vgl. auch S. 288).

Dieses Korrelationsmaß weist bei völliger Unabhängigkeit den Wert Null auf. Im Falle völliger Abhängigkeit der beiden qualitativen Variablen ergibt CC jedoch nicht 1, sondern einen Wert, der schwankend nach der Felderzahl der Kontingenztafel kleiner als 1 ist. Damit sind verschiedene CC-Werte nur dann hinsichtlich ihrer Größenordnung vergleichbar, wenn sie an gleich großen Kontingenztafeln berechnet wurden. Dieser Nachteil des CC wird dadurch kompensiert, daß für jede mögliche Felderanordnung einer Kontingenztafel der *größtmögliche Kontingenzkoeffizient* CC_{max} bekannt ist, so daß der gefundene CC relativ zu diesem ausgedrückt werden kann. Der größtmögliche Kontingenzkoeffizient CC_{max} ist dabei definiert als jener Wert, den CC für eine bestimmte Felderanordnung der Tafel bei völliger Abhängigkeit der Variablen erreicht. Für quadratische Kontingenztafeln (Zahl der Zeilen = Zahl der Spalten, d. h. $r=c$) hat Kendall gezeigt, daß der Wert von CC_{max} lediglich von der Klassenzahl r abhängig ist, es gilt

$$CC_{max} = \sqrt{\frac{r-1}{r}} \tag{6.8}$$

Der *maximale Kontingenzkoeffizient nicht-quadratischer Kontingenztafeln* ist nach Pawlik (1959) ebenfalls durch (6.8) gegeben, wobei die Bezeichnung so zu wählen ist, daß $r<c$.

Um CC-Werte, die für verschieden große Kontingenztafeln berechnet worden sind, vergleichen zu können, empfiehlt es sich, den gefundenen CC-Wert in Prozenten des entsprechenden CC_{max} auszudrücken; dieser *korrigierte Kontingenzkoeffizient* CC_{korr} lautet

$$CC_{korr} = \frac{CC}{CC_{max}} 100 \qquad \text{bzw.} \qquad CC_{korr} = \frac{CC}{CC_{max}} \tag{6.9}$$

Er liegt zwischen 0 und 100% bzw. zwischen 0 und 1 und ist von der Tafelgröße unabhängig!

Zur leichteren Berechnung von CC_{korr} sind in Tabelle 143 die Werte von CC_{max} für $r=2$ bis $r=10$ gemäß Formel (6.8) angeführt, außerdem jeweils das Korrekturglied $\frac{1}{CC_{max}}$, mit dem der unkorrigierte CC-Wert zu multiplizieren ist.

$r = c$	CC_{max}	$\dfrac{1}{CC_{max}}$
2	0,7071	1,4142
3	0,8165	1,2247
4	0,8660	1,1547
5	0,8944	1,1181
6	0,9129	1,0954
7	0,9258	1,0801
8	0,9354	1,0691
9	0,9428	1,0607
10	0,9487	1,0541

Tabelle 143

Ein Vergleich der Stärke des Zusammenhanges zwischen den Tabellen 139 und 140 zeigt (Tabelle 144), daß die Korrelation zwischen den Merkmalen der Tabelle 140 wesentlich ausgeprägter ist als die zwischen den Merkmalen der Tabelle 139; für den etwas höheren $\hat{\chi}^2$-Wert dieser Tabelle ist zweifelsohne auch der etwa vierfache Stichprobenumfang mitverantwortlich.

Tabelle 144

Tafel Nr.	Tafeltyp	n	$\hat{\chi}^2$	$CC = \sqrt{\dfrac{\hat{\chi}^2}{n + \hat{\chi}^2}}$	$CC_{korr} = \dfrac{CC}{CC_{max}}$
139	3·4	496	24,932	0,21877	0,26793
140	3·3	120	20,844	0,38470	0,47114

Näheres über Assoziationsmaße ist Mosteller (1968) sowie Goodman und Kruskal (1972) zu entnehmen.

623　Prüfung auf Trend: Der Anteil der linearen Regression an der Gesamtvariation. Der Vergleich der Regressionskoeffizienten einander entsprechender Mehrfeldertafeln

Ist die Frage, ob die Verteilung qualitativer Merkmale nach einer Merkmalsreihe von der Einteilung nach einer zweiten Merkmalsreihe abhängig ist, aufgrund des bedeutsamen $\hat{\chi}^2$-Wertes positiv beantwortet, dann kann man weiter untersuchen, ob *die Zunahme der Häufigkeiten regelmäßig* ist; anders gesagt, ob die Häufigkeiten in Abhängigkeit von einer Merkmalsreihe linear zunehmen oder ob dieser *Trend* komplizierterer Natur ist. Das $\hat{\chi}^2$ läßt sich dann – wie für die $k \cdot 2$-Tafel gezeigt worden ist – in zwei Anteile zerlegen: Der eine mit einem *FG* entfällt auf die als linear ansteigend gedachten Häufigkeiten, der sogenannte Regressionsgeraden-Anteil – der restliche Anteil entspricht den Unterschieden zwischen den beobachteten Häufigkeiten und den als linear ansteigend vorausgesetzten theoretischen Häufigkeiten. Dieser Anteil wird wieder als Differenz zwischen $\hat{\chi}^2$ und $\hat{\chi}^2_{Regression}$ berechnet.

Durch Zuordnung von Punktwerten (scores), x- und y-Werten, werden beide Merkmale einer $r \cdot c$ Tafel in ein möglichst einfaches Koordinatensystem überführt. Nach dieser „Quantifizierung" der Daten wird die bivariate Häufigkeitstafel auf Korrelation beider Variablen untersucht. Praktisch geht man nach Yates (1948) so vor, daß man die Regression einer dieser Variablen auf die andere prüft: Man ermittelt den Regressionskoeffizienten b_{yx} (bzw. b_{xy}), die zugehörige Varianz $V(b_{yx})$ (bzw. $V(b_{xy})$) und *testet die Signifikanz der linearen Regression* nach

$$\hat{\chi}^2 = \frac{(b_{yx})^2}{V(b_{yx})} = \frac{(b_{xy})^2}{V(b_{xy})} \tag{6.10}$$

mit 1*FG*. Der Regressionskoeffizient von y auf x ist bestimmt durch

(S. 112)

$$b_{yx} = \sum xy / \sum x^2 \tag{6.11a}$$

Beachte den Abschnitt unter Formel (6.12b)

der von x auf y durch

$$b_{xy} = \sum xy / \sum y^2 \tag{6.11b}$$

Die Varianzen beider Regressionskoeffizienten sind bei Annahme der Nullhypothese

$$V(b_{yx}) = \frac{s_y^2}{\sum x^2} = \frac{\sum y^2}{n \sum x^2} \tag{6.12a}$$

$$V(b_{xy}) = \frac{s_x^2}{\sum y^2} = \frac{\sum x^2}{n \sum y^2} \qquad (6.12b)$$

In diesen Gleichungen stellen die x- und y-Werte die Abweichungen vom Mittelwert der jeweiligen Variablen dar, s_y^2 ist eine Schätzung der Varianz der Variablen y, s_x^2 eine Schätzung der Varianz der Variablen x. Zur Berechnung der Ausdrücke (6.10/12b) werden drei Häufigkeitsverteilungen – die der Variablen x, y und $(x - y)$ – benötigt: Man erhält dann $\sum x^2$, $\sum y^2$ und $\sum (x - y)^2$.

Beispiel

Nehmen wir Tabelle 140. Nach Zuordnung der Punktwerte (scores) zu den Kategorien der beiden Merkmale (Tabelle 145) werden die Produkte gebildet aus den Randsummen und den entsprechenden Punktwerten sowie aus den Randsummen und den Quadraten der Punktwerte. Die Summen dieser Produkte sind (vgl. die Symbolik von Tabelle 138)

$$\sum n_{i.}y = 58, \qquad \sum n_{i.}y^2 = 78$$
$$\sum n_{.j}x = 0, \qquad \sum n_{.j}x^2 = 80$$

Diese Produktsummen liefern $\sum x^2$ und $\sum y^2$ nach

$$\sum y^2 = \sum n_{i.}y^2 - \frac{\left(\sum n_{i.}y\right)^2}{\sum n_{i.}} = 78 - \frac{58^2}{120} = 49{,}967$$

$$\sum x^2 = \sum n_{.j}x^2 - \frac{\left(\sum n_{.j}x\right)^2}{\sum n_{.j}} = 80 - \frac{0^2}{120} = 80$$

Tabelle 145

y \ x Score	-1	0	1	$n_{i.}$	$n_{i.}y$	$n_{i.}y^2$
1	14	22	32	68	68	68
0	18	16	8	42	0	0
-1	8	2	0	10	-10	10
$n_{.j}$	40	40	40	120	58	78
$n_{.j}x$	-40	0	40	0		
$n_{.j}x^2$	40	0	40	80		

Zur Berechnung von $\sum (x - y)^2$ wird die entsprechende Häufigkeitsverteilung (Tabelle 146) notiert. Die Spalte 2 dieser Tabelle enthält die „Diagonalsummen" der Tabelle 145. Es sind die „Diagonalsummen" von links unten nach rechts oben zu nehmen. Man erhält also 14, $18 + 22 = 40$, $8 + 16 + 32 = 56$, $2 + 8 = 10$ und 0.

Tabelle 146

$x - y$		$n_{Diag.}$	$n_{Diag.}(x - y)$	$n_{Diag.}(x - y)^2$
-1-(+1)	= -2	14	-28	56
0-1 = -1-0	= -1	40	-40	40
1-1 = 0-0 = -1-(-1)	= 0	56	0	0
1-0 = 0-(-1)	= +1	10	10	10
1-(-1)	= +2	0	0	0
Insgesamt		120	-58	106

Spalte 1 enthält die Differenzen $x-y$ für alle Felder der Tabelle 145, jeweils die der „Diagonale" zusammengefaßt, da diese identische $(x-y)$-Werte aufweisen: Beispielsweise erhält man für alle Felder der Diagonalen von links unten nach rechts oben, d. h. für die Felder mit den Besetzungszahlen 8, 16, 32 für die Differenz $x-y$ den Wert Null:

für Feld „8", links unten: $x=-1, \quad y=-1$
$$x-y=-1-(-1)=-1+1=0$$

für Feld „16", Tafelmitte: $x=0, \quad y=0$
$$x-y=0-0=0$$

für Feld „32", rechts oben: $x=1, \quad y=1$
$$x-y=1-1=0$$

d. h. $x-y=0$ gilt für $8+16+32=56$ usw.

Aus den Summen der Produkte erhält man:

$$\sum(x-y)^2 = \sum n_{\text{Diag.}}(x-y)^2 - \frac{\left(\sum n_{\text{Diag.}}(x-y)\right)^2}{\sum n_{\text{Diag.}}}$$
$$= 106 - \frac{(-58)^2}{120}$$
$$= 77,967.$$

Wir erhalten dann nach (6.10, 6.11a, 6.12a)

$$\hat{\chi}^2 = \frac{(b_{yx})^2}{V(b_{yx})} = \frac{((80+49,967-77,967)/2\cdot 80)^2}{49,967/(120\cdot 80)} = 20,293$$

oder nach (6.10, 6.11b, 6.12b)

$$\hat{\chi}^2 = \frac{(b_{xy})^2}{V(b_{xy})} = \frac{((80+49,967-77,967/2\cdot 49,967)^2}{80/(120\cdot 49,967)} = 20,293$$

Die Signifikanz beider Regressionskoeffizienten $(\chi^2_{1;0,001}=10,828)$ ließe sich auch über die Standardnormalverteilung ermitteln: (S. 53)

$$\boxed{\hat{z} = b/\sqrt{V(b)}} \tag{6.13}$$

$$\hat{z} = \frac{b_{yx}}{\sqrt{V(b_{yx})}} = \frac{0,325000}{\sqrt{0,005205}} = 4,505$$

$$\hat{z} = \frac{b_{xy}}{\sqrt{V(b_{xy})}} = \frac{0,520343}{\sqrt{0,013342}} = 4,505$$

Auch hier ist natürlich die Signifikanz $(z_{0,001}=3,290)$ gesichert.
Stellen wir die Ergebnisse in einer Übersicht (Tabelle 147) zusammen, dann zeigt sich, (S. 376) daß die Abweichungen der Besetzungszahlen der Tabelle 145 von der Proportionalität fast vollständig durch die Existenz einer *linearen Regression* bedingt sind; mit der Therapie der doppelten Normaldosis steigt der therapeutische Erfolg markant an. Wenn diese Feststellung auch banal klingt, so darf nicht übersehen werden, daß sie erst aufgrund der Tabelle 147 ihre eigentliche Bedeutung erhält (vgl. für P ist viel kleiner als 0,001 schreibt man $P < {<}0,001$).
Besteht das Bedürfnis, Regressionslinien einander entsprechender Tafeln zu vergleichen, so prüft man anhand von (6.14), ob sich die Regressionskoeffizienten unterscheiden (Fairfield Smith 1957).

Tabelle 147

Variationsursache	χ^2	FG	Signifikanzniveau
Lineare Regression	20,293	1	$P \ll 0,001$
Abweichungen von der Regression	0,551	3	$0,90 < P < 0,95$
Gesamtvariation	20,844	4	$P < 0,001$

$$\hat{z} = \frac{|b_1 - b_2|}{\sqrt{V(b_1) + V(b_2)}} \tag{6.14}$$

(S. 53) Die Bedeutsamkeit des Unterschiedes wird anhand der Standardnormalverteilung entschieden.

Beispiel

Angenommen, die in den Tabellen 140 und 145 dargelegten Besetzungszahlen seien an Personen eines Geschlechtes, einer Altersgruppe usw. ermittelt worden und uns stünde das Ergebnis eines entsprechenden Versuches zur Verfügung, das an Personen einer anderen Altersgruppe gewonnen wurde:

$$b_1 = 0,325 \qquad\qquad b_2 = 0,079$$
$$V(b_1) = 0,00521 \qquad\qquad V(b_2) = 0,00250$$

Dann ist mit $\hat{z} = \dfrac{0,325 - 0,079}{\sqrt{0,00521 + 0,00250}} = 2,80$ $(P = 0,0051)$ die Nullhypothese auf Gleichheit der Regressionskoeffizienten auf dem 1%-Niveau abzulehnen.

624 Prüfung quadratischer Mehrfeldertafeln auf Symmetrie

Der McNemar-Test gab uns die Möglichkeit, zu prüfen, ob eine $2 \cdot 2$-Tafel bezüglich ihrer Diagonalen symmetrisch ist. Ein analoger *Symmetrie-Test für eine $r \cdot r$-Tafel* stammt von Bowker (1948). Dieser Test prüft die Alternativhypothese, daß je zur Hauptdiagonalen – der Diagonalen mit den größten Besetzungszahlen – symmetrisch gelegene Felder ungleiche Häufigkeiten aufweisen. Unter der Nullhypothese (Symmetrie) erwarten wir, daß

$B_{ij} = B_{ji}$, wobei

B_{ij} = beobachtete Häufigkeit in dem von der i-ten Zeile und der j-ten Spalte gebildeten Feld,

B_{ji} = beobachtete Häufigkeit in dem von der j-ten Zeile und der i-ten Spalte gebildeten Feld.

Zur Entscheidung der Frage, ob die Nullhypothese aufrechterhalten werden kann, wird berechnet

$$\hat{\chi}^2_{\text{sym}} = \sum_{j=1}^{r-1} \sum_{i>j} \frac{(B_{ij} - B_{ji})^2}{B_{ij} + B_{ji}} \tag{6.15}$$

(S. 113) mit $FG = r(r-1)/2$.

Man bilde alle Differenzen der symmetrisch gelegenen Besetzungszahlen für die $i > j$ ist, quadriere sie, dividiere sie durch die Summe der Besetzungszahlen und addiere die $r(r-1)/2$ Glieder. Wenn nicht mehr als $^1/_5$ der $r \cdot r$ Felder Erwartungshäufigkeiten $E < 3$ aufweisen, darf man ohne Bedenken nach $\hat{\chi}^2_{\text{sym}}$ testen (vgl. auch Ireland, Ku und Kullback 1969 sowie Bennett 1972).

Beispiel

0	10	16	15	41
4	2	10	4	20
12	4	3	6	25
8	4	1	1	14
24	20	30	26	100

Tabelle 148

Da $(0+2+3+1)$ kleiner ist als $(8+4+10+15)$, verläuft die Hauptdiagonale von links unten nach rechts oben.

$$\hat{\chi}^2_{\text{sym}}=\frac{(12-4)^2}{12+4}+\frac{(4-1)^2}{4+1}+\frac{(0-1)^2}{0+1}+\frac{(2-3)^2}{2+3}+\frac{(10-6)^2}{10+6}+\frac{(16-4)^2}{16+4}=15,2$$

Die Tabelle enthält 4 Zeilen und Spalten, damit stehen $4(4-1)/2=6$ Freiheitsgrade zur Verfügung. Das entsprechende $\chi^2_{0,05}$ beträgt 12,59; die Nullhypothese auf Symmetrie ist daher mit einer Irrtumswahrscheinlichkeit von 5% abzulehnen. Ein an einer größeren Personengruppe durchgeführter Vergleich der Intensität von Hand- und Fußschweiß führt ebenso wie eine Gegenüberstellung der Sehschärfen des linken und rechten Auges und ein Vergleich hinsichtlich der Schulbildung oder Hobbies von Ehepartnern zu typischen Symmetrieproblemen. Darüber hinaus bietet fast jede quadratische Mehrfeldertafel, die auf Symmetrie geprüft wird, interessante Aspekte: So zeigt Tabelle 140 eine deutliche Asymmetrie $\left[\hat{\chi}^2_{\text{sym}}=\frac{(18-2)^2}{18+2}+\frac{(14-0)^2}{14+0}+\frac{(22-8)^2}{22+8}=33,333\right.$ $\left.>16,266=\chi^2_{3;0,001}\right]$, sie ist bedingt durch den bei einfacher und besonders bei doppelter Normaldosis stark reduzierten Anteil gestorbener und langsam genesender Patienten.

Ein anderer Test aus der Klasse der Symmetrietests ist der **Q-Test** von Cochran (siehe S. 285), ein Homogenitätstest für mehrere verbundene Stichproben (v. S.; z. B. Behandlungsarten oder Zeitpunkte) von Alternativdaten $(+\,;-)$. Geprüft wird H_A: mindestens zwei der v. S. entstammen unterschiedlichen Grundgesamtheiten; H_0 (alle v. S. entstammen einer gemeinsamen Grundgesamtheit) wird für großes n $(n \cdot s \geq 30)$ auf dem $100\alpha\%$-Niveau verworfen, sobald

	v. S.	verb. Stichpr.	Σ
I.		1 2 . j . s	
	1		
	2		
	.		
	i		L_i
	n		
	Σ	T_j	

(links: Individuen)

$$Q=\frac{(s-1)\left[s\sum_{j=1}^{s}T_j^2-\left(\sum_{j=1}^{s}T_j\right)^2\right]}{s\sum_{i=1}^{n}L_i-\sum_{i=1}^{n}L_i^2}>\chi^2_{s-1;\alpha}$$

L_i = Summe der Pluszeichen des Individuums i über alle v. S.

T_j = Summe der Pluszeichen der n Individuen für die Behandlung j.

▶ **625 Der Einsatz der Informationsstatistik für die Prüfung von Mehrfeldertafeln auf Unabhängigkeit oder Homogenität**

Verfahren, die auf der Informationsstatistik basieren, sind einigermaßen handlich, wenn die benötigten Hilfstafeln (Tabelle 85) vorliegen. *Umfangreiche Kontingenztafeln* sowie Drei- oder Vierwegtafeln lassen sich mit Hilfe der *Informationsstatistik* (minimum discrimination information statistic) $2I$ analysieren ($2I$ ist mit dem auf S. 273 erläuterten G-Wert identisch); sie stützt sich auf das von Kullback und Leibler (1951) als Maß der Divergenz zwischen Grundgesamtheiten geschaffene Informationsmaß (vgl. Gabriel 1966). Abgeleitet und auf eine Reihe von statistischen Problemen angewandt wird sie in dem Buch von Kullback (1959; siehe auch Ku, Varner und Kullback 1971). Ihre Berechnung für die Zweiwegtafel erfolgt (vgl. Tabelle 138 und die dort verwendete Symbolik) nach

S. 274

S. 367

$$2\hat{I}=\left(\sum_{i=1}^{r}\sum_{j=1}^{c}2n_{ij}\ln n_{ij}+2n\ln n\right)$$
$$-\left(\sum_{i=1}^{r}2n_{i.}\ln n_{i.}+\sum_{j=1}^{c}2n_{.j}\ln n_{.j}\right)$$

(6.16)

vereinfacht:

$$2\hat{I}=(\text{Summe } I)-(\text{Summe } II)$$

S. 274/278

Summe *I*: Für jeden n_{ij}-Wert, d.h. für jede Besetzungszahl (für jedes Feld einer Mehrfeldertafel) wird in Tabelle 85 der entsprechende Wert abgelesen. Die Tabellenwerte werden addiert. Zu dieser Summe addiert man weiter den entsprechenden Wert für den Gesamtstichprobenumfang.

Summe *II*: Für jedes Feld der Randsummen (Zeilen- und Spaltensummen) wird der entsprechende Tabellenwert ermittelt. Diese Werte werden addiert.

Die Differenz beider Summen liefert den Wert $2\hat{I}$; das Häkchen über dem *I* weist darauf hin, daß es sich um einen aufgrund der beobachteten Besetzungszahlen „geschätzten" Wert handelt.

S. 113

$2\hat{I}$ ist unter der Nullhypothese der Unabhängigkeit oder Homogenität asymptotisch wie χ^2 mit $(r-1)(c-1)$ Freiheitsgraden verteilt. Für nicht zu schwach besetzte Mehrfeldertafeln ($k\cdot 2$ bzw. $r\cdot c$) ist die Approximation der χ^2-Statistik durch die Informationsstatistik ausgezeichnet. Bleiben ein Feld oder mehrere Felder einer Tafel *unbesetzt*, dann empfiehlt es sich, die von Ku (1963) vorgeschlagene Korrektur anzuwenden: Für jede Null wird von der berechneten Informationsstatistik $2\hat{I}$ eine 1 abgezogen. Bei der Berechnung von $2\hat{I}$ sind $(r+1)(c+1)$ einzelne Tabellenwerte abzulesen; dies kann bei umfangreichen Tafeln eine gewisse Kontrolle darstellen.

Beispiel

Wir benutzen die Besetzungszahlen der Tab. 140 (vgl. S. 368)

Tabelle 149

14	22	32	68
18	16	8	42
8	2	0	10
40	40	40	120

73,894 ⌐
136,006 ⊦ 1. Zeile
221,807 ⌐

104,053 ⌐
88,723 ⊦ 2. Zeile
33,271 ⌐

33,271 ⌐
2,773 ⊦ 3. Zeile
0,000 ⌐

1148,998 $n=120$

1842,796 = Summe *I*

573,853 ⌐
313,964 ⊦ Zeilensummen
46,052 ⌐

295,110 ⌐
295,110 ⊦ Spaltensummen
295,110 ⌐

1819,199 = Summe *II*

Kontrolle: Wir haben
$(3+1)(3+1)=16$ Tabellenwerte notiert.

$$\left.\begin{array}{r} 1842{,}796 \\ 1819{,}199 \end{array}\right] -$$

$$\left.\begin{array}{r} 23{,}597 \\ 1{,}000 \end{array}\right] - \qquad \text{(eine Null berücksichtigt)}$$

$$2\hat{I} = 22{,}597$$

Dieser Wert liegt etwas höher als der entsprechende $\hat{\chi}^2$-Wert (21,576), das hat jedoch keinen Einfluß auf die Entscheidungstechnik, da

$$\chi^2_{4;0,001} = 18{,}467$$

von beiden Werten deutlich überschritten wird.

Andere Aufgaben, die sich ebenfalls elegant mit Hilfe der Informationsstatistik lösen lassen, sind die Prüfung zweier Verteilungen von Häufigkeitsdaten auf Homogenität (vgl. Abschnitt 612 sowie 431) und die Prüfung einer empirischen Verteilung auf Gleichverteilung (vgl. Abschnitt 432). Beim Vergleich zweier Häufigkeitsverteilungen ist der auf $k \cdot 2$ Felder reduzierte Test für die Prüfung der Homogenität einer Zweiwegtafel anzuwenden. Für das Beispiel auf S. 361 erhielte man $2\hat{I} = 5{,}7635$ gegenüber $\hat{\chi}^2 = 5{,}734$. Für Tafeln dieser Umfänge ist $2\hat{I}$ fast stets etwas größer als $\hat{\chi}^2$.

Prüfung auf Nicht-Gleichverteilung

Beispiel

An 1000 Uhren eines Uhrengeschäftes wird die Zeit abgelesen. Zeitklasse 1 nimmt alle Uhren auf, die 1^{00} bis 1^{59} anzeigen, dementsprechend sind auch die anderen k Klassen abgegrenzt. Die Häufigkeitsverteilung der Daten enthält Tabelle 150 mit $k = 12$ und $n = 1000$.

Tabelle 150

Zeitklasse	1	2	3	4	5	6	7	8	9	10	11	12	n =
Häufigkeit	81	95	86	98	90	73	70	77	82	84	87	77	1000

Geprüft wird die Alternativhypothese (Nicht-Gleichverteilung) auf dem 5%-Niveau.

$$\boxed{2\hat{I} = \sum_{i=1}^{k} 2f_i \ln f_i - 2n \ln n + 2n \ln k} \qquad FG = k - 1 \qquad (6.16\,\text{a})$$

$$2\hat{I} = [2 \cdot 81 \ln 81 + \ldots] - 2 \cdot 1000 \ln 1000 + 2(1000 \ln 12)$$

Hinweis: Der letzte Summand $2(1000 \ln 12)$ liegt nicht tabelliert vor, sondern muß berechnet werden. Wir verlangen, daß der Wert auf eine Stelle nach dem Komma genau sei und lesen dementsprechend auch für die anderen $2n \ln n$-Werte gerundete Werte ab. Wenn keine Tafel der natürlichen Logarithmen vorhanden ist, ermittelt man $\ln 12$ über

$$\ln a = 2{,}302585 \cdot \lg a$$

zu $\ln 12 = 2{,}30258 \cdot 1{,}07918 = 2{,}484898 \simeq 2{,}48490$ und erhält für den Summanden $2 \cdot 1000 \cdot 2{,}48490 = 4969{,}80$.

$$2\hat{I} = [711{,}9 + \ldots + 668{,}9] - 13\,815{,}5 + 4969{,}8 = 9{,}4$$

$$2\hat{I} = 9{,}4 < 19{,}68 = \chi^2_{11;\,0,05}$$

Somit besteht keine Veranlassung, die Nullhypothese der Gleichverteilung abzulehnen.

Die besondere Bedeutung von $2I$ beruht darauf, daß Kullback (1959) (vgl. auch Kullback u. Mitarb. 1962 sowie Ku, Varner und Kullback 1968, 1971) Möglichkeiten aufgezeigt hat, die Informationsstatistik einer Drei- oder Mehrwegtafel relativ einfach in additive Komponenten (d.h. Anteile mit bestimmtem Freiheitsgrad) zu zerlegen, die einzeln geprüft werden können und addiert $2\hat{I}$ oder Teilsummen von $2\hat{I}$ ergeben. Diese Komponenten betreffen Teilunabhängigkeiten, bedingte Unabhängigkeiten und Wechselwirkungen (vgl. jedoch auch die von Bishop 1969, Grizzle u. Mitarb. 1969, Goodman 1969, 1970, 1971, Fienberg 1970, 1971 und Shaffer 1973 vorgeschlagenen Methoden). Schon bei einer einfachen $3 \cdot 3 \cdot 3$-Feldertafel – einem *Kontingenzwürfel* – lassen sich insgesamt 16 Hypothesen prüfen. Analysen dieser Art werden als Informationsanalysen bezeichnet – man kann sie als verteilungsfreie Varianzanalysen auffassen.

7 Varianzanalytische Methoden

▶ 71 Vorbemerkung und Übersicht

Im 2. Kapitel haben wir unter dem Begriff Response Surface Experimentation eine experimentelle Strategie zur Qualitätsverbesserung im weitesten Sinne erwähnt. Ein wesentlicher Teil dieser speziellen *Theorie der optimalen Versuchsplanung* basiert auf der Regressionsanalyse und auf der sogenannten Varianzanalyse, die R. A. Fisher (1890–1962) für die Planung und Auswertung von Experimenten, insbesondere von Feldversuchen, geschaffen hat und die es gestattet, *wesentliche von unwesentlichen Einflußgrößen zu unterscheiden*. Eine besondere Rolle spielen hierbei Vergleiche von Mittelwerten. Da die Varianzanalyse wie der t-Test *Normalverteilung* und *Gleichheit der Varianzen* voraussetzt, wollen wir zunächst dem F-Test entsprechende Verfahren kennenlernen, die zur Prüfung der Gleichheit oder der Homogenität mehrerer Varianzen dienen. Sind die Varianzen mehrerer Stichprobengruppen gleich, dann lassen sich auch die Mittelwerte varianzanalytisch vergleichen. Dies ist die einfachste Form der Varianzanalyse. Für die sichere Erfassung *mehrerer* wesentlicher Einflußgrößen ist es notwendig, daß die Beobachtungswerte aus speziellen *Versuchsanordnungen* gewonnen werden (vgl. Abschnitt 77).

> Die Varianzanalyse dient zur quantitativen Untersuchung von Einflußgrößen (Faktoren, vgl. S. 408) auf Versuchsergebnisse.

Über die benötigten Stichprobenumfänge informiere man sich anhand der auf S. 416 (Hinweis 3) vorgestellten Literatur. Varianzanalytische Schnelltests werden auf den Seiten 416 bis 422 dargestellt.
Unabhängige Stichprobengruppen mit nicht unbedingt gleichen Varianzen (vgl. S. 212/213) aber angenähert gleichem Verteilungstyp lassen sich anhand des H-Tests (S. 238/240) oder sehr einfacher Rangtests (z. B. Sachs 1972) vergleichen. Bei verbundenen Stichprobengruppen angenähert gleichen Verteilungstyps ist der Friedman-Test mit den entsprechenden multiplen Vergleichen (S. 422/429) angezeigt.

72 Prüfung der Gleichheit mehrerer Varianzen

Vorausgesetzt werden unabhängige Zufallsstichproben aus normalverteilten Grundgesamtheiten.

721 Prüfung der Gleichheit mehrerer Varianzen gleich großer Stichprobengruppen nach Hartley

Einen relativ einfachen Test zur Ablehnung der Nullhypothese auf Gleichheit oder Homogenität der Varianzen $\sigma_1^2 = \sigma_2^2 = \ldots = \sigma_i^2 \ldots = \sigma_k^2 = \sigma^2$ hat Hartley vorgeschlagen. Unter den Bedingungen *gleicher Gruppenumfänge* (n) kann diese Hypothese nach

$$\hat{F}_{\max} = \frac{\text{größte Varianz}}{\text{kleinste Varianz}} \qquad (7.1)$$

getestet werden. Die Stichprobenverteilung der Prüfstatistik $F_{\max}$ ist Tabelle 151 zu entnehmen. Die Parameter dieser Verteilung sind die Anzahl k der Gruppen und die Anzahl der Freiheitsgrade $v = n-1$ für jede Gruppenvarianz. Wenn $\hat{F}_{\max}$ für eine vorgegebene statistische Sicherheit den tabellierten Wert überschreitet, dann wird die Gleichheits- oder Homogenitätshypothese abgelehnt und die Alternativhypothese: $\sigma_i^2 \neq \sigma^2$ für bestimmte i akzeptiert (Hartley 1950).

Beispiel

Prüfe die Homogenität der folgenden drei Stichprobengruppen mit den Umfängen $n = 8$; $s_1^2 = 6{,}21$; $s_2^2 = 1{,}12$; $s_3^2 = 4{,}34$ ($\alpha = 0{,}05$). $\frac{6{,}21}{1{,}12} = 5{,}54 < 6{,}94 = F_{\max}$ {für $k = 3$, $v = n-1 = 7$ und $\alpha = 0{,}05$}. Anhand der vorliegenden Stichproben läßt sich mit einer statistischen Sicherheit von $S = 95\%$ die Nullhypothese auf Homogenität der Varianzen nicht ablehnen.

Einen auf dem Quotienten aus größter und kleinster Spannweite basierenden Schnelltest haben Leslie und Brown (1966) vorgestellt. Obere kritische Schranken für 4 Signifikanzstufen sind der Originalarbeit zu entnehmen.

Tabelle 151. Verteilung von $F_{\max}$ nach Hartley für die Prüfung mehrerer Varianzen auf Homogenität (auszugsweise entnommen aus Pearson, E.S. and H.O. Hartley: Biometrika Tables for Statisticians, vol. 1 (2nd ed.), Cambridge 1958, table 31)

$\alpha = 0{,}05$

v \\ k	2	3	4	5	6	7	8	9	10	11	12
2	39,0	87,5	142	202	266	333	403	475	550	626	704
3	15,4	27,8	39,2	50,7	62,0	72,9	83,5	93,9	104	114	124
4	9,60	15,5	20,6	25,2	29,5	33,6	37,5	41,1	44,6	48,0	51,4
5	7,15	10,8	13,7	16,3	18,7	20,8	22,9	24,7	26,5	28,2	29,9
6	5,82	8,38	10,4	12,1	13,7	15,0	16,3	17,5	18,6	19,7	20,7
7	4,99	6,94	8,44	9,70	10,8	11,8	12,7	13,5	14,3	15,1	15,8
8	4,43	6,00	7,18	8,12	9,03	9,78	10,5	11,1	11,7	12,2	12,7
9	4,03	5,34	6,31	7,11	7,80	8,41	8,95	9,45	9,91	10,3	10,7
10	3,72	4,85	5,67	6,34	6,92	7,42	7,87	8,28	8,66	9,01	9,34
12	3,28	4,16	4,79	5,30	5,72	6,09	6,42	6,72	7,00	7,25	7,48
15	2,86	3,54	4,01	4,37	4,68	4,95	5,19	5,40	5,59	5,77	5,93
20	2,46	2,95	3,29	3,54	3,76	3,94	4,10	4,24	4,37	4,49	4,59
30	2,07	2,40	2,61	2,78	2,91	3,02	3,12	3,21	3,29	3,36	3,39
60	1,67	1,85	1,96	2,04	2,11	2,17	2,22	2,26	2,30	2,33	2,36
∞	1,00	1,00	1,00	1,00	1,00	1,00	1,00	1,00	1,00	1,00	1,00

$\alpha = 0{,}01$

v \\ k	2	3	4	5	6	7	8	9	10	11	12
2	199	448	729	1036	1362	1705	2063	2432	2813	3204	3605
3	47,5	85	120	151	184	21(6)	24(9)	28(1)	31(0)	33(7)	36(1)
4	23,2	37	49	59	69	79	89	97	106	113	120
5	14,9	22	28	33	38	42	46	50	54	57	60
6	11,1	15,5	19,1	22	25	27	30	32	34	36	37
7	8,89	12,1	14,5	16,5	18,4	20	22	23	24	26	27
8	7,50	9,9	11,7	13,2	14,5	15,8	16,9	17,9	18,9	19,8	21
9	6,54	8,5	9,9	11,1	12,1	13,1	13,9	14,7	15,3	16,0	16,6
10	5,85	7,4	8,6	9,6	10,4	11,1	11,8	12,4	12,9	13,4	13,9
12	4,91	6,1	6,9	7,6	8,2	8,7	9,1	9,5	9,9	10,2	10,6
15	4,07	4,9	5,5	6,0	6,4	6,7	7,1	7,3	7,5	7,8	8,0
20	3,32	3,8	4,3	4,6	4,9	5,1	5,3	5,5	5,6	5,8	5,9
30	2,63	3,0	3,3	3,4	3,6	3,7	3,8	3,9	4,0	4,1	4,2
60	1,96	2,2	2,3	2,4	2,4	2,5	2,5	2,6	2,6	2,7	2,7
∞	1,00	1,0	1,0	1,0	1,0	1,0	1,0	1,0	1,0	1,0	1,0

Die in Klammern gesetzten Ziffern (für $v = 3$, $7 \leqq k \leqq 12$) sind unsicher, z.B. $F_{\max}$ für $v = 3$, $k = 7$ ist etwa 216.

Schranken für $\alpha = 0{,}10$ und $\alpha = 0{,}25$ sind Tietjen und Beckman (1973) zu entnehmen.

722   Prüfung der Gleichheit mehrerer Varianzen gleich großer Stichprobengruppen nach Cochran

Wenn eine Gruppenvarianz (s_{max}^2) wesentlich größer ist als die übrigen (bzw. wenn $k > 12$), bevorzuge man diesen Test (Cochran 1941). Prüfgröße ist

$$\hat{G}_{max} = \frac{s_{max}^2}{s_1^2 + s_2^2 + \ldots + s_k^2} \qquad (7.2)$$

Die Beurteilung von $\hat{G}_{max}$ erfolgt mit Hilfe der Tabelle 152: Ist $\hat{G}_{max}$ größer als der für k, $v = n - 1$ und das gewählte Niveau tabellierte Wert, wobei n den Umfang der einzelnen Gruppen darstellt, dann muß die Nullhypothese auf Gleichheit der Varianzen abgelehnt und die Alternativhypothese: $\sigma_{max}^2 \neq \sigma^2$ akzeptiert werden.

Tabelle 152.   Signifikanzschranken für den Test nach Cochran (aus Eisenhart, C., Hastay, M.W., and W.A. Wallis: Techniques of Statistical Analysis, McGraw-Hill, New York 1947)

$\alpha = 0,05$

$k \backslash v$	1	2	3	4	5	6	7	8	9	10	16	36	144	∞
2	0,9985	0,9750	0,9392	0,9057	0,8772	0,8534	0,8332	0,8159	0,8010	0,7880	0,7341	0,6602	0,5813	0,5000
3	0,9669	0,8709	0,7977	0,7457	0,7071	0,6771	0,6530	0,6333	0,6167	0,6025	0,5466	0,4748	0,4031	0,3333
4	0,9065	0,7679	0,6841	0,6287	0,5895	0,5598	0,5365	0,5175	0,5017	0,4884	0,4366	0,3720	0,3093	0,2500
5	0,8412	0,6838	0,5981	0,5441	0,5065	0,4783	0,4564	0,4387	0,4241	0,4118	0,3645	0,3066	0,2513	0,2000
6	0,7808	0,6161	0,5321	0,4803	0,4447	0,4184	0,3980	0,3817	0,3682	0,3568	0,3135	0,2612	0,2119	0,1667
7	0,7271	0,5612	0,4800	0,4307	0,3974	0,3726	0,3535	0,3384	0,3259	0,3154	0,2756	0,2278	0,1833	0,1429
8	0,6798	0,5157	0,4377	0,3910	0,3595	0,3362	0,3185	0,3043	0,2926	0,2829	0,2462	0,2022	0,1616	0,1250
9	0,6385	0,4775	0,4027	0,3584	0,3286	0,3067	0,2901	0,2768	0,2659	0,2568	0,2226	0,1820	0,1446	0,1111
10	0,6020	0,4450	0,3733	0,3311	0,3029	0,2823	0,2666	0,2541	0,2439	0,2353	0,2032	0,1655	0,1308	0,1000
12	0,5410	0,3924	0,3264	0,2880	0,2624	0,2439	0,2299	0,2187	0,2098	0,2020	0,1737	0,1403	0,1100	0,0833
15	0,4709	0,3346	0,2758	0,2419	0,2195	0,2034	0,1911	0,1815	0,1736	0,1671	0,1429	0,1144	0,0889	0,0667
20	0,3894	0,2705	0,2205	0,1921	0,1735	0,1602	0,1501	0,1422	0,1357	0,1303	0,1108	0,0879	0,0675	0,0500
24	0,3434	0,2354	0,1907	0,1656	0,1493	0,1374	0,1286	0,1216	0,1160	0,1113	0,0942	0,0743	0,0567	0,0417
30	0,2929	0,1980	0,1593	0,1377	0,1237	0,1137	0,1061	0,1002	0,0958	0,0921	0,0771	0,0604	0,0457	0,0333
40	0,2370	0,1576	0,1259	0,1082	0,0968	0,0887	0,0827	0,0780	0,0745	0,0713	0,0595	0,0462	0,0347	0,0250
60	0,1737	0,1131	0,0895	0,0765	0,0682	0,0623	0,0583	0,0552	0,0520	0,0497	0,0411	0,0316	0,0234	0,0167
120	0,0998	0,0632	0,0495	0,0419	0,0371	0,0337	0,0312	0,0292	0,0279	0,0266	0,0218	0,0165	0,0120	0,0083
∞	0	0	0	0	0	0	0	0	0	0	0	0	0	0

$\alpha = 0,01$

$k \backslash v$	1	2	3	4	5	6	7	8	9	10	16	36	144	∞
2	0,9999	0,9950	0,9794	0,9586	0,9373	0,9172	0,8988	0,8823	0,8674	0,8539	0,7949	0,7067	0,6062	0,5000
3	0,9933	0,9423	0,8831	0,8335	0,7933	0,7606	0,7335	0,7107	0,6912	0,6743	0,6059	0,5153	0,4230	0,3333
4	0,9676	0,8643	0,7814	0,7212	0,6761	0,6410	0,6129	0,5897	0,5702	0,5536	0,4884	0,4057	0,3251	0,2500
5	0,9279	0,7885	0,6957	0,6329	0,5875	0,5531	0,5259	0,5037	0,4854	0,4697	0,4094	0,3351	0,2644	0,2000
6	0,8828	0,7218	0,6258	0,5635	0,5195	0,4866	0,4608	0,4401	0,4229	0,4084	0,3529	0,2858	0,2229	0,1667
7	0,8376	0,6644	0,5685	0,5080	0,4659	0,4347	0,4105	0,3911	0,3751	0,3616	0,3105	0,2494	0,1929	0,1429
8	0,7945	0,6152	0,5209	0,4627	0,4226	0,3932	0,3704	0,3522	0,3373	0,3248	0,2779	0,2214	0,1700	0,1250
9	0,7544	0,5727	0,4810	0,4251	0,3870	0,3592	0,3378	0,3207	0,3067	0,2950	0,2514	0,1992	0,1521	0,1111
10	0,7175	0,5358	0,4469	0,3934	0,3572	0,3308	0,3106	0,2945	0,2813	0,2704	0,2297	0,1811	0,1376	0,1000
12	0,6528	0,4751	0,3919	0,3428	0,3099	0,2861	0,2680	0,2535	0,2419	0,2320	0,1961	0,1535	0,1157	0,0833
15	0,5747	0,4069	0,3317	0,2882	0,2593	0,2386	0,2228	0,2104	0,2002	0,1918	0,1612	0,1251	0,0934	0,0667
20	0,4799	0,3297	0,2654	0,2288	0,2048	0,1877	0,1748	0,1646	0,1567	0,1501	0,1248	0,0960	0,0709	0,0500
24	0,4247	0,2871	0,2295	0,1970	0,1759	0,1608	0,1495	0,1406	0,1338	0,1283	0,1060	0,0810	0,0595	0,0417
30	0,3632	0,2412	0,1913	0,1635	0,1454	0,1327	0,1232	0,1157	0,1100	0,1054	0,0867	0,0658	0,0480	0,0333
40	0,2940	0,1915	0,1508	0,1281	0,1135	0,1033	0,0957	0,0898	0,0853	0,0816	0,0668	0,0503	0,0363	0,0250
60	0,2151	0,1371	0,1069	0,0902	0,0796	0,0722	0,0668	0,0625	0,0594	0,0567	0,0461	0,0344	0,0245	0,0167
120	0,1225	0,0759	0,0585	0,0489	0,0429	0,0387	0,0357	0,0334	0,0316	0,0302	0,0242	0,0178	0,0125	0,0083
∞	0	0	0	0	0	0	0	0	0	0	0	0	0	0

Beispiel

Angenommen, es liegen die folgenden 5 Varianzen vor: $s_1^2 = 26$, $s_2^2 = 51$, $s_3^2 = 40$, $s_4^2 = 24$ und $s_5^2 = 28$, wobei jede Varianz auf 9 Freiheitsgraden basiert. Getestet werden soll auf dem 5%-Niveau. Dann ist

$$\hat{G}_{max} = \frac{51}{26 + 51 + 40 + 24 + 28} = 0,302.$$

Für $\alpha = 0,05$, $k = 5$, $v = 9$ erhalten wir den Tabellenwert 0,4241. Da $0,302 < 0,4241$, kann an der Gleichheit der vorliegenden Varianzen nicht gezweifelt werden ($P = 0,05$).

Ein sehr ähnlicher Test, der jedoch auf den Spannweiten der einzelnen Stichproben basiert, ist von Bliss, Cochran und Tukey (1956) beschrieben worden; Beispiele und die oberen 5%-Schranken sind der Originalarbeit zu entnehmen.

In den meisten Fällen führen die Tests von Hartley und Cochran zu denselben Entscheidungen. Da der Cochran-Test mehr Informationen nutzt, ist er im allgemeinen etwas *empfindlicher*. Wenn die Zahl der Beobachtungen in den einzelnen Gruppen fast konstant ist, kann man entweder nach Cochran testen, wobei der Umfang der größten Gruppe den Freiheitsgrad bestimmt, mit dem man in die Tabelle 152 eingeht – oder, und dies gilt insbesondere für größere Unterschiede in den Gruppenumfängen, den Bartlett-Test verwenden.

▶ **723 Prüfung der Gleichheit mehrerer Varianzen gleicher oder unterschiedlich großer Stichprobengruppen nach Bartlett**

Die Nullhypothese, Homogenität mehrerer Varianzen, kann beim Vorliegen *gut normalverteilter Daten* nach Bartlett (1937) geprüft werden. Bartletts Test ist die Kombination eines empfindlichen Tests auf Normalität, besser „longtailedness" einer Verteilung, mit einem weniger empfindlichen Test auf Gleichheit der Varianzen.

$$\hat{\chi}^2 = \frac{1}{c}\left[2,3026\left(v \lg s^2 - \sum_{i=1}^{k} v_i \lg s_i^2\right)\right]$$

mit

$$c = \frac{\sum_{i=1}^{k}\frac{1}{v_i} - \frac{1}{v}}{3(k-1)} + 1$$

$$s^2 = \frac{\sum_{i=1}^{k} v_i s_i^2}{v} \quad \text{und} \quad FG = k - 1$$

(7.3)

$v = n - k =$ Gesamtzahl der Freiheitsgrade $= \sum_{i=1}^{k} v_i$

$n =$ Gesamtstichprobenumfang

$k =$ Anzahl der Gruppen: Jede Gruppe muß mindestens 5 Beobachtungen enthalten

$s^2 =$ Schätzung der gewogenen Varianz

$v_i =$ Anzahl der Freiheitsgrade in der i-ten Gruppe $= n_i - 1$

$s_i^2 =$ Schätzung der Varianz der i-ten Gruppe

Für nicht zu kleine Freiheitsgrade v_i ist c praktisch gleich Eins, d.h. c braucht nur berechnet zu werden, wenn der Wert der eckigen Klammer ein signifikantes $\hat{\chi}^2$ erwarten läßt.

Liegen k Stichprobengruppen gleichen Umfangs n_0 vor, wobei $n_0 \geqq 5$, dann ergeben sich folgende Vereinfachungen

$$\hat{\chi}^2 = \frac{1}{c}\left[2{,}3026 k(n_0 - 1)\{\lg s^2 - \frac{1}{k}\sum_{i=1}^{k}\lg s_i^2\}\right]$$

mit $\boxed{c = \frac{k+1}{3k(n_0-1)} + 1}$ (7.4)

$$s^2 = \frac{1}{k}\sum_{i=1}^{k}s_i^2 \qquad (FG = k - 1)$$

Erreicht oder übersteigt die Prüfgröße $\hat{\chi}^2$ die für die geforderte statistische Sicherheit gegebene Signifikanzschranke, so ist die Nullhypothese $\sigma_1^2 = \sigma_2^2 = \ldots = \sigma_i^2 = \ldots = \sigma_k^2 = \sigma^2$ abzulehnen (Alternativhypothese $\sigma_i^2 \neq \sigma^2$ für bestimmte i).
Harsaae (1969) gibt exakte kritische Schranken, die Table 32 der Biometrika Tables (Pearson und Hartley 1966, S. 204, 205) ergänzen.

Beispiel

Gegeben: Drei Stichprobengruppen mit den Umfängen $n_1 = 9$, $n_2 = 6$ und $n_3 = 5$ sowie den in Tabelle 153 angegebenen Varianzen. Prüfe die Gleichheit der Varianzen auf dem 5%-Niveau.

Tabelle 153

Nr.	s_i^2	$n_i - 1$ ν_i	$\nu_i s_i^2$	$\lg s_i^2$	$\nu_i \lg s_i^2$
1	8,00	8	64,00	0,9031	7,2248
2	4,67	5	23,35	0,6693	3,3465
3	4,00	4	16,00	0,6021	2,4084
		17	103,35		12,9797

$$s^2 = \frac{103{,}35}{17} = 6{,}079, \qquad \lg s^2 = 0{,}7838$$

$$\hat{\chi}^2 = \frac{1}{c}[2{,}3026(17 \cdot 0{,}7838 - 12{,}9797)] = \frac{1}{c} \cdot 0{,}794$$

Da $\chi^2_{2;0,05} = 5{,}99$ wesentlich größer ist als 0,794 wird die Nullhypothese nicht abgelehnt. Mit c

$$c = \frac{\left[\frac{1}{8} + \frac{1}{5} + \frac{1}{4}\right] - \frac{1}{17}}{3(3-1)} + 1 = 1{,}086$$

ergibt sich $\hat{\chi}^2 = 0{,}794/1{,}086 = 0{,}731$.

Sind viele Varianzen auf Gleichheit zu prüfen, so kann man die von Hartley vorgeschlagene Modifikation des Bartlett-Tests (vgl. Barnett 1962) verwenden. Da der Bartlett-Test gegen *Abweichungen von der Normalverteilung sehr empfindlich* ist (Box 1953, Box und Andersen 1955), bevorzuge man im Zweifelsfalle das von Levene (vgl. S. 207 [vgl. auch S. 225: Meyer-Bahlburg 1970]) vorgeschlagene oder bessere Verfahren (vgl. Games 1972). Der multiple Vergleich mehrerer Varianzen läßt sich elegant nach David (1956, Tietjen und Beckman 1972 geben weitere Tabellenwerte) durchführen.

73   Einfache Varianzanalyse

▶ 731   Varianzanalytischer Vergleich mehrerer Mittelwerte

Der Vergleich zweier Mittelwerte normalverteilter Grundgesamtheiten (Abschnitt 36) läßt sich auf den Vergleich einer beliebigen Zahl von Mittelwerten erweitern.
Gegeben seien k Stichprobengruppen mit je n_i und insgesamt n Stichprobenelementen, also:

$$\sum_{i=1}^{k} n_i = n$$

Jede Stichprobengruppe entstamme einer normalverteilten Grundgesamtheit. Die k normalverteilten Grundgesamtheiten haben gleiche aber unbekannte Varianz. Die Stichprobenwerte x_{ij} erhalten zwei Indizes: x_{ij} ist der j-te Wert in der i-ten Stichprobe ($1 \leqq i \leqq k$; $1 \leqq j \leqq n_i$).
Die *Gruppenmittelwerte* $\bar{x}_{i.}$ sind gegeben durch

$$\bar{x}_{i.} = \frac{1}{n_i} \sum_{j=1}^{n_i} x_{ij} \tag{7.5}$$

Das *Gesamtmittel* $\bar{x}$:

$$\bar{x} = \frac{1}{n} \sum_{i=1}^{k} \sum_{j=1}^{n_i} x_{ij} = \frac{1}{n} \sum_{i=1}^{k} n_i \bar{x}_{i.} \tag{7.6}$$

in vereinfachter Schreibweise:

$$\bar{x} = \frac{1}{n} \sum_{i,j} x_{ij} = \frac{1}{n} \sum_{i} n_i \bar{x}_{i.} \tag{7.7}$$

Wesentlich für die einfache „Varianzanalyse", auch einfache „Streuungszerlegung" genannt, ist, daß sich die Summe der Abweichungsquadrate (*SAQ* oder *Q*) der Stichprobenwerte um das Gesamtmittel („*Q* insgesamt") in *zwei Anteile zerlegen* läßt, in die
1. *SAQ* der Einzelwerte um die *Gruppenmittelwerte*, „*SAQ innerhalb* der Gruppen" genannt („*Q* innerhalb") und in die
2. *SAQ* der Gruppenmittelwerte um das *Gesamtmittel*, „*SAQ zwischen* den Gruppen" genannt („*Q* zwischen"), d. h.

$$Q_{\text{insgesamt}} = Q_{\text{innerhalb}} + Q_{\text{zwischen}}$$

$$\sum_{i,j} (x_{ij} - \bar{x})^2 = \sum_{i,j} (x_{ij} - \bar{x}_{i.})^2 + \sum_{i} n_i (\bar{x}_{i.} - \bar{x})^2 \tag{7.8}$$

mit den zugehörigen Freiheitsgraden

$$(n-1) = (n-k) + (k-1) \tag{7.9}$$

Die Quotienten aus den *SAQ* und den zugehörigen *FG*, d.h. die Varianzen Q/v bezeichnet man in der Varianzanalyse als *Mittlere Quadrate* (*MQ*). Entstammen alle Gruppen derselben Grundgesamtheit, dann sollten die Varianzen, also die Mittleren Quadrate

$$s^2_{\text{zwischen}} = MQ_{\text{zwischen}} = \frac{1}{k-1}\sum_i n_i(\bar{x}_{i.} - \bar{x})^2 \qquad (7.10)$$

und

$$s^2_{\text{innerhalb}} = MQ_{\text{innerhalb}} = \frac{1}{n-k}\sum_{i,j}(x_{ij} - \bar{x}_{i.})^2 \qquad (7.11)$$

ungefähr gleich groß sein. Sind sie es nicht, d.h. ist der Quotient aus MQ_{zwischen} und $MQ_{\text{innerhalb}}$ größer als der durch $v_1 = k-1$, $v_2 = n-k$ und α festgelegte kritische Wert der *F*-Verteilung, so befinden sich unter den Gruppen solche mit unterschiedlichen Mittelwerten μ_i. Die Nullhypothese S. 116/124

$$\mu_1 = \mu_2 = \ldots = \mu_i = \ldots = \mu_k = \mu$$

wird somit anhand der Prüfgröße

$$\hat{F} = \frac{MQ_{\text{zwischen}}}{MQ_{\text{innerhalb}}}$$

$$\hat{F} = \frac{\dfrac{1}{k-1}\sum_i n_i(\bar{x}_{i.} - \bar{x})^2}{\dfrac{1}{n-k}\sum_{i,j}(x_{ij} - \bar{x}_{i.})^2} \qquad (7.12)$$

bzw.

$$\hat{F} = \frac{\dfrac{1}{k-1}\sum_i n_i(\bar{x}_{i.} - \bar{x})^2}{\dfrac{1}{n-k}\sum_i s_i^2(n_i - 1)} \qquad (7.13)$$

abgelehnt, wenn

$$\hat{F} > F_{(k-1;n-k;\alpha)} \qquad (7.14)$$

In diesem Fall sind mindestens zwei μ_i voneinander verschieden, d.h. die Alternativhypothese $\mu_i \neq \mu$ für bestimmte i wird akzeptiert.

Wenn $MQ_{\text{zwischen}} < MQ_{\text{innerhalb}}$ ist, läßt sich die Nullhypothese nicht ablehnen, dann sind (7.6) und (7.11) Schätzungen für μ sowie für σ^2 mit $n-k$ Freiheitsgraden.

Man bezeichnet MQ_{zwischen} auch als „Stichprobenfehler" und $MQ_{\text{innerhalb}}$ als „Versuchsfehler".

Rechentechnik

Die Prüfgröße (7.13) wird nach (7.15)

$$\hat{F} = \frac{MQ_{\text{zwischen}}}{MQ_{\text{innerhalb}}} = \frac{\dfrac{1}{k-1}[Q_{\text{zwischen}}]}{\dfrac{1}{n-k}[Q_{\text{innerhalb}}]} = \frac{\dfrac{1}{k-1}[B-K]}{\dfrac{1}{n-k}[A-B]}$$

mit insgesamt n Beobachtungen aus k Stichprobengruppen

$$A = \sum(\text{Beobachtungen})^2 = \sum_{i,j} x_{ij}^2$$

$$B = \sum \frac{(\text{Gruppensumme})^2}{\text{Gruppenumfang}} = \sum_i \frac{x_{i.}^2}{n_i}$$

mit den Gruppensummen $x_{i.} = \sum_j x_{ij}$

$$K = \frac{(\text{Summe aller Beobachtungen})^2}{\text{Anzahl aller Beobachtungen}} = \frac{\left(\sum_i x_{i.}\right)^2}{n} = \frac{x_{..}^2}{n}$$

(7.15)

berechnet. Zur Kontrolle berechne man $Q_{\text{insgesamt}}$ indirekt

$$Q_{\text{insgesamt}} = [Q_{\text{zwischen}}] + [Q_{\text{innerhalb}}] = [B-K] + [A-B]$$

(7.16)

und direkt

$$Q_{\text{insgesamt}} = \sum_{i,j} x_{ij}^2 - \left(\sum_{i,j} x_{ij}\right)^2 \Big/ n = A - K$$

(7.17)

Betont einfache Beispiele

1. Ungleiche Stichprobenumfänge n_i pro Gruppe (Tabelle 154):

Tabelle 154

j \ i	1	2	3	
1	3	4	8	
2	7	2	4	
3		7	6	
4		3		
$x_{i.}$	10	16	18	$x_{..} = 44$
n_i	2	4	3	$n = 9$
$\bar{x}_i$	5	4	6	

Stichprobengruppe

Nach (7.15):

$$\hat{F} = \frac{\dfrac{1}{3-1}\left[\left(\dfrac{10^2}{2} + \dfrac{16^2}{4} + \dfrac{18^2}{3}\right) - \dfrac{44^2}{9}\right]}{\dfrac{1}{9-3}\left[(3^2 + 7^2 + 4^2 + 2^2 + 7^2 + 3^2 + 8^2 + 4^2 + 6^2) - \left(\dfrac{10^2}{2} + \dfrac{16^2}{4} + \dfrac{18^2}{3}\right)\right]}$$

$$\hat{F} = \frac{\dfrac{1}{2}[6,89]}{\dfrac{1}{6}[30]} = 0,689$$

Kontrolle (7.16, 7.17): $[6,89] + [30] = 36,89$

$$(3^2 + 7^2 + 4^2 + 2^2 + 7^2 + 3^2 + 8^2 + 4^2 + 6^2) - 44^2/9 = 36,89$$

Da $\hat{F} = 0,689 < 5,14 = F_{(2;6;0,05)}$, läßt sich die Nullhypothese, alle drei Mittelwerte entstammen derselben Grundgesamtheit

mit (7.6) $\bar{x} = (2 \cdot 5 + 4 \cdot 4 + 3 \cdot 6)/9 = 4,89$
und (7.11) $s^2 = 30$ mit 6 FG,

auf dem 5%-Niveau nicht ablehnen.

2. Gleichgroße Stichprobenumfänge   ($n_i = $ konst.)   pro Gruppe (Tabelle 155):

Tabelle 155

Stichprobengruppe				
$\underset{j}{\diagdown}\ ^i$	1	2	3	
1	6	5	7	
2	7	6	8	
3	6	4	5	
4	5	5	8	
$x_{i.}$	24	20	28	$x_{..} = 72$
n_i	4	4	4	$n = 12$
$\bar{x}_i$	6	5	7	$\bar{x} = 6$

$$\hat{F} = \frac{\dfrac{1}{3-1}\left[\dfrac{1}{4}(24^2 + 20^2 + 28^2) - \dfrac{72^2}{12}\right]}{\dfrac{1}{12-3}\left[(6^2 + 7^2 + \ldots + 5^2 + 8^2) - \dfrac{1}{4}(24^2 + 20^2 + 28^2)\right]}$$

$$\hat{F} = \frac{\dfrac{1}{2}[8]}{\dfrac{1}{9}[10]} = 3,60$$

Kontrolle: $[8] + [10] = 18$
$$(6^2 + 7^2 + \ldots + 5^2 + 8^2) - 72^2/12 = 18$$

Da $\hat{F} = 3,60 < 4,26 = F_{(2;9;0,05)}$, läßt sich die Nullhypothese, Gleichheit der 3 Mittelwerte ($\bar{x} = 6$, $s^2 = 10$ mit $FG = 9$), auf dem 5%-Niveau nicht ablehnen.
Die Wahl gleichgroßer Stichprobenumfänge pro Gruppe bietet mehrere Vorteile:
(1) Abweichungen von der Varianzgleichheit sind nicht so schwerwiegend. (2) Der beim F-Test auftretende Fehler 2. Art wird minimal. (3) Weitere Mittelwertvergleiche (siehe S. 391, 394, 410) sind einfacher durchzuführen.

Rechnen mit gerundeten Werten: Ohne Rechenmaschine ist es vielleicht günstiger (Wartmann 1959), den kleinsten Wert gleich Null zu setzen, den Beobachtungsbereich bis zum größten Wert in etwa 50 bequem definierte Teile zu teilen und mit den so erhaltenen ganzen Zahlen zu rechnen. Man kann natürlich auch von allen gerundeten Werten den grob geschätzten Gesamtmittelwert abziehen und die restlichen Werte mit einem geeigneten Faktor multiplizieren, so daß man Zahlen erhält, die zwischen $\pm$ 50 liegen. Ist die Spannweite kleiner als 50, wird man alle Zahlen mit 10 multiplizieren und dann erst die Dezimalstellen weglassen. Durch diese linearen Transformationen wird die Prüfgröße MQ_{zw}/MQ_{in} nicht verändert.

Hinweise

1. *Schätzung der Standardabweichung aus der Spannweite.* Ist anzunehmen, daß eine Stichprobe des Umfangs n einer angenähert normalverteilten Grundgesamtheit entstammt, dann läßt sich aus der Spannweite R die Standardabweichung schätzen:

$$\hat{s} = R(1/d_n) \qquad\qquad\qquad (7.18)$$

Der Faktor $1/d_n$ ist für gegebenes n Tabelle 156 zu entnehmen. Im allgemeinen wird $n > 12$ sein. Es ist dann zweckmäßig, die Stichprobe anhand eines Zufallsprozesses in k Gruppen zu 8 oder wenigstens zu 6 bis 10 Einzelwerten einzuteilen, von jeder Gruppe des Umfangs n das zugehörige R festzustellen und die mittlere Spannweite $\overline{R}$ zu berechnen:

$$\overline{R} = \frac{1}{k}\sum R_i \qquad\qquad\qquad (7.19)$$

Die hieraus nach

$$\hat{s} = \overline{R}(1/d_n) \qquad\qquad\qquad (7.20)$$

ermittelte Standardabweichung („innerhalb der Stichprobe") basiert dann auf der in Tabelle 156 rechts angegebenen Zahl der effektiven Freiheitsgrade v. Für $n \geq 5$ und $k > 1$ ist stets $v < k(n-1)$. In der Größenordnung sollten $\hat{s}^2$ und $MQ_{\text{innerhalb}}$ übereinstimmen (vgl. Tab. 155 mit $\overline{R} = (2+2+3)/3 = 2,33$; $\hat{s} = 2,33 \cdot 0,486 = 1,13$; $\hat{s}^2 = 1,28$ gegenüber $MQ_{\text{innerhalb}} = 10/9 = 1,11$).

Tabelle 156.   Faktoren für die Schätzung der Standardabweichung der Grundgesamtheit aus der Spannweite der Stichprobe (auszugsweise entnommen aus Patnaik, P. B.: The use of mean range as an estimator of variance in statistical tests, Biometrika **37**, 78–87 [1950])

Umfang der Stichprobe bzw. der Gruppe n	Faktor $1/d_n$	Effektive Zahl der Freiheitsgrade v für k Gruppen der Größe n				
		$k=1$	$k=2$	$k=3$	$k=4$	$k=5$
2	0,8862	1				
3	0,5908	2				
4	0,4857	3				
5	0,4299	4	7	11	15	18
6	0,3946	5	9	14	18	23
7	0,3698	5	11	16	21	27
8	0,3512	6	12	18	24	30
9	0,3367	7	14	21	27	34
10	0,3249	8	15	23	30	38
11	0,3152	9				
12	0,3069	10				
13	0,2998	11				

2. Mit Hilfe der Tabelle 156 ließe sich eine vereinfachte Varianzanalyse durchführen. Wir verzichten auf diese Darstellung und verweisen auf den in Abschnitt 751 vorgestellten *Test von Link und Wallace*, der ebenfalls auf Spannweiten basiert, jedoch dank Tabelle 177 viel ökonomischer ist (vgl. auch das graphische Verfahren von Ott 1967).

3. *Der Vertrauensbereich einer Spannweite* läßt sich mit Hilfe von Tabelle 157 schätzen. Angenommen, mehrere Stichprobengruppen des Umfangs $n = 6$ seien einer zumindest angenähert normalverteilten Grundgesamtheit entnommen. Die mittlere Spannweite $\overline{R}$ betrage 3,4 Einheiten. Eine brauchbare Schätzung der Standardabweichung ist dann nach (7.20) $3,4 \cdot 0,3946 = 1,34$. Ist geplant, den Umfang künftiger Stichproben auf $n = 4$ festzulegen, so erhalten wir für den 90%-Vertrauensbereich aus Tabelle 157 die Faktoren 0,760 und 3,633 und die Grenzen $1,34 \cdot 0,760 = 1,02$ sowie $1,34 \cdot 3,633 = 4,87$. Angenommen, es liege eine normalverteilte Grundgesamtheit mit

$\sigma = 1,34$ vor, dann ist dieser Bereich (für künftige Zufallsstichproben des Umfangs $n = 4$) der exakte 90%-Spannweiten-Vertrauensbereich.

Die Schätzung der *Standardabweichung der mittleren Spannweite* $s_{\bar{R}}$ erfolgt nach

$$s_{\bar{R}} = \frac{v_n \cdot (1/d_n)^2 \cdot \bar{R}}{\sqrt{k}} \tag{7.21}$$

v_n = Faktor aus Tabelle 157
$1/d_n$ = Faktor aus Tabelle 156
$\bar{R}$ = die mittlere Spannweite
k = Anzahl der Stichprobengruppen mit den Umfängen n, aus denen Spannweiten berechnet worden sind.

Beispielsweise ergibt sich für $k = 5$, $n = 6$, $\bar{R} = 7$, $(1/d_n) = 0,3946$ und $v_n = 0,848$

$$s_{\bar{R}} = \frac{0,848 \cdot 0,3946^2 \cdot 7}{\sqrt{5}} = 0,413$$

Bemerkung zu den Faktoren $1/d_n$ und v_n: Für Stichproben des Umfangs n aus einer normalverteilten Grundgesamtheit mit der Standardabweichung σ ist d_n der Mittelwert und v_n die Standardabweichung der standardisierten Spannweite $w = R/\sigma$.

Tabelle 157. Faktoren zur Schätzung eines Vertrauensbereiches um die Spannweite: Das Produkt einer nach Tabelle 156 aus der Spannweite geschätzten Standardabweichung und den für denselben oder einen beliebigen gewünschten Stichprobenumfang und Sicherheitsgrad gegebenen Faktoren liefert für Spannweiten aus Stichproben des gewählten Umfangs untere und obere Grenzen und damit den Vertrauensbereich. Spalte 6 enthält einen Faktor v_n zur Schätzung der Standardabweichung der mittleren Spannweite. Näheres ist dem Text zu entnehmen (auszugsweise entnommen aus E. S. Pearson: The probability integral of the range in samples of n observations from a normal distribution. I. Foreword and tables. Biometrika **32** [1941/42] 301–308, p. 308, table 2, right part. Die von Harter, H. L., D. S. Clemm und E. H. Guthrie [The Probability Integrals of the Range and of the Studentized Range. Vol. I. Wright Air Development Center Technical Report 58–484, 1959] korrigierten Werte sind berücksichtigt worden)

n	1 %-Schranken untere	obere	5 %-Schranken untere	obere	Faktor v_n
2	0,018	3,643	0,089	2,772	0,853
3	0,191	4,120	0,431	3,314	0,888
4	0,434	4,403	0,760	3,633	0,880
5	0,665	4,603	1,030	3,858	0,864
6	0,870	4,757	1,253	4,030	0,848
7	1,048	4,882	1,440	4,170	0,833
8	1,205	4,987	1,600	4,286	0,820
9	1,343	5,078	1,740	4,387	0,808
10	1,467	5,157	1,863	4,474	0,797
11	1,578	5,227	1,973	4,552	0,787
12	1,679	5,290	2,071	4,622	0,778

▶ 732 **Beurteilung linearer Kontraste nach Scheffé**

Wenn die einfache Varianzanalyse zu einem signifikanten Befund führt, wird man bestrebt sein, herauszufinden, welche der Parameter $\mu_1, \mu_2, \ldots, \mu_i, \ldots, \mu_k$, besser, welche zwei Gruppen A und B von Parametern mit den Mittelwerten μ_A und μ_B sich unterscheiden. Liegen z. B. Schätzungen der fünf Parameter $\mu_1, \mu_2, \mu_3, \mu_4, \mu_5$ vor, dann lassen sich unter anderen die folgenden *Mittelwerte vergleichen*:

$$V_1: \quad \mu_1 = \mu_2 = \mu_A \quad \text{mit} \quad \mu_3 = \mu_4 = \mu_5 = \mu_B$$
$$\mu_A = \tfrac{1}{2}(\mu_1 + \mu_2) \quad \text{mit} \quad \mu_B = \tfrac{1}{3}(\mu_3 + \mu_4 + \mu_5)$$
$$V_2: \quad \mu_1 = \mu_A \quad \text{mit} \quad \mu_2 = \mu_3 = \mu_4 = \mu_5 = \mu_B$$
$$\mu_A = \mu_1 \quad \text{mit} \quad \mu_B = \tfrac{1}{4}(\mu_2 + \mu_3 + \mu_4 + \mu_5)$$

Vergleiche dieser Art, geschrieben

$$V_1: \quad \boxed{\tfrac{1}{2}(\mu_1 + \mu_2) - \tfrac{1}{3}(\mu_3 + \mu_4 + \mu_5)}$$

$$V_2: \quad \boxed{\mu_1 - \tfrac{1}{4}(\mu_2 + \mu_3 + \mu_4 + \mu_5)}$$

heißen *lineare Kontraste*. Sie sind lineare Funktionen der k Mittelwerte μ_i (7.22), die durch k bekannte Konstanten c_i, die die Bedingung (7.23)

$$\boxed{\sum_{i=1}^{k} c_i \mu_i} \qquad \boxed{\sum_{i=1}^{k} c_i = 0} \qquad\qquad (7.22,\ 7.23)$$

erfüllen, festgelegt sind. Diese Konstanten sind für

$$V_1: \quad c_1 = c_2 = \tfrac{1}{2}; \quad c_3 = c_4 = c_5 = -\tfrac{1}{3}; \quad \tfrac{1}{2} + \tfrac{1}{2} - \tfrac{1}{3} - \tfrac{1}{3} - \tfrac{1}{3} = 0$$
$$V_2: \quad c_1 = 1; \quad c_2 = c_3 = c_4 = c_5 = -\tfrac{1}{4}; \quad 1 - \tfrac{1}{4} - \tfrac{1}{4} - \tfrac{1}{4} - \tfrac{1}{4} = 0$$

$\left(\begin{smallmatrix}\text{S.}\\ 116/124\end{smallmatrix}\right)$ Wenn

$$\boxed{\frac{|\bar{x}_A - \bar{x}_B|}{s_{\bar{x}_A - \bar{x}_B}} > \sqrt{(k-1) F_{(k-1;\, n-k;\, \alpha)}}} \qquad\qquad (7.24)$$

mit

$$\boxed{s_{\bar{x}_A - \bar{x}_B} = \sqrt{s_{in}^2 \sum_{i=1}^{k} \frac{c_i^2}{n_i}}} \qquad\qquad (7.24a)$$
$$s_{in}^2 = MQ_{\text{innerhalb}}$$

unterscheiden sich die den Kontrasten zugrundeliegenden Parameter (Scheffé 1953). Sind nur 2 von k Werten μ_i zu vergleichen, etwa μ_3 und μ_5, dann setzt man, wenn z.B. $k = 6$ ist, $c_1 = c_2 = c_4 = c_6 = 0$ und lehnt $H_0: \mu_3 = \mu_5$ ab, sobald

$$\boxed{\frac{|\bar{x}_3 - \bar{x}_5|}{\sqrt{s_{in}^2 \left(\frac{1}{n_3} + \frac{1}{n_5}\right)}} > \sqrt{(k-1) F_{(k-1;\, n-k;\, \alpha)}}} \qquad\qquad (7.25)$$

Für den Fall markant ungleich großer Gruppen bildet man *gewichtete* lineare Kontraste, also z.B. für V_1

$$\boxed{\frac{n_1 \mu_1 + n_2 \mu_2}{n_1 + n_2} - \frac{n_3 \mu_3 + n_4 \mu_4 + n_5 \mu_5}{n_3 + n_4 + n_5}}$$

geschätzt nach

$$\frac{n_1 \bar{x}_1 + n_2 \bar{x}_2}{n_1 + n_2} - \frac{n_3 \bar{x}_3 + n_4 \bar{x}_4 + n_5 \bar{x}_5}{n_3 + n_4 + n_5}.$$

Beispiel

Nr. (i)	$\bar{x}_i$	s_i^2	n_i I	n_i II
1	10	10	10	15
2	9	8	10	5
3	14	12	10	15
4	13	11	10	10
5	14	7	10	5

$$\sum n_I = \sum n_{II} = 50$$

Tabelle 158

Mittelwerte nach (1.47) berechnet:
$$\bar{x}_I = 12{,}0$$
$$\bar{x}_{II} = 12{,}1$$

Nach (7.15) ergibt sich für den Fall gleicher (*I*) und ungleicher (*II*) Stichprobenumfänge:

$$\hat{F}_I = \frac{10[(10-12)^2 + (9-12)^2 + (14-12)^2 + (13-12)^2 + (14-12)^2]/(5-1)}{9 \cdot 48/(50-5)}$$

$$\hat{F}_I = \frac{55}{9{,}6} = 5{,}73$$

$$\hat{F}_{II} =$$
$$= \frac{(15(10-12{,}1)^2 + 5(9-12{,}1)^2 + 15(14-12{,}1)^2 + 10(13-12{,}1)^2 + 5(14-12{,}1)^2)/(5-1)}{(10 \cdot 14 + 8 \cdot 4 + 12 \cdot 14 + 11 \cdot 9 + 7 \cdot 4)/(50-5)}$$

$$\hat{F}_{II} = \frac{48{,}75}{10{,}38} = 4{,}69$$

Da 5,73 und $4{,}69 > 3{,}77 = F_{(4; 45; 0{,}01)}$, prüfen wir $\mu_1 = \mu_2 < \mu_3 = \mu_4 = \mu_5$ nach (7.24, 7.24a) und bilden

für I

$$|\bar{x}_A - \bar{x}_B| = \frac{1}{2}(\bar{x}_1 + \bar{x}_2) - \frac{1}{3}(\bar{x}_3 + \bar{x}_4 + \bar{x}_5) = \frac{1}{2}(10+9) - \frac{1}{3}(14+13+14) = 4{,}17$$

$$\sqrt{s_{in}^2 \sum_{i=1}^{5} c_i^2 \left(\frac{1}{n_i}\right)} = \sqrt{9{,}6\left[\frac{1}{2^2}\left(\frac{1}{10} + \frac{1}{10}\right) + \frac{1}{3^2}\left(\frac{1}{10} + \frac{1}{10} + \frac{1}{10}\right)\right]} = \sqrt{0{,}8} = 0{,}894$$

für II

$$|\bar{x}_A - \bar{x}_B| = \frac{n_1 \bar{x}_1 + n_2 \bar{x}_2}{n_1 + n_2} - \frac{n_3 \bar{x}_3 + n_4 \bar{x}_4 + n_5 \bar{x}_5}{n_3 + n_4 + n_5}$$

$$|\bar{x}_A - \bar{x}_B| = \frac{15 \cdot 10 + 5 \cdot 9}{15 + 5} - \frac{15 \cdot 14 + 10 \cdot 13 + 5 \cdot 14}{15 + 10 + 5} = 3{,}92$$

und

$$\sqrt{s_{in}^2 \sum_{i=1}^{5} c_i^2 \left(\frac{1}{n_i}\right)} = \sqrt{10{,}38\left(\left\{\left(\frac{3}{4}\right)^2 \cdot \frac{1}{15} + \left(\frac{1}{4}\right)^2 \cdot \frac{1}{5}\right\} + \left\{\left(\frac{3}{6}\right)^2 \cdot \frac{1}{15} + \left(\frac{2}{6}\right)^2 \cdot \frac{1}{10} + \left(\frac{1}{6}\right)^2 \cdot \frac{1}{5}\right\}\right)} = 0{,}930$$

vgl. $\frac{3}{4} = n_1/(n_1 + n_2) = 15/(15+5)$

und erhalten

für *I*	für *II*
$\dfrac{4{,}17}{0{,}894} = 4{,}66$	$\dfrac{3{,}92}{0{,}930} = 4{,}21$

mit $F_{(4; 45; 0{,}01)} = 3{,}77$ und $\sqrt{(5-1)3{,}77} = 3{,}88$ in beiden Fällen (*I*: $4{,}66 > 3{,}88$; *II*: $4{,}21 > 3{,}88$) signifikante Unterschiede.

Hinweis zum Vergleich vieler Mittelwerte

Formel (7.49) auf S. 410 ist für bestimmte Aufgaben praktischer als Formel (7.24/a) ($v_{s_{in}^2} = n - k$). Nach Williams (1970) läßt sich der Arbeitsaufwand bei der einfachen Varianzanalyse mit nicht zu kleinem k dadurch verringern, daß man (*a*) für das kleinste n (n_{min}) die größte nicht signifikante Differenz $D_{I, unten}$ berechnet und (*b*) für das größte n (n_{max}) die kleinste signifikante Differenz $D_{I, oben}$; D_I (7.49) braucht dann nur noch für diejenigen Differenzen bestimmt zu werden, die zwischen $D_{I, unten}$ und $D_{I, oben}$ liegen.

Man berechnet $D_{I, unten} = \sqrt{W/n_{min}}$ und $D_{I, oben} = \sqrt{W/n_{max}}$
mit $W = 2 s_{in}^2 (k-1) F_{(k-1;\ n-k;\ \alpha)}$.

Hinweis: Bildung homogener Gruppen von Mittelwerten anhand des modifizierten LSD-Tests

Wenn der *F*-Test H_0 ($\mu_i = \mu$) abzulehnen gestattet, ordnet man die k Mittelwerte aus Stichprobengruppen gleichen Umfangs ($n_i = \text{konst}$; $n = \sum_i n_i$) der Größe nach absteigend ($\bar{x}_{(1)} \geq \bar{x}_{(2)} \geq \bar{x}_{(3)} \ldots$) und prüft, ob benachbarte Mittelwerte eine größere Differenz Δ (Delta) aufweisen als die kleinste signifikante Differenz (least significant difference, *LSD*)

S. 111
S. 116/124

$$LSD = t_{n-k;\ \alpha} \sqrt{\frac{2}{n_i} s_{in}^2} = \sqrt{\frac{2}{n_i} s_{in}^2 F_{(1;n-k;\ \alpha)}} \qquad (7.26)$$

Für ungleiche Stichprobenumfänge ($n_i \neq \text{konst}$, $n = \sum_i n_i$) ergibt sich

$$LSD_{(a,b)} = t_{n-k;\ \alpha} \sqrt{s_{in}^2 \left(\frac{n_a + n_b}{n_a n_b}\right)} = \sqrt{s_{in}^2 \left(\frac{n_a + n_b}{n_a n_b}\right) F_{(1;\ n-k;\ \alpha)}} \qquad (7.27)$$

Für $\Delta \leq LSD$ bzw. $\Delta_{(a,b)} \leq LSD_{(a,b)}$ läßt sich H_0 (Gleichheit benachbarter Mittelwerte) nicht ablehnen; man unterstreicht die Mittelwerte durch eine gemeinsame Linie.

Beispiel

$\bar{x}_i$	Δ
$\bar{x}_{(1)} = 26{,}8$	0,5
$\bar{x}_{(2)} = 26{,}3$	1,1
$\bar{x}_{(3)} = 25{,}2$	5,4
$\bar{x}_{(4)} = 19{,}8$	5,5
$\bar{x}_{(5)} = 14{,}3$	2,5
$\bar{x}_{(6)} = 11{,}8$	

$n_i = 8$; $k = 6$; $s_{in}^2 = 10{,}38$; $v = 48 - 6 = 42$

$t_{42;\ 0,05} = 2{,}018$ $F_{(1;\ 42;\ 0,05)} = 4{,}07$

$$LSD = 2{,}018 \sqrt{\frac{2}{8} \cdot 10{,}38} = 3{,}25$$

bzw.

$$LSD = \sqrt{\frac{2}{8} \cdot 10{,}38 \cdot 4{,}07} = 3{,}25$$

Auf dem 5%-Niveau lassen sich drei Bereiche erkennen: $\underline{\bar{x}_{(1)}\ \bar{x}_{(2)}\ \bar{x}_{(3)}}\ \ \bar{x}_{(4)}\ \ \underline{\bar{x}_{(5)}\ \bar{x}_{(6)}}$

[Anwendung von (7.27): $n_1 = 7$; $n_2 = 9$; sonst unverändert;

$\dfrac{7+9}{7 \cdot 9} = 0{,}254$;

$LSD_{(1,2)} = 2{,}018 \sqrt{10{,}38 \cdot 0{,}254} = 3{,}28$ bzw. $\sqrt{10{,}38 \cdot 0{,}254 \cdot 4{,}07} = 3{,}28$;

$\Delta_{(1,2)} = 0{,}5 < 3{,}28 = LSD_{(1,2)}$ d.h. $H_0: \mu_1 = \mu_2$ läßt sich auf dem 5%-Niveau nicht ablehnen.]

Im Falle gleicher Stichprobenumfänge (n_i) kann man nach Tukey (1949) Gruppen von jeweils 3 oder mehr Mittelwerten noch weiter untersuchen. Hierzu bilde man für jede Gruppe das Gruppenmittel $\bar{x}$, die größte Abweichung $d = |\bar{x}_i - \bar{x}|$ innerhalb der Gruppe und prüfe, ob $d\sqrt{n_i/s_{in}^2}$ den Wert von Table 26 (s. u.) übersteigt. Ist dies der Fall, wird $\bar{x}_i$ isoliert, ein neues Gruppenmittel gebildet und weiter versucht, Mittelwerte abzuspalten, solange bis jede Gruppe nicht mehr als 3 Mittelwerte umfaßt.

Die zitierte Tabelle befindet sich auf S. 185/186 der Biometrika Tables (Pearson und Hartley 1966) (n = Zahl der Mittelwerte in der Gruppe, v = Zahl der zu s_{in}^2 gehörenden Freiheitsgrade). Ist diese Tabelle schwer zu beschaffen, so berechne man für Gruppen von:

3 Mittelwerten	> 3 Mittelwerten
$\hat{z} = \dfrac{\|d/s_{in} - 0{,}5\|}{3(0{,}25 + 1/v)}$	$\hat{z} = \dfrac{\|d/s_{in} - 1{,}2 \cdot \lg n'\|}{3(0{,}25 + 1/v)}$

v = Zahl der zu s_{in}^2 gehörenden Freiheitsgrade
n' = Zahl der Mittelwerte in der Gruppe

Für $\hat{z} < 1{,}96 = z_{0,05}$ gilt die Gruppe als auf dem 5%-Niveau homogen. Andere Schranken der Standardnormalverteilung sind bei Bedarf den Tabellen 14 (S. 53) und 43 (S. 172) zu entnehmen. Für $\hat{z} > z_\alpha$ ist $\bar{x}_i$ zu isolieren und ein neues Gruppenmittel zu bilden, für das wieder d und $\hat{z}$ berechnet werden.

▶ **733   Transformationen**

Gemessene Werte

Schiefe Verteilungen, Stichproben mit heterogenen Varianzen und Häufigkeitsdaten müssen vor Durchführung einer Varianzanalyse zur Erzielung *normalverteilter Werte mit homogenen Varianzen* transformiert werden. Vergleichen wir beispielsweise die Spannweiten oder Variationsbreiten der 4 Stichproben (Tabelle 159):

Tabelle 159

Stichprobe		Variationsbreite der Stichproben			
Nr.	Extremwerte	Original-daten	Quadrat-wurzeln	Logarithmen (Basis 10)	Kehrwerte (Reziproken)
1	5,00 u. 9,00	4,00	0,764	0,255	0,089
2	0,20 u. 0,30	0,10	0,100	0,176	1,667
3	1,10 u. 1,30	0,20	0,091	0,072	0,140
4	4,00 u. 12,00	8,00	1,464	0,477	0,168

wobei: $9{,}00 - 5{,}00 = 4{,}00$; $\sqrt{9} - \sqrt{5} = 3 - 2{,}236 = 0{,}764$; $\lg 9 - \lg 5 = 0{,}954 - 0{,}699 = 0{,}255$; $\frac{1}{5} - \frac{1}{9} = 0{,}2 - 0{,}111 = 0{,}089$; in entsprechender Weise sind auch die anderen Werte ermittelt worden. Die Spannweiten-Heterogenität der Originaldaten wird durch die *Wurzeltransformation* etwas reduziert, stärker noch durch die *logarithmische Transformation*. Die *Kehrwert-* oder „*Reziproken*"-*Transformation* ist zu mächtig, sie vergrößert die winzigen Spannweiten zu stark. Die Variationsbreiten der Logarithmen zeigen keine größere Heterogenität als man aufgrund eines Zufallsprozesses erwarten sollte. Wenn man weiter annimmt, daß sich die Standardabweichung proportional zur

Spannweite verhält, dann erscheint hier die logarithmische Transformation als geeignet. Eine Mittelstellung zwischen der logarithmischen Transformation und der „Reziproken"-Transformation nimmt die auf den *Kehrwerten der Quadratwurzeln* $(1/\sqrt{x})$ basierende Transformation ein. Auf unsere vier Stichproben bezogen, erhalten wir über $1/\sqrt{5} - 1/\sqrt{9} = 0{,}114$ und entsprechend 0,410, 0,076, 0,211 eine noch bessere Homogenität der Variationsbreiten. Der Unterschied zu den Werten der logarithmischen Transformation ist jedoch gering, so daß im vorliegenden Fall dieser, nicht zuletzt auch wegen ihrer Handlichkeit, der Vorzug zu geben ist. Eingipfelig-schiefe Verteilungen werden häufig durch die Transformation $x' = \lg(x \pm a)$ in eine Normalverteilung überführt (vgl. auch Knese und Thews 1960); die Konstante a (auf Seite 87 F genannt) läßt sich nach Lehmann (1970) schnell approximieren. Andere wichtige Transformationstypen sind $x' = (x+a)^c$ mit $a = 1/2$ oder $a = 1$ und $x' = a + bx^c$ mit $-3 < c < 6$.

Gezählte Werte

Werden *Zählungen* durchgeführt, beispielsweise die Anzahl der Keime pro Volumeneinheit Milch, so sind die möglichen Werte 0, 1, 2, 3 usw. In diesem Fall erhält man häufig eine brauchbare Homogenität, sobald statt 0, 1, 2, 3 ... die transformierten Werte:

$$\sqrt{\frac{3}{8}}, \quad \sqrt{1+\frac{3}{8}}, \quad \sqrt{2+\frac{3}{8}}, \quad \sqrt{3+\frac{3}{8}} \ldots, \quad \text{d.h.}$$

$$0{,}61, \quad 1{,}17, \quad 1{,}54, \quad 1{,}48 \ldots \text{ benutzt werden.}$$

Auch bei der logarithmischen Transformation von Häufigkeiten ist es angebracht $\lg(x+3/8)$ gegenüber $\lg x$ zu bevorzugen. Man vermeidet hierdurch den Logarithmus von Null, der ja bekanntlich nicht definiert ist. Für die Quadratwurzel-Transformation nach Freeman und Tukey (1950) von Häufigkeiten (Poisson-Verteilung) –

$$0 \leqq x \leqq 50 \quad \text{liefert nach} \quad g = \sqrt{x} + \sqrt{x+1} \quad \text{transformiert } 1{,}00 \leqq g \leqq 14{,}21 \; -$$

geben Mosteller und Youtz (1961) eine geeignete Tafel, die auch die Quadrate der transformierten Werte enthält. Die Arbeit enthält außerdem noch eine ausführliche Tafel der Winkeltransformation (vgl. S. 211 u. 212) für binomial-verteilte relative Häufigkeiten ($n_i \simeq$ konst und nicht zu klein), auf die verzichtet werden kann, wenn alle Werte zwischen 30% und 70% liegen, da sich dann ($\pi \simeq 0{,}5$) die Binomialverteilung hinreichend gut einer Normalverteilung annähert.

Die Winkeltransformation dient auch zur Normalisierung rechtsgipfeliger Verteilungen, für die allerdings auch die Potenz-Transformation ($x' = x^n$), Tafeln geben Healy und Taylor (1962), verwendet wird: mit $n = 1{,}5$ bei mäßiger und $n = 2$ bei ausgeprägter Rechtsgipfeligkeit.

Rangzahlen

Zur varianzanalytischen Auswertung von *Rangzahlen* normalverteilter Variabler, die einer Zufallsstichprobe entstammen, ist die *Normalrang-Transformation* geeignet, die im Tafelwerk von Fisher und Yates (1963) tabelliert vorliegt (Table XX). Bei bekanntem Stichprobenumfang kann zu jedem Rangplatz sofort der zugehörige Normalrang abgelesen werden. Weitere Tafeln geben Teichroew (1956) und Harter (1961).

Auf die so tranformierten Werte werden dann die Schätz- und Prüfverfahren angewandt. Die vor der Rücktransformation gemachten Signifikanzaussagen gelten dann auch für die ursprünglichen Variablen. Die durch Rücktransformation erhaltenen Mittelwerte und Varianzen sind jedoch nicht immer unverfälscht (unbiased). Näheres ist Neyman und Scott (1960) zu entnehmen.

Transformation von Prozentwerten, Häufigkeiten und Meßwerten zur Erzielung von Normalität und Gleichheit der Varianzen. Entscheidend ist, welche Parameter einander proportional sind.

Daten		Geeignete Transformation
Prozentwerte $0\% - 100\%$	$\sigma^2 = k\mu(1-\mu)$	*Winkeltransformation:* $x' = \arcsin\sqrt{x/n}$ bzw. $\arcsin\sqrt{\dfrac{x+3/8}{n+3/4}}$ Für Prozentwerte zwischen 30% und 70% kann auf die Transformation verzichtet werden (vgl. S. 396)
Häufigkeiten und Meßwerte	$\sigma^2 = k\mu$	*Quadratwurzel-Transformation:* $x' = \sqrt{x}$ bzw. $\sqrt{x+3/8}$ 1. Insbesondere für absolute Häufigkeiten relativ seltener Ereignisse 2. Bei kleinen absoluten Häufigkeiten einschließlich der Null: $\quad x' = \sqrt{x+0,4}$
Meßwerte (Häufigkeiten)	$\sigma = k\mu$	*Logarithmische Transformation:* $x' = \lg x$ 1. Auch: $x' = \lg(x \pm a)$, vgl. S. 86/89 2. Bei gemessenen Werten zwischen 0 und 1: $x' = \lg(x+1)$
	$\sigma = k\mu^2$	*Reziproken-Transformation:* $x' = 1/x$ Insbesondere für viele zeitabhängige Variablen

Bereitet die Wahl der geeigneten Transformation Schwierigkeiten, dann prüfe man mit Hilfe eines Diagramms (nach Augenschein), ob in verschiedenen Untergruppen der Meßreihe gewisse Proportionalitäten zwischen den Varianzen oder Standardabweichungen und den Mittelwerten bestehen und wähle die sachlogisch und formal adäquate Transformation aus.

Ergänzende Bemerkungen hierzu (vgl. auch Anscombe 1948, Rives 1960, Box u. Cox 1964) enthält Hinweis 2 auf S. 415/416.

74   Zweifache und dreifache Varianzanalyse

741   Varianzanalyse für die dreifache Klassifizierung mit 2ab Beobachtungen

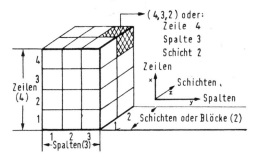

Abb. 59.   Geometrisches Bild der Dreiwegklassifizierung: Die Zahlen werden für eine Dreiweg-Varianzanalyse in Zeilen, Spalten und Schichten angeordnet

Wenn eine Klassifizierung der Daten nach mehr als einem Gesichtspunkt getroffen werden muß, ist die Benutzung von doppelten oder mehrfachen Indizes sehr dienlich. Hierbei bezeichnet der erste Index stets die Zeile, der zweite die Spalte, der dritte die Schicht (Block, Untergruppe oder Tiefe). So bezeichnet x_{251} den Beobachtungswert einer dreidimensionalen Häufigkeitsverteilung in der zweiten Zeile, fünften Spalte und ersten Schicht. Allgemein formuliert bezeichnet x_{ijk} eine Beobachtung, die in der i-ten Zeile, j-ten Spalte und k-ten Schicht liegt (vgl. Abb. 59). Das Schema der dreifachen Klassifikation mit $i=1$ bis $i=a$ Gruppen der A-Klassifikation und $j=1$ bis $j=b$ Gruppen der B-Klassifikation sowie 2 Gruppen der C-Klassifikation sieht folgendermaßen aus, wobei ein Punkt jeweils den laufenden Index angibt (1, 2 bis a bzw. 1, 2 bis b bzw. 1 und 2) (Tabelle 160).

Tabelle 160

A\B	B_1	B_2	.	B_j	.	B_b	Σ
A_1	x_{111} x_{112}	x_{121} x_{122}	.	x_{1j1} x_{1j2}	.	x_{1b1} x_{1b2}	$S_{1..}$
A_2	x_{211} x_{212}	x_{221} x_{222}	.	x_{2j1} x_{2j2}	.	x_{2b1} x_{2b2}	$S_{2..}$
.	.	.	.	.	.	.	.
A_i	x_{i11} x_{i12}	x_{i21} x_{i22}	.	x_{ij1} x_{ij2}	.	x_{ib1} x_{ib2}	$S_{i..}$
.	.	.	.	.	.	.	.
A_a	x_{a11} x_{a12}	x_{a21} x_{a22}	.	x_{aj1} x_{aj2}	.	x_{ab1} x_{ab2}	$S_{a..}$
Σ	$S_{.1.}$	$S_{.2.}$	.	$S_{.j.}$	.	$S_{.b.}$	S

Hierbei bezeichnet $S_{i..}$ die Summe aller Werte der i-ten Zeile, $S_{.j.}$ die Summe aller Werte der j-ten Spalte und $S_{..1}$ die Summe aller Werte der 1-ten Untergruppierung und $S_{..2}$ die Summe aller Werte der 2-ten Untergruppierung; S ist die Summe aller Beobachtungen (d.h. $S = S \ldots = \sum_i \sum_j \sum_k x_{ijk}$ [mit $k = 1, 2$]).

Varianzanalyse für die dreifache Klassifizierung mit 2ab Beobachtungen

Beobachtet seien Werte eines Versuchs mit den drei Faktoren $A\,B\,C$ zu a, b, c ($c=2$) Stufen $A_1, \ldots, A_a$, $B_1, \ldots, B_b$, C_1, C_2 (vgl. Tab. 160 und 162). Diese Stufen sind systematisch ausgewählt und von besonderer Bedeutung (Modell *I*, vgl. S. 408). Für jede mögliche Kombination (A_i, B_j, C_k) liege eine Beobachtung x_{ijk} vor. Die Modellgleichung laute:

$$x_{ijk} = \mu + \alpha_i + \beta_j + \gamma_k + (\alpha\beta)_{ij} + (\alpha\gamma)_{ik} + (\beta\gamma)_{jk} + \varepsilon_{ijk} \qquad (7.28)$$

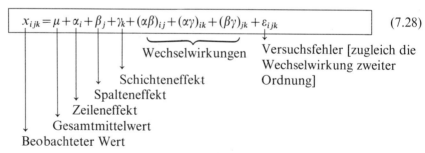

Wechselwirkungen   Versuchsfehler [zugleich die
Wechselwirkung zweiter
Schichteneffekt   Ordnung]
Spalteneffekt
Zeileneffekt
Gesamtmittelwert
Beobachteter Wert

α_i sind die Abweichungen der Zeilenmittel vom Gesamtmittel μ, der Effekt der i-ten Stufe des Faktors A ($i = 1, 2, \ldots, a$); β_j sind die Abweichungen der Spaltenmittel von μ, der Effekt der j-ten Stufe des Faktors B ($j = 1, 2, \ldots, b$); γ_k sind die Abweichungen der „Doppelwerte" von μ, der Effekt der k-ten Stufe des Faktors C ($k = 1, 2$)

(etwa: $k=1$ ist der beobachtete Wert beim 1. Versuch zum Zeitpunkt t_1; $k=2$ ist der beobachtete Wert beim 2. Versuch zum Zeitpunkt t_2) (vgl. weiter unten). Ein Wechselwirkungseffekt liegt vor, wenn die Summe der isolierten Effekte nicht gleich dem kombinierten Effekt ist, d. h. die *Wirkungen sind nicht unabhängig* und damit nicht additiv; gegenüber der Summe der Einzelwirkungen besteht entweder ein abgeschwächter oder ein verstärkter Gesamteffekt. $(\alpha\beta)_{ij}$ ist der Wechselwirkungseffekt zwischen der i-ten Stufe des Faktors A und der j-ten Stufe des Faktors B $(i=1, 2, \ldots, a; j=1, 2, \ldots, b)$; $(\alpha\gamma)_{ik}$ ist der Wechselwirkungseffekt zwischen der i-ten Stufe des Faktors A und der k-ten Stufe des Faktors C $(i=1, 2, \ldots, a; k=1, 2)$; $(\beta\gamma)_{jk}$ ist der Wechselwirkungseffekt zwischen der j-ten Stufe des Faktors B und der k-ten Stufe des Faktors C $(j=1, 2, \ldots, b; k=1, 2)$. Der Versuchsfehler ε_{ijk} sei unabhängig und normalverteilt mit dem Mittelwert Null und der Varianz σ^2 für alle i, j und k.
Weitere Voraussetzungen: Die Beobachtungen entstammen Zufallsstichproben aus zumindest angenähert normalverteilten Grundgesamtheiten mit zumindest angenähert gleichen Varianzen; für die Stichprobenvariablen wird eine Zerlegbarkeit der Form (7.28) vorausgesetzt.
In diesem Modell sind α_i, β_j, γ_k, $(\alpha\beta)_{ij}$, $(\alpha\gamma)_{ik}$, $(\beta\gamma)_{jk}$ unbekannte Konstanten, die als *systematische Anteile* der *Zufallskomponenten* ε_{ijk} gegenübergestellt werden. Anhand des Versuchsfehlers ε_{ijk} prüft man Hypothesen über die systematischen Komponenten. Entsprechend den zu prüfenden Hypothesen gelten die folgenden einschränkenden Bedingungen:

$$\sum_i \alpha_i = 0, \quad \sum_j \beta_j = 0, \quad \sum_k \gamma_k = 0$$

$$\sum_i (\alpha\beta)_{ij} = 0 \quad \text{für alle } j \qquad \sum_i (\alpha\gamma)_{ik} = 0 \quad \text{für alle } k$$

$$\sum_j (\alpha\beta)_{ij} = 0 \quad \text{für alle } i \qquad \sum_k (\alpha\gamma)_{ik} = 0 \quad \text{für alle } i$$

$$\sum_j (\beta\gamma)_{jk} = 0 \quad \text{für alle } k \qquad \sum_k (\beta\gamma)_{jk} = 0 \quad \text{für alle } j$$

(7.29–7.37)

Dann ergeben sich die Schätzwerte für die Parameter

$$\hat{\mu} = \left(\sum_i \sum_j \sum_k x_{ijk} \right) / 2ab = S/2ab \tag{7.38}$$

$$\hat{\alpha}_i = \hat{\mu}_{i..} - \hat{\mu} \qquad (\widehat{\alpha\beta})_{ij} = \hat{\mu}_{ij.} - \hat{\mu}_{i..} - \hat{\mu}_{.j.} + \hat{\mu}$$
$$\hat{\beta}_j = \hat{\mu}_{.j.} - \hat{\mu} \qquad (\widehat{\alpha\gamma})_{ik} = \hat{\mu}_{i.k} - \hat{\mu}_{i..} - \hat{\mu}_{..k} + \hat{\mu}$$
$$\hat{\gamma}_k = \hat{\mu}_{..k} - \hat{\mu} \qquad (\widehat{\beta\gamma})_{jk} = \hat{\mu}_{.jk} - \hat{\mu}_{.j.} - \hat{\mu}_{..k} + \hat{\mu}$$

(7.39) (7.42)
(7.40) (7.43)
(7.41) (7.44)

Weitere Nullhypothesen

$H_A: \alpha_i = 0$ für alle i $\qquad$ $H_{AB}: (\alpha\beta)_{ij} = 0$ für alle i, j
$H_B: \beta_j = 0$ für alle j $\qquad$ $H_{AC}: (\alpha\gamma)_{ik} = 0$ für alle i, k
$H_C: \gamma_k = 0$ für beide k $\qquad$ $H_{BC}: (\beta\gamma)_{jk} = 0$ für alle j, k

In Worten:

H_A: Für den Faktor A gibt es keine Zeileneffekte oder $\alpha_i = 0$ für alle i Stufen; nach der Alternativhypothese sind nicht alle α_i gleich Null, d. h. mindestens ein $\alpha_i \neq 0$.
H_B: Entsprechendes gilt für die Spalteneffekte.

H_C: Entsprechendes gilt für die Schichteneffekte ($\gamma_k = 0$) für beide Schichten; Alternativhypothese: nicht beide γ_k sind gleich Null.

H_{AB}, H_{AC}, H_{BC}. Für die Wechselwirkungen: Es gibt keine Wechselwirkungen. Alternativhypothesen: Mindestens eine $(\alpha\beta)_{ij} \neq 0$ bzw. mindestens eine $(\alpha\gamma)_{ik} \neq 0$ bzw. mindestens eine $(\beta\gamma)_{jk} \neq 0$.

Zur Ablehnung dieser Hypothesen benötigen wir die entsprechenden Varianzen. Wir erinnern uns, daß wir die Varianz, hier wird sie *Mittleres Quadrat (MQ)* genannt, die *durchschnittliche Variation pro Freiheitsgrad*,

$$\text{Mittleres Quadrat} = \frac{\text{Variation}}{\text{Freiheitsgrade}} = \frac{\text{Summe der Abweichungsquadrate}}{\text{Freiheitsgrade}} = \frac{Q}{FG} = MQ \qquad (7.45)$$

als Quotient aus der Summe der Abweichungsquadrate Q und dem Freiheitsgrad $v = n-1$ geschätzt haben:

$$s^2 = \frac{\sum(x-\bar{x})^2}{n-1} = \frac{Q}{n-1}$$

wobei $Q = \sum x^2 - (\sum x)^2/n$ durch Subtraktion eines Restgliedes von einer Quadratsumme erhalten wird. Für die dreifache Klassifizierung mit $2ab$ Beobachtungen lautet dieser Korrekturwert $\frac{1}{2ab}S^2$. Die Summen der Abweichungsquadrate und die zugehörigen FG sind Tabelle 161 zu entnehmen. Die MQ der 6 Effekte werden dann mit dem F-Test gegen das MQ des Versuchsfehlers σ^2 geprüft.

Diese Hypothesen H_x mit den zugehörigen Mittleren Quadraten MQX – berechnet als Quotienten aus den zugehörigen Summen der Abweichungsquadrate QX und der Freiheitsgrade FG_x (vgl. Tabelle 161) – und dem Mittleren Quadrat des Versuchsfehlers $MQV = QV/FG_v = \hat{\sigma}^2$ lassen sich ablehnen, sobald

$$\hat{F} = \frac{MQX}{\hat{\sigma}^2} = \frac{(a-1)(b-1)}{FG_x} \cdot \frac{QX}{QV} > F_{v_1;\, v_2;\, \alpha} \quad \text{mit} \quad \begin{array}{l} v_1 = FG_x \\ v_2 = (a-1)(b-1) \end{array} \qquad (7.46)$$

Darüber hinaus lassen sich noch die Schätzwerte

$$\hat{\mu} = \frac{S}{2ab} \qquad (7.38)$$

$$\hat{\alpha}_i = \frac{S_{i..}}{2b} - \hat{\mu} \qquad (7.39)$$

$$\hat{\beta}_j = \frac{S_{.j.}}{2a} - \hat{\mu} \qquad (7.40)$$

$$\hat{\gamma}_k = \frac{S_{..k}}{ab} - \hat{\mu} \qquad (7.41)$$

$$(\widehat{\alpha\beta})_{ij} = \frac{S_{ij.}}{2} - \frac{S_{i..}}{2b} - \frac{S_{.j.}}{2a} + \hat{\mu} \qquad (7.42)$$

$$(\widehat{\alpha\gamma})_{ik} = \frac{S_{i.k}}{b} - \frac{S_{i..}}{2b} - \frac{S_{..k}}{ab} + \hat{\mu} \qquad (7.43)$$

Tabelle 161. Varianzanalyse für die dreifache Klassifizierung mit $2ab$ Beobachtungen

Ursache der Variation	Summe der Abweichungsquadrate Q	Freiheitsgrade FG	Mittleres Quadrat MQ	$\hat{F}$
Zwischen den Stufen des Faktors A	$QA = \dfrac{1}{2b}\sum\limits_{i=1}^{a} S^2_{i..} - \dfrac{1}{2ab} S^2$	$FG_A = a - 1$	$MQA = \dfrac{QA}{FG_A}$	$\hat{F}_A = \dfrac{MQA}{MQV}$
Zwischen den Stufen des Faktors B	$QB = \dfrac{1}{2a}\sum\limits_{j=1}^{b} S^2_{.j.} - \dfrac{1}{2ab} S^2$	$FG_B = b - 1$	$MQB = \dfrac{QB}{FG_B}$	$\hat{F}_B = \dfrac{MQB}{MQV}$
Zwischen den Stufen des Faktors C	$QC = \dfrac{1}{ab}\sum\limits_{k=1}^{2} S^2_{..k} - \dfrac{1}{2ab} S^2$	$FG_C = 2 - 1 = 1$	$MQC = \dfrac{QC}{FG_C}$	$\hat{F}_C = \dfrac{MQC}{MQV}$
Wechselwirkung AB	$Q(AB) = \dfrac{1}{2}\sum\limits_{i=1}^{a}\sum\limits_{j=1}^{b} S^2_{ij.} - \dfrac{1}{2b}\sum\limits_{i=1}^{a} S^2_{i..} - \dfrac{1}{2a}\sum\limits_{j=1}^{b} S^2_{.j.} + \dfrac{1}{2ab} S^2$	$FG_{AB} = (a-1)(b-1)$	$MQ(AB) = \dfrac{Q(AB)}{FG_{AB}}$	$\hat{F}_{AB} = \dfrac{MQ(AB)}{MQV}$
Wechselwirkung AC	$Q(AC) = \dfrac{1}{b}\sum\limits_{i=1}^{a}\sum\limits_{k=1}^{2} S^2_{i.k} - \dfrac{1}{2b}\sum\limits_{i=1}^{a} S^2_{i..} - \dfrac{1}{ab}\sum\limits_{k=1}^{2} S^2_{..k} + \dfrac{1}{2ab} S^2$	$FG_{AC} = (a-1)(2-1)$	$MQ(AC) = \dfrac{Q(AC)}{FG_{AC}}$	$\hat{F}_{AC} = \dfrac{MQ(AC)}{MQV}$
Wechselwirkung BC	$Q(BC) = \dfrac{1}{a}\sum\limits_{j=1}^{b}\sum\limits_{k=1}^{2} S^2_{.jk} - \dfrac{1}{2a}\sum\limits_{j=1}^{b} S^2_{.j.} - \dfrac{1}{ab}\sum\limits_{k=1}^{2} S^2_{..k} + \dfrac{1}{2ab} S^2$	$FG_{BC} = (b-1)(2-1)$	$MQ(BC) = \dfrac{Q(BC)}{FG_{BC}}$	$\hat{F}_{BC} = \dfrac{MQ(BC)}{MQV}$
Versuchsfehler V	$QV = \sum\limits_{i}\sum\limits_{j}\sum\limits_{k} x^2_{ijk} - \dfrac{1}{2}\sum\limits_{i}\sum\limits_{j} S^2_{ij.} - \dfrac{1}{b}\sum\limits_{i}\sum\limits_{k} S^2_{i.k} - \dfrac{1}{a}\sum\limits_{j}\sum\limits_{k} S^2_{.jk} + \dfrac{1}{2b}\sum\limits_{i} S^2_{i..} + \dfrac{1}{2a}\sum\limits_{j} S^2_{.j.} + \dfrac{1}{ab}\sum\limits_{k} S^2_{..k} - \dfrac{1}{2ab} S^2$	$FG_V =$ $(a-1)(b-1)(2-1)$	MQV $= \dfrac{QV}{FG_V} = \hat{\sigma}^2$	
Gesamtvariation G	$QG = \sum\limits_{i=1}^{a}\sum\limits_{j=1}^{b}\sum\limits_{k=1}^{2} x^2_{ijk} - \dfrac{1}{2ab} S^2$	$FG_G = 2ab - 1$		

$$(\hat{\beta\gamma})_{jk} = \frac{S_{.jk}}{a} - \frac{S_{.j.}}{2a} - \frac{S_{..k}}{ab} + \hat{\mu} \qquad (7.44)$$

der mittlere Zeileneffekt

$$\hat{\sigma}^2_{\text{Zei.}} = \frac{\sum \alpha_i^2}{a} \qquad (7.39\text{a})$$

der mittlere Spalteneffekt

$$\hat{\sigma}^2_{\text{Spa.}} = \frac{\sum \beta_j^2}{b} \qquad (7.40\text{a})$$

sowie der mittlere Schichteneffekt

$$\hat{\sigma}^2_{\text{Sch.}} = \frac{\sum \gamma_k^2}{2} \qquad (7.41\text{a})$$

bestimmen.

Ein einfaches Zahlenbeispiel (Tabelle 162) mag dies illustrieren.

Tabelle 162

A \ B	B_1	B_2	B_3	$\sum$
A_1	6 5	6 4	7 6	34
A_2	5 4	5 5	5 5	29
A_3	6 6	7 7	4 4	34
A_4	8 7	6 5	5 2	33
$\sum$	47	45	38	130

Tabelle 163 (ijk)

C	C_1			C_2			
A \ B	B_1	B_2	B_3	B_1	B_2	B_3	$\sum$
A_1	6	6	7	5	4	6	34
A_2	5	5	5	4	5	5	29
A_3	6	7	4	6	7	4	34
A_4	8	6	5	7	5	2	33
$\sum$	25	24	21	22	21	17	130

Tabelle 163 a (ij)

A\B	B_1	B_2	B_3	$\sum$
A_1	11	10	13	34
A_2	9	10	10	29
A_3	12	14	8	34
A_4	15	11	7	33
$\sum$	47	45	38	130

Tabelle 163 b (ik)

A\C	C_1	C_2	$\sum$
A_1	19	15	34
A_2	15	14	29
A_3	17	17	34
A_4	19	14	33
$\sum$	70	60	130

Tabelle 163 c (jk)

B\C	C_1	C_2	$\sum$
B_1	25	22	47
B_2	24	21	45
B_3	21	17	38
$\sum$	70	60	130

Tabelle 162 (oder Tab. 163) enthalte die gerundeten Ausbeuten einer chemischen Reaktion. A_{1-4} seien Konzentrationsstufen, B_{1-3} Temperaturstufen; C_1 und C_2 seien Zeitpunkte an denen die Versuche vorgenommen wurden. Die Tabellen 163a, b, c sind durch Summierung gebildete Hilfstabellen.

Nach Tabelle 161 ergibt sich zunächst das Restglied $(\sum x)^2/n$ für alle Abweichungsquadratsummen

$$\frac{1}{2ab}S^2 = \frac{130^2}{2\cdot4\cdot3} = \frac{16900}{24} = 704{,}167$$

und dann unter Beachtung von Tabelle 164

Tabelle 164

$$
\begin{aligned}
(34^2+29^2+34^2+33^2)/6 &= 707{,}000 \\
(47^2+45^2+38^2)/8 &= 709{,}750 \\
(70^2+60^2)/12 &= 708{,}333 \\
(11^2+10^2+\ldots+7^2)/2 &= 735{,}000 \\
(19^2+15^2+\ldots+14^2)/3 &= 714{,}000 \\
(25^2+22^2+\ldots+17^2)/4 &= 714{,}000 \\
6^2+6^2+7^2+\ldots+5^2+2^2 &= 744{,}000
\end{aligned}
$$

$$QA = \frac{1}{2\cdot3}(34^2+29^2+34^2+33^2) - 704{,}167 = 2{,}833$$

$$QB = \frac{1}{2\cdot4}(47^2+45^2+38^2) - 704{,}167 = 5{,}583$$

$$QC = \frac{1}{4\cdot3}(70^2+60^2) - 704{,}167 = 4{,}166$$

$$Q(AB) = \frac{1}{2}(11^2+10^2+13^2+9^2+\ldots+7^2) \quad [\text{siehe Tab. 163a}]$$
$$-\frac{1}{2\cdot3}(34^2+29^2+34^2+33^2) - \frac{1}{2\cdot4}(47^2+45^2+38^2)$$
$$+704{,}167 = 22{,}417$$

$$Q(AC) = \frac{1}{3}(19^2+15^2+15^2+14^2+17^2+17^2+19^2+14^2) \quad [\text{s. Tab. 163b}]$$
$$-\frac{1}{2\cdot3}(34^2+29^2+34^2+33^2) - \frac{1}{4\cdot3}(70^2+60^2) + 704{,}167 = 2{,}834$$

$$Q(BC) = \frac{1}{4}(25^2+22^2+24^2+21^2+21^2+17^2) \quad [\text{s. Tab. 163c}]$$
$$-\frac{1}{2\cdot4}(47^2+45^2+38^2) - \frac{1}{4\cdot3}(70^2+60^2) + 704{,}167 = 0{,}084$$

$$QV = (6^2 + 6^2 + 7^2 + 5^2 + \ldots + 7^2 + 5^2 + 2^2) \quad \text{[s. Tab. 163]}$$
$$- \frac{1}{2}(11^2 + 10^2 + \ldots + 7^2) - \frac{1}{3}(19^2 + 15^2 + \ldots + 14^2)$$
$$- \frac{1}{4}(25^2 + 22^2 + \ldots + 17^2) + \frac{1}{2 \cdot 3}(34^2 + 29^2 + 34^2 + 33^2)$$
$$+ \frac{1}{2 \cdot 4}(47^2 + 45^2 + 38^2) + \frac{1}{4 \cdot 3}(70^2 + 60^2) - 704{,}167 = 1{,}916$$
$$QG = (6^2 + 6^2 + 7^2 + 5^2 + \ldots + 7^2 + 5^2 + 2^2) - 704{,}167 = 39{,}833$$

Diese Befunde werden in Tabelle 165 zusammengefaßt, die auch das Resultat der

Tabelle 165.   Varianzanalyse nach Tabelle 161 für Tabelle 163

Ursache der Variation	Summe der Abweichungsquadrate	FG	MQ	$\hat{F}$	$F_{0{,}05}$
Faktor A	$QA =$ 2,833	$4-1=3$	0,944		2,96 < 4,76
Faktor B	$QB =$ 5,583	$3-1=2$	2,792		8,75 > 5,14
Faktor C	$QC =$ 4,166	1	4,166		13,06 > 5,99
Wechselwirkung AB	$Q(AB) =$ 22,417	6	3,736		11,71 > 4,28
Wechselwirkung AC	$Q(AC) =$ 2,834	3	0,948		2,97 < 4,76
Wechselwirkung BC	$Q(BC) =$ 0,084	2	0,042		0,13 < 5,14
Versuchsfehler V	$QV =$ 1,916	6	$0{,}319 = MQV = \hat{\sigma}^2$		
Gesamtvariation G	$QG =$ 39,833	23			

Hypothesenprüfungen nach Formel (7.46) enthält. Die Nullhypothesen

$$\beta_1 = \beta_2 = \beta_3 = 0, \quad \gamma_1 = \gamma_2 = 0, \quad (\alpha\beta)_{11} = \ldots = (\alpha\beta)_{43} = 0$$

lassen sich nach

$$\hat{F}_B = \frac{2{,}792}{0{,}319} = 8{,}75 > 5{,}14 = F_{2;\,6;\,0,05}$$

$$\hat{F}_C = \frac{4{,}166}{0{,}319} = 13{,}06 > 5{,}99 = F_{1;\,6;\,0,05}$$

$$\hat{F}_{AB} = \frac{3{,}736}{0{,}319} = 11{,}71 > 4{,}28 = F_{6;\,6;\,0,05}$$

auf dem 5%-Niveau ablehnen. Die entsprechenden Schätzwerte $\hat{\beta}_j$, $\hat{\gamma}_k$, $\widehat{(\alpha\beta)}_{ij}$ sind Tabelle 166 zu entnehmen. Der mittlere Spalteneffekt und der mittlere Schichteneffekt:

$$\sigma^2_{\text{Spa.}} = \frac{0{,}46^2 + 0{,}21^2 + (-0{,}67)^2}{3} = 0{,}235 \quad \text{und} \quad \hat{\sigma}^2_{\text{Sch.}} = \frac{0{,}42^2 + (-0{,}42)^2}{2} = 0{,}176$$

Varianzanalyse für die zweifache Klassifizierung mit 2ab Beobachtungen

Ohne Berücksichtigung des Faktors C hätten wir das Modell

$$x_{ijk} = \mu + \alpha_i + \beta_j + (\alpha\beta)_{ij} + \varepsilon_{ijk} \tag{7.47}$$

Tabelle 166.   Schätzwerte: Beachte, daß die Summe einander entsprechender Schätzwerte (z. B. der $\hat{\alpha}_i$) gleich Null ist. Die stärksten positiven Wechselwirkungen, die höchsten Beobachtungswerte weisen die Felder A_1B_3 $(\widehat{\alpha\beta})_{13}$ und A_4B_1 $(\widehat{\alpha\beta})_{41}$ auf, die stärksten negativen Wechselwirkungen zeigen die Felder A_3B_3 $(\widehat{\alpha\beta})_{33}$ und A_4B_3 $(\widehat{\alpha\beta})_{43}$.

$$\hat{\mu} = \frac{130}{2\cdot4\cdot3} = 5,417$$

$$\hat{\alpha}_1 = \frac{34}{2\cdot3} - 5,42 = 0,25$$

$$\hat{\alpha}_2 = \frac{29}{2\cdot3} - 5,42 = -0,59$$

$$\hat{\alpha}_3 = \hat{\alpha}_1 = 0,25$$

$$\hat{\alpha}_4 = \frac{33}{2\cdot3} - 5,42 = 0,08$$

$$\hat{\beta}_1 = \frac{47}{2\cdot4} - 5,42 = 0,46$$

$$\hat{\beta}_2 = \frac{45}{2\cdot4} - 5,42 = 0,21$$

$$\hat{\beta}_3 = \frac{38}{2\cdot4} - 5,42 = -0,67$$

$$\hat{\gamma}_1 = \frac{70}{4\cdot3} - 5,42 = 0,42$$

$$\hat{\gamma}_2 = \frac{60}{4\cdot3} - 5,42 = -0,42$$

$$(\widehat{\alpha\beta})_{11} = \frac{11}{2} - \frac{34}{2\cdot3} - \frac{47}{2\cdot4} + 5,42 = -0,63$$

$$(\widehat{\alpha\beta})_{12} = \frac{10}{2} - \frac{34}{2\cdot3} - \frac{45}{2\cdot4} + 5,42 = -0,87$$

$$(\widehat{\alpha\beta})_{13} = \frac{13}{2} - \frac{34}{2\cdot3} - \frac{38}{2\cdot4} + 5,42 = 1,50$$

$$(\widehat{\alpha\beta})_{21} = \frac{9}{2} - \frac{29}{2\cdot3} - \frac{47}{2\cdot4} + 5,42 = -0,79$$

$$(\widehat{\alpha\beta})_{22} = \frac{10}{2} - \frac{29}{2\cdot3} - \frac{45}{2\cdot4} + 5,42 = -0,04$$

$$(\widehat{\alpha\beta})_{23} = \frac{10}{2} - \frac{29}{2\cdot3} - \frac{38}{2\cdot4} + 5,42 = 0,84$$

$$(\widehat{\alpha\beta})_{31} = \frac{12}{2} - \frac{34}{2\cdot3} - \frac{47}{2\cdot4} + 5,42 = -0,13$$

$$(\widehat{\alpha\beta})_{32} = \frac{14}{2} - \frac{34}{2\cdot3} - \frac{45}{2\cdot4} + 5,42 = 1,12$$

$$(\widehat{\alpha\beta})_{33} = \frac{8}{2} - \frac{34}{2\cdot3} - \frac{38}{2\cdot4} + 5,42 = -1,00$$

$$(\widehat{\alpha\beta})_{41} = \frac{15}{2} - \frac{33}{2\cdot3} - \frac{47}{2\cdot4} + 5,42 = 1,54$$

$$(\widehat{\alpha\beta})_{42} = \frac{11}{2} - \frac{33}{2\cdot3} - \frac{45}{2\cdot4} + 5,42 = -0,21$$

$$(\widehat{\alpha\beta})_{43} = \frac{7}{2} - \frac{33}{2\cdot3} - \frac{38}{2\cdot4} + 5,42 = -1,33$$

– wobei γ_k, $(\alpha\gamma)_{ik}$, $(\beta\gamma)_{jk}$ im Versuchsfehler enthalten sind – mit den drei Einschränkungen

$$\sum_{i=1}^{a}\alpha_i=0; \quad \sum_{j=1}^{b}\beta_j=0; \quad \sum_{i=1}^{a}\sum_{j=1}^{b}(\alpha\beta)_{ij}=0 \tag{7.48}$$

und den entsprechenden Nullhypothesen (vgl. Tabelle 167). Der Versuchsfehler enthält

Tabelle 167.   Zweifache Varianzanalyse mit Wechselwirkung

Ursache der Variation	Summe der Abweichungs-quadrate Q	Freiheits-grade FG	Mittleres Quadrat MQ
Faktor A	QA	$a-1$	$MQA = \dfrac{QA}{a-1}$
Faktor B	QB	$b-1$	$MQB = \dfrac{QB}{b-1}$
Wechselwirkung AB	$Q(AB)$	$(a-1)(b-1)$	$MQ(AB) = \dfrac{Q(AB)}{(a-1)(b-1)}$
Versuchsfehler V	QV	ab	$MQV = \dfrac{QV}{ab}$
Insgesamt	QG	$2ab-1$	

Tabelle 168.   Varianzanalyse für die dreifache Klassifizierung mit $2ab$ Beobachtungen. Modell: $x_{ijk} = \mu + \alpha_i + \beta_j + \gamma_k + (\alpha\beta)_{ij} + \varepsilon_{ijk}$

Ursache der Variation	Summe der Abweichungsquadrate Q	FG	MQ	$\hat{F}$
Zwischen den Stufen des Faktors A	$QA = \dfrac{1}{2b}\sum\limits_i S^2_{i..} - \dfrac{1}{2ab}S^2$	$FG_A = a - 1$	$MQA = \dfrac{QA}{FG_A}$	$\hat{F}_A = \dfrac{MQA}{MQV}$
Zwischen den Stufen des Faktors B	$QB = \dfrac{1}{2a}\sum\limits_j S^2_{.j.} - \dfrac{1}{2ab}S^2$	$FG_B = b - 1$	$MQB = \dfrac{QB}{FG_B}$	$\hat{F}_B = \dfrac{MQB}{MQV}$
Zwischen den Stufen des Faktors C	$QC = \dfrac{1}{ab}\sum\limits_{k=1}^{2} S^2_{..k} - \dfrac{1}{2ab}S^2$	$FG_C = 2 - 1 = 1$	$MQC = \dfrac{QC}{FG_C}$	$\hat{F}_C = \dfrac{MQC}{MQV}$
Wechsel-wirkung AB	$Q(AB) = QG - (QA + QB + QC + QV)$	$FG_{AB} = (a-1)(b-1)$	$MQ(AB) = \dfrac{Q(AB)}{FG_{AB}}$	$\hat{F}_{AB} = \dfrac{MQ(AB)}{MQV}$
Versuchs-fehler V	$QV = \sum\limits_i\sum\limits_j\sum\limits_k x^2_{ijk} - \dfrac{1}{ab}\sum\limits_k S^2_{..k} - \dfrac{1}{2}\sum\limits_i\sum\limits_j S^2_{ij.} + \dfrac{1}{2ab}S^2$	$FG_V = (ab-1)(2-1)$ $= ab - 1$	$MQV = \dfrac{QV}{FG_V} = \hat{\sigma}^2$	
Gesamt-variation G	$QG = \sum\limits_i\sum\limits_j\sum\limits_k x^2_{ijk} - \dfrac{1}{2ab}S^2$	$FG_G = 2ab - 1$		

Tabelle 168a.   Varianzanalyse für die dreifache Klassifizierung mit $2ab$ Beobachtungen. Modell: $x_{ijk} = \mu + \alpha_i + \beta_j + (\alpha\beta)_{ij} + \varepsilon_{ijk}$

Ursache der Variation	Summe der Abweichungsquadrate Q	FG	MQ	$\hat{F}$
Zwischen den Stufen des Faktors A	$QA = \frac{1}{2b}\sum_i S_{i..}^2 - \frac{1}{2ab}S^2$	$FG_A = a-1$	$MQA = \frac{QA}{FG_A}$	$\hat{F}_A = \frac{MQA}{MQV}$
Zwischen den Stufen des Faktors B	$QB = \frac{1}{2a}\sum_j S_{.j.}^2 - \frac{1}{2ab}S^2$	$FG_B = b-1$	$MQB = \frac{QB}{FG_B}$	$\hat{F}_B = \frac{MQB}{MQV}$
Wechselwirkung AB	$Q(AB) = QG - (QA + QB + QV)$	$FG_{AB} = (a-1)(b-1)$	$MQ(AB) = \frac{Q(AB)}{FG_{AB}}$	$\hat{F}_{AB} = \frac{MQ(AB)}{MQV}$
Versuchsfehler V	$QV = \sum_i\sum_j\sum_k x_{ijk}^2 - \frac{1}{2}\sum_i\sum_j S_{ij.}^2$	$FG_V = ab(2-1)$ $= ab$	$MQV = \frac{QV}{FG_V} = \hat{\sigma}^2$	
Gesamtvariation G	$QG = \sum_i\sum_j\sum_k x_{ijk}^2 - \frac{1}{2ab}S^2$	$FG_G = 2ab-1$		

jetzt die Variationsursachen C, AC und BC, d. h.

$$QV \text{ aus Tab. } 167 = QC + Q(AC) + Q(BC) + QV \text{ aus Tab. } 161$$

und (vgl. Tab. 167a; QV ist nach Tab. 165 berechnet: $QV = 4{,}166 + 2{,}834 + 0{,}084 + 1{,}916$) lediglich die Wechselwirkung AB ist auf dem 5%-Niveau signifikant.

Tabelle 167a.   Varianzanalyse nach Tabelle 167 für Tabelle 162

Variationsursache	Summe der Abweichungs- quadrate Q	FG	Mittleres Quadrat MQ	$\hat{F}$ $F_{0,05}$
Faktor A	2,833	3	0,944	1,26 < 3,49
Faktor B	5,583	2	2,792	3,72 < 3,89
Wechselwirkung AB	22,417	6	3,736	4,98 > 3,00
Versuchsfehler V	9,000	12	0,750	
Insgesamt	39,833	23		

Die Varianzanalyse für die dreifache Klassifizierung mit $2ab$ Beobachtungen [Modell (7.28); Tabelle 161] läßt sich somit unter Verzicht auf die beiden weniger wichtigen Wechselwirkungen (Tabelle 168 mit den vier Einschränkungen $\sum_i \alpha_i = \sum_j \beta_j = \sum_k \gamma_k = \sum_i \sum_j (\alpha\beta)_{ij} = 0$) und der Wirkung des Faktors C wesentlich vereinfachen [Tabelle 168a mit (7.48)], wobei für Tabelle 161 und Tabelle 168 zwei sog. randomisierte Blöcke (vgl. S. 433) C_1 und C_2 (Zeitpunkt t_1 und Zeitpunkt t_2) vorliegen, die Zuordnung der Behandlungen zu den A_iB_j folgt innerhalb jedes Blockes nach dem Zufallsprinzip. Für Tabelle 168a (167, 167a) liegt eine sog. vollständige randomisierte Zwei-Variablen-Klassifikation mit Wiederholung vor.

Unserem Beispiel liegt nach Fragestellung und Datensammlung ein Modell mit festen Effekten zugrunde; hauptsächlich interessieren die systematisch ausgewählten Stufen der Faktoren!

Versuche werden geplant, um die Wirkung bestimmter Einflußgrößen auf die Zielgröße abzuschätzen. Diese Einflußgrößen seien als *„Faktoren"* bezeichnet. Wir verstehen hierunter einmal *verschiedene Verfahren*, sodann auch *Stufenwerte einer Einflußgröße*, z. B. der Temperatur. Von den zu prüfenden Faktoren können oft alle Stufen (z. B. weibliche und männliche Tiere) oder nur ein Teil der möglichen Stufen berücksichtigt werden. Im letzteren Fall unterscheiden wir zwischen:

1. **Systematischer Auswahl:** z. B. *bewußt ausgewählte* Sorten, Düngerformen, Standweiten, Saatzeiten, Saatmengen oder Druck-, Temperatur-, Zeit-, Konzentrationsstufen eines chemischen Prozesses und

2. **Zufälliger Auswahl:** z. B. Böden, Orte und Jahre, Versuchstiere oder andere Versuchsobjekte, die als *Zufallsstichproben* aus einer gedachten Grundgesamtheit auffaßbar sind.

Nach Eisenhart (1947) unterscheidet man in der Varianzanalyse zwei Modelle:
Modell I mit *systematischen Komponenten* oder festen Effekten, als Modell „fixed" (fest) bezeichnet (Typ I): Spezielle Behandlungen, Arzneien, Methoden, Stufen eines Faktors, Sorten, Versuchstiere, Maschinen werden *bewußt ausgewählt* und in den Versuch einbezogen, weil gerade sie (etwa die Spritzmittel A, B und C) von praktischem Interesse

sind und man etwas über ihre mittleren Effekte und deren Bedeutsamkeit erfahren möchte. Vergleiche von Mittelwerten stehen somit hier im Vordergrund!

Tabelle 169.   Modell „fixed"

Variation	FG	MQ	Test	$\hat{F}$	$F_{0,05}$
A	3	0,94		$\hat{F}_A = \dfrac{0,944}{0,75} = 1,26 < 3,49$	
B	2	2,79		$\hat{F}_B = \dfrac{2,79}{0,75} = 3,72 < 3,89$	
AB = W	6	3,74		$\hat{F}_W = \dfrac{3,74}{0,75} = 4,99 > 3,00$	
V	12	0,75			

Modell II mit zufälligen Effekten oder *Zufallskomponenten*, als Modell „random" (zufällig) bezeichnet (Typ II): Die Behandlungen, Methoden, Versuchspersonen oder Untersuchungsobjekte sind *zufällige Stichproben* aus einer Grundgesamtheit, über die eine Aussage erwünscht ist. Es interessieren die Variabilitätsanteile der einzelnen Faktoren an der Gesamtvariabilität. Hier werden Varianzkomponenten sowie Vertrauensbereiche geschätzt und Hypothesen über die Varianzkomponenten geprüft („echte Varianzanalyse").

Eine Übersicht gibt Searle (1971). Beispiele sind z.B. Ahrens (1967) zu entnehmen.

Feste Effekte werden mit griechischen Buchstaben bezeichnet, zufällige mit lateinischen.

> Nur beim Modell „fixed" dürfen die Mittleren Quadrate (*MQ*) gegen das *MQ* des Versuchsfehlers geprüft werden!
> Beim Modell „random" müssen die *MQ* der Zeilen- und Spalteneffekte gegen das *MQ* der Wechselwirkung getestet und dieses gegen das *MQ* des Versuchsfehlers geprüft werden.

Näheres ist den Arbeiten von Binder (1955), Hartley (1955), Wilk und Kempthorne (1955), Harter (1957), Le Roy (1957/1972), Federer (1961) und Searle (1971) zu entnehmen.

Nun zurück zu unserem Beispiel.

Wir erhalten ebenfalls nur eine signifikante Wechselwirkung (Tabelle 170).

Tabelle 170.   Modell „random". Dieses Modell ist für das Beispiel weniger geeignet.

Variation	FG	MQ	Test	$\hat{F}$	$F_{0,05}$
A	3	0,94		$\hat{F}_A = \dfrac{0,944}{3,74} = 0,25 < 4,76$	
B	2	2,79		$\hat{F}_B = \dfrac{2,79}{3,74} = 0,75 < 5,14$	
AB = W	6	3,74		$\hat{F}_W = \dfrac{3,74}{0,75} = 4,99 > 3,00$	
V	12	0,75			

Es kann auch vorkommen, daß für die Stufen des einen Merkmals die Hypothese „fixed" und für die Stufen des anderen Merkmals die Hypothese „random" zutrifft (Modell „mixed" oder III). Angenommen, wir setzten die Stufen des Merkmals *A* als „random" und die des Merkmals *B* als „fixed" voraus, dann ergibt sich (Tabelle 171) für unser Beispiel im Gegensatz zum eben besprochenen Modell ein zwar erhöhter, jedoch noch durchaus zufälliger Zeileneffekt.

Tabelle 171.   Modell „mixed"

Variation	FG	MQ	Test	$\hat{F}$	$F_{0,05}$
A	3	0,94		$\hat{F}_A = \frac{0,944}{0,75} = 1,26$	$< 3,49$
B	2	2,79		$\hat{F}_B = \frac{2,79}{3,74} = 0,75$	$< 5,14$
AB = W	6	3,74		$\hat{F}_W = \frac{3,74}{0,75} = 4,99$	$> 3,00$
V	12	0,75			

Die Analyse gemischter Modelle ist nicht einfach (Wilk und Kempthorne 1955, Scheffé 1959, Searle und Henderson 1961, Hays 1963, Bancroft 1964, Holland 1965, Blischke 1966, Eisen 1966, Endler 1966, Spjøtvoll 1966, Cunningham 1968, Koch und Sen 1968, Harvey 1970, Rasch 1971, Searle 1971).

▶ **742   Multiple Vergleiche von Mittelwerten nach Scheffé, nach Student-Newman-Keuls und nach Tukey**

Es liegen k der Größe nach absteigend geordnete Mittelwerte vor: $\bar{x}_{(1)} \geqq \bar{x}_{(2)} \geqq \ldots \geqq \bar{x}_{(k)}$. Wird bei den multiplen (mehrfachen) paarweisen Mittelwertvergleichen eine kritische Differenz D_α überschritten, so ist $H_0 : \mu_{(i)} = \mu_{(j)}$ auf dem $100\alpha\%$-Niveau zu verwerfen und $H_A : \mu_{(i)} > \mu_{(j)}$ zu akzeptieren. Bevorzugt wird das 5%-Niveau.

I. Nach Scheffé (1963) gilt für ungleich große und gleich große Stichprobengruppen und beliebige Paare von Mittelwerten (vgl. auch S. 391/394):

S. 116/124

$$D_I = \sqrt{s_{in}^2 (1/n_i + 1/n_j)(k-1) F_{(k-1; \, v_{s_{in}^2}; \, \alpha)}} \tag{7.49}$$

s_{in}^2 = Mittleres Quadrat des Versuchsfehlers, n_i, n_j = Stichprobenumfänge der verglichenen Mittelwerte, $v_{s_{in}^2}$ = Anzahl der Freiheitsgrade für s_{in}^2.

II. Nach Student (1927), Newman (1939) und Keuls (1952) gilt für gleich große Stichprobengruppen des Umfangs n:

Approximation für $n_i \neq n_j$:

$$D_{II} = q \sqrt{\frac{s_{in}^2}{n}}$$

$$D'_{II} = q \sqrt{s_{in}^2 \, 0,5 (1/n_i + 1/n_j)} \tag{7.50}$$

(vgl. auch S. 415, Hinweis 1).

S. 412,413

q = Faktor aus Tabelle 172 für $P = 0,05$ bzw. $P = 0,01$, abhängig von k = Anzahl der Mittelwerte im betrachteten Bereich (für $\bar{x}_{(4)} - \bar{x}_{(2)}$ also $k = 3$) und den zu $MQV = s_{in}^2$ gehörenden Freiheitsgraden v_2. Eine Tafel für $P = 0,10$ gibt Pachares (1959). Berechne $d_k = \bar{x}_{(1)} - \bar{x}_{(k)}$. Für $d_k \leqq D_{II,k,\alpha}$ werden alle Mittelwerte als gleich aufgefaßt. Für $d_k > D_{II,k,\alpha}$ werden μ_1 und μ_k als ungleich aufgefaßt und $d'_{k-1} = \bar{x}_{(1)} - \bar{x}_{(k-1)}$ sowie $d''_{k-1} = \bar{x}_{(2)} - \bar{x}_{(k)}$ berechnet. Für $d'_{k-1} \leqq D_{II,k-1,\alpha}$ werden die Mittelwerte μ_1 bis μ_{k-1} als gleich aufgefaßt; für $d'_{k-1} > D_{II,k-1,\alpha}$ wird $\mu_{(1)} = \mu_{(k-1)}$ verworfen. Entsprechende Tests werden mit d''_{k-1} durchgeführt. Dieses Vorgehen wird fortgesetzt, bis alle h Mittelwerte in einer Gruppe mit $d_h \leqq D_{II,h,\alpha}$ als gleich aufgefaßt werden.

III. Tukey-Verfahren: Ein D_{II}, das auf q mit k = Gesamtzahl aller Mittelwerte basiert, ist nach Tukey (vgl. z. B. Scheffé 1953) für die Prüfung zweier beliebiger Mittelwerte $\bar{x}_{(i)} - \bar{x}_{(j)}$ bzw. zweier beliebiger Gruppen von Mittelwerten, etwa $(\bar{x}_{(1)} + \bar{x}_{(2)} + \bar{x}_{(3)})/3 - (\bar{x}_{(4)} + \bar{x}_{(5)})/2$ geeignet.

Wir benutzen das Beispiel von S. 394; $\alpha = 0,05$; $\bar{x}_{(1)}$ bis $\bar{x}_{(6)}$: 26,8 26,3 25,2 19,8 14,3 11,8; $n_i = 8$; $s_{in}^2 = 10,38$; $v = 48 - 6 = 42$.

$$D_{I;0,05} = \sqrt{10,38(1/8 + 1/8)(6-1)2,44} = 5,63$$

$D_{II;6;0,05} = 4,22\sqrt{10,38/8} = 4,81$ und entsprechend: $D_{II;5;0,05} = 4,59$; $D_{II;4;0,05} = 4,31$

$$D_{II;3;0,05} = 3,91; \quad D_{II;2;0,05} = 3,25$$

Resultate $\quad D_I: \mu_{(1)} = \mu_{(2)} = \mu_{(3)},\ \mu_{(1)} > \mu_{(4)-(6)},\ \mu_{(2)} > \mu_{(5),(6)},\ \mu_{(3)} = \mu_{(4)},$

$\qquad\qquad \mu_{(3)} > \mu_{(5),(6)},\ \mu_{(4)} = \mu_{(5)},\ \mu_{(4)} > \mu_{(6)},\ \mu_{(5)} = \mu_{(6)}$

$\qquad D_{II}: \mu_{(1)} > \mu_{(6)-(4)},\ \mu_{(2)} > \mu_{(6)-(4)},\ \mu_{(1)} = \mu_{(2)} = \mu_{(3)},$

$\qquad\qquad \mu_{(3)} > \mu_{(6)-(4)},\ \mu_{(4)} > \mu_{(6),(5)},\ \mu_{(5)},\ \mu_{(5)} = \mu_{(6)}$

$\qquad$ Tukey-D_{II}: z. B. $\quad \mu_{(1)} = \mu_{(2)} = \mu_{(3)} > \mu_{(4)} > \mu_{(5)} = \mu_{(6)}$

Bei gleich großen Stichprobengruppen wird man D_{II} verwenden, bei ungleich großen D_I; D_{II} ist empfindlicher, trennschärfer, D_I robuster und besonders dann geeignet, wenn Verdacht auf Varianzungleichheit besteht.

Auf weitere multiple Vergleiche von Gruppenmitteln (vgl. Miller 1966 und Seeger 1966) mit einer Kontrolle (Dunnett 1955, 1964) bzw. mit dem Gesamtmittel (Enderlein 1972 [vgl. auch Hahn und Hendrickson 1971, die eine ausführlichere Tabelle geben und wichtige andere Anwendungen vorstellen]) kann hier nicht eingegangen werden. Näheres ist einer brillanten Übersicht von O'Neill und Wetherill (1971) sowie den anderen auf den Seiten 493/494 angegebenen Arbeiten zu entnehmen.

▶ **743 Zweifache Varianzanalyse mit einer Beobachtung pro Zelle. Modell ohne Wechselwirkung**

Weiß man, daß *keine Wechselwirkung* besteht, dann genügt *eine Beobachtung* pro Zelle. Das entsprechende Schema umfaßt r Zeilen (<u>R</u>eihen) und c Spalten (<u>C</u>olumns) (Tabelle 173).

Tabelle 173

A \ B	1	2	...	j	...	c	Σ
1	x_{11}	x_{12}	...	x_{1j}	...	x_{1c}	$S_{1.}$
2	x_{21}	x_{22}	...	x_{2j}	...	x_{2c}	$S_{2.}$
.	.	.	.	.	.	.	.
i	x_{i1}	x_{i2}	...	x_{ij}	...	x_{ic}	$S_{i.}$
.	.	.	.	.	.	.	.
r	x_{r1}	x_{r2}	...	x_{rj}	...	x_{rc}	$S_{r.}$
Σ	$S_{.1}$	$S_{.2}$	...	$S_{.j}$	...	$S_{.c}$	S

Das entsprechende Modell lautet:

Beobachteter Wert	$=$	Gesamt-mittel	$+$	Zeilen-effekt	$+$	Spalten-effekt	$+$	Versuchs-fehler	
$x_{ij} =$		μ	$+$	α_i	$+$	β_j	$+$	ε_{ij}	(7.51)

Der Versuchsfehler ε_{ij} sei unabhängig und normalverteilt mit dem Mittelwert Null und der Varianz σ^2 für alle i und j. Das Schema der Varianzanalyse ist Tabelle 174 auf S. 414 zu entnehmen.

Die Variabilität eines Beobachtungswertes dieser Tabelle wird durch drei Faktoren bedingt, die voneinander unabhängig sind und zugleich wirken: Durch den Zeileneffekt, den Spalteneffekt und den Versuchsfehler.

Tabelle 172. Obere Signifikanzschranken des studentisierten Extrembereiches: $P = 0{,}05$ (aus Documenta Geigy: Wissenschaftliche Tabellen, 7. Aufl., Basel)

ν_2 \ k	2	3	4	5	6	7	8	9	10	11	12	13	14	15	16	17	18	19	20
1	17,969	26,98	32,82	37,08	40,41	43,12	45,40	47,36	49,07	50,59	51,96	53,20	54,33	55,36	56,32	57,22	58,04	58,83	59,56
2	6,085	8,33	9,80	10,88	11,74	12,44	13,03	13,54	13,99	14,39	14,75	15,08	15,38	15,65	15,91	16,14	16,37	16,57	16,77
3	4,501	5,91	6,82	7,50	8,04	8,48	8,85	9,18	9,46	9,72	9,95	10,15	10,35	10,52	10,69	10,84	10,98	11,11	11,24
4	3,926	5,04	5,76	6,29	6,71	7,05	7,35	7,60	7,83	8,03	8,21	8,37	8,52	8,66	8,79	8,91	9,03	9,13	9,23
5	3,635	4,60	5,22	5,67	6,03	6,33	6,58	6,80	6,99	7,17	7,32	7,47	7,60	7,72	7,83	7,93	8,03	8,12	8,21
6	3,460	4,34	4,90	5,30	5,63	5,90	6,12	6,32	6,49	6,65	6,79	6,92	7,03	7,14	7,24	7,34	7,43	7,51	7,59
7	3,344	4,16	4,68	5,06	5,36	5,61	5,82	6,00	6,16	6,30	6,43	6,55	6,66	6,76	6,85	6,94	7,02	7,10	7,17
8	3,261	4,04	4,53	4,89	5,17	5,40	5,60	5,77	5,92	6,05	6,18	6,29	6,39	6,48	6,57	6,65	6,73	6,80	6,87
9	3,199	3,95	4,42	4,76	5,02	5,24	5,43	5,60	5,74	5,87	5,98	6,09	6,19	6,28	6,36	6,44	6,51	6,58	6,64
10	3,151	3,88	4,33	4,65	4,91	5,12	5,30	5,46	5,60	5,72	5,83	5,93	6,03	6,11	6,19	6,27	6,34	6,41	6,47
11	3,113	3,82	4,26	4,57	4,82	5,03	5,20	5,35	5,49	5,61	5,71	5,81	5,90	5,98	6,06	6,14	6,20	6,27	6,33
12	3,081	3,77	4,20	4,51	4,75	4,95	5,12	5,27	5,40	5,51	5,62	5,71	5,80	5,88	5,95	6,02	6,09	6,15	6,21
13	3,055	3,74	4,15	4,45	4,69	4,89	5,05	5,19	5,32	5,43	5,53	5,63	5,71	5,79	5,86	5,93	5,99	6,05	6,11
14	3,033	3,70	4,11	4,41	4,64	4,83	4,99	5,13	5,25	5,36	5,46	5,55	5,64	5,71	5,79	5,85	5,91	5,97	6,03
15	3,014	3,67	4,08	4,37	4,59	4,78	4,94	5,08	5,20	5,31	5,40	5,49	5,57	5,65	5,72	5,78	5,85	5,90	5,96
16	2,998	3,65	4,05	4,33	4,56	4,74	4,90	5,03	5,15	5,26	5,35	5,44	5,52	5,59	5,66	5,73	5,79	5,84	5,90
17	2,984	3,63	4,02	4,30	4,52	4,70	4,86	4,99	5,11	5,21	5,31	5,39	5,47	5,54	5,61	5,67	5,73	5,79	5,84
18	2,971	3,61	4,00	4,28	4,49	4,67	4,82	4,96	5,07	5,17	5,27	5,35	5,43	5,50	5,57	5,63	5,69	5,74	5,79
19	2,960	3,59	3,98	4,25	4,47	4,65	4,79	4,92	5,04	5,14	5,23	5,31	5,39	5,46	5,53	5,59	5,65	5,70	5,75
20	2,950	3,58	3,96	4,23	4,45	4,62	4,77	4,90	5,01	5,11	5,20	5,28	5,36	5,43	5,49	5,55	5,61	5,66	5,71
21	2,941	3,57	3,94	4,21	4,43	4,60	4,74	4,87	4,98	5,08	5,17	5,25	5,33	5,40	5,46	5,52	5,58	5,63	5,67
22	2,933	3,55	3,93	4,20	4,41	4,58	4,72	4,85	4,96	5,06	5,15	5,23	5,30	5,37	5,43	5,49	5,54	5,60	5,64
23	2,926	3,54	3,91	4,18	4,39	4,56	4,70	4,83	4,94	5,03	5,12	5,20	5,27	5,34	5,40	5,46	5,52	5,57	5,62
24	2,919	3,53	3,90	4,17	4,37	4,54	4,68	4,81	4,92	5,01	5,10	5,18	5,25	5,32	5,38	5,44	5,49	5,55	5,59
25	2,913	3,52	3,89	4,16	4,36	4,52	4,66	4,79	4,90	4,99	5,08	5,16	5,23	5,30	5,36	5,42	5,47	5,53	5,57
26	2,907	3,51	3,88	4,14	4,34	4,51	4,65	4,78	4,88	4,98	5,06	5,14	5,21	5,28	5,34	5,40	5,45	5,50	5,55
27	2,902	3,51	3,87	4,13	4,33	4,50	4,64	4,76	4,86	4,96	5,04	5,12	5,19	5,26	5,32	5,38	5,43	5,48	5,53
28	2,897	3,50	3,86	4,12	4,32	4,48	4,62	4,75	4,85	4,95	5,03	5,11	5,18	5,24	5,30	5,36	5,41	5,46	5,51
29	2,892	3,50	3,86	4,11	4,31	4,47	4,61	4,73	4,83	4,93	5,01	5,09	5,16	5,23	5,29	5,34	5,40	5,45	5,49
30	2,888	3,49	3,85	4,10	4,30	4,46	4,60	4,72	4,82	4,92	5,00	5,08	5,15	5,21	5,27	5,33	5,38	5,43	5,47
31	2,884	3,48	3,84	4,09	4,29	4,45	4,59	4,71	4,81	4,91	4,99	5,07	5,14	5,20	5,26	5,32	5,37	5,41	5,46
32	2,881	3,48	3,84	4,09	4,28	4,44	4,58	4,70	4,80	4,90	4,98	5,06	5,12	5,19	5,24	5,30	5,35	5,40	5,45
33	2,877	3,47	3,83	4,08	4,27	4,43	4,57	4,69	4,79	4,88	4,96	5,04	5,11	5,17	5,23	5,29	5,34	5,39	5,44
34	2,874	3,47	3,82	4,07	4,27	4,43	4,56	4,68	4,78	4,87	4,95	5,03	5,10	5,16	5,22	5,28	5,33	5,37	5,42
35	2,871	3,46	3,82	4,07	4,26	4,42	4,55	4,67	4,77	4,86	4,94	5,02	5,09	5,15	5,21	5,27	5,32	5,36	5,41
36	2,868	3,46	3,81	4,06	4,25	4,41	4,55	4,66	4,76	4,85	4,93	5,01	5,08	5,14	5,20	5,26	5,31	5,35	5,40
37	2,865	3,45	3,80	4,05	4,25	4,41	4,54	4,65	4,75	4,84	4,92	5,00	5,07	5,13	5,19	5,25	5,30	5,34	5,39
38	2,863	3,45	3,80	4,05	4,24	4,40	4,53	4,64	4,74	4,84	4,92	5,00	5,06	5,13	5,18	5,24	5,29	5,33	5,38
39	2,860	3,44	3,79	4,04	4,24	4,40	4,53	4,64	4,74	4,83	4,91	4,99	5,05	5,12	5,17	5,23	5,28	5,32	5,37
40	2,858	3,44	3,79	4,04	4,23	4,39	4,52	4,63	4,73	4,82	4,90	4,98	5,04	5,11	5,16	5,22	5,27	5,31	5,36
50	2,841	3,41	3,76	4,00	4,19	4,34	4,47	4,58	4,68	4,77	4,85	4,92	4,98	5,04	5,10	5,15	5,20	5,24	5,29
60	2,829	3,40	3,74	3,98	4,16	4,31	4,44	4,55	4,65	4,73	4,81	4,88	4,94	5,00	5,06	5,11	5,15	5,20	5,24
120	2,800	3,36	3,68	3,92	4,10	4,24	4,36	4,47	4,56	4,64	4,71	4,78	4,84	4,90	4,95	5,00	5,04	5,09	5,13
∞	2,772	3,314	3,633	3,858	4,030	4,170	4,286	4,387	4,474	4,552	4,622	4,685	4,743	4,796	4,845	4,891	4,934	4,974	5,012

Bemerkung zu Tabelle 172: Ausführliche Tabellen sind dem Band 1 des auf S. 439 zitierten Tabellenwerkes (Order Statistics) von Harter (1970, S. 623–661 [erläutert auf S. 21–23]) zu entnehmen; Schranken für $k > 20$, $P=0{,}05$ und $P=0{,}01$ befinden sich dort auf den Seiten 653 und 657.

Tabelle 172, Fortsetzung.   Obere Signifikanzschranken des studentisierten Extrembereiches: $P = 0,01$

ν_2 \ k	2	3	4	5	6	7	8	9	10	11	12	13	14	15	16	17	18	19	20
1	90,025	135,0	164,3	185,6	202,2	215,8	227,2	237,0	245,6	253,2	260,0	266,2	271,8	277,0	281,8	286,3	290,4	294,3	298,0
2	14,036	19,02	22,29	24,72	26,63	28,20	29,53	30,68	31,69	32,59	33,40	34,13	34,81	35,43	36,00	36,53	37,03	37,50	37,95
3	8,260	10,62	12,17	13,33	14,24	15,00	15,64	16,20	16,69	17,13	17,53	17,89	18,22	18,52	18,81	19,07	19,32	19,55	19,77
4	6,511	8,12	9,17	9,96	10,58	11,10	11,55	11,93	12,27	12,57	12,84	13,09	13,32	13,53	13,73	13,91	14,08	14,24	14,40
5	5,702	6,98	7,80	8,42	8,91	9,32	9,67	9,97	10,24	10,48	10,70	10,89	11,08	11,24	11,40	11,55	11,68	11,81	11,93
6	5,243	6,33	7,03	7,56	7,97	8,32	8,61	8,87	9,10	9,30	9,48	9,65	9,81	9,95	10,08	10,21	10,32	10,43	10,54
7	4,949	5,92	6,54	7,01	7,37	7,68	7,94	8,17	8,37	8,55	8,71	8,86	9,00	9,12	9,24	9,35	9,46	9,55	9,65
8	4,745	5,64	6,20	6,62	6,96	7,24	7,47	7,68	7,86	8,03	8,18	8,31	8,44	8,55	8,66	8,76	8,85	8,94	9,03
9	4,596	5,43	5,96	6,35	6,66	6,91	7,13	7,33	7,49	7,65	7,78	7,91	8,03	8,13	8,23	8,33	8,41	8,49	8,57
10	4,482	5,27	5,77	6,14	6,43	6,67	6,87	7,05	7,21	7,36	7,49	7,60	7,71	7,81	7,91	7,99	8,08	8,15	8,23
11	4,392	5,15	5,62	5,97	6,25	6,48	6,67	6,84	6,99	7,13	7,25	7,36	7,46	7,56	7,65	7,73	7,81	7,88	7,95
12	4,320	5,05	5,50	5,84	6,10	6,32	6,51	6,67	6,81	6,94	7,06	7,17	7,26	7,36	7,44	7,52	7,59	7,66	7,73
13	4,260	4,96	5,40	5,73	5,98	6,19	6,37	6,53	6,67	6,79	6,90	7,01	7,10	7,19	7,27	7,36	7,42	7,48	7,55
14	4,210	4,89	5,32	5,63	5,88	6,08	6,26	6,41	6,54	6,66	6,77	6,87	6,96	7,05	7,13	7,20	7,27	7,33	7,39
15	4,167	4,84	5,25	5,56	5,80	5,99	6,16	6,31	6,44	6,55	6,66	6,76	6,84	6,93	7,00	7,07	7,14	7,20	7,26
16	4,131	4,79	5,19	5,49	5,72	5,92	6,08	6,22	6,35	6,46	6,56	6,66	6,74	6,82	6,90	6,97	7,03	7,09	7,15
17	4,099	4,74	5,14	5,43	5,66	5,85	6,01	6,15	6,27	6,38	6,48	6,57	6,66	6,73	6,81	6,87	6,94	7,00	7,05
18	4,071	4,70	5,09	5,38	5,60	5,79	5,94	6,08	6,20	6,31	6,41	6,50	6,58	6,65	6,73	6,79	6,85	6,91	6,97
19	4,045	4,67	5,05	5,33	5,55	5,73	5,89	6,02	6,14	6,25	6,34	6,43	6,51	6,58	6,65	6,72	6,78	6,84	6,89
20	4,024	4,64	5,02	5,29	5,51	5,69	5,84	5,97	6,09	6,19	6,28	6,37	6,45	6,52	6,59	6,65	6,71	6,77	6,82
21	4,004	4,61	4,99	5,26	5,47	5,65	5,80	5,92	6,04	6,14	6,24	6,32	6,39	6,47	6,53	6,59	6,65	6,70	6,76
22	3,986	4,58	4,96	5,22	5,43	5,61	5,76	5,88	6,00	6,10	6,19	6,27	6,35	6,42	6,48	6,54	6,60	6,65	6,70
23	3,970	4,56	4,93	5,20	5,40	5,57	5,72	5,84	5,96	6,06	6,15	6,23	6,30	6,37	6,43	6,49	6,55	6,60	6,65
24	3,955	4,54	4,91	5,17	5,37	5,54	5,69	5,81	5,92	6,02	6,11	6,19	6,26	6,33	6,39	6,45	6,51	6,56	6,61
25	3,942	4,52	4,89	5,15	5,34	5,51	5,66	5,78	5,88	5,99	6,07	6,15	6,22	6,29	6,35	6,41	6,47	6,52	6,57
26	3,930	4,50	4,87	5,12	5,32	5,49	5,63	5,75	5,86	5,95	6,04	6,12	6,18	6,25	6,32	6,38	6,44	6,48	6,53
27	3,918	4,49	4,85	5,10	5,30	5,47	5,61	5,72	5,83	5,93	6,01	6,09	6,16	6,22	6,28	6,34	6,40	6,45	6,50
28	3,908	4,47	4,83	5,08	5,28	5,44	5,59	5,70	5,80	5,90	5,98	6,06	6,12	6,19	6,25	6,31	6,37	6,42	6,47
29	3,898	4,46	4,82	5,07	5,26	5,42	5,56	5,67	5,78	5,87	5,95	6,03	6,10	6,17	6,23	6,29	6,34	6,39	6,44
30	3,889	4,45	4,80	5,05	5,24	5,40	5,54	5,65	5,76	5,85	5,93	6,01	6,08	6,14	6,20	6,26	6,31	6,36	6,41
31	3,881	4,43	4,79	5,03	5,22	5,37	5,52	5,63	5,74	5,83	5,91	5,99	6,06	6,12	6,18	6,23	6,29	6,34	6,38
32	3,873	4,43	4,77	5,02	5,21	5,34	5,50	5,61	5,72	5,81	5,89	5,97	6,03	6,09	6,16	6,21	6,26	6,31	6,36
33	3,865	4,42	4,76	5,01	5,19	5,33	5,48	5,59	5,70	5,79	5,87	5,95	6,01	6,07	6,13	6,19	6,24	6,29	6,34
34	3,859	4,41	4,75	4,99	5,18	5,30	5,47	5,58	5,68	5,77	5,86	5,93	5,99	6,05	6,12	6,17	6,22	6,27	6,31
35	3,852	4,40	4,74	4,98	5,16	5,30	5,45	5,56	5,67	5,76	5,84	5,91	5,98	6,04	6,10	6,15	6,20	6,25	6,29
36	3,846	4,40	4,73	4,97	5,15	5,29	5,43	5,54	5,65	5,74	5,82	5,89	5,96	6,02	6,08	6,12	6,18	6,23	6,28
37	3,841	4,39	4,72	4,96	5,14	5,28	5,41	5,52	5,64	5,73	5,81	5,88	5,94	6,00	6,06	6,10	6,15	6,22	6,26
38	3,835	4,38	4,71	4,95	5,13	5,26	5,40	5,50	5,61	5,72	5,80	5,85	5,93	5,99	6,05	6,08	6,13	6,20	6,24
39	3,830	4,38	4,70	4,94	5,12	5,25	5,39	5,49	5,60	5,70	5,78	5,83	5,91	5,97	6,03	6,07	6,12	6,18	6,23
40	3,825	4,37	4,70	4,93	5,11	5,24	5,39	5,48	5,60	5,69	5,76	5,74	5,80	5,96	6,02	6,07	6,11	6,16	6,21
50	3,787	4,32	4,64	4,86	5,04	5,19	5,30	5,41	5,51	5,59	5,67	5,74	5,80	5,86	5,91	5,96	6,01	6,06	6,09
60	3,762	4,28	4,59	4,82	4,99	5,15	5,25	5,36	5,45	5,53	5,60	5,67	5,73	5,78	5,84	5,89	5,93	5,97	6,01
120	3,702	4,20	4,50	4,71	4,87	5,01	5,12	5,21	5,30	5,37	5,44	5,50	5,56	5,61	5,66	5,71	5,75	5,79	5,83
∞	3,643	4,12	4,40	4,60	4,76	4,88	4,99	5,08	5,16	5,23	5,29	5,35	5,40	5,45	5,49	5,54	5,57	5,61	5,65

Tabelle 174.   Varianzanalyse für eine zweifache Klassifikation: 1 Beobachtungswert pro Klasse, keine Wechselwirkung

Variabilität	Summe der Abweichungsquadrate	FG	Mittleres Quadrat
Zwischen den r Zeilen (Zeilen-Mittelwerte)	$\sum\limits_{i=1}^{r} \dfrac{S_{i\cdot}^2}{c} - \dfrac{S^2}{r\cdot c} = Q_r$	$r-1$	$\dfrac{Q_r}{r-1}$
Zwischen den c Spalten (Spalten-Mittelwerte)	$\sum\limits_{j=1}^{c} \dfrac{S_{\cdot j}^2}{r} - \dfrac{S^2}{r\cdot c} = Q_c$	$c-1$	$\dfrac{Q_c}{c-1}$
Rest oder Versuchsfehler	$Q_G - Q_r - Q_c = Q_{Rest}$	$(c-1)(r-1)$	$\dfrac{Q_{Rest}}{(c-1)(r-1)}$
Gesamtvariabilität	$\sum\limits_{i=1}^{r}\sum\limits_{j=1}^{c} x_{ij}^2 - \dfrac{S^2}{r\cdot c} = Q_G$	$rc-1$	

1. Nullhypothesen:

   H_{01} Die Zeileneffekte sind Null: Zeilen-Homogenität
   H_{02} Die Spalteneffekte sind Null: Spalten-Homogenität
   Beide Nullhypothesen sind unabhängig voneinander.
2. Wahl des Signifikanzniveaus: $\alpha = 0{,}05$
3. Entscheidung: Unter den üblichen Voraussetzungen (vgl. S. 399) wird

S. 116/124

   H_{01} abgelehnt, wenn $\hat{F} > F_{(r-1);\,(r-1)(c-1);\,0,05}$
   H_{02} abgelehnt, wenn $\hat{F} > F_{(c-1);\,(r-1)(c-1);\,0,05}$.

Beispiel

Beispiel zur zweifachen Varianzanalyse: 1 Beobachtungswert pro Klasse, keine Wechselwirkung.

Wir nehmen unser altes Beispiel und fassen jeweils die Doppelbeobachtungen zusammen (vgl. Tabelle 175).

Tabelle 175

B\A	B_1	B_2	B_3	$\sum$
A_1	11	10	13	34
A_2	9	10	10	29
A_3	12	14	8	34
A_4	15	11	7	33
$\sum$	47	45	38	130

Rechengang. Summe der Quadrate der Abweichungen insgesamt

$$\sum_{i=1}^{r=4}\sum_{j=1}^{c=3} x_{ij}^2 - \frac{S^2}{r\cdot c} = 11^2 + 10^2 + 13^2 + \ldots + 7^2 - \frac{130^2}{4\cdot 3} = 61{,}667$$

Summe der Quadrate der Abweichungen zwischen den Zeilen

$$\sum_{i=1}^{r=4} \frac{S_{i\cdot}^2}{c} - \frac{S^2}{r\cdot c} = \frac{34^2}{3} + \frac{29^2}{3} + \frac{34^2}{3} + \frac{33^2}{3} - \frac{130^2}{12} = \frac{1}{3}(34^2 + 29^2 + 34^2 + 33^2) - \frac{130^2}{12} = 5{,}667$$

Summe der Quadrate der Abweichungen zwischen den Spalten

$$\sum_{j=1}^{c=3} \frac{S_{.j}^2}{r} - \frac{S^2}{r \cdot c} = \frac{47^2}{4} + \frac{45^2}{4} + \frac{38^2}{4} - \frac{130^2}{12} = \frac{1}{4}(47^2 + 45^2 + 38^2) - \frac{130^2}{12} = 11,167; \quad \text{vgl. Tab. 176}$$

Ergebnis. Beide Nullhypothesen werden beibehalten ($P > 0,05$).

Tabelle 176

Variabilität	Summe der Abweichungsquadrate	FG	Mittleres Quadrat	$\hat{F}$	$F_{0,05}$
Zwischen den Zeilen (Zeilen-Mittelwerte)	5,667	4-1 = 3	1,889	0,253	< 4,76
Zwischen den Spalten (Spalten-Mittelwerte)	11,167	3-1 = 2	5,583	0,747	< 5,14
Rest oder Versuchsfehler	44,833	(4-1)(3-1) = 6	7,472		
Gesamtvariabilität	61,667	4·3-1 = 11			

Diese Befunde erklären sich dadurch, daß die Restvarianz durch die starke Wechselwirkungsvarianz – ein Hinweis auf das *Vorliegen nichtlinearer Effekte*, wir können auch von einem Regressionseffekt sprechen (vgl. die gegenläufige Besetzung der Spalten 1 und 3!) – viel zu hoch geschätzt, einen an sich gegebenen Spalteneffekt nicht erfassen kann. Hierauf wird näher einzugehen sein (vgl. 2. Hinweis).

Hinweise:

1. Näheres über die zweifache Varianzanalyse ist den am Ende des Literaturverzeichnisses (sowie auf den Seiten 438 und 439) vorgestellten Büchern zu entnehmen, die auch wesentlich kompliziertere Modelle (der drei- und vierfachen Varianzanalyse) enthalten. Die Zweiwegklassifikation mit *ungleicher Besetzung der Zellen* behandeln Kramer (1955), Rasch (1960) und Bancroft (1968).
2. *Der Test auf Nicht-Additivität von Mandel.* Unter den Voraussetzungen der Varianzanalyse nimmt die *Additivität* die erste und wichtigste Rolle ein. Nicht-lineare oder, wie man auch sagt, nichtadditive Effekte pflegen als Wechselwirkungen in Erscheinung zu treten. Bei einer mehrfachen, d. h. nach mehr als zwei Faktoren (Wiederholungseffekte eingeschlossen) analysierenden Varianzanalyse kann man die nicht-additiven Effekte, wie wir gesehen haben, leicht von den Wirkungen des Zufallsfehlers abtrennen. Für den Fall der zweifachen Varianzanalyse mit einem Beobachtungswert pro Klasse lassen sich nach Mandel (1961) von der Wechselwirkung nicht-additive Effekte abtrennen (vgl. auch Weiling 1972) und in zwei Komponenten zerlegen. Der erste Anteil, dem ein Freiheitsgrad zugeordnet ist, kann als Streuung einer Regression, der zweite mit $r-2$ Freiheitsgraden als Streuung um die Regression gedeutet werden. Mandel verwendet für diese beiden Anteile auch die Bezeichnungen „Concurrence" und „Non-Concurrence". Der bekannte Test von Tukey (1949) für die Prüfung des „Fehlens der Additivität" erfaßt nur die erste, die Regressionskomponente. Weiling (1963) hat nun eine Möglichkeit aufgezeigt, wie sich die nicht-additiven Effekte nach Mandel auf elegante Weise ermitteln lassen. Der interessierte Leser sei auf die Arbeit von Weiling hingewiesen. Dort wird das Verfahren an einem Beispiel demonstriert. Die *Prüfung auf Nicht-Additivität ist anzuraten*, sofern im Falle einer zweifachen Varianzanalyse, wie der auf S. 408, keine oder nur schwache Signifikanz ermittelt wurde und der Verdacht besteht, daß nicht-additive Effekte vorliegen

könnten. Unter diesen Umständen wird die als Prüfgröße dienende Restvarianz nämlich zu hoch geschätzt, da dieser Wert neben dem eigentlichen Versuchsfehler noch die Wirkung nicht-additiver Effekte enthält. Damit gibt diese Prüfung zugleich Aufschluß über die wirkliche Höhe des zufälligen Fehlers. **Wenn es möglich ist, sollte man daher die Varianzanalyse mit wenigstens einer Wiederholung durchführen!**

Der Test auf Nicht-Additivität von Mandel gibt Auskunft, ob eine Transformation zu empfehlen ist und wenn ja, welche Transformation die geeignete ist und inwieweit sie als erfolgreich angesehen werden kann. Einführungen in das außerordentlich interessante Gebiet der *Transformationen* (vgl. S. 395) geben Grimm (1960) und Lienert (1962) (vgl. auch Tukey 1957 und Taylor 1961). Dolby (1963) stellt ein originelles Schnellverfahren vor; es gestattet unter 5 gängigen Transformationen die brauchbarste auszuwählen. Auf die besondere Bedeutung von Transformationen für die klinisch-therapeutische Forschung geht Martin (1962) ausführlich ein (vgl. auch Snell 1964).

3. Sind Varianzanalysen geplant und können über die Größenordnungen der Varianzen bzw. über die erwarteten Mittelwertsunterschiede begründete Annahmen gemacht werden, so gestatten Tafeln (Bechhofer 1954, Bratcher et al. 1970, Kastenbaum et al. 1970) die Abschätzung der benötigten *Stichprobenumfänge*. Interessant ist beispielsweise auch folgende Anwendung: Einfache Varianzanalyse mit mehreren Stichproben zu je n Elementen, homogene Varianzen einer bestimmten Größe; die Tafeln erlauben es dann mit vorgegebener Vertrauenswahrscheinlichkeit, die Frage nach der kleinsten noch feststellbaren Mittelwertsdifferenz zu beantworten.

4. Der Vergleich zweier ähnlicher unabhängiger Experimente hinsichtlich ihrer *Empfindlichkeit* läßt sich bequem nach Bradley und Schumann (1957) ausführen. Vorausgesetzt wird, daß in beiden Versuchen sowohl die Zahl der A- als auch die der B-Klassifikationen übereinstimmen (Modell: Varianzanalyse für eine zweifache Klassifikation mit einem Beobachtungswert pro Klasse, keine Wechselwirkung). Näheres ist der Originalarbeit zu entnehmen, die Rechenschema, Beispiele sowie eine wichtige Tabelle enthält.

5. Die varianzanalytische Auswertung *zeitlicher Verlaufsreihen* (vgl. auch S. 297 und 348), sogenannter Zeit-Wirkungskurven (hierarchische Versuchspläne), behandeln Koller (1955) sowie Cole und Grizzle (1966).

6. Man beachte Hinweis 2 auf S. 239 und auf S. 359, Bartholomew (1961) (sowie Bechhofer 1954) und den Page-Test auf S. 426.

75 Varianzanalytische Schnelltests

751 Varianzanalytischer Schnelltest und multiple Vergleiche von Mittelwerten nach Link und Wallace

Vorausgesetzt werden zumindest angenäherte *Normalverteilung*, *Gleichheit der Varianzen und gleiche Umfänge* n der einzelnen Stichprobengruppen (Link und Wallace 1952, vgl. auch Kurtz u. Mitarb. 1965). Dieser Schnelltest darf auch bei Zweiwegklassifikation mit einer Beobachtung pro Zelle angewandt werden.

Man benötigt k Spannweiten R_i der Einzelgruppen und die Spannweite der Mittelwerte $R_{(\bar{x}_i)}$. Die Nullhypothese $\mu_1 = \mu_2 = \ldots = \mu_i = \ldots = \mu_k$ wird zugunsten der Alternativhypothese, nicht alle μ_i sind gleich, verworfen, sobald

$$\frac{nR_{(\bar{x}_i)}}{\sum R_i} > K \tag{7.52}$$

S. 418, 419 Der kritische Wert K wird für gegebenes n, k und $\alpha = 0,05$ bzw. $\alpha = 0,01$ Tabelle 177 entnommen. *Multiple Vergleiche* von Mittelwerten mit dem Mittelwertsunterschied $\hat{D}$ sind auf dem verwendeten Niveau signifikant, wenn

$$\hat{D} > \frac{K \sum R_i}{n} \tag{7.53}$$

Beispiele

1. Gegeben seien die drei Meßreihen A, B, C mit den folgenden Werten (vgl. Tab. 178):

Tabelle 178

	A	B	C
	3	4	6
	5	4	7
	2	3	8
	4	8	6
	8	7	7
	4	4	9
	3	2	10
	9	5	9
$\bar{x}_i$	4,750	4,625	7,750
R_i	7	6	4

$$n=8 \qquad \frac{nR_{(\bar{x}_i)}}{\sum R_i} = \frac{8(7,750-4,625)}{7+6+4} = 1,47$$
$$k=3$$

Da $1,47 > 1,18 = K_{(8;\,3;\,0,05)}$, wird die Nullhypothese $\mu_A = \mu_B = \mu_C$ abgelehnt. Die entsprechende Varianzanalyse liefert mit $\hat{F} = 6,05 > 3,47 = F_{(2,21;\,0,05)}$ dieselbe Entscheidung. Mit
$$\begin{array}{l} \bar{x}_C - \bar{x}_B = 3,125 \\ \bar{x}_C - \bar{x}_A = 3,000 \end{array} > 2,51 = \frac{1,18 \cdot 17}{8}$$
lassen sich auch die Nullhypothesen $\mu_A = \mu_C$ und $\mu_B = \mu_C$ zurückweisen; da $\bar{x}_A - \bar{x}_B = 0,125 < 2,51$, gilt: $\mu_A = \mu_B \neq \mu_C$.

2. Gegeben: 4 Stichprobengruppen mit je 10 Beobachtungen (Tabelle 179).

Tabelle 179

	$\bar{x}_i$	R_i
$\bar{x}_1 =$	10	$R_1 = 3$
$\bar{x}_2 =$	11	$R_2 = 3$
$\bar{x}_3 =$	11	$R_3 = 2$
$\bar{x}_4 =$	12	$R_4 = 4$
$R_{(\bar{x}_i)} = 2$		$\sum R_i = 12$

$$n=10, \quad k=4, \quad \alpha=0,01$$

$$\frac{nR_{(\bar{x}_i)}}{\sum R_i} = \frac{10 \cdot 2}{12} = 1,67 > 1,22 = K_{(10;\,4;\,0,01)}$$

	$\bar{x}_1$	$\bar{x}_2$	$\bar{x}_3$	$\bar{x}_4$
$\bar{x}_4$	2	1	1	
$\bar{x}_3$	1			
$\bar{x}_2$	1			
$\bar{x}_1$				

$$\frac{K\sum R_i}{n} = \frac{1,22 \cdot 12}{10} = 1,46$$

Das „Dreieck" der Differenzen D der Mittelwerte zeigt, $\bar{x}_4 - \bar{x}_1 = 2 > 1,46$, daß mit einer statistischen Sicherheit von 99% die spezielle Hypothese $\mu_1 = \mu_4$ verworfen werden muß.

Tabelle 177.   Kritische Werte K für den Test von Link und Wallace. P = 0,05. k: Anzahl der Stichprobengruppen, n: Umfang der Stichprobengruppen (auszugsweise aus Kurtz, T. E., R. F. Link, J.W. Tukey and D. L. Wallace: Short-cut multiple comparisons for balanced single and double classifications: Part 1, Results. Technometrics **7** [1965] 95–161)

n\k	2	3	4	5	6	7	8	9	10	11	12	13	14	15	16	17	18	19	20	30	40	50
2	3,43	2,35	1,74	1,39	1,15	0,99	0,87	0,77	0,70	0,63	0,58	0,54	0,50	0,47	0,443	0,418	0,396	0,376	0,358	0,245	0,187	0,151
3	1,90	1,44	1,14	0,94	0,80	0,70	0,62	0,56	0,51	0,47	0,43	0,40	0,38	0,35	0,335	0,317	0,301	0,287	0,274	0,189	0,146	0,119
4	1,62	1,25	1,01	0,84	0,72	0,63	0,57	0,51	0,47	0,43	0,40	0,37	0,35	0,33	0,310	0,294	0,279	0,266	0,254	0,177	0,136	0,112
5	1,53	1,19	0,96	0,81	0,69	0,61	0,55	0,50	0,45	0,42	0,39	0,36	0,34	0,32	0,303	0,287	0,273	0,260	0,249	0,173	0,135	0,110
6	1,50	1,17	0,95	0,80	0,69	0,61	0,55	0,49	0,45	0,42	0,39	0,36	0,34	0,32	0,302	0,287	0,273	0,262	0,251	0,174	0,136	0,111
7	1,49	1,17	0,95	0,80	0,70	0,61	0,55	0,50	0,45	0,42	0,39	0,36	0,34	0,32	0,304	0,289	0,275	0,265	0,254	0,175	0,138	0,113
8	1,49	1,18	0,96	0,81	0,70	0,62	0,56	0,50	0,46	0,42	0,39	0,37	0,35	0,33	0,308	0,292	0,278	0,269	0,258	0,178	0,140	0,115
9	1,50	1,19	0,97	0,82	0,71	0,62	0,57	0,51	0,46	0,43	0,40	0,37	0,35	0,33	0,312	0,297	0,282	0,274	0,262	0,180	0,142	0,117
10	1,52	1,20	0,98	0,83	0,72	0,63	0,58	0,52	0,47	0,44	0,41	0,38	0,36	0,34	0,317	0,301	0,287	0,278	0,266	0,183	0,145	0,119
11	1,54	1,22	0,99	0,84	0,73	0,64	0,58	0,52	0,48	0,44	0,41	0,38	0,36	0,34	0,322	0,306	0,291	0,282	0,270	0,186	0,147	0,121
12	1,56	1,23	1,01	0,85	0,74	0,65	0,59	0,53	0,49	0,45	0,42	0,39	0,37	0,35	0,327	0,311	0,296	0,287	0,274	0,189	0,149	0,122
13	1,58	1,25	1,02	0,86	0,75	0,66	0,60	0,54	0,49	0,46	0,42	0,40	0,37	0,35	0,332	0,316	0,300	0,291	0,279	0,192	0,152	0,124
14	1,60	1,26	1,03	0,87	0,76	0,67	0,61	0,55	0,50	0,46	0,43	0,40	0,38	0,36	0,337	0,320	0,305	0,295	0,283	0,195	0,154	0,126
15	1,62	1,28	1,05	0,89	0,77	0,68	0,62	0,55	0,51	0,47	0,44	0,41	0,38	0,36	0,342	0,325	0,310	0,300	0,287	0,198	0,156	0,128
16	1,64	1,30	1,06	0,90	0,78	0,69	0,63	0,56	0,52	0,48	0,44	0,42	0,39	0,37	0,348	0,330	0,314	0,304	0,291	0,201	0,158	0,130
17	1,66	1,32	1,08	0,91	0,79	0,70	0,64	0,57	0,52	0,48	0,45	0,42	0,40	0,37	0,352	0,335	0,319	0,308	0,295	0,204	0,161	0,132
18	1,68	1,33	1,09	0,92	0,80	0,71	0,64	0,58	0,53	0,49	0,46	0,43	0,40	0,38	0,357	0,339	0,323	0,312	0,299	0,207	0,163	0,134
19	1,70	1,35	1,10	0,93	0,81	0,72	0,65	0,59	0,54	0,50	0,46	0,44	0,41	0,38	0,362	0,344	0,327	0,317	0,303	0,210	0,165	0,135
20	1,72	1,36	1,12	0,95	0,82	0,73	0,65	0,59	0,54	0,50	0,47	0,44	0,41	0,39	0,367	0,348	0,332	0,321	0,307	0,212	0,167	0,137
30	1,92	1,52	1,24	1,05	0,91	0,81	0,73	0,66	0,60	0,56	0,52	0,49	0,46	0,43	0,408	0,387	0,369	0,352	0,337	0,237	0,184	0,151
40	2,08	1,66	1,35	1,14	0,99	0,88	0,79	0,72	0,66	0,61	0,57	0,53	0,50	0,47	0,444	0,422	0,402	0,384	0,367	0,258	0,201	0,165
50	2,23	1,77	1,45	1,22	1,06	0,94	0,85	0,77	0,70	0,65	0,61	0,57	0,53	0,50	0,476	0,453	0,431	0,412	0,394	0,277	0,216	0,177
100	2,81	2,23	1,83	1,55	1,34	1,19	1,07	0,97	0,89	0,83	0,77	0,72	0,67	0,64	0,60	0,573	0,546	0,521	0,499	0,351	0,273	0,224
200	3,61	2,88	2,35	1,99	1,73	1,53	1,38	1,25	1,15	1,06	0,99	0,93	0,87	0,82	0,78	0,74	0,70	0,67	0,64	0,454	0,353	0,290
500	5,15	4,10	3,35	2,84	2,47	2,19	1,97	1,79	1,64	1,52	1,42	1,32	1,24	1,17	1,11	1,06	1,01	0,96	0,92	0,65	0,504	0,414
1000	6,81	5,43	4,44	3,77	3,28	2,90	2,61	2,37	2,18	2,02	1,88	1,76	1,65	1,56	1,47	1,40	1,33	1,27	1,22	0,86	0,669	0,549

Tabelle 177, Fortsetzung.   Kritische Werte K für den Test von Link und Wallace. $P = 0,01$

n ＼ k	2	3	4	5	6	7	8	9	10	11	12	13	14	15	16	17	18	19	20	30	40	50
2	7,92	4,32	2,84	2,10	1,66	1,38	1,17	1,02	0,91	0,82	0,74	0,68	0,63	0,58	0,54	0,51	0,480	0,454	0,430	0,285	0,214	0,172
3	3,14	2,12	1,57	1,25	1,04	0,89	0,78	0,69	0,62	0,57	0,52	0,48	0,45	0,42	0,39	0,37	0,352	0,334	0,318	0,217	0,165	0,134
4	2,48	1,74	1,33	1,08	0,91	0,78	0,69	0,62	0,56	0,51	0,47	0,44	0,41	0,38	0,36	0,34	0,323	0,307	0,293	0,200	0,153	0,125
5	2,24	1,60	1,24	1,02	0,86	0,75	0,66	0,59	0,54	0,49	0,46	0,42	0,40	0,37	0,35	0,33	0,314	0,299	0,285	0,196	0,151	0,123
6	2,14	1,55	1,21	0,99	0,85	0,74	0,65	0,59	0,53	0,49	0,45	0,42	0,40	0,37	0,35	0,33	0,313	0,299	0,284	0,196	0,151	0,124
7	2,10	1,53	1,20	0,99	0,84	0,73	0,65	0,59	0,53	0,49	0,45	0,42	0,39	0,37	0,35	0,33	0,314	0,303	0,286	0,198	0,152	0,124
8	2,09	1,53	1,20	0,99	0,85	0,74	0,66	0,60	0,54	0,50	0,46	0,43	0,40	0,37	0,36	0,33	0,318	0,307	0,289	0,203	0,154	0,126
9	2,09	1,54	1,21	1,00	0,85	0,74	0,66	0,60	0,54	0,50	0,46	0,43	0,40	0,38	0,36	0,34	0,322	0,311	0,293	0,203	0,156	0,127
10	2,10	1,56	1,21	1,00	0,86	0,75	0,67	0,61	0,55	0,51	0,47	0,44	0,41	0,38	0,37	0,35	0,327	0,316	0,297	0,206	0,159	0,129
11	2,11	1,56	1,23	1,01	0,86	0,76	0,68	0,61	0,56	0,51	0,48	0,44	0,42	0,39	0,37	0,35	0,332	0,321	0,302	0,209	0,161	0,132
12	2,13	1,58	1,25	1,02	0,87	0,76	0,69	0,63	0,57	0,52	0,48	0,45	0,42	0,40	0,38	0,36	0,337	0,326	0,306	0,213	0,164	0,134
13	2,15	1,60	1,26	1,04	0,89	0,78	0,69	0,64	0,58	0,53	0,50	0,46	0,43	0,40	0,39	0,36	0,342	0,330	0,311	0,216	0,166	0,136
14	2,18	1,62	1,28	1,05	0,90	0,80	0,71	0,65	0,58	0,54	0,50	0,46	0,43	0,41	0,39	0,37	0,347	0,335	0,316	0,219	0,169	0,138
15	2,20	1,63	1,30	1,06	0,91	0,81	0,72	0,66	0,59	0,54	0,50	0,47	0,44	0,42	0,40	0,38	0,352	0,340	0,320	0,222	0,171	0,140
16	2,22	1,65	1,31	1,08	0,92	0,82	0,73	0,67	0,60	0,55	0,51	0,48	0,45	0,42	0,40	0,39	0,357	0,345	0,325	0,226	0,174	0,142
17	2,25	1,67	1,33	1,09	0,93	0,82	0,74	0,67	0,61	0,56	0,52	0,48	0,45	0,43	0,41	0,39	0,362	0,350	0,329	0,229	0,176	0,144
18	2,27	1,69	1,34	1,10	0,95	0,83	0,75	0,68	0,62	0,57	0,53	0,49	0,46	0,43	0,41	0,40	0,367	0,354	0,334	0,232	0,179	0,146
19	2,30	1,71	1,36	1,12	0,96	0,84	0,76	0,68	0,62	0,57	0,53	0,50	0,47	0,44	0,42	0,40	0,372	0,359	0,338	0,235	0,181	0,148
20	2,32	1,73	1,38	1,13	0,97	0,85	0,76	0,70	0,63	0,58	0,54	0,50	0,47	0,44	0,42	0,40	0,376	0,363	0,343	0,238	0,184	0,150
30	2,59	1,95	1,54	1,27	1,09	0,96	0,85	0,77	0,70	0,65	0,60	0,56	0,52	0,49	0,46	0,44	0,419	0,399	0,381	0,266	0,205	0,168
40	2,80	2,11	1,66	1,40	1,18	1,04	0,93	0,84	0,76	0,70	0,65	0,61	0,57	0,54	0,51	0,48	0,456	0,435	0,415	0,289	0,223	0,183
50	2,99	2,25	1,86	1,60	1,38	1,11	0,99	0,90	0,82	0,75	0,70	0,65	0,61	0,57	0,54	0,51	0,489	0,466	0,446	0,310	0,240	0,196
100	3,74	2,83	2,24	1,86	1,60	1,40	1,25	1,13	1,03	0,95	0,88	0,82	0,77	0,73	0,69	0,65	0,62	0,590	0,564	0,393	0,304	0,248
200	4,79	3,63	2,88	2,39	2,06	1,81	1,61	1,46	1,33	1,23	1,14	1,06	0,99	0,94	0,88	0,84	0,80	0,76	0,73	0,507	0,392	0,320
500	6,81	5,16	4,10	3,41	2,93	2,58	2,30	2,08	1,90	1,75	1,62	1,52	1,42	1,34	1,26	1,20	1,14	1,09	1,04	0,73	0,560	0,458
1000	9,01	6,83	5,42	4,52	3,88	3,41	3,05	2,76	2,52	2,32	2,15	2,01	1,88	1,77	1,68	1,59	1,51	1,44	1,38	0,96	0,743	0,608

752 Multiple Vergleiche unabhängiger Stichproben nach Nemenyi

Liegen mehrere unterschiedlich behandelte Stichprobengruppen gleicher Umfänge vor und sollen alle diese Gruppen oder Behandlungen miteinander verglichen und auf mögliche Unterschiede geprüft werden, dann bietet sich als *Schnellverfahren für nicht normalverteilte Daten* ein von Nemenyi (1963) vorgeschlagener *Rangtest* an. Verteilungsunabhängige multiple Vergleiche stellt auch Conover (1968) vor. Zwei andere Verfahren habe ich in mein Taschenbuch (Sachs 1972) übernommen. Der Test im einzelnen: Es liegen k Behandlungsgruppen mit je n Elementen vor. Den $n \cdot k$ Beobachtungswerten der vereinigten Stichprobe werden Rangordnungszahlen zugeordnet; die kleinste Beobachtung erhält den Rang 1, die größte den Rang $n \cdot k$. Gleich großen Beobachtungswerten werden mittlere Ränge zugeteilt. Addiert man die Ränge der einzelnen Behandlungsgruppen und bildet alle möglichen absoluten Differenzen dieser Summen, dann lassen sich diese anhand eines kritischen Wertes D prüfen. Ist die berechnete Differenz gleich groß oder größer als der für ein gewähltes Signifikanzniveau und die Werte n und k der Tabelle 180 zu entnehmende kritische Wert D, dann besteht zwischen den beiden Behandlungen ein echter Unterschied. Ist sie kleiner, so kann an der Gleichheit der beiden Gruppen nicht gezweifelt werden. Näheres ist dem auf S. 494 zitierten Buch von Miller (1966) zu entnehmen.

Beispiel

S. 422

Es werden in einem Vorversuch 20 Ratten auf 4 Futtergruppen verteilt. Die Gewichte nach 70 Tagen enthält die folgende Tabelle, rechts neben den Gewichten sind die Rangzahlen sowie deren Spaltensummen notiert (Tab. 181). Die absoluten Differenzen der Spaltenrangsummen (Tab. 182) werden dann mit der kritischen Differenz D für $n = 5$ und $k = 4$ auf dem 10%-Niveau verglichen.

Tabelle 180.   Kritische Differenzen D für die Einwegklassifizierung: Vergleich aller möglichen Paare von Behandlungen nach Nemenyi. $P = 0,10$ (zweiseitig) (aus Wilcoxon, F. and Roberta A. Wilcox: Some Rapid Approximate Statistical Procedures, Lederle Laboratories, Pearl River, New York 1964, pp. 29–31)

n	$k = 3$	$k = 4$	$k = 5$	$k = 6$	$k = 7$	$k = 8$	$k = 9$	$k = 10$
1	2,9	4,2	5,5	6,8	8,2	9,6	11,1	12,5
2	7,6	11,2	14,9	18,7	22,5	26,5	30,5	34,5
3	13,8	20,2	26,9	33,9	40,9	48,1	55,5	63,0
4	20,9	30,9	41,2	51,8	62,6	73,8	85,1	96,5
5	29,0	42,9	57,2	72,1	87,3	102,8	118,6	134,6
6	37,9	56,1	75,0	94,5	114,4	134,8	155,6	176,6
7	47,6	70,5	94,3	118,8	144,0	169,6	195,8	222,3
8	58,0	86,0	115,0	145,0	175,7	207,0	239,0	271,4
9	69,1	102,4	137,0	172,8	209,4	246,8	284,9	323,6
10	80,8	119,8	160,3	202,2	245,1	288,9	333,5	378,8
11	93,1	138,0	184,8	233,1	282,6	333,1	384,6	436,8
12	105,9	157,1	210,4	265,4	321,8	379,3	438,0	497,5
13	119,3	177,0	237,1	299,1	362,7	427,6	493,7	560,8
14	133,2	197,7	264,8	334,1	405,1	477,7	551,6	626,6
15	147,6	219,1	293,6	370,4	449,2	529,6	611,6	694,8
16	162,5	241,3	323,3	407,9	494,7	583,3	673,6	765,2
17	177,9	264,2	353,9	446,6	541,6	638,7	737,6	837,9
18	193,7	287,7	385,5	486,5	590,0	695,7	803,4	912,8
19	210,0	311,9	417,9	527,5	639,7	754,3	871,2	989,7
20	226,7	336,7	451,2	569,5	690,7	814,5	940,7	1068,8
21	243,8	362,2	485,4	612,6	743,0	876,2	1012,0	1149,8
22	261,3	388,2	520,4	656,8	796,6	939,4	1085,0	1232,7
23	279,2	414,9	556,1	702,0	851,4	1004,1	1159,7	1317,6
24	297,5	442,2	592,7	748,1	907,4	1070,2	1236,0	1404,3
25	316,2	470,0	630,0	795,3	964,6	1137,6	1314,0	1492,9

Tabelle 180, Fortsetzung: $P = 0,05$ (zweiseitig)

n	k = 3	k = 4	k = 5	k = 6	k = 7	k = 8	k = 9	k = 10
1	3,3	4,7	6,1	7,5	9,0	10,5	12,0	13,5
2	8,8	12,6	16,5	20,5	24,7	28,9	33,1	37,4
3	15,7	22,7	29,9	37,3	44,8	52,5	60,3	68,2
4	23,9	34,6	45,6	57,0	68,6	80,4	92,4	104,6
5	33,1	48,1	63,5	79,3	95,5	112,0	128,8	145,8
6	43,3	62,9	83,2	104,0	125,3	147,0	169,1	191,4
7	54,4	79,1	104,6	130,8	157,6	184,9	212,8	240,9
8	66,3	96,4	127,6	159,6	192,4	225,7	259,7	294,1
9	78,9	114,8	152,0	190,2	229,3	269,1	309,6	350,6
10	92,3	134,3	177,8	222,6	268,4	315,0	362,4	410,5
11	106,3	154,8	205,0	256,6	309,4	363,2	417,9	473,3
12	120,9	176,2	233,4	292,2	352,4	413,6	476,0	539,1
13	136,2	198,5	263,0	329,3	397,1	466,2	536,5	607,7
14	152,1	221,7	293,6	367,8	443,6	520,8	599,4	679,0
15	168,6	245,7	325,7	407,8	491,9	577,4	664,6	752,8
16	185,6	270,6	358,6	449,1	541,7	635,9	732,0	829,2
17	203,1	296,2	392,6	491,7	593,1	696,3	801,5	907,9
18	221,2	322,6	427,6	535,5	646,1	758,5	873,1	989,0
19	239,8	349,7	463,6	580,6	700,5	822,4	946,7	1072,4
20	258,8	377,6	500,5	626,9	756,4	888,1	1022,3	1158,1
21	278,4	406,1	538,4	674,4	813,7	955,4	1099,8	1245,9
22	298,4	435,3	577,2	723,0	872,3	1024,3	1179,1	1335,7
23	318,9	465,2	616,9	772,7	932,4	1094,8	1260,3	1427,7
24	339,8	495,8	657,4	823,5	993,7	1166,8	1343,2	1521,7
25	361,1	527,0	698,8	875,4	1056,3	1240,4	1427,9	1617,6

Tabelle 180, Fortsetzung: $P = 0,01$ (zweiseitig)

n	k = 3	k = 4	k = 5	k = 6	k = 7	k = 8	k = 9	k = 10
1	4,1	5,7	7,3	8,9	10,5	12,2	13,9	15,6
2	10,9	15,3	19,7	24,3	28,9	33,6	38,3	43,1
3	19,5	27,5	35,7	44,0	52,5	61,1	69,8	78,6
4	29,7	41,9	54,5	67,3	80,3	93,6	107,0	120,6
5	41,2	58,2	75,8	93,6	111,9	130,4	149,1	168,1
6	53,9	76,3	99,3	122,8	146,7	171,0	195,7	220,6
7	67,6	95,8	124,8	154,4	184,6	215,2	246,3	277,7
8	82,4	116,8	152,2	188,4	225,2	262,6	300,6	339,0
9	98,1	139,2	181,4	224,5	268,5	313,1	358,4	404,2
10	114,7	162,8	212,2	262,7	314,2	366,5	419,5	473,1
11	132,1	187,6	244,6	302,9	362,2	422,6	483,7	545,6
12	150,4	213,5	278,5	344,9	412,5	481,2	551,0	621,4
13	169,4	240,6	313,8	388,7	464,9	542,4	621,0	700,5
14	189,1	268,7	350,5	434,2	519,4	606,0	693,8	782,6
15	209,6	297,8	388,5	481,3	575,8	671,9	769,3	867,7
16	230,7	327,9	427,9	530,1	634,2	740,0	847,3	955,7
17	252,5	359,0	468,4	580,3	694,4	810,2	927,8	1046,5
18	275,0	391,0	510,2	632,1	756,4	882,6	1010,6	1140,0
19	298,1	423,8	553,1	685,4	820,1	957,0	1095,8	1236,2
20	321,8	457,6	597,2	740,0	885,5	1033,3	1183,3	1334,9
21	346,1	492,2	642,4	796,0	952,6	1111,6	1273,0	1436,0
22	371,0	527,6	688,7	853,4	1021,3	1191,8	1364,8	1539,7
23	396,4	563,8	736,0	912,1	1091,5	1273,8	1458,8	1645,7
24	422,4	600,9	784,4	972,1	1163,4	1357,6	1554,8	1754,0
25	449,0	638,7	833,8	1033,3	1236,7	1443,2	1652,8	1864,6

Weitere Tabellenwerte D für $k > 10$ und $n = 1(1)20$ sind bei Bedarf nach $D = W\sqrt{n(nk)(nk+1)/12}$ zu berechnen, wobei W in Table 23 der Biometrika Tables (Pearson und Hartley 1966, S. 178/183) interpoliert wird. Beispielsweise sei der Wert 144,0 (Tab. 180; $P = 0,10$; $n = k = 7$) zu kontrollieren: Für $n = 7$ und $P' = 0,90$ ergibt sich $W = 3,8085$; $3,8085\sqrt{7(7 \cdot 7)(7 \cdot 7 + 1)/12} = 143,978$.

Tabelle 181

I	II	III	IV
203 12	213 16	171 5	207 13
184 7 1/2	246 18	208 14	152 2
169 4	184 7 1/2	260 19	176 6
216 17	282 20	193 10	200 11
209 15	190 9	160 3	145 1
55 1/2	70 1/2	51	33

Tabelle 182

	II $(70\frac{1}{2})$	III (51)	IV (33)
I $(55\frac{1}{2})$	15	$4\frac{1}{2}$	$22\frac{1}{2}$
II $(70\frac{1}{2})$		$19\frac{1}{2}$	$37\frac{1}{2}$
III (51)			18

Tabelle 180 zeigt $D = 42,9$. Dieser Wert wird von keiner Differenz erreicht. Möglicherweise ließe sich bei vergrößertem Stichprobenumfang ein Unterschied zwischen den Futtergruppen II und IV sichern.

76 Rangvarianzanalyse für mehrere verbundene Stichproben

▶ **761 Friedman-Test: Doppelte Zerlegung mit einer Beobachtung pro Zelle**

In Abschnitt 395 haben wir uns mit dem verteilungsfreien Vergleich mehrerer *unabhängiger* Stichproben befaßt. Für den verteilungsunabhängigen *Vergleich mehrerer abhängiger Stichproben* von Meßwerten hinsichtlich ihrer zentralen Tendenz steht die von Friedman (1937) entwickelte Rangvarianzanalyse, eine zweifache Varianzanalyse mit Rangzahlen, zur Verfügung. Untersucht werden n Individuen, Stichprobengruppen oder Blöcke (vgl. Abschnitt 77) unter k Bedingungen. Wird die Gesamtstichprobe anhand eines mit dem untersuchten Merkmal möglichst hoch korrelierten Kontrollmerkmals in Gruppen zu je k Individuen aufgeteilt, so muß beachtet werden, daß die Individuen eines Blockes bezüglich des Kontrollmerkmals gut übereinstimmen. Die k Individuen eines jeden Blockes werden dann nach Zufall auf die k Bedingungen verteilt.

Unter der Hypothese, daß die verschiedenen Bedingungen keinen Einfluß auf die Verteilung der betroffen Meßwerte nehmen, werden sich die *Rangplätze der n Individuen oder Blöcke nach Zufall auf die k Bedingungen verteilen*. Bildet man unter Annahme der Nullhypothese die Rangsumme für jede der k Bedingungen, so werden diese nicht oder nur zufällig voneinander abweichen. Üben einzelne Bedingungen jedoch einen systematischen Einfluß aus, so werden die k Spalten unterschiedliche Rangsummen aufweisen. Zur Prüfung der Alternativhypothese: die k Spalten entstammen nicht der gleichen Grundgesamtheit, hat Friedman eine Prüfgröße $\hat{\chi}_R^2$ angegeben.

$$\hat{\chi}_R^2 = \left[\frac{12}{nk(k+1)} \sum_{i=1}^{k} R_i^2 \right] - 3n(k+1) \qquad (7.54)$$

n = Anzahl der Zeilen (die voneinander unabhängig aber untereinander nicht homogen zu sein brauchen): Individuen, Wiederholungen, Stichprobengruppen, Blöcke

k = Anzahl der Spalten (mit zufälliger Zuordnung der): Bedingungen, Behandlungen, Sorten, Faktoren (zu den Versuchseinheiten)

$\sum_{i=1}^{k} R_i^2$ = Summe der Quadrate der Spaltenrangsummen für die k zu vergleichenden Faktoren, Behandlungen oder Bedingungen.

Die Prüfstatistik $\hat{\chi}_R^2$ ist für nicht zu kleine Stichproben angenähert wie χ^2 für $k-1$ (S. 113) Freiheitsgrade verteilt. Für kleine Werte von n ist diese Approximation unzureichend. Tabelle 183 enthält 5%- und 1%-Schranken. So ist ein $\hat{\chi}_R^2 = 9{,}000$ für $k=3$ und $n=8$ auf der 1%-Stufe signifikant.

Bindungen innerhalb einer Zeile (d.h. gleiche Meßwerte bzw. mittlere Rangplätze) sind streng genommen nicht zulässig; man berechne dann nach Victor (1972)

$$\hat{\chi}_{R,B}^2 = \left\{ n / \left[n - \frac{1}{k^3 - k} \left(\sum_{i=1}^{n} \sum_{j=1}^{r_i} (t_{ij}^3 - t_{ij}) \right) \right] \right\} \cdot \hat{\chi}_R^2 \qquad (7.55)$$

(7.55) mit r_i = Anzahl der Bindungen innerhalb der i-ten Zeile, des i-ten Blockes und t_{ij} = Vielfachheit (vgl. auch S. 235) der j-ten Bindung im i-ten Block.

Will man wissen, ob zwischen den untersuchten Individuen oder Gruppen erhebliche Unterschiede bestehen, so bildet man Rangordnungen innerhalb der einzelnen Spalten und summiert die Zeilenränge. Rechnerisch hat man die Symbole k und n in obiger Formel lediglich zu vertauschen.

Der Friedman-Test ist ein Homogenitäts-Test. Er prüft, ob die Behandlungs-Stichproben aus derselben Grundgesamtheit stammen können. Welche Bedingungen oder Behandlungen untereinander signifikante Unterschiede aufweisen, kann nach Wilcoxon und Wilcox (S. 426/429), nach Student-Newman-Keuls (S. 425) und nach Page (S. 426) geprüft werden (vgl. auch [S. 494, 455] Miller 1966 sowie Hollander und Wolfe 1973). Reinach (1965) zerlegt $\hat{\chi}_R^2$ in orthogonale Komponenten.

Die Methode im einzelnen:

1. Die Beobachtungswerte werden in eine Zweiwegtafel eingetragen; *horizontal:* k Behandlungen oder Bedingungen, *vertikal:* n Individuen, Stichprobengruppen oder Wiederholungen.
2. Die Werte jeder Zeile werden in eine Rangordnung gebracht; jede Zeile weist also die Rangzahlen 1 bis k auf.
3. Für jede Spalte wird die Rangsumme R_i (für die i-te Spalte) ermittelt; alle Rangsummen werden nach $\sum_i R_i = \frac{1}{2} nk(k+1)$ kontrolliert.
4. $\hat{\chi}_R^2$ wird nach (7.54) berechnet (bei Bindungen wird $\hat{\chi}_{R,B}^2$ nach (7.55) berechnet).
5. Beurteilung von $\hat{\chi}_R^2$ (bzw. von $\hat{\chi}_{R,B}^2$) anhand der Tabelle 183 (S. 424) bzw. für großes n anhand der χ^2-Tabelle (S. 113).

Beispiel

Vergleich der Wirksamkeit von $k=4$ Penicillinproben mittels der Diffusionsplattenmethode auf dem 5%-Niveau (Quelle: Weber, Erna: Grundriß der biologischen Statistik,

Tabelle 183.   5%- und 1%-Schranken für den Friedman-Test (aus Michaelis, J.: Schwellenwerte des Friedman-Tests, Biometr. Zeitschr. **13** (1971), 118–129, S. 122 mit Genehmigung des Autors und des Akademie-Verlages Berlin)

Nach der F-Verteilung approximierte Schwellenwerte von χ_R^2 für $P=0,05$; eingerahmt: exakte Werte für $P \leq 0,05$

n/k	3	4	5	6	7	8	9	10	11	12	13	14	15
3	6,000	7,4	8,53	9,86	11,24	12,57	13,88	15,19	16,48	17,76	19,02	20,27	21,53
4	6,500	7,8	8,8	10,24	11,63	12,99	14,34	15,67	16,98	18,3	19,6	20,9	22,1
5	6,400	7,8	8,99	10,43	11,84	13,23	14,59	15,93	17,27	18,6	19,9	21,2	22,4
6	7,000	7,6	9,08	10,54	11,97	13,38	14,76	16,12	17,4	18,8	20,1	21,4	22,7
7	7,143	7,8	9,11	10,62	12,07	13,48	14,87	16,23	17,6	18,9	20,2	21,5	22,8
8	6,250	7,65	9,19	10,68	12,14	13,56	14,95	16,32	17,7	19,0	20,3	21,6	22,9
9	6,222	7,66	9,22	10,73	12,19	13,61	15,02	16,40	17,7	19,1	20,4	21,7	23,0
10	6,200	7,67	9,25	10,76	12,23	13,66	15,07	16,44	17,8	19,2	20,5	21,8	23,1
11	6,545	7,68	9,27	10,79	12,27	13,70	15,11	16,48	17,9	19,2	20,5	21,8	23,1
12	6,167	7,70	9,29	10,81	12,29	13,73	15,15	16,53	17,9	19,3	20,6	21,9	23,2
13	6,000	7,70	9,30	10,83	12,32	13,76	15,17	16,56	17,9	19,3	20,6	21,9	23,2
14	6,143	7,71	9,32	10,85	12,34	13,78	15,19	16,58	17,9	19,3	20,6	21,9	23,2
15	6,400	7,72	9,33	10,87	12,35	13,80	15,20	16,6	18,0	19,3	20,6	21,9	23,2
16	5,99	7,73	9,34	10,88	12,37	13,81	15,23	16,6	18,0	19,3	20,7	22,0	23,2
17	5,99	7,73	9,34	10,89	12,38	13,83	15,2	16,6	18,0	19,3	20,7	22,0	23,3
18	5,99	7,73	9,36	10,90	12,39	13,83	15,2	16,6	18,0	19,4	20,7	22,0	23,3
19	5,99	7,74	9,36	10,91	12,40	13,8	15,3	16,7	18,0	19,4	20,7	22,0	23,3
20	5,99	7,74	9,37	10,92	12,41	13,8	15,3	16,7	18,0	19,4	20,7	22,0	23,3
∞	5,99	7,82	9,49	11,07	12,59	14,07	15,51	16,92	18,31	19,68	21,03	22,36	23,69

Nach der F-Verteilung approximierte Schwellenwerte von χ_R^2 für $P=0,01$; eingerahmt: exakte Werte für $P \leq 0,01$

n/k	3	4	5	6	7	8	9	10	11	12	13	14	15
3	–	9,000	10,13	11,76	13,26	14,78	16,28	17,74	19,19	20,61	22,00	23,38	24,76
4	8,000	9,600	11,20	12,59	14,19	15,75	17,28	18,77	20,24	21,7	23,1	24,5	25,9
5	8,400	9,96	11,43	13,11	14,74	16,32	17,86	19,37	20,86	22,3	23,7	25,2	26,6
6	9,000	10,200	11,75	13,45	15,10	16,69	18,25	19,77	21,3	22,7	24,2	25,6	27,0
7	8,857	10,371	11,97	13,69	15,35	16,95	18,51	20,04	21,5	23,0	24,4	25,9	27,3
8	9,000	10,35	12,14	13,87	15,53	17,15	18,71	20,24	21,8	23,2	24,7	26,1	27,5
9	8,667	10,44	12,27	14,01	15,68	17,29	18,87	20,42	21,9	23,4	24,95	26,3	27,7
10	9,600	10,53	12,38	14,12	15,79	17,41	19,00	20,53	22,0	23,5	25,0	26,4	27,9
11	9,455	10,60	12,46	14,21	15,89	17,52	19,10	20,64	22,1	23,7	25,1	26,6	28,0
12	9,500	10,68	12,53	14,28	15,96	17,59	19,19	20,73	22,2	23,7	25,2	26,7	28,0
13	9,385	10,72	12,58	14,34	16,03	17,67	19,25	20,80	22,3	23,8	25,3	26,7	28,1
14	9,000	10,76	12,64	14,40	16,09	17,72	19,31	20,86	22,4	23,9	25,3	26,8	28,2
15	8,933	10,80	12,68	14,44	16,14	17,78	19,35	20,9	22,4	23,9	25,4	26,8	28,2
16	8,79	10,84	12,72	14,48	16,18	17,81	19,40	20,9	22,5	24,0	25,4	26,9	28,3
17	8,81	10,87	12,74	14,52	16,22	17,85	19,50	21,0	22,5	24,0	25,4	26,9	28,3
18	8,84	10,90	12,78	14,56	16,25	17,87	19,5	21,1	22,6	24,1	25,5	26,9	28,3
19	8,86	10,92	12,81	14,58	16,27	17,90	19,5	21,1	22,6	24,1	25,5	27,0	28,4
20	8,87	10,94	12,83	14,60	16,30	18,00	19,5	21,1	22,6	24,1	25,5	27,0	28,4
∞	9,21	11,35	13,28	15,09	16,81	18,48	20,09	21,67	23,21	24,73	26,22	27,69	29,14

Wenn $\hat{\chi}^2$ den für k, n und P tabellierten Wert erreicht oder übersteigt, entstammen nicht alle k Spalten einer gemeinsamen Grundgesamtheit.

Einige weitere Schranken für Prüfungen auf dem 10%- und 0,1%-Niveau bei kleinem k und kleinem n

k	3	3	3	3	3	3	3	3	3	4	4	4	4	4	5	
n	4	5	6	7	8	9	10	11	12	3	4	5	6	7	8	4
$P<0,10$	6,000	5,200	5,333	5,429	5,250	5,556	5,000	5,091	5,167	6,600	6,300	6,360	6,400	6,429	6,450	7,600	8,
$P<0,001$	—	10,000	12,000	12,286	12,250	12,667	12,600	13,273	12,667	—	11,100	12,600	12,800	13,457	13,800	13,200	13,

5. Aufl., Jena 1964, S. 417). Der Versuch wird auf $r=3$ Agarplatten ausgeführt. Aus mit B. subtilis (Heubazillus) beimpften Agarplatten von 9 cm Durchmesser werden 4 kleine Scheiben von etwa 0,4 cm Durchmesser ausgestanzt. In die Ausstanzungen wird von jeder Penicillinlösung die gleiche Menge getropft, so daß auf jeder Platte alle 4 Proben vertreten sind. Die Penicillinlösung diffundiert in die Agarschicht und erzeugt eine Hemmung des Wachstums von B. subtilis. Dies kommt in der Bildung eines markanten Wirkungshofes um die Ausstanzung zum Ausdruck. Der Durchmesser der Hemmungszone ist ein Maß für die Konzentration der Penicillinlösung. Zufällige Zuteilung der Versuchseinheiten (Ausstanzungen) zu den Proben. Gefragt wird, ob Unterschiede in den Durchmessern der Hemmungszonen bestehen; ein möglicher Agarplatten-Effekt soll berücksichtigt werden. Die Größen der Hemmungszonen in mm sind:

Tabelle 184

Platte	Penicillinlösungen			
Nr.	1	2	3	4
1	27	23	26	21
2	27	23	25	21
3	25	21	26	20

Platte	Penicillinlösungen				Tabelle 185.
Nr.	1	2	3	4	
1	4	2	3	1	
2	4	2	3	1	Rangzahlen
3	3	2	4	1	
$\sum$	11	6	10	3	30

Kontrolle der Spaltenrangsummen: $\sum_{i=1}^{k} R_i = \dfrac{nk(k+1)}{2} = \dfrac{3\cdot 4(4+1)}{2} = 30$

$$\hat{\chi}_R^2 = \left[\frac{12}{3\cdot 4\cdot 5}(11^2 + 6^2 + 10^2 + 3^2)\right] - 3\cdot 3\cdot 5 = 8{,}2$$

Da $\hat{\chi}_R^2 = 8{,}2 > 7{,}4 = \chi_R^2$ für $k=4$, $n=3$ und $P=0{,}05$ (Tab. 183) ist, muß H_0: Gleichheit der vier Penicillinlösungen auf dem 5%-Niveau abgelehnt werden.
Will man prüfen, ob zwischen den Agarplatten Unterschiede bestehen, so sind den Spalten Rangzahlen zuzuordnen und die Zeilensummen zu bilden. Man erhält

2,5	2,5	2,5	2,5	10,0
2,5	2,5	1	2,5	8,5
1	1	2,5	1	5,5
				24,0

und verzichtet wegen der vielen Bindungen (vgl. S. 423) auf den Test.

Approximativer multipler Vergleich nach Student-Newman-Keuls (siehe S. 410,II):

Für $n \geq 6$ läßt sich (7.50) durch $q\sqrt{[k(k+1)]/(12n)}$ ersetzen, mit q aus Tab. 172 (das k dieser Tab. sei h genannt) für $h=$ Anzahl geordneter Rangmittel im Vergleich (wobei $h \geq 2$) und $v_2 = \infty$.

Tabelle 186.   Einige 5%- und 1%-Schranken für den Page-Test

P			0,05						0,01			
n \ k	3	4	5	6	7	8	3	4	5	6	7	8
3	41	84	150	244	370	532	42	87	155	252	382	549
4	54	111	197	321	487	701	55	114	204	331	501	722
5	66	137	244	397	603	869	68	141	251	409	620	893
6	79	163	291	474	719	1037	81	167	299	486	737	1063
7	91	189	338	550	835	1204	93	193	346	563	855	1232

Nach Page (1963) läßt sich bei entsprechendem Vorwissen die einseitige $H_A : \mu_1 > \mu_2 > \ldots > \mu_k$ prüfen; $H_0 : \mu_1 = \mu_2 = \ldots = \mu_k$ wird abgelehnt, wenn auf dem vorgewählten Niveau die Summe der Produkte aus hypothetischem Rang und zugehöriger Rangsumme den entsprechenden Tafelwert erreicht oder übersteigt. Hätte man z. B. für Tab. 184/185 die numerierten hypothetischen Ränge vorausgesetzt, dann wäre (vgl. $1 \cdot 11 + 2 \cdot 6 + 3 \cdot 10 + 4 \cdot 3 = 65 < 84$, vgl. Tab. 186, $k = 4$, $n = 3$, $P = 0,05$) es nicht möglich gewesen, H_0 auf dem 5%-Niveau abzulehnen. Page (1963) gibt 5%-, 1%- und 0,1%-Schranken für $3 \le k \le 10$ [dort n genannt] und $2 \le n \le 50$ [dort m genannt]. Er gibt auch für den Friedman-Test eine gegenüber (7.54) wesentlich einfachere und den χ^2-Charakter der Prüfgröße klarer erkennen lassende Beziehung (7.56).

$$\hat{\chi}_R^2 = \frac{6}{k} \sum \frac{(R_i - E)^2}{E} = \frac{6 \sum (R_i - E)^2}{\sum R_i} \tag{7.56}$$

wobei $E = \sum R_i / k$ die *mittlere Rangsumme* darstellt. Für unser erstes Beispiel erhalten wir $E = 30/4 = 7,5$

$$\hat{\chi}_R^2 = \frac{6\{(11 - 7,5)^2 + (6 - 7,5)^2 + (10 - 7,5)^2 + 3 - 7,5)^2\}}{30} = 8,2.$$

Wie Friedmann gezeigt hat, ist $\hat{\chi}_R^2$ für n Individuen und $k = 2$ Bedingungen mit dem (S. 309) Rangkorrelationskoeffizienten von Spearman r_S (vgl. Abschnitt 531) nach der folgenden Beziehung verknüpft:

$$\hat{\chi}_R^2 = (n-1)(1 + r_S) \qquad \text{oder} \qquad r_S = \frac{\hat{\chi}_R^2}{n-1} - 1 \qquad \begin{matrix} (7.57) \\ (7.57a) \end{matrix}$$

Man kann damit über $\hat{\chi}_R^2$ eine Maßzahl für die Größe des Unterschiedes zwischen 2 Meßreihen bestimmen.

Hinweise

1. Sind *mehrere Rangreihen* – gewonnen durch Schätzungen mehrerer Beurteiler oder durch Transformationen aus Meßwerten – auf den Grad ihrer Übereinstimmung hin zu beurteilen – ein Weg übrigens, um nichtquantifizierbare biologische Merkmale zu objektivieren – so ist der Friedman-Test anzuwenden. Bitten wir drei $(n = 3)$ Personen, vier $(k = 4)$ Filmstars hinsichtlich ihrer schauspielerischen Leistungen in eine Rangfolge zu bringen, dann hätte sich z. B. Tab. 185 (mit dem Resultat: Keine Übereinstimmung [$\alpha = 0,05$]) ergeben können.

2. Liegen Alternativdaten (und keine Meßwerte oder Rangzahlen) vor, dann ersetzt der Q-Test (S. 377) den Friedman-Test.

3. Sind mehrere Produkte, sagen wir Käsearten, Tabaksorten oder Kohlepapiere im subjektiven Vergleich zu prüfen, so ist die Technik der *gepaarten Vergleiche* angebracht: Mehrere unterschiedliche Ausprägungen eines Produktes, z. B. die Sorten A, B, C, D werden, jeweils als Paare gruppiert ($A - B$, $A - C$, $A - D$, $B - C$, $B - D$, $C - D$), verglichen. Näheres ist der Monographie von David (1969) (vgl. auch Trawinski (1965) und Linhart (1966)) zu entnehmen. Für den von Scheffé (1952) dargestellten varianzanalytischen paarweisen Vergleich haben Mary Fleckenstein u. Mitarb. (1958) ein Beispiel gegeben, das Starks und David (1961) anhand weiterer Tests sehr ausführlich analysieren. Ein einfaches Verfahren mit Hilfstafeln und einem Beispiel stellen Terry u. Mitarb. (1952) vor (vgl. auch Bose 1956, Jackson und Fleckenstein 1957; Vessereau 1956, Rao und Kupper 1967 sowie Imberty 1968).

▶ 762 Multiple Vergleiche abhängiger Stichproben nach Wilcoxon und Wilcox

Der Friedman-Test ist eine zweifache Varianzanalyse mit Rangzahlen; der entsprechende multiple Vergleich stammt von Wilcoxon und Wilcox (1964). Der Test ähnelt dem von Nemenyi gegebenen Verfahren.

Tabelle 187.   Kritische Differenzen für die Zweiwegklassifizierung: Vergleich aller möglichen Paare von Behandlungen. $P = 0,10$ (zweiseitig) (aus Wilcoxon, F. and Roberta A. Wilcox: Some Rapid Approximate Statistical Procedures, Lederle Laboratories, Pearl River, New York 1964, pp. 36–38)

n	k = 3	k = 4	k = 5	k = 6	k = 7	k = 8	k = 9	k = 10
1	2,9	4,2	5,5	6,8	8,2	9,6	11,1	12,5
2	4,1	5,9	7,8	9,7	11,6	13,6	15,6	17,7
3	5,0	7,2	9,5	11,9	14,2	16,7	19,1	21,7
4	5,8	8,4	11,0	13,7	16,5	19,3	22,1	25,0
5	6,5	9,4	12,3	15,3	18,4	21,5	24,7	28,0
6	7,1	10,2	13,5	16,8	20,2	23,6	27,1	30,6
7	7,7	11,1	14,5	18,1	21,8	25,5	29,3	33,1
8	8,2	11,8	15,6	19,4	23,3	27,2	31,3	35,4
9	8,7	12,5	16,5	20,5	24,7	28,9	33,2	37,5
10	9,2	13,2	17,4	21,7	26,0	30,4	35,0	39,5
11	9,6	13,9	18,2	22,7	27,3	31,9	36,7	41,5
12	10,1	14,5	19,0	23,7	28,5	33,4	38,3	43,3
13	10,5	15,1	19,8	24,7	29,7	34,7	39,9	45,1
14	10,9	15,7	20,6	25,6	30,8	36,0	41,4	46,8
15	11,2	16,2	21,3	26,5	31,9	37,3	42,8	48,4
16	11,6	16,7	22,0	27,4	32,9	38,5	44,2	50,0
17	12,0	17,2	22,7	28,2	33,9	39,7	45,6	51,5
18	12,3	17,7	23,3	29,1	34,9	40,9	46,9	53,0
19	12,6	18,2	24,0	29,9	35,9	42,0	48,2	54,5
20	13,0	18,7	24,6	30,6	36,8	43,1	49,4	55,9
21	13,3	19,2	25,2	31,4	37,7	44,1	50,7	57,3
22	13,6	19,6	25,8	32,1	38,6	45,2	51,9	58,6
23	13,9	20,1	26,4	32,8	39,5	46,2	53,0	60,0
24	14,2	20,5	26,9	33,6	40,3	47,2	54,2	61,2
25	14,5	20,9	27,5	34,2	41,1	48,1	55,3	62,5

Werte für $k \leq 15$ geben McDonald und Thompson (1967). Ich habe sie in mein Taschenbuch (Sachs 1972) übernommen.

Tabelle 187, 1. Fortsetzung: $P = 0,05$ (zweiseitig)

n	k = 3	k = 4	k = 5	k = 6	k = 7	k = 8	k = 9	k = 10
1	3,3	4,7	6,1	7,5	9,0	10,5	12,0	13,5
2	4,7	6,6	8,6	10,7	12,7	14,8	17,0	19,2
3	5,7	8,1	10,6	13,1	15,6	18,2	20,8	23,5
4	6,6	9,4	12,2	15,1	18,0	21,0	24,0	27,1
5	7,4	10,5	13,6	16,9	20,1	23,5	26,9	30,3
6	8,1	11,5	14,9	18,5	22,1	25,7	29,4	33,2
7	8,8	12,4	16,1	19,9	23,9	27,8	31,8	35,8
8	9,4	13,3	17,3	21,3	25,5	29,7	34,0	38,3
9	9,9	14,1	18,3	22,6	27,0	31,5	36,0	40,6
10	10,5	14,8	19,3	23,8	28,5	33,2	38,0	42,8
11	11,0	15,6	20,2	25,0	29,9	34,8	39,8	44,9
12	11,5	16,2	21,1	26,1	31,2	36,4	41,6	46,9
13	11,9	16,9	22,0	27,2	32,5	37,9	43,3	48,8
14	12,4	17,5	22,8	28,2	33,7	39,3	45,0	50,7
15	12,8	18,2	23,6	29,2	34,9	40,7	46,5	52,5
16	13,3	18,8	24,4	30,2	36,0	42,0	48,1	54,2
17	13,7	19,3	25,2	31,1	37,1	43,3	49,5	55,9
18	14,1	19,9	25,9	32,0	38,2	44,5	51,0	57,5
19	14,4	20,4	26,6	32,9	39,3	45,8	52,4	59,0
20	14,8	21,0	27,3	33,7	40,3	47,0	53,7	60,6
21	15,2	21,5	28,0	34,6	41,3	48,1	55,1	62,1
22	15,5	22,0	28,6	35,4	42,3	49,2	56,4	63,5
23	15,9	22,5	29,3	36,2	43,2	50,3	57,6	65,0
24	16,2	23,0	29,9	36,9	44,1	51,4	58,9	66,4
25	16,6	23,5	30,5	37,7	45,0	52,5	60,1	67,7

Tabelle 187, 2. Fortsetzung: $P = 0,01$ (zweiseitig)

n	k = 3	k = 4	k = 5	k = 6	k = 7	k = 8	k = 9	k = 10
1	4,1	5,7	7,3	8,9	10,5	12,2	13,9	15,6
2	5,8	8,0	10,3	12,6	14,9	17,3	19,7	22,1
3	7,1	9,8	12,6	15,4	18,3	21,2	24,1	27,0
4	8,2	11,4	14,6	17,8	21,1	24,4	27,8	31,2
5	9,2	12,7	16,3	19,9	23,6	27,3	31,1	34,9
6	10,1	13,9	17,8	21,8	25,8	29,9	34,1	38,2
7	10,9	15,0	19,3	23,5	27,9	32,3	36,8	41,3
8	11,7	16,1	20,6	25,2	29,8	34,6	39,3	44,2
9	12,4	17,1	21,8	26,7	31,6	36,6	41,7	46,8
10	13,0	18,0	23,0	28,1	33,4	38,6	44,0	49,4
11	13,7	18,9	24,1	29,5	35,0	40,5	46,1	51,8
12	14,3	19,7	25,2	30,8	36,5	42,3	48,2	54,1
13	14,9	20,5	26,2	32,1	38,0	44,0	50,1	56,3
14	15,4	21,3	27,2	33,3	39,5	45,7	52,0	58,4
15	16,0	22,0	28,2	34,5	40,8	47,3	53,9	60,5
16	16,5	22,7	29,1	35,6	42,2	48,9	55,6	62,5
17	17,0	23,4	30,0	36,7	43,5	50,4	57,3	64,4
18	17,5	24,1	30,9	37,8	44,7	51,8	59,0	66,2
19	18,0	24,8	31,7	38,8	46,0	53,2	60,6	68,1
20	18,4	25,4	32,5	39,8	47,2	54,6	62,2	69,8
21	18,9	26,0	33,4	40,9	48,3	56,0	63,7	71,6
22	19,3	26,7	34,1	41,7	49,5	57,3	65,2	73,2
23	19,8	27,3	34,9	42,7	50,6	58,6	66,7	74,9
24	20,2	27,8	35,7	43,6	51,7	59,8	68,1	76,5
25	20,6	28,4	36,4	44,5	52,7	61,1	69,5	78,1

Der Vergleich im einzelnen: Verglichen werden wieder k Behandlungen mit je n Wieder-holungen. Jeder Behandlung ist eine Rangzahl von 1 bis k zuzuordnen, so daß n Rang-ordnungen resultieren. Die Ränge der einzelnen Stichproben werden addiert; ihre Dif-ferenzen vergleicht man mit dem Wert der kritischen Differenz aus Tabelle 187. Wird die tabellierte kritische Differenz erreicht oder überschritten, dann entstammen die dem Vergleich zugrunde liegenden Behandlungen unterschiedlichen Grundgesamtheiten. Unterschreitet die berechnete Differenz die tabellierte D, dann gilt der Unterschied noch als zufällig. Weitere Tabellenwerte D für $k > 10$ und $n = 1(1)20$ sind bei Bedarf nach $D = W\sqrt{nk(k+1)/12}$ zu berechnen, wobei W in Table 23 der Biometrika Tables (Pearson und Hartley 1966, S. 178/183) interpoliert wird (z. B. $D = 42,8$ [Tab. 187; $P = 0,05$; $n = k = 10$], für $n = 10$ und $P' = 0,95$ ergibt sich $W = 4,4745$ und $4,4745\sqrt{10 \cdot 10(10+1)/12} = 42,840$).

Beispiel

Quelle: Wilcoxon, F. and Roberta A. Wilcox: Some Approximate Statistical Procedures, Lederle Laboratories, New York 1964, pp. 11 und 12.

Tabelle 188

Person	A		B		C		D		E		F	
1	3,88	1	30,58	5	25,24	3	4,44	2	29,41	4	38,87	6
2	5,64	1	30,14	3	33,52	6	7,94	2	30,72	4	33,12	5
3	5,76	2	16,92	3	25,45	4	4,04	1	32,92	5	39,15	6
4	4,25	1	23,19	4	18,85	3	4,40	2	28,23	6	28,06	5
5	5,91	2	26,74	5	20,45	3	4,23	1	23,35	4	38,23	6
6	4,33	1	10,91	3	26,67	6	4,36	2	12,00	4	26,65	5
		8		23		25		10		27		33

Sechs Personen erhalten je 6 verschiedene Diuretika (Harntreibende Mittel *A* bis *F*). Zwei Stunden nach der Behandlung wird die Natriumausscheidung (in mval) bestimmt. Gefragt wird nach den Diuretika, die sich aufgrund der Natriumausscheidung von den anderen unterscheiden. Tabelle 188 enthält die Daten, rechts daneben jeweils die Rangzahlen mit den Spaltenrangsummen.

Die absoluten Differenzen sind in Tabelle 189 zusammengestellt.

Tabelle 189

	D	B	C	E	F
	10	23	25	27	33
A 8	2	15	17	19*	25**
D 10		13	15	17	23**
B 23			2	4	10
C 25				2	8
E 27					6

Die kritische Differenz für $k = 6$ und $n = 6$ beträgt auf dem 5%-Niveau (vgl. Tabelle 187) 18,5, auf dem 1%-Niveau 21,8. Die auf dem 5%-Niveau signifikanten Differenzen sind mit einem Stern (*) versehen, die auf dem 1%-Signifikanzniveau bedeutsamen Differenzen sind mit zwei Sternen (**) ausgezeichnet. Man kann also feststellen, daß sich das Präparat *F* aufgrund einer starken Natriumdiurese mit einer Irrtumswahrscheinlichkeit $P = 0,01$ von den Diuretika *A* und *D* unterscheidet. Das Präparat *E* unterscheidet sich auf dem 5%-Niveau vom Präparat *A*; andere Differenzen sind auf dem 5%-Niveau nicht bedeutsam.

▶ 77 Prinzipien der Versuchsplanung

Bei der Versuchsplanung sind nach Koller (1964) zwei entgegengesetzte Gesichtspunkte aufeinander abzustimmen: Das Prinzip der *Vergleichbarkeit* und das Prinzip der *Verallgemeinerungsfähigkeit*.

Zwei Versuche, bei denen die Wirkungen zweier Behandlungsarten verglichen werden sollen, sind miteinander vergleichbar, wenn sie sich nur in den Behandlungsarten unterscheiden, aber sonst in jeder Hinsicht übereinstimmen. Die Übereinstimmung betrifft die folgenden Versuchsbedingungen und Variationsfaktoren:

1. die Beobachtungs- und Meßverfahren,
2. die Versuchsausführung,
3. die individuellen Besonderheiten der Versuchsobjekte,
4. die zeitlich-örtlich-persönlichen Besonderheiten der Versuche.

Vergleichbarkeit von Einzelversuchen ist kaum erreichbar, wohl aber eine solche für Versuchsgruppen. In den zu vergleichenden Versuchsgruppen müssen die einzelnen Variationsfaktoren die gleiche Häufigkeitsverteilung haben.

Wenn zur Erzielung einer guten Vergleichbarkeit z.B. nur junge männliche Tiere aus einer bestimmten Zucht mit bestimmtem Gewicht usw. zum Versuch benutzt werden, so ist zwar die Vergleichbarkeit gesichert, aber die Verallgemeinerungsfähigkeit beeinträchtigt; denn aus den Versuchen geht nicht hervor, wie sich ältere oder weibliche Tiere oder solche anderer Zucht verhalten würden. Diese Versuchsreihe hätte nur eine schmale induktive Basis (vgl. auch S. 164/169 und 241).

Verallgemeinerung bedeutet das Erkennen und Beschreiben derjenigen Kollektive und ihrer Merkmalsverteilungen, aus denen die vorliegenden Beobachtungswerte als repräsentative Stichproben angesehen werden können. Erst durch Einblick in Variationskollektive mit verschiedenen Tieren (Alter, Geschlecht, Erbfaktoren, Disposition), verschiedenen Untersuchungszeiten (Tageszeit, Jahreszeit, Witterung), verschiedenen Versuchsarten, verschiedenen Experimentatoren, durch verschiedene Versuchstechnik, Meßtechnik usw. kann beurteilt werden, inwieweit die Ergebnisse von diesen Variations- und Störfaktoren unabhängig sind, d.h. in dieser Hinsicht verallgemeinert werden dürfen. Vergleichbarkeit und Verallgemeinerungsfähigkeit sind versuchstechnisch Gegensätze; denn Vergleichbarkeit erfordert homogenes Material, Verallgemeinerungsfähigkeit dagegen Heterogenität zur Gewinnung einer breiten, induktiven Basis: *Vergleiche erfordern Wiederholungskollektive, Verallgemeinerungen Variationskollektive!* Beide Prinzipien müssen in der Versuchsplanung ineinandergreifen. Besonders günstig sind hierbei Vergleiche von verschiedenen Verfahren an demselben Tier. Dabei ist die Vergleichbarkeit optimal, gleichzeitig ist das Variationskollektiv der Individuen beliebig weit ausdehnbar.

Eine brillante Übersicht zur Versuchsplanung geben Herzberg und Cox (1969).

Die Grundprinzipien der Versuchsplanung sind:

1. Wiederholung (replication): Gestattet die Schätzung des Versuchsfehlers und sorgt zugleich für seine Verkleinerung.

2. Randomisierung (randomisation, Zufallszuteilung): Gestattet – durch *Ausschaltung* bekannter und unbekannter *systematischer Fehler*, insbesondere Trends, die durch die Faktoren Zeit und Raum bedingt sind – eine unverfälschte Schätzung der interessierenden Effekte und bewirkt zugleich *Unabhängigkeit* der Versuchsergebnisse. Die Randomisierung sollte mit Hilfe einer Tafel von Zufallszahlen vorgenommen werden.

3. Blockbildung (block division, planned grouping): Erhöht die Genauigkeit blockinterner Vergleiche.

> Die Idee der zufälligen Zuordnung der Verfahren zu den Versuchseinheiten, kurz *Randomisierung* genannt – sie stammt von R. A. Fisher – kann als Grundlage jeder Versuchsplanung angesehen werden. Durch sie erhält man (a) eine erwartungstreue Schätzung des interessierenden *Effektes*, (b) eine erwartungstreue Schätzung des *Versuchsfehlers* und (c) eine verbesserte *Normalität der Daten*. Damit werden unerwünschte und unbekannte Korrelationssysteme zerstört, so daß wir unkorrelierte und unabhängige Versuchsfehler erhalten und unsere Standardsignifikanztests anwenden dürfen.

Sind die *Versuchseinheiten sehr unterschiedlich*, dann wird die Isolierung interessierender Effekte durch die Heterogenität des Materials erschwert. In diesen Fällen ist vor der unterschiedlichen Behandlung der Versuchseinheiten zur Schaffung konstanter Bedingungen eine Zusammenfassung möglichst ähnlicher Versuchseinheiten zu empfehlen. Man bildet Untergruppen von Versuchseinheiten, die in sich gleichförmiger sind als das gesamte Material: homogene „*Versuchsblöcke*". Innerhalb eines Blockes gilt dann für die Zuordnung der Behandlungen zu den Versuchseinheiten wieder das Randomisierungsprinzip.

Beispiele für Blöcke sind Versuche an demselben Patienten oder an demselben Tier, an eineiigen Zwillingen oder an paarigen Organen oder bei Wurfgeschwistern oder an demselben Tag oder an Tieren aus demselben Käfig, oder die mit derselben Stammlösung durchgeführten Versuche, die Parzellen eines Feldes in einem landwirtschaftlichen Versuch oder andere versuchstechnische Gruppierungen, die natürliche oder künstliche Blöcke darstellen. Man vereinigt diejenigen Versuche zu einem Block, die in einem besonders wichtigen Variationsfaktor übereinstimmen. Von Block zu Block, also (zwischen den Blöcken) bestehen erhebliche Unterschiede in gerade diesem Faktor. Die einzelnen Blöcke sollten stets gleichen Umfang aufweisen. Die für das Versuchsziel wichtigen Vergleiche müssen möglichst innerhalb der Blöcke vorgenommen werden.

Die *Ausschaltung von Störgrößen oder Störfaktoren* (z. B. Bodenunterschiede) erfolgt:
1. Bei *bekannten quantitativ meßbaren Störfaktoren* durch die **Kovarianzanalyse,** bei der Klassifikationsfaktoren und Einflußgrößen (Kovariable wie z. B. Gewicht oder Blutdruck am Anfang der Versuchsperiode) linear auf die beeinflußte Variable einwirken. Sie dient zum Ausschalten störender Einflüsse auf den Versuch bei varianzanalytischer Auswertung und zum Studium von Regressionsbeziehungen in klassifiziertem Material (siehe Winer 1971, vgl. auch Li 1964, Harte 1965, Peng 1967, Quade 1967, Rutherford u. Stewart 1967, Bancroft 1968, Evans u. Anastasio 1968, Reisch u. Webster 1969, Sprott 1970).
2. Bei *bekannten nicht meßbaren Störfaktoren* durch Blockbildung (Gruppen von im Störfaktor möglichst übereinstimmenden Versuchen) oder durch Paarbildung; Durchführung der Experimente unter speziellen Bedingungen (z. B. im Gewächshaus).
3. Bei *unbekannten Störfaktoren* durch Randomisierung und Wiederholung sowie durch Berücksichtigung weiterer Merkmale, die eine künftige Erfassung der Störgrößen ermöglichen.

Im Gegensatz zum *absoluten Experiment*, beispielsweise die Bestimmung einer Naturkonstanten wie der Lichtgeschwindigkeit, gehört die überwältigende Menge der Experimente in die Kategorie der *vergleichenden Experimente*: Wir vergleichen z. B. Ernteerträge, die unter bestimmten Bedingungen (Saatgut, Dünger usw.) erzielt werden. *Vergleichswerte* liegen entweder als *Sollwerte* vor oder sind durch *Kontrollversuche* zu bestimmen. Vergleichende Experimente – auffaßbar als durch verschiedene Bedingungen oder „Behandlungen" beeinflußte Prozesse, nach deren Ablauf die Resultate gegenübergestellt und als „Wirkungen" der Behandlungen, als spezifische Effekte, interpretiert werden – zielen darauf ab: (a) zu prüfen, ob ein Effekt existiert und (b) die Größe dieses Effektes zu messen, wobei nach Möglichkeit Fehler 1. und 2. Art zu vermeiden sind, d. h. es sollten weder nichtexistente Effekte in das Material „*hineingesehen*" noch echte Effekte „*übersehen*" werden. Außerdem ist festzulegen, wie groß der kleinste noch als signifikant angesehene Effekt sein soll. Echte Effekte lassen sich nur dann finden, wenn sichergestellt werden kann, daß (a) weder die Heterogenität der Versuchseinheiten (z. B. Bodenunterschiede im Ernteertragbeispiel) noch (b) zufällige Einflüsse *für den Effekt allein verantwortlich* gemacht werden können.

Die *moderne Versuchsplanung* (experimental design) unterscheidet sich von dem klassischen oder traditionellen Vorgehen dadurch, daß stets mindestens 2 Faktoren zugleich untersucht werden. Früher wurden dann, wenn die Wirkung mehrerer Faktoren analysiert werden sollte, die Faktoren nacheinander durchgetestet, wobei nur jeweils ein Faktor auf mehreren Stufen geprüft wurde. Es läßt sich zeigen, daß dieses Verfahren nicht nur *unwirksam* sein, sondern auch *falsche Ergebnisse* liefern kann. Der im allgemeinen gesuchte *optimale Arbeitsbereich* für den kombinierten Einsatz aller Faktoren kann so nicht gefunden werden. Außerdem lassen sich mit dem klassischen Verfahren zwischen den Faktoren keine Wechselwirkungen erkennen. Das Prinzip der modernen statistischen Versuchsplanung besteht darin, die Faktoren so einzusetzen, daß sich ihre *Effekte und Wechselwirkungen* sowie die Variabilität dieser Effekte *messen*, untereinander *vergleichen* und gegen die zufällige Variabilität *abgrenzen* lassen (vgl. auch S. 183). Näheres ist z.B. Natrella 1963 zu entnehmen (vgl. auch S. 434).

Zusätzlich zu den drei Grundprinzipien der Versuchsplanung (S. 430) wird man (1) Kontrollen mitlaufen lassen, (2) möglichst unterschiedliche Behandlungen wählen, die zur Vermeidung subjektiver Einflüsse auch noch verschlüsselt werden können und (3) die Zahl der Wiederholungen für $\sigma_i \neq$ konst. proportional aufteilen: $n_1/n_2 = \sigma_1/\sigma_2$.

Hinweis: Einfache Versuchspläne

1. Versuchsanordnung in Blöcken mit zufälliger Zuordnung der Verfahren zu den Versuchseinheiten

Das Versuchsmaterial wird in möglichst homogene Blöcke aufgeteilt. Jeder Block enthält mindestens so viele Einheiten wie Faktoren (Behandlungsmethoden, Verfahren) geprüft werden sollen (*vollständige randomisierte Blöcke*) bzw. ganze Vielfache dieser Zahl. Die Faktoren werden den untereinander ähnlichen Versuchseinheiten jedes Blockes mit Hilfe eines Zufallsverfahrens (Tafel der Zufallszahlen) zugeordnet. Durch Wiederholung des Versuchs mit sehr verschiedenen Blöcken wird der Vergleich zwischen den Faktoren genauer. Für die Varianzanalyse dieser *verbundenen Stichproben* wird das Modell der zweifachen Klassifikation ohne Wechselwirkung verwendet. Anstelle der Bezeichnungen Zeile und Spalte gelten jetzt „Block" und „Faktor".

Vielleicht sollten wir noch betonen, daß die Bildung von Blöcken genauso wie die Bildung paariger Beobachtungen nur dann sinnvoll ist, wenn die Streuung zwischen den Versuchseinheiten deutlich größer ist als die zwischen den Paarlingen bzw. den Blockeinheiten; denn verbundene Stichproben (paarige Beobachtungen, Blöcke) weisen *weniger* Freiheitsgrade auf als die entsprechenden unabhängigen Stichproben. Besteht ein deutlicher Streuungsunterschied im oben angegebenen Sinne, dann ist der Genauigkeitsgewinn durch Bildung verbundener Stichproben größer als der Genauigkeitsverlust durch die verringerte Anzahl von Freiheitsgraden.

Ist die Anzahl der Versuchseinheiten pro Block kleiner als die Anzahl der zu prüfenden Faktoren, dann spricht man von *unvollständigen randomisierten Blöcken*. Sie werden häufig benutzt, wenn eine natürliche Blockbildung nur wenige Elemente umfaßt, z.B. bei Vergleichen an Zwillingspaaren, Rechts-Links-Vergleichen, bei technischen oder zeitlichen Beschränkungen der Durchführbarkeit von Parallelversuchen am gleichen Tag usw.

2. Das Lateinische Quadrat

Während durch die Blockbildung ein Variationsfaktor ausgeschaltet wird, dient der Versuchsplan eines sogenannten *Lateinischen Quadrates* zur Ausschaltung zweier Variationsfaktoren. So zeigt es sich häufig, daß ein Versuchsfeld deutlich nach zwei Richtungen Unterschiede in der Bodenbeschaffenheit aufweist. Durch geschicktes Parzellieren gelingt es mit Hilfe dieses Modells die Unterschiede nach zwei Richtungen auszuschalten. Sind k Faktoren (z.B. die Kunstdünger A und B und die Kontrolle C) zu prüfen, so benötigt man k^2 Versuche und damit k^2 (9) Versuchseinheiten (Parzellen). Ein einfaches lateinisches Quadrat ist z.B.

```
A B C
B C A
C A B
```

Jeder Faktor tritt in jeder Zeile und jeder Spalte dieses Quadrates genau einmal auf. Im allgemeinen verwendet man nur Quadrate mit $k \geq 5$, da bei kleineren Quadraten für die Ermittlung des Versuchsfehlers nur wenige Freiheitsgrade zur Verfügung stehen. Erst bei $k = 5$ sind es 12. Entsprechende Versuchspläne, die natürlich nicht nur in der Landwirtschaft benutzt werden, sondern überall da, wo sich Versuchseinheiten nach zwei Richtungen oder Merkmalen randomisiert gruppieren lassen, findet man z.B. in dem Tafelwerk von Fisher und Yates (1963). Beim griechisch-lateinischen Quadrat erfolgt eine Randomisierung in drei Richtungen. Näheres ist Jaech (1969) zu entnehmen.

Tabelle 190.   Die wichtigsten Versuchsanordnungen zur Prüfung signifikanter Unterschiede zwischen unterschiedlichen Stufen eines Faktors oder mehrerer Faktoren (verändert nach Juran, J.M. (Ed.): Quality Control Handbook, 2nd ed., New York 1962, Table 44, pp. 13–122/123)

Versuchsplan	Prinzip	Kommentar
1. Vollständige Randomisierung	Stufen eines Faktors werden nach einem Zufallsverfahren den experimentellen Einheiten zugeordnet	Zahl der Versuche kann von Stufe zu Stufe variieren; im Hinblick auf die Entdeckung signifikanter Effekte wenig empfindlich
2. Randomisierte Blöcke	Zusammenfassung möglichst ähnlicher experimenteller Einheiten zu Blöcken, denen jeweils die Stufen eines Faktors zugeordnet werden	Zahl der Versuche kann von Stufe zu Stufe variieren; empfindlicher als der vollständig randomisierte Plan
3. Lateinische Quadrate	Versuchsplan zur Prüfung von k Faktoren: aus k^2 Versuchseinheiten bestehend, die (nach zwei Merkmalen mit je k Stufen) so den Zeilen und Spalten eines Quadrates zugeordnet werden, daß jeder Faktor in jeder Zeile und jeder Spalte genau einmal auftritt	Gemeinsames Studium zweier oder mehrerer Faktoren! Vorausgesetzt wird, daß die Faktoren unabhängig voneinander wirken (keine Wechselwirkungen)
4. Faktorielle Experimente	Versuche mit beliebig vielen Faktoren, die jeweils auf beliebig vielen Stufen geprüft werden. Ein Experiment, das z. B. vier Faktoren jeweils auf 3 Stufen prüft, erfordert $3^4 = 81$ Versuchskombinationen	Exaktes Experiment; erfaßt neben den Hauptfaktoren insbesondere auch alle Wechselwirkungen; werden alle Kombinationen von Faktoren und Stufen geprüft, dann ist das Experiment leicht zu unhandlich werden, außerdem erfordert es homogeneres Material als die anderen Pläne
5. Unvollständige faktorielle Experimente	Nur der zur Auswertung von Hauptfaktoren und wichtigeren Wechselwirkungen notwendige Teil der gesamten Kombinationen eines faktoriellen Experimentes wird ausgewählt	Ökonomische Experimente Verglichen mit einem faktoriellen Experiment ist der Versuchsfehler größer und die Schätzung der Hauptfaktoren nicht so exakt; außerdem können einige mögliche Wechselwirkungen nicht berücksichtigt werden

3. Faktorielle Experimente

Sollen n Faktoren je auf 2, 3 oder k Stufen gleichzeitig verglichen werden, so benötigt man Versuchspläne mit Kombinationsvergleichen, sogenannte 2^n-, 3^n-, k^n-Pläne oder -Experimente (vgl. Plackett und Burman 1946, Baker 1957, Daniel 1959, Winer 1962, Addelman 1963, 1969, Li 1964, Cooper 1967).

4. Hierarchische Versuchspläne

Bei der hierarchischen Klassifikation besteht eine Stichprobengruppe aus Stichproben-Untergruppen, z.B. 1. und 2. Art (etwa: Straßen, Häuser und Wohnungen). Man spricht hier von „Schachtelmodellen" (nested designs): Alle Stufen eines Faktors treten immer nur mit einer Stufe eines anderen Faktors gemeinsam auf (vgl. Gates und Shiue 1962, Gower 1962, Bancroft 1964, Eisen 1966, Ahrens 1967, Kussmaul und Anderson 1967, Tietjen und Moore 1968).

Am Ende des Literaturverzeichnisses (S. 494) findet der Leser einige Lehrbücher der Versuchsplanung (experimental design). Besonders aufmerksam gemacht sei auf Scheffé (1959), Kempthorne (1960), Winer (1962), Davies (1963), Johnson und Leone (1964), C.C. Li (1964), J.C.R. Li (1964), Kendall und Stuart (1968), Peng (1967), Bancroft (1968), Linder (1969), Billeter (1970), Bätz (1972) sowie Bandemer u. Mitarbeiter (1973).
Spezielle Hinweise sind auch auf den auf S. 184 und 356 genannten Arbeiten zu entnehmen, der Übersicht von Herzberg und Cox (1969) sowie der Bibliographie von Federer und Balaam (1973).

Der schöpferische Prozeß in der Wissenschaft beginnt mit dem Wissen um ein Nichtwissen und gipfelt in der Entwicklung einer Theorie. Wichtigstes Bindeglied ist die Formulierung und Prüfung von Hypothesen. Nach Möglichkeit sind **mehrere** prüfbare und damit **zurückweisbare Hypothesen** zu formulieren, die scharf genug sind, so daß ihre Ablehnung durch Beobachtung und/oder Experiment keine Schwierigkeiten bereitet. Hierdurch wird das Studienobjekt von möglichst vielen Seiten betrachtet, ohne daß sich Mühen, Interessen und besonders Emotionen nur der Lieblingshypothese zuwenden.

Behandlung wissenschaftlicher Probleme

1. **Formulierung des Problems**: Häufig ist es zweckmäßig, das gesamte Problem in Teilprobleme zu zerlegen und einige Fragen zu stellen:
   a) Warum wird das Problem gestellt?
   b) Skizzierung der Ausgangssituation anhand von Standardfragen: was? wie? wo? wann? wieviel? was ist unbekannt? was wird vorausgesetzt?
   c) Problemtyp: Vergleiche? Aufsuchen von Optimalbedingungen? Bedeutsamkeit von Änderungen? Zusammenhänge zwischen Variablen?

2. **Prüfung aller Informationsquellen**: Hauptsächlich Literatur-Recherchen mit Fragen nach ähnlichen, bereits gelösten Problemen und dem Anteil der erfaßten Literatur.

3. **Wahl der Strategie**:
   a) **Entwicklung des problemspezifischen Modells**. Anzahl der zu berücksichtigenden Variablen. Einführung vereinfachender Annahmen. Prüfung, ob eine Möglichkeit besteht, das Problem durch Transformation weiter zu vereinfachen, z. B. Untersuchungen am Meerschweinchen, anstatt am Menschen.
   b) **Entwicklung der Untersuchungstechnik**. Die Methode sollte problemnahe Meßwerte (bzw. Häufigkeiten) liefern, deren Gewinnung frei von systematischen Fehlern ist.
   c) **Entwicklung des statistischen Modells**. Plan der statistischen Analyse. Klare Formulierung: des Modells, der Voraussetzungen des Modells, der Hypothesenpaare sowie des Risiko I und, wenn möglich, des Risiko II.

4. **Prüfung der Strategie**: Anhand von Probe-Erhebungen und Vorversuchen. Überprüfung der Untersuchungstechnik und der Verträglichkeit der Beobachtungswerte mit dem statistischen Modell.

5. **Festlegung und Realisierung der Strategie**: Aufgrund der in Punkt 3 und 4 gemachten Erfahrungen.
   a) **Endgültige Festlegung aller wesentlichen Punkte**, z. B. der Untersuchungsmethode, der Versuchsobjekte, der Merkmalsträger, der Merkmale und Einflußgrößen, der Kontrollen, der Bezugsbasis; Berücksichtigung des Nulleffektes, Ausschaltung der unkontrollierbaren Variablen; Stichprobenumfang bzw. Zahl der Wiederholungen, Berücksichtigung des Aufwandes an Arbeitskräften, Geräten, Material, Zeit u.a.; Aufstellung taktischer Reserven zur Vermeidung größerer Ausfälle; Umfang des gesamten Programmes; endgültige Formulierung des Modells der statistischen Analyse; Vorbereitung spezieller Bögen für die Fixierung und Auswertung der Daten.
   b) **Durchführung der Untersuchung**, möglichst ohne Modifikation. Datenverarbeitung und Prüfung der Hypothesen.

6. **Entscheidungen und Schlußfolgerungen**:
   a) **Ergebnis**: Kontrolle der Berechnungen. Darlegung der Resultate in Form von Tabellen und/oder graphischen Darstellungen.
   b) **Interpretation**: Hinweise auf Plausibilität, praktische Bedeutung, Überprüfbarkeit und Gültigkeitsbereich der Untersuchungen. Unter Berücksichtigung der vereinfachenden Annahmen wird das Ergebnis der Hypothesenprüfung kritisch gewürdigt und, wenn möglich und sinnvoll, mit den Befunden anderer Autoren verglichen. Ist eine Wiederholung der Untersuchung mit weniger vereinfachenden Annahmen, mit verbesserten Modellen, neuer Untersuchungstechnik usw. erforderlich? Ergeben sich neue, aus den Daten gewonnene Hypothesen, die durch unabhängige neue Untersuchungen überprüft werden müssen?
   c) **Bericht**: Beschreibung des gesamten Programmes: Punkt 1 bis 6b.

Fünf Jahreszahlen zur Geschichte der Wahrscheinlichkeitsrechnung und der Statistik

1654   Der Chevalier de Méré fragt Blaise Pascal (1623–1662), warum es vorteilhaft sei, beim Würfelspiel auf das Erscheinen der Sechs in 4 Würfen, aber nicht vorteilhaft sei, beim Spiel mit zwei Würfeln auf das Erscheinen der Doppelsechs in 24 Würfen zu wetten. Hierüber korrespondiert Pascal mit Pierre de Fermat (1601–1665): Die beiden Wahrscheinlichkeiten sind 0,518 und 0,491. Die Frage nach den Aussagen, die aufgrund der erhaltenen Spielausgänge über die zugrunde liegenden Wahrscheinlichkeitsgesetze zu treffen sind, d. h. die Frage nach der Wahrscheinlichkeit für die Richtigkeit von Modellen oder Hypothesen untersucht Thomas Bayes (1702–1761).

1713/18   erscheinen die Lehrbücher der Wahrscheinlichkeitsrechnung von Jakob Bernoulli (1654–1705; Ars Conjectandi, opus posthumum, 1713) mit dem Begriff Stochastik, der Binomialverteilung und dem Gesetz der großen Zahlen und Abraham de Moivre (1667–1754; The Doctrine of Chances, 1718) mit dem Grenzübergang von der Binomial- zur Normalverteilung.

1812   Pierre Simon de Laplace (1749–1827): Théorie Analytique des Probabilités, die erste zusammenfassende Übersicht über die Wahrscheinlichkeitsrechnung.

1901   Gründung der Zeitschrift Biometrika als Kristallisationspunkt der angelsächsischen Schule der Statistik durch Karl Pearson (1837–1936), der mit Ronald Aylmer Fisher (1890–1962), dem u. a. Versuchsplanung und Varianzanalyse zu verdanken sind (1935 erscheint The Design of Experiments), die Mehrzahl der biometrischen Methoden entwickelt, die Jerzy Neyman und Egon S. Pearson in den dreißiger Jahren durch das Konfidenzintervall und die allgemeine Testtheorie erweitern. Nach der Axiomatisierung der Wahrscheinlichkeitsrechnung (1933) baut Andrej Nikolajewitsch Kolmogoroff die von russischen Mathematikern geschaffene Theorie der stochastischen Prozesse aus.

1950   erscheint Statistical Decision Functions von Abraham Wald (1902–1950), in der die während des Zweiten Weltkrieges entwickelte, als stochastischer Prozeß auffaßbare Sequentialanalyse als Spezialfall der statistischen Entscheidungstheorie enthalten ist, die Richtlinien für das Verhalten in ungewissen Situationen liefert: Statistische Schlußweisen werden als Entscheidungsprobleme aufgefaßt.

Zur Zukunft der Statistik äußern sich Tukey (1962), Kendall (1968) und Watts (1968).

Benutztes Schrifttum und weiterführende Literatur

Übersicht

1   Einige weiterführende Lehrbücher

Menges, G. (und H.J.Skala): Grundriß der Statistik. 3 Bände (Westdeutscher Vlg., 352 S., 475 S.) Opladen 1968, 1973

Morgenstern, D.: Einführung in die Wahrscheinlichkeitsrechnung und Mathematische Statistik. 2.Aufl. (Springer, 249 S.) Berlin, Heidelberg, New York 1968

Stange, K.: Angewandte Statistik. Teil I: Eindimensionale Probleme. Teil II: Mehrdimensionale Probleme. (Springer, 592 und 505 S.) Berlin, Heidelberg, New York 1970, 1971

Waerden, B.L. van der: Mathematische Statistik. 3.Aufl. (Springer, 360 S.) Berlin, Heidelberg, New York 1971

Weber, Erna: Grundriß der Biologischen Statistik. Anwendungen der mathematischen Statistik in Naturwissenschaft und Technik. 7. neubearb. Aufl. (Fischer; 706 S.) Stuttgart 1972

Bliss, C.I.: Statistics in Biology. Vol.1–3 (McGraw-Hill; Vol.1, 2, pp. 558, 639) New York 1967, 1970

Chakravarti, I.M., Laha, R.G. and J.Roy: Handbook of Methods of Applied Statistics. Vol.I and II (Wiley, pp.460 and 160) New York 1967

Chou, Y.-L.: Statistical Analysis with Business and Economic Applications. (Holt, Rinehart and Winston, pp. 794) New York 1969

Dagnelie, P.: Théorie et Méthodes Statistiques. Applications Agronomiques. Vol.1, 2. (Duculot; pp. 378, 451) Gembloux, Belgien 1969, 1970

Dixon, W.J., and F.J. Massey, Jr.: Introduction to Statistical Analysis. 3rd ed. (McGraw-Hill, pp. 638) New York 1969

Eisen, M.: Introduction to Mathematical Probability Theory. (Prentice-Hall; pp. 496) Englewood Cliffs, N.J. 1969

Feller, W.: An Introduction to Probability Theory and Its Applications. Vol.1, 3rd ed., Vol.2, 2nd ed. (Wiley, pp. 496 and 669) New York 1968 and 1971

Johnson, N.L., and S.Kotz: Distributions in Statistics. (Discr. D.; Cont. Univ. D. I + II; Cont. Multiv. D.) (Wiley; pp. 328, 300, 306, 331) New York 1969/72

Johnson, N.L., and F.C. Leone: Statistics and Experimental Design in Engineering and the Physical Sciences. Vol.I and II (Wiley, pp. 523 and 399) New York 1964

Kendall, M.G., and A.Stuart: The Advanced Theory of Statistics. Vol.1, 3rd ed., Vol.2, 3rd ed., Vol.3, 2nd ed. (Griffin, pp.439, 733, 557) London 1969, 1973, 1968

Krishnaiah, P.R. (Ed.): Multivariate Analysis and Multivariate Analysis II, III. (Academic Press; pp. 592 and 696, 450) New York and London 1966 and 1969, 1973

Lindgren, B.W.: Statistical Theory. 2nd ed. (Macmillan and Collier-Macmillan, pp. 521) New York und London 1968

Mendenhall, W.: Introduction to Linear Models and the Design and Analysis of Experiments (Wadsworth Publ. Comp., pp. 465) Belmont, Calif. 1968

Moran, P.: An Introduction To Probability Theory. (Clarendon Press; pp. 542) Oxford 1968

Ostle, B.: Statistics in Research. 2nd ed. (Iowa Univ. Press, pp. 585) Ames, Iowa 1963

Puri, M.L.: Nonparametric Techniques in Statistical Inference. Proc. 1. Internat. Symp. Nonparametric Techniques, Indiana University June 1969. (University Press, pp. 623) Cambridge 1970

Rahman, N.A.: A Course in Theoretical Statistics. (Griffin; pp. 542) London 1968

Rao, C.R.: Linear Statistical Inference and Its Applications. 2nd ed. (Wiley, pp. 608) New York 1973

Schlaifer, R.: Analysis of Decisions under Uncertainty. (McGraw-Hill; pp.729) New York 1969.

Searle, S.R.: Linear Models. (Wiley, pp.532) London 1971

Snedecor, G.W., and Cochran, W.G.: Statistical Methods. (Iowa State Univ. Press., pp. 593) Ames, Iowa 1967

Walsh, J.E.: Handbook of Nonparametric Statistics, I, II, III. (Van Nostrand, pp. 549, 686, 747) Princeton, N.J. 1962, 1965, 1968

Wilks, S.S.: Mathematical Statistics. (2nd Printing with Corrections) (Wiley, pp. 644) New York 1963

Yamane, T.: Statistics; An Introductory Analysis. Problems. 2nd ed. (Harper and Row; pp.919 and 122) New York 1967

Betont sei, daß diese Auswahl subjektiv und lediglich als kleine Aufmerksamkeit dem Leser gegen-über gedacht ist. Auf Spezialliteratur wird in Abschnitt 8 hingewiesen.

Hinweis: Formelsammlungen mit durchgerechneten Beispielen

Sachs, L.: Statistische Methoden. Ein Soforthelfer. 2. neubearb. Aufl. (Springer, 105 S.) Berlin, Heidelberg, New York 1972

Stange, K., und Henning, H.-J.: Formeln und Tabellen der mathematischen Statistik. 2. völlig neu bearb. Aufl. (des Buches von Graf, Henning und Stange; Springer, 362 S.) Berlin-Heidel-berg-New York 1966

Lambe, C. G.: Statistical Methods and Formulae. Mit einem Tafelanhang von G. R. Braithwaite and C. O. D. Titus: Lanchester Short Statistical Tables. (English Universities Press, pp. 164 and 17) London 1967

Moore, P. G., and Edwards, D. E.: Standard Statistical Calculations. (Pitman, pp. 115) London 1965

2   Wichtige Tafelwerke

Documenta Geigy: Wissenschaftliche Tabellen. 7. Aufl. (Geigy AG, S. 9–199) Basel 1968

Koller, S.: Neue graphische Tafeln zur Beurteilung statistischer Zahlen. 4. neubearb. Aufl. d. Graph. Tafeln (Dr. Steinkopff, 167 S.) Darmstadt 1969

Wetzel, W., Jöhnk, M.-D. und Naeve, P.: Statistische Tabellen. (de Gruyter, 168 S.) Berlin 1967

Abramowitz, M., and Stegun, Irene A. (Eds.): Handbook of Mathematical Functions with Formulas, Graphs, and Mathematical Tables. (National Bureau of Standards Applied Mathematics Series 55, U. S. Government Printing Office; pp. 1046) Washington 1964 (auf weitere Tafeln wird hinge-wiesen) (7. printing, with corrections, Dover, N. Y. 1968)

Beyer, W. H. (Ed.): CRC Handbook of Tables for Probability and Statistics. 2nd ed. (The Chemical Rubber Co., pp. 642) Cleveland, Ohio 1968

Fisher, R. A., and Yates F.: Statistical Tables for Biological, Agricultural and Medical Research. 6th ed. (Oliver and Boyd, pp. 146) Edinburgh and London 1963

Harter, H. L.: Order Statistics and their Use in Testing and Estimation. Vol. 1: Tests Based on Range and Studentized Range of Samples from a Normal Population. Vol. 2: Estimates Based on Order Statistics of Samples from Various Populations. (ARL, USAF; U. S. Government Printing Office; pp. 761 and 805) Washington 1970

Harter, H. L. and Owen, D. B. (Eds.): Selected Tables in Mathematical Statistics. Vol. I (Markham, pp. 405) Chicago 1970

Owen, D. B.: Handbook of Statistical Tables. (Addison-Wesley, pp. 580) Reading, Mass. 1962 (Errata: Mathematics of Computation **18**, 87; Mathematical Reviews **28**, 4608)

Pearson, E. S., and Hartley, H. O. (Eds.): Biometrika Tables for Statisticians. I, 3rd ed., II (Univ. Press, pp. 264, 385) Cambridge 1966, 1972

Pillai, K. C. S.: Statistical Tables for Tests of Multivariate Hypotheses. (The Statistical Center, University of the Philippines, pp. 46) Manila 1960 [vgl. auch Biometrika **54** (1967), 189–194]

Rao, C. R., Mitra, S. K. and Matthai, A. (Eds.): Formulae and Tables for Statistical Work. (Statistical Publishing Society, pp. 234) Calcutta 1966 (auf weitere Tafeln wird hingewiesen)

In Abschnitt 51 auf S. 442 werden einige weitere Quellen mathematisch-statistischer Tabellen ge-nannt.

3   Wörterbücher und Adreßbücher

1. VEB Deutscher Landwirtschaftsverlag Berlin, H. G. Zschommler (Hrsg.): Biometrisches Wörterbuch. Erläuterndes biometrisches Wörterbuch in 2 Bänden (VEB Deutscher Landwirtschaftsverlag, insges. 1047 S.) Berlin 1968, Inhalt: 1. Enzyklopädische Erläuterungen (2712 Stichwörter; 795 S.), 2. Fremdsprachige Register (französisch, englisch, polnisch, ungarisch, tschechisch, russisch; 240 S.), 3. Empfehlungen für eine einheitliche Symbolik (9 S.)
2. Müller, P. H. (Hrsg.): Lexikon, Wahrscheinlichkeitsrechnung und mathematische Statistik. (Akademie-Vlg., 278 S.) Berlin 1970
3. Kendall, M. G., and Buckland, A.: A Dictionary of Statistical Terms. 3rd ed. (Oliver and Boyd, pp. 166) Edinburgh and London 1971 (u. a. mit einem deutsch-englischen und einem englisch-deutschen Wörterverzeichnis)
4. Freund, J. E., and Williams, F.: Dictionary/Outline of Basic Statistics. (McGraw-Hill, pp. 195) New York 1966
5. Morice, E., et Bertrand, M.: Dictionnaire de statistique. (Dunod, pp. 208) Paris 1968
6. Paenson, I.: Systematic Glossary of the Terminology of Statistical Methods. English, French, Spanish, Russian. (Pergamon Press, pp. 517) Oxford, New York, Braunschweig 1970
7. Fremery, J. D. N., de: Glossary of Terms Used in Quality Control. 3rd ed. (Vol. XII, European Organization for Quality Control; pp. 479) Rotterdam 1972 (400 Definitionen in 14 Sprachen)

Anschriften der meisten im Literaturverzeichnis angeführten Autoren sowie weiterer Statistiker sind den folgenden Adreßbüchern zu entnehmen:
1. Mathematik. Institute, Lehrstühle, Professoren, Dozenten mit Anschriften sowie Fernsprechanschlüssen. In Verbindung mit der Deutschen Mathematiker-Vereinigung herausgegeben vom Mathematischen Forschungsinstitut Oberwolfach, 762 Oberwolfach-Walke, Lorenzenhof, W. S. 1970/71
2. World Directory of Mathematicians 1970. International Mathematical Union. (Almqvist and Wiksell, pp. 637), Stockholm 1970
3. The Biometric Society, 1971 Membership Directory. Edited by L. A. Nelson, Rebecca H. Cohen and A. J. Barr, Institute of Statistics, Raleigh, N. C., USA
4. 1970 Directory of Statisticians and Others in Allied Professions. (pp. 171) American Statistical Association, 806, 15th Street, N. W., Washington (D. C. 20005) 1971
5. Who Is Publishing In Science. International Directory of Research and Development Scientists, Institute for Scientific Information, 325 Chestnut Str., Philadelphia, Pennsylvania 19106, USA, 1971
6. World Who's Who in Science. A Biographical Dictionary of Notable Scientists from Antiquity to the Present. Edited by A. G. Debus. (Marquis Who's Who, pp. 1850), Chicago 1968
7. Turkevich, J., and Turkevich, Ludmilla B.: Prominent Scientists of Continental Europe. (Elsevier, pp. 204), Amsterdam 1968
8. Williams, T. I. (Ed., assisted by Sonia Withers): A Biographical Dictionary of Scientists. (Black, pp. 592), London 1969

4   Programm-Bibliothek

Einige Angaben zur Groborientierung des Lesers. Näheres ist in den Rechenzentren zu erfragen.

41   Zeitschriften

1. Die Zeitschrift „The British Journal of Mathematical and Statistical Psychology", herausgegeben von der British Psychological Society, London, enthält regelmäßig (z. B. **20** [May 1967], 125–128) 300–500 Wörter umfassende Kurzfassungen wichtiger Computer-Programme (Program Abstracts of standard mathematical or statistical operations) mit den Abschnitten: description; computer(s), language(s) and configuration; data format or input, options and output; computing times; availability and reference(s).

2. Eine entsprechende Serie in den Programm-Sprachen Fortran IV, Algol 60 und PL/1 bringt die Zeitschrift „Applied Statistics" (z.B. **17** (1968), 175–199) (vgl. auch **16** (1967), 87–151)

3. Programmoteca in der Zeitschrift „Applicazioni bio-mediche del calcolo elettronico" (Università di Milano) (z.B. **2** (1967), 23–26, 87–96, 145–156, 210–224)

4. Computer Procedures: Multivariate Analysis, in „Review of Educational Research" (z.B. **36** (1966) 613–617 (E.M. Cramer and R.D. Bock))

5. Statistical Algorithms, in: Statistical Theory and Method Abstracts. Beginnend mit Vol. 10, S. IX und X, 1969

6. Computer Programs in Biomedicine. (seit Jan. 1970); Uppsala University Data Center. (Editors: W. Schneider u. G. Pettersson), North Holland Publ. Co., Amsterdam

7. International Computer Programs, Inc., 2511 East, 46th Street, Indianapolis, Ind. 46205, USA, gibt einen Informationsdienst über Computerprogramme heraus.

8. Computer Programs, in Journal of Quality Technology (z.B. **3** [Jan. 1971], 38–41).

9. Computer Programs in Science and Technology. (seit Juli 1971). Science Associates/International, Inc., New York 10010, USA.

42   Bücher

1. Dixon, W.J. (Ed.): BMD Biomedical Computer Programs. 1967 Revision supervised by L. Engelmann. (University of California Press, pp. 600) Berkeley and Los Angeles 1967 (Programs in Fortran IV) (Auskünfte und Literaturhinweise: BMD Programs Coordinator, Health Sci. Comp. Facility, AV–111 Health Sci. Bldg., Univ. of Calif., Los Angeles, Calif. 90024) X-Series Suppl. (Univ. of Calif. Press, pp. 260) Berkeley (Biom. Comp. Progr., 2nd ed. Los Angeles 1970)

2. Hemmerle, W.J.: Statistical Computations on a Digital Computer. (Blaisdell, pp. 230) Waltham, Mass. and London 1967 (in Fortran)

3. Hope, K.: Methods of Multivariate Analysis with Handbook of Multivariate Methods programmed in Atlas Autocode. (Univ. of London Press, pp. 288) London 1968

4. Omnitab Programming System for Statistical and Numerical Analysis (auch für IBM 360–50 und –65 sowie Univac 1108): J. Hilsenrath u. Mitarb. (National Bureau of Standards Handbook No. 101, 1966; reissued with corrections January 1968); vgl. D. Jowett and R.L. Chamberlain, Biometrics **24** (1968) 723–725 (Omnitab II, D. Hogben et al., NBS Techn. Note 552, U.S. Dept. Commerce, Washington 1971)

5. Ralston, A., und Wilf, H.S.: Mathematische Methoden für Digitalrechner. Übers. v. B. Thürig; mit 25 Algol-Programmen von H. Lüttermann. (Oldenbourg, 522 S.) München-Wien 1967 (insbes. Teil V, Statistik, S. 344/94)

6. Nie, N.H., Bent, D.H. and Hull, C.H.: Statistical Package for the Social Sciences. (McGraw-Hill; pp. 352) New York 1970

43   Rechenzentren

1. Clyde, D.J., Cramer, E.M., and Sherin, R.J.: Multivariate Statistical Programs. (Fortran IV, IBM 1401 and 7040) (pp. 61) Biometric Laboratory, University of Miami, Coral Gables, Florida 33124, September 1966

2. Computer Programs in Statistical Analysis. Cosmic-Library, Barrow Hall (T), University of Georgia, Athens, Georgia 30601

3. Cooper, B.E.: Statistical Fortran Programs (IBM 7030, 7090; ICT-Atlas) ACL/R2 Atlas Computer Laboratory (erhältlich über das H.M. Stationary Office, London)

4. Mathematischer Beratungs- und Programmierdienst, Rechenzentrum Rhein-Ruhr, Dortmund, Kleppingstr. 26

5. Psychiatry Leeds University Standard (P.L.U.S.) System of Programs (für KDF-9): M. Hamilton, R.J. McGuire and M.J. Goodman, Computing Dept. and Dept. of Psychiatry, Univ. Leeds, 15 Hyde Terrace, Leeds 2

6. The Statistical Advisory Service, Institute of Computer Science, 43 Gordon Square, London WC 1

7. Hinweise gibt auch das Deutsche Rechenzentrum, Darmstadt (vgl. F. Gebhardt: Programm-Austausch beim Deutschen Rechenzentrum, Umschau (Frankfurt/Main) **68** [1968], 595), Statistik-Programme. (DRZ PI-4-2, 60 S.) Darmstadt, Jan. 1968 (vgl. auch PI-32 u. PI-4-3, 48 S. u. 16 S., Aug. 1969 u. Okt. 1969)

5   Bibliographien und Referateblätter

51   Mathematisch-statistische Tabellen

Quelle spezieller mathematisch-statistischer Tafeln ist:
Greenwood, J. A., and Hartley, H. O.: Guide to Tables in Mathematical Statistics. (University Press, pp. 1014) Princeton, N. J. 1962

Eine Übersicht über mathematische Tafeln geben:
1. Fletcher, A., Miller, J. C. P., Rosenhaed, L., and Comrie, L. J.: An Index of Mathematical Tables. 2nd ed., Vol. I and II (Blackwell; pp. 608, pp. 386) Oxford 1962
2. Lebedev, A. V., and Fedorova, R. M. (English edition prepared from the Russian by Fry, D. G.): A Guide to Mathematical Tables. Supplement No. 1 by N. M. Buronova (D. G. Fry, pp. 190) (Pergamon Press, pp. 586) Oxford 1960 (z. Zt. [1971] keine weiteren Supplemente angekündigt)
3. Schütte, K.: Index mathematischer Tafelwerke und Tabellen aus allen Gebieten der Naturwissenschaften, 2. verb. und erw. Aufl. (Oldenbourg, 239 S.) München und Wien 1966

Aufmerksam gemacht sei auf die Zeitschrift Mathematical Tables and other Aids to Computation, published by the National Academy of Sciences (National Research Council, Baltimore, Md., **1** [1947] – **13** [1959]) bzw. Mathematics of Computations, published by the American Mathematical Society (Providence, R. I., **14** [1960] – **25** [1971])

Wichtige Tafeln finden sich auch in den folgenden Reihen:
1. Applied Mathematics Series. U. S. Govt. Printing Office bzw. National Bureau of Standards, U. S. Department of Commerce, Washington
2. New Statistical Tables. Biometrika Office, University College, London
3. Tracts for Computers. Cambridge University Press, London

52   In Zeitschriften

1. Revue de l'institut de statistique (La Haye), Review of the international statistical institute (The Hague) (z. B. **34** [1966], 93–110 und **40** [1972], 73–81)
2. Allgemeines Statistisches Archiv (z. B. **56** [1972], 276–302)
3. Deming, Lola S., und Mitarb.: Selected Bibliography of Literature, 1930 to 1957: in "Journal of Research of the National Bureau of Standards"
   I Correlation and Regression Theory: **64B** (1960), 55–68
   II Time Series: **64B** (1960), 69–76
   III Limit Theorems: **64B** (1960), 175–192
   IV Markov Chains and Stochastic Processes: **65B** (1961), 61–93
   V Frequency Functions, Moments and Graduation: **66B** (1962), 15–28
   VI Theory of Estimation and Testing of Hypotheses, Sampling Distribution and Theory of Sample Surveys: **66B** (1962), 109–151
   Supplement, 1958–1960: **67B** (1963), 91–133; wichtig ist auch
   Haight, F. A.: Index to the distributions of mathematical statistics **65B** (1961), 23–60
4. Spezielle Bibliographien für
   Ingenieure: British Technology Index, published by The Library Association, London (z B. **7** [June 1968], 122 + 123) und Technische Zuverlässigkeit in Einzeldarstellungen (seit 1964; Hrsg. A. Etzrodt; Oldenbourg, München-Wien; z. B. Heft 10, Dezember 1967, S. 87–98)

Chemiker: Analytical Chemistry (z. B. **44** [1972], 497 R–512 R) sowie Journal of Industrial
                and Engineering Chemistry (z. B. **59** [Febr. 1967], 71–76)
Mediziner: Index Medicus (siehe unter „Biometry", „Statistics" und „Biological Assay")
Psychologen: Psychological Abstracts und Annual Review of Psychology (z. B. **19** [1968],
                417–436) sowie Review of Educational Research (z. B. **36** [1966], 604–617)
Biologen: Biological Abstracts (siehe unter Mathematical Biology and Statistical Methods)
Historiker: Den Historiker werden die Artikelfolgen in Biometrika (z. B. **59** [1972], 677–680)
                und The American Statistician (z. B. **24** [Febr. 1970], 25–28) sowie die weiter
                unten erwähnte Biographie von Lancaster (1968, vgl. S. 1–29) interessieren (vgl.
                auch S. 34).

53   Bücher

1. Lancaster, H.: Bibliography of Statistical Bibliographies. (Oliver and Boyd, pp. 103) Edinburgh
   and London 1968 (mit den Hauptteilen: personal bibliographies, pp. 1–29, und subject bibliographies, pp. 31–65, sowie dem subject und dem author index) (vgl.: a second list, Rev. Int.
   Stat. Inst. **37** [1969], 57–67, third list **38** [1970], 258–267, fourth list **39** [1971], 64–73) sowie
   Problems in the bibliography of statistics. With discussion. J. Roy. Statist. Soc. A **133** (1970),
   409–441, 450–462 und Gani, J.: On coping with new information in probability and statistics.
   With discussion. J. Roy. Statist. Soc. A **133** (1970), 442–462 u. Int. Stat. Rev. **40** (1972), 201–207
   sowie Rubin, E.: Developments in statistical bibliography, 1968–69. The American Statistician
   24 (April 1970), 33 + 34
2. Buckland, W. R., and Fox, R. A.: Bibliography of Basis Texts and Monographs on Statistical
   Methods 1945–1960. 2nd ed. (Oliver and Boyd; pp. 297) Edinburgh and London 1963
3. Kendall, M. G., and Doig, A. G.: Bibliography of Statistical Literature, 3 vol. (Oliver and Boyd,
   pp. 356/190/297) Edinburgh and London 1962/68 (1) Pre-1940, With Supplements to (2) and
   (3), 1968; (2) 1940–49, 1965; (3) 1950–58, 1962. Diese Bibliographie (leider nur nach Autoren-
   namen, jede Arbeit eines Bandes ist durch eine vierstellige Zahl charakterisiert, insgesamt sind
   34082 Arbeiten erfaßt) wird seit 1959 durch die Statistical Theory and Method Abstracts
   (Primärordnung nach 12 Sachgebieten mit jeweils 10–12 Unterbegriffen; jährlich werden etwa
   1000 bis 1200 Arbeiten referiert!) fortgeführt, die vom International Statistical Institute,
   2 Oostduinlaan, Den Haag, Holland, herausgegeben werden.
4. Kellerer, H.: Bibliographie der seit 1928 in Buchform erschienenen deutschsprachigen Veröffentlichungen über theoretische Statistik und einige ihrer Anwendungsgebiete. (Deutsche Statistische Gesellschaft, 143 S.) (Nr. 7a) Wiesbaden 1969

Als spezielle Bibliographien seien erwähnt:
Menges, G. (und Leiner, B.) (Hrsg.): Bibliographie zur statistischen Entscheidungstheorie 1950–
1967. (Westdeutscher Verlag, 41 S.) Köln und Opladen 1968
Patil, G. P., and Joshi, S. W.: A Dictionary and Bibliography of Discrete Distributions. (Oliver
and Boyd, pp. 268) Edinburgh 1968
Sills, D. L. (Ed.): International Encyclopedia of the Social Sciences. Vol. 1–17 (Macmillan, pp. 550–
600 [per Volume]) New York 1968
Eine Bibliographie über die Grundlagen der Statistik gibt L. J. Savage: Reading suggestions for
the foundations of statistics. The American Statistician **24** (Oct. 1970), 23–27

Neben den im Text genannten Bibliographien (z. B. S. 42, 173, 188, 190, 356, 434) sei noch erwähnt:
Pritchard, A.: Statistical Bibliography. An Interim Bibliography. (North-Western Polytechnic,
School of Librarianship, pp. 69) London 1969

Neuere Arbeiten der wichtigsten 7 Zeitschriften bis 1969 einschließlich enthält
Joiner, B. L., Laubscher, N. F., Brown, Eleanor S., and Levy, B.: An Author and Permuted Title
Index to Selected Statistical Journals. (Nat. Bur. Stds. Special Publ. 321, U. S. Government Printing
Office, pp. 510) Washington Sept. 1970

Aufschlußreich sind auch:
Burrington, G. A.: How to Find out about Statistics. (Pergamon, pp. 153) Oxford 1972
Pemberton, J. E.: How to Find out in Mathematics. 2nd ed. (Pergamon; pp. 200) Oxford 1970

54   Referateblätter

1. Statistical Theory and Method Abstracts. International Statistical Institute. Oliver and Boyd, Tweeddale Court, 14 High Street, Edinburgh 1 (vgl. weiter oben)
2. International Journal of Abstracts on Statistical Methods in Industry. International Statistical Institute. Oliver and Boyd, Tweeddale Court, 14 High Street, Edinburgh 1
3. Quality Control and Applied Statistics. Executive Sciences Institute, Whippany, N.J., Interscience Publ. Inc., 250 Fifth Avenue, New York, N.Y., USA

Daneben kommen Referateblätter der Mathematik in Betracht: Zentralblatt für Mathematik, Mathematical Reviews und Bulletin Signalétique Mathematiques (letzteres ist nicht nur wegen der Anschriften der Autoren besonders aufschlußreich).

55   Kongreßberichte

Bulletin de l'Institut International de Statistique. Den Haag
Proceedings of the Berkeley Symposium on Mathematical Statistics and Probability. Berkeley, California

6   Einige Zeitschriften

Allgemeines Statistisches Archiv, Organ der Deutschen Statistischen Gesellschaft, Wiesbaden, Rheinstraße 35/37
Applied Statistics, A Journal of the Royal Statistical Society, Oliver and Boyd Ltd., London, 39A Welbeck Street
Biometrics, Journal of the Biometric Society, Department of Biostatistics, School of Public Health, University of North Carolina, Chapel Hill, N.C. 27514, USA. Biometrics Business Office: P.O. Box 5962, Raleigh, N.C. 27607, USA
Biometrika, The Biometrika Office, University College London, Gower Street, London W.C.1
Biometrische Zeitschrift, zugleich Organ der deutschen Region der internationalen Biometrischen Gesellschaft. Herausgeberin: Erna Weber, Institut für Angewandte Mathematik und Mechanik, 108 Berlin, Mohrenstr. 39
Industrial Quality Control, American Society for Quality Control, 161 West Wisconsin Avenue, Milwaukee 3, Wisconsin, USA. Bis Dezember 1967. Fortgesetzt durch „Quality Progress" (monatlich ab Januar 1968) und „Journal of Quality Technology" (Vierteljahresschrift ab 1969).
Journal of Multivariate Analysis. Editor: P.R. Krishnaiah, ARL, Wright-Patterson AFB, Ohio 45433, USA (Academic Press) Beginn 1971
Journal of the American Statistical Association, 810 18th St., N.W. Washington 6, D.C., USA
Journal of the Royal Statistical Society, Series A (General), Series B (Methodological), London, 21 Bentinck Street, London W.1
Metrika, Internationale Zeitschrift für theoretische und angewandte Statistik, hervorgegangen aus den Zeitschriften: Mitteilungsblatt für mathematische Statistik und Statistische Vierteljahresschrift. Institut für Statistik an der Universität Wien, Wien I, Universitätsstraße 7, Österreich
Psychometrika, A Journal devoted to the Development of Psychology as a Quantitative Rational Science. Journal of the Psychometric Society, Department of Psychology, Purdue University, Lafayette, Indiana, USA
Revue de l'Institut International de Statistique, Review of the International Statistical Institute. Permanent Office of the Institute, 2 Oostduinlaan, The Hague, Netherlands
Technometrics, A Journal of Statistics for the Physical, Chemical and Engineering Sciences; gemeinsam von der „American Society for Quality Control" und der „American Statistical Association" herausgegeben. P.O.B. 587 Benjamin Franklin Station, Washington 6, D.C., USA
The Annals of Mathematical Statistics, Institute of Mathematical Statistics, Stanford University, Calif., USA

Anfänger und Fortgeschrittene werden den Annual Technical Conference Transactions der American Society for Quality Control sowie der ebenfalls von dieser Gesellschaft herausgegebenen Zeitschrift Journal of Quality Technology (früher: Industrial Quality Control) viele Anregungen entnehmen, die weit über das Thema Qualitätskontrolle hinausgehen und die gesamte Statistik umfassen. Interessante Artikel dieser Art enthält auch die Zeitschrift Qualitätskontrolle, seit Juli 1969 Qualität und Zuverlässigkeit, Organ der Deutschen Arbeitsgemeinschaft für statistische Qualitätskontrolle beim Ausschuß für wirtschaftliche Fertigung e. V., Frankfurt. – Die seit 1964 erscheinende Schriftenreihe Technische Zuverlässigkeit in Einzeldarstellungen (Oldenbourg-Vlg., München und Wien) vermittelt weitere wichtige Teilaspekte der Statistik.

Hingewiesen sei insbesondere auch auf die Übersicht von
Tukey, John W.: A Citation Index for Statistics and Probability. Bulletin of the I. S. I., 34th Session, Ottawa 1963,
die eine Liste von 65 Zeitschriften mit den Schwerpunkten Statistik und/oder Wahrscheinlichkeitstheorie enthält.

Gegenwärtig arbeiten Normenausschüsse in Deutschland und den USA Vorschläge für eine einheitliche Terminologie in der Statistik aus:
DIN 55302, Blatt 1 und 2: Häufigkeitsverteilung, Mittelwert und Streuung. Entwurf Dezember 1963, Ausgabe Januar 1967 (Beuth-Vertrieb GmbH., Berlin 30 und Köln)
Halperin, M. (Chairman of the COPSS Committee on Symbols and Notation), Hartley, H.O., and Hoel, P.G.: Recommended Standards for Statistical Symbols and Notation. The American Statistican **19** (June 1965), 12–14

7 Bezugsquellen für Hilfsmittel

Wahrscheinlichkeitspapiere und Funktionsnetze:
Schleicher und Schüll, Einbeck/Hannover
Schäfers Feinpapiere, Plauen (Sa.), Bergstraße 4
Rudolf Haufe Verlag, Freiburg i. Br.
Keuffel und Esser-Paragon GmbH., 2 Hamburg 22, Osterbekstraße 43
Codex Book Company, Norwood, Mass., 74 Broadway, USA
Technical and Engineering Aids for Management. 104 Belsore Avenue, Lowell, Mass., USA

Statistische Arbeitsblätter, Kontrollkarten, Lochkarten und weitere Hilfsmittel:
Arinc Research Corp., Washington 6, D.C., 1700 K Street, USA
Beuth-Vertrieb, 1 Berlin 30, Burggrafenstraße 4–7 (Köln u. Frankfurt/M.)
Lochkarten-Werk Schlitz, Haensel und Co. KG., Schlitz/Hessen
Arnold D. Moskowitz, Defense Industrial Supply Center, Philadelphia, Penns., USA
Dyna-Slide Co., Chicago 5, Ill., 600 S. Michigan Ave., USA
Recorder Charts Ltd., P.O. Box 774, Clyde Vale, London S.E. 23, England
Technical and Engineering Aids for Management. 104 Belrose Avenue, Lowell, Mass., USA
Howell Enterprizes, Ltd., 4140 West 63rd Street, Los Angeles, Cal. 90043, USA

8 Literatur zu den einzelnen Kapiteln

Vorbemerkungen und Kapitel 1

Ackoff, R. L.: Scientific Method: Optimizing Applied Research Decisions. New York 1962
Ageno, M., and Frontali, C.: Analysis of frequency distribution curves in overlapping Gaussians. Nature **198** (1963), 1294–1295
Aitchison, J., and Brown, J.A.C.: The Lognormal Distribution. Cambridge 1957
Alluisi, E.A.: Tables of binary logarithms, uncertainty functions, and binary log functions. Percept. Motor Skills **20** (1965), 1005–1012
Anderson, O.: Probleme der statistischen Methodenlehre in den Sozialwissenschaften, 4. Aufl. (Physica-Vlg., 358 S.) Würzburg 1963, Kapitel IV

Baade, F.: Dynamische Weltwirtschaft. (List, 503 S.) München 1969 (vgl. auch: Weltweiter Wohlstand. Stalling, 224 S., Oldenburg u. Hamburg 1970)

Bachi, R.: Graphical Rational Patterns. A New Approach to Graphical Presentation of Statistics. (Israel Universities Press; pp. 243) Jerusalem 1968

Barnard, G. A.: The Bayesian controversy in statistical inference. J. Institute Actuaries **93** (1967), 229–269

Bartko, J. J.: (1) Notes approximating the negative binomial. Technometrics **8** (1966), 345–350 (2) Letter to the Editor. Technometrics **9** (1967), 347 + 348 (siehe auch S. 498)

Bernard, G.: Optimale Strategien unter Ungewißheit. Statistische Hefte 9 (1968), 82–100

Bertin, J.: Semiology Graphique. Les Diagrammes – Les Reseau – Les Cartes. (Gautier Villars, pp. 431) Paris 1967

Bhattacharya, C. G.: A simple method of resolution of a distribution into Gaussian components. Biometrics **23** (1967), 115–135

Binder, F.: (1) Die log-normale Häufigkeitsverteilung. Radex-Rundschau (Radentheim, Kärnten) 1962, Heft 2, S. 89–105. (2) Die einseitig und beiderseitig begrenzte lognormale Häufigkeitsverteilung. Radex-Rundschau (Radentheim, Kärnten) 1963, Heft 3, S. 471–485

Birnbaum, A.: Combining independent tests of significance. J. Amer. Statist. Assoc. **49** (1954), 559–574 [vgl. auch **66** (1971), 802–806]

Bliss, C. I.: (1) Fitting the negative binomial distribution to biological data. Biometrics **9** (1953), 176–196 and 199–200. (2) The analysis of insect counts as negative binomial distributions. With discussion. Proc. Tenth Internat. Congr. Entomology 1956, **2** (1958), 1015–1032

Blyth, C. R., and Hutchinson, D. W.: Table of Neyman-shortest unbiased confidence intervals for the binomial parameter. Biometrika **47** (1960), 381–391

Bolch, B. W.: More on unbiased estimation of the standard deviation. The American Statistician **22** (June 1968), 27 (vgl. auch **25** [April 1971], 40, 41 u. [Oct. 1971], 30–32)

Botts, R. R.: „Extreme value" methods simplified. Agric. Econom. Research **9** (1957), 88–95

Boyd, W. C.: A nomogram for chi-square. J. Amer. Statist. Assoc. **60** (1965), 344–346 (vgl. **61** [1966] 1246)

Bradley, J. V.: Distribution-Free Statistical Tests. (Prentice-Hall; pp. 388) Englewood Cliffs, N. J. 1968, Chapter 3

Bright, J. R. (Ed.): Technological Forecasting for Industry and Government, Methods and Applications. (Prentice-Hall Int., pp. 484) London 1969

Bruckmann, G.: Schätzung von Wahlresultaten aus Teilergebnissen. (Arbeiten aus dem Institut für Höhere Studien und Wissenschaftliche Forschung, Wien) (Physica-Vlg., 148 S.) Wien und Würzburg 1966 [vgl. auch P. Mertens (Hrsg.): Prognoserechnung. (Physica-Vlg., 196 S.) Würzburg u. Wien 1972]

Brugger, R. M.: A note on unbiased estimation of the standard deviation. The American Statistician **23** (October 1969), 32 (vgl. auch **26** [Dec. 1972], 43)

Bühlmann, H., Loeffel, H. und Nievergelt, E.: Einführung in die Theorie und Praxis der Entscheidung bei Unsicherheit. Heft 1 der von M. Beckmann und H. P. Künzi herausgegebenen Reihe: Lecture Notes in Operations Research and Mathematical Economics. Berlin-Heidelberg-New York 1967 (122 S.) (2. Aufl. 1969, 125 S.)

Bunge, M.: Scientific Research. I. The Search for System. II. The Search for Truth. (Springer; 536 S., 374 S.) Berlin, Heidelberg 1967

Bunt, L.: Das Testen einer Hypothese. Der Mathematikunterricht **8** (1962), 90–108

Calot, G.: Signicatif ou non signicatif? Réflexions à propos de la théorie et de la pratique des tests statistiques. Revue de Statistique Appliquée **15** (No. 1, 1967), 7–69 (siehe auch **16** [No. 3, 1968], 99–111)

Cetron, M. J.: Technological Forecasting: A Practical Approach. (Gordon and Breach, pp. 448) New York 1969

Chernoff, H., and Moses, L. E.: Elementary Decision Theory. New York 1959

Chissom, B. S.: Interpretation of the kurtosis statistic. The American Statistician **24** (Oct. 1970), 19–22

Clancey, V. J.: Statistical methods in chemical analysis. Nature **159** (1947), 339–340

Cleary, T. A., and Linn, R. L.: Error of measurement and the power of a statistical test. Brit. J. Math. Statist. Psychol. **22** (1969), 49–55

Cochran, W. G.: Note on an approximate formula for the significance levels of z. Ann. Math. Statist. **11** (1940), 93–95

Cohen, A.C. jr.: (1) On the solution of estimating equations for truncated and censored samples from normal populations. Biometrika **44** (1957), 225–236. (2) Simplified estimators for the normal distribution when samples are singly censored or truncated. Technometrics **1** (1959), 217–237. (3) Tables for maximum likelihood estimates: singly truncated and singly censored samples. Technometrics **3** (1961), 535–541

Cohen, J.: Statistical Power Analysis for the Behavioral Sciences. (Academic Press, pp. 416) New York 1969

Cornfield, J.: (1) Bayes theorem. Rev. Internat. Statist. Inst. **35** (1967), 34–49. (2) The Bayesian outlook and its application. With discussion. Biometrics **25** (1969), 617–642 and 643–657

Cox, D. R.: (1) Some simple approximate tests for Poisson variates. Biometrika **40** (1953), 354–360. (2) Some problems connected with statistical inference. Ann. Math. Statist. **29** (1958), 357–372

Craig, I.: On the elementary treatment of index numbers. Applied Statistics **18** (1969), 141–152

Crowe, W. R.: Index Numbers, Theory and Applications. London 1965

Daeves, K., und Beckel, A.: Großzahl-Methodik und Häufigkeits-Analyse, 2. Aufl. Weinheim/ Bergstr. 1958

D'Agostino, R. B.: Linear estimation of the normal distribution standard deviation. The American Statistician **24** (June 1970), 14 + 15 [vgl. auch J. Amer. Statist. Assoc. **68** (1973), 207–210]

Dalenius, T.: The mode – a neglected statistical parameter. J. Roy. Statist. Soc. A **128** (1965), 110–117 [vgl. auch Ann. Math. Statist. **36** (1965), 131–138 u. **38** (1967), 1446–1455]

Darlington, R. B.: Is kurtosis really "peakedness"? The American Statistician **24** (April 1970), 19–22 (vgl. auch **24** [Dec. 1970], 41 und **25** [Febr. 1971], 42, 43, 60)

David, Florence N.: Games, Gods and Gambling. New York 1963

Day, N. E.: Estimating the components of a mixture of normal distributions. Biometrika **56** (1969), 463–474 (vgl. auch **59** [1972], 639–648 und Technometrics **12** [1970], 823–833)

Defense Systems Department, General Electric Company: Tables of the Individual and Cumulative Terms of Poisson Distribution. Princeton, N. J. 1962

DeLury, D. B., and Chung, J. H.: Confidence Limits for the Hypergeometric Distribution. Toronto 1950

Dickinson, G. C.: Statistical Mapping and the Presentation of Statistics. (E. Arnold, pp. 160) London 1963

Dietz, K.: Epidemics and rumours: a survey. J. Roy. Statist. Soc. A **130** (1967), 505–528

Documenta Geigy: Wissenschaftliche Tabellen. (6. u.) 7. Aufl., Basel (1960 u.) 1968, S. 85–103, 107, 108, 128

Dubey, S. D.: Graphical tests for discrete distributions. The American Statistician **20** (June 1966), 23 + 24

Dudewicz, E. J. and Dalal, S. R.: On approximations to the *t*-distribution. J. Qual. Technol. **4** (1972), 196–198 [vgl. auch Ann. Math. Statist. **34** (1963), 335–337]

Elderton, W. P., and Johnson, N. L.: Systems of Frequency Curves. (Cambridge University Press, pp. 214) Cambridge 1969

Faulkner, E. J.: A new look at the probability of coincidence of birthdays in a group. Mathematical Gazette **53** (1969), 407–409 (vgl. auch **55** [1971], 70–72)

Federighi, E. T.: Extended tables of the percentage points of Student's t-distribution. J. Amer. Statist. Assoc. **54** (1959), 683–688

Fenner, G.: Das Genauigkeitsmaß von Summen, Produkten und Quotienten der Beobachtungs-reihen. Die Naturwissenschaften **19** (1931), 310

Ferris, C. D., Grubbs, F. E., and Weaver, C. L.: Operating characteristics for the common statistical tests of significance. Ann. Math. Statist. **17** (1946), 178–197

Finucan, H. M.: A note on kurtosis. J. Roy. Statist. Soc., Ser. B **26** (1964), 111 + 112, p. 112

Fishburn, P.C.: (1) Decision and Value Theory. New York 1964. (2) Decision under uncertainty: an introductory exposition. Industrial Engineering **17** (July 1966), 341–353

Fisher, R.A.: (1) The negative binomial distribution. Ann. Eugenics **11** (1941), 182–187. (2) Theory of statistical estimation. Proc. Cambr. Phil. Soc. **22** (1925), 700–725. (3) Note on the efficient fitting of the negative binomial. Biometrics **9** (1953), 197–200. (4) The Design of Experiments. 7th ed. (1st ed. 1935), Edinburgh 1960, Chapter II

Fisz, M.: Wahrscheinlichkeitsrechnung und mathematische Statistik. Übers. a. d. Poln. Berlin 1965, S. 196–203

Flechtheim, O.K.: Futurologie. Der Kampf um die Zukunft. (Vlg. Wissenschaft u. Politik, 432 S.) Köln 1970

Freudenberg, K.: Grundriß der medizinischen Statistik. Stuttgart 1962

Freudenthal, H., und Steiner, H.-G.: Aus der Geschichte der Wahrscheinlichkeitstheorie und der mathematischen Statistik. In H. Behnke, G. Bertram und R. Sauer (Herausgeb.): Grundzüge der Mathematik. Bd. IV: Praktische Methoden und Anwendungen der Mathematik. Göttingen 1966, Kapitel 3, S. 149–195, vgl. S. 168

Gaddum, J.: Lognormal distribution. Nature **156** (1945), 463–466

Garland, L.H.: Studies on the accuracy of diagnostic procedures. Amer. J. Roentg. **82** (1959), 25–38 (insbesondere S. 28)

Gebelein, H.: (1) Logarithmische Normalverteilungen und ihre Anwendungen. Mitteilungsblatt f. math. Statistik **2** (1950), 155–170. (2) Einige Bemerkungen und Ergänzungen zum graphischen Verfahren von Mosteller und Tukey. Mitteilungsbl. math. Stat. **5** (1953), 125–142

Gebhardt, F.: (1) On the effect of stragglers on the risk of some mean estimators in small samples. Ann. Math. Statist. **37** (1966), 441–450. (2) Some numerical comparisons of several approximations to the binomial distribution. J. Amer. Statist. Assoc. **64** (1969), 1638–1646 (vgl. auch **66** [1971], 189–191)

Gehan, E.A.: Note on the "Birthday Problem". The American Statistician **22** (April 1968), 28

Geppert, Maria-Pia: Die Bedeutung statistischer Methoden für die Beurteilung biologischer Vorgänge und medizinischer Erkenntnisse. Klin. Monatsblätter f. Augenheilkunde **133** (1958), 1–14

Gini, C.: Logic in statistics. Metron **19** (1958), 1–77

Glick, N.: Hijacking planes to Cuba: an up-dated version of the birthday problem. The American Statistician **24** (Febr. 1970), 41–44

Good, I.J.: How random are random numbers? The American Statistician **23** (October 1969), 42–45

Graul, E.H. und Franke, H.W.: Die unbewältigte Zukunft. (Kindler; 301 S.) München 1970

Gridgeman, N.T.: The lady tasting tea, and allied topics. J. Amer. Statist. Assoc. **54** (1959), 776–783

Grimm, H.: (1) Tafeln der negativen Binomialverteilung. Biometrische Zeitschr. **4** (1962), 239–262. (2) Tafeln der Neyman-Verteilung Typ A. Biometrische Zeitschr. **6** (1964), 10–23. (3) Graphical methods for the determination of type and parameters of some discrete distributions. In G.P. Patil (Ed.): Random Counts in Scientific Work. Vol. I: Random Counts in Models and Structures. (Pennsylvania State University Press, pp. 268) University Park and London 1970, pp. 193–206 (siehe auch J.J. Gart: 171–191

Groot, M.H. de: Optimal Statistical Decisions. (McGraw-Hill, pp. 489) New York 1970

Guenther, W.C.: Concepts of Statistical Inference. (McGraw-Hill, pp. 353) New York 1965 (2nd ed. 1973)

Gumbel, E.J.: (1) Probability Tables for the Analysis of Extreme-Value Data. National Bureau of Standards, Appl. Mathem. Ser. 22, Washington, D.C., July 1953. (2) Statistics of Extremes. New York 1958 [vgl. auch Biometrics **23** (1967), 79–103 und J. Qual. Technol. **1** (Oct. 1969), 233–236] (3) Technische Anwendungen der statistischen Theorie der Extremwerte. Schweiz. Arch. angew. Wissenschaft Technik **30** (1964), 33–47

Gurland, J.: Some applications of the negative binominal and other contagious distributions. Amer. J. Public Health **49** (1959), 1388–1399 [vgl. auch Biometrika **49** (1962), 215–226 und Biometrics **18** (1962), 42–51]

Guterman, H.E.: An upper bound for the sample standard deviation. Technometrics **4** (1962), 134 + 135

Haight, F.A.: (1) Index to the distributions of mathematical statistics. J. Res. Nat. Bur. Stds. **65**B (1961), 23–60. (2) Handbook of the Poisson Distribution. New York 1967

Hald, A.: (1) Statistical Tables and Formulas. New York 1952, pp. 47–59. (2) Statistical Theory with Engineering Applications. New York 1960, Chapter 7

Hall, A.D.: A Methodology for Systems Engineering. Princeton, N.J. 1962

Hanson, W.R.: Estimating the number of animals: a rapid method for unidentified individuals. Science **162** (1968), 675 + 676

Harris, D.: A method of separating two superimposed normal distributions using arithmetic probability paper. J. Animal Ecol. **37** (1968), 315–319

Harter, H.L.: (1) A new table of percentage points of the chisquare distribution. Biometrika **51** (1964), 231–239. (2) The use of order statistics in estimation. Operations Research **16** (1968), 783–798

Harvard University, Computation Laboratory: Tables of the Cumulative Binomial Probability Distribution; Annals of the Computation Laboratory of Harvard University, Cambridge, Mass. 1955

Helmer, O. (u. Gordon, T.): Bericht über eine Langfrist-Vorhersage für die Welt der nächsten fünf Jahrzehnte. (Mosaik Vlg., 112 S.) Hamburg 1967

Hemelrijk, J.: Back to the Laplace definition. Statistica Neerlandica **22** (1968), 13–21

Henning, H.-J., und Wartmann, R.: Auswertung spärlicher Versuchsdaten im Wahrscheinlichkeitsnetz. Ärztl. Forschung **12** (1958), 60–66

Herdan, G.: (1) The relation between the dictionary distribution and the occurrence distribution of word length and its importance for the study of quantitative linguistics. Biometrika **45** (1958), 222–228. (2) The Advanced Theory of Language as Choice and Chance. Berlin-Heidelberg-New York 1966, pp. 201–206

Herold, W.: Ein Verfahren der Dekomposition einer Mischverteilung in zwei normale Komponenten mit unterschiedlichen Varianzen. Biometrische Zeitschr. **13** (1971), 314–328

Heyde, J.E.: Technik des wissenschaftlichen Arbeitens. Mit einem ergänzenden Beitrag: Dokumentation von H. Siegel. 10. durchges. Aufl. (Kiepert, 230 S.) Berlin 1970

Hill, G.W.: Reference table. "Student's" t-distribution quantiles to 20 D. CSIRO Div. Math. Statist. Tech. Paper **35** (1972), 1–24

Hodges, J.L., Jr and E.L. Lehmann: A compact table for power of the t-test. Ann. Math. Statist. **39** (1968), 1629–1637

Horowitz, I.: An Introduction to Quantitative Business Analysis. New York 1965, pp. 81–101

Hotelling, H.: The statistical method and the philosophy of science. The American Statistician **12** (December 1958), 9–14

Huddleston, H.F.: Use of order statistics in estimating standard deviations. Agric. Econom. Research **8** (1956), 95–99

Ihm, P.: Subjektivistische Interpretation des Konfidenzschlusses. Biometr. Zeitschr. **8** (1966), 165–169

Johnson, E.E.: Nomograph for binomial and Poisson significance tests. Industrial Quality Control **15** (March 1959), 22 + 24

Jolly, G.M.: Estimates of population parameters from multiple recapture data with both death and dilution – deterministic model. Biometrika **50** (1963), 113–126

Jungk, R. (Hrsg.): Menschen im Jahre 2000. Eine Übersicht über mögliche Zukünfte. (Umschau Vlg., 320 S.) Frankfurt/M. 1969

Kahn, H., und Wiener, A.J.: Ihr werdet es erleben. (F. Molden, 430 S.) Wien-München-Zürich 1968

Kendall, M.G.: Model Building and Its Problems. (Hafner, pp. 165) New York 1968

King, A.C., and Read, C.B.: Pathways to Probability. History of the Mathematics of Certainty and Chance. (Holt, Rinehart and Winston, pp. 139) New York 1963

Kitagawa, T.: Tables of Poisson Distribution. (Baifukan) Tokyo 1952

Kliemann, H.: Anleitungen zum wissenschaftlichen Arbeiten. Eine Einführung in die Praxis. 7. Aufl. (H. Steinberg u. M. Schütze, Hrsg.), (Rombach, 190 S.) Freiburg 1970

Kolmogoroff, A.N.: Grundbegriffe der Wahrscheinlichkeitsrechnung. Berlin 1933

Kramer, G.: Entscheidungsproblem, Entscheidungskriterien bei völliger Ungewißheit und Chernoffsches Axiomensystem. Metrika **11** (1966), 15–38 (vgl. Tab. 1, S. 22 u. 23)

Kröber, W.: Kunst und Technik der geistigen Arbeit. 6. neubearb. Aufl. (Quelle und Meyer, 202 S.) Heidelberg 1969

Lancaster, H. O.: (1) The combination of probabilities. (Query 237) Biometrics **23** (1967), 840–842. (2) The Chi-Squared Distribution. (Wiley, pp. 356), New York 1969

Larson, H. R.: A nomograph of the cumulative binomial distribution. Industrial Quality Control **23** (Dec. 1966), 270–278 [vgl. auch Qualität u. Zuverlässigkeit **17** (1972) 231–242 u. 247–254]

Laubscher, N. F.: Interpolation in F-tables. The American Statistican **19** (February 1965), 28 + 40

Lehmann, E. L.: Significance level and power. Ann. Math. Statist. **29** (1958), 1167–1176

Lesky, Erna: Ignaz Philipp Semmelweis und die Wiener medizinische Schule. Österr. Akad. Wissensch., Philos.-histor. Kl. **245** (1964), 3. Abhandlung (93 S.) [vgl. auch Dtsch. Med. Wschr. **97** (1972), 627–632]

Lieberman, G. J., and Owen, D. B.: Tables of the Hypergeometric Probability Distribution. Stanford, Calif. 1961

Liebscher, Klaudia: Die Abhängigkeit der Gütefunktion des F-Testes von den Freiheitsgraden. In Operationsforschung und mathematische Statistik I (Akademie-Verlag, 151 S.) Berlin 1968, S. 121–136

Liebscher, U.: Anwendung eines neuartigen Wahrscheinlichkeitsnetzes. Zschr. f. wirtschaftl. Fertigung **59** (1964), 507–510

Lienert, G. A.: Die zufallskritische Beurteilung psychologischer Variablen mittels verteilungsfreier Schnelltests. Psycholog. Beiträge **7** (1962), 183–217

Linstone, H. and Turoff, M.: The Delphi Method and Its Application. (American Elsevier) New York 1973

Lockwood, A.: Diagrams. A Survey of Graphs, Maps, Charts and Diagrams for the Graphic Designer. (Studio Vista; pp. 144) London 1969

Lubin, A.: Statistics. Annual Review of Psychology **13** (1962), 345–370

Mahalanobis, P. C.: A method of fractile graphical analysis. Econometrica **28** (1960), 325–351

Mallows, C. L.: Generalizations of Tchebycheff's inequalities. With discussion. J. Roy. Statist. Soc., Ser. B **18** (1956), 139–176

Manly, B. F. J., and Parr, M. J.: A new method of estimating population size, survivorship, and birth rate from capture-recapture data. Trans. Soc. Br. Ent. **18** (1968), 81–89 [vgl. Biometrika **56** (1969), 407–410 u. Biometrics **27** (1971), 415–424, **28** (1972), 337–343, **29** (1973), 487–500]

Marascuilo, L. A. and Levin, J. R.: Appropriate post hoc comparisons for interaction and nested hypotheses in analysis of variance designs. The elimination of type IV errors. Amer. Educat. Res. J. **7** (1970), 397–421 [vgl. auch Psychol. Bull. **78** (1972), 368–374]

Maritz, J. S.: Empirical Bayes Methods. (Methuen, pp. 192) London 1970

Martino, J. P.: The precision of Delphi estimates. Technol. Forecastg. (USA) **1** (1970), 293–299

Matthijssen, C., and Goldzieher, J. W.: Precision and reliability in liquid scintillation counting. Analyt. Biochem. **10** (1965), 401–408

McHale, J.: The Future of the Future. (Braziller, pp. 322) New York 1969

McLaughlin, D. H., and Tukey, J. W.: The Variance of Means of Symmetrically Trimmed Samples from Normal Populations and its Estimation from such Trimmed Samples. Techn. Report No. 42, Statist. Techn. Res. Group, Princeton University, July 1961

McNemar, Q.: Psychological Statistics. 4th ed. (Wiley; pp. 529) New York 1969, p. 75

Miller, J. C. P. (Ed.): Table of Binomial Coefficients. Royal Soc. Math. Tables Vol. III, Cambridge (University Press) 1954

Molenaar, W.: Approximations to the Poisson, Binomial, and Hypergeometric Distribution Functions. (Mathematisch Centrum, pp. 160) Amsterdam 1970

Molina, E. C.: Poisson's Exponential Binomial Limit. (Van Nostrand) New York 1945

Montgomery, D. C.: An introduction to short-term forecasting. J. Industrial Engineering **19** (1968), 500–504

Morice, E.: Puissance de quelques tests classiques effectif d'échantillon pour des risques α, β fixes. Revue de Statistique Appliquée **16** (No. 1, 1968), 77–126

Moses, L. E.: Statistical theory and research design. Annual Review of Psychology **7** (1956), 233–258

Moses, L. E., and Oakford, R. V.: Tables of Random Permutations. (Allen and Unwin, pp. 233) London 1963

Moshman, J.: Critical values of the log-normal distribution. J. Amer. Statist. Assoc. **48** (1953), 600–605

Mosteller, F., and Tukey, J. W.: The uses and usefulness of binomial probability paper. J. Amer. Statist. Assoc. **44** (1949), 174–212

Mudgett, B.: Index Numbers, New York 1951

National Bureau of Standards: Tables of the Binomial Probability Distribution. Applied Math. Series No. 6, Washington 1950

Natrella, Mary G.: Experimental Statistics. NBS Handbook 91. (U.S. Gvt. Print. Office) Washington 1963, Chapters 3 + 4

Naus, J. I.: An extension of the birthday problem. The American Statistician **22** (Febr. 1968), 227–29

Nelson, W.: The truncated normal distribution – with applications to component sorting. Industrial Quality Control **24** (1967), 261–271

Neumann von, J.: Zur Theorie der Gesellschaftsspiele. Math. Ann. **100** (1928), 295–320

Neyman, J.: (1) On a new class of "contagious" distributions, applicable in entomology and bacteriology. Ann. Math. Statist. **10** (1939), 35–57. (2) Basic ideas and some recent results of the theory of testing statistical hypotheses. J. Roy. Statist. Soc. **105** (1942), 292–327. (3) First Course in Probability and Statistics. New York 1950, Chapter V: Elements of the Theory of Testing Statistical Hypotheses; Part 5·2·2: Problem of the Lady tasting tea. (4) Lectures and Conferences on Mathematical Statistics and Probability, 2nd rev. and enlarged ed., Washington 1952

Neyman, J., and Pearson, E. S.: (1) On the use and interpretation of certain test criteria for purposes of statistical inference. Part I and II. Biometrika **20A** (1928), 175–240 and 263–294. (2) On the problem of the most efficient type of statistical hypotheses. Philosophical Transactions of the Royal Society A **231** (1933), 289–337

Noether, G. E.: Use of the range instead of the standard deviation. J. Amer. Statist. Assoc. **50** (1955), 1040–1055

Norden, R. H.: A survey of maximum likelihood estimation. Int. Stat. Rev. **40** (1972), 329–354

Nothnagel, K.: Ein graphisches Verfahren zur Zerlegung von Mischverteilungen. Qualitätskontrolle **13** (1968), 21–24

Ord, J. K.: Graphical methods for a class of discrete distributions. J. Roy. Statist. Soc. A **130** (1967), 232–238

Owen, D. B.: Handbook of Statistical Tables. London 1962 (Errata: Mathematics of Computation **18**, 87; Mathematical Reviews **28**, 4608)

Pachares, J.: Table of confidence limits for the binomial distribution. J. Amer. Statist. Assoc. **55** (1960), 521–533

Paradine, C. G.: The probability distribution of χ^2. Mathematical Gazette **50** (1966), 8–18

Parks, G. M.: Extreme value statistics in time study. Industrial Engineering **16** (Nov.–Dec. 1965), 351–355

Parratt, L. G.: Probability and Experimental Errors in Science. London 1961

Paulson, E.: An approximate normalization of the analysis of variance distribution. Ann. Math. Statist. **13** (1942), 233–235

Pearson, E. S. and Kendall, M. G. (Eds.): Studies in the History of Statistics and Probability. (Griffin, pp. 481) London 1970

Pearson, E. S., and Tukey, J. W.: Approximate means and standard deviation based on distances between percentage points of frequency curves. Biometrika **52** (1965), 533–546

Pfanzagl, J.: (1) Verteilungsunabhängige statistische Methoden. Zschr. angew. Math. Mech. **42** (1962), T71–T77. (2) Allgemeine Methodenlehre der Statistik, Bd. I, II (S. 63) (Sammlung Göschen), Berlin 1964, 1966

Pitman, E. J. G.: (1) Lecture Notes on Nonparametric Statistics. Columbia University, New York 1949. (2) Statistics and science. J. Amer. Statist. Assoc. **52** (1957), 322–330

Plackett, R. L.: Random permutations. J. Roy. Statist. Soc. B **30** (1968), 517–534

Polak, F.L.: Prognostics. (Elsevier, pp. 450) Amsterdam 1970

Popper, K.R.: (1) Science: problems, aims, responsibilities. Fed. Proc. **22** (1963), 961–972. (2) Logik der Forschung, 2. erw. Aufl., Tübingen 1966 [vgl. auch Nature **241** (1973), 293/294]

Pratt, J.W., Raiffa, H., and Schlaifer, R.: The foundations of decision under uncertainty: an elementary exposition. J. Amer. Statist. Assoc. **59** (1964), 353–375

Prescott, P.: A simple method of estimating dispersion from normal samples. Applied Statistics **17** (1968), 70–74 [vgl. auch Biometrika **58** (1971), 333–340]

Pressat, R.: Demographic Analysis. Methods, Results, Applications. (Transl. by J. Matras). (Aldine-Atherton, pp. 498) London 1972

Preston, E.J.: A graphical method for the analysis of statistical distributions into two normal components. Biometrika **40** (1953), 460–464

Price de, D.J.S.: (1) Science Since Babylon. New Haven, Connecticut 1961. (2) Little Science, Big Science. New York 1963. (3) Research on Research. In Arm, D.L. (Ed.), Journeys in Science: Small Steps – Great Strides. The University of New Mexico Press, Albuquerque 1967. (4) Measuring the size of science. Proc. Israel Acad. Sci. Humanities **4** (1969), No. 6, 98–111

Quandt, R.E.: Old and new methods of estimation and the Pareto distribution. Metrika **10** (1966), 55–82

Raiffa, H., and Schlaifer, R.: Applied Statistical Decision Theory. Division of Research, Harvard Business School, Boston, Mass. 1961

Rao, C.R. and Chakravarti, I.M.: Some small sample tests of significance for a Poisson distribution. Biometrics **12** (1956), 264–282

Rasch, D.: Zur Problematik statistischer Schlußweisen. Wiss. Z. Humboldt-Univ. Berlin, Math.-Nat. R. **18** (1969) (2), 371–383

Rider, P.R.: The distribution of the quotient of ranges in samples from a rectangular population. J. Amer. Statist. Assoc. **46** (1951), 502–507

Rigas, D.A.: A nomogram for radioactivity counting statistics. International Journal of Applied Radiation and Isotopes **19** (1968), 453–457

Riordan, J.: (1) An Introduction to Combinatorial Analysis. New York 1958. (2) Combinatorial Identities. (Wiley, pp. 256) New York 1968

Roberts, H.V.: Informative stopping rules and inferences about population size. J. Amer. Statist. Assoc. **62** (1967), 763–775

Robson, D.S.: Mark-Recapture Methods of Population Estimation. In N.L. Johnson and H. Smith, Jr. (Eds.): New Developments in Survey Sampling. (Wiley-Interscience, pp. 732) New York 1969, pp. 120–146

Rohrberg, A.: Die Anwendung der Wahrscheinlichkeits- und Häufigkeitsnetze. Herausgegeben von Schleicher und Schüll, Einbeck/Han. 1958

Romig, H.G.: 50–100 Binomial Tables. (Wiley) New York 1953

Rusch, E., und Deixler, A.: Praktische und theoretische Gesichtspunkte für die Wahl des Zentral-wertes als statistische Kenngröße für die Lage eines Verteilungszentrums. Qualitätskontrolle **7** (1962), 128–134

Saaty, L.: Seven more years of queues: a lament and a bibliography. Naval Res. Logist. Quart. **13** (1966), 447–476

Sachs, L.: Statistische Methoden. Ein Soforthelfer. 2. neubearb. Aufl. (Springer, 105 S.) Berlin, Heidelberg, New York 1972, S. 12–18

Sarhan, A.E., and Greenberg, B.G. (Eds.): Contributions to Order Statistics. New York 1962

Savage, I.R.: Probability inequalities of the Tchebycheff type. J. Res. Nat. Bur. Stds. **65B** (1961), 211–222

Schindowski, E., und Schürz, O.: Das Binomialpapier. Fertigungstechnik **7** (1957), 465–468

Schmitt, S.A.: Measuring Uncertainty. An Elementary Introduction to Bayesian Statistics. (Addison-Wesley; pp. 400) Reading, Mass. 1969

Schneeweiss, H.: Entscheidungskriterien bei Risiko. Berlin-Heidelberg 1967

Schön, W.: Schaubildtechnik. Die Möglichkeiten bildlicher Darstellung von Zahlen- und Sach-
beziehungen. (Poeschel; 371 S.) Stuttgart 1969

Severo, N.C. and Zelen, M.: Normal approximation to the chi-square and non-central F probability
functions. Biometrika **47** (1960), 411–416 [vgl. auch J. Amer. Statist. Assoc. **66** (1971), 577–582]

Smirnov, N.V. (Ed.): Tables for the Distribution and Density Functions of t-Distribution. London,
Oxford 1961

Smith, J.H.: Some properties of the median as an average. The American Statistician **12** (October
1958), 24, 25, 41 [vgl. auch J. Amer. Statist. Assoc. **63** (1968), 627–635]

Snyder, R.M.: Measuring Business Changes. New York 1955

Southwood, T.R.E.: Ecological Methods with Particular Reference to the Study of Insect Populations. (Methuen, pp. 391), London 1966

Spear, Mary E.: Practical Charting Techniques. (McGraw-Hill, pp. 394) New York 1969

Stange, K.: Eine Verallgemeinerung des zeichnerischen Verfahrens zum Testen von Hypothesen
im Wurzelnetz (Mosteller-Tukey-Netz) auf drei Dimensionen. Qualitätskontrolle **10** (1965),
45–52

Stegmüller, W.: Personelle und Statistische Wahrscheinlichkeit. 1. u. 2. Halbband (Bd. 4 der Probleme
und Resultate der Wissenschaftstheorie und Analytischen Philosophie) (Springer, 560 u. 420 S.)
Berlin, Heidelberg, New York 1972

Stephenson, C.E.: Letter to the editor. The American Statistician **24** (April 1970), 37 + 38

Stevens, S.S.: On the theory of scales of measurement. Science **103** (1946), 677–680

Student: The probable error of a mean. Biometrika **6** (1908), 1–25 [vgl. auch **30** (1939), 210–250,
Metron **5** (1925), 105–120 sowie The American Statistician **26** (Dec. 1972), 43+44]

Sturges, H.A.: The choice of a class interval. J. Amer. Statist. Assoc. **21** (1926), 65 + 66

Szameitat, K., and Deininger, R.: Some remarks on the problem of errors in statistical results.
Bull. Int. Statist. Inst. **42**, I (1969), 66–91 [vgl. auch Allgem. Statist. Arch. **55** (1971), 290–303]

Teichroew, D.: A history of distribution sampling prior to the era of the computer and its relevance
to simulation. J. Amer. Statist. Assoc. **60** (1965), 27–49

Theil, H.: (1) Optimal Decision Rules for Government and Industry. Amsterdam 1964. (2) Applied
Economic Forecasting. (Vol. 4 of Studies in Mathematical and Managerial Economics; North-
Holland Publ. Co., pp. 474) Amsterdam 1966

Thöni, H.: A table for estimating the mean of a lognormal distribution. J. Amer. Statist. Assoc. **64**
(1969), 632–636. Corrigenda **65** (1970), 1011–1012

Thorndike, Frances: Applications of Poisson's probability summation. Bell System Techn. J. **5**
(1926), 604–624

Troughton, F.: The rule of seventy. Mathematical Gazette **52** (1968), 52 + 53

Tukey, J.W.: (1) Some sampling simplified. J. Amer. Statist. Assoc. **45** (1950), 501–519. (2) Unsolved
problems of experimental statistics. J. Amer. Statist. Assoc. **49** (1954), 706–731. (3) Conclusions
vs. decisions. Technometrics **2** (1960), 423–433. (4) A survey of sampling from contaminated
distributions. In I. Olkin and others (Eds.): Contributions to Probability and Statistics. Essays
in Honor of Harold Hotelling, pp. 448–485, Stanford 1960. (5) The future of data analysis. Ann.
Math. Statist. **33** (1962), 1–67. (6) Data analysis, computation and mathematics. Quart. Appl.
Math. **30** (1972), 51–65

—, and McLaughlin, D.H.: Less vulnerable confidence and significance procedures for location
based on an single sample: Trimming/Winsorization I. Sankhya Ser. A **25** (1963), 331–352

Vahle, H. und Tews, G.: Wahrscheinlichkeiten einer χ^2-Verteilung. Biometrische Zeitschr. **11** (1969),
175–202

Wacholder, K.: Die Variabilität des Lebendigen. Die Naturwissenschaften **39** (1952), 177–184
und 195–198

Waerden, B.L., van der: Der Begriff Wahrscheinlichkeit. Studium Generale **4** (1951), 65–68;
S. 67 linke Spalte

Wagle, B.: Some techniques of short-term sales forecasting. The Statistician **16** (1966), 253–273

Wald, A.: Statistical Decision Functions. New York 1950

Wallis, W.A., und Roberts, H.V.: Methoden der Statistik, 2. Aufl., Freiburg/Br. 1962

Walter, E.: (1) Rezension des Buches „Verteilungsfreie Methoden in der Biostatistik" von G. Lienert. Biometrische Zeitschr. **6** (1964), 61 + 62. (2) Persönliche Mitteilung, 1966

Wasserman, P., and Silander, F. S.: Decision-Making: An Annotated Bibliography Supplement, 1958–1963. Ithaca, N. Y. 1964

Weber, Erna: Grundriß der Biologischen Statistik. 7. überarb. Aufl., Stuttgart 1972, S. 143–160

Weibull, W.: Fatigue Testing and Analysis of Results. New York 1961

Weichselberger, K.: Über ein graphisches Verfahren zur Trennung von Mischverteilungen und zur Identifikation kupierter Normalverteilungen bei großem Stichprobenumfang. Metrika **4** (1961), 178–229

Weintraub, S.: Tables of the Cumulative Binomial Probability Distribution for Small Values of p. (The Free Press of Glencoe, Collier-Macmillan) London 1963

Weiss, L.: Statistical Decision Theory. New York 1961

Weiss, L. L.: (1) A nomogram based on the theory of extreme values for determining values for various return periods. Monthly Weather Rev. **83** (1955), 69–71. (2) A nomogram for log-normal frequency analysis. Trans. Amer. Geophys. Union **38** (1957), 33–37

Wellnitz, K.: Kombinatorik. 6. Aufl. (Bagel/Hirt, 56 S.) Düsseldorf/Kiel 1971

Westergaard, H.: Contributions to the History of Statistics. (P. S. King and Son, pp. 280) London 1932

Wilhelm, K. H.: Graphische Darstellung in Leitung und Organisation. 2. Aufl. (Vlg. Die Wirtschaft, 200 S.) Berlin 1971

Williams, C. B.: (1) A note on the statistical analysis of sentence length as a criterion of literary style. Biometrika **31** (1940), 356–361. (2) Patterns in the Balance of Nature. New York 1964

Williamson, E., and Bretherton, M. H.: Tables of the Negative Binomial Distribution. London 1963

Wilson, E. B., and Hilferty, M. M.: The distribution of chi-square. Proc. Nat. Acad. Sci. **17** (1931), 684–688 (vgl. auch Pachares, J.: Letter to the Editor. The American Statistician **22** [Oct. 1968], 50)

Wold, H. O. A.: Time as the realm of forecasting. Annals of the New York Academy of Sciences **138** (1967), 525–560

Yamane, T.: Statistics. An Introductory Analysis. Chapter 8, pp. 168–226. New York 1964

Zacek, H.: (1) Graphisches Rechnen auf normalem Wahrscheinlichkeitspapier. Experientia **20** (1964), 1–5. (2) Graphisches Rechnen auf normalem Wahrscheinlichkeitspapier. Experientia **20** (1964), 413–414. (3) Eine Möglichkeit zur graphischen Berechnung des Standardfehlers bzw. Konfidenzintervalls eines Mittelwertes von Versuchsergebnissen. Arzneimittelforschung **14** (1964), 1326–1328. (4) Zum projektiv-verzerrten Wahrscheinlichkeitsnetz nach Liebscher und Fischer. Qualitätskontrolle **13** (1968), 142–146. Zum WN siehe auch Qualität u. Zuverlässigkeit **16** (1971), 156–159 u. 209–211.

Zahlen, J. P.: Über die Grundlagen der Theorie der parametrischen Hypothesentests. Statistische Hefte **7** (1966), 148–174

Zarkovich, S. S.: Quality of Statistical Data (FAO, UN; pp. 395) Rome 1966

Zinger, A.: On interpolation in tables of the F-distribution. Applied Statistics **13** (1964), 51–53

Stochastische Prozesse

Bailey, N. T. J.: The Elements of Stochastic Processes with Applications to the Natural Sciences. New York 1964

Bartholomew, D. J.: Stochastische Modelle für soziale Vorgänge. (Übers. a. d. Engl. v. D. Pfaffenzeller) (Oldenbourg, 348 S.) Wien 1970

Bartlett, M. S.: (1) An Introduction to Stochastic Processes. Cambridge 1955. (2) Stochastic Population Models. London 1960. (3) Essays on Probability and Statistics. London 1962

Bharucha-Reid, A. T.: Elements of the Theory of Markov Processes and their Applications. New York 1960

Billingsley, P.: (1) Statistical Methods in Markov chains. Ann. Math. Statist. **32** (1961), 12–40. (2) Statistical Inference for Markov Processes. Chicago 1961

Chiang, C. L.: Introduction to Stochastic Processes in Biostatistics. (Wiley, pp. 312) New York 1968

Cox, D. R., and Lewis, P. A. W.: The Statistical Analysis of Series of Events. London 1966

—, and Miller, H.D.: The Theory of Stochastic Processes. London 1965

—, and Smith, W.L.: Queues. London 1961

Cramer, H.: Model building with the aid of stochastic processes. Technometrics **6** (1964), 133–159

Cramér, H., and Leadbetter, M.R.: Stationary and Related Stochastic Processes: Sample Function Properties and Their Applications. (Wiley, pp. 348) New York and London 1967

Deming, L.S.: Selected bibliography of statistical literature: supplement, 1958–1960. J. Res. Nat. Bur. Standards **67B** (1963), 91–133 (pp. 99–120)

Doig, A.: A bibliography on the theory of queues. Biometrika **44** (1957), 490–514

Feller, W.: An Introduction to Probability Theory and Its Appplications. Vol. 1, 3rd ed., New York 1968; Vol. 2, 2nd ed. New York 1971

Fisz, M.: Wahrscheinlichkeitsrechnung und mathematische Statistik. 3. Aufl., Berlin 1965, Kapitel 7 und 8

Gold, R.Z.: Tests auxiliary to χ^2 tests in a Markov chain. Ann. Math. Statist. **34** (1963), 56–74

Gurland, J. (Ed.): Stochastic Models in Medicine and Biology. Madison (University of Wisconsin) 1964

Karlin, S.: A First Course in Stochastic Processes. New York and London 1966

Kemeny, J.G., and Snell, J.L.: Finite Markov Chains. Princeton, N.J. 1960

—, Snell, J.L., and Knapp, A.W.: Denumerable Markov Chains. Princeton, N.J. 1966

Kullback, S., Kupperman, M., and Ku, H.H.: Tests for contingency tables and Markov chains. Technometrics **4** (1962), 573–608

Lahres, H.: Einführung in die diskreten Markoff-Prozesse und ihre Anwendung. Braunschweig 1964

Lee, A.M.: Applied Queueing Theory. London 1966

Parzen, E.: (1) Modern Probability Theory and Its Applications. New York 1960. (2) Stochastic Processes. San Francisco 1962

Prabhu, N.U.: (1) Stochastic Processes. Basic Theory and Its Applications. New York 1965. (2) Queues and Inventories: a Study of Their Basic Stochastic Processes. New York 1965

Saaty, T.L.: Elements of Queueing Theory. New York 1961

Schneeweiss, H.: Zur Theorie der Warteschlangen. Zeitschr. f. handelswissenschaftl. Forschg. **12** (1960), 471–507

Takacs, L.: (1) Introduction to the Theory of Queues. Oxford Univ. Press 1962. (2) Stochastische Prozesse. München 1966. (3) Combinatorial Methods of Stochastic Processes (Wiley, pp. 262) New York 1967

Wold, H.O.A.: The I.S.I. Bibliography on Time Series and Stochastic Processes. London 1965

Zahl, S.: A Markov process model for follow-up studies. Human Biology **27** (1955), 90–120

Verteilungsunabhängige Methoden

Billeter, E.P.: Grundlagen der erforschenden Statistik. Statistische Testtheorie. (Springer, 217 S.) Wien und New York 1972, S. 79/170 und 186/206

Bradley, J.V.: Distribution-Free Statistical Tests. (Prentice-Hall; pp. 388) Englewood Cliffs, N.J. 1968

Conover, W.J.: Practical Nonparametric Statistics. (Wiley; pp. 462) London 1971

David, H.A.: Order Statistics. (Wiley, pp. 288) New York 1970

Gibbons, Jean D.: Nonparametric Statistical Inference. (McGraw-Hill, pp. 306) New York 1971 [vgl. auch Biometrics **28** (1972), 1148/1149]

Hàjek, J., and Sidàk, Z.: Theory of Rank-Tests (Academic Press, pp. 297) New York and London 1967

Hollander, M., and Wolfe, D.A.: Nonparametric Statistical Methods. (Wiley, pp. 503) New York 1973

Kraft, C.H., and Eeden, Constance Van: A Nonparametric Introduction to Statistics. (Macmillan, pp. 304) New York 1968

Lienert, G.A.: Verteilungsfreie Methoden in der Biostatistik. 2. neubearb. Aufl. (A. Hain, Meisenheim am Glan) Band I (736 S.) 1973

Milton, R.C.: Rank Order Probabilities. Two-Sample Normal Shift Alternatives. (Wiley, pp. 320) New York 1970

Noether, G.E.: Elements of Nonparametric Statistics. (Wiley, pp. 104) New York 1967

Puri, M.L.: Nonparametric Techniques in Statistical Inference. Proc. 1. Internat. Symp. Nonparametric Techniques, Indiana University, June 1969. (University Press, pp. 623) Cambridge 1970

Puri, M.L. and Sen, P.K.: Nonparametric Methods in Multivariate Analysis. (Wiley, pp. 450) London 1971

Savage, I.R.: Bibliography of Nonparametric Statistics. (Harvard University Press, pp. 284) Cambridge, Mass. 1962

Walsh, J.E.: Handbook of Nonparametric Statistics. Vol. I–III (Van Nostrand, pp. 549, 686, 747) Princeton, N.J. 1962, 1965, 1968

Kapitel 2

Medizinische Statistik

Adam, J.: Einführung in die medizinische Statistik, 2. überarb. Aufl. (VEB Vlg. Volk und Gesundheit, 268 S.) Berlin 1966, S. 84–146

Anscombe, F.J., and Barron, B.A.: Treatment of outliers in samples of size three. J. Res. Nat. Bur. Stds. **70B** (1966), 141–147

Barnard, G.A.: Control charts and stochastic processes. J. Roy. Statist. Soc., Ser. B **21** (1959), 239–257

Barnett, R.N., and Youden, W.J.: A revised scheme for the comparison of quantitative methods. Amer. J. Clin. Pathol. **54** (1970), 454–462 [vgl. auch **43** (1965), 562–569 und **50** (1968), 671–676]

Benjamin, B.: Demographic Analysis. (Allen and Unwin; pp. 160) London 1968

Bissell, A.F.: Cusum techniques for quality control (with discussion). Applied Statistics **18** (1969), 1–30

Bogue, D.J.: Principles of Demography (Wiley, pp. 917) New York 1969

Burdette, W.J. and Gehan, E.A.: Planning and Analysis of Clinical Studies. (C. Thomas; pp. 104) Springfield 1970

Burr, I.W.: The effect of non-normality on constants for $\bar{x}$ and R charts. Industrial Quality Control **23** (May 1967) 563–569 [vgl. auch J. Qual. Technol. **1** (1969), 163–167]

Castleman, B., and McNeely, Betty U. (Eds.): Normal laboratory values. New Engl. J. Med. **283** (1970), 1276–1285

Chun, D.: Interlaboratory tests – short cuts. Annu. Tech. Conf. Trans., Amer. Soc. Qual. Contr. **20** (1966), 147–151

Cochran, W.G.: (1) The planning of observational studies of human populations. With discussion. J. Roy. Statist. Soc., Ser. A **128** (1965), 234–265. (2) Errors of measurement in statistics. Technometrics **10** (1968), 637–666

Cox, P.R.: Demography. 4th ed. (University Press, pp. 470) Cambridge 1970

Dobben de Bruyn, C.S., van: Cumulative Sum Tests, Theory and Practice. (Griffin, pp. 82) London 1968

Documenta Geigy: (1) Placebos und Schmerz. In „Schmerz", S. 3 u. 4, 1965 [vgl. auch Selecta **10** (1968), 2386–2390]. (2) Wissenschaftliche Tabellen, 6. Aufl., Basel 1960, 7. Aufl., Basel 1968

Dorfman, R.: The detection of defective members of large populations. Ann. Math. Statist. **14** (1943), 436–440

Duncan, A.J.: Quality Control and Industrial Statistics. 3rd ed., Homewood, Ill. 1965

Eilers, R.J. (Chairman): Total quality control for the medical laboratory (14 papers). Amer. J. clin. Path. **54** (1970), 435–530

Eisenhart, Ch.: Realistic evaluation of the precision and accuracy of instrument calibration systems. J. Res. Nat. Bur. Stds. C **67** (1963), 161–187

Elveback, Lila R., Guillier, C.L., and Keating, F.R.: Health, normality, and the ghost of Gauss. J. Amer. Med. Ass. **211** (1970), 69–75 [vgl. auch Ann. N.Y. Acad. Sci. **161** (1969), 538–548]

Ewan, W.D.: When and how to use cu-sum charts. Technometrics **5** (1963), 1–22

—, and Kemp, K.W.: Sampling inspection of continuous processes with no autocorrelation between successive results. Biometrika **47** (1960), 363–380

Federer, W.T.: Procedures and Designs useful for screening material in selection and allocation, with a bibliography. Biometrics **19** (1963), 553–587 [vgl. auch Postgraduate Medicine **48** (Oct. 1970), 57–61]

Feinstein, A.R.: Clinical biostatistics. Clin. Pharmacol. Therap. **11** (1970), 135–148, 282–292, 432–441, 595–610, 755–771, 898–914; **12** (1971), 134–150; **13** (1972), 755–768, 953–968

Flaskämper, P.: Bevölkerungsstatistik (R. Meiner; 496 S.) Hamburg 1962

Gabriels, R.: A general method for calculating the detection limit in chemical analysis. Analytical Chemistry **42** (1970), 1434

Gilbert, J.P., and Mosteller, F.: Recognizing the maximum of a sequence. J. Amer. Statist. Assoc. **61** (1966), 35–73

Graff, L.E. and Roeloffs, R.: Group testing in the presence of test error; an extension of the Dorfman procedure. Technometrics **14** (1972), 113–122 [vgl. auch J. Amer Statist. Assoc. **67** (1972), 605–608]

Griesser, G.: (1) Symptomenstatistik. Method. Inform. Med. **4** (1965), 79–82. (2) Heilkunde und Statistik – Mensch und Zahl. Med. Welt **16** (1965), 2015–2022. (3) Zur Methodik der wissenschaftlichen Arbeit in der Allgemeinmedizin. Med. Welt **18** (1967), 2801–2807

Hill, A.B.: Principles of Medical Statistics. 9th ed. (The Lancet; pp. 390) London 1971

Hill, G.B.: The statistical analysis of clinical trials. Brit. J. Anaesth. **39** (1967), 294–310

Hinkelmann, K.: Statistische Modelle und Versuchspläne in der Medizin. Method. Inform. Med. **6** (1967), 116–124 [vgl. auch Biometrics **17** (1961), 405–414 und **21** (1966), 467–480]

Hoffer, A., and Osmond, H.: Double blind clinical trials. Journal of Neuropsychiatry **2** (1961), 221–227

Jellinek, E.M.: Clinical tests on comparative effectiveness of analgesic drugs. Biometrics **2** (1946), 87–91

Johnson, N.L., and Leone, F.C.: Statistics and Experimental Design in Engineering and the Physical Sciences, Vol. I, pp. 320–339, New York 1964

Kaiser, H.: Zur Definition der Nachweisgrenze, der Garantiegrenze und der dabei benutzten Begriffe. Z. analyt. Chem. **216** (1966), 80–94

Kemp, K.W.: (1) The average run length of the cumulative sum chart when a V-mask is used. J. Roy. Statist. Soc., Ser. B **23** (1961), 149–153. (2) The use of cumulative sums for sampling inspection schemes. Applied Statistics **11** (1962), 16–31. (3) A simple procedure for determining upper and lower limits for the average sample run length of a cumulative sum scheme. J. Roy. Statist. Soc. B **29** (1967), 263–265

Koller, S.: (1) Die Aufgaben der Statistik und Dokumentation in der Medizin. Dtsch. med. Wschr. **88** (1963), 1917–1924. (2) Einführung in die Methoden der ätiologischen Forschung – Statistik und Dokumentation. Method. Inform. Med. **2** (1963), 1–13. (3) Systematik der statistischen Schlußfehler. Method. Inform. Med. **3** (1964), 113–117. (4) Problems in defining normal values. Bibliotheca Haematologica **21** (1965), 125–128. (5) Mathematisch-statistische Grundlagen der Diagnostik. Klin. Wschr. **45** (1967), 1065–1072. (6) Mögliche Aussagen bei Fragen der statistischen Ursachenforschung. Metrika **17** (1971), 30–42

Kramer, K.H.: Use of mean deviation in the analysis of interlaboratory tests. Technometrics **9** (1967), 149–153

Lange, H.-J.: Syntropie von Krankheiten. Method. Inform. Med. **4** (1965), 141–145 (vgl. auch Internist **11** [1970], 216–222)

Lasagna, L.: Controlled trials: nuisance or necessity. Method. Inform. Med. **1** (1962), 79–82

Mainland, D.: (1) Use and misuse of statistics in medical publications. Clinical Pharmacology and Therapeutics **1** (1960), 411–422. (2) The clinical trial – some difficulties and suggestions. J. Chronic Diseases **11** (1960), 484–496. (3) Experiences in the development of multiclinic trials. J. New Drugs **1** (1961), 197–205. (4) Elementary Medical Statistics. 2nd ed., Philadelphia and London 1963. (5) "We wish to hire a medical statistician. Have you any advice to offer?" J. Amer. Med. Assoc. **193** (1965), 289–293. (6) Statistical ward rounds 1–6. Clinical Pharmacology and Therapeutics (z.B. **8** [1967], 874–883)

Mandel, J.: The Statistical Analysis of Experimental Data. (Interscience-Wiley, pp. 410) New York 1964, Chapter 14

Mandel, J., and Lashof, T.W.: The interlaboratory evaluation of testing methods. Amer. Soc. for Testing Materials Bulletin No. 239 (July 1959), 53–61

Mandel, J., and Stiehler, R. D.: Sensitivity – a criterion for the comparison of methods of test. J. Res. Nat. Bur. Stds. **53** (Sept. 1954), 155–159

Martini, P.: (1) Methodenlehre der therapeutisch-klinischen Forschung. 3. Aufl., Berlin 1953 (4. Aufl. siehe Martini-Oberhoffer-Welte). (2) Die unwissentliche Versuchsanordnung und der sogenannte doppelte Blindversuch. Dtsch. med. Wschr. **82** (1957), 597–602. (3) Grundsätzliches zur therapeutisch-klinischen Versuchsplanung. Method. Inform. Med. **1** (1962), 1–5

—, Oberhoffer, G. und Welte, E.: Methodenlehre der therapeutisch-klinischen Forschung. 4. neubearb. Aufl., (Springer, 495 S.) Berlin-Heidelberg-New York 1968

McFarren, E. F., Lishka, T. R. J., and Parker, J. H.: Criterion for judging acceptability of analytical methods. Analytical Chemistry **42** (1970), 358–365

Oldham, P. D.: Measurement in Medicine. The Interpretation of Numerical Data. (English Universities Press, pp. 216) London 1968

Page, E. S.: (1) Cumulative sum charts. Technometrics **3** (1961), 1–9. (2) Controlling the standard deviation by cusums and warning lines. Technometrics **5** (1963), 307–315

Pflanz, M.: Allgemeine Epidemiologie. Aufgaben, Technik, Methodik. (Thieme, 236 S.) Stuttgart 1973

Pipberger, H. V., und Freis, E. D.: Automatische Analyse kardiologischer Analog-Daten mittels elektronischer Rechenmaschinen. Med. Dok. **4** (1960), 58–61

Reed, A. H., Henry, R. J. and Mason, W. B.: Influence of statistical method used on the resulting estimate of normal range. Clin. Chem. **17** (1971), 275–284 (S. 281)

Reynolds, J. H.: The run sum control chart procedure. J. Qual. Technol. **3** (Jan. 1971), 23–27

Richterich, R., Greiner, R. und Küffer, H.: Analysatoren in der Klinischen Chemie. III. Beurteilungs-Kriterien und Fehlerquellen. Z. Klin. Chem. Klin. Biochem. **11** (1973), 65–75

Roos, J. B.: The limit of detection of analytical methods. Analyst. **87** (1962), 832

Rümke, Chr. L.: Über die Gefahr falscher Schlußerfahrungen aus Krankenblattdaten (Berkson's Fallacy). Method. Inform. Med. **9** (1970), 249–254

Rümke, Chr. L. en Bezemer, P. D.: Methoden voor de bepaling van normale waarden. I, II. Nederl. Tijdschr. Geneesk. **116** (1972), 1124–1130, 1559–1568 (S. 1561–1565)

Sachs, L.: (1) Statistische Methoden in der Medizin. Klin. Wschr. **46** (1968), 969–975. (2) Statistische Methoden. 2. neubearb. Aufl. (Springer, 105 S.) Berlin, Heidelberg, New York 1972

Schindel, L. E.: (1) Placebo in theory and practice. Antibiotica et Chemotherapia, Advances **10** (1962), 398–430. (2) Die Bedeutung des Placebos für die klinisch-therapeutische Forschung. Arzneim.-Forschg. **15** (1965), 936–940. (3) Placebo und Placeboeffekte in Klinik und Forschung. Arzneim.-Forschg. **17** (1967), 892–918

Schneiderman, M. A.: The proper size of a clinical trial: "Grandma's Strudel" method. J. New Drugs **4** (1964), 3–11

Sobel, M., and Groll, P. A.: (1) Group testing to eliminate efficiently all defectives in a binomial sample. Bell System Technical Journal **38** (1959), 1179–1252. (2) Binomial group-testing with an unknown proportion of defectives. Technometrics **8** (1966), 631–656 [vgl. auch J. Qual. Technol. **1** (1969), 10–16]

Svoboda, V., und Gerbatsch, R.: Zur Definition von Grenzwerten für das Nachweisvermögen. Z. analyt. Chem. **242** (1968), 1–12

Taylor, H. M.: The economic design of cumulative sum control charts. Technometrics **10** (1968), 479–488

Vessereau, A.: Efficacité et gestion des cartes de contrôle. Revue Statistique Appliqué **28**, 1 (1970), 21–64

Wagner, G.: Versuchsplanung in der Fehlerforschung. Method. Inform. Med. **3** (1964), 117–127

Williams, G. Z., Harris, E. K., Cotlove, E.; Young, D. S., Stein, M. R., Kanofsky, P., and Shakarji, G.: Biological and analytic components of variation in long-term studies of serum constituents in normal subjects. I, II, III. Clinical Chemistry **16** (1970), 1016–1032 [vgl. auch **18** (1972), 605–612]

Willke, T. A.: A note on contaminated samples of size three. J. Res. Nat. Bur. Stds. **70B** (1966), 149–151

Wilson, A. L.: The precision and limit of detection of analytical methods. Analyst **86** (1961), 72–74

Winkler, W.: (1) Von der Demographie zur Demometrie. Metrika **6** (1963), 187–198. (2) Demometrie. (Duncker und Humblot, 447 S.) Berlin-München 1969

Woodward, R.H., and Goldsmith, P.L.: Cumulative Sum Techniques. (I.C.I. Monograph No. 3) Edinburgh 1964

Youden, W.J.: (1) Graphical diagnosis of interlaboratory test results. Industrial Quality Control **15** (May 1959), 1–5. (2) The sample, the procedure, and the laboratory. Anal. Chem. **13** (December 1960), 23 A–37 A. (3) Accuracy of analytical procedures. J. Assoc. Offic. Agricult. Chemists **45** (1962), 169–173. (4) Systematic errors in physical constants. Technometrics **4** (1962), 111–123. (5) The collaborative test. J. Assoc. Offic. Agricult. Chemists **46** (1963), 55–62. (6) Ranking laboratories by round-robin tests. Materials Research and Standards **3** (January 1963), 9–13. (7) Statistical Techniques for Collaborative Tests. (Association of Official Analytical Chemists, pp. 60) Washington 1967

Zacek, H.: Eine Möglichkeit zum Aufbau von Kontrollkarten für halbquantitative Merkmale. Qualitätskontrolle **13** (1968), 102–105

Folgetestpläne

Alling, D.W.: Closed sequential tests for binomial probabilities. Biometrika **53** (1966), 73–84

Armitage, P.: (1) Sequential methods in clinical trials. Amer. J. Public Health **48** (1958), 1395–1402. (2) Sequential Medical Trials. Oxford 1960. (3) Sequential analysis in medicine. Statistica Neerlandica **15** (1961), 73–82. (4) Some developments in the theory and practice of sequential medical trials. In Proc. Fifth Berkeley Symp. Mathem. Statist. Probab., Univ. of Calif. 1965/66. Univ. of Calif. Press, Berkeley and Los Angeles 1967, Vol. 4: Biology and Problems of Health, pp. 791–804 (s. auch S. 805–829)

Beightler, C.S., and Shamblin, J.E.: Sequential process control. Industrial Engineering **16** (March–April 1965), 101–108

Bertram, G.: Sequenzanalyse für zwei Alternativfolgen. Zschr. Angew. Math. Mechanik **40** (1960), 185–189

Billewicz, W.Z.: (1) Matched pairs in sequential trials for significance of a difference between proportions. Biometrics **12** (1956), 283–300. (2) Some practical problems in a sequential medical trial. Bull. Intern. Statist. Inst. **36** (1958), 165–171

Bross, I.D.J.: (1) Sequential medical plans. Biometrics **8** (1952), 188–205. (2) Sequential clinical trials. J. Chronic Diseases **8** (1958), 349–365

Chilton, N.W., Fertig, J.W., and Kutscher, A.H.: Studies in the design and analysis of dental experiments. III. Sequential analysis (double dichotomy). J. Dental Research **40** (1961), 331–340

Cole, L.M.C.: A closed sequential test design for toleration experiments. Ecology **43** (1962), 749–753

Davies, O.L.: Design and Analysis of Industrial Experiments. London 1956, Chapter 3

Fertig, J.W., Chilton, N.W., and Varma, A.O.: Studies in the design of dental experiments. 9–11. Sequential analysis. J. Oral Therapeutics and Pharmacol. **1** (1964), 45–56, 175–182, **2** (1965), 44–51

Freeman, H.: Sequential analysis of statistical data: Applications. Columbia University Press, New York 1957

Fülgraff, G.: Sequentielle statistische Prüfverfahren in der Pharmakologie. Arzneim.-Forschg. **15** (1965), 382–387

Greb, D.J.: Sequential Sampling plans. Industrial Quality Control **19** (May 1963), 24–28, 47 + 48

Jackson, J.E.: Bibliography on sequential analysis. J. Amer. Statist. Assoc. **55** (1960), 561–580

Johnson, N.L.: Sequential analysis: a survey. J. Roy. Statist. Soc. A **124** (1961), 372–411

Lienert, G.A. und Sarris, V.: (1) Eine sequentielle Modifikation eines nicht-parametrischen Trendtests. Biometrische Zeitschr. **10** (1967), 133–147. (2) Testing monotonicity of dosage-effect relationship by Mosteller's test and its sequential modification. Method. Inform. Med. **7** (1968), 236–239

Litchfield, J.T.: Sequential analysis, screening and serendipity. J. Med. Pharm. Chem. **2** (1960), 469–492

Maly, V.: Sequenzprobleme mit mehreren Entscheidungen und Sequenzschätzung. I und II. Biometr. Zeitschr. **2** (1960), 45–64 und **3** (1961), 149–177 (vgl. auch **5** [1963], 24–31 und **8** [1966], 162–178)

Sachs, V.: Die Sequenzanalyse als statistische Prüfmethode im Rahmen medizinischer experimenteller, insbesondere klinischer Untersuchungen. Ärztl. Forschg. **14** (1962), 331–345

Schneiderman, M. A.: A family of closed sequential procedures. Biometrika **49** (1962), 41–56

—, and Armitage, P.: Closed sequential t-tests. Biometrika **49** (1962), 359–366 (vgl. auch 41–56) Corrections **56** (1969), 457

Spicer, C. C.: Some new closed sequential designs for clinical trials. Biometrics **18** (1962), 203–211

Vogel, W.: Sequentielle Versuchspläne. Metrika **4** (1961), 140–157 (vgl. auch Unternehmensforschung **8** [1964], 65–74)

Wald, A.: Sequential Analysis. New York 1947

Weber, Erna: Grundriß der Biologischen Statistik. 7. Aufl. (G. Fischer, 706 S.) Stuttgart 1972, S. 412–499

Wetherill, G. B.: (1) Sequential estimation of quantal response curves. With discussion. J. Roy. Statist. Soc., Ser. B **25** (1963), 1–48. (2) Sequential Methods in Statistics. London 1966

Winne, D.: Die sequentiellen statistischen Verfahren in der Medizin. Arzneim.-Forschg. **15** (1965), 1088–1091

Wohlzogen, F. X. und Wohlzogen-Bukovics, E.: Sequentielle Parameterschätzung bei biologischen Alles-oder-Nichts-Reaktionen. Biometr. Zeitschr. **8** (1966), 84–120

Bioassay

Armitage, P., and Allen, Irene: Methods of estimating the LD 50 in quantal response data. J. Hygiene **48** (1950), 298–322

Ashford, J. R.: An approach to the analysis of data for semiquantal responses in biological assay. Biometrics **15** (1959), 573–581

Ashton, W. D.: The Logit Transformation with Special Reference to Its Uses in Bioassay. (Griffin, pp. 88) London 1972

Axtell, Lilian M.: Computing survival rates for chronic disease patients. A simple procedure. J. Amer. Med. Assoc. **186** (1963), 1125–1128

Bennett, B. M.: Use of distribution-free methods in bioassay. Biometr. Zeitschr. **11** (1969), 92–104

Bliss, C. I.: (1) The Statistics of Bioassay. New York 1952. (2) Statistics in Biology. Vol. 3. New York (soll 1973/74 erscheinen)

Borth, R., Diczfalusy, E., und Heinrichs, H. D.: Grundlagen der statistischen Auswertung biologischer Bestimmungen. Arch. Gynäk. **188** (1957), 497–538 (vgl. auch Borth et al.: Acta endocr. **60** [1969], 216–220)

Brock, N., und Schneider, B.: Pharmakologische Charakterisierung von Arzneimitteln mit Hilfe des Therapeutischen Index. Arzneim.-Forschg. **11** (1961), 1–7

Bross, I.: Estimates of the LD_{50}: A Critique. Biometrics **6** (1950), 413–423

Brown, B. W.: Some properties of the Spearman estimator in bioassay. Biometrika **48** (1961), 293–302 [vgl. auch Biometrics **28** (1972), 882–889]

Brown, B. W., Jr.: Planning a quantal assay of potency. Biometrics **22** (1966), 322–329

Buckland, W. R.: Statistical Assessment of the Life Characteristic: A Bibliographic Guide. (Griffin; pp. 125) London 1964

Cavalli-Sforza, L.: Grundbegriffe der Biometrie. (Bearb. v. R. J. Lorenz; G. Fischer, 209 S.) Stuttgart 1964 (3. Aufl. 1972)

Cochran, W. G., and Davis, M.: The Robbins-Monro method for estimating the median lethal dose. J. Roy. Statist. Soc., Ser. B **27** (1965), 28–44

Cornfield, J., and Mantel, N.: Some new aspects of the application of maximum likelihood to the calculation of the dosage response curve. J. Amer. Statist. Assoc. **45** (1950), 181–209

—, Gordon, T., and Smith, W.W.: Quantal response curves for experimentally uncontrolled variables. Bull. Intern. Statist. Inst. **38** (1961), 97–115

Cox, C.P.: Statistical analysis of log-dose response bioassay experiments with experiments with
unequal dose ratios for the standard and unknown preparations. J. Pharmaceut. Sci. **56** (1967),
359–364

Cox, C.P., and Ruhl, Donna J.: Simplified computation of confidence intervals for relative potencies
using Fiellers theorem. J. Pharmaceutical Sci. **55** (1966), 368–379

Das, M.N., and Kulkarni, G.A.: Incomplete block designs for bio-assays. Biometrics **22** (1966),
706–729

Davis, M.: Comparison of sequential bioassays in small samples. J. Roy. Statist. Soc. **33** (1971),
78–87

Dixon, W.J.: The up-and-down method for small samples. J. Amer. Statist. Assoc. **60** (1965),
967–978

—, and Mood, A.M.: A method for obtaining and analyzing sensitivity data. J. Amer. Statist. Assoc.
43 (1948), 109–126

Fink, H., und Hund, G.: Probitanalyse mittels programmgesteuerter Rechenanlagen. Arzneim.-
Forschg. **15** (1965), 624–630

—, Hund, G., und Meysing, D.: Vergleich biologischer Wirkungen mittels programmierter Probit-
analyse. Method. Inform. Med. **5** (1966), 19–25

Finney, D.J.: (1) Probit Analysis. 2nd ed. London 1952, 3rd ed. (Cambrigde Univ. Press, pp. 334)
Cambridge and London 1971. (2) Statistical Method in Biological Assay. 2nd ed. London 1964

Gaddum, J.H.: (1) Simplified mathematics for bioassay. J. Pharmacy a. Pharmacology **6** (1953),
345–358. (2) Bioassay and mathematics. Pharmacol. Rev. **5** (1953), 87–134

Golub, A., and Grubbs, F.E.: Analysis of sensitivity experiments when the levels of stimulus cannot
be controlled. J. Amer. Statist. Assoc. **51** (1956), 257–265

International Symposium on Biological Assay Methods. (Red.: R.H. Regamey) (Karger, pp. 262)
Basel, New York 1969

Kärber, G.: Ein Beitrag zur kollektiven Behandlung pharmakologischer Reihenversuche. Archiv
für experimentelle Pathologie und Pharmakologie **162** (1931), 480–483

Kaufmann, H.: Ein einfaches Verfahren zur Auswertung von Überlebenskurven bei tödlich verlaufenden Erkrankungen. Strahlentherapie **130** (1966), 509–527

Kimball, A.W., Burnett, W.T., Jr., and Doherty, D.G.: Chemical protection against ionizing
radiation. I. Sampling methods for screening compounds in radiation protection studies with
mice. Radiation Research **7** (1957), 1–12

King, E.P.: A statistical design for drug screening. Biometrics **19** (1963), 429–440

Lazar, Ph.: Les essais biologiques. Revue de Statistique Appliquée **16** (No. 3, 1968), 5–35

Litchfield jr., J.T., and Wilcoxon, F.: A simplified method of evaluating dose-effect experiments.
J. Pharmacol. Exptl. Therap. **96** (1949), 99–113

McArthur, J.W., and Colton, T. (Eds.): Statistics in Endocrinology. Proc. Conf., Dedham, Mass.,
Dec. 1967. (MIT Press, pp. 476) Cambridge, Mass. 1970

Oberzill, W.: Mikrobiologische Analytik. Grundlagen der quantitativen Erfassung von Umwelt-
einwirkungen auf Mikroorganismen. (Carl, 519 S.) Nürnberg 1967

Olechnowitz, A.F.: Ein graphisches Verfahren zur Bestimmung von Mittelwert und Streuung aus
Dosis-Wirkungs-Kurven. Arch. exp. Veterinärmed. **12** (1958), 696–701

Petrusz, P., Diczfalusy, E., and Finney, D.J.: Bioimmunoassay of gonadotrophins. Acta endo-
crinologica **67** (1971), 40–62

Schneider, B.: Probitmodell und Logitmodell in ihrer Bedeutung für die experimentelle Prüfung
von Arzneimitteln. Antibiot. et Chemother. **12** (1964), 271–286

Stammberger, A.: Über ein nomographisches Verfahren zur Lösung der Probleme des Bio-Assay.
Biometr. Zeitschr. **12** (1970), 35–53 (vgl. auch S. 351–361)

Ther, L.: Grundlagen der experimentellen Arzneimittelforschung. (Wiss. Verlagsges., 439 S.)
Stuttgart 1965, S. 74–112

Warner, B.T.: Method of graphical analysis of 2 + 2 and 3 + 3 biological assays with graded responses. J. Pharm. Pharmacol. **16** (1964), 220–233

Waud, D.R.: On biological assays involving quantal responses. J. Pharmacol. Exptl. Therap. **183** (1972), 577–607

Technische Statistik

Abbott, W.H.: Probability Charts. St. Petersburg (P.O. Box 8455) Florida 1960

Amstadter, B.L.: Reliability Mathematics. (McGraw-Hill, pp. 320) New York 1970

Bain, L.J., and Thoman, D.R.: Some tests of hypotheses concerning the three-parameter Weibull distribution. J. Amer. Statist. Assoc. **63** (1968), 853–860 [vgl. auch Technometrics **14** (1972), 831–840]

Barlow, R.E., and Proschan, F.: Mathematical Theory of Reliability. New York 1965

Bazovsky, I.: Reliability: Theory and Practice. Englewood Cliffs, N.J. 1961

Beightler, C.S., and Shamblin, J.E.: Sequential process control. Industrial Engineering **16** (March–April 1965), 101–108

Berrettoni, J.N.: Practical applications of the Weibull distribution. ASQC Convention (Cincinnati, Ohio, USA) Transactions 1962, pp. 303–323

Bingham, R.S., Jr.: EVOP for systematic process improvement. Industrial Quality Control **20** (Sept. 1963), 17–23

Bowker, A.H., and Lieberman, G.J.: Engineering Statistics. Englewood Cliffs, N.J. 1961

Box, G.E.P.: (1) Multi-factor designs of first order. Biometrika **39** (1952), 49–57. (2) The exploration and exploitation of response surfaces: some general considerations and examples. Biometrics **10** (1954), 16–60. (3) Evolutionary operation: a method for increasing industrial productivity. Applied Statistics **6** (1957), 3–23. (4) A simple system of evolutionary operation subject to empirical feedback. Univ. of Wisconsin. Dept. of Statistics, Technical Report No. 40, October 1964 bzw. Technometrics **8** (1966), 19–26

—, and Draper, N.R.: (1) A basis for the selection of a response surface design. J. Amer. Statist. Assoc. **54** (1959), 622–654. (2) Evolutionary Operation. A Statistical Method for Process Improvement. (Wiley, pp. 237) New York 1969

—, and Hunter, J.S.: (1) Multifactor experimental designs for exploring response surfaces. Ann. Math. Statist. **28** (1957), 195–241. (2) Experimental designs for the exploration and exploitation of response surfaces. In V. Chew (Ed.), Experimental Designs in Industry, New York 1958, pp. 138–190. (3) Condensed calculations for evolutionary operations programs. Technometrics **1** (1959), 77–95. (4) A useful method for model-building. Technometrics **4** (1962), 301–318

—, and Lucas, H.L.: Design of experiments in non-linear situations. Biometrika **46** (1959), 77–90

—, and Wilson, K.B.: On the experimental attainment of optimum conditions. J. Roy. Statist. Soc., Ser. B **13** (1951), 1–45

—, and Youle, P.V.: The exploration and exploitation of response surfaces: an example of the link between the fitted surface and the basic mechanism of the system. Biometrics **11** (1955), 287–323

Brewerton, F.J.: Minimizing average failure detection time. J. Qual. Technol. **2** (1970), 72–77

Brooks, S.H.: A comparison of maximum seeking methods. Operations Research **7** (1959), 430–457

—, and Mickey, M.R.: Optimum estimation of gradient direction in steepest ascent experiments. Biometrics **17** (1961), 48–56

Burdick, D.S., and Naylor, T.H.: Response surface methods in economics. Rev. Internat. Statist. Inst. **37** (1969), 18–35

Cohen, A.C. jr.: Maximum likelihood estimation in the Weibull distribution based on complete and on censored samples. Technometrics **7** (1965), 579–588

D'Agostino, R.B.: Linear estimation of the Weibull parameters. Technometrics **13** (1971), 171–182

Davies, O.L.: Design and Analysis of Industrial Experiments, London 1956, Chapter 11

Dean, B.V., and Marks, E.S.: Optimal design of optimization experiments. Operations Research **13** (1965), 647–673

Drnas, T.M.: Methods of estimating reliability. Industrial Quality Control **23** (1966), 118–122

Dubey, S.D.: (1) On some statistical inferences for Weibull laws. Naval Res. Logist. Quart. **13** (1966), 227–251. (2) Normal and Weibull distribution. Naval Res. Logist. Quart. **14** (1967), 69–79.

(3) Some simple estimators for the shape parameter of the Weibull laws. Naval Res. Logist. Quart. **14** (1967), 489–512. (4) Some percentile estimators for Weibull parameters. Technometrics **9** (1967), 119–129. (5) On some permissible estimators of the location parameter of the Weibull and certain other distributions. Technometrics **9** (1967), 293–307

Duckworth, W.E.: Statistical Techniques in Technological Research: An Aid to Research Productivity. (Methuen, pp. 303) London 1968

Duncan, A.J.: Quality Control and Industrial Statistics. Homewood, Ill. 1959, Chapter 37

Eagle, E.L.: Reliability sequential testing. Industrial Quality Control **20** (May 1964), 48–52

Eilon, S.: Tafeln und Tabellen für Wirtschaft und Industrie. München 1964

Enrick, N.L.: Einfache statistische Verfahren der Zuverlässigkeitssicherung. Technische Zuverlässigkeit in Einzeldarstellungen. Oldenbourg, München, Juni 1966, Heft 7, S. 45–80

Ferrell, E.B.: Control charts for log-normal universes. Industrial Quality Control **15** (August 1958), 4–6

Fischer, F.: Einfluß der Wahl des Ausfallkriteriums auf die Verteilung der Lebensdauer bei Benutzung der Weibull-Verteilung. Qualität und Zuverlässigkeit **15** (1970), 33–37

Freudenthal, H.M., and Gumbel, E.J.: On the statistical interpretation of fatigue tests. Proc. Roy. Soc., Ser. A **216** (1953), 309–332

Gnedenko, B.W., Beljajew, J.K. und Solowjew, A.D.: Mathematische Methoden der Zuverlässigkeitstheorie I. (Math. Lehrb. u. Monogr., Bd. XXI) (Akademie-Vlg., 222 S.) Berlin 1968

Goldman, A.S., and Slattery, T.B.: Maintainability. A Mayor Element of System Effectiveness. (Wiley; pp. 282) New York 1964

Goode, H.P., and Kao, J.H.K.: (1) Sampling procedures and tables for life and reliability testing based on the Weibull distribution (hazard rate criterion) Proc. 8, natl. Symp. Reliab. Quality Contr. 1962, 37–58. (2) Weibull tables for bio-assaying and fatigue testing. Dept. of Industrial and Engineering Adm., Techn. Report No. 8, Cornell Univ. Ithaca, N.Y., September 1962

Gottfried, P., and Roberts, H.R.: Some pitfalls of the Weibull distribution. Ninth Symp. on Reliability and Quality Control, pp. 372–379, San Francisco, Calif. (Jan. 1963)

Gryna, F.M. jr., McAfee, N.J., Ryerson, C.M., and Zwerling, S.: Reliability Training Text. (Institute of Radio Engineers) New York 1960

Harter, H.L., and Dubey, S.D.: Theory and tables for tests of hypotheses concerning the mean and the variance of a Weibull population. ARL Tech. Rep. No. 67-0059 (Aerospace Research Laboratories, pp. 393), Wright-Patterson Air Force Base, Ohio 1967

Heinhold, J., und Gaede, K.-W.: Ingenieur-Statistik. 3. Aufl., (Oldenbourg, 383 S.) München-Wien 1972

Hill, W.J., and Hunter, W.G.: A review of response surface methodology: a literature survey. Technometrics **8** (1966), 571–590 [siehe auch **15** (1973), 113–123 u. 301–317]

Hillier, F.S.: (1) Small sample probability limits for the range chart. J. Amer. Statist. Assoc. **62** (1967), 1488–1493. (2) X- and R-chart control limits based on a small number of subgroups. J. Qual. Technol. **1** (1969), 17–26

Höhndorf, K.: Zuverlässigkeiten in der Luftfahrttechnik. VDI-Zeitschrift **110** (1968), 521–523

Honeychurch, J.: Lambda and the question of confidence. Microelectronics Reliability **4** (1965), 123–130

Hunter, W.G., and Kittrel, J.R.: Evolutionary operation: a review. Technometrics **8** (1966), 389–397

Ireson, W.G. (Ed.): Reliability Handbook. New York 1966

Johns jr., M.V., and Lieberman, G.J.: An exact asymptotically efficient confidence bound for reliability in the case of the Weibull distribution. Technometrics **8** (1966), 135–175

Johnson, L.G.: Theory and Technique of Variation Research. (Elsevier, pp. 105) Amsterdam 1964

Kabe, D.G.: Testing outliers from an exponential population. Metrika **15** (1970), 15–18 (vgl. auch J. Likes: **11** [1966], 46–54)

Kanno, A. (freie deutsche Bearb. v. E. Rusch): Zuverlässigkeit von Nachrichtengeräten. Technische Zuverlässigkeit in Einzeldarstellungen. Oldenbourg, München, Juli 1967, Heft 9, S. 68–92

Kao, J.H.K.: A graphical estimation of mixed parameters in life testing electron tubes. Technometrics **1** (1959), 389–407

Kenworthy, I.C.: Some examples of simplex evolutionary operation in the paper industry. Applied Statistics **16** (1967), 211–224

Kiefer, J.C.: Optimum experimental designs. J. Roy. Statist. Soc., Ser. B **21** (1959), 272–319

Knowler, L.A., Howell, J.M., Gold, B.K., Coleman, E.P., Moan, O.B., and Knowler, W.C.: Quality Control by Statistical Methods. (McGraw-Hill, pp. 139) New York 1969

Kumar, S., and Patel, H.I.: A test for the comparison of two exponential distributions. Technometrics **13** (1971), 183–189 [vgl. auch **15** (1973), 177–182, 183–186]

Lieblein, J., and Zelen, M.: Statistical investigation of the fatigue life of deep-groove ball bearings. J. Res. Nat. Bur. Stds. **57** (Nov. 1956), 273–319

Lloyd, D.K., and Lipow, M.: Reliability: Management, Methods, and Mathematics. Englewood Cliffs, N.J. 1962

Lowe, C.W.: Industrial Statistics. Vol. 2. (Business Books Ltd., pp. 294) London 1970, Chapter 12

Mann, Nancy R.: (1) Tables of obtaining the best linear invariant estimates of parameters of the Weibull distribution. Technometrics **9** (1967), 629–645. (2) Point and interval estimation procedures for the two-parameter Weibull and extreme-value distribution. Technometrics **10** (1968), 231–256 [vgl. auch **15** (1973), 87–101]

McCall, J.J.: Maintenance policies for stochastically failing equipment: a survey. Management Science **11** (1965), 493–524

Morice, E.: (1) Quelques modèles mathématiques de durée de vie. Revue de Statistique Appliquée **14** (1966), No. 1, 45–126; Errata **14** (1966), No. 2, 99–101. (2) Quelques problèmes d'estimation relatifs à la loi de Weibull. Revue de Statistique Appliquée **16** (1968), No. 3, 43–63

Morrison, J.: The lognormal distribution in quality control. Applied Statistics **7** (1958), 160–172

Myhre, J.M., and Saunders, S.C.: Comparison of two methods of obtaining approximate confidence intervals for system reliability. Technometrics **10** (1968), 37–49

Nelson, L.S.: (1) Tables for a precedence life test. Technometrics **5** (1963), 491–499. (2) Weibull probability paper. Industrial Quality Control **23** (1967), 452–455

Nelson, W.: A statistical test for equality of two availabilities. Technometrics **10** (1968), 594–596 (siehe auch S. 883 und 884 sowie J. Qual, Technol. **4** [1972], 190–195)

—, and Thompson, V.C.: Weibull probability papers. J. Qual. Technol. **3** (1971), 45–50

Oehme, F.: Ein Spezialrechenschieber zum Auswerten von Stichprobentests und zur Analyse der Systemzuverlässigkeit. Technische Zuverlässigkeit in Einzeldarstellungen. Oldenbourg, München, Juni, 1966, Heft 7, S. 81–84

Ostle, B.: Industry use of statistical test design. Industrial Quality Control **24** (July 1967), 24–34

Pearson, E.S.: Comments on the assumption of normality involved in the use of some simple statistical techniques. Rev. belge Statist. Rech. opérat. **9** (1969), Nr. 4, 2–18

Peng, K.C.: The Design and Analysis of Scientific Experiments. (Addison-Wesley, pp. 252) Reading, Mass. 1967, Chapter 8

Pieruschka, E.: Principles of Reliability. Englewood Cliffs, N.J. 1962

Plait, A.: The Weilbull distribution – with tables. Industrial Quality Control **19** (Nov. 1962), 17–26 [vgl. auch **15** (1973), 87–101]

Prairie, R.R.: Probit analysis as a technique for estimating the reliability of a simple system. Technometrics **9** (1967), 197–203

Qureishi, A.S., Nabavian, K.J., and Alanen, J.D.: Sampling inspection plans for discriminating between two Weibull processes. Technometrics **7** (1965), 589–601

Ravenis, J.V.J.: Estimating Weibull-distribution parameters. Electro-Technology, March 1964, 46–54

Rice, W.B.: Control Charts in Factory Management, 3rd ed., New York 1955

Roberts, N.H.: Mathematical Methods in Reliability Engineering. New York 1964

Schindowski, E., und Schürz, O.: Statistische Qualitätskontrolle. 5. überarb. Aufl., Berlin 1972

Schmid, R.C.: Einige einfache Hilfsmittel bei Zuverlässigkeitsüberlegungen. Technische Zuverlässigkeit in Einzeldarstellungen. Oldenbourg, München, Dezember 1965, Heft 6, S. 88–100

Shooman, M. L.: Probabilistic Reliability: An Engineering Approach. (McGraw-Hill, pp. 524) New York 1968

Simonds, T. A.: MTBF confidence limits. Industrial Quality Control **20** (Dec. 1963), 21–27

Smirnow, N. W. und Dunin-Barkowski, I. W.: Mathematische Statistik in der Technik. Neu bearb. v. W. Richter (VEB Dtsch. Vlg. d. Wissensch., 479 S.) Berlin 1969

Stange, K.: (1) Ermittlung der Abgangslinie für wirtschaftliche und technische Gesamtheiten. Mitteilungsbl. Mathem. Statistik **7** (1955), 113–151. (2) Stichprobenpläne für messende Prüfung: Aufstellung und Handhabung mit Hilfe des doppelten Wahrscheinlichkeitsnetzes. Deutsche Arbeitsgemeinschaft für statistische Qualitätskontrolle beim Ausschuß für wirtschaftliche Fertigung. (ASQ/AWF), Beuth-Vertrieb, Berlin 1962. (3) Optimalprobleme in der Statistik. Ablauf- und Planungsforschung (Operational Research) **5** (1964), 171–190. (4) Die Berechnung wirtschaftlicher Pläne für messende Prüfung. Metrika **8** (1964), 48–82. (5) Statistische Verfahren im Betrieb zur Überwachung, Prüfung und Verbesserung der Qualität. Allgem. Statist. Arch. **49** (1965), 14–46. (6) Eine Verallgemeinerung des zeichnerischen Verfahrens zum Testen von Hypothesen im Wurzelnetz (Mosteller-Tukey-Netz) auf drei Dimensionen. Qualitätskontrolle **10** (1965), 45–52. (7) Die zeichnerische Ermittlung von Folgeplänen für messende Prüfung bei bekannter Varianz der Fertigung. Biometrische Zeitschr. **8** (1966), 55–74. (8) Ein Näherungsverfahren zur Berechnung optimaler Pläne für messende Prüfung bei bekannten Kosten und bekannter Verteilung der Schlechtanteile in den vorgelegten Liefermengen. Metrika **10** (1966), 92–136. (9) Die Wirksamkeit von Kontrollkarten. I. Die $\bar{x}$- und $\tilde{x}$-Karte. Qualitätskontrolle **11** (1966), 129–137. (10) Die Wirksamkeit von Kontrollkarten. II. Die s- und R-Karte zur Überwachung der Fertigungsstreuung. Qualitätskontrolle **12** (1967), 13–20 (vgl. auch 73–75). (11) Die Bestimmung von Toleranzgrenzen mit Hilfe statistischer Überlegungen. Qualitätskontrolle **14** (1969), 57–63. (12) Folgepläne für messende Prüfung bei bekannter Varianz der Fertigung und einem nach oben und unten abgegrenzten Toleranzbereich für die Merkmalwerte. Biometrische Zeitschr. **11** (1969), 1–24

—, und Henning, H.-J.: Formeln und Tabellen der mathematischen Statistik. 2. bearb. Aufl., Berlin 1966, S. 189–220

Störmer, H.: Mathematische Theorie der Zuverlässigkeit. Einführung und Anwendung. (Oldenbourg; 329 S.) München-Wien 1970

Thoman, D. R., and Bain, L. J.: Two sample tests in the Weibull distribution. Technometrics **11** (1969), 805–815

Thoman, D. R., Bain, L. J., and Antle, C. E.: Inferences on the parameters of the Weibull distribution. Technometrics **11** (1969), 445–460

Uhlmann, W.: Kostenoptimale Prüfpläne. Tabellen, Praxis und Theorie eines Verfahrens der statistischen Qualitätskontrolle. (Physica-Vlg., 129 S.) Würzburg-Wien 1969

Watson, G. S., and Leadbetter, M. R.: Hazard analysis. I. Biometrika **51** (1964), 175–184

Weibull, W.: (1) A statistical distribution function of wide applicability. J. Applied Mechanics **18** (1951), 293–297. (2) Fatigue Testing and Analysis of Results. Oxford 1961

Wilde, D. J.: Optimum Seeking Methods. Englewood Cliffs, N. J. 1964

Wucherer, H.: Zur Bemessung von wirtschaftlich-optimalen Attribut-Stichprobenplänen. Qualitätskontrolle **10** (Nov. 1965), 113–119

Yang, C.-H., and Hillier, F. S.: Mean and variance control chart limits based on a small number of subgroups. J. Qual. Technol. **2** (1970), 9–16

Zaludova, Agnes H.: Problèmes de durée de vie. Applications à l'industrie automobile (1). Revue de Statistique Appliquée **13**, (1965), No. 4, 75–98

Linearplanung und Unternehmensforschung

Becker, A. M., und Marchal, M.: Netzplantechnik und elektronische Datenverarbeitung. VDI-Zeitschrift **109** (1967), 1161–1168 und 1222–1227

Beer, S.: Decision and Control. 2 Vols. (Wiley, pp. 576) London 1966

Brusberg, H.: Der Entwicklungsstand der Unternehmensforschung mit besonderer Berücksichtigung der Bundesrepublik Deutschland. Wiesbaden 1965

Dantzig, G.B. (übersetzt u. bearb. von A. Jaeger): Lineare Programmierung und Erweiterungen. Berlin-Heidelberg 1966

Fabrycky, W.J., and Torgersen P.E.: Operations Economy: Industrial Applications of Operations Research. Englewood Cliffs, N.J. 1966, Chapter 16

Faure, R., Boss, I.-P., und Le Garff, A.: Grundkurs der Unternehmensforschung. München 1962

Flagle, C.D., Huggins, W.H., and Roy, R.H. (Eds.): Operations Research and Systems Engineering. Baltimore 1960

Gass, S.I.: Linear Programming. Methods and Applications. 3rd ed. (McGraw-Hill, pp. 325), New York 1969

Harnes, A., and Cooper, W.W.: Management Models and Industrial Applications of Linear Programming. New York 1961

Henn, R. (Hrsg.): Operations Research-Verfahren I–X (A. Hain) Meisenheim am Glan 1963–1971

Henn, R., und Künzi, H.P.: Einführung in die Unternehmensforschung I, II. (Heidelb. Taschenb. Nr. 38 und 39, Springer; 154 und 201 S.) Berlin-Heidelberg-New York 1968

Hertz, D.B. (Ed.): Progress in Operations Research II. New York 1964

Hillier, F.S., and Lieberman, G.J.: Introduction to Operations Research. (Holden-Day, pp. 639) San Francisco 1967

Künzi, H.P., und Oettli, W.: Nichtlineare Optimierung. Neuere Verfahren. Bibliographie. (Lecture Notes Nr. 16) (Springer, 180 S.) Berlin-Heidelberg-New York 1969

Moore, P.G.: A survey of operational research. J. Roy. Statist. Soc. A **129** (1966), 399–447

Philipson, C.: A review of the collective theory of risk. Skand. Aktuarietidskr. **51** (1968), 45–68 und 117–133 (vgl. auch H. Bühlmann: 174–177)

Saaty, T.L.: Operations research. Some contributions to mathematics. Science **178** (1972), 1061–1070

Sasieni, M., Yaspan, A., and Friedman, L. (übersetzt von H.P. Künzi): Methoden und Probleme der Unternehmensforschung, Operations Research. Würzburg 1962

Schneeweiß, H.: Ökonometrie. (Physica-Vlg., 340 S.) Würzburg-Wien 1971

Shuchman, A. (Ed.): Scientific Decision Making in Business. New York 1963

Stoller, D.S.: Operations Research: Process and Strategy. Univ. of Calif. Press, Berkeley 1965

Theil, H., Boot, J.C.G., and Kloek, T.: Operations Research and Quantitative Economics, an Elementary Introduction. New York 1965

Thumb, N.: Grundlagen und Praxis der Netzplantechnik. (Moderne Industrie, 483 S.) München 1968 (PERT, S. 175–243)

Weinberg, F.: Grundlagen der Wahrscheinlichkeitsrechnung und Statistik sowie Anwendungen im Operations Research. (Springer, 352 S.) Berlin-Heidelberg-New York 1968

Weinert, H.: Bibliographie über Optimierungsprobleme unter Ungewißheit. In: Operationsforschung und Mathematische Statistik I (Hrsg. O. Bunke) Akademie-Verlag, Berlin 1968, S. 137–151

Spieltheorie und Planspiel

Bauknecht, K.: Panzersimulationsmodell „Kompaß". Industrielle Organisation **36** (1967), 62–70

Burger, E.: Einführung in die Theorie der Spiele. 2. durchges. Aufl., Berlin 1966

Charnes, A., and Cooper, W.W.: Management Models and Industrial Applications of Linear Programming. Vol. I, II. New York 1961

Dresher, M.: Games of Strategy: Theory and Applications. Englewood Cliffs, N.J. 1961

—, Shapley, L.S., and Tucker, A.W. (Eds.): Advances in Game Theory. Princeton (Univ. Press), N.J. 1964

Eckler, A.R.: A survey of coverage problems associated with point and area targets. Technometrics **11** (1969), 561–589

Edwards, W.: The theory of dicision making. Psychological Bulletin **51** (1954), 380–417 (vgl. auch Psychol. Rev. **69** [1962], 109)

Fain, W.W., Fain, J.B., and Karr, H.W.: A tactical warfare simulation program. Naval Res. Logist. Quart. **13** (1966), 413–436

Horvath, W.J.: A statistical model for the duration of wars and strikes. Behavioral Science **13** (1968), 18–28

Isaacs, R.: Differential Games. A Mathematical Theory with Applications to Warfare and Pursuit, Control and Optimization. New York 1965

Kemenyi, J.G., Schleifer, A. jr., Snell, J.L., und Thompson, G.L.: Mathematik für die Wirtschafts-praxis. Übersetzt von H.-J. Zimmermann. Berlin 1966, S. 410–475

Luce, R.D., and Raiffa, H.: Games and Decisions. New York 1957

Morgenstern, O.: Spieltheorie und Wirtschaftswissenschaft. Wien, München 1963

Neumann, J. von: Zur Theorie der Gesellschaftsspiele. Math. Annalen **100** (1928), 295–320

—, und Morgenstern, O.: (Theory of Games and Economic Behavior. Princeton 1944, 3rd ed. 1953) Spieltheorie und wirtschaftliches Verhalten. Deutsch herausgegeben von F. Sommer, Würzburg 1961

Owen, G.: Game Theory. (Saunders, pp. 228) Philadelphia 1968

Rapoport, A., and Orwant, C.: Experimental games: a review. Behavioral Science **7** (1962), 1–37 (vgl. auch 38–80)

Riley, V., and Young, R.P.: Bibliography on War Gaming. (Johns Hopkins Univ. Press, pp. 94) Baltimore 1957

Rohn, W.E.: Führungsentscheidungen im Unternehmensplanspiel. Essen 1964

Shubik, M. (Hrsg.): Spieltheorie und Sozialwissenschaften. Übersetzt von Elisabeth Selten. Hamburg 1965

Vajda, S.: Theorie der Spiele und Linearprogrammierung. Berlin 1966

Vogelsang, R.: Die mathematische Theorie der Spiele. Bonn 1963

Williams, J.D.: The Compleat Strategyst. Rev. ed., London 1966

Wilson, A. (Übers. aus dem Engl. von W. Höck): Strategie und moderne Führung (List, 240 S.) München 1969

Young, J.P.: A Survey of Historical Development in War Games. Operations Research Office. (The Johns Hopkins Univ.) Bethesda, Md. August 1959

Monte-Carlo-Technik und Computer-Simulation

Adler, H.: Elektronische Analogrechner. 2. überarb. u. erw. Aufl., (Dt. Vlg. d. Wissenschaften, 450 S.) Berlin 1967

Ameling, W.: Aufbau und Wirkungsweise elektronischer Analogrechner. Braunschweig 1963

Anke, K., Kaltenecker, H., und Oetker, R.: Prozeßrechner. Wirkungsweise und Einsatz. (Olden-bourg, 602 S.) München und Wien 1970 (2. Aufl. 1971)

Anke, K., und Sartorius, H.: Industrielle Automatisierung mit Prozeßrechnern. Elektrotechnische Zeitschrift A **89** (1968), 540–544

Barney, G.C., and Hambury, J.H.: The components of hybrid computation. Computer Bulletin **14** (1970), 31–36

Bekey, G.A.: Hybrid Computation. (Wiley, pp. 464) New York 1969

Böttger, R.: Die Leistungsfähigkeit von Simulationsverfahren bei der Behandlung von Straßen-verkehrsproblemen. Ablauf und Planungsforschung **8** (1967), 355–369

Buslenko, N.P., und Schreider, J.A.: Monte-Carlo-Methode und ihre Verwirklichung mit elek-tronischen Digitalrechnern. Leipzig 1964

Chambers, J.M.: Computers in statistical research. Simulation and computer-aided mathematics. Technometrics **12** (1970), 1–15

Chorafas, D.N.: Systems and Simulation. New York 1965

Conway, R.W.: Some tactical problems in simulation. Management Science **10** (Oct. 1963), 47–61

Ehrenfeld, S., and Ben-Tuvia, S.: The efficiency of statistical simulation procedures. Technometrics **4** (1962), 257–275

Eilon, S., und Deziel, D.P.: The use of an analogue computer in some operational research problems. Operations Research Quarterly **16** (1965), 341–365

Fernbach, S., and Taub, A.H. (Eds.): Computers and their Role in the Physical Sciences. (Gordon and Breach, pp. 638) London 1970

Fifer, S.: Analogue Computation. Vol. 1–4. New York 1963

Giloi, W.: (1) Simulation und Analyse stochastischer Vorgänge. München 1967. (2) Digital- und Analogrechner. VDI-Zeitschrift **110** (1968), 677–684

—, und Lauber, R.: Analogrechnen. Berlin, Heidelberg 1963

Gorenflo, R.: Über Pseudozufallszahlengeneratoren und ihre statistischen Eigenschaften. Biometrische Zeitschr. **7** (1965), 90–93

Guetzkow, H. (Ed.): Simulation in Social Sciences: Readings. Englewood Cliffs, N.J. 1962

Halton, J.H.: A retrospective and prospective survey of the Monte Carlo Method. SIAM Review **12** (Jan. 1970), 1–63

Hammersley, J.M., and Handscomb, D.C.: Monte Carlo Methods. London 1964

James, M.L., Smith, G.M., and Wolford, J.C.: Analog Computer Simulation of Engineering Systems. New York 1966

Kalex, E., und Mann, D. (bearb. v. F. Brzoska): Wirkungsweise, Programmierung und Anwendung von Analogrechnern. Dresden 1966

Karplus, W.J.: Analog Simulation. New York 1958

—, and Soroka, W.J.: Analog Methods, Computation and Simulation. New York 1959

Klerer, M., and Korn, G.A. (Eds.): Digital Computer User's Handbook. (McGraw-Hill, pp. 922) New York 1967

Kohlas, J.: Monte Carlo Simulation im Operations Research. (Lect. Notes Economics Nr. 63) (Springer, 162 S.) Berlin, Heidelberg, New York 1972

Koxholt, R.: Die Simulation – ein Hilfsmittel der Unternehmensforschung. München und Wien 1967

Lehmann, F.: Allgemeiner Bericht über Monte-Carlo-Methoden. Blä. Dtsch. Ges. Versich.-math. **8** (1967), 431–456

Martin, F.F.: Computer Modeling and Simulation. (Wiley, pp. 331) New York 1968

Meyer, H.A. (Ed.): Symposium on Monte-Carlo-Methods. New York 1956

Mize, J.H., and Cox, J.G.: Essentials of Simulation. (Prentice-Hall International, pp. 234) London 1968

Morgenthaler, G.W.: The Theory and Application of Simulation in Operations Research. In Ackoff, R.L. (Ed.): Progress in Operations Research I. New York 1961, Chapter 9

Newman, T.G. and Odell, P.L.: The Generation of Random Variates. (Nr. 29 of Griffin's Stat. Monogr. a. Courses) (Griffin, pp. 88) London 1971

Namneck, P.: Vergleich von Zufallszahlen-Generatoren. Elektronische Rechenanlagen **8** (1966), 28–32

Naylor, Th.H., Balintfy, J.L., Burdick, D.S., and Chu, K.: Computer Simulation Techniques. New York 1966

Naylor, Th.H., Burdick, D.S., and Sasser, W.E.: Computer simulation experiments with economic systems: the problem of experimental design. J. Amer. Statist. Assoc. **62** (1967), 1315–1337

Rechenberg, P.: Grundzüge digitaler Rechenautomaten. München 1964

Richards, R.K.: Electronic Digital Systems. New York 1966

Röpke, H., und Riemann, J.: Analogcomputer in Chemie und Biologie. (Springer, 184 S.) Berlin, Heidelberg, New York 1968

Rogers, A.E., and Connolly, T.W.: Analog Computation in Engineering Design. New York 1960

Schreider, Y.A. (Ed.): Method of Statistical Testing (Monte Carlo Method). Amsterdam 1964

Shubik, M.: Bibliography on simulation, gaming, artificial intelligence and applied topics. J. Amer. Statist. Assoc. **55** (1960), 736–751

Sippl, C.J.: Computer Dictionary and Handbook. Indianapolis 1966

Smith, J.U.M.: Computer Simulation Models. (Griffin, pp. 112) London 1968

Sowey, E.R.: A chronological and classified bibliography on random number generation and testing. Internat. Statist. Rev. **40** (1972), 355–371

Tocher, K.D.: (1) The Art of Simulation. London 1963. (2) Review of simulation languages. Operations Research Quarterly **16** (1965), 189–217

Van der Laan, P., and Oosterhoff, J.: Monte Carlo estimation of the powers of the distribution-free two-sample tests of Wilcoxon, van der Waerden and Terry and comparison of these powers. Statistica Neerlandica **19** (1965), 265–275

Wilkins, B. R.: Analogue and Iterative Methods in Computation, Simulation and Control (Chapman and Hall; pp. 276) London 1970

Winkler, H.: Elektronische Analogieanlagen. Berlin 1961

Kapitel 3

Alling, D. W.: Early decision in the Wilcoxon two-sample test. J. Amer. Statist. Assoc. **58** (1963), 713–720

Anscombe, F. J.: Rejection of outliers. Technometrics **2** (1960), 123–166

Banerji, S. K.: Approximate confidence interval for linear functions of means of k populations when the population variances are not equal. Sankhya **22** (1960), 357 + 358

Bauer, R. K.: Der „Median-Quartile-Test": Ein Verfahren zur nichtparametrischen Prüfung zweier unabhängiger Stichproben auf unspezifizierte Verteilungsunterschiede. Metrika **5** (1962), 1–16

Behrens, W.-V.: Ein Beitrag zur Fehlerberechnung bei wenigen Beobachtungen. Landwirtschaftliche Jahrbücher **68** (1929), 807–837

Belson, I., and Nakano, K.: Using single-sided non-parametric tolerance limits and percentiles. Industrial Quality Control **21** (May 1965), 566–569

Bhapkar, V. P., and Deshpande, J. V.: Some nonparametric tests for multisample problems. Technometrics **10** (1968), 578–585

Birnbaum, Z. W., und Hall, R. A.: Small sample distribution for multisample statistics of the Smirnov type. Ann. Math. Stat. **31** (1960), 710–720 [vgl. auch **40** (1969), 1449–1466]

Bowker, A. H., and Lieberman, G. J.: Engineering Statistics. (Prentice-Hall) Englewood Cliffs, N. J. 1959

Box, G. E. P.: Non-normality and tests on variances. Biometrika **40** (1953), 318–335

—, and Andersen, S. L.: Permutation theory in the derivation of robust criteria and the study of departures from assumption. With discussion. J. Roy. Statist. Soc., Ser. B **17** (1955), 1–34

Boyd, W. C.: A nomogramm for the "Student"-Fisher t test. J. Amer. Statist. Assoc. **64** (1969), 1664–1667

Bradley, J. V.: Distribution-Free Statistical Tests. (Prentice-Hall, pp. 388) Englewood Cliffs, N. J. 1968, Chapters 5 and 6

Bradley, R. A., Martin, D. C., and Wilcoxon, F.: Sequential rank-tests I. Monte Carlo studies of the two-sample procedure. Technometrics **7** (1965), 463–483

—, S. D. Merchant, and Wilcoxon, F.: Sequential rank tests II. Modified two-sample procedures. Technometrics **8** (1966), 615–623

Breny, H.: L'état actuel du problème de Behrens-Fisher. Trabajos Estadist. **6** (1955), 111–131

Burrows, G. L.: (1) Statistical tolerance limits – what are they? Applied Statistics **12** (1963), 133–144. (2) One-sided normal tolerance factors. New tables and extended use of tables. Mimeograph, Knolls Atomic Power Lab., General Electric Company, USA 1964

Cacoullos, T.: A relation between t and F-distributions. J. Amer. Statist. Assoc. **60** (1965), 528–531

Cadwell, J. H.: (1) Approximating to the distributions of measures of dispersion by a power of chi-square. Biometrika **40** (1953), 336–346. (2) The statistical treatment of mean deviation. Biometrika **41** (1954), 12–18

Carnal, H. and Riedwyl, H.: On a one-sample distribution-free test statistic V. Biometrika **59** (1972), 465–467

Chacko, V. J.: Testing homogeneity against ordered alternatives. Ann. Math. Statist. **34** (1963), 945–956

Chakravarti, I. M.: Confidence set for the ratio of means of two normal distributions when the ratio of variances is unknown. Biometrische Zeitschr. **13** (1971), 89–94

Chun, D.: On an extreme rank sum test with early decision. J. Amer. Statist. Assoc. **60** (1965), 859–863

Cochran, W. G.: (1) Some consequences when the assumptions for the analysis of variance are not satisfied. Biometrics **3** (1947), 22–38. (2) Modern methods in the sampling of human populations. Amer. J. Publ. Health **41** (1951), 647–653. (3) Query 12, Testing two correlated variances. Technometrics **7** (1965), 447–449

—, Mosteller, F., and Tukey, J. W.: Principles of sampling. J. Amer. Statist. Assoc. **49** (1954), 13–35

Cohen, J.: Statistical Power Analysis for the Behavioral Sciences. (Academic Press, pp. 416) New York 1969

Conover, W. J.: Two k-sample slippage tests. J. Amer. Statist. Assoc. **63** (1968), 614–626

Croarkin, Mary C.: Graphs for determining the power of Student's t-test. J. Res. Nat. Bur. Stand. **66 B** (1962), 59–70 (vgl. Errata: Mathematics of Computation **17** (1963), 83 [334])

D'Agostino, R. B.: (1) Simple compact portable test of normality: Geary's test revisited. Psychol. Bull. **74** (1970), 138–140 [vgl. auch **78** (1972), 262–265]. (2) An omnibus test of normality for moderate and large size samples. Biometrika **58** (1971), 341–348. (3) Small sample probability points for the D test of normality. Biometrika **59** (1972), 219–221 [vgl. auch **60** (1973), 169–173]

Danziger, L., and Davis, S. A.: Tables of distribution-free tolerance limits. Ann. Math. Statist. **35** (1964), 1361–1365

Darling, D. A.: The Kolmogorov-Smirnov, Cramér-von Mises tests. Ann. Math. Statist. **28** (1957), 823–838

Davies, O. L.: The Design and Analysis of Industrial Experiments. London 1956, p. 614

Dietze, Doris: t for more than two. Perceptual and Motor Skills **25** (1967), 589–602

Dixon, W. J.: (1) Analysis of extreme values. Ann. Math. Statist. **21** (1950), 488–506. (2) Processing data for outliers. Biometrics **9** (1953), 74–89. (3) Rejection of Observations. In Sarhan, A. E., and Greenberg, B. G. (Eds.): Contributions to Order Statistics. New York 1962, pp. 299–342

Dixon, W. J., and Tukey, J. W.: Approximate behavior of the distribution of Winsorized t (trimming/Winsorization 2). Technometrics **10** (1968), 83–98

Edington, E. S.: The assumption of homogeneity of variance for the t-test and nonparametric tests. Journal of Psychology **59** (1965), 177–179

Faulkenberry, G. D., and Daly, J. C.: Sample size for tolerance limits on a normal distribution. Technometrics **12** (1970), 813–821

Fisher, R. A.: (1) The comparison of samples with possibly unequal variances. Ann. Eugen. **9** (1939), 174–180. (2) The asymptotic approach to Behrens's integral, with further tables for the d test of significance. Ann. Eugen. **11** (1941), 141–172

Fisher, R. A., and Yates, F.: Statistical Tables for Biological, Agricultural and Medical Research, 6th ed., London 1963

Geary, R. C.: (1) Moments of the ratio of the mean deviation to the standard deviation for normal samples. Biometrika **28** (1936), 295–305 (vgl. auch **27**, 310/32 und **34**, 209/42). (2) Tests de la normalité. Ann. Inst. Poincaré **15** (1956), 35–65

Gibbons, J. D.: On the power of two-sample rank tests on the equality of two distribution functions. J. Roy. Statist. Soc. B **26** (1964), 293–304

Glasser, G. J.: A distribution-free test of independence with a sample of paired observations. J. Amer. Statist. Assoc. **57** (1962), 116–133

Goldman, A.: On the Determination of Sample Size. (Los Alamos Sci. Lab.; LA-2520; 1961) U.S. Dept. Commerce, Washington 25, D. C. 1961 [vgl. auch Biometrics **19** (1963), 465–477]

Granger, C. W. J., and Neave, H. R.: A quick test for slippage. Rev. Inst. Internat. Statist. **36** (1968), 309–312

Graybill, F. A., and Connell, T. L.: Sample size required to estimate the ratio of variances with bounded relative error. J. Amer. Statist. Assoc. **58** (1963), 1044–1047

Grubbs, F. E.: Procedures for detecting outlying observations in samples. Technometrics **11** (1969), 1–21 [vgl. auch 527–550 und **14** (1972), 847–854; **15** (1973), 429]

Guenther, W. C.: Determination of sample size for distribution-free tolerance limits. The American Statistician **24** (Febr. 1970), 44–46

Gurland, J., and McCullough, R.S.: Testing equality of means after a preliminary test of equality of variances. Biometrika **49** (1962), 403–417

Guttmann, I.: Statistical Tolerance Regions. Classical and Bayesian. (Griffin, pp. 150) London 1970

Haga, T.: A two-sample rank test on location. Annals of the Institute of Statistical Mathematics **11** (1960), (211–219)

Hahn, G.J.: Statistical intervals for a normal population. Part I and II. J. Qual. Technol. **2** (1970), 115–125 and 195–206 [vgl. auch 168–171, Biometrika **58** (1971), 323–332 sowie J. Amer. Statist. Assoc. **67** (1972), 938–942]

Halperin, M.: Extension of the Wilcoxon-Mann-Whitney test to samples censored at the same fixed point. J. Amer. Statist. Assoc. **55** (1960), 125–138

Harmann, A.J.: Wilks' tolerance limit sample sizes. Sankhya A **29** (1967), 215–218

Harter, H.L.: Percentage points of the ratio of two ranges and power of the associated test. Biometrika **50** (1963), 187–194

Herrey, Erna M.J.: Confidence intervals based on the mean absolute deviation of a normal sample. J. Amer. Statist. Assoc. **60** (1965), 257–269 (vgl. auch **66** [1971], 187 + 188)

Hodges, J.L., Jr., and Lehmann, E.L.: (1) The efficiency of some nonparametric competitors of the *t*-test. Ann. Math. Statist. **27** (1956), 324–335. (2) A compact table for power of the *t*-test. Ann. Math. Statist. **39** (1968), 1629–1637. (3) Basic Concepts of Probability and Statistics. 2nd ed. (Holden-Day, pp. 401) San Francisco 1970

Jacobson, J.E.: The Wilcoxon two-sample statistic: tables and bibliography. J. Amer. Statist. Assoc. **58** (1963), 1086–1103

Johnson, N.L., and Welch, B.L.: Applications of the noncentral *t*-distribution. Biometrika **31** (1940), 362–389

Kendall, M.G.: The treatment of ties in ranking problems. Biometrika **33** (1945), 239–251

Kim, P.J.: On the exact and approximate sampling distribution of the two sample Kolmogorov-Smirnov criterion $D_{mn}, m \leqq n$. J. Amer. Statist. Assoc. **64** (1969), 1625–1637 [vgl. auch. Ann. Math. Statist. **40** (1969), 1449–1466]

Kolmogoroff, A.N.: Sulla determinazione empirica di una legge di distribuzione. Giornale Istituto Italiano Attuari **4** (1933), 83–91

Krishnan, M.: Series representations of the doubly noncentral *t*-distribution. J. Amer. Statist. Assoc. **63** (1968), 1004–1012

Kruskal, W.H.: A nonparametric test for the several sampling problem. Ann. Math. Statist. **23** (1952), 525–540

Kruskal, W.H., and Wallis, W.A.: Use of ranks in one-criterion variance analysis. J. Amer. Statist. Assoc. **47** (1952), 583–621 und **48** (1953), 907–911

Krutchkoff, R.G.: The correct use of the sample mean absolute deviation in confidence intervals for a normal variate. Technometrics **8** (1966), 663–674

Kühlmeyer, M.: Die nichtzentrale *t*-Verteilung. Grundlagen und Anwendungen mit Beispielen. Lect. Notes Op. Res., Vol. 31 (Springer, 106 S.) Berlin, Heidelberg, New York 1970 (Druckfehlerliste kostenlos beim Autor erhältlich)

Laan, P. van der: Simple distribution-free confidence intervals for a difference in location. Philips Res. Repts. Suppl. 1970, No. 5, pp. 158

Levene, H.: Robust tests for equality of variances. In I. Olkin and others (Eds.): Contributions to Probability and Statistics. Essays in Honor of Harold Hotelling, pp. 278–292. Stanford 1960

Lieberman, G.J.: Tables for one-sided statistical tolerance limits. Industrial Quality Control **14** (Apr. 1958), 7–9

Lienert, G.A., und Schulz, H.: Zum Nachweis von Behandlungswirkungen bei heterogenen Patientenstichproben. Ärztliche Forschung **21** (1967), 448–455

Lindgren, B.W.: Statistical Theory. New York 1960, p. 401

Lindley, D.V., East, D.A. and Hamilton, P.A.: Tables for making inferences about the variance of a normal distribution. Biometrika **47** (1960), 433–437

Linnik, Y.V.: Latest investigation on Behrens-Fisher-problem. Sankhya **28** A (1966), 15–24

Lord, E.: (1) The use of range in place of standard deviation in the t-test. Biometrika **34** (1947), 41–67. (2) Power of the modified t-test (u-test) based on range. Biometrika **37** (1950), 64–77

Mace, A.E.: Sample-Size Determination. (Reinhold; Chapman and Hall; pp. 226) New York; London 1964

MacKinnon, W.J.: Table for both the sign test and distribution-free confidence intervals of the median for sample sizes to 1,000. J. Amer. Statist. Assoc. **59** (1964), 935–956

Mann, H.B., and Whitney, D.R.: On a test of whether one of two random variables is stochastically larger than the other. Ann. Math. Statist. **18** (1947), 50–60

Massey, F.J., Jr.: (1) The distribution of the maximum deviation between two sample cumulative step functions. Ann. Math. Statist. **22** (1951), 125–128. (2) Distribution table for the deviation between two sample cumulatives. Ann. Math. Statist. **23** (1952), 435–441

McCullough, R.S., Gurland, J., and Rosenberg, L.: Small sample behaviour of certain tests of the hypothesis of equal means under variance heterogeneity. Biometrika **47** (1960), 345–353

McHugh, R.B.: Confidence interval inference and sample size determination. The American Statistician **15** (April 1961), 14–17

Mehta, J.S.: On the Behrens-Fisher problem. Biometrika **57** (1970), 649–655

Meyer-Bahlburg, H.F.L.: A nonparametric test for relative spread in k unpaired samples. Metrika **15** (1970), 23–29

Miller, L.H.: Table of percentage points of Kolmogorov statistics. J. Amer. Statist. Assoc. **51** (1956), 113–115

Milton, R.C.: An extended table of critical values for the Mann-Whitney (Wilcoxon) two-sample statistic. J. Amer. Statist. Assoc. **59** (1964), 925–934

Minton, G.: (1) Inspection and correction error in data processing. J. Amer. Statist. Assoc. **64** (1969), 1256–1275 [vgl. auch **67** (1972), 943–950]. (2) Some decision rules for administrative applications of quality control. J. Qual. Technol. **2** (1970), 86–98 [vgl. auch **3** (1971), 6–17].

Mitra, S.K.: Tables for tolerance limits for a normal population based on sample mean and range or mean range. J. Amer. Statist. Assoc. **52** (1957), 88–94

Moore, P.G.: The two sample t-test based on range. Biometrika **44** (1957), 482–489

Mosteller, F.: A k-sample slippage test for an extreme population. Ann. Math. Stat. **19** (1948), 58–65 (vgl. auch **21** [1950], 120–123)

Neave, H.R.: (1) A development of Tukeys quick test of location. J. Amer. Statist. Assoc. **61** (1966), 949–964. (2) Some quick tests for slippage. The Statistician **21** (1972), 197–208

Neave, H.R., and Granger, C.W.J.: A Monte Carlo study comparing various two-sample tests for differences in mean. Technometrics **10** (1968), 509–522

Nelson, L.S.: (1) Nomograph for two-sided distribution-free tolerance intervals. Industrial Quality Control **19** (June 1963), 11–13. (2) Tables for Wilcoxon's rank sum test in randomized blocks. J. Qual. Technol. **2** (Oct. 1970), 207–218

Neyman, J.: First Course in Probability and Statistics. New York 1950

Owen, D.B.: (1) Factors for one-sided tolerance limits and for variables sampling plans. Sandia Corporation, Monograph 607, Albuquerque, New Mexico, March 1963. (2) The power of Student's t-test. J. Amer. Statist. Assoc. **60** (1965), 320–333 and 1251. (3) A survey of properties and applications of the noncentral t-distribution. Technometrics **10** (1968), 445–478

—, and Frawley, W.H.: Factors for tolerance limits which control both tails of the normal distribution. J. Qual. Technol. **3** (1971), 69–79

Parren, J.L. Van der: Tables for distribution-free confidence limits for the median. Biometrika **57** (1970), 613–617

Pearson, E.S., and Stephens, M.A.: The ratio of range to standard deviation in the same normal sample. Biometrika **51** (1964), 484–487

Penfield, D.A., and McSweeney, Maryellen: The normal scores test for the two-sample problem. Psychological Bull. **69** (1968), 183–191

Peters, C.A.F.: Über die Bestimmung des wahrscheinlichen Fehlers einer Beobachtung aus den Abweichungen der Beobachtungen von ihrem arithmetischen Mittel. Astronomische Nachrichten **44** (1856), 30 + 31

Pierson, R.H.: Confidence interval lengths for small numbers of replicates. U.S. Naval Ordnance Test Station. China Lake, Calif. 1963

Pillai, K.C.S., and Buenaventura, A.R.: Upper percentage points of a substitute F-ratio using ranges. Biometrika **48** (1961), 195 + 196

Potthoff, R.F.: Use of the Wilcoxon statistic for a generalized Behrens-Fisher problem. Ann. Math. Stat. **34** (1963), 1596–1599

Pratt, J.W.: Robustness of some procedures for the two-sample location problem. J.Amer.Statist. Assoc. **59** (1964), 665–680

Proschan, F.: Confidence and tolerance intervals for the normal distribution. J.Amer.Statist. Assoc. **48** (1953), 550–564

Quesenberry, C.P., and David, H.A.: Some tests for outliers. Biometrika **48** (1961), 379–390

Raatz, U.: Eine Modifikation des White-Tests bei großen Stichproben. Biometrische Zeitschr. **8** (1966), 42–54

Reiter, S.: Estimates of bounded relative error for the ratio of variances of normal distributions. J.Amer.Statist.Assoc. **51** (1956), 481–488

Rosenbaum, S.: (1) Tables for a nonparametric test of dispersion. Ann.Math.Statist. **24** (1953), 663–668. (2) Tables for a nonparametric test of location. Ann. Math. Statist. **25** (1954), 146–150. (3) On some two-sample non-parametric tests. J. Amer. Statist. Assoc. **60** (1965), 1118–1126

Rytz, C.: Ausgewählte parameterfreie Prüfverfahren im 2- und k-Stichproben-Fall. Metrika **12** (1967), 189–204 und **13** (1968), 17–71

Sachs, L.: Statistische Methoden. Ein Soforthelfer. 2. neubearb. Aufl. (Springer, 105 S.) Berlin, Heidelberg, New York 1972, S. 52–55, 72 und 94–96

Sandelius, M.: A graphical version of Tukey's confidence interval for slippage. Technometrics **10** (1968), 193 + 194

Saw, J.G.: A non-parametric comparison of two samples one of which is censored. Biometrika **53** (1966), 599–602

Scheffé, H.: Practical solutions of the Behrens-Fisher problem. J.Amer.Statist.Assoc. **65** (1970), 1501–1508

Scheffé, H., and Tukey, J.W.: Another Beta-Function Approximation. Memorandum Report 28, Statistical Research Group, Princeton University 1949

Shorack, G.R.: Testing and estimating ratios of scale parameters. J.Amer.Statist.Assoc. **64** (1969), 999–1013

Siegel, S.: Nonparametric Statistics for the Behavioral Sciences. New York 1956, p. 278

Siegel, S., and Tukey, J.W.: A nonparametric sum of ranks procedure for relative spread in unpaired samples. J.Amer.Statist.Assoc. **55** (1960), 429–445

Smirnoff, N.W.: (1) On the estimation of the discrepancy between empirical curves of distribution for two independent samples. Bull. Université Moskov. Ser. Internat., Sect A **2**. (2) (1939), 3–8. (2) Tables for estimating the goodness of fit of empirical distributions. Ann. Math. Statist. **19** (1948), 279–281

Stammberger, A.: Über einige Nomogramme zur Statistik. (Fertigungstechnik und Betrieb **16** [1966], 260–263 oder) Wiss. Z. Humboldt-Univ. Berlin, Math.-Nat. R. **16** (1967), 86–93

Sukhatme, P.V.: On Fisher and Behrens's test of significance for the difference in means of two normal samples. Sankhya **4** (1938), 39–48

Szameitat, K., und Koller, S.: Über den Umfang und die Genauigkeit von Stichproben. Wirtschaft u. Statistik **10** NF (1958), 10–16

—, und K.-A. Schäffer: (1) Fehlerhaftes Ausgangsmaterial in der Statistik und seine Konsequenzen für die Anwendung des Stichprobenverfahrens. Allgemein.Statist.Arch.**48** (1964), 1–22. (2) Kosten und Wirtschaftlichkeit von Stichprobenstatistiken. Allgem.Statist.Arch.**48** (1964), 123–146

—, and R.Deininger: Some remarks on the problem of errors in statistical results. Bull. Int. Statist. Inst. **42**, I (1969), 66–91 [vgl. **41**, II (1966), 395–417 u. Allgem. Statist. Arch. **55** (1971), 290–303]

Thöni, H.P.: Die nomographische Lösung des t-Tests. Biometrische Zeitschr. **5** (1963), 31–50

Thompson jr., W.A., and Endriss, J.: The required sample size when estimating variances. The American Statistician **15** (June 1961), 22 + 23

Thompson, W.A., and Willke, T.A.: On an extreme rank sum test for outliers. Biometrika **50** (1963), 375–383

Tiku, M.L.: Tables of the power on the *F*-test. J. Amer. Statist. Assoc. **62** (1967), 525–539 [vgl. auch **63** (1968), 1551 u. **66** (1971), 913–916 sowie **67** (1972), 709 + 710]

Trickett, W.H., Welch, B.L., and James, G.S.: Further critical values for the two-means problem. Biometrika **43** (1956), 203–205

Tukey, J.W.: (1) A quick, compact, two-sample test to Duckworth's specifications. Technometrics **1** (1959), 31–48. (2) A survey of sampling from contaminated distributions. In I. Olkin and others (Eds.): Contributions to Probability and Statistics. Essays in Honor of Harold Hotelling. pp. 448–485, Stanford 1960. (3) The future of data analysis. Ann. Math. Statist. **33** (1962), 1–67, 812

Waerden, B.L., van der: Mathematische Statistik. 2. Aufl., Berlin-Heidelberg-New York 1965, S. 285/95, 334/5, 348/9

Walter, E.: Über einige nichtparametrische Testverfahren. Mitteilungsbl. Mathem. Statist. **3** (1951), 31–44 und 73–92

Weiler, H.: A significance test for simultaneous quantal and quantitative responses. Technometrics **6** (1964), 273–285

Weiling, F.: Die Mendelschen Erbversuche in biometrischer Sicht. Biometrische Zeitschr. **7** (1965), 230–262, S. 240

Weir, J.B. de V.: Significance of the difference between two means when the population variances may be unequal. Nature **187** (1960), 438

Weissberg, A., and Beatty, G.H.: Tables of tolerance-limit factors for normal distributions. Technometrics **2** (1960), 483–500 [vgl. auch J. Amer. Statist. Assoc. **52** (1957), 88–94 u. **64** (1969), 610–620 sowie Industrial Quality Control **19** (Nov. 1962), 27 + 28]

Welch, B.L.: (1) The significance of the difference between two means when the population variances are unequal. Biometrika **29** (1937), 350–361. (2) The generalization of "Student's" problem when several different population variances are involved. Biometrika **34** (1947), 28–35

Wenger, A.: Nomographische Darstellung statistischer Prüfverfahren. Mitt. Vereinig. Schweizer. Versicherungsmathematiker **63** (1963), 125–153

Westlake, W.J.: A one-sided version of the Tukey-Duckworth test. Technometrics **13** (1971), 901–903

Wilcoxon, F.: Individual comparisons by ranking methods. Biometrics **1** (1945), 80–83

—, Katti, S.K., and Wilcox, Roberta A.: Critical Values and Probability Levels for the Wilcoxon Rank Sum Test and the Wilcoxon Signed Rank Test. Lederle Laboratories, Division Amer. Cyanamid Company, Pearl River, New York, August 1963

—, Rhodes, L.J., and Bradley, R.A.: Two sequential two-sample grouped rank tests with applications to screening experiments. Biometrics **19** (1963), 58–84 (vgl. auch **20** [1964], 892)

—, and Wilcox, Roberta A.: Some Rapid Approximate Statistical Procedures. Lederle Laboratories, Pearl River, New York 1964

Wilks, S.S.: (1) Determination of sample sizes for setting tolerance limits. Ann. Math. Statist. **12** (1941), 91–96 [vgl. auch The American Statistician **26** (Dec. 1972), 21]. (2) Statistical prediction with special reference to the problem of tolerance limits. Ann. Math. Statist. **13** (1942), 400–409

Winne, D.: (1) Zur Auswertung von Versuchsergebnissen: Der Nachweis der Übereinstimmung zweier Versuchsreihen. Arzneim.-Forschg. **13** (1963), 1001–1006. (2) Zur Planung von Versuchen: Wieviel Versuchseinheiten? Arzneim.-Forschg. **18** (1968), 1611–1618

Lehrbücher der Stichprobentheorie

╳ Billeter, E.P.: Grundlagen der repräsentativen Statistik. Stichprobentheorie und Versuchsplanung. (Springer, 160 S.) Wien und New York 1970

╳ Cochran, W.G.: Sampling Techniques. 2nd ed., New York 1963 (Übersetzung erschien 1972 bei de Gruyter, Berlin und New York)

Conway, Freda: Sampling: An Introduction for Social Scientists. (G. Allen and Unwin, pp. 154) London 1967

Deming, W.E.: Sampling Design in Business Research. London 1960

Desabie, J.: Théorie et Pratique des Sondages. Paris 1966

Raj, D.: (1) Sampling Theory. (McGraw-Hill, pp. 225) New York 1968. (2) The Design of Sample Surveys. (McGraw-Hill, pp. 416) New York 1972

Hansen, M.H., Hurwitz, W.N., and Madow, W.G.: Sample Survey Methods and Theory. Vol. I and II (Wiley, pp. 638, 332) New York 1964

Kellerer, H.: Theorie und Technik des Stichprobenverfahrens. Einzelschriften d. Dtsch. Statist. Ges. Nr. 5, 3. Aufl., München 1963

Kish, L.: Survey Sampling. New York 1965

Menges, G.: Stichproben aus endlichen Gesamtheiten. Theorie und Technik, Frankfurt/Main 1959

Murthy, M.N.: Sampling Theory and Methods. (Statistical Publ. Soc., pp. 684) Calcutta 1967

Parten, Mildred: Surveys, Polls, and Samples: Practical Procedures. (Harper and Brothers, pp. 624) New York 1969 (Bibliography pp. 537/602)

Sampford, M.R.: An Introduction to Sampling Theory with Applications to Agriculture. London 1962

Statistisches Bundesamt Wiesbaden (Hrsg.): Stichproben in der amtlichen Statistik. Stuttgart 1960

Stenger, H.: Stichprobentheorie. (Physica-Vlg., 228 S.) Würzburg 1971

Stuart, A.: Basic Ideas of Scientific Sampling. (Griffin, pp. 99) London 1969

Sukhatme, P.V., and Sukhatme, B.V.: Sampling Theory of Surveys With Applications. 2nd rev. ed. (Iowa State Univ. Press; pp. 452) Ames, Iowa 1970

United Nations: A short Manual on Sampling. Vol. I. Elements of Sample Survey Theory. Studies in Methods Ser. F No. 9, rev. 1, New York 1972

Yamane, T.: Elementary Sampling Theory. (Prentice-Hall, pp. 405) Englewood Cliffs, N.J. 1967

Zarkovich, S.S.: Sampling Methods and Censuses. (Fao, UN, pp. 213) Rome 1965

Kapitel 4

Adler, F.: Yates correction and the statisticians. J. Amer. Statist. Assoc. 46 (1951), 490–501 (vgl. auch 47 [1952], 303)

Bateman, G.: On the power function of the longest run as a test for randomness in a sequence of alternatives. Biometrika 35 (1948), 97–112 (vgl. auch 34, 335/9; 44, 168/78; 45, 253/6; 48, 461/5)

Bennett, B.M.: (1) Tests of hypotheses concerning matched samples. J. Roy. Statist. Soc. B 29 (1967), 468–474. (2) On tests for order and treatment differences in a matched 2 × 2. Biometrische Zeitschr. 13 (1971), 95–99

—, and Horst, C.: Supplement to Tables for Testing Significance in a 2 × 2 Contingency Table. New York 1966

—, and Hsu, P.: On the power function of the exact test for the 2 × 2 contingency table. Biometrika 47 (1960), 393–397 [editorial note 397, 398, correction 48 (1961), 475]

—, and Underwood, R.E.: On McNemar's test for the 2 × 2 table and its power function. Biometrics 26 (1970), 339–343

Bennett, C.A.: Application of tests for randomness: Ind. Eng. Chem. 43 (1951), 2063–2067

—, and Franklin, N.L.: Statistical Analysis in Chemistry and the Chemical Industry. New York 1954, pp. 678, 685

Berchtold, W.: Die Irrtumswahrscheinlichkeiten des χ^2-Kriteriums für kleine Versuchszahlen. Z. angew. Math. Mech. 49 (1969), 634–636

Bihn, W.R.: Wandlungen in der statistischen Zeitreihenanalyse und deren Bedeutung für die ökonomische Forschung. Jahrb. Nationalök. Statistik 180 (1967), 132–146 (vgl. auch Parzen 1967 und Nullau 1968)

Birnbaum, Z.W.: Numerical tabulation of the distribution of Kolmogorov's statistic for finite sample size. J. Amer. Statist. Assoc. 47 (1952), 425–441

Blyth, C.R., and Hutchinson, D.W.: Table of Neyman-shortest unbiased confidence intervals for the binomial parameter. Biometrika 47 (1960), 381–391

Bogartz, R.S.: A least squares method for fitting intercepting line segments to a set of data points. Psychol. Bull. 70 (1968), 749–755 (vgl. auch 75 [1971], 294–296)

Box, G.E.P., and Jenkins, G.M.: Time Series Analysis, Forecasting and Control. (Holden-Day, pp. 553) San Francisco 1970

Bradley, J.V.: A survey of sign tests based on the binomial distribution. J. Qual. Technol. **1** (1969), 89–101

Bredenkamp, J.: *F*-Tests zur Prüfung von Trends und Trendunterschieden. Z. exper. angew. Psychologie **15** (1968), 239–272

Bross, I.D.J.: Taking a covariable into account. J. Amer. Statist. Assoc. **59** (1964), 725–736

Cochran, W.G.: (1) The comparison of percentages in matched samples. Biometrika **37** (1950), 256–266. (2) The χ^2-test of goodness of fit. Ann. Math. Statist. **23** (1952), 315–345. (3) Some methods for strengthening the common chi-square tests. Biometrics **10** (1954), 417–451

Conover, W.J.: A Kolmogorov goodness-of-fit test for discontinuous distributions. J. Amer. Statist. Assoc. **67** (1972), 591–596

Cox, D.R., and Stuart, A.: Quick sign tests for trend in location and dispersion. Biometrika **42** (1955), 80–95

Crow, E.L.: Confidence intervals for a proportion. Biometrika **43** (1956), 423–435

Croxton, F.E. and Cowden, D.J.: Applied General Statistics. 2nd ed. (Prentice-Hall) New York 1955

Csorgo, M., and Guttman, I.: On the empty cell test. Technometrics **4** (1962), 235–247

Cureton, E.E.: The normal approximation to the signed-rank sampling distribution when zero differences are present. J. Amer. Statist. Assoc. **62** (1967), 1068 + 1069

Darling, D.A.: The Kolmogorov-Smirnov, Cramér-von Mises tests. Ann. Math. Statist. **28** (1957), 823–838

David, F.N.: (1) A χ^2 'smooth' test for goodness of fit, Biometrika **34** (1947), 299–310. (2) Two combinatorial tests of whether a sample has come from a given population. Biometrika **37** (1950), 97–110

David, H.A., Hartley, H.O., and Pearson, E.S.: The distribution of the ratio, in a single normal sample, of range to standard deviation. Biometrika **41** (1954), 482–493

Davis, H.T.: The Analysis of Economic Time Series. San Antonio, Texas 1963

Dixon, W.J., and Mood, A.M.: The statistical sign test. J. Amer. Statist. Assoc. **41** (1946), 557–566

Documenta Geigy: Wissenschaftliche Tabellen, 7. Aufl., Basel 1968, S. 85–103 und 109–123

Duckworth, W.E., and Wyatt, J.K.: Rapid statistical techniques for operations research workers. Oper. Res. Quarterly **9** (1958), 218–233

Dunn, J.E.: A compounded multiple runs distribution. J. Amer. Statist. Assoc. **64** (1969), 1415–1423

Eisenhart, C., Hastay, M.W., and Wallis, W.A.: Techniques of Statistical Analysis. New York 1947

Feldman, S.E., and Klinger, E.: Short cut calculation of the Fisher-Yates "exact test". Psychometrika **28** (1963), 289–291

Finkelstein, J.M. and Schafer, R.E.: Improved goodness-of-fit tests. Biometrika **58** (1971), 641–645

Finney, D.J., Latscha, R., Bennett, B.M., and Hsu, P.: Tables for Testing Significance in a 2×2 Contingency Table. Cambridge 1963

Gart, J.J.: An exact test for comparing matched proportions in crossover designs. Biometrika **56** (1969), 75–80 [vgl. auch Biometrics **27** (1971), 945–959 und Rev. Int. Stat. Inst. **39** (1971), 148–169]

Gebhardt, F.: Verteilung und Signifikanzschranken des 3. und 4. Stichprobenmomentes bei normalverteilten Variablen. Biometrische Zeitschr. **8** (1966), 219–241

Gildemeister, M. und B.L. Van der Waerden: Die Zulässigkeit des χ^2-Kriteriums für kleine Versuchszahlen. Ber. Verh. Sächs. Akad. Wiss. Leipzig, Math.-Nat. Kl. **95** (1944), 145–150

Glasser, G.J.: A distribution-free test of independence with a sample of paired observations. J. Amer. Statist. Assoc. **57** (1962), 116–133

Good, I.J.: Significance tests in parallel and in series. J. Amer. Statist. Assoc. **53** (1958), 799–813

Grizzle, J.E.: Continuity correction in the χ^2-test for 2×2 tables. The American Statistician **21** (Oct. 1967), 28–32 (sowie **23** [April 1969], 35; vgl. auch Biometrics **28** (1972), 693–701)

Harris, B. (Ed.): Spectral Analysis of Time Series. (Wiley, pp. 319) New York 1967

Horbach, L.: Die Anwendung von Standardisierungsverfahren bei der Auswertung therapeutischer Vergleichsreihen. Arzneimittelforschung **17** (1967), 1279–1288

Jenkins, G. M.: Spectral Analysis and Its Applications (Holden-Day, pp. 520) San Francisco 1968

—, and Watts, D. E.: Spectrum Analysis and Its Applications. (Holden-Day, pp. 350) San Francisco 1968

Jesdinsky, H. J.: Orthogonale Kontraste zur Prüfung von Trends. Biometrische Zeitschrift **11** (1969), 252–264

Johnson, E. M.: The Fisher-Yates exact test and unequal sample sizes. Psychometrika **37** (1971), 103–106

Kincaid, W. M.: The combination of tests based on discrete distributions. J. Amer. Statist. Assoc. **57** (1962), 10–19 [vgl. auch **66** (1971), 802–806 und **68** (1973), 193–194]

Klemm, P. G.: Neue Diagramme für die Berechnung von Vierfelderkorrelationen. Biometrische Zeitschr. **6** (1964), 103–109

Kolmogorov, A.: Confidence limits for an unknown distribution function. Ann. Math. Statist. **12** (1941), 461–463

Kruskal, W. H.: A nonparametric test for the several sample problem. Ann. Math. Statist. **23** (1952), 525–540

Kullback, S., Kupperman, M., and Ku, H. H.: An application of information theory to the analysis of contingency tables, with a table of 2n ln n, n = 1(1)10000. J. Res. Nat. Bur. Stds. B **66** (1962), 217–243

Le Roy, H. L.: Ein einfacher χ^2-Test für den Simultanvergleich der inneren Struktur von zwei analogen 2×2 – Häufigkeitstabellen mit freien Kolonnen- und Zeilentotalen. Schweizer. landw. Forschg. **1** (1962), 451–454

Levene, H.: On the power function of tests of randomness based on runs up and down. Ann. Math. Statist. **23** (1952), 34–56

Li, J. C. R.: Statistical Inference. Vol. I (Edwards Brothers, pp. 658) Ann Arbor, Mich. 1964, p. 466

Lienert, G. A.: Die zufallskritische Beurteilung psychologischer Variablen mittels verteilungsfreier Schnelltests. Psychol. Beiträge **7** (1962), 183–215

Lilliefors, H. W.: (1) On the Kolmogorov-Smirnov test for normality with mean and variance unknown. J. Amer. Statist. Assoc. **62** (1967), 399–402, Corrigenda **64** (1969), 1702. (2) On the Kolmogorov-Smirnov test for the exponential distribution with mean unknown. J. Amer. Statist. Assoc. **64** (1969), 387–389

Ludwig, O.: Über die stochastische Theorie der Merkmalsiterationen. Mitteilungsbl. math. Statistik **8** (1956), 49–82

MacKinnon, W. J.: Table for both the sign test and distribution-free confidence intervals of the median for sample sizes to 1,000. J. Amer. Statist. Assoc. **59** (1964), 935–956

Marascuilo, L. A., and McSweeney, Maryellen: Nonparametric post hoc comparisons for trend. Psychological Bulletin **67** (1967), 401–412

Massey jr., F. J.: The Kolmogorov-Smirnov test for goodness of fit. J. Amer. Statist. Assoc. **46** (1951), 68–78

Maxwell, A. E.: Comparing the classification of subjects by two independent judges. Brit. J. Psychiatry **116** (1970), 651–655

McCornack, R. L.: Extended tables of the Wilcoxon matched pair signed rank statistic. J. Amer. Statist. Assoc. **60** (1965), 864–871 [vgl. auch **65** (1970), 974–975]

McNemar, Q.: Note on sampling error of the differences between correlated proportions or percentages. Psychometrika **12** (1947), 153 + 154

Miller, L. H.: Table of percentage points of Kolmogorov statistics. J. Amer. Statist. Assoc. **51** (1956), 111–121

Moore, P. G.: The properties of the mean square successive difference in samples from various populations. J. Amer. Statist. Assoc. **50** (1955), 434–456

Neumann, J. von, Kent, R. H., Bellinson, H. B., and Hart, B. I.: The mean square successive difference. Ann. Math. Statist. **12** (1941), 153–162

Nicholson, W. L.: Occupancy probability distribution critical points. Biometrika **48** (1961), 175–180

Nullau, B.: Verfahren zur Zeitreihenanalyse. Vierteljahreshefte zur Wirtschaftsforschung, Berlin 1968, 1, 58–82

Olmstead, P.S.: Runs determined in a sample by an arbitrary cut. Bell Syst. Techn. J. **37** (1958), 55–82

Ott, R.L., and Free, S.M.: A short-cut rule for a one-sided test of hypothesis for qualitative data. Technometrics **11** (1969), 197–200

Parzen, E.: The role of spectral analysis in time series analysis. Rev. Int. Statist. Inst. **35** (1967), 125–141 (vgl. auch das bei Holden-Day, San Francisco, Calif. 1969 erschienene Werk des Autors: Empirical Time Series Analysis)

Patnaik, P.B.: The power function of the test for the difference between two proportions in a 2×2 table. Biometrika **35** (1948), 157–175

Paulson, E., and Wallis, W.A.: Planning and analyzing experiments for comparing two percentages. In Eisenhart, Ch., M.W. Hastay and W.A. Wallis (Eds.), Selected Techniques of Statistical Analysis, McGraw-Hill, New York and London 1947, Chapter 7

Pearson, E.S.: Table of percentage points of $\sqrt{b_1}$ and b_2 in normal samples; a rounding off. Biometrika **52** (1965), 282–285

Pearson, E.S., and Hartley, H.O.: Biometrika Tables for Statisticians. Vol. I, 3rd ed., Cambridge 1966, 1970

Pearson, E.S., and Stephens, M.A.: The ratio of range to standard deviation in the same normal sample. Biometrika **51** (1964), 484–487

Plackett, R.L.: The continuity correction in 2×2 tables. Biometrika **51** (1964), 327–337

Quandt, R.E.: (1) Statistical discrimination among alternative hypotheses and some economic regularities. J. Regional Sci. **5** (1964), 1–23. (2) Old and new methods of estimation and the Pareto distribution Metrika **10** (1966), 55–82

Radhakrishna, S.: Combination of results from several 2×2 contingency tables. Biometrics **21** (1965), 86–98

Rao, C.R.: Linear Statistical Inference and Its Applications. New York 1965, pp. 337–342

Rehse, E.: Zur Analyse biologischer Zeitreihen. Elektromedizin **15** (1970), 167–180

Runyon, R.P., and Haber, A.: Fundamentals of Behavioral Statistics. (Addison-Wesley, pp. 304) Reading, Mass. 1967, p. 258

Sachs, L.: (1) Der Vergleich zweier Prozentsätze – Unabhängigkeitstests für Mehrfeldertafeln. Biometrische Zeitschr. **7** (1965), 55–60. (2) Statistische Methoden. Ein Soforthelfer. 2. neubearb. Aufl. (Springer, 105 S.) Berlin, Heidelberg, New York 1972, S. 69/70, 72/75

Sandler, J.: A test of the significance of the difference between the means of correlated measures, based on a simplification of Student's t. Brit. J. Psychol. **46** (1955), 225 + 226

Sarris, V.: Nichtparametrische Trendanalysen in der klinisch-psychologischen Forschung. Z. exper. angew. Psychologie **15** (1968), 291–316

Seeger, P.: Variance analysis of complete designs: Some practical aspects. (Almqvist and Wiksell, pp. 225) Uppsala 1966, pp. 166–190

Seeger, P., and Gabrielsson, A.: Applicability of the Cochran Q test and the F test for statistical analysis of dichotomous data for dependent samples. Psychol. Bull. **69** (1968), 269–277

Shapiro, S.S., and Wilk, M.B.: (1) An analysis of variance test for normality (complete samples). Biometrika **52** (1965), 591–611. (2) Approximations for the null distribution of the W statistic. Technometrics **10** (1968), 861–866 (vgl. auch Statistica Neerlandica **22** [1968], 241–248)

Shapiro, S.S., Wilk, M.B., and Chen, H.J.: A comparative study of various tests for normality. J. Amer. Statist. Assoc. **63** (1968), 1343–1372 [vgl. auch **66** (1971), 760–762]

Slakter, M.J.: A comparison of the Pearson chi-square and Kolmogorov goodness-of-fit tests with respect to validity. J. Amer. Statist. Assoc. **60** (1965), 854–858; Corrigenda: **61** (1966), 1249

Smirnov, N.: Tables for estimating the goodness of fit of empirical distributions. Ann. Math. Statist. **19** (1948), 279–281

Stange, K., und Henning, H.-J.: Formeln und Tabellen der mathematischen Statistik. 2. neu bearb. Aufl., Berlin 1966

Stephens, M.A.: Use of the Kolmogorov-Smirnov, Cramér-Von Mises and related statistics without extensive tables. J. Roy. Statist. Soc. **B 32** (1970), 115–122

Stevens, W.L.: (1) Distribution of groups in a sequence of alternatives. Ann. Eugenics **9** (1939), 10–17. (2) Accuracy of mutation rates. J. Genetics **43** (1942), 301–307

Suits, D.B.: Statistics: An Introduction to Quantitative Economic Research. Chicago, Ill. 1963, Chapter 4

Swed, Frieda S., and Eisenhart, C.: Tables for testing randomness of grouping in a sequence of alternatives. Ann. Math. Statist. **14** (1943), 83–86

Tate, M.W., and Brown, Sara M.: Note on the Cochran Q-test. J. Amer. Statist. Assoc. **65** (1970), 155–160 (vgl. auch Biometrics **21** [1965], 1008–1010)

Thomson, G.W.: Bounds for the ratio of range to standard deviation. Biometrika **42** (1955), 268 + 269

Tukey, J.W., and McLaughlin, D.H.: Less vulnerable confidence and significance procedures for location based on a single sample: Trimming/Winsorization. Sankhya Ser. A **25** (1963), 331–352

Ury, H.K.: A note on taking a covariable into account. J. Amer. Statist. Assoc. **61** (1966), 490–495

Vessereau, A.: Sur les conditions d'application du criterium χ^2 de Pearson. Bull. Inst. Int. Statistique **36** (3) (1958), 87–101

Waerden, B.L. van der: Mathematische Statistik. (Springer, 360 S.) Berlin und Heidelberg 1965, S. 224/226

Wallis, W.A.: Rough-and-ready statistical tests. Industrial Quality Control **8** (1952 (5), 35–40

—, and Moore, G.H.: A significance test for time series analysis. J. Amer. Statist. Assoc. **36** (1941), 401–409

Walter, E.: (1) Über einige nichtparametrische Testverfahren. I, II. Mitteilungsbl. Mathemat. Statistik **3** (1951), 31–44, 73–92. (2) χ^2-Test zur Prüfung der Symmetrie bezüglich Null. Mitteilungsbl. Mathemat. Statistik **6** (1954), 92–104. (3) Einige einfache nichtparametrische überall wirksame Tests zur Prüfung der Zweistichprobenhypothese mit paarigen Beobachtungen. Metrika **1** (1958), 81–88

Weichselberger, K.: Über eine Theorie der gleitenden Durchschnitte und verschiedene Anwendungen dieser Theorie. Metrika **8** (1964), 185–230

Wilcoxon, F., Katti, S.K., and Wilcox, Roberta A.: Critical Values and Probability Levels for the Wilcoxon Rank Sum Test and the Wilcoxon Signed Rank Test. Lederle Laboratories, Division Amer. Cyanamid Company, Pearl River, New York, August 1963

—, and Wilcox, Roberta A.: Some Rapid Approximate Statistical Procedures. Lederle Laboratories, Pearl River, New York 1964

Wilk, M.B., and Shapiro, S.S.: The joint assessment of normality of several independent samples. Technometrics **10** (1968), 825–839 [vgl. auch J. Amer. Statist. Assoc. **67** (1972), 215–216]

Woolf, B.: The log likelihood ratio test (the G-test). Methods and tables for tests of heterogeneity in contingency tables. Ann. Human Genetics **21** (1957), 397–409

Yamane, T.: Statistics: An Introductory Analysis. 2nd ed. (Harper and Row, pp. 919) New York 1967, pp. 330–367, 845–873

Kapitel 5

Abbas, S.: Serial correlation coefficient. Bull. Inst. Statist. Res. Tr. **1** (1967), 65–76

Acton, F.S.: Analysis of Straight-Line Data. New York 1959

Anderson, R.L., and Houseman, E.E.: Tables of Orthogonal Polynomial Values Extended to N = 104. Res. Bull. 297, Argricultural Experiment Station, Ames, Iowa 1942 (Reprinted March 1963)

Anderson, T.W.: An Introduction to Multivariate Statistical Analysis. New York 1958

—, Gupta, S.D., and Styan, G.P.H.: A Bibliography of Multivariate Statistical Analysis. (Oliver and Boyd; pp. 654) Edinburgh and London 1973

Bancroft, T.A.: Topics in Intermediate Statistical Methods. (Iowa State Univ. Press) Ames, Iowa 1968

Bartlett, M.S.: Fitting a straight line when both variables are subject to error. Biometrics **5** (1949), 207–212

Barton, D.E., and Casley, D.J.: A quick estimate of the regression coefficient. Biometrika **45** (1958), 431–435

Berkson, J.: Are there two regressions? J. Amer. Statist. Assoc. **45** (1950), 164–180 [vgl. auch **48** (1953), 94–103]

Binder, A.: Considerations of the place of assumptions in correlational analysis. American Psychologist **14** (1959), 504–510

Blomqvist, N.: (1) On a measure of dependence between two random variables. Ann. Math. Statist. **21** (1950), 593–601. (2) Some tests based on dichotomization. Ann. Math. Statist. **22** (1951), 362–371

Brown, R. G.: Smoothing, Forecasting and Prediction of Discrete Time Series. (Prentice-Hall, pp. 468) London 1962

Carlson, F. D., Sobel, E., and Watson, G. S.: Linear relationships between variables affected by errors. Biometrics **22** (1966), 252–267

Cohen, J.: A coefficient of agreement for nominal scales. Educational and Psychological Measurement **20** (1960), 37–46

Cole, La M. C.: On simplified computations. The American Statistician **13** (February 1959), 20

Cooley, W. W., and Lohnes, P. R.: Multivariate Data Analysis. (Wiley, pp. 400) London 1971

Cornfield, J.: Discriminant functions. Rev. Internat. Statist. Inst. **35** (1967), 142–153 (vgl. auch J. Amer. Statist. Assoc. **63** [1968]), 1399–1412)

Cowden, D. J., and Rucker, N. L.: Tables for Fitting an Exponential Trend by the Method of Least Squares. Techn. Paper 6, University of North Carolina, Chapel Hill 1965

Cureton, E. E.: Quick fits for the lines $y = bx$ and $y = a + bx$ when errors of observation are present in both variables. The American Statistician **20** (June 1966), 49

Daniel, C., and Wood, F. S. (with J. W. Gorman): Fitting Equations to Data. Computer Analysis of Multifactor Data for Scientists and Engineers. (Wiley-Interscience, pp. 342) New York 1971

Dempster, A. P.: Elements of Continuous Multivariate Analysis. (Addison-Wesley, pp. 400) Reading, Mass. 1968

Dietrich, G., und Stahl, H.: Matrizen und Determinanten und ihre Anwendung in Technik und Ökonomie. 2. Aufl. (Fachbuchverlag, 422 S.) Leipzig 1968 (3. Aufl. 1970)

Draper, N. R., and Smith, H.: Applied Regression Analysis. New York 1966

Duncan, D. B.: Multiple comparison methods for comparing regression coefficients. Biometrics **26** (1970), 141–143 (vgl. auch Brown, 143 + 144)

Ehrenberg, A. S. C.: Bivariate regression is useless. Applied Statistics **12** (1963), 161–179

Elandt, Regina C.: Exact and approximate power function of the non-parametric test of tendency. Ann. Math. Statist. **33** (1962), 471–481

Emerson, Ph. L.: Numerical construction of orthogonal polynomials for a general recurrence formula. Biometrics **24** (1968), 695–701

Enderlein, G.: Die Schätzung des Produktmoment-Korrelationsparameters mittels Rangkorrelation. Biometrische Zeitschr. **3** (1961), 199–212

Fels, E.: Inhärente Fehler in linearen Regressionsgleichungen und Schranken dafür. Ifo-Studien **8** (1962), 5–18

Ferguson, G. A.: Nonparametric Trend Analysis. Montreal 1965

Fisher, R. A.: Statistical Methods for Research Workers, 12th ed. Edinburgh 1954, pp. 197–204

Friedrich, H.: Nomographische Bestimmung und Beurteilung von Regressions- und Korrelationskoeffizienten. Biometrische Zeitschr. **12** (1970), 163–187

Geary, R. C.: Non-linear functional relationships between two variables when one is controlled. J. Amer. Statist. Assoc. **48** (1953), 94–103

Gebelein, H., und Ruhenstroth-Bauer, G.: Über den statistischen Vergleich einer Normalkurve und einer Prüfkurve. Die Naturwissenschaften **39** (1952), 457–461

Gibson, Wendy M., and Jowett, G. H.: "Three-group" regression analysis. Part I. Simple regression analysis. Part II. Multiple regression analysis. Applied Statistics **6** (1957), 114–122 and 189–197

Glasser, G. J., and Winter, R. F.: Critical values of the coefficient of rank correlation for testing the hypothesis of independence. Biometrika **48** (1961), 444–448

Gregg, I.V., Hossel, C.H., and Richardson, J.T.: Mathematical Trend Curves – An Aid to Forecasting. (I.C.I. Monograph No. 1), Edinburgh 1964

Griffin, H.D.: Graphic calculation of Kendall's tau coefficient. Educ.Psychol.Msmt. 17 (1957), 281–285

Hahn, G.J.: Simultaneous prediction intervals for a regression model. Technometrics 14 (1972), 203–214

Heald, M.A.: Least squares made easy. Amer.J.Phys. 37 (1969), 655–662

Hotelling, H.: (1) The selection of variates for use in prediction with some comments on the general problem of nuisance parameters. Ann. Math. Statist. 11 (1940), 271–283 [vgl. auch O.J. Dunn and V.Clark: J. Amer. Statist. Assoc. 66 (1971), 904–908]. (2) New light on the correlation coefficient and its transforms. J. Roy. Statist. Soc. B 15 (1953), 193–232

Hiorns, R.W.: The Fitting of Growth and Allied Curves of the Asymptotic Regression Type by Steven's Method. Tracts for Computers No. 28. Cambridge Univ. Press 1965

Hoerl jr., A.E.: Fitting Curves to Data. In J.H. Perry (Ed.): Chemical Business Handbook. (McGraw-Hill) London 1954, 20–55/20–77 (vgl. auch 20–16)

Kendall, M.G.: (1) A new measure of rank correlation. Biometrika 30 (1938), 81–93. (2) A Course in Multivariate Analysis. London 1957. (3) Rank Correlation Methods, 3rd ed. London 1962, pp.38–41 (4th ed. 1970). (4) Ronald Aylmer Fisher, 1890–1962. Biometrika 50 (1963), 1–15. (5) Time Series. (Griffin) London 1973

Kerrich, J.E.: Fitting the line $y = ax$ when errors of observation are present in both variables. The American Statistician 20 (February 1966), 24

Koller, S.: (1) Statistische Auswertung der Versuchsergebnisse. In Hoppe-Seyler/Thierfelder's Handb.d.physiologisch- und pathologisch-chemischen Analyse, 10.Aufl., Bd.II, S.931–1036. Berlin-Göttingen-Heidelberg 1955, S. 1002–1004. (2) Typisierung korrelativer Zusammenhänge. Metrika 6 (1963), 65–75. (3) Systematik der statistischen Schlußfehler. Method.Inform.Med. 3 (1964), 113–117. (4) Graphische Tafeln zur Beurteilung statistischer Zahlen. 3.Aufl., Darmstadt 1953 (4.Aufl. 1969)

Konijn, H.S.: On the power of certain tests for independence in bivariate populations. Ann.Math. Statist. 27 (1956), 300–323

Kramer, C.Y., and Jensen, D.R.: Fundamentals of multivariate analysis. Part I–IV. Journal of Quality Technology 1 (1969), 120–133, 189–204, 264–276, 2 (1970), 32–40 and 4 (1972), 177–180

Kres, H.: (1) Elemente der Multivariaten Analysis. (Springer) Heidelberg 1974. (2) Statistische Tafeln zur Multivariaten Analysis. (Springer) Heidelberg 1974

Krishnaiah, P.R. (Ed.): Multivariate Analysis and Multivariate Analysis II, III. (Academic Press; pp. 592 and 696, 450), New York and London 1966 and 1969, 1973

Kymn, K.O.: The distribution of the sample correlation coefficient under the null hypothesis. Econometrica 36 (1968), 187–189

Lees, Ruth W., and Lord, F.M.: (1) Nomograph for computing partial correlation coefficients. J.Amer.Statist.Assoc. 56 (1961), 995–997. (2) Corrigenda 57 (1962), 917 + 918

Lieberson, S.: Non-graphic computation of Kendall's tau. The American Statistician 15 (October 1961), 20 + 21

Linder, A.: (1) Statistische Methoden für Naturwissenschaftler, Mediziner und Ingenieure. 3.Aufl., Basel 1960, S.172. (2) Anschauliche Deutung und Begründung des Trennverfahrens. Method. Inform.Med. 2 (1963), 30–33. (3) Trennverfahren bei qualitativen Merkmalen. Metrika 6 (1963), 76–83

Lord, F.M.: Nomograph for computing multiple correlation coefficients. J.Amer.Statist.Assoc. 50 (1955), 1073–1077 [vgl. auch Biometrika 59 (1972), 175–189]

Lubischew, A.A.: On the use of discriminatory functions in taxonomy. With editorial note and author's note. Biometrics 18 (1962), 455–477

Ludwig, R.: Nomogramm zur Prüfung des Produkt-Moment-Korrelationskoeffizienten r. Biometrische Zeitschr. 7 (1965), 94–95

Madansky, A.: The fitting of straight lines when both variables are subject to error. J.Amer.Statist. Assoc. 54 (1959), 173–205 [vgl. auch 66 (1971), 587–589]

Mandel, J.: (1) Fitting a straight line to certain types of cumulative data. J. Amer. Statist. Assoc. **52** (1957), 552–566. (2) Estimation of weighting factors in linear regression and analysis of variance. Technometrics **6** (1964), 1–25

—, and Linning, F. J.: Study of accuracy in chemical analysis using linear calibration curves. Analyt. Chem. **29** (1957), 743–749

Meyer-Bahlburg, H. F. L.: Spearmans rho als punktbiserialer Korrelationskoeffizient. Biometrische Zeitschr. **11** (1969), 60–66

Miller, R. G.: Simultaneous Statistical Inference. (McGraw-Hill, pp. 272), New York 1966 (Chapter 5, pp. 189–210)

Morrison, D. F.: Multivariate Statistical Methods. (McGraw-Hill, pp. 338), New York, London 1967

Olkin, I., and Pratt, J. W.: Unbiased estimation of certain correlation coefficients. Ann. Math. Statist. **29** (1958), 201–211

Olmstead, P. S., and Tukey, J. W.: A corner test of association. Ann. Math. Statist. **18** (1947), 495–513

Ostle, B.: Statistics in Research: Basic Concepts and Techniques for Research Workers. 2nd ed., Ames, Iowa, 1963, Chapters 8 and 9

Pfanzagl, J.: Über die Parallelität von Zeitreihen. Metrika **6** (1963), 100–113

Plackett, R. L.: Principles of Regression Analysis. Oxford 1960

Porebski, O. R.: (1) On the interrelated nature of the multivariate statistics used in discriminatory analysis. Brit. J. Math. Stat. Psychol. **19** (1966), 197–214. (2) Discriminatory and canonical analysis of technical college data. Brit. J. Math. Stat. Psychol. **19** (1966), 213–236

Potthoff, R. F.: Some Scheffé-type tests for some Behrens-Fisher type regression problems. J. Amer. Statist. Assoc. **60** (1965), 1163–1190

Press, S. J.: Applied Multivariate Analysis. (Holt, Rinehart and Winston; pp. 521) New York 1972

Prince, B. M., and Tate, R. F.: The accuracy of maximum likelihood estimates of correlation for a biserial model. Psychometrika **31** (1966), 85–92

Puri, M. L. and Sen, P. K.: Nonparametric Methods in Multivariate Analysis. (Wiley, pp. 450) London 1971

Quenouille, M. H.: Rapid Statistical Calculations. London 1959

Radhakrishna, S.: Discrimination analysis in medicine. The Statistician **14** (1964), 147–167

Rao, C. R.: (1) Multivariate analysis: an indispensable aid in applied research (with an 81 reference bibliography). Sankhya **22** (1960), 317–338. (2) Linear Statistical Inference and Its Applications. New York 1965 (2nd ed. 1973). (3) Recent trends of research work in multivariate analysis. Biometrics **28** (1972), 3–22

Robson, D. S.: A simple method for constructing orthogonal polynomials when the independent variable is unequally spaced. Biometrics **15** (1959), 187–191

Roos, C. F.: Survey of economic forecasting techniques. Econometrica **23** (1955), 363–395

Roy, S. N.: Some Aspects of Multivariate Analysis, New York and Calcutta 1957

Sachs, L.: Statistische Methoden. Ein Soforthelfer; 2. neubearb. Aufl. (Springer, 105 S.) Berlin, Heidelberg, New York 1972, S. 91–93

Salzer, H. E., Richards, Ch. H., and Arsham, Isabelle: Table for the Solution of Cubic Equations. New York 1958

Samiuddin, M.: On a test for an assigned value of correlation in a bivariate normal distribution. Biometrika **57** (1970), 461–464

Saxena, H. C., and Surendran, P. U.: Statistical Inference. (Chand, pp. 396), Delhi, Bombay, Calcutta 1967 (Chapter 6, 258–342)

Schaeffer, M. S., and Levitt, E. E.: Concerning Kendall's tau, a nonparametric correlation coefficient. Psychol. Bull. **53** (1956), 338–346

Seal, H.: Multivariate Statistical Analysis for Biologists. London 1964

Searle, S. R.: Linear Models. (Wiley, pp. 532) New York 1971

Spearman, C.: (1) The proof and measurement of association between two things. Amer. J. Psychol. **15** (1904), 72–101. (2) The method "of right and wrong cases" ("constant stimuli") without Gauss' formulae. Brit. J. Psychol. **2** (1908), 227–242

Stammberger, A.: Ein Nomogramm zur Beurteilung von Korrelationskoeffizienten. Biometrische Zeitschr. **10** (1968), 80–83

Stilson, D.W., and Campbell, V.N.: A note on calculating tau and average tau and on the sampling distribution of average tau with a criterion ranking. J.Amer.Statist.Assoc. **57** (1962), 567–571

Student: Probable error of a correlation coefficient. Biometrika **6** (1908), 302–310

Tate, R.F.: (1) Correlation between a discrete and a continuous variable. Pointbiserial correlation. Ann.Math.Statist. **25** (1954), 603–607. (2) The theory of correlation between two continuous variables when one is dichotomized. Biometrika **42** (1955), 205–216. (3) Applications of correlation models for biserial data. J.Amer.Statist.Assoc. **50** (1955), 1078–1095. (4) Conditional-normal regression models. J.Amer.Statist.Assoc. **61** (1966), 477–489

Thöni, H.: Die nomographische Bestimmung des logarithmischen Durchschnittes von Versuchsdaten und die graphische Ermittlung von Regressionswerten. Experientia **19** (1963), 1–4

Tukey, J.W.: Components in regression. Biometrics **7** (1951), 33–70

Waerden, B.L. van der: Mathematische Statistik. 2.Aufl., (Springer, 360 S.), Berlin 1965, S. 324

Wagner, G.: Zur Methodik des Vergleichs altersabhängiger Dermatosen. (Zugleich korrelationsstatistische Kritik am sogenannten „Status varicosus"), Zschr. menschl. Vererb.-Konstit.-Lehre **53** (1955), 57–84

Walter, E.: Rangkorrelation und Quadrantenkorrelation. Züchter Sonderh. 6, Die Frühdiagnose in der Züchtung und Züchtungsforschung II (1963), 7–11

Weber, Erna: Grundriß der biologischen Statistik. 7. neubearb. Aufl., (Fischer, 706 S.), Stuttgart 1972, S. 550–578

Williams, E.J.: Regression Analysis. New York 1959

Yule, G.U., and Kendall, M.G.: Introduction to the Theory of Statistics. London 1965, pp. 264–266

Faktorenanalyse

Adam, J. und Enke., H.: Zur Anwendung der Faktorenanalyse als Trennverfahren. Biometr. Zeitschr. **12** (1970), 395–411

Browne, M.W.: A comparison of factor analytic techniques. Psychometrika **33** (1968), 267–334

Corballis, M.C., and Traub, R.E.: Longitudinal factor analysis. Psychometrika **35** (1970), 79–98 [vgl. auch **36** (1971), 243–249]

Derflinger, G.: Neue Iterationsmethoden in der Faktorenanalyse. Biometrische Zeitschr. **10** (1968), 58–75

Gollob, H.F.: A statistical model which combines features of factor analytic and analysis of variance techniques. Psychometrika **33** (1968), 73–115

Harman, H.H.: Modern Factor Analysis. 2nd rev. ed. (Univ. of Chicago, pp.474), Chicago 1967

Jöreskog, K.G.: A general approach to confirmatory maximum likelihood factor analysis. Psychometrika **34** (1969), 183–202 [vgl. auch **36** (1971), 409–426 u. **37** (1972), 243–260, 425–440 sowie Psychol. Bull. **75** (1971), 416–423]

Lawley, D.N. and Maxwell, A.E.: Factor Analysis as a Statistical Method. 2nd ed. (Butterworths; pp. 153) London 1971 [vgl. auch Biometrika **60** (1973), 331–338]

McDonald, R.P.: Three common factor models for groups of variables. Psychometrika **35** (1970), 111–128

Rummel, R.J.: Applied Factor Analysis. (Northwestern Univ. Press, pp.617) Evanston, Ill. 1970

Sheth, J.N.: Using factor analysis to estimate parameters. J.Amer.Statist.Assoc. **64** (1969), 808–822

Überla, K.: Faktorenanalyse. Eine systematische Einführung in Theorie und Praxis für Psychologen, Mediziner, Wirtschafts- und Sozialwissenschaftler. 2. verb. Aufl. (Springer, 399 S.), Berlin-Heidelberg-New York 1971 (vgl. insbes. S. 355–363)

Multiple Regressionsanalyse

Abt, K.: On the identification of the significant independent variables in linear models. Metrika **12** (1967), 1–15, 81–96

Anscombe, F.J.: Topics in the investigation of linear relations fitted by the method of least squares. With discussion. J.Roy.Statist.Soc. B **29** (1967), 1–52

Beale, E.M.L.: Note on procedures for variable selection in multiple regression. Technometrics **12** (1970), 909–914 [vgl. auch Biometrika **54** (1967), 357–366]

Bliss, C.I.: Statistics in Biology. Vol.2. (McGraw-Hill, pp.639), New York 1970, Chapter 18

Cochran, W.G.: Some effects of errors of measurement on multiple correlation. J.Amer.Statist. Assoc. **65** (1970), 22–34

Cramer, E.M.: Significance tests and tests of models in multiple regression. The American Statistician **26** (Oct. 1972), 26–30 [vgl. auch **25** (Oct. 1971), 32–34, **25** (Dec. 1971), 37–39 und **26** (April 1972), 31–33]

Darlington, R.B.: Multiple regression in psychological research and practice. Psychological Bulletin **69** (1968), 161–182 (vgl. auch **75** [1971], 430 + 431)

Draper, N.R., and Smith, H.: Applied Regression Analysis. (Wiley, pp.407), New York 1966

Dubois, P.H.: Multivariate Correlational Analysis. (Harper and Brothers, pp.202), New York 1957

Enderlein, G.: Kriterien zur Wahl des Modellansatzes in der Regressionsanalyse mit dem Ziel der optimalen Vorhersage. Biometr. Zeitschr. **12** (1970), 285–308 [vgl. auch **13** (1971), 130–156]

Enderlein, G., Reiher, W. und Trommer, R.: Mehrfache lineare Regression, polynomiale Regression und Nichtlinearitätstests. In: Regressionsanalyse und ihre Anwendungen in der Agrarwissenschaft. Vorträge des 2. Biometrischen Seminars der Deutschen Akademie der Landwirtschaftswissenschaften zu Berlin im März 1965. Tagungsberichte Nr. 87, Berlin 1967, S.49–78

Folks, J.L., and Antle, C.E.: Straight line confidence regions for linear models. J.Amer.Statist. Assoc. **62** (1967), 1365–1374

Goldberger, A.S.: Topics in Regression Analysis. (Macmillan, pp.144), New York 1968

Graybill, F.A., and Bowden, D.C.: Linear segment confidence bands for simple linear models. J.Amer.Statist.Assoc. **62** (1967), 403–408

Hahn, G.J., and Shapiro, S.S.: The use and misuse of multiple regression. Industrial Quality Control **23** (1966), 184–189

Hamaker, H.C.: On multiple regression analysis. Statistica Neerlandica **16** (1962), 31–56

Herne, H.: How to cook relationships. The Statistician **17** (1967), 357–370

Herzberg, P.A.: The Parameters of Cross-Validation. Psychometrika Monograph Supplement (Nr. 16) **34** (June 1969), 1–70

Hinchen, J.D.: Multiple regression with unbalanced data. J.Qual.Technol. **2** (1970), 1, 22–29

Hocking, R.R., and Leslie, R.N.: Selection of the best subset in regression analysis. Technometrics **9** (1967), 531–540 [vgl. auch **10** (1968), 432 + 433, **13** (1971), 403–408 u. **14** (1972), 967–970]

Huang, D.S.: Regression and Econometric Methods. (Wiley, pp.274), New York 1970

LaMotte, L.R., and Hocking, R.R.: Computational efficiency in the selection of regression variables. Technometrics **12** (1970), 83–93

Madansky, A.: The fitting of straight lines when both variables are subject to error. J.Amer.Statist. Assoc. **54** (1959), 173–205

Robinson, E.A.: Applied Regression Analysis. (Holden-Day, pp.250), San Francisco 1969

Rutemiller, H.C., and Bowers, D.A.: Estimation in a heteroscedastic regression model. J.Amer. Statist.Assoc. **63** (1968), 552–557

Schatzoff, M., Tsao, R., and Fienberg, S.: Efficient calculation of all possible regressions. Technometrics **10** (1968), 769–779

Seber, G.A.F.: The Linear Hypothesis. A General Theory. (No.19 of Griffin's Statistical Monographs and Courses, Ch.Griffin, pp.120), London 1966

Smillie, K.W.: An Introduction to Regression and Correlation. (Academic Press, pp.168), New York 1966

Toro-Vizcarrondo, C., and Wallace, T.D.: A test of the mean square error criterion for restrictions in linear regression. J.Amer.Statist.Assoc. **63** (1968), 558–572

Ulmo, J.: Problèmes et programmes de regression. Revue de Statistique Appliquée **19** (1971), No. 1, 27–39

Väliaho, H.: A synthetic approach to stepwise regression analysis. Commentationes Physico-Mathematicae **34** (1969), 91–131 [ergänzt durch **41** (1971), 9–18 und 63–72]

Weber, E.: Biometrische Bearbeitung multipler Regressionen unter besonderer Berücksichtigung der Auswahl, der Transformation und der Linearkombination von Variablen. Statistische Hefte **8** (1967), 228–251 und **9** (1968), 13–33

Wiezorke, B.: Auswahlverfahren in der Regressionsanalyse. Metrika **12** (1967), 68–79

Wiorkowski, J.J.: Estimation of the proportion of the variance explained by regression, when the number of parameters in the model may depend on the sample size. Technometrics **12** (1970), 915–919

Literaturübersicht auf Seite 437

Kapitel 6

Altham, Patricia M.E.: The measurement of association of rows and columns for an $r \cdot s$ contingency table. J. Roy. Statist. Soc. B **32** (1970), 63–73

Armitage, P.: Tests for linear trends in proportions and frequencies. Biometrics **11** (1955), 375–386

Bartholomew, D.J.: A test of homogeneity for ordered alternatives. I and II. Biometrika **46** (1959), 36–48 and 328–335 [vgl. auch J. Roy. Statist. Soc. B **23** (1961), 239–281]

Bennett, B.M.: Tests for marginal symmetry in contingency tables. Metrika **19** (1972), 23–26

—, and Hsu, P.: Sampling studies on a test against trend in binomial data. Metrika **5** (1962), 96–104

—, and E. Nakamura: (1) Tables for testing significance in a 2×3 contingency table. Technometrics **5** (1963), 501–511. (2) The power function of the exact test for the 2×3 contingency table. Technometrics **6** (1964), 439–458

Berg, Dorothy, Leyton, M., and Maloney, C.J.: Exact contingency table calculations. Ninth Conf. Design Exper. in Army Research Development and Testing (1965), (N.I.H., Bethesda Md.)

Bhapkar, V.P.: On the analysis of contingency tables with a quantitative response. Biometrics **24** (1968), 329–338

—, and Koch, G.G.: (1) Hypotheses of "no interaction" in multidimensional contingency tables. Technometrics **10** (1968), 107–123. (2) On the hypotheses of "no interaction" in contingency tables. Biometrics **24** (1968), 567–594

Bishop, Yvonne M.M.: Full contingency tables, logits, and split contingency tables. Biometrics **25** (1969), 383–399 (vgl. auch 119–128)

Bowker, A.H.: A test for symmetry in contingency tables. J. Amer. Statist. Assoc. **43** (1948), 572–574 [vgl. auch Biometrics **27** (1971), 1074–1078]

Bresnahan, J.L., and Shapiro, M.M.: A general equation and technique for the exact partitioning of chi-square contingency tables. Psychol. Bull. **66** (1966), 252–262

Castellan jr., N.J.: On the partitioning of contingency tables. Psychol. Bull. **64** (1965), 330–338

Caussinus, H.: Contribution à l'analyse statistique des tableaux de corrélation. Ann. Fac. Sci. Univ. Toulouse, Math., 4. Ser., **29** (1965), 77–183

Cochran, W.G.: (1) Some methods of strengthening the common χ^2 tests. Biometrics **10** (1954), 417–451. (2) Analyse des classifications d'ordre. Revue de Statistique Appliquée **14** (No. 2) (1966), 5–17

Cole, L.C.: The measurement of partial interspecific association. Ecology **38** (1957), 226–233 (vgl. auch **30** [1949], 411–424)

Eberhard, K.: $\overline{FM}$ – Ein Maß für die Qualität einer Vorhersage aufgrund einer mehrklassigen Variablen in einer $k \cdot 2$-Felder-Tafel. Z. exp. angew. Psychol. **17** (1970), 592–599

Fairfield Smith, H.: On comparing contingency tables. The Philippine Statistician **6** (1957), 71–81

Fienberg, S.E.: (1) The analysis of multidimensional contingency tables. Ecology **51** (1970), 419–433. (2) An iterative procedure for estimation in contingency tables. Ann. Math. Statist. **41** (1970), 907–917 [vgl. auch Psychometrika **36** (1971), 349–367 und Biometrics **28** (1972), 177–202]

Gabriel, K.R.: Simultaneous test procedures for multiple comparisons on categorical data. J. Amer. Statist. Assoc. **61** (1966), 1080–1096

Gart, J.J.: Alternative analyses of contingency tables. J. Roy. Statist. Soc. B **28** (1966), 164–179 [vgl. auch Biometrika **59** (1972), 309–316]

Goodman, L.A.: (1) On methods for comparing contingency tables. J. Roy. Statist. Soc., Ser. A

126 (1963), 94–108. (2) Simple methods for analyzing three-factor interaction in contingency tables. J. Amer. Statist. Assoc. **59** (1964), 319–352. (3) On partitioning χ^2 and detecting partial association in three-way contingency tables. J. Roy. Statist. Soc. B **31** (1969), 486–498. (4) The multivariate analysis of qualitative data: interactions among multiple classifications. J. Amer. Statist. Assoc. **65** (1970), 226–256. (5) The analysis of multidimensional contingency tables. Stepwise procedures and direct estimation methods for building models for multiple classifications. Technometrics **13** (1971), 33–61 [vgl. auch J. Amer. Statist. Assoc. **66** (1971), 339–344]

Goodman, L. A. and Kruskal, W. H.: Measures of association for cross classifications, IV. Simplification of asymptotic variances. J. Amer. Statist. Assoc. **67** (1972), 415–421 [vgl. auch die auf S. 421 zitierten 5 Arbeiten]

Grizzle, J. E., Starmer, C. F., and Koch, G. G.: Analysis of categorial data by linear models. Biometrics **25** (1969), 489–504 [vgl. auch **26** (1970), 860; **28** (1972), 137–156, J. Amer. Statist. Assoc. **67** (1972), 55–63 und Method. Inform. Med. **12** (1973), 123–128]

Hamdan, M. A.: Optimum choice of classes for contingency tables. J. Amer. Statist. Assoc. **63** (1968), 291–297 [vgl. auch Psychometrika **36** (1971), 253–259]

Ireland, C. T., Ku, H. H., and Kullback, S.: Symmetry and marginal homogeneity of an $r \cdot r$ contingency table. J. Amer. Statist. Assoc. **64** (1969), 1323–1341

Ireland, C. T., and Kullback, S.: Minimum discrimination information estimation. Biometrics **24** (1968), 707–713 [vgl. auch **27** (1971), 175–182 und Biometrika **55** (1968), 179–188]

Jesdinsky, H. J.: Einige χ^2-Tests zur Hypothesenprüfung bei Kontingenztafeln. Method. Inform. Med. **7** (1968), 187–200

Kastenbaum, M. A.: A note on the additive partitioning of chi-square in contingency tables. Biometrics **16** (1960), 416–422

Kincaid, W. M.: The combination of $2 \times m$ contingency tables. Biometrics **18** (1962), 224–228

Ku, H. H.: A note on contingency tables involving zero frequencies and the 2 I test. Technometrics **5** (1963), 398–400

Ku, H. H., and Kullback, S.: Interaction in multidimensional contingency tables: an information theoretic approach. J. Res. Nat. Bur. Stds. **72 B** (1968), 159–199

Ku, H. H., Varner, R. N., and Kullback, S.: On the analysis of multidimensional contingency tables. J. Amer. Statist. Assoc. **66** (1971), 55–64

Kullback, S.: Information Theory and Statistics. (Wiley, pp. 395) New York 1959 [vgl. auch J. Adam, H. Enke u. G. Enderlein: Biometrische Zeitschr. **14** (1972), 305–323; **15** (1973), 53–64, 65–78]

—, Kupperman, M., and Ku, H. H.: (1) An application of information theory to the analysis of contingency tables, with a table of 2n ln n, n = 1(1)10,000. J. Res. Nat. Bur. Stds. B **66** (1962), 217–243. (2) Tests for contingency tables and Markov chains. Technometrics **4** (1962), 573–608

—, and Leibler, R. A.: On information and sufficiency. Ann. Math. Statist. **22** (1951), 79–86

Lancaster, H. O.: The Chi-Squared Distribution. (Wiley, pp. 356), New York 1969

Lewis, B. N.: On the analysis of interaction in multi-dimensional contingency tables. J. Roy. Statist. Soc., Ser. A **125** (1962), 88–117

Lewontin, R. C., and Felsenstein, J.: The robustness of homogeneity tests in $2 \times n$ tables. Biometrics **21** (1965), 19–33

Mantel, N.: Chi-square tests with one degree of freedom; extensions of the Mantel-Haenszel procedure. J. Amer. Statist. Assoc. **58** (1963), 690–700 [vgl. auch Biometrics **29** (1973), 479–486]

—, and Haenszel, W.: Statistical aspects of the analysis of data from retrospective studies of disease. J. Natl. Cancer Institute **22** (1959), 719–748 [vgl. auch W. J. Youden: Cancer **3** (1950), 32–35]

Maxwell, A. E.: Analysing Qualitative Data. London 1961

Meng, R. C., and Chapman, D. G.: The power of Chi-square tests for contingency tables. J. Amer. Statist. Assoc. **61** (1966), 965–975

Mosteller, F.: Association and estimation in contingency tables. J. Amer. Statist. Assoc. **63** (1968), 1–28

Nass, C. A. G.: The χ^2 test for small expectations in contingency tables with special reference to accidents and absenteeism. Biometrika **46** (1959), 365–385

Odoroff, C. L.: A comparison of minimum logit chi-square estimation and maximum likelihood estimation in $2 \times 2 \times 2$ and $3 \times 2 \times 2$ contingency tables: tests for interaction. J. Amer. Statist. Assoc. **65** (1970), 1617–1631

Pawlik, K.: Der maximale Kontingenzkoeffizient im Falle nichtquadratischer Kontingenztafeln. Metrika **2** (1959), 150–166

Ryan, T.: Significance tests for multiple comparison of proportions, variances and other statistics. Psychological Bull. **57** (1960), 318–328

Sachs, L.: (1) Der Vergleich zweier Prozentsätze – Unabhängigkeitstests für Mehrfeldertafeln. Biometrische Zeitschr. **7** (1965), 55–60. (2) Der Vergleich zweier Prozentsätze und die Analyse von Mehrfeldertafeln auf Unabhängigkeit oder Homogenität und Symmetrie mit Hilfe der Informationsstatistik 2 I. Method. Inform. Med. **4** (1965), 42–45. (3) Statistische Methoden. Ein Soforthelfer. 2. neubearb. Aufl. (Springer, 105 S.) Berlin, Heidelberg, New York 1972

Sakoda, J. M., and Cohen, B. H.: Exact probabilities for contingency tables using binomial coefficients. Psychometrika **22** (1957), 83–86

Shaffer, J. P.: Defining and testing hypotheses in multidimensional contingency tables. Psychol. Bull. **79** (1973), 127–141

Winckler, K.: Anwendung des χ^2-Tests auf endliche Gesamtheiten. Ifo-Studien **10** (1964), 87–104

Woolf, B.: The log likelihood ratio test (the G-Test). Methods and tables for tests of heterogeneity in contingency tables. Ann. Human Genetics **21** (1957), 397–409

Yates, F.: The analysis of contingency tables with groupings based on quantitative characters. Biometrika **35** (1948), 176–181 [vgl. auch **39** (1952), 274–289]

Kapitel 7

Addelman, S.: (1) Techniques for constructing fractional replicate plans. J. Amer. Statist. Assoc. **58** (1963), 45–71. (2) Sequences of two-level fractional factorial plans. Technometrics **11** (1969), 477–509 (vgl. auch Davies-Hay, Biometrics **6** [1950], 233–249)

Ahrens, H.: Varianzanalyse. (WTB, Akademie-Vlg., 198 S.), Berlin 1967

Anscombe, F. J.: The transformation of Poisson, binomial and negative-binomial data. Biometrika **35** (1948), 246–254

—, and Tukey, J. W.: The examination and analysis of residuals. Technometrics **5** (1963), 141–159

Baker, A. G.: Analysis and presentation of the results of factorial experiments. Applied Statistics **6** (1957), 45–55

Bancroft, T. A.: (1) Analysis and inference for incompletely specified models involving the use of preliminary test(s) of significance. Biometrics **20** (1964), 427–442. (2) Topics in Intermediate Statistical Methods. Vol. I. (Iowa State University Press; pp. 129) Ames, Iowa 1968, Chapters 1 and 6

Barnett, V. D.: Large sample tables of percentage points for Hartley's correction to Bartlett's criterion for testing the homogeneity of a set of variances. Biometrika **49** (1962), 487–494

Bartholomew, D. J.: Ordered tests in the analysis of variance. Biometrika **48** (1961), 325–332

Bartlett, M. S.: (1) Properties of sufficiency and statistical tests. Proc. Roy. Soc. A **160** (1937), 268–282. (2) Some examples of statistical methods of research in agriculture and applied biology. J. Roy. Statist. Soc. Suppl. **4** (1937), 137–170. (3) The use of transformations. Biometrics **3** (1947), 39–52

Bechhofer, R. E.: A single-sample multiple decision procedure for ranking means of normal populations with known variances. Ann. Math. Statist. **25** (1954), 16–39 [vgl. auch Biometrika **54** (1967), 305–308 und **59** (1972), 217–219]

Binder, A.: The choice of an error term in analysis of variance designs. Psychometrika **20** (1955), 29–50

Blischke, W. R.: Variances of estimates of variance components in a three-way classification. Biometrics **22** (1966), 553–565

Bliss, C. I., Cochran, W. G., and Tukey, J. W.: A rejection criterion based upon the range. Biometrika **43** (1956), 418–422

Bose, R. C.: Paired comparison designs for testing concordance between judges. Biometrika **43** (1956), 113–121

Box, G.E.P.: (1) Non-normality and tests on variances. Biometrika **40** (1953), 318–335. (2) The exploration and exploitation of response surfaces. Biometrics **10** (1954), 16–60.

—, and Andersen, S.L.: Permutation theory in the derivation of robust criteria and the study of departures from assumption. With discussion. J.Roy.Statist.Soc.,Ser. B **17** (1955), 1–34

—, and Cox, D.R.: An analysis of transformations. J.Roy,Statist.Soc., Ser. B **26** (1964), 211–252 [vgl. auch J.J. Schlesselman: J. Amer. Statist. Assoc. **68** (1973), 369–378]

—, and Draper, N.R.: A basis for the selection of a response surface design. J. Amer. Statist. Assoc. **54** (1959), 622–654

—, and Hunter, J.S.: Condensed calculations for evolutionary operation programs. Technometrics **1** (1959), 77–95

—, and Wilson, K.B.: On the experimental attainment of optimum conditions. J.Roy.Statist.Soc., Ser. B **13** (1951), 1–45

Bradley, R.A., and Schumann, D.E.W.: The comparison of the sensitivities of similar experiments: applications. Biometrics **13** (1957), 496–510

Bratcher, T.L., Moran, M.A., and Zimmer, W.J.: Tables of sample sizes in the analysis of variance. J.Qual.Technol. **2** (1970), 156–164

Brownlee, K.A.: The principles of experimental design. Industrial Quality Control **13** (February 1957), 12–20

Cochran, W.G.: (1) The distribution of the largest of a set of estimated variances as a fraction of their total. Ann.Eugen.(Lond.) **11** (1941), 47–61. (2) Some consequences when assumptions for the analysis of variance are not satisfied. Biometrics **3** (1947), 22–38. (3) Testing a linear relation among variances. Biometrics **7** (1951), 17–32. (4) Analysis of covariance: its nature and use. Biometrics **13** (1957), 261–281. (5) The Design of Experiments. In Flagle, C.D., Huggins, W.H., and Roy, R.H. (Eds.): Operations Research and Systems Engineering, pp. 508–553. Baltimore 1960

Cole, J.W.L. and Grizzle, J.E.: Applications of multivariate analysis of variance to repeated measurements experiments. Biometrics **22** (1966), 810–828 [vgl. auch **28** (1972), 39–53 u. 55–71]

Conover, W.J.: Two k-sample slippage tests. J.Amer.Statist.Assoc. **63** (1968), 614–626

Cooper, B.E.: A unifying computational method for the analysis of complete factorial experiments. Communications of the ACM **10** (Jan. 1967), 27–34

Cunningham, E.P.: An iterative procedure for estimating fixed effects and variance components in mixed model situations. Biometrics **24** (1968), 13–25

Daniel, C.: Use of half-normal plots in interpreting factorial two-level experiments. Technometrics **4** (1959), 311–341

David, H.A.: (1) Further applications of range to the analysis of variance. Biometrika **38** (1951), 393–409. (2) The ranking of variances in normal populations. J.Amer.Statist.Assoc. **51** (1956), 621–626. (3) The Method of Paired Comparisons (Griffin, pp.124) London 1969

—, Hartley, H.O., and Pearson, E.S.: The distribution of the ratio, in a single normal sample of range to standard deviation. Biometrika **41** (1954), 482–493

Dolby, J.L.: A quick method for choosing a transformation. Technometrics **5** (1963), 317–325

Duncan, D.B.: (1) Multiple range and multiple F tests. Biometrics **11** (1955), 1–42 (vgl. auch für $n_i \neq$ konst. Kramer **12** [1956], 307/310), (vgl. auch Technometrics **11** [1969], 321/329). (2) Multiple range tests for correlated and heteroscedastic means. Biometrics **13** (1957), 164–176. (3) A Bayesian approach to multiple comparisons. Technometrics **7** (1965), 171–222

Dunn, Olive J.: (1) Confidence intervals for the means of dependent, normally distributed variables. J.Amer.Statist.Assoc. **54** (1959), 613–621. (2) Multiple comparisons among means. J.Amer. Statist. Assoc. **56** (1961), 52–64 [vgl. auch Technometrics **6** (1964), 241–252]

Eisen, E.J.: The quasi-F test for an unnested fixed factor in an unbalanced hierarchal design with a mixed model. Biometrics **22** (1966), 937–942

Eisenhart, C.: The assumptions underlying the analysis of variance. Biometrics **3** (1947), 1–21

Enderlein, G.: Die Kovarianzanalyse. In: Regressionsanalyse und ihre Anwendungen in der Agrarwissenschaft. Vorträge des 2.Biometrischen Seminars der Deutschen Akademie der Landwirtschaftswissenschaften zu Berlin, im März 1965. Tagungsberichte Nr.87, Berlin 1967, S.101–132

Endler, N.S.: Estimating variance components from mean squares for random and mixed effects analysis of variance models. Perceptual and Motor Skills **22** (1966), 559–570 (siehe auch die von Whimbey et al. **25** [1967], 668 gegebenen Korrekturen)

Evans, S.H., and Anastasio, E.J.: Misuse of analysis of covariance when treatment effect and covariate are confounded. Psychol. Bull. **69** (1968), 225–234 (vgl. auch **75** [1971], 220–222)

Federer, W.T.: Experimental error rates. Proc. Amer. Soc. Hort. Sci. **78** (1961), 605–615

Fisher, R.A., and Yates, F.: Statistical Tables for Biological, Agricultural and Medical Research. 6th ed. London 1963

Fleckenstein, Mary, Freund, R.A., and Jackson, J.E.: A paired comparison test of typewriter carbon papers. Tappi **41** (1958), 128–130

Freeman, M.F., and Tukey, J.W.: Transformations related to the angular and the square root. Ann. Math. Statist. **21** (1950), 607–611

Friedman, M.: (1) The use of ranks to avoid the assumption of normality implicit in the analysis of variance. J.Amer.Statist.Assoc. **32** (1937), 675–701. (2) A comparison of alternative tests of significance for the problem of m rankings. Ann. Math. Statist. **11** (1940), 86–92

Gabriel, K.R.: Analysis of variance of proportions with unequal frequencies. J.Amer.Statist. Assoc. **58** (1963), 1133–1157

Games, P.A.: Robust tests for homogeneity of variance. Educat. Psychol. Msmt. **32** (1972), 887–909 [vgl. auch J. Amer. Statist. Assoc. **68** (1973), 195–198]

Gates, Ch.E., and Shiue, Ch.-J.: The analysis of variance of the s-stage hierarchal classification. Biometrics **18** (1962), 529–536

Ghosh, M.N., and Sharma, D.: Power of Tukey test for non-additivity, J.Roy.Statist.Soc. **B 25** (1963), 213–219

Gower, J.C.: Variance component estimation for unbalanced hierarchical classifications. Biometrics **18** (1962), 537–542

Green, B.F. jr., and Tukey, J.W.: Complex analyses of variance: general problems. Psychometrika **25** (1960), 127–152

Grimm, H.: Transformation von Zufallsvariablen. Biometrische Zeitschr. **2** (1960), 164–182

Hamaker, H.C.: Experimental design in industry. Biometrics **11** (1955), 257–286

Harsaae, E.: On the computation and use of a table of percentage points of Bartlett's M. Biometrika **56** (1969), 273–281

Harte, Cornelia: Anwendung der Covarianzanalyse beim Vergleich von Regressionskoeffizienten. Biometrische Zeitschr. **7** (1965), 151–164

Harter, H.L.: (1) Error rates and sample sizes for range tests in multiple comparisons. Biometrics **13** (1957), 511–536. (2) Tables of range and Studentized range. Ann. Math. Statist. **31** (1960), 1122–1147. (3) Expected values of normal order statistics. Biometrika **48** (1961), 151–165

Hartley, H.O.: (1) The use of range in analysis of variance. Biometrika **37** (1950), 271–280. (2) The maximum F-ratio as a short cut test for heterogeneity of variance. Biometrika **37** (1950), 308–312. (3) Some recent developments in the analysis of variance. Comm. Pure and Applied Math. **8** (1955), 47–72

—, and Pearson, E.S.: Moments constants for the distribution of range in normal samples. I. Foreword and tables. Biometrika **38** (1951), 463 + 464

Harvey, W.R.: Estimation of variance and covariance components in the mixed model. Biometrics **26** (1970), 485–504

Hays, W.L.: Statistics for Psychologists. (Holt, Rinehart and Winston, pp. 719), New York 1963, pp. 439–455

Healy, M.J.R. and Taylor, L.R.: Tables for power-law transformations. Biometrika **49** (1962), 557–559

Herzberg, Agnes M., and Cox, D.R.: Recent work on the design of experiments: a bibliography and a review. J. Roy. Statist. Soc. A **132** (1969), 29–67

Holland, D.A.: Sampling errors in an orchard survey involving unequal numbers of orchards of distinct type. Biometrics **21** (1965), 55–62

Imberty, M.: Esthétique expérimentale: la methode de comparaison par paires appliquée à l'étude de l'organisation perceptive de la phrase musicale chez l'enfant. Revue de Statistique Appliquée **16**, No. 2 (1968), 25–63

Jackson, J. E., and Fleckenstein, Mary: An evaluation of some statistical techniques used in the analysis of paired comparison data. Biometrics **13** (1957), 51–64

Jaech, J. L.: The latin square. J. Qual. Technol. **1** (1969), 242–255

Kastenbaum, M. A., Hoel, D. G., and Bowman, K. O.: (1) Sample size requirements: one-way analysis of variance. Biometrika **57** (1970), 421–430. (2) Sample size requirements: randomized block designs. Biometrika **57** (1970), 573–577 [vgl. auch Biometrika **59** (1972), 234]

Kempthorne, V.: The randomization theory of experimental inference. J. Amer. Statist. Assoc. **50** (1955), 946–967

—, and Barclay, W. D.: The partition of error in randomized blocks. J. Amer. Statist. Assoc. **48** (1953), 610–614

Kendall, M. G.: On the future of statistics – a second look. J. Roy. Statist. Soc. A **131** (1968), 182–294

Kiefer, J. C.: Optimum experimental designs. J. Roy. Statist. Soc., Ser. B **21** (1959), 272–319

Knese, K. H., und Thews, G.: Zur Beurteilung graphisch formulierter Häufigkeitsverteilungen bei biologischen Objekten. Biometrische Zeitschr. **2** (1960), 183–193

Koch, G. G.: A general approach to the estimation of variance components. Technometrics **9** (1967), 93–118 (siehe **10**, 551–558)

—, and Sen, K. P.: Some aspects of the statistical analysis of the "mixed model". Biometrics **24** (1968), 27–48

Koller, S.: (1) Statistische Auswertung der Versuchsergebnisse. In Hoppe-Seyler/Thierfelder's Handb. d. physiologisch- und pathologisch-chemischen Analyse, 10. Aufl., Bd. II, S. 931–1036. Berlin-Göttingen-Heidelberg 1955, S. 1011–1016 [vgl. auch Arzneim.-Forschg. **18** (1968), 71–77]. (2) Statistische Auswertungsmethoden. In H. M. Rauen (Hrsg.), Biochemisches Taschenbuch, II. Teil, S. 959–1046, Berlin-Göttingen-Heidelberg-New York 1964

Kramer, C. Y.: On the analysis of variance of a two-way classification with unequal sub-class numbers. Biometrics **11** (1955), 441–452 [vgl. auch Psychometrika **36** (1971), 31–34]

Kurtz, T. E., Link, R. F., Tukey, J. W., and Wallace, D. L.: (1) Short-cut multiple comparisons for balanced single and double classifications: Part 1, Results. Technometrics **7** (1965), 95–161. (2) Short-cut multiple comparisons for balanced single and double classifications: Part 2. Derivations and approximations. Biometrika **52** (1965), 485–498

Kussmaul, K., and Anderson, R. L.: Estimation of variance components in two-stage nested designs with composite samples. Technometrics **9** (1967), 373–389

Lehmann, W.: Einige Probleme der varianzanalytischen Auswertung von Einzelpflanzenergebnissen. Biometrische Zeitschr. **12** (1970), 54–61

Le Roy, H. L.: (1) Wie finde ich den richtigen F-Test? Mitteilungsbl. f. math. Statistik **9** (1957), 182–195. (2) Testverhältnisse bei der doppelten Streuungszerlegung (Zweiwegklassifikation). Schweiz. Landw. Forschg. **2** (1963), 329–340. (3) Testverhältnisse beim $a \cdot b \cdot c$- und $a \cdot b \cdot c \cdot d$-Faktorenversuch. Schweiz. Landw. Forschg. **3** (1964), 223–234. (4) Vereinfachte Regel zur Bestimmung des korrekten F-Tests beim Faktorenversuch. Schweiz. Landw. Forschg. **4** (1965), 277–283. (5) Verbale und bildliche Interpretation der Testverhältnisse beim Faktorenversuch. Biometrische Zeitschr. **14** (1972), 419–427 [vgl. auch Metrika **17** (1971), 233–242]

Leslie, R. T., and Brown, B. M.: Use of range in testing heterogeneity of variance. Biometrika **53** (1966), 221–227

Li, C. C.: Introduction to Experimental Statistics. (McGraw-Hill, pp. 460), New York 1964, pp. 258–334

Li, J. C. R.: Statistical Inference I. (Edwards Brothers, pp. 658), Ann Arbor, Mich. 1964, Chapter 19

Lienert, G. A.: Über die Anwendung von Variablen-Transformationen in der Psychologie. Biometrische Zeitschr. **4** (1962), 145–181

—, Huber, H., und Hinkelmann, K.: Methode zur Analyse quantitativer Verlaufskriterien. Biometrische Zeitschr. **7** (1965), 184–193

Linhart, H.: (1) Approximate tests for m rankings. Biometrika **47** (1960), 476–480. (2) Streuungs-zerlegung für Paar-Vergleiche. Metrika **10** (1966), 16–38

Link, R.F., and Wallace, D.L.: Some Short Cuts to Allowances. Princeton University, March 1952

Mandel, J.: Non-additivity in two-way analysis of variance. J.Amer.Statist.Assoc. **56** (1961), 878–888

Martin, L.: Transformations of variables in clinical-therapeutical research. Method. Inform. Med. **1** (1962), 1938–1950

McDonald, B.J., and Thompson, W.A. jr.: Rank sum multiple comparisons in one- and two-way classifications. Biometrika **54** (1967), 487–497

Michaelis, J.: Schwellenwerte des Friedman-Tests. Biometr. Zeitschr. **13** (1971), 118–129

Mosteller, F., and Youtz, C.: Tables of the Freeman-Tukey transformations for the binomial and Poisson distributions. Biometrika **48** (1961), 433–440

Natrella, Mary G.: Experimental Statistics. NBS Handbook 91. (U.S. Gvt. Print. Office) Washington 1963, Chapters 11/14

Newman, D.: The distribution of the range in samples from normal population, expressed in terms of an independent estimate of standard deviation. Biometrika **31** (1939), 20–30

Neyman, J. and Scott, E.L.: Correction for bias introduced by a transformation of variables. Ann. Math. Statist. **31** (1960), 643–655 [vgl. auch Int. Statist. Rev. **41** (1973), 203–223]

Ott, E.R.: Analysis of means – a graphical procedure. Industrial Quality Control **24** (August 1967), 101–109

Pachares, J.: Table of the upper 10% points of the Studentized range. Biometrika **46** (1959), 461–466

Page, E.B.: Ordered hypotheses for multiple treatments: A significance test for linear ranks. J.Amer. Statist.Assoc. **58** (1963), 216–230 [vgl. auch **67** (1972), 850–854 und Psychological Review **71** (1964), 505–513 sowie Psychometrika **38** (1973), 249–258]

Pearson, E.S.: The probability integral of the range in samples of n observations from a normal population. Biometrika **32** (1941/42), 301–308

—, and Stephens, M.A.: The ratio of range to standard deviation in the same normal sample. Bio-metrika **51** (1964), 484–487

Peng, K.C.: The Design and Analysis of Scientific Experiments. (Addison-Wesley, pp. 252) Reading, Mass. 1967, Chapter 10

Plackett, R.L.: Models in the analysis of variance. J.Roy.Statist.Soc. B **22** (1960), 195–217

Plackett, R.L., and Burman, J.P.: The design of optimum multifactorial experiments. Biometrika **33** (1946), 305–325

Quade, D.: Rank analysis of covariance. J.Amer.Statist.Assoc. **62** (1967), 1187–1200

Rao, P.V., and Kupper, L.L.: Ties in paired-comparison experiments: a generalization of the Bradley-Terry model. J.Amer.Statist.Assoc. **62** (1967), 194–204 (siehe **63**, 1550)

Rasch, D.: (1) Probleme der Varianzanalyse bei ungleicher Klassenbesetzung. Biometrische Zeitschr. **2** (1960), 194–203. (2) Gemischte Klassifikationen der dreifachen Varianzanalyse. Biometrische Zeitschr. **13** (1971), 1–20

Reinach, S.G.: A nonparametric analysis for a multi-way classification with one element per cell. South Africa J. Agric. Sci. (Pretoria) **8** (1965), 941–960 [vgl. auch S. Afr. Statist. J. **2** (1968), 9–32]

Reisch, J.S., and Webster, J.T.: The power of a test in covariance analysis. Biometrics **25** (1969), 701–714

Rives, M.: Sur l'analyse de la variance. I. Emploi de transformations. Ann. Inst. nat. Rech. agronom., Ser. B **3** (1960), 309–331

Rutherford, A.A., and Stewart, D.A.: The use of subsidiary information in the improvement of the precision of experimental estimation. Record of Agricultural Research **16**, Part 1 (1967), 19–24

Ryan, T.A.: (1) Multiple comparisons in psychological research. Psychol. Bull. **56** (1959), 26–47. (2) Comments on orthogonal components. Psychol. Bull. **56** (1959), 394–396

Sachs, L.: Statistische Methoden. Ein Soforthelfer. 2. neubearb. Aufl. (Springer, 105 S.), Berlin, Heidelberg, New York 1975, S.94–97

Scheffé, H.: (1) An analysis of variance for paired comparisons. J.Amer.Statist.Assoc. **47** (1952), 381–400. (2) A method for judging all contrasts in the analysis of variance. Biometrika **40** (1953),

87–104, Corrections **56** (1969), 229. (3) The Analysis of Variance. (Wiley, pp. 477), New York 1959, Chapters 6 and 8

Searle, S. R.: (1) Linear Models. (Wiley, pp. 532) London 1971. (2) Topics in variance component estimation. Biometrics **27** (1971), 1–76

Searle, S. R., and Henderson, C. R.: Computing procedures for estimating components of variance in the two-way classification, mixed model. Biometrics **17** (1961), 607–616

Siotani, M.: Internal estimation for linear combinations of means. J. Amer. Statist. Assoc. **59** (1964), 1141–1164 (vgl. auch **60** [1965], 573–583)

Snell, E. J.: A scaling procedure for ordered categorical data. Biometrics **20** (1964), 592–607

Spjøtvoll, E.: A mixed model in the analysis of variance. Optimal properties. Skand. Aktuarietidskr. **49** (1966), 1–38

Sprott, D. A.: Note on Evans and Anastasio on the analysis of covariance. Psychol. Bull. **73** (1970), 303–306 [vgl. auch **69** (1968), 225–234 und **79** (1973), 180]

Starks, T. H., and David, H. A.: Significance tests for paired-comparison experiments. Biometrika **48** (1961), 95–108, Corrigenda 475

Student: Errors of routine analysis. Biometrika **19** (1927), 151–164

Taylor, L. R.: Aggregation, variance and the mean. Nature **189** (1961), 723–735 (vgl. auch Biometrika **49** [1962], 557–559)

Teichroew, D.: Tables of expected values of order statistics and products of order statistics for samples of size twenty and less from the normal distribution. Ann. Math. Statist. **27** (1956), 410–426

Terry, M. E., Bradley, R. A., and Davis, L. L.: New designs and techniques for organoleptic testing. Food Technology **6** (1952), 250–254 [vgl. auch Biometrics **20** (1964), 608–625]

Tietjen, G. L., and Beckman, R. J.: Tables for use of the maximum F-ratio in multiple comparison procedures. J. Amer. Statist. Assoc. **67** (1972), 581–583 [vgl. auch Biometrika **60** (1973), 213 + 214]

Tietjen, G. L., and Moore, R. H.: On testing significance of components of variance in the unbalanced nested analysis of variance. Biometrics **24** (1968), 423–429

Trawinski, B. J.: An exact probability distribution over sample spaces of paired comparisons. Biometrics **21** (1965), 986–1000

Tukey, J. W.: (1) Comparing individual means in the analysis of variance. Biometrics **5** (1949), 99–114. (2) One degree of freedom for non-additivity. Biometrics **5** (1949), 232–242 (vgl. **10** [1954], 562–568), (vgl. auch Ghosh und Sharma 1963). (3) Some selected quick and easy methods of statistical analysis. Trans. N. Y. Acad. Sciences (II) **16** (1953), 88–97. (4) Answer to query 113. Biometrics **11** (1955), 111–113. (5) On the comparative anatomy of transformations. Ann. Math. Statist. **28** (1957), 602–632. (6) The future of data analysis. Ann. Math. Statist. **33** (1962), 1–67

Vessereau, A.: Les méthodes statistiques appliquées au test des caractères organoleptiques. Revue de Statistique Appliquée **13** (1965, No. 3), 7–38

Victor, N.: Beschreibung und Benutzeranleitung der interaktiven Statistikprogramme ISTAP. Gesellschaft für Strahlen- und Umweltforschung mbH; 52 S.) München 1972, S. 39

Wartmann, R.: Rechnen mit gerundeten bzw. verschlüsselten Zahlen, insbesondere bei Varianzanalyse. Biometrische Zeitschr. **1** (1959), 190–202

Watts, D. G. (Ed.): The Future of Statistics. (Proc. Conf. Madison, Wisc., June 1967; Academic Press, pp. 315), New York 1968

Weiling, F.: (1) Weitere Hinweise zur Prüfung der Additivität bei Streuungszerlegungen (Varianzanalysen). Der Züchter **33** (1963), 74–77. (2) Möglichkeiten der Analyse von Haupt- und Wechselwirkungen bei Varianzanalysen mit Hilfe programmgesteuerter Rechner. Biometrische Zeitschr. **14** (1972), 398–408

Wilcoxon, F., and Wilcox, Roberta, A.: Some Rapid Approximate Statistical Procedures. Lederle Laboratories, Pearl River, New York 1964

Wilk, M. B., and Kempthorne, O.: Fixed, mixed, and random models. J. Amer. Statist. Assoc. **50** (1955), 1144–1167

Williams, J. D.: (Letter) Quick calculations of critical differences for Scheffé's test for unequal sample sizes. The American Statistician **24** (April 1970), 38 + 39

Winer, B. J.: Statistical Principles in Experimental Design. (McGraw-Hill, pp. 672), New York 1962, pp. 140–455 [2nd ed., pp. 907, N.Y. 1971]

Multiple Vergleiche

Bancroft, T. A.: Topics in Intermediate Statistical Methods. Vol. I. (Iowa State University Press; pp. 129) Ames, Iowa 1968, Chapter 8

Bechhofer, R. E.: Multiple comparisons with a control for multiply-classified variances of normal populations. Technometrics **10** (1968), 715–718 (sowie 693–714)

Crouse, C. F.: A multiple comparison of rank procedure for a one-way analysis of variance. S. Afr. Statist. J. **3** (1969), 35–48

Dudewicz, E. J., and Ramberg, J. S.: Multiple comparisons with a control; unknown variances. Annual Techn. Conf. Transact. Am. Soc. Qual. Contr. **26** (1972), 483–488

Duncan, D. B.: A Bayesian approach to multiple comparisons. Technometrics **7** (1965), 171–222

Dunn, Olive J.: (1) Confidence intervals for the means of dependent, normally distributed variables. J. Amer. Statist. Assoc. **54** (1959), 613–621. (2) Multiple comparisons among means. J. Amer. Statist. Assoc. **56** (1961), 52–64. (3) Multiple comparisons using rank sums. Technometrics **6** (1964), 241–252

—, and Massey, jr., F. J.: Estimating of multiple contrasts using t-distributions. J. Amer. Statist. Assoc. **60** (1965), 573–583

Dunnett, C. W.: (1) A multiple comparison procedure for comparing several treatments with a control. J. Amer. Statist. Assoc. **50** (1955), 1096–1121 [siehe auch Dudewicz u. Ramberg (1972)]. (2) New tables for multiple comparisons with a control. Biometrics **20** (1964), 482–491. (3) Multiple comparison tests. Biometrics **26** (1970), 139–141

Enderlein, G.: Die Maximum-Modulus-Methode zum multiplen Vergleich von Gruppenmitteln mit dem Gesamtmittel. Biometrische Zeitschr. **14** (1972), 85–94

Gabriel, K. R.: (1) A procedure for testing the homogeneity of all sets of means in analysis of variance. Biometrics **20** (1964), 458–477. (2) Simultaneous test procedures for multiple comparisons on categorical data. J. Amer. Statist. Assoc. **61** (1966), 1081–1096

Games, P. A.: Inverse relation between the risks of type I and type II errors and suggestions for the unequal n case in multiple comparisons. Psychol. Bull. **75** (1971), 97–102 (vgl. auch **71** [1969], 43–54 und Amer. Educat. Res. J. **8** [1971], 531–565)

Hahn, G. J. and Hendrickson, R. W.: A table of percentage points of the distribution of the largest absolute value of k Student t variates and its applications. Biometrika **58** (1971), 323–332

Hollander, M.: An asymptotically distribution-free multiple comparison procedure treatments vs. control. Ann. Math. Statist. **37** (1966), 735–738

Keuls, M.: The use of the studentized range in connection with an analysis of variance. Euphytica **1** (1952), 112–122

Kramer, C. Y.: Extension of multiple range tests to group correlated adjusted means. Biometrics **13** (1957), 13–18 [vgl. auch Psychometrika **36** (1971), 31–34]

Kurtz, T. E., Link, R. F., Tukey, J. W., and Wallace, D. L.: Short-cut multiple comparisons for balanced single and double classifications: Part 1, Results. Technometrics **7** (1965), 95–161

—, Link, R. F., Tukey, J. W., and Wallace, D. L.: Short-cut multiple comparisons for balanced single and double classifications: Part 2. Derivations and approximations. Biometrika **52** (1965), 485–498

Link, R. F.: On the ratio of two ranges. Ann. Math. Statist. **21** (1950), 112–116

—, and Wallace, D. L.: Some Short Cuts to Allowances. Princeton University, March 1952

Marascuilo, L. A.: Large-sample multiple comparisons. Psychol. Bull. **65** (1966), 280–290 (vgl. auch J. Cohen, **67** [1967], 199–201)

McDonald, B. J., and Thompson, W. A., Jr.: Rank sum multiple comparisons in one- and two-way classifications. Biometrika **54** (1967), 487–497

Miller, R. G.: Simultaneous Statistical Inference. (McGraw-Hill, pp. 272), New York 1966 (Chapter 2, pp. 37–109)

Morrison, D. F.: Multivariate Statistical Methods. (McGraw-Hill, pp. 338), New York 1967

Nemenyi, P.: Distribution-Free Multiple Comparisons. New York, State University of New York, Downstate Medical Center 1963

O'Neill, R. and Wetherill, G. B.: The present state of multiple comparison methods. With discussion. J. Roy. Statist. Soc. **B 33** (1971), 218–250

Perlmutter, J. and Myers, J. L.: A comparison of two procedures for testing multiple contrasts. Psychol. Bull. **79** (1973), 181–184

Petrinovich, L. F., and Hardyck, C. D.: Error rates for multiple comparison methods. Some evidence concerning the frequency of erroneous conclusions. Psychol. Bull. **71** (1969), 43–54 (vgl. auch **75** [1971], 97–102 und **80** [1973], 31 + 32)

Rhyne, A. L., and Steel, R. G. D.: A multiple comparisons sign test: all pairs of treatments. Biometrics **23** (1967), 539–549

Rhyne jr., A. L., and Steel, R. G. D.: Tables for a treatment versus control multiple comparisons sign test. Technometrics **7** (1965), 293–306

Ryan, T. A.: Significance tests for multiple comparison of proportions, variances and other statistics. Psychol. Bull. **57** (1960), 318–328

Scheffé, H.: A method for judging all contrasts in the analysis of variance. Biometrika **40** (1953), 87–104, Corrections **56** (1969), 229

Seeger, P.: Variance Analysis of Complete Designs. Some Practical Aspects. (Almqvist and Wiksell, pp. 225) Uppsala 1966, pp. 111–160

Siotani, M.: Interval estimation for linear combinations of means. J. Amer. Statist. Assoc. **59** (1964), 1141–1164

Slivka, J.: A one-sided nonparametric multiple comparison control percentile test: treatment versus control. Biometrika **57** (1970), 431–438

Steel, R. G. D.: (1) A multiple comparison rank sum test: treatment versus control. Biometrics **15** (1959), 560–572. (2) A rank sum test for comparing all pairs of treatments. Technometrics **2** (1960), 197–208. (3) Answer to Query: Error rates in multiple comparisons. Biometrics **17** (1961), 326–328. (4) Some rank sum multiple comparisons tests. Biometrics **17** (1961), 539–552

Thöni, H.: A nomogram for testing multiple comparisons. Biometrische Zeitschr. **10** (1968), 219–221

Tobach, E., Smith, M., Rose, G., and Richter, D.: A table for making rank sum multiple paired comparisons. Technometrics **9** (1967), 561–567

Versuchsplanung

Bätz, G. (u. 16 Mitarb.): Biometrische Versuchsplanung. (VEB Dtsch. Landwirtschaftsvlg., 355 S.) Berlin 1972

Bancroft, T. A.: Topics in Intermediate Statistical Methods (Iowa State Univ. Press) Ames, Iowa 1968

Bandemer, H., Bellmann, A., Jung, W. und Richter, K.: Optimale Versuchsplanung. (WTB Bd. 131) (Akademie-Vlg., 180 S.) Berlin 1973

Billeter, E. P.: Grundlagen der repräsentativen Statistik. Stichprobentheorie und Versuchsplanung. (Springer, 160 S.) Wien und New York 1970, S. 99/152

Bose, R. C.: The design of experiments. Proc. Indian Sci. Congr. **34** (II) (1947), 1–25 [vgl. auch Ann. Eugenics **9** (1939), 353–399, Sankhya **4** (1939), 337–372, J. Amer. Statist. Assoc. **75** (1952), 151–181 und K. D. Tocher: J. Roy. Statist. Soc. B **14** (1952), 45–100]

Brownlee, K. A.: Statistical Theory and Methodology in Science and Engineering. (Wiley, pp. 570), New York 1960

Chew, V. (Ed.): Experimental Designs in Industry. New York 1958

Cochran, W. G., and Cox, Gertrude M.: Experimental Designs, 2nd ed., New York 1962

Davies, O. L. (Ed.): Design and Analysis of Industrial Experiments, 3rd ed., New York 1963

Dugue, D., et Girault, M.: Analyse de Variance et Plans d'Expérience. Paris 1959

Edwards, A. L.: Versuchsplanung in der Psychologischen Forschung. (Beltz, 501 S.) Weinheim, Berlin, Basel 1971

Federer, W.T.: Experimental Design. New York 1963

—, and Balaam, L.N.: Bibliography on Experiment and Treatment Design Pre 1968. (Oliver and Boyd; pp.765) Edinburgh and London 1973

Fisher, R.A.: The Design of Experiments. Edinburgh 1935 (7th ed. 1960)

Hall, M., jr.: Combinatorial Theory. (Blaisdell, pp. 310) Waltham, Mass. 1967

Hedayat, A.: Book Review. Books on experimental design. (Gibt eine Liste mit 43 Büchern). Biometrics **26** (1970), 590–593

Herzberg, Agnes M., and Cox, D.R.: Recent work on the design of experiments: a bibliography and a review. J.Roy.Statist.Soc. **132A** (1969), 29–67

Hicks, C.R.: Fundamental Concepts in the Design of Experiments. New York 1964

Johnson, N.L., and Leone, F.C.: Statistics and Experimental Design in Engineering and the Physical Sciences. Vol.II, New York 1964

Kempthorne, O.: The Design and Analysis of Experiments, 2nd ed., New York 1960

Kendall, M.G., and Stuart, A.: The Advanced Theory of Statistics. Vol.3, Design and Analysis, and Time Series. 2nd ed. (Griffin; pp.557) London 1968, Chapters 35–38

Kirk, R.E.: Experimental Design. Procedures for the Behavioral Sciences. (Brooks-Coole; pp. 577), Belmont, Calif. 1968

Li, C.C.: Introduction to Experimental Statistics. New York 1964

Li, J.C.R.: Statistical Inference. Vol. I, II., Ann Arbor, Mich. 1964

Linder, A.: Planen und Auswerten von Versuchen. 3. erw.Aufl. (Birkhäuser, 344S.), Basel und Stuttgart 1969

Mendenhall, W.: Introduction to Linear Models and the Design and Analysis of Experiments (Wadsworth Publ. Comp., pp. 465), Belmont, Calif. 1968

Myers, J.L.: Fundamentals of Experimental Design. 2nd ed. (Allyn and Bacon, pp.407), Boston 1972

Peng, K.C.: The Design and Analysis of Scientific Experiments. Reading, Mass. 1967

Scheffé, H.: The Analysis of Variance. New York 1959

Winer, B.J.: Statistical Principles in Experimental Design. 2nd ed. (McGraw-Hill, pp.907) New York 1971

Yates, F.: Experimental Design. Selected Papers. (Hafner, pp.296) Darien, Conn. (USA) 1970

Übungsaufgaben

Zu Kapitel 1

Wahrscheinlichkeitsrechnung

1. Zwei Würfel werden geworfen. Wie groß ist die Wahrscheinlichkeit, daß die gewürfelte Augensumme 7 oder 11 beträgt?

2. Drei Geschütze schießen je einmal. Sie treffen mit einer Wahrscheinlichkeit von 0,1, 0,2 und 0,3. Gefragt ist nach der Trefferwahrscheinlichkeit insgesamt.

3. Die Verteilung der Geschlechter unter den Neugeborenen (Knaben : Mädchen) ist nach langjährigen Beobachtungen 514:486. Das Auftreten blonden Haares habe bei uns die relative Häufigkeit 0,15. Wie groß ist die relative Häufigkeit eines blonden Knaben?

4. Wie groß ist die Wahrscheinlichkeit, mit einem Würfel in 4 Würfen wenigstens einmal die 6 zu werfen?

5. In wieviel Würfen ist mit 50%iger Wahrscheinlichkeit die 6 wenigstens einmal zu erwarten?

6. Wie groß ist die Wahrscheinlichkeit, mit einer Münze 5-, 6-, 7-, 10mal hintereinander Wappen zu werfen?

Mittelwert und Standardabweichung

7. Schätze Mittelwert und Standardabweichung der Häufigkeitsverteilung

x	5	6	7	8	9	10	11	12	13	14	15	16
n	10	9	94	318	253	153	92	40	26	4	0	1

8. Schätze Mittelwert und Standardabweichung der folgenden 45 Werte:

40,	43,	43,	46,	46,	46,	54,	56,	59,
62,	64,	64,	66,	66,	67,	67,	68,	68,
69,	69,	69,	71,	75,	75,	76,	76,	78,
80,	82,	82,	82,	82,	82,	83,	84,	86,
88,	90,	90,	91,	91,	92,	95,	102,	127.

(a) direkt, (b) indem die Klassengrenzen 40 bis unter 45, 45 bis unter 50 usw., (c) indem die Klassengrenzen 40 bis unter 50, 50 bis unter 60 usw. benutzt werden.

9. Schätze den Median, den Mittelwert, die Standardabweichung, die Schiefe II und den Exzeß der Stichprobenverteilung:

62,	49,	63,	80,	48,	67,	53,	70,	57,	55,	39,	60,	65,	56,	61,	37,
63,	58,	37,	74,	53,	27,	94,	61,	46,	63,	62,	58,	75,	69,	47,	71,
38,	61,	74,	62,	58,	64,	76,	56,	67,	45,	41,	38,	35,	40.		

10. Zeichne die Häufigkeitsverteilung und schätze Mittelwert, Median, Dichtemittel, erstes und drittes Quartil, erstes und neuntes Dezil, Standardabweichung, Schiefe I–III sowie den Exzeß.

Klassengrenzen	Häufigkeiten
72,0 - 73,9	7
74,0 - 75,9	31
76,0 - 77,9	42
78,0 - 79,9	54
80,0 - 81,9	33
82,0 - 83,9	24
84,0 - 85,9	22
86,0 - 87,9	8
88,0 - 89,9	4
Insgesamt	225

F-Verteilung

11. Gegeben $F = 3,84$ mit den Freiheitsgraden $v_1 = 4$ und $v_2 = 8$. Gesucht wird die dem F-Wert entsprechende Irrtumswahrscheinlichkeit.

Binomialkoeffizient

12. Angenommen, 8 Insektizide sind jeweils paarweise in ihrer Wirkung auf Mücken zu testen. Wie viele Versuche müssen durchgeführt werden?

13. Durchschnittlich sterben 10% der von einer bestimmten Krankheit befallenen Patienten. Wie groß ist die Wahrscheinlichkeit, daß von 5 Patienten, die an dieser Krankheit leiden, (a) alle geheilt werden, (b) genau 3 sterben werden, (c) mindestens 3 sterben werden?

14. Wie groß ist die Wahrscheinlichkeit, daß 5 einem gut gemischten Kartenspiel (52 Karten) entnommene Spielkarten vom Karo-Typ sind?

15. Ein Würfel wird 12mal geworfen. Wie groß ist die Wahrscheinlichkeit, daß die Augenzahl 4 genau zweimal erscheint?

16. Ein Seminar werde von 13 Studentinnen und 18 Studenten besucht. Wie viele Möglichkeiten gibt es für die Auswahl eines Komitees, bestehend aus 2 Studentinnen und 3 Studenten?

Binomialverteilung

17. Wie groß ist die Wahrscheinlichkeit, in 10 Münzwürfen fünfmal Wappen zu erzielen?

18. Die Wahrscheinlichkeit für einen Dreißigjährigen, das kommende Jahr zu überleben, betrage laut Sterbetafel $p = 0,99$. Wie groß ist die Wahrscheinlichkeit, daß von 10 Dreißigjährigen 9 das kommende Jahr überleben werden?

19. Wie groß ist die Wahrscheinlichkeit dafür, daß unter 100 Würfen mit einem Würfel sich genau 25mal eine 6 befindet?

20. Zwanzig Wochentage werden nach einem Zufallsprozeß ausgewählt. Wie groß ist die Wahrscheinlichkeit, daß 5 von ihnen auf einen bestimmten Tag in der Woche – sagen wir auf einen Sonntag – fallen?

21. Angenommen, daß im Durchschnitt 33% der im Krieg eingesetzten Schiffe versenkt werden. Wie groß ist die Wahrscheinlichkeit, daß von 6 Schiffen (a) genau 4, (b) wenigstens 4 wieder zurückkehren?

22. Hundert Münzen werden geworfen. Wie groß ist die Wahrscheinlichkeit, daß genau 50 auf die Wappenseite fallen? Benutze die Stirlingsche Formel.

23. Eine Urne enthalte 2 weiße und 3 schwarze Bälle. Wie groß ist die Wahrscheinlichkeit, daß in 50 Zügen mit Zurücklegen genau 20 weiße Bälle gezogen werden? Benutze die Stirlingsche Formel.

Poisson-Verteilung

24. Ein hungriger Frosch fange im Durchschnitt 3 Fliegen pro Stunde. Wie groß ist die Wahrscheinlichkeit, daß er in einer Stunde keine Fliege erwischt?

25. Angenommen, die Wahrscheinlichkeit, das Ziel zu treffen, sei bei jedem Schuß $p = 0,002$. Wie groß ist die Wahrscheinlichkeit, genau 5 Treffer zu erzielen, wenn insgesamt $n = 1000$ Schüsse abgegeben werden?

26. Die Wahrscheinlichkeit der Produktion eines fehlerhaften Artikels in einem Industriebetrieb sei $p = 0,005$. Dieser Artikel werde in Kisten zu je 200 Stück verpackt. Wie groß ist die Wahrscheinlichkeit, daß in einer Kiste genau 4 fehlerhafte Artikel vorhanden sind?

27. In einem Warenhaus wird ein Artikel sehr selten verlangt, beispielsweise im Mittel in einer Woche nur 5mal. Wie groß ist die Wahrscheinlichkeit, daß der Artikel in einer bestimmten Woche $k$mal verlangt wird?

28. Angenommen, 5% aller Schulkinder seien Brillenträger. Wie groß ist die Wahrscheinlichkeit, daß in einer Schulklasse von 30 Kindern keines, 1 Kind, 2 bzw. 3 Kinder eine Brille tragen?

Zu Kapitel 2

Anhand der Abbildungen 33 bis 37 sollten einige Aufgaben formuliert und gelöst werden.

Zu Kapitel 3

1. Mit Hilfe eines Zufallsprozesses werden einer normalverteilten Grundgesamtheit 16 Stichprobenelemente mit $\bar{x} = 41,5$ und $s = 2,795$ entnommen. Gibt es Gründe für die Ablehnung der Hypothese, daß der Mittelwert der Grundgesamtheit 43 sei $(\alpha = 0,05)$?

2. Prüfe die Gleichheit der Varianzen der beiden Stichproben A und B auf dem 5%-Niveau mit Hilfe des F-Tests.

   A: 2,33 4,64 3,59 3,45 3,64 3,00 3,41 2,03 2,80 3,04
   B: 2,08 1,72 0,71 1,65 2,56 3,27 1,21 1,58 2,13 2,92

3. Prüfe auf dem 5%-Niveau die Gleichheit der zentralen Tendenz (H_0) zweier unabhängiger Stichproben A und B (a) mit Hilfe des Schnelltests von Tukey, (b) mit Hilfe des U-Tests.

   A: 2,33 4,64 3,59 3,45 3,64 3,00 3,41 2,03 2,80 3,04
   B: 2,08 1,72 0,71 1,65 2,56 3,27 1,21 1,58 2,13 2,92

Zu Kapitel 4

1. Zwei Schlafmittel A und B wurden jeweils an denselben 10 an Schlaflosigkeit leidenden Patienten getestet (Student 1908). Dabei ergaben sich für die Schlafverlängerung in Stunden die folgenden Werte:

Pat.	1	2	3	4	5	6	7	8	9	10
A	1,9	0,8	1,1	0,1	-0,1	4,4	5,5	1,6	4,6	3,4
B	0,7	-1,6	-0,2	-1,2	-0,1	3,4	3,7	0,8	0,0	2,0
Diff.	1,2	2,4	1,3	1,3	0,0	1,0	1,8	0,8	4,6	1,4

Besteht zwischen A und B auf dem 1%-Niveau ein Unterschied? Formuliere die Nullhypothese und prüfe sie (a) mit dem t-Test für Paardifferenzen und (b) mit dem Maximum-Test.

2. Prüfe die Gleichheit der zentralen Tendenz (H_0) zweier abhängiger Stichproben A und B auf dem 5%-Niveau anhand der folgenden Tests für Paardifferenzen: (a) t-Test, (b) Wilcoxon-Test, (c) Maximum-Test.

Nr.	1	2	3	4	5	6	7	8	9
A	34	48	33	37	4	36	35	43	33
B	47	57	28	37	18	48	38	36	42

3. Gregor Mendel erhielt bei einem Erbsenversuch 315 runde gelbe, 108 runde grüne, 101 kantige gelbe und 32 kantige grüne Erbsen. Stehen diese Zahlen im Einklang mit der Theorie, nach der sich die vier Häufigkeiten wie $9:3:3:1$ verhalten $(S=95\%)$?

4. Stellt die folgende Häufigkeitsverteilung eine zufällige Stichprobe dar, die einer Poisson-Grundgesamtheit mit dem Parameter $\lambda=10,44$ entstammen könnte? Prüfe die Anpassung auf dem 5%-Niveau mit Hilfe des χ^2-Tests.

Anzahl der $\underline{E}$reignisse: 0   1   2   3   4   5   6   7   8
Beobachtete $\underline{H}$äufigkeiten: 0   5   14   24   57 111 197 278 378

E: 9   10   11   12   13   14   15   16   17   18   19   20   21   22
H: 418 461 433 413 358 219 145 109   57   43   16   7   8   3

5. Die Häufigkeiten einer Vierfeldertafel seien: $a=140$, $b=60$, $c=85$, $d=90$. Prüfe die Unabhängigkeit auf dem 0,1%-Niveau.

6. Die Häufigkeiten einer Vierfeldertafel seien: $a=605$, $b=135$, $c=195$, $d=65$. Prüfe die Unabhängigkeit auf dem 5%-Niveau.

7. Die Häufigkeiten einer Vierfeldertafel seien: $a=620$, $b=380$, $c=550$, $d=450$. Prüfe die Unabhängigkeit auf dem 1%-Niveau.

Zu Kapitel 5

1. Prüfe die Signifikanz von $r=0,5$ auf dem 5%-Niveau $(n=16)$.

2. Wie groß muß r sein, damit er für $n=16$ auf dem 5%-Niveau signifikant ist?

3. Schätze die Regressionsgeraden und den Korrelationskoeffizienten für die folgenden Wertepaare:

x	22	24	26	26	27	27	28	28	29	30	30	30	31	32	33	34	35	35	36	37
y	10	20	20	24	22	24	27	24	21	25	29	32	27	27	30	27	30	31	30	32

Unterscheidet sich der Korrelationskoeffizient auf dem 0,1%-Niveau signifikant von Null?

4. Gegeben sei die folgende zweidimensionale Häufigkeitsverteilung:

x / y	42	47	52	57	62	67	72	77	82	Insgesamt
52	3	9	19	4						35
57	9	26	37	25	6					103
62	10	38	74	45	19	6				192
67	4	20	59	96	54	23	7			263
72		4	30	54	74	43	9			214
77			7	18	31	50	19	5		130
82				2	5	13	15	8	3	46
87						2	5	8	2	17
Insgesamt	26	97	226	244	189	137	55	21	5	1000

Schätze den Korrelationskoeffizienten, die Standardabweichungen s_x, s_y, s_{xy}, die Regressionsgerade von y auf x und das Korrelationsverhältnis. Prüfe die Korrelation und die Linearität der Regression ($\alpha = 0,05$).

5. Ein auf 19 Beobachtungspaaren basierender Korrelationskoeffizient weise den Wert 0,65 auf.
(a) Kann diese Stichprobe einer Grundgesamtheit mit dem Parameter $\varrho = 0,35$ entstammen ($\alpha = 0,05$)? (b) Schätze aufgrund der Stichprobe den 95%-Vertrauensbereich für ϱ. (c) Wenn eine zweite Stichprobe, die ebenfalls aus 19 Beobachtungspaaren besteht, einen Korrelationskoeffizienten $r = 0,30$ aufweist, können dann beide Stichproben einer gemeinsamen Grundgesamtheit entstammen ($\alpha = 0,05$)?

6. Passe den Werten

x	0	1	2	3	4	5	6
y	125	209	340	561	924	1525	2512

eine Funktion vom Typ $y = ab^x$ an.

7. Passe den Werten

x	273	283	288	293	313	333	353	373
y	29,4	33,3	35,2	37,2	45,8	55,2	65,6	77,3

eine Funktion vom Typ $y = ab^x$ an.

8. Passe den Werten

x	19	58	114	140	181	229
y	3	7	13,2	17,9	24,5	33

eine Funktion vom Typ $y = ax^b$ an.

9. Passe den folgenden Werten eine Parabel zweiten Grades an:

x	7,5	10,0	12,5	15,0	17,5	20,0	22,5
y	1,9	4,5	10,1	17,6	27,8	40,8	56,9

10. Passe den folgenden Werten eine Parabel zweiten Grades an:

x	1,0	1,5	2,0	2,5	3,0	3,5	4,0
y	1,1	1,3	1,6	2,3	2,7	3,4	4,1

11. Passe den Werten

x	273	283	288	293	313	333	353	373
y	29,4	33,3	35,2	37,2	45,8	55,2	65,6	77,3

Funktionen vom Typ $y = ab^x$ und $y = a + bx + cx^2$ an.

Zu Kapitel 6

1. Prüfe die $2 \cdot 6$-Feldertafel

13	10	10	5	7	0
2	4	9	8	14	7

auf Homogenität ($\alpha = 0,01$).

2. Prüfe die Unabhängigkeit und Symmetrie der Kontingenztafel

102	41	57
126	38	36
161	28	11

auf dem 1%-Niveau.

3. Prüfe, ob die beiden Stichprobenverteilungen I und II derselben Grundgesamtheit entstammen können $(S=95\%)$. Verwende (a) die Formel von Brandt-Snedecor zur Prüfung der Homogenität zweier Stichproben und (b) die Informationsstatistik $2I$ zur Prüfung der Homogenität einer aus $k \cdot 2$ Feldern bestehenden Zweiwegtafel.

Kategorie	Häufigkeiten I	II	Insgesamt
1	160	150	310
2	137	142	279
3	106	125	231
4	74	89	163
5	35	39	74
6	29	30	59
7	28	35	63
8	29	41	70
9	19	22	41
10	6	11	17
11	8	11	19
12	13	4	17
Insgesamt	644	699	1343

4. Prüfe die Homogenität dieser Tafel auf dem 5%-Niveau.

23	5	12
20	13	10
22	20	17
26	26	29

Zu Kapitel 7

1. Prüfe die Homogenität der folgenden drei Varianzen auf dem 5%-Niveau: $s_A^2 = 76,84$ $(n_A = 45)$, $s_B^2 = 58,57$ $(n_B = 82)$, $s_C^2 = 79,64$ $(n_C = 14)$.

2. Prüfe die drei unabhängigen Stichproben A, B, C auf Gleichheit der Mittelwerte $(\alpha = 0,05)$ (a) varianzanalytisch, (b) anhand der H-Tests.

A: 40, 34, 84, 46, 47, 60
B: 59, 92, 117, 86, 60, 67, 95, 40, 98, 108
C: 92, 93, 40, 100, 92

3. Gegeben

A \ B	B_1	B_2	B_3	B_4	B_5	B_6	Σ
A_1	9,5	11,5	11,0	12,0	9,3	11,5	64,8
A_2	9,6	12,0	11,1	10,8	9,7	11,4	64,6
A_3	12,4	12,5	11,4	13,2	10,4	13,1	73,0
A_4	11,5	14,0	12,3	14,0	9,5	14,0	75,3
A_5	13,7	14,2	14,3	14,6	12,0	13,2	82,0
Σ	56,7	64,2	60,1	64,6	50,9	63,2	359,7

Prüfe mögliche Spalten- und Zeileneffekte auf dem 1%-Niveau.

4. Drei Bestimmungsmethoden werden an 10 Proben verglichen. Prüfe mit Hilfe des Friedman-Tests (a) die Gleichheit der Methoden ($\alpha = 0{,}001$), (b) die Gleichheit der Proben ($\alpha = 0{,}05$).

Probe	Bestimmungsmethode		
	A	B	C
1	15	18	9
2	22	25	20
3	44	43	25
4	75	80	58
5	34	33	31
6	15	16	11
7	66	64	45
8	56	57	40
9	39	40	27
10	30	34	21

Lösungen der Übungsaufgaben

Zu Kapitel 1

Wahrscheinlichkeitsrechnung

1. Die Summe 7 läßt sich auf sechs verschiedenen Wegen erhalten, die Summe 11 auf nur zwei, damit wird

$$P = \frac{6}{36} + \frac{2}{36} = \frac{2}{9} = 0{,}222$$

2. Die Trefferwahrscheinlichkeit insgesamt beträgt knapp 50%.

$$P(A+B+C) = P(A) + P(B) + P(C) - P(AB) - P(AC) - P(BC) + P(ABC)$$
$$P(A+B+C) = 0{,}1 + 0{,}2 + 0{,}3 - 0{,}02 - 0{,}03 - 0{,}06 + 0{,}006 = 0{,}496$$

3. $P = 0{,}514 \cdot 0{,}15 = 0{,}0771$

In etwa 8% aller Geburten sind blonde Knaben zu erwarten.

4. $1 - (5/6)^4 = 0{,}5177$

In einer langen Reihe von Würfen ist in etwa 52% aller Fälle mit diesem Ereignis zu rechnen.

5. $P = \left(\dfrac{5}{6}\right)^n = \dfrac{1}{2}$; $\quad n = \dfrac{\lg 2}{\lg 6 - \lg 5} = \dfrac{0{,}3010}{0{,}7782 - 0{,}6990} \simeq 4$

6. Die Wahrscheinlichkeiten sind $(1/2)^5$, $(1/2)^6$, $(1/2)^7$, $(1/2)^{10}$, gerundet 0,031, 0,016, 0,008, 0,001.

Mittelwert und Standardabweichung

7. $\bar{x} = 9{,}015 \qquad s = 1{,}543$

8. Zu a: $\quad \bar{x} = 73{,}2 \quad s = 17{,}3$
   Zu b: $\quad \bar{x} = 73{,}2 \quad s = 17{,}5$
   Zu c: $\quad \bar{x} = 73{,}2 \quad s = 18{,}0$

Mit zunehmender Klassengröße erhöht sich auch die Standardabweichung (vgl. Sheppard-Korrektur).

9. Statistiken   Grobschätzungen

$\tilde{x} = 59{,}5 \qquad \bar{x} \simeq 56{,}3 \qquad$ Schiefe II $= -0{,}214$

$\bar{x} = 57{,}3 \qquad s \simeq 14{,}1 \qquad$ Exzeß $\quad = \quad 0{,}250$

$s = 13{,}6$

10. $\bar{x} = 79{,}608$ Schiefe I $= -2{,}07$
    $s = 3{,}675$ Schiefe II $= 0{,}163$
    $\tilde{x} = 79{,}15$ Schiefe III $= 0{,}117$
    $Q_1 = 76{,}82$ $DZ_1 = 74{,}95$ Exzeß $= 0{,}263$
    $Q_3 = 82{,}10$ $DZ_9 = 84{,}99$
    Dichtemittel $= 78{,}68$

F-Verteilung

11. $\hat{z} = \dfrac{\left(1 + \dfrac{2}{9 \cdot 8}\right) 3{,}84^{1/3} - \left(1 - \dfrac{2}{9 \cdot 4}\right)}{\sqrt{\dfrac{2}{9 \cdot 8} \cdot 3{,}84^{2/3} + \dfrac{2}{9 \cdot 4}}} = 1{,}894$, d.h. $P_{\hat{z}} = 0{,}0291$

und damit $P \simeq 0{,}058$. Für $v_1 = 4$ und $v_2 = 8$ liegt die exakte 5%-Schranke bei dem Wert 3,8378.

Binomialkoeffizient

12. $P = {}_8C_2 = \dfrac{8!}{6! \cdot 2!} = \dfrac{8 \cdot 7}{2} = 28$

13. Zu a: $P = 0{,}90^5 = 0{,}59049$
    Zu b: vgl. ${}_5C_3 = 5!/(3! \cdot 2!) = 5 \cdot 4/2 \cdot 1 = 10$
    $P = 10 \cdot 0{,}90^2 \cdot 0{,}10^3 = 0{,}00810$
    Zu c: vgl. ${}_5C_3 = 10$, ${}_5C_4 = 5$
    $P = 10 \cdot 0{,}90^2 \cdot 0{,}10^3 + 5 \cdot 0{,}90 \cdot 0{,}10^4 + 0{,}10^5$
    $P = 0{,}00810 + 0{,}00045 + 0{,}00001 = 0{,}00856$

14. $P = \dfrac{{}_{13}C_5}{{}_{52}C_5} = \dfrac{13! \cdot 47! \cdot 5!}{8! \cdot 5! \cdot 52!} = \dfrac{13 \cdot 12 \cdot 11 \cdot 10 \cdot 9}{52 \cdot 51 \cdot 50 \cdot 49 \cdot 48}$

    $P = \dfrac{11 \cdot 3}{17 \cdot 5 \cdot 49 \cdot 16} = \dfrac{33}{66\,640} = 0{,}0004952$

    $P \simeq 0{,}0005$ oder $1:2000$.

15. Für die Auswahl zweier aus insgesamt zwölf Objekten bieten sich ${}_{12}C_2 = 12!/(10! \cdot 2!) = 12 \cdot 11/(2 \cdot 1)$ Möglichkeiten. Die Wahrscheinlichkeit, 2 Vieren und 10 Nicht-Vieren zu würfeln, beträgt $(1/6)^2 \cdot (5/6)^{10} = 5^{10}/6^{12}$. Die Wahrscheinlichkeit, daß die Augenzahl 4 in 12 Würfen genau zweimal erscheint, beträgt damit

    $$P = \dfrac{12 \cdot 11 \cdot 5^{10}}{2 \cdot 1 \cdot 6^{12}} = \dfrac{11 \cdot 5^{10}}{6^{11}} = 0{,}296.$$

    In einer langen Serie von Zwölferwürfen mit intaktem Würfel ist in etwa 30% der Fälle mit dem jeweils zweimaligen Erscheinen der Augenzahl 4 zu rechnen.

16. Die Antwort ist das Produkt der Möglichkeiten, die Vertreter der beiden Geschlechter auszuwählen, d.h.

    $$P = {}_{13}C_2 \cdot {}_{18}C_3 = \dfrac{13!}{11! \cdot 2!} \cdot \dfrac{18!}{15! \cdot 3!} = \dfrac{13 \cdot 12}{2 \cdot 1} \cdot \dfrac{18 \cdot 17 \cdot 16}{3 \cdot 2 \cdot 1}$$

    $P = 13 \cdot 18 \cdot 17 \cdot 16 = 63\,648$

Binomialverteilung

17. $P = {}_{10}C_5 \left(\dfrac{1}{2}\right)^5 \left(\dfrac{1}{2}\right)^5 = \dfrac{10!}{5! \cdot 5!} \cdot \dfrac{1}{2^{10}} = \dfrac{10 \cdot 9 \cdot 8 \cdot 7 \cdot 6}{5 \cdot 4 \cdot 3 \cdot 2 \cdot 1} \cdot \dfrac{1}{1024} = \dfrac{252}{1024}$

    $P = 0{,}2461$

    In einer langen Serie von jeweils 10 Würfen ist in knapp 25% der Fälle mit diesem Ereignis zu rechnen.

18. $P = {}_{10}C_9 \cdot 0{,}99^9 \cdot 0{,}01^1 = 10 \cdot 0{,}9135 \cdot 0{,}01 = 0{,}09135$

19. $P = \binom{100}{25}\left(\frac{1}{6}\right)^{25}\left(\frac{5}{6}\right)^{75} = 0,0098.$ Bei einer großen Anzahl von Würfen ist in etwa 1% der Fälle mit diesem Ereignis zu rechnen.

20. $P(x=5) = \frac{20!}{15! \cdot 5!}\left(\frac{6}{7}\right)^{15}\left(\frac{1}{7}\right)^{5} = \frac{20 \cdot 19 \cdot 18 \cdot 17 \cdot 16}{5 \cdot 4 \cdot 3 \cdot 2 \cdot 1} \cdot \frac{6^{15}}{7^{20}}$

$P = 0,0914$

21. Zu a: $P = {}_6C_4 \cdot 0,67^4 \cdot 0,33^2 = 15 \cdot 0,2015 \cdot 0,1089 = 0,3292$

Zu b: $P = \sum_{x=4}^{6} {}_6C_4 0,67^x 0,33^{6-x} = 0,3292 + 6 \cdot 0,1350 \cdot 0,33 + 0,0905$

$P = 0,6870$

22. $P = \frac{100!}{50! \cdot 50!}\left(\frac{1}{2}\right)^{50}\left(\frac{1}{2}\right)^{50} = 0,0796$

23. $P = {}_{50}C_{20}\left(\frac{2}{5}\right)^{20}\left(\frac{3}{5}\right)^{30} = \frac{50!}{20! \cdot 30!}\left(\frac{2}{5}\right)^{20}\left(\frac{3}{5}\right)^{30}$

Mit der Stirlingschen Formel:

$$P = \frac{\sqrt{2\pi 50} \cdot 50^{50} \cdot e^{-50} \cdot 2^{20} 3^{30}}{\sqrt{2\pi 20} \cdot 20^{20} \cdot e^{-20} \cdot \sqrt{2\pi 30} \cdot 30^{30} \cdot e^{-30} \cdot 5^{20} \cdot 5^{30}}$$

$$P = \frac{\sqrt{5} \cdot 5^{50} \cdot 10^{50} \cdot 2^{20} \cdot 3^{30}}{\sqrt{2}\sqrt{2\pi 30} \cdot 2^{20} \cdot 10^{20} \cdot 3^{30} \cdot 10^{30} \cdot 5^{20} \cdot 5^{30}} = \frac{\sqrt{5}}{20\sqrt{3\pi}} = 0,0364$$

Poisson-Verteilung

24. $P = \frac{\lambda^x \cdot e^{-\lambda}}{x!} = \frac{3^0 \cdot e^{-3}}{0!} = \frac{1 \cdot e^{-3}}{1} = \frac{1}{e^3} = \frac{1}{20,086} \approx 0,05$

25. $\lambda = n \cdot \hat{p} = 1000 \cdot 0,002 = 2$

$P = \frac{\lambda^x \cdot e^{-\lambda}}{x!} = \frac{2^5 \cdot e^{-2}}{5!} = 0,0361$

26. $\lambda = n \cdot \hat{p} = 200 \cdot 0,005 = 1$

$P = \frac{\lambda^x \cdot e^{-\lambda}}{x!} = \frac{1^4 \cdot e^{-1}}{4!} = \frac{0,3679}{24} = 0,0153$

27. $P(k, 5) = \frac{5^k \cdot e^{-k}}{k!}$

28. $\lambda = n \cdot \hat{p} = 30 \cdot 0,05 = 1,5 \qquad P = \frac{\lambda^x \cdot e^{-\lambda}}{x!}$

Kein Kind: $P = \frac{1,5^0 \cdot e^{-1,5}}{0!} = 0,2231$

Ein Kind: $P = \frac{1,5^1 \cdot e^{-1,5}}{1!} = 0,3346$

Zwei Kinder: $P = \frac{1,5^2 \cdot e^{-1,5}}{2!} = 0,2509$

Drei Kinder: $P = \frac{1,5^3 \cdot e^{-1,5}}{3!} = 0,1254$

Zu Kapitel 3

1. Ja: $\hat{t} = \frac{|41,5 - 43|}{2,795} \cdot \sqrt{16} = 2,15 > t_{15;0,05} = 2,13$

2. $\hat{F} = \frac{s_B^2}{s_A^2} = \frac{0,607}{0,542} = 1,12 < F_{9;9;0,05} = 3,18$

3. Zu a: $\hat{T} = 10 > 7$; H_0 wird auf dem 5%-Niveau abgelehnt.
   Zu b: $\hat{U} = 12 < U_{10,10;0,05} = 27$; H_0 wird gleichfalls abgelehnt.

Zu Kapitel 4

1. Zu a: $\hat{t} = 4{,}06 > t_{9;\,0{,}01} = 3{,}25$
   Die Nullhypothese – gleiche Wirksamkeit beider Schlafmittel A und B – wird abgelehnt; es ist anzunehmen, daß A wirksamer ist als B.
   Zu b: Entscheidung wie bei a.

2. Zu a: $\hat{t} = 2{,}03 < t_{8;\,0{,}05} = 2{,}31$
   Zu b: $\hat{R}_p = 7 > R_{8;\,0{,}10} = 6$
   Zu c: Der Unterschied ist lediglich auf dem 10%-Niveau gesichert. In allen drei Fällen wird H_0 beibehalten.

3. Ja: $\hat{\chi}^2 = 0{,}47 < \chi^2_{3;\,0{,}05} = 7{,}815$

4. Nein: $\hat{\chi}^2 = 43{,}43 > \chi^2_{20;\,0{,}05} = 31{,}4$

5. Da $\hat{\chi}^2 = 17{,}86 > \chi^2_{1;\,0{,}001} = 10{,}83$, ist die Unabhängigkeitshypothese abzulehnen.

6. Da $\hat{\chi}^2 = 5{,}49 > \chi^2_{1;\,0{,}05} = 3{,}84$, ist die Unabhängigkeitshypothese abzulehnen.

7. Da $\hat{\chi}^2 = 10{,}09 > \chi^2_{1;\,0{,}01} = 6{,}635$, ist die Unabhängigkeitshypothese abzulehnen.

Zu Kapitel 5

1. $\hat{t} = 2{,}16 > t_{14;\,0{,}05} = 2{,}14$
   $\hat{F} = 4{,}67 > F_{1;\,14;\,0{,}05} = 4{,}60$

2. $r^2 \cdot \dfrac{16-2}{1-r^2} = 4{,}60$; $r = 0{,}497$

3. $\hat{y} = 0{,}886x - 0{,}57$
   $\hat{x} = 0{,}825y + 8{,}55$
   $r = 0{,}855$
   $\hat{t} = 6{,}98 > t_{18;\,0{,}001} = 3{,}92$

4. $r = 0{,}6805$
   $s_x = 7{,}880$; $s_y = 7{,}595$; $s_{xy} = 40{,}725$
   $E^2_{yx} = 0{,}4705 \simeq 0{,}47$; $E_{yx} = 0{,}686$
   $\hat{F}_{\text{Korr.}} = 860{,}5 > F_{1;\,998;\,0{,}05} \simeq F_{1;\,\infty;\,0{,}05} = 3{,}84$. Der Korrelationskoeffizient unterscheidet sich sehr wesentlich von Null.
   $\hat{F}_{\text{Lin.}} = 2{,}005 < F_{(7;\,991;\,0{,}05)} \simeq F_{7;\,\infty;\,0{,}05} = 2{,}01$. Da $F_{7;\,1000;\,0{,}05} = 2{,}02$ und damit größer ist als $\hat{F}_{\text{Lin.}} = 2{,}005$, lassen sich die Abweichungen von der Linearität auf dem 5%-Niveau nicht sichern.

5. Zu a: $\hat{z} = 1{,}639 < 1{,}96$, ja
   Zu b: $0{,}278 < \varrho < 0{,}852$
   Zu c: $\hat{z} = 1{,}159 < 1{,}96$, ja

6. $\hat{y} = 125 \cdot 1{,}649^x$

7. $\hat{y} = 44{,}603 \cdot 1{,}049^x$

8. $\hat{y} = 0{,}119 \cdot x^{1{,}03}$

9. $\hat{y} = 0{,}2093x^2 - 2{,}633x + 10$

10. $\hat{y} = 0{,}778 + 0{,}557x + 0{,}1857x^2$

11. $\hat{y} = 44{,}603 \cdot 1{,}049^x$
    $\hat{y} = 0{,}0014725x^2 - 0{,}474x + 49{,}548$

Zu Kapitel 6

1. Da $\hat{\chi}^2 = 20{,}7082$ (bzw. $2\hat{I}_{\text{Korr.}} = 23{,}4935$) größer ist als $\chi^2_{5;\,0{,}01} = 15{,}086$, wird die Homogenitätshypothese abgelehnt.

2. Da $\hat{\chi}^2_{\text{unabh.}} = 48{,}8 > \chi^2_{4;\,0{,}01} = 13{,}3$, muß die Unabhängigkeitshypothese abgelehnt werden. Da $\hat{\chi}^2_{\text{sym.}} = 135{,}97 > \chi^2_{3;\,0{,}01} = 11{,}345$, ist auch die Symmetrie-Hypothese abzulehnen.

3. a) $\hat{\chi}^2 = 11,12$
   b) $2\hat{I} = 11,39$

In beiden Fällen wird $\chi^2_{11;\,0,05} = 19,675$ nicht erreicht. Es besteht somit keine Veranlassung, an der Homogenitätshypothese zu zweifeln.

4. Da $\hat{\chi}^2 = 10,88 < \chi^2_{6;\,0,05} = 12,59$, ist die Homogenitätshypothese beizubehalten.

Zu Kapitel 7

1. $\hat{\chi}^2 = 1,33 < \chi^2_{2;\,0,05} = 5,99$ (c noch nicht berücksichtigt). Die weitere Rechnung können wir uns ersparen; H_0 wird beibehalten.

2. Zu a: $\hat{F} = 4,197 > F_{2;\,18;\,0,05} = 3,55$
   Zu b: $\hat{H} = 6,423 > \chi^2_{2;\,0,05} = 5,99$

3.

Variabilität	Summe der Abweichungs-quadrate	FG	Mittleres Quadrat	$\hat{F}$	$F_{0,01}$
Zwischen den A's	36,41	4	9,102	19,12 > 4,43	
Zwischen den B's	28,55	5	5,710	12,00 > 4,10	
Versuchsfehler	9,53	20	0,476		
Gesamtvariabilität	74,49	29			

Multiple Vergleiche der Zeilen- sowie der Spalten-Mittelwerte auf dem 1%-Niveau nach Scheffé und zum Vergleich nach Student-Newman-Keuls sind zu empfehlen (vgl. $D_{I,\,\text{Zeilenmittelwerte}} = 1,80$ und $D_{I,\,\text{Spaltenmittelwerte}} = 1,84$).

4. Zu a: $\hat{\chi}^2_R = 15,8 > \chi^2_{2;\,0,001} = 13,82$
   Zu b: $\hat{\chi}^2_R = 26,0 > \chi^2_{9;\,0,01} = 21,67$

Eine Auswahl englischer Fachausdrücke

Es sind nur englische Ausdrücke notiert, die in den einfachen Wörterbüchern fehlen und die sich von denen der deutschen Sprache unterscheiden – beispielsweise nicht quality control Qualitätskontrolle und standard deviation Standardabweichung.

arbitrary origin	willkürlicher Nullpunkt
bar chart	Stabdiagramm, Säulendiagramm
bias	verzerrender systematischer Fehler einer Punktschätzung, Bias
bimodal distribution	zweigipfelige Verteilung
bivariate distribution	zweidimensionale Verteilung
cluster sampling	Klumpenauswahl-Stichprobenverfahren
confidence coefficient	statistische Sicherheit
confidence interval	Vertrauensbereich
confidence level	Vertrauenswahrscheinlichkeit
constraint	Nebenbedingung
curvilinear regression	nichtlineare Regression
kurtosis	Wölbung
level of significance	Signifikanzniveau, Irrtumswahrscheinlichkeit
likelihood	Mutmaßlichkeit
maverick, outlier	Ausreißer
mean (value)	Mittelwert
mode	häufigster Wert, Modus, Dichtemittel
pooling of classes	Zusammenfassung von Klassen
precision	Wiederholungsgenauigkeit
random variable	zufällige Veränderliche, Zufallsvariable
randomisation	Zufallszuteilung, Randomisierung
range	Spannweite, Extrembereich, Variationsbreite
rank	Rang, Rangzahl, Rangordnungsnummer
residual variance	Restvarianz
stochastic variable	zufällige Veränderliche, Zufallsvariable
tally chart	Strichliste
test statistic	Prüfgröße, Prüfmaß, Teststatistik
unbiased sample	erwartungstreue unverzerrte Stichprobe
working mean	provisorischer Mittelwert

Namenverzeichnis

Sachverzeichnis

Ausgewählte 95%-Vertrauensbereiche für π (Binomialverteilung)
(n = Stichprobenumfang, x = Trefferzahl;
z. B. $\hat{p} = x/n = 10/300$ oder 3,33%, 95%-VB: 1,60% ≦ π ≦ 6,07%)

x	n: 25	50	75	100	200	300	400	500	1000	x
0	0,00– 13,72	0,00– 7,11	0,00– 4,80	0,00– 3,62	0,00– 1,83	0,00– 1,22	0,00– 0,92	0,00– 0,74	0,00– 0,37	0
1	0,10– 20,35	0,05–10,65	0,03– 7,21	0,03– 5,45	0,01– 2,75	0,01– 1,84	0,01– 1,38	0,01– 1,11	0,00– 0,56	1
2	0,98– 26,03	0,49–13,71	0,32– 9,30	0,24– 7,04	0,12– 3,57	0,08– 2,39	0,06– 1,79	0,05– 1,44	0,02– 0,72	2
3	2,55– 31,22	1,25–16,55	0,83–11,25	0,62– 8,52	0,31– 4,32	0,21– 2,89	0,16– 2,18	0,12– 1,74	0,06– 0,87	3
4	4,54– 36,08	2,22–19,23	1,47–13,10	1,10– 9,93	0,55– 5,04	0,36– 3,38	0,27– 2,54	0,22– 2,04	0,11– 1,02	4
5	6,83– 40,70	3,33–21,81	2,20–14,88	1,64–11,28	0,80– 5,78	0,53– 3,88	0,40– 2,92	0,32– 2,34	0,16– 1,17	5
6	9,36– 45,13	4,53–24,31	2,99–16,60	2,23–12,60	1,09– 6,46	0,73– 4,33	0,54– 3,26	0,43– 2,61	0,22– 1,31	6
7	12,07– 49,39	5,82–26,74	3,84–18,29	2,86–13,89	1,40– 7,12	0,93– 4,77	0,70– 3,59	0,56– 2,88	0,28– 1,44	7
8	14,95– 53,50	7,17–29,11	4,72–19,94	3,52–15,16	1,73– 7,76	1,15– 5,21	0,86– 3,92	0,69– 3,14	0,34– 1,58	8
9	17,97– 57,48	8,58–31,44	5,64–21,56	4,20–16,40	2,07– 8,40	1,37– 5,64	1,03– 4,25	0,82– 3,40	0,41– 1,71	9
10	21,13– 61,33	10,03–33,72	6,58–23,16	4,90–17,62	2,41– 9,03	1,60– 6,07	1,20– 4,57	0,96– 3,66	0,48– 1,84	10
11	24,40– 65,07	11,53–35,96	7,56–24,73	5,62–18,83	2,77– 9,66	1,84– 6,49	1,37– 4,88	1,10– 3,92	0,55– 1,97	11
12	27,80– 68,69	13,06–38,17	8,55–26,28	6,36–20,02	3,13–10,28	2,08– 6,90	1,55– 5,20	1,24– 4,17	0,62– 2,09	12
13	31,31– 72,20	14,63–40,34	9,57–27,81	7,11–21,20	3,50–10,89	2,32– 7,32	1,74– 5,51	1,39– 4,42	0,69– 2,22	13
14	34,93– 75,60	16,23–42,49	10,60–29,33	7,87–22,37	3,88–11,49	2,57– 7,73	1,92– 5,82	1,54– 4,67	0,77– 2,34	14
15	38,67– 78,87	17,86–44,61	11,65–30,83	8,65–23,53	4,26–12,09	2,82– 8,13	2,11– 6,12	1,69– 4,91	0,84– 2,47	15
16	42,52– 82,03	19,52–46,70	12,71–32,32	9,43–24,68	4,64–12,69	3,08– 8,53	2,30– 6,43	1,84– 5,16	0,92– 2,59	16
17	46,50– 85,05	21,21–48,77	13,79–33,79	10,23–25,82	5,03–13,29	3,33– 8,94	2,49– 6,73	1,99– 5,40	0,99– 2,71	17
18	50,61– 87,93	22,92–50,81	14,89–35,25	11,03–26,95	5,42–13,88	3,59– 9,33	2,69– 7,03	2,14– 5,64	1,07– 2,84	18
19	54,87– 90,64	24,65–52,83	15,99–36,70	11,84–28,07	5,82–14,46	3,85– 9,73	2,88– 7,33	2,30– 5,88	1,15– 2,96	19
20	59,30– 93,17	26,41–54,82	17,11–38,14	12,67–29,18	6,22–15,04	4,12–10,12	3,08– 7,63	2,46– 6,12	1,22– 3,08	20
21	63,92– 95,46	28,19–56,79	18,24–39,56	13,49–30,29	6,62–15,62	4,38–10,52	3,28– 7,93	2,62– 6,36	1,30– 3,20	21
22	68,78– 97,45	29,99–58,75	19,38–40,98	14,33–31,39	7,03–16,20	4,65–10,91	3,48– 8,22	2,78– 6,60	1,38– 3,32	22
23	73,97– 99,02	31,81–60,68	20,53–42,38	15,17–32,49	7,44–16,78	4,92–11,30	3,68– 8,51	2,94– 6,83	1,46– 3,44	23
24	79,65– 99,90	33,66–62,58	21,69–43,78	16,02–33,57	7,85–17,35	5,19–11,68	3,88– 8,81	3,10– 7,07	1,54– 3,55	24
25	86,28–100,00	35,53–64,47	22,86–45,17	16,88–34,66	8,26–17,92	5,47–12,07	4,08– 9,10	3,26– 7,30	1,62– 3,67	25
30			28,85–51,96	21,24–39,98	10,37–20,73	6,85–13,98	5,12–10,54	4,08– 8,46	2,03– 4,26	30
35			35,05–58,55	25,73–45,18	12,52–23,51	8,27–15,86	6,17–11,97	4,92– 9,61	2,45– 4,84	35
40				30,33–50,28	14,71–26,24	9,71–17,72	7,24–13,38	5,78–10,74	2,87– 5,41	40
45				35,03–55,27	16,93–28,94	11,16–19,56	8,33–14,77	6,64–11,86	3,30– 5,98	45
50				39,83–60,17	19,18–31,61	12,64–21,39	9,43–16,15	7,52–12,98	3,73– 6,54	50
60					23,77–36,88	15,63–24,99	11,65–18,89	9,29–15,18	4,61– 7,66	60
70					28,44–42,06	18,68–28,55	13,91–21,59	11,08–17,36	5,50– 8,76	70
80					33,19–47,16	21,76–32,06	16,20–24,27	12,90–19,52	6,40– 9,86	80
90					38,02–52,18	24,89–35,54	18,51–26,92	14,74–21,66	7,30–10,95	90
100					42,89–57,11	28,04–38,99	20,84–29,55	16,59–23,78	8,21–12,03	100
150						44,21–55,79	32,75–42,45	26,02–34,23	12,84–17,37	150
200							45,00–55,00	35,69–44,45	17,56–22,64	200
250								45,54–54,46	22,35–27,81	250
500									46,85–53,15	500

Für x/n > 0,5 lese man den 95%-VB für (1 − x/n) ab und subtrahiere beide Grenzen von 100; z. B. $\hat{p} = x/n = 20/25$, für (1 − 20/25) = (5/25) liest man 6,83 bis 40,70 ab und erhält den 95%-VB: 100 − 40,70 = 59,30 bis 93,17 = 100 − 6,83, d. h. 59,30% ≦ π ≦ 93,17.

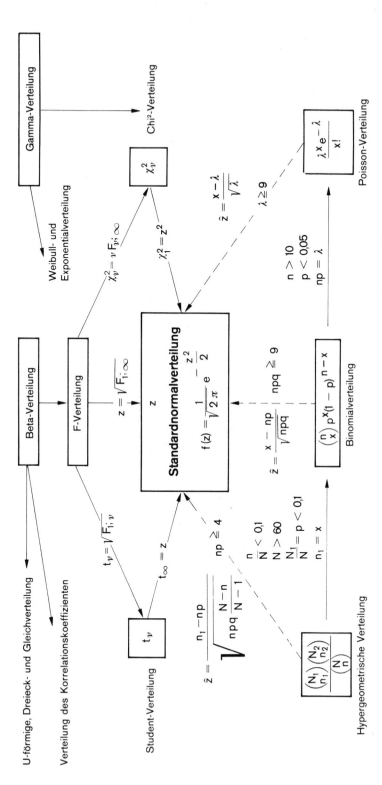

Zentraler Grenzwertsatz

Haben die Elemente X_i einer Folge von n unabhängigen Zufallsvariablen dieselbe Verteilungsfunktion mit dem Mittelwert μ und der Varianz σ^2, so ist die Zufallsvariable

$$z_n = \frac{\frac{1}{n}\sum_{i=1}^{n} X_i - \mu}{\sigma} \sqrt{n} = \frac{\sum_{i=1}^{n} X_i - n\mu}{\sigma\sqrt{n}}$$

umso besser näherungsweise standardnormalverteilt, je größer n ist.

Hieraus folgt auch: Mittelwerte $\bar{X}_i$ mehrerer unabhängiger Zufallsvariabler derselben Verteilungsfunktion (mit gleichem Mittelwert und gleicher Varianz) sind bei weitgehend beliebiger Ausgangsverteilung der X_i asymptotisch normalverteilt, d. h. mit wachsendem Stichprobenumfang wird die Approximation an die Normalverteilung immer besser.

Entsprechendes gilt auch für die Folgen zahlreicher anderer Stichprobenfunktionen.

Die Tafel auf der gegenüberliegenden Seite enthält Standardverfahren der Statistik; geprüft werden z. B.:

1. Zufälligkeit einer Folge von Alternativdaten oder Meßwerten:

Iterationstest, Differenzen-Vorzeichen-Iterationstest, Cox-Stuart-Trendtest, sukzessive Differenzenstreuung.

2. Verteilungstyp, die Verträglichkeit einer empirischen mit einer theoretischen Verteilung, sog. Anpassungstests: χ^2-Test, Kolmogoroff-Smirnoff-Test; insbesondere die Prüfung auf

a) Lognormalverteilung: logarithmisches Wahrscheinlichkeitsnetz

b) Normalverteilung: Wahrscheinlichkeitsnetz, D'Agostino-Test oder Shapiro-Wilk-Test.

c) einfache und zusammengesetzte Poisson-Verteilung: Poisson-Wahrscheinlichkeitspapier (bzw. Thorndike-Nomogramm).

3. Gleichheit zweier oder mehrerer unabhängiger Grundgesamtheiten:

a) **Streuung** zweier / mehrerer Grundgesamtheiten aufgrund zweier / mehrerer unabhängiger Stichproben: Siegel-Tukey-Test, Pillai-Buenaventura-Test, F-Test / Levene-Test, Cochran-Test, Hartley-Test, Bartlett-Test;

b) **Zentrale Tendenz:** Median- bzw. Mittelwerte zweier / mehrerer Grundgesamtheiten aufgrund zweier / mehrerer unabhängiger Stichproben: Median-Test, Mosteller-Test, Tukey-Test, U-Test von Wilcoxon, Mann und Whitney, Lord-Test, t-Test / erweiterte Median-Tests, H-Test von Kruskal und Wallis, Link-Wallace-Test, Nemenyi-Vergleiche, Varianzanalyse, Scheffé-Test, Student-Newman-Keuls-Test.

4. Gleichheit zweier oder mehrerer verbundener Grundgesamtheiten:

Vorzeichen-Tests, Maximum-Test, Wilcoxon-Test, t-Test / Q-Test, Friedman-Test, Wilcoxon-Wilcox-Vergleiche, Varianzanalyse.

5. Unabhängigkeit bzw. Abhängigkeit zweier Merkmale:

a) Vier- und Mehrfeldertafeln: Fisher-Test, χ^2-Tests mit McNemar-Test, G-Test, 2I-Test, Kontingenzkoeffizient;

b) Rang- oder Meßreihen: Quadrantenkorrelation, Eckentest, Spearman-Rangkorrelation, Produktmoment-Korrelation, lineare Regression.